表观遗传学

（下册）

于文强　徐国良　主编

科学出版社

北京

内 容 简 介

表观遗传学极大地拓宽了人们对于遗传信息流动的认知，是后基因组时代生命科学领域研究的前沿和热点。本书作者均为国内外表观遗传学研究领域一线科研工作者，内容涵盖了表观遗传学的所有重大主题和技术应用：第 1～31 章梳理了表观遗传的基础知识和概念，纳入了表观遗传领域最新的前沿内容，如环形 RNA、lncRNA、NamiRNA、RNA 修饰，以及染色质高级结构等；第 32～42 章为表观遗传在重要生命过程中的应用，包括早期胚胎发育、肿瘤发生发展等重要生理及病理过程；第 43～63 章为表观遗传核心技术和全新理论解读与应用展望，为研究者提供了详尽的操作方法。

本书具有很强的专业性和实用性，不仅可作为表观遗传领域研究者的专业工具书，也可为相关领域的高年级本科生、研究生及对表观遗传感兴趣的读者提供一份极具价值的参考资料。

图书在版编目（CIP）数据

表观遗传学/于文强，徐国良主编. —北京：科学出版社，2023.3

ISBN 978-7-03-073789-2

Ⅰ. ①表…　Ⅱ. ①于…　②徐…　Ⅲ. ①表观遗传学　Ⅳ.①Q3

中国版本图书馆 CIP 数据核字（2022）第 221159 号

责任编辑：罗　静　刘　晶 / 责任校对：宁辉彩

责任印制：吴兆东 / 封面设计：朱航月

科学出版社 出版

北京东黄城根北街 16 号

邮政编码: 100717

http://www.sciencep.com

北京中科印刷有限公司印刷

科学出版社发行　各地新华书店经销

*

2023 年 3 月第　一　版　开本：889×1194 1/16

2024 年10月第三次印刷　印张：81

字数：2 623 000

定价：780.00 元（上下册）

《表观遗传学》编委会名单

主　编　于文强　徐国良

编　委（按姓氏汉语拼音排序）

陈玲玲　陈太平　程仲毅　储以微　邓大君　丁广进　光寿红　郭　睿
韩敬东　韩俊宏　何厚胜　何祥火　江赐忠　颉　伟　蓝　斐　李　恩
李　伟　李　杨　李国红　李龙承　李夏军　刘默芳　刘亚平　陆豪杰
陆前进　罗　成　马　端　倪　挺　潘星华　邵　振　沈　音　沈宏杰
施　扬　石雨江　史庆华　宋　旭　宋尔卫　陶　谦　王　玺　王　旭
王　焱　王侃侃　王司清　王永明　韦朝春　文　波　翁杰敏　吴　强
吴立刚　吴旭东　邢清和　徐　鹏　徐国良　徐彦辉　杨　力　杨红波
杨运桂　叶　丹　叶水送　伊成器　于文强　岳　峰　曾　科　张　锴
张　锐　张　勇　赵欣之　朱海宁

撰写人员（按姓氏汉语拼音排序）

陈　庆　陈玲玲　陈示洁　陈太平　陈彦韬　陈宇晟　程仲毅　邓大君
丁　洁　丁广进　董　莉　董　瑞　董世华　杜艳华　龚　畅　顾南南
光寿红　郭　睿　郭潇潇　韩敬东　韩俊宏　郝丽丽　何厚胜　何胜菲
何祥火　胡　健　黄春敏　甲芝莲　江赐忠　江小华　蒋　昊　蒋玮珺
焦芳芳　颉　伟　蓝　斐　李　昂　李　恩　李　灵　李　伟　李　杨
李国红　李力力　李丽诗　李龙承　李夏军　李亚子　李元元　梁　英
梁宏伟　廖丽萍　刘登辉　刘梦醒　刘默芳　刘亚平　刘雨婷　刘子豪
陆豪杰　陆前进　陆文超　罗　成　马　端　马　竞　马旭凯　孟浩巍
倪　挺　潘星华　彭金英　戚轶伦　任晓光　茹道平　邵　振　沈　音
沈宏杰　施　扬　石雨江　史庆华　宋　旭　宋尔卫　孙宝发　谭　理

陶　谦　田鹏翔　童　莹　王　晨　王　文　王　玺　王　旭　王　焱

王　瑶　王　艺　王嘉华　王侃侃　王立勇　王丽霞　王司清　王晓竹

王永明　韦朝春　文　波　翁杰敏　吴　煌　吴　强　吴立刚　吴旭东

夏　维　夏文君　谢一方　邢清和　徐　洁　徐　盼　徐　鹏　徐国良

徐彦辉　薛　尉　杨　力　杨　鑫　杨　莹　杨红波　杨慧蓉　杨运桂

杨智聪　叶　丹　伊成器　殷庆飞　于文强　于子朔　岳　峰　曾　科

张　豪　张　锴　张　锐　张　洋　张　勇　张宝珑　张汝康　赵　丹

赵　爽　赵欣之　朱海宁　Sushil Kumar Dubey

审校人员

于文强　徐　鹏　王司清　叶水送　李　伟　杨智聪　刘梦醒　丁广进

梁　英　杨　帅　童　莹　张宝珑　任晓光　陈　璐　茹道平　连　丞

鞠东恩　陈灿灿　李丽娟　钱程晨　龚　熠　吴伟伟

序　一

人类基因组草图已经发布了二十多年，人们在基因测序和功能的研究上已经取得巨大的进展，但是生物医学中仍然有很多悬而未决的问题。例如，一个受精卵是怎样从 30 亿碱基对的遗传程序发育成高度分化的细胞类型的？为什么同一拷贝的基因组可以在不同细胞类型中转录出不同的 RNA 和蛋白质？分化后的细胞又是如何保持它们稳定的特征和功能的？在病理条件下，癌细胞是怎样变异和产生耐药性的？

解答这些问题的关键就是表观遗传学。表观遗传学是描述染色体 DNA、组蛋白、RNA 的化学修饰以及相关功能的一门学科。与改变 DNA 序列并从一代传给下一代的遗传物质变异不同，表观遗传学所研究的结构变化与化学修饰更具动态性、瞬时性，并且大多是不可遗传的。然而，DNA、组蛋白，以及 RNA 的化学修饰所携带的信息更加丰富，并且在细胞的分裂和分化过程中起着至关重要的作用。

近年来，遗传分析被广泛应用于阐述基因编码序列的变异如何导致各种遗传性状和疾病。在对于占人类 DNA 98%以上的非编码序列的功能注释上，表观遗传学的理论和相关研究则发挥了重要作用。这是因为不同类别的非编码序列功能元件在发挥作用过程中伴随着 DNA 甲基化、组蛋白修饰、RNA 修饰或者染色质结构的变化。同时，DNA 测序技术的迅猛发展也使我们分析表观遗传标记的规模和分辨率不断提高，并且已经达到单细胞水平。这样的图谱（通常称为表观基因组）进一步揭示了表观遗传修饰在基因调控、胚胎发育和疾病发生发展机制中的生物学作用。今天，表观基因组分析已经成为了人类基因组功能注释和人类疾病分子机理的研究中不可或缺的工具。

复旦大学于文强教授和徐国良院士主编的《表观遗传学》一书可谓该领域的鸿篇巨著。该书作者全部是来自表观遗传领域的一线科研工作者，内容几乎囊括了表观遗传学的所有细分领域，具有很强的专业性。我欣喜地看到，该书也包含许多表观遗传学的最新进展，尤其是染色质高级结构相关的章节。可以预见的是，该书将成为表观遗传领域必备的专业工具书。

这本 200 多万字的巨著，凝聚了数百位表观遗传学者的心血，而要组织和编写这样一本鸿篇巨著，过程必定十分艰辛。在此，我对所有参与该书编著的科研工作者们，尤其是于文强教授和徐国良院士，表示崇高的敬意。期待该书能够推动更多的学者投身表观遗传研究，在表观遗传领域做出更多杰出的工作，在人类生物医学研究史上画下浓墨重彩的一笔。

美国加州大学圣地亚哥分校医学院教授
路德维格癌症研究所成员

序　二

2009 年，美国冷泉港实验室出版社出版了一部由 C. David Allis，Thomas Jenuwein，Danny Reinberg 主编的 *Epigenetics*，可以说是几乎每位表观遗传学领域学者都读过的一本教科书式的著作。已经有这么经典的珠玉在前，那么这部中文版的《表观遗传学》编写的特色在哪里呢？

第一，内容新、观点新、视角新。“表观遗传学（epigenetics）”这个概念虽然早在 1942 年就已被提出，但在此后的 50 多年里一直处于缓慢的认识与发展阶段。直到 20 世纪末本世纪初，表观遗传学才开始迅速发展，而且不断加速，相关的知识与技术发展日新月异。尤其是在对分子机制的认识上，以及在生物医学的转化应用上，近几年来发展迅猛。而该书的编写就突出了一个“新”字，将近年来国际公认的前沿成果纳入其中，有助于读者在学习领域经典知识的基础上紧跟动态，推动领域的进一步发展。

第二，该书的编写符合国内表观遗传学发展的时代特征，符合中国人的阅读习惯。这几年我在全国各大学术会议上有一个深切的体会，即国内在表观遗传学领域的发展可谓是欣欣向荣。无论是原来研究发育生物学、遗传学、神经生物学还是基础医学的学者，大家都逐渐意识到表观遗传学发挥的重要调控作用。我本人在 20 世纪 90 年代初就已从事非编码 RNA 的研究，那个时候国内没有多少人听说过表观遗传学，从事相关研究的学者更是凤毛麟角。而随着我国科研水平的飞速提高，国内表观遗传学的发展已由星星之火渐成燎原之势。从与国际逐渐接轨，慢慢变为多项发现已领跑国际，这种发展的迅猛态势令人振奋。而目前我们也更加需要一本由我们自己编写，适合中文语言习惯与阅读习惯的综合性表观遗传学著作。该书全面而前沿，不仅介绍了国际上表观遗传学的发展，更增加了国际上著名华人学者的卓越贡献，体现了表观遗传学发展的中国声音。这些学者很多也亲自参与到了该书的撰写工作中，让中国学者在表观遗传学的研究中站上巨人的肩膀。

第三，该书集合了表观遗传学的知识和技术之大成。我在从事非编码核酸研究与教学过程中，经常需要参考大量的书籍、综述与论文。所以我也希望能有一部著作能够更加全面地汇集本领域的重要内容，并进行深入的讲解。这不仅有利于我们在研究的过程中进行参考，也有利于我们进行研究生的培养教育。该书由表观遗传学各方面的专家精心合作著成。共计 63 章，200 多万字，几乎涵盖了表观遗传学的各个领域。学者们可以把这部鸿篇巨著作为表观遗传学的一本工具书，它为大家提供了表观遗传学研究的理论、方法与应用。各位学者可以在从事研究和教育的过程中时时翻阅。

第四，受众广泛。该书对表观遗传学的发展历史与最新进展，进行了专业、全面而深刻的阐述。该书适合领域内外的科研人员，希望进行表观遗传学的医学转化的医生学者、进行技术转化的专业人士，以及相关领域的学生等。任何想要深入学习表观遗传学的内涵、机制、表现与应用的读者，都可以在该书中获得知识与启发。

最后，我衷心祝贺所有参与这部著作的组织和编写人员。他们用这部优秀的著作，为对表观遗传学感兴趣的读者奉献了一场知识盛宴。希望该书可以推动我国相关领域的发展更上一层楼！

陈润生

中国科学院院士

中国科学院生物物理研究所

目　录

第 32 章　表观遗传学与生殖

史庆华　江小华
中国科学技术大学附属第一医院

本章概要

生殖是重要的生命活动，受一系列生物学过程调控。近年来，随着表观遗传学的发展，表观遗传调控在生殖过程中的作用逐渐被人认识，它与生殖细胞的发生发育密切相关。在生殖过程中，一旦表观遗传调控出现异常，就可能导致生殖相关疾病，如不孕不育等。在介绍精子和卵子发生发育的表观遗传特征之前，作者首先概述了生殖过程中精子发生、卵泡形成及减数分裂三个与生殖密切相关的生物学过程。随后分别从 DNA 甲基化、组蛋白修饰、非编码 RNA 等方面，阐述其在精子和卵子发生、成熟过程中扮演的角色。在精母细胞减数分裂过程中，会出现性染色体失活现象，即 X 或 Y 染色体未联会区域的基因表达受到抑制的现象。本章最后一部分阐述了 DNA 甲基化、组蛋白修饰等异常与人类生殖疾病的关系。它们不仅可导致无精子症或无卵子症，还可能跨代遗传。由此可见，系统地了解表观遗传修饰对生殖细胞的调控，将有助于我们为人类不孕不育的诊治提供更为广阔的思路和手段。

生殖是从配子（包括精子和卵子）发生开始，历经精子与卵子结合形成受精卵和胚胎发育而产生下一代的整个生物学过程。近年来，表观遗传调控在生殖中的作用已被逐渐认识，如非编码 RNA、组蛋白修饰、DNA 甲基化及染色质重塑，它们对生殖细胞发育的调节、组蛋白变体对精子变形中组蛋白替换等都有重要作用。本章将在简要介绍生殖过程的基础上，对生殖过程中的表观遗传调控予以详细介绍。

32.1　生殖过程概述

关键概念

- 原始生殖细胞是一种具有多种分化潜能的干细胞，其形态、分子标志及体内外分化潜能都类似于胚胎干细胞。
- 精子发生是由多种因素共同调控的精密而复杂的细胞增殖和分化过程，其开始于精原干细胞的增殖和分化，终止于成熟精子的形成和释放。
- 卵泡是卵巢的基本结构和功能单位，由一个卵母细胞及包围卵母细胞的颗粒细胞和卵泡膜细胞等组成，在其发育过程中，依次历经原始卵泡、初级卵泡、次级卵泡、三级卵泡和成熟卵泡等过程。

生殖细胞来源于原始生殖细胞（primordial germ cell，PGC），原始生殖细胞发生于早期胚胎，是一种具有多种分化潜能的干细胞，其形态、分子标志及体内外分化潜能都类似于胚胎干细胞[1]。在小鼠胚胎中，原始生殖细胞最早出现于受精后第 7 天的外胚层，并向生殖嵴迁移。在迁移过程中和到达生殖嵴后短时间内，原始生殖细胞不断增殖[1]。在受精后第 12 天，原始生殖细胞完成向生殖嵴的迁移。此时，睾丸中的原始生殖细胞停止分裂，进入 G_0/G_1 期，直到出生后才重新进入增殖周期而形成精原干细胞；卵巢中的原始生殖细胞则直接启动减数分裂。

32.1.1 精子发生

哺乳动物的精子发生（spermatogenesis）是由多种因素共同调控的精密而复杂的细胞增殖和分化过程，其开始于精原干细胞的增殖和分化，终止于成熟精子的形成和释放（图 32-1）[2, 3]。精子发生过程包括精原细胞增殖和分化、精母细胞减数分裂和精子变态三个阶段[3, 4]。

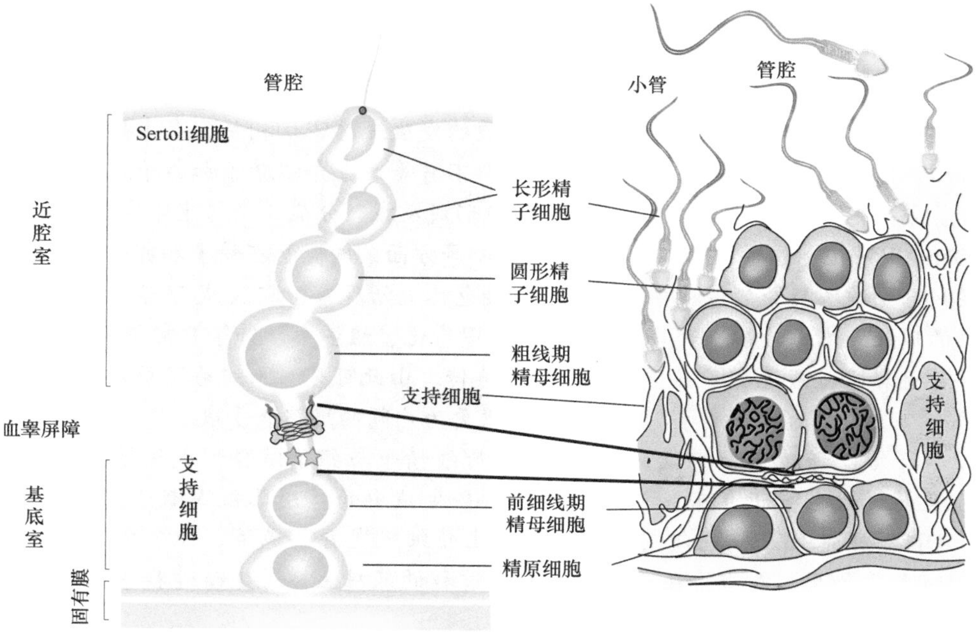

图 32-1　睾丸生精小管横切面示意图（修改自文献[5]）

第一个阶段为精原（干）细胞的增殖和分化。精原干细胞位于生精上皮的基底部，可通过不对称的有丝分裂形成两类命运不同的子细胞：一类仍保持精原干细胞的特征，因此又称为精原干细胞自我更新；另一类则启动分化，进入精子发生周期，经过分裂和分化，依次形成 A1～A4 型、中间型和 B 型精原细胞，B 型精原细胞启动减数分裂形成初级精母细胞[6]。

精原干细胞自我更新和分化之间的平衡，对维持动物一生中精子的持续发生具有重要意义。当平衡偏向分化，精原干细胞库将逐渐衰竭，动物将呈现年龄依赖的精子发生减少；与此相反，当平衡偏向自我更新，则将导致精原干细胞的累积，而精子形成减少。运用基因修饰小鼠模型开展的研究发现，基因 *Id4*、*Zbtb16* 和 *Nanos2* 等在调节精原干细胞自我更新和分化之间的平衡中具有重要作用[7-10]。

第二个阶段为精母细胞减数分裂阶段。一个初级精母细胞经过减数分裂 I 形成两个次级精母细胞，而次级精母细胞不发生染色体复制就进入第二次分裂，形成单倍体的精细胞。减数分裂是精子发生的关键环节，通过减数分裂，生殖细胞完成了遗传物质的重组和染色体数目的减半，是生物遗传多样性产生的最主要途径[11]。

第三个阶段为精子变态阶段，即圆形精细胞经过复杂的形态变化形成精子。变态过程主要包括顶体形成、细胞核浓缩、染色体重新包装、鞭毛和轴丝形成等[4, 12]。

32.1.2　卵泡的形成和发育

卵泡是卵巢的基本结构和功能单位，由一个卵母细胞及包围卵母细胞的颗粒细胞和卵泡膜细胞等组成。在小鼠卵巢中，原始生殖细胞进入减数分裂后形成卵母细胞，后者依次经历减数分裂细线期、偶线期和粗线期，于第 17.5 天左右到达双线期。在出生时，绝大多数卵母细胞都已进入并停滞在双线期；随后少部分卵母细胞被颗粒细胞包裹形成原始卵泡，而其余的卵母细胞则发生凋亡[13]。

卵泡发育（follicular development）是指原始卵泡启动生长并依次历经初级卵泡、次级卵泡、三级卵泡而发育为成熟卵泡的过程[14]。在卵泡发育过程中，颗粒细胞间出现的不规则腔隙，逐渐合并形成一个大的半月形卵泡腔（antrum），其中充满卵泡液。因此，又将卵泡腔形成前的卵泡称为腔前卵泡（preantral follicle），包括原始卵泡、初级卵泡和次级卵泡；将卵泡腔形成后的卵泡称为有腔卵泡（antral follicle），包括三级卵泡和成熟卵泡，如图 32-2 所示。

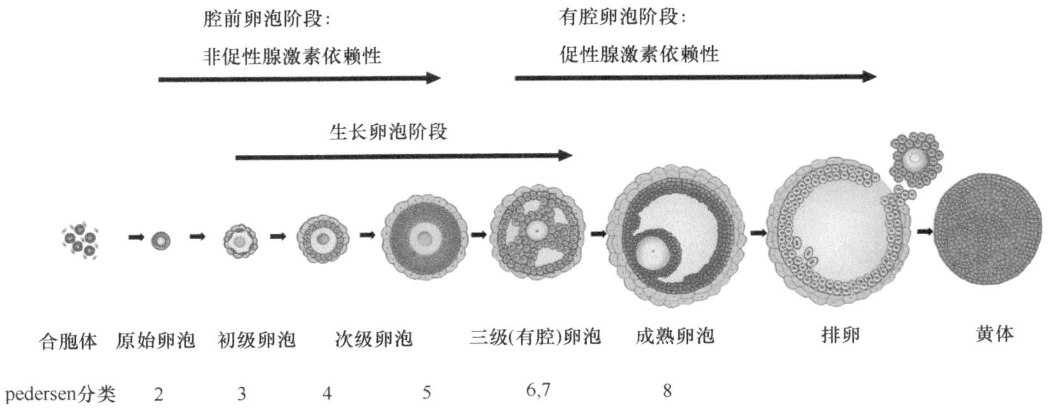

图 32-2　哺乳动物的卵泡发育过程（修改自文献[14]）

32.1.3　减数分裂

减数分裂是包括人类在内的所有有性生殖生物的最基本特征，由两次分裂组成，即第一次减数分裂（first meiotic division）或减数分裂 I（meiosis I）和第二次减数分裂（second meiotic division）或减数分裂 II（meiosis II）。这两次分裂又各自分为前期、中期、后期和末期。由于细胞分裂两次，而染色体只复制一次，所以经过减数分裂，染色体数目减半，细胞变成单倍体（haploid）；通过减数分裂，来自父本和母本的同源染色体发生遗传物质交换，形成遗传物质组成各不相同的配子[15]。其中，第一次减数分裂前期比较复杂，减数分裂所特有的事件多发生在这一时期。在此过程中，同源染色体要完成相互识别、配对、联会和遗传物质的重组等。根据染色体的行为，减数分裂前期 I 又可分为细线期、偶线期、粗线期和双线期[15, 16]。

32.2　精子发生和成熟的表观遗传特征

关键概念

- 性染色体失活：指 X 和 Y 染色体未联会区域的基因在减数分裂前期发生转录抑制的现象。

- 组蛋白修饰：指组蛋白通过翻译后修饰，改变组蛋白与 DNA 和核蛋白的相互作用状态，尤其是组蛋白 H3 和组蛋白 H4 的多个位点能承载多种共价修饰，如甲基化、乙酰化和泛素化等。

精子的发生和成熟伴随着多种表观遗传修饰的变化，主要包括组蛋白修饰、DNA 甲基化及染色质重塑等。其中，组蛋白修饰又包括组蛋白甲基化、乙酰化、磷酸化和泛素化等[17]。通过一系列表观遗传修饰调控，实现了精子发生和成熟过程中特异基因的精准表达，确保了精子发生的正常进行。例如，在对人类和黑猩猩精子的甲基化图谱进行分析时发现，发育所需基因的启动子多处于去甲基化状态，重复序列区域多呈现高度甲基化[18]。在组蛋白修饰上，组蛋白 H3 氨基端第 9 位赖氨酸（H3-K9）的甲基化多与 DNA 沉默相关，而第 4 位赖氨酸（H3-K4）的甲基化则多位于活化基因的启动子区域，与基因激活相关[19]。此外，组蛋白 H3 和 H4 乙酰化导致染色质构象打开，促进转录因子的结合；去乙酰化则与转录失活相关[20]。

在睾丸中，还存在组蛋白的多种变体，与常规组蛋白相比，这类变体的稳定性较低，但对精子发生和成熟具有重要意义[21]。例如，睾丸特异的组蛋白变体 H1T2 促进了圆形精细胞染色质的凝集，H2AZ 在异染色质周围区域聚集，精细胞组蛋白 1 样蛋白（histone H1-like protein in spermatids 1，HILS1）则在长形精细胞中表达，参与了精子发生和成熟过程中的染色质重塑。此外，在雄性生殖细胞中，存在着多种非编码 RNA，其中，miRNA 在转录活跃的生殖细胞中富集；piRNA 则在精母细胞中高表达，并随精细胞分化逐渐消失[22, 23]。

32.2.1 DNA 甲基化的动态变化

DNA 甲基化指的是胞嘧啶残基的第五个碳原子被甲基基团修饰，该基团由 *S*-腺苷-1-甲硫氨酸（SAM）提供[24]。DNA 甲基化通常发生在 CpG 位点上，极少出现在 CpT、CpA、CpC 等非 CpG 位点[25]。

迄今发现了两种不同的 DNA 甲基化机制：甲基化维持和从头起始甲基化。甲基化维持机制用于维持基因组位点上已存在的甲基化，主要在 DNA 复制过程中发挥作用；从头起始甲基化机制是在 DNA 上产生新的甲基化标记，多发生于配子形成或胚胎发育时，全基因组范围去甲基化后的重新甲基化过程中[26, 27]。

作为一种重要的表观遗传调控，DNA 甲基化对基因转录、基因组印记和 X 染色体失活等过程至关重要[28, 29]。研究发现，睾丸中 DNA 的甲基化水平约为体细胞的 8 倍以上[30-32]，因此精子发生过程中 DNA 甲基化水平的变化对雄性生殖细胞的发育至关重要[33-35]。全基因组甲基化研究表明，精子 DNA 甲基化情况与一般体细胞不同，但却与胚胎干细胞（embryonic stem cell，ESC）非常类似[33, 36]。借助限制标记性基因组扫描技术（restriction landmark genomic scanning，RLGS），发现人精子的第 6、20 和 22 号染色体甲基化程度较高，而且许多位点的甲基化程度与体细胞明显不同，其中精子甲基化程度比成纤维细胞高 20%，比肝细胞高 10%，比 $CD4^+$和 $CD8^+$的淋巴细胞高 5%[37]。

生殖细胞 DNA 的甲基化水平一直处于动态变化过程中。以小鼠为例，在胚胎期第 7 天，原始生殖细胞携带了父母本的 DNA 甲基化印记[38]，而当原始生殖细胞开始向生殖嵴迁移时，生殖细胞开始大规模去除甲基化[39]，这一过程一直持续到胚胎期的第 13～14 天，此时雄性生殖细胞处于静止期[34, 35]。而随后在性原细胞阶段，生殖细胞的 DNA 会重新发生甲基化[40]。

DNA 甲基化由特异的 DNA 甲基化转移酶（DNMT）催化完成。目前，已经发现了多种 DNMT，如 DNMT1、DNMT3A、DNMT3B 和 DNMT3L 等[41, 42]，它们在精子发生过程中的表达和作用各不相同。DNMT1 主要负责 DNA 甲基化的维持，在小鼠中，DNMT1 在 A 型精原细胞中高表达，而在 B 型精原细胞及前细线期精母细胞中表达量较低，随后在细线期及偶线期升高但在粗线期又降低，在圆形精细胞中表达重新升高后再次降低，长形精细胞中几乎检测不到其表达[43, 44]。在人类生精细胞中，*DNMT1* mRNA 在精原细胞、粗线期精母细胞及圆形精细胞中均能检测到[45]，而在长形精细胞中表达量较低[46]。DNMT1 在 A 型精原细胞的细胞核和细胞质中均有定位，而从细线期精母细胞到次级精母细胞其只定位于细胞核，在圆形精细胞中则主要定位于细胞质[46]。由于在圆形精细胞向长形精细胞的转换阶段组蛋白会被鱼精蛋白替换，一般认为此时并不需要 DNA 的甲基化，这也解释了 DNMT1 在精子发生后期的动态变化。DNMT3A 和 DNMT3B 主要负责 DNA 的从头甲基化[47]。在小鼠中，*Dnmt3a* 的 mRNA 在 A 型精原细胞中高表达，而在 B 型精原细胞中表达略有降低，在前细线期到粗线期则进一步降低，到圆形及长形精细胞阶段几乎检测不到[48]，其蛋白质则高表达于 B 型精原细胞及前细线期精母细胞中。*Dnmt3b* 在小鼠 A 型精原细胞、细线期细胞及圆形精细胞中高表达，而在前细线期及粗线期细胞中表达较低[48]，其蛋白质主要表达于 A 型精原细胞。人 *DNMT3A* 的 mRNA 在精原细胞、精母细胞及圆形精细胞中均有表达，其蛋白质主要定位于胞质，但在粗线期及次级精母细胞中定位在胞核[46]，而在成熟精子中主要位于中段[46]。人 *DNMT3B* 的 mRNA 在精原细胞、初级精母细胞及圆形精细胞中均有所表达，但在次级精母细胞中表达量较低，其蛋白质主要定位于各类细胞胞质，在成熟精子中主要定位于精子头部的前半段[46]。值得注意的是，*Dnmt3a* 和 *Dnmt3b* 在雄性生殖细胞发育过程的两个关键时间点，精原细胞向精母细胞分化及粗线期精母细胞阶段均表现出下调趋势，可能是由于这一阶段细胞涉及一系列睾丸特异基因的正常转录。小鼠中DNMT3L的蛋白质表达与DNMT3A类似，从胚胎期13.5天到18.5天高表达，而小鼠出生后，DNMT3L的表达显著降低[49-51]，虽然在人类任何阶段的生精细胞中都检测不到 DNMT3L 蛋白存在[46]，但有研究认为 DNMT3L 能够辅助 DNMT3A 从头甲基化[52]。

32.2.2 组蛋白修饰和组蛋白变体

组蛋白是染色质的关键组分，参与 DNA 的包装和代谢调节。由四种核心组蛋白（H2A、H2B、H3 和 H4）各两个拷贝组成的八聚体构成了染色质的基本——核小体[53]。除了核心组蛋白，连接组蛋白 H1 有助于屏蔽核小体之间带负电的 DNA[54]。组蛋白通过翻译后修饰，能改变组蛋白与 DNA 和核蛋白的相互作用状态[53]，尤其是组蛋白 H3 和组蛋白 H4 的多个位点能承载多种共价修饰[55]，如甲基化、乙酰化和泛素化等。通过这些修饰，组蛋白广泛参与基因表达、DNA 损伤修复及染色体包装等多个生物学过程[53]。

1. 组蛋白修饰的动态变化

精子发生中组蛋白受到多种不同的翻译后修饰，这些修饰可单独或者共同发挥功能，从而对染色体的结构和功能进行调控。

1）组蛋白甲基化修饰

组蛋白甲基化是由组蛋白甲基转移酶（histone methyltransferase）介导的一种组蛋白修饰形式[19, 53]。组蛋白甲基化的位点可发生在赖氨酸和精氨酸残基上，其中，赖氨酸可分别被一、二或三甲基化，精氨酸只能被单或二甲基化。一般情况下，组蛋白 H3K4、H3K34、H3K79 的甲基化主要聚集在转录活跃区域，而组蛋白 H3K9、H3K27、H4K20 的甲基化则与基因的转录抑制及异染色质形成有关[19]。

作为一种重要的表观遗传修饰，组蛋白甲基化参与了配子发生过程的多个重要阶段。在果蝇中，极细胞将特化为原始生殖细胞。为了抑制体细胞基因的表达，代表基因转录活跃标志的 H3K4 三甲基化（H3K4me3）水平降低，而转录抑制标志 H3K9me3 水平则上升[56]。在小鼠原始生殖细胞中，B 淋巴细胞成熟诱导蛋白 1（B-lymphocyte maturation-induced protein 1，BLIMP1）结合精氨酸甲基转移酶 5（protein arginine N-methyltransferase 5，PRMT5），介导 H2AR3 和 H4R3 的二甲基化[57]。在 PGC 迁移到生殖脊之后，BLIMP1-PRMT5 出核导致 H2AR3me2 和 H4R3me2 水平显著降低；随后 BLIMP1-PRMT5 潜在靶基因 *Dhx38* 的表达升高，这就提示 H2AR3me2 和 H4R3me2 抑制了 *Dhx38* 的表达。此外有研究表明，H4R3me 与原始生殖细胞某些基因转录激活有关[58, 59]，而 H3R8me 介导某些基因的转录失活[60]。

减数分裂完成后，所有生殖细胞将在形态和表观基因组水平发生复杂的变化。在圆形精细胞中，将发生细胞核重构及组蛋白的替换：组蛋白首先被转换蛋白 1（transition protein 1，TNP1）和转换蛋白 2（transition protein 2，TNP2）替换，然后转换蛋白再被鱼精蛋白替换[61, 62]。在此过程中，一些组蛋白修饰如 H3K9me2 仍然存在于失活的 X 染色体上[63, 64]。另外，一种 H3K9me1/2 去甲基化酶 JHDm2A（又称为 JmJD1A）则参与 *Tnp1* 和 *Prm1* 的转录激活[65]。

利用敲除小鼠模型开展的研究已证实，多种组蛋白甲基化异常都会导致生殖细胞发育障碍，乃至不育（表 32-1）[66]，提示组蛋白甲基化在精子发生过程中发挥重要作用。

表 32-1 参与减数分裂组蛋白甲基化调控的基因

基因	功能	基因敲除小鼠表型
Suv39h1 和 *Suv39h2*	H3K9 三甲基化转移酶	精母细胞近着丝粒区染色质修饰异常，染色体联会异常，减数分裂滞于中-晚粗线期，精母细胞凋亡[66]
Ehmt2	H3K9 单甲基及二甲基化转移酶	联会异常，减数分裂停滞于早粗线期，精母细胞和卵母细胞凋亡[67]
Prdm9	H3K4 三甲基化转移酶	联会、重组异常，减数分裂特异基因不能转录，性泡形成异常，减数分裂停滞于早粗线期，精母细胞和卵母细胞凋亡[68]
Scmh1	多梳家族蛋白	性泡区域染色质修饰异常，晚粗线期精母细胞凋亡[69]

Suv39h1 和 *Suv39h2* 双敲除导致小鼠减数分裂前期异常[66]。在双敲除小鼠减数分裂前期精母细胞中，染色体近着丝粒区 H3K9me3 水平下降，出现非同源染色体的配对、联会，随后粗线期细胞大量凋亡。因此，由 *Suv39h1* 和 *Suv39h2* 介导的近着丝粒区甲基化对精母细胞减数分裂进程起着重要作用。雌性 *Suv39h1* 和 *Suv39h2* 双敲除小鼠也显示减数分裂异常，但其分子机制仍不清楚。

常染色质组蛋白赖氨酸甲基转移酶 2（euchromatic histone-lysine *N*-methyltransferase 2，EHMT2，也称之为 G9a）负责 H3K9 的单甲基化及二甲基化，是减数分裂所必需的[67]。在小鼠精母细胞中特异性敲除 *Ehmt2* 后，同源染色体联会异常，减数分裂停滞于早粗线期；H3K9me 和 H3K9me2 水平显著下降，但 H3K9me3 未受影响。此外，*Ehmt2* 敲除后，某些基因的表达上调，提示这些基因的沉默由 EHMT2 介导的 H3K9me 和 H3K9me2 所负责。

H3K4 甲基化可调控减数分裂特异基因的表达[68]，其中，PRDM9（PR domain-containing 9）是一种 H3K4 三甲基化转移酶。PRDM9 特异表达于减数分裂前期细胞中。利用 *Prdm9* 敲除小鼠模型，研究发现 PRDM9 为减数分裂同源染色体间联会、重组所必需[68]。*Prdm9* 敲除的精母细胞中，一些减数分裂特异基因的表达被抑制，且 *Prdm9* 敲除小鼠同源染色体的联会、重组异常，可知 PRDM9 参与减数分裂前期程序性 DNA 双链断裂产生的调控。

中足性梳同系物 1（sex comb on midleg homologue 1，SCMH1）作为多梳抑制复合物（polycomb repressive complex，PRC1）组分之一，参与性泡组蛋白修饰[69]。*Scmh1* 缺失小鼠减数分裂阻滞于晚粗线期[69]。在正常晚粗线期精母细胞中，PRC1 其余组分和 H3K27me3 并不存在于性泡；而在 *Scmh1* 缺失细胞中，它们都在性泡上。此外，*Scmh1* 缺失的精母细胞，H3K9me 和 H3K9me2 在性泡不能聚集，磷酸化 RNA 聚合酶 II 不能被排出性泡。因此，SCMH1 为性泡组蛋白特定修饰所必需。

2）组蛋白的乙酰化和去乙酰化

乙酰化是最常见的组蛋白修饰之一，通过乙酰化可以使组蛋白带负电荷，从而减弱组蛋白和 DNA 间的相互作用，使染色体结构更加松散，转录因子更易接近并结合于特定 DNA 区段，进而调控基因表达。和体细胞一样，在生殖细胞中，组蛋白乙酰化对基因的表达同样具有调控作用[70]。另外在精子发生中，一系列独特的分子和细胞学事件，如全基因组的组蛋白移除及鱼精蛋白对组蛋白的取代等，也需要组蛋白乙酰化的参与。

早期研究通过在体外将鱼精蛋白和高度乙酰化的染色体共同孵育，发现组蛋白的高度乙酰化可帮助组蛋白的移除。然而，这些实验虽揭示组蛋白的高度乙酰化可促进组蛋白的交换，但是生物体内的组蛋白移除机制可能更为复杂，因为在细胞中，不论是组蛋白的装载或移除都存在高度特化的机制[71, 72]。随着布罗莫结构域（bromodomain）被发现并证实可特异地识别乙酰化组蛋白，人们猜想可能存在某种包含 bromodomain 的因子能识别高度乙酰化的组蛋白并介导它们的移除[73]。通过对睾丸特异表达的含 bromodomain 蛋白进行筛选和分析，发现仅在生精细胞中表达的 BRDT 蛋白可作用于高度乙酰化的染色体[74]，而缺失第一个 bromodomain（BD1）的 $Brdt^{\Delta BD1/\Delta BD1}$ 雄鼠不育，并且其长形精细胞存在明显缺陷[75]。虽然关于 $Brdt^{\Delta BD1/\Delta BD1}$ 小鼠的首次报道没有明确阐明组蛋白乙酰化和组蛋白替换之间的关系[75]，但小鼠生精过程停滞于长形精细胞阶段则暗示 BRDT 在长形精细胞发育中发挥重要作用。

通过对 BRDT 两个 bromodomain 的结构解析，发现 BRDT 的 BD1 只能与第 5 位（K5）和第 8 位赖氨酸（K8）同时乙酰化的组蛋白 H4 结合[76]。进一步研究也表明即使是在体内，BRDT 和组蛋白 H4 的相互作用也需要 K5 和 K8 两个位点同时乙酰化[77]。这一系列研究不但证明单独的结构域可识别多个组蛋白修饰组合而成的表观遗传修饰，同时还发现了首个特异性识别高度乙酰化的组蛋白 H4 的分子，即 BRDT 的 BD1 结构域。事实上，H4K5 和 H4K8 同时乙酰化也被认为是组蛋白 H4 N 端尾巴上 4 个乙酰化位点被完全乙酰化的标志[78, 79]。此外，研究表明 BRDT 促进染色体凝集不但需要 bromodomain 的参与，也需要 bromodomain 附近区域的协助[74]，因此认为 BRDT 及乙酰化依赖的染色体凝集共同参与了组蛋白替换过程，这一过程起始于 BRDT 识别并结合高度乙酰化的组蛋白，随后 BRDT 之间相互作用，并最终导致相邻的染色体之间交联和染色体凝集。利用荧光共振能量转移实验也证实了这一推测中乙酰化依赖的 BRDT-BRDT 互作反应的存在[21]。

在由 BRDT 介导的乙酰化组蛋白被 TP 替换之后，这些高度乙酰化的组蛋白很可能会直接被睾丸特异的 20S 蛋白酶体所降解。这些蛋白酶体和蛋白酶体激活因子 PA200 相互结合，并被称为精细胞蛋白酶体（spermatoproteasome）。PA200 调控因子可以通过一种类似 bromodomain 的结构域直接识别乙酰化的组蛋白，并介导泛素化不依赖的组蛋白降解[80]。但在长形精细胞中，精细胞蛋白酶体无法直接对乙酰化的核小体组蛋白进行降解[80]。因此，乙酰化的组蛋白必须先被移除，随后才能被传递到精细胞蛋白酶体中进行降解。例如，基于对 BRDT 第一个 bromodomain 缺失的研究发现，即使组蛋白高度乙酰化正常发生，组蛋白的移除也会受到影响，并且乙酰化的组蛋白还会在细胞内聚集，导致细胞凋亡[21]。

另外，在缺少 PA200 的小鼠和缺少蛋白酶体亚基 Prosα6 T 的果蝇中，仅观察到组蛋白移除的延迟[80, 81]，并且在 PA200 缺失的小鼠中，依然可以观察到完成了组蛋白替换的成熟精子[80]。而在 Prosα6 T 缺失的果蝇中，其长形精细胞中同样也可以完成鱼精蛋白的装载[81]。因此，在生精细胞中还具有非蛋白酶体依赖的组蛋白降解系统以确保被替换的多数组蛋白能正常降解。

3）组蛋白泛素化和去泛素化修饰

精子发生过程中伴随着不同类型生殖细胞的形态变化，许多细胞器和蛋白质会被降解再利用，在此过程中泛素-蛋白酶体途径起关键作用[82]。例如，在圆形精细胞向长形精细胞转变过程中，组蛋白-鱼精蛋白替换至关重要，如果替换过程被阻断，精子发生将受到影响[83]，而此过程受到泛素系统的调控[83-85]。

在小鼠精子发生过程中，泛素化 H2A（uH2A）主要定位于早粗线期精母细胞性泡上，具有基因转录沉默效应。而在圆形精细胞到长形精细胞阶段，随着组蛋白被鱼精蛋白替代，uH2A 水平再次升高[86]。H2A 的泛素化可能受到 Polycomb 组（PcG）的调控。在哺乳动物发育过程中，PcG 复合物之一——PRC1

通过对 H2A 119 位赖氨酸位点的单泛素化（H2AK119ub）来抑制基因表达。生殖细胞特异的 PRC1 复合物成员 SCML2 与 PRC1 其他成员互作，通过两种相反的机制维持了雄性生殖细胞特有的表观特征。SCML2 与 PRC1 共同促进 RNF2-依赖的 H2A 泛素化，从而抑制体细胞/原始生殖细胞中常染色体基因的表达。SCML2 也可以抑制性染色体上 RNF2-H2A 依赖的泛素化，并阻止 H2A K119 泛素化在性染色体上的积累，从而调节减数分裂过程中性染色体的独特行为与基因表达模式（图 32-3）[87]。此外，有研究认为 RNF8 也介导减数分裂性染色体组蛋白的泛素化，并激活 X 染色体相关基因表达，从而使相关基因逃避了性染色体失活过程中的基因沉默[88]。

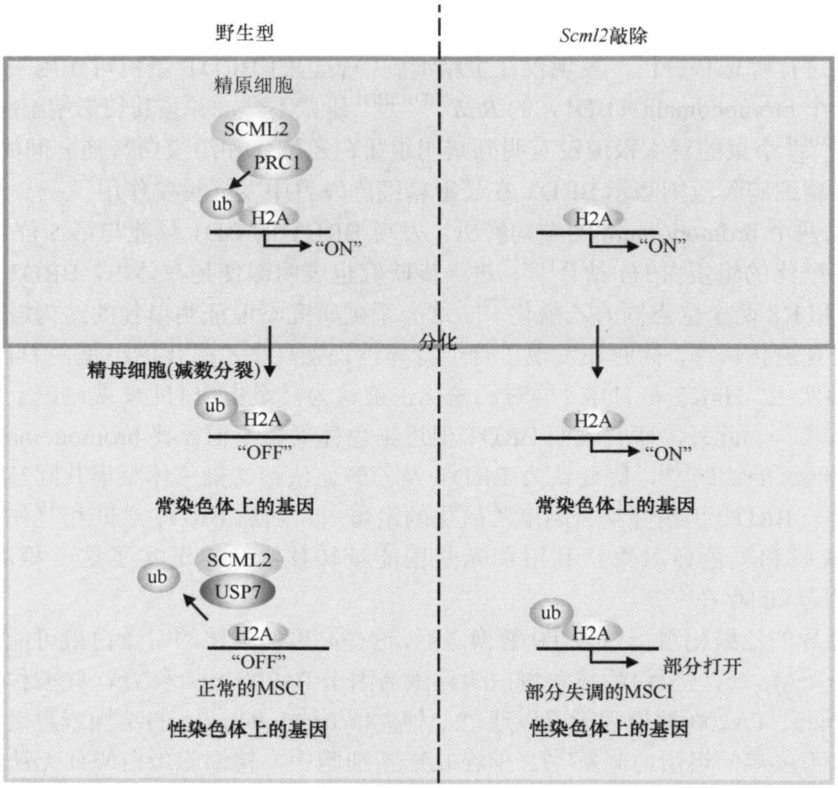

图 32-3 SCML2 调节雄性生殖细胞 H2A 泛素化[87]

在精子发生过程中，组蛋白的泛素化与乙酰化等修饰密切相关。组蛋白泛素化可通过减少 H2A-H2B 二聚体的自由能来促进组蛋白乙酰化过程，以促进转录。例如，小鼠 *Rnf8* 基因敲除抑制了组蛋白的泛素化并会影响组蛋白 H4K16 位点的乙酰化[89]。此外，组蛋白甲基化和泛素化亦存在关联，如酵母中组蛋白 H2B 的单泛素化会导致组蛋白 H3 的甲基化，引起端粒基因表达沉默[90, 91]。

此外，近年来越来越多的组蛋白泛素连接酶被发现，如 *Ube1*、*Ube* 和 *Ubc* 在睾丸中高表达，并且在精子发生中起重要作用[92, 93]，这些发现对解析组蛋白泛素化在精子发生中的作用具有重要意义。因此，进一步破译参与精子发生的泛素连接酶的功能，不但有望进一步了解精子发生组蛋白的修饰和调控，也将有助于了解男性不育的分子机制。

2. 组蛋白变体

组蛋白变体在染色体分离、转录调控、DNA 修复、精子包装等过程中发挥重要作用，它们通过形成独特的染色体结构域来执行特定的功能[94]。目前，已鉴定出了全部四种经典组蛋白及连接组蛋白 H1 的多种变体。其中，组蛋白 H4 是真核生物中最保守的蛋白质之一，仅在少数物种中发现了它的变体[95]，如在果蝇中发现了组蛋白 H4 的替代基因 *H4r*，且在精子蛋白组中找到了其编码的蛋白质[96, 97]，但迄今尚无证据表明 H4r 在果蝇精子发生中发挥重要作用。在哺乳动物中尚未发现组蛋白 H4 的变体。

在此，我们将重点关注在生殖细胞中表达的组蛋白 H1、H2A、H2B 和 H3 的变体，它们可能参与了染色质结构的松散化，以便为组蛋白替换为鱼精蛋白做准备。

1）H1 变体

在哺乳动物中，已发现了组蛋白 H1 的 11 种亚型，其中 H1t、H1T2、HILS1 等在睾丸中特异性表达[98]。组蛋白变体 H1t 最早能在粗线期精母细胞中被检测到，它的表达一直持续到减数分裂后染色质重构阶段[99, 100]。*H1t* 缺失的小鼠可育且精子发生未见明显异常，但同正常小鼠相比，在 *H1t* 缺失的精细胞中，经典组蛋白亚型 *H1.1*、*H1.2* 和 *H1.4* 基因的表达增强[101]。组蛋白 H1 变体 H1T2 在圆形精细胞中开始表达，并持续到组蛋白-鱼精蛋白转换阶段[102]。在精细胞的细胞核中，H1T2 呈帽状结构定位于顶体的顶极，这一定位可能赋予了精子细胞核极性，并为精细胞 DNA 凝缩所必需[102]。*H1t2* 缺失引起精细胞核凝集异常，并导致雄鼠生育力下降[103, 104]。精细胞特异 H1 样蛋白，即 HILS1，在正在延伸或已完成延伸的长形精细胞核中高表达[105-107]。由于 HILS1 在不含核心组蛋白的精细胞中仍能被检测到，推测在精子发生的晚期阶段，HILS1 存在其他未知的生物学功能。

2）H2A 和 H2B 变体

TH2A 和 TH2B 分别是睾丸特异表达的组蛋白 H2A 和组蛋白 H2B 的变体，最早在圆形精细胞中被检测到[108, 109]，且随着精子核凝缩而逐渐消失[109-111]。精子特异的 H2B 变体（ssH2B）在圆形精细胞中表达，并在染色质包装过程中组蛋白开始大量降解前就开始减少[112, 113]。由于哺乳动物的圆形精细胞具有转录活性，ssH2B 可能参与了圆形精细胞的转录调控[113]。非经典组蛋白变体 H2A.B.bd 在人和小鼠的睾丸中均高表达[114, 115]，H2A.B.bd 在体外能使染色质去稳定化及去折叠，因此这一组蛋白变体可能在染色质重构和鱼精蛋白对组蛋白的替代中发挥作用[116-118]。此外，Govin 等人还发现了 5 个主要在睾丸中表达的组蛋白变体，即 H2AL1、H2AL2、H2AL3、H2BL1 和 H2BL2[119]。与细线期精母细胞相比，*H2AL1*、*H2AL2*、*H2AL3* 和 *H2BL1* 的 mRNA 在圆形和长形精细胞中高度富集，而 *H2BL2* 的 mRNA 在减数分裂及减数分裂后阶段均较低。利用针对 H2AL1 和 H2AL2（H2AL1/H2AL2）或 H2BL1 的抗体进行免疫荧光染色，发现 H2AL1/H2AL2 和 H2BL1 在正在凝缩的精细胞中累积，类似于转换蛋白或鱼精蛋白的定位；而 H2AL1 和 H2AL2 则定位于正在凝缩的精细胞近着丝粒区，提示其可能参与了异染色质的重构[119]。

3）H3 变体

除了两种经典的组蛋白 H3.1 和 H3.2 之外，三种非经典的组蛋白 H3 变体 H3.3、H3t 和 CENP-A 在哺乳动物中也均有报道[120]。此外，两种灵长类特异的 H3 变体（H3.X 和 H3.Y）亦被鉴定出来[121]，最近又发现了人睾丸生精小管特异性表达的 H3.5[122]。组蛋白变体 H3t 在雄性生殖细胞中高度富集[123, 124]，其在精原细胞中开始表达，且在精母细胞和早期精细胞中仍能检测到[124]。非经典组蛋白变体 H3.3 由两个不同的基因（*H3.3A* 和 *H3.3B*）编码，但氨基酸序列相同，*H3.3A* mRNA 在各阶段生殖细胞均能被检测到，而 *H3.3B* mRNA 的表达只限于减数分裂前期[125]。此外，组蛋白变体 CENP-A 与着丝粒的功能相关，可替换着丝粒特异的核小体中的组蛋白 H3[126, 127]。

32.2.3 RNA 可变剪接

前体 mRNA 可变剪接（alternative splicing，AS）使一个基因可编码多个不同的转录产物和蛋白质产物，显著增加生物体内转录组的复杂性和蛋白质组的多样性，在发育中具有至关重要的作用。在人类的细胞中，多达 74%的多外显子基因会发生可变剪接[128]。睾丸中可变剪接产生的 mRNA 变体数目大大超过了多种其他组织[129, 130]，如精母细胞（减数分裂）和圆形精细胞（染色质重构）中的剪接变体数目最多[129]。一种解释是，与其他组织相比，睾丸包含复杂的细胞发育过程[131]；另一种解释是，尽管一些保守（人和鼠之间）的可变剪接在精子发生过程中起着重要作用，但睾丸中可能存在错误拼接的“背景”。因为与大脑相比，睾丸中物种特异的剪接增加（如小鼠与人之间不保守），可能是由于睾丸细胞类群多样等导致了体内质量控制降低或剪接调控因子的整体波动[132]。

前体 mRNA 可变剪接对精子发生具有重要的调节作用，一些精子发生的必需基因在不同发育阶段存在着特定的剪接体。例如，*Mtap2* 是一个细胞骨架相关基因，其突变会导致精子发生停滞于减数分裂前期 I，仅有少数管道存在于圆形精细胞[133]。*Mtap2* 前体 mRNA 通过可变剪接产生多种蛋白质，如 MAP2A、MAP2B、MAP2C 和 MAP2D。在大鼠睾丸中，主要的 MAP 蛋白是 MAP2C，其在精母细胞、未成熟的支持细胞和成年大鼠的 Leydig 细胞中高表达；在圆形精细胞中，则会产生两种更短的 *Mtap* mRNA[134]。另外，c-kit 在分化的精原细胞中特异表达，并且对于减数分裂前的生殖细胞的存活和分化等必不可少[135-137]。然而，截短形式的 c-kit（tr-kit）在减数分裂后才表达，并在精子中富集，当注射 tr-kit 到 MII 期卵母细胞，可激发孤雌生殖[138, 139]。此外，前体 mRNA 剪接异常后会导致精子发生障碍。例如，*Sbf1* 敲除小鼠不能产生精子[140]。在大鼠中，*Sbf1* 37 号内含子的剪接位点“AG”中的 G 被 A 取代后，引起 38 号外显子跳跃或者剪接位点移位，导致移码最终形成截短蛋白，引起大鼠的睾丸明显变小，生殖细胞大量丢失，生精过程停滞在圆形精细胞阶段，无精子产生（无精子症）[141]，与 *Sbf1* 敲除小鼠的表型类似。

许多前体 mRNA 可变剪接的调控因子主要或只在睾丸中表达[131]，并适时、准确地调控生殖细胞基因的可变剪接，如 RANBP9（Ran-binding protein 9）通过与 SF3B3、HNRNPM 等必需剪接因子和 poly（A）结合蛋白（PABP）相互作用，参与调节生精细胞中 mRNA 的剪接模式[142]。另一种生殖细胞剪接因子 RBM5，对于涉及精细胞分化的前体 mRNA 的选择性剪接至关重要[143]。

在精子发生的各个阶段，可变剪接都发挥着作用。例如，双特异性酪氨酸磷酸化调节激酶（DYRK）IA 通过磷酸化剪接体组分 SAP155 调节精原细胞前体 mRNA 剪接。Liu 等发现 BCAS2 也参与小鼠前体 mRNA 剪接调控[144]，BCAS2 在小鼠精原细胞中特异性表达[144]，其生殖细胞特异性敲除的小鼠，虽然精原细胞并未表现出明显异常，但很少能观察到减数分裂前期细胞[144]。在 *Bcas2* 缺失的睾丸中，245 种基因剪接异常，其中 3 个基因（*Dazl*、*Ehmt2* 和 *Hmga1*）为精子发生所必需，*Bcas2* 敲除导致 DAZL 全长蛋白显著减少而较短的变体蛋白（缺少外显子 8）增加[144]。此外，大量的可变剪接还发生于圆形精细胞中[131]。*Ptbp2* 起初被认为是神经系统中一种关键的选择性剪接调节因子，后来发现它可调控睾丸生殖细胞中 RNA 的选择性剪接[145]。在小鼠生殖细胞特异性敲除 *Ptbp2* 后，精子发生停滞于圆形精细胞阶段，并伴随大量的圆形精细胞合胞体[146]；进一步分析发现 PTBP2 可结合超过 200 个基因的剪接位点，调控其可变剪接[145]。另外，*Ptbp2* 敲除后，可变剪接的异常还会引起支持细胞的肌动蛋白细胞骨架解体[145]。而在生殖细胞特异性敲除 *Mrg15* 小鼠中，由于 MRG15 参与的 *Tnp2* 前体 mRNA 剪接异常，导致精子发生停滞在圆形精细胞阶段[147]。与对照相比，在 *Mrg15* 缺失的圆形精细胞中，正常大小的 TNP2 蛋白（16kDa）含量极低，同时检测到更大的 TNP2 蛋白；并且缺失 *Mrg15* 后，圆形精细胞中的剪接复合体组分 PTBP2 不再定位于细胞核，表明 *Mrg15* 缺失的圆形精细胞中剪接复合体组分的招募存在异常[147]。在 *Mrg15* 敲除小鼠中还检测到 60 多个剪接异常的基因，包括 *Mtap2*[133]、*Eif4g3*[148]、*Usp2*[149]、*Mtap7*[150]、*Ace*[151]和 *Tex14*[152]等精子发生必需基因[147]。

总之，大量的证据表明睾丸中丰富的可变剪接及其调控对于精子发生至关重要，但对睾丸中可变剪接调控的分子机制我们依然知之甚少。未来可利用 RNA-seq 等技术深入研究各类生殖细胞及体细胞特异的可变剪接方式，以及这些特异的可变剪接是如何发生和调节的，为理解精子发生的调控机制提供新思维。

32.2.4 非编码 RNA

尽管基因组被广泛转录，但大部分的 RNA 并不翻译成蛋白质，这些转录本被称为非编码 RNA（ncRNA）[153]。目前，在雄性生殖细胞中发现了大量的非编码 RNA，主要有 miRNA（19～25bp）和 Piwi 相互作用 RNA 等[153]。这些非编码 RNA 与 Piwi/Argonaute 家族的蛋白质结合。其中，Piwi/Argonaute 家族蛋白以 PAZ（Piwi-Argonaute-Zwille）或 PIWI（P-element induced wimpy testis，P 元件诱导的小睾丸）结构域为特征，并细分为两个亚家族：Argonaute（Ago）和 Piwi。Ago 蛋白结合 miRNA，存在于体细胞和生殖细胞中；Piwi 蛋白结合 piRNA 并高度富集于生殖细胞[154, 155]。

1. miRNA 与精子发生

miRNA 通过调节 mRNA 的稳定或翻译来实现其功能，这对精子发生非常重要，因为在睾丸支持细胞或生殖细胞中特异性敲除 *Drosha* 或 *Dicer* 均会导致小鼠精子发生异常[156, 157]。研究发现，大量的 miRNA 在睾丸中表达，并且 miRNA 的表达量在不同发育阶段有明显的变化（图 32-4）。例如，在小鼠中，无论是雌性还是雄性，随着生殖细胞的发育，miR-141、miR-200a、miR-200c 和 miR-323 的表达量都逐渐降低[158]。Let7 家族表达量随着生殖细胞发育逐渐升高，同时还伴随着 miR-125a 和 miR-9 两个家族 miRNA 的表达量上升[158]。

精原干细胞多能性基因的表达调控与 miRNA 相关，多种 miRNA 参与了精原干细胞干性的维持和分化，这些 miRNA 包括 miR-21[160]、miR-17-92 簇及其旁系同源的 miR-106b-25 簇[161]、miR-146[160]和 miR-221/222[162]等。在大鼠中，miR-135a 促进了干细胞的维持，而其靶标即转录因子 FOXO1 被认为是精原干细胞维持所必需[163]。其他一些 miRNA 可能促进了精原细胞分化，如 Let7 家族的 miRNA 等[164]。另外，生殖干细胞中 miRNA 的表达谱同胚胎干细胞有很高的相似性，通过比较发现，其中一些共同的 miRNA，如 miR-290 和 miR-302 等可能对干细胞多潜能性的维持发挥作用。此外，一些 miRNA 在减数分裂中发挥关键作用，如 miR-214 可能通过与热激蛋白家族成员相互作用，miR-24 可能与甲基-CpG 结合蛋白 6（MBD6）和组蛋白 H2A 互作来调控减数分裂[165]。

在精细胞的发育中，miRNA 同样必不可少。miR-122a 主要表达于晚期的雄性生殖细胞，可促进 *Tnp2* 转录本的切割加工[166]。而在转录后调节因子 *Grth* 缺失的小鼠睾丸中，miR-469 高表达，并抑制了 *Tnp2* 和 *Prm2* 翻译，引起精细胞延伸失败，进而导致小鼠不育。因此，GRTH 又被认为是 miR-469 表达的负调控因子，在精子发生中抑制 miR-469 的功能[167]。miR-18 则直接靶向转录因子热激因子 2（HSF2），影响减数分裂后精细胞染色质的包装和精子成熟[168]。

2. piRNA 与精子发生

近年发现的另一类小 RNA（piRNA）也在精子发生中起重要作用，因为这些小 RNA 可以和 PIWI 家族的蛋白质（如 MIWI、MIWI2 和 MIL1）结合，所以被称为 piRNA[22, 23, 169]。piRNA 一般由 24～34 个核苷酸组成，以 Dicer 非依赖性方式产生，在精子发生中，具有沉默逆转录转座子的作用[154, 170]。

在精子发生过程中，与种类较少的 miRNA 相比，piRNA 存在高度多样性，种类丰富，达数百万种，主要分为两类：前粗线期 piRNA 和粗线期 piRNA[171, 172]。前粗线期 piRNA 来自基因组中的串联重复序列，

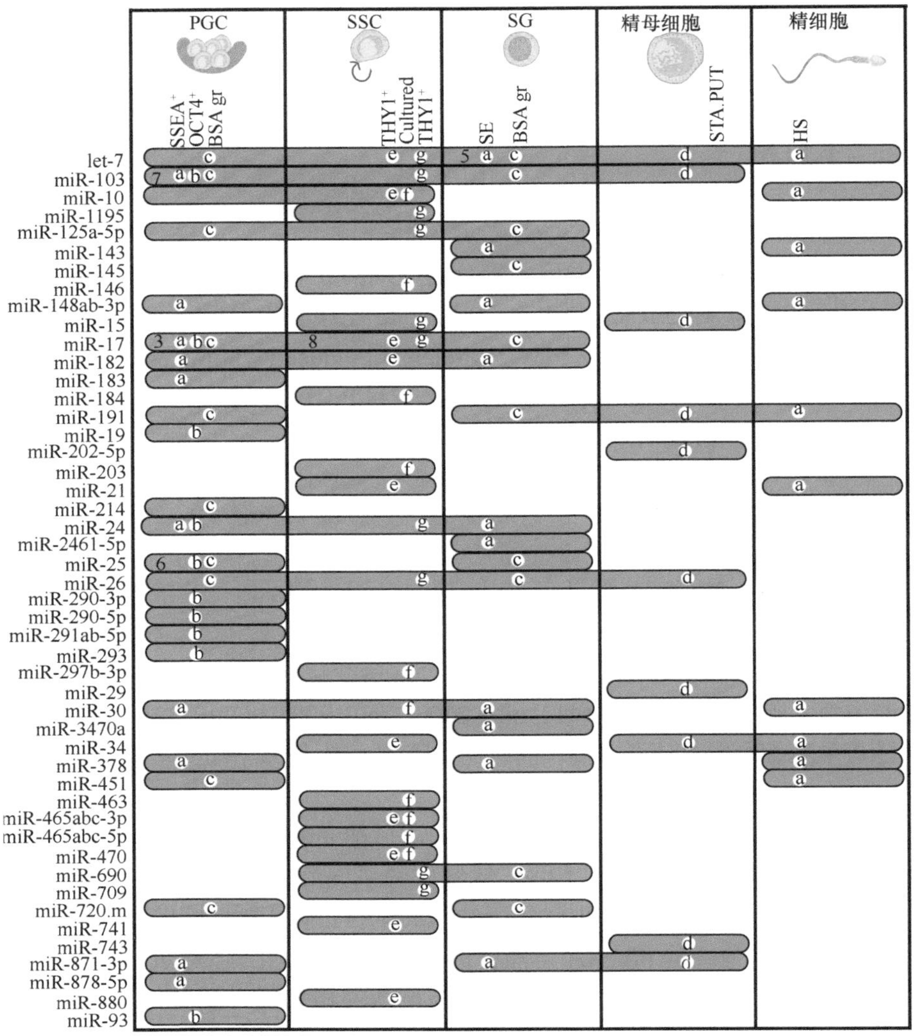

图 32-4 生殖细胞发育过程中部分 miRNA 的表达趋势[159]

PGC，原始生殖细胞；SSC，精原干细胞；SG，精原细胞

与精原细胞或其前体细胞中的 MIWI2 和 MILI 结合；粗线期 piRNA 主要来自基因间尚未注释的序列，存在于粗线期精母细胞和圆形精细胞中，结合 MILI 和 MIWI 蛋白[23, 173-175]。在出生后不久的小鼠睾丸中，大部分 piRNA 是前粗线期的 piRNA；到出生后 14.5 天，粗线期 piRNA 开始出现于减数分裂前期 I 的粗线期精母细胞中。有趣的是，在成年小鼠睾丸中，这些粗线期 piRNA 占到了睾丸 piRNA 的 95%以上。此外，有研究表明，转录因子 A-MYB 可通过直接调节 piRNA 前体转录或调控参与 piRNA 生成通路核心蛋白的表达，从而促进粗线期 piRNA 的产生[176]。

已知 piRNA 的产生不同于 miRNA，piRNA 的产生与 Dicer 活性无关，而 miRNA 的产生则依赖于 Dicer 的活性[177]。迄今，piRNA 产生的具体机制仍不清楚。普遍认为 piRNA 的产生主要有两条途径——piRNA 前体的初级加工途径（primary processing pathway）和次级加工途径（secondary processing pathway），后者亦称为“乒乓循环”扩增途径[178]。在初级处理中，piRNA 基因转录的长单链 RNA（称为 piRNA 前体），经切割形成初级 piRNA[172, 178, 179]；在乒乓循环中，PIWI 蛋白等结合的 piRNA 识别并与逆转座元件转录本互补配对，然后通过 PIWI 蛋白的切割活性在初级 piRNA 的 5′端第 10 位切割靶向 RNA，产生次级 piRNA 前体[179, 180]；随后，次级 piRNA 前体与 MIWI2 蛋白结合，经过 3′端剪切和加工形成成熟次级 piRNA；这些成熟次级 piRNA 与 MIWI2 蛋白又靶向识别转座元件转录本进一步产生成熟次级 piRNA。在小鼠粗线期精母细胞中，piRNA 仅通过初级加工途径产生，但在粗线期之前的细胞中，乒乓循环机制则进一步放大、扩增了特定的序列[23, 178]。

在精子发生的不同阶段，piRNA 可能发挥不同作用[172, 179]。例如，在小鼠中，*Mili* 和 *Miwi2* 突变导致精子发生停滞在粗线期，而 *Miwi* 的突变则导致圆形精细胞发育停滞[181-183]。在 *Mili* 和 *Miwi2* 突变体中，转座子元件 TE 表达上升，其基因发生去甲基化；在有丝分裂细胞和减数分裂粗线期细胞中，MILI 可抑制组蛋白 H3K9 二甲基化修饰和调节转座子元件 TE 的转录后沉默[184]。MIWI 可直接切割转座子 RNA，形成新的 piRNA，保证了 piRNA 的来源[175]。

32.2.5　性染色体失活

减数分裂性染色体失活（meiotic sex chromosome inactivation，MSCI）是指 X 和 Y 染色体未联会区域的基因在减数分裂前期发生转录抑制的现象。MSCI 通常发生于粗线期和双线期精母细胞中[185-188]，其发生的具体机制和意义迄今尚不清楚。MSCI 几乎存在于所有性染色体高度分化物种的雄性生殖细胞中[185, 189-191]，这一事件的正常进行对精子发生和雄性生殖都至关重要[192]。

在脉孢菌（*Neurospora crassa*）的减数分裂中，同源染色体配对联会失败区域的基因转录被抑制，这一过程被定义为未配对 DNA 介导的减数分裂沉默（meiotic silencing by unpaired DNA，MSUD）[193]。后来 Kelly 等在秀丽隐杆线虫（*Caenorhabditis elegans*）的减数分裂中发现，粗线期精母细胞中未联会的染色质区域存在一些抑制基因转录的修饰，如组蛋白 H3 第 9 位赖氨酸的三甲基化修饰（H3K9me3）[194]。这些研究提示哺乳动物生殖细胞中的 MSCI 和 MSUD 具有类似机制：减数分裂 X 和 Y 染色体的转录失活可能是因为它们的 DNA 序列不同而导致不能正常联会。小鼠中的一系列研究证明了该假说。当常染色体不能正常联会时，也会出现类似减数分裂中 X 和 Y 染色体失活的现象[195-197]。若在雄鼠生殖细胞中添加一个可以与 X 或 Y 染色体进行同源配对的染色体，则可以使它们不被沉默[198]。另外，染色体不联会导致转录失活的现象也在雌性生殖细胞中被发现[195, 197]。这些研究结果表明 MSCI 是一种广泛存在的表观遗传现象的一个特例，不论是性染色体还是常染色体，任何未联会的区域都会被沉默。这种表观遗传现象被称为非联会染色质减数分裂沉默（meiotic silencing of unsynapsed chromatin，MSUC）[199]。

导致 MSCI 的一个核心成员是组蛋白 H2A 的变体 H2AX，H2AX 在睾丸中的表达量明显高于其他组织[200]，其在 DNA 损伤后的应答过程中发挥重要作用[201]。在细线期，当 DNA 发生程序性 DSB 后，H2AX 第 139 位的丝氨酸被迅速磷酸化而形成 γH2AX[202]，并且向 DNA 断裂部位招募 DNA 修复蛋白，如 MDC1（mediator of DNA damage checkpoint 1）[203]。除 DSB 依赖的 H2AX 磷酸化外，精母细胞中还存在另一类 H2AX 的磷酸化，发生在偶线期向粗线期过渡阶段，也就是 MSCI 开始形成的时期，此时 H2AX 的磷酸化只发生在同源染色体未完成联会的区段。而到了粗线期，随着常染色体联会的完成，磷酸化的 H2AX 仅存在于 X 和 Y 染色体上未联会的区域[197, 200]。Mahadevaiah 等提出 H2AX 的磷酸化是 MSCI 的诱因，因为组蛋白的翻译后修饰通常会改变染色质的结构并调控基因的表达[200]。随后的一项研究也发现，H2AX 蛋白的缺失能够导致雄鼠减数分裂停滞并导致 MSCI 失败[204]。

另外，DNA 修复相关蛋白 ATR（ataxia telangiectasia and Rad3 related）磷酸化 H2AX 是 MSCI 必需的[205, 206]。ATR 是 PI3 样激酶家族中的一员，ATR 与 γH2AX 在性染色体上的共定位，从 MSCI 开始形成一直持续到双线期向中期 I 转换时 γH2AX 的去磷酸化[207]。ATM（ataxia telangiectasia mutated）和 DNA-PK（DNA-dependent protein kinase）是 PI3 样激酶家族中的其他两个成员，*Atm* 和 *DNA-PK* 缺陷小鼠生殖细胞中的 H2AX 磷酸化和 MSCI 仍能正常进行，表明 ATM 和 DNA-PK 对 MSCI 没有明显的作用[205, 206]。ATR 在 X 和 Y 染色体上的正确定位依赖于肿瘤抑制蛋白 BRCA1（breast cancer 1，early onset），在 MSCI

过程中 BRCA1 定位于未联会的 X 和 Y 染色体轴上[205]。针对 11 号外显子缺失的 *Brca1* 突变小鼠的研究发现 BRCA1 位于 ATR 上游[205, 208]。与 *H2ax* 缺陷小鼠一致，*Brca1* 突变小鼠由于 XY 染色体上的 H2AX 不能被磷酸化而出现 MSCI 失败；然而，γH2AX 却异常地出现在减数分裂的整个细胞核中。这种 γH2AX 的异常定位可能是由于 ATR 不能正确定位到 XY 染色体上所致，因此 XY 染色体招募 ATR 直接或间接地依赖于 BRCA1。

在 MSCI 发生后不久，X 和 Y 染色体会经历更多的翻译后修饰[209, 210]，包括 H2A 的泛素化（uH2A）[211]、组蛋白 H3 和 H4 去乙酰化[61]、H3K9 二甲基化（形成 H3K9me2）[61]及 SUMO 化[212, 213]等。此外，MSCI 的维持可能也依赖于其他一些特殊的组蛋白变体，如 H2AFY（也称为 MACROH2A1.2）[214]或者 H2AZ（也称 H2AFZ）[215]。染色质结构域蛋白 CBX1（chromobox homolog 1）和 CBX3（chromobox homolog 3）也可能在 MSCI 中发挥作用[216, 217]。

32.3 卵子发生和成熟中的表观遗传调控

关键概念

- 染色质凝集：卵母细胞在走向成熟过程中一个可逆的生物学过程，在此过程中纤维状的染色质被包装形成染色体，并在随后的细胞分裂过程中进入子细胞中。
- 卵子的发生和成熟：涉及细胞生长、成熟和分化等的复杂生物学过程，这些过程大都涉及与表观遗传调控相关的染色质结构的改变，以及基因的转录调控等。到目前为止，多种表观遗传调控方式已被发现与卵泡发育、卵子发生紧密相关。

32.3.1 组蛋白修饰

1）组蛋白乙酰化和去乙酰化

所有的核心组蛋白，包括 H2A、H2B、H3 及 H4 的赖氨酸残基均可以发生乙酰化，而其中 H3 及 H4 的赖氨酸残基发生乙酰化的频率最高[218, 219]。迄今为止，在多种哺乳动物，如人、小鼠、猪、牛及绵羊的 GV 期卵母细胞组蛋白 H3 及 H4 的多个赖氨酸位点，如 H3K9、H3K14、H4K5、H4K8、H4K12 和 H4K16 等均检测到乙酰化[220, 221]。而这些被乙酰化的位点在卵母细胞生发泡破裂（GVBD）后，即染色质开始凝集转变成染色体时，均会发生去乙酰化，这提示组蛋白的乙酰化水平与染色质/体间的转换密切相关。

卵母细胞组蛋白的乙酰化水平主要由组蛋白乙酰化转移酶（histone acetyltransferase，HAT）及组蛋白去乙酰化酶（histone deacetylase，HDAC）共同调节。HAT 包括 MYST、Gcn5/PCAF 及 p300/CBP 等[222]，通过在组蛋白的赖氨酸（lysine，K）位点添加乙酰基（acetyl，AC）减少组蛋白表面的负电荷，进而降低了组蛋白与 DNA 的结合能力，使染色质处于松散状态，从而为转录因子的结合提供适宜的条件，促进其结合到 DNA 上对基因进行转录调控[220]。哺乳动物 HDAC 包括三类 17 个成员：I 类包括 HDAC1、2、3 和 8，II 类包括 HDAC4、5、6、7、9 和 10，III 类则主要是 SIRT 家族成员[219]。其作用与 HAT 相反，通过移除赖氨酸上的乙酰基增加组蛋白表面的负电荷，进而增强了组蛋白与 DNA 的结合能力，使染色质处于凝集状态，从而抑制基因的转录[220]（图 32-5）。

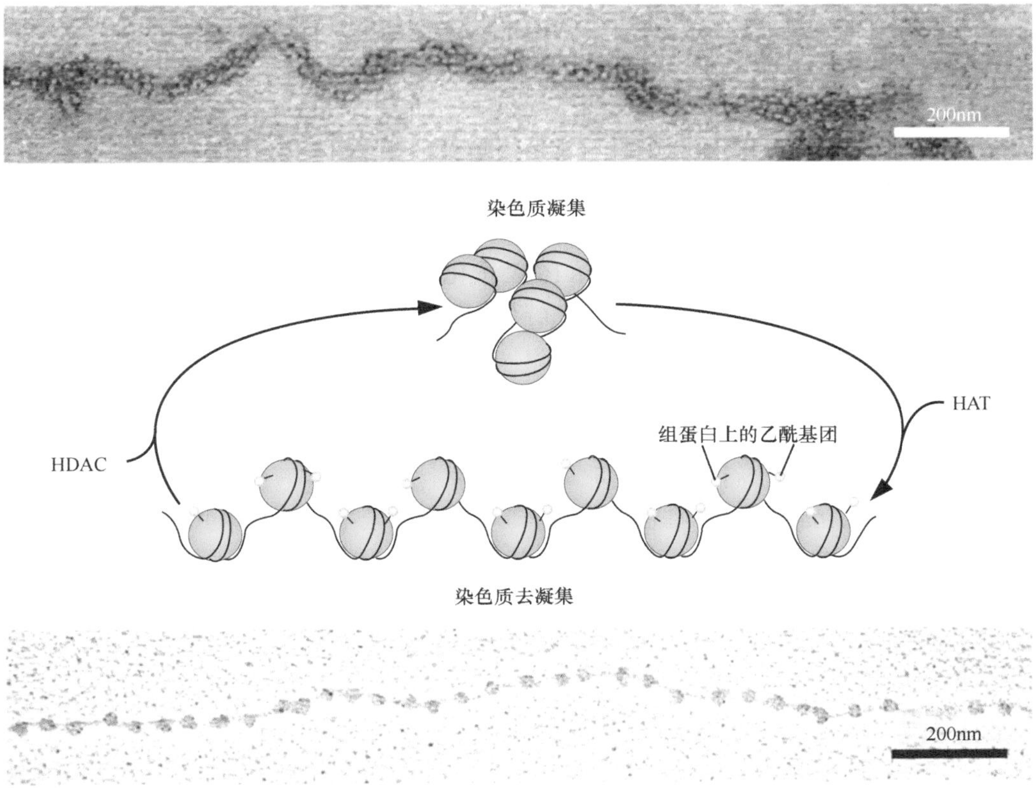

图 32-5　HAT 和 HDAC 的功能[220]

染色质凝集是卵母细胞走向成熟过程中一个可逆的生物学过程，在此过程中纤维状的染色质被包装形成染色体，并在随后的细胞分裂过程中进入子细胞。在处于双线期停滞的生长期卵母细胞中，染色质最开始处于松散的非凝集状态，此时期的卵母细胞的核仁被称为非环绕核仁（non-surrounded nucleolus，NSN）。随后染色质在核仁外周形成一个环状结构，同时细胞核内其他部分的染色质变成丝状结构，此时的细胞核核仁被称之为环绕核仁（surrounded nucleolus，SN）。从 NSN 向 SN 的转变对卵母细胞后期的成熟十分重要[223]。免疫荧光染色的结果表明，H4K5 及 H4K12 的乙酰化在 SN 型卵母细胞中的表达明显高于 NSN 卵母细胞[224]。在卵母细胞的培养过程中，加入 HDAC 的广谱抑制剂曲古抑菌素 A（trichostatin A，TSA）后，原本为 SN 型卵母细胞的染色质发生了明显的去凝集[225]，在猪卵母细胞从 GV 期向晚 GV 期发育的过程中，随着染色质凝集的程度加剧，组蛋白 H3 和 H4 的多个位点的赖氨酸均表现出去乙酰化的趋势[222]，这表明组蛋白的（去）乙酰化影响了卵母细胞染色体组装。

不同的组蛋白去乙酰化酶或乙酰化转移酶在细胞中的表达及定位有所不同。免疫荧光染色的结果表明，组蛋白乙酰化转移酶（KAT8）在果蝇中又称为 MOF 或 MYST1，高表达于小鼠生长期卵母细胞的细胞核，而在 GVBD 之后其表达显著下调，并且分散至整个细胞中[226]。HDAC1～3 在小鼠 GV 期卵母细胞的细胞核中均有定位，而在 MI 及 MII 期，仅有 HDAC1 定位于染色体上[227, 228]。real-time PCR 的结果表明 *Hdac4* 的 mRNA 在小鼠 GV 期卵母细胞表达较低，在 MII 期细胞中高表达，受精之后其表达又逐渐降低[229]。

现已发现部分乙酰化转移酶和去乙酰化酶对小鼠卵子发生或卵泡发育是必需的。在果蝇中敲除乙酰化转移酶基因 *Kat6* 会降低组蛋白 H3K23 的乙酰化水平，导致肌动蛋白成核因子 *spire* 表达下调，继而影响果蝇生殖发育关键基因 *Oskar* 的定位及表达，阻碍果蝇的性腺发育[230]。在小鼠的卵母细胞中，敲除乙酰化转移酶基因 *Kat8* 会导致小鼠不孕，其卵巢中次级及之后阶段卵泡的数目大幅减少，闭锁卵泡及凋亡卵母细胞数目增多，细胞内活性氧水平升高[226]。在小鼠 GV 期的卵母细胞中，通过 RNAi 的方法敲减去乙酰化酶基因 *Sirt6*，尽管卵母细胞能够完成 GVBD，但其第一极体的排出率明显降低，同时 MII 期卵母细胞出现异常纺锤体及非整倍体的频率显著增加[231]。另外，在小鼠卵母细胞中，敲除去乙酰化酶基因 *Hdac2* 后，同样检测到大量含有异常纺锤体及非整倍体的 MII 期卵母细胞[232]。而在卵母细胞中双敲除 *Hdac1* 及 *Hdac2* 则会导致小鼠不育、高级卵泡数目减少，并且闭锁卵泡及凋亡卵母细胞的数目明显增多[233]。

在众多可以被乙酰化的赖氨酸位点中，H4K16 乙酰化在细胞中最为常见。在线虫中的研究表明，仅 H4K16 乙酰化即可有效促进基因的转录[234]，在酵母中对 H4 四个乙酰化位点分别突变后发现，只有 H4K16ac 能够识别特定的转录结合位点[235]。需要注意的是，卵母细胞中过高或过低水平的 H4K16 乙酰化均会损害卵子发生，在小鼠的卵母细胞中敲除 *Kat8* 后，卵母细胞中仅有 H4K16ac 的水平显著下调，此时卵母细胞中一系列抗氧化基因的表达显著下调，导致细胞活性氧水平升高，继而导致大量卵母细胞在发育至 GV 期之前发生凋亡[226]。而在小鼠的卵母细胞中条件性敲除广谱性的去乙酰化酶基因 *Hdac2* 后，MII 期的卵母细胞中 H4K16ac 的水平明显上调，而其他组蛋白乙酰化的水平并无明显变化，此时卵母细胞内纺锤体形态及染色体的排列明显出现异常[232]，这表明 H4K16ac 发生的时间对卵子发生至关重要。在卵母细胞生长过程中，高水平的 H4K16ac 通过维持染色质的开放状态来保障基因的正常表达，而卵母细胞重新恢复减数分裂后，低水平的 H4K16ac 则保障了染色体的正常组装。

2）组蛋白甲基化和去甲基化

在卵泡发育过程中，组蛋白的甲基化通常影响染色质结构及基因表达等。在众多甲基化位点中，H3 第 4 及第 9 位赖氨酸的甲基化尤其重要。Kageyama 等人发现小鼠卵母细胞中，H3K4me2、H3K4me3、H3K9me2 和 H3K9me3 的水平在出生后第 10 天开始升高，而在出生后第 15 天及 GV 期的卵母细胞中显著升高[224]。H3K9me 和 H3K9me2 主要由 EHMT2 负责，其与减数分裂早期进程密切相关[236]。利用敲除小鼠模型的研究表明，由组蛋白甲基转移酶和去甲基化酶调控的 H3K4me2 和 H3K4me3 水平的高低均影响卵母细胞的成熟。例如，在小鼠卵母细胞内特异敲除 H3K4 甲基化转移酶基因 *Setd1b* 后，卵母细胞的透明带及纺锤体形态出现异常，大部分受精卵都处于原核期，并出现多精入卵现象[237]。在卵母细胞中特异敲除甲基化转移酶（mixed lineage leukemia 2，MLL2）导致卵母细胞 H3K4me2 及 H3K4me3 升高、卵巢早衰、纺锤体及染色体形态异常、排卵异常等[238]。而在卵母细胞中条件性敲除赖氨酸去甲基化酶 1（lysine-specific demethylase 1，LSD1），卵母细胞内 H3K4me2 水平升高，纺锤体和染色体形态异常，卵母细胞无法完成第一次减数分裂并发生凋亡[239]。另外，缺失 H3K4 去甲基化酶 KDM1B 的卵母细胞在多个印记基因上无法建立 DNA 甲基化标记，导致胚胎死亡[240, 241]。

32.3.2 DNA 甲基化

卵母细胞 DNA 甲基化的研究最初都集中在特异甲基化的区域（gDMR），即 gDMR 印记。gDMR 印记是在雄性（父本遗传印记）或者雌性（母本遗传印记）中被甲基化的位点，而这些位点在受精后依然被保留[242]。在小鼠中，有 23 个确定的和 11 个推测的遗传印记来自母本[26]，而仅有 3 个父本遗传印记[242]。母本的遗传印记集中在一系列富含 CpG 的区域，这类区域被称为 CpG 岛[243, 244]。从功能上说，CpG 岛位于多数基因的启动子区，由于其没有被 DNA 甲基化，因此 RNA 聚合酶复合体和其他转录相关因子等更易靠近基因的转录起始位点[245]。当然，CpG 岛是否被甲基化还受到 CpG 密度、GC 含量和转录因子结合区域富集程度等的影响[246-249]。

遗传印记除了 gDMR 区域以外，配子 DNA 中的多数甲基化修饰都在受精时被清除。但值得注意的是，除 gDMR 区域外，有些区域在受精后依然保持着甲基化的状态[250, 251]，且多数情况下，这些维持甲基化状态的区域都来自母本的基因位点，而父本的等位基因位点直到胚胎着床后才会被重新甲基化。针对这种现象，有人将其称为暂时 DMR[252]。

与其他已分化细胞不同，卵细胞中的甲基化组多为后天形成。这种甲基化模式与非脊椎动物的甲基化组比较类似，因此也被认为是一种保守的表观遗传方式[253]。而对于卵细胞为何保留这种 CpG 的甲基化模式，目前尚不清楚。因为即使卵母细胞 DNA 不甲基化，其同样能成熟并完成减数分裂形成可受精的卵子[28, 50, 254]。目前唯一发现的卵母细胞 DNA 甲基化缺陷导致的发育障碍出现在受精后，如 *Dnmt3a* 和 *Dnmt3l* 缺陷的卵母细胞虽然可以正常受精，但其胚胎会在受精后 10.5 天前死亡[28]，而这可能是由于母本遗传印记 gDMR 区域的甲基化缺失。此外，母源的 DNA 甲基化同样被认为对胚胎以外的组织，尤其是在滋养层中有一定的作用。例如，来自 *Dnmt3a* 缺失卵细胞的孕体由于缺少 DNA 甲基化，其滋养层细胞存在转录调控和发育异常[255]。当然，卵母细胞能在缺少 DNA 甲基化的情况下形成卵子，说明在卵母细胞中存在着独立于 DNA 甲基化的机制对基因表达进行调控并抑制逆转座子的转录，正是这种机制使得卵母细胞能够耐受 DNA 甲基化的缺失。

32.3.3　非编码 RNA

在雌性个体中，非编码 RNA 参与了卵子发生、卵泡发育、卵泡闭锁、黄体的形成和退化等多个生物学过程。对卵巢中非编码 RNA 的研究，有助于从转录后水平揭示调控卵巢功能的分子机制，对于发育生物学的基础理论研究，以及人类卵巢疾病的诊断和治疗具有重大意义。本节将以 miRNA 这一大类非编码 RNA 为代表，介绍非编码 RNA 在卵子发生和成熟过程中的调控作用。

随着对 miRNA 成熟和发挥功能的关键酶基因 *Dicer*、*Ago2* 等敲除小鼠研究的深入，人们发现 miRNA 在卵子发生和成熟的过程中具有重要作用，随后，大量在卵子发生和成熟中发挥调控作用的 miRNA 被鉴定出来。

Dicer 是核糖核酸酶 III 家族成员，为 miRNA 成熟所必需的核酸酶。Dicer 能够识别双链 pre-miRNA 的茎环基部 5′端磷酸基团和 3′端突出结构，将双链剪切后形成成熟 miRNA。*Dicer* 全身性敲除小鼠，在胚胎发育早期死亡[256, 257]。Otsuka 等利用 *Dicer* 亚效等位基因突变小鼠（*Dicer*^{hypo}）研究发现，雌性 *Dicer*^{hypo} 小鼠虽可正常排卵，但排卵后黄体功能不足，血清中孕酮含量显著降低，最终导致不育。通过移植野生型小鼠卵巢到 *Dicer*^{hypo} 雌性小鼠中，可以重建生育力，可见 *Dicer*^{hypo} 不育是因为卵子成熟缺陷所致[258]。除此之外，*ZP3-Cre* 或 *Alpl-Cre* 介导的卵母细胞中 *Dicer* 特异敲除的小鼠，均表现出卵母细胞无法排出极体，出现多极纺锤体及染色体凝聚异常等[259-261]。*Amhr2-Cre* 驱动的颗粒细胞中 *Dicer* 特异性敲除的小鼠，自发排卵率和超排卵率均降低[262, 263]，闭锁卵泡与野生型小鼠相比显著增加[263]，成熟卵泡因卵母细胞无法排出成为黄体化卵泡[262, 263]。这些研究均表明，卵巢中 miRNA 加工过程受阻，会导致卵子发生和成熟障碍。

Argonaute2 蛋白是 RNA 介导的沉默复合物（RNA-induced gene silencing complex，RISC）的关键组分，介导 miRNA 对靶标 mRNA 的识别及切割。*Zp3-Cre* 介导的卵母细胞 *Ago2* 敲除小鼠，与 *Dicer ZP3-cKO* 小鼠表型非常一致：卵母细胞虽可发育成熟，但纺锤体和染色体凝聚均存在异常。对 *Ago2* 缺陷的卵母细胞进行 miRNA 表达谱分析，发现绝大多数 miRNA 表达量下降了 80%以上，另外，大量的 mRNA 表达也发生了剧烈变化[264]。这表明卵巢中 miRNA 发挥功能所需关键因子的缺失，同样会导致卵子发生和成熟障碍。

除了利用 miRNA 加工和发挥功能所需关键酶敲除小鼠模型对全体 miRNA 的功能进行研究外，越来越多特异性的 miRNA 也被发现在卵巢中发挥了重要的转录后调控作用，其功能失调也会导致卵子发生和成熟障碍（表 32-2）。

表 32-2 miRNA 与卵子发生和成熟

miRNA	定位	功能	靶标	物种	参考文献
miR-23a	—	促颗粒细胞凋亡	*XIAP*	人	[265]
let-7b、miR-17-5p	黄体	促血管生成	*Timp1*	小鼠	[258]
miR-383	颗粒细胞、卵母细胞	细胞增殖，促进芳香酶表达及激素分泌	*Rbms1*	小鼠	[266]
miR-224	颗粒细胞	细胞增殖，促进芳香酶表达及激素分泌	*Smad4*	小鼠	[267]
miR-132、miR-212	颗粒细胞	—	*Ctbp1*	小鼠	[268]
miR-145	—	抑制颗粒细胞增殖	*Acvr1b*、*Ccnd2*	小鼠	[269]
miR-503	颗粒细胞、卵母细胞	—	*Acvr1b*、*Bcl2*、*Ccnd2*、*Inha*、*Cyp19a1*、*Lhcgr*、*Esr2*、*Cdkn1b*	小鼠	[270]
miR-378	黄体	—	*INFGR1*	牛	[271]
miR-378	颗粒细胞	抑制芳香酶表达及激素分泌	*CYP19A1*	猪	[272]
miR-26b	卵泡	促颗粒细胞凋亡	*ATM*	猪	[273]
miR-125b	颗粒细胞、鞘细胞、黄体	—	*LIF*	羊	[274]
miR-21	颗粒细胞	抑制排卵前颗粒细胞凋亡	—	小鼠	[275]
miR-122	颗粒细胞	介导 hCG 诱导的 LHR mRNA 表达下调	*LRBP*	大鼠	[276]
miR-145	鞘细胞、黄体	—	*CDKN1A*	羊	[274]
miR-376a	颗粒细胞、卵母细胞	抑制卵母细胞凋亡	*Pcna*	小鼠	[277]
miR-145	—	调控原始卵泡发育起始	*Tgfbr2*	小鼠	[278]
miR-143	前体颗粒细胞	抑制体细胞增殖	—	小鼠	[279]
miR-199a-3p	鞘细胞、黄体	—	*PTGS2*	羊	[274]

32.4 表观遗传异常与不孕不育

关键概念

- 不孕不育：生殖过程中出现障碍（如配子无法形成或质量低下）。表观遗传修饰（如 DNA 甲基化、组蛋白修饰或变体等异常）与人类生殖疾病的发生密切相关。
- 组蛋白异常：组蛋白修饰参与配子发生过程的各个阶段，组蛋白各类修饰的发生和去除出现紊乱，将导致配子发生异常。

生殖过程中任何一步的调控出现异常，都会导致配子无法形成（即临床上所见的无精子症或无卵子症）或形成质量低下的配子（如带有染色体畸变的配子），从而导致不育。在对人类不育的致病原因进行探讨时，发现许多表观遗传修饰，如 DNA 甲基化、组蛋白修饰或变体等异常与人类生殖疾病的发生密切相关。

32.4.1 DNA 甲基化异常

有研究认为，人精子 DNA 甲基化存在个体差异，而来自少精子症患者的精子 DNA 存在甲基化缺陷。

Marques 等人发现少精子症患者 *H19* 基因异常甲基化的增加与先天过度生长疾病——贝-维综合征（Beckwith-Wiedemann syndrome）的发生相关[280]。而 Benchaib 等人使用 5-甲基胞嘧啶免疫染色，发现不育男性精子整体甲基化水平下降与体外受精（IVF）期间不良的妊娠反应存在相关性[281]。此外，年轻男性常见的恶性肿瘤——睾丸生殖细胞肿瘤（TGCT）发生期间经常观察到表观遗传修饰平衡的失调[282]，如在小鼠模型中发现甲基化水平异常与该肿瘤形成存在关联，其中致癌基因 DNA 因低甲基化而活化，大量抑癌基因则由于 DNA 甲基化而被转录沉默。

四氢叶酸还原酶（MTHFR）在叶酸代谢、DNA 合成和再甲基化反应方面发挥着重要调控作用，它催化 5，10-亚甲基四氢叶酸转变为 5-甲基四氢叶酸，后者则是高半胱氨酸转变为甲硫氨酸的甲基供体，甲硫氨酸可转变为 *S*-腺苷甲硫氨酸（DNA、RNA、激素和脂质甲基化的甲基供体）。有文献指出，*MTHFR* 缺陷导致甲硫氨酸供应减少，除了引起叶酸的缺乏，也会阻碍许多底物，如蛋白质、DNA、RNA 和组蛋白的甲基化[283, 284]。因印记基因的异常甲基化与少精子症相关[280]，精子发生易受 *MTHFR* 缺陷引发的甲基化改变的影响。Khazamipour 等分析非梗阻性无精子症（NOA）和梗阻性无精子症（OA）患者 *MTHFR* 基因启动子区的甲基化状态，虽然在外周血中未观察到二者存在明显差异，但 NOA 患者睾丸活检组织 DNA 中 *MTHFR* 基因较 OA 患者具有更高甲基化修饰，提示 *MTHFR* 基因的表观遗传沉默可能导致 NOA 患者精子发生障碍[280]。

Y 染色体上的 *DAZ* 基因家族成员编码生殖细胞特异的 RNA 结合蛋白，主要参与转录本运输与储存、翻译起始及蛋白质调控等。*DAZ* 缺失将导致精子生成功能低下[285]，其在哺乳动物中同源基因 *DAZL* 缺陷亦会引起精子发生障碍[286]。*DAZ* 与 *DAZL* 的 DNA 在非编码区拥有极高的序列相似性，在生殖细胞中它们的启动子 CpG 岛多处于非甲基化状态[287]。另外，小鼠 *Dazl* 缺陷影响生殖细胞 DNA 甲基转移酶基因 *Dnmt1*、*Dnmt3a* 和 *Dnmt3b* 的表达，表明其对生殖细胞表观遗传谱系的建立至关重要[288]。由于 *DAZ* 基因可通过调控 DNA 甲基化影响精子发生，因此，其已成为研究男性生殖缺陷中潜在致病基因表观遗传特征的首选对象[289]。

Sangeetha 等人利用小鼠模型对人类 *NLRP2* 和 *NLRP7* 基因失活导致生育力降低的分子机制进行了探究。由于小鼠只存在 *Nlrp2* 基因，研究者推测它可能同时担负了人类 *NLRP2* 和 *NLRP7* 两种基因的作用，并制备了 *Nlrp2* 敲除小鼠模型。*Nlrp2* 敲除后，雄性小鼠生育力正常，而雌性小鼠由于卵泡成熟障碍、早期胚胎发育异常，导致繁育的后代较少；进一步对 *Nlrp2* 缺陷雌性小鼠后代的 DNA 甲基化水平进行分析，发现 *Nlrp2* 基因参与了受精卵/胚胎的 DNA 甲基化修饰，并通过免疫共沉淀证实，NLRP2 是皮层下母源复合体（subcortical maternal complex，SCMC）的成员。SCMC 是卵细胞为受精做准备的一部分蛋白质和其他分子的集合体。从卵子受精、受精卵开始分裂，直至胚胎开始表达自身基因，受精卵/早期胚胎在很大程度上需依赖卵细胞中原先储备的蛋白质等分子来行使 DNA 甲基化等各种功能，因此，当雌性小鼠缺失 *Nlrp2* 后，SCMC 发生变化，负责 DNA 甲基化的基因会错误地出现在早期胚胎中[290]。

此外，Malgorzata 等人对来自波兰 17 位不育女性患者及 15 位正常女性黄体中期子宫内膜 *HOXA10* 基因的转录本、蛋白质及其启动子区 DNA 甲基化水平进行检测，发现不育患者 *HOXA10* 基因启动子区域甲基化较正常女性显著升高，这与患者 *HOXA10* 基因的转录本、蛋白质较对照女性明显降低的结果一致，证实了 *HOXA10* 基因由于其启动子区域的高度甲基化引发转录沉默，继而影响女性生殖[291]。

32.4.2　组蛋白异常

组蛋白修饰参与配子发生过程的各个阶段，组蛋白各类修饰的发生和去除出现紊乱，将导致配子发生异常。例如，针对不育患者的研究发现，负责 H3K9 去甲基化的 JMJD1A 在精细胞中结合于 *Prms* 和 *Tnps* 的启动子区域，能激活凝缩染色质上鱼精蛋白和转换蛋白的表达[292]。Siklenka 等人发现，在小鼠中过表达人源组蛋白赖氨酸去甲基化酶 KDM1A 会导致精子基因组 CpG 岛中 H3K4me2 减少，并严重损害后代的发育和存活能力，而且这些缺陷在降低 KDM1A 表达后仍然能持续地跨代出现[293]。

同体细胞相比，配子发生过程中表观遗传调控的具体机制仍有待阐明。就组蛋白修饰这一特定领域，仍有许多问题有待回答。希望对组蛋白甲基化的研究，为人类不孕不育的诊治提供更为广阔的思路和方法。

32.4.3 非编码 RNA 与人类生殖疾病

由于 miRNA 在生殖系统中发挥重要的调控作用，miRNA 的缺少或异常表达很可能会导致生殖系统疾病，现阶段的研究主要集中在卵巢早衰和卵巢癌中。卵巢早衰（POF）是指女性在 40 岁之前卵巢功能衰退、闭经。有研究提示，miR-146a C>G、miR-196a2 T>C 和 miR-499 A>G 的单核苷酸多态性（SNP）与 POF 发病风险相关[294]。此外，在对 POF 患者和正常女性血清中的 miRNA 表达谱进行分析时，发现很多 miRNA 的丰度存在显著差异[295]。卵巢癌是常见的妇科恶性疾病，对不同来源和不同类型的卵巢癌中 miRNA 表达谱的研究发现，在癌组织中表达发生显著性变化的 miRNA 可能发挥了促癌或是抑癌的作用[296, 297]。相信随着非编码 RNA 研究技术的进步，将会发现更多与卵巢疾病相关的 miRNA，这将对阐释相关疾病的发生机制、开创新的诊断和治疗方法等有极其重要的意义。

32.5 总结与展望

随着生殖过程中表观遗传调控知识的积累，人们对生殖的认识已经到了前所未有的深度。但不得不承认的是，目前对生殖中表观遗传调控机制的认知仍只是冰山一角。例如，生殖细胞发育过程中，DNA 甲基化的动态变化、多种组蛋白修饰的具体功能和协同作用尚不清楚，精细胞核浓缩过程中的组蛋白替换机制也尚不明了，而对于众多非编码 RNA，特别是环状 RNA 和长链非编码 RNA 所发挥的重要作用也亟待发掘。因此，针对生殖过程，绘制表观遗传动态修饰图谱和精细的调控网络，显得尤为紧迫。此外，在不孕不育发生过程中，哪些表观遗传调控出现了异常？哪些表观遗传标志可用作诊断和治疗的靶点？对这些关键问题，人们也只是通过有限的动物模型探得了一些线索，距离全面了解表观遗传调控并提出针对性的干预策略还有相当长的路要走。

参 考 文 献

[1] Nikolic, A. *et al*. Primordial germ cells: Current knowledge and perspectives. *Stem cells international* 1741072(2016).

[2] Nagy, A. Cre recombinase: the universal reagent for genome tailoring. *Genesis* 26, 99-109(2000).

[3] Chu, D. S. & Shakes, D. C. Spermatogenesis. *Advances in Experimental Medicine and Biology* 757, 171-203(2013).

[4] Jan, S. Z. *et al.* Molecular control of rodent spermatogenesis. *Biochimica et Biophysica Acta* 1822, 1838-1850(2012).

[5] Siu, E. R. *et al*. Focal adhesion kinase is a blood–testis barrier regulator. *Proceedings of the National Academy of Sciences* 106, 9298-9303(2009).

[6] Phillips, B. T. *et al*. Spermatogonial stem cell regulation and spermatogenesis. *Philosophical Transactions of the Royal Society of London. Series B, Biological Sciences* 365, 1663-1678(2010).

[7] Costoya, J. A. *et al.* Essential role of Plzf in maintenance of spermatogonial stem cells. *Nature Genetics* 36, 653-659(2004).

[8] Oatley, M. J. *et al*. Inhibitor of DNA binding 4 is expressed selectively by single spermatogonia in the male germline and regulates the self-renewal of spermatogonial stem cells in mice. *Biology of Reproduction* 85, 347-356(2011).

[9] Sada, A. *et al*. The RNA-binding protein NANOS2 is required to maintain murine spermatogonial stem cells. *Science* 325, 1394-1398(2009).

[10] Buaas, F. W. *et al.* Plzf is required in adult male germ cells for stem cell self-renewal. *Nature Genetics* 36, 647-652(2004).

[11] Baudat, F. *et al*. Meiotic recombination in mammals: localization and regulation. *Nature Reviews Genetics* 14, 794-806(2013).
[12] O'Donnell, L. *et al*. Spermiation: the process of sperm release. *Spermatogenesis* 1, 14(2011).
[13] Sun, Y. C. *et al*. The role of germ cell loss during primordial follicle assembly: a review of current advances. *International Journal of Biological Sciences* 13, 449-457(2017).
[14] Edson, M. A. *et al*. The mammalian ovary from genesis to revelation. *Endocrine Reviews* 30, 624-712(2009).
[15] Handel, M. A. & Schimenti, J. C. Genetics of mammalian meiosis: regulation, dynamics and impact on fertility. *Nature Reviews Genetics* 11, 124-136(2010).
[16] Gray, S. & Cohen, P. E. Control of meiotic crossovers: From double-strand break formation to designation. *Annual Review of Genetics* 50, 175-210(2016).
[17] Cairns, B. R. The logic of chromatin architecture and remodelling at promoters. *Nature* 461, 193-198(2009).
[18] Molaro, A. *et al*. Sperm methylation profiles reveal features of epigenetic inheritance and evolution in primates. *Cell* 146, 1029-1041(2011).
[19] Waldron, D. Epigenetics: Fatherly histone influences. *Nature Reviews Genetics* 16, 685(2015).
[20] Liu, Y. *et al*. Influence of histone tails and H4 tail acetylations on nucleosome-nucleosome interactions. *Journal of Molecular Biology* 414, 749-764(2011).
[21] Gaucher, J. *et al*. From meiosis to postmeiotic events: the secrets of histone disappearance. *The FEBS Journal* 277, 599-604(2010).
[22] Aravin, A. *et al*. A novel class of small RNAs bind to MILI protein in mouse testes. *Nature* 442, 203-207(2006).
[23] Girard, A. *et al*. A germline-specific class of small RNAs binds mammalian Piwi proteins. *Nature* 442, 199-202(2006).
[24] Portela, A. & Esteller, M. Epigenetic modifications and human disease. *Nature Biotechnology* 28, 1057-1068(2010).
[25] Chen, T. & Li, E. Structure and function of eukaryotic DNA methyltransferases. *Current Topics in Developmental Biology* 60, 55-89(2004).
[26] Wang, L. *et al*. Programming and inheritance of parental DNA methylomes in mammals. *Cell* 157, 979-991(2014).
[27] Law, J. A. & Jacobsen, S. E. Establishing, maintaining and modifying DNA methylation patterns in plants and animals. *Nature Reviews Genetics* 11, 204-220(2010).
[28] Kaneda, M. *et al*. Essential role for *de novo* DNA methyltransferase Dnmt3a in paternal and maternal imprinting. *Nature* 429, 900-903(2004).
[29] Jones, P. A. & Liang, G. Rethinking how DNA methylation patterns are maintained. *Nature Reviews Genetics* 10, 805-811(2009).
[30] Henckel, A. & Feil, R. Differential epigenetic marking on imprinted genes and consequences in human diseases. *Medecine Sciences : M/S* 24, 747-752(2008).
[31] Godmann, M. *et al*. The dynamic epigenetic program in male germ cells: Its role in spermatogenesis, testis cancer, and its response to the environment. *Microscopy Research and Technique* 72, 603-619(2009).
[32] Takashima, S. *et al*. Abnormal DNA methyltransferase expression in mouse germline stem cells results in spermatogenic defects. *Biol Reprod* 81, 155-164(2009).
[33] Delaval, K. *et al*. Differential histone modifications mark mouse imprinting control regions during spermatogenesis. *The EMBO Journal* 26, 720-729(2007).
[34] Oakes, C. C. *et al*. Developmental acquisition of genome-wide DNA methylation occurs prior to meiosis in male germ cells. *Developmental Biology* 307, 368-379(2007).
[35] Kato, Y. *et al*. Role of the Dnmt3 family in *de novo* methylation of imprinted and repetitive sequences during male germ cell development in the mouse. *Human Molecular Genetics* 16, 2272-2280(2007).

[36] Weber, M. *et al.* Distribution, silencing potential and evolutionary impact of promoter DNA methylation in the human genome. *Nat Genet* 39, 457-466(2007).

[37] Eckhardt, F. *et al.* DNA methylation profiling of human chromosomes 6, 20 and 22. *Nat Genet* 38, 1378-1385(2006).

[38] Chaillet, J. R. *et al.* Parental-specific methylation of an imprinted transgene is established during gametogenesis and progressively changes during embryogenesis. *Cell* 66, 77-83(1991).

[39] Paoloni-Giacobino, A. *et al.* Conserved features of imprinted differentially methylated domains. *Gene* 399, 33-45(2007).

[40] Saitou, M. *et al.* Epigenetic reprogramming in mouse pre-implantation development and primordial germ cells. *Development* 139, 15-31(2012).

[41] Bestor, T. H. The DNA methyltransferases of mammals. *Human Molecular Genetics* 9, 2395-2402(2000).

[42] Guo, F. *et al.* The transcriptome and DNA methylome landscapes of human primordial germ cells. *Cell* 161, 1437-1452(2015).

[43] La Salle, S. *et al.* Windows for sex-specific methylation marked by DNA methyltransferase expression profiles in mouse germ cells. *Developmental Biology* 268, 403-415(2004).

[44] Watanabe, D. *et al.* Transition of mouse *de novo* methyltransferases expression from Dnmt3b to Dnmt3a during neural progenitor cell development. *Neuroscience* 142, 727-737(2006).

[45] Omisanjo, O. A. *et al.* DNMT1 and HDAC1 gene expression in impaired spermatogenesis and testicular cancer. *Histochemistry and Cell Biology* 127, 175-181(2007).

[46] Marques, C. J. *et al.* DNA methylation imprinting marks and DNA methyltransferase expression in human spermatogenic cell stages. *Epigenetics* 6, 1354-1361(2011).

[47] Okano, M. *et al.* DNA methyltransferases Dnmt3a and Dnmt3b are essential for *de novo* methylation and mammalian development. *Cell* 99, 247-257(1999).

[48] La Salle, S. & Trasler, J. M. Dynamic expression of DNMT3a and DNMT3b isoforms during male germ cell development in the mouse. *Developmental Biology* 296, 71-82(2006).

[49] Webster, K. E. *et al.* Meiotic and epigenetic defects in Dnmt3L-knockout mouse spermatogenesis. *Proceedings of the National Academy of Sciences of the United States of America* 102, 4068-4073(2005).

[50] Bourc'his, D. *et al.* Dnmt3L and the establishment of maternal genomic imprints. *Science* 294, 2536-2539(2001).

[51] Oakes, C. C. *et al.* A unique configuration of genome-wide DNA methylation patterns in the testis. *Proceedings of the National Academy of Sciences of the United States of America* 104, 228-233(2007).

[52] Chedin, F. *et al.* The DNA methyltransferase-like protein DNMT3L stimulates *de novo* methylation by Dnmt3a. *Proceedings of the National Academy of Sciences of the United States of America* 99, 16916-16921(2002).

[53] Tessarz, P. & Kouzarides, T. Histone core modifications regulating nucleosome structure and dynamics. *Nature Reviews Molecular Cell Biology* 15, 703-708(2014).

[54] Luense, L. J. *et al.* Comprehensive analysis of histone post-translational modifications in mouse and human male germ cells. *Epigenetics & Chromatin* 9, 24(2016).

[55] Sasaki, H. & Matsui, Y. Epigenetic events in mammalian germ-cell development: reprogramming and beyond. *Nature Reviews Genetics* 9, 129-140(2008).

[56] Schaner, C. E. *et al.* A conserved chromatin architecture marks and maintains the restricted germ cell lineage in worms and flies. *Developmental Cell* 5, 747-757(2003).

[57] Ancelin, K. *et al.* Blimp1 associates with Prmt5 and directs histone arginine methylation in mouse germ cells. *Nature Cell Biology* 8, 623-630(2006).

[58] Strahl, B. D. *et al.* Methylation of histone H4 at arginine 3 occurs *in vivo* and is mediated by the nuclear receptor coactivator

PRMT1. *Curr Biol* 11, 996-1000(2001).

[59] Wang, H. B. *et al.* Methylation of histone H4 at arginine 3 facilitating transcriptional activation by nuclear hormone receptor. *Science* 293, 853-857(2001).

[60] Pal, S. *et al.* Human SWI/SNF-associated PRMT5 methylates histone H3 arginine 8 and negatively regulates expression of ST7 and NM23 tumor suppressor genes. *Molecular and Cellular Biology* 24, 9630-9645(2004).

[61] Khalil, A. M. *et al.* Dynamic histone modifications mark sex chromosome inactivation and reactivation during mammalian spermatogenesis. *Proceedings of the National Academy of Sciences of the United States of America* 101, 16583-16587(2004).

[62] Rousseaux, S. *et al.* Establishment of male-specific epigenetic information. *Gene* 345, 139-153(2005).

[63] Turner, J. M. A. *et al.* Pachytene asynapsis drives meiotic sex chromosome inactivation and leads to substantial postmeiotic repression in spermatids. *Developmental Cell* 10, 521-529(2006).

[64] Namekawa, S. H. *et al.* Postmeiotic sex chromatin in the male germline of mice. *Curr Biol* 16, 660-667(2006).

[65] Okada, Y. *et al.* Histone demethylase JHDM2A is critical for Tnp1 and Prm1 transcription and spermatogenesis. *Nature* 450, 119-123(2007).

[66] Peters, A. H. F. M. *et al.* Loss of the Suv39h histone methyltransferases impairs mammalian heterochromatin and genome stability. *Cell* 107, 323-337(2001).

[67] Tachibana, M. *et al.* Functional dynamics of H3K9 methylation during meiotic prophase progression. *Embo Journal* 26, 3346-3359(2007).

[68] Hayashi, K. *et al.* A histone H3 methyltransferase controls epigenetic events required for meiotic prophase. *Nature* 438, 374-378(2005).

[69] Takada, Y. *et al.* Mammalian polycomb Scmh1 mediates exclusion of polycomb complexes from the XY body in the pachytene spermatocytes. *Development* 134, 579-590(2007).

[70] Shirakata, Y. *et al.* Histone h4 modification during mouse spermatogenesis. *The Journal of Reproduction and Development* 60, 383-387(2014).

[71] Ray-Gallet, D. & Almouzni, G. Nucleosome dynamics and histone variants. *Essays in Biochemistry* 48, 75-87(2010).

[72] Burgess, R. J. & Zhang, Z. Histone chaperones in nucleosome assembly and human disease. *Nat Struct Mol Biol* 20, 14-22(2013).

[73] Dhalluin, C. *et al.* Structure and ligand of a histone acetyltransferase bromodomain. *Nature* 399, 491-496(1999).

[74] Pivot-Pajot, C. *et al.* Acetylation-dependent chromatin reorganization by BRDT, a testis-specific bromodomain-containing protein. *Mol Cell Biol* 23, 5354-5365(2003).

[75] Shang, E. *et al.* The first bromodomain of Brdt, a testis-specific member of the BET sub-family of double-bromodomain-containing proteins, is essential for male germ cell differentiation. *Development* 134, 3507-3515(2007).

[76] Moriniere, J. *et al.* Cooperative binding of two acetylation marks on a histone tail by a single bromodomain. *Nature* 461, 664-668(2009).

[77] Sasaki, K. *et al.* Real-time imaging of histone H4 hyperacetylation in living cells. *Proceedings of the National Academy of Sciences of the United States of America* 106, 16257-16262(2009).

[78] Zhang, K. *et al.* Histone acetylation and deacetylation: identification of acetylation and methylation sites of HeLa histone H4 by mass spectrometry. *Molecular & Cellular Proteomics : MCP* 1, 500-508(2002).

[79] Garcia, B. A. *et al.* Organismal differences in post-translational modifications in histones H3 and H4. *The Journal of Biological Chemistry* 282, 7641-7655(2007).

[80] Qian, M. X. *et al.* Acetylation-mediated proteasomal degradation of core histones during DNA repair and spermatogenesis. *Cell* 153, 1012-1024(2013).

[81] Zhong, L. & Belote, J. M. The testis-specific proteasome subunit Prosalpha6T of D. melanogaster is required for individualization and nuclear maturation during spermatogenesis. *Development* 134, 3517-3525(2007).

[82] Hou, C.-C. & Yang, W. X. New insights to the ubiquitin–proteasome pathway(UPP)mechanism during spermatogenesis. *Molecular Biology Reports* 40, 3213-3230(2013).

[83] Rajender, S. *et al.* Epigenetics, spermatogenesis and male infertility. *Mutation Research/Reviews in Mutation Research* 727, 62-71(2011).

[84] Carrell, D. T. Epigenetics of the male gamete. *Fertility and Sterility* 97, 267-274(2012).

[85] Arama, E. *et al.* A ubiquitin ligase complex regulates caspase activation during sperm differentiation in *Drosophila*. *PLoS Biology* 5, e251(2007).

[86] An, J. Y. *et al.* UBR2 mediates transcriptional silencing during spermatogenesis via histone ubiquitination. *Proceedings of the National Academy of Sciences* 107, 1912-1917(2010).

[87] Hasegawa, K. *et al.* SCML2 establishes the male germline epigenome through regulation of histone H2A ubiquitination. *Developmental Cell* 32, 574-588(2015).

[88] Sin, H. S. *et al.* RNF8 regulates active epigenetic modifications and escape gene activation from inactive sex chromosomes in post-meiotic spermatids. *Genes & Development* 26, 2737-2748(2012).

[89] Lu, L. Y. *et al.* RNF8-dependent histone modifications regulate nucleosome removal during spermatogenesis. *Developmental Cell* 18, 371-384(2010).

[90] Sun, Z. W. & Allis, C. D. Ubiquitination of histone H2B regulates H3 methylation and gene silencing in yeast. *Nature* 418, 104-108(2002).

[91] Briggs, S. D. *et al.* Gene silencing: trans-histone regulatory pathway in chromatin. *Nature* 418, 498-498(2002).

[92] Pelzer, C. *et al.* UBE1L2, a novel E1 enzyme specific for ubiquitin. *Journal of Biological Chemistry* 282, 23010-23014(2007).

[93] Oughtred, R. *et al.* Characterization of rat100, a 300-kilodalton ubiquitin-protein ligase induced in germ cells of the rat testis and similar to the *Drosophila* hyperplastic discs gene. *Endocrinology* 143, 3740-3747(2002).

[94] Weber, C. M. & Henikoff, S. Histone variants: dynamic punctuation in transcription. *Genes Dev* 28, 672-682(2014).

[95] Malik, H. S. & Henikoff, S. Phylogenomics of the nucleosome. *Nature Structural & Molecular Biology* 10, 882-891(2003).

[96] Dorus, S. *et al.* Genomic and functional evolution of the *Drosophila melanogaster* sperm proteome. *Nature Genetics* 38, 1440-1445(2006).

[97] Akhmanova, A. *et al.* Identification and characterization of the *Drosophila* histone H4 replacement gene. *FEBS Letters* 388, 219-222(1996).

[98] Happel, N. & Doenecke, D. Histone H1 and its isoforms: contribution to chromatin structure and function. *Gene* 431, 1-12(2009).

[99] Drabent, B. *et al.* Expression of the mouse testicular histone gene H1t during spermatogenesis. *Histochemistry and Cell Biology* 106, 247-251(1996).

[100] Brock, W. A. *et al.* Meiotic synthesis of testis histones in the rat. *Proceedings of the National Academy of Sciences* 77, 371-375(1980).

[101] Drabent, B. *et al.* Spermatogenesis proceeds normally in mice without linker histone H1t. *Histochemistry and Cell Biology* 113, 433-442(2000).

[102] Catena, R. *et al.* Changes in intranuclear chromatin architecture induce bipolar nuclear localization of histone variant H1T2 in male haploid spermatids. *Developmental Biology* 296, 231-238(2006).

[103] Martianov, I. *et al.* Polar nuclear localization of H1T2, a histone H1 variant, required for spermatid elongation and DNA condensation during spermiogenesis. *Proceedings of the National Academy of Sciences of the United States of America* 102,

2808-2813(2005).

[104] Tanaka, H. *et al.* HANP1/H1T2, a novel histone H1-like protein involved in nuclear formation and sperm fertility. *Molecular and Cellular Biology* 25, 7107-7119(2005).

[105] Iguchi, N. *et al.* Isolation and characterization of a novel cDNA encoding a DNA - binding protein(Hils1)specifically expressed in testicular haploid germ cells. *International Journal of Andrology* 26, 354-365(2003).

[106] Yan, W. *et al.* HILS1 is a spermatid-specific linker histone H1-like protein implicated in chromatin remodeling during mammalian spermiogenesis. *Proceedings of the National Academy of Sciences* 100, 10546-10551(2003).

[107] Iguchi, N. *et al.* Control of mouse hils1 gene expression during spermatogenesis: identification of regulatory element by transgenic mouse. *Biology of Reproduction* 70, 1239-1245(2004).

[108] Unni, E. *et al.* Increased accessibility of the N - terminus of testis - specific histone TH2B to antibodies in elongating spermatids. *Molecular Reproduction and Development* 42, 210-219(1995).

[109] Van Roijen, H. *et al.* Immunoexpression of testis-specific histone 2B in human spermatozoa and testis tissue. *Human Reproduction(Oxford, England)* 13, 1559-1566(1998).

[110] Kim, Y. J. *et al.* Molecular cloning and differential expression of somatic and testis-specific H2B histone genes during rat spermatogenesis. *Developmental Biology* 124, 23-34(1987).

[111] Huh, G. H. *et al.* Differential expression of the two types of histone H2A genes in wheat. *Biochimica et Biophysica Acta(BBA)-Gene Structure and Expression* 1261, 155-160(1995).

[112] Moss, S. B. *et al.* Expression of a novel histone 2B during mouse spermiogenesis. *Developmental Biology* 133, 83-92(1989).

[113] Unni, E. *et al.* Stage-specific distribution of the spermatid-specific histone 2B in the rat testis. *Biology of Reproduction* 53, 820-826(1995).

[114] Chadwick, B. P. & Willard, H. F. A novel chromatin protein, distantly related to histone H2A, is largely excluded from the inactive X chromosome. *The Journal of Cell Biology* 152, 375-384(2001).

[115] Eirín-López, J. M. *et al.* H2A. Bbd: a quickly evolving hypervariable mammalian histone that destabilizes nucleosomes in an acetylation-independent way. *The FASEB Journal* 22, 316-326(2008).

[116] Ishibashi, T. *et al.* H2A. Bbd: an X-chromosome-encoded histone involved in mammalian spermiogenesis. *Nucleic Acids Research* 38, 1780-1789(2009).

[117] Bao, Y. *et al.* Nucleosomes containing the histone variant H2A. Bbd organize only 118 base pairs of DNA. *The EMBO Journal* 23, 3314-3324(2004).

[118] Gautier, T. *et al.* Histone variant H2ABbd confers lower stability to the nucleosome. *EMBO Reports* 5, 715-720(2004).

[119] Govin, J. *et al.* Pericentric heterochromatin reprogramming by new histone variants during mouse spermiogenesis. *The Journal of Cell Biology* 176, 283-294(2007).

[120] Szenker, E. *et al.* The double face of the histone variant H3. 3. *Cell Research* 21, 421-434(2011).

[121] Wiedemann, S. M. *et al.* Identification and characterization of two novel primate-specific histone H3 variants, H3. X and H3. Y. *The Journal of Cell Biology* 190, 777-791(2010).

[122] Schenk, R. *et al.* H3.5 is a novel hominid-specific histone H3 variant that is specifically expressed in the seminiferous tubules of human testes. *Chromosoma* 120, 275-285(2011).

[123] Tachiwana, H. *et al.* Nucleosome formation with the testis-specific histone H3 variant, H3t, by human nucleosome assembly proteins in vitro. *Nucleic Acids Research* 36, 2208-2218(2008).

[124] Trostle-Weige, P. *et al.* Isolation and characterization of TH3, a germ cell-specific variant of histone 3 in rat testis. *Journal of Biological Chemistry* 259, 8769-8776(1984).

[125] Bramlage, B. *et al.* Differential expression of the murine histone genes H3.3A and H3.3B. *Differentiation* 62, 13-20(1997).

[126] Loppin, B. *et al.* The *Drosophila* maternal gene sesame is required for sperm chromatin remodeling at fertilization. *Chromosoma* 110, 430-440(2001).

[127] Palmer, D. K. *et al.* Purification of the centromere-specific protein CENP-A and demonstration that it is a distinctive histone. *Proceedings of the National Academy of Sciences* 88, 3734-3738(1991).

[128] Johnson, J. M. *et al.* Genome-wide survey of human alternative pre-mRNA splicing with exon junction microarrays. *Science* 302, 2141-2144(2003).

[129] Soumillon, M. *et al.* Cellular source and mechanisms of high transcriptome complexity in the mammalian testis. *Cell Reports* 3, 2179-2190(2013).

[130] Ramsköld, D. *et al.* An abundance of ubiquitously expressed genes revealed by tissue transcriptome sequence data. *PLoS Computational Biology* 5, e1000598(2009).

[131] Elliott, D. J. & Grellscheid, S. N. Alternative RNA splicing regulation in the testis. *Reproduction* 132, 811-819(2006).

[132] Kan, Z. *et al.* Evolutionarily conserved and diverged alternative splicing events show different expression and functional profiles. *Nucleic Acids Research* 33, 5659-5666(2005).

[133] Sun, F. & Handel, M. A. A mutation in Mtap2 is associated with arrest of mammalian spermatocytes before the first meiotic division. *Genes* 2, 21-35(2011).

[134] Loveland, K. L. *et al.* Microtubule-associated protein-2 in the rat testis: a novel site of expression. *Biology of Reproduction* 54, 896-904(1996).

[135] Manova, K. *et al.* Gonadal expression of c-kit encoded at the W locus of the mouse. *Development* 110, 1057-1069(1990).

[136] Yoshinaga, K. *et al.* Role of c-kit in mouse spermatogenesis: identification of spermatogonia as a specific site of c-kit expression and function. *Development* 113, 689-699(1991).

[137] Zhang, L. *et al.* c-kit expression profile and regulatory factors during spermatogonial stem cell differentiation. *BMC Developmental Biology* 13, 38(2013).

[138] Rossi, P. *et al.* A novel c-kit transcript, potentially encoding a truncated receptor, originates within a kit gene intron in mouse spermatids. *Developmental Biology* 152, 203-207(1992).

[139] Sette, C. *et al.* Parthenogenetic activation of mouse eggs by microinjection of a truncated c-kit tyrosine kinase present in spermatozoa. *Development* 124, 2267-2274(1997).

[140] Firestein, R. *et al.* Male infertility, impaired spermatogenesis, and azoospermia in mice deficient for the pseudophosphatase Sbf1. *The Journal of Clinical Investigation* 109, 1165(2002).

[141] Liška, F. *et al.* Splicing mutation in Sbf1 causes nonsyndromic male infertility in the rat. *Reproduction* 152, 215-223(2016).

[142] Bao, J. *et al.* RAN-binding protein 9 is involved in alternative splicing and is critical for male germ cell development and male fertility. *PLoS Genetics* 10, e1004825(2014).

[143] O'Bryan, M. K. *et al.* RBM5 is a male germ cell splicing factor and is required for spermatid differentiation and male fertility. *PLoS Genetics* 9, e1003628(2013).

[144] Liu, W. *et al.* BCAS2 is involved in alternative mRNA splicing in spermatogonia and the transition to meiosis. *Nature Communications* 8, 14182(2017).

[145] Hannigan, M. M. *et al.* Ptbp2 controls an alternative splicing network required for cell communication during spermatogenesis. *Cell Reports* 19, 2598-2612(2017).

[146] Zagore, L. L. *et al.* RNA binding protein Ptbp2 is essential for male germ cell development. *Molecular and Cellular Biology* 35, 4030-4042(2015).

[147] Iwamori, N. *et al.* MRG15 is required for pre-mRNA splicing and spermatogenesis. *Proceedings of the National Academy of Sciences*, 201611995(2016).

[148] Sun, F. *et al.* Mutation of Eif4g3, encoding a eukaryotic translation initiation factor, causes male infertility and meiotic arrest of mouse spermatocytes. *Development* 137, 1699-1707(2010).

[149] Bedard, N. *et al.* Mice lacking the USP2 deubiquitinating enzyme have severe male subfertility associated with defects in fertilization and sperm motility. *Biology of Reproduction* 85, 594-604(2011).

[150] Komada, M. *et al.* E-MAP-115, encoding a microtubule-associated protein, is a retinoic acid-inducible gene required for spermatogenesis. *Genes & Development* 14, 1332-1342(2000).

[151] Hagaman, J. R. *et al.* Angiotensin-converting enzyme and male fertility. *Proceedings of the National Academy of Sciences* 95, 2552-2557(1998).

[152] Greenbaum, M. P. *et al.* TEX14 is essential for intercellular bridges and fertility in male mice. *Proceedings of the National Academy of Sciences of the United States of America* 103, 4982-4987(2006).

[153] Saxe, J. P. & Lin, H. Small noncoding RNAs in the germline. *Cold Spring Harbor Perspectives in Biology* 3, a002717(2011).

[154] Iwasaki, Y. W. *et al.* PIWI-interacting RNA: Its biogenesis and functions. *Annu Rev Biochem* 84, 405-433(2015).

[155] Hilz, S. *et al.* The roles of microRNAs and siRNAs in mammalian spermatogenesis. *Development* 143, 3061-3073(2016).

[156] Maatouk, D. M. *et al.* Dicer1 is required for differentiation of the mouse male germline. *Biology of Reproduction* 79, 696-703(2008).

[157] Romero, Y. *et al.* Dicer1 depletion in male germ cells leads to infertility due to cumulative meiotic and spermiogenic defects. *PLoS One* 6, e25241(2011).

[158] Hayashi, K. *et al.* MicroRNA biogenesis is required for mouse primordial germ cell development and spermatogenesis. *PLoS One* 3, e1738(2008).

[159] Hilz, S. *et al.* The roles of microRNAs and siRNAs in mammalian spermatogenesis. *Development* 143, 3061-3073(2016).

[160] Huszar, J. M. & Payne, C. J. MicroRNA 146(Mir146)modulates spermatogonial differentiation by retinoic acid in mice. *Biology of Reproduction* 88(2013).

[161] Tong, M. H. *et al.* Two miRNA clusters, Mir-17-92(Mirc1)and Mir-106b-25(Mirc3), are involved in the regulation of spermatogonial differentiation in mice. *Biology of Reproduction* 86(2012).

[162] Yang, Q. E. *et al.* MicroRNAs 221 and 222 regulate the undifferentiated state in mammalian male germ cells. *Development* 140, 280-290(2013).

[163] Moritoki, Y. *et al.* 260 The role of MIR-135A via regulation of foxo1 gene expression in maintenance of spermatogonial stem cells. *The Journal of Urology* 189, e106-e107(2013).

[164] Tong, M. H. *et al.* Expression of Mirlet7 family microRNAs in response to retinoic acid-induced spermatogonial differentiation in mice. *Biology of Reproduction* 85, 189-197(2011).

[165] Marcon, E. *et al.* miRNA and piRNA localization in the male mammalian meiotic nucleus. *Chromosome Research* 16, 243-260(2008).

[166] Yu, Z. *et al.* MicroRNA Mirn122a reduces expression of the posttranscriptionally regulated germ cell transition protein 2(Tnp2)messenger RNA(mRNA)by mRNA cleavage. *Biology of Reproduction* 73, 427-433(2005).

[167] Dai, L. *et al.* Testis-specific miRNA-469 up-regulated in gonadotropin-regulated testicular RNA helicase(GRTH/DDX25)-null mice silences transition protein 2 and protamine 2 messages at sites within coding region implications of its role in germ cell development. *Journal of Biological Chemistry* 286, 44306-44318(2011).

[168] Björk, J. K. *et al.* miR-18, a member of Oncomir-1, targets heat shock transcription factor 2 in spermatogenesis. *Development* 137, 3177-3184(2010).

[169] Grivna, S. T. *et al.* A novel class of small RNAs in mouse spermatogenic cells. *Genes Dev* 20, 1709-1714(2006).

[170] Aravin, A. A. *et al.* The Piwi-piRNA pathway provides an adaptive defense in the transposon arms race. *Science* 318,

761-764(2007).

[171] Meikar, O. *et al.* Chromatoid body and small RNAs in male germ cells. *Reproduction* 142, 195-209(2011).

[172] Pillai, R. S. & Chuma, S. piRNAs and their involvement in male germline development in mice. *Development, Growth & Differentiation* 54, 78-92(2012).

[173] Aravin, A. *et al.* A novel class of small RNAs bind to MILI protein in mouse testes. *Nature* 442, 203-207(2006).

[174] Aravin, A. A. *et al.* A piRNA pathway primed by individual transposons is linked to *de novo* DNA methylation in mice. *Molecular Cell* 31, 785-799(2008).

[175] Reuter, M. *et al.* Miwi catalysis is required for piRNA amplification-independent LINE1 transposon silencing. *Nature* 480, 264-267(2011).

[176] Li, X. Z. *et al.* An ancient transcription factor initiates the burst of piRNA production during early meiosis in mouse testes. *Molecular Cell* 50, 67-81(2013).

[177] Vagin, V. V. *et al.* A distinct small RNA pathway silences selfish genetic elements in the germline. *Science* 313, 320-324(2006).

[178] Siomi, M. C. *et al.* PIWI-interacting small RNAs: the vanguard of genome defence. *Nature Reviews Molecular Cell Biology* 12, 246-258(2011).

[179] Fu, Q. & Wang, P. J. Mammalian piRNAs: Biogenesis, function, and mysteries. *Spermatogenesis* 4, e27889(2014).

[180] Ishizu, H. *et al.* Biology of PIWI-interacting RNAs: new insights into biogenesis and function inside and outside of germlines. *Genes & Development* 26, 2361-2373(2012).

[181] Deng, W. & Lin, H. Miwi, a murine homolog of piwi, encodes a cytoplasmic protein essential for spermatogenesis. *Developmental Cell* 2, 819-830(2002).

[182] Kuramochi-Miyagawa, S. *et al.* Mili, a mammalian member of piwi family gene, is essential for spermatogenesis. *Development* 131, 839-849(2004).

[183] Carmell, M. A. *et al.* MIWI2 is essential for spermatogenesis and repression of transposons in the mouse male germline. *Developmental Cell* 12, 503-514(2007).

[184] Di Giacomo, M. *et al.* Multiple epigenetic mechanisms and the piRNA pathway enforce LINE1 silencing during adult spermatogenesis. *Molecular Cell* 50, 601-608(2013).

[185] Turner, J. M. Meiotic sex chromosome inactivation. *Development* 134, 1823-1831(2007).

[186] Cloutier, J. M. & Turner, J. M. Meiotic sex chromosome inactivation. *Curr Biol* 20, R962-963(2010).

[187] Turner, J. M. Meiotic silencing in mammals. *Annual Review of Genetics* 49, 395-412(2015).

[188] Yan, W. & McCarrey, J. R. Sex chromosome inactivation in the male. *Epigenetics* 4, 452-456(2009).

[189] Franco, M. J. *et al.* Protein immunolocalization supports the presence of identical mechanisms of XY body formation in eutherians and marsupials. *Chromosome Res* 15, 815-824(2007).

[190] Hornecker, J. L. *et al.* Meiotic sex chromosome inactivation in the marsupial *Monodelphis domestica. Genesis* 45, 696-708(2007).

[191] Namekawa, S. H. *et al.* Sex chromosome silencing in the marsupial male germ line. *Proceedings of the National Academy of Sciences of the United States of America* 104, 9730-9735(2007).

[192] Royo, H. *et al.* Evidence that meiotic sex chromosome inactivation is essential for male fertility. *Curr Biol* 20, 2117-2123(2010).

[193] Shiu, P. K. *et al.* Meiotic silencing by unpaired DNA. *Cell* 107, 905-916(2001).

[194] Larson, B. J. *et al.* Plasticity in the meiotic epigenetic landscape of sex chromosomes in caenorhabditis species. *Genetics* 203, 1641-1658(2016).

[195] Baarends, W. M. *et al.* Silencing of unpaired chromatin and histone H2A ubiquitination in mammalian meiosis. *Molecular and Cellular Biology* 25, 1041-1053(2005).

[196] Homolka, D. *et al.* Chromosomal rearrangement interferes with meiotic X chromosome inactivation. *Genome Research* 17, 1431-1437(2007).

[197] Turner, J. M. *et al.* Silencing of unsynapsed meiotic chromosomes in the mouse. *Nature Genetics* 37, 41-47(2005).

[198] Turner, J. M. *et al.* Pachytene asynapsis drives meiotic sex chromosome inactivation and leads to substantial postmeiotic repression in spermatids. *Developmental cell* 10, 521-529(2006).

[199] Schimenti, J. Synapsis or silence. *Nature Genetics* 37(2005).

[200] Mahadevaiah, S. K. *et al.* Recombinational DNA double-strand breaks in mice precede synapsis. *Nature Genetics* 27, 271-276(2001).

[201] Celeste, A. *et al.* Genomic instability in mice lacking histone H2AX. *Science* 296, 922-927(2002).

[202] Rogakou, E. P. *et al.* Megabase chromatin domains involved in DNA double-strand breaks *in vivo*. *The Journal of Cell Biology* 146, 905-916(1999).

[203] Stucki, M. *et al.* MDC1 directly binds phosphorylated histone H2AX to regulate cellular responses to DNA double-strand breaks. *Cell* 123, 1213-1226(2005).

[204] Fernandez-Capetillo, O. *et al.* H2AX is required for chromatin remodeling and inactivation of sex chromosomes in male mouse meiosis. *Developmental Cell* 4, 497-508(2003).

[205] Turner, J. M. *et al.* BRCA1, histone H2AX phosphorylation, and male meiotic sex chromosome inactivation. *Curr Biol* 14, 2135-2142(2004).

[206] Bellani, M. A. *et al.* SPO11 is required for sex-body formation, and Spo11 heterozygosity rescues the prophase arrest of Atm-/-spermatocytes. *J Cell Sci* 118, 3233-3245(2005).

[207] Brown, E. J. & Baltimore, D. ATR disruption leads to chromosomal fragmentation and early embryonic lethality. *Genes & Development* 14, 397-402(2000).

[208] Xu, X. *et al.* Impaired meiotic DNA-damage repair and lack of crossing-over during spermatogenesis in BRCA1 full-length isoform deficient mice. *Development* 130, 2001-2012(2003).

[209] Hoyer-Fender, S. Molecular aspects of XY body formation. *Cytogenetic and Genome Research* 103, 245-255(2003).

[210] Handel, M. A. The XY body: a specialized meiotic chromatin domain. *Experimental Cell Research* 296, 57-63(2004).

[211] Baarends, W. M. *et al.* Histone ubiquitination and chromatin remodeling in mouse spermatogenesis. *Developmental Biology* 207, 322-333(1999).

[212] Rogers, R. S. *et al.* SUMO modified proteins localize to the XY body of pachytene spermatocytes. *Chromosoma* 113, 233-243(2004).

[213] Vigodner, M. & Morris, P. L. Testicular expression of small ubiquitin-related modifier-1(SUMO-1)supports multiple roles in spermatogenesis: silencing of sex chromosomes in spermatocytes, spermatid microtubule nucleation, and nuclear reshaping. *Developmental Biology* 282, 480-492(2005).

[214] Hoyer-Fender, S. *et al.* Histone macroH2A1. 2 is concentrated in the XY-body by the early pachytene stage of spermatogenesis. *Experimental Cell Research* 258, 254-260(2000).

[215] Greaves, I. K. *et al.* The X and Y chromosomes assemble into H2A. Z, containing facultative heterochromatin, following meiosis. *Molecular and Cellular Biology* 26, 5394-5405(2006).

[216] Motzkus, D. *et al.* M31, a murine homolog of Drosophila HP1, is concentrated in the XY body during spermatogenesis. *Cytogenetic and Genome Research* 86, 83-88(1999).

[217] Metzler-Guillemain, C. *et al.* HP1β and HP1γ, but not HP1α, decorate the entire XY body during human male meiosis.

Chromosome Research 11, 73-81(2003).

[218] Bjerling, P. *et al.* Functional divergence between histone deacetylases in fission yeast by distinct cellular localization and *in vivo* specificity. *Mol Cell Biol* 22, 2170-2181(2002).

[219] de Ruijter, A. J. *et al.* Histone deacetylases(HDACs): characterization of the classical HDAC family. *The Biochemical Journal* 370, 737-749(2003).

[220] Shahbazian, M. D. & Grunstein, M. Functions of site-specific histone acetylation and deacetylation. *Annu Rev Biochem* 76, 75-100(2007).

[221] Langerova, A. Chromatin acetylation in human oocytes. *Ginekologia Polska* 84, 263-267(2013).

[222] Gu, L. *et al.* Histone modifications during mammalian oocyte maturation: dynamics, regulation and functions. *Cell Cycle* 9, 1942-1950(2010).

[223] Zuccotti, M. *et al.* Chromatin organisation and nuclear architecture in growing mouse oocytes. *Molecular and Cellular Endocrinology* 234, 11-17(2005).

[224] Kageyama, S. *et al.* Alterations in epigenetic modifications during oocyte growth in mice. *Reproduction* 133, 85-94(2007).

[225] De La Fuente, R. Chromatin modifications in the germinal vesicle(GV)of mammalian oocytes. *Developmental Biology* 292, 1-12(2006).

[226] Yin, S. *et al.* Histone acetyltransferase KAT8 is essential for mouse oocyte development by regulating reactive oxygen species levels. *Development* 144, 2165-2174(2017).

[227] Kim, J. M. *et al.* Changes in histone acetylation during mouse oocyte meiosis. *The Journal of Cell Biology* 162, 37-46(2003).

[228] Ma, P. & Schultz, R. M. Histone deacetylase 1(HDAC1)regulates histone acetylation, development, and gene expression in preimplantation mouse embryos. *Developmental Biology* 319, 110-120(2008).

[229] Kageyama, S. *et al.* Stage specific expression of histone deacetylase 4(HDAC4)during oogenesis and early preimplantation development in mice. *The Journal of Reproduction and Development* 52, 99-106(2006).

[230] Huang, F. *et al.* Histone acetyltransferase Enok regulates oocyte polarization by promoting expression of the actin nucleation factor spire. *Genes Dev* 28, 2750-2763(2014).

[231] Han, L. *et al.* Sirt6 depletion causes spindle defects and chromosome misalignment during meiosis of mouse oocyte. *Sci Rep* 5, 15366(2015).

[232] Ma, P. & Schultz, R. M. Histone deacetylase 2(HDAC2)regulates chromosome segregation and kinetochore function via H4K16 deacetylation during oocyte maturation in mouse. *PLoS Genet* 9, e1003377(2013).

[233] Ma, P. *et al.* Compensatory functions of histone deacetylase 1(HDAC1)and HDAC2 regulate transcription and apoptosis during mouse oocyte development. *Proceedings of the National Academy of Sciences of the United States of America* 109, E481-489(2012).

[234] Dion, M. F. *et al.* Genomic characterization reveals a simple histone H4 acetylation code. *Proceedings of the National Academy of Sciences of the United States of America* 102, 5501-5506(2005).

[235] Rea, S. *et al.* Males absent on the first(MOF): from flies to humans. *Oncogene* 26, 5385-5394(2007).

[236] Tachibana, M. *et al.* Functional dynamics of H3K9 methylation during meiotic prophase progression. *The EMBO Journal* 26, 3346-3359(2007).

[237] Brici, D. *et al.* Setd1b, encoding a histone 3 lysine 4 methyltransferase, is a maternal effect gene required for the oogenic gene expression program. *Development* 144, 2606-2617(2017).

[238] Andreu-Vieyra, C. V. *et al.* MLL2 is required in oocytes for bulk histone 3 lysine 4 trimethylation and transcriptional silencing. *PLoS Biol* 8(2010).

[239] Kim, J. *et al.* LSD1 is essential for oocyte meiotic progression by regulating CDC25B expression in mice. *Nat Commun* 6,

10116(2015).
[240] Ciccone, D. N. *et al.* KDM1B is a histone H3K4 demethylase required to establish maternal genomic imprints. *Nature* 461, 415-418(2009).
[241] Stewart, K. R. *et al.* Dynamic changes in histone modifications precede *de novo* DNA methylation in oocytes. *Genes Dev* 29, 2449-2462(2015).
[242] Hanna, C. W. & Kelsey, G. The specification of imprints in mammals. *Heredity* 113, 176-183(2014).
[243] Kobayashi, H. *et al.* Bisulfite sequencing and dinucleotide content analysis of 15 imprinted mouse differentially methylated regions(DMRs): paternally methylated DMRs contain less CpGs than maternally methylated DMRs. *Cytogenet Genome Res* 113, 130-137(2006).
[244] Tomizawa, S. *et al.* Dynamic stage-specific changes in imprinted differentially methylated regions during early mammalian development and prevalence of non-CpG methylation in oocytes. *Development* 138, 811-820(2011).
[245] Deaton, A. M. & Bird, A. CpG islands and the regulation of transcription. *Genes Dev* 25, 1010-1022(2011).
[246] Marchal, C. & Miotto, B. Emerging concept in DNA methylation: role of transcription factors in shaping DNA methylation patterns. *Journal of Cellular Physiology* 230, 743-751(2015).
[247] Krebs, A. R. *et al.* High-throughput engineering of a mammalian genome reveals building principles of methylation states at CG rich regions. *eLife* 3, e04094(2014).
[248] Wachter, E. *et al.* Synthetic CpG islands reveal DNA sequence determinants of chromatin structure. *eLife* 3, e03397(2014).
[249] Lienert, F. *et al.* Identification of genetic elements that autonomously determine DNA methylation states. *Nat Genet* 43, 1091-1097(2011).
[250] Kobayashi, H. *et al.* Contribution of intragenic DNA methylation in mouse gametic DNA methylomes to establish oocyte-specific heritable marks. *PLoS Genet* 8, e1002440(2012).
[251] Smallwood, S. A. *et al.* Dynamic CpG island methylation landscape in oocytes and preimplantation embryos. *Nat Genet* 43, 811-814(2011).
[252] Proudhon, C. *et al.* Protection against *de novo* methylation is instrumental in maintaining parent-of-origin methylation inherited from the gametes. *Molecular Cell* 47, 909-920(2012).
[253] Keller, T. E. *et al.* Evolutionary transition of promoter and gene body DNA methylation across invertebrate-vertebrate boundary. *Molecular Biology and Evolution* 33, 1019-1028(2016).
[254] Hata, K. *et al.* Dnmt3L cooperates with the Dnmt3 family of *de novo* DNA methyltransferases to establish maternal imprints in mice. *Development* 129, 1983-1993(2002).
[255] Branco, M. R. *et al.* Maternal DNA methylation regulates early trophoblast development. *Dev Cell* 36, 152-163(2016).
[256] Bernstein, E. *et al.* Dicer is essential for mouse development(vol 35, pg 215, 2003). *Nature Genetics* 35, 287-287(2003).
[257] Yang, W. J. *et al.* Dicer is required for embryonic angiogenesis during mouse development. *Journal of Biological Chemistry* 280, 9330-9335(2005).
[258] Otsuka, M. *et al.* Impaired microRNA processing causes corpus luteum insufficiency and infertility in mice. *J Clin Invest* 118, 1944-1954(2008).
[259] Mattiske, D. M. *et al.* Meiotic maturation failure induced by DICER1 deficiency is derived from primary oocyte ooplasm. *Reproduction* 137, 625-632(2009).
[260] Murchison, E. P. *et al.* Critical roles for Dicer in the female germline. *Genes Dev* 21, 682-693(2007).
[261] Tang, F. *et al.* Maternal microRNAs are essential for mouse zygotic development. *Genes & Development* 21, 644-648(2007).
[262] Hong, X. M. *et al.* Dicer1 is essential for female fertility and normal development of the female reproductive system. *Endocrinology* 149, 6207-6212(2008).

[263] Nagaraja, A. K. *et al.* Deletion of Dicer in somatic cells of the female reproductive tract causes sterility. *Mol Endocrinol* 22, 2336-2352(2008).

[264] Kaneda, M. *et al.* Essential role for Argonaute2 protein in mouse oogenesis. *Epigenetics & Chromatin* 2(2009).

[265] Yang, X. K. *et al.* Differentially expressed plasma microRNAs in premature ovarian failure patients and the potential regulatory function of mir-23a in granulosa cell apoptosis. *Reproduction* 144, 235-244(2012).

[266] Yin, M. M. *et al.* Transactivation of microRNA-383 by steroidogenic factor-1 promotes estradiol release from mouse ovarian granulosa cells by targeting RBMS1. *Mol Endocrinol* 26, 1129-1143(2012).

[267] Yao, G. D. *et al.* MicroRNA-224 is involved in transforming growth factor-beta-mediated mouse granulosa cell proliferation and granulosa cell function by targeting Smad4. *Mol Endocrinol* 24, 540-551(2010).

[268] Fiedler, S. D. *et al.* Hormonal regulation of microRNA expression in periovulatory mouse mural granulosa cells. *Biology of Reproduction* 79, 1030-1037(2008).

[269] Yan, G. J. *et al.* MicroRNA-145 suppresses mouse granulosa cell proliferation by targeting activin receptor IB. *Febs Letters* 586, 3263-3270(2012).

[270] Lei, L. *et al.* The regulatory role of Dicer in folliculogenesis in mice. *Molecular and Cellular Endocrinology* 315, 63-73(2010).

[271] Ma, T. H. *et al.* Microarray analysis of differentially expressed microRNAs in non-regressed and regressed bovine corpus luteum tissue; microRNA-378 may suppress luteal cell apoptosis by targeting the interferon gamma receptor 1 gene. *J Appl Genet* 52, 481-486(2011).

[272] Xu, S. Y. *et al.* Micro-RNA378(miR-378)regulates ovarian estradiol production by targeting aromatase. *Endocrinology* 152, 3941-3951(2011).

[273] Lin, F. *et al.* miR-26b Promotes granulosa cell apoptosis by targeting ATM during follicular atresia in porcine ovary. *PLos One* 7(2012).

[274] McBride, D. *et al.* Identification of miRNAs associated with the follicular-luteal transition in the ruminant ovary. *Reproduction* 144, 221-233(2012).

[275] Carletti, M. Z. *et al.* MicroRNA 21 blocks apoptosis in mouse periovulatory granulosa cells. *Biol Reprod* 83, 286-295(2010).

[276] Menon, B. *et al.* Regulation of LH receptor mRNA binding protein by miR-122 in rat ovaries. *Endocrinology* 154, 4826-4834(2013).

[277] Zhang, H. *et al.* microRNA 376a regulates follicle assembly by targeting Pcna in fetal and neonatal mouse ovaries. *Reproduction* 148, 43-54(2014).

[278] Yang, S. H. *et al.* Expression patterns and regulatory functions of microRNAs during the initiation of primordial follicle development in the neonatal mouse ovary. *Biology of Reproduction* 89(2013).

[279] Zhang, J. F. *et al.* miR-143 is critical for the formation of primordial follicles in mice. *Front Biosci-Landmrk* 18, 588-597(2013).

[280] Marques, C. *et al.* Abnormal methylation of imprinted genes in human sperm is associated with oligozoospermia. *MHR-Basic Science of Reproductive Medicine* 14, 67-74(2008).

[281] Benchaib, M. *et al.* Influence of global sperm DNA methylation on IVF results. *Human Reproduction* 20, 768-773(2005).

[282] Lind, G. E. *et al.* The epigenome of testicular germ cell tumors. *Apmis* 115, 1147-1160(2007).

[283] Chen, Z. *et al.* Mice deficient in methylenetetrahydrofolate reductase exhibit hyperhomocysteinemia and decreased methylation capacity, with neuropathology and aortic lipid deposition. *Human Molecular Genetics* 10, 433-444(2001).

[284] Leopardi, P. *et al.* Effects of folic acid deficiency and MTHFR C677T polymorphism on spontaneous and radiation-induced micronuclei in human lymphocytes. *Mutagenesis* 21, 327-333(2006).

[285] Navarro-Costa, P. *et al.* The AZFc region of the Y chromosome: at the crossroads between genetic diversity and male infertility. *Human Reproduction Update* 16, 525-542(2010).

[286] Lin, Y. & Page, D. C. Dazl deficiency leads to embryonic arrest of germ cell development in XY C57BL/6 mice. *Developmental Biology* 288, 309-316(2005).

[287] Yen, P. H. Putative biological functions of the DAZ family. *International Journal of Andrology* 27, 125-129(2004).

[288] Haston, K. M. *et al.* Dazl functions in maintenance of pluripotency and genetic and epigenetic programs of differentiation in mouse primordial germ cells *in vivo* and in vitro. *PLoS One* 4, e5654(2009).

[289] Navarro-Costa, P. *et al.* Incorrect DNA methylation of the DAZL promoter CpG island associates with defective human sperm. *Human Reproduction* 25, 2647-2654(2010).

[290] Mahadevan, S. *et al.* Maternally expressed NLRP2 links the subcortical maternal complex(SCMC)to fertility, embryogenesis and epigenetic reprogramming. *Scientific Reports* 7(2017).

[291] Szczepańska, M. *et al.* Reduced expression of HOXA10 in the midluteal endometrium from infertile women with minimal endometriosis. *Biomedicine & Pharmacotherapy* 64, 697-705(2010).

[292] Eelaminejad, Z. *et al.* Deficient expression of JMJD1A histone demethylase in patients with round spermatid maturation arrest. *Reprod Biomed Online* 34, 82-89(2017).

[293] Siklenka, K. *et al.* Disruption of histone methylation in developing sperm impairs offspring health transgenerationally. *Science* 350, aab2006(2015).

[294] Rah, H. *et al.* Association of miR-146aC>G, miR-196a2T>C, and miR-499A>G polymorphisms with risk of premature ovarian failure in Korean women. *Reprod Sci* 20, 60-68(2013).

[295] Yang, X. *et al.* Differentially expressed plasma microRNAs in premature ovarian failure patients and the potential regulatory function of mir-23a in granulosa cell apoptosis. *Reproduction* 144, 235-244(2012).

[296] Iorio, M. V. *et al.* MicroRNA signatures in human ovarian cancer. *Cancer Res* 67, 8699-8707(2007).

[297] Yang, H. *et al.* MicroRNA expression profiling in human ovarian cancer: miR-214 induces cell survival and cisplatin resistance by targeting PTEN. *Cancer Research* 68, 425-433(2008).

史庆华　博士，中国科学技术大学生命科学学院教授，合肥微尺度物质科学国家科学中心项目负责人。曾获得国家杰出青年科学基金资助，中国科学院“百人计划”教授。2007 年、2013 年、2016 年和 2019 年先后作为首席科学家主持国家重大科学研究计划项目 2 项、国家重点研发计划项目和基金委重大项目各 1 项。2011～2013 年受聘担任科技部发育和生殖重大科学研究计划专家组专家。现任安徽省细胞生物学会理事长和中国生理学会生殖科学专业委员会主任委员等学会职务；曾获王宽成奖和谈家桢生命科学奖（创新奖）。1994～1998 年为德国国立环境与健康研究中心和南京师范大学联合培养博士，1998～2004 年在加拿大 Calgary 大学和美国哈佛大学做博士后研究。重点研究细胞分裂（包括减数分裂和有丝分裂）的调控机制及其异常导致人类配子发生障碍进而诱发不育的分子基础。利用我国不育不孕患者数量众多、病例类型丰富的资源优势，建立了世界上收集人类睾丸组织最多、管理规范的人类生殖疾病资源库；发现一系列导致人类配子发生障碍的致病变异，并揭示了多个变异的致病机制；为不育症的诊断、治疗或避孕药剂的研发提供新思维、新方法和分子标靶。已在 *Nature*、*Cell Res*、*NAR*、*Curr Biol* 和 *Genet Med* 等期刊发表学术论文 130 余篇。

第 33 章 早期胚胎发育中表观遗传信息的传递、重编程和调控

颉 伟 李元元 王 瑶
清华大学

本章概要

“生命是如何起始的”是生命科学的基本问题之一。受精后，精子和卵子经历了一系列剧烈的染色质重编程并发育成为一个具有全能性的胚胎。在这个过程中，表观遗传信息在代间如何传递和重编程、早期胚胎发育如何启动并最终完成个体发育是表观遗传领域和发育生物学领域的重要问题。本章将主要从DNA 甲基化、组蛋白修饰和染色体结构等多个方面对早期胚胎发育过程中表观遗传信息的传递、重编程和调控进行详细阐述。由于篇幅所限，本章内容主要聚焦在哺乳动物相关研究。

33.1 引 言

关键概念

- TET 蛋白家族：TET 蛋白家族（包括 TET1、TET2 和 TET3）可通过氧化反应逐步去除 DNA 上的甲基化，这一过程称为主动去甲基化。
- 染色质开放区域：染色体的局部区域结构比较松散，有利于呈现重要的调控元件，以促进转录因子或机器的结合，这些区域叫做染色质开放区域（open chromatin）。

受精卵如何发育形成具有多种细胞类型的复杂有机体，是生命科学领域的一个关键问题。一个有机体的不同体细胞中通常具有相同的 DNA 序列，却呈现不同的形态和功能。在细胞谱系分化过程中，发育相关基因的时空选择性表达在很大程度上决定了细胞最终的命运[1]。随着对基因表达机制的逐步理解，人们发现很多基因调控的信息储存在 DNA 序列之外。这些信息经常可在细胞分裂后保持并调控子代细胞中的基因表达，被称为表观遗传信息。

目前发现的表观遗传信息的载体和调控因子主要有 DNA 甲基化、组蛋白修饰、非编码 RNA 和染色体结构等。表观遗传信息在同一种细胞分裂过程中通常比较稳定，而在亲代和子代之间则经常需要重编程。表观遗传信息在代间如何传递和重编程，进而调控动物早期胚胎发育是表观遗传领域最基本的科学问题之一。本章将主要从 DNA 甲基化、组蛋白修饰和染色体结构三个方面，对哺乳动物早期胚胎发育过程中表观遗传信息的传递、重编程和调控进行阐述。

DNA 甲基化是指胞嘧啶（cytosine，C）的第 5 位碳原子在甲基转移酶 DNMT（DNA methyltransferase）的作用下被加上一个甲基的过程[2]。哺乳动物中发生甲基化的胞嘧啶通常位于 CpG 双核苷酸位点。在基

因组的某些区域 CpG 会呈现高密度地排列，聚集形成 CpG 岛（CpG island）。它们大多位于启动子区域，并且经常能够维持较低的甲基化水平。一般来说，启动子区域的甲基化水平升高能够抑制基因表达，反之则促进基因表达。哺乳动物中甲基化的建立主要依赖 DNMT 蛋白家族，包括 DNMT3A、DNMT3B、DNMT3L 和 DNMT1[3, 4]。其中，DNMT1 主要负责在 DNA 复制后维持细胞内的甲基化，它能够在新合成的 DNA 链上复制原有 DNA 模板链的甲基化状态[5]。而 DNMT3A/3B 负责细胞内新甲基化生成（即 *de novo* methylation，从头甲基化），它们也是后文将提到的胚胎发育过程中 DNA 甲基化能够重建的关键因素[6]。最新研究发现，在小鼠等啮齿类动物中还存在另外一种从头甲基化酶 DNMT3C，主要作用于雄性生殖细胞中的重复序列上[7]。另外一个 DNMT 的成员 DNMT3L 本身不具备甲基转移酶活性，但是可以促进 DNMT3A/3B 的催化活性[8]。虽然 DNA 甲基化通常被认为是一种比较稳定的表观修饰，但是也可以被去除：一方面，复制过程中如果 DNMT1 无法维持 DNA 新链上的甲基化，基因组中的甲基化会随着 DNA 复制和细胞分裂不断被“稀释”，这一过程称为被动去甲基化（passive DNA demethylation）；另一方面，TET 蛋白家族（包括 TET1、TET2 和 TET3）可通过氧化反应逐步去除 DNA 上的甲基化[9]，这一过程称为主动去甲基化（active demethylation）。

除了 DNA 甲基化，组蛋白修饰也是表观遗传学的重要研究对象。组蛋白是真核生物细胞染色质的主要成分之一，主要包括 H1、H2A、H2B、H3 和 H4。由组蛋白 H2A、H2B、H3 和 H4 两个分子组装形成的八聚体，被长为 146～147bp 的 DNA 缠绕，组成染色质的结构单元核小体（nucleosome）[10, 11]。其中，组蛋白 N 端尾巴通常暴露在核小体外侧，可被甲基、乙酰基、磷酸基和泛素等修饰，这些组蛋白修饰对基因表达调控起到了关键的作用[12, 13]，例如，组蛋白修饰 H3K4me3 表示组蛋白 H3 上第 4 个赖氨酸（lysine，K）被加上 3 个甲基。参与组蛋白修饰调控的酶种类众多，甚至一种组蛋白修饰可由多种酶调控，例如，哺乳动物中 H3K4me3 在启动子区域的建立由多种甲基化转移酶介导，包括 MLL1-5、SET1A 和 SET1B[14]。不同的组蛋白修饰经常出现在不同的基因组区域，并执行不同的功能，如前文提到的 H3K4me3 大多出现在启动子区域，而 H3K27ac（组蛋白 H3 上第 27 位赖氨酸乙酰化）一般位于启动子和增强子区域；H3K36me3（组蛋白 H3 上第 36 位赖氨酸甲基化）一般位于基因体区域（gene body），这几种修饰常被作为转录活跃的标志。除了这些正向调控基因转录的组蛋白修饰之外，H3K27me3（组蛋白 H3 上第 27 个赖氨酸甲基化）和 H3K9me3（组蛋白 H3 上第 9 个赖氨酸三甲基化）等修饰也往往和基因转录抑制及异染色质联系在一起。因此，系统地对组蛋白修饰进行研究有助于更好地了解基因表达的调控图谱[15-17]。

染色质的结构也包含丰富的表观遗传信息。DNA 和组蛋白组成的核小体在染色体上是有序排布的。一些区域可以形成比较松散的结构，另外一些区域可以缠绕形成非常致密的结构[18]。染色体局部区域结构比较松散有利于暴露出重要的调控元件，以促进转录因子或转录机器的结合，这些区域叫做染色质开放区域（open chromatin）。此外，染色质会在细胞核内高度折叠形成三维空间结构。一些染色质区域倾向于形成内部具有较强的相互作用但与周围相对隔绝的拓扑结构域（topologically associating domain，TAD）[19]。TAD 被证明在基因表达调控中有重要功能[20, 21]。另外，染色质相对开放的区域倾向于相互作用，并远离染色体相对致密的区域；同样，染色质上致密区域也倾向于相互作用，并与染色体上开放区域隔开，形成基因组的区室结构（compartment）。染色质通常存在至少两种区室结构，其中区室结构 A 通常富集活跃转录的基因和与基因表达正相关的表观修饰，而区室结构 B 则恰好相反[22-24]。相比 TAD，区室结构在不同类型的细胞间相对更加动态[25, 26]。上述表观调控机制在哺乳动物早期胚胎发育中都扮演了重要角色。

33.2 哺乳动物的配子发生和早期胚胎发育

关键概念

- 配子发生：在哺乳动物（如人和小鼠）胚胎发育过程中，二倍体的原始生殖细胞（primordial germ cell，PGC）经过细胞分化和减数分裂形成单倍体的精子或卵子的过程被称为精子发生（spermatogenesis）或卵子发生（oogenesis）。
- 合子基因激活：受精后，受精卵的基因在特定的时间点开始逐渐被激活，这一过程被称为合子基因激活（zygotic gene activation，ZGA）。
- 卵裂：具有全能性的受精卵会经历一系列的分裂增殖形成具有多个细胞的桑椹胚（morula），这一过程称为卵裂（cleavage）。

当卵子（oocyte）遇到精子（sperm）发生受精形成受精卵（zygote）时，胚胎发育之旅就开始了。一枚受精卵经过一系列的卵裂，形成具有多个细胞的胚胎，然后经历多次的细胞命运决定，最终分化形成具有不同功能的组织和器官。同时胚胎在分化过程中形成的原始生殖细胞经过细胞分化和减数分裂又可以最终发育成精子和卵子，从而为下一次的受精和生命循环做好准备。

33.2.1 配子发生

精子和卵子的正常发育是早期胚胎发育的重要基础。在哺乳动物（如人和小鼠）胚胎发育过程中，二倍体的原始生殖细胞（PGC）经过细胞分化和减数分裂形成单倍体的精子或卵子的过程被称为精子发生或卵子发生[27]。在精子发生过程中，PGC 首先分化形成精原细胞（spermatogonia），然后经过分裂增殖、DNA 复制，形成初级精母细胞（primary spermatocyte）；在雄性哺乳动物出生后不久，初级精母细胞依次经历减数分裂前期［包括细线期（leptotene）、偶线期（zygotene）、粗线期（pachytene）、双线期（diplotene）和终变期（diakinesis）］、中期、后期和末期完成第一次减数分裂，形成两个次级精母细胞（secondary spermatocyte）；随后次级精母细胞通过第二次减数分裂形成 4 个大小相同的单倍体精细胞（spermatid）；精细胞完成一系列变态发育过程并从睾丸迁移至附睾形成成熟的精子[28]（图 33-1）。与精子形成过程不同的是，卵子发生过程是不连续的。PGC 首先分化形成卵原细胞（oogonium），然后经过增殖和分化形成初级卵母细胞（primary oocyte）；在小鼠中，初级卵母细胞在胚胎期第 13.5 天（embryonic day 13.5， E13.5）开始第一次减数分裂并于出生前后停滞在减数分裂前期的双线期。雌性哺乳动物性成熟后初级卵母细胞才会继续完成第一次减数分裂，形成一个体积较大的次级卵母细胞（secondary oocyte），并排出一个体积较小的极体（polar body）；随后次级卵母细胞开始第二次减数分裂并停滞在减数分裂中期（MII oocyte）。在受精过程的刺激下，次级卵母细胞会完成第二次减数分裂形成体积较大的卵细胞（oocyte），并排出另一个极体（图 33-1）[28]。极体会慢慢退化并消失。

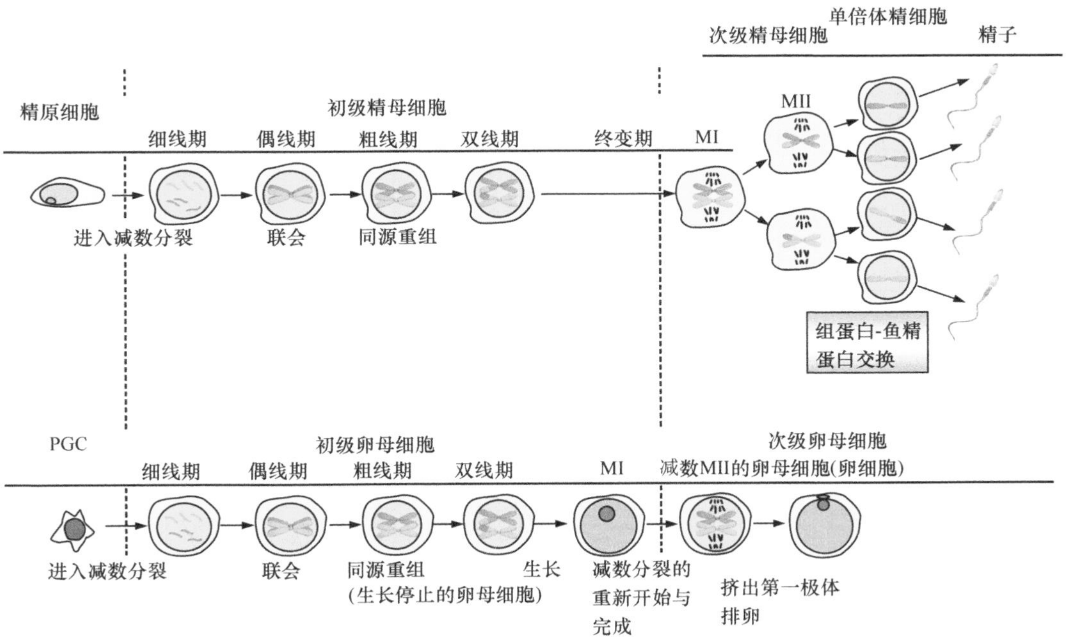

图 33-1 配子形成的过程[28]

MI，减数分裂第一次中期；MII，减数分裂第二次中期

33.2.2 早期胚胎发育过程

哺乳动物早期胚胎发育指的是从精子与卵子结合形成受精卵（合子）开始到形成早期胚胎的过程。通常将受精当天定义为胚胎发育第 0 天（E0）。刚受精的胚胎，主要依靠来源于卵母细胞的蛋白质和 mRNA 维持发育。在发育过程中，母源 mRNA 会逐步被降解，而受精卵的基因组开始逐渐被激活，这一过程被称为卵子向胚胎转换（oocyte-to-embryonic transition，OET）[29]。之后，具有全能性的受精卵会经历一系列的分裂增殖形成具有多个细胞的桑椹胚，这一过程称为卵裂。在卵裂过程中，细胞的全能性也会逐渐降低。在桑椹胚发育后期，胚胎进入子宫腔发育成囊胚（blastocyst）。在小鼠中，桑椹胚时期的胚胎开始出现第一次细胞命运决定，并到囊胚时分化出内细胞团（inner cell mass，ICM）和滋养层细胞（trophoblast，TE）。在胚胎着床前，ICM 会分化成上胚层（epiblast）和原始内胚层（primitive endoderm，PrE），这个过程也被称为第二次细胞命运决定。原始内胚层（PrE）将进一步分化发育形成部分胚外组织，包括内脏内胚层（visceral endoderm，VE）和脏壁内胚层（parietal endoderm，PE），进而主要形成胚外卵黄囊（extraembryonic yolk sac）；而上胚层则继续发育形成胚胎组织[30, 31]。小鼠胚胎在 E6.5 天开始发生原肠运动（gastrulation）并逐渐形成三个胚层：外胚层（ectoderm）、中胚层（mesoderm）和内胚层（endoderm），每个胚层继而分化形成不同的组织器官[32]。外侧的滋养层细胞（TE）则发育成为胚外组织。人和小鼠的胚胎发育过程部分类似但也有很多不同。例如，ZGA 发生的时间并不相同，小鼠的合子基因组激活始于 2 细胞时期，而人的合子基因激活始于 4～8 细胞时期。小鼠第一、二次细胞命运决定是先后发生的，而人的上胚层、原始内胚层和滋养层细胞被认为是同时分化出来的[33]。综上所述，配子发生和早期胚胎发育过程伴随着数次重要的细胞事件，并受到了精密的调控（图 33-2）。

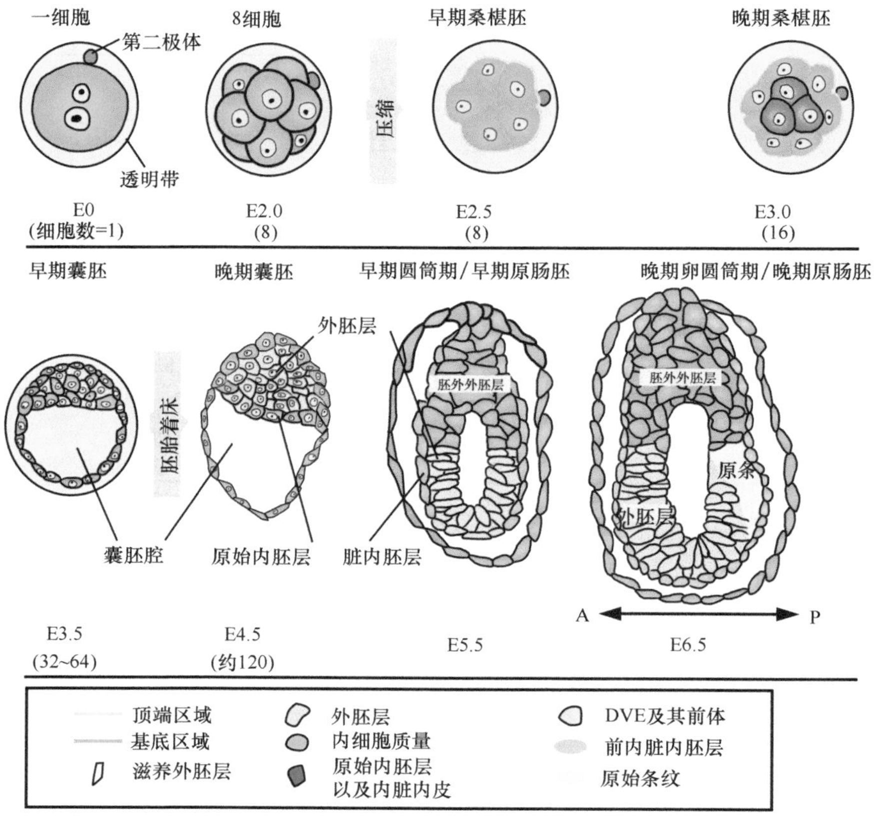

图 33-2 小鼠早期胚胎发育过程[34]

从小鼠受精到原肠运动过程中胚胎形态的改变及不同类型细胞的形成

33.3 表观遗传调控在胚胎发育中的重要功能

关键概念

- 印记基因：根据父本或母本来源，在子代细胞中的进行单等位基因表达的基因被称为印记基因。
- 体细胞核移植：是一种常用的体细胞重编程技术，主要是指将体细胞的细胞核移植到除去核的卵母细胞中。其经过激活、分裂并发育成新个体，从而使核供体的基因得到完全复制。
- CTCF：是一个物种间高度保守的锌指蛋白，参与调控基因表达和染色体的高级结构。CTCF 可以通过调控增强子和启动子在空间上的相互作用，介导胚胎发育中关键基因的表达。

表观遗传修饰与基因转录调控是息息相关的。例如，基因启动子上的 DNA 甲基化通常与基因抑制相关。组蛋白修饰如 H3K27ac 往往与基因激活相关，而 H3K27me3 却与基因沉默相关。染色质的局部开放性有助于顺式作用元件（*cis*-regulatory element）与转录因子的结合，帮助激活基因转录。染色体的高级结构也可以通过调节启动子和增强子之间的空间相互作用来调控基因表达。通过这些机制，表观遗传调控在早期胚胎发育中发挥了重要功能。

33.3.1　DNA 甲基化与胚胎发育

在早期研究中，科学家利用核移植（nuclear transfer）技术将刚受精的小鼠合子中的雌原核（female pronucleus）或雄原核（male pronucleus）去除，然后将另一枚刚受精的合子中的雄原核或雌原核移植进去，从而构建含有两套父本基因组或两套母本基因组的胚胎。这两种胚胎被称为孤雄或孤雌胚胎。但是这两种胚胎都不能正常发育成小鼠，而只有由双亲原核构建的胚胎才能够存活并产生后代[35, 36]。后来研究证明，这是因为父本和母本基因组上存在一类特殊的基因，它们依据亲本的来源只在父本或者母本基因组上特异表达，被称为印记基因（imprinted gene）。这种亲本间差别是由于调控该基因表达的 DNA 序列上甲基化程度在父本和母本基因组中存在差异。这些基因的亲本特异表达对胚胎发育非常重要，如印记基因 *H19* 可以控制胚胎大小及细胞生长，它的异常表达不仅导致胚胎发育异常，还可能导致癌症发生[37, 38]。在小鼠中敲除 *Dnmt3a* 或 *Dnmt3l*，都会影响母本和父本上基因印记的建立[39-43]。日本科学家通过对具有两套母本基因组的胚胎中的 *H19* 和 *Dlk1* 进行基因编辑，使其表达水平与正常胚胎相近，发现小鼠的孤雌胚胎可以存活并产生个体[44, 45]。可见，由 DNA 甲基化介导的基因印记缺失是孤雄或孤雌胚胎不能发育的重要原因。

DNA 甲基转移酶（DNMT）和甲基氧化酶（TET）在早期胚胎发育中都扮演了重要角色。*Dnmt3a*$^{-/-}$小鼠可以正常出生，但是绝大多数体型矮小，且出生 4 周后死亡。而 *Dnmt3b*$^{-/-}$小鼠会胚胎致死。同时敲除 *Dnmt3a* 和 *Dnmt3b* 的小鼠在 E8.5 天就出现发育缺陷，并在 E11.5 天死亡[6]。*Dnmt1*$^{-/-}$的小鼠在原肠运动前后胚胎会死亡[46]。*Dnmt3l* 虽然本身没有催化活性，但是对 DNMT3A/B 发挥功能非常重要。在小鼠卵细胞中的研究发现，敲除 *Dnmt3l* 后甲基化完全无法建立。甲基氧化酶 TET1 在去除甲基化基因印记中发挥重要功能[47, 48]。目前，关于小鼠中敲除 *Tet1* 是否致死略有争议。一部分研究证明敲除 *Tet1* 会导致胚胎在原肠运动后期出现异常造成胚胎死亡[49-51]；另一部分工作证明 *Tet1*$^{-/-}$小鼠是可以存活的，只是体型偏小，受孕能力也略有影响[48, 52]，这可能是因为敲除的方式存在差异。有研究表明 *Tet1/2* 双敲（double knockout，DKO）的小鼠尽管有一些缺陷，但是依然可以存活和受孕[53]。TET3 主要在着床前胚胎中发挥去甲基化作用。卵母细胞中特异敲除 *Tet3* 并不会导致卵子的发育缺陷，但是会影响新生鼠的正常生长发育[54]。而 *Tet1/2/3* 敲除（triple knockout，TKO）的小鼠在原肠运动时期会出现发育缺陷，并导致胚胎死亡[55]。综上所述，DNA 甲基化的异常会显著影响配子发生和胚胎的正常发育。因此，DNA 甲基化的正确调控对于个体发育非常关键。

33.3.2　组蛋白修饰与胚胎发育

组蛋白修饰对于正常配子发生和胚胎发育至关重要，如 H3K4 甲基转移酶 KMT2B 缺失会导致胚胎死亡和雌性、雄性不育；而另一种甲基转移酶 KMT2C 变异与癌症、神经系统发育异常等有显著关联[56-61]。多梳抑制复合体 PRC2（polycomb repressive complex 2）是哺乳动物体内负责催化形成 H3K27me3 的经典蛋白复合物。PRC2 复合物包括多种组分，如 EZH1/2、SUZ12、EED 和 RbAp46/48[62]。EZH1/2 是具有催化活性的单元，EED 和 SUZ12 虽然本身没有催化活性，但会影响 PRC2 复合物催化形成 H3K27me3 的能力。EZH2[62]、SUZ12[63]和 EED[64]任何一个成分的敲除都会降低 H3K27me3 水平，并导致小鼠胚胎在着床后时死亡。

组蛋白修饰的正确调控对体细胞的重编程也是非常重要的。体细胞核移植（somatic cell nuclear transfer，SCNT）是一种常用的体细胞重编程技术，主要是指将体细胞的细胞核移植到除去核的卵母细胞中，其经过激活、分裂并发育成新个体，从而使核供体的基因得到完全复制。但是 SCNT 的成功率通常并不高。进一步的研究发现，SCNT 的胚胎中有一些重编程抗性区域（reprogramming-resistant region，RRR）[65]。该区域中很多基因在体细胞核移植后不能正常激活。进一步研究发现，这些区域在体细胞中高度富集 H3K9me3 修饰。如果在核移植胚胎中过表达 H3K9me3 的去甲基化酶 KDM4D/4A 就能够帮助降低 H3K9me3 的水平，从而提高小鼠和人的 SCNT 胚胎的成活率[65-68]。乙酰化是另外一种重要的组蛋白修饰，这种修饰能够使染色质呈现开放状态，有利于转录机器结合从而促进基因转录。组蛋白去乙酰化酶抑制剂 TSA 也被证明能够提高 SCNT 胚胎的存活率[69-71]。通过联合使用 TSA 和过表达去甲基化酶 KDM4D，研究人员提高了灵长类动物的 SCNT 胚胎发育率，并首次成功克隆出两只猕猴[72]。由此可见，了解组蛋白修饰重编程的进程、机制及其功能，对于了解早期胚胎发育乃至相关应用具有非常重要的意义。

33.3.3　染色体高级结构与胚胎发育

配子形成和早期胚胎发育过程中染色质的三维结构都经历了剧烈变化。例如，此前的电镜结果显示，小鼠合子时期的胚胎染色质结构较为松散，但是当胚胎发育至 2 细胞时期，染色质会出现一些不连续的紧密聚集，到 8 细胞时期染色质会变成特殊的纤维网状结构[73]。染色质三维结构对于胚胎的正常发育也是至关重要的。研究表明，当在果蝇中敲除重要染色体结构蛋白或顺式调控元件后，TAD 和多梳蛋白介导的染色质高级结构的形成受到了影响，同时基因表达也发生异常[74, 75]。例如，在小鼠中，原本作用于 *Epha4* 基因（与四肢发育相关）的增强子因为 DNA 片段倒装（inversion），导致 TAD 边界被破坏，增强子错位而与其他启动子发生相互作用，异常激活附近基因表达，造成胚胎四肢畸形[20]。

CTCF（CCCTC-binding factor）是一个物种间高度保守的锌指蛋白，能够参与调控基因表达和染色体的高级结构。它通常作为一种绝缘子蛋白，阻碍增强子（enhancer）和启动子之间的相互作用，从而阻止基因的激活。一个典型的例子就是对印记基因 *Igf2*/*H19* 的调控。*Igf2* 的表达可以促进胎盘和胎儿的生长，而 *H19* 主要是延缓胎儿生长。*Igf2* 和 *H19* 之间存在一个印记调控区域（imprinting control region，ICR）。CTCF 只能结合未甲基化的 ICR，父本基因组上的 ICR 被甲基化，进而抑制 *H19* 的表达，同时阻止 CTCF 结合，从而增强 *Igf2* 表达（图 33-3）。相反，母本 ICR 没有被甲基化，进而能促进 *H19* 的表达，同时 ICR 能够结合 CTCF，阻止了增强子与 *Igf2* 的启动子间的相互作用，从而抑制 *Igf2* 的表达。因此 CTCF 可以通过调控增强子和启动子在空间上的相互作用，介导胚胎发育中关键基因的表达。

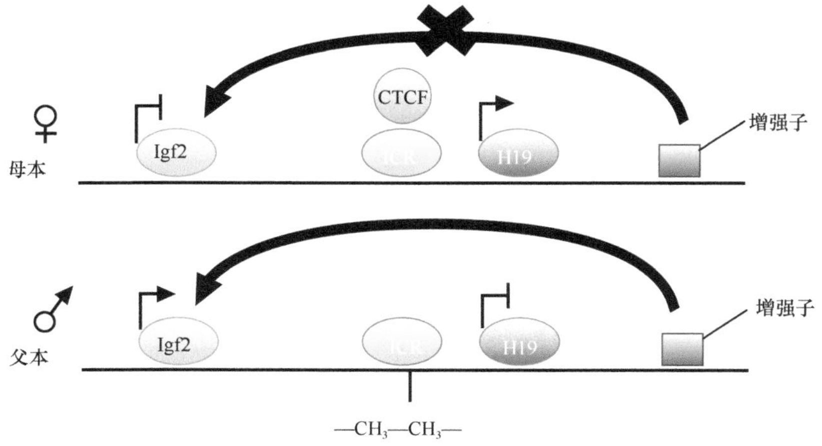

图 33-3　CTCF 调控印记基因 *Igf2*/*H19* 的表达[76]

CTCF 不能结合到甲基化的父本 ICR 区域，因此远端增强子可以激活 *Igf2* 的表达。但是 CTCF 能够结合在没有甲基化的母本 ICR 区域，并阻碍了增强子与 *Igf2* 的作用，从而抑制了 *Igf2* 的表达

CTCF 是正常细胞活动所必需的[77]。CTCF 也被证明对配子发生十分重要。研究发现，小鼠卵细胞中缺乏 CTCF 将无法进行正常的减数分裂，并且受精后的胚胎死于囊胚时期[78, 79]。在小鼠雄性生殖细胞中条件性敲除 CTCF 会影响精子形成，导致不育。残存的精子出现不正常的头部形态和异常的染色体结构[80]。与 CTCF 协同作用的另一种非常保守的蛋白复合体是黏连蛋白（cohesin），它主要介导姐妹染色单体间的黏附，同时在染色质之间的相互作用和调控基因表达方面也有重要功能。与 CTCF 相似，黏连蛋白也可以调控印记区域 *Igf2/H19* 的表达[81]。黏连蛋白还被证明对斑马鱼中合子基因激活（ZGA）的发生至关重要。去除黏连蛋白的组分 *Rad21* 会导致斑马鱼的 ZGA 延迟[82]。

33.3.4　小 RNA 和代间遗传

除了组蛋白修饰、DNA 甲基化和染色体高级结构，非编码 RNA 也可以调控基因表达。最新研究表明，父本的代谢疾病可以通过精子中的小 RNA（small RNA）（一种非编码 RNA）遗传给子代。通过给雄鼠喂食高脂肪食物，研究者发现其下一代会出现代谢功能异常。进一步研究显示，这是由于高脂肪饮食会使父本精子中的 tsRNA（tRNA-derived small RNA）表达和修饰发生改变，而当这些 tsRNA 进入受精卵后，子代小鼠代谢会出现紊乱，代谢相关基因表达也出现异常[83]。另一项同时期的研究显示，父本低蛋白的饮食会影响小鼠附睾中成熟精子携带的 tRNA 片段，影响胚胎中基因的正常表达，从而影响细胞的全能性[84]。此外，DNMT2 可以通过甲基化精子中的小 RNA 来介导代谢疾病的代间遗传[85]。以上研究揭示了亲代不良的饮食习惯会影响表观修饰，而这种表观修饰可能会遗传到子代并产生不良影响。

33.4　研究早期胚胎发育中表观遗传调控的方法

关键概念

- 染色质免疫沉淀（chromatin immunoprecipitation，ChIP）：研究组蛋白修饰的经典方法是染色质免疫沉淀，其原理是首先通过甲醛将蛋白质与 DNA 固定在一起，再利用超声或酶切打断染色体，利用抗体富集染色体片段，然后通过纯化获得相应的 DNA。
- DNA FISH：常被用于研究染色体的空间结构。其原理是利用荧光标记的探针与染色体上目的序列杂交，从而判断染色体上不同序列间的空间距离。

表观修饰在基因表达调控中发挥了重要作用，因此研究哺乳动物早期胚胎发育中表观修饰的动态变化过程和调控方式意义重大。早期研究组蛋白修饰和 DNA 甲基化的手段主要是基于一些传统生化方法，如免疫荧光和免疫印迹等。一方面，这些方法只能评估细胞中组蛋白或 DNA 甲基化的整体水平，不能在分子水平进行研究；另一方面，常用的分子水平的研究方法大多需要大量细胞研究材料，但哺乳动物体内的卵母细胞和早期胚胎的数量都非常有限。近年来，研究表观遗传的方法得到了较大的改进。研究人员仅需要少量的细胞，甚至是单个细胞，就可以检测全基因组上的 DNA 甲基化、组蛋白修饰、染色质开放性分布情况及染色体空间三维结构。以下我们主要总结了用于研究早期胚胎发育中表观修饰的代表性方法。

33.4.1　研究 DNA 甲基化的方法

检测 DNA 甲基化的首要问题是如何区分甲基化的胞嘧啶和未甲基化的胞嘧啶。其中一种策略是利用液相色谱-质谱联用技术直接测量 5′-甲基化胞嘧啶（5mC）的含量，这种方法特异性强，而且灵敏度高[86]，但是仅能评估基因组整体甲基化水平，不能检测特定序列的甲基化水平。另一种策略是利用抗体识别 5mC 或者识别结合甲基化 DNA 的蛋白质，然后通过免疫反应富集甲基化的 DNA 片段，结合微阵列或二代测序（next generation sequencing）测定 DNA 甲基化。代表性方法有 MeDIP-seq（methylated DNA immunoprecipitation sequencing）[87]和 MBDCap-seq（methyl-CpG binding domain-based capture and sequencing）[88]。这些方法的优点是检测的信号在基因组上覆盖广，而且成本低。但是它们很大程度上受到抗体质量和特异性的影响，而且检测数据的分辨率比较低，只能评估 DNA 片段的甲基化水平，不能精确到单个 CpG 的甲基化水平。还有一种检测 DNA 甲基化的策略是利用亚硫酸氢盐（bisulfite）处理，将未甲基化的胞嘧啶转变成尿嘧啶，PCR 扩增后尿嘧啶转变成胸腺嘧啶，而甲基化胞嘧啶在亚硫酸氢盐处理后维持不变，以此区别甲基化与未甲基化胞嘧啶，并通过 PCR 和 Sanger 测序确定特定序列区域的甲基化水平。随着二代测序技术迅猛发展，基于亚硫酸氢盐的全基因组测序（WGBS）的方法以其高分辨率受到广泛青睐。目前很多用来研究早期胚胎 DNA 甲基化的方法都是基于这种方法，如 RRBS（reduced representation bisulfite sequencing）[89-92]、MethylC-seq（methylC-sequencing）[93, 94]、PBAT（post-bisulfite adaptor tagging）[95-97]、T-WGBS（tagmentation-based whole-genome bisulfite sequencing）[98, 99]、STEM-seq（small-scale TELP-enabled methylome sequencing）[100]、scNMT-seq（single-cell nucleosome，methylation and transcription sequencing）[101]和 scCOOL-seq（single-cell chromatin overall omic-scale landscape sequencing）[98]等。

33.4.2 研究组蛋白修饰的方法

研究组蛋白修饰的经典方法是染色质免疫沉淀。其原理是利用超声或酶切打断染色体，利用抗体富集具有特定组蛋白修饰的染色体片段，然后通过纯化获得相应的 DNA[102]。免疫沉淀下来的 DNA 可以用 qPCR、微阵列（ChIP-chip）或二代测序（ChIP-seq）的方法检测。常规的 ChIP-seq 方法通常需要百万级别的细胞量。近年来研究人员逐步开发出仅需要少量细胞的高灵敏度组蛋白修饰检测技术，如 μChIP-seq（micro-scale chromatin immunoprecipitation and sequencing）[103]、ULI-NChIP-seq（ultra-low-input micrococcal nuclease-based native chromatin immunoprecipitation）[104]、STARChIP-seq（small-scale TELP-assisted rapid ChIP seq）[105]等。这些方法通过减少实验步骤和非特异吸附等方法来降低样本损失，从而降低所需的起始细胞量。这些方法已被应用于研究早期胚胎发育中的多种组蛋白修饰动态变化，包括 H3K4me3[83, 103]、H3K27me3[106, 107]、H3K27ac[103, 108]、H3K9me3[109]等。

33.4.3 研究染色质开放性的方法

开放染色质有利于转录因子与顺式调控元件结合以促进调控基因表达。目前用于检测染色质开放区域的方法主要有 MNase-seq（micrococcal nuclease-assisted isolation of nucleosomes sequencing）、DNase-seq（DNase I hypersensitive sites sequencing）[110]、FAIRE-seq（formaldehyde assisted isolation of regulatory elements）[111]、ATAC-seq（assay for transposase accessible chromatin followed by high-throughput sequencing）[112]和 NOMe-seq（nucleosome occupancy and methylome sequencing）等。MNase-seq 利用微球菌核酸酶（micrococcal nuclease，MNase）倾向于剪切没有核小体和蛋白结合的 DNA 区域的特点来研究核小体的分布或开放染色质区域[113, 114]。近年来，基于少量细胞的 MNase-seq（low input MNase-seq）也已经被开发并用于研究猪胚胎中的核小体分布[115]。DNase-seq 是基于 DNase I 酶倾向于剪切裸露 DNA 序列的特性[116]，从而检测染色体上开放的区域，它是鉴定开放染色质区域最早和最常用的检测手段之一。

liDNase-seq（low-input DNase I sequencing）在原有的方法上优化纯化步骤，减少 DNA 损失，降低了所需细胞量。该方法已被用于卵细胞及着床前胚胎中染色质开放性检测[117, 118]。FAIRE-seq 利用甲醛固定相互作用的蛋白质和 DNA，通过超声打断染色体，在酚-氯仿抽提下，缠绕在核小体上的 DNA 片段会进入有机相，而游离的 DNA 会进入水相[111]。调控元件通常结合在没有核小体的 DNA 上，因此进入水相的 DNA 是染色体上比较开放的区域。其优点是运用简便且不需要测试酶浓度。ATAC-seq 是利用原核生物体内 Tn5 转座酶来切割裸露 DNA，同时加上测序接头，扩增之后直接用于测序[112]。该方法操作简便、灵敏度高，可以检测单细胞的染色质开放区域。NOMe-seq 是利用甲基转移酶给裸露 DNA 上的 GpC 位点的胞嘧啶加上甲基，以此表征染色质开放区域[119-121]。最新开发的 COOL-seq 方法（chromatin overall omic-scale landscape sequencing）中包含的 scNOME-seq（single cell nucleosome occupancy and methylome-sequencing）可以检测单细胞水平的染色质开放区域[98]。

33.4.4　研究染色体高级结构的方法

在早期研究中，DNA FISH（DNA fluorescent *in situ* hybridization）常被用于研究染色体的空间结构。其原理是利用荧光标记的探针与染色体上目的序列杂交，从而判断染色体上不同序列间的空间距离。尽管该方法可以通过显微镜直观地判断不同基因组位点之间的空间距离，但是检测通量比较低。近年来，一种染色质构象捕获技术（chromosome conformation capture，3C）[122]被广泛应用。它借助测序技术检测细胞内染色体区域间的相互作用，从而间接反映染色体的空间结构。其主要原理是利用甲醛交联固定蛋白质间的相互作用，然后利用限制性内切核酸酶打断 DNA；通过 DNA 连接酶将因相互作用而在空间距离相近的片段连接起来，并在预备观测位点设计引物扩增目的片段测序，得到染色体的相互作用图谱。

3C 只能用于研究染色质特定两个区域之间的相互作用。在 3C 基础之上，研究人员逐步发展了 4C（circular chromosome conformation capture）[123]、5C（chromosome conformation capture carbon copy）[124]及 Hi-C（genome-wide chromosome conformation capture）[23]等高通量技术。4C 可以检测一个特定染色质区域与基因组上其他区域之间的相互作用；5C 能够检测特定染色质区间内所有区域之间的相互作用；Hi-C 则可以检测全基因组之间的相互作用。Hi-C 的主要原理是利用带有生物素标记的核苷酸补平黏性末端，在发生近端连接后利用链霉亲和素磁珠富集连接的片段，再通过双端测序检测相互作用的染色体片段。研究人员在原有 Hi-C 方法上，通过优化纯化步骤，开发了很多基于少量细胞的方法，如 *in situ* Hi-C[125, 126]、sisHi-C（small-scale *in situ* Hi-C）[127]、single-nucleus Hi-C[128]和 single-cell Hi-C[129]等。

33.5　配子发生中表观基因组的建立

关键概念

- 雄性生殖细胞（精子）和雌性生殖细胞（卵子）具有性别特异的 DNA 甲基化的建立模式和机制。
- DNA 甲基化介导的基因印记在卵子发生或精子发生过程中的建立。
- 组蛋白修饰在配子发生中具有重要功能。

从原始生殖细胞发育而来的精子和卵子，在成熟的过程中不断建立起自己独特的表观基因组。配子中表观基因组的正确建立，关系到配子成熟和受精后早期胚胎的正常发育。对于配子发育中的表观修饰，目前研究较为成熟的有 DNA 甲基化和组蛋白修饰。

33.4.1 DNA 甲基化的建立

在小鼠中，原始生殖细胞（PGC）的特化始于 E7.25 左右。在 PGC 发育过程中，DNA 复制介导的被动去甲基化和 TET 家族介导的主动去甲基化导致基因组中甲基化水平逐渐下降。到 E13.5，基因组上除了一些特异的重复序列区域如逆转录转座子 IAP（intracisternal-A particle），其他所有区域的甲基化几乎完全被去除。从小鼠 E13.5 的 PGC 到成熟生殖细胞形成过程中，基因组又开始重新建立 DNA 甲基化。雄性和雌性生殖细胞经历了不同的甲基化重建过程[130, 131]。第一个不同点在于建立的时间。雄性生殖细胞在 E13.5 之后开始重新建立甲基化，在出生前基本完成甲基化建立。相比之下，雌性生殖细胞在出生之后才开始建立甲基化。第二，成熟的雌雄配子的基因组的甲基化水平不同。雄性小鼠配子的基因组上大约 90% 的 CpG 都是甲基化的，而雌性小鼠配子只有大约 40%的 CpG 是甲基化的。第三个不同之处是 DNA 甲基化的分布。雄性小鼠配子的基因组上除了一些 CpG 岛和启动子区域，几乎全部 CpG 都被甲基化；而在雌性小鼠配子的基因组上，大片高甲基化区域和大片低甲基化区域交替排列，正好分别对应转录活跃区域与转录沉默区域。那些转录沉默的低甲基化区域形成大范围的部分甲基化区域（partially methylated domains，PMD），成为了雌性生殖细胞特异的表观遗传标记[132]。

在人体中，原始生殖细胞在发育过程中也会经历大规模的 DNA 甲基化擦除。在胚胎发育到第 10～11 周时，DNA 甲基化水平降至最低点，仅有 7.8%（男性 PGC）或 6.0%（女性 PGC）左右。但与小鼠类似，在一些重复序列元件上仍然残留大量 DNA 甲基化。另外，一些与代谢及神经功能相关的位点也能够保留部分 DNA 甲基化。一个值得探索的有趣问题是这些残留的 DNA 甲基化是否能作为隔代表观遗传信息传递的载体[133-135]。

配子重建 DNA 甲基化的过程中也同时重建了基因组印记（genomic imprinting）。上文已经提到，大部分的基因印记是通过 DNA 甲基化介导的。这种 DNA 甲基化印记一般在卵子发生或精子发生过程中建立，所以这些亲本差异甲基化的区域也被称为配子差异 DNA 甲基化区域（gametic differentially DNA methylated region，gDMR）。印记基因在染色体上常成群分布，当某个 gDMR 调控一个印记群中所有或部分印记基因的表达时，这一 gDMR 则被认为是印记控制区域（imprinting control region，ICR）。在 PGC 发育成配子的过程中，基因印记区域的甲基化完全被去除，随后配子会重建印记区域的 DNA 甲基化。在小鼠配子建立 DNA 甲基化印记过程中，DNMT3A 和它的辅助蛋白 DNMT3L 发挥了主要功能。目前普遍认为小鼠雌性生殖细胞中甲基化印记的建立是由于印记上游的一个启动子发生转录，进而带来转录依赖的 H3K36me3 与 DNA 甲基化[136, 137]。雄性生殖细胞中甲基化印记建立则部分依赖于 NSD1 介导的 H3K36me2[138]。

33.4.2 组蛋白修饰的建立

在小鼠的配子形成过程中，雄性和雌性配子也经历了不同的组蛋白修饰重建过程。在卵细胞发育过程中，组蛋白修饰 H3K4me3 分布发生了明显的变化[103, 105, 139]。在体细胞和多能干细胞中，H3K4me3 的 ChIP-seq 信号主要分布在基因启动子区域，而且多以狭窄的峰出现。但在卵母细胞发育成完全成熟的卵细胞（full-grown oocyte）和 MII 卵细胞时，H3K4me3 却逐步以宽峰的形式出现，而且不仅仅出现在启动子周围，还会大量出现在不转录的远端区域如基因间（intergenic）区域。这种与以往经典的 H3K4me3 分布形式不一样，所以被称为非经典 H3K4me3（non-canonical H3K4me3，或者 ncH3K4me3）。这种 ncH3K4me3 主要是由甲基转移酶 MLL2（KMT2B）负责建立的。有趣的是，ncH3K4me3 似乎参与抑制转录。当敲除 KMT2B 后，研究者发现卵细胞中的基因沉默出现异常，同时这种突变的卵细胞受精后仅能发育至 4 细胞时期[84, 139, 140]。除了 H3K4me3，组蛋白修饰 H3K27me3 在小鼠卵细胞发育过程中也存在非经典的模式[107, 139]。H3K27me3 作为一种与基因沉默相关的组蛋白修饰，通常出现在发育相关基因的启动子上。然而在小鼠卵细胞发育早期，H3K27me3 并不局限于发育相关基因的启动子，而是以宽峰的形式广泛出现在基因间和基因稀少的区域(gene desert)，占据了大多数转录不活跃区域。这种 H3K27me3 分布形式被称为非经典 H3K27me3（non-canonical H3K27me3）。尽管 DNA 甲基化一直以来被认为是调控印记基因的主要形式，但是近期的研究工作发现母本基因组上的 H3K27me3 也可以调控印记基因[117]。在胚胎着床前，一些基因由父本等位基因特异性表达，而对应的母本等位基因虽然并没有被 DNA 甲基化标记，却被 H3K27me3 标记。去除母本等位基因上的 H3K27me3 会导致这些原本沉默的母本等位基因被异常激活，证明了 H3K27me3 对印记基因调控方面的重要功能。同时，H3K27me3 也参与调控了母本 X 染色体上的基因印记，在小鼠 X 染色体选择性失活方面有不可或缺的作用[141]（详见 33.5.5 节 X 染色体失活）。

Cairns 实验室研究了小鼠和人精子发生过程中 DNA 甲基化和组蛋白修饰的建立模式[142]。研究者发现，成年生殖干细胞（adult germline stem cell，AGSC）分化过程中 DNA 甲基化水平有所升高，之后在后期的精子发生过程中的 DNA 整体水平无显著变化。与卵子不同的是，哺乳动物成熟精子中大部分组蛋白被鱼精蛋白（protamine）替换。但是精子中大部分常见组蛋白修饰依然可以被检测到，而且大多维持着经典的分布模式[143]。尽管如此，精细胞的组蛋白分布也有其独特的形式。例如，一般情况下 DNA 甲基化和 H3K4me3 修饰很少共存[144, 145]，但是在精母细胞和精细胞中，DNA 甲基化可以和 H3K4me3 在部分活跃基因的启动子共存，并且这些基因大多和精子发生功能有紧密联系[142]。组蛋白修饰的动态变化对精子发生同样至关重要。例如，KMT2B 对正常精子发生是必需的，而 H3K27me3 甲基转移酶 EZH1 和 EZH2 的敲除会诱发精母细胞的减数分裂阻滞[146, 147]。这些结果表明，组蛋白修饰在配子发生中具有重要功能。

33.6　早期胚胎发育过程中的表观遗传重编程

关键概念

- 在哺乳动物（包括人和小鼠）早期胚胎发育过程中，基因组上的 DNA 甲基化经历了广泛的重编程过程。在胚胎着床后，基因组开始重建甲基化，胚内和胚外经历了不同的甲基化重建过程。受精之后，组蛋白修饰也会出现亲本特异的重编程过程。
- X 染色体失活：早期胚胎发育过程中另一项重要的表观遗传相关的重编程事件是 X 染色体失活。X 染色体失活是指雌性个体两条 X 染色体中的一条发生全染色体范围内的基因沉默现象，包括随机 X 染色体失活和印记 X 染色体失活。

成熟的精子和卵子建立了各自的表观基因组，为受精以后的胚胎发育做好准备。在受精后变成胚胎的过程中，表观基因组又是如何重编程的呢？

33.6.1　DNA 甲基化的重编程

在哺乳动物（包括人和小鼠）早期胚胎发育过程中，基因组上的 DNA 甲基化经历了广泛的重编程过程。在小鼠发育过程中，一共有两次全基因组范围内 DNA 消除和重建的过程，一次是前文提到的生殖细胞形成过程，另一次就是本节要介绍的早期胚胎发育时期。在小鼠卵子和着床前胚胎中，参与维持 DNA

甲基化的母源 DNMT1 和其调控蛋白 UHRF1 大部分分布在细胞核外[148-151]，同时双亲基因组的 DNA 甲基化在受精后卵裂过程中不断被去除。这种依赖于 DNA 复制进程的去甲基化过程称为被动去甲基化。另外，去甲基化酶比如 TET3 在这个过程中发挥了主动去甲基化的功能[94, 152-156]。有趣的是，小鼠受精之后父本基因组就被观测到 DNA 甲基化在复制还未开始时就已经开始被去除，而 TET3 介导的主动去甲基化主要发生在受精卵发育后期，因此这个时期受精卵 DNA 甲基化去除的机制还有待探究[157]。到囊胚时期，DNA 去甲基化大部分完成，此时仅有部分区域能够保持所有或者部分的甲基化，比如基因印记区域[158]。这些基因印记的维持仍然是由 DNMT1 介导的[159]。

在胚胎着床后，基因组开始重建甲基化（图 33-4）。小鼠胚胎到 E6.5 时甲基化基本重建完成。有趣的是，与胚内组织相比，胚外组织的甲基化水平普遍明显较低[100, 160]。但是在部分发育调控基因区域，胚外组织的 DNA 甲基化水平却高于胚内组织。通常大部分发育调控基因即使在沉默状态下，它们的启动子也维持低甲基化。这些低甲基化区域覆盖范围通常远超近端启动子，形成甲基化谷（DNA methylation valley，DMV[161]或 DNA methylation canyon[162]）。胚内组织中 DMV 的低 DNA 甲基化可能与去甲基化酶 TET 相关[100, 161]，而胚外组织这些区域则出现了异常的高甲基化，这种差异的产生可能与 FGF 和 WNT 通路相关[160]。

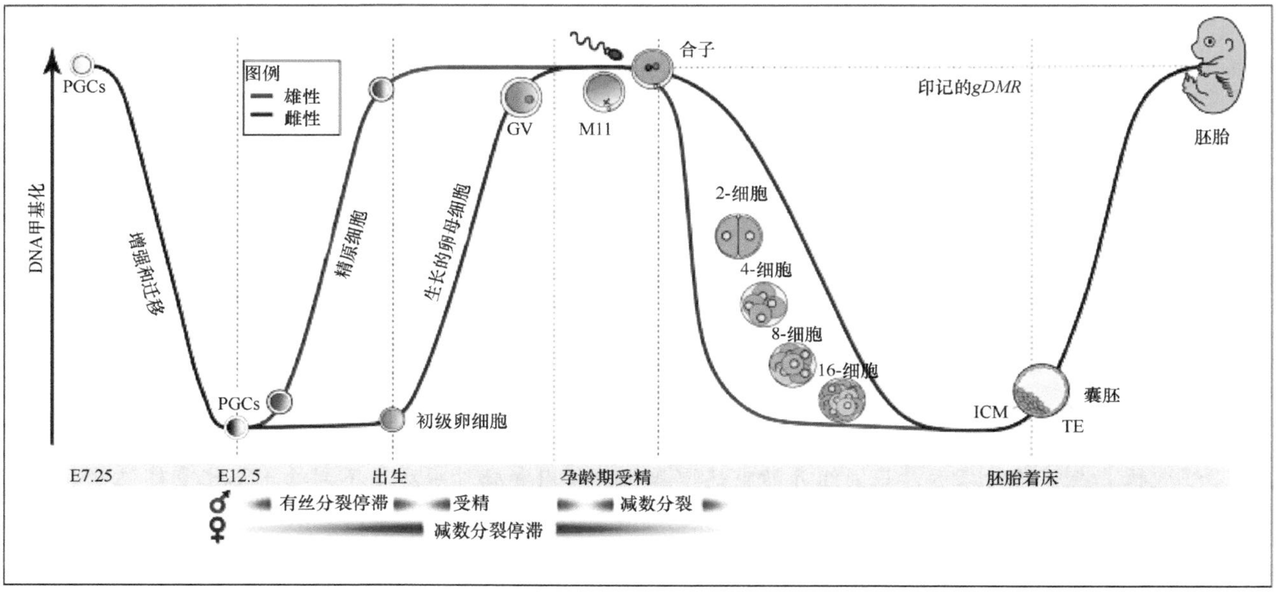

图 33-4 小鼠胚胎中 DNA 甲基化的重编程过程[131]

在 E7.25 胚胎中出现原始生殖细胞，随后它们增殖并迁移到生殖脊，伴随着全基因组甲基化的去除（黑线）。在性别决定后，雄性（蓝线）和雌性（红线）生殖细胞分别经历了甲基化重建。受精之后，父本和母本都经历了去甲基化过程，但并不包括基因印记区域。胚胎着床后，胚内和胚外都经历甲基化重建，但是胚外的甲基化水平较胚内低

受精后大规模的 DNA 去甲基化过程主要是在哺乳动物中发现的，其他一些物种早期的胚胎发育过程中 DNA 甲基化并没有经历如此剧烈的重编程。例如，在斑马鱼的早期胚胎发育中，受精后胚胎虽然会经历局部 DNA 甲基化的消除和重建，但是总体去甲基化的程度远不如哺乳动物显著[163, 164]。目前并不清楚为什么哺乳动物早期胚胎发育过程中 DNA 甲基化需要进行如此广泛的重编程，以及胚外组织为什么需要维持更低的甲基化水平。

33.6.2　组蛋白修饰的重编程

受精之后，组蛋白修饰也会出现亲本特异的重编程过程。在小鼠中，来自父本的 H3K4me3 在受精后 1 细胞的时候被大部分去除，然后开始重建，在晚期 2 细胞中建立起位于活跃启动子区的经典模式[105]。前文提到卵细胞中 H3K4me3 有特殊的非经典分布形式，这种来自母本的 H3K4me3 会在受精后短暂继承下来，但在晚期 2 细胞（合子基因组激活时）中被去除，从此开始建立经典的 H3K4me3 模式，并逐步和父本的 H3K4me3 趋同。来自父本的 H3K27me3 绝大部分在受精之后被去除。与父本不同，受精之后大部分来自母本的 H3K27me3 会在受精卵中保留下来，但是在 *HOX* 基因和其他发育基因的启动子区域的 H3K27me3 会被特异去除。在着床之后的胚胎中，两条亲本上的 H3K27me3 都会重建，并主要出现在发育基因启动子周围，呈现经典的分布模式[106, 107]。受精之后，与异染色质相关的 H3K9me3 在父本和母本基因组上都经历了重建，而且亲本间差异一直持续到囊胚时期[109]。综上所述，来自亲本的组蛋白修饰经历了不同的重编程过程。

33.6.3　开放染色质的重编程

染色质的开放性对于转录调控元件在目标序列的结合至关重要，并对基因的转录激活有显著影响[165]，所以染色体开放性的正确调控对转录和发育非常关键[166]。借助于少量细胞中开放染色质检测方法，早期胚胎发育过程中的染色质动态变化过程逐步被揭示[109, 118, 167-169]。精子的染色体结构相对比较致密，但是 Jung 等人利用改进的 ATAC-seq 方法成功检测到了小鼠精子中的开放染色质信号[143]。与胚胎干细胞或者组织细胞中的分布情况类似，精子 ATAC-seq 信号也主要出现在启动子、增强子和绝缘子 CTCF 结合位点。在基因组激活之后，染色质存在大量开放区域，并且两个亲本比较类似[108, 109]。早期胚胎的染色质开放区域除了在启动子区域，还会出现在转录的终止位置[108]。在 ZGA 早期，很多重复序列如 MERVL 会活跃转录，这些区域也会特异富集染色质开放区[108]。通过检测染色质的开放区域，还可以识别出可能的重要胚胎发育调控元件和转录因子。例如，实验证明，在小鼠胚胎中转录因子 NR5A2 能够调控早期细胞分化相关基因[108]，而转录因子 NFYA 有助于受精之后开放染色质区域的建立[118]，转录因子 OCT4 则在人类胚胎染色质开放区域建立过程中发挥了重要作用。有趣的是，通过应用另外一种开放染色质检测方法 scCOOL-seq，研究者发现染色质开放程度在合子期相较于配子显著增加，在合子后期降低，然后在 4 细胞时期再次增强，呈现出一种更加动态的变化过程[98]。这些结果表明，不同方法可以从不同层面来研究染色质。

有趣的是，在小鼠和人的早期胚胎中，基因组启动前很多染色质区域也是开放的，它们大多位于富含 CpG 的启动子区域。同时，部分远端调控区域的染色质也呈现开放状态，富含转录因子结合位点。很多这种远端开放染色质区域在合子基因组激活后反而会逐渐关闭[170]。这种关闭可能与母源因子的降解有关。在小鼠中，这些远端开放染色质与组蛋白修饰 H3K4me3 相关。另外，这些开放的区域在父本和母本两套基因组上有显著差别[170]。

另外，研究表明，通过体细胞核移植（somatic cell nuclear transfer，SCNT）得到的胚胎也经历了开放染色质区域的重编程。供体细胞中的大部分开放染色质区域会在胚胎发育中逐渐关闭，这些区域大多出现在非启动子区，说明在 SCNT 过程中远端调控区域更容易被重编程，同时伴随出现一些体细胞特异的相关基因转录活性的抑制[171]。但是细胞周期或是 DNA 复制相关通路的基因开放染色质区域在 SCNT 中保持相对稳定的开放状态，说明 SCNT 在丢失特定的体细胞“记忆”的同时会保留正常的细胞功能[171]。

33.6.4 染色体高级结构的重编程

在真核生物中，染色体有序折叠形成特定的三维结构。小鼠精子与普通细胞相比，其染色体上大量的组蛋白被鱼精蛋白替换，导致染色体结构非常致密。但是从 Hi-C 的结果看，小鼠精子的染色质具有与普通细胞类似的 TAD 和区室结构[143, 172, 173]。与染色体结构相关的 CTCF 和黏连蛋白也结合在精子的染色体上。不同之处在于，小鼠精子比普通细胞有更多长距离的染色体内相互作用和染色体间相互作用。有趣的是，人类的成熟精子中并未检测到 TAD 的存在，同时人类成熟精子中也不表达 CTCF[174]。

与精子相比，小鼠卵细胞的染色质高级结构比较特殊。在小鼠中，生发泡期（germinal vesicle）卵母细胞根据核的形态分成两类：NSN（non-surrounded nucleolus）和 SN（surrounded nucleolus）。在卵细胞生长的后期，NSN 逐步转变成 SN，并伴随着基因组转录沉默和染色体结构致密化[175, 176]。相比于 NSN 卵子，成熟的 SN 中染色体有更多长距离的相互作用，但是 TAD 和区室结构相对更弱[128, 175, 177]。第二次减数分裂中期（metaphase II）的卵细胞几乎没有 TAD 和区室结构。这种现象主要是因为这些细胞被阻滞在分裂期，染色质通过形成随机染色质环并高度浓缩形成棒状结构[127, 178-180]。

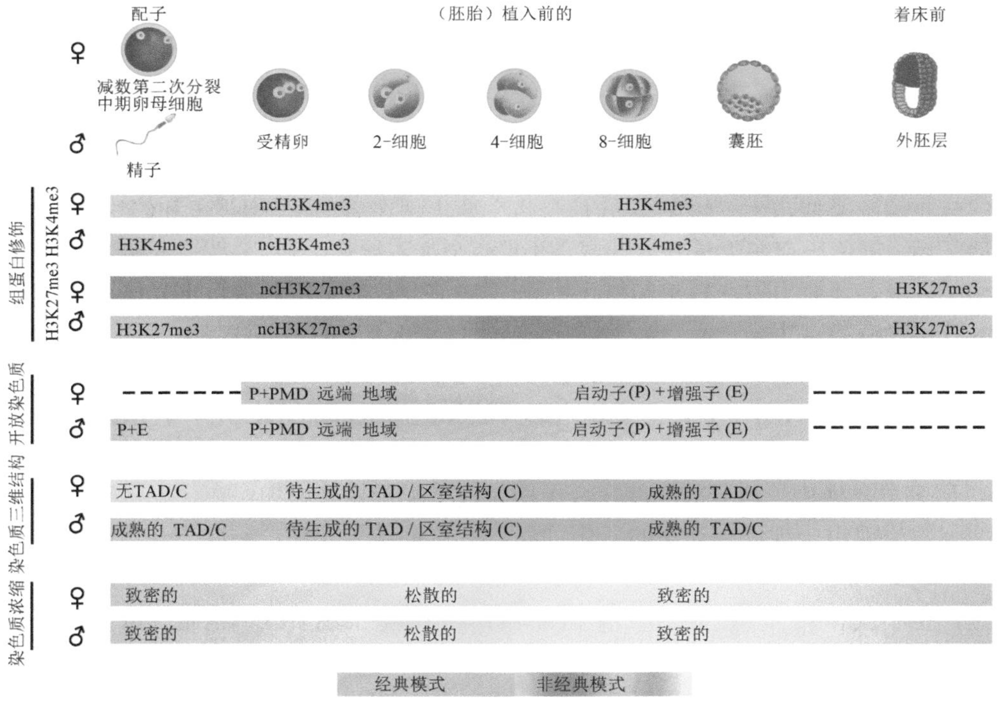

图 33-5 小鼠配子发生和早期胚胎中表观基因组的重编程（改编自文献[181]）

经典表观遗传图谱以灰色表示，其他特殊的图谱以彩色表示，同时颜色强度代表修饰水平高低，虚线代表该时间段内的表观遗传变化未知。在小鼠配子发生时期，卵子和精子的组蛋白修饰建立存在显著差异。H3K4me3 和 H3K27me3 在精子中基本维持经典的窄峰模式，但是在卵子发育中却呈现特殊的"非经典"宽峰模式（non-canonical H3K4me3 和 H3K27me3，或者简称为 ncH3K4me3 和 ncH3K27me3）。这些非经典修饰很多位于非基因区，其中非经典的 H3K27me3 在卵子中的建立时间要早于 H3K4me3。受精后，小鼠精子中的 H3K4me3 和 H3K27me3 都会在受精后被迅速重置。母本的 H3K4me3 和 H3K27me3 会遗传至早期胚胎并保留一段时间，并分别在 2 细胞（H3K4me3）和着床后胚胎（H3K27me3）重建为胚胎模式。在染色质高级结构重编程方面，MII 卵细胞呈现出一种缺少 TAD 和区室结构 A/B（图中简写为 C）的特殊构象。精子中保留正常的 TAD 和区室结构 A/B（图中简写为 C）分布。合子中的 TAD 和区室结构 A/B（图中简写为 C）较弱，随着胚胎发育逐渐增强，TAD 和区室结构 A/B（图中简写为 C）也逐渐增强。总而言之，染色质似乎在受精后变得松散，之后逐渐重新变得紧密

Hi-C 研究表明，刚受精时，来自两条亲本的小鼠染色体处于分离状态，而且呈现不同的空间结构。1 细胞晚期两个细胞核会融合，但是两个亲本的染色质大体上仍然相对独立。亲本间的互作随着发育的进行慢慢增多，但一直到 8 细胞期都并没有完全紧密结合[127]。受精后的胚胎中 TAD 和 Compartment 都比较弱。随着发育进行，胚胎逐渐建立起 TAD 和 Compartment 结构。但有趣的是，在 2 细胞晚期基因组开始启动转录的时候，TAD 和 Compartment 并没有完全建立，提示 TAD 的完整建立在胚胎早期并不是转录所必需的。反之，TAD 结构的逐步建立在一定程度上也并不完全依赖于转录[125, 127]。电镜的结果也表明在受精之后染色体结构是非常松散的，在发育过程中慢慢变得致密[182]。这种松散结构的生物学功能仍然有待研究。果蝇胚胎中的研究也发现，在合子基因组激活之前 TAD 是非常弱的。合子基因组激活时 TAD 逐渐增强，然而抑制转录并不会影响果蝇胚胎中 TAD 的建立，只会对 TAD 之间中的相互作用产生一定影响[74]。因此，高级结构建立与转录之间的关系相对而言较为复杂，需要更深入的探究。另外，受精之后染色体的高级结构的重编程是如何诱发的，又是如何逐步重新建立的，目前并不清楚。

33.6.5　X 染色体失活

早期胚胎发育过程中另一项重要的表观遗传相关的重编程事件是 X 染色体失活（X chromosome inactivation）。X 染色体上包含 1000 多个基因，其中很多基因对发育都是非常关键的。由于 Y 染色体上的基因很少，而雌性哺乳动物中含有两条 X 染色体，导致 X 染色体上的基因会出现双倍的表达量。为了矫正这种不平衡，雌性哺乳动物进化出一种独特的剂量补偿机制——X 染色体失活。失活后的 X 染色体上的基因大部分被沉默，从而使 X 染色体上的基因表达量在雌性和雄性中维持平衡[183, 184]。这条失活的 X 染色体压缩成致密的结构，被称为巴氏小体（Barr body）。非编码 RNA XIST 被证明在染色体失活的过程中发挥重要调控作用。*Xist* 从一条 X 染色体上转录出长达 17kb 的非编码 RNA，这条 RNA 从其转录的区域开始覆盖这条 X 染色体并介导该 X 染色体失活[185-188]。

X 染色体失活分为两种：印记失活和随机失活。在小鼠胚胎着床前，父本来源的 X 染色体会被选择性地失活，这种现象称为 X 染色体印记失活。这种印记失活会持续在胚外组织中维持，而在胚胎着床后，胚内组织会转换成两条 X 染色体中一条随机失活。早期通过核移植的方法，研究者证明在卵子发生过程中 *Xist* 基因印记就已经建立了[189, 190]。但是进一步研究发现这种卵细胞中的 XIST 印记并不是由 DNA 甲基化维持的[191]，而是由卵细胞中 H3K27me3 覆盖在 *Xist* 区域并持续到了胚胎着床前。去除母本的 H3K27me3 会导致母本 X 染色体上的 *Xist* 被激活，从而使母本的 X 染色体在着床前失活（图 33-6），表明 H3K27me3 是维持母本 *Xist* 沉默的重要印记[141]。

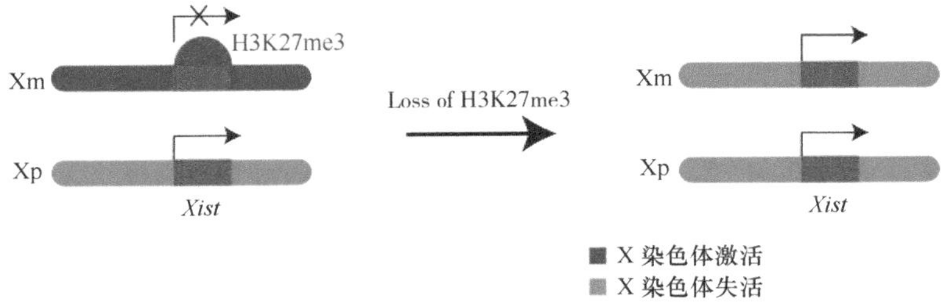

图 33-6　H3K27me3 介导着床前母本 X 染色体上的 *Xist* 基因印记

小鼠胚胎着床前，来自母本的 X 染色体上的 *Xist* 基因被 H3K27me3 标记而沉默，而来自父本 X 染色体的 *Xist* 没有被 H3K27me3 标记，处于激活状态，从而导致父本 X 染色体的选择性失活。如果去除母本上的 H3K27me3，会导致母本的 X 染色体失活。Xm，来自母本的 X 染色体；Xp，来自父本的 X 染色体这种父本特异的 X 染色体失活在人类中并不存在。人类早期雌性胚胎中两条亲本 X 染色体上都会转录 XIST，并覆盖 X 染色体大部分区域。在胚胎着床前，E4～5 时期开始两条 X 染色体在所有谱系中都会逐渐出现一定程度的转录活性抑制，直到 E7 时完成 70%～80%的剂量补偿[192]。在胚胎发育后期，两条 X 染色体转为随机失活一条的模式，以保持两性的 X 染色体剂量相同[193, 194]。因此小鼠和人类在 X 染色体失活的方式和时间点上都有较大差异。

33.7 总结与展望

亲代的表观遗传信息能否传递至子代，亲代到子代转换过程中表观基因组又是如何转换的，这些都是表观遗传学基本的生物学问题。现有研究表明，DNA 甲基化、组蛋白修饰、染色质开放区域及染色体高级结构在受精之后都发生了重编程。在这个过程中，很多表观遗传信息被擦除，部分信息能够遗传下来，随之子代开始重建表观基因组。随着技术的进步，人们开始了解这个过程中表观修饰的遗传和重编程是如何发生的，但是许多调控机制和生物学功能仍待研究。例如，相比其他一些脊椎动物如斑马鱼，哺乳动物中早期胚胎发育为什么需要经历特有的、广泛的去甲基化和甲基化重建过程？亲代表观遗传信息去除后，子代如何建立新的表观基因组？基因组是如何激活的？最早的细胞命运决定是如何发生的？表观基因组又是如何参与这些重要的过程的？这些重大科学问题的深入研究不仅将回答基本的生物学问题——生命是如何开始的，也将对产前检查和试管婴儿的临床研究与应用提供重要的理论指导。

参 考 文 献

[1] Young, R. A. Control of the embryonic stem cell state. *Cell* 144, 940-954(2011).

[2] Holliday, R. & Pugh, J. E. DNA modification mechanisms and gene activity during development. *Science* 187, 226-232(1975).

[3] Bestor, T. H. The DNA methyltransferases of mammals. *Human Molecular Genetics* 9, 2395-2402(2000).

[4] Goll, M. G. & Bestor, T. H. Eukaryotic Cytosine Methyltransferases. *Annual Review of Biochemistry* 74, 481-514(2005).

[5] Wu, H. & Zhang, Y. Reversing DNA methylation: mechanisms, genomics, and biological functions. *Cell* 156, 45-68(2014).

[6] Okano, M. *et al.* DNA methyltransferases Dnmt3a and Dnmt3b are essential for *de novo* methylation and mammalian development. *Cell* 99, 247-257(1999).

[7] Barau, J. *et al.* The DNA methyltransferase DNMT3C protects male germ cells from transposon activity. *Science* 354, 909-912(2016).

[8] Chédin, F. *et al.* The DNA methyltransferase-like protein DNMT3L stimulates *de novo* methylation by Dnmt3a. *Proc Natl Acad Sci U S A* 99, 16916-16921(2002).

[9] Ito, S. *et al.* Role of Tet proteins in 5mC to 5hmC conversion, ES-cell self-renewal and inner cell mass specification. *Nature* 466, 1129-1133(2010).

[10] Kornberg, R. D. Chromatin structure: a repeating unit of histones and DNA. *Science* 184, 868-871(1974).

[11] Luger, K. *et al.* Crystal structure of the nucleosome core particle at 2.8Å resolution. *Nature* 389, 251-260(1997).

[12] Fischle, W. *et al.* Binary switches and modification cassettes in histone biology and beyond. *Nature* 425, 475-479(2003).

[13] Strahl, B. D. & Allis, C. D. The language of covalent histone modifications. *Nature* 403, 41(2000).

[14] Vermeulen, M. & Timmers, H. M. Grasping trimethylation of histone H3 at lysine 4. *Epigenomics* 2, 395(2010).

[15] Bernstein, B. E. *et al.* The NIH Roadmap Epigenomics Mapping Consortium. *Nature Biotechnology* 28, 1045-1048(2010).

[16] Kellis, M. *et al.* Defining functional DNA elements in the human genome. *Proc Natl Acad Sci U S A* 111, 6131-6138(2014).

[17] Snyder, M. An encyclopedia of mouse DNA elements(Mouse ENCODE). *Genome Biology* 13, 418(2012).

[18] Henikoff, S. & Ahmad, K. Assembly of variant histones into chromatin. *Annual Review of Cell & Developmental Biology* 21, 133(2005).

[19] Dixon, J. R. *et al.* Topological domains in mammalian genomes identified by analysis of chromatin interactions. *Nature* 485, 376-380(2012).

[20] Lupianez, D. G. *et al.* Disruptions of topological chromatin domains cause pathogenic rewiring of gene-enhancer interactions. *Cell* 161, 1012-1025(2015).

[21] Valton, A. L. & Dekker, J. TAD disruption as oncogenic driver. *Curr Opin Genet Dev* 36, 34-40(2016).

[22] Bickmore, W. A. & Van, S. B. Genome architecture: domain organization of interphase chromosomes. *Cell* 152, 1270-1284(2013).

[23] Lieberman-Aiden, E. *et al.* Comprehensive mapping of long-range interactions reveals folding principles of the human genome. Science 326, 289-293(2009).

[24] Misteli, T. Beyond the sequence: Cellular organization of genome function. *Cell* 128, 787-800(2007).

[25] Dixon, J. R. *et al.* Chromatin architecture reorganization during stem cell differentiation. *Nature* 518, 331-336(2015).

[26] Fortin, J. P. & Hansen, K. D. Reconstructing A/B compartments as revealed by Hi-C using long-range correlations in epigenetic data. *Genome Biology* 16(2015).

[27] Matsui, Y. & Okamura, D. Mechanisms of germ-cell specification in mouse embryos. *Bioessays* 27, 136-143(2005).

[28] Sasaki, H. & Matsui, Y. Epigenetic events in mammalian germ-cell development: reprogramming and beyond. *Nat Rev Genet* 9, 129-140(2008).

[29] Schultz, R. M. The molecular foundations of the maternal to zygotic transition in the preimplantation embryo. *Human Reproduction Update* 8, 323(2002).

[30] Bielinska, M. *et al.* Distinct roles for visceral endoderm during embryonic mouse development. *Int J Dev Biol* 43, 183-205(1999).

[31] Rossant, J. & Tam, P. P. Blastocyst lineage formation, early embryonic asymmetries and axis patterning in the mouse. *Development* 136, 701-713(2009).

[32] Lawson, K. A. *et al.* Clonal analysis of epiblast fate during germ layer formation in the mouse embryo. *Development* 113, 891-911(1991).

[33] Petropoulos, S. *et al.* Single-cell RNA-Seq reveals lineage and X chromosome dynamics in human preimplantation embryos. *Cell* 165, 1012-1026(2016).

[34] Takaoka, K. & Hamada, H. Cell fate decisions and axis determination in the early mouse embryo. *Development* 139, 3-14(2012).

[35] Mcgrath, J. & Solter, D. Completion of mouse embryogenesis requires both the maternal and paternal genomes. *Cell* 37, 179-183(1984).

[36] Surani, M. A. H. *et al.* Development of reconstituted mouse eggs suggests imprinting of the genome during gametogenesis. *Nature* 308, 548-550(1984).

[37] Min, H. Y. *et al.* Essential role of DNA methyltransferase 1-mediated transcription of insulin-like growth factor 2 in resistance to histone deacetylase inhibitors. *Clinical Cancer Research* 23, 1299(2017).

[38] Peng, L. *et al.* High lncRNA H19 expression as prognostic indicator: data mining in female cancers and polling analysis in non-female cancers. *Oncotarget* 8, 1655-1667(2017).

[39] Bourc'his, D. *et al.* Dnmt3L and the establishment of maternal genomic imprints. *Science* 294, 2536-2539(2001).

[40] Bourc'his, D. & Bestor, T. H. Meiotic catastrophe and retrotransposon reactivation in male germ cells lacking Dnmt3L.

Nature 431, 96-99(2004).

[41] Hata, K. *et al.* Dnmt3L cooperates with the Dnmt3 family of *de novo* DNA methyltransferases to establish maternal imprints in mice. *Development* 129, 1983-1993(2002).

[42] Kaneda, M. *et al.* Essential role for *de novo* DNA methyltransferase Dnmt3a in paternal and maternal imprinting. *Nature* 429, 900-903(2004).

[43] Webster, K. E. *et al.* Meiotic and epigenetic defects in Dnmt3L-knockout mouse spermatogenesis. *Proc Natl Acad Sci U S A* 102, 4068-4073(2005).

[44] Kawahara, M. *et al.* High-frequency generation of viable mice from engineered bi-maternal embryos. *Nature Biotechnology* 25, 1045(2007).

[45] Kono, T. *et al.* Birth of parthenogenetic mice that can develop to adulthood. *Nature* 428, 860-864(2004).

[46] Li, E. Chromatin modification and epigenetic reprogramming in mammalian development. *Nat Rev Genet* 3, 662-673(2002).

[47] Yamaguchi, S. *et al.* Role of Tet1 in erasure of genomic imprinting. *Nature* 504, 460-464(2013).

[48] Zhang, W. H. *et al.* Isoform switch of TET1 regulates DNA demethylation and mouse development. *Mol Cell* 15,1062-1073(2016).

[49] Kang, J. *et al.* Simultaneous deletion of the methylcytosine oxidases Tet1 and Tet3 increases transcriptome variability in early embryogenesis. *Proc Natl Acad Sci U S A* 112, E4236-4245(2015).

[50] Khoueiry, R. *et al.* Lineage-specific functions of TET1 in the postimplantation mouse embryo. *Nat Genet* 49, 1061-1072(2017).

[51] Yamaguchi, S. *et al.* Tet1 controls meiosis by regulating meiotic gene expression. *Nature* 492, 443-447(2012).

[52] Dawlaty, M. M. *et al.* Tet1 is dispensable for maintaining pluripotency and its loss is compatible with embryonic and postnatal development. *Cell Stem Cell* 9, 166-175(2011).

[53] Dawlaty, M. M. *et al.* Combined deficiency of Tet1 and Tet2 causes epigenetic abnormalities but is compatible with postnatal development. *Dev Cell* 24, 310-323(2013).

[54] Tsukada, Y. *et al.* Maternal TET3 is dispensable for embryonic development but is required for neonatal growth. *Sci Rep-Uk* 5(2015).

[55] Dai, H. Q. *et al.* TET-mediated DNA demethylation controls gastrulation by regulating lefty-nodal signalling. *Nature* 538, 528-532(2016).

[56] Adam, S. *et al.* Histone lysine methylases and demethylases in the landscape of human developmental disorders. *American Journal of Human Genetics* 102, 175(2018).

[57] Andreuvieyra, C. V. *et al.* MLL2 is required in oocytes for bulk histone 3 lysine 4 trimethylation and transcriptional silencing. 8, 697-704(2010).

[58] Li, W. *et al.* Discovery and characterization of antibody variants using mass spectrometry-based comparative analysis for biosimilar candidates of monoclonal antibody drugs. *J Chromatogr B Analyt Technol Biomed Life Sci* 1025, 57-67(2016).

[59] Hanna, C. W. *et al.* MLL2 conveys transcription-independent H3K4 trimethylation in oocytes. *Nature Structural & Molecular Biology* 25, 73-82(2018).

[60] Ko, J. M. *et al.* Wiedemann-Steiner syndrome with 2 novel KMT2A mutations: Variable severity in psychomotor development and musculoskeletal manifestation. *Journal of Child Neurology* 32, 237-242(2016).

[61] Margueron, R. & Reinberg, D. The Polycomb complex PRC2 and its mark in life. *Nature* 469, 343-349(2011).

[62] O'Carroll, D. *et al.* The polycomb-group gene Ezh2 is required for early mouse development. *Mol Cell Biol* 21, 4330-4336(2001).

[63] Pasini, D. *et al.* The polycomb group protein Suz12 is required for embryonic stem cell differentiation. *Mol Cell Biol* 27,

3769-3779(2007).

[64] Faust, C. *et al.* The eed mutation disrupts anterior mesoderm production in mice. *Development* (*Cambridge, England*) 121(2):273-285 (1995).

[65] Matoba, S. *et al.* Embryonic development following somatic cell nuclear transfer impeded by persisting histone methylation. *Cell* 159, 884-895(2014).

[66] Antony, J. *et al.* Transient JMJD2B-mediated reduction of H3K9me3 levels improves reprogramming of embryonic stem cells into cloned embryos. *Molecular and Cellular Biology* 33, 974-983(2013).

[67] Chung, Y. G.*et al.* Histone demethylase expression enhances human somatic cell nuclear transfer efficiency and promotes derivation of pluripotent stem cells. *Cell Stem Cell* 17, 758-766(2015).

[68] Liu, W. Q. *et al.* Identification of key factors conquering developmental arrest of somatic cell cloned embryos by combining embryo biopsy and single-cell sequencing. *Cell Discov* 2(2016).

[69] Akagi, S. *et al.* Treatment with a histone deacetylase inhibitor after nuclear transfer improves the preimplantation development of cloned bovine embryos. *J Reprod Develop* 57, 120-126(2011).

[70] Kishigami, S. *et al.* Significant improvement of mouse cloning technique by treatment with trichostatin A after somatic nuclear transfer. *Biochem Biophys Res Commun* 340, 183-189(2006).

[71] Tachibana, M. *et al.* Human embryonic stem cells derived by somatic cell nuclear transfer. *Cell* 153, 1228-1238(2013).

[72] Liu, Z. *et al.* Cloning of macaque monkeys by somatic cell nuclear transfer. *Cell* 172, 881-887 e887(2018).

[73] Ahmed, K. *et al.* Global chromatin architecture reflects pluripotency and lineage commitment in the early mouse embryo. *PLoS One* 5, e10531(2010).

[74] Hug, C. B. *et al.* Chromatin architecture emerges during zygotic genome activation independent of transcription. *Cell* 169, 216(2017).

[75] Ogiyama, Y. *et al.* Polycomb-dependent chromatin looping contributes to gene silencing during *Drosophila* development. *Molecular Cell* 71, 73-88.e75(2018).

[76] Kim, S. *et al.* CTCF as a multifunctional protein in genome regulation and gene expression. *Exp Mol Med* 47, e166(2015).

[77] Phillips, J. E. & Corces, V. G. CTCF: master weaver of the genome. *Cell* 137, 1194-1211(2009).

[78] Moore, J. M. *et al.* Loss of Maternal CTCF Is Associated with Peri-Implantation Lethality of Ctcf Null Embryos. *PLoS One* 7(2012).

[79] Wan, L. B. *et al.* Maternal depletion of CTCF reveals multiple functions during oocyte and preimplantation embryo development. *Development* 135, 2729-2738(2008).

[80] Hernandez-Hernandez, A. *et al.* CTCF contributes in a critical way to spermatogenesis and male fertility. *Sci Rep* 6, 28355(2016).

[81] Nativio, R. *et al.* Cohesin is required for higher-order chromatin conformation at the imprinted IGF2-H19 locus. *PLoS Genet* 5(2009).

[82] Meier, M. *et al.* Cohesin facilitates zygotic genome activation in zebrafish. *Development* 145(2018).

[83] Chen, Q. *et al.* Sperm tsRNAs contribute to intergenerational inheritance of an acquired metabolic disorder. *Science* 351, 397-400(2016).

[84] Sharma, U. *et al.* Biogenesis and function of tRNA fragments during sperm maturation and fertilization in mammals. *Science* 351, 391-396(2016).

[85] Zhang, Y. F. *et al.* Dnmt2 mediates intergenerational transmission of paternally acquired metabolic disorders through sperm small non-coding RNAs. *Nature Cell Biology* 20, 535-540(2018).

[86] Song, L. *et al.* Specific method for the determination of genomic DNA methylation by liquid chromatography-electrospray

ionization tandem mass spectrometry. *Anal Chem* 77, 504-510(2005).

[87] Vucic, E. A. *et al.* Methylation analysis by DNA immunoprecipitation(MeDIP). *Methods Mol Biol* 556, 141-153(2009).

[88] Serre, D *et al.* MBD-isolated Genome Sequencing provides a high-throughput and comprehensive survey of DNA methylation in the human genome. *Nucleic Acids Res* 38, 391-399(2010).

[89] Gu, H. *et al.* Preparation of reduced representation bisulfite sequencing libraries for genome-scale DNA methylation profiling. *Nat Protoc* 6, 468-481(2011).

[90] Meissner, A. *et al.* Reduced representation bisulfite sequencing for comparative high-resolution DNA methylation analysis. *Nucleic Acids Res* 33, 5868-5877(2005).

[91] Okae, H. *et al.* Genome-wide analysis of DNA methylation dynamics during early human development. *PLoS Genet* 10, e1004868(2014).

[92] Smith, Z. D. *et al.* DNA methylation dynamics of the human preimplantation embryo. *Nature* 511, 611-615(2014).

[93] Urich, M. A. *et al.* MethylC-seq library preparation for base-resolution whole-genome bisulfite sequencing. *Nat Protoc* 10, 475-483(2015).

[94] Wang, L. *et al.* Programming and inheritance of parental DNA methylomes in mammals. *Cell* 157, 979-991(2014).

[95] Guo, F. *et al.* The Transcriptome and DNA methylome landscapes of human primordial germ cells. *Cell* 161, 1437-1452(2015).

[96] Kobayashi, H. *et al.* High-resolution DNA methylome analysis of primordial germ cells identifies gender-specific reprogramming in mice. *Genome Res* 23, 616-627(2013).

[97] Miura, F. *et al.* Amplification-free whole-genome bisulfite sequencing by post-bisulfite adaptor tagging. *Nucleic Acids Res* 40, e136(2012).

[98] Guo, F. *et al.* Single-cell multi-omics sequencing of mouse early embryos and embryonic stem cells. *Cell Res* 27, 967-988(2017).

[99] Wang, Q. *et al.* Tagmentation-based whole-genome bisulfite sequencing. *Nat Protoc* 8, 2022-2032(2013).

[100] Zhang, Y. *et al.* Dynamic epigenomic landscapes during early lineage specification in mouse embryos. *Nat Genet* 50, 96-105(2018).

[101] Clark, S. J. *et al.* scNMT-seq enables joint profiling of chromatin accessibility DNA methylation and transcription in single cells. *Nat Commun* 9, 781(2018).

[102] Collas, P. The current state of chromatin immunoprecipitation. *Mol Biotechnol* 45, 87-100(2010).

[103] Dahl, J. A. *et al.* Broad histone H3K4me3 domains in mouse oocytes modulate maternal-to-zygotic transition. *Nature* 537, 548-552(2016).

[104] Brind'Amour, J. *et al.* An ultra-low-input native ChIP-seq protocol for genome-wide profiling of rare cell populations. *Nat Commun* 6, 6033(2015).

[105] Zhang, B. *et al.* Allelic reprogramming of the histone modification H3K4me3 in early mammalian development. *Nature* 537, 553-557(2016).

[106] Liu, X. *et al.* Distinct features of H3K4me3 and H3K27me3 chromatin domains in pre-implantation embryos. *Nature* 537, 558-562(2016).

[107] Zheng, H. *et al.* Resetting epigenetic memory by reprogramming of histone modifications in mammals. *Mol Cell* 63, 1066-1079(2016).

[108] Wu, J. *et al.* The landscape of accessible chromatin in mammalian preimplantation embryos. *Nature* 534, 652-657(2016).

[109] Wang, C. *et al.* Reprogramming of H3K9me3-dependent heterochromatin during mammalian embryo development. *Nat Cell Biol* 20, 620-631(2018).

[110] Boyle, A. P. *et al.* High-resolution mapping and characterization of open chromatin across the genome. *Cell* 132, 311-322(2008).
[111] Giresi, P. G. *et al.* FAIRE (formaldehyde-assisted isolation of regulatory elements) isolates active regulatory elements from human chromatin. *Genome Res* 17, 877-885(2007).
[112] Buenrostro, J. D. *et al.* Transposition of native chromatin for fast and sensitive epigenomic profiling of open chromatin, DNA-binding proteins and nucleosome position. *Nat Methods* 10, 1213-1218(2013).
[113] Rizzo, J. M. *et al.* Standardized collection of MNase-seq experiments enables unbiased dataset comparisons. *Bmc Molecular Biology* 13, 15-15(2012).
[114] Sulkowski, E. & Sr, L. M. Action of micrococcal nuclease on polymers of deoxyadenylic and deoxythymidylic acids. *Journal of Biological Chemistry* 244, 3818-3822(1969).
[115] Tao, C. *et al.* Dynamic reorganization of nucleosome positioning in somatic cells after transfer into porcine enucleated oocytes. *Stem Cell Reports* 9, 642-653(2017).
[116] Wu, C. *et al.* The chromatin structure of specific genes: II. Disruption of chromatin structure during gene activity. *Cell* 16, 807-814(1979).
[117] Inoue, A. *et al.* Maternal H3K27me3 controls DNA methylation-independent imprinting. *Nature* 547, 419-424(2017).
[118] Lu, F. *et al.* Establishing chromatin regulatory landscape during mouse preimplantation development. *Cell* 165,1375-1388(2016).
[119] Kelly, T. K. *et al.* Genome-wide mapping of nucleosome positioning and DNA methylation within individual DNA molecules. *Genome Research* 22, 2497(2012).
[120] Lay, F. D. *et al.* The role of DNA methylation in directing the functional organization of the cancer epigenome. *Genome Research* 25, 467-477(2015).
[121] Small, E. C. *et al.* Single-cell nucleosome mapping reveals the molecular basis of gene expression heterogeneity. *Proceedings of the National Academy of Sciences of the United States of America* 111, E2462(2014).
[122] Dekker, J. *et al.* Capturing chromosome conformation. *Science* 295, 1306-1311(2002).
[123] Simonis, M. *et al.* Nuclear organization of active and inactive chromatin domains uncovered by chromosome conformation capture-on-chip(4C). *Nat Genet* 38, 1348-1354(2006).
[124] Dostie, J. *et al.* Chromosome conformation capture carbon copy(5C): a massively parallel solution for mapping interactions between genomic elements. *Genome Res* 16, 1299-1309(2006).
[125] Ke, Y. *et al.* 3D Chromatin structures of mature gametes and structural reprogramming during mammalian embryogenesis. *Cell* 170, 367-381 e320(2017).
[126] Rao, S. S. P. *et al.* A 3D Map of the Human genome at kilobase resolution reveals principles of chromatin looping. *Cell* 159, 1665-1680(2014).
[127] Du, Z. *et al.* Allelic reprogramming of 3D chromatin architecture during early mammalian development. *Nature* 547, 232-235(2017).
[128] Flyamer, I. M. *et al.* Single-nucleus Hi-C reveals unique chromatin reorganization at oocyte-to-zygote transition. *Nature* 544, 110-114(2017).
[129] Nagano, T. *et al.* Cell-cycle dynamics of chromosomal organization at single-cell resolution. *Nature* 547, 61-67(2017).
[130] Seisenberger, S. *et al.* Reprogramming DNA methylation in the mammalian life cycle: building and breaking epigenetic barriers. *Philos Trans R Soc Lond B Biol Sci* 368, 20110330(2013).
[131] Smallwood, S. A. & Kelsey, G. De novo DNA methylation: a germ cell perspective. *Trends Genet* 28, 33-42(2012).
[132] Stewart, K. R. *et al.* Establishment and functions of DNA methylation in the germline. *Epigenomics* 8, 1399-1413(2016).

[133] Gkountela, S. *et al.* DNA demethylation dynamics in the human prenatal germline. *Cell* 161, 1425-1436(2015).

[134] Guo, F. *et al.* The transcriptome and DNA methylome landscapes of human primordial germ cells. *Science Foundation in China* 161, 1437-1452(2015).

[135] Tang *et al.* A unique gene regulatory network resets the human germline epigenome for development. *Cell* 161, 1453-1467(2015).

[136] Chotalia, M. *et al.* Transcription is required for establishment of germline methylation marks at imprinted genes. *Gene Dev* 23, 105-117(2009).

[137] Henckel, A. *et al.* Transcription and histone methylation changes correlate with imprint acquisition in male germ cells. *EMBO J* 31, 606-615(2012).

[138] Shirane，K, *et al.* NSD1-deposited H3K36me2 directs *de novo* methylation in the mouse male germline and counteracts Polycomb-associated silencing. *Nature Genetics* 52, 1088-1098(2020).

[139] Hanna, C. W. *et al.* MLL2 conveys transcription-independent H3K4 trimethylation in oocytes. *Nat Struct Mol Biol* 25, 73-82(2018).

[140] Andreu-Vieyra, C. V. *et al.* MLL2 is required in oocytes for bulk histone 3 lysine 4 trimethylation and transcriptional silencing. *PLoS Biol* 8(2010).

[141] Inoue, A. *et al.* Genomic imprinting of Xist by maternal H3K27me3. *Genes Dev* 31, 1927-1932(2017).

[142] Hammoud, S. S. *et al.* Chromatin and transcription transitions of mammalian adult germline stem cells and spermatogenesis. *Cell Stem Cell* 15, 239-253(2014).

[143] Jung, Y. H. *et al.* Chromatin states in mouse sperm correlate with embryonic and adult regulatory landscapes. *Cell Rep* 18, 1366-1382(2017).

[144] Bernstein, E. DNMT3L connects unmethylated lysine 4 of histone H3 to *de novo* methylation of DNA. *Nature* 448, 714-717(2007).

[145] Zhang, Y. *et al.* Chromatin methylation activity of Dnmt3a and Dnmt3a/3L is guided by interaction of the ADD domain with the histone H3 tail. *Nucleic Acids Research* 38, 4246-4253(2010).

[146] Glaser, S. *et al.* The histone 3 lysine 4 methyltransferase, Mll2, is only required briefly in development and spermatogenesis. *Epigenetics & Chromatin* 2, 5 (2009).

[147] Mu, W. *et al.* EZH1 in germ cells safeguards the function of PRC2 during spermatogenesis. *Developmental Biology* 424, 198-207(2017).

[148] Jeong, Y. S. *et al.* Cytoplasmic localization of oocyte-specific variant of porcine DNA methyltransferase-1 during early development. *Dev Dyn* 238, 1666-1673(2009).

[149] Cirio, M. C. *et al.* Preimplantation expression of the somatic form of Dnmt1 suggests a role in the inheritance of genomic imprints. *BMC Developmental Biology* 8: 9(2008)

[150] Kurihara, Y. *et al.* Maintenance of genomic methylation patterns during preimplantation development requires the somatic form of DNA methyltransferase 1. *Dev Biol* 313, 335-346(2008).

[151] Maenohara, S. *et al.* Role of UHRF1 in *de novo* DNA methylation in oocytes and maintenance methylation in preimplantation embryos. *PLoS Genet* 13, e1007042(2017).

[152] Gu, T. P. *et al.* The role of Tet3 DNA dioxygenase in epigenetic reprogramming by oocytes. *Nature* 477, 606-610(2011).

[153] Guo, F. *et al.* Active and passive demethylation of male and female pronuclear DNA in the mammalian zygote. *Cell Stem Cell* 15, 447-459(2014).

[154] Iqbal, K. *et al.* Reprogramming of the paternal genome upon fertilization involves genome-wide oxidation of 5-methylcytosine. *Proceedings of the National Academy of Sciences* 108, 3642-3647(2011).

[155] Shen, L. *et al.* Tet3 and DNA replication mediate demethylation of both the maternal and paternal genomes in mouse zygotes. *Cell Stem Cell* 15, 459-470(2014).
[156] Wossidlo, M. *et al.* 5-Hydroxymethylcytosine in the mammalian zygote is linked with epigenetic reprogramming. *Nature Communications* 2, 241(2011).
[157] Amouroux, R. *et al.* De novo DNA methylation drives 5hmC accumulation in mouse zygotes. *Nat Cell Biol* 18, 225-233.(2016).
[158] Messerschmidt, D. M. *et al.* DNA methylation dynamics during epigenetic reprogramming in the germline and preimplantation embryos. *Genes Dev* 28, 812-828(2014).
[159] Hirasawa, R. *et al.* Maternal and zygotic Dnmt1 are necessary and sufficient for the maintenance of DNA methylation imprints during preimplantation development. *Genes Dev* 22, 1607-1616(2008).
[160] Smith, Z. D. *et al.* Epigenetic restriction of extraembryonic lineages mirrors the somatic transition to cancer. *Nature* 549, 543-547(2017).
[161] Xie, W. *et al.* Epigenomic analysis of multilineage differentiation of human embryonic stem cells. *Cell* 153, 1134-1148(2013).
[162] Jeong, M. *et al.* Large conserved domains of low DNA methylation maintained by Dnmt3a. *Nat Genet* 46, 17-23(2014).
[163] Potok, M. E. *et al.* Reprogramming the maternal zebrafish genome after fertilization to match the paternal methylation pattern. *Cell* 153, 759-772(2013).
[164] Wang *et al.* Programming and inheritance of parental DNA methylomes in mammals. *Cell* 157, 979-991(2014).
[165] Tsompana, M. & Buck, M. J. Chromatin accessibility: a window into the genome. *Epigenetics & Chromatin* 7(2014).
[166] Ong, C. T. & Corces, V. G. Enhancers: emerging roles in cell fate specification. *EMBO Rep* 13, 423-430(2012).
[167] Guo, F. *et al.* Single-cell multi-omics sequencing of mouse early embryos and embryonic stem cells. *Cell Research* 27, 967(2017).
[168] Inoue, A. *et al.* Maternal H3K27me3 controls DNA methylation-independent imprinting. *Nature* 547(2017).
[169] Jachowicz, J. W. *et al.* LINE-1 activation after fertilization regulates global chromatin accessibility in the early mouse embryo. *Nature Genetics* 49, 1502-1510(2017).
[170] Wu, J. *et al.* Chromatin analysis in human early development reveals epigenetic transition during ZGA. *Nature* 557, 256-260(2018).
[171] Djekidel, M. N. *et al.* Reprogramming of chromatin accessibility in somatic cell nuclear transfer is DNA replication independent. *Cell Rep* 23, 1939-1947(2018).
[172] Battulin, N. *et al.* Comparison of the three-dimensional organization of sperm and fibroblast genomes using the Hi-C approach. *Genome Biology* 17, 1-2(2016).
[173] Carone, B. R. *et al.* High-resolution mapping of chromatin packaging in mouse embryonic stem cells and sperm. *Dev Cell* 30, 11-22(2014).
[174] Chen, X. *et al.* Key role for CTCF in establishing chromatin structure in human embryos. *Nature 576*, 306-310(2019).
[175] De La Fuente, R. Chromatin modifications in the germinal vesicle(GV)of mammalian oocytes. *Dev Biol* 292, 1-12(2006).
[176] Zuccotti, M. *et al.* Chromatin organization during mouse oocyte growth. *Mol Reprod Dev* 41, 479-485(1995).
[177] Miyara, F. *et al.* Chromatin configuration and transcriptional control in human and mouse oocytes. *Mol Reprod Dev* 64, 458-470(2003).
[178] Gibcus, J. H. *et al.* A pathway for mitotic chromosome formation. *Science* 359(2018).
[179] Nagano, T. *et al.* Cell-cycle dynamics of chromosomal organization at single-cell resolution. *Nature* 547, 61-67(2017).
[180] Naumova, N. *et al.* Organization of the mitotic chromosome. *Science* 342, 948-953(2013).
[181] Xu, Q. & Xie, W. Epigenome in early mammalian development: Inheritance, reprogramming and establishment. *Trends in*

Cell Biology 28(2017).

[182] Ahmed, K. *et al.* Global chromatin architecture reflects pluripotency and lineage commitment in the early mouse embryo. *PLoS One* 5, e10531(2010).

[183] Augui, S. *et al.* Regulation of X-chromosome inactivation by the X-inactivation centre. *Nat Rev Genet* 12, 429-442(2011).

[184] Lee, J. T. & Bartolomei, M. S. X-inactivation, imprinting, and long noncoding RNAs in health and disease. *Cell* 152, 1308-1323(2013).

[185] Finestra, T. R. & Gribnau, J. X chromosome inactivation: silencing, topology and reactivation. *Curr Opin Cell Biol* 46, 54-61(2017).

[186] Chen, C. K. *et al.* Xist recruits the X chromosome to the nuclear lamina to enable chromosome-wide silencing. *Science* 354, 468-472(2016).

[187] Giorgetti, L. *et al.* Structural organization of the inactive X chromosome in the mouse. *Nature* 535, 575-579(2016).

[188] Minajigi, A. *et al.* Chromosomes. A comprehensive Xist interactome reveals cohesin repulsion and an RNA-directed chromosome conformation. *Science* 349(2015).

[189] Oikawa, M. *et al.* Understanding the X chromosome inactivation cycle in mice: a comprehensive view provided by nuclear transfer. *Epigenetics* 9, 204-211(2014).

[190] Tada, T. *et al.* Imprint switching for non-random X-chromosome inactivation during mouse oocyte growth. *Development* 127, 3101-3105(2000).

[191] Chiba, H. *et al.* De Novo DNA methylation independent establishment of maternal imprint on X chromosome in mouse oocytes. *Genesis* 46, 768-774(2008).

[192] Petropoulos, S. *et al.* Single-cell RNA-seq reveals lineage and X chromosome dynamics in human preimplantation embryos. *Cell* 165, 1012-1026(2016).

[193] Deng, X. *et al.* X chromosome regulation: diverse patterns in development, tissues and disease. *Nat Rev Genet* 15, 367(2014).

[194] Okamoto, I. *et al.* Eutherian mammals use diverse strategies to initiate X-chromosome inactivation during development. *Nature* 472, 370-374(2011).

颉伟 博士，清华大学生命科学学院教授，美国霍华德休斯医学研究所（HHMI）国际学者。2003 年本科毕业于北京大学生命科学学院。2008 年在美国加州大学洛杉矶分校分子生物学系完成了博士学习，同时获得了统计学的硕士双学位。之后在美国加州大学圣地亚哥分校完成博士后研究。2013 年加入清华大学生命科学学院任研究员，同时加入清华-北大生命科学联合中心。应用多学科交叉方法研究早期胚胎发育表观遗传信息的传递、建立和调控，在分子水平阐明了哺乳动物早期胚胎发育中染色质开放性、组蛋白修饰和染色质高级结构等是如何重编程和调控的。颉伟共发表高水平论文 80 多篇，引用数超过 17 000 次，以第一或通讯作者身份在 *Nature*、*Science*、*Cell* 及其子刊发表多篇论文。曾入选香港求是杰出青年学者、国家基金委杰出青年基金、HHMI 国际研究学者、谈家桢生命科学创新奖、树兰医学青年学者、中源协和生命科学创新奖、中国青年科技奖、第一届科学探索奖等。

第 34 章　表观遗传学与重编程

文　波　田鹏翔
复旦大学

本章概要

体细胞核移植（somatic cell nuclear transfer，SCNT）发育为胚胎的成功率远低于体外受精，表观遗传屏障（epigenetic barrier）的存在是一个很重要的原因。体细胞核中的 H3K9 甲基化、异常的 X 染色体失活（XCI）等在 SCNT 中被认为是重要的表观遗传学屏障。例如，H3K9me3 可使 SCNT 的大部分胚胎阻滞在 2 细胞期，不能进行有效的合子基因激活，而注射 H3K9me3 去甲基酶 Kdm4d 的 mRNA 可使小鼠幼崽率从不足 1%增加到 8%以上，也可极大提高食蟹猴的 SCNT 效率。此外，H3K4me3 的去甲基化酶基因 *Kdm5b* 未被激活，是 SCNT 胚胎阻滞在 4 细胞期的重要屏障。而同时注射 *Kdm4b* 和 *Kdm5b* 的 mRNA，可将小鼠 SCNT 胚胎发育到囊胚的成功率提高到 95%以上。此外，X 染色体失活（XCI）的异常也是 SCNT 的一个屏障，在 SCNT 重编程中，父母源 *Xist* RNA 都表达，诱导了着床前胚胎中两条 X 染色体的异常沉默，而克服异常的 XCI 可使 SCNT 克隆小鼠幼崽率（pup rate）增加 8～9 倍。以 *Xist* 敲除细胞为供体结合 *Kdm4d* mRNA 注射，在小鼠 SCNT 克隆中可实现 24%的幼崽率。另外，H3K27me3 的基因组印记丢失（LOI）和 DNA 甲基化也属于表观遗传屏障，这些因素均影响着 SCNT 效率。

在诱导多能性干细胞（iPSC）的重编程过程中，H3K9me3 所指示的异染色质是体细胞重编程的早期屏障，阻碍了 *Oct3/4*、*Sox2*、*Klf4* 和 *c-Myc* 等转录因子结合染色质。抑制 H3K9me3 甲基化酶 SUV39H1/H2 或 SETDB1 可提高 iPSC 诱导效率。而 H3K4me3 的效应子 WDR5、H3K36 去甲基化酶 KDM2A/B、染色质重塑因子 BAF、组蛋白精氨酸脱亚胺酶 PADI4 和 PRC2 的酶活组分 EZH2 则会促进 iPSC 的重编程过程。组蛋白变体 macroH2A、TH2A 和 TH2B 进入染色质，以及 TET 介导的 DNA 去甲基化，都在 iPSC 的重编程过程中有重要作用。

在多细胞生物中，不同类型的细胞具有各自的特征及功能。通常在生理条件下，不同类型细胞之间较少相互转化，而在胚胎发育、配子发生、组织损伤、神经退行性疾病或肿瘤发生等生理或病理条件下，细胞的命运会发生改变。由多能性（pluripotent）细胞转变为低分化潜能细胞的过程称为分化（differentiation）；由分化状态的细胞逆转为多能细胞的过程称为体细胞重编程（reprogramming）；分化状态细胞之间的相互转变称为转分化（transdifferentiation）。其中，体细胞重编程可通过体细胞核移植和 iPS 细胞诱导等方法实现。

本章介绍了体细胞核移植和多能干细胞诱导过程中的表观遗传学调控机制及应用。

34.1　重编程概述

关键概念

- 体细胞重编程：由分化状态的细胞逆转为多能细胞的过程称为体细胞重编程。

- OSKM 组合：在最早的体细胞重编程实验中，通过 *Oct3/4*、*Sox2*、*Klf4* 和 *c-Myc* 这 4 个转录因子的组合能成功把分化的细胞诱导为多能干细胞。
- 细胞谱系重编程：在某些组织特异性转录因子的诱导之下，一种类型的体细胞可以被重编程为另一种类型的体细胞，这种过程也称为转分化。

34.1.1 体细胞核移植

多细胞生物的细胞核移植研究可以追溯到 1952 年，当时 Briggs 和 King 将豹蛙（*Rana pipiens*）的囊胚期细胞核移植入去核的卵细胞中，获得了正常孵化的蝌蚪，但当他们使用发育阶段稍晚的原肠胚期细胞核进行移植实验时，则发现蝌蚪出现发育异常情况。1962 年，John Gurdon 以肠上皮细胞的细胞核为供体，在非洲爪蟾（*Xenopus laevis*）中进行了核移植实验，成功获得了发育正常且可繁育后代的蛙类[1]。这是人类历史上首次通过体细胞核移植（somatic cell nuclear transfer，SCNT）技术得到的克隆动物，证明了动物细胞的发育状态可以被逆转，并提示不同类型细胞之间的差异本质上是核基因组表达差异，而非基因组成分之间的差别。以后的研究者一直尝试在哺乳动物中进行 SCNT 实验，直到 1997 年，Wilmut 等人将乳腺细胞的细胞核植入去核的卵母细胞，获得了世界上第一只克隆的哺乳动物——“多莉”羊，这标志着克隆技术在哺乳动物中的成功应用[2]。随后，SCNT 在人类卵细胞中也被证明可行，尽管完全发育的“最终证明”因伦理原因无法进行下去，但从 SCNT 克隆的人类胚胎中提取二倍体胚胎干细胞系（ntESC）对于干细胞生物学及治疗性克隆具有重要意义。尤其值得一提的是，中国科学院神经生物所孙强研究员领导的团队于 2018 年首次通过 SCNT 技术成功克隆了食蟹猴，证明 SCNT 克隆同样适用于灵长类动物[3]。

在 SCNT 克隆实验中，体细胞的细胞核被转移到一个去核的卵母细胞中。在体外完成早期胚胎发育后，将胚胎移植入代孕母体内，进而发育为新的成熟个体。通过 SCNT 技术克隆动物的过程绕过了有性生殖，后代的基因组与供体的基因组完全一样。

不同物种的卵母细胞大小和形态各异，如小鼠卵母细胞直径大约是 70μm，而两栖动物可达 1.2mm（非洲爪蟾）。因此，不同物种 SCNT 实验策略也不尽相同。在两栖动物中，可通过紫外灭活实现功能性摘除卵细胞核，而在哺乳动物中，卵细胞的细胞核则由微吸管吸出[4]。此外，供体细胞的来源对 SCNT 实验的结果有很大影响。总体上，若以终末分化状态的体细胞核为供体，SCNT 克隆的效率很低，存活下来的成体动物也有很多疾病；若以胚胎细胞的细胞核为供体，则克隆动物的情况整体上要改善很多。通过 SCNT 克隆得到的牛、羊和小鼠的后代会表现出发育异常，具体来说有妊娠期延长、胎盘异常、呼吸缺陷、免疫缺陷、成体肥胖、肾脏和肝脏畸形等。一般认为，这些异常出现的根本原因是 SCNT 过程中不充分或错误的重编程，本章后面会重点讨论。

34.1.2 诱导多能干细胞

Gurdon 的 SCNT 实验首次证明细胞的分化状态可通过重编程逆转，而 2006 年 Takahash 和 Yamanaka 的多能细胞诱导实验则是重编程领域另一里程碑式的工作。在这个经典实验中，研究者在小鼠成纤维细胞中外源表达在胚胎干细胞（embryonic stem cell，ESC，ES 细胞）中高表达的 4 个转录因子 Oct3/4、Sox2、Klf4 和 c-Myc（称为 OSKM 组合），在小鼠 ES 细胞的培养条件下，成功诱导出在形态学特征、基因表达谱、畸胎瘤形成能力等方面与 ES 细胞类似的多能性细胞，并将其命名为诱导多能干细胞（induced pluripotent stem cell，iPSC），即 iPS 细胞[5]。这一研究成果在干细胞等相关领域产生了巨大震动，世界上众多实验室的后继工作共同表明：包括人在内的多个物种，多种类型的体细胞均能通过类似的方法获得 iPS 细胞。这一技术的出现极大地推动了干细胞及再生医学研究，它允许患者使用自身体细胞获得干细胞以克服免疫排斥和伦理学壁垒。因此，iPS 技术在疾病模型、药物筛选、生物学基础研究等方面得到了广泛的运用，并在细胞治疗等再生医学领域具有重大应用前景[6]。由于 Yamanaka 和 Gurdon 两位科学家在细胞重编程领域的重要贡献，他们共同获得了 2012 年的诺贝尔生理学或医学奖。

值得注意的是，Yamanaka 的第一代 iPS 细胞重编程技术有几个主要的问题：①获得的 iPS 细胞没有完全重编程；②重编程效率非常低；③iPS 细胞具有致瘤性。之后很多研究组的工作都致力于解决这些问题[6]。

中国科学家周琪和高绍荣研究组的独立研究证明了重编程完全的 iPS 细胞具有与 ES 细胞同样的多能性[7, 8]。针对重编程的低效率问题，研究者在多个方面进行了尝试。首先，研究者发现并优化了能促进重编程效率的基因及其组合，例如，加入或替换其他多能性相关因子，如 TBX3、UTF1、SALL4、ESRRβ、NR5A2 和 TCL1A 等；导入 miR-291-3p、miR-294、miR-295 等多能干细胞特异性 miRNA，或者加入 LIN28 和 TRIM71 等 RNA 结合蛋白；抑制 p53 等抑癌基因的表达，或过表达细胞周期正向调控蛋白 REM2、cyclin D1 等；直接改变或通过小分子化合物改变特定表观遗传调控因子的表达。此外，研究还发现多种作用于特定信号通路的小分子化合物能促进 iPS 细胞的重编程，如 GSK3 通路抑制剂（CHIR99021）、MEK 通路抑制剂（PD0325901）和 TGFβ 通路抑制剂（RepSox）等。导致第一代 iPS 细胞的致瘤性的主要原因为：①*c-Myc* 本身为癌基因；②用于转基因的逆转录病毒载体会整合进细胞的基因组，提高了癌化风险。因此，发展并优化非整合性的重编程方法是解决这一问题的关键。科学家对非整合的基因导入方法做了很多实验，目前较成功的是基于附着体载体（episomal vector）、仙台病毒（sendai viruse）及合成 mRNA 直接导入等方法。但相对于载体整合的方法，非整合性基因导入方法的重编程效率较低。中国科学家邓宏魁教授领导的研究组在不转入任何转录因子的条件下，通过联合使用 7 种小分子化合物，成功实现了完全的体细胞重编程[9]。这些非整合性的 iPS 细胞重编程方法为获得临床级别的 iPS 细胞奠定了基础。

34.1.3 转分化

在某些组织特异性转录因子的诱导之下，一种类型的体细胞可以被重编程为另一种类型的体细胞，这种过程称为转分化，又称为细胞谱系重编程（lineage reprogramming）。事实上，转分化的研究远早于 iPS 细胞。最早成功的实例来自于 Davis 和他的同事在 1987 年的工作，他们将骨骼肌中特异性高表达的 *MyoD* 基因 cDNA 导入成纤维细胞，成功将其转变为肌细胞，其效率可高达约 50%[10]。发表于 1995 年的另一项研究报道，通过 GATA1 过表达可将成髓细胞转化为巨核细胞-红细胞前体细胞。iPS 细胞出现以后，转分化研究再次得到了广泛关注。总体上，转分化的策略及实验流程与 iPS 细胞重编程非常类似，不过是根据目的细胞的特征选取不同的转录因子和（或）小分子化合物用于重编程实验。

目前，已经在多种体细胞之间成功转分化，体外实验常用的起始细胞包括成纤维细胞和淋巴细胞，目的细胞主要包括具有临床应用前景的心肌细胞、肝脏细胞、造血干细胞、脑胶质细胞、神经干细胞、神经元等。更为重要的是，已有多项研究在动物中实现了体内的转分化，如把成纤维细胞转化为心肌细胞、胰腺腺泡细胞转化为胰腺 α 或 β 细胞等。与 iPS 细胞重编程相比，转分化过程具有流程简单、效率更高、可体内进行等优点，因此在神经、心血管、内分泌、造血等系统的再生医学中具有很好的潜力。

34.2 重编程过程中的表观遗传调控

关键概念

- 间充质上皮转化：细胞命运由间充质样细胞转化为上皮样细胞的过程，被称为间充质上皮转化。
- 在 ES 细胞中很多发育相关基因的启动子区域同时标记有 H3K27me3 和 H3K4me3，形成二价染色质域（bivalent chromatin domain）。

无论 SCNT 还是 iPS 细胞重编程，在这些过程中起始细胞特异的基因表达需要逐渐被擦除，并需要重新建立与目的细胞相同的基因表达谱。重编程中 DNA 序列不改变，但却能够获得可稳定遗传的细胞表型，因此本质上是表观遗传调控过程[11-14]。

参照 Waddington 的表观遗传景观（epigenetic landscape）经典模型（图 34-1），小球从顶端向下滑动代表细胞分化过程，将小球从谷底推向山顶的过程代表体细胞重编程，小球在不同滑动路径之间的转变代表转分化。以下将重点讨论 SCNT 和 iPS 细胞诱导等体细胞重编程过程背后的表观遗传学规律。

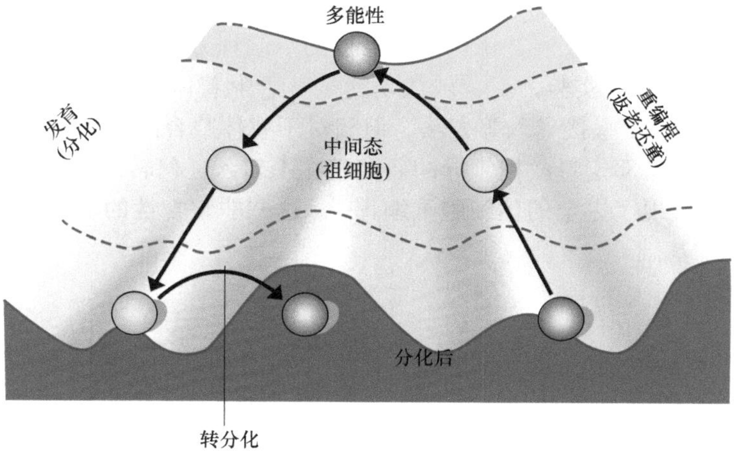

图 34-1 表观遗传景观与细胞命运转换[6]

34.2.1 SCNT 重编程与表观遗传调控

1. SCNT 重编程中的主要细胞及分子事件

在 SCNT 实验中，供体细胞的细胞核在去核卵母细胞的胞质环境中迅速重编程，发生了一系列明显的细胞学变化及分子事件，主要包括以下过程[15]。

（1）形成不成熟染色质凝集（premature chromosome condensation，PCC）。供体细胞核注入去核卵母细胞后，其核膜迅速破裂，形成与中期染色体类似的染色体凝集。PCC 主要由 M 期促进因子（MPF）所驱动，可以稳定维持数小时，直至重建的卵母细胞被激活。

（2）卵母细胞激活。在正常受精卵中，精子中的 PLCZ1 蛋白可通过钙离子震荡激活卵细胞退出 M

期。由于缺乏精子来源的蛋白质，SCNT 的卵细胞需要通过人为处理来激活退出 M 期，以启动后续的发育过程。氯化锶（$SrCl_2$）是最常用的激活剂；而对于人、猴等物种，则需要电脉冲、钙离子载体等处理来进行激活。

（3）细胞核扩张。细胞被激活后，进入 G_1 期，重新形成核膜，这些 SCNT 胚胎中的细胞核被称为假原核（pseudo-pronucleus，PPN）。由于大量的母源蛋白进入 PPN，其体积明显扩大，并伴随发生了剧烈的染色质结构变化。

（4）随后，与受精卵的发育类似，SCNT 胚胎经过 DNA 复制、合子基因组激活（zygotic genome activation，ZGA）等重要事件，开始后续的胚胎发育过程。

2. SCNT 过程的基因表达谱及表观遗传变化

在 SCNT 过程中，体细胞高表达的基因需要被沉默，并获得胚胎特异的基因表达。与受精卵发育相比，SCNT 过程的转录组动态变化存在明显异常。例如，通过对小鼠 SCNT 与体外受精（IVF）胚胎的比较发现，其转录组在 2 细胞阶段已经差异明显。在供体细胞高表达的基因中，约 80%在 2 细胞期胚胎中迅速下调，而仍然有 20%的基因在 2 细胞期 SCNT 胚胎中保持其高表达水平，提示这些基因保留了供体体细胞的转录“记忆”。此外，胚胎特异性表达的基因有 85%能够在 2 细胞期 IVF 胚胎中被激活，而剩余 15%的基因对 SCNT 胚胎中的重编程具有抵抗性，不能被有效激活。这些对重编程的抵抗性基因具有独特的表观遗传特征，具体将在下一个小节讨论。

在 SCNT 过程中，体细胞的基因组发生了剧烈的表观遗传变化，包括组蛋白变体、组蛋白修饰、染色质重塑等多个方面。在受精卵的胚胎发育过程中，来自于精子染色质上的鱼精蛋白（protamine）被卵母细胞存储的组蛋白（包括 H3.3 和 H2AFX 等变体）所替换，以重新包装父源基因组 DNA。虽然 SCNT 胚胎中不含有鱼精蛋白，但是也同样发生了剧烈的组蛋白替换。在 SCNT 胚胎被激活的 5h 内，大部分的组蛋白变体被去除；同时，母源性的 H3 变体（H3.1、H3.2 和 H3.3）及 H2AFX 结合到供体核中的染色质上。此外，体细胞中典型性的连接蛋白组 H1 也在 SCNT 之后被卵母细胞特异性 H1FOO 所替换，卵母细胞特异的组蛋白变体 TH2A 和 TH2B 可能也在 SCNT 过程中渗入染色质。这些组蛋白变体替换对于 SCNT 的生物学意义是值得继续探究的重要科学问题。

除了组蛋白变体，组蛋白修饰在 SCNT 过程中也发生了很大的变化。通过微量细胞 ChIP-seq 分析，研究者发现供体细胞中启动子区域大部分抑制性组蛋白修饰 H3K9me3 在 2 细胞期 SCNT 胚胎中被去除，表明 H3K9me3 发生了全局性重编程。有趣的是，仍然有部分基因的 H3K9me3 甲基化在 2 细胞期 SCNT 胚胎中不能被有效去除，提示这些重编程抵抗性的 H3K9me3 甲基化可能是有效 SCNT 重编程的限制因素。

此外，SCNT 重编程中发生了全局性的染色质重塑。对 1 细胞期 SCNT 胚胎的染色质可及性（accessibility）分析发现，在卵母细胞激活 12h 内，体细胞染色质可快速地重编程为与全能合子类似的模式：体细胞特异的 DNA 酶 I 超敏位点（DHS）大量丢失，同时出现合子特异性 DHS。同样的，部分染色质区域对染色质重塑具有抵抗力，这些区域在供体细胞和 2 细胞期 SCNT 胚胎中都富含异染色质标记 H3K9me3。

3. 阻碍 SCNT 重编程的表观遗传屏障

自“多莉”羊出世 20 年后，人类已经通过 SCNT 方法成功克隆了 20 多种哺乳动物，但是克隆的效率依然非常低。例如，小鼠的 SCNT 胚胎只有大约 70%能够发育到囊胚期，而转移到代孕小鼠的胚胎只有 1%～2%能够完全发育。非人灵长类动物的 SCNT 则更为困难。美国俄勒冈健康与科学大学 Shoukhrat

Mitalipov 研究组于 2007 年已在恒河猴中获得了 SCNT 囊胚，并基于此建立了 ntESC 细胞系，但一直没能成功实现动物克隆。直至 2018 年，孙强团队才成功克隆出食蟹猴，获得了第一例非人灵长类克隆动物。

克隆猴的成功在很大程度上得益于有效克服了 SCNT 重编程的表观遗传屏障（epigenetic barrier）。如上所述，SCNT 重编程过程中部分胚胎发育所需基因在 ZGA 后不能被有效激活，这些重编程抗性区域（RRR）富集源于体细胞的组蛋白修饰 H3K9me3，提示其可能是阻碍 SCNT 重编程进程的表观遗传屏障。哈佛大学张毅团队的研究显示，注射 H3K9me3 特异性去甲基酶 Kdm4d 的 mRNA 能较大程度改善 SCNT 着床前发育停滞的问题，使小鼠幼崽率从不足 1%增加到 8%以上[16]。高绍荣团队在 2016 年也发现，H3K9me3 去甲基化酶基因 *Kdm4b* 和 H3K4me3 去甲基化酶基因 *Kdm5b* 在 SCNT 胚胎中未被激活，分别是 SCNT 胚胎阻滞在 2 细胞期和 4 细胞期的重要屏障。同时注射 *Kdm4b* 和 *Kdm5b* 的 mRNA，可将 SCNT 胚胎发育到囊胚的成功率提高到 95%以上[17]。

KDM4 mRNA 注射还可以提高猪和牛等动物的克隆效率。在孙强团队的克隆猴实验中，研究者在 1 细胞期注射 H3K9me3 去甲基化酶基因 *Kdm4d* 的 mRNA 并联合 HDAC 抑制剂曲古柳菌素 A（TSA）处理，这极大地提高了代孕猴中移植 SCNT 胚胎的囊胚发育率和妊娠率。以胎猴成纤维细胞作为 SCNT 供体，21 只代孕猴中 6 只成功妊娠，并顺利出生了 2 只健康幼猴[18]。在人类细胞的 SCNT 实验中，注射 H3K9me3 去甲基化酶基因 *KDM4A* 的 mRNA 也能提高重编程效率，有助于获得人 ntESC 细胞系。

因此，体细胞中的 H3K9me3 修饰是哺乳动物 SCNT 重编程中主要的表观遗传屏障之一，如何有效去除体细胞中的 H3K9me3 是 SCNT 重编程实验需要考虑的一个关键环节。

X 染色体失活（XCI）是平衡雌性哺乳动物 X 染色体基因表达的重要机制。在受精卵的发育过程中，胚胎在着床（implantation）前父本 X 染色体特异性失活（类似于基因组印记），而着床后胚胎的 X 染色体开始随机失活。通过 SCNT 和 IVF 胚胎转录组比较发现，多个 X 连锁基因在 SCNT 胚胎中的表达被不分性别地抑制，提示 XCI 异常。X 染色体连锁的长非编码 RNA *Xist* 是 XCI 的关键调控分子，通常情况下以顺式作用介导其表达的 X 染色体的异染色质化。而在 SCNT 重编程中，*Xist* RNA 可从母本及父本等位基因转录而来，因此诱导了着床前胚胎中两条 X 染色体的异常沉默。而以 *Xist* 杂合敲除细胞为供体的重编程能克服异常 XCI，使 SCNT 克隆小鼠幼崽率增加 8～9 倍；在 1 细胞期注射抑制 *Xist* 的小干扰 RNA（siRNA）也具有类似的效果。这些证据表明着床前异常的 *Xist* 活化具有长期影响，是小鼠 SCNT 重编程的表观遗传屏障之一。类似的现象在牛和猪等物种中也观察到，但尚不清楚这一机制在灵长类中是否保守。张毅团队以 *Xist* 敲除细胞为供体结合 *Kdm4d* mRNA 注射，在小鼠 SCNT 克隆中实现了 24% 的幼崽率[15]。

相较于传统策略，基于表观遗传屏障的技术优化大大提高了 SCNT 克隆效率，但距 IVF 还有较大差距，提示仍然有其他的表观遗传屏障没有被揭示。已有研究显示，依赖于 H3K27me3 的基因组印记丢失（LOI）、DNA 甲基化和 H3K4me3 有可能也是表观遗传屏障，影响着 SCNT 重编程及发育的不同阶段（图 34-2）[15]。例如，高绍荣和张勇团队发现，SCNT 胚胎会发生异常的 DNA 重甲基化，阻碍了合子基因激活，而抑制 DNA 甲基化转移酶基因 *Dnmt* 则可进一步提高 SCNT 成功率[18]。随着研究的进一步深入，我们对表观遗传屏障的理解将会更为清晰。

34.2.2 iPS 细胞重编程与表观遗传调控

1. iPS 细胞重编程过程中的基因表达变化及分子事件

体细胞重编程过程中细胞的身份发生了逆转，其间经历了一些独特的分子事件及剧烈的基因表达变化（图 34-3）[12]。以 OSKM 四因子诱导小鼠成纤维细胞的重编程为例，这一过程通常要经历 2 周以上的

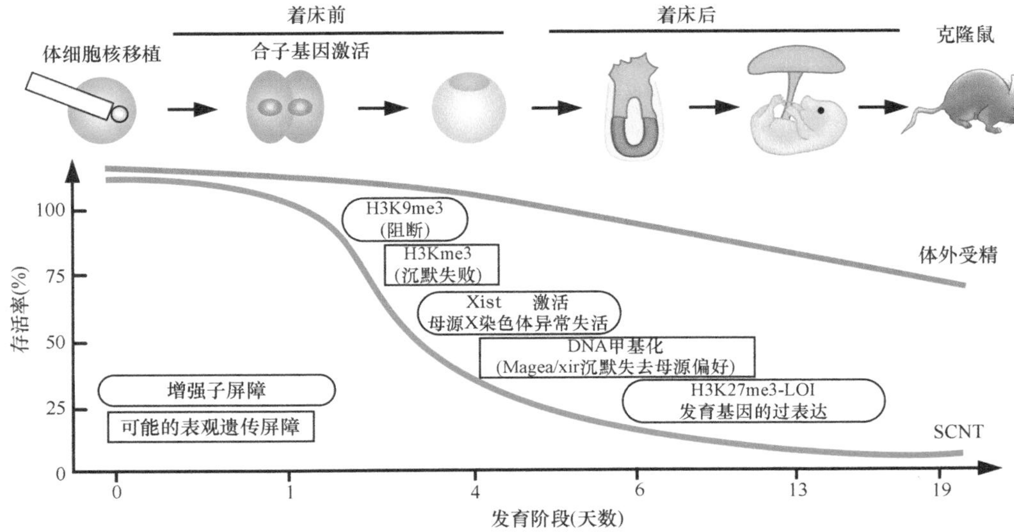

图 34-2　SCNT 重编程过程中的表观遗传屏障[15]

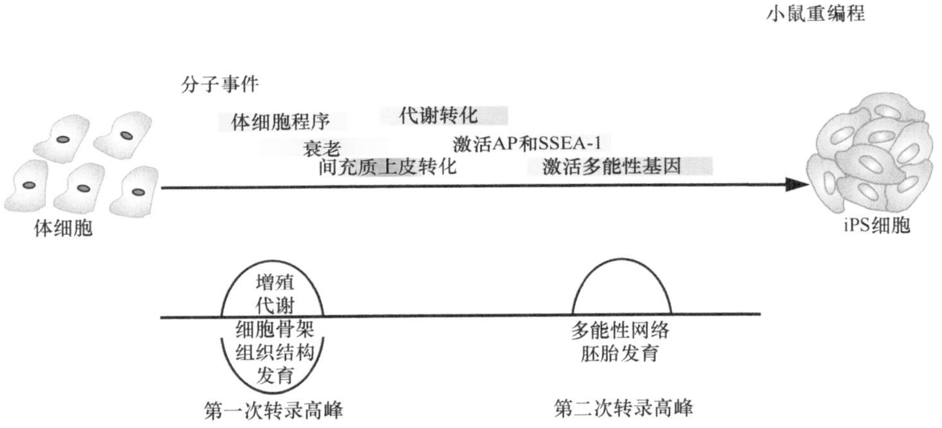

图 34-3　体细胞重编程中的基因表达变化及分子事件[12]

时间，其细胞特征及基因表达由成纤维细胞逐渐变化为与 ES 细胞同样的谱式。在重编程的起始阶段，体细胞特异的基因（somatic gene）表达降低，细胞随即发生形态及表达谱的剧烈变化，由间充质样细胞转化为上皮样细胞，即发生了间充质上皮转化（mesenchymal-epithelial transition，MET）。随后，细胞能量代谢由主要依赖于氧化磷酸化转变为主要依赖于糖酵解。在重编程的中后期，干细胞的特征基因碱性磷酸酶（AP）基因及 *SSEA1* 被激活，并依次激活了内源表达的多能性相关基因（pluripotency gene），最终通过多能性基因网络的强大作用，将细胞重编程为真正的多能干细胞。在全基因组水平，发生了两波剧烈的表达激活：第一波发生在重编程初期，主要激活增殖、代谢、细胞骨架组织等方面的基因；第二波发生于重编程后期，主要激活多能性基因调控网络及胚胎发育相关基因。这两波基因表达激活与重编程中的分子事件密切相关。

需要指出，在重编程过程中只有极少数的细胞能最终越过这些分子事件而转变为 iPS 细胞。例如，只有 *SSEA1* 阳性细胞才能经历第二波表达激活；用中间状态的细胞进行再次重编程能大幅提高重编程效率。这暗示重编程过程像是体细胞经历的“通关游戏”，只有跨越每一个屏障才能最终变成 iPS 细胞。在发育过程中，不同体细胞形成了各自的表观组谱式，包括 DNA 甲基化、组蛋白修饰、组蛋白变体等。

在重编程过程中，体细胞的表观组需要转变为与 ES 细胞一致，而体细胞中特定的表观遗传标记就成为了体细胞转变为 iPS 细胞过程中的表观遗传屏障[11]。下面将从不同角度探讨重编程过程中的表观遗传调控。

2. 组蛋白修饰与 iPS 细胞重编程

近 10 年来，很多研究比较了以 ES 细胞为代表的多能干细胞与体细胞之间组蛋白修饰的差别。第一，相较于 ES 细胞，体细胞染色质上 H3K9me2、H3K9me3 和 H3K27me3 等异染色质修饰的覆盖范围较大，H3K4、H3K36 甲基化、组蛋白乙酰化等活性染色质修饰则相对较少。与此相对应，体细胞的染色质结构相对于 ES 细胞更为浓缩。第二，在 ES 细胞中很多发育相关基因的启动子区域同时标记有 H3K27me3 和 H3K4me3，形成二价染色质域（bivalent chromatin domain）。这些基因在 ES 细胞中通常是沉默的，在分化过程中选择性表达或沉默谱系特异的发育相关基因。

在体细胞中，很多组织性特异及多能性维持基因被 H3K9me3 介导的异染色质所沉默。通过比较 OSKM 因子在重编程 48h 后的体细胞、iPS 细胞和 ES 细胞基因组中的结合，发现 200 多个在 iPS 细胞、ES 细胞中高度结合而在体细胞中不结合的区域，定义为差异结合区域（differentially bound region，DBR），平均长度为 2.2Mb。这些 DBR 中具有高度富集的 H3K9me3 修饰，其覆盖了多个多能性重要调控基因，如 NANOG、DPPA4、SOX2 和 PRDM14 等。敲低 H3K9me3 甲基化酶 SUV39H1/H2 或 SETDB1 可使 OSKM 在 DBR 结合增强并促进重编程。裴端卿课题组研究发现，抑制 H3K9 甲基化酶基因 *Setdb1* 或者过表达 H3K9 去甲基化酶 *Kdm4b* 可促进 pre-iPS 细胞继续重编程为完全的 iPS 细胞[19]。类似地，H3K9me3 的去除可在 SCNT 胚胎激活后被观察到，推测可能是 OCT4 激活了 KDM3A 和 KDM4C 表达所致。此外，H3K9 的效应子蛋白 CBX3 和 MBD3 也具有阻碍 iPS 细胞重编程的功能。因此，体细胞中 H3K9 甲基化修饰介导的异染色质是 iPS 细胞重编程过程中主要的表观遗传屏障之一。

虽然同为非活性染色质标记，H3K27me3 和 H3K9me3 在重编程过程中起着不同的作用。抑制 PRC2 复合物的任何核心组分（*Eed*、*Ezh2* 或 *Suz12*）都会显著阻碍重编程，而过表达 *Ezh2* 会促进 iPS 细胞的重编程。在多能性维持中，H3K27me3 修饰酶系统通过沉默发育相关基因发挥作用。因此，在 iPS 细胞重编程中，需要 PRC2 建立 H3K27me3 来沉默体细胞及发育相关基因（图 34-4）[13]。

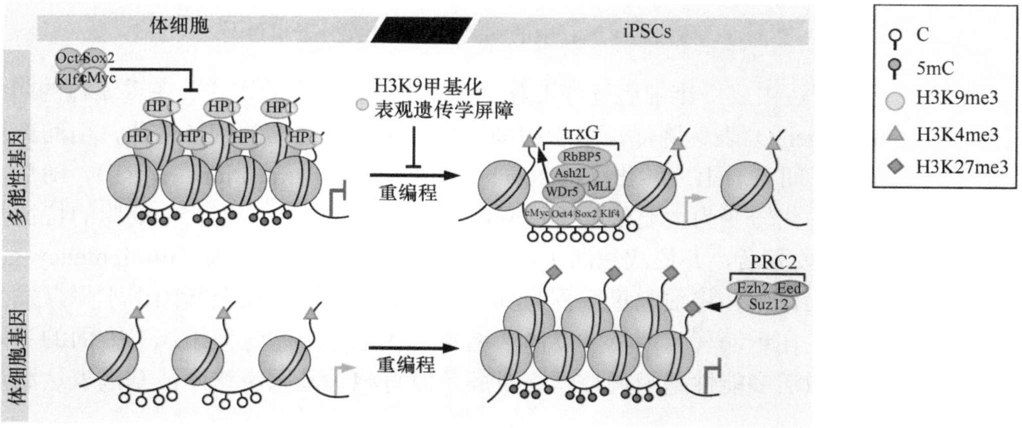

图 34-4　体细胞重编程中关键基因的表观遗传修饰[13]

与此相反，活性组蛋白修饰通常对 iPS 细胞重编程有促进作用。在小鼠细胞重编程试验中，H3K4me2 修饰在导入 OSKM 后很快就会标记一部分多能相关基因，但尚不足以激活基因表达。在重编程过程中，H3K4me3 的效应子 *Wdr5* 的表达量逐渐升高，敲减 *Wdr5* 表达会大幅降低小鼠细胞重编程效率。此外，在小鼠 ES 细胞中敲减 *Wdr5* 的表达可导致 *Oct4*、*Sox2*、*Klf4* 等多能基因的表达下调进而导致细胞分化。作为活性启动子的标记，H3K4me3 的水平对于维持所标记基因的高表达至关重要，在多能性相关基因建立 H3K4me3 是完成体细胞重编程的必需环节。其他染色质调控因子包括 H3K36 去甲基化酶 KDM2A/B 和染色质重塑因子 BAF，也有助于改善重新编程的效率。裴端卿课题组的系列研究发现维生素 C 能够通过调控 Jhdm1a/1b 和 TET1 等表观遗传因子促进 iPS 细胞的重编程[20, 21]。此外，组蛋白精氨酸脱亚胺酶 PADI4 能把组蛋白 H1 瓜氨酸化，将其从染色质上替换，从而促进重编程。

3. 组蛋白变体与 iPS 细胞重编程

除了组蛋白修饰，一些组蛋白变体也在 iPS 细胞重编程过程中发挥调控作用。其中，macroH2A 是与基因沉默密切相关的组蛋白变体，在沉默的 X 染色体中尤其富集。在 SCNT 过程中，macroH2A 被鉴定为体细胞核中抵抗 X 染色体重新激活的表观遗传因素之一。而在 iPS 细胞诱导实验中，macroH2A 基因敲除或敲低显著提高体细胞的重编程效率，表明 macroH2A 是 iPS 细胞细胞重编程中的另一重要表观遗传屏障。

另一方面，在小鼠卵母细胞中高表达的两种组蛋白变体 TH2A 和 TH2B 在 OSKM 诱导的体细胞重编程中具有重要作用，通过 *Oct4*、*Klf4* 和 *Th2a/b* 的组合即可有效地进行体细胞重编程。体细胞重编程过程中，TH2A/B 富集于 X 染色体，其过表达会导致染色质上 DNA 核酸酶 1 敏感度的增加，其作用可能是通过组蛋白伴侣 NPM 实现。此外，组蛋白变体 H2A.X 在重编程中特异性靶向负调节胚外谱系基因表达以防止向滋养外胚层谱系分化，其正确定位可作为质量控制标记来判定小鼠 iPS 细胞的发育潜力。

4. DNA 甲基化、去甲基化与 iPS 细胞重编程

DNA 甲基化是研究最为深入的表观遗传修饰，CpG 的甲基化对基因沉默、异染色质形成、基因组印记、基因组稳定性等重要生物学过程均起着重要调控作用。DNA 甲基化酶 DNMT1、DNMT3A 或 DNMT3B 的基因敲除小鼠均不能正常发育；DNMT 敲除的小鼠 ES 细胞能够保持自我更新，但分化能力严重下降，表明 DNA 甲基化在发育和细胞分化中具有重要作用。

在 ES 细胞中，*Oct4*、*Nanog*、*Sox2* 等多能性基因的启动子区域处于低甲基化状态，而细胞分化以后，这些区域很快被甲基化标记。Yamanaka 的第一代重编程不完全的 iPS 细胞中 *Oct4* 启动子区域的 DNA 甲基化并没有完全去除；而通过 DNA 甲基化抑制剂 5-azacytidine（5-AZA）的处理可显著提高 iPS 细胞诱导效率。事实上，SCNT 效率低下的部分原因也在于重编程胚胎的 DNA 甲基化模式的紊乱，对不同来源供体细胞核的重编程效率分析表明，体细胞核携带着原有的表观遗传记忆，而通过诱导供体细胞核的去甲基化，可以增加 SCNT 细胞发育到囊胚的比例。此外，*Dnmt3a* 和 *Dnmt3b* 条件性敲除的成纤维细胞能够重编程得到 iPS 细胞，证明从头甲基化并非体细胞重编程所必需。这些证据提示 DNA 甲基化是体细胞重编程过程中的表观遗传屏障，去除体细胞的 DNA 甲基化有助于提高重编程效率。

既然去除 DNA 甲基化能够提高重编程效率，那么能够去除 DNA 甲基化的 TET 家族双加氧酶是否对重编程有影响？在哺乳动物中，*Tet1* 和 *Tet2* 的表达在 ES 细胞中高度富集，重编程过程中，这两个基因的表达逐渐升高并伴随 5hmC 水平的增加。在 ES 及 iPS 细胞中，5hmC 富集于 CpG 密度较高的启动子区域，包括多能基因及二价染色质域修饰的基因。*Tet1* 或 *Tet2* 的敲低都会降低重编程效率。有趣的是，在维生素 C 缺乏情况下，*Tet1* 的表达能促进重编程而不必依赖于 MET 过程，在用维生素 C 处理情况下过表达 *Tet1* 反而抑制重编程；类似地，*Tet* 及 TDG 缺陷的成纤维细胞重编程受阻于 MET 阶段。此外，在 4 因子诱导的重编程中，*Tet1* 可以替代 OSKM 中 *Oct4* 的作用，并且 *Tet1* 和 *Oct4* 的组合就足以获得高质量的 iPS

细胞。这些研究表明 TET 蛋白介导的去甲基化对于体细胞重编程至关重要。

34.3 总结与展望

以 SCNT、iPS 细胞诱导为代表的重编程技术可逆转或改变通过正常发育形成的细胞命运，为发育生物学、表观遗传学、分子遗传学等学科的基础研究提供了不可替代的技术平台及模型。此外，重编程技术还在动物品系改良、疾病模型、药物研发、细胞治疗、基因治疗、组织工程等领域具有发展前景，目前国内外在相关领域的研发方兴未艾。但重编程的低效率及获得细胞的安全性依然是临床运用中需要考虑的关键问题。对重编程分子机制的研究，尤其是表观遗传机制的研究将为重编程技术的系统优化提供重要线索。

在重编程过程中，体细胞的表达谱和表观组需要转化为与多能性细胞同样的谱式，阻碍（或促进）这一转化的表观遗传因子可成为改善重编程效率的靶点。以 iPS 细胞为例，最主要的表观遗传屏障包括 H3K9me3、macroH2A 变异和 DNA 甲基化等，抑制这些标记能够促进重编程；而正调控重编程的表观遗传因子包括 WDR5、KDM2A/2B、TET1、TH2A、TH2B 等，导入这些因子同样能促进重编程。随着研究的继续深入，将有更多的表观遗传因子在重编程过程中的功能被揭示。通过更安全的方式改变这些表观因子，如使用靶向这些表观因子的小分子化合物的不同组合，将有助于高效、安全地进行重编程。

此外，重编程为表观遗传学研究提供了极佳的研究模型。表观遗传因子决定细胞身份的机制、表观遗传调控的细胞特异性、不同表观遗传修饰系统之间的联动、信号通路与表观遗传调控等重要问题可用重编程为模型进行更为深入的探讨。

参考文献

[1] Gurdon, J. B. The developmental capacity of nuclei taken from intestinal epithelium cells of feeding tadpoles. *J Embryol Exp Morphol* 10, 622-640(1962).

[2] Wilmut, I. *et al.* Viable offspring derived from fetal and adult mammalian cells. *Nature* 385, 810-813(1997).

[3] Liu, Z. *et al.* Cloning of Macaque Monkeys by Somatic Cell Nuclear Transfer. *Cell* 172, 881-887 e887(2018).

[4] Gurdon, J. B. The egg and the nucleus: a battle for supremacy(Nobel Lecture). *Angew Chem Int Ed Engl* 52, 13890-13899(2013).

[5] Takahashi, K. & Yamanaka, S. Induction of pluripotent stem cells from mouse embryonic and adult fibroblast cultures by defined factors. *Cell* 126, 663-676(2006).

[6] Takahashi, K. & Yamanaka, S. A decade of transcription factor-mediated reprogramming to pluripotency. *Nat Rev Mol Cell Biol* 17, 183-193(2016).

[7] Zhao, X. Y. *et al.* iPS cells produce viable mice through tetraploid complementation. *Nature* 461, 86-90(2009).

[8] Kang, L. *et al.* iPS cells can support full-term development of tetraploid blastocyst-complemented embryos. *Cell Stem Cell* 5, 135-138(2009).

[9] Hou, P. *et al.* Pluripotent stem cells induced from mouse somatic cells by small-molecule compounds. *Science* 341, 651-654(2013).

[10] Davis, R. L. *et al.* Expression of a single transfected cDNA converts fibroblasts to myoblasts. *Cell* 51, 987-1000(1987).

[11] Hochedlinger, K. & Jaenisch, R. Induced pluripotency and epigenetic reprogramming. *Cold Spring Harb Perspect Biol* 7(2015).

[12] Xu, Y. *et al.* Transcriptional control of somatic cell reprogramming. *Trends Cell Biol* 26, 272-288(2016).

[13] van den Hurk, M. *et al.* Transcriptional and epigenetic mechanisms of cellular reprogramming to induced pluripotency. *Epigenomics* 8, 1131-1149(2016).

[14] Wang, Y. *et al.* Epigenetic regulation of somatic cell reprogramming. *Curr Opin Genet Dev* 46, 156-163(2017).

[15] Matoba, S. & Zhang, Y. Somatic cell nuclear transfer reprogramming: Mechanisms and applications. *Cell Stem Cell* 23, 471-485(2018).

[16] Matoba, S. *et al.* Embryonic development following somatic cell nuclear transfer impeded by persisting histone methylation. *Cell* 159, 884-895(2014).

[17] Liu, W. *et al.* Identification of key factors conquering developmental arrest of somatic cell cloned embryos by combining embryo biopsy and single-cell sequencing. *Cell Discov* 2, 16010(2016).

[18] Gao, R. *et al.* Inhibition of aberrant DNA re-methylation improves post-implantation development of somatic cell nuclear transfer embryos. *Cell Stem Cell* 23, 426-435 e425(2018).

[19] Chen, J. *et al.* H3K9 methylation is a barrier during somatic cell reprogramming into iPSCs. *Nat Genet* 45, 34-42(2013).

[20] Wang, T. *et al.* The histone demethylases Jhdm1a/1b enhance somatic cell reprogramming in a vitamin-C-dependent manner. *Cell Stem Cell* 9, 575-587(2011).

[21] Chen, J. *et al.* Vitamin C modulates TET1 function during somatic cell reprogramming. *Nat Genet* 45, 1504-1509(2013).

文波　博士，研究员，博士生导师，国家重大科学研究计划首席科学家。2004 年获复旦大学遗传所博士学位。2005 年起在约翰·霍普金斯大学医学系及表观遗传学中心从事博士后研究，并于 2009 年晋升为讲师。2010 年任复旦大学研究员。获得全国百篇优秀博士论文（2006 年）、云南省自然科学奖一等奖（2005 年）等奖项。主要学术贡献包括：发现大片段非活性染色质组蛋白修饰（LOCK）及其生物学意义；揭示了核基质蛋白与重复序列来源 RNA 对染色质高级结构的共同调控功能及机制。在 *Nature*、*Nature Genetics*、*Molecular Cell* 等国际学术期刊上发表论文 40 余篇，被引 6500 多次。获上海市曙光学者、上海市浦江人才计划、上海市卫生系统优秀青年培养计划等人才计划资助。

第 35 章　表观遗传学与造血细胞分化及疾病

王侃侃
上海交通大学医学院附属瑞金医院

本章概要

造血干细胞在造血过程中扮演了重要角色，其既受基因、信号通路的表达调控，同时也受表观遗传调控。本章主要阐述了正常造血过程中的表观遗传变化，涉及甲基化、组蛋白修饰、非编码 RNA 等方面。表观遗传调控的异常也是血液疾病的重要诱因。本章的第三节内容阐述了数种不同的表观遗传调控机制相互作用对造血细胞的正常调控机制及病理性调控机制的影响。由此可见，表观遗传作用位点为血液疾病的治疗提供了有效的靶点，因此在本章最后一部分内容详细阐述了当下常见血液疾病表观遗传药物及其作用机制。由于表观遗传具有高度的可逆性和易于调控性，这为造血系统相关疾病的预防、诊断及治疗提供了全新的思路，研究针对血液疾病相关基因的表观遗传策略有望为疾病的治疗开拓新的方向。

造血干细胞（hematopoietic stem cell，HSC）的自我更新和多向分化潜能对维持正常的造血发育和稳态必不可少，这两个过程受到微环境、信号转导通路及转录因子等内源性或外源性因素的精密调控。近年来，越来越多的研究表明，另一种内源性调控机制——表观遗传调控，通过调节染色质的可及性，直接或间接影响了 HSC 的发育和分化。由此，表观遗传标记的异常改变与造血异常疾病及血液恶性肿瘤的发生逐渐引起了人们的重视。表观遗传的异常改变包括 DNA 甲基化、组蛋白修饰、非编码 RNA、染色质重塑等，其对于血液系统疾病的发生发展、诊断与治疗具有重要意义。本章围绕着表观遗传在正常造血及血液系统疾病中的作用进行重点阐述。

35.1　正常造血过程及表观遗传调控

关键概念

- 造血干细胞：HSC 是具有自我更新和多向分化潜能的一类经典组织干细胞，在造血微环境及造血因子等诱导下，可增殖、分化、发育成熟为各系血细胞，释放至外周血，执行不同的生物学功能。HSC 自我更新和分化为不同系子代细胞的过程常常伴随着 DNA 特定区域的甲基化或去甲基化，进而调控不同基因的表达或失活，从而精细调控机体的正常造血过程。
- 造血干祖细胞分化：造血干祖细胞的分化成熟总的来说可概括为两个基本过程，即自我更新能力减弱并逐步获得各谱系细胞的分化特性。

造血过程是造血干细胞逐级分化成熟为各类功能性血细胞的高度动态化过程。原始造血起源于卵黄囊中的造血岛，主要产生有核的原始红细胞和少量髓细胞。随着胚胎的发育，主要造血部位转移至肝、脾等部位，胚胎后期至出生后，骨髓成为造血干细胞的主要定居和造血场所。HSC 是具有自我更新和多向分化潜能的一类经典组织干细胞，在造血微环境及造血因子等诱导下，可增殖、分化、发育成熟为各系血细胞，释放至外周血，执行不同的生物学功能。

造血发育和血液系统稳态是以 HSC 为基础，通过高度有序地调控 HSC 的增殖和分化，保持各类血细胞数量相对恒定的生理过程。HSC 的自我更新维持了其自身数量的稳定，而 HSC 向各个阶段血细胞的定向分化则保证了成熟血细胞的持续产生。在正常情况下，骨髓中的大多数 HSC 处于相对静止状态（称为 dormant HSC），只有一小部分 HSC 处于较活跃的细胞分裂状态（称为 active HSC）。当机体处于急性失血或感染等应激状态下时，HSC 可由静止期进入细胞分裂周期并启动自我更新或分化程序。HSC 的自我更新和分化是通过不同的细胞分裂模式实现的，根据分裂后的子代细胞类型的不同，可将 HSC 的分裂模式分为不对称分裂和对称分裂两种方式，前者产生一个有干细胞特性的子细胞和一个分化的子细胞，后者产生两个具有相同干细胞特性的细胞[1]。一次不对称分裂便可同时完成自我更新和分化两个任务，效率高且可同时维持干细胞和成熟血液细胞数目的稳定，因此 HSC 多进行不对称有丝分裂。而在早期发育阶段或机体受损后再生过程中，一部分甚至大部分干细胞需通过对称分裂以扩增干细胞数量，从而提高机体生长和修复的能力。绝大部分 HSC 具有在对称分裂和不对称分裂之间转换的能力。因此，HSC 主要受到两个方面的调节：一个是静止期和分裂期两相的调节，另一个是 HSC 的命运决定（自我更新或分化）。这个复杂的细胞活动涉及多因素、多水平的复杂调控机制，包括细胞与细胞间的相互作用、细胞因子激活的信号转导通路、转录因子的调节及表观遗传改变等，这些外源性或内源性信号通过整合成为复杂的调控网络，启动或关闭一系列基因，从而实现对 HSC 自我更新和分化的调控。越来越多的研究表明[2-6]，表观遗传标记可通过一系列表观遗传修饰改变染色质构象和可及性，进而调控相关基因的表达，直接或间接参与了 HSC 的产生、自我更新、定向分化和衰老等一系列过程，表观遗传调控已成为造血调控研究的一个热点领域。

35.1.1 造血干细胞的自我更新

“自我更新”是 HSC 区别于造血前体细胞和终末分化细胞的最重要特性。通过自我更新，HSC 的群体得以保持稳定与扩增，从而使机体的造血机能得以终身维持。转录因子（transcription factor，TF）参与到了 HSC 自我更新的调节，包括正向调控因子，如 HOX 家族、PU.1、独立生长因子（growth factor independent 1，GFI1），以及负向调控因子，如 CCAAT/增强子结合蛋白（CCAAT/enhancer binding protein alpha，C/EBPα）等。此外，Wnt 通路、BMP 信号通路及 Forkhead Box O 通路等多种细胞信号转导通路也参与了对 HSC 自我更新的调节。

除了上述细胞内在因素对 HSC 自我更新的影响外，微环境的作用也十分重要。HSC 与周围的组织细胞形成一个被称为巢（niche）的微环境，造血微环境中的多种组织细胞（niche cell）可通过旁分泌和直接接触等方式影响 HSC 的发育、维持和自我更新。例如，位于 HSC 和内皮细胞附近的血管周围基质细胞（perivascular stromal cell）可通过分泌趋化因子 CXCL12 和干细胞因子（stem cell factor，SCF）促进 HSC 正常功能的维持[7]。Bhatia 等[8]通过除去造血微环境中的成骨细胞，发现长期造血干细胞（long-term HSC，LT-HSC）数目虽无明显改变，但其长期重建能力和自我更新能力均减弱。最近有研究发现，在急性失血、感染等应激状态下，HSC 通过给周围组织细胞发送信号，使组织细胞释放结缔组织生长因子（connective tissue growth factor，CTGF），从而触发 HSC 的自我更新[9]。因此，造血微环境已成为造血调控研究的一个热点领域。

35.1.2 造血干细胞的分化谱系

血液细胞主要来源于骨髓中极少数的 LT-HSC，这些 LT-HSC 维持了机体的终身造血能力。在骨髓中，LT-HSC 可分化为短期造血干细胞（short-term HSC，ST-HSC）和多能祖细胞（multipotent progenitor，MPP），这些干/祖细胞的自我更新能力依次减弱，但均有向各系血细胞多向分化的潜能（图 35-1）。MPP 可分化为谱系限制型祖细胞（lineage-restricted progenitor）——髓系祖细胞（common myeloid progenitor，CMP）和淋巴系祖细胞（common lymphoid progenitor，CLP）。CMP 和 CLP 属于寡能祖细胞，其可进一步分化为更加单能的系祖细胞，最终分化为红系、髓系（粒细胞、巨核细胞和巨噬细胞）和淋巴系（B 细胞和 T 细胞），并释放至外周血液执行相应的生物学功能[6]。虽然近年的研究对经典的造血谱系分化提出了不同的看法，但造血干祖细胞的分化成熟总的来说可概括为两个基本过程：自我更新能力减弱并逐步获得各谱系细胞的分化特性。在干细胞分化过程中，与自我更新相关的基因表达将被关闭，而与分化相关的特异性基因转录将被激活。在造血发育过程中，细胞分化和谱系命运决定受到严格调控，特定基因表达的动态调控将决定不同状态下细胞的表型。与自我更新的调控类似，分化过程也涉及诸多内源性和外源性调节，其中谱系特异性转录因子和表观遗传调控因子的作用对于发育过程中细胞分化的方向起着决定性作用。

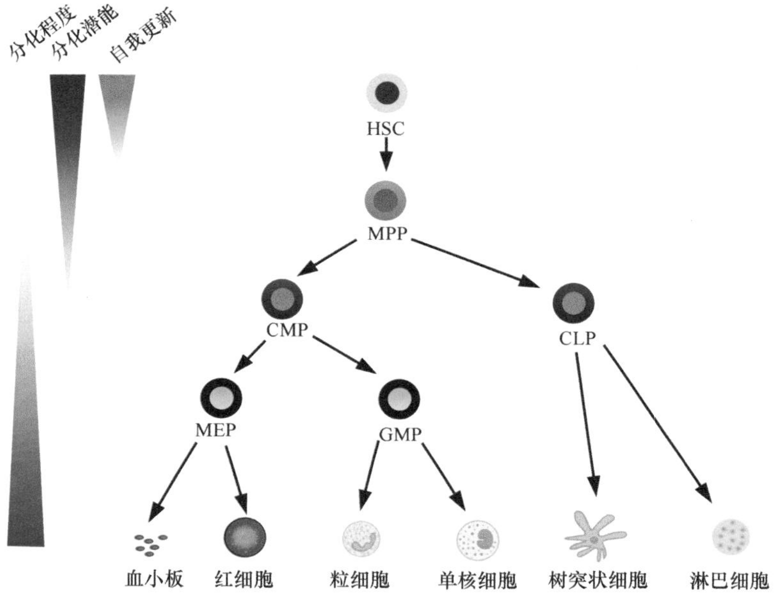

图 35-1 造血干细胞的分化谱系

35.1.3 正常造血过程的表观遗传调控

造血细胞的生成是 HSC 经历连续增殖和分化的结果，这一过程受到一系列转录因子的协同调控。大部分转录因子需通过招募协同因子（cofactor）形成转录复合物从而调控基因的表达。这些协同因子中很多是表观遗传修饰酶，它们通过催化染色质的表观遗传修饰，从而影响染色质的构象和可接近性来调控相关基因的表达，参与正常造血过程的调控。近年来，通过对基因敲除小鼠模型的研究，发现很多与 HSC 发育和功能相关的表观遗传基因，包括 DNA 甲基化酶基因、组蛋白修饰基因及非编码 RNA 合成相关的基因等。这些表观遗传调节因子的表达水平改变或突变，能引起造血细胞异常增殖或功能障碍，说明表观遗传标记的改变在正常造血过程中发挥重要功能。

1. DNA 甲基化

DNA 甲基化通过影响染色质结构、DNA 的构象和稳定性以及 DNA 与转录因子相互作用等方式参与基因的转录调控，对于造血细胞的分化过程十分重要。因此，DNA 甲基化被认为是 HSC 命运的看守者（guide-keeper）。近年来，人们对造血过程中 DNA 甲基化作用的认识还在不断加深。

基因转录起始点（transcription start site，TSS）周围 CpG 岛甲基化是基因沉默的标志，在造血细胞的发育和分化过程中发挥关键作用。DNA 的甲基化和去甲基化是一个动态的过程，因此 CpG 岛甲基化水平不是一成不变的，可受到各种因素的调节。Bock 等[10]对小鼠 13 个造血干祖细胞群及其子代细胞进行甲基化水平的检测，发现 HSC 向祖细胞分化过程中，有 405 个区域的甲基化水平增高，2017 个区域的甲基化水平下降。其中 HSC 特异性 *Hox* 基因（包括 *Hoxa9*、*Pbx1*、*Hoxb5* 和 *Hoxa5*）甲基化水平升高，表达受抑制，而谱系特异性调节元件的甲基化水平减低。这种甲基化水平的动态变化对于 HSC 的自我更新和谱系分化等过程中相关基因的激活或沉默有着重要的意义。近年来，陆续有文章报道了 DNA 甲基转移酶（DNA methyltransferase，DNMT）在正常造血过程中调控 HSC 自我更新和分化方面的作用。Bröske 等人的研究显示，DNMT 在 LT-HSC 中的表达量高于祖细胞和分化的细胞，进一步对 DNMT1 缺失的 HSC 进行分析，发现缺乏 DNMT1 的 HSC 会迅速凋亡，当保留有部分 DNMT1 功能时，HSC 的自我更新能力减弱，且髓系祖细胞相关基因（如 *GATA1*、*ID2*、*C/EBPα*）的表达上调，而淋系相关基因（如 *EBF1*）的表达受抑，致使 HSC 向髓系和淋系分化的平衡被打破[11]。因此，维持适当的 DNA 甲基化水平有利于维持 HSC 的自我更新，抑制细胞分化进程的过早启动，并且维持 HSC 多向分化潜能。另外，DNA 的从头甲基化对于 HSC 自我更新和分化的调节也十分重要，条件性敲除从头甲基化酶 DNMT3a 后，HSC 干性相关基因的表达显著上调，而与分化相关的一些基因的表达下调，这表明 DNMT3a 可参与到 HSC 分化的启动过程。此外，DNA 去甲基化和随之发生的基因表达的改变，也是 HSC 自我更新和分化的重要调节机制。对不同分化阶段的造血细胞的 DNA 甲基化模式进行分析后，发现了很多谱系特异性低甲基化基因（同时伴有转录上调），如 *LCK*、*CXCR2*、*GADD45A*[12]。通过敲低 DNA 去甲基化酶 TET2 后，发现 HSC 的造血重建能力增加，同时细胞偏向粒系/单核细胞系分化[13]。HSC 自我更新和分化为不同系子代细胞的过程常常伴随着 DNA 特定区域的甲基化或去甲基化，进而调控不同基因的表达或失活，从而精细调控机体的正常造血过程。

2. 组蛋白修饰

组蛋白修饰通过多种修饰方式的组合共同构成“组蛋白密码”，进而影响组蛋白与 DNA 间的亲和性，改变染色质的疏松或凝集状态，或影响其他转录因子与 DNA 调控区的结合来发挥基因调控作用。组蛋白修饰是正常造血过程中表观遗传调控的重要部分。

多梳家族蛋白（polycomb group protein，PcG）是众多表观遗传调控因子中目前研究较深入的抑制型组蛋白修饰因子，它可调控包括促生长和抑生长基因在内的一系列广泛的下游靶基因，因此 PcG 蛋白可通过正向和负向调节造血细胞的生长来维持造血稳态。PcG 由 PRC1（polycomb-repressive complex 1）和 PRC2 组成，二者可协同作用，发挥转录抑制功能。PRC2 通过 EZH1/2 亚单位催化产生的 H3K27me3 可以招募 PRC1，PRC1 可进一步催化组蛋白 H2A 的赖氨酸泛素化（H2AK119ub1），而 H2AK119ub1 能抑制 RNA 聚合酶 II 的转录延伸并使得染色质凝聚，从而诱导基因沉默，这对于造血发育中 HSC 细胞群的自我更新和分化具有重要作用[2]。除此之外，PRC1 和 PRC2 也可单独发挥转录调控作用。Bmil1 是 PRC1

的重要组成部分，Bmil1 可协同 PRC1 其他亚单位，通过与细胞周期依赖性激酶（cyclin dependent kinase，CDK）抑制基因 $p16^{Ink4a}$、肿瘤抑制基因 $p19^{Arf}$ 的启动子区结合，发挥转录抑制作用，有利于 HSC 自我更新能力的维持。与此相反，敲除 PRC2 亚单位 EZH2 对于 HSC 自我更新能力影响不大，但能引起淋系分化障碍[14]。

对经典的 HDAC1 和 HDAC2 进行研究发现，同时敲低 HDAC1 和 HDAC2 后，造血干细胞数量和功能明显下降，并通过进一步的研究发现 HDAC1 和 HDAC2 对于淋系分化有重要作用，此外 HDAC1 还参与维持正常红系造血[15]。另有研究发现 G9a 及 GLP 可通过 H3K9me1/2 促进造血干祖细胞（haemopoietic stem progenitor cell，HSPC）分化[16]。除此之外，一些催化产生激活型表观遗传标记（如 H3K4 和 H3K79）的酶对于造血也起着关键作用。例如，Trithorax-group（TrxG）复合物的亚单位 MLL1 可催化产生与 PRC 依赖性的抑制型组蛋白修饰标记 H3K27me3 相互拮抗的激活型组蛋白修饰 H3K4me3。在 HSC 中，PRC 和 TrxG 复合物通过催化造血相关基因启动子区组蛋白发生 H3K27me3 和 H3K4me3 双价修饰，使其维持转录预备状态，这种双价修饰随着细胞分化逐渐转变为以其中一种修饰为主（激活型或抑制型）。Cui 等[17]通过进一步研究发现，HSPC 中大部分含有这种双价修饰的基因在分化过程中失去 H3K4me3 发生基因沉默，还存在少部分失去 H3K4me3 却被激活的基因，这些基因在 HSPC 阶段有着更高水平的 H2A.Z、H3K4me1、H3K9me1、H4K20me1 等表观遗传修饰和 RNA polymerase II 的结合，这说明分化过程中的基因表达改变早就已受到分化前阶段的表观遗传调控。

3. 非编码 RNA

造血发育的各个阶段还受到一系列特异性 ncRNA 的精确调控。有研究通过 HSC 转录组分析，发现了很多在 HSC 中特征性表达的 ncRNA，其可作为调控因子在干细胞进程（包括增殖、分化、凋亡和发育）的基因表达和细胞命运决定方面发挥重要的调控作用。其中，miRNA 和 lncRNA 因其在表观遗传调控、转录后或翻译水平上的重要调控作用，已成为当前研究的热点。

miRNA 是一类长度为 18～25 个核苷酸的单链非编码 RNA，主要通过与靶基因 mRNA 互补结合，直接靶向切割 mRNA 或抑制 mRNA 的翻译，参与基因转录后水平的调控。近年来，发现了很多谱系特异性或造血特异性的 miRNA，其对于造血的维持和谱系分化命运的决定起着重要调控作用，如 miR-150 能促进巨核-红系祖细胞（megakaryocyte-erythrocyte progenitor）向巨核细胞分化。miR-328 可通过抑制 hnRNP E2，间接促进髓系分化关键调节因子 C/EBPα 的表达，从而促进髓系分化。miR-520h 在 $CD34^{+}CD38^{-}$干细胞中有很高的表达，并且能通过抑制 ABCG2 的表达促进干细胞的分化。此外，miRNA 还能通过与表观修饰酶相互作用共同调控造血过程。miR-223 是髓系分化的重要调控因子，Ly 等人发现精氨酸甲基转移酶 PRMT4 可通过对 RUNX1 进行甲基化，使得含 DPF2 的转录抑制复合物富集于 miR-223 的转录调节元件上，从而抑制 miR-223 的表达；同时 PRMT4 受到了 miR-223 的转录后抑制[18]。PRMT4 与 miR-223 形成相互制约的调控回路对于正常髓系分化有着重要的意义。

lncRNA 是另一类在造血调控中发挥重要调控功能的 ncRNA。lncRNA 在造血发育过程中具有明显的时空表达特异性，多项研究利用不同分化阶段的血细胞进行转录谱分析，发现了各阶段特异性的 lncRNA，lncRNA 可通过与 DNA、RNA 及蛋白质相互作用，在转录、转录后及翻译等不同水平进行造血调控。Wang 等人发现 shlnc-EC6 可通过其 Alu 序列与 Rac1 mRNA 的 3′非翻译区形成互补双链，降低 mRNA 的稳定性，从而抑制 Rac1/PIP5K 信号通路，促进红细胞脱核[19]。还有研究发现，lnc-MC 可作为内源性竞争 RNA 分子（competing endogenous RNA，ceRNA）与 miR-199a-5p 竞争结合下游靶基因 *ACVR1B*（单核/巨噬细胞分化的重要调控因子），PU.1 通过上调 lnc-MC 的表达增强了 lnc-MC 与 *ACVR1B* 的结合，解除了 miR-199a-5p 对 *ACVR1B* 的抑制，促进单核/巨噬前体细胞分化。通过对 HSC 和分化的谱系细胞转录谱进行分析，发现了 159 个 HSC 高表达的 lncRNA，部分 lncRNA 具有 HSC 表达特异性[20]。lncHSC-2 是其中一种特异性表达的 lncRNA，通过 ChiRP-seq 发现 lncHSC-2 能与造血分化相关转录因子 E2A 结合，并招募一系列其他的造血转录因子，如 Erg、Fli1、PU.1、Meis1 等。他们还发现其结合位点周围富集有激活型组蛋白修饰标记 H3K4me3 和 H3K27ac，这提示 lncHSC-2 可能通过改变靶基因的表观遗传状态，从而募集一系列转录因子参与造血调控。

35.2　造血分化异常疾病的表观遗传调控

关键概念

- DNMT1：也叫做维持性 DNA 甲基转移酶（maintenance methyltransferase），顾名思义，它主要起维持 DNA 甲基化状态的作用。
- 非编码 RNA：主要包括 miRNA、lncRNA 和环状 RNA（circular RNA，circRNA）。这些非编码 RNA 表达水平的异常改变可能会影响其靶基因的转录和翻译，直接或间接引起癌细胞增殖、周期、凋亡和分化过程紊乱，进而参与白血病等血液系统恶性肿瘤的发生。

各谱系血细胞来源于 HSC，这类细胞具有自我更新能力和分化能力，保持这两种能力的平衡对于产生各谱系血细胞和维持血液系统的稳态至关重要。血液系统的稳态受到多种调控机制的影响，若这些调控机制中的一种或多种出现异常，就有机会导致 HSC 的功能异常和血液系统相关疾病的发生。例如，白血病的主要特点是自我更新的能力增强、增殖异常、分化和凋亡受阻，发育停滞在细胞的不同阶段。

35.2.1　DNA 甲基化水平与血液系统疾病

DNA 甲基化及 DNMT3A 突变在血液系统疾病中的发现和研究被认为是揭示表观调控与白血病发生之间关系的一个重大进展，它们对于维持血液系统的稳定性起着至关重要的作用，功能缺失、激活突变、异常招募表观修饰因子都会引发血液系统疾病。多个 DNMT 的小分子抑制剂的应用已进入临床实验阶段，给血液系统疾病的治疗带来了希望。但 DNA 甲基化和 DNMT3A 突变是怎样干扰 HSC 和 LSC 的功能、怎样参与白血病的发生和发展过程，这些目前仍然不清楚，还需要我们努力地去研究和揭示。

除了甲基化，还有去甲基化。TET（ten-eleven translocation）家族和 IDH（isocitrate dehydrogenases）家族与 DNA 去甲基化相关，它们的体细胞突变也被发现存在于 MDS、MPD、CMML 和 AML 等多种血液系统疾病中，它们功能的发现揭示了新的表观修饰和调控机制，也影响了干细胞的生理和病理过程。希望未来有更多的研究者关注 DNMT、5mC、TET、IDH 以及与它们相关的调控因子，从而使人们对 DNA 甲基化在血液系统疾病中的作用有更深入的认识，寻找到治疗血液系统疾病更有用的分子标志物和药物靶点，研究出更有效的治疗策略。

1. DNA 甲基化概述

近年来，借助于癌症基因组计划（The Cancer Genome Project）和一些系统生物学的手段，人们发现与 DNA 甲基化相关的调控因子 DNMT3A、DNMT3B、DNMT1、IDH1、IDH2 等在血液系统疾病中有着重要作用。这些调控因子可以通过影响基因的修饰状态来调控基因的表达水平，从而参与疾病的发生或者发展过程。临床相关性研究也证明这些表观调控因子在血液系统疾病发生发展中的重要性[21]。

作为重要的表观调控机制，DNA 甲基化主要参与基因组印记、X 染色体失活、转录抑制等，因此对细胞或组织的正常发育非常重要，也被认为是控制 HSC 命运的关键因子。DNA 甲基化能够在不改变序列组成的前提下改变 DNA 片段的活性。当甲基化发生在一个基因的启动子上时，能够抑制该基因的转录，从而影响细胞的增殖、分化、体细胞重编程等过程，同时也能够通过自身表达量的高低来影响基因的功能，甚至影响哺乳动物的存活[22]。

在生物体内，DNA 的甲基化是由酶催化的，参与其中的关键酶就是 DNA 甲基转移酶 DNMT。DNMT 分为三个家族：DNMT1、DNMT2 和 DNMT3，DNMT3 又分为 DNMT3A、DNMT3B 及 DNMT3L，这些酶在结构上具有一定的相似性，但功能却不尽相同。其中 DNMT2 是所有 DNMT 家族中最保守的成员，在多个物种里有同源序列。尽管 DNMT2 与家族中的其他成员具有相似的序列和结构特点，但目前尚未发现它具有 DNA 甲基转移酶活性，它能使 RNA 发生甲基化。DNMT3L 缺少甲基转移酶的催化结构域，因此不具有甲基转移酶活性，主要在 DNMT3A 甲基化过程中发挥调控因子或辅因子的作用。DNMT3L 能够与两个 DNMT3A 分子形成四聚体，DNMT3A-DNMT3L 的活性高于 DNMT3A 同源四聚体。在 DNA 甲基化过程中，DNMT3L 趋向于限制 DNMT3A 活性位点的构象空间。与 DNA 甲基化相关的 DNMT 主要是 DNMT1、DNMT3A 和 DNMT3B[23]。

除了 DNA 甲基化，DNA 的去甲基化过程也备受瞩目。DNA 去甲基化是一个动态过程，与之相关的有 TET 和 IDH 家族。TET 包括 TET1、TET2 和 TET3 三个成员，它们能够将 5mC 氧化成 5-羟甲基胞嘧啶（5-hydroxymethylcytosine，5hmC）、5-甲酰基胞嘧啶（5-formylcytodine，5fC），然后再形成 5-羧基胞嘧啶（5-carboxycytosine，5caC），这些氧化产物是 5mC 转化成非甲基化胞嘧啶的中间产物。TET 发挥催化功能需要 α-酮戊二酸（α-ketoglutarate，α-KG）的参与，而 α-KG 是由 IDH 催化异柠檬酸生成的，因此 IDH 也与 DNA 的去甲基化相关。IDH 包括 IDH1 和 IDH2。下面也会具体介绍这些酶在血液系统中的作用。

2. DNA 甲基化与血液系统疾病

DNMT1 也叫做维持性 DNA 甲基转移酶（maintenance methyltransferase），顾名思义，它主要起维持 DNA 甲基化状态的作用。DNMT1 的 N 端结构域有锌指 CXXC（Cys-X-X-Cys）结构域和一对 BAH（bromo-adjacent homology）结构域；C 端主要是催化结构域和一个核心甲基转移酶催化单元。

在体细胞中删除 *DNMT1*，会导致基因的低甲基化、染色体不稳定、表观印记缺失等现象。DNMT1 活性缺失的 HSC 会使髓系-红系调控因子受到抑制，从而使细胞不能正常地向淋巴系细胞分化。DNMT1 还与 HSC 和白血病干细胞（leukemia stem cell，LSC）相关。与 HSC 相似，LSC 也具有自我更新能力和增殖能力，被认为是白血病的起始因子和复发的关键因素。在小鼠模型中条件性敲除 DNMT1，不仅能够干扰 HSC 自我更新和分化，还可以在不改变正常造血的情况下延迟白血病的发生、破坏 LSC 的自我更新。通过分析 MLL-AF9 诱导的白血病小鼠模型中的表观调控因子，发现只有 DNMT1 在 LSC 中持续表达，DNMT1 可维持 LSC 的甲基化状态。在淋巴细胞的分化过程中，DNMT1 缺失能导致未成熟的 HSC 的耗竭和缺失，从而引发淋巴细胞相关疾病的发生。这些证据都表明，无论是造血细胞的正常发育还是白血病的发展，都需要 DNMT1 的参与，因此，靶向 DNMT1 可能会产生一个可观的肿瘤治疗策略。

DNMT3A 和 DNMT3B 的 N 端与 DNMT1 不同，它比 DNMT1 的长度短，有两个被称为 PWWP（Pro-Trp-Trp-Pro）和 ADD（ATRX、DNMT3A/B 和 DNMT3L）的结构域。DNMT3A 和 DNMT3B 被认为是真正发挥 DNA 甲基化活性的酶[24, 25]。

DNMT3A 是 DNMT 中研究最多和最热门的成员，它参与多种造血系统相关疾病的发生发展。和其他 DNMT 成员一样，DNMT3A 能够调控 HSC、LSC。*Dnmt3a*$^{-/-}$小鼠出生后只能存活一个月，在这些小鼠体内，与 HSC 自我更新能力相关的一些基因表达量升高，从而使 HSC 自我更新和分化发生紊乱。最新的研究还发现，DNMT3A 与 AML 中染色体易位形成的融合基因的功能相关。该研究揭示了融合蛋白 PML/RARα 导致的急性早幼粒细胞白血病（acute promyelocytic leukemia，APL）需要 DNMT3A 的参与，同时表明 DNMT3A 主要通过其甲基转移酶结构域参与 PML/RARα、AML1/ETO 和 MLL-AF9 融合蛋白介导的白血病干细胞的自我更新能力的调节[26]。

DNMT3B 与 DNMT3A 的催化结构域有 80%的相似度，它在正常的 $CD34^+$骨髓造血干细胞中高表达，在分化的造血干细胞中表达量下降。*Dnmt3b*$^{-/-}$小鼠在妊娠中期死亡，*Dnmt3a*$^{-/-}$ *Dnmt3b*$^{-/-}$ HSC 的分化几乎完全受阻。而在 AML 中，DNMT3B 的表达量增加了十几倍，这可能是它通过诱导特定区域的甲基化而促进白血病发生的机制。DNMT3B 的点突变与 ICF 综合征（immunodeficiency-centromeric instability- facial anomalies syndrome）密切相关。研究者借助表达谱数据分析了有 DNMT3B 突变的 ICF 患者的 B 淋巴细胞，揭示了 32 个差异表达的基因，这 32 个基因在 mRNA 水平表现出一致的、ICF 特异的改变，提示 DNMT3B 突变可通过间接效应导致与淋巴细胞信号转导、成熟、迁移等相关基因的异常表达，从而参与淋巴细胞相关疾病的发生发展。

通过对一系列血液系统疾病患者进行外显子和全基因组测序发现，DNMT3A 突变几乎遍及各种恶性血液病中。20%的原发性 AML 患者中有 DNMT3A 的体细胞突变，MDS 中大约有 10%，T 细胞淋巴瘤中也有 *DNMT3A* 的突变。至今发现的 DNMT3A 突变已经超过了 30 种，其中最常见的突变是在 R882 上。R882 的突变是杂合突变，也就是说两个等位基因只有其中一个发生突变，R882 的突变对野生型的等位基因有显性失活的效应。在临床诊断上也经常会检测到 DNMT3A 突变。依据临床和细胞遗传学上的数据，携带 *DNMT3A* 突变的患者的危险等级通常为中危，也就是说对于风险预测是有利的。然而，不考虑年龄、核型、白细胞数等时，DNMT3A 的突变对于总生存期和无复发生存期是不利的。

通过高通量分析发现，DNMT3A 突变也与 AML 中的 M4、M5 亚型显著相关（大约 20%），几乎在所有 DNMT3A 的功能域上都检测到了突变，并且这些患者呈现老龄化、白细胞增多、总生存期（overall survival，OS）和无事件生存期（event-free survival，EFS）差异的现象。除此之外，在 MDS、MPD、淋巴瘤等血液系统疾病中也发现有 DNMT3A 突变。DNMT3A 突变有以下特点：①大部分突变为不破坏开放阅读框（open reading frame，ORF）的错义突变；②大部分是杂合突变；③野生型和突变型的等位基因都能表达 mRNA。这说明在患者体内能够表达突变型的 DNMT3A，也提示 DNMT3A 可能主要是获得功能或者显性失活的突变，而不是功能缺失的突变。

通过对 DNMT3A 突变体进行三维结构模型分析发现：位于催化区域的 R882 主要参与 DNMT3A 的同源二聚化或与 DNA 的相互作用；R478 主要参与蛋白质-蛋白质间的相互作用；在 ADD 结构域的 G543 主要参与组蛋白的结合。此外，体外生化研究表明，R882H 突变会降低 DNMT3A 的酶活性，而 G543C 突变可以在不改变酶活性的前提下，增加与组蛋白 H3 的结合能力。在鼠的骨髓细胞系 32D 中表达 R882 位点突变的 DNMT3A，会诱导该细胞的生长优势，增强其克隆形成能力。通过比较有和没有 DNMT3A 突变的 AML 样本的基因表达谱和甲基化模式，发现在一些基因位点上基因的表达水平与甲基化状态相关。比如说，在与造血和表观调控相关的基因中，*CCDC56*、*DCXR*、*TNFSF13* 和 *SLC25A11* 的表达量上调，而 *SCL25A37* 和 *EIF4G3* 的表达量发生了下调。值得注意的是，与造血调控相关的 *HOXB* 家族中一些成员的表达量增加只发生在有 DNMT3A 突变的 AML 患者中。

DNMT3A 突变还会伴随有其他基因的突变，如 *NPM1*、*CEBPA*、*MLL* 等，而且这些突变可作为白血病诊断分组的分子标志物，因为有以上基因突变的白血病和无这些基因突变的白血病，所用的药物及剂量都不同[27]。

3. DNA 去甲基化与血液系统疾病

TET1、TET2 和 TET 都与 HSC 的功能相关。通过检测受体小鼠的迁移潜能发现，干扰成年造血干细胞中的任何一个 *Tet* 基因都会增加 HSC 的功能。*TET1* 缺陷与 B 细胞淋巴瘤有关；*TET2* 缺失会使 HSC 倾向于向髓系分化，*TET2* 缺陷还与 CMML 样疾病有关，*TET3* 缺陷的造血细胞虽然不会改变造血的稳定状态，但是能够增加 HSC 的增殖能力。此外，*TET2* 突变发现于多种血液系统疾病中，包括 MDS、MPD、CMML、AML、T 细胞白血病和淋巴瘤等，*TET2* 突变还发现于 MDS 和 AML 患者癌变前的 HSC 细胞中。*TET2* 突变多为杂合突变，通常是 C 端的错义突变或者 N 端的无义/移码突变，从而导致催化功能受损。在 AML 中，*TET2* 的突变还伴随有 *IDH1/2* 和 *WT1* 突变。TET 功能的发现揭示了一个新的表观修饰和调控机制[28]。

IDH1 和 IDH2 的研究主要围绕着它们的突变展开。*IDH1* 和 *IDH2* 突变通常也是杂合突变，并且这两者的突变是互斥的。大部分与疾病相关的 *IDH1* 突变发生在酶活性位点的 R132 位置，IDH1-R132H 敲入的小鼠 5hmC 的水平降低、DNA 甲基化发生改变、造血分化受到损伤、骨髓发生紊乱。*IDH2* 有 R140 和 R172 两个热点突变，R140 突变发现于骨髓相关肿瘤中，而 R172 突变发现于实体瘤中。这些突变发现于 10%核型正常的 AML 中。代谢谱研究表明，*IDH1/2* 突变能产生一个新的代谢产物 D-2-羟戊二酸（D-2-hydroxyglutarate，D2HG），D2HG 能够抑制 α-KG 的功能，而 α-KG 与 TET2 的功能有关。因此，*IDH1/2* 突变诱导的白血病可能主要是通过抑制 TET2 实现的。*TET2* 和 *IDH2* 突变还共存于淋巴瘤中[29]。

4. DNMT 抑制剂在血液系统疾病中的应用

DNMT 可作为药物治疗的靶点。用去甲基化试剂来消除启动子区的异常甲基化已经应用于一些血液系统疾病的治疗上，如 MDS、AML、慢性髓细胞白血病（chronic myelogenous leukemia，CML）、慢性髓单核细胞白血病（chronic myelomonocytic leukemia，CMML）等。目前 5-氮杂胞苷（5-azacytidine，AZA）和地西他滨（5-aza-2′-deoxycytidine，DAC）这两个 DNA 甲基化抑制剂已经被美国食品药品监督管理局（FDA）批准用于临床治疗。DAC 主要用于治疗 AML、高危 MDS 及 CML 患者。AZA 能够用于 MDS 和 AML 的 HSC 移植治疗。为了优化药物，人们又研制了其他方面的核酸类似物。例如，Zebularine（dZTP），它是一种能抑制 DNMT 和胞苷脱氨酶活性的化合物。除此之外，胞嘧啶类似物 FdCyd 在小鼠细胞、人乳腺癌和肺癌细胞中具有去甲基化效应。然而，所有这些药物的潜在临床效应都需要进一步的评估。除了上面所说的核苷类似物的 DNMT 抑制剂，还有非核苷类似物的 DNMT 抑制剂，主要有肼苯哒嗪、RG108、普鲁卡因及其衍生物等。不同的表观机制之间存在密切的联系，因此有人提出把不同的表观药物联合使用，如正在进行临床试验的 DAC 与 Vorinostat（一种 HDAC 抑制剂）联合，应用于晚期实体瘤和非霍奇金淋巴瘤，以此来评估它们的安全性、耐受性、药物动力学和初步效力等。

35.2.2 组蛋白修饰与血液系统疾病

组蛋白修饰是表观遗传学研究中的重要内容，它主要利用组蛋白修饰酶改变染色体的状态，调控基因的表达。在血液系统疾病中，组蛋白修饰的异常参与了疾病的进展过程，如组蛋白甲基转移酶 EZH2 的过表达与功能获得性突变、MLL 基因重排、组蛋白乙酰转移酶 CBP 和 P300 的突变失活等都与血液系统肿瘤的发生发展密切相关。

1. 组蛋白甲基化与血液系统疾病

组蛋白甲基化通常可导致基因转录的激活或抑制，主要取决于修饰的残基和甲基化程度。组蛋白甲基化修饰依赖于组蛋白甲基转移酶和组蛋白去甲基化酶的活性。一旦它们活性发生异常就可能导致癌症的发生，如组蛋白 H4K20me3 活性改变是常见的癌症标志。另外，组蛋白 H3K9 和 H3K27 甲基化模式的改变也与各种癌症中异常基因表达相关。

MLL1（mixed-lineage leukemia 1，KMT2A）和 MLL2（mixed-lineage leukemia2，KMT2D）是针对 H3K4 的甲基转移酶。如果两者发生异常，通常揭示造血恶性肿瘤的发生。

MLL1 基因位于染色体 11q23 上，它是基因重排频繁的靶基因。一般来讲，*MLL1* 基因重排会导致羧基末端甲基转移酶结构域的缺失，并且它能够与超过 70 个区域发生融合。有研究发现[21]，*MLL1* 的基因重排在 AML（5%）和 B-ALL（10%）中都有观察到。在 AML 中最常见的基因融合是 MLL-AF9，而在 B-ALL 中最常见的基因融合是 MLL-AF4。一旦 MLL1 发生融合，其融合蛋白能够诱导 MLL1 靶基因启动子区域发生 H3K79 的羟甲基化。

MLL2 同样作为组蛋白甲基转移酶，通过修饰组蛋白 H3K4me3，促进靶基因的转录激活。*MLL2* 突变已经在肾癌、肺癌、成神经管细胞瘤等多种肿瘤中报道。在非霍奇金淋巴瘤中，*MLL2* 被证实是一个重要的肿瘤抑制基因，并且它是一个高频突变基因，包括无义突变、移码突变、错义突变和剪接位点的点突变等。在弥漫性大 B 细胞淋巴瘤（diffuse large B cell lymphoma，DLBCL）和滤泡性淋巴瘤（follicular lymphoma，FL）中，*MLL2* 是最频繁突变的基因。在滤泡性淋巴瘤中，*MLL2* 的突变频率为 89%。在弥漫性大 B 细胞淋巴瘤样本和细胞系中，*MLL2* 的突变频率分别为 32%和 59%，并且大部分突变都影响两个等位基因，导致 MLL2 功能的缺失。*MLL2* 的缺失或突变，会导致 H3K4me3 水平的下调，从而降低靶基因的表达。

在 MLL 系列白血病中，还有另外一种重要的甲基转移酶参与白血病的发生。这种甲基转移酶是端粒沉默样阻断蛋白（disruptor of telomeric silencing 1-like，DOT1L），它具有赖氨酸甲基转移酶活性，可定向催化 H3K79 甲基化。虽然准确的生化机制仍然不清楚，但是 H3K79me2 和 H3K79me3 与基因表达直接相关。DOT1L 招募导致 H3K79 高度甲基化，使得 MLL 过表达引发白血病。因此，通过 MLL 融合激活的靶基因的主要特征在于 H3K79 高度甲基化。这种现象最突出的例子是编码 HOX 转录因子的聚簇 HOX 同源盒。除了在胚胎发生过程中的作用，这些蛋白质还是造血细胞的主要调控者，也是潜在的肿瘤蛋白。高水平 *HOX* 基因的表达是造血前体细胞的特征，当造血细胞成熟时，*HOX* 基因的活性也随之降低。在正常分化过程中 *HOX* 基因的下调伴随着高水平 H3K79 甲基化状态的缺失。*HOX* 基因的异位表达无论如何实现，都将造成未成熟前体细胞的快速增殖，从而促进白血病的发展。

小分子 DOT1L 抑制剂的临床研究非常令人鼓舞，关键 MLL 靶基因（包括 HOX 簇）的 H3K79 甲基化水平一旦降低，会伴随着转录水平的降低及白血病活性的降低。DOT1L 抑制剂的靶向治疗主要集中在 MLL-AF10 白血病。研究表明在含有 DOT1L 的复合物中发现 AF10，说明 AF10 可以直接与 DOT1L 发生作用。*AF10* 基因表达水平增加，显著增强 DOT1L 组蛋白甲基转移酶的活性。一旦 *AF10* 基因缺失，会直接降低体内 DOT1L 活性，从而影响 *HOX* 基因簇的表达。这使得 DOT1L 靶向治疗剂对于相当广泛的白血病是有意义的选择，特别是针对高水平表达 *HOX* 基因的白血病（如携带 *NPM1* 突变的 AML）。然而，对于 DOT1L 抑制剂的治疗仍然存在一定的担忧，因为在小鼠体内如果完全缺失 DOT1L 的表达将是致命的。然而，各基因对 DOT1L 抑制的差异敏感性提示我们可以避免一些副作用。Deshpande 等人的研究结果表明 DOT1L 可以靶向 *HOX* 基因而不影响其他基因的转录[30]。

在 MDS 和 AML 中的研究发现存在 MECOM（MDS1 and EVI1 complex locus protein）和 PRDM16（PR domain containing 16）的基因重排[31, 32]。MECOM 位于染色体 3q26 上，GATA2 远距离的增强子能够异常

激活 MECOM 的表达。PRDM16 位于染色体 1p36 上，染色体易位 t（1；3）（q36；q21）能够诱导 PRDM16 基因表达的上调，MECOM 或 PRDM16 基因重排有相似的生物学特征，如多系发育不良和预后不良。

在造血恶性肿瘤中，也存在针对 H3K36 甲基转移酶的遗传改变。在多发性骨髓瘤中，t（4；14）（p16；q32）是最常见的一种染色体易位现象，它可以形成 IgH-WHSC1 融合基因，从而导致 WHSC1 过表达。WHSC1（Wolf-Hirschhorn syndrome candidate 1）作为组蛋白甲基转移酶，其具体的表观作用目前仍比较模糊，但是有报道推测 WHSC1 可以促进 H3K36me2。

SET 结构域蛋白 2（SET domain-containing protein 2，SETD2）也是一种组蛋白甲基转移酶，它能诱导 H3K36 三甲基化，有研究发现[33]在 AML 和 B-ALL 存在 *SETD2* 的频发突变，并且 *SETD2* 突变频繁出现在不限于 *KMT2A* 基因重排的患者。无论是无义突变或者移码突变，*SETD2* 突变都会截短 C 端的结构域。并且，有 1/4 的 *SETD2* 突变是双等位基因突变。*SETD2* 的突变图谱揭示这些突变是功能性缺失突变。与这些现象相一致的是，在白血病原代细胞中，*SETD2* 突变伴随着 H3K36me3 的功能缺失。在遗传损伤的情况下，*SETD2* 基因表达水平的降低能够促进白血病的发生和发展。

赖氨酸特异性去甲基酶 1（lysine specific demethylase 1，LSD1，也称为 KDM1A）是第一个发现的组蛋白赖氨酸去甲基化酶，能够对 H3K4me1 和 H3K4me2 进行去甲基化，但是对 H3K4me3 不能进行去甲基化。除此之外，LSD1 能与 HDAC1、HDAC2、RE1 沉默转录因子共抑制因子（CoREST）的复合物形成转录抑制复合体。小鼠造血细胞系中缺失 LSD1 会导致 LSD1 靶基因增强子上 H3K27ac 水平的升高。此外，LSD1 在许多类型的血液恶性肿瘤中表达水平上调，包括在 AML 和 MDS 中。

UTX（ubiquitously transcribed tetratricopeptide repeat X chromosome，UTX 或称 KDM6A）是组蛋白 H3K27me3 去甲基化酶，可以调控机体生长发育和代谢等重要生理功能。UTX 的突变和缺失最早被鉴定是在多发性癌症细胞系中，如多发性骨髓瘤。后续在男性 T-ALL 患者中也发现存在 *KDM6A* 基因的功能缺失。在男性中仅单个 UTX 拷贝失活都会促进肿瘤发生，而女性细胞能够抵抗这种单拷贝的缺失。*KDM2B*（lysine-specific demethylase 2B）是 UTX 的同源基因，是 H3K36 组蛋白去甲基化酶，并且在 5% DLBCL 病例中存在 *KDM2B* 的缺失突变。

2. 组蛋白乙酰化与血液系统疾病

组蛋白乙酰化和去乙酰化是指核小体组蛋白中 N 端区域上保守的赖氨酸发生乙酰化和去乙酰化的过程，是基因调控的重要部分。这些过程主要被组蛋白乙酰化酶（histone acetyltransferase，HAT）或者组蛋白去乙酰化酶（histone deacetylase，HDAC）调控。HAT 主要包括 GNAT 家族、MYST 家族和 CBP / P300 家族。HDAC 包括四个类别，分别是锌依赖的 I 类（HDAC1、2、3 和 8）和 II 类（IIa 类 HDAC4、5、7 和 9；IIb 类 HDAC6 和 10），以及依赖于 NAD 的 III 类（sirtuins）和 IV 类（HDAC11）。通常情况下组蛋白乙酰化与转录激活相关，而去乙酰化与转录失活相关。在血液系统疾病如白血病和淋巴瘤中，存在许多乙酰化水平异常的现象。

CREB 结合蛋白（CREB binding protein，CBP）和 P300 是两种结构同源的组蛋白乙酰化转移酶，是造血发育过程中关键的调控因子。CBP/P300 的主要功能是维持正常造血细胞的自我更新和增殖分化。CBP/P300 的缺失或突变能够导致造血干细胞自我更新和微环境的破坏，从而影响造血发育过程。CBP/P300 介导的异常赖氨酸乙酰化最近已经涉及多种血液癌症的发生。CBP 通常在造血系统癌症中发生突变，在淋巴瘤中 CBP 突变率最高。在小鼠中，CBP/P300 的同源缺失具有致死性，而 CBP 缺陷小鼠在 B 淋巴细胞发育中出现缺陷，增加了造血肿瘤的发生风险。有研究报道，在人的淋巴瘤复发病例中 18.3%有 CBP 缺失或突变，并产生 KAT 结构域保守残基的破坏。CBP/P300 相关转录因子中的突变也可能破坏 CBP/P300 的 KAT 活性，导致淋巴瘤发生。研究表明在 84%的 ALL 患者中，诊断出 CBP 基因异常高表达。CBP 的过表达能够导致下游靶基因的上调，促进细胞的增殖。尽管存在 CBP 异常高表达的病例具有较好的预后效果，但是仍然有 15%的儿童 ALL 患者复发，并且这些患者大部分在 CBP HAT 区域中存在突变。

另外，CBP/P300 能够与 MLL、MOZ（monocytic leukemia zinc finger protein）、MORF 发生融合，其中 MOZ-CBP 融合蛋白与携带 t（8；16）（p11；p13）易位的 AML 相关。不同的融合蛋白会造成白血病转化的不同后果，最有可能的机制是涉及错误靶向的组蛋白乙酰化导致的基因异常表达。

KAT6A 和 KAT6B 也是两种结构同源的组蛋白乙酰化转移酶。它们能够与 BRPF1（bromodomain- and PHD finger-containing protein 1）和两个非催化亚基形成四聚体复合物。这两种乙酰转移酶和 BRPF1 在生物发育过程中起关键作用。已有报道发现 KAT6A 和 KAT6B 基因在白血病、实体瘤和其他发育障碍疾病中存在反复突变。此外，*BRPF1* 基因在儿童白血病中发生突变。因此，推测在人类造血相关疾病中，这两种乙酰转移酶及其配体 BRPF1 是非常重要的。

组蛋白乙酰化水平的变化可以通过改变涉及各种生物过程的基因的转录调控来促进癌症的发生发展。特别是癌症中组蛋白去乙酰化酶 HDAC 的表达增加，可导致组蛋白乙酰化水平的降低。Moreno 等[34]鉴定出几种 *HDAC* 基因（即 *HDAC2*、*HDAC3*、*HDAC8*、*HDAC6* 和 *HDAC7*）在 ALL 中异常高表达。其中 HDAC6 和 HDAC9 在 B 细胞 ALL 中上调，HDAC1、HDAC2 和 HDAC4 在 T 细胞 ALL 中过表达。将 HDAC 在 ALL 的表达值变化与临床数据匹配，可以发现 HDAC3、HDAC7 和 HDAC9 的表达增加与儿童 ALL 的预后不良相关，并且这些患者的细胞中 HDAC 活性升高。Gruhn 及其同事[35]也确定了 HDAC 对儿童 ALL 的相关性。他们在 93 例原发性 ALL 和 8 例健康供体患者的样品中测定了 HDAC1-11 的表达，结果发现所有样品中 HDAC1、HDAC2 和 HDAC8 的表达水平增高。HDAC4 的高表达与高初始白细胞数量、T 细胞 ALL，以及对强的松的反应差相关。除了在 ALL 中发现表观遗传机制中的体细胞突变之外，HDAC 的 mRNA 表达也被证明是失调的。总之，异常的组蛋白乙酰化与 ALL 的疾病进展和复发有关，这为治疗中 HDAC 抑制剂（HDACi）的药理学应用提供了分子基础。

由于组蛋白乙酰化是可逆的，这使它们成为治疗 ALL 的有效靶点。因此，许多研究集中在设计和开发小分子抑制剂来恢复 ALL 中异常的组蛋白乙酰化。虽然基于 HAT 和 HDAC 的所有疗法看起来都很有希望，但临床数据不足以确定这一类药物是否能在所有治疗中有效。尽管取得了重大进展，但未来的研究仍然存在挑战，包括缺乏预测性标记、广谱组蛋白乙酰化药物的非特异性，以及治疗反应/抗药性的机制模糊。

3. 其他组蛋白修饰与血液系统疾病

由于染色质易位或点突变导致的 JAK2 激活在血液系统恶性肿瘤中非常常见，突变型和野生型 *JAK2* 不仅存在于造血细胞的细胞质中，而且还存在于细胞核中，其在酪氨酸 41（H3Y41）处可以发生磷酸化。H3Y41 的磷酸化防止了 HP1α 的结合，从而减少了这种抑制性标记向 LMO2 的调控区招募，导致 *LMO2* 基因表达的异常上调。而 LMO2 是造血干细胞和前体细胞发育过程中的一个重要调控因子，LMO2 的过表达可以导致白血病。

早在 20 世纪 80 年代，即有报道在髓细胞分化过程中伴随着组蛋白 H1 和 H2B 的磷酸化修饰变化。在 As_2O_3 处理的 APL 细胞中，CASPASE-10 染色质位置可以观察到组蛋白 H3S10 的磷酸化增强，后者与 H3K14 的乙酰化密切相关。在 CML 中，组蛋白 H2AX 的磷酸化受 p38 MAPK 信号通路介导，在伊马替尼等药物诱导的 CML 细胞凋亡过程中发挥重要作用。

环指蛋白 20（RNF20）是哺乳动物细胞中主要的 H2B 特异性泛素连接酶，其靶向赖氨酸 120 使之单泛素化。RNF20 也参与了白血病的发病过程。RNF20 可以通过转录延伸复合物被招募到 HOXA9，导致 H2B 泛素化以依赖于 MLL-AF9 介导的转录激活的方式在体内积累。RNF20 的抑制能够导致 MLL-AF9

靶基因表达的减少，从而缓解白血病的发病过程。以前的研究表明 RNF20 能够直接结合 PAF 延伸复合体，因而可以解释 MLL-AF9 靶基因中观察到的 H2B 泛素化富集现象。有趣的是，MLL 融合蛋白也可以直接结合 PAF，这种相互作用也可能使 RNF20 募集到 HOXA9。由于含有 H2B 泛素化的核小体是 DOT1L 更好的底物，所以在 HOXA9 中 RNF20 的存在引发该区域的 H3K79 甲基化的增加。因此，RNF20 募集的后果将是通过前馈环来加强 MLL-AF9/DOT1L 介导的转录激活。在该模型中，RNF20 能够将 MLL-AF9 的功能放大化，使 H3K79 超甲基化更加稳定，从而增加转录激活。

组蛋白修饰与血液系统疾病的发生及发展密切相关，更有一些组蛋白修饰酶直接参与白血病的关键致病融合蛋白的形成。研究血液病中这些组蛋白修饰酶的表达变化及突变情况，有利于深刻了解其发病机制及探索潜在治疗靶点。

35.2.3 非编码 RNA 与血液系统疾病

表观遗传改变可以影响正常造血，甚至引起血液系统疾病的发生，这不仅与调控 DNA 甲基化、组蛋白修饰的酶功能缺失有关，还与非编码 RNA 的调控异常密切相关。目前，已发现的参与血液系统疾病发生和发展的非编码 RNA 主要包括 miRNA、lncRNA 和环状 RNA（circular RNA，circRNA）。这些非编码 RNA 表达水平的异常改变可能会影响其靶基因的转录和翻译，直接或间接引起癌症细胞增殖、周期、凋亡和分化过程紊乱，进而参与白血病等血液系统恶性肿瘤的发生。

1. miRNA 与白血病

miRNA 可以通过调控靶基因的表达参与多个生物学过程，包括发育、造血和分化，其异常表达则可导致造血系统的紊乱并促进白血病的发生。miRNA 在全基因组上的表达研究显示，急性白血病患者的白血病细胞具有与正常造血细胞不同的 miRNA 表达模式。而在各类型的白血病中，均存在异常表达的 miRNA，它们通过靶向抑制多种途径中的关键基因而导致疾病发生。

miRNA 在急性髓系白血病（AML）中的重要作用最早是通过对 AML 中 miRNA 的表达谱分析发现的。miRNA 的表达差异不仅能将 AML 与其他急性白血病区分，而且能对 AML 的不同亚型进行鉴别[36, 37]。截至目前，研究发现的与 AML 疾病相关的 miRNA 有很多，较为重要的有 miR-181、miR-125b、miR-126、miR-142-3p、miR-155、miR-223、miR-29a 和 miR-29b 等[38]。由这些 miRNA 参与调控的网络可作为 AML 的特异性标志，它们的表达水平与 AML 疾病的发生、治疗或缓解息息相关。其中，miR-223 是 AML 疾病中的明星分子，其在 AML 患者中普遍表达下调，Fazi 等人证明 miR-223 具有促进骨髓细胞分化、成熟的功能。在急性早幼粒细胞白血病（APL）中加入全反式维甲酸（all-*trans* retinoic acid，ATRA）治疗后可增加 miR-223 的表达，而过表达 miR-223 则可将原本阻滞在早幼粒阶段的白血病细胞诱导分化。在 APL 疾病状态时，转录因子 NFI-A 结合在 miR-223 的启动子区域，从而使 miR-223 处于较低的表达水平，NFI-A 又是 miR-223 的靶向基因，其高表达可影响粒细胞的分化；当使用 ATRA 治疗后，转录因子 CEBPA 替换了 NFI-A，miR-223 表达水平上升，从而抑制了 NFI-A 的表达，进一步促进 APL 细胞的分化[39]。miR-155 是另一个在 AML 中研究较多的 miRNA，它被证明在 AML 患者中普遍表达升高[40]。miR-155 可以靶向多个不同途径中的关键基因，包括与分化相关的 *SPI1*、*C/EBPB*，与 AKT 和 STAT5 信号途径相关的 *SHIP1*、*SOCS1*、*PTPN2*，以及 SHIP1/PI3K/AKT 途径中的关键调控基因等[41]。除此之外，还有较多的 miRNA 或参与了 AML 的发生发展，或作为 AML 疾病鉴定和指示预后的标志物，或对临床治疗有指导意义。深入探究这些 miRNA，可更好地了解与帮助治疗 AML 相关疾病。

CML 是一种起源于多能干细胞的髓系增殖性肿瘤，其分子学特征是 9 号染色体与 22 号染色体发生易位融合，最终导致 BCR-ABL 融合基因的形成[42]。已报道参与 CML 疾病发生发展的 miRNA 也较多，如 miR-29a/29b、miR-21、miR-17-92 簇、miR-130a/130b、miR-181、miR-486-5p 及 miR-10a 等[43]。其中，miR-21 是已知调节细胞凋亡相关基因的 miRNA，但也有研究证明，其在 CML 中可靶向与细胞自噬相关的基因 *BECLIN-1*、*VPS34* 和 *LC3-II*。若使用 miR-21 抑制剂，则可导致 CML 细胞发生自噬，增强细胞对治疗药物的敏感性[44]。另外，在 CML 细胞系 K562 细胞中特异性敲低 miR-21，其表达水平下调可显著抑制 K562 细胞的生长与侵袭。通过进一步深入研究，发现抑癌基因 *PDCD4* 是 miR-21 的靶基因，miR-21 的水平下降可直接导致 PDCD4 的表达上升，因此抑制细胞迁移及促进细胞凋亡[45]。

ALL 是急性淋巴细胞白血病，其特征在于未成熟白细胞（称为淋巴母细胞）的过量产生和积累，是儿童中最常见的血液恶性肿瘤[46]。miRNA 在 ALL 中也有十分重要的作用，如 miR17-92 簇，其包括 miR-17-5p、miR-17-3p、miR-18a、miR-19a、miR-20a、miR-19b-1 和 miR-92-1。已知 miR17-92 簇在血液肿瘤中高度表达，并可在体内促进淋巴细胞的生成。Mavrakis 等人发现在 miR17-92 簇中，miR-19 可在 Notch1 诱导的 T 细胞淋巴细胞白血病（T-ALL）患者体内促进白血病的发生。同时，对 miR-19 的靶基因进行了筛选后发现，其可靶向抑制多个基因，包括 *BIM*（*BCL2L11*）、AMP 激活的激酶基因（*PRKAA1*）和肿瘤抑制磷酸酶基因 *PTEN* 和 *PP2A*（*PPP2R5E*），这些都是 PI3K 生存信号通路中的基因，它们的表达被同时抑制后促使了 T 淋巴细胞发生恶性转化[47]。此外，与 ALL 相关的 miRNA 还有 miR-221、miR-26b、miR-125b、miR-128a、miR-181b 和 miR-196b 等[48]。

CLL 是一种 B 淋巴细胞的恶性增殖疾病，它是一种异质性疾病，具有高度可变的临床病程，生存期从几个月到几十年不等[49]。在大多数的 CLL 患者中，均发现 miR-15a/16-1 这两个 miRNA 表达下调，通过小鼠模型实验，也确定了 miR-15a/16-1 的重要作用[50-52]。miR-15a/16-1 与抗凋亡基因 BCL-2 表达变化相反，miR-15a/16-1 表达水平下降，可使 BCL-2 家族的基因表达量增加，从而使 CLL 细胞得以存活并抵抗药物的治疗[51]。此外，miR-155 除了在 AML 疾病中表达上调，在 CLL 患者中也检测到表达水平上升[53]。miR-155 既可以参与 NF-κB 通路，又可以抑制 P53 通路中的促凋亡基因 *TP53INP1*，从而促进肿瘤生存与抑制细胞凋亡[54]。另外，与 CLL 相关的 miRNA 还有 miRNA-34a/b/c、miR-29、miRNA-181b、miR17-92 簇等[55]。

除了白血病，异常表达的 miRNA 也可参与其他血液肿瘤疾病的发生发展，如骨髓增生异常综合征（MDS）、多发性骨髓瘤等。目前发现，miR-181a/c/d、miR-221、miR-376、miR-125b、miR-155 及 miR-130a 的异常高表达和 miR-486-5p 的低表达与高危 MDS 患者十分相关，且这些 miRNA 的表达量在高危 MDS 患者和低危 MDS 患者之间也存在差异[56]。在多发性骨髓瘤中，有研究对 52 个初诊多发性骨髓瘤患者与 2 个正常人的 miRNA 表达谱进行了比较，发现在 464 个 miRNA 中，95 个 miRNA 在多发性骨髓瘤患者中明显高表达[57]。通过机制研究发现，在复发耐药的多发性骨髓瘤患者中，miR-15a 往往低表达，从而调节多发性骨髓瘤细胞系的肿瘤发生进程[58]；另外，也有证据显示 miR-29b 在骨髓瘤细胞中可靶向下调 Mcl-1 的表达量，促进骨髓瘤细胞的凋亡[59]。目前发现与多发性骨髓瘤有关联的 miRNA 还有很多，如 miR17-92 簇、miR-15a/16-1、miR-221、miR-222、miR-153 等[60]。总之，miRNA 可在多种类型血液病、多种不同信号途径中，通过其表达量的变化来参与重要调节功能，其既可以是原癌基因，也可以是抑癌基因。虽然 miRNA 在白血病中的研究已经硕果累累，但仍有很多 miRNA 的研究只停留在差异表达的阶段，它们的功能或作用机制并不清楚。目前，科学家们依然在不断探究各类血液疾病中的相关 miRNA，为治疗血液病提供新的思路。

2. 长链非编码 RNA 与血液系统疾病

长链非编码 RNA（long noncoding RNA，lncRNA）是一类长度超过 200bp 的非编码 RNA（non-coding

RNA，ncRNA）。目前研究发现 lncRNA 在不同组织和发育阶段的表达具有特异性，表现出比编码蛋白更加复杂多样的调控功能，涉及基因表达的多个层面，包括表观遗传修饰、转录调控及转录后 mRNA 的加工，同时也能直接和蛋白质相互作用影响蛋白质的活性，此外也能够与 miRNA 相互作用进行表达调控。这些强大的调控功能能够广泛地参与包括细胞分化、细胞周期、凋亡、个体发育在内的多种重要生命过程，其异常表达也能够导致血液系统疾病的发生和发展。

lncRNA 在 AML 的发生中能够影响细胞的分化、增殖和凋亡等细胞基本过程。全转录组的表达检测显示，lncRNA 比蛋白编码基因能够更精确地区分 AML 各亚型，并且 AML 各亚型特异性表达的 lncRNA 已经成为研究的重点。HOTAIRM1 是髓系特异性的 lncRNA，可调节髓系分化的基因，如 CD11b 和 CD18，HOTAIRM1 的低表达能够抑制全反式维甲酸（ATRA）诱导的粒系分化。最近的研究表明[61]，HOTAIRM1 通过吸附 miR-20a、miR-106b 和 miR-125b，解除其对自噬相关基因的抑制作用，从而调节 ATRA 诱导的 PML/RARα 的降解。NEAT1 是一个在多种肿瘤如结直肠癌、前列腺癌、非小细胞肺癌及白血病中发挥作用的 lncRNA。通常我们认为髓系分化主要是由髓系特异性分子调控的，NEAT1 作为其中之一在 ATRA 诱导的髓系分化过程中必不可少。PVT1 是一个能够促进 AML 细胞增殖的 lncRNA，具有致癌活性，与在癌细胞中具有高度增殖作用的 *MYC* 基因在染色质上的位置相邻。在约 10%的 AML 患者中观察到由于 8q24.21 的扩增引起的 *MYC* 基因和 PVT1 的功能增强。一方面，PVT1 通过直接与 MYC 相互作用保护 MYC 免受降解；另一方面，PVT1 能够作为间接调控 *MYC* 的 miRNA 前体，产生 has-miR-1204 增强 *MYC* 的表达。*HOXA* 基因簇中除了 HOTAIRM1，还存在另外一个参与 AML 发病的 lncRNA HOXA-AS2，它位于 *HOXA3* 和 *HOXA4* 基因间，在急性早幼粒细胞白血病细胞系 NB4 细胞和外周血中性粒细胞中表达，并且 ATRA、IFN-γ 和 TNF-α 可诱导 HOXA-AS2 的表达。目前的研究发现在 ATRA 诱导的 NB4 细胞中，HOXA-AS2 可以通过抑制细胞的凋亡进而调节细胞的生存。除此之外，CCAT-1 能够抑制 PMA 诱导的单核细胞分化，同时促进 AML 来源的细胞系 HL60 细胞的增殖。HOTAIR 可以促进 AML 细胞的生长和抑制细胞凋亡。以上结果表明，lncRNA 表达水平的异常是 AML 发病的重要因素。

在髓系白血病中，除了 AML 还存在慢性髓系白血病，其主要的分子生物学特征是细胞中存在 Ph 染色体，或有 BCR/ABL 融合基因阳性。lncRNA BGL3 可能是 BCR/ABL 融合基因介导 CML 细胞转化过程中的重要调节因子。当 BGL3 表达水平增高时，会显著降低 BCR/ABL 融合基因阳性的 K562 白血病细胞的存活，促进伊马替尼诱导的细胞凋亡。另外一个与 BCR/ABL 融合基因阳性相关的 lncRNA 是 H19，H19 在多种肿瘤中表达失调，并且其低表达能够加强伊马替尼诱导白血病细胞凋亡的敏感性以及抑制 BCR/ABL 融合基因导致的 CML 发生。

急性 T 淋巴细胞白血病（T-ALL）中 *NOTCH1* 基因突变导致的 *NOTCH* 信号通路的异常和持续性激活是其主要的分子特征之一。为了挖掘 *NOTCH1* 调控的下游具有癌基因活性的 lncRNA，Trimarchi[62]等通过整合转录组表达谱和染色质状态图谱，发现了许多由 Notch1/Rpbjκ 激活复合物调控的 T-ALL 特异性 lncRNA，LUNAR1 作为 Notch 信号调控的致癌 lncRNA 之一，通过招募转录复合物到 *IGF1R* 启动子区域，进而激活 *IGF1R* 的转录和 *IGF1* 信号通路，促进 T-ALL 细胞增殖。这些结果证实，lncRNA 是 *Notch* 信号通路下游的重要靶点，同时它们是 T-ALL 致癌因素的关键调节剂。

lncRNA 不仅参与白血病的发生和发展过程，还与淋巴瘤、多发性骨髓瘤等其他血液系统恶性肿瘤的发病、预后及疾病进展密切相关。研究人员发现 MYC 调控的 lncRNA 能够驱动 Burkitt 淋巴瘤的发展[63]。在 MYC 阳性的 Burkitt 淋巴瘤中，lncRNA MINCR 的表达与 MYC 呈现很强的相关性，并且发现 MINCR 异常表达会影响细胞周期进程。在对多发性骨髓瘤的研究中，通过检测 45 名初诊多发性骨髓瘤、61 名治疗后和 18 名复发或进展的多发性骨髓瘤患者以及 20 名正常骨髓单个核细胞中 lncRNA MALAT1 的表达水平，结果发现初诊患者 MALAT1 比治疗后患者和健康对照的表达上调，并且患者治疗前后 MALAT1 表达变化幅度与预后相关，早期疾病进展患者治疗前后的 MALAT1 表达变化幅度比晚期疾病进展的变化幅度要小，而 MALAT1 表达变化幅度较大的患者有较长的无进展生存时间（PFS），提示 MALAT1 可以作为多发性骨髓瘤早期进展的分子预测标志物。

随着 lncRNA 功能的不断发现，其在血液系统疾病中的调控机制也正逐渐被揭开。目前，lncRNA 在血液系统肿瘤中功能的发挥主要通过以下几种机制调控。目前的研究发现位于细胞质的 lncRNA 主要有三种调控机制：①lncRNA 可以作为分子海绵，吸附 miRNA，抑制其与 mRNA 的结合。例如，具有致癌活性的 lncRNA CCAT-1 可以通过吸附肿瘤抑制因子 miR-155，从而阻碍 AML 细胞的凋亡和分化。在 AML 细胞中，HOTAIR 竞争性结合 miR-139a，从而调节 *c-Kit* 基因的表达。②lncRNA 可以与 mRNA 配对结合，抑制翻译、影响剪切、影响 mRNA 的稳定性。例如，控制髓系分化的重要转录因子 PU.1 的反义链可以转录产生 PU.1-AS lncRNA，PU.1-AS 可以通过阻碍 PU.1 mRNA 的翻译从而负向调控 PU.1 的表达。③lncRNA 能够作为蛋白质互作的支架或桥梁，影响蛋白质磷酸化，从而抑制蛋白质活性等。在乳腺癌和 AML 细胞中，PVT1 通过与 MYC 蛋白的直接相互作用保护 MYC 蛋白免受磷酸化，从而稳定和增强 MYC。位于细胞核中的 lncRNA，可以从 DNA 空间构象上形成染色质环，拉近远端增强子和基因启动子之间的距离，从而调控基因的表达。lncRNA RUNXOR 来自 AML 中重要的转录因子 RUNX1（AML1）的基因区域。它长度为 216kb，覆盖了 RUNX1 的整个位点。RUNXOR 的 3′ UTR 能够结合 RUNX1 的启动子和增强子，形成调节 RUNX1 表达的染色体内环。此外，RUNXOR 参与染色体之间的长距离相互作用，这可能引起染色体易位和白血病发展。再如 IRAIN，是从促进 AML 细胞生长的致癌基因 IGF1R 的内含子转录的印记 lncRNA。IRAIN 与染色质 DNA 相互作用，参与折叠长距离 DNA 区域，使得 IGF1R 启动子和位于内含子中的增强子形成一个染色体内环。然而，除了上述情况之外，AML 中的 lncRNA 作用机制仍然很大程度上是未知的，需要进一步探索与 lncRNA 相互作用的因子，并明确直接物理相互作用与所产生的表型变化之间的因果关系。

lncRNA 作为表观遗传调控的新机制，已成为现代肿瘤学研究的热点问题。但相对于蛋白编码序列及各种小分子 RNA，与白血病相关的 lncRNA 研究还仅仅处于起步阶段，对一些未被注释的新发现的 lncRNA 功能与调控仍需要进一步研究。

3. 环形 RNA 与白血病

环形 RNA 是近几年引起广泛关注的一类新型非编码 RNA，可参与多个生物学过程，如增殖、分化、凋亡与衰老等。因此，环形 RNA 的异常表达能够影响多种疾病，包括癌症的发生发展进程。在实体瘤中，涉及环形 RNA 表达、功能与机制的报道不断涌现。然而，关于环形 RNA 与白血病的关系则鲜有报道。

其实，大量发现环形 RNA 转录本的存在与鉴定工作却是起始于白血病。2012 年，Salzman 等[64]利用 RNA 深度测序（RNA-seq），在小儿急性淋巴细胞白血病患者的样品中检测到了数百个能产生环形 RNA 转录本的基因。其中，能产生丰富环形 RNA 转录本的基因包括：*ESYT2*、*FBXW4*、*CAMSAP1*、*KIAA0368*、*CLNS1A*、*FAM120A*、*MAP3k1*、*ZKSCAN1*、*MANBA*、*ZBTB46*、*NUP54*、*RARS* 和 *MGA* 等，同时，他们在分选的三种白细胞群，即 B 细胞（$CD19^+$）、造血干细胞（$CD34^+$）和中性粒细胞中也进行了环形 RNA 的鉴定。研究发现，在每种细胞中均存在超过 800 个基因能够表达环形 RNA 转录本，且数目占基因表达转录本的 10%以上。虽然 Salzman 等只进行了环形 RNA 的鉴定与特征研究，并未指明环形 RNA 与血液恶性肿瘤的关系，但该工作是环形 RNA 研究的开端。从此，运用 RNA-seq 深度测序及生物信息分析方法寻找环形 RNA 的研究热情被点燃，越来越多的文章报道了不同组织或细胞中的环形 RNA 图谱，逐渐揭开环形 RNA 的神秘面纱。

2016 年，《细胞》杂志发表了白血病中研究环形 RNA 的一项重要工作。Guarnerio 等[65]首先猜测在白血病中染色体易位产生的断点/融合处可能有利于环形 RNA 的形成。接着他们通过 RT-PCR 实验与生物信息分析 RNA-seq 数据的方法，在具有 PML/RARα 融合的急性早幼粒细胞白血病和具有 MLL/AF9 融合的 AML 中发现了融合环形 RNA（fusion-circRNA）的存在。通过一系列的实验证明，融合环形 RNA 的表达既可以促进细胞的增殖与克隆的形成，具有原癌基因的活性，又能维持病变细胞的活力与疾病的进程。此外，他们还发现过表达 MLL/AF9 处的融合环形 RNA 还可以起到耐药作用，影响治疗的结果。该工作在染色体发生易位的地方鉴定了一种特殊形式的环形 RNA，并提供证据表明了该种环形 RNA 的促癌作用，是环形 RNA 研究领域的一个重大突破。

总之，环形 RNA 的研究刚刚起步，其与血液相关疾病的发生发展关系仍需要不断被研究与证明。环形 RNA 作为一种基因表达调控的新分子，为血液病的发病及治疗提供了新的理论基础。

35.3 表观遗传调控因子的相互作用

关键概念

- 组蛋白修饰：组蛋白修饰形式多种多样，组蛋白甲基化、乙酰化、磷酸化、泛素化之间也存在相互作用。
- 表观遗传调控：DNA 甲基化、组蛋白修饰、染色质重塑和非编码 RNA 这些表观遗传过程并不是独立的，它们之间的相互作用及串流（cross-talk）是染色质结构及最终基因表达的重要调控因素。

不同类型的表观遗传调控因子不是彼此孤立的，而是相互作用形成共调控的通路和网络。不同调控因子通过直接或间接地相互作用将 DNA 甲基化、组蛋白修饰、非编码 RNA 调节等结合起来，在造血分化过程中显示出复杂而精密的调节模式。

35.3.1 DNA 甲基化与组蛋白修饰

DNA 甲基化与组蛋白修饰有很多动态的联系。DNA 甲基化经常与组蛋白 H3K9 甲基化相互依存。识别甲基化的 DNA 结合蛋白，如 Mbd1，可通过招募组蛋白甲基化酶，使已发生 DNA 甲基化的区域再次发生 H3K9 的甲基化，共同达到抑制基因表达的目的。在 HSC 衰老过程中，基因的甲基化与组蛋白修饰共同作用，从而减少细胞的分化潜能和多能干性。另外，对慢性淋巴细胞白血病 CLL 的研究表明，*ZAP70* 的启动子区域 DNA 低甲基化且组蛋白高乙酰化，造成 ZAP70 这种蛋白激酶异常高表达，是影响治疗的重要因素。

在 APL 研究中发现，PML/RARα 能够与 PRC2 的 SUZ12、EZH2 和 EED 组分相互作用，招募它们到特定的启动子区域。在白血病细胞中敲除 PRC2 的关键组分，可转变 PML/RARα 靶基因的组蛋白甲基化状态，并且诱导这些靶基因形成 DNA 甲基化，抑制 PRC2 还能够促进白血病细胞向粒细胞的分化，提示了潜在的治疗价值。

35.3.2 不同组蛋白修饰之间相互作用

组蛋白修饰形式多种多样，组蛋白甲基化、乙酰化、磷酸化、泛素化之间也存在相互作用。H3K4me3 通常和组蛋白 H3/H4 的乙酰化共同存在于基因的启动子区域，很多实验表明 H3K4me3 能够通过招募组蛋白乙酰转移酶，促进下游 H3/H4 乙酰化的形成。与 H3K4me3 相似，H3K36me3 也与组蛋白乙酰化相关。H3K36me3 能够招募 HDAC 到达转录活跃的区域，介导组蛋白去乙酰化。在转录起始位点，这种去乙酰化机制还可以防止转录从错误的位点起始。另外，缺失 LSD1 会导致小鼠造血细胞系中 LSD1 靶基因增强子上 H3K27ac 水平的升高。

血液系统疾病中存在较多染色体易位的情况，在白血病细胞中已经观察到编码组蛋白修饰酶的基因可以形成融合基因。有研究发现，在急性单核细胞白血病病例中，染色体易位形成 *MOZ-p300* 融合基因，使得 MOZ 和 P300 这两个组蛋白乙酰转移酶形成融合蛋白，这可能干扰了正常的乙酰化作用，对于白血病的发生起到一定作用。类似的机制还有 AML 与 ALL 中经常发现的 MLL 重排。

MLL 蛋白与 AML 的不良预后有关，具有赖氨酸甲基转移酶活性。在白血病干细胞中的研究表明，精氨酸甲基转移酶 PRMT1 对于 MLL 蛋白复合体的形成十分重要，而且精氨酸甲基转移酶 PRMT6 可以通过 MLL 抑制赖氨酸 H3K4 的甲基化，这反映了精氨酸甲基化和赖氨酸甲基化之间的联系。另一项研究发现，在表达 *MLL-AF9* 融合基因的白血病干细胞中，PcG 家族的 PRC1 复合体中的组分 CBX8 能够与 MLL-AF9 蛋白相互作用，促进转录激活和白血病的发生。这又将 MLL 蛋白与 PcG 家族这两类染色质调控复合体联系起来。

35.3.3　DNA 甲基化与非编码 RNA

在慢性淋巴细胞性白血病中，Baer 等[66]通过全基因组范围的筛选发现，有 128 种 miRNA 的启动子区域存在 DNA 甲基化的异常，包括 miR-34a、miR-21 等，这些 DNA 甲基化修饰的异常可以很好地与正常 B 细胞区分开来，提示疾病状态下 miRNA 的异常表达受到 DNA 甲基化的调控，两者密不可分。另一方面，非编码 RNA 对 DNA 甲基化的调节可能是疾病发展过程中基因表达调控的重要机制。有研究发现，在 U937、HL-60 及 K562 细胞中，长链非编码 RNA ecCEBPA 通过与 DNMT1 形成复合物，可以抑制 CEBPA 的 DNA 甲基化水平，进而促进 CEBPA 的表达。这并不是一个特例，事实上，通过 DNMT1 的 RIP-seq 实验，作者发现了一系列不含多聚腺苷酸尾的 RNA，这些 RNA 具有潜在的调控 DNA 甲基化功能。

35.3.4　组蛋白修饰与非编码 RNA

MLL1 蛋白是小鼠胚胎期造血作用中重要的表观调控因子，具有 H3K4 甲基转移酶活性，它是染色质重塑复合物的一部分，能够促进 H3K4 甲基化。*Mll1* 敲除的小鼠表现出胚胎期肝脏中不活跃的造血干细胞数目显著减少，而且长期造血干细胞（LT-HSC）和短期造血干细胞（ST-HSC）的间隔变得不明显。这说明 Mll1 的表达对于胎肝中产生足够数目的正常细胞周期的造血干细胞起到重要作用。有研究表明，在小鼠胚胎干细胞中，*Mll1* 与长链非编码 RNA Mistral 具有相互作用。该长链非编码 RNA 能够招募 MLL1 蛋白到转录活跃的位点，进而导致染色质构象的改变，这对于在胚胎干细胞期被抑制的 *Hoxa6* 和 *Hoxa7* 基因在胚胎发育中的胚层特异性表达具有重要作用。LncRNA HOTAIR 可以促进 AML 细胞的生长和抑制细胞凋亡，研究表明 HOTAIR 可以作为一个支架蛋白联结 PRC2 和 LSD1/coREST/REST 复合体，平衡 H3K27 甲基化及 H3K4 的去甲基化修饰，通过多项机制调控基因表达。此外，在肿瘤发生过程中，由高度甲基化的异常组蛋白修饰引起的 miRNA 的异常沉默往往存在于 miRNA 表达下调的一系列肿瘤相关疾病中，同时 miRNA 还可以作用于表观遗传的关键酶来调控表观遗传变化。二者互为因果，互相牵制。

35.3.5 不同非编码 RNA 之间相互作用

不同类型的非编码RNA之间也有着独特的联系。长链非编码RNA可以吸附miRNA，从而调节miRNA的功能。一项在白血病细胞中的研究表明，长链非编码 RNA HOTAIRM1 在一个自噬相关通路中可以发挥竞争性内源 RNA（ceRNA）的作用，与 miR-20a/106b、miR-125b 形成吸附，进而影响这些 miRNA 对靶基因的调控。另一项研究表明，具有致癌活性的 lncRNA CCAT-1 可以通过吸附肿瘤抑制因子 miR-155，调控靶基因 *MYC* 介导的 AML 细胞凋亡和分化进程。circRNA 作为一类新发现的转录调控因子，也可以作为 miRNA 海绵调控多项生物学进程，其在血液系统中的作用正逐步被揭示。

DNA 甲基化、组蛋白修饰、染色质重塑和非编码 RNA 这些表观遗传过程并不是独立的，它们之间的相互作用及串流是染色质结构及最终基因表达的重要调控因素。在不同亚型的 AML 中，PML/RARα 及 AML1-ETO 的结合位点就表现出了不同的染色质修饰特征，这些特征涉及 DNA 甲基化修饰水平、组蛋白甲基化、乙酰化及组蛋白变体等。深入解析正常造血及异常血液疾病中的不同染色质修饰特征，有利于深入理解血液病的发生机制并发掘新的治疗药物（图 35-2）。

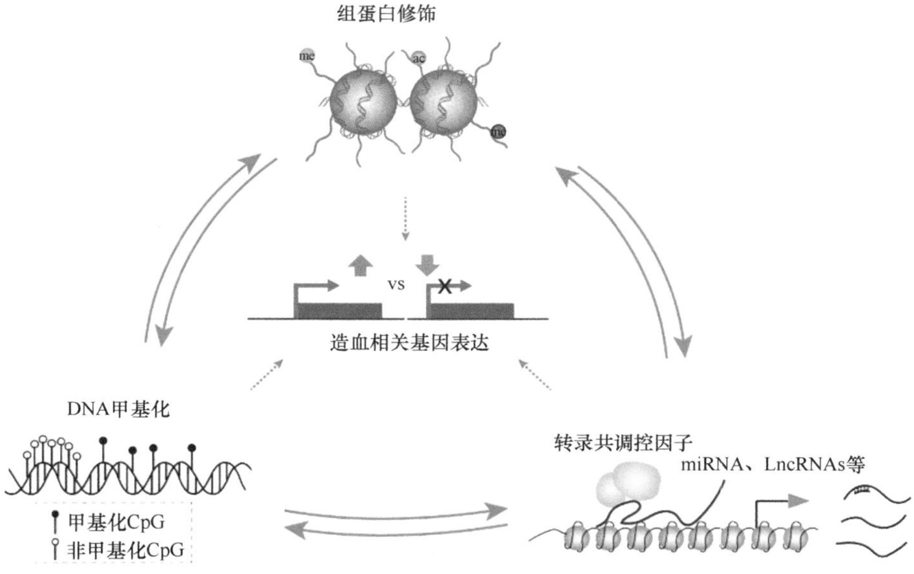

图 35-2 表观遗传调控因子的相互作用

35.4 造血异常疾病的表观遗传调控

关键概念

- HDAC 抑制剂：组蛋白去乙酰化酶（HDAC）抑制剂是通过抑制 HDAC 发挥促进组蛋白和某些非组蛋白发生乙酰化的一类化合物。HDAC 抑制剂可以通过增加组蛋白乙酰化程度，诱导细胞凋亡促进分化，抑制肿瘤血管新生及修复 DNA 损伤。
- 组蛋白甲基化修饰酶：组蛋白甲基化修饰酶是一系列与组蛋白转录后修饰有关的酶类，其中和血液系统肿瘤最为相关的是赖氨酸甲基转移酶。

随着科学技术的进步，科学家们从生物信息学、免疫学、代谢组学、表观遗传学等多方面进行肿瘤机制的探索并取得了卓有成效的结果。肿瘤中存在表观遗传的调控紊乱已得到公认，越来越多的表观遗传药物被开发出来用以辅助临床肿瘤治疗。我们以血液系统肿瘤为出发点，介绍表观遗传相关药物、作用机制及其对肿瘤病程及预后的影响。

35.4.1　造血系统疾病中常见的表观遗传药物

1. 组蛋白去乙酰化酶抑制剂

组蛋白去乙酰化酶（HDAC）抑制剂是通过抑制 HDAC 发挥促进组蛋白和某些非组蛋白发生乙酰化的一类化合物。HDAC 可在转录调控中将乙酰基团从组蛋白赖氨酸残基的 ε 氨基上移除，导致染色质凝集，发生转录抑制。HDAC 介导的去乙酰化作用还可同时影响其他核转录因子的转录活性，如 E2F1、NF-κB 和 RUNX3 等。近年来 HDAC 抑制剂虽广泛应用于心、肾、肺的纤维化、炎症性肠炎、类风湿关节炎等炎症相关疾病，并在糖尿病肾病和糖尿病胰岛 B 细胞的保护中发挥重要作用，但 HDAC 抑制剂最初却是因为在抗肿瘤治疗中的重要作用而受到关注的。HDAC 在血液系统肿瘤发病过程中，还可以起到生物标志物的作用：在急性淋巴细胞白血病中，高表达 HDAC3、HDAC7 和 HDAC9 是预后不良的标志[1]。急性髓系白血病中高表达 HDAC1 同样表示预后不良，但在霍奇金淋巴瘤中高表达 HDAC1 和在慢性淋巴细胞白血病中高表达 HDAC6 则提示预后良好。

HDAC 抑制剂是从自然资源中提取并合成的，分为异羟肟酸、苯甲酰胺、环肽类和短链脂肪酸四大类别。目前除多项相关临床试验正在进行外，多种抑制剂已成功实现单药治疗或合并用药治疗。异羟肟酸仅作用于 I 类和 II 类的 HDAC，且只有非特异性抑制作用，而短链脂肪酸对 I 类 HDAC 有一定程度的选择性抑制，苯甲酰胺和环肽类则对 HDAC1、HDAC2、HDAC3 具有高度选择性[67]。

HDAC 抑制剂可以通过增加组蛋白乙酰化程度，诱导细胞凋亡促进分化，抑制肿瘤血管新生及修复 DNA 损伤。目前认为，HDAC 抑制剂在 T 细胞淋巴瘤和骨髓瘤中治疗效果最佳，且毒副作用较小，是较为理想的治疗药物。异羟肟酸类 HDAC 抑制剂伏立诺他（Vorinostat）已于 2006 年得到美国食品药品监督管理局的批准用于治疗进展期、持续期和复发状态的皮肤 T 细胞淋巴瘤（cutaneous T cell lymphoma，CTCL），经伏立诺他治疗后，启动子结合蛋白 p21 中 HDAC1 水平显著降低。p27 基因则可维持高表达状态[68]，并且伏立诺他可以通过切除凋亡 BCL-2 家族成员 bid，对线粒体进行破坏，抑制白血病细胞增殖[69, 70]。环肽类 HDAC 抑制剂罗米地辛（Romidepsin）除 2009 年被批准治疗 CTCL 外，更在 2011 年被批准治疗外周 T 细胞淋巴瘤（peripheral T cell lymphoma，PTCL）。罗米地辛通过减少二硫键形成，令巯基和 HDAC 活化位点的 Zn 可以相互作用，同时不受底物接触干扰[71]。异羟肟酸类 HDAC 抑制剂贝利司他（Belinostat）也于 2014 年被批准用于治疗复发难治型 PTCL。帕比司他（Panobinostat）于 2015 年 2 月被批准用于多发性骨髓瘤（multiple myeloma，MM）的治疗，帕比司他作为一种强力的口服 HDAC 抑制剂，可以和硼替佐米联合用药，从多通路途径治疗多发性骨髓瘤，既往临床试验表明，采用帕比司他联合用药的方法可以使患者的完全缓解率提高 12%[72]。并且，帕比司他可以通过抑制 RNF20/RNF40/WACE3 连接酶复合体，使 H2B 发生泛素化缺失，令 MLL 重排变得不稳定，达到治疗 MLL 重排急性淋巴细胞白血病（ALL）的目的，目前在人源化小鼠治疗中反应良好，初步获得成功[73]。值得一提的是，最新的研究发现选择性 HDAC6 抑制剂在血液系统疾病的治疗中也大放异彩。例如，HDAC6 抑制剂 ACY-241 可以和抗 PD-L1 抗体联用，有效增强多发性骨髓瘤骨髓微环境的免疫能力，提高肿瘤细胞杀伤作用[74]。HDAC6 抑制剂还可以通过增强 CD20 的 mRNA 转录从而独立于 CD20 编码基因 *ms4a1*

之外实现 CD20 表达上调，改善血液乃至其他肿瘤治疗中 CD20 靶点的下调问题，可与利妥昔单抗联合治疗提高疗效[75]。同时，帕比司他对自体干细胞移植后复发难治型霍奇金淋巴瘤也取得了一定疗效，不过由此产生的副作用也不可小觑。虽然，也有研究者尝试将帕比司他用于实体瘤的治疗，然而其效果微乎其微，同血液肿瘤相去甚远[76-78]。

总而言之，虽然 HDAC 抑制剂对于血液系统肿瘤的治疗效果较好，但目前如何靶向选择 HDAC 抑制剂仍然未有全面的定论，同时 HDAC 抑制剂的使用中不可避免地存在一定程度的副作用，使用时需仔细斟酌利弊，方可进行治疗。

2. 组蛋白甲基化修饰酶

组蛋白甲基化修饰酶是一系列与组蛋白转录后修饰有关的酶类,其中和血液系统肿瘤最为相关的是赖氨酸甲基转移酶。EZH2 是一种令 H3K27 发生甲基化的赖氨酸甲基转移酶，产生的 H3K27me2、H3K27me3 与转录延长和转录抑制紧密相关，EZH2 在肿瘤的形成、进展和转移方面都扮演着不可或缺的角色。突变的 EZH2 由于功能变化，能催化产生更多的 H3K27me3，具有强大的转录抑制作用。在弥漫大 B 细胞淋巴瘤中，突变型的 EZH2 可以出现在 15%～25%的生发中心 B 细胞、12%～22%的淋巴滤泡细胞中。突变型 EZH2 的比例是否与预后相关，目前暂无研究报道。EZH2 抑制剂可以有效杀伤带有 EZH2 基因突变的细胞系，并且令经皮下移植突变型 EZH2 的弥漫大 B 细胞淋巴瘤的小鼠的病程出现转归。而 EZH2 抑制剂在同 CHOP 方案联合治疗淋巴瘤时，在体内外均发挥协同作用。近期，在携带野生型 EZH2 的非霍奇金淋巴瘤患者的治疗中，也发现 EZH2 具备一定程度的治疗作用。并且，新近的研究将 EZH2 同甲基转移酶抑制剂 LSD1 联合作用于 HL60 细胞、裸鼠和 AML 患者外周血白细胞，发现二者协同治疗 AML 的效果较前者单药治疗更加明显。另一类值得一提的组蛋白甲基化修饰酶是赖氨酸甲基转移酶 DOT1L，它可以特异性催化 H3K79 的甲基化。近年来的研究发现，在伴有 MLL 基因转位的 AML 造血干祖细胞发生肿瘤转变过程中，DOT1L 发挥着至关重要的作用。MLL 异常融合的伴侣比如 AF10、AF4、AF9 等可以直接招募 DOT1L 到靶基因上，绕过抑制转录的调控机制直接激活靶基因，由于靶基因的持续激活，转录变得异常活跃，从而导致肿瘤发生。DOT1L 抑制剂被证实可以选择性诱导带有上述 MLL 融合基因的 AML 细胞发生凋亡和分化，并在此过程中有效地逆转 MLL 相关的融合基因产生的转录信号。EPZ-5676 已作为典型的 DOT1L 抑制剂在经皮移植 AML 细胞的小鼠上成功验证了抗癌作用，目前临床研究表明，EPZ-5676 与阿糖胞苷和柔红霉素联合应用时存在协同效应，进一步证实了 DOT1L 抑制剂的应用前景。目前探索 EPZ-5676 对于 MLL 重排的 AML 患者治疗作用的临床试验正在进行中。

3. DNA 甲基转移酶抑制剂

DNA 甲基化抑制剂在肿瘤的治疗尤其是血液系统肿瘤的治疗中同样发挥着重要作用。DNMT 可以使肿瘤抑制相关的重要基因（负责细胞分化、X 染色质激活等）发生甲基化，进而抑制其功能。DNMT 抑制剂可以逆转甲基化导致的基因表达变化，并且重新激活肿瘤抑制基因。5-氮杂胞苷和地西他滨都是用于一线治疗的 DNMT 抑制剂，它们从抑制蛋白质和核酸合成的角度发挥功能，如降解 DNMT、诱导 DNA 的低甲基化、促使沉默基因激活和破坏肿瘤细胞 DNA。体外实验已证实这两种药物可以较好地促进细胞的分化和凋亡。在血红蛋白病中，因 γ 球蛋白基因发生甲基化，使血红蛋白 F（fetal hemoglobin，HbF）表达量异常降低，造成严重的溶血性贫血。阿扎胞苷和地西他滨曾被发现可以通过去甲基化作用，使 γ 球蛋白合成增加，HbF 也随之增加。可惜由于可能出现的副作用一度终止进一步研究，但当时的研究也表明这两种药物，尤其是地西他滨，可以增加血红蛋白并预防血管栓塞。MDS 是应用去甲基化药物治疗较多的一类疾病。其发病机制同细胞及分子遗传异常、表观遗传改变、骨髓微环境和免疫功能异常有关。较早的一项 III 期临床试验中，阿扎胞苷脱颖而出，同支持治疗相比，可以显著降低 MDS 的 AML 转化率（15% vs 38%），并且被证明是可以减少并预防白血病发生的首个药物[78]。而后在美国的一项 III 期临床试验（USD-0007）中，170 多名 MDS 患者被随机分到低剂量地西他滨治疗组和支持治疗组，其中 70%的患者属于 MDS 的中高危组。结果发现，地西他滨组的治疗反应率是 30%，远高于支持治疗组的 7%，并且 AML 的转化进程也显著延迟。但在后期研究中逐渐发现，和地西他滨相比，阿扎胞苷的总体反应率和患者生存获益更高，在老年和高危人群中疗效更优于地西他滨[79]。目前国内临床上广泛使用的针对 MDS 的去甲基化药物也是地西他滨和阿扎胞苷，并且被用于中、高危组患者。在 CML 的治疗中，目前一线药物为酪氨酸酶抑制剂甲磺酸伊马替尼（imatinib，IM）。但随着临床广泛的使用和治疗时间的推移，逐渐出现 IM 耐药现象，有临床研究用低剂量地西他滨对伊马替尼耐药的患者进行治疗后发现 34%的患者血液学完全缓解，20%患者有部分缓解。还有学者对处于加速期和急变期的 CML 患者进行 IM 联合地西他滨治疗研究，其中 90%患者存在 IM 抵抗，结果表明 32%的患者有血液学完全缓解。另外，酪氨酸激酶受体抑制剂尼洛替尼可以令 Sp1 依赖的 DNA 甲基转移酶下调，从整体上缓解 DNA 甲基化，使 AML 细胞克隆增殖减少，凋亡增加，并且其在治疗 DNA 甲基化转移酶表达失调的患者中也取得了良好的疗效。

4. miRNA 在血液肿瘤中的治疗作用

ncRNA 近年来作为抗肿瘤治疗的潜在靶向疗法也备受关注。仅就 miRNA 衍生出的疗法就有 miRNA 替代疗法、miRNA 抑制疗法、反义寡聚核苷酸 miRNA 靶向抑制疗法、miRNA 小分子化合物靶向疗法等。在 miRNA 调节表观遗传治疗中，miR-29 家族成员的作用至关重要。它们可以有效抑制 DNMT3A 的表达，以达到治疗目的。有学者采用纳米技术将 miR-29b 靶向运送至 AML 细胞，发现白血病细胞数量和 DNMT3A 水平均明显下降，同时还可增加肿瘤对地西他滨的敏感性。miR-34 家族也是极为重要的肿瘤抑制因子，它的三个成员 miR-34a、miR-34b、miR-34c 是 P53 通路的组成部分，通过调节细胞周期和诱导细胞凋亡来抑制肿瘤的发生。而在 AML 细胞中，miR-34a 的表达是显著下降的，同时其靶基因 *HMGB1* 的 mRNA 和蛋白质表达水平显著升高，机制研究表明过表达 miR-34a 可以有效抑制 *HMGB1* 诱导的凋亡减少和自噬增多，并且还可以有效抑制化疗诱导下的自噬加速。近期小鼠肿瘤模型中发现，通过瘤内注射等手段将 miR-34 的类似物注射入小鼠体内可以取得较好的抑癌效果[80]。miRNA let-7 家族在肿瘤中的表达水平往往与化疗敏感性相关，高水平的 let-7 同 AML 患者的良好预后相关，过表达 let-7 可以在体内外增加 AML 白血病细胞对阿糖胞苷的治疗敏感性。此外，miR-155 也是在造血和炎症过程中发挥生理性作用的一员。在淋巴肿瘤细胞中，miR-155 的表达水平显著上调。用 miR-155 靶向药物 LNA 还可以阻止 Waldenström’s 巨球蛋白血症移植小鼠的病情恶化[81]。

35.4.2　表观遗传药物综合治疗急性白血病

AML 作为成年人最常见的白血病，是由造血前体细胞的基因异常造成造血干细胞异常克隆所致，与其相关的一些融合基因编码的蛋白质，包括 AML1-ETO、PML/RARα、CBFβ-MYH11 等，可以与 DNA 结合并招募 HDAC，形成稳定的异常构象，抑制粒系分化的调控基因，促进白血病的发生。不仅如此，AML 患者中还有其他大量重复的表观遗传调控相关基因突变，这也表明表观遗传异常在 AML 的发病过程中发挥着重要作用[82, 83]。因为基因突变和表观遗传的多样性，AML 的治疗也面临着许多挑战。其中，相对于 AML 肿瘤相关的基因突变，表观遗传的异常更易纠正，且二者是目前公认的肿瘤发生的分子基础。

AML 的 III 期临床试验 NCT00071799 中报道过 5-氮杂胞苷药物阿扎胞苷相对传统治疗而言，更能延长患者总体生存率。另一项针对老年 AML 的 III 期临床试验（NCT00071799）也报道同低剂量阿糖胞苷疗法相比，地西他滨治疗组的老年 AML 患者完全缓解率有显著提高。也有 I 期和 II 期临床试验将 HDAC 抑制剂和去甲基化药物联合使用，获得了更高的 CR 率。其机制是多个表观遗传通路协同作用，达到激活肿瘤抑制基因，实现抗肿瘤的目的。HDAC 抑制剂在 AML 的单独治疗中也发挥着重要作用，环肽类抑制剂罗米地辛目前处于单药治疗复发难治性 AML 的 I 期和 II 期临床试验阶段[84]。

组蛋白甲基化酶抑制剂同样在 AML 的治疗中写下了浓墨重彩的一笔，最经典的药物是 *S*-腺苷-L-甲硫氨酸水解酶竞争性抑制剂 3-去氮腺嘌呤（3-deazaneplanocin A）DZNep，其在 EZH2 水平发挥作用，破坏细胞周期停滞，诱导细胞凋亡。DZNep 合并 HDAC 抑制剂和 DNMT 抑制剂的治疗是强有力的 AML 抗肿瘤疗法[85]。

组蛋白去甲基化酶（HDM）也是治疗 AML 的重要靶点，目前有越来越多的新分子被报道可以抑制 KDM1A（LSD1）酶，后者可以在 AML 细胞中激活癌基因并抑制分化。已有 I 期临床试验（NCT02177812）证实 HDM 可以促进分化，并且提高 AML 细胞对全反式维甲酸的敏感性。选择性 KDM1A 抑制剂 ORY-1001 在体内外均有强力抗 AML 的作用，目前已进入 I 期临床试验。另一个分子化合物 SP-2509 可以可逆地升高 H3K4me3 的水平，诱导 AML 细胞 C/EBPA、p21 和 p27 的表达上调；与 HDAC 抑制剂帕比司他合用，可以促进 AML 肿瘤细胞凋亡，提高人源化 AML 小鼠的生存率。

在诸多急性髓细胞性白血病中，APL 的治疗是从表观遗传水平进行治疗的一个特殊案例，APL 因早期即出现极严重的凝血功能异常，可导致颅脑、肺等多器官发生严重出血，死亡率极高，曾一度被认为是最凶险的白血病。1985 年，全反式维甲酸（ATRA）用于治疗 APL，使患者存活率得到极大提高，开创了全反式维甲酸治疗 APL 的新时代。1994 年，砷剂作为另一靶向药物投入 APL 的治疗，二者联合用药使得五年生存率达到 90%以上，并形成了“ATRA+ATO±化疗”的“上海方案”，使 APL 由绝症转变为“可治愈”的白血病。作为全反式维甲酸和砷剂作用的特异性靶点，PML/RARα 融合初发时即存在于 98%左右的 APL 患者中，是 APL 稳定存在的特征性基因。PML/RARα 通过多种模式发挥抑制转录、细胞分化及凋亡的作用。其中包括蛋白质同二聚体化、寡聚体化、与维甲酸 X 受体（retinoid X receptor，RXR）的相互作用、增加 DNA 聚合的亲和力，以及招募大批表观遗传相关的酶类等。其中，同二聚体化在 PML/RARα 发挥的功能最为重要。

PML/RARα 的同二聚体化是借助复合螺旋结构域（coiled-coil domain）的结合来完成的，同二聚体化的 PML/RARα 同时可以导致 RARα 的寡聚化，并与共抑制因子复合体 NCoR/SMART 相互作用，后者通过募集 HDAC，使 RARα 的部分功能受到抑制，并帮助实现 DNA 的甲基化。HDAC 不断地受到招募，令 PML/RARα 处于异常的结构环境内，生理剂量的 ATRA 的靶点受到抑制效应的影响。因为 RARα 基因调节了粒细胞分化的过程，APL 分化阻滞现象由此产生。同时，RARα 端还可以同 RXR 形成异二聚体，并同 DNA 结合，通过招募共抑制复合体来抑制靶基因转录。这一点已有学者采用 ChIP-Seq 技术完成了验证。而治疗剂量的 ATRA 的结合会解聚表观遗传相关酶类形成的酶体，如 HDAC、DNMT、MBD 等，最终使共抑制复合体分解，改善了 PML/RARα 造成的转录抑制构象。并且，治疗剂量的 ATRA 不仅可以促使组蛋白 H3 的乙酰化水平升高，更可以诱导组蛋白乙酰转移酶（P300/CBP-associated factor，PCAF）及其共同激活因子 CBP 和 p300 的表达升高，促进 PCAF 及其作用底物即乙酰化的组蛋白 H3 在核内聚集，拮抗 HDAC 的抑制作用，逆转 PML/RARα 导致的转录抑制效应，极大地促进 APL 细胞的分化，诱导临床缓解[86]。

使用表观遗传相关药物可以逆转细胞周期的静止状态，并通过促进沉默基因的转录，使得细胞周期回归正常，凋亡过程得到重启；同时可以促进 DNA 修复和细胞分化，达到治疗的目的。所以针对表观遗传异常的靶向治疗越来越受关注，如何能够更精准地完成靶向治疗而不带来非相关性表观遗传变化，是研究者们目前共同奋斗的目标。

35.5　总结与展望

表观遗传修饰不仅是造血细胞发育及分化过程不同阶段的重要调节因子，也是白血病发生的关键因素。表观遗传的正确调节保证了造血细胞发育及分化的顺利进行，而表观遗传模式的去调节状态则可能会直接或间接导致疾病的产生。首先，DNA 甲基化被认为是 HSC 命运的看守者，在造血细胞发育及分化中发挥关键作用，而 DNMT3A 的突变几乎遍及各种恶性血液病中。其次，组蛋白修饰通过影响组蛋白与 DNA 间的亲和性及染色质的疏松或凝集状态，或转录因子与 DNA 调控区的结合来发挥基因调控作用，是造血细胞发育分化过程中的重要因素。再者，更有一些组蛋白修饰酶直接参与构成白血病的主要致病融合蛋白，是白血病发生的始作俑者。最后，造血发育的各个阶段都受到一系列特异性非编码 RNA 的精确调控；在各类型血液疾病中，均存在一群异常表达的非编码 RNA，这些异常表达的非编码 RNA 可通过靶向调控多种信号途径而影响疾病的发生发展过程。因此，深入了解造血细胞正常发育分化及疾病状态时的染色质修饰特征，特别是介导这些修饰的表观调控因子的变化，可更好地理解造血相关疾病的发病机制，为预防和治疗血液系统疾病提供理论基础。

尽管确切的机制还不是很明了，但近年来表观遗传研究层面的迅猛发展无疑拓展了我们对疾病的理解。此外，表观遗传修饰具有高度的可逆性和易于调控性，为造血系统相关疾病的预防、诊断及治疗提供了全新的思路，研究针对血液疾病相关基因的表观遗传策略有望为疾病的治疗开拓新的方向。现在，已有多种 DNA 甲基化抑制剂、组蛋白去乙酰化酶抑制剂、组蛋白甲基化酶调节剂、miRNA 替代物或抑制剂等用于临床或处于临床试验阶段。表观遗传药物与其他抗肿瘤药物的联用更是取得了可喜的成果。

表观遗传方法学的进步以及生物信息学的渗透，使得新发现的表观遗传调控因子越来越多，表观遗传的家族越来越大，如环状 RNA 已被证明可协同异常融合蛋白共同促进急性髓细胞白血病的进展及药物抵抗。然而越来越多的问题也开始突显。首先，对于表观遗传调控因子如何导致造血异常的机制研究还远远不够。目前的研究多数集中于通过实验手段干预特定的表观调控因子，再观察其对疾病病程的影响，但这些表观调控因子的靶基因及与特定靶基因的表达改变之间的关联尚不明朗。表观遗传与各种癌基因、抑癌基因等基因层面的变化是如何相互作用，共同维持正常造血分化或者导致异常的血液系统疾病的？表观遗传与基因层面的变化与疾病的发生发展孰先孰后？表观遗传是主导因素还是伴随因素？这些问题尚没有明确的答案。

另外，表观遗传各层面的相互作用有可能也是未来研究的重点。DNA 甲基化、组蛋白修饰、非编码 RNA、染色质重塑等，这些表观遗传不同层面的作用和机制尽管不同，但相互间的协同和拮抗作用已然成为造血细胞发育分化及血液病相关转录级联调控网络的重要组分。利用表观遗传的可逆性特点发展出来的表观遗传治疗策略固然前景可瞻，但表观遗传学小分子药物通常具有多效性，且可能引起 DNA 损伤和细胞毒性，其潜在副作用尚需仔细考察。

表观遗传修饰的作用、机制及治疗潜能仍处于不断探索的过程中。随着表观遗传学的研究和发展，该领域会为造血系统正常发育分化及相关疾病的机制研究提供新的理论基础，也可为疾病的早期诊断、治疗和预后提供潜在的分子标志物。

参 考 文 献

[1] Wu, M. *et al.* Imaging hematopoietic precursor division in real time. *Cell Stem Cell* 1, 541-554(2007).

[2] Sashida, G. & Iwama, A. Epigenetic regulation of hematopoiesis. *Int J Hematol* 96, 405-412(2012).

[3] Wang, Z. & Ema, H. Mechanisms of self-renewal in hematopoietic stem cells. *Int J Hematol* 103, 498-509(2016).

[4] Weishaupt, H. *et al.* Epigenetic chromatin states uniquely define the developmental plasticity of murine hematopoietic stem cells. *Blood* 115, 247-256(2010).

[5] Sharma, S. & Gurudutta, G. Epigenetic regulation of hematopoietic stem cells. *Int J Stem Cells* 9, 36-43(2016).

[6] Cullen, S. M. *et al.* Hematopoietic stem cell development: an epigenetic journey. *Curr Top Dev Biol* 107, 39-75(2014).

[7] Zhou, B. O. *et al.* Leptin-receptor-expressing mesenchymal stromal cells represent the main source of bone formed by adult bone marrow. *Cell Stem Cell* 15, 154-168(2014).

[8] Bowers, M. *et al.* Osteoblast ablation reduces normal long-term hematopoietic stem cell self-renewal but accelerates leukemia development. *Blood* 125, 2678-2688(2015).

[9] Istvanffy, R. *et al.* Stroma-derived connective tissue growth factor maintains cell cycle progression and repopulation activity of hematopoietic stem cells in vitro. *Stem Cell Reports* 5, 702-715(2015).

[10] Bock, C. *et al.* DNA methylation dynamics during *in vivo* differentiation of blood and skin stem cells. *Mol Cell* 47, 633-647(2012).

[11] Broske, A. M. *et al.* DNA methylation protects hematopoietic stem cell multipotency from myeloerythroid restriction. *Nat Genet* 41, 1207-1215(2009).

[12] Ji, H. *et al.* Comprehensive methylome map of lineage commitment from haematopoietic progenitors. *Nature* 467, 338-342(2010).

[13] Moran-Crusio, K. *et al.* Tet2 loss leads to increased hematopoietic stem cell self-renewal and myeloid transformation. *Cancer Cell* 20, 11-24(2011).

[14] Mochizuki-Kashio, M. *et al.* Dependency on the polycomb gene Ezh2 distinguishes fetal from adult hematopoietic stem cells. *Blood* 118, 6553-6561(2011).

[15] Heideman, M. R. *et al.* Sin3a-associated Hdac1 and Hdac2 are essential for hematopoietic stem cell homeostasis and contribute differentially to hematopoiesis. *Haematologica* 99, 1292-1303(2014).

[16] Chen, X. *et al.* G9a/GLP-dependent histone H3K9me2 patterning during human hematopoietic stem cell lineage commitment. *Genes Dev* 26, 2499-2511(2012).

[17] Abraham, B. J. *et al.* Dynamic regulation of epigenomic landscapes during hematopoiesis. *BMC Genomics* 14, 193(2013).

[18] Vu, L. P. *et al.* PRMT4 blocks myeloid differentiation by assembling a methyl-RUNX1-dependent repressor complex. *Cell Rep* 5, 1625-1638(2013).

[19] Wang, C. *et al.* Shlnc-EC6 regulates murine erythroid enucleation by Rac1-PIP5K pathway. *Dev Growth Differ* 57, 466-473(2015).

[20] Luo, M. *et al.* Long non-coding RNAs control hematopoietic stem cell function. *Cell Stem Cell* 16, 426-438(2015).

[21] Goyama, S. & Kitamura, T. Epigenetics in normal and malignant hematopoiesis: An overview and update 2017. *Cancer Sci* 108, 553-562(2017).

[22] Haladyna, J. N. *et al.* Epigenetic modifiers in normal and malignant hematopoiesis. *Epigenomics* 7, 301-320(2015).

[23] Li, K. K., *et al.* DNA Methyltransferases in Hematologic Malignancies. *Seminars in Hematology* 50, 48-60(2013).

[24] Butler, J. S. & Dent, S. Y. The role of chromatin modifiers in normal and malignant hematopoiesis. *Blood* 121, 3076-3084(2013).

[25] Chung, Y. R. *et al.* Epigenetic alterations in hematopoietic malignancies. *Int J Hematol* 96, 413-427(2012).

[26] Cole, C. B. *et al.* PML-RARA requires DNA methyltransferase 3A to initiate acute promyelocytic leukemia. *J Clin Invest* 126, 85-98(2016).

[27] Gore, A. V. & Weinstein, B. M. DNA methylation in hematopoietic development and disease. *Exp Hematol* 44, 783-790(2016).

[28] Solary, E. *et al.* The ten-eleven translocation-2(TET2)gene in hematopoiesis and hematopoietic diseases. *Leukemia* 28, 485-496(2014).

[29] Medeiros, B. C. *et al.* Isocitrate dehydrogenase mutations in myeloid malignancies. *Leukemia* 31, 272-281(2017).

[30] Deshpande, A. J. *et al.* AF10 regulates progressive H3K79 methylation and HOX gene expression in diverse AML subtypes. *Cancer Cell* 26, 896-908(2014).

[31] Goyama, S. & Kurokawa, M. Evi-1 as a critical regulator of leukemic cells. *Int J Hematol* 91, 753-757(2010).

[32] Morishita, K. Leukemogenesis of the EVI1/MEL1 gene family. *Int J Hematol* 85, 279-286(2007).

[33] Zhu, X. *et al.* Identification of functional cooperative mutations of SETD2 in human acute leukemia. *Nat Genet* 46, 287-293(2014).

[34] Moreno, D. A. *et al.* Differential expression of HDAC3, HDAC7 and HDAC9 is associated with prognosis and survival in childhood acute lymphoblastic leukaemia. *Br J Haematol* 150, 665-673(2010).

[35] Gruhn, B. *et al.* The expression of histone deacetylase 4 is associated with prednisone poor-response in childhood acute lymphoblastic leukemia. *Leuk Res* 37, 1200-1207(2013).

[36] Cammarata, G. *et al.* Differential expression of specific microRNA and their targets in acute myeloid leukemia. *Am J Hematol* 85, 331-339(2010).

[37] Mi, S. *et al.* MicroRNA expression signatures accurately discriminate acute lymphoblastic leukemia from acute myeloid leukemia. *Proceedings of the National Academy of Sciences of the United States of America* 104, 19971-19976(2007).

[38] Wang, X. *et al.* MicroRNA: an important regulator in acute myeloid leukemia. *Cell Biol Int* 41, 936-945(2017).

[39] Fazi, F. *et al.* A minicircuitry comprised of microRNA-223 and transcription factors NFI-A and C/EBPalpha regulates human granulopoiesis. *Cell* 123, 819-831(2005).

[40] Hu, X. L. & Tang, A. P. Expression of miR-155 in acute myeloid leukemia and its clinical significance. *Zhongguo Shi Yan Xue Ye Xue Za Zhi* 24, 980-984(2016).

[41] Xue, H. *et al.* SHIP1 is targeted by miR-155 in acute myeloid leukemia. *Oncol Rep* 32, 2253-2259(2014).

[42] Saussele, S. & Silver, R. T. Management of chronic myeloid leukemia in blast crisis. *Ann Hematol* 94 Suppl 2, S159-165(2015).

[43] Di Stefano, C. *et al.* The roles of microRNAs in the pathogenesis and drug resistance of chronic myelogenous leukemia(Review). *Oncol Rep* 35, 614-624(2016).

[44] Seca, H. *et al.* Targeting miR-21 induces autophagy and chemosensitivity of leukemia cells. *Curr Drug Targets* 14, 1135-1143(2013).

[45] Jiang, L. H. *et al.* miR-21 regulates tumor progression through the miR-21-PDCD4-Stat3 pathway in human salivary adenoid cystic carcinoma. *Lab Invest* 95, 1398-1408(2015).

[46] Hunger, S. P. & Mullighan, C. G. Acute lymphoblastic leukemia in children. *N Engl J Med* 373, 1541-1552(2015).

[47] Mavrakis, K. J. *et al.* Genome-wide RNA-mediated interference screen identifies miR-19 targets in Notch-induced T-cell acute lymphoblastic leukaemia. *Nat Cell Biol* 12, 372-379(2010).

[48] Organista-Nava, J. *et al.* Regulation of the miRNA expression by TEL/AML1, BCR/ABL, MLL/AF4 and TCF3/PBX1 oncoproteins in acute lymphoblastic leukemia(Review). *Oncol Rep* 36, 1226-1232(2016).

[49] Nabhan, C. & Rosen, S. T. Chronic lymphocytic leukemia: a clinical review. *JAMA* 312, 2265-2276(2014).

[50] Calin, G. A. *et al.* A MicroRNA signature associated with prognosis and progression in chronic lymphocytic leukemia. *N Engl J Med* 353, 1793-1801(2005).

[51] Cimmino, A. *et al.* miR-15 and miR-16 induce apoptosis by targeting BCL2. *Proceedings of the National Academy of Sciences of the United States of America* 102, 13944-13949(2005).

[52] Klein, U. *et al.* The DLEU2/miR-15a/16-1 cluster controls B cell proliferation and its deletion leads to chronic lymphocytic leukemia. *Cancer Cell* 17, 28-40(2010).

[53] Thai, T. H. *et al.* Regulation of the germinal center response by microRNA-155. *Science* 316, 604-608(2007).

[54] Jackson, G. *et al.* Bortezomib, a novel proteasome inhibitor, in the treatment of hematologic malignancies. *Cancer Treat Rev* 31, 591-602(2005).

[55] Balatti, V. *et al.* Role of microRNA in chronic lymphocytic leukemia onset and progression. *J Hematol Oncol* 8, 12(2015).

[56] Rhyasen, G. W. & Starczynowski, D. T. Deregulation of microRNAs in myelodysplastic syndrome. *Leukemia* 26, 13-22(2012).

[57] Zhou, Y. *et al.* High-risk myeloma is associated with global elevation of miRNAs and overexpression of EIF2C2/AGO2. *Proceedings of the National Academy of Sciences of the United States of America* 107, 7904-7909(2010).

[58] Roccaro, A. M. *et al.* MicroRNAs 15a and 16 regulate tumor proliferation in multiple myeloma. *Blood* 113, 6669-6680(2009).

[59] Zhang, Y. K. *et al.* Overexpression of microRNA-29b induces apoptosis of multiple myeloma cells through down regulating Mcl-1. *Biochem Biophys Res Commun* 414, 233-239(2011).

[60] Ahmad, N. *et al.* MicroRNA theragnostics for the clinical management of multiple myeloma. *Leukemia* 28, 732-738(2014).

[61] Chen, Z. H. *et al.* The lncRNA HOTAIRM1 regulates the degradation of PML-RARA oncoprotein and myeloid cell differentiation by enhancing the autophagy pathway. *Cell Death Differ* 24, 212-224(2017).

[62] Trimarchi, T. *et al.* Genome-wide mapping and characterization of Notch-regulated long noncoding RNAs in acute leukemia. *Cell* 158, 593-606(2014).

[63] Doose, G. *et al.* MINCR is a MYC-induced lncRNA able to modulate MYC's transcriptional network in Burkitt lymphoma cells. *Proceedings of the National Academy of Sciences of the United States of America* 112, E5261-5270(2015).

[64] Salzman, J. *et al.* Circular RNAs are the predominant transcript isoform from hundreds of human genes in diverse cell types. *PLoS One* 7, e30733(2012).

[65] Guarnerio, J. *et al.* Oncogenic role of fusion-circRNAs derived from cancer-associated chromosomal translocations. *Cell* 166, 1055-1056(2016).

[66] Baer, C. *et al.* Extensive promoter DNA hypermethylation and hypomethylation is associated with aberrant microRNA expression in chronic lymphocytic leukemia. *Cancer Research* 72, 3775-3785(2012).

[67] Kilgore, M. *et al.* Inhibitors of class 1 histone deacetylases reverse contextual memory deficits in a mouse model of Alzheimer's disease. *Neuropsychopharmacology* 35, 870-880(2010).

[68] Ogura, M. *et al.* A multicentre phase II study of vorinostat in patients with relapsed or refractory indolent B-cell non-Hodgkin lymphoma and mantle cell lymphoma. *British Journal of Haematology* 165, 768-776(2014).

[69] Zhao, Y. *et al.* Inhibitors of histone deacetylases target the Rb-E2F1 pathway for apoptosis induction through activation of proapoptotic protein Bim. *Proceedings of the National Academy of Sciences of the United States of America* 102, 16090-16095(2005).

[70] Ruefli, A. A. *et al.* The histone deacetylase inhibitor and chemotherapeutic agent suberoylanilide hydroxamic acid(SAHA)induces a cell-death pathway characterized by cleavage of Bid and production of reactive oxygen species.

Proceedings of the National Academy of Sciences of the United States of America 98, 10833-10838(2001).

[71] Furumai, R. *et al.* FK228 (depsipeptide) as a natural prodrug that inhibits class I histone deacetylases. *Cancer Research* 62, 4916-4921(2002).

[72] San-Miguel, J. F. *et al.* Panobinostat plus bortezomib and dexamethasone versus placebo plus bortezomib and dexamethasone in patients with relapsed or relapsed and refractory multiple myeloma: a multicentre, randomised, double-blind phase 3 trial. *The Lancet. Oncology* 15, 1195-1206(2014).

[73] Garrido Castro, P. *et al.* The HDAC inhibitor panobinostat (LBH589) exerts *in vivo* anti-leukaemic activity against MLL-rearranged acute lymphoblastic leukaemia and involves the RNF20/RNF40/WAC-H2B ubiquitination axis. *Leukemia* 32, 323-331(2018).

[74] Ray, A. *et al.* Combination of a novel HDAC6 inhibitor ACY-241 and anti-PD-L1 antibody enhances anti-tumor immunity and cytotoxicity in multiple myeloma. *Leukemia* 32, 843-846(2018).

[75] Bobrowicz, M. *et al.* HDAC6 inhibition upregulates CD20 levels and increases the efficacy of anti-CD20 monoclonal antibodies. *Blood* 130, 1628-1638(2017).

[76] Rathkopf, D. E. *et al.* A phase 2 study of intravenous panobinostat in patients with castration-resistant prostate cancer. *Cancer Chemotherapy and Pharmacology* 72, 537-544(2013).

[77] Hainsworth, J. D. *et al.* A phase II trial of panobinostat, a histone deacetylase inhibitor, in the treatment of patients with refractory metastatic renal cell carcinoma. *Cancer Investigation* 29, 451-455(2011).

[78] de Marinis, F. *et al.* A phase II study of the histone deacetylase inhibitor panobinostat (LBH589) in pretreated patients with small-cell lung cancer. *Journal of Thoracic Oncology* 8, 1091-1094(2013).

[79] Xie, M. *et al.* Comparison between decitabine and azacitidine for the treatment of myelodysplastic syndrome: a meta-analysis with 1, 392 participants. *Clinical Lymphoma, Myeloma & Leukemia* 15, 22-28(2015).

[80] Trang, P. *et al.* Systemic delivery of tumor suppressor microRNA mimics using a neutral lipid emulsion inhibits lung tumors in mice. *Molecular Therapy* 19, 1116-1122(2011).

[81] Miyanaga, A. *et al.* Antitumor activity of histone deacetylase inhibitors in non-small cell lung cancer cells: development of a molecular predictive model. *Molecular Cancer Therapeutics* 7, 1923-1930(2008).

[82] Kumar, C. C. Genetic abnormalities and challenges in the treatment of acute myeloid leukemia. *Genes & Cancer* 2, 95-107(2011).

[83] Gallipoli, P. *et al.* Epigenetic regulators as promising therapeutic targets in acute myeloid leukemia. *Therapeutic advances in hematology* 6, 103-119(2015).

[84] Yoshimi, A. & Kurokawa, M. Key roles of histone methyltransferase and demethylase in leukemogenesis. *Journal of Cellular Biochemistry* 112, 415-424(2011).

[85] Fiskus, W. *et al.* Combined epigenetic therapy with the histone methyltransferase EZH2 inhibitor 3-deazaneplanocin A and the histone deacetylase inhibitor panobinostat against human AML cells. *Blood* 114, 2733-2743(2009).

[86] Sunami, Y. *et al.* Histone acetyltransferase p300/CREB-binding protein-associated factor (PCAF) is required for all-trans-retinoic acid-induced granulocytic differentiation in leukemia cells. *The Journal of Biological Chemistry* 292, 2815-2829(2017).

王侃侃 博士，上海交通大学医学院附属瑞金医院研究员，博士研究生导师，上海血液学研究所和医学基因组学国家重点实验室项目负责人。1997～2002 年于加拿大多伦多大学医学中心玛格丽特公主医院从事白血病功能基因组学研究。回国后，围绕白血病发病和治疗的分子机制，在基础研究、临床转化和技术手段等方面取得了系统性的原创性成果。从广度上，应用高通量和多组学的研究理念揭示白血病受累的融合蛋白全基因组和表观遗传学水平的的转录调控模式；从深度上，应用分子、细胞和动物实验详细解析融合蛋白调控的多个关键基因，以及非编码 RNA 在白血病发生及治疗中的功能；从临床应用角度，揭示多种白血病有效治疗方案的调控机制，并发现特异性诱导急性髓细胞白血病干细胞凋亡的小分子化合物；还开发了一系列具有自主知识产权的高通量数据分析方法。先后在 *Cancer Cell*、*Blood*、*PNAS*、*Oncogene* 等国际刊物发表论文 50 余篇，累计影响因子 300 余分，获中国和美国专利授权各 1 项及软件著作权授权 3 项。主持国家自然科学基金面上和重点项目、973 项目和 863 项目等多项科研项目，获教育部自然科学奖一等奖、上海市科学技术奖一等奖、中华医学科技奖二等奖、上海医学科技奖一等奖多项学术奖励。

第 36 章　表观遗传与免疫细胞分化及自身免疫病

陆前进[1,2]　赵　明[1]

1. 中南大学湘雅二医院；2. 中国医学科学院皮肤病医院（研究所）

本章概要

表观遗传调控是指 DNA 序列不改变的情况下发生可遗传的修饰，从而改变基因的表达。免疫系统的正常发育与表观遗传调控密不可分，T 细胞、B 细胞及树突状细胞在发育发展过程中，受到一系列表观遗传机制的严密调控，一旦出现调控异常就可能导致免疫相关疾病。本章以自身免疫性疾病为主，详细阐述几种常见的自身免疫疾病与表观遗传修饰异常之间的关系。主要从 DNA 甲基化、组蛋白修饰、微小 RNA 的调控异常与系统性红斑狼疮、银屑病、类风湿关节炎、硬皮病、干燥综合征的关系进行阐述，概述了这一领域近年来取得的最新研究进展，这不仅增加了我们对自身免疫性疾病的理解，同时也为未来通过表观遗传作用靶点治疗自身免疫疾病提供了有益的指导。

36.1　免疫细胞的发育和分化

关键概念

- DNA 甲基化在初始 T 细胞分化为 Th1 和 Th2 细胞过程中起到了关键作用。
- 在静止的记忆性 B 细胞中，组蛋白赖氨酸的甲基化与活化的 B 细胞相比明显降低。

免疫系统发挥正常功能与表观遗传调控密不可分。骨髓所产生的前体 T 细胞选择性迁移至胸腺。胸腺从结构上由外而内分为皮质和髓质，T 细胞由皮质到髓质分别为不成熟和成熟的 T 细胞。成熟的 T 细胞由髓质离开进入外周淋巴组织。前体 T 细胞产生多个子代在皮质和髓质交界处进入胸腺，然后进入被膜下的皮质区，并在皮质区快速迁移及经历选择过程，以致 95%以上的皮质胸腺细胞死亡，从而保证自身 MHC 限制的、对外来抗原特异性的 T 细胞及其受体的发育，以及对自身抗原亲和力过高以至于可能发生自身免疫反应的 T 细胞得以清除。B 细胞来源于骨髓，造血干细胞需要 1～2 周的时间分化为成熟的 B 细胞。B 细胞上表达的分子和黏附分子等与 B 细胞的分化、增殖和迁移有关。成熟的 B 细胞离开骨髓后，进一步分化为浆细胞和记忆性 B 细胞，在分化过程中形成能识别大量抗原并去除自身免疫反应性的 B 细胞。树突状细胞（DC）主要分为经典的 DC（cDC）、浆样 DC（pDC）和朗格汉斯细胞（Langerhans cell）。每一种亚群都有其独特的细胞表面标记和功能。

36.1.1　T 细胞发育分化过程中的表观遗传变化

DNA 甲基化在胚胎发育、造血干细胞发育和分化中起到了重要作用。同样，DNA 甲基化及相关的酶

（DNMT1、DNMT3a 和 DNMT3b）在 T 细胞和 B 细胞发育中也起到重要的作用[1]。

Th 细胞各个亚群的全基因组 DNA 甲基化谱至今还没有完成，但很多研究发现不少免疫相关的基因都受到 DNA 甲基化调节，如 DNA 甲基化在初始 T 细胞分化为 Th1 和 Th2 细胞中起到了关键作用[2, 3]。在人体中，*IFNG* 基因在初始 T 细胞中表现为高甲基化，并仅在分化为 Th1 细胞的过程中表现为去甲基化，而在 Th2 细胞中表现为高甲基化[4, 5]。相反，IL4 和 IL13 启动子区的第二个内含子的低甲基化是在 Th2 细胞中特异性表达的[6]。Th17 细胞的标志性细胞因子 IL-17A 和转录因子 RORC 在 Th17 细胞分化的过程中也表现为 DNA 低甲基化[7]。另外，Tfh 细胞重要的转录因子 Bcl-6 在分化过程中表现为羟甲基化水平降低[8]。*IL2* 基因在 T 细胞增殖过程中表现为低甲基化[9]，然而甲基化的丢失与增殖的频率没有直接的关系[10]。

DNA 甲基化还调控了 Treg 细胞的特异性转录因子 Foxp3 及其免疫抑制功能[11]。与其他 $CD4^+$T 细胞相比，Treg 细胞中的 *FoxP3*、*Ctla4* 和 *Ikzf4* 基因表现为 DNA 去甲基化。再者，在 DNMT1 缺失时，TCR 刺激以诱导胸腺内的 Treg 细胞，说明 DNA 甲基化是 *Foxp3* 在非 Treg 细胞中不表达的重要调控途径[12]。

虽然在 $CD8^+$ T 细胞中关于表观遗传调控的研究远远少于 $CD4^+$T 细胞，但也有一些研究发现，如 DNMT1 在 $CD8^+$T 细胞的分化、存活和功能等方面具有重要作用，而关于 DNMT3a 和 DNMT3b 的研究还没有[13]。效应 T 细胞相关的基因（如 *Gzmb* 和 *Ifng*）与初始 T 细胞相比，表现为低甲基化，而与自身稳态相关的基因（如 *Tcf7*）在效应 T 细胞中表现为高甲基化[14]。

在 Th1 细胞分化过程中，*IFNG* 位点表现为 H4 乙酰化和 H3K4me3 的标记；而在 Th2 细胞分化中，IFN-γ 的表达受到 H3K27me3/2 的抑制[15]。类似地，在 Th17 细胞中 *IL17A* 和 *IL17F* 受到活化相关的 H3K27Ac 和 H3K4me3 修饰[16]。分化相关的转录因子，如 *Tbx21*、*Gata3* 和 *RORC*，同时受到活化性的 H3K4me3 和抑制性的 H3K27me3 的修饰[17]，这可能为 Th 细胞的转录因子表达的变化和高度可塑性提供了很好的依据。因此，在初始 T 细胞中，这些转录因子的组蛋白都受到甲基化和抑制性的组蛋白修饰的调控；而在分化过程中，Th1 和 Th2 细胞特异性位点，如 Th1 细胞中的 *IFNG* 和 *Tbx21* 以及 Th2 细胞中的 *IL4*、*IL13* 和 *GATA3*，丢失抑制性的组蛋白修饰并获得活化性的组蛋白修饰标记[18]。相似的，Th17 细胞特异性的基因，如 *IL17A* 和 *IL17F*，也受到活化性组蛋白修饰标志 H3K27Ac 和 H3K4me3 的修饰。另外，在 Th9 的分化中也发现了相似的现象。例如，在初始 T 细胞向 Th9 细胞分化的过程中，PU.1 启动子区促表达的组蛋白修饰增加，抑制性组蛋白修饰降低，说明 Th9 细胞分化也受到组蛋白修饰的调控[19]。再者，Tfh 细胞与其他 Th1、Th2 和 Th17 细胞分化相关的转录因子和细胞因子相互作用。当 H3K4me3 在非 Tfh 细胞的 *Bcl6* 基因上，说明这些 Th 细胞可在诱导的作用下表达 Tfh 细胞相关的标记[20]。

最新的一项单细胞测序研究发现，$CD8^+$ T 细胞由初始细胞分化为效应性和记忆性细胞时受到了 H3K27me3 等组蛋白修饰的调节[21]，并且此过程与衰老有关[22]。在记忆性 T 细胞的 Eomes 基因的第一外显子中 H3K9Ac 的水平明显高于初始 T 细胞[23]。另外，在 Blimp-1 和 KLRG1 的基因上发现高表达水平的 H3K4me3 和低表达水平的 H3K27me3，而在初始 T 细胞中具有相反的现象[24]。

36.1.2 B 细胞发育分化过程中表观遗传学变化

Blimp-1 在浆细胞分化中起到了关键的作用，而与 Bcl-6 相互制约，这种制约的关系可能与组蛋白修饰有关。当 Bcl-6 与 HDAC 的结合减少时，HDAC 与 Blimp-1 启动子区的结合增加，以至于 Blimp-1 的表达增加[25, 26]。再者，HDAC 抑制剂曲古抑菌素 A（trichostatin A，TSA）可增加 Blimp-1 和 CD138 表达，证明组蛋白修饰在 B 细胞分化中的重要作用。另外，有研究证实 Blimp-1 的表达受到 miRNA 的调控，如 miR-125b[27]、miR-127[28]、miR-9[29]、miR-30[28]、miR-146a[306]及 let-7b[31]。此外，miR-155 近年来被证实在 GC B 细胞中高表达，并与 B 细胞的分化相关。在 miR-155 缺失的小鼠中，发现了减少的 GC B 细胞和具有抗体分泌能力的记忆性 B 细胞[32-34]。

研究表明，与记忆性 B 细胞相关的分子，如 CD38 和 CD27 等，受到组蛋白修饰的调节。在静止的记忆性 B 细胞中，组蛋白赖氨酸的甲基化与活化的 B 细胞相比明显降低[35]。而 H3K27me3 的催化酶 Ezh2 在 GC B 细胞中明显升高；抑制 Ezh2 的活性将导致记忆性 B 细胞的减少、GC 反应降低和抗体减少[36]。再者，DNA 甲基化也在 B 细胞分化中起到作用。例如，DNMT 在记忆性 B 细胞中高表达，并且与免疫相关的基因都表现出特异性的 DNA 甲基化修饰规律[37]。miR-125b 和 let-7 也被发现能负性调控 Blimp-1 的表达[27, 31]。miR-16 和 miR-15a 发现能通过靶向作用 Bcl-2 来调控记忆性 B 细胞[38]。另外，miR-223 和 miR-155 发现能分别通过靶向作用于 LMO2 和 AID 来调节记忆性 B 细胞的分化[39]。

36.1.3 树突状细胞发育分化与表观遗传修饰

树突状细胞（DC）的发育和分化受到表观遗传修饰的调控。研究发现，pDC 和 moDC 表现为 H3K4me1 和 H3K27Ac 的修饰基因具有明显的差异。pDC 特异性基因上 H3K4me1 和 H3K27Ac 修饰的量明显高于 moDC 特异性的基因[40]。在 moDC 中也观察到了类似的现象[41]。另外，miRNA 在 DC 的分化中也扮演了非常重要的角色。例如，miR-221 和 miR-222 参与了 DC 前体分化为 pDC 的过程，miR-21 和 miR-34a 参与了 moDC 分化的过程。而在未成熟的朗格汉斯细胞中 miR-146a 特异性升高，moDC 中 miR-142-3p 和 miR-221 特异性升高。在分化成熟的 pDC 中 miR-155*和 miR-155 升高，cDC 中 miR-155 升高，而在 moDC 中 miR-155 升高、miR-221 和 miR-142-3p 特异性降低。这些 miRNA 调控的靶基因为调控 DC 分化成熟非常重要的基因，如 c-Fos、KPC1、SOCS-1、TAB2、PU.1、DC-SIGN 和 IL-6 等[42]。最新的研究发现，lnc-RNA 通过靶向作用于 STAT3，调控了 DC 的活化[43]。除此之外，DNA 甲基化也参与了 DC 的活化和分化，甲基化转移酶 SETD2 通过作用于 STAT1 调控了 DC 的活化和 I 型干扰素的分泌[44]；羟甲基化酶 TET2 在 DC 介导的炎症中起到了重要作用[45]；DNMT3a 通过升高 HDAC9 从而增强 DC 的抗病毒能力[46]。因此，表观遗传调控在 DC 的分化、活化和功能的执行中都起到了非常重要的作用。

36.2 DNA 去甲基化与免疫基因激活

关键概念

- 基因调控序列 DNA 低甲基化水平与转录基因活化调控有关。
- DNA 去甲基化对基因进行调控并影响自身免疫性的疾病发生发展。

DNA 甲基化是一种相对稳定的遗传修饰，参与基因表达、细胞分化、基因组印记、副突变、转座子转移、X 染色体失活和胚胎发育。DNA 去甲基化则分为被动型和主动型。DNA 被动去甲基化途径广泛存在于动植物中，是与 DNA 复制相关的去甲基化。一般而言，基因调控序列 DNA 低甲基化水平与转录基因活化调控有关。基因激活的过程首先是对目的基因的识别，然后使其转录序列 DNA 去甲基化，使沉默的染色质转变为激活状态。例如，氧自由基（ROS）可引起 DNA 氧化损伤，并同时能抑制甲基转移酶的活性，从而通过抑制邻位胞嘧啶分子的甲基化而去甲基化，导致基因表达异常。

5hmC 是 DNA 去甲基化修饰关键的中间环节，近年来，5hmC 修饰被认为在胚胎发育、基因组印记、基因沉默及基因表达中起了重要作用[47, 48]。在胚胎发育过程中，人胚胎干细胞（human embryonic stem cell，hESC）的分化与 5mC 及 5hmC 密切相关。而在 hESC 中，由 DNMT3a/3b 参与的从头合成 5mC，是 5hmC

合成的重要前提。对小鼠的 ESC 研究发现，在缺乏 Dnmt1 和 Dnmt3a/3b 时，5hmC 含量较少且不再具有调节细胞多能性的功能[49]。表观基因组学研究发现，小鼠 ESC 与分化细胞相比，具有较多的 5hmC 修饰及较高的 TET1 基因表达水平[50]。然而，在浦肯野（Purkinje）细胞终末分化时，在 5hmC 水平又出现增高的现象。随着小鼠 ESC 的分化，TET 蛋白表达下降，继而导致与 ESC 特异性基因启动子区的 5hmC 修饰降低，同时伴随着 5mC 水平的增加及相关基因的沉默。在 hESC 分化过程中发现，与神经形成相关的基因（*NOTCH1*、*RGMA* 及 *AKT1*）内部发生了 5hmC 修饰，并导致基因上调；而与细胞多能性相关的基因（*POUF1*、*ZFP42* 及 *HMGA1*）启动子区域发生了 5mC 修饰，从而出现基因下调[51]。

DNA 去甲基化对基因进行调控并影响自身免疫性的疾病发生发展。有研究发现，系统性红斑狼疮患者 $CD4^+$ T 细胞中 *PPARG* 和 *MALT1* 基因 mRNA 表达水平异常升高，并与其启动子区 DNA 羟甲基化水平呈正相关。在骨关节炎患者中，软骨细胞 TET1 蛋白减少，同时 5hmC 表达明显增高[52]。

肿瘤与 DNA 去甲基化研究已较常见。恶性肿瘤如肺癌、乳腺癌、白血病、肝癌中，5hmC 水平明显降低。*TET1* 基因被发现可与混合细胞系白血病（mimixed lineage lleukemia，MLL）基因发生融合，导致 *TET1* 基因表达异常增高，5hmC 水平增加[53]。另外，肿瘤中 5hmC 的异常表达与其抑癌基因的甲基化水平改变相关。肿瘤抑制基因亮氨酸拉链抑癌基因（leucine zipper，putative tumor suppressor 1，*LZTS1*）能影响乳腺癌细胞的转移过程，研究发现 *LZTS1* 转录起始位点 5hmC 水平降低可导致 *LZTS1* 表达下调，增加癌细胞转移发生率[54]。

36.3 增强子对免疫细胞分化的调控

关键概念

- 转录因子在 T 细胞发育和激活过程中具有重要作用，例如，Tcf1（T cell factor 1）和 Lef1（lymphoid enhancer factor 1）对 T 细胞的分化至关重要。
- 转录因子如 PU.1、EBF、E2A、Pax5 等，均不同程度地通过增强子来影响 B 细胞的定向分化发育过程。

事实上，我们已了解了很多决定免疫细胞命运的关键转录因子和可溶性因子（如细胞因子）。最新的研究结果能帮助我们更好地理解这些因子如何调节基因组以及如何决定免疫细胞发育。通常内在和外在信号通过转录因子起作用来激活增强子位点，进而控制细胞特异性基因表达。

36.3.1 T 细胞

谱系特异性转录因子的诱导是由细胞因子启动的，而细胞因子接收由激活信号转导和激活转录（signal transducer and activator and transcription，STAT）家族成员的受体释放的信号，从而将细胞因子环境和转录调控连接起来。不同的细胞因子引起不同 STAT 的活化，这决定 T 细胞分化为不同的谱系。STAT4（由 IL-12 激活[55]）导致向 Th1 方向分化（STAT1，由 IFNg 激活，也起着一定的作用）[55]，STAT6（由 IL-4 激活）导致向 Th2 方向分化[56]，STAT3（由 IL-6、IL-21 和 IL-23 激活）导致向 Th17 方向分化[57]，STAT5（由 IL-2 激活）导致向 Treg 方向分化。STAT 与编码谱系特定细胞因子和转录因子的基因结合，且对于它们的表达是必需的，因此这是其引发谱系特异性的过程。功能基因组学研究显示，STAT 对于确定基因组上的增强子功能也至关重要。Vahedi 等[58]使用 ChIP-Seq，显示在 Th1 细胞中，Th1 细胞分化相关的增强子元件富集了 STAT1 和 STAT4 的结合，而在 Th2 细胞中富集了 STAT6。与 STAT 在这些增强子中的作用一致，在 Th1 细胞中，超过一半的 Th1 增强子 p300 结合依赖于 STAT1 或 STAT4；在 Th2 细胞中，75%的 Th2 增强子依赖 STAT6[58]。类似地，STAT3 是 Th17 细胞中调节元件上 p300 结合所必需的[59]。

Treg 细胞保持其核心身份，同时展现其功能、表型和相关转录程序的灵活性，这表明存在强大的内在机制来保护其身份。鉴于 Foxp3 在决定 Treg 细胞命运中的重要作用，必须了解 Treg 细胞中 Foxp3 稳定表达的机制。*Foxp3* 基因包含多个进化保守的非编码序列（non-coding sequence，CNS）元件，通常被认为是调节基因表达的增强子。事实上，三个内含子 Foxp3 的 CNS 区域（命名为 CNS1、2 和 3）涉及 Foxp3 表达和 Treg 分化方向的不同方面。CNS3 通过招募 cRel 到 Foxp3 基因座[60]，参与 tTreg 中 Foxp3 的初始诱导。CNS1 含有 TGF-β 信号下游的 Smad 结合基序，并涉及 pTreg 的产生[60, 61]。CNS1 缺陷小鼠由于 pTreg 诱导的缺陷[60, 62]，在肠壁和肺部等黏膜界面处表现出过敏型 Th2 炎症。最近对 CNS2 缺陷小鼠的研究显示，与 CNS1 和 CNS3 不同，CNS2 在维持成熟 Treg 中的 Foxp3 表达方面起着关键作用。

转录因子在 T 细胞发育和激活过程中具有重要作用，例如，Tcf1 和 Lef1 对 T 细胞的分化至关重要。而 Tcf1 也可以通过作用于下游 850kb 处的增强子调控 Bcl11b 表达[63]，进而促进骨髓组细胞向 T 细胞分化。

36.3.2　B 细胞

B 细胞在免疫调节及免疫应答中起到重要作用。许多研究证明，B 细胞的分化与发育是一个有序的动态转录调控过程。转录因子如 PU.1、EBF、E2A、Pax5 等，不同程度地通过增强子来影响 B 细胞的定向分化及发育过程。B 细胞发育过程中，转录因子与 Pax5 基因增强子结合，促进 Pax5 表达。Pax5 基因序列包含转录因子 PU.1、IRF4、IRF8 和 NF-κB 的功能结合位点，表明这些转录因子通过 Pax5 有助于造血祖细胞和 B 细胞发育过程中的活化[64]。

36.3.3　树突状细胞

DC 是抗原提呈细胞，对于先天和适应性免疫应答都至关重要。不同的转录因子在控制 DC 群体的发育中发挥了重要作用。DC 祖细胞在 IRF8 不存在的条件下，会引起 DC 向中性粒细胞分化，PU.1 缺陷小鼠会引起巨噬细胞、单核细胞和 DC 功能上的缺陷。同上所述，测序已证实，转录因子 IRF8 和 PU.1 通过与增强子结合，促进 IRF8 和 PU.1 的表达，不同程度地影响 DC 的分化[65]。

综上所述，各种信号通过转录因子起作用来激活增强子，从而控制细胞特异性基因表达，决定细胞特异性。

36.4　自身免疫疾病与 DNA 甲基化

关键概念

- 人工诱导的 DNA 低甲基化可使正常 T 细胞发生特定免疫相关基因的表达激活，从而使 T 细胞产生自身反应活性，引发类似 SLE 或自身免疫性肝病的临床表型。
- 和正常人皮肤组织相比，寻常型银屑病皮损组织全基因组 DNA 呈高甲基化状态。
- 越来越多的证据表明，表观遗传学特别是 DNA 甲基化在干燥综合征（PSS）的发病中起关键作用。

自身免疫性疾病是一类由自身免疫系统过度活化，导致自身免疫系统攻击自身组织和器官的疾病。其发病机制还不十分清楚，但有研究表明，遗传和环境因素在其中发挥了重要作用。环境因素如何影响基因的表达和功能？表观遗传学提供了很好的解释。已有大量研究表明，表观遗传修饰DNA甲基化与自身免疫性疾病的发生发展有着密不可分的联系。

36.4.1 系统性红斑狼疮

系统性红斑狼疮（SLE）是一种经典的自身免疫性疾病，以自身抗体大量产生和炎症损害为主要特征，可累及多种器官、系统。SLE的病因及发病机制目前尚不十分清楚，但近十几年来大量的研究证据表明，T细胞DNA病理性低甲基化在SLE发生发展过程中起关键作用。

自20世纪90年代起，一系列研究拉开了SLE表观遗传学发病机制研究的序幕。研究者用DNA甲基转移酶抑制剂 5-氮杂胞苷（5-azacytidine）、普鲁卡因胺（procainamide）或肼苯哒嗪（hydralazine）体外处理正常小鼠T细胞，发现该处理可使 *LFA-1*（CD11a/CD18）基因出现启动子区DNA低甲基化改变及基因表达水平升高，处理后的T细胞还可使自体巨噬细胞溶解，这与SLE患者外周血分离出的一种自身反应活性T细胞具有类似特性[66, 67]，将这种经过DNA甲基转移酶抑制剂处理后的T细胞回输到正常的同种小鼠体内，可诱发抗ssDNA、抗dsDNA和抗组蛋白抗体等自身抗体的产生，并且可诱发一系列临床症状，包括严重的肾小球肾炎伴免疫复合物沉积、肺泡炎、中枢神经系统病变，以及胆管增生和肝门区炎性细胞浸润[67-69]。类似地，用DNA甲基转移酶抑制剂体外处理正常人T细胞同样可诱导DNA低甲基化及狼疮相关的基因过表达，使T细胞产生自身反应性并刺激同种B细胞产生抗体[70-72]。这一系列研究结果证实，人工诱导的DNA低甲基化改变可使正常T细胞发生特定免疫相关基因的表达活化，从而使T细胞产生自身反应活性，引发类似SLE或自身免疫性肝病的临床表型。

除LFA-1以外，一系列研究陆续发现了多个在SLE患者T细胞中具有类似低甲基化改变和过度表达的免疫相关基因，分别在自身免疫炎症过程中发挥不同的作用，包括CD70、穿孔素等。其中，CD70是一种共刺激分子，可作为CD27的配体刺激B细胞活化并产生IgG抗体[71, 73]；而穿孔素是一种具有细胞毒作用的效应分子，可在靶细胞膜上形成多聚穿孔素管状通道，导致靶细胞溶解破坏[74-76]。此外，SLE患者T细胞还存在IL-4、IL-6、IL-10、IL-13等细胞因子[77, 78]及杀伤细胞免疫球蛋白样受体（killer cell immunoglobulin-like receptor，KIR）[79, 80]等多种基因的DNA低甲基化和过度表达。

以SLE为代表的多种自身免疫性疾病好发于女性，其具体机制尚不清楚，近年有观点认为，X染色体上特定免疫相关基因的DNA低甲基化可能是这一发病率性别差异的重要机制之一。众所周知，女性拥有两条X染色体，其中一条处于基因转录抑制或“沉默”状态，DNA甲基化是导致沉默的主要机制之一，当这一甲基化状态被“去除”，该X染色体上沉默的基因将被重新激活。例如，编码基因位于X染色体上的CD40L是T细胞表达的一种关键性共刺激分子，可与B细胞表面的CD40分子结合，从而向B细胞传递“第二信号”以刺激B细胞活化，产生IgG抗体。有趣的是，*CD40L* 基因在正常男性T细胞中处于非甲基化状态，而在正常的女性T细胞中，该基因在其中一条X染色体上处于非甲基化状态，而在另一条X染色体上处于甲基化“沉默”状态[81]。

最近，有两项相互独立的研究采用高通量方法检测了 $CD4^+$ T 细胞、初始 $CD4^+$ T 等多种免疫细胞在全基因组范围内的DNA甲基化状态，发现 *IFI44L*、*IFIT1*、*IFIT3*、*MX1*、*STAT1*、*USP18*、*BST2* 和 *TRIM22* 等一系列干扰素调节基因（interferon-regulated gene）在SLE患者的初始T细胞中处于低甲基化状态却并不过度表达，而在SLE患者 $CD4^+$ T细胞中表达异常活化[82, 83]，且这些基因的DNA低甲基化状态在同一SLE患者处于狼疮活跃期和静止期时所采集血样中检测结果较为恒定，无显著波动[82]，其低甲基化程度与SLE疾病活动度评分亦无相关性[83]。推测这些干扰素调节基因在狼疮患者的初始T细胞中处于一种低甲基化"蓄势"状态，一旦受到特定的信号刺激即可大量表达，参与自身免疫炎症反应。这一"蓄势"现象背后的成因和机制目前尚不十分清楚，不过推测其也可能与 DNA 甲基化以外的表观遗传调控机制如组蛋白修饰、非编码 RNA 等有关。

DNMT1 是在 DNA 复制过程中维持 DNA 甲基化标记向新链传递的关键酶。抑制 DNMT1 的表达或功能将阻止 DNA 甲基化在细胞增殖过程中向子代细胞的"遗传"，从而造成 DNA 甲基化标记的"稀释"并最终丢失[84]。事实上，狼疮 T 细胞中 DNMT1 的表达较正常人低[85]，而一系列研究结果提示，ERK 信号通路的缺陷可能是造成该变化的重要原因[85-87]。主要证据如下：①在正常 T 细胞中人为地抑制 ERK 信号通路可导致 DNMT1 下调和 DNA 低甲基化[85]；②用多西环素处理转基因小鼠诱导出 T 细胞 ERK 信号通路缺陷，可使该小鼠 DNMT1 表达抑制，与免疫相关的甲基化敏感基因 CD11a、CD70 表达活化，并且产生与人类狼疮相似的抗 dsDNA 自身抗体、肾小球肾炎及免疫复合物沉积[86, 88]；③最近有动物模型研究提示，氧化应激可造成 T 细胞 ERK 信号通路缺陷，从而引起多种与免疫相关的甲基化敏感基因发生 DNA 去甲基化和过度表达[87]；④狼疮患者 T 细胞中 ERK 信号通路的缺陷受该信号通路的上游调节分子——蛋白激酶 Cδ（protein kinase C delta，PKCδ）调控，该激酶的缺陷导致在氧化应激时 ERK 通路出现磷酸化障碍和活性受损[89, 90]；⑤新近研究发现 SLE 患者 T 细胞中存在蛋白磷酸酶 2A 的催化亚基（catalytic subunit of protein phosphatase 2A，PP2Ac）的过度表达，这可能是 ERK 信号通路缺陷的原因之一，因为在体外抑制 SLE 患者 T 细胞的 PP2Ac 可强化 ERK 磷酸化，增强 DNMT1 表达，从而降低甲基化敏感基因 *CD70* 的表达[91]。

微小 RNA（miRNA）负性调控 DNMT1 是造成狼疮病理性 DNA 低甲基化的另一可能机制。例如，miR-148a 和 miR-126 在 SLE 患者 $CD4^+$ T 细胞中表达异常升高，这两种 miRNA 均可靶向 DNMT1 使其表达下调，从而导致甲基化敏感基因 CD11a 和 CD70 出现低甲基化、过度表达，参与自身免疫反应[92, 93]。其中，miR-126 在 SLE 患者 $CD4^+$ T 细胞中的过度表达又反过来受其宿主基因 EGFL7 启动子区域 DNA 低甲基化的调控[93]。另有研究发现，miR-21 可靶向抑制一种重要的自身免疫相关基因 RASGRP1，通过干扰 DNMT1 上游的 Ras-MAPK 通路来间接抑制 DNMT1[92]；此外，miR-29b 可通过靶向抑制 sp1 从而间接抑制 DNMT1 的表达[94]。

作为 RFX（regulatory factor X）基因家族的一员，RFX1 是一种可与 DNA 结合的转录因子。有研究发现 SLE 患者 $CD4^+$ T 细胞中 RFX1 的表达及活性显著下降，这一变化可能使 RFX1 在 CD11a 和 CD70 基因启动子区域招募的 DNMT1 和组蛋白去乙酰化酶 HDAC1 减少，造成 CD11a 和 CD70 基因启动子区 DNA 低甲基化和组蛋白 H3 高乙酰化，从而导致这两种免疫相关的甲基化敏感基因过度表达，产生 T 细胞自身反应性[95, 96]。生长抑制及 DNA 损伤诱导基因（growth arrest and DNA damage-induced gene）属于负性调控细胞增殖的应激反应基因家族，最初从紫外线照射的细胞分离得到。*GADD45A* 是该基因家族中的一员。近年研究发现 GADD45A 在 SLE 患者 $CD4^+$ T 细胞中表达升高，其转录水平与总体 DNA 甲基化水平呈负相关，并且与甲基化敏感基因 CD70 和 CD11a 表达呈正相关[97]。推测 *GADD45A* 具有去除 DNA 甲基化标记从而阻止基因表达沉默的作用，其在 SLE 患者 $CD4^+$T 细胞中的过度表达可通过促进 CD70 和 CD11a 等甲基化敏感基因发生 DNA 去甲基化，从而活化这些基因的表达，促进 T 细胞自身反应性[97]。这一机制为紫外线照射加重和诱发狼疮损害提供了可能的解释。最近发现在 SLE 患者 T 细胞中同样高表达的核蛋白高迁移率族蛋白 B1（high mobility group box protein 1，HMGB1）可能通过与 Gadd45a 结合也参与了狼疮活跃期的 DNA 去甲基化过程[98]。

关于是否存在 DNA 主动去甲基化途径曾经存在争议。近年对 DNA 羟甲基化的深入研究发现，DNA 主动去甲基化是可能的。5-甲基胞嘧啶（5mC）可在 Tet 蛋白的催化下转化成为 5-羟甲基胞嘧啶（5hmC），然后通过一系列生化过程去掉该羟甲基基团，转化成胞嘧啶，从而完成 DNA 去甲基化过程。最近有研究通过高通量测序方法对全基因组范围 5hmC 标记及 Tet 蛋白的富集进行了描绘，发现 T 细胞不同亚群（如

Th1 和 Th17）特异性相关基因的转录调节区存在 5-hmC 标记及 Tet 蛋白的富集[99]。与正常人相比，SLE 患者 $CD4^+$ T 细胞的 5-hmC 水平整体升高，且 Tet2、Tet3 表达增强，推测其与狼疮 T 细胞中总体 DNA 低甲基化状态有关[100]。此外，我国科学家首次发现并鉴定了 IFI44L（IFN-induced protein 44-like）基因启动子区域两处 CpG 位点的 DNA 甲基化水平对于 SLE 诊断同时具有极高的特异性和敏感性[101]。随着进一步推广应用，这一 DNA 甲基化分子标志物将有望取代现有实验室检测项目而成为 SLE 疾病的新型诊断指标。

36.4.2 银屑病

银屑病（psoriasis）是一种常见的慢性复发性炎症性皮肤病，临床上最常见的类型为寻常型银屑病，可占 90%，特征为肥厚性红色斑块及银白色鳞屑，其发病机制尚不清楚。目前认为，银屑病是具有遗传特质的个体在外界环境的影响下出现的一种自身免疫相关性皮肤病。

研究发现，寻常型银屑病皮损中角质形成细胞的增殖与分化过程发生了广泛的改变[102]，并且寻常型银屑病皮损区角质形成细胞可见到异常的凋亡现象[103]。凋亡又称程序性细胞死亡，通过减少非正常细胞数量在发育过程中发挥重要作用，并且可作为“平衡因子”维持细胞增殖稳定[104, 105]。p53 和 Bcl-2 蛋白在调控细胞凋亡过程中发挥重要作用，p53 是一种肿瘤抑制基因，参与控制细胞增殖[106, 107]。正常情况下，p53 结合 DNA，阻止细胞进入细胞周期 S 时相，并可促进细胞进入不可逆的凋亡通路，从而抑制细胞过度生长[108]。相反，*Bcl-2* 作为一种原癌基因，促进细胞增生，维持细胞生长，抑制细胞凋亡[106]。正常情况下，Bcl-2 和 p53 参与调控的角质形成细胞增生与凋亡形成平衡，共同维持角质形成细胞的正常生长。而这种平衡在角质细胞增生异常的皮损区被破坏[109]。研究发现，在银屑病皮损区的角质形成细胞中高表达 p53 基因，而 Bcl-2 表达明显受到抑制，提示银屑病皮损区角质形成细胞凋亡增加[103, 110, 111]，从而形成了银屑病特征性皮损。另有研究报道，在银屑病皮损区的淋巴细胞高表达 Bcl-2，从而抑制淋巴细胞凋亡，导致其持续存在于皮损区[111]。

越来越多的研究显示，抑癌基因在银屑病中异常表达，但其作用尚不清楚。例如，银屑病患者骨髓高增殖潜能集落形成单位（CFU-HPP）形成数明显减少，且形态较小，集落细胞中基因 *p16* 启动子甲基化率明显降低；寻常型银屑病患者角质形成细胞 *p16* 基因启动子 CpG 岛甲基化率分别为 23.08%和 19.23%，而正常角质形成细胞未见甲基化；寻常型银屑病患者皮损组织中抑癌基因 $p14^{ARF}$ mRNA 表达水平下降且其启动子区甲基化水平升高；银屑病患者骨髓 HPP-CFC 细胞 *p21* 基因启动子区域甲基化阳性率显著低于正常对照组，提示银屑病患者骨髓 HPP-CFC 集落能力降低可能与 *p21* 基因低甲基化有关[112]。

SHP-1 是一种天然存在于胞质内的酪氨酸磷酸酶，其通过催化受体相关酪氨酸激酶（janus kinase，JAK）去磷酸化，导致 JAK/STAT 信号转导途径活性下调，是 JAK/STAT 途径主要负调控子之一，可拮抗蛋白酪氨酸激酶的潜在促生长和致癌作用。与正常人相比，在银屑病患者中 SHP-1 基因启动子 2 呈低甲基化状态，并且 SHP-1 亚型 II 表达增高，提示 SHP-1 启动子的去甲基化可能通过促进 SHP-1 亚型 II 的转录，从而在银屑病的发病机制中起着重要作用[113]。

近年来，随着二代测序技术的发展，DNA 甲基化检测出现了新的方法，如 MeDIP-seq。该方法是通过 5′-甲基胞嘧啶抗体与甲基化 DNA 发生免疫共沉淀反应，特异性富集发生甲基化修饰的 DNA 片段，结合二代测序技术，快速、高效地寻找出基因组中发生甲基化改变的区域，可用于比较不同疾病样本、细胞、组织间的 DNA 甲基化修饰模式的差异。Lu 等[114]通过对寻常型银屑病患者皮损组织、非皮损组织及正常皮肤组织进行 MeDIP-seq 测序，获得了达到足够测序深度和分辨率的全基因组 DNA 甲基化图谱。整个测序结果的原始数据量达到了 20.10Gb，甲基化发生异常改变的差异甲基化区域（DMR）数量达到 63 194 个。和正常人皮肤组织相比，寻常型银屑病皮损组织全基因组 DNA 呈高甲基化状态。GO 分析显示甲基化异常明显的基因类型，包括免疫系统类、细胞周期类和细胞凋亡类等。

Bowcock 等[115]对寻常型银屑病皮损整体基因组进行了 MeDIP-chip 研究，结果也发现银屑病患者皮损区呈高甲基化改变的基因 DMR 数量（674 个）远远多于低甲基化改变的基因 DMR 数量（444 个）。改变最明显的前 10 个 CpG 位点所属的基因类别主要与细胞周期、凋亡、慢性炎症反应等有关。和 MeDIP-chip 结果相比，MeDIP-seq 的结果数据量更大，信息量更加丰富，对于疾病的认识也更为全面，但是庞大的数据量也给生物信息学分析带来了巨大的挑战。

36.4.3 类风湿关节炎

类风湿关节炎（rheumatoid arthritis，RA）是一种常见的慢性炎症性关节病，主要表现为累及小关节、对称性、侵袭性的滑膜炎。RA 的病理改变主要有滑膜内细胞增生、炎性细胞浸润、微血管新生、血管翳形成及软骨和骨组织的破坏等，最终导致关节畸形、功能障碍[116]。RA 患者除关节症状外，还可出现包括类风湿结节、肺间质病变、血液系统、周围神经及眼等多系统病变。RA 的发病机制目前尚不明确，可能与遗传、免疫、感染、激素等有关。已经有很多研究证实 DNA 甲基化的异常与 RA 的发生发展有着密切的联系。研究发现，RA 患者滑膜成纤维细胞[117]和外周血 $CD4^{+}$T 细胞[118]中全基因组 DNA 甲基化水平明显降低，其中滑膜成纤维细胞中 *LINE-1*[119]和 *CXCL12*[120]基因的甲基化水平降低最明显。同时，使用 DNA 甲基化抑制剂5-氮杂脱氧胞苷处理正常人的成纤维细胞，可出现类似 RA 关节滑膜组织中炎症状态和细胞表型[119, 121]。RA 患者外周血和滑膜组织中参与免疫细胞迁移、黏附、聚集的多个因子都有明显的低甲基化表现[122]，RA 发生和发展过程中的许多关键性的致病因子，如 STAT3、WISP3、CHI3L1、MAP3K5 和 CASP1，都表现出低甲基化水平[123]。另一项研究显示 DNMT1活性的降低引起 *MMP13*基因内 CpG 甲基化水平的改变，导致 MMP13表达的增加，最终关节软骨内胶原变性，从而加重 RA 的发生和发展[124]。同时 IL-6和 TNF 启动子区甲基化水平也明显降低[125, 126]，这些基因的低甲基化导致其在 RA 患者血清和滑膜组织中大量表达，从而加重炎症反应，诱发 RA 发生。

除了低甲基化改变，部分基因甲基化水平升高引起的表达降低，也是 RA 发生和发展的重要机制。Foxp3 是抑制性 T 细胞分化的重要转录因子，在 RA 患者的 Treg 细胞中，Foxp3 表现为明显高甲基化，从而引起 Treg 细胞数量和免疫抑制作用的下降，导致 RA 的发生[127, 128]。细胞死亡受体 DR3 参与细胞的凋亡，在 RA 患者滑膜组织中，DR3 启动子甲基化明显升高，引起 DR3 表达减少，抑制了炎症细胞和滑膜内细胞的凋亡，导致炎性细胞浸润和组织增生[129]。

36.4.4 系统性硬皮病

系统性硬皮病（systemic sclerosis，SSc）是一种以免疫异常、微血管功能障碍、细胞外基质过度沉积、皮肤和（或）内脏器官的纤维化为特征的自身免疫性疾病[130]。DNA 甲基化是研究最广泛的表观遗传机制，在许多整合的细胞功能中起着核心作用，如重复（寄生）序列沉默、X 染色体失活、哺乳动物胚胎发育、基因印记等[131]。越来越多的研究表明 DNA 甲基化的异常与 SSc 的组织纤维化、血管病变和免疫功能障碍的发生密切相关。

SSc 患者因胶原和细胞外基质成分过多，且基质金属蛋白酶的表达减少，导致过量的基质沉积。此外，转录因子 Fli1（friend leukemia integration 1）能负向调节胶原转录，Fli1 在 SSc 患者成纤维细胞和皮肤样本中表达下调[132, 133]。在 Klf5 和 Fli1 双杂合缺陷的小鼠中出现 SSc 皮肤和肺的纤维化和血管病变，B 细胞活化和自身抗体产生[134]。因此，Fli1 的下调可能与 SSc 的三大病变（组织纤维化、血管病变和免疫功能障碍）有关[135]。 然而，用 DNA 甲基化转移酶（DNMT）抑制剂 2-脱氧-5-氮杂胞苷处理可以使 SSc 患者成纤维细胞 Fli1 的表达增加，而使 I 型胶原的表达减少[136]。Fli1 启动子区丰富的甲基化可能诱导 SSc 成纤维细胞胶原的过度转录[137]。 进一步研究表明，和 DNMT1、甲基 CpG 结合结构域（MBD）-1、甲基 CpG 结合蛋白 2（MeCP-2）表达增加一样，SSc 成纤维细胞 Fli1 启动子区 CpG 岛甲基化也增加[136]。胶原抑制基因 Fli1、乙型转化生长因子（TGF-β）相关基因和作为 Wnt 通路拮抗剂的基因的低表达与高甲基化事件相关，而这些基因的表达变异均为参与纤维化的关键致病机制[136, 138, 139]。然而，最近的全基因组 DNA 甲基化分析比较了局限性和弥散性的 SSc 患者和年龄、性别、种族匹配的健康对照者，发现 SSc 患者真皮成纤维细胞中大部分差异性甲基化 CpG 位点表现为低甲基化[138]。研究表明，DNMT 抑制剂 5-氮杂胞苷可以使内皮细胞中的 eNOS 启动子去甲基化，增加 eNOS mRNA 的表达，这可能对这种复杂性疾病研发新的治疗方法有帮助[140]。此外，在 SSc 患者受累皮损中分离的微血管内皮细胞和成纤维细胞中，DNMT1 表达显著上调，而 DNA 去甲基化酶活性显著降低[141]。

SSc 患者 $CD4^+T$ 细胞中全基因组 DNA 甲基化水平明显降低，呈低甲基化。此外，$CD4^+T$ 细胞中基因的低甲基化可能导致 LINE-1 反转录转座因子的重新激活，从而可能导致自身免疫[142]。同时，几个甲基化相关基因（DNMT1、MBD3 和 MBD4）也明显减少[143, 144]。SSc 患者中，80%以上为女性。CD40L 基因位于 X 染色体上。活化的 $CD4^+T$ 细胞上的 CD40L 与 B 细胞上 CD40 的结合促进 B 细胞成熟为浆细胞和记忆 B 细胞。而女性 SSc 患者失活的 X 染色体上 CD40L 启动子区去甲基化导致 CD40L 过表达[145, 146]。女性 SSc 患者 X 染色体基因低甲基化引起基因再活化可以作为阐明女性更易患该病的原因[135]。

此外，在 B 细胞与 T 细胞接触过程中，与 CD27 相互作用的 B 细胞共刺激分子 CD70 在 SSc 患者的 $CD4^+T$ 细胞中显著上调。研究表明 CD70 启动子区域去甲基化有助于 $CD4^+T$ 细胞中 CD70 的过表达[147]。

36.4.5 干燥综合征

干燥综合征（PSS）是一种主要累及外分泌腺体的慢性炎症性自身免疫病，又名自身免疫性外分泌腺体上皮细胞炎或自身免疫性外分泌病。临床上常表现为唾液腺和泪腺功能受损，出现口干、眼干症状。除此之外，还可有其他外分泌腺及腺体外其他器官受累而出现多系统损害的症状。该病主要发生于 40～50 岁女性，女性与男性的比例为 9∶1[148]。其血清中有多种自身抗体，分为原发性和继发性两类。PSS 的病因不明，环境和遗传因素可能在其发病中均发挥一定作用。

表观遗传学是指在基因的 DNA 序列没有发生改变的情况下，基因功能发生可遗传的遗传信息变化，并最终导致可遗传的表型变化，而且这种改变在发育和细胞增殖过程中能稳定传递并具有可逆潜能[149]。以往的研究证实表观遗传的改变在干燥综合征的发病机制中起关键作用，包括 DNA 甲基化、组蛋白修饰和微小 RNA 表达[150, 151]。有研究报道，PSS 患者和对照组的 $CD4^+$ T 细胞的干扰素（IFN）调控基因甲基化水平存在差异[152]，B 细胞中存在 DNA 甲基化去调节模式[153]，小唾液腺（MSG）上皮细胞中存在重要的全基因组 DNA 甲基化变化[154]。近年来，越来越多的证据表明，表观遗传学特别是 DNA 甲基化在 PSS 的发病中发挥着关键作用。

迄今为止，已在 PSS 中进行了少量的甲基化研究。PSS 中 CD40L 基因的甲基化谱分析显示 PSS 患者中 $CD4^+$ T 细胞上的诱导型膜结合 CD40L 增加，但这一观察结果与 CD40L 调节区的去甲基化模式的表观遗传学失调无关[155]。已进行了类似“候选基因”的检测来评估 *IRF5* 基因是否受到表观遗传调控。在 *IRF5* 基因的调控区域中，没有发现明显的去甲基化模式[156]。PSS 的全基因组 DNA 甲基化研究结果最近已公布[152]，将来自 PSS 患者和正常人的 $CD4^+$ T 细胞的甲基化模式进行比较。在 PSS 患者中鉴定出几个低甲基化基因如淋巴毒素 A，或属于 IFN 标志通路的基因（如 IFITM1 或 IFI44L）。目前还需要进一步的表观基因组 DNA 甲基化研究来证实这些初步结果。

PSS 患者 B 细胞中 IFN 调节基因低甲基化与它们的表达增加有关，而在唾液腺组织中 IFN 诱导基因 OAS2 也呈现低甲基化状态[157]。另有研究发现，与对照组相比，PSS 患者的 $CD4^+$ T 细胞中 CD70 表达有明显升高，并与 *TNFSF7* 基因启动子甲基化的减少相关[158]。此外，有研究确定了 553 个低甲基化 CpG 位点和 200 个高甲基化 CpG 位点，代表 311 个低甲基化和 115 个高甲基化基因的区域[152]。PSS 的唾液腺上皮细胞（SGEC）功能障碍一部分可能与表观遗传修饰相关，从而在 PSS 中开辟新的治疗前景[154]。PSS 患者 $CD4^+$ T 细胞 TNF SF7 启动子甲基化状态的降低参与了 CD70 表达的上调[159]。全基因组 DNA 甲基化检测中并未发现 PSS 患者和 HC 之间的 T 细胞 DNA 去甲基化。这种差异可能是由于全基因组 DNA 甲基化测序比亚硫酸氢亚铵测序特异性更低，并且针对的是整个 T 细胞群体而不是纯化的 $CD4^+$ T 细胞进行分析。

在动物模型中，用羟丙嗪或异烟肼给小鼠喂食数周，导致了 PSS 的发病，同时伴随系统性红斑狼疮（SLE）的免疫学特征（可检测到抗核抗体），因此证实了脱甲基药物与 PSS 发病之间存在关联[159]。

36.5 组蛋白修饰与自身免疫疾病

关键概念

- 组蛋白去乙酰化酶抑制剂可能对银屑病具有较好的治疗效果。
- 组蛋白修饰在 eNOS 维持内皮细胞功能中发挥了调控作用，可能参与系统性硬皮病起始发病过程。

组蛋白修饰作为另一种重要的表观遗传机制，可影响某些转录因子与特定基因启动子的相互结合，或通过影响组蛋白与 DNA 分子的结合而影响染色质空间结构的松散或凝集状态，从而调控基因转录活性。在不同类型的组蛋白修饰中，组蛋白乙酰化与组蛋白甲基化研究最为广泛和深入，近年来已有大量研究提示其可能参与了自身免疫性疾病的发病机制。

36.5.1 组蛋白修饰与系统性红斑狼疮

组蛋白乙酰化通常与基因表达活化相关，其修饰状态受组蛋白乙酰化酶（histone acetylase，HAT）和组蛋白去乙酰化酶（HDAC）共同调控。早期研究在 SLE 患者 $CD4^+$ T 细胞[160]和 MRL/lpr 狼疮样小鼠的脾脏细胞[161]中均发现组蛋白 H3 和 H4 存在多个位点低乙酰化改变。与正常人相比，SLE 患者外周血 $CD4^+$ T 细胞中存在多种 *HAT* 与 *HDAC* 基因表达的异常，有研究报道 CREBBP、P300、HDAC2、HDAC7 表达下调，SIRT1 表达水平异常升高[160]。

采用 TSA 或辛二酰苯胺异羟肟酸（suberoylanilide hydroxamic acid，SAHA）等 HDAC 抑制剂体内干预，可使 MRL/lpr 小鼠脾脏细胞的组蛋白低乙酰化状态得以逆转，一系列炎性细胞因子的表达也显著下调，狼疮小鼠的疾病活动性明显减轻[161-164]。在另一种狼疮动物模型 NZB/W 小鼠的研究中也得到了类似结果，经过一种 I 型和 II 型 HDAC 抑制剂——ITF2357 的体内干预，该狼疮小鼠的血清炎性细胞因子水平、Th17 细胞比例下降，而 Treg 细胞比例及其 Foxp3 蛋白乙酰化水平升高，肾脏损害较对照组减轻[165]。另有研究发现，通过尾静脉向 MRL/lpr 狼疮样小鼠体内注射一种针对组蛋白去乙酰化酶 SIRT1 的特异性 siRNA，可引起组蛋白总体乙酰化水平上调并降低血清抗双链 DNA 抗体水平，减少肾脏病理损害及 IgG 沉积[166]。这些研究结果均提示组蛋白低乙酰化可能参与了 SLE 的发病机制；但需要指出的是，包括 SIRT1 在内的多种组蛋白修饰酶还可能对组蛋白以外的其他蛋白分子产生乙酰化修饰的调节作用，因此，HDAC 抑制剂对狼疮小鼠的治疗机制是否部分归因于其对非组蛋白分子的乙酰化调节作用，还有待证实。

近年有研究报道，SLE 患者 T 细胞分泌的 IL-2 减少可能与 *IL-2* 基因启动子区域的组蛋白 H3K18 乙酰化水平降低有关，而异常升高的 cAMP 反应元件调节因子 α（cAMP response element modulator alpha，CREMα）可能通过招募 HDAC1 到该启动子区域从而介导去乙酰化过程[167, 168]。

近年来，随着芯片技术的成熟和高通量测序技术的广泛应用，全基因组范围描绘组蛋白修饰谱式已成为较常用的研究方法。近来有研究采用染色质免疫共沉淀结合微阵列芯片技术的方法检测了 SLE 患者和正常人单核细胞的全基因组范围组蛋白 H4 乙酰化修饰状态，发现 SLE 单核细胞的 179 个基因启动子区域存在组蛋白 H4 高乙酰化修饰，进一步的生物信息学分析数据提示这些基因之间的关联网络中有 ERK、p38、NF-κB、CREB1 和 α-IFN 等重要的“网络节点”，而且这些基因中约 63%的基因存在 IRF1（interferon regulatory factor 1）结合位点，可受到 IRF1 调控，这为 I 型干扰素通路参与 SLE 发病机制的假说提供了佐证[169]。

组蛋白不同位点的甲基化修饰对基因表达调控的影响各有不同。例如，H3K4me3 是基因转录活化的重要标志，而 H3K27me3 则与基因转录抑制状态相关。早期研究发现 SLE 患者外周血 $CD4^+$ T 细胞中存在总体 H3K9 低甲基化，以及组蛋白甲基转移酶 SUV39H2 和 EZH2 表达下降[160]，而 MRL-lpr/lpr 狼疮样小鼠的脾脏细胞存在特定位点组蛋白的总体高甲基化[161]及组蛋白去甲基化酶 JMJD3 表达升高[170]，但这些改变在 SLE 发生发展的过程中扮演何种角色尚不清楚。

近年有研究通过染色质免疫共沉淀-微阵列芯片技术（ChIP-on-chip）和基因转录芯片方法对 SLE 患者外周血 $CD4^+$ T 细胞全基因组范围组蛋白 H3K27me3 及基因转录状态进行描绘，以正常人 $CD4^+$ T 细胞为对照，发现 *HPK1*（hematopoietic progenitor kinase 1，也称 MAP4K1）基因在 SLE 中同时存在 H3K27me3 富集和基因转录抑制，而且该基因表达下调与 T 细胞过度活化和 B 细胞过度刺激有关。进一步研究发现 *HPK1* 基因区域组蛋白 H3K27 甲基化程度升高可能是由该区域的组蛋白去甲基化酶 JMJD3 蛋白减少所致，而与组蛋白甲基转移酶 EZH2 无关[171]。另有研究采用第二代测序为基础的 ChIP-seq 和 RNA-seq 高通量检测技术分别描绘了 SLE 患者外周血单核细胞的组蛋白 H3K4me3 修饰图谱和基因转录组，在全基因组中 8399 个基因转录起始位点（transcription start sites，TSS）存在 H3K4me3 标记，其中尖窄的 H3K4me3 富集峰多存在于管家基因 TSS 区域，而宽广的 H3K4me3 富集峰主要存在于免疫反应相关基因的 TSS 区域[172]，这提示 H3K4me3 可能在 SLE 自身免疫分子机制中起重要作用，但具体机制尚待进一步研究。

36.5.2 组蛋白修饰与银屑病

银屑病发病机制的表观遗传学调控亦可通过组蛋白修饰来完成。张鹏等研究发现，与正常对照者相比，寻常型银屑病患者外周血单个核细胞（peripheral blood mononuclear cell，PBMC）中存在全基因组组蛋白 H4 低乙酰化[173]。而且，组蛋白 H4 乙酰化的程度与患者疾病严重程度及 PASI 评分呈显著负相关[174]。此外，银屑病患者 PBMC 中组蛋白去乙酰化酶 1（histone deacetylase-1，HDAC1）的 mRNA 表达明显上调，而组蛋白乙酰基转移酶（histone acetyl transferase，HAT）、P300、CBP 及 SIRT1（一种 NAD+依赖的脱乙酰酶）的 mRNA 水平则明显下调[173]。研究表明，SIRT1 在银屑病患者皮损组织中亦显著下调，SIRT1 可能通过改变 TNF-α 表达和抑制角质形成细胞增殖、促进角质形成细胞分化参与银屑病的发病机制[175, 176]。SIRT1 促进 NF-κB 的去乙酰化，从而抑制 NF-κB 介导的 TNF-α 的转录[177]。银屑病中角质形成细胞过度增殖和异常分化亦可能与 SIRT1 的表达下调有关[173, 176]。另一研究表明，SIRT1 可能促进 STAT3 的乙酰化同时抑制 STAT3 Tyr705 的磷酸化作用，从而抑制银屑病中 IL-22 诱导的 STAT3 的激活及下游的炎症反应。以上研究表明，组蛋白修饰的改变可能在银屑病的发病机制中发挥重要作用，其具体分子机制仍需进一步的研究探索。

T 细胞免疫紊乱及进一步引起的角质形成细胞过度增殖和异常分化为银屑病主要的发病机制[178]。一些体外研究报道，组蛋白去乙酰化酶抑制剂具有抗炎、抗增生及抗血管生成的作用，表明其可能针对银屑病的三大主要病理改变（炎症反应、角质形成细胞增生及血管生成）具有较好的靶向治疗作用。研究表明，SAHA 可抑制 LPS 诱导的 PBMC 中 IL-1β、NF-α、IL-6 及 IFN-γ 的表达[179]。此外，TSA 可以抑制佛波酯和离子霉素刺激的 T 细胞中 CD40L 和 IL-10 的表达[162]。相比于组蛋白去乙酰化抑制剂的抗炎作用，其抗增殖效应被更广泛地研究。TSA 可以引起原代人角质形成细胞的细胞周期阻滞，抑制角质形成细胞增殖，促进其分化[180]。而 HADC 抑制剂缩酚酸肽（depsipeptide）FK228 可抑制血管内皮细胞增殖及迁移，这一效应可能与其促进 HADC 下游 VHL 活性，进一步抑制促血管增生因子如 HIF-1α 及血管内皮生长因子（VEGF）有关[181]。

基于以上研究，组蛋白去乙酰化酶抑制剂可能对银屑病具有较好的治疗效果。目前，HDAC 抑制剂作为新型制剂在许多疾病，包括肿瘤、神经退行性疾病及炎症性疾病中得到较好的应用[182, 183]，但其在银屑病治疗方面的研究多处于临床前期及体外研究，其对银屑病的具体治疗效果仍需大量的深入研究。

36.5.3 组蛋白修饰与类风湿关节炎

类风湿性关节炎（RA）中关于组蛋白修饰的大多数研究集中在滑膜成纤维细胞（SF）和滑膜组织中。EZH2 作为一种催化 H3K27me3 的组蛋白甲基转移酶，被证实在 RASF 中高度表达，并可以通过核因子 κB（NF-κB）和激酶途径被肿瘤坏死因子 α（TNF-α）所诱导[184]。EZH2 靶向分泌的 fizzled 相关蛋白 1（SFRP1），是 Wnt 信号转导的抑制剂，并且能活化 RASF。在 SFRP1 启动子区域，H3K4me3 升高，而 H3K27me3 是降低的。基质金属蛋白酶（MMP）能特异性地降解关节软骨组织，在 RA 关节损伤中发挥重要作用。MMP-1、MMP-3、MMP-9 和 MMP-13 在 RASF 中的表达是增高的，并且与转录激活有关的组蛋白标志物 H3K4me3 也升高，而抑制性组蛋白标志物 H3K27me3 在 RASF 的 MMP 基因启动子中则是降低的[185]。因为色氨酸-天冬氨酸（WD）重复结构域 5（WDR5）是与 SET1（COMPASS）或催化 H3K4 甲基化的 COMPASS 样复合物相关的复合蛋白的核心亚单位，所以需要 WDR5 来产生 H3K4me3。WDR5 的敲除导致 H3K4me3 及 RASF 中 MMP 表达的下降。IL-6 和可溶性 IL-6 受体 α（sIL-6Rα）会增强 MMP-1、MMP-3 和 MMP-13 的表达，而对 MMP-9 没有明显作用。信号转导和转录激活因子 3（STAT3）是一种 IL-6 诱导的转录因子，与 MMP-1、MMP-3 和 MMP-13 启动子相关，而与 MMP-9 启动子无关。T-box 转录因子 5（TBX5）在 RASF 中的表达较高，而 RASF 中的 TBX5 启动子中 H3K4me3 和组蛋白乙酰化均是增加的[186]。RASF 中 IL-6 的高表达与 IL-6 启动子中高水平的 H3ac 有关[187]。

此外，H4 乙酰化的增加与 RA 滑膜成纤维细胞中 MMP-1 的表达增加相关[188]。总之，这些表观遗传学变化可解释 RA 滑膜成纤维细胞产生的 MMP 和 IL-6 的高基础水平。通常作为组蛋白乙酰化的读取蛋白的 HDAC 和溴结构域蛋白的抑制，显示对滑膜成纤维细胞的抗炎作用[189, 190]。然而，应该指出的是，并非所有 HDAC 家庭成员都会有促进炎症行为。例如，HDAC5 在滑膜成纤维细胞中实现抗炎功能，其主要用于特异性靶向治疗 RA 而不是作为一种泛 HDAC 抑制剂使用[191]。最近，针对 HDAC3 的药物或抑制剂已经在 RA 的研究中展现了十分有效的作用，使其成为有希望的候选者，因为 HDAC3 抑制剂已经被发现在抑制 RA 滑膜成纤维细胞中的促炎因子方面与泛 HDAC 抑制相同[192]。

36.5.4 组蛋白修饰与系统性硬皮病

近年来，研究发现组蛋白修饰作为重要表观遗传机制，不仅影响微血管损伤、成纤维细胞激活，同时参与 $CD4^+$ T 细胞、B 细胞活化，在系统性硬皮病发病过程中发挥重要作用。

1. 组蛋白修饰与微血管内皮细胞

在内皮细胞中，组蛋白尾部经历了活跃的翻译后修饰，包括 H3 赖氨酸 9 乙酰化（H3K9ac）、H4 赖氨酸 12 乙酰化（H4K12ac）和 H3 赖氨酸 4-甲基化（H3K4me）。这些组蛋白修饰可以使染色质构型开放，更利于转录因子结合。血管内皮细胞损伤，某些基因表达上调，是系统性硬皮病的发病基础。一氧化氮是重要的血管舒张因子，而内皮细胞一氧化氮合成酶（eNOS）是内皮细胞一氧化氮的主要来源，也是维持内皮细胞功能的关键[193]。eNOS 基因敲除小鼠可表现为系统性硬皮病和肺动脉高压、伤口愈合不良和血管生成增加等[197-199]。TSA 是一种蛋白乙酰化转移酶抑制剂（HDAC 抑制剂），用 TSA 处理内皮细胞后，eNOS 近端启动子组蛋白 H3 和 H4 的乙酰化水平随着 eNOS mRNA 表达的增加而升高[193, 197]，这说明组蛋白修饰在 eNOS 维持内皮细胞功能中发挥了调控作用，可能参与系统性硬皮病起始发病过程。

2. 组蛋白修饰与成纤维细胞

研究发现，在系统性硬皮病患者的成纤维细胞中，H3 和 H4 组蛋白乙酰化程度降低，这表明系统性硬皮病患者成纤维细胞中组蛋白密码存在缺陷，DNA 甲基化和组蛋白修饰变化之间的关系参与成纤维细胞活化，从而影响系统性硬皮病发病[198]。TSA 作为 HDAC 抑制剂，体外实验和体内实验均表明，用 TSA 处理后可抑制 SSc 成纤维细胞中由 TGF-β 诱导 I 型胶原α1 蛋白（collagen type I alpha 1，COLlα1）和纤连蛋白 mRNA 表达[199]，同时抑制博莱霉素诱导纤维化小鼠模型中细胞外基质的沉积[199]，另外还可以通过抑制 smad3/4 核易位，干扰 DNA 结合，使 SSc 成纤维细胞中总胶原产生减少[199]。近年来更有研究发现，SSc 患者血清中抗 HDAC 抗体水平下降[200]；对比正常人成纤维细胞，其 HDAC-1、HDAC-7 表达上调[198]，进一步检测用 TSA 处理后的皮肤成纤维细胞，发现 HDAC-7 表达下调[201]。SSc 成纤维细胞中抗纤维化基因 fli-1 启动子区域 H3H4 整体乙酰化水平下降[198]，TSA 处理后，fli-1 表达上调，这些都说明了脱乙酰化可能参与系统性硬皮病成纤维细胞的活化，TSA 具有抗纤维化作用，可能成为有治疗意义的作用靶点。

H3K27 甲基化与基因转录抑制相关。DZNep 是一种抑制 H3K27me3 形成的 *S*-腺苷甲硫氨酸依赖性甲基转移酶的抑制剂[202]。Kramer 等最近的研究发现，使用 DZNep 处理体外培养的成纤维细胞，可导致胶原蛋白生成水平升高。有趣的是，DZNep 通过抑制 H3K27me3，同样也可导致博莱霉素诱导的纤维化小鼠模型中纤维化程度加剧。H3K27me3 在系统性硬皮病成纤维细胞纤维化中有重要作用[203]。进一步研究发现 DZNep 可能通过上调纤维化转录因子 fra-2 促进 SSc 成纤维细胞纤维化[203]，在 fra-2 过表达小鼠模型中可发现类似 SSc 肺纤维化的改变[204, 205]。ASH1 是介导 H3K4 甲基化的组蛋白甲基转移酶，H3K4 甲基化与基因活化相关[206]。最近研究发现 ASH1 是介导肝纤维化的重要基因，ASH1 在肝星状细胞分化成肝成纤维细胞过程中，通过促进 H3K4 甲基化，COL1α1 纤维化基因启动子发生组蛋白甲基化，表达上调，导致肝纤维化[207]。有实验观察到，与正常对照组相比较，SSc 成纤维细胞中 ASH1 的 mRNA 水平是升高的，这说明 ASH1 失调可能参与 SSc 纤维化过程[208]。

3. 组蛋白修饰与淋巴细胞

目前系统性硬皮病中淋巴细胞组蛋白修饰研究相对较少。SSc $CD4^+$ T 细胞中 H3K27me3 水平降低，而具有 H3K27 去甲基活性的蛋白 JMJD3 表达上调[209]。SSc $CD4^+$ T 细胞中 CD40L、CD70 和 CD11a 基因启动子发生去甲基化引起基因表达上调，H3K27me3 可能也参与了其中的调控，导致 T 细胞活化，介导自身免疫反应。Wang 等研究表明，与正常对照组相比，系统性硬皮病患者的 B 细胞中呈现整体 H4 高乙酰化和 H3K9 低甲基化，与组蛋白脱乙酰酶 HDAC-2 和 HDAC-7 的下调相关联[210]。在 SSc B 细胞中 JHMD2A 表达增加，而 HDAC-2、HDAC-7 和 SUV39H2 表达降低。H4 高乙酰化与 HDAC-2 表达呈负相关。前者显示与疾病活动呈正相关；后者与皮肤厚度呈负相关。H3K9 甲基化与 SUV39H2 表达呈正相关[198, 201]。上述组蛋白代码的修饰改变染色体结构，允许与转录因子的结合，导致增强的基因表达。目前尚不清楚这些变化对淋巴细胞的功能的影响是什么，但是它表明在系统性硬皮病淋巴细胞中，组蛋白修饰增强了某些与自身免疫相关基因的过表达，导致免疫紊乱，从而促进了系统性硬皮病发病[210]。

36.5.5　组蛋白修饰与干燥综合征

干燥综合征（Sjogren syndrome，SS）是一种以大量淋巴细胞浸润和进行性外分泌腺损伤为特征的慢性炎症性自身免疫病。主要累及外分泌腺尤其是涎腺和泪腺，导致腺体功能减退、分泌减少，引起口干、眼干，亦可同时累及其他组织器官，包括肝脏、肾脏及肺部等，导致系统性损害，严重时会危及生命[211, 212]。该病患者血清中存在大量自身抗体和免疫球蛋白，这些抗体和蛋白不仅可以作为干燥综合征疾病诊断的标准之一，也会进一步引起体内免疫细胞和免疫器官功能的紊乱。近年来，越来越多研究表明表观遗传学机制在干燥综合征发病过程中起到重要的作用[213]。

H3K27Ac 与原发性干燥综合征的发病风险相关[214, 215]。但是关于组蛋白修饰在干燥综合征中的作用机制的研究较少，在此方面的研究依然具有较大的空间。

HDAC1 是组蛋白乙酰化修饰中的关键酶，研究认为它对核因子 κB（nuclear factor-κB，NF-κB）可以起到抑制作用。水通道蛋白 5（aquaporin 5，AQP5）在唾液腺分泌中起到重要作用，而干燥综合征患者唾液腺中的 AQP5 表达往往是减少的。表没食子儿茶素没食子酸酯（epigallocatechin gallate，EGCG）可以减轻干燥综合征动物模型中氧化应激导致的外分泌腺损伤。在干燥综合征小鼠上应用 EGCG 治疗，可导致颌下腺腺泡细胞的顶端质膜上的 AQP5 表达上调，这主要是通过 PKA 的激活和 NF-κB 的失活来实现的。同时，在 PKA 诱导 AQP5 表达的过程中，κB 抑制剂（inhibitor κB，IB）和 HDAC1 起到了关键作用，说明 HDAC1 通过影响 NF-κB 的活性，从而引起 AQP5 的表达变化，调节干燥综合征的发病过程[216]。

36.6　miRNA 与自身免疫疾病

关键概念

- 多种 miRNA 在 SLE 患者免疫细胞中表达异常，并且在 SLE 发病机制中起重要作用。
- 近年来，差异性表达的 miRNA 在 RA 患者和关节炎小鼠模型中均有发现，并且已经在体外或体内鉴定了一些直接的靶点。

microRNA（miRNA）是一类由内源基因编码的长度约为 22 个核苷酸的非编码单链 RNA 分子，它们在动植物中参与转录后基因表达调控。miRNA 通过与 3′端非翻译区（UTR）的目的基因的信使 RNA（mRNA）结合后，引起 mRNA 的剪切、翻译抑制等。已有大量研究发现，异常表达的 miRNA 可能参与了自身免疫性疾病的发生发展。

36.6.1　miRNA 与系统性红斑狼疮

近年研究发现，多种 miRNA 在 SLE 患者免疫细胞中表达异常，并且在 SLE 发病机制中起重要作用。

例如，miR-155 和 miR-146a 在 SLE 患者外周血单个核细胞（PBMC）中的表达较正常人显著降低，而体外实验发现，向狼疮患者 PBMC 细胞中转染 miR-155 和 miR-146a，可分别刺激 PBMC 细胞分泌白细胞介素 IL-2 和抑制其产生 IFN-α、IFN-β[217, 218]。这促使研究者进一步对各种具体类型的免疫细胞进行研究，探讨 miRNA 在 SLE 发病机制中的可能作用。

在 SLE 患者外周血 $CD4^+$ T 细胞中，已证实 miR-21、miR-148a、miR-126 和 miR-29b 的表达水平异常升高，而这几种 miRNA 可直接或间接抑制 DNA 甲基转移酶——DNMT1 的表达或功能，因此与狼疮 $CD4^+$ T 细胞的 DNA 低甲基化改变密切相关[92-94]。其中，miR-21 还可特异性抑制程序性细胞凋亡因子 4（programmed cell death 4，PDCD4）的表达，从而促进狼疮 T 细胞的增殖及 CD40L、IL-10 的表达[219]。此外，miR-142 和 miR-31 可抑制 IL-4、IL-10、CD40L 以及 ICOS 的表达，刺激 IL-2 的分泌，从而实现对 T 细胞功能的调节[220, 222]。亦有研究对霉酚酸酯治疗 SLE 的表观遗传机制进行了探讨，发现霉酚酸酯处理 T 细胞后可通过上调 miR-142-3P/5P 与 miR-146a 的表达而抑制 T 细胞自身反应性，实现对 SLE 自身免疫炎症的治疗作用[221]。

在狼疮患者 B 细胞中，miR-30a 表达异常增高，并且与 Lyn 的表达水平呈负相关，而 Lyn 是负性调控 B 细胞活化的关键因子，这提示 miR-30a 可能参与狼疮 B 细胞异常活化的过程[222]。最近有研究发现 miR-1246 可以特异性靶向抑制 *EBF1* 基因的 mRNA 表达，从而调节 B 细胞活化，参与 SLE 的发病机制[223]。miR-155 和 miR-181b 则可抑制活化诱导的胞嘧啶核苷脱氨酶，从而对 B 细胞抗体多样性产生影响[224, 225]。

相对于 DNA 甲基化和组蛋白修饰，miRNA 检测技术的复杂程度相对较低，更易于实验室应用和推广，因此 miRNA 被认为具有开发生物标志物的广阔前景。目前已有研究对血液、尿液、外泌体等不同临床样本进行 miRNA 检测，以期寻找有临床应用价值的 SLE 生物标志物。

目前已发现血清中许多 miRNA 的表达水平都与 SLE 的疾病活动性密切相关，包括 miR-200a、miR-200b、miR-200c、miR-429、miR-205、miR-192、miR-126、miR-16、miR-451、miR-223、miR-21 及 miR-125a-3p 等[226, 227]。这些血清 miRNA 标志物可能对 SLE 的疾病活动性评判具有潜在的辅助价值。此外，如前文所提及，SLE 患者外周血 PBMC 细胞中的 miR-146a 表达较正常人显著降低，且与狼疮活动性呈负相关[218]。在一种干扰素诱发加重的狼疮小鼠模型中，miR-15a 在调节性 B 细胞中的表达水平与血清抗双链 DNA（抗 dsDNA）抗体水平呈正相关，不过这一相关性在人类红斑狼疮患者中尚有待证实[228]。

尿液标本易于获取，属于无创性检查，如能用于狼疮活动性评价及疗效评估，具有较好的临床应用价值。已有研究表明，尿液中的 miR-146a 水平与估计肾小球滤过率（estimated glomerular filtration rate，eGFR）呈显著相关，而尿液 miR-155 水平与尿蛋白和 SLE 疾病活动指数（systemic lupus erythematosus disease activity index，SLE）均存在显著相关性[229]。新近研究则提示尿外泌体将可能成为更有前景的 SLE 生物标志物。所谓外泌体，是指血液、尿液、唾液等体液中存在的直径 50～90nm 的膜衍生囊泡，其内容物包括蛋白质、mRNA 及 miRNA 成分，可能作为一种细胞间信号转导、交换的载体而存在。尿外泌体由泌尿系统的腔内上皮细胞所产生、分泌，可从尿液中分离出来并对其装载的 miRNA 进行检测。由于外泌体能保护核酸以防止其在细胞外降解，其封装的 miRNA 相对稳定，检测技术也并不复杂。近年来有研究发现，尿外泌体 miR-146a 的检测有助于评估狼疮性肾炎的活动性[230]。此外，尿外泌体中的 miR-29c 表达水平与肾活检组织病理学慢性指数、肾小球硬化呈高度负相关性，而与肾功能无明显相关，其对狼疮性肾炎慢性程度预测的敏感性和特异性分别达到 94%和 82%，因此可作为预测狼疮性肾炎早期向纤维化进展的无创性检测指标[231]。

36.6.2 miRNA 与银屑病

近年来，随着 miRNA 在银屑病中研究的不断深入，发现了许多银屑病特异性的 miRNA 表达谱，包括组织和细胞特异性的 miRNA。

首先，在皮损组织中，通过对银屑病皮损和正常皮肤的 miRNAome 分析，筛选出了在银屑病皮损中表达上调最明显的一些 miRNA，包括皮肤特异性的 miR-203、角质形成细胞来源的 miR-135b、造血细胞特异性的 miR-142-3p 和 miR-223/223，以及血管源性的 miR-21、miR378、miR-100 和 miR-31[232]。有趣的是，一些在皮损真皮浸润的炎症细胞中表达异常的 miRNA，比如 miR-223 和 miR-193b，在循环 T 细胞中存在同样的表达改变[232]。这些研究表明，miRNA 异常表达可能参与银屑病皮损组织中皮肤定植细胞与浸润的炎症细胞的相互作用及功能紊乱[234]。此外，miR-21 在银屑病皮损表皮组织中亦表达上调[235, 236]，而 miR-31 在银屑病角质形成细胞中表达显著升高[237, 238]。在上述这些 miRNA 中，miR-203 为皮肤特异性表达的 miRNA，IL-1α、IL-6、IL-17A 和 TNF-α 共同刺激可诱导其在正常人原代角质形成细胞中表达升高，促进上皮细胞分化，与银屑病的表达增生密切相关[239, 240]。

除了这些表达上调的 miRNA，还有一些在银屑病皮损中特异性表达下调的 miRNA。有研究报道，miR-125b 在银屑病皮损，尤其是角质形成细胞中表达显著下调，通过调控其靶基因成纤维细胞生长因子受体 2（fibroblast growth factor receptor 2，FGFR2）促进角质形成细胞增殖，抑制其分化[241]。miR-99a 在银屑病表皮中表达下调，促进胰岛素样生长因子 IGF-1R 表达，进而促进角质形成细胞增殖[242]。而另一个在银屑病皮损中表达下调的 miR-424，则通过促进 MEK1 和 cyclinE1 蛋白表达发挥其促细胞增殖作用[243]。

其次，银屑病患者全血、血浆及 PBMC 中也存在 miRNA 的异常表达。有研究报道，miR-146a 在银屑病患者皮损和 PBMC 中均表达上调，且与 IL-17A 的表达呈正相关[244]。此外，miR-193b、miR-223 及 miR-143 在银屑病患者 PBMC 中的表达亦显著增高[233, 245]，而 miR-210 则在银屑病患者 $CD4^+$ T 细胞中表达上调[246]。银屑病患者血清中 miR-1266 水平明显增高，且与患者 PASI 评分和受累体表面积呈负相关[247]。斑块型银屑病患者血浆中 miR-33 表达水平显著增高[248]。这些循环中异常表达的 miRNA 可能成为潜在的银屑病诊断、治疗及预后的标记物。

再者，也有研究报道了银屑病患者毛干和毛根中 miRNA 的表达谱，发现 miR-19a 在银屑病患者毛根中表达显著升高，且与银屑病患者从发病到就诊的持续时间呈显著负相关[249]。此外，相较于特异性皮炎患者和正常对照，银屑病患者毛干中 miR-424 的表达显著上调[250]。

总之，这些异常表达的 miRNA 可能在银屑病皮损或其他组织、器官中调控靶基因的表达，从而参与银屑病的发生发展。

36.6.3 miRNA 与类风湿关节炎

近年来，差异性表达的 miRNA 在类风湿关节炎（RA）患者和关节炎小鼠模型中均有发现，并且已经在体外或体内鉴定了一些直接的靶点。差异性表达的 miRNA 第一次在 2008 年由 Stanczyk 和他的同事研究报道。作者认为，与骨关节炎（OA）患者相比，RA 滑膜成纤维细胞中 miRNA-155 和 miRNA-146a 的表达水平较高[251]。到目前为止，这些仍然是 RA 研究中研究最多的 miRNA，其差异表达与 OA 或健康人的比较已经在许多细胞类型和组织中被证实，包括滑膜组织（miRNA-155、miRNA-146a）[252]、滑液衍生的 $CD14^+$ T 细胞（miRNA-155）[253]、PBMC（miRNA-155、miRNA-146a）、$CD4^+$ T 细胞（miRNA-146a）[254]、产生外周血 IL17 的 T 细胞（miRNA-146a）[255] 和 B 细胞（miRNA-155）[256]。

近期加拿大的一项队列研究显示与健康个体相比，RA 患者全血样品和 PBMC 中均检测到 miR-146a 和 miR-155 的表达升高[257]。RA 患者 PBMC 中 Th17 细胞转录因子（RORγt 和 STAT3）的表达显著增加，同时也发现 miR-301a-3p 的过表达。miR-301a-3p 的水平与 RA 患者 Th17 细胞的频率呈正相关[258]。与已确诊的 RA 患者相比，抗风湿药物治疗前、治疗后第 3 个月和第 12 个月的早期 RA 患者血清中 miR-146a、 miR-155 和 miR-16 明显降低。最近的研究显示，miR-223 可能是疾病活动的潜在标志物，因为发现早期 RA 治疗后 miR-223 的血清水平明显降低[259]。

在 RA 滑膜成纤维细胞（rheumatoid arthritis synovial fibroblast, RASF）中，miRNA-155 表现出对基质破坏性质的调节作用，因为在 TNF-α、IL1-β 和炎症刺激物存在下，miRNA-155 的过度表达降低了 MMP1 和 MMP3 的水平[251]。在 RA 滑膜巨噬细胞中，miR-155 水平的升高与 Src 同源的肌醇磷酸酶-1（SHIP-1）的水平降低有关，SHIP-1 是一种炎症抑制剂及 miR-155 的直接靶点[253]。此外，miR-155 被鉴定为 RA 单核细胞中趋化因子和促炎趋化因子受体表达的调节剂。外周血单核细胞中的 miR-155 水平与 DAS28 以及肿胀和肿胀关节计数的相关性表明，miR-155 在 RA 发病机制中的作用是促进 RA 滑膜中炎症细胞的募集和潴留[260]。研究显示缺乏 miR-155 的小鼠对胶原诱导的关节炎（CIA）具有抗性，具有对抗原特异性 Th17 细胞的显著抑制，并显著减轻关节炎和降低骨侵蚀程度[253, 261]。在由先天免疫机制引发的 KBxN 血清转移关节炎小鼠模型中，由于晚期破骨细胞发生的缺陷，缺乏 miR-155 可缓解骨侵蚀。然而，关节炎症水平与 WT 小鼠相似[261]。PU.1 是与 B 细胞成熟期下调的早期 B 细胞应答相关的转录因子，也是 miR-155 的靶点。研究显示 B 细胞 miR-155 在 RA 早期已经上调，特别是在记忆 B 细胞中，miR-155 的水平与 PU.1 的表达水平相互关联。RA 患者 B 细胞内源性抑制性的 miR-155 水平恢复了 PU.1 的表达，从而降低了抗体的产生[256]。这些数据指出了 miR-155 在导致自身免疫性关节炎的先天和适应性免疫应答中的关键作用，并将 miR-155 定位为迄今为止治疗 RA 最有希望的 miRNA 靶标。

与 miR-155 相反，miR-146a 的靶点含若干炎症阳性调节因子，例如，Toll 样受体通路的组分（IRAK1，TRAF6）及 I 型干扰素途径（STAT1）在巨噬细胞和单核细胞的功能研究中鉴定了 miR-146a 的炎症作用[262, 263]。尽管 RA 患者的 miR-146a 水平升高，但 IRAK1 和 TRAF6 的水平在健康对照组和 RA 患者的 PBMC 中没有差异[264]，这可能表明单纯的 miR-146a 水平升高不足以限制炎症。对于 RA 患者的 $CD4^+$ T 细胞，miRNA 表达分析显示 miR-146a 表达显著上调，而 miR-363 和 miR-498 下调[265]。与健康对照组相比，T 细胞亚型中 miR 的综合分析鉴定了外周血幼稚和记忆性 Treg 细胞中 miR-146a 和 miR-155 可以作为 RA 患者特征性改变。有趣的是，T 细胞刺激导致 RA 患者 Treg 细胞中 miR-146a 的上调不足，从而导致 Treg 细胞的促炎表型，其特征在于 STAT1 的表达增加和活化，随后增加的细胞因子表达[254]。将双链 miR-146a 静脉内注射到 CIA 小鼠中，由于抑制破骨细胞的产生，阻止了小鼠的关节破坏。CIA 中的炎症只有部分改善[266]，再次表明单独提高 miR-146a 水平不足以显著限制炎症过程。

miR-124a 被鉴定为破骨细胞发生的调节因子。通过下调 NFATc1 的表达水平，miR-124/miR-124a 抑制破骨细胞的分化，并且将人类 miR-124a 的大鼠类似物前体或 miR-124 的前体注射入佐剂诱导的关节炎（AIA）的踝关节能够改善这种疾病[267]。与 OA 滑膜成纤维细胞相比，在 RA 中 miR-124a 水平降低。功能分析确定了单核细胞趋化蛋白 1（MCP1）和细胞周期蛋白依赖激酶 2（CDK2）作为 miR-124a 的直接靶点，导致滑膜成纤维细胞增殖表达增强[268]。

RA 患者的滑膜组织样品及 RA 滑膜成纤维细胞（RASF）中 miR-188-5p 下调。此外，研究还显示 miR-188-5p 直接和间接调节由 RASF 中的基因表达谱确认的基因的表达，包括透明质酸结合蛋白 KIAA1199，以及胶原蛋白 COL1A1 和 COL12A1，可能与 RA 细胞外基质形成和破坏相关[269]。miR-573 可能是 RA 中的负调节因子，因为 miR-573 可以抑制丝裂原活化蛋白激酶（MAPK）的活化，被认为是 RA 治疗的潜在靶标之一[270]。

与健康人、OA 患者各组织细胞，包括滑膜成纤维细胞和组织、$CD4^+$ T 细胞、$CD14^+$单核细胞、滑膜液和血清进行比较，RA 中 miR-223 是过表达的[227, 252, 271-275]。最近的一项研究展示了活动性 RA 和 OA 的患者巨噬细胞中 miRNA 的表达水平。与 OA 患者相比，RA 患者巨噬细胞中的 7 种 miRNA 有表达的差异，miR-99a、miR-100、miR-125b、miR-199-3p、miR-199-5p、miR-152 和 miR-214 是下调的，只有

miR-223 是上调的。研究还提示高水平的 miR-223 通过降低 ARNT 蛋白水平从而功能性地损害骨髓细胞中的 AHR（芳烃受体）/ARNT（AHR 核转运体）途径。AHR 的激活可能与 RA 的发病机制相关，因为 AHR 激动剂可以抑制巨噬细胞中的促炎细胞因子表达[273]。在 RA 患者的巨噬细胞中，miRNA-223 被鉴定为抗炎因子。相比之下，T 细胞中的 miRNA-223 表达水平与类风湿因子呈正相关，T 细胞中 miRNA-223 的功能分析指出了高水平的 miRNA-223 水平抑制胰岛素样生长因子 1 受体（IGF-1R）的促炎作用介导的 IL-10 产生。最近的一项研究调查了 200 例 RA 患者和 120 例健康对照组中 miR-149 的单核苷酸多态性（SNP）rs22928323，rs22928323 展现了其与 RA 发展的相关性，但与 RA 更深的临床特征无关[276]。

36.6.4　miRNA 与系统性硬皮病

系统性硬皮病以免疫紊乱、血管病变、纤维化为三大主要病理特征，可致食管、肺脏、心脏、肾脏、骨骼等多个系统损伤，甚至威胁患者生命，引起越来越多的研究者关注。研究发现 miRNA 在系统性硬皮病发病过程中发挥重要作用，参与其发病的各个环节[277, 278]。

研究发现系统性硬皮病患者皮损中 miR-193b 表达下调，抑制 miR-193b 表达可引起尿激酶型纤溶酶原激活物（urokinasetype plasminogen activator，uPA）表达上调[279]。uPA 是一种多功能丝氨酸蛋白酶，由上皮细胞、成纤维细胞等合成，在细胞外基质的降解中发挥重要作用[280]。Iwamoto 等发现 uPA 在 SSc 患者皮损血管平滑肌细胞（vascular smooth muscle cell，VSMC）中表达升高。Li 等通过对比 3 例 SSc 患者皮损和 3 例正常组织发现，两者的 miRNA 表达谱存在明显差异，其中 6 个 miRNA（has-miR-206、has-miR-133a、has-miR-25b、has-miR-140-5p、has-miR-23b、has-let-7g）参与 SSc 的发病[281]。Zhu 等通过对比 7 例 SSc 患者和 7 例正常对照皮损中 miRNA 表达谱后发现 miR-21、miR-31、miR-146、miR-503、miR-145、miR-29b 可能参与 SSc 纤维化的发病[282]。

miR-29a 在 SSc 患者皮肤成纤维细胞中显著下调，研究发现增加其表达可明显减少 I 型胶原和 III 型胶原产生，而抑制 TGF-β 可增加 miR-29a 的表达，从而达到治疗效果[283]。Ciechomska 等发现 miR-29a 通过抑制 TGF-β 活化激酶 1 结合蛋白 1（TGF-β-activated kinase 1 binding protein 1，TAB1）介导的基质金属蛋白酶抑制剂-1（tissue inhibitor of metalloproteinase-1，TIMP-1）的产生而发挥抗纤维化作用[284]。miR-30a-3p 在 SSc 患者皮损中低表达，通过与 B 细胞活化因子（B cell-activating factor ，BAFF）mRNA 的 3′UTR 结合，抑制 BAFF 表达，从而起到抗纤维化作用[285]。miR-92a 在 SSc 患者中表达上调，且由 TGF-β 刺激产生，通过靶向基质金属蛋白酶 1（matrix metalloproteinase，MMP-1）发挥促纤维化作用[286]。除此之外，miR-21 在 SSc 患者皮肤成纤维细胞中亦显著上调，且同样受 TGF-β 调节，通过降低 Smad7 的表达水平参与 SSc 的发病[287]。

36.7　总结与展望

近年来，自身免疫性疾病表观遗传学研究取得了许多突破性的进展，增加了我们对自身免疫性疾病的理解，但是离深入揭示表观遗传学的相互作用网络，以及将目前的研究成果转化到临床实践并诊治自身免疫性疾病还有一段相当长的距离，这给表观遗传学的研究带来了新的挑战与契机。相信未来几年，自身免疫性疾病表观遗传学研究策略和思路将会往这些方面发展。

注：肖嵘、吴海竞、邓亚雄、廖威、龙海、张鹏、罗帅寒天、武瑞芳、王子君、史雅倩、尹菁华、苏玉

文、罗鸯鸯对本文亦有贡献。

参考文献

[1] Suarez-Alvarez, B.*et al*. DNA methylation: a promising landscape for immune system-related diseases. *Trends Genet* 28, 506-514(2012).

[2] Sanders, V. M. Epigenetic regulation of Th1 and Th2 cell development. *Brain Behav Immun* 20, 317-324(2006).

[3] Wilson, C. B. *et al*. Epigenetic control of T-helper-cell differentiation. *Nat Rev Immunol* 9, 91-105(2009).

[4] Schoenborn, J. R. *et al.* Comprehensive epigenetic profiling identifies multiple distal regulatory elements directing transcription of the gene encoding interferon-gamma. *Nat Immunol* 8, 732-742(2007).

[5] Xia, Y. *et al*. Age-related changes in DNA methylation associated with shifting Th1/Th2 balance. *Inflammation* 39, 1892-1903(2016).

[6] Santangelo, S. *et al*. Chromatin structure and DNA methylation of the IL-4 gene in human T(H)2 cells. *Chromosome Res* 17, 485-496(2009).

[7] Janson, P. C. *et al.* Profiling of $CD4^+$ T cells with epigenetic immune lineage analysis. *J Immunol* 186, 92-102(2011).

[8] Liu, X. *et al.* Genome-wide analysis identifies Bcl6-controlled regulatory networks during T follicular helper cell differentiation. *Cell Rep* 14, 1735-1747(2016).

[9] Bruniquel, D. & Schwartz, R. H. Selective, stable demethylation of the interleukin-2 gene enhances transcription by an active process. *Nat Immunol* 4, 235-240(2003).

[10] Wu, L. & Zheng, Q. Active demethylation of the IL-2 Promoter in $CD4^+$ T cells is mediated by an inducible DNA glycosylase, Myh. *Mol Immunol* 58, 38-49(2014).

[11] Baron, U. *et al.* DNA demethylation in the human FOXP3 locus discriminates regulatory T cells from activated FOXP3(+)conventional T cells. *Eur J Immunol* 37, 2378-2389(2007).

[12] Josefowicz, S. Z. *et al*. Cutting edge: TCR stimulation is sufficient for induction of Foxp3 expression in the absence of DNA methyltransferase 1. *J Immunol* 182, 6648-6652(2009).

[13] Chappell, C. *et al*. DNA methylation by DNA methyltransferase 1 is critical for effector CD8 T cell expansion. *J Immunol* 176, 4562-4572(2006).

[14] Scharer, C. D. *et al*. Global DNA methylation remodeling accompanies CD8 T cell effector function. *J Immunol* 191, 3419-3429(2013).

[15] Chang, S. & Aune, T. M. Dynamic changes in histone-methylation 'marks' across the locus encoding interferon-gamma during the differentiation of T helper type 2 cells. *Nat Immunol* 8, 723-731(2007).

[16] Akimzhanov, A. M. *et al*. Chromatin remodeling of interleukin-17(IL-17)-IL-17F cytokine gene locus during inflammatory helper T cell differentiation. *J Biol Chem* 282, 5969-5972(2007).

[17] Wei, G. *et al*. Global mapping of H3K4me3 and H3K27me3 reveals specificity and plasticity in lineage fate determination of differentiating $CD4^+$ T cells. *Immunity* 30, 155-167(2009).

[18] Hawkins, R. D. *et al.* Global chromatin state analysis reveals lineage-specific enhancers during the initiation of human T helper 1 and T helper 2 cell polarization. *Immunity* 38, 1271-1284(2013).

[19] Ramming, A. *et al*. Maturation-related histone modifications in the PU.1 promoter regulate Th9-cell development. *Blood* 119, 4665-4674(2012).

[20] Rodriguez, R. M. *et al*. Epigenetic dynamics during CD4(+)T cells lineage commitment. *Int J Biochem Cell Biol* 67,

75-85(2015).

[21] Kakaradov, B. *et al.* Early transcriptional and epigenetic regulation of $CD8^+$ T cell differentiation revealed by single-cell RNA sequencing. *Nat Immunol* 18, 422-432(2017).

[22] Moskowitz, D. M. *et al.* Epigenomics of human CD8 T cell differentiation and aging. *Sci Immunol* 2, doi: 10.1126/sciimmunol.aag0192(2017).

[23] Araki, Y. *et al.* Histone acetylation facilitates rapid and robust memory CD8 T cell response through differential expression of effector molecules(eomesodermin and its targets: perforin and granzyme B). *J Immunol* 180, 8102-8108(2008).

[24] Araki, Y. *et al.* Genome-wide analysis of histone methylation reveals chromatin state-based regulation of gene transcription and function of memory $CD8^+$ T cells. *Immunity* 30, 912-925(2009).

[25] Ochiai, K. *et al.* Regulation of the plasma cell transcription factor Blimp-1 gene by Bach2 and Bcl6. *Int Immunol* 20, 453-460(2008).

[26] Lemercier, C. *et al.* Class II histone deacetylases are directly recruited by BCL6 transcriptional repressor. *J Biol Chem* 277, 22045-22052(2002).

[27] Gururajan, M. *et al.* MicroRNA 125b inhibition of B cell differentiation in germinal centers. *Int Immunol* 22, 583-592(2010).

[28] Zhang, J. *et al.* Patterns of microRNA expression characterize stages of human B-cell differentiation. *Blood* 113, 4586-4594 (2009).

[29] Nie, K. *et al.* MicroRNA-mediated down-regulation of PRDM1/Blimp-1 in Hodgkin/Reed-Sternberg cells: a potential pathogenetic lesion in Hodgkin lymphomas. *Am J Pathol* 173, 242-252(2008).

[30] King, J. K. *et al.* Regulation of marginal zone B-cell differentiation by microRNA-146a. *Front Immunol* 7, 670(2016).

[31] Nie, K. *et al.* Epigenetic down-regulation of the tumor suppressor gene PRDM1/Blimp-1 in diffuse large B cell lymphomas: a potential role of the microRNA let-7. *Am J Pathol* 177, 1470-1479(2010).

[32] Thai, T. H. *et al.* Regulation of the germinal center response by microRNA-155. *Science* 316, 604-608(2007).

[33] Rodriguez, A. *et al.* Requirement of bic/microRNA-155 for normal immune function. *Science* 316, 608-611(2007).

[34] Vigorito, E. *et al.* microRNA-155 regulates the generation of immunoglobulin class-switched plasma cells. *Immunity* 27, 847-859(2007).

[35] Baxter, J. *et al.* Histone hypomethylation is an indicator of epigenetic plasticity in quiescent lymphocytes. *EMBO J* 23, 4462-4472(2004).

[36] Caganova, M. *et al.* Germinal center dysregulation by histone methyltransferase EZH2 promotes lymphomagenesis. *J Clin Invest* 123, 5009-5022(2013).

[37] Lai, A. Y. *et al.* DNA methylation profiling in human B cells reveals immune regulatory elements and epigenetic plasticity at Alu elements during B-cell activation. *Genome Res* 23, 2030-2041(2013).

[38] Klein, U. *et al.* Transcriptional analysis of the B cell germinal center reaction. *Proc Natl Acad Sci U S A* 100, 2639-2644(2003).

[39] Calame, K. MicroRNA-155 function in B Cells. *Immunity* 27, 825-827(2007).

[40] Paul, F. *et al.* Transcriptional heterogeneity and lineage commitment in myeloid progenitors. *Cell* 163, 1663-1677(2015).

[41] Lin, Q. *et al.* Epigenetic program and transcription factor circuitry of dendritic cell development. *Nucleic Acids Res* 43, 9680-9693(2015).

[42] Turner, M. L. *et al.* MicroRNAs regulate dendritic cell differentiation and function. *J Immunol* 187, 3911-3917(2011).

[43] Wang, P. *et al.* The STAT3-binding long noncoding RNA lnc-DC controls human dendritic cell differentiation. *Science* 344,

310-313(2014).

[44] Chen, K. *et al.* Methyltransferase SETD2-mediated methylation of STAT1 is critical for interferon antiviral activity. *Cell* 170, 492-506 e414(2017).

[45] Zhang, Q. *et al.* Tet2 is required to resolve inflammation by recruiting Hdac2 to specifically repress IL-6. *Nature* 525, 389-393(2015).

[46] Li, X. *et al.* Methyltransferase Dnmt3a upregulates HDAC9 to deacetylate the kinase TBK1 for activation of antiviral innate immunity. *Nat Immunol* 17, 806-815(2016).

[47] Kohli, R. M. & Zhang, Y. TET enzymes, TDG and the dynamics of DNA demethylation. *Nature* 502, 472-479(2013).

[48] Kinney, S. R. & Pradhan, S. Ten eleven translocation enzymes and 5-hydroxymethylation in mammalian development and cancer. *Advances in Experimental Medicine and Biology* 754, 57-79(2013).

[49] Cheng, X. & Roberts, R. J. AdoMet-dependent methylation, DNA methyltransferases and base flipping. *Nucleic Acids Research* 29, 3784-3795(2001).

[50] Wu, H. & Zhang, Y. Tet1 and 5-hydroxymethylation: a genome-wide view in mouse embryonic stem cells. *Cell Cycle*10, 2428-2436(2011).

[51] Kriaucionis, S. & Heintz, N. The nuclear DNA base 5-hydroxymethylcytosine is present in Purkinje neurons and the brain. *Science* 324, 929-930(2009).

[52] Taylor, S. E. *et al.* A global increase in 5-hydroxymethylcytosine levels marks osteoarthritic chondrocytes. *Arthritis & Rheumatology* 66, 90-100(2014).

[53] Huang, H. *et al.* TET1 plays an essential oncogenic role in MLL-rearranged leukemia. *Proceedings of the National Academy of Sciences of the United States of America* 110, 11994-11999(2013).

[54] Wielscher, M. *et al.* Cytosine 5-hydroxymethylation of the LZTS1 gene is reduced in breast cancer. *Translational Oncology* 6, 715-721(2013).

[55] Thierfelder, W. E. *et al.* Requirement for Stat4 in interleukin-12-mediated responses of natural killer and T cells. *Nature* 382, 171-174(1996).

[56] Kaplan, M. H. *et al.* Stat6 is required for mediating responses to IL-4 and for development of Th2 cells. *Immunity* 4, 313-319(1996).

[57] Yang, X. O. *et al.* STAT3 regulates cytokine-mediated generation of inflammatory helper T cells. *The Journal of Biological Chemistry* 282, 9358-9363(2007).

[58] Vahedi, G. *et al.* STATs shape the active enhancer landscape of T cell populations. *Cell* 151, 981-993(2012).

[59] Ciofani, M. *et al.* A validated regulatory network for Th17 cell specification. *Cell* 151, 289-303(2012).

[60] Zheng, Y. *et al.* Role of conserved non-coding DNA elements in the Foxp3 gene in regulatory T-cell fate. *Nature* 463, 808-812(2010).

[61] Tone, Y. *et al.* Smad3 and NFAT cooperate to induce Foxp3 expression through its enhancer. *Nature Immunology* 9, 194-202(2008).

[62] Schlenner, S. M. *et al.* Smad3 binding to the foxp3 enhancer is dispensable for the development of regulatory T cells with the exception of the gut. *The Journal of Experimental Medicine* 209, 1529-1535(2012).

[63] Steinke, F. C. & Xue, H. H. From inception to output, Tcf1 and Lef1 safeguard development of T cells and innate immune cells. *Immunologic Research* 59, 45-55(2014).

[64] Decker, T. *et al.* Stepwise activation of enhancer and promoter regions of the B cell commitment gene Pax5 in early

lymphopoiesis. *Immunity* 30, 508-520(2009).

[65] Bornstein, C. *et al.* A negative feedback loop of transcription factors specifies alternative dendritic cell chromatin States. *Molecular Cell* 56, 749-762(2014).

[66] Richardson, B. C. *et al.* Phenotypic and functional similarities between 5-azacytidine-treated T cells and a T cell subset in patients with active systemic lupus erythematosus. *Arthritis Rheum* 35, 647-662(1992).

[67] Quddus, J. *et al.* Treating activated $CD4^+$ T cells with either of two distinct DNA methyltransferase inhibitors, 5-azacytidine or procainamide, is sufficient to cause a lupus-like disease in syngeneic mice. *J Clin Invest* 92, 38-53(1993).

[68] Yung, R. L. *et al*. Mechanism of drug-induced lupus. I. Cloned Th2 cells modified with DNA methylation inhibitors in vitro cause autoimmunity *in vivo*. *J Immunol* 154, 3025-3035(1995).

[69] Yung, R. *et al*. Mechanisms of drug-induced lupus. IV. Comparison of procainamide and hydralazine with analogs in vitro and *in vivo*. *Arthritis Rheum* 40, 1436-1443(1997).

[70] Lu, Q. *et al.* Demethylation of ITGAL(CD11a)regulatory sequences in systemic lupus erythematosus. *Arthritis Rheum* 46, 1282-1291(2002).

[71] Oelke, K. *et al.* Overexpression of CD70 and overstimulation of IgG synthesis by lupus T cells and T cells treated with DNA methylation inhibitors. *Arthritis Rheum* 50, 1850-1860(2004).

[72] Zhou, Y. & Lu, Q. DNA methylation in T cells from idiopathic lupus and drug-induced lupus patients. *Autoimmun Rev* 7, 376-383(2008).

[73] Lu, Q., Wu, A. & Richardson, B. C. Demethylation of the same promoter sequence increases CD70 expression in lupus T cells and T cells treated with lupus-inducing drugs. *J Immunol* 174, 6212-6219(2005).

[74] Kaplan, M. J. *et al*. Demethylation of promoter regulatory elements contributes to perforin overexpression in $CD4^+$ lupus T cells. *J Immunol* 172, 3652-3661(2004).

[75] Kozlowska, A. *et al*. Perforin level in $CD4^+$ T cells from patients with systemic lupus erythematosus. *Rheumatol Int* 30, 1627-1633(2010).

[76] Balada, E. *et al*. Clinical and serological findings associated with the expression of ITGAL, PRF1, and CD70 in systemic lupus erythematosus. *Clin Exp Rheumatol* 32, 113-116(2014).

[77] Mi, X. B. & Zeng, F. Q. Hypomethylation of interleukin-4 and -6 promoters in T cells from systemic lupus erythematosus patients. *Acta Pharmacol Sin* 29, 105-112(2008).

[78] Zhao, M. *et al.* Hypomethylation of IL10 and IL13 promoters in $CD4^+$ T cells of patients with systemic lupus erythematosus. *J Biomed Biotechnol* 2010, 2(2010).

[79] Basu, D. *et al.* Stimulatory and inhibitory killer Ig-like receptor molecules are expressed and functional on lupus T cells. *J Immunol* 183, 3481-3487(2009).

[80] Sawalha, A. H. *et al.* Sex-specific differences in the relationship between genetic susceptibility, T cell DNA demethylation and lupus flare severity. *J Autoimmun* 38, 3(2012).

[81] Lu, Q. *et al.* Demethylation of CD40LG on the inactive X in T cells from women with lupus. *J Immunol* 179, 6352-6358(2007).

[82] Absher, D. M. *et al.* Genome-wide DNA methylation analysis of systemic lupus erythematosus reveals persistent hypomethylation of interferon genes and compositional changes to $CD4^+$ T-cell populations. *PLoS Genet* 9, e1003678(2013).

[83] Coit, P. *et al.* Genome-wide DNA methylation study suggests epigenetic accessibility and transcriptional poising of interferon-regulated genes in naive $CD4^+$ T cells from lupus patients. *J Autoimmun* 43, 78-84(2013).

[84] Jones, P. A. *et al.* Inhibition of DNA methylation by 5-azacytidine. *Recent Results Cancer Res* 84, 202-211(1983).

[85] Deng, C. *et al.* Decreased Ras-mitogen-activated protein kinase signaling may cause DNA hypomethylation in T lymphocytes from lupus patients. *Arthritis Rheum* 44, 397-407(2001).

[86] Sawalha, A. H. *et al.* Defective T-cell ERK signaling induces interferon-regulated gene expression and overexpression of methylation-sensitive genes similar to lupus patients. *Genes Immun* 9, 368-378(2008).

[87] Strickland, F. M. *et al.* CD4(+)T cells epigenetically modified by oxidative stress cause lupus-like autoimmunity in mice. *J Autoimmun* 62, 75-80(2015).

[88] Gorelik, G. *et al.* T cell PKCdelta kinase inactivation induces lupus-like autoimmunity in mice. *Clin Immunol* 158, 193-203(2015).

[89] Gorelik, G. *et al.* Impaired T cell protein kinase C delta activation decreases ERK pathway signaling in idiopathic and hydralazine-induced lupus. *J Immunol* 179, 5553-5563(2007).

[90] Gorelik, G. J. *et al.* Protein kinase Cdelta oxidation contributes to ERK inactivation in lupus T cells. *Arthritis Rheum* 64, 2964-2974(2012).

[91] Sunahori, K. *et al.* The catalytic subunit of protein phosphatase 2A(PP2Ac)promotes DNA hypomethylation by suppressing the phosphorylated mitogen-activated protein kinase/extracellular signal-regulated kinase(ERK)kinase(MEK)/phosphorylated ERK/DNMT1 protein pathway in T-cells from controls and systemic lupus erythematosus patients. *J Biol Chem* 288, 21936-21944(2013).

[92] Pan, W. *et al.* MicroRNA-21 and microRNA-148a contribute to DNA hypomethylation in lupus $CD4^+$ T cells by directly and indirectly targeting DNA methyltransferase 1. *J Immunol* 184, 6773-6781(2010).

[93] Zhao, S. *et al.* MicroRNA-126 regulates DNA methylation in $CD4^+$ T cells and contributes to systemic lupus erythematosus by targeting DNA methyltransferase 1. *Arthritis Rheum* 63, 1376-1386(2011).

[94] Qin, H. *et al.* MicroRNA-29b contributes to DNA hypomethylation of $CD4^+$ T cells in systemic lupus erythematosus by indirectly targeting DNA methyltransferase 1. *J Dermatol Sci* 69, 61-67(2013).

[95] Zhao, M. *et al.* RFX1 regulates CD70 and CD11a expression in lupus T cells by recruiting the histone methyltransferase SUV39H1. *Arthritis Res Ther* 12, 30(2010).

[96] Zhao, M. *et al.* Epigenetics and SLE: RFX1 downregulation causes CD11a and CD70 overexpression by altering epigenetic modifications in lupus $CD4^+$ T cells. *J Autoimmun* 35, 58-69(2010).

[97] Li, Y. *et al.* Overexpression of the growth arrest and DNA damage-induced 45alpha gene contributes to autoimmunity by promoting DNA demethylation in lupus T cells. *Arthritis Rheum* 62, 1438-1447(2010).

[98] Li, Y. *et al.* A possible role of HMGB1 in DNA demethylation in $CD4^+$ T cells from patients with systemic lupus erythematosus. *Clin Dev Immunol* 2013, 206298(2013).

[99] Ichiyama, K. *et al.* The methylcytosine dioxygenase Tet2 promotes DNA demethylation and activation of cytokine gene expression in T cells. *Immunity* 42, 613-626(2015).

[100] Zhao, M. *et al.* Increased 5-hydroxymethylcytosine in CD4(+)T cells in systemic lupus erythematosus. *J Autoimmun* 69, 64-73(2016).

[101] Zhao, M. *et al.* IFI44L promoter methylation as a blood biomarker for systemic lupus erythematosus. *Ann Rheum Dis* 75, 1998-2006(2016).

[102] Bowcock, A. M. & Krueger, J. G. Getting under the skin: the immunogenetics of psoriasis. *Nat Rev Immunol* 5, 699-711(2005).

[103] Wrone-Smith, T. *et al.* Keratinocytes derived from psoriatic plaques are resistant to apoptosis compared with normal skin. *Am J Pathol* 151, 1321-1329(1997).

[104] Raskin, C. A. Apoptosis and cutaneous biology. *J Am Acad Dermatol* 36, 885-896; quiz 897-898(1997).

[105] Thompson, C. B. Apoptosis in the pathogenesis and treatment of disease. *Science* 267, 1456-1462(1995).

[106] Hockenbery, D. *et al.* Bcl-2 is an inner mitochondrial membrane protein that blocks programmed cell death. *Nature* 348, 334-336(1990).

[107] Levine, A. J. *et al.* The p53 tumour suppressor gene. *Nature* 351, 453-456(1991).

[108] McNutt, N. S. *et al.* Abnormalities of p53 protein expression in cutaneous disorders. *Arch Dermatol* 130, 225-232(1994).

[109] Hussein, M. R. *et al.* Analysis of p53 and bcl-2 protein expression in the non-tumorigenic, pretumorigenic, and tumorigenic keratinocytic hyperproliferative lesions. *J Cutan Pathol* 31, 643-651(2004).

[110] Nakagawa, K. *et al.* bcl-2 expression in epidermal keratinocytic diseases. *Cancer* 74, 1720-1724(1994).

[111] Moorchung, N. *et al.* Expression of apoptosis regulating proteins p53 and bcl-2 in psoriasis. *Indian J Pathol Microbiol* 58, 423-426(2015).

[112] 张瑞丽，等. 银屑病患者骨髓 HPP-CFC 集落形成及 p21 基因启动子甲基化的研究. 中国免疫学杂志 23, 842-846(2007).

[113] Ruchusatsawat, K. *et al.* SHP-1 promoter 2 methylation in normal epithelial tissues and demethylation in psoriasis. *J Mol Med(Berl)*84, 175-182(2006).

[114] Zhang, P. *et al.* Whole-genome DNA methylation in skin lesions from patients with psoriasis vulgaris. *J Autoimmun* 41, 17-24(2013).

[115] Roberson, E. D. *et al.* A subset of methylated CpG sites differentiate psoriatic from normal skin. *J Invest Dermatol* 132, 583-592(2012).

[116] McInnes, I. B. & Schett, G. The pathogenesis of rheumatoid arthritis. *The New England Journal of Medicine* 365, 2205-2219(2011).

[117] Horsburgh, S. *et al.* CpG-specific methylation at rheumatoid arthritis diagnosis as a marker of treatment response. *Epigenomics* 9, 595-597(2017).

[118] Richardson, B. *et al.* Evidence for impaired T cell DNA methylation in systemic lupus erythematosus and rheumatoid arthritis. *Arthritis and Rheumatism* 33, 1665-1673(1990).

[119] Neidhart, M. *et al.* Retrotransposable L1 elements expressed in rheumatoid arthritis synovial tissue: association with genomic DNA hypomethylation and influence on gene expression. *Arthritis and Rheumatism* 43, 2634-2647(2000).

[120] Karouzakis, E. *et al.* DNA methylation regulates the expression of CXCL12 in rheumatoid arthritis synovial fibroblasts. *Genes and Immunity* 12, 643-652(2011).

[121] Frank-Bertoncelj, M. *et al.* Interplay between genetic and epigenetic mechanisms in rheumatoid arthritis. *Epigenomics* 9, 493-504(2017).

[122] Klein, K. & Gay, S. Epigenetics in rheumatoid arthritis. *Current opinion in Rheumatology* 27, 76-82(2015).

[123] Jones, P. A. Functions of DNA methylation: islands, start sites, gene bodies and beyond. *Nature Reviews Genetics* 13, 484-492(2012).

[124] Bui, C. *et al.* cAMP response element-binding(CREB)recruitment following a specific CpG demethylation leads to the elevated expression of the matrix metalloproteinase 13 in human articular chondrocytes and osteoarthritis. *FASEB Journal* 26, 3000-3011(2012).

[125] Nile, C. J. *et al.* Methylation status of a single CpG site in the IL6 promoter is related to IL6 messenger RNA levels and

rheumatoid arthritis. *Arthritis and Rheumatism* 58, 2686-2693(2008).

[126] Sullivan, K. E. *et al.* Epigenetic regulation of tumor necrosis factor alpha. *Molecular and Cellular Biology* 27, 5147-5160(2007).

[127] Wang, Y. Y. *et al.* DNA hypermethylation of the forkhead box protein 3(FOXP3)promoter in $CD4^+$ T cells of patients with systemic sclerosis. *The British Journal of Dermatology* 171, 39-47(2014).

[128] Li, Y. *et al.* Abnormal DNA methylation in $CD4^+$ T cells from people with latent autoimmune diabetes in adults. *Diabetes Research and Clinical Practice* 94, 242-248(2011).

[129] Takami, N. *et al.* Hypermethylated promoter region of DR3, the death receptor 3 gene, in rheumatoid arthritis synovial cells. *Arthritis and Rheumatism* 54, 779-787(2006).

[130] Pattanaik, D. *et al.* Vascular involvement in systemic sclerosis(scleroderma). *J Inflamm Res* 4, 105-125(2011).

[131] Miranda T. B., Jones P. A. DNA methylation: the nuts and bolts of repression. *J Cell Physiol* 213(2), 384-390(2007).

[132] Matatiele, P. *et al.* DNA methylation similarities in genes of black South Africans with systemic lupus erythematosus and systemic sclerosis. *J Biomed Sci* 22, 34(2015).

[133] Czuwara-Ladykowska, J. *et al.* Fli-1 inhibits collagen type I production in dermal fibroblasts via an Sp1-dependent pathway. *J Biol Chem* 276, 20839-20848(2001).

[134] Noda, S. *et al.* Simultaneous downregulation of KLF5 and Fli1 is a key feature underlying systemic sclerosis. *Nature Communications* 5, 5797(2014).

[135] Makino, T. & Jinnin, M. Genetic and epigenetic abnormalities in systemic sclerosis. *J Dermatol* 43, 10-18(2016).

[136] Wang, Y. Q. *et al.* Association between enhanced type I collagen expression and epigenetic repression of the FLI1 gene in scleroderma fibroblasts. *Arthritis Rheum* 54, 2271-2279(2006).

[137] Altorok, N. *et al.* Epigenetics, the holy grail in the pathogenesis of systemic sclerosis. *Rheumatology* 54, 1759-1770(2015).

[138] Altorok, N. *et al.* Genome-wide DNA methylation analysis in dermal fibroblasts from patients with diffuse and limited systemic sclerosis reveals common and subset-specific DNA methylation aberrancies. *Ann Rheum Dis* 74, 1612-1620(2015).

[139] Long, H. *et al.* The critical role of epigenetics in systemic lupus erythematosus and autoimmunity. *Journal of Autoimmunity* 74, 118-138(2016).

[140] Matouk, C. C. & Marsden, P. A. Epigenetic regulation of vascular endothelial gene expression. *Circ Res* 102, 873-887(2008).

[141] Kahaleh, B. & Wang, W. Decrease activity of DNA demethylase in Ssc fibroblast and microvascular endothelial cells: A possible mechanism for persistent Ssc phenotype. *Rheumatology* 51, 5-6(2012).

[142] Blobe, G. C. *et al.* Mechanisms of disease: Role of transforming growth factor beta in human disease. *New Engl J Med* 342, 1350-1358(2000).

[143] Lei, W. *et al.* Abnormal DNA methylation in $CD4^+$ T cells from patients with systemic lupus erythematosus, systemic sclerosis, and dermatomyositis. *Scand J Rheumatol* 38, 369-374(2009).

[144] Luo, Y. *et al.* Systemic sclerosis: genetics and epigenetics. *J Autoimmun* 41, 161-167(2013).

[145] Valentini, G. *et al.* Increased expression of CD40 ligand in activated $CD4^+$ T lymphocytes of systemic sclerosis patients. *J Autoimmun* 15, 61-66 (2000).

[146] Lian X, *et al.* DNA demethylation of CD40l in $CD4^+$ T cells from women with systemic sclerosis: a possible explanation for female susceptibility. *Arthritis Rheum* 64, 2338-2345 (2012).

[147] Jiang H, *et al.* Demethylation of TNFSF7 contributes to CD70 overexpression in $CD4^+$ T cells from patients with systemic sclerosis. *Clin Immunol* 143, 39-44 (2012).

[148] Tobon, G. J. *et al.* The Fms-like tyrosine kinase 3 ligand, a mediator of B cell survival, is also a marker of lymphoma in primary Sjogren's syndrome. *Arthritis and Rheumatism* 62, 3447-3456(2010).

[149] Rakyan, V. & Whitelaw, E. Transgenerational epigenetic inheritance. *Current Biology* 13, R6(2003).

[150] Le Dantec, C. *et al.* Epigenetics and Sjogren's syndrome. *Current Pharmaceutical Biotechnology* 13, 2046-2053(2012).

[151] Konsta, O. D. *et al.* The contribution of epigenetics in Sjogren's syndrome. *Frontiers in Genetics* 5, 71(2014).

[152] Altorok, N. *et al.* Genome-wide DNA methylation patterns in naive $CD4^+$ T cells from patients with primary Sjogren's syndrome. *Arthritis & Rheumatology* 66, 731-739(2014).

[153] Miceli-Richard, C. *et al.* Overlap between differentially methylated DNA regions in blood B lymphocytes and genetic at-risk loci in primary Sjogren's syndrome. *Annals of the Rheumatic Diseases* 75, 933-940(2016).

[154] Thabet, Y. *et al.* Epigenetic dysregulation in salivary glands from patients with primary Sjogren's syndrome may be ascribed to infiltrating B cells. *Journal of Autoimmunity* 41, 175-181(2013).

[155] Belkhir, R. *et al.* Upregulation of membrane-bound CD40L on $CD4^+$ T cells in women with primary Sjogren's syndrome. *Scandinavian Journal of Immunology* 79, 37-42(2014).

[156] Gestermann, N. *et al.* Methylation profile of the promoter region of IRF5 in primary Sjogren's syndrome. *European Cytokine Network* 23, 166-172(2012).

[157] Imgenberg-Kreuz, J. *et al.* Genome-wide DNA methylation analysis in multiple tissues in primary Sjogren's syndrome reveals regulatory effects at interferon-induced genes. *Annals of the Rheumatic Diseases* 75, 2029-2036(2016).

[158] Yin, H. *et al.* Hypomethylation and overexpression of CD70(TNFSF7)in $CD4^+$ T cells of patients with primary Sjogren's syndrome. *Journal of Dermatological Science* 59, 198-203(2010).

[159] Cannat, A. & Seligmann, M. Induction by isoniazid and hydrallazine of antinuclear factors in mice. *Clinical and Experimental Immunology* 3, 99-105(1968).

[160] Hu, N. *et al.* Abnormal histone modification patterns in lupus $CD4^+$ T cells. *J Rheumatol* 35, 804-810(2008).

[161] Garcia, B. A. *et al.* Resetting the epigenetic histone code in the MRL-lpr/lpr mouse model of lupus by histone deacetylase inhibition. *J Proteome Res* 4, 2032-2042(2005).

[162] Mishra, N. *et al.* Trichostatin A reverses skewed expression of CD154, interleukin-10, and interferon-gamma gene and protein expression in lupus T cells. *Proc Natl Acad Sci U S A* 98, 2628-2633(2001).

[163] Mishra, N. *et al.* Histone deacetylase inhibitors modulate renal disease in the MRL-lpr/lpr mouse. *J Clin Invest* 111, 539-552(2003).

[164] Reilly, C. M. *et al.* Modulation of renal disease in MRL/lpr mice by suberoylanilide hydroxamic acid. *J Immunol* 173, 4171-4178(2004).

[165] Regna, N. L. *et al.* Class I and II histone deacetylase inhibition by ITF2357 reduces SLE pathogenesis *in vivo*. *Clin Immunol* 151, 29-42(2014).

[166] Hu, N. *et al.* Aberrant expression pattern of histone acetylation modifiers and mitigation of lupus by SIRT1-siRNA in MRL/lpr mice. *Scand J Rheumatol* 38, 464-471(2009).

[167] Tenbrock, K. *et al.* The transcriptional repressor cAMP response element modulator alpha interacts with histone deacetylase 1 to repress promoter activity. *J Immunol* 177, 6159-6164(2006).

[168] Hedrich, C. M. & Tsokos, G. C. Epigenetic mechanisms in systemic lupus erythematosus and other autoimmune diseases. *Trends Mol Med* 17, 714-724(2011).

[169] Zhang, Z. *et al.* Global H4 acetylation analysis by ChIP-chip in systemic lupus erythematosus monocytes. *Genes Immun* 11,

124-133(2010).

[170] Long, H. *et al.* Abnormal expression pattern of histone demethylases in CD4(+)T cells of MRL/lpr lupus-like mice. *Lupus* 18, 1327-1328(2009).

[171] Zhang, Q. *et al.* Inhibited expression of hematopoietic progenitor kinase 1 associated with loss of jumonji domain containing 3 promoter binding contributes to autoimmunity in systemic lupus erythematosus. *J Autoimmun* 37, 180-189(2011).

[172] Zhang, Z. *et al.* H3K4 tri-methylation breadth at transcription start sites impacts the transcriptome of systemic lupus erythematosus. *Clin Epigenetics* 8, 016-0179(2016).

[173] Zhang, P. *et al.* Abnormal histone modifications in PBMCs from patients with psoriasis vulgaris. *European Journal of Dermatology : EJD* 21, 552-557(2011).

[174] Trowbridge, R. M. & Pittelkow, M. R. Epigenetics in the pathogenesis and pathophysiology of psoriasis vulgaris. *Journal of Drugs in Dermatology* 13, 111-118(2014).

[175] Serravallo, M. *et al.* Sirtuins in dermatology: applications for future research and therapeutics. *Arch Dermatol Res* 305, 269-282(2013).

[176] Blander, G. *et al.* SIRT1 promotes differentiation of normal human keratinocytes. *The Journal of Investigative Dermatology* 129, 41-49(2009).

[177] Yeung, F. *et al.* Modulation of NF-kappaB-dependent transcription and cell survival by the SIRT1 deacetylase. *The EMBO Journal* 23, 2369-2380(2004).

[178] Bata-Csorgo, Z. *et al.* Kinetics and regulation of human keratinocyte stem cell growth in short-term primary ex vivo culture. Cooperative growth factors from psoriatic lesional T lymphocytes stimulate proliferation among psoriatic uninvolved, but not normal, stem keratinocytes. *The Journal of Clinical Investigation* 95, 317-327(1995).

[179] Leoni, F. *et al.* The antitumor histone deacetylase inhibitor suberoylanilide hydroxamic acid exhibits antiinflammatory properties via suppression of cytokines. *Proceedings of the National Academy of Sciences of the United States of America* 99, 2995-3000(2002).

[180] Saunders, N. *et al.* Histone deacetylase inhibitors as potential anti-skin cancer agents. *Cancer research* 59, 399-404(1999).

[181] Kwon, H. J. *et al.* Histone deacetylase inhibitor FK228 inhibits tumor angiogenesis. *International Journal of Cancer* 97, 290-296(2002).

[182] Li, J., Li, G. & Xu, W. Histone deacetylase inhibitors: an attractive strategy for cancer therapy. *Current Medicinal Chemistry* 20, 1858-1886(2013).

[183] Shanmugam, M. K. & Sethi, G. Role of epigenetics in inflammation-associated diseases. *Sub-cellular Biochemistry* 61, 627-657(2013).

[184] Trenkmann, M. *et al.* Expression and function of EZH2 in synovial fibroblasts: epigenetic repression of the Wnt inhibitor SFRP1 in rheumatoid arthritis. *Annals of the Rheumatic Diseases* 70, 1482-1488(2011).

[185] Araki, Y. *et al.* Histone methylation and STAT-3 differentially regulate interleukin-6-induced matrix metalloproteinase gene activation in rheumatoid arthritis synovial fibroblasts. *Arthritis & Rheumatology* 68, 1111-1123(2016).

[186] Karouzakis, E. *et al.* Epigenome analysis reveals TBX5 as a novel transcription factor involved in the activation of rheumatoid arthritis synovial fibroblasts. *Journal of Immunology* 193, 4945-4951(2014).

[187] Wada, T. T. *et al.* Aberrant histone acetylation contributes to elevated interleukin-6 production in rheumatoid arthritis synovial fibroblasts. *Biochemical and Biophysical Research Communications* 444, 682-686(2014).

[188] Maciejewska-Rodrigues, H. *et al.* Epigenetics and rheumatoid arthritis: the role of SENP1 in the regulation of MMP-1

expression. *Journal of Autoimmunity* 35, 15-22(2010).

[189] Grabiec, A. M. *et al.* Histone deacetylase inhibitors suppress rheumatoid arthritis fibroblast-like synoviocyte and macrophage IL-6 production by accelerating mRNA decay. *Annals of the Rheumatic Diseases* 71, 424-431(2012).

[190] Klein, K. *et al.* The bromodomain protein inhibitor I-BET151 suppresses expression of inflammatory genes and matrix degrading enzymes in rheumatoid arthritis synovial fibroblasts. *Annals of the Rheumatic Diseases* 75, 422-429(2016).

[191] Angiolilli, C. *et al.* Inflammatory cytokines epigenetically regulate rheumatoid arthritis fibroblast-like synoviocyte activation by suppressing HDAC5 expression. *Annals of the Rheumatic Diseases* 75, 430-438(2016).

[192] Angiolilli, C. *et al.* Histone deacetylase 3 regulates the inflammatory gene expression programme of rheumatoid arthritis fibroblast-like synoviocytes. *Annals of the Rheumatic Diseases* 76, 277-285(2016).

[193] Matouk, C. C. & Marsden, P. A. Epigenetic regulation of vascular endothelial gene expression. *Circulation Research* 102, 873(2008).

[194] PL, H. *et al.* Hypertension in mice lacking the gene for endothelial nitric oxide synthase. *Nature* 377, 239-242(1995).

[195] Lee, P. C. *et al.* Impaired wound healing and angiogenesis in eNOS-deficient mice. *American Journal of Physiology* 277, 1600-1608(1999).

[196] Rudic, R. D. *et al.* Direct evidence for the importance of endothelium-derived nitric oxide in vascular remodeling. *Journal of Clinical Investigation* 101, 731-736(1998).

[197] Yan, M. S. *et al.* Epigenetics of the vascular endothelium. *Journal of Applied Physiology* 109, 916-926(2010).

[198] Wang, Y. *et al.* Association between enhanced type I collagen expression and epigenetic repression of the FLI1 gene in scleroderma fibroblasts. *Arthritis & Rheumatism* 54, 2271-2279(2006).

[199] Huber, L. C. *et al.* Trichostatin A prevents the accumulation of extracellular matrix in a mouse model of bleomycin - induced skin fibrosis. *Arthritis & Rheumatism* 56, 2755(2007).

[200] Luo, Y. *et al.* Systemic sclerosis: genetics and epigenetics. *Journal of Autoimmunity* 41, 161(2013).

[201] Hemmatazad, H. *et al.* Histone deacetylase 7, a potential target for the antifibrotic treatment of systemic sclerosis. *Arthritis & Rheumatism* 60, 1519-1529(2009).

[202] Glazer, R. I. *et al.* 3-Deazaneplanocin: a new and potent inhibitor of S-adenosylhomocysteine hydrolase and its effects on human promyelocytic leukemia cell line HL-60. *Biochemical & Biophysical Research Communications* 135, 688(1986).

[203] Krämer, M. *et al.* Inhibition of H3K27 histone trimethylation activates fibroblasts and induces fibrosis. *Annals of the Rheumatic Diseases* 72, 614(2013).

[204] Maurer, B. *et al.* The Fra-2 transgenic mouse model of systemic sclerosis. *Vascular Pharmacology* 58, 194-201(2013).

[205] Soare, A. *et al.* Updates on animal models of systemic sclerosis. 266-276(2016).

[206] Shilatifard, J. C. E. *et al.* Histone H3 Lysine 4(H3K4)methylation in development and differentiation. *Developmental Biology* 339, 240(2010).

[207] Perugorria, M. J. *et al.* Histone methyltransferase ASH1 orchestrates fibrogenic gene transcription during myofibroblast transdifferentiation. *Hepatology* 56, 1129-1139(2012).

[208] O'Reilly, S. *et al.* Corrigendum: IL-13 mediates collagen deposition via STAT6 and microRNA-135b: a role for epigenetics. *Scientific Reports* 6, 25066(2016).

[209] Qing, W. *et al.* Overexpression of JMJD3 may contribute to demethylation of H3K27me3 in $CD4^+$ T cells from patients with systemic sclerosis. *Clinical Immunology* 161, 396-399(2015).

[210] Wang, Y. *et al.* Aberrant histone modification in peripheral blood B cells from patients with systemic sclerosis. *Clinical*

Immunology 149, 46-54(2013).

[211] Mavragani, C. P. & Moutsopoulos, H. M. The geoepidemiology of Sjögren's syndrome. *Autoimmunity Reviews* 9, A305-A310(2010).

[212] Mavragani, C. P. & Moutsopoulos, H. M. Sjögren's syndrome. *Annual Review of Pathology: Mechanisms of Disease* 9, 273-285(2014).

[213] Hu, S. *et al.* Identification of autoantibody biomarkers for primary Sjögren's syndrome using protein microarrays. *Proteomics* 11, 1499-1507(2011).

[214] Le Dantec, C. *et al.* Epigenetic mechanisms in Sjögren’s syndrome. *EMJ* 1, 21-28(2016).

[215] Konsta, O. D. *et al.* Genetics and epigenetics of autoimmune diseases. *ELS*15, *1-9*(2015).

[216] Saito, K. *et al.* Epigallocatechin gallate stimulates the neuroreactive salivary secretomotor system in autoimmune sialadenitis of MRL-Fas lpr mice via activation of cAMP-dependent protein kinase A and inactivation of nuclear factor κ B. *Autoimmunity* 48, 379-388(2015).

[217] Lashine, Y. A. *et al.* Correcting the expression of miRNA-155 represses PP2Ac and enhances the release of IL-2 in PBMCs of juvenile SLE patients. *Lupus* 24, 240-247(2015).

[218] Tang, Y. *et al.* MicroRNA-146A contributes to abnormal activation of the type I interferon pathway in human lupus by targeting the key signaling proteins. *Arthritis Rheum* 60, 1065-1075(2009).

[219] Stagakis, E. *et al.* Identification of novel microRNA signatures linked to human lupus disease activity and pathogenesis: miR-21 regulates aberrant T cell responses through regulation of PDCD4 expression. *Ann Rheum Dis* 70, 1496-1506(2011).

[220] Fan, W. *et al.* Identification of microRNA-31 as a novel regulator contributing to impaired interleukin-2 production in T cells from patients with systemic lupus erythematosus. *Arthritis Rheum* 64, 3715-3725(2012).

[221] Tang, Q. *et al.* Mycophenolic acid upregulates miR-142-3P/5P and miR-146a in lupus $CD4^+$ T cells. *Lupus* 24, 935-942(2015).

[222] Liu, Y. *et al.* MicroRNA-30a promotes B cell hyperactivity in patients with systemic lupus erythematosus by direct interaction with Lyn. *Arthritis Rheum* 65, 1603-1611(2013).

[223] Luo, S. *et al.* The role of microRNA-1246 in the regulation of B cell activation and the pathogenesis of systemic lupus erythematosus. *Clin Epigenetics* 7, 24(2015).

[224] Dorsett, Y. *et al.* MicroRNA-155 suppresses activation-induced cytidine deaminase-mediated Myc-Igh translocation. *Immunity* 28, 630-638(2008).

[225] de Yebenes, V. G. *et al.* miR-181b negatively regulates activation-induced cytidine deaminase in B cells. *J Exp Med* 205, 2199-2206(2008).

[226] Wang, G. *et al.* Serum and urinary free microRNA level in patients with systemic lupus erythematosus. *Lupus* 20, 493-500(2011).

[227] Wang, H. *et al.* Circulating microRNAs as candidate biomarkers in patients with systemic lupus erythematosus. *Transl Res* 160, 198-206(2012).

[228] Yuan, Y. *et al.* Role of microRNA-15a in autoantibody production in interferon-augmented murine model of lupus. *Mol Immunol* 52, 61-70(2012).

[229] Wang, G. *et al.* Expression of miR-146a and miR-155 in the urinary sediment of systemic lupus erythematosus. *Clin Rheumatol* 31, 435-440(2012).

[230] Perez-Hernandez, J. *et al.* Increased urinary exosomal microRNAs in patients with systemic lupus erythematosus. *PLoS One*

10, e0138618(2015).

[231] Sole, C. *et al.* miR-29c in urinary exosomes as predictor of early renal fibrosis in lupus nephritis. *Nephrol Dial Transplant* 30, 1488-1496(2015).

[232] Joyce, C. E. *et al.* Deep sequencing of small RNAs from human skin reveals major alterations in the psoriasis miRNAome. *Human Molecular Genetics* 20, 4025-4040(2011).

[233] Lovendorf, M. B. *et al.* Laser capture microdissection followed by next-generation sequencing identifies disease-related microRNAs in psoriatic skin that reflect systemic microRNA changes in psoriasis. *Experimental Dermatology* 24, 187-193(2015).

[234] Sonkoly, E. *et al.* MicroRNAs: novel regulators involved in the pathogenesis of psoriasis? *PLoS One* 2, e610(2007).

[235] Meisgen, F. *et al.* MiR-21 is up-regulated in psoriasis and suppresses T cell apoptosis. *J Invest Dermatol* 131, S20(2011).

[236] Guinea-Viniegra, J. *et al.* Targeting miR-21 to treat psoriasis. *Science Translational Medicine* 6, 225re221(2014).

[237] Xu, N. *et al.* MicroRNA-31 is overexpressed in psoriasis and modulates inflammatory cytokine and chemokine production in keratinocytes via targeting Serine/Threonine kinase 40. *J Immunol* 190, 678-688(2013).

[238] Yan, S. *et al.* NF-kappaB-induced microRNA-31 promotes epidermal hyperplasia by repressing protein phosphatase 6 in psoriasis. *Nature Communications* 6, 7652(2015).

[239] Bracke, S. *et al.* Identifying targets for topical RNAi therapeutics in psoriasis: assessment of a new in vitro psoriasis model. *Archives of Dermatological Research* 305, 501-512(2013).

[240] Nissan, X. *et al.* miR-203 modulates epithelial differentiation of human embryonic stem cells towards epidermal stratification. *Developmental Biology* 356, 506-515(2011).

[241] Xu, N. *et al.* MiR-125b, a microRNA downregulated in psoriasis, modulates keratinocyte proliferation by targeting FGFR2. *J Invest Dermatol* 131, 1521-1529(2011).

[242] Lerman, G. *et al.* MiRNA expression in psoriatic skin: reciprocal regulation of hsa-miR-99a and IGF-1R. *PLoS One* 6, e20916(2011).

[243] Ichihara, A. *et al.* microRNA-mediated keratinocyte hyperproliferation in psoriasis vulgaris. *The British Journal of Dermatology* 165, 1003-1010(2011).

[244] Xia, P. *et al.* Dysregulation of miRNA146a versus IRAK1 induces IL-17 persistence in the psoriatic skin lesions. *Immunology Letters* 148, 151-162(2012).

[245] Lovendorf, M. B. *et al.* MicroRNA-223 and miR-143 are important systemic biomarkers for disease activity in psoriasis. *Journal of Dermatological Science* 75, 133-139(2014).

[246] Zhao, M. *et al.* Up-regulation of microRNA-210 induces immune dysfunction via targeting FOXP3 in CD4(+)T cells of psoriasis vulgaris. *Clin Immunol* 150, 22-30(2014).

[247] Ichihara, A. *et al.* Increased serum levels of miR-1266 in patients with psoriasis vulgaris. *Eur J Dermatol* 22, 68-71(2012).

[248] Garcia-Rodriguez, S. *et al.* Abnormal levels of expression of plasma microRNA-33 in patients with psoriasis. *Actas Dermo-Sifiliograficas* 105, 497-503(2014).

[249] Hirao, H. *et al.* Detection of hair root miR-19a as a novel diagnostic marker for psoriasis. *Eur J Dermatol* 23, 807-811(2013).

[250] Tsuru, Y. *et al.* miR-424 levels in hair shaft are increased in psoriatic patients. *The Journal of Dermatology* 41, 382-385(2014).

[251] Stanczyk, J. *et al.* Altered expression of microRNA in synovial fibroblasts and synovial tissue in rheumatoid arthritis. *Arthritis*

and Rheumatism 58, 1001-1009(2008).

[252] Kriegsmann, M. *et al.* Expression of miR-146a, miR-155, and miR-223 in formalin-fixed paraffin-embedded synovial tissues of patients with rheumatoid arthritis and osteoarthritis. *Virchows Archiv* 469, 93-100(2016).

[253] Kurowska-Stolarska, M. *et al.* MicroRNA-155 as a proinflammatory regulator in clinical and experimental arthritis. *Proceedings of the National Academy of Sciences of the United States of America* 108, 11193-11198(2011).

[254] Zhou, Q. *et al.* Decreased expression of miR-146a and miR-155 contributes to an abnormal Treg phenotype in patients with rheumatoid arthritis. *Annals of the Rheumatic Diseases* 74, 1265-1274(2015).

[255] Niimoto, T. *et al.* MicroRNA-146a expresses in interleukin-17 producing T cells in rheumatoid arthritis patients. *BMC Musculoskeletal Disorders* 11, 209(2010).

[256] Alivernini, S. *et al.* MicroRNA-155 influences B-cell function through PU.1 in rheumatoid arthritis. *Nature Communications* 7, 12970(2016).

[257] Mookherjee, N. & El-Gabalawy, H. S. High degree of correlation between whole blood and PBMC expression levels of miR-155 and miR-146a in healthy controls and rheumatoid arthritis patients. *Journal of Immunological Methods* 400-401, 106-110(2013).

[258] Tang, X. *et al.* Correlation between the expression of microRNA-301a-3p and the proportion of Th17 cells in patients with rheumatoid arthritis. *Inflammation* 39, 759-767(2016).

[259] Filkova, M. *et al.* Association of circulating miR-223 and miR-16 with disease activity in patients with early rheumatoid arthritis. *Annals of the Rheumatic Diseases* 73, 1898-1904(2014).

[260] Elmesmari, A. *et al.* MicroRNA-155 regulates monocyte chemokine and chemokine receptor expression in Rheumatoid Arthritis. *Rheumatology* 55, 2056-2065(2016).

[261] Bluml, S. *et al.* Essential role of microRNA-155 in the pathogenesis of autoimmune arthritis in mice. *Arthritis and Rheumatism* 63, 1281-1288(2011).

[262] Taganov, K. D. *et al.* NF-kappaB-dependent induction of microRNA miR-146, an inhibitor targeted to signaling proteins of innate immune responses. *Proceedings of the National Academy of Sciences of the United States of America* 103, 12481-12486(2006).

[263] Hou, J. *et al.* MicroRNA-146a feedback inhibits RIG-I-dependent Type I IFN production in macrophages by targeting TRAF6, IRAK1, and IRAK2. *Journal of Immunology* 183, 2150-2158(2009).

[264] Pauley, K. M. *et al.* Upregulated miR-146a expression in peripheral blood mononuclear cells from rheumatoid arthritis patients. *Arthritis Research & Therapy* 10, R101(2008).

[265] Li, J. *et al.* Altered microRNA expression profile with miR-146a upregulation in $CD4^+$ T cells from patients with rheumatoid arthritis. *Arthritis Research & Therapy* 12, R81(2010).

[266] Nakasa, T. *et al.* The inhibitory effect of microRNA-146a expression on bone destruction in collagen-induced arthritis. *Arthritis and Rheumatism* 63, 1582-1590(2011).

[267] Nakamachi, Y. *et al.* MicroRNA-124 inhibits the progression of adjuvant-induced arthritis in rats. *Annals of the Rheumatic Diseases* 75, 601-608(2016).

[268] Nakamachi, Y. *et al.* MicroRNA-124a is a key regulator of proliferation and monocyte chemoattractant protein 1 secretion in fibroblast-like synoviocytes from patients with rheumatoid arthritis. *Arthritis and Rheumatism* 60, 1294-1304(2009).

[269] Ruedel, A. *et al.* Expression and function of microRNA-188-5p in activated rheumatoid arthritis synovial fibroblasts. *International Journal of Clinical and Experimental Pathology* 8, 4953-4962(2015).

[270] Wang, L. *et al.* miR-573 is a negative regulator in the pathogenesis of rheumatoid arthritis. *Cellular & Molecular Immunology* 13, 839-849(2016).

[271] Murata, K. *et al.* Plasma and synovial fluid microRNAs as potential biomarkers of rheumatoid arthritis and osteoarthritis. *Arthritis Research & therapy* 12, R86(2010).

[272] Li, Y. T. *et al.* Brief report: amelioration of collagen-induced arthritis in mice by lentivirus-mediated silencing of microRNA-223. *Arthritis and Rheumatism* 64, 3240-3245(2012).

[273] Ogando, J. *et al.* Notch-regulated miR-223 targets the aryl hydrocarbon receptor pathway and increases cytokine production in macrophages from rheumatoid arthritis patients. *Scientific Reports* 6, 20223(2016).

[274] Fulci, V. *et al.* miR-223 is overexpressed in T-lymphocytes of patients affected by rheumatoid arthritis. *Human Immunology* 71, 206-211(2010).

[275] Lu, M. C. *et al.* Increased miR-223 expression in T cells from patients with rheumatoid arthritis leads to decreased insulin-like growth factor-1-mediated interleukin-10 production. *Clinical and Experimental Immunology* 177, 641-651(2014).

[276] Xiao, M. *et al.* Single nucleotide polymorphism of miR-149 and susceptibility of rheumatoid arthritis. *Journal of Central South University. Medical Sciences* 40, 495-498(2015).

[277] Luo Y. *et al.* Epigenetic mechanisms: An emerging role in pathogenesis and its therapeutic potential in systemic sclerosis. *Int J Biochem Cell Biol* 67, 92-100(2015).

[278] Luo Y. *et al.* Systemic sclerosis: genetics and epigenetics. J Autoimmun 41, 161-167(2013).

[279] Iwamoto N. *et al.* Downregulation of miR-193b in systemic sclerosis regulates the proliferative vasculopathy by urokinase-type plasminogen activator expression. *Ann Rheum Dis* 75, 303-310(2016).

[280] Lan K P, Lai S C. Angiostrongylus cantonensis: induction of urokinase-type PA and degradation of type IV collagen in rat lung granulomatous fibrosis. Exp Parasitol 118, 472-477(2008).

[281] Li H, *et al.* MicroRNA array analysis of microRNAs related to systemic scleroderma. *Rheumatol Int* 32(2), 307-313(2012).

[282] Zhu H, *et al.* MicroRNA expression abnormalities in limited cutaneous scleroderma and diffuse cutaneous scleroderma. *J Clin Immunol*, 32, 514-522(2012).

[283] Maurer B, *et al.* MicroRNA-29, a key regulator of collagen expression in systemic sclerosis. *Arthritis Rheum*, 62, 1733-1743(2010).

[284] Ciechomska M, *et al.* MiR-29a reduces TIMP-1 production by dermal fibroblasts via targeting TGF-beta activated kinase 1 binding protein 1, implications for systemic sclerosis. *PLoS One* 9, e115596(2014).

[285] Alsaleh G, *et al.* MiR-30a-3p negatively regulates BAFF synthesis in systemic sclerosis and rheumatoid arthritis fibroblasts. *PLoS One* 9, e111266(2014).

[286] Kuwatsuka Y, *et al.* Decreased levels of autoantibody against histone deacetylase 3 in patients with systemic sclerosis. *Autoimmunity* 42, 120-125(2009).

[287] Zhu H, *et al.* MicroRNA-21 in scleroderma fibrosis and its function in TGF-beta-regulated fibrosis-related genes expression. *J Clin Immunol* 33, 1100-1109(2013).

陆前进 教授，博士生导师，国之名医。中国医学科学院皮肤病医院（研究所）执行副院长（副所长）、中南大学皮肤性病研究所所长、中国医学科学院免疫性皮肤病基础与转化研究重点实验室主任、医学表观基因组学湖南省重点实验室主任、中华医学会皮肤性病学分会主任委员。世界华人皮肤科医师协会副会长、*Clinical Immunology* 副主编。从事皮肤科临床、教学及科研三十余年。对于红斑狼疮等疑难复杂性皮肤病具有丰富的临床诊疗经验。先后主持国家自然科学基金重点项目（3 项）、国家自然科学基金重大国际合作项目等。以第一作者或通信作者在 *Lancet*、*JAMA*、*Blood*、*J Clin Invest*、*Nat Commun*、*J Immunol* 等国际著名医学杂志发表论文 174 篇。2014～2020 年连续 7 年入选医学领域中国高被引用论文学者榜单。主编和参编中英文著作 21 部。作为第一完成人获得国家科技进步奖二等奖、省部级一等奖（3 项），2014 年获国际皮肤科联盟（ILDS）杰出贡献奖，2018 年获 NACDA 皮肤科研究杰出成就奖及中国医学科学家奖。

第37章 表观遗传学与神经系统疾病

朱海宁 Sushil Kumar Dubey
美国肯塔基大学

本章概要

神经功能和发育的多个方面涉及表观遗传调控机制，包括染色质重塑、DNA 甲基化组蛋白翻译后修饰和非编码 RNA 调控。健康的神经系统维持在很大程度上依赖于表观遗传机制。本章讨论了几种神经发育和神经退行性疾病中的表观遗传学最新进展，这些疾病包括 Rett 综合征（Rett syndrome）、普拉德-威利综合征（Prader-Willi syndrome，PWS）、安格曼综合征（Angelman syndrome，AS）、阿尔茨海默病（Alzheimer's disease，AD）、肌萎缩侧索硬化（amyotrophic lateral sclerosis，ALS）、亨廷顿病（Huntington's disease，HD）、帕金森病（Parkinson's disease，PD）和脊髓性肌肉萎缩症（spinal muscular atrophy，SMA）。表观遗传学新兴技术的飞速发展，为我们理解神经系统疾病的表观遗传调控提供了令人振奋的策略。

37.1 表观遗传学简介

关键概念

- 人类基因组中 CpG 二核苷酸集中的区域被称为 CpG 岛；这些 CpG 位点通常存在于基因组调控区域，如启动子区域。
- 核心组蛋白 H2A、H2B、H3 和 H4 的八聚体周围缠绕着 DNA，形成染色质的基本单位核小体。由核小体核心伸出的 N 端和 C 端的“组蛋白尾部”，易与相邻的核小体、连接区域和许多其他蛋白质相互作用。

37.1.1 表观遗传学的起源和定义

1942 年，Conrad H. Waddington 提出了“表观遗传学”一词，用来描述一种概念模型，即在生物发育过程中，基因与其周围环境之间的动态相互作用决定了细胞的表型[1]。生物体内的大多数细胞在遗传上是相同的，尽管拥有相同的 DNA 序列，但这些细胞的表型表现却大不相同。Waddington 指出，一定有一些调控机制位于 DNA 序列控制（即中心法则）之上，才能将遗传信息转化为可观测到的表型。一个典型的例子是，DNA 序列相同的同卵双胞胎却在一系列特征上显示出表型差异。此外，一些复杂疾病的外显率，如神经退行性疾病和癌症，在个体间也是不同的[2]。

Waddington 最初将表观遗传学定义为调控基因型表达为特定性状的细胞机制研究的总和[3]。如今，表观遗传学有两种不同的理解。其一是 Arthur Riggs 及其同事对表观遗传学的狭义解释，认为表观遗传学是研究在有丝分裂和（或）减数分裂过程中，并非由 DNA 序列改变引起的基因功能的可遗传变化。根据这一定义，DNA 甲基化和组蛋白修饰是调控表观基因组和表观遗传记忆的专有工具。此外，由表观遗传标记的改变所引起的表型变化通过隔代遗传而传递下去[4]。其二是更广义的也更类似于 Waddington 对表观遗传学的解释，即“染色体区域的结构适应，以记录、标记或维持改变了的活性状态”。这一定义包含表观遗传记忆，但规避了严格需要遗传性的限制。这个定义还包括了环境影响，如衰老、化学物质、营养、胁迫和药物，它们通过作用于表观基因组进而潜在地改变生物的表型[4-6]。

表观遗传调控包含多种生化机制，如染色质重塑、DNA 甲基化或羟甲基化、组蛋白修饰、RNA 编辑和非编码 RNA（ncRNA），如 microRNA（miRNA）和长链非编码 RNA（lncRNA）[7-10]。图 37-1 对核心的表观遗传机制进行了概述。在过去的 20 年里，大量研究调查了表观遗传修饰对于衰老和与年龄相关的神经退行性疾病的贡献，这些疾病包括帕金森病（PD）、阿尔茨海默病（AD）、亨廷顿病（HD）和肌萎缩侧索硬化（ALS）。在本章中，我们描述了表观遗传修饰在正常细胞中调控基因表达和记忆获取的机制，并概述了表观遗传失调如何导致与神经退行性疾病相关的神经内稳态受损。在此，我们旨在总结目前关于表观遗传因子参与神经紊乱（如 PD、AD、HD 和 ALS）的认知；最后，我们特别关注这些发现的转化应用，以及表观遗传疗法在改善这些疾病相关症状方面的潜在应用。

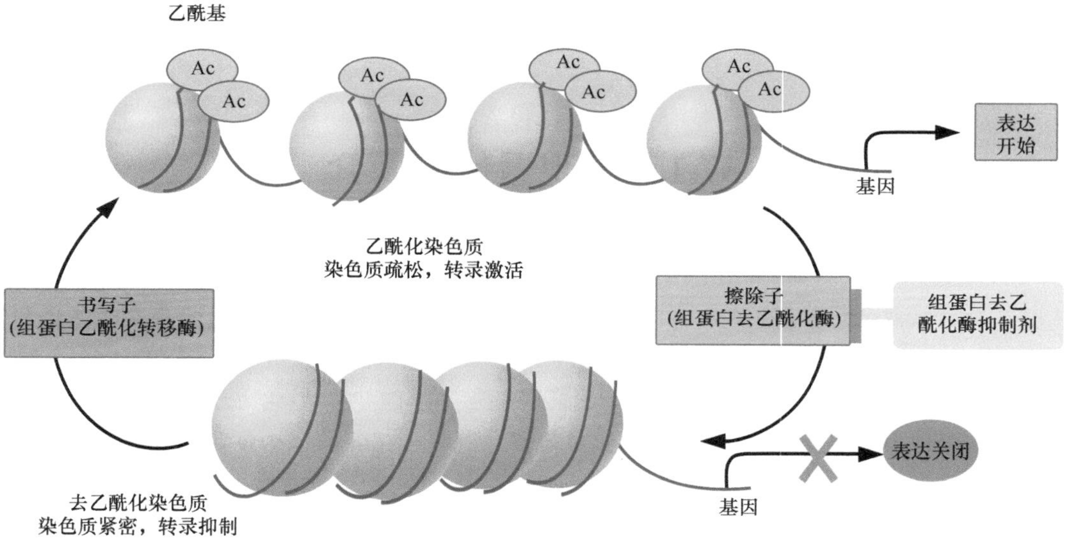

图 37-1 转录活性的乙酰化调节，活跃的染色质是一个通过组蛋白乙酰化转录机制维持的松弛结构，HDAC 的去乙酰使得针对选择性转录抑制的 DNA 缠绕和染色质更加紧密

37.1.2 DNA 的甲基化和去甲基化

DNA 甲基化是研究得最透彻的表观遗传修饰，它涉及在胞嘧啶的第五位碳原子上（C5）添加一个甲基基团，生成 5-甲基胞嘧啶（5mC）。这种修饰主要发生在鸟嘌呤前面的胞嘧啶（CpG 二核苷酸）上，这种改变是由一系列 DNA 甲基转移酶（DNMT）以 *S*-腺苷甲硫氨酸（SAM）为甲基供体所介导的[11]。哺乳动物的 DNMT 家族包括 5 种蛋白质：DNMT1、DNMT2、DNMT3A、DNMT3B 和 DNMT3L[12]。DNMT1 主要负责细胞分裂和发育过程中 DNA 甲基化的维持，而 DNMT3A 和 DNMT3B 是主要的从头甲基转移

酶，参与胚胎发育过程中甲基化新模式的建立[13, 14]。DNMT3L 缺乏 DNA 甲基转移酶共同的催化域，但通过激活 DNMT3A 来刺激 DNA 从头甲基化[15]。虽然 DNMT2 的结构与其他 DNA 甲基转移酶非常相似，但该蛋白质主要作为 RNA 甲基转移酶发挥作用[16]。

在人类基因组中，CpG 二核苷酸集中的区域被称为 CpG 岛和 CpG 岛海岸（位于 CpG 岛的两侧的长达 2kb 的区域）[17, 18]。这些 CpG 位点通常存在于基因组调控区域，如启动子区域。大约 60%的人类基因启动子具有 CpG 岛，通常这些位点大多数是非甲基化的[17]。然而，在分化组织或早期发育过程中，需要一些 CpG 位点以组织特异性方式甲基化[17, 19]。虽然 CpG 位点的胞嘧啶甲基化是最常见的类型，但也有腺嘌呤和鸟嘌呤甲基化，以及非 CpG 位点的胞嘧啶甲基化[20, 21]。一般而言，DNA 甲基化与基因低表达相关[22]，然而，最近的发现表明 DNA 甲基化对基因转录的影响高度依赖于其在基因组中的具体形式[23]。CpG 位点的 DNA 甲基化引起了 DNA 结构的构象变化，这种变化被甲基-CpG 结合域（MBD）蛋白特异性识别：在哺乳动物中，这些蛋白质分别是 MeCP2（甲基-CpG 结合蛋白 2）、MBD1、MBD2a、MBD2b、MBD3 和 MBD4[24]。MBD 家族成员反过来为染色质重塑蛋白结合甲基化位点提供了一个停靠位点。一般来说，这些染色质重塑因子通过为转录抑制因子提供结合位点或者通过干扰转录因子结合蛋白来负向调控基因表达[25-27]。DNA 甲基化对于哺乳动物的发育是必不可少的，因为这种修饰是多种细胞功能的先决条件，包括基因组印记、X 染色体失活、细胞衰老、重复序列和着丝粒区域的沉默，以及谱系和组织特异性基因表达[26, 28-30]。

虽然 DNA 甲基化是一个研究得很透彻的表观遗传标记，但 DNA 去甲基化的过程近些年才被报道，两个独立小组在小鼠的浦肯野神经元（Purkinje neuron）和胚胎干细胞中发现了 5-羟甲基胞嘧啶（5hmC）的存在[31, 32]。TET（ten-eleven translocation）蛋白家族通过将 5mC 氧化为 5hmC 来启动位点特异性的 DNA 去甲基化逆转[33]。TET 家族由 TET1、TET2 和 TET3 蛋白组成，连续将 5mC 氧化为 5hmC、5-醛基胞嘧啶（5fC）和 5-羧基胞嘧啶（5caC）[34, 35]。为了完成主动的 DNA 去甲基化过程，中间产物 5fC 和 5caC 随后被识别并通过碱基切除修复转化为未修饰的胞嘧啶[34, 36, 37]。重要的是，5hmC 不仅仅是一个主动去甲基化过程的中间产物，相反，它还作为一个重要的表观遗传标记发挥作用，被称为第六种 DNA 碱基[38, 39]。5hmC 在许多基因的启动子、增强子和外显子上有很强的富集，并且 5hmC 的分布与全基因组表达谱的比较表明 5hmC 在转录激活和抑制过程中都发挥作用[38, 40]。虽然 5mC 的组织分布相对稳定，但在不同细胞中，5hmC 水平不同：在浦肯野神经元的 5mC 中占比 40%[31]，在胚胎干细胞的 5mC 中占比 5%～10%[32]，在免疫细胞总的 5mC 中占比 1%[41]。与此相一致，最高水平的 5hmC 出现在中枢神经系统（central nervous system，CNS）[35, 42, 43]。相比之下，5fC 和 5caC 在哺乳动物细胞中远低于 5hmC 的水平[34, 35, 44]。综上所述，CNS 中高水平的 5hmC 和该标记在基因组中的特异性分布表明 5hmC 对于正常的神经发育和神经功能起着重要的作用。

37.1.3　组蛋白修饰和染色质重塑

在真核生物中，DNA 以染色质的形式包裹，染色质作为一种动态的 DNA 支架，可以响应许多细胞和分子信号来调控 DNA 的各种功能[45]。染色质高级结构呈现出两种细胞学上不同的形式：致密且没有活性的异染色质和更松弛且有转录活性的常染色质。147bp 的 DNA 缠绕在具有两个拷贝的核心组蛋白 H2A、H2B、H3 和 H4 的八聚体周围，形成染色质的基本单位核小体。邻近的核小体由 50bp 左右的连接 DNA 相连，组蛋白 H1 结合在连接 DNA 区域[46]。由核小体核心伸出的 N 端和 C 端的“组蛋白尾部”，容易与相邻的核小体、连接区域和许多其他蛋白质相互作用。组蛋白和核小体的构象基本上控制了 DNA 转录所需要的开放性。通常情况下，核小体通过物理阻断和 DNA 弯曲来降低转录因子对 DNA 的可及性，从而抑制 DNA 转录[46, 47]。然而，组蛋白可以通过在其尾部进行不同类型的翻译后修饰来影响染色质的致密性和可及性。这种组蛋白修饰包括乙酰化、甲基化、磷酸化、泛素化、腺苷二磷酸（ADP）-核糖基化、类泛素化、羟基化和巴豆酰化[48]，此外还有一些不太丰富的修饰[49]，这些共价修饰共同构成“组蛋白密码”。

研究最全面的组蛋白修饰是赖氨酸（K）残基的乙酰化，它与转录激活有关[48]。组蛋白乙酰化是一种高度动态且可逆的 PTM，对组蛋白的结构和功能具有快速的调控能力。组蛋白尾部乙酰基的添加和去除是由两组酶来完成的：负责添加乙酰基的组蛋白乙酰转移酶（histone acetyltransferase，HAT）或赖氨酸乙酰转移酶（lysine acetyltransferase，KAT）；负责去除乙酰基的组蛋白去乙酰化酶（histone deacetylase，HDAC）[50]。HAT 以乙酰辅酶 A 为底物，催化乙酰基转移至组蛋白的赖氨酸残基。通常情况下，组蛋白乙酰化导致染色质结构开放以允许基因转录，而 HDAC 则压缩染色质，使这些位点无法转录[48, 50]。HDAC 是一个高度保守的家族，有 18 个成员，根据它们与酵母蛋白的同源性，这个家族被划分为 5 类：I 类（HDAC1、2、3 和 8）、IIa 类（HDAC4、5、7 和 9）、IIb 类（HDAC6 和 10）、III 类（也称为去乙酰化酶 SIRTs；SIRT1、2、3、4、5、6 和 7）和 IV 类（HDAC11）。I 类、II 类和 IV 类 HDAC 具有锌离子依赖性，而 III 类 HDAC 在进化上与其他 HDAC 类无关，并且需要烟酰胺腺嘌呤二核苷酸（NAD^+）作为其发挥功能的辅助因子[51]。图 37-2 总结了所有的 HAT 和 HDAC 的种类、定位和功能等。

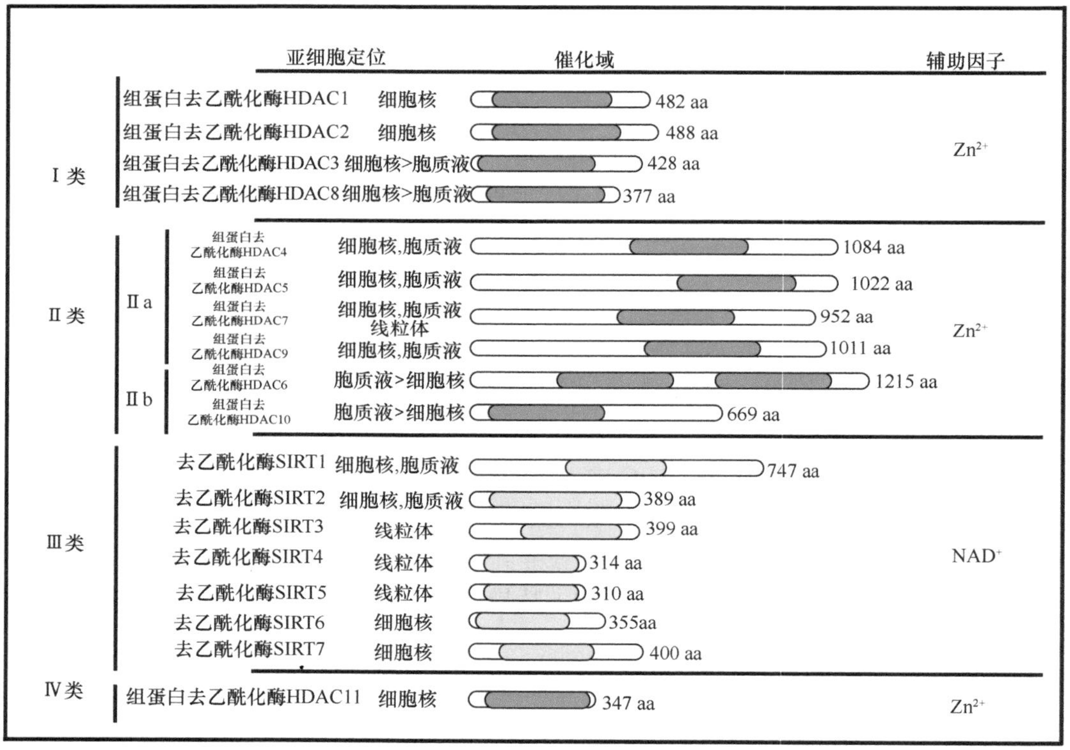

图 37-2 组蛋白去乙酰化酶分类

组蛋白甲基化也是一个可逆的动态调控过程，主要发生在组蛋白 H3 和 H4 的赖氨酸（K）及精氨酸（R）残基上。蛋白赖氨酸甲基转移酶（PKMT）和蛋白精氨酸甲基转移酶（PRMT）分别在 K 和 R 的残基上添加甲基化标记，而去甲基化过程是由组蛋白赖氨酸去甲基化酶（HKDM）和组蛋白精氨酸去甲基化酶（HRDM）执行的[48, 52]。组蛋白甲基化与基因的激活和抑制都有关，并且可以组合形式出现或与其他类型的组蛋白修饰一起出现，使得染色质结构的调控呈现出高度的复杂性。此外，组蛋白修饰包含赖氨酸单甲基化、二甲基化和三甲基化，修饰的影响取决于特定的甲基化位点和甲基化程度[48, 53]。与研究得非常透彻的组蛋白乙酰化和甲基化相比，其他的组蛋白修饰，如磷酸化、泛素化和类泛素化，并没有得到深入的研究。组蛋白磷酸化与乙酰化一样，是一个高度动态的过程，在 DNA 转录和修复，细胞分裂、凋亡和染色体凝缩等方面发挥着重要作用[54]。例如，细胞间期组蛋白 H3 在第 10 位丝氨酸处的磷酸化与哺乳动物细胞中的染色质松弛和转录激活有关，而在有丝分裂期与染色体凝缩有关[55]。对于哺乳动物组蛋白变体 H2A.X，一旦暴露于 DNA 损伤剂，其第 139 位丝氨酸被磷酸化，并显著标记染色质中的 DNA 双链断裂区[56]。组蛋白磷酸化主要发生在丝氨酸、苏氨酸和酪氨酸残基上，磷酸化和去磷酸化水平分别由多个激酶和磷酸酶调控[57]。类泛素化主要被认为是抑制型修饰，而泛素化可以激活或抑制基因转录[58]。

37.1.4　表观遗传交联和染色质重塑

大量不同的组蛋白修饰负责调节染色质的结构，然而，这些修饰不一定单独发挥作用，不同修饰之间的串流（cross-talk）提供了额外的复杂性。这种交联可以是顺式（*in cis*）的，即相同组蛋白的修饰之间；也可以是反式（*in trans*）的，即在相同或不同核小体上不同组蛋白的修饰之间[48, 55, 59]。例如，在活性染色质上存在高水平的组蛋白乙酰化、组蛋白 H3 第 4 位赖氨酸的三甲基化（H3K4me3）、组蛋白 H3 第 36 位赖氨酸的三甲基化（H3K36me3）和组蛋白 H3 第 79 位赖氨酸的三甲基化（H3K79me3）的标记。类似地，低水平的乙酰化和高水平的 H3K9me2/3、H3K27me3、H4K20me3 通常与被抑制的染色质有关[60]。H3K79 的甲基化依赖于组蛋白 H2B 第 123 位的泛素化（H2BK123Ub）的沉积[61]。某些组蛋白修饰可以破坏蛋白质与特定标记的结合。例如，异染色质蛋白 1（HP1）通过其 N 端的染色质域与 H3K9me3 标记结合，以维持异染色质的整体结构，但在有丝分裂过程中，H3S10 的磷酸化破坏这种结合[62]。此外还有 DNA 甲基化和组蛋白修饰之间交联的例子。例如，DNA 甲基化和 H3K9me3 与真核生物的基因沉默高度相关。蛋白质 UHRF1 和 KDM2A（赖氨酸特异性去甲基化酶 2A）优先与带有 H3K9me3 标记的核小体结合。然而，当核小体 DNA 被 CpG 甲基化时，UHRF1 的结合显著增强，而 KDM2A 则不能结合[63]。

37.1.5　核小体定位

核小体是一种动态结构，核小体组蛋白以位点特异性的方式被重复地移除和重新组装到 DNA 模板上，并且在这种周转过程中偶尔会被组蛋白变体所取代。DNA 在核小体中的包装阻断了转录机器和调控因子提取遗传信息的通路，因此，核小体定位，即核小体相对于基因组 DNA 序列的位置，对于基因表达和其他 DNA 相关过程至关重要[64-66]。尽管大多数基因组 DNA 被核小体占据，但全基因组研究表明，核小体定位远非随机，并且在一些区域，特别是基因调控区域，相对于转录区，基因调控区域核小体大量缺失。这些区域被称为无核小体区域（NFR），平均长度在 140bp 左右，位于基因的起始和末端。NFR 可能需要为转录因子的组装和解聚提供空间。例如，许多生物体内的启动子区域含有核小体低占用率的 DNA 序列，并且这些 NFR 仅位于转录起始位点（transcription start site，TSS）的上游[67-70]。而在 TSS 的下游，第一个核小体（+ 1 核小体）具有显著的定位作用，对转录起始有重要影响[70]。+1 核小体可能在 RNA 聚合酶 II 的过程中起暂停作用，通过物理上阻碍转录进程或帮助调节转录暂停因子实现。在人细胞中，+1 核小体分别位于非活性和活性基因 TSS 下游约 10bp 和 40bp 处，表明 TSS 处仅 30bp 的核小体移位改变了 RNA 聚合酶 II 的活性[70, 71]。通常，TSS 上游核小体的缺失与基因激活高度相关，而核小体对 TSS 的封闭与基因抑制有关[70]。

研究表明，核小体定位可以影响植物和动物的 DNA 甲基化。相比两侧的 DNA，DNA 甲基转移酶优先靶向并高度甲基化与核小体结合的 DNA[72]。此外，也有研究报道核小体占位及其在指导减数分裂重组事件中的作用[73]。

核小体定位受到 DNA 序列的强烈影响，基因启动子和终止位点上的多聚（dA/dT）序列可能是产生 NFR 的主要驱动力，而非均聚体（G+C）富集区域则有利于核小体的形成[74]。

研究还表明，不同的组蛋白变体可以调节核小体定位和基因表达[75, 76]。此外，一些依赖于 ATP 的大分子聚集体，也称为染色质重塑复合物（chromatin-remodeling complex，CRC），可调节染色质结构，从而调节基因转录。CRC 利用 ATP 水解破坏核小体与 DNA 的接触，沿着 DNA 移动核小体，去除或交换核小体。因此，这些重塑因子使染色质和 DNA 可以与其他需要直接与 DNA 或组蛋白相互作用的调节蛋白接近。Hargreaves 和 Crabtree 在综述中详细讨论了不同的染色质重塑因子[77]。

37.1.6 RNA 介导的表观遗传机制

除了将遗传信息翻译为蛋白质外，RNA 分子还参与各种结构的催化和调节活动。非编码 RNA（ncRNA）和不同种类 RNA 修饰的发现揭示了它们在染色质修饰和表观遗传学中的广泛作用。通常认为 ncRNA 不具有编码蛋白质的潜力，但具有多种显著的生物学功能。根据其大小，ncRNA 被分为小 ncRNA（sncRNA，＜200nt）和长 ncRNA（lncRNA，＞200nt），但某些特殊 ncRNA，如小核 RNA（snRNA）、小核仁 RNA（snoRNA）、核糖体 RNA（rRNA）和转运 RNA（tRNA）除外[78]。sncRNA 又可以细分为微小 RNA（miRNA）、piwi 蛋白相关 RNA（piRNA）、小干扰 RNA（siRNA）、Cajal 小体特异性 RNA（scaRNA）、剪接相关 RNA（spliRNA）、小调节 RNA（smRNA）、转录起始 RNA（tiRNA）、重复相关小干扰 RNA（rasiRNA）、启动子相关短 RNA（PASR）、转录起始位点相关 RNA（TSSa-RNA）、启动子上游转录物（PROMPTS）和小双链 RNA（dsRNA）[79-82]。

其中，miRNA 是研究得最透彻的 sncRNA，它通过降解靶 mRNA 或通过抑制翻译来调节转录后基因调控[83]。因此，人们普遍认可在表观遗传调控中 miRNA 介导的基因沉默机制[84]。miRNA 是 19～24 个核苷酸的短单链 RNA，与靶 mRNA 的 3′非翻译区域（3′UTR）结合[83]。大约 60%的哺乳动物的 mRNA 是 miRNA 的预测靶标[85]，目前，在 miRBase 数据库（http://www.mirbase.org/）中录入了 1881 个前体人类 miRNA。在典型的 miRNA 生物合成过程中，RNA 聚合酶 II/III 从基因间或基因内/外显子位点开始转录，形成初级 miRNA（pri-miRNA）。然后，由 RNase III 家族成员酶促复合物 Drosha 和 DGCR8 在细胞核中处理 pri-miRNA，生成大约 70 个核苷酸的长茎环前体，即 pre-miRNA[86]。之后，pre-miRNA 被 exportin5（输出蛋白 5）从细胞核转运到细胞质，在那里，它们被核糖核酸内切酶 Dicer 在茎环处切割成 19～24 个核苷酸的成熟的 miRNA 双链，其中包含了引导链（guide strand）和随从链（passenger strand）[87]。成熟的 miRNA 双链随后与 Argonaute（AGO）蛋白结合，引发随从链降解，形成 miRNA 诱导的沉默复合物，（RISC）[88]。接下来，单链的 miRNA 引导 RISC 复合物靠近特定的 mRNA 靶标，通过 mRNA 降解或翻译抑制介导基因沉默[89]。此外，哺乳动物 miRNA 的生物合成也可以通过非典型途径发生，Keita 和同事对此进行了深入探讨[90]。

lncRNA 在细胞周期控制、全能性、基因组印记和 X 染色体失活、细胞分化和疾病等众多生物过程中发挥着重要作用。根据 lncRNA 在蛋白质编码基因上的位置，lncRNA 被分为许多类型：基因间 lncRNA、反义 lncRNA、内含子 lncRNA、启动子和增强子相关 lncRNA[78, 91, 92]。lncRNA 是基因活性的顺式和反式调控因子，在调节表观基因组中起重要作用[91, 93]。lncRNA 可以靶向多个参与基因沉默的染色质重塑复合物，例如，lncRNA 可以与 DNMT3b、G9a、LSD1-coREST 复合物、MLL-WDR5 复合物、多梳抑制复合物 1（PRC1）和 PRC2 等多种染色质修饰因子交联，通过不同的表观遗传机制调节染色质动力学[91]。在表观遗传方面，lncRNA 主要参与多个染色质调控因子的转录沉默、基因组印记、X 染色体失活、转座因子沉默、可变剪接、以启动子为基础的基因沉默和以增强子为基础的基因激活[91, 92, 94-96]。

已知有超过 100 种不同的有助于转录组多样性和灵活性的转录本修饰，这强调了在不需要增加基因组大小的情况下 RNA 水平的更高级调控[97]。到目前为止，5′加帽、剪接、3′加工、多腺苷酸化、RNA 编辑和 RNA 甲基化是普遍存在的转录后 RNA 修饰形式。RNA 编辑是指 RNA 转录本中一个或多个位置核苷酸序列的改变。RNA 编辑的生化机制涉及 RNA 序列的改变，通过将腺苷脱氨基至肌苷（A-to-I）或将胞苷脱氨基至尿苷（C-to-U）[98-100]。两个不同的酶家族负责 RNA 编辑：腺苷脱氨酶（ADAR）和载脂蛋白 B mRNA 编辑酶（APOBEC），分别催化 A-to-I 和 C-to-U 的脱氨基作用[99, 100]。小鼠的 APOBEC 家族只有 4 个成员（APOBEC-1、APOBEC-2、APOBEC-3G 和活化诱导胞嘧啶核苷脱氨酶 AID），而在人类中，除了这 4 个成员外，APOBEC-3 家族在进化的过程中经历了大幅扩张，相比于小鼠的 1 个成员（APOBEC-3G），人类的 APOBEC-3 家族包括 7 个成员（APOBEC-3A、APOBEC-3B、APOBEC-3C、APOBEC-3D、APOBEC-3E、APOBEC-3F、APOBEC-3H）[101, 102]。APOBEC 家族可以通过将 dC 和 C 分别改为 dU 和 U 来编辑 DNA 和 RNA。在哺乳动物中，ADAR 家族由三种 ADAR 酶组成，ADAR1 和 ADAR2 在不同组织中普遍表达，但在大脑中显著富集，而 ADAR3 则局限于神经系统[99, 103]。对可编码的转录本的 A-to-I 编辑可以改变蛋白质的氨基酸序列，因为肌苷被翻译成鸟苷。肌苷优先与胞苷碱基配对，因此这种改变还可能影响 RNA 的二级结构。此外，A-to-I 编辑可以影响其他转录过程，如剪接位点和 miRNA 结合位点的产生或消除[104-106]。除了 ADAR 家族，作用于 tRNA 的腺苷脱氨酶（ADAT；ADAT1-3）采用不同形式的调节控制。ADAT 参与反密码子或附近位置 tRNA 的 A-to-I 编辑，在 mRNA 解码过程中，这些酶调控密码子识别[107]。此外，RNA 编辑可以通过编辑非编码序列（如 miRNA 和转座子来源的重复序列）[109, 110]来调节其他几个表观遗传参与者[108]。

37.2 神经发育疾病中的表观遗传学

表观遗传调控在早期发育中发挥关键作用。中枢神经系统对于发育信号的失调特别敏感。表观遗传失调在一些神经发育障碍疾病中已被报道，包括雷特综合征、普拉德-威利综合征和快乐木偶综合征，我们将在下面详细讨论。

37.2.1 雷特综合征

雷特综合征（Rett syndrome，Rett 综合征）是一种神经发育障碍疾病，几乎只影响女孩，发病率约为万分之一。它的特点是：早期生长和发育正常，但随后发育缓慢，无法根据主观意愿使用手，出现独特的手部运动；大脑和头部生长减缓；步态不稳；癫痫和智力障碍。Rett 综合征目前无法治愈，可用的治疗策略集中于症状管理。

几乎所有的 Rett 综合征都是由甲基 CpG 结合蛋白 2（MeCP2）基因突变引起的。*MeCP2* 基因位于 X 染色体的长臂（q）上，这是 Rett 综合征几乎只影响女孩的原因。人类蛋白 MeCP2 以及 MBD1、MBD2、MBD3 和 MBD4 组成了一个包含甲基-CpG 结合域（MBD）的核蛋白家族。通过识别甲基化的 CpG 岛，MeCP2 直接或间接调控了大量基因的转录。MeCP2 功能的丧失会破坏靶基因的转录，损害其在神经细胞中的正常功能，从而导致 Rett 综合征。

37.2.2 普拉德-威利综合征和快乐木偶综合征

普拉德-威利（Prader-Willi syndrome，PWS）是一种复杂的遗传疾病，全世界大约每 10 000～20 000 人中有 1 人患有这种疾病。它对男性和女性的影响大致相同。在婴儿期，PWS 患者的特点是肌张力弱、喂养困难、生长不良和发育迟缓。从幼年开始，患者就会产生无法满足的食欲，导致长期的暴饮暴食和肥胖。PWS 患者通常具有轻度至中度的智力障碍和学习障碍。常见的行为问题包括脾气暴躁、固执和强迫行为（如抓皮肤）。患有 PWS 的成年人通常会有青春期延迟或发育不完全，生殖器发育不全，大多数情况下还会不孕。目前 PWS 无法治愈，治疗方法被用于控制症状。PWS 是由父亲的 15 号染色体的特定区域（15q11-13）的基因功能缺失引起的。该区域一些基因的母源性拷贝通过基因组印记沉默，包括：*SNRPN* 和 *necdin* 基因，snoRNA 簇 SNORD64、SNORD107、SNORD108，2 拷贝的 SNORD109、29 拷贝的 SNORD116（HBII-85）和 48 拷贝的 SNORD115（HBII-52）。因此，父源性拷贝的缺失导致了这些基因和 snoRNA 功能的丧失。对人和动物的研究表明，C/D box snoRNA NORD115（HBII-52）和 SNORD116（HBII-85）在该病中发挥重要作用。值得一提的是，据研究报道，snoRNA HBII-52 调节 5-羟色胺受体 2C 的可变剪接，表明 pre-mRNA 加工中的缺陷促进了 PWS 的发生。

有趣的是，对于相同的 15 号染色体区域，其母源性丢失会导致快乐木偶综合征（Angelman syndrome，AS）。AS 主要影响神经系统，病人表现症状包括非自主的微笑、大笑等快乐行为，以及头尺寸偏小，特别的面部外观、严重的智力障碍、发育障碍、平衡和运动问题、癫痫发作等。AS 目前无法治愈，支持性治疗可用于控制病情和症状。在 15 号染色体中，母源性的 *UBE3A* 等位基因表达，而父源性的等位基因在发育的大脑中被特异性沉默。在海马体和小脑中，母体的等位基因几乎是完全活跃的。当该区域的母源性拷贝丢失或突变时，AS 就会发生。*UBE3A* 编码 E6-AP 泛素连接酶，并在泛素-蛋白酶体通路中起关键作用。但在 AS 中，*UBE3A* 底物和具体的分子机制尚不清楚。

37.3 神经退行性疾病中的表观遗传学

神经退行性疾病是一类主要影响人脑、脊髓或外周神经系统中的神经元的疾病。神经元随着时间的推移会失去功能，并最终因各种遗传和环境因素而死亡。常见的神经退行性疾病包括阿尔茨海默病、帕金森病、亨廷顿病、肌萎缩侧索硬化症（ALS）和脊髓性肌萎缩症（SMA）。目前尚无治愈这些疾病的方法，治疗只能帮助缓解神经退行性疾病相关的一些症状，一个重要的需求由此产生，即提高我们对神经退行性疾病病因的认知，并开发新的治疗和预防方法。本章对表观遗传调控在正常衰老及常见神经退行性疾病中的作用进行了综述。

37.3.1 正常衰老中的表观遗传

随着寿命期望值的增加和人口的老龄化，在未来几十年，全球可能会有更多的人受到神经退行性疾病的影响。正常的衰老本身与神经功能的下降有关。衰老过程中染色质结构的改变在脑功能衰退中起着重要作用。此外，这种改变可能有助于退行性疾病的发展。据报道，组蛋白乙酰化和甲基化水平的改变与高龄相关。例如，在衰老动物模型的大脑皮层和海马区中观察到 H3K9me2、H3K9me3 和 H3K27me3 抑制标记水平升高，H3K36me3 和 H3K27ac 激活标记水平降低。在老年小鼠中，H4K12 标记的乙酰化被抑制并且依赖于 H4K12ac 的转录被破坏，导致记忆功能受损。

脑源性神经营养因子（BDNF）是影响学习和记忆的重要神经营养因子。在 *Bdnf* 基因启动子中，老年小鼠的 H3K27ac 水平降低，H3K27me3 水平升高，表明从开放染色质向封闭染色质的转变是转录水平降低的基础。进一步的研究表明，老年小鼠中组蛋白乙酰转移酶（HAT）、CREB-结合蛋白（CBP）水平降低，组蛋白去乙酰化酶 4（HDAC4）水平升高，这与 H3K27ac 水平降低的现象一致。

37.3.2 阿尔茨海默病

阿尔茨海默病（Alzheimer's disease，AD）是 65 岁以上老年人痴呆的主要原因。人口老龄化是一个重大的公共卫生问题。2017 年，仅在美国，约有 550 万 AD 患者。AD 的两个病理标志是细胞外 β-淀粉样蛋白（Ab）斑块和细胞内神经原纤维缠结，它们大多是过度磷酸化的 Tau 蛋白。聚集的 β-淀粉样蛋白或 Tau 或可溶性寡聚体可引起神经毒性。在表观遗传水平上，表观遗传标记的改变可下调对正常神经元功能至关重要的基因的转录。已有研究报道 H3K4me3 启动子和增强子 H3K27ac 标记的改变与 CK-p25 AD 小鼠模型中基因表达改变的相关性。负责 H3K4me3 的赖氨酸甲基转移酶 Kmt2a 在 CK-p25 小鼠中下调，并且与 CK-p25 模型中 H3K4me3 的水平降低相关。

死亡后 AD 患者的海马区样本，以及 AD 小鼠模型的海马区和前额皮质中的 HDAC2 水平上调。在 CK-p25 AD 小鼠模型中，HDAC2 与基因启动子区域的结合增加，在学习、记忆和突触可塑性中具有关键作用，同时伴随着 H2BK5、H3K14、H4K5 和 H4K12 乙酰化水平的降低，以及基因表达的降低。因此，HDAC2 水平的升高可能会导致突触功能受损，这是 AD 中被充分描述的病理特征。更有趣的是，同一项研究还发现，海马区中 HDAC2 的敲低，恢复了基因的表达水平，增强了突触密度，并减轻了记忆障碍。

此外，在 AD 中正常沉默的基因也可能通过表观遗传改变而异常上调。在过表达 Tau 的果蝇模型中，观察到 H3K9me2 和 HP1 的水平降低[36]。这些异染色质标记的缺失与通常在果蝇头部沉默或低水平表达的基因（如 Nvd、Ir41a、Ago3 和 CG15115）的异位表达有关，而高表达的基因则不受影响。

37.3.3 肌萎缩侧索硬化

肌萎缩侧索硬化（amyotrophic lateral sclerosis，ALS）又称 Lou Gherig 病，是一种致命的成年神经退行性疾病，其特征是大脑、脑干和脊髓运动神经元的选择性退化。这些运动神经元的缺失会导致渐进性肌肉无力、痉挛、萎缩，通常在发病 5 年内由于呼吸衰竭而死亡[111, 112]。在 ALS 病例中其他最常见的症状包括认知障碍（约 50%的患者）、额颞叶痴呆（FTD；约 15%的患者）和进行性运动神经失调和言语流畅性功能障碍[113]。ALS 和 FTD 患者表现出多种重叠的临床病理、遗传和表观遗传特征[114-116]。大约 90%的 ALS 是散发性的，病因不明，而约 10%的 ALS 是家族性的，是由多个基因突变引起 ALS 相关的基因[117]。虽然 30 多个基因与 ALS 表型相关，但约 2/3 的家族病例仅由 4 个基因突变引起：*C9ORF72*（9 号染色体开放阅读框 72）、*SOD1*（超氧化物歧化酶-1）、*TARDBP*（又称为 TDP-43；TAR DNA-结合蛋白）和 *FUS*（肉瘤融合蛋白）[118]。

1. ALS 中的 DNA 甲基化

早期关于 ALS 中可逆性 DNA 甲基化作用的研究是针对 *SOD1* 和 *VEGF*（血管内皮生长因子）基因的。研究人员分别在 ALS 患者的白细胞 DNA 和脑 DNA 中分析了这两种基因启动子区域的甲基化状态。然而，这两个区域在所有患者中基本均处于未甲基化状态，表明这些基因的启动子甲基化不太可能是 ALS 的共同机制[119]。然而，许多研究表明，DNA 甲基化在 ALS 病理发展中起着重要作用。对散发性 ALS 患者和正常对照组进行脑 DNA 甲基化的全基因组分析，与对照相比，在散发性 ALS 患者中鉴定出 38 个不同的低甲基化或超甲基化位点，其中 23 个位点与基因表达相关。信号通路分析显示，甲基化改变的基因主要参与钙稳态、神经传递和氧化应激，表明它们可能在散发性 ALS 表型的形成中发挥作用[120]。另一项研究显示，在 ALS 患者的大脑和脊髓中存在 DNMT3A，并且该基因的过表达诱导了运动神经元样细胞的体外退化，这表明了 DNA 甲基化在调节运动神经元细胞死亡和凋亡中的作用，其可能与 ALS 表型和治疗的发展有关[121]。研究显示，ALS 患者的血液和神经组织具有更高的 DNA 5mC 和 5hmC[120-124]。FUS 的甲基化和核质穿梭由蛋白精氨酸甲基转移酶 1（PRMT1）调控。有趣的是，野生型和突变型的 FUS 的分布影响 PRMT1 在运动神经元中的分布；当 FUS 主要分布在细胞质时，PRMT1 在细胞核中被耗尽。核 PRMT1 的缺失导致组蛋白标记的改变[125]。

C9ORF72 基因的六核苷酸重复扩增（HRE）突变是 ALS 和 FTD 最常见的原因[126-128]。*C9ORF72* HRE 诱发 ALS 和 FTD 的确切机制正在积极研究中，研究提出了许多可能的解释[126, 129-132]。在 *C9ORF72* 相关的 ALS 病例中，表观遗传机制得到了最全面的研究，以解释 HRE 是如何导致 ALS 表型的。一项基于 ALS 患者的组织样本进行的研究表明，HRE 导致了 *C9ORF72* 启动子的 CpG 超甲基化[133]。同一研究组的后续研究表明，*C9ORF72* HRE 本身在 ALS 和 FTLD 患者中被甲基化[134]。研究表明，重复序列的长度与 *C9ORF72* 启动子的 DNA 甲基化水平、疾病的发病年龄，以及 ALS/FTD 患者中 *C9ORF72* 的转录沉默有关[133, 135, 136]。其他几项研究也显示了 *C9ORF72* 启动子区域的超甲基化[116, 137-139]。此外，一项研究表明，*C9ORF72* 启动子的 5hmC 水平在 *C9ORF72*-ALS 诱导的多能干细胞，以及具有突变 *C9ORF72* 的 ALS 患者的脑组织中升高[140]。有趣的是，有假说认为 *C9ORF72* 超甲基化对 ALS/FTD 患者的 HRE-相关病理学具有保护作用。在患者来源的淋巴母细胞系中，突变体 *C9ORF72* 的启动子超甲基化与转录沉默和突变体 *C9ORF72* RNA 的积累减少相关，而突变体 *C9ORF72* 的去甲基化导致突变细胞对氧化和自噬应激的敏感性增加[116]。在另一项研究中，研究者比较了患者来源的人类胚胎干细胞（hESC）*C9ORF72* 基因中的 HRE 以及单倍体相合和无关的诱导多能干细胞（iPSC）之间的甲基化状态。研究表明细胞间的 *C9ORF72* 甲基化有显著差异；hESC 无甲基化而 iPSC 超甲基化。此外，HRE 改变了启动子的使用，并影响了正确的剪接，最终导致在两种细胞类型中神经分化后突变 mRNA 的积累。然而，这些变化在 iPSC 中可能会由于超甲基化而减少。这进一步表明超甲基化对致病性 mRNA 有保护作用，并强调了神经分化在疾病发病机制中的重要性[141]。综上所述，这些发现表明了改变的 DNA 甲基化在 ALS 发病机制中的作用。

2. ALS 中的组蛋白修饰

TDP-43 包涵体的形成是 ALS 和 FTD 的标志，而 HDAC6 对于细胞包涵体形成和降解是必需的。TDP-43 与 *HDAC6* mRNA 结合，TDP-43 功能缺失导致 *HDAC6* 下调，从而可能导致 ALS[142]。随后的研究表明，TDP-43 敲低导致 HDAC6 依赖性的神经突起生长受损，从而导致 TDP-43 介导的神经退行性事件[143]。最近的一项研究揭示了 FUS 蛋白可通过与活性染色质结合进而调控基因转录[144]。降低组蛋白乙酰化及过表达 HDAC 可损伤神经元细胞，并可能导致神经退行性疾病[145]。对死后的 ALS 患者和对照组的脑和脊髓组织中 *HDAC 1～11* 的表达分析显示，与对照的组织相比，ALS 患者中 *HDAC11* mRNA 水平降低，*HDAC2* mRNA 水平升高[146]。然而，另一项使用两种 ALS 小鼠模型的研究显示，*HDAC11* mRNA 水平升高[147]。在一项研究报道中，与对照组相比，死亡 ALS 患者脑和脊髓组织中不同的去乙酰化酶的水平发生了改变[148]。*C9ORF72* 位点抑制性的组蛋白标记 H3K9me3、H3K27me3、H3K79me3 和 H4K20me3 被发现可降低 ALS/FTD 患者脑组织和具有 HRE 的成纤维细胞中的基因表达，但在没有扩增重复的 ALS 患者中则不然[149]。仅仅是这种甲基化模式可能足以产生神经病理学的改变。相反，当用去甲基化试剂 5-氮杂- 2-脱氧胞苷处理时，来源于 *C9ORF72* HRE 携带者的成纤维细胞逆转了甲基化作用并显示出升高的 *C9ORF72* mRNA 表达[149]。

3. ALS 中 RNA 介导的表观遗传改变

来自几项使用不同生物样本的研究显示，ALS 患者和健康对照组之间的 miRNA 表达谱发生了变化，提示 miRNA 在 ALS 发病机制中的作用[150-153]。在一项研究中，对散发性 ALS 和对照组脊髓组织中 miRNA 表达谱的分析显示，与对照组相比，ALS 中存在大量差异表达的 miRNA，其中许多与神经元功能和细胞死亡有关[154]。另一项研究表明，在 ALS 病例中，成熟的 miRNA 总体表达水平降低，miRNA 加工过程失调。破坏 miRNA 的生物合成有可能产生许多影响多种细胞途径的下游后果。评估死亡 ALS 患者的脊髓组织，可确定异常调控的 miRNA[150]。表达谱和系统生物学分析表明，成熟的 miRNA 整体表达水平降低，miRNA 的加工过程被改变。此外，同一项研究还发现 TDP-43 在细胞内的分布和细胞质聚集，可调控 ALS 相关的 miRNA 表达。不同细胞类型之间的相互作用也被用于探索神经退行性疾病的致病机制，有证据表明骨骼肌附近的改变可能加重 ALS 中运动神经元的损伤[155]。事实上，在小鼠肌肉中选择性表达 ALS 已知的突变型 *SOD1*（G39A），会导致小鼠脊髓中髓鞘稳态相关的 miRNA 和 mRNA 表达的改变，从而揭示细胞类型之间的相互作用对表观遗传调控的影响[156]。miR-663a 和 miR-9-5p 在 *FUS* 突变患者中下调，而 let-7b 在 *FUS* 和 *C9orf72* 突变携带者中均发生改变[157]。

总体而言，大多数结合 TDP-43 的 miRNA 的普遍下调表明 ALS 患者可能存在 RNA 代谢缺陷。在 ALS 患者的骨骼肌样品中观察到 miR-23a、miR-29b、miR-206 和 miR-455 的表达增加[158]。miR-23a 抑制过氧化物酶体增殖物激活受体 γ 共激活因子（PGC）-1α 的活性，这是一种参与线粒体生物合成和功能的蛋白质，提示特定的 miRNA 可能作为治疗靶点[158]。类似地，ALS 患者的骨骼肌和有症状的 *SOD1* 突变小鼠的 miR-206 增加，可能是由于去神经支配的影响[158]。

4. ALS 中的 RNA 编辑

在 ALS 中，另一种分子异常是兴奋性神经元死亡，其通过 α-氨基-3-羟基-5-甲基-4-异恶唑丙酸（AMPA）受体引发[159]。RNA 编辑通过酶催化的方式改变核苷酸序列，使得它们与原始基因组 DNA 编码的序列不同。ALS 患者最常见的变化是腺苷到肌苷的脱氨作用。在 ALS 中，这种修饰可能是 AMPA 受体变体具有兴奋毒性作用的分子基础，其中 RNA 特异性腺苷脱氨酶 2（ADAR2；也称为双链 RNA 特异性编辑酶 1）的减少限制了腺苷在 AMPA 受体孔内层结构域的 GluA2（Glu/Arg）位点向肌苷的转化，并促进异常的 AMPA 变异[159-161]。在这种情况下，RNA 编辑改变的后果进一步得到了实验结果的支持，即 ALS 患者的运动神经元对 RNA 编辑缺陷特别敏感，因为 ADAR2 缺陷的运动神经元在条件性 *ADAR2* 敲除小鼠中经历缓慢死亡[162]。此外，这种酶的缺陷导致了 TDP-43 的错误定位和聚集[163]。在散发性 ALS 患者运动神经元中观察到 TDP-43 病理学及 RNA 编辑失败；因此，这两个因素都可能导致疾病特异性的异常。此外，TDP-43 病理学，包括不溶性、过磷酸化和易于聚集的 TDP-43 片段，仅在散发性 ALS 患者中具有 ADAR2 低活性的运动神经元中被观察到[164]，表明这些事件之间存在分子联系。此外，对条件性 *ADAR2* 敲除小鼠（$ADAR2^{flox/flox}$ / VChAT-Cre. Fast；AR2 小鼠）的分析表明，*ADAR2* 表达不足，通过异常的 Ca^{2+} 渗透的 AMPA 受体介导的机制，进而诱导运动神经元死亡[165]。在散发性 ALS 中，含有磷酸化 TDP-43 或其他 TDP-43 病理模式的 ADAR2 和 TDP-43 的发病机制，与在 AR2 小鼠中观察到的类似[163-166]。因此，*ADAR2* 下调引起的细胞内环境紊乱可能是 ALS 的治疗靶点。

37.3.4　亨廷顿病

亨廷顿病（Huntington’s disease，HD）是发达国家最常见的遗传疾病，发病率约为万分之一。这种致命的神经退行性疾病主要影响大脑皮层和纹状体。最初的身体症状是舞蹈样动作、僵硬和肌张力障碍，随着疾病的发展，这些症状会变得更加明显，认知能力逐渐受损，最终导致痴呆。三核苷酸重复扩增是包括 HD 在内的几种神经系统疾病的基础。在受影响的个体中，扩增位点的特征在于染色质结构和重复片段长度的显著变化。一些研究已经发现 DNA 甲基化、组蛋白修饰和扩增重复片段周围染色质结构的改变，可能导致重复不稳定，这些改变不出现在相应的野生型等位基因中[167]。Gorbunova 等[168]研究了 DNA 甲基转移酶抑制剂（5-氮杂-脱氧胞苷）对 CHO 哺乳动物细胞三核苷酸重复稳定性的影响。在强直性肌营养不良患者的人体细胞中，使用 5-氮杂-脱氧胞苷治疗使得疾病位点（*DMPK*）的重复片段失去稳定性，且具有明显的扩增倾向[168]。同一组研究表明，5-氮杂-脱氧胞苷在 CHO 细胞中的腺嘌呤磷酸核糖基转移酶位点（*APRT*）促进了三联体重复的不稳定性，且与同源重组无关[169]。此外，小鼠的 Dnmt1 缺乏促进了小鼠脊髓小脑共济失调Ⅰ型位点（*SCA1*）CAG 重复的代际扩增[169]。

在 HD 中，大多数研究指向染色质结构的改变和组蛋白修饰。HD 中组蛋白乙酰化的失调与 CREB 结合蛋白（CBP）有关，其作为 HAT 起作用，并且与几种神经退行性疾病相关[170]。CBP 在 HD 细胞培养模型、HD 转基因小鼠和人类 HD 死后大脑的多谷氨酰胺中聚集存在[171]。这些研究表明，可溶性 CBP 的缺失可能影响与神经元存活相关的基因转录。与此同时，CBP 水平下降 50%，加剧了秀丽隐杆线虫 HD 模型的神经变性，降低了 HD 的 N171-82Q HD 小鼠模型的平均寿命的期望值[172]。相反，CBP 的过表达修复了多聚谷氨酰胺（polyQ）疾病模型中 CBP/CREB 依赖性转录、组蛋白低乙酰化和 mHtt 诱导的毒性的缺陷。这些结果已经在一系列 HD 模型中得到了独立研究组的证实，而且最近在 HD 患者的神经元群体中也得到了证实。此外，体外 mHtt 的表达抑制了 CBP 的 HAT 活性，表明 mHtt 和 CBP 之间存在更直接的联系[173]。尽管提出了 CBP 活性的改变与 mHtt 诱导毒性之间存在联系，但这些细胞进程之间的联系尚不清楚。在几种 HD 小鼠模型中，含有 mHtt 的包涵体未能明显共定位或改变 CBP 及其他转录因子的核分布[174]。与此一致的是，CBP 在 polyQ 表达的后期表现出与 mHtt 聚集物的弱相互作用，而可溶性 mHtt 在 PC12 细胞中形成包涵体之前表现出与 CBP 更强的相互作用并抑制 HAT 活性。相对于聚集的 polyQ 片段，可溶性的 polyQ 扩增片段与 CBP 互作更强，而且毒性也更强[175]。

Gray[176]最近回顾了组蛋白修饰与 HD 间关联的实质性证据。在细胞实验中发现，huntingtin 蛋白突变体直接与组蛋白乙酰转移酶 KAT3A（CREB 结合蛋白或 CBP）和 KAT2B（P/CAF）相互作用，该复合物与 p53 相互作用并抑制 p53 调节的启动子、*p21WAF1/CIP1* 和 *MDR-1* 的转录[171]。huntingtin 蛋白突变体在 HT22 细胞或原代神经元中的转染导致细胞毒性和 CBP 的缺失或其被招募到 huntingtin 蛋白聚集体中，并且 CREB 缺失伴随着组蛋白的低乙酰化。此外，CREB 结合蛋白的部分消耗降低了 HD 小鼠模型的寿命期望值[172]。也有证据表明 huntingtin 蛋白与组蛋白去乙酰化酶的功能相关[177]。对组蛋白去乙酰化酶在 HD 中发挥重要作用的额外证据来自秀丽隐杆线虫模型，其中以 HDAC 为靶点，减少了线虫神经元中相关的神经退行性表型[178]。同样，在两个聚谷氨酰胺疾病的果蝇模型中，HDACi 阻止了由 polyQ 重复扩增引起的进行性神经元退行性病变，并且通过抑制特定的 HDAC 和去乙酰化酶抑制了 HD 果蝇模型的发病[173]。有迹象表明 HDACi 可能有助于果蝇模型中 HD 的治疗[173]，一些研究者已经证明 HDACi 辛二酰苯胺异羟肟酸（SAHA）、丁酸钠和苯基丁酸可以改善小鼠模型中的亨廷顿运动缺陷[176]。最近的一项研究表明，SAHA 是一种 I 类 HDACi 和 HDAC6 抑制剂，不仅可以改善 R6/2 HD 小鼠模型的运动损伤，还可以引起 HDAC4 在皮质和脑干中的降解。同样，SAHA 治疗也降低了 HDAC2 的水平[179]。在 HD 患者和 R6/2 转基因小鼠中均观察到组蛋白 H3K9me3 水平升高，这些水平与赖氨酸甲基转移酶 KMT1E（也称为 ESET / SETDB1）水平升高有关[180]。虽然存在一些例外[181]，但 H3K9me3 通常被认为是一种抑制性标记。CBP 作为 KMT1E 的转录抑制因子似乎是合理的，因为 CBP 的单等位基因缺失导致了 KMT1E 的诱导，同时伴随着 H3K9me3 增加[182]。最近观察到，与对照相比，在 HD 患者的血液和额叶皮质中，染色质可塑性 H2A 组蛋白家族成员 Y（H2AFY）的动态调节因子特异性过表达。在临床症状出现之前，这种关联已在两个小鼠模型中得到证实，并在横断面和纵向临床研究中得到独立重复[183]。

与基因表达的普遍失调一致，miRNA 在 HD 中表达也受到影响。HD 模型和患者的神经元 miRNA 表达普遍降低，导致其靶 mRNA 表达上调[184, 185]。此外，观察到突变体 HTT 表达降低了 miR-125b 和 miR-150 的表达[186]。这些 miRNA 的靶点中有 P53，已知 P53 可以抑制 NF-κB 和 miR-146a 的表达。P53 和突变体 HTT 进一步相互作用介导 HD 模型，以及患者的细胞核和线粒体损伤[187]。

37.3.5 帕金森病

帕金森病（Parkinson disease，PD）是仅次于 AD 的第二大神经退行性疾病。该疾病主要的神经病理学标志是中脑黑质致密部中多巴胺能神经元的退化和“路易体（Lewy body）”蛋白质包涵体的积累。PD 是一种复杂的疾病，是遗传和环境因素相互作用的结果。α-突触核蛋白基因在疾病中起核心作用，因此是研究最多的基因之一。

表观遗传介导的基因表达调控与 α-突触核蛋白有关，并与 PD 相关。首先，α-突触核蛋白增加了果蝇和神经母细胞瘤细胞中 H3K9 的总体单甲基化和二甲基化。其次，α-突触核蛋白可调控染色质结构的动力学。最后，α-突触核蛋白本身的转录也受表观遗传控制的调节。

37.3.6 脊髓性肌萎缩

脊髓性肌萎缩（spinal muscular atrophy，SMA）是一种常染色体隐性遗传病，会影响脊髓中的运动神经元，导致行走、进食或呼吸障碍。SMA 表现出不同的严重程度，在不同年龄发病，通常是年轻人。SMA 症状开始的年龄与运动功能受影响的程度大致相关，即发病年龄越早，运动功能障碍程度越高。

SMA 是由 *SMN1* 基因的遗传缺陷引起的，该基因编码运动神经元（SMN）蛋白，这对于运动神经元的存活至关重要。*SMN1* 和 *SMN2* 是人类 5 号染色体中的两个几乎相同的基因：端粒拷贝 *SMN1* 和着丝粒拷贝 *SMN2*。这两个基因之间的关键序列差异是 7 号外显子中的一个核苷酸。*SMN2* 中的核苷酸替换造成了切除外显子 7 的可变剪接，导致 80%～90%的转录本被截短，形成无生物功能的、不稳定的蛋白质（Δ7SMN），只有 10%～20%的转录本是完整的、有功能的蛋白质。当 *SMN1* 基因的两个等位基因都发生突变并导致功能丧失时，*SMN2* 基因不能产生足够量的功能性 SMN 蛋白，导致脊髓前角和大脑中的运动神经元逐渐死亡。SMA 症状的严重程度与 *SMN2* 基因对 *SMN1* 功能丧失的补偿程度有关。大量的研究集中在增加运动神经元中 SMN 蛋白的有效性。一种特殊的方法是调节 SMN2 前体 mRNA 的剪接，增加保留外显子 7 的剪接形式。

37.4 针对表观遗传的潜在治疗方法

使用表观遗传药物来改善神经退行性疾病的想法已经在各种动物模型研究中进行验证。研究表明，HDAC 抑制剂可作为治疗 ALS 等神经退行性疾病的潜在的神经保护药物。然而，由于其广泛的作用范围，这些抑制剂可能会引起毒副作用。例如，已经在 *SOD1* 转基因小鼠模型中研究了几种 HDAC 抑制剂。曲古抑菌素 A（TSA）的使用显示出对运动神经元死亡、轴突变性和运动功能改善的适度保护作用[188]。丙戊酸（VPA）具有神经保护作用，临床上用于治疗癫痫和双极性情感疾病等神经系统疾病，然而，当在 *SOD1* 的 ALS 小鼠中进行测试时，它并没有改善生存或运动功能[189, 190]。在随后的研究中，对于 ALS 患者，以常规用于癫痫的剂量在随机序贯试验中测试 VPA 时，其对 ALS 患者的存活率或疾病进展没有显示出有益效果[191]。在转基因 ALS 小鼠模型中，药理学数据显示，苯基丁酸钠（SPB）的使用延长了生存期和运动性能[192]。在 *SOD1* ALS 小鼠中，SPB 和利鲁唑联合治疗可协同降低神经元细胞死亡、反应性星形细胞胶质化并改善生存率和表型[193]。同样，在 ALS 患者中进行的一项 II 期研究表明，SPB 是安全的、可耐受的，在治疗过程中没有出现临床相关的毒性作用[194]。此前的研究表明，随着各种 HDAC 抑制剂 TSA、VPA、SPB 或辛二酰苯胺异羟肟酸（SAHA，伏立诺他）的使用，不同 AD 模型中显示的记忆缺陷得到了显著的逆转[195, 196]。令人惊讶的是，即使在疾病进展的晚期，即神经元细胞死亡发作后给予 SPB 治疗仍然有效[197]。此外，许多研究表明 HDAC 抑制剂在 PD 和 HD 模型中具有类似的治疗作用[198, 199]。在几种 PD 模型中，选择性地抑制 HDAC2 缓解了 α-突触核蛋白介导的毒性[200]。TSA 和 SAHA 酸的处理增加了 HD 果蝇模型中组蛋白 H3 和 H4 的乙酰化，恢复到其正常值[173]。此外，微管蛋白乙酰化也能够恢复在 HD 中观察到的细胞运输问题。有趣的是，在 HD 的转基因小鼠模型中 SPB 是有效的，并且 II 期临床试验已经完成，在认知和运动体征方面有很好的结果[201]。

同型半胱氨酸、叶酸和其他 B 族维生素（B_2、B_6 和 B_{12}）参与一碳代谢，即 SAM 生产所需的代谢途径，并且有迹象表明 AD 患者的一碳代谢受损，DNA 甲基化潜能降低[198]，关键是，SAM 的补充恢复了 DNA 甲基化并降低了小鼠模型中由维生素 B 缺乏诱导的 AD 样特征的进展[202]。此外，SAM 的补充可降低 AD 小鼠的氧化应激，延迟 Aβ 和 tau 的病理，这意味着 SAM 在 AD 中具有潜在的神经保护补充作用[203]。在内源性调节下，利用作用于多种基因转录本的靶向短寡核苷酸，有助于揭示复杂的潜在疾病机制，特别是对于神经退行性疾病。使用生物化学修饰以增强反义寡核苷酸的稳定性、特异性和功效，这些方法正被应用于由 pre-mRNA 剪接的表观遗传改变引起的疾病[204]。针对 *SOD1* 相关的家族性 ALS 患者的 CSF 进行的一项靶向 *SOD1* mRNA 以抑制突变蛋白产生的反义寡核苷酸（ISIS 333611）的 I 期临床试验，已被证明是有效和安全的[205]。类似地，还有一种药物，可靶向 *C9orf72* 六核苷酸重复序列的有义链，通过抑制 RNA 团簇（RNA foci）的形成而不降低 RNA 的水平来减轻毒性[206]。这些结果为利用反义寡核苷酸治疗与 *C9orf72* 相关的，以及与 *SOD1* 相关的 ALS 提供了支持。好消息是，用于 SMA 治疗的反义寡核苷酸药物 Nusinersen 于 2016 年首次批准，标志着该领域的重要突破。

37.5 总结与展望

染色质结构、基因转录和 miRNA 的表观遗传调控在维持正常的神经元功能中发挥着关键作用。我们才刚刚开始了解神经发育疾病、正常衰老和神经退行性疾病中的表观遗传调控及染色质结构的变化。新兴的观点强调了维持染色质动力学、适当水平的 DNA 甲基化和组蛋白修饰的重要性。表观遗传调控的紊乱导致基因表达的异常，并最终导致灾难性的神经元退化。所有神经退行性疾病都具有年龄依赖性，这表明表观遗传的紊乱可能随着时间累积，直到修复或者应激反应通路最终崩溃，导致不可逆转的神经损伤。表观遗传学新兴技术的快速发展将为我们理解神经系统疾病的表观遗传调控提供令人兴奋的进展。

注：本章原用英文撰写，由复旦大学博士生杨智聪、徐鹏翻译为中文，后由美国肯塔基大学 Haining Zhu（朱海宁）教授审核校对并定稿。

参 考 文 献

[1] Waddington, C. H. The epigenotype. 1942. *Int J Epidemiol* 41, 10-13(2012).

[2] Fraga, M. F. *et al.* Epigenetic differences arise during the lifetime of monozygotic twins. *Proceedings of the National Academy of Sciences of the United States of America* 102, 10604-10609(2005).

[3] Waddington, C. H. Towards a theoretical biology. *Nature* 218, 525-527(1968).
[4] Berger, S. L. *et al*. An operational definition of epigenetics. *Genes Dev* 23, 781-783(2009).
[5] Bird, A. Perceptions of epigenetics. *Nature* 447, 396-398(2007).
[6] Wong, A. H. *et al*. Phenotypic differences in genetically identical organisms: the epigenetic perspective. *Hum Mol Genet* 14 Spec No 1, R11-18(2005).
[7] Sweatt, J. D. The emerging field of neuroepigenetics. *Neuron* 80, 624-632(2013).
[8] Maze, I. *et al*. Every amino acid matters: essential contributions of histone variants to mammalian development and disease. *Nature Reviews Genetics* 15, 259-271(2014).
[9] Goldberg, A. D. *et al*. Epigenetics: a landscape takes shape. *Cell* 128, 635-638(2007).
[10] Adwan, L. & Zawia, N. H. Epigenetics: a novel therapeutic approach for the treatment of Alzheimer's disease. *Pharmacol Ther* 139, 41-50(2013).
[11] Razin, A. & Riggs, A. D. DNA methylation and gene function. *Science* 210, 604-610(1980).
[12] Bestor, T. H. The DNA methyltransferases of mammals. *Hum Mol Genet* 9, 2395-2402(2000).
[13] Klose, R. J. & Bird, A. P. Genomic DNA methylation: the mark and its mediators. *Trends Biochem Sci* 31, 89-97(2006).
[14] Okano, M. *et al*. DNA methyltransferases Dnmt3a and Dnmt3b are essential for *de novo* methylation and mammalian development. *Cell* 99, 247-257(1999).
[15] Chedin, F. *et al*. The DNA methyltransferase-like protein DNMT3L stimulates *de novo* methylation by Dnmt3a. *Proceedings of the National Academy of Sciences of the United States of America* 99, 16916-16921(2002).
[16] Goll, M. G. *et al.* Methylation of tRNAAsp by the DNA methyltransferase homolog Dnmt2. *Science* 311, 395-398(2006).
[17] Straussman, R. *et al.* Developmental programming of CpG island methylation profiles in the human genome. *Nature Structural & Molecular Biology* 16, 564-571(2009).
[18] Doi, A. *et al.* Differential methylation of tissue- and cancer-specific CpG island shores distinguishes human induced pluripotent stem cells, embryonic stem cells and fibroblasts. *Nat Genet* 41, 1350-1353(2009).
[19] Urdinguio, R. G. *et al*. Epigenetic mechanisms in neurological diseases: genes, syndromes, and therapies. *Lancet Neurol* 8, 1056-1072(2009).
[20] Thomas, B. *et al.* A novel method for detecting 7-methyl guanine reveals aberrant methylation levels in Huntington disease. *Anal Biochem* 436, 112-120(2013).
[21] Guo, J. U. *et al.* Distribution, recognition and regulation of non-CpG methylation in the adult mammalian brain. *Nat Neurosci* 17, 215-222(2014).
[22] Zhang, W. *et al*. The ageing epigenome and its rejuvenation. *Nat Rev Mol Cell Biol* 21, 137-150(2020).
[23] Jones, P. A. Functions of DNA methylation: islands, start sites, gene bodies and beyond. *Nature Reviews Genetics* 13, 484-492(2012).
[24] Fatemi, M. & Wade, P. A. MBD family proteins: reading the epigenetic code. *J Cell Sci* 119, 3033-3037(2006).
[25] Chen, P. Y. *et al*. A comparative analysis of DNA methylation across human embryonic stem cell lines. *Genome Biol* 12, R62(2011).
[26] Bird, A. DNA methylation patterns and epigenetic memory. *Genes Dev* 16, 6-21(2002).
[27] Nan, X. *et al*. Gene silencing by methyl-CpG-binding proteins. *Novartis Found Symp* 214, 6-16; discussion 16-21, 46-50(1998).
[28] Wilson, A. S. *et al*. DNA hypomethylation and human diseases. *Biochim Biophys Acta* 1775, 138-162(2007).
[29] Reik, W. *et al*. Epigenetic reprogramming in mammalian development. *Science* 293, 1089-1093(2001).
[30] Jaenisch, R. & Bird, A. Epigenetic regulation of gene expression: how the genome integrates intrinsic and environmental

signals. *Nat Genet* 33 Suppl, 245-254(2003).

[31] Kriaucionis, S. & Heintz, N. The nuclear DNA base 5-hydroxymethylcytosine is present in Purkinje neurons and the brain. *Science* 324, 929-930(2009).

[32] Tahiliani, M. *et al.* Conversion of 5-methylcytosine to 5-hydroxymethylcytosine in mammalian DNA by MLL partner TET1. *Science* 324, 930-935(2009).

[33] Guo, J. U. *et al.* Hydroxylation of 5-methylcytosine by TET1 promotes active DNA demethylation in the adult brain. *Cell* 145, 423-434(2011).

[34] He, Y. F. *et al.* Tet-mediated formation of 5-carboxylcytosine and its excision by TDG in mammalian DNA. *Science* 333, 1303-1307(2011).

[35] Ito, S. *et al.* Tet proteins can convert 5-methylcytosine to 5-formylcytosine and 5-carboxylcytosine. *Science* 333, 1300-1303(2011).

[36] Maiti, A. & Drohat, A. C. Thymine DNA glycosylase can rapidly excise 5-formylcytosine and 5-carboxylcytosine: potential implications for active demethylation of CpG sites. *J Biol Chem* 286, 35334-35338(2011).

[37] Kohli, R. M. & Zhang, Y. TET enzymes, TDG and the dynamics of DNA demethylation. *Nature* 502, 472-479(2013).

[38] Wu, H. *et al.* Genome-wide analysis of 5-hydroxymethylcytosine distribution reveals its dual function in transcriptional regulation in mouse embryonic stem cells. *Genes Dev* 25, 679-684(2011).

[39] Munzel, M. *et al.* 5-Hydroxymethylcytosine, the sixth base of the genome. *Angew Chem Int Ed Engl* 50, 6460-6468(2011).

[40] Sun, Z. *et al.* High-resolution enzymatic mapping of genomic 5-hydroxymethylcytosine in mouse embryonic stem cells. *Cell Rep* 3, 567-576(2013).

[41] Ko, M. *et al.* Impaired hydroxylation of 5-methylcytosine in myeloid cancers with mutant TET2. *Nature* 468, 839-843(2010).

[42] Globisch, D. *et al.* Tissue distribution of 5-hydroxymethylcytosine and search for active demethylation intermediates. *PLoS One* 5, e15367(2010).

[43] Szwagierczak, A. *et al.* Sensitive enzymatic quantification of 5-hydroxymethylcytosine in genomic DNA. *Nucleic Acids Res* 38, e181(2010).

[44] Pfaffeneder, T. *et al.* The discovery of 5-formylcytosine in embryonic stem cell DNA. *Angew Chem Int Ed Engl* 50, 7008-7012(2011).

[45] Bloom, K. & Joglekar, A. Towards building a chromosome segregation machine. *Nature* 463, 446-456(2010).

[46] Luger, K. *et al.* Crystal structure of the nucleosome core particle at 2.8 A resolution. *Nature* 389, 251-260(1997).

[47] Lee, D. Y. *et al.* A positive role for histone acetylation in transcription factor access to nucleosomal DNA. *Cell* 72, 73-84(1993).

[48] Kouzarides, T. Chromatin modifications and their function. *Cell* 128, 693-705(2007).

[49] Arnaudo, A. M. & Garcia, B. A. Proteomic characterization of novel histone post-translational modifications. *Epigenetics Chromatin* 6, 24(2013).

[50] Berger, S. L. The complex language of chromatin regulation during transcription. *Nature* 447, 407-412(2007).

[51] Dokmanovic, M. *et al.* Histone deacetylase inhibitors: overview and perspectives. *Mol Cancer Res* 5, 981-989(2007).

[52] Chang, B. *et al.* JMJD6 is a histone arginine demethylase. *Science* 318, 444-447(2007).

[53] Bernstein, B. E. *et al.* The mammalian epigenome. *Cell* 128, 669-681(2007).

[54] Cheung, P. *et al.* Signaling to chromatin through histone modifications. *Cell* 103, 263-271(2000).

[55] Sawicka, A. & Seiser, C. Histone H3 phosphorylation - a versatile chromatin modification for different occasions. *Biochimie* 94, 2193-2201(2012).

[56] Thiriet, C. & Hayes, J. J. Chromatin in need of a fix: phosphorylation of H2AX connects chromatin to DNA repair. *Mol Cell*

18, 617-622(2005).

[57] Oki, M. *et al.* Role of histone phosphorylation in chromatin dynamics and its implications in diseases. *Subcell Biochem* 41, 319-336(2007).

[58] Habibi, E. *et al.* Emerging roles of epigenetic mechanisms in Parkinson's disease. *Funct Integr Genomics* 11, 523-537(2011).

[59] Bernstein, B. E. *et al.* A bivalent chromatin structure marks key developmental genes in embryonic stem cells. *Cell* 125, 315-326(2006).

[60] Li, B. *et al.* The role of chromatin during transcription. *Cell* 128, 707-719(2007).

[61] Ng, H. H. *et al.* Lysine-79 of histone H3is hypomethylated at silenced loci in yeast and mammalian cells: a potential mechanism for position-effect variegation. *Proceedings of the National Academy of Sciences of the United States of America* 100, 1820-1825(2003).

[62] Fischle, W. *et al.* Regulation of HP1-chromatin binding by histone H3methylation and phosphorylation. *Nature* 438, 1116-1122(2005).

[63] Bartke, T. *et al.* Nucleosome-interacting proteins regulated by DNA and histone methylation. *Cell* 143, 470-484(2010).

[64] Mavrich, T. N. *et al.* A barrier nucleosome model for statistical positioning of nucleosomes throughout the yeast genome. *Genome Res* 18, 1073-1083(2008).

[65] Shivaswamy, S. *et al.* Dynamic remodeling of individual nucleosomes across a eukaryotic genome in response to transcriptional perturbation. *PLoS Biol* 6, e65(2008).

[66] Raveh-Sadka, T. *et al.* Manipulating nucleosome disfavoring sequences allows fine-tune regulation of gene expression in yeast. *Nat Genet* 44, 743-750(2012).

[67] Ozsolak, F. *et al.* High-throughput mapping of the chromatin structure of human promoters. *Nat Biotechnol* 25, 244-248(2007).

[68] Albert, I. *et al.* Translational and rotational settings of H2A.Z nucleosomes across the *Saccharomyces cerevisiae* genome. *Nature* 446, 572-576(2007).

[69] Johnson, S. M. *et al.* Flexibility and constraint in the nucleosome core landscape of *Caenorhabditis elegans* chromatin. *Genome Res* 16, 1505-1516(2006).

[70] Schones, D. E. *et al.* Dynamic regulation of nucleosome positioning in the human genome. *Cell* 132, 887-898(2008).

[71] Cairns, B. R. The logic of chromatin architecture and remodelling at promoters. *Nature* 461, 193-198(2009).

[72] Chodavarapu, R. K. *et al.* Relationship between nucleosome positioning and DNA methylation. *Nature* 466, 388-392(2010).

[73] Getun, I. V. *et al.* Nucleosome occupancy landscape and dynamics at mouse recombination hotspots. *EMBO Rep* 11, 555-560(2010).

[74] Kogan, S. B. *et al.* Sequence structure of human nucleosome DNA. *J Biomol Struct Dyn* 24, 43-48(2006).

[75] Zilberman, D. *et al.* Genome-wide analysis of *Arabidopsis thaliana* DNA methylation uncovers an interdependence between methylation and transcription. *Nat Genet* 39, 61-69(2007).

[76] Zilberman, D. *et al.* Histone H2A.Z and DNA methylation are mutually antagonistic chromatin marks. *Nature* 456, 125-129(2008).

[77] Hargreaves, D. C. & Crabtree, G. R. ATP-dependent chromatin remodeling: genetics, genomics and mechanisms. *Cell Res* 21, 396-420(2011).

[78] Kapranov, P. *et al.* RNA maps reveal new RNA classes and a possible function for pervasive transcription. *Science* 316, 1484-1488(2007).

[79] Schouten, M. *et al.* New neurons in aging brains: Molecular control by small non-coding RNAs. *Front Neurosci* 6, 25(2012).

[80] Mattick, J. S. The central role of RNA in human development and cognition. *FEBS Lett* 585, 1600-1616(2011).

[81] Preker, P. *et al.* RNA exosome depletion reveals transcription upstream of active human promoters. *Science* 322, 1851-1854(2008).
[82] Seila, A. C. *et al.* Divergent transcription from active promoters. *Science* 322, 1849-1851(2008).
[83] Krol, J. *et al.* The widespread regulation of microRNA biogenesis, function and decay. *Nature Reviews Genetics* 11, 597-610(2010).
[84] Esteller, M. Non-coding RNAs in human disease. *Nature Reviews Genetics* 12, 861-874(2011).
[85] Friedman, R. C. *et al.* Most mammalian mRNAs are conserved targets of microRNAs. *Genome Res* 19, 92-105(2009).
[86] Lee, Y. *et al.* The nuclear RNase III Drosha initiates microRNA processing. *Nature* 425, 415-419(2003).
[87] Lund, E. *et al.* Nuclear export of microRNA precursors. *Science* 303, 95-98(2004).
[88] Rand, T. A. *et al.* Argonaute2 cleaves the anti-guide strand of siRNA during RISC activation. *Cell* 123, 621-629(2005).
[89] Diederichs, S. & Haber, D. A. Dual role for argonautes in microRNA processing and posttranscriptional regulation of microRNA expression. *Cell* 131, 1097-1108(2007).
[90] Miyoshi, K. *et al.* Many ways to generate microRNA-like small RNAs: non-canonical pathways for microRNA production. *Mol Genet Genomics* 284, 95-103(2010).
[91] Rinn, J. L. & Chang, H. Y. Genome regulation by long noncoding RNAs. *Annu Rev Biochem* 81, 145-166(2012).
[92] Kim, T. K. *et al.* Widespread transcription at neuronal activity-regulated enhancers. *Nature* 465, 182-187(2010).
[93] Flynn, R. A. & Chang, H. Y. Active chromatin and noncoding RNAs: an intimate relationship. *Curr Opin Genet Dev* 22, 172-178(2012).
[94] Lisch, D. Regulation of transposable elements in maize. *Curr Opin Plant Biol* 15, 511-516(2012).
[95] Morrissy, A. S. *et al.* Extensive relationship between antisense transcription and alternative splicing in the human genome. *Genome Res* 21, 1203-1212(2011).
[96] Kurokawa, R. Promoter-associated long noncoding RNAs repress transcription through a RNA binding protein TLS. *Adv Exp Med Biol* 722, 196-208(2011).
[97] Zhao, B. S. *et al.* Post-transcriptional gene regulation by mRNA modifications. *Nat Rev Mol Cell Biol* 18, 31-42(2017).
[98] Amariglio, N. & Rechavi, G. A-to-I RNA editing: a new regulatory mechanism of global gene expression. *Blood Cells Mol Dis* 39, 151-155(2007).
[99] Bass, B. L. RNA editing by adenosine deaminases that act on RNA. *Annu Rev Biochem* 71, 817-846(2002).
[100] Navaratnam, N. & Sarwar, R. An overview of cytidine deaminases. *Int J Hematol* 83, 195-200(2006).
[101] Smith, H. C. *et al.* Functions and regulation of the APOBEC family of proteins. *Semin Cell Dev Biol* 23, 258-268(2012).
[102] Conticello, S. G. *et al.* Evolution of the AID/APOBEC family of polynucleotide(deoxy)cytidine deaminases. *Mol Biol Evol* 22, 367-377(2005).
[103] Chen, C. X. *et al.* A third member of the RNA-specific adenosine deaminase gene family, ADAR3, contains both single- and double-stranded RNA binding domains. *RNA* 6, 755-767(2000).
[104] Huang, H. *et al.* RNA editing of the IQ domain in Ca(v)1.3channels modulates their Ca(2)(+)-dependent inactivation. *Neuron* 73, 304-316(2012).
[105] Rueter, S. M. *et al.* Regulation of alternative splicing by RNA editing. *Nature* 399, 75-80(1999).
[106] Kawahara, Y. *et al.* Redirection of silencing targets by adenosine-to-inosine editing of miRNAs. *Science* 315, 1137-1140(2007).
[107] Valente, L. & Nishikura, K. ADAR gene family and A-to-I RNA editing: diverse roles in posttranscriptional gene regulation. *Prog Nucleic Acid Res Mol Biol* 79, 299-338(2005).
[108] Mattick, J. S. RNA as the substrate for epigenome-environment interactions: RNA guidance of epigenetic processes and the

expansion of RNA editing in animals underpins development, phenotypic plasticity, learning, and cognition. *Bioessays* 32, 548-552(2010).

[109] Blow, M. J. *et al.* RNA editing of human microRNAs. *Genome Biol* 7, R27(2006).

[110] Morse, D. P. *et al.* RNA hairpins in noncoding regions of human brain and Caenorhabditis elegans mRNA are edited by adenosine deaminases that act on RNA. *Proceedings of the National Academy of Sciences of the United States of America* 99, 7906-7911, doi: 10.1073/pnas.112704299(2002).

[111] Traub, R. *et al.* Research advances in amyotrophic lateral sclerosis, 2009to 2010. *Curr Neurol Neurosci Rep* 11, 67-77(2011).

[112] Hardiman, O. *et al.* Clinical diagnosis and management of amyotrophic lateral sclerosis. *Nat Rev Neurol* 7, 639-649(2011).

[113] Raaphorst, J. *et al.* The cognitive profile of amyotrophic lateral sclerosis: A meta-analysis. *Amyotroph Lateral Scler* 11, 27-37(2010).

[114] Lee, E. B. *et al.* Gains or losses: molecular mechanisms of TDP43-mediated neurodegeneration. *Nat Rev Neurosci* 13, 38-50(2011).

[115] Mackenzie, I. R. *et al.* The neuropathology associated with repeat expansions in the C9ORF72gene. *Acta Neuropathol* 127, 347-357(2014).

[116] Liu, E. Y. *et al.* C9orf72 hypermethylation protects against repeat expansion-associated pathology in ALS/FTD. *Acta Neuropathol* 128, 525-541(2014).

[117] Hardiman, O. *et al.* Amyotrophic lateral sclerosis. *Nat Rev Dis Primers* 3, 17085(2017).

[118] Chio, A. *et al.* Genetic counselling in ALS: facts, uncertainties and clinical suggestions. *J Neurol Neurosurg Psychiatry* 85, 478-485(2014).

[119] Oates, N. & Pamphlett, R. An epigenetic analysis of SOD1 and VEGF in ALS. *Amyotroph Lateral Scler* 8, 83-86(2007).

[120] Morahan, J. M. *et al.* A genome-wide analysis of brain DNA methylation identifies new candidate genes for sporadic amyotrophic lateral sclerosis. *Amyotroph Lateral Scler* 10, 418-429(2009).

[121] Chestnut, B. A. *et al.* Epigenetic regulation of motor neuron cell death through DNA methylation. *J Neurosci* 31, 16619-16636(2011).

[122] Figueroa-Romero, C. *et al.* Identification of epigenetically altered genes in sporadic amyotrophic lateral sclerosis. *PLoS One* 7, e52672(2012).

[123] Tremolizzo, L. *et al.* Whole-blood global DNA methylation is increased in amyotrophic lateral sclerosis independently of age of onset. *Amyotroph Lateral Scler Frontotemporal Degener* 15, 98-105(2014).

[124] Coppede, F. *et al.* Increase in DNA methylation in patients with amyotrophic lateral sclerosis carriers of not fully penetrant SOD1 mutations. *Amyotroph Lateral Scler Frontotemporal Degener*, 1-9(2017).

[125] Tibshirani, M. *et al.* Cytoplasmic sequestration of FUS/TLS associated with ALS alters histone marks through loss of nuclear protein arginine methyltransferase 1. *Hum Mol Genet* 24, 773-786(2015).

[126] DeJesus-Hernandez, M. *et al.* Expanded GGGGCC hexanucleotide repeat in noncoding region of C9ORF72 causes chromosome 9p-linked FTD and ALS. *Neuron* 72, 245-256(2011).

[127] Renton, A. E. *et al.* A hexanucleotide repeat expansion in C9ORF72 is the cause of chromosome 9p21-linked ALS-FTD. *Neuron* 72, 257-268(2011).

[128] van Blitterswijk, M. *et al.* How do C9ORF72 repeat expansions cause amyotrophic lateral sclerosis and frontotemporal dementia: can we learn from other noncoding repeat expansion disorders? *Curr Opin Neurol* 25, 689-700(2012).

[129] Sareen, D. *et al.* Targeting RNA foci in iPSC-derived motor neurons from ALS patients with a C9ORF72 repeat expansion. *Sci Transl Med* 5, 208ra149(2013).

[130] Ash, P. E. *et al.* Unconventional translation of C9ORF72 GGGGCC expansion generates insoluble polypeptides specific to

c9FTD/ALS. *Neuron* 77, 639-646(2013).

[131] Zhang, Y. J. *et al.* Aggregation-prone c9FTD/ALS poly(GA)RAN-translated proteins cause neurotoxicity by inducing ER stress. *Acta Neuropathol* 128, 505-524(2014).

[132] Kwon, I. *et al.* Poly-dipeptides encoded by the C9orf72 repeats bind nucleoli, impede RNA biogenesis, and kill cells. *Science* 345, 1139-1145(2014).

[133] Xi, Z. *et al.* Hypermethylation of the CpG island near the G4C2 repeat in ALS with a C9orf72 expansion. *Am J Hum Genet* 92, 981-989(2013).

[134] Xi, Z. *et al.* The C9orf72 repeat expansion itself is methylated in ALS and FTLD patients. *Acta Neuropathol* 129, 715-727(2015).

[135] Gijselinck, I. *et al.* The C9orf72 repeat size correlates with onset age of disease, DNA methylation and transcriptional downregulation of the promoter. *Mol Psychiatry* 21, 1112-1124(2016).

[136] Zhang, M. *et al.* DNA methylation age-acceleration is associated with disease duration and age at onset in C9orf72 patients. *Acta Neuropathol* 134, 271-279(2017).

[137] Xi, Z. *et al.* Hypermethylation of the CpG-island near the C9orf72 G(4)C(2)-repeat expansion in FTLD patients. *Hum Mol Genet* 23, 5630-5637(2014).

[138] Belzil, V. V. *et al.* Characterization of DNA hypermethylation in the cerebellum of c9FTD/ALS patients. *Brain Res* 1584, 15-21(2014).

[139] Russ, J. *et al.* Hypermethylation of repeat expanded C9orf72 is a clinical and molecular disease modifier. *Acta Neuropathol* 129, 39-52(2015).

[140] Esanov, R. *et al.* C9orf72 promoter hypermethylation is reduced while hydroxymethylation is acquired during reprogramming of ALS patient cells. *Exp Neurol* 277, 171-177(2016).

[141] Cohen-Hadad, Y. *et al.* Marked differences in C9orf72 methylation status and isoform expression between C9/ALS human embryonic and induced pluripotent stem cells. *Stem Cell Reports* 7, 927-940(2016).

[142] Fiesel, F. C. *et al.* Knockdown of transactive response DNA-binding protein(TDP-43)downregulates histone deacetylase 6. *EMBO J* 29, 209-221(2010).

[143] Fiesel, F. C. *et al.* TDP-43 knockdown impairs neurite outgrowth dependent on its target histone deacetylase 6. *Mol Neurodegener* 6, 64(2011).

[144] Yang, L. *et al.* Self-assembled FUS binds active chromatin and regulates gene transcription. *Proceedings of the National Academy of Sciences of the United States of America* 111, 17809-17814(2014).

[145] Lagali, P. S. & Picketts, D. J. Matters of life and death: the role of chromatin remodeling proteins in retinal neuron survival. *J Ocul Biol Dis Infor* 4, 111-120(2011).

[146] Janssen, C. *et al.* Differential histone deacetylase mRNA expression patterns in amyotrophic lateral sclerosis. *J Neuropathol Exp Neurol* 69, 573-581(2010).

[147] Valle, C. *et al.* Tissue-specific deregulation of selected HDACs characterizes ALS progression in mouse models: pharmacological characterization of SIRT1 and SIRT2 pathways. *Cell Death Dis* 5, e1296(2014).

[148] Korner, S. *et al.* Differential sirtuin expression patterns in amyotrophic lateral sclerosis(ALS)postmortem tissue: neuroprotective or neurotoxic properties of sirtuins in ALS? *Neurodegener Dis* 11, 141-152(2013).

[149] Belzil, V. V. *et al.* Reduced C9orf72 gene expression in c9FTD/ALS is caused by histone trimethylation, an epigenetic event detectable in blood. *Acta Neuropathol* 126, 895-905(2013).

[150] Figueroa-Romero, C. *et al.* Expression of microRNAs in human post-mortem amyotrophic lateral sclerosis spinal cords provides insight into disease mechanisms. *Mol Cell Neurosci* 71, 34-45(2016).

[151] Freischmidt, A. *et al.* Serum microRNAs in patients with genetic amyotrophic lateral sclerosis and pre-manifest mutation carriers. *Brain* 137, 2938-2950(2014).
[152] De Felice, B. *et al.* A miRNA signature in leukocytes from sporadic amyotrophic lateral sclerosis. *Gene* 508, 35-40(2012).
[153] Wakabayashi, K. *et al.* Analysis of microRNA from archived formalin-fixed paraffin-embedded specimens of amyotrophic lateral sclerosis. *Acta Neuropathol Commun* 2, 173(2014).
[154] Campos-Melo, D. *et al.* Altered microRNA expression profile in Amyotrophic Lateral Sclerosis: a role in the regulation of NFL mRNA levels. *Mol Brain* 6, 26(2013).
[155] Musaro, A. Understanding ALS: new therapeutic approaches. *FEBS J* 280, 4315-4322(2013).
[156] Dobrowolny, G. *et al.* Muscle expression of SOD1(G93A)modulates microRNA and mRNA transcription pattern associated with the myelination process in the spinal cord of transgenic mice. *Front Cell Neurosci* 9, 463(2015).
[157] Freischmidt, A. *et al.* Systemic dysregulation of TDP-43 binding microRNAs in amyotrophic lateral sclerosis. *Acta Neuropathol Commun* 1, 42(2013).
[158] Williams, A. H. *et al.* MicroRNA-206 delays ALS progression and promotes regeneration of neuromuscular synapses in mice. *Science* 326, 1549-1554(2009).
[159] Kwak, S. & Kawahara, Y. Deficient RNA editing of GluR2 and neuronal death in amyotropic lateral sclerosis. *J Mol Med(Berl)*83, 110-120(2005).
[160] Al-Chalabi, A. *et al.* Genetic and epigenetic studies of amyotrophic lateral sclerosis. *Amyotroph Lateral Scler Frontotemporal Degener* 14 Suppl 1, 44-52(2013).
[161] Hideyama, T. *et al.* Profound downregulation of the RNA editing enzyme ADAR2 in ALS spinal motor neurons. *Neurobiol Dis* 45, 1121-1128(2012).
[162] Kawahara, Y. *et al.* Glutamate receptors: RNA editing and death of motor neurons. *Nature* 427, 801(2004).
[163] Yamashita, T. & Kwak, S. The molecular link between inefficient GluA2 Q/R site-RNA editing and TDP-43 pathology in motor neurons of sporadic amyotrophic lateral sclerosis patients. *Brain Res* 1584, 28-38(2014).
[164] Aizawa, H. *et al.* TDP-43 pathology in sporadic ALS occurs in motor neurons lacking the RNA editing enzyme ADAR2. *Acta Neuropathol* 120, 75-84(2010).
[165] Hideyama, T. *et al.* Induced loss of ADAR2 engenders slow death of motor neurons from Q/R site-unedited GluR2. *J Neurosci* 30, 11917-11925(2010).
[166] Yamashita, T. *et al.* A role for calpain-dependent cleavage of TDP-43 in amyotrophic lateral sclerosis pathology. *Nat Commun* 3, 1307, doi: 10.1038/ncomms2303(2012).
[167] Dion, V. & Wilson, J. H. Instability and chromatin structure of expanded trinucleotide repeats. *Trends Genet* 25, 288-297(2009).
[168] Gorbunova, V. *et al.* Genome-wide demethylation destabilizes CTG.CAG trinucleotide repeats in mammalian cells. *Hum Mol Genet* 13, 2979-2989(2004).
[169] Dion, V. *et al.* Genome-wide demethylation promotes triplet repeat instability independently of homologous recombination. *DNA Repair(Amst)*7, 313-320(2008).
[170] Valor, L. M. *et al.* Genomic landscape of transcriptional and epigenetic dysregulation in early onset polyglutamine disease. *J Neurosci* 33, 10471-10482(2013).
[171] Steffan, J. S. *et al.* The Huntington's disease protein interacts with p53 and CREB-binding protein and represses transcription. *Proceedings of the National Academy of Sciences of the United States of America* 97, 6763-6768(2000).
[172] Klevytska, A. M. *et al.* Partial depletion of CREB-binding protein reduces life expectancy in a mouse model of Huntington disease. *J Neuropathol Exp Neurol* 69, 396-404(2010).

[173] Steffan, J. S. *et al.* Histone deacetylase inhibitors arrest polyglutamine-dependent neurodegeneration in *Drosophila*. *Nature* 413, 739-743(2001).

[174] Tallaksen-Greene, S. J. *et al.* Neuronal intranuclear inclusions and neuropil aggregates in HdhCAG(150)knockin mice. *Neuroscience* 131, 843-852(2005).

[175] Choi, Y. J. *et al.* Suppression of aggregate formation of mutant huntingtin potentiates CREB-binding protein sequestration and apoptotic cell death. *Mol Cell Neurosci* 49, 127-137(2012).

[176] Gray, S. G. Targeting histone deacetylases for the treatment of Huntington's disease. *CNS Neurosci Ther* 16, 348-361(2010).

[177] Hughes, R. E. Polyglutamine disease: acetyltransferases awry. *Curr Biol* 12, R141-143(2002).

[178] Bates, E. A. *et al.* Differential contributions of *Caenorhabditis elegans* histone deacetylases to huntingtin polyglutamine toxicity. *J Neurosci* 26, 2830-2838(2006).

[179] Mielcarek, M. *et al.* SAHA decreases HDAC 2 and 4 levels *in vivo* and improves molecular phenotypes in the R6/2 mouse model of Huntington's disease. *PLoS One* 6, e27746(2011).

[180] Ryu, H. *et al.* ESET/SETDB1 gene expression and histone H3(K9)trimethylation in Huntington's disease. *Proceedings of the National Academy of Sciences of the United States of America* 103, 19176-19181(2006).

[181] Martin, C. & Zhang, Y. The diverse functions of histone lysine methylation. *Nat Rev Mol Cell Biol* 6, 838-849(2005).

[182] Lee, J. *et al.* Monoallele deletion of CBP leads to pericentromeric heterochromatin condensation through ESET expression and histone H3(K9)methylation. *Hum Mol Genet* 17, 1774-1782(2008).

[183] Hu, Y. *et al.* Transcriptional modulator H2A histone family, member Y(H2AFY)marks Huntington disease activity in man and mouse. *Proceedings of the National Academy of Sciences of the United States of America* 108, 17141-17146(2011).

[184] Han, J. *et al.* The Drosha-DGCR8 complex in primary microRNA processing. *Genes Dev* 18, 3016-3027(2004).

[185] Johnson, R. *et al.* A microRNA-based gene dysregulation pathway in Huntington's disease. *Neurobiol Dis* 29, 438-445(2008).

[186] Ghose, J. *et al.* Regulation of miR-146a by RelA/NFkB and p53 in STHdh(Q111)/Hdh(Q111)cells, a cell model of Huntington's disease. *PLoS One* 6, e23837(2011).

[187] Bae, B. I. *et al.* p53 mediates cellular dysfunction and behavioral abnormalities in Huntington's disease. *Neuron* 47, 29-41(2005).

[188] Yoo, Y. E. & Ko, C. P. Treatment with trichostatin A initiated after disease onset delays disease progression and increases survival in a mouse model of amyotrophic lateral sclerosis. *Exp Neurol* 231, 147-159(2011).

[189] Monti, B. *et al.* Biochemical, molecular and epigenetic mechanisms of valproic acid neuroprotection. *Curr Mol Pharmacol* 2, 95-109(2009).

[190] Rouaux, C. *et al.* Sodium valproate exerts neuroprotective effects *in vivo* through CREB-binding protein-dependent mechanisms but does not improve survival in an amyotrophic lateral sclerosis mouse model. *J Neurosci* 27, 5535-5545(2007).

[191] Piepers, S. *et al.* Randomized sequential trial of valproic acid in amyotrophic lateral sclerosis. *Ann Neurol* 66, 227-234(2009).

[192] Ryu, H. *et al.* Sodium phenylbutyrate prolongs survival and regulates expression of anti-apoptotic genes in transgenic amyotrophic lateral sclerosis mice. *J Neurochem* 93, 1087-1098(2005).

[193] Del Signore, S. J. *et al.* Combined riluzole and sodium phenylbutyrate therapy in transgenic amyotrophic lateral sclerosis mice. *Amyotroph Lateral Scler* 10, 85-94(2009).

[194] Cudkowicz, M. E. *et al.* Phase 2 study of sodium phenylbutyrate in ALS. *Amyotroph Lateral Scler* 10, 99-106(2009).

[195] Fischer, A. *et al.* Recovery of learning and memory is associated with chromatin remodelling. *Nature* 447, 178-182(2007).

[196] Kilgore, M. *et al.* Inhibitors of class 1 histone deacetylases reverse contextual memory deficits in a mouse model of Alzheimer's disease. *Neuropsychopharmacology* 35, 870-880(2010).

[197] Govindarajan, N. *et al*. Sodium butyrate improves memory function in an Alzheimer's disease mouse model when administered at an advanced stage of disease progression. *J Alzheimers Dis* 26, 187-197(2011).

[198] Coppede, F. One-carbon metabolism and Alzheimer's disease: focus on epigenetics. *Curr Genomics* 11, 246-260(2010).

[199] Sadri-Vakili, G. & Cha, J. H. Mechanisms of disease: Histone modifications in Huntington's disease. *Nat Clin Pract Neurol* 2, 330-338(2006).

[200] Outeiro, T. F. *et al*. Sirtuin 2 inhibitors rescue alpha-synuclein-mediated toxicity in models of Parkinson's disease. *Science* 317, 516-519(2007).

[201] Hogarth, P. *et al*. Sodium phenylbutyrate in Huntington's disease: a dose-finding study. *Mov Disord* 22, 1962-1964(2007).

[202] Fuso, A. *et al*. S-adenosylmethionine reduces the progress of the Alzheimer-like features induced by B-vitamin deficiency in mice. *Neurobiol Aging* 33, 1482 e1481-1416(2012).

[203] Lee, S. *et al*. Dietary supplementation with S-adenosyl methionine delayed amyloid-beta and tau pathology in 3xTg-AD mice. *J Alzheimers Dis* 28, 423-431(2012).

[204] Wood, M. *et al*. Modulating the expression of disease genes with RNA-based therapy. *PLoS Genet* 3, e109(2007).

[205] Miller, T. M. *et al*. An antisense oligonucleotide against SOD1 delivered intrathecally for patients with SOD1 familial amyotrophic lateral sclerosis: a phase 1, randomised, first-in-man study. *Lancet Neurol* 12, 435-442(2013).

[206] Lagier-Tourenne, C. *et al*. Targeted degradation of sense and antisense C9orf72 RNA foci as therapy for ALS and frontotemporal degeneration. *Proceedings of the National Academy of Sciences of the United States of America* 110, E4530-4539(2013).

朱海宁　美国肯塔基大学分子与细胞生物化学学系教授。1994 年本科毕业于中国科学技术大学，2000 年获取加利福尼亚大学洛杉矶分校博士学位。致力于使用一系列蛋白质组学、生化和细胞生物学技术来研究神经退行性疾病，探索肌萎缩性脊髓侧索硬化症和其他神经退行性疾病中的蛋白降解和聚集、氧化应激、线粒体功能障碍和轴突转运等致病机制。

第 38 章　表观遗传学与孤独症谱系障碍

赵欣之[1]　王　艺[2]

1. 中国福利会国际和平妇幼保健院；2. 复旦大学

本章概要

孤独症谱系障碍（autistic spectrum disorder，ASD）是一类以社交障碍和刻板行为为特征的神经发育障碍性疾病的统称。ASD 不仅与遗传因素密切关联，还与早期接触不良环境有关。虽然科学家在 ASD 的发病机制、遗传学、临床诊断等方面取得重大进步，但由于 ASD 临床表现及病因错综复杂，很多患者病因不明，临床诊断与评估具有一定难度，如何早期诊断以及防治 ASD，成为当下面临的一个公共健康挑战之一。在本章，作者先从 ASD 的概念和认知讲起，随后对 ASD 的发病原因以及临床特征进行阐述，并着重论述表观遗传异常在 ASD 发生中的作用，包括 *MECP2*、*FMR1*、印记基因单基因突变和染色体异常导致的表观遗传紊乱，以及环境因素与自闭症之间的关系。最后，作者还对 ASD 的表观遗传标志物进行探讨，希望以此能够找到 ASD 有效的诊断手段。

38.1　孤独症谱系障碍

关键概念

- 孤独症谱系障碍是儿童期最常见的神经发育障碍性疾病之一，其临床特征主要表现为：社交沟通障碍、重复刻板性行为、狭窄兴趣和对感官刺激的过度敏感。

ASD 是儿童期最常见的神经发育障碍性疾病之一，其临床特征主要表现为：社交沟通障碍、重复刻板性行为、狭窄兴趣和对感官刺激的过度敏感[1]。ASD 的临床表现及病因错综复杂，相当一部分患者病因不明，临床诊断与评估也具有一定难度。近年来，ASD 在病因、发病机制、遗传学、临床诊断和康复管理等方面的研究取得了明显的进展。尽管如此，ASD 的疾病发生机制、病因、危险因素，以及早期诊断与防治均面临着巨大挑战，有待于进一步的临床和转化研究。

38.1.1　孤独症谱系障碍概述

人们对 ASD 这类疾病的认识是一个逐步深入的过程。1908 年，精神病学家 Eugen Bleuler 用“孤独症”（autism）这个词来形容精神分裂症中的一种亚型。这个词有希腊词根“autos”，意思是“自我”。1943 年，Leo Kanner 描述了在一类儿童中存在“特殊的孤独样表现”“事物不能关联”“沟通困难”“持续刻板行为”等行为问题。1944 年，汉斯 • 阿斯伯格（Hans Asperger）首次详细描述了 4 个有社交障碍的患儿[2]。

《美国精神病学协会精神疾病诊断与统计手册》（*American Psychiatric Association's Diagnostic and Statistical Manual of Mental Disorders，DSM*）对孤独症的诊断分类不断演变，1952 年的 DSM-I 和 1968 年的 DSM-II 还没有专门的孤独症定义，1980 年的 DSM-III 提出了广泛性发育障碍、婴儿孤独症、儿童期起病的广泛性发育障碍及不典型孤独症等概念，1980 年的 DSM-III 修订版提出了广泛性发育障碍、孤独症和待分类的广泛性发育障碍；1994 年的 DSM-IV 和 2000 年的 DSM-IV 修订版将孤独症归为广泛性发育障碍的一个亚型，包括儿童孤独症、艾斯伯格症、Rett 综合征、童年瓦解性精神障碍、未分类广泛性发育障碍性疾病；2013 年的 DSM-V 将此类病症统称为 ASD[3]。

在 20 世纪 80 年代前，人们一直认为 ASD 属于罕见病，据当时的流行病学调查研究统计，青少年 ASD 患病率仅 0.2‰左右[4]。在美国，20 世纪 80 年代 ASD 患病率为 0.1‰～0.4‰；90 年代 ASD 患病率上升至 2.0‰～7.0‰；2014 年，美国疾病预防控制中心（CDC）最新监测数据显示 ASD 的患病率为 1/68；2017 年，最新的调查数据显示 ASD 的患病率为 1/40[5]。在英国，20 世纪 90 年代前报道的 ASD 患病率约为 4.4‰，而 21 世纪初报道的患病率则上升至 12.7‰[6]。2011 年，Young Shin Kim 等报道韩国 ASD 患病率为 2.46%[7]。

1982 年，我国陶国泰教授首次报道 4 例 ASD 患儿后，该病逐渐被人们所熟知，有分析显示，我国 ASD 的患病率为 2‰～3‰[8]，但尚缺乏基于人群的全国儿童 ASD 患病率研究数据。ASD 患病率呈逐年上升趋势，其可能原因包括疾病患病率的增加、对疾病认识水平的提高、疾病社会服务能力增强和诊断标准的不断完善。

孤独症是神经发育障碍性疾病，与发病相关的危险因素主要归为两类：遗传因素[9]和环境因素。其中，遗传因素特征有：①ASD 患儿同胞兄妹患病率约为 3%，比一般人群孤独症的发病风险增加 60～100 倍；②双生子研究显示，同卵双生同胞的患病风险为 36%～91%，异卵双生同胞的患病风险为 0～9%；③ASD 存在性别倾向，性别比例平均为 4∶1，男孩明显高于女孩，1%～3%的 ASD 患者易出现 15 号染色体异常，而 15 号染色体异常多来源于母亲；④遗传综合征常合并孤独症，如结节性硬化综合征、脆性 X 染色体综合征、Angelman 综合征等。

环境因素主要表现在以下两个方面：①孕产期因素，有证据显示，与正常儿童相比，ASD 患儿在围生期具有更多的并发症或更多的疾病史，如父母高龄生产史、孕早期感染、维生素 D 的缺乏、孕期母亲服药史、分娩方式、胎儿窘迫、出生时评分较低等均增加了 ASD 患病风险；②环境污染，随着经济发展和全球工业化进程的推进，环境污染已成为影响群体健康的重大公共卫生问题，重金属铅、汞、砷的暴露可增加 ASD 的患病风险，空气污染物（$PM_{2.5}$等）的暴露同样是 ASD 患病的危险因素。众多证据表明，各种危险因素作用于发育期的大脑可增加 ASD 患病风险。

然而，目前关于 ASD 的有效干预手段研究得比较少，仅有少数文献研究报道，较高的智力水平、较好的社交和语言能力、较少的共患病、尽早诊断和有效的早期干预等均是预防孤独症的有力保护因素。

38.1.2　孤独症谱系障碍的临床特征

ASD 是神经发育障碍性疾病，通常认为该病起病于 3 岁前，其中约 70%左右的患儿出生后逐渐起病，约 30%的患儿可经历正常发育历程后退行性起病。ASD 症状核心表现可主要归纳为两个方面：社交沟通和互动缺陷；重复刻板行为和活动，狭窄兴趣。ASD 临床表现缺乏具体的客观指标，临床不易诊断，早期临床表现对于孤独症的早期预警和尽早诊治干预具有非常重要的意义。婴幼儿不同年龄段的孤独症预警症状和临床表现见表 38-1，儿童期 ASD 的具体临床表现见表 38-2。

表 38-1 婴幼儿孤独症预警症状和临床表现

年龄	预警症状与临床表现
6 月龄	发音少，不能逗笑
8 月龄	对声音无反应，不能区分陌生人和熟人
12 月龄	叫名无反应，不会传统的手势，如不会挥手表示“拜拜”或拍手表示“欢迎”
16 月龄	仍不会说任何一个单词
18 月龄	缺乏目光对视、不会有意识叫“爸爸”或“妈妈”、不会按要求指人或物、不会玩假扮游戏
24 月龄	缺乏有意义的语言
30 月龄	兴趣狭窄、刻板，不会说 2～3 个字的短语

表 38-2 儿童期 ASD 的临床表现

主要症状	具体表现
语言能力	语言发育延迟、讲话能力退化或丧失、经常重复特定的词或短语
对他人的反应	对叫自己的名字反应不敏感、缺乏反应性的社交微笑、对他人的面部表情缺少相应的反应、对同龄儿童不感兴趣、缺少动作模仿、很少发起社交游戏、经常独自玩耍、缺乏分享与展示
眼神接触和姿势动作	很少使用肢体语言与人沟通、不能整合眼神与姿势动作及语言、缺乏目光交流、缺少共同关注
假想游戏	缺乏想象力及假想游戏的能力
兴趣狭窄或刻板行为	重复疾病相关固有动作，如玩手、旋转、摇晃身体等；重复或刻板的物品操作，如反复开关门；过分关注或有不寻常的兴趣，如很喜欢数字；仪式行为，刻板的习惯、反复提问、容易因细微的改变而引发强烈的负面情绪等；对于环境的改变反应过激，习惯于坚持固定不变的东西；缺乏有意义的语言
感知觉异常	对感知觉刺激的过度反应或反应不足，或对环境中的感知觉刺激有异常兴趣，如喜欢闻特定的气味、害怕鞭炮声等

临床上很多 ASD 患儿早期常被误诊为智力低下、多动症、发育迟缓等其他疾病。值得注意的是，轻度 ASD，尤其是 IQ>85 的 ASD 很难被早期识别，常漏诊。该类患儿到了学龄期通常表现为：不能处理好同伴关系、与同伴交往困难、好朋友较少；多动、注意力不集中、焦虑、学习障碍；计算方面能力较强、语言特别是写作和理解方面的能力较差。

ASD 患儿常存在注意力缺陷、多动、冲动、情绪不稳定、攻击、自伤等行为。ASD 患儿还存在认知发展不平衡，音乐、机械记忆（尤其数字记忆）、计算能力相对较好甚至超常，伴随不同程度的共患病（智力低下、睡眠障碍、癫痫、胃肠道问题、注意力缺陷、多动障碍、焦虑等）[10]。

（1）智力发育障碍：ASD 患儿中 1/3 合并智力发育障碍（IQ≤70），近 50%的 ASD 患儿智商可在平均水平及以上（IQ＞85），但可伴有认知能力的障碍。

（2）注意力、情绪和行为障碍：可表现为多动、冲动、注意力缺陷；可以伴有情绪障碍；患儿常常对疼痛、触碰或声音产生反应过度或者不敏感；常常脾气暴躁、易激惹，常常伴有自伤行为，如撞头、自我抓咬。

（3）癫痫：在 ASD 患儿中常见，共患率平均为 25%，大多为全面强直阵挛发作，一些 ASD 的癫痫发作可在 10 岁以后起病。

（4）胃肠道疾病：在 ASD 患儿中，便秘、喂养困难、食物过敏等发生率高，约 1/4 的患儿可有其中一种胃肠道问题（便秘、腹痛、嗳气、腹泻或呕吐等）并持续在 3 个月以上。

（5）睡眠障碍：在 ASD 患儿中常见，可明显影响行为和日常生活，睡眠障碍对情绪、适应行为、语言发育、基本生活能力、运动功能发育等造成不良影响。

38.1.3　孤独症谱系障碍的遗传学研究

ASD 的病因复杂，与遗传、表观遗传及多种环境因素等因素有关。随着 ASD 评估方法的不断改进、分子遗传学技术的不断进步，通过分子生物学检测已发现逾百种与 ASD 相关的致病基因突变，可以解释临床上 10%～25%患者的病因[11]。

大片段的染色体异常占 ASD 病因的不到 2%，染色体重排或拷贝数变异导致的 ASD 占 5%～10%，并呈现不同的临床表征和多重效应。新发突变或遗传性 CNV 异常可导致 ASD。因此，建议将拷贝数分析作为 ASD 的临床遗传学评估中的第一级遗传检测。

ASD 可在一系列遗传综合征中出现（表 38-3），这为临床诊断与鉴别提供了重要的框架。有关这些综合征的基因研究，也为了解特发性 ASD 的病理生理提供条件。全外显子/全基因组测序技术的发展促进了对散发性 ASD 遗传病因的研究。在 ASD 遗传病病因中，单基因致病突变占 3.6%～8.8%，其中，常染色体隐性遗传占 3%，X 连锁遗传占 2%[12]。然而，大样本（研究病例>2000 例）的全基因组关联分析研究（GWAS）至今尚未发现与 ASD 相关的常见变异位点[13]。

表 38-3　遗传综合征型 ASD

染色体位置	基因	综合征
2	*MBD5*	2q31 微缺失综合征
2	*SOS1*	Noonan 综合征
5	*CDKL5*	Rett 样综合征
5	*NSD1*	Sotos 综合征
6	*ARID1B*	Coffin-Siris 综合征
7	*CHD7*	CHARGE 综合征
7	*CNTNAP2*	皮层发育不良局灶性癫痫综合征
7	*RAF1*	Noonan 综合征
7	*BRAF*	Noonan 综合征
9	*TSC1*	结节性硬化症
12	*CACNA1C*	Timothy 综合征
12	*PTPN11*	PTEN 相关疾病
12	*KRAS*	Noonan 综合征
14	*PTEN*	PTEN 相关疾病
14	*FOXG1*	Angelman 综合征
15	*UBE3A*	Angelman 综合征
15	*MAP2K1*	Noonan 综合征
16	*TSC2*	结节性硬化症
17	*RAI1*	Smith-Magenis 综合征
18	*TCF4*	Pitt-Hopkins 综合征
22	*SHANK3*	Phelan-McDermid 综合征
X	*MECP2*	Rett 综合征
X	*FMR1*	脆性 X 综合征
X	*SLC6A8*	肌酸转运蛋白
X	*SLC9A6*	X 连锁 Angelman 样综合征

续表

染色体位置	基因	综合征
X	*HPRT1*	Lesch-Nyhan 综合征
X	*ARX*	ARX 相关疾病
X	*MED12*	Lujan-Fryns 综合征

生化代谢异常和线粒体疾病占 ASD 病因的约 3%，虽不作为临床的突出症状，但在临床上有 ASD 表现。据研究报道，未经治疗的苯丙酮尿症（PKU），亚甲基四氢叶酸还原酶（MTHFR）、3β-羟胆固醇 7-还原酶、6-*N*-三甲基赖氨酸双加氧酶、腺苷酸基琥珀酸裂解酶、脑叶酸缺乏，肌酸转运障碍等，均可在临床上表现出孤独症。除此之外，有研究发现，线粒体疾病与孤独症也存在相关性[14]。

38.2 孤独症谱系障碍与环境因素

38.2.1 内源性环境因素

ASD 是一种儿童期的神经发育性疾病，因而发育早期的环境因素对 ASD 发病风险影响被广泛研究。流行病学研究证实，较年长的父亲和母亲年龄均为 ASD 的风险因素，两者独立存在并具有协同效应。父母年龄较大可能导致生殖细胞中含有更多的新生突变，这一现象在 ASD 患者基因组中得到了验证，可以部分解释这一风险因素。同时，随着年龄增加，生殖细胞的表观遗传修饰也发生改变，部分改变可以逃逸发育早期的表观遗传重编程过程，可能参与 ASD 风险上升的分子机制[15, 16]。

辅助生殖技术被越来越广泛地应用，尽管流行病学研究对于辅助生殖技术生育的后代是否具有更高 ASD 风险并未给出一致性的结果，但通过辅助生殖产生的后代存在较高比例的基因组印记异常，包括染色体 11p15 和 15q11 印记控制中心表观遗传修饰异常，其中 15q11 印记控制中心表观遗传修饰可能与 Angelman 综合征相关[17]。

产科因素与 ASD 也存在关联。研究者将具有 ASD 同胞或母亲患有神经精神疾病的儿童定义为孤独症高遗传易感性儿童。而对于较低遗传易感性的儿童，母亲怀孕前体重超过 90kg、孕期母体体重增加大于 18kg，以及母体疾病（肺疾病、肺原性心脏病、肾病和贫血）与孤独症患病风险存在关联[18]。孕期母体饮食也与 ASD 风险相关，尤其孕期补充叶酸被证明能显著降低 ASD 发生（OR：0.61）[19]。叶酸、维生素 B_2、B_6 和 B_{12} 通过单碳代谢循环帮助合成 *S*-腺苷甲硫氨酸，后者是体内甲基的主要供体，参与体内表观遗传修饰。

38.2.2 外源性环境因素

针对发育早期外源环境因素，包括吸烟、酗酒、药物，以及一些化学污染物，如农药、重金属、双酚 A 等暴露与 ASD 发病风险的相关性也开展了一系列的研究，但获得了不一致的结果，重要的原因在于母体和胎儿对这些外源环境因素暴露的时间和剂量难以精确评估。此外，这些环境因素影响人体健康的作用机制，以及环境因素与遗传因素的复杂相互作用也提升了研究的难度。整合环境因素、基因组和表观基因组信息对正确评估外源环境因素是必需的。临床和动物实验表明，孕期外源环境因素暴露可以影响 DNA 甲基化和基因表达，其中部分基因与 ASD 风险相关[20]。例如，孕期双酚 A 暴露影响肥大细胞 DNA 甲基化水平和肝脏 *STAT3* 基因甲基化[21]，孕期吸烟也可改变胎儿脐血 *AHRR*、*MYO1G*、*CYP1A1* 和 *CNTNAP2* 基因的 DNA 甲基化修饰，这些改变甚至可在他们长至青少年时的外周血中得到验证[22]。

38.3　ASD 中的典型基因突变

关键概念

- Rett 综合征是一种严重的、进行性的神经发育性疾病，最早由奥地利儿科医生 Andreas Rett 报道，临床表现为精神发育迟滞、ASD、抽搐或癫痫、脊柱侧弯或前弯等。
- *MECP2* 基因，定位于 Xq28，可编码一种甲基化 CpG 结合蛋白——MECP2 蛋白，识别和结合甲基化的 CpG 二核苷酸，并与其他表观遗传调控蛋白相互作用，共同参与染色质重塑与基因调控。

ASD 发病原因非常复杂，由罕见突变导致的表观遗传修饰异常发生，是部分 ASD 病例的主要发病机制。表观遗传调控过程的重要基因，如 *MECP2* 的突变可导致 Rett 综合征和 ASD 的发生，这些突变往往导致在全基因组范围水平、广泛的表观遗传修饰异常，并改变大量基因的表达。基因的罕见突变也可导致所在基因表观遗传修饰异常，如 *FMR1* 基因 5′端异常的 CCG 核苷酸重复，导致该基因启动子区 DNA 高度甲基化和转录沉默，进而引起脆性 X 综合征的发生，是最常见的导致 ASD 的单基因遗传病。

38.3.1　*MECP2* 基因突变

人类 *MECP2* 基因定位于 Xq28，所编码的 MECP2 蛋白是一种甲基化 CpG 结合蛋白，属于 MBD 家族蛋白成员。MBD 家族蛋白均包含甲基化 CpG 结合结构域（MBD），包括 MECP2 在内，多数成员可识别和结合甲基化的 CpG 二核苷酸，并与其他表观遗传调控蛋白相互作用，共同参与染色质重塑与基因调控。

1. *MECP2* 基因及 MECP2 蛋白功能

MECP2 基因在中枢神经系统中高表达，近年来有研究发现，MECP2 蛋白也是大脑中主要的 5hmC 结合蛋白。*MECP2* 基因对于干细胞功能的维持并非必需，但在中枢神经系统的发育过程中起着重要的作用[23]。

由于 DNA 甲基化长期被认为是转录沉默的标志，因而 MECP2 蛋白的功能从一开始就被认为主要参与转录抑制。MECP2 蛋白可结合到甲基化的基因启动子序列，并与组蛋白去乙酰化酶（HDAC）和转录辅抑制因子 SIN3A 形成共阻碍复合体，参与染色质重塑并抑制基因表达，这一共阻碍复合体受 MECP2 蛋白钙依赖的磷酸化修饰调控，参与对神经可塑性的调节[24]。此外，MECP2 蛋白参与神经细胞特异的 LINE-1 逆转录转座因子的转录抑制过程[25]。

MECP2 蛋白不仅可抑制基因表达，也可以激活基因表达。通过检测 *MECP2* 基因敲除、过表达和正常对照小鼠下丘脑组织的基因表达谱，研究者发现大量基因的表达与 *MECP2* 基因剂量相关，但出乎意料地，大约 85%受影响的基因表现为受 MECP2 激活。MECP2 和转录激活因子 CREB1 结合于受 MECP2 激活基因的启动子区，而在 MECP2 抑制基因启动子区无 CREB1 结合。这一结果表明，MECP2 激活基因的表达是通过与转录激活因子 CREB1 共同作用[26]。

MECP2 蛋白还参与基因可变剪接，是 DNA 甲基化调控基因可变剪接的分子机制之一。在基因组中，MECP2 以甲基化依赖的模式富集包含在转录本的可变外显子序列上，这些序列的 DNA 甲基化水平较启动子或内含子更高。抑制 DNA 甲基化或抑制 MECP2 表达均可改变相关外显子的可变剪接状态。MECP2 调控基因可变剪接可能是通过募集 HDAC 实现的，MECP2/HDAC 复合体可直接或通过降低可变外显子区域染色质乙酰化水平，影响 RNA 聚合酶 II 延伸速率，从而增加可变外显子被保留于转录本中的概率[27]。

MECP2 蛋白通过结合于基因组上的不同位置的甲基化 CpG 位点和（或）与不同的效应蛋白相结合，对基因进行多种调控，体现了 DNA 甲基化功能的多样性。MECP2 在中枢神经系统高度表达，其功能异常将导致中枢神经系统异常，并与多种神经精神疾病相关。

2. *MECP2* 基因突变与 Rett 综合征

Rett 综合征是一种严重的、进行性的神经发育性疾病，最早由奥地利儿科医生 Andreas Rett 报道。患儿绝大多数为女童，在最初 6～18 个月内发育正常，随后出现发育迟缓和脑功能退化，临床表现为精神发育迟滞、ASD、抽搐或癫痫、脊柱侧弯或前弯等。

Rett 综合征病例绝大多数为散发，极少数家系患者主要体现为 X 连锁显性遗传特征。1999 年，研究者发现多个家系和散发的 Rett 综合征患者携带 *MECP2* 基因突变[28]。随后更多的研究证实，多数 Rett 综合征患者携带 *MECP2* 基因功能丧失性突变（无义、错义或缺失突变），这些突变多为新发突变（*de novo* mutation）。

MECP2 基因受 X 染色体失活调控，位于失活 X 染色体上的 *MECP2* 基因处于转录沉默状态。在 Rett 综合征女性患者中，X 染色体失活偏移的发生率显著高于正常女性。X 染色体失活偏移影响 Rett 综合征严重程度，携带突变 *MECP2* 基因的 X 染色体优先失活的患者具有显著减轻的临床症状，在某些家系样品中甚至发现极端偏移的 X 染色体失活可导致 *MECP2* 基因突变不外显，携带者没有任何 Rett 综合征表型，但突变传递可导致后代患病[29]。

由于男性 *MECP2* 基因为半合子，*MECP2* 基因功能丧失性突变可能造成非常严重的表型，如胚胎期致死，推测这是 Rett 综合征中男性较少的主要原因。在某些家系中，携带 *MECP2* 基因突变的女童发育为典型的 Rett 综合征，而与她们携带相同突变的男孩则从出生起就表现出非常严重的神经系统异常，通常在 3 岁以前死亡。但也有部分男性携带与女性患者相同的 *MECP2* 基因突变，并发展成典型的 Rett 综合征。其中有些患者为嵌合体，即仅有部分体细胞携带 *MECP2* 基因突变；另一部分患者存在核型异常，如 Klinefelter 综合征或核型为 46，XX 的男性性逆转综合征，这些患者具有 2 条甚至更多 X 染色体，因而发病机制与女性患者相同。

3. *MECP2* 重复可导致智力发育迟滞

MECP2 基因的功能获得性突变，主要表现为基因重复，可造成神经发育异常和神经精神疾病。有报道指出，*MECP2* 基因三倍重复会导致更为严重的表型。对于携带 *MECP2* 基因重复的男童，几乎全部出现孤独症谱系障碍和智力发育迟滞表型。而携带 *MECP2* 基因重复的女童，由于突变 X 染色体优先失活，其临床症状相对轻微，主要包括焦虑、抑郁和类似 ASD 的表型[30]。

无论是 *MECP2* 基因的功能丧失突变还是获得性突变，表现出的临床表型是非常类似的。同时，对于患者大脑的尸检和遗传修饰动物模型研究也表明，无论是功能丧失还是获得性突变，均出现神经可塑性、树突结构、兴奋/抑制神经递质传递平衡的异常，但 *MECP2* 基因的功能丧失性突变下调兴奋性而上调抑制性神经传递；而 *MECP2* 基因的功能获得突变上调兴奋性而下调抑制性神经传递。这些结果表明，*MECP2* 基因的正常表达及相关表观遗传修饰在中枢神经发育过程中具有重要调控作用[31]。

38.3.2 *FMR1* 基因重复序列扩展

FMR1 基因定位于 X 染色体长臂 Xq27.2，基因长约 38kb，由 17 个外显子组成。该基因表达 FMR1 蛋白，是一种 RNA 结合蛋白，对于调控 mRNA 的转运和翻译起到重要作用[32]。在 *FMR1* 基因 5′端第一外显子上的非翻译区存在$(CGG)_n$三核苷酸串联重复序列，其中每 8～10 个 CGG 重复有 1 个 AGG 嵌入，因 DNA 复制起始位点的数量改变和复制叉在重复序列处的失速共同造成 CGG 序列的不稳定，$(CGG)_n$ 的重复片段长度和 AGG 嵌入模式上都存在多态性，并且在其上游大约 250bp 处有一个 CpG 岛。

FMR1 基因的$(CGG)_n$三核苷酸重复序列在正常人中为 8～45 个拷贝，最常见重复次数约为 30 次。拷贝数在 45～54 称为“灰色区域”，没有临床表现。拷贝数为 55～200 称为前突变（premutation），女性前突变携带者在向后代传递过程中更易发生拷贝数逐代递增现象。拷贝数超过 200 则被称为全突变（full mutation），*FMR1* 基因的$(CGG)_n$ 拷贝数全突变是脆性 X 综合征的主要遗传病因[33]。

脆性 X 综合征是最常见的 X 连锁的单基因性智力低下综合征，也是最常见的导致 ASD 的单基因遗传病。这一疾病最早于 1943 年被 Martin 和 Bell 首次报道并命名为 Martin-Bell 综合征，此后发现对患者细胞使用低叶酸条件培养时，可在部分细胞中发现 X 染色体长臂末端出现细丝状次缢痕结构，因而该疾病被命名为脆性 X 综合征。脆性 X 综合征的主要临床症状包括：中度到重度智力发育迟滞，ASD，大头畸形，特殊面容（长脸、大耳、下颌前突等），巨睾症等，部分患者有癫痫发作。脆性 X 综合征从遗传上表现为不完全外显的 X 连锁显性遗传，患者主要为男性，女性患者通常症状较轻。部分男性前突变携带者也可发生孤独症谱系障碍和癫痫，女性前突变携带者通常无神经精神症状，但在向后代传递过程中存在拷贝数逐代递增现象，此外还可能发生卵巢早衰[34]。

表观遗传修饰异常参与 *FMR1* 基因的$(CGG)_n$拷贝数全突变导致脆性 X 综合征的分子机制。携带全突变的神经细胞中，*FMR1* 基因 CGG 重复和上游启动子区 CpG 岛高度甲基化，并具有很高的 H3K9me3 修饰水平。异常的表观遗传修饰导致 *FMR1* 基因转录沉默，以及 FMR1 蛋白表达消失，这一现象发生于胚胎发育早期，大约在妊娠 11～13 周。FMR1 蛋白能够选择性结合 mRNA 翻译进程中的多聚核糖体，从而抑制相应 mRNA 翻译，同时也参与抑制很多转录因子的表达，影响神经细胞突触的可塑性。FMR1 蛋白的表达量缺失可导致 mGluR5 信号过度激活，特定的翻译信号被放大，打破了 FMR1 和代谢型谷氨酸受体 5（mGluR5）之间的平衡，过量生成突触蛋白，导致神经和认知功能障碍。

FMR1 基因$(CGG)_n$拷贝数全突变导致的表观遗传异常是一种 RNA 诱导的基因沉默过程。在胚胎干细胞中，全突变的 *FMR1* 基因正常表达，CGG 重复和启动子区未发生甲基化。细胞分化后约 45 天，全突变的 *FMR1* 基因转录的 mRNA 中 CGG 重复形成了发夹结构，并与 *FMR1* 基因结合，这种结合是通过形成 DNA：RNA 复合物的形式实现的，阻遏了基因的转录，并随即导致表观遗传沉默的发生。正常和前突变的 *FMR1* mRNA 则不会与启动子结合，打断全突变 mRNA 与启动子 CGG 重复形成 DNA：RNA 复合物也可避免表观遗传沉默[35]。

FMR1 基因同样受 X 染色体失活调控，对于女性全突变携带者存在显著的 X 染色体失活偏移，因而女性全突变携带者仅有约 1/3 发展为脆性 X 综合征，且临床症状较男性患者轻微。

38.3.3 其他表观遗传调控与 ASD 关系

1. 染色质重塑基因 *CHD8* 基因突变

在多项探索 ASD 致病基因的大规模遗传学研究中，*CHD8* 基因的功能丧失性突变（包括无义、移码、错义和缺失突变）在 ASD 病例中被反复发现，且多为生殖细胞中发生的新生突变；在正常对照中则未发现该基因的功能丧失性突变，这些结果表明 *CHD8* 基因突变与 ASD 显著相关。除了 ASD 表型，*CHD8* 基因突变携带者往往还具有大头畸形、特殊面容及胃肠疾病，表明 *CHD8* 基因突变可能导致一种特殊亚型的 ASD[36]。在小鼠 *Chd8* 基因杂合缺失动物模型中也检测到神经发育延迟、ASD 类似的行为学表型和大头畸形，为这一推测提供了更多证据。

人类 *CHD8* 基因定位于 14q11.2，包含 39 个外显子，编码 CHD8 蛋白，该蛋白质属于染色质域-解旋酶 DNA 结合蛋白家族。CHD8 蛋白是一种 ATP 依赖的染色质重塑因子，该蛋白质包含 Snf2 解旋酶结构域，具有 ATP 酶活性，并受核小体激活调控，导致核小体位置和结构的变化。CHD8 蛋白与多种蛋白形成复合物，包括 WDR，这一结合可能阻遏 WDR 募集组蛋白甲基转移酶 MLL。同时，CHD8 蛋白结合于 β-联蛋白靶基因启动子区，并可直接与 β-联蛋白结合，抑制 *CHD8* 基因表达可导致 β-联蛋白靶基因的转录上调。此外，CHD8 可与 CTCF 相互作用，并定位于 CTCF 结合位点，参与绝缘子作用，缺乏 CHD8 导致 CTCF 结合位点附近的表观遗传修饰异常[37]。

2. *NSD1* 突变与孤独症谱系障碍

Sotos 综合征是一种先天性过度生长疾病，主要临床症状包括骨骼发育生长过快、头颅巨大、智力发育迟滞、肢端肥大等。研究表明，超过半数（55%）的 Sotos 综合征患者符合 ASD 诊断标准。

Sotos 综合征最主要的遗传病因是 *NSD1* 基因杂合突变导致[38]，约占所有患者的 90%。*NSD1* 基因定位于 5q35，包含 23 个外显子，编码一种包含 SET 结构域的 NSD1 蛋白，具有组蛋白 H3K36 甲基转移酶活性，属于核受体结合 SET 结构域基因家族。NSD1 蛋白的主要功能是将组蛋白 H3 的 36 位赖氨酸残基（H3K36）进行单甲基化（me1）或二甲基化（me2），H3K36 甲基化被认为与转录呈正相关：H3K36me1 主要分布于激活的基因启动子区，H3K36me3 则主要分布于转录激活的基因本体，并与可变剪接相关。抑制 *NSD1* 基因表达导致 H3K36 的 me1、me2、me3 修饰水平下降，以及 NSD1 蛋白结合的基因转录水平降低。*Nsd1* 基因纯合缺失的小鼠模型胚胎致死，表明该基因对于发育是必需的，杂合缺失小鼠并未完全重复 Sotos 综合征表型，但表现出记忆异常。最近有研究表明，Sotos 综合征存在显著的 DNA 甲基化异常，体现 DNA 甲基化修饰与组蛋白 H3K36 甲基化修饰的相互作用[39]。

38.4 孤独症谱系障碍与基因组印记异常

38.4.1 基因组印记与印记基因异常疾病

细胞核移植研究发现，单亲胚胎即包含一对卵子或精子基因组的胚胎，在发育早期就会死亡，这一现象表明来自父亲和母亲的染色体在胚胎发育中可起到不同的作用。此后发现少数常染色体基因存在单一亲本来源等位基因表达，即仅有父源或母源的等位基因能够表达，而另一亲本来源等位基因沉默，这一现象被称为基因组印记，这些亲本特异性表达的基因被称为印记基因。

目前，人类基因组中大约发现了 80 个印记基因，约为小鼠印记基因总数的 50%。印记基因还参与胚胎生长控制，总体上，父本表达的印记基因增强胚胎生长，而母本表达的印记基因则起抑制作用。近年来，有研究发现，印记基因还参与出生后的生长发育、神经精神行为及肿瘤发生等，因而印记基因序列突变或表观遗传异常可导致多种疾病和异常表型的发生，其中也包括孤独症谱系障碍[40]。

由于印记基因呈亲本特异性表达，其突变导致的表型不符合孟德尔遗传规律，这是因为印记基因的单基因表达模式造成分离和自由组合定律失效。此外，单亲二体型（uniparental disomy，UPD）或印记控制中心异常的表观遗传修饰也可导致疾病发生。

UPD 是指同源染色体或片段来自父母中的同一个个体。UPD 可分为由单亲纯合染色体组成的同二体型（isodisomy，iUPD）和单亲杂合染色体构成的异二体型（heterodisomy，hUPD）。UPD 的发生机制包括减数分裂 I 或 II 期发生错误、合子后重组突变等。其中，片段型 UPD 可由合子后父母源体细胞重组及数目和（或）结构型染色体畸变形成；而整体型 UPD 可由配子互补（gamete complementation，GC）、三体补救（trisomic rescue，TR）、单体救援（monosomic rescue，MR）、罗伯逊重排，或其他易位及等臂染色体的产生、缺失和重复等机制形成[41]。由于父母配子的基因组印记在原始生殖细胞发育过程中已建立，UPD 将导致印记基因表达模式的异常，包括不表达或双等位基因表达。

38.4.2　普拉德-威利综合征

普拉德-威利综合征（Prader-Wili syndrome，PWS）（OMIM：176270）是一种典型基因印记异常遗传病，主要表现为神经行为异常并影响多种器官的发育。PWS 患者在婴儿早期表现为严重的肌张力减退、喂养困难和生长缓慢，在婴儿晚期或幼儿期会因过度饮食而导致体重快速增加并发展为病态性肥胖，主要症状还包括：运动和语言发育延迟、认知障碍和明显的行为特征（脾气暴躁、固执、操纵以及强迫行为）；男女都可见性腺和生殖器发育不良、不育和矮小；典型的面部特征（窄面、前额窄、长头、杏仁眼、斜视、嘴角下垂等）及脊柱侧凸，发病率约为 1/25 000～1/50 000。该病在 1956 年由 Andrea Prader、Heinrich Willi 和 Alexis Labhart 详细描述并命名，大约 1/3 的患者符合孤独症谱系障碍诊断标准[42]。

PWS 是由 15q11.2-q13 位置上的印记基因异常表达所导致。15q11.2-q13 是人类基因组上一个重要的印记基因簇，包含多个父源表达或母源表达的基因。这一区域父源表达的多个印记基因，在父源染色体上的等位基因由于遗传突变或表观异常不能表达正常的基因产物，而正常的母源染色体上等位基因由于表观遗传修饰抑制表达，导致细胞中缺失基因产物，是 PWS 发生的病因。其中，65%～75%的 PWS 患者是由于父源染色体 15q11.2-q13 缺失所致；20%～30%的患者的 15 号染色体两个拷贝 DNA 序列正常，但都来自于母亲，被称为母体单亲二体型。另外，1%～3%患者虽然从双亲各遗传了 1 条 15 号染色体，但它们在印记的 15q11-13 区域呈现异常 DNA 的甲基化和基因表达，从而影响该区域基因功能。

15q11.2-q13 包含多个父源表达的印记基因，可能参与 PWS 发生的分子机制[43]。

（1）*NECDIN*（*NDN*）基因，编码一种 DNA 结合蛋白，属于 MAGE 基因家族，在有丝分裂后神经元中起到抑制生长的作用。研究发现，*NECDIN* 在早期神经发育过程中发挥抗凋亡或生存因子的作用。*Ndn* 敲除小鼠模型证明 *Ndn* 可以参与神经突生长的胞内活动，缺失 *Ndn* 将影响轴突生长。并且 *Ndn* 敲除的小鼠具有和 PWS 患者相似的缺陷。

（2）*MKRN3*（Markorin 3，*ZNF127*）基因编码一种锌指蛋白，丧失功能性的变异可以导致家族中枢性性早熟。

（3）*MAGEL2* 主要在大脑中表达，截短突变的患者临床表型与 PWS 有部分重叠——自闭症、智力缺陷、肥胖和缺乏饱足感。*Magel2* 敲除小鼠模型表现为生长迟缓、断奶后体重快速增加、成年后代谢异常性肥胖等 PWS 典型表型。

（4）*SNORD116*（snoRNA HBII-85）为 snoRNA 集群，包括 29 个基因拷贝。平衡易位可使 *SNORD116* 集群与其启动子分离，导致 PWS。*SNORD116* 微缺失的患者具有许多 PWS 症状，虽然同时也带有非典型 PWS 特征。

38.4.3 快乐木偶综合征

快乐木偶（Angelman syndrome，AS）是一种罕见的神经发育疾病，发病率为 1/52 000～1/22 000。该病以严重的智力和发育缺陷、睡眠障碍、癫痫和痉挛等为特征。由于患者常带年轻、快乐的面容特征，因此也被称为快乐木偶综合征或天使综合征。AS 最早是由英国儿科医生 Harry Angelman 于 1965 年报道并命名。AS 表现出一些类似 ASD 的表型，但由于过于严重的智力缺陷而无法诊断[44]。

与 PWS 类似，AS 同样是由 15q11.2-q13 位置上的印记基因的异常表达所导致，不同的是，AS 主要由于母源表达印记基因的异常引起。大约 70%的 AS 患者由新发的母源染色体 15q11.2-q13 缺失导致；约 25%的患者由母源 *UBE3A* 基因突变导致；父源 15 号染色体 UPD 导致约 2%的 AS 病例；此外有 2%～3%的患者由于印记缺陷导致异常 DNA 的甲基化和基因表达。

UBE3A 基因功能缺陷可能是 AS 的主要病因，该基因编码泛素-蛋白连接酶 E3A，其功能包括作为 E3 连接酶参与泛素蛋白酶体通路、作为转录共激活因子，对于神经发育和突触功能具有重要的作用[45]。*UBE3A* 的致病变异主要集中在 HECT 结构域的催化缝隙，从而阻碍泛素-硫脂键的形成。*UBE3A* 基因是一种具有组织特异性的印记基因，在成纤维细胞、淋巴细胞、心脏、肾脏等组织中均呈双等位基因表达，而在中枢神经系统主要是神经元中呈母源等位基因表达。母源 15 号染色体突变导致 *UBE3A* 基因不能正常表达，从而导致了 AS 的发生[46]。

38.4.4 Dup15q 综合征

母源 15q11.2-q13 缺失导致 AS 发生，而母源 15q11.2-q13 染色体重复被称为 15q11.2-q13 重复综合征（Dup15q），也可导致一系列异常表型，其中部分特征与 PWS 及 AS 重复，另一部分则为独有特征。Dup15q 综合征的主要症状包括肌张力下降、发育延迟、智力障碍、癫痫。大部分 Dup15q 综合征患者符合 ASD 诊断标准：多数患者具有语言发育迟缓，通常表达性语言严重迟缓或丧失，常见社交障碍和重复刻板行为。值得注意的是，Dup15q 综合征患者即使基因型完全相同，临床症状严重程度也具有很大的个体差异[47]。

Dup15q 综合征最主要的遗传病因为 15 号染色体长臂双着丝粒染色体 idic（15），即患者除了 2 条正常的 15 号染色体以外，还额外有一条小型的异常染色体，包含 2 个拷贝的母源 15q11.2-q13 片段，以尾对尾的方式连接，并具有 2 个着丝粒。这样，患者基因组包含 1 个拷贝的父源 15q11.2-q13 片段和 3 个拷贝的母源 15q11.2-q13 片段。另一种较为常见的情况是母源 15 号染色体上包含了一条反向插入的 15q11.2-q13 片段，即具有 2 个拷贝的母源 15q11.2-q13 片段，这些患者的临床表型通常较 idic（15）患者轻微。尽管人群中也存在父源染色体反向插入 15q11.2-q13 片段的个体，但其临床症状较为温和且明显与 Dup15q 综合征不同。

根据 Dup15q 综合征的遗传病因，推测 15q11.2-q13 区域母源表达的印记基因拷贝数增加是主要的分子机制[48]。*UBE3A* 基因被认为是最重要的候选基因，*Ube3a* 多拷贝转基因小鼠表现出类似 ASD 的表型。此外，这一区域内其他非印记基因，包括 γ-氨基丁酸（GABA）受体亚基基因（*GABRB3*、*GABRA5* 和 *GABRG3*）及泛素连接酶基因 *HERC2* 也可能参与疾病的发生。

38.5 ASD 的表观遗传标志物

ASD 是具有很高遗传度的复杂疾病，但该病同时具有高度的遗传异质性，对于多数患者，其遗传病因不明。通过检测 ASD 相关大脑以及外周组织的表观遗传分子标志物，将有助于进一步阐明 ASD 分子病因。通过比较大脑以及外周组织中的分子标志物，鉴定能够反映脑组织中表观遗传修饰改变的外周组织分子标志物，将对疾病的诊断提供巨大的帮助。

38.5.1　DNA 甲基化变异

尽管 ASD 具有高遗传度，但双生子研究表明，仍有相当数量的同卵双生子具有不一致的 ASD 表型，即一个为 ASD 患者，另一个为健康对照。即使同卵双生子同为 ASD 患者，疾病的严重程度也往往不同。这一结果表明，表观遗传因素可能参与 ASD 的发生和发展过程。同卵双生子具有相同的基因型、年龄、性别、母体环境，并往往共享很多环境因素，因而使用疾病表型不一致的同卵双生子样品在表观遗传研究中是一种强有力的策略。在一项同卵双生子研究中，研究者使用了来自 50 对同卵双生子的血液样本，包含相同或不同的 ASD 及 ASD 相关表型，以期检测与 ASD 相关的全基因组 DNA 甲基化改变，结果未发现 ASD 病例中存在全基因组 DNA 甲基化改变，但发现基因组上多个区域具有 ASD 相关的 DNA 甲基化改变，其中部分位于 ASD 候选基因 *MBD4*、*AUTS2* 和 *MAP2* 附近。研究还发现多个位点的 DNA 甲基化水平与儿童孤独症症状测试（CAST）量表评分相关[49]。

DNA 甲基化具有组织特异性，由于 ASD 主要是脑部疾病，另一项研究使用脑组织尸检样品检测 ASD 相关的全基因组 DNA 甲基化改变，发现 3 个 DNA 甲基化差异区域（DMR）达到全基因组显著水平，并可在不同脑区中被重复，它们分别位于 *PRRT1* 基因 3′UTR 区、*TSPAN32* 基因启动子区和 *ZFP57* 基因 5′端[50]。

父母年龄是 ASD 的风险因素，一项研究检测高龄母亲（>35 岁）生育的 ASD 患者与正常对照的口腔上皮细胞 DNA 甲基化改变，经过 FDR 校验，仅发现了 *OR2L13* 基因启动子区存在 DNA 甲基化差异[51]。另一项研究则关注 ASD 患者父亲精子的甲基化改变，发现精子中部分 DMR 与脑组织中发现的 DMR 重叠[52]。

此外，还有一些研究关注了 ASD 候选基因的甲基化改变，包括 *OXTR*、*SHANK3*、*UBE3A* 和 *MECP2* 等。整体上来说，无论是全基因组还是候选基因研究，结果均显示出非常明显的差异性，较少 DMR 能在独立研究中被重复。这与该研究采用不同的组织、检测方法、相对较小的样本量，以及一些潜在的混杂因素，包括年龄、性别、尸检死亡间隔等有关。目前仍需要更多研究以鉴定 ASD 的 DNA 甲基化标志物。

38.5.2　组蛋白修饰变异

ASD 相关组蛋白修饰变异研究开展较少，迄今只有两项较大规模的研究报道，这两项研究证实了组蛋白修饰异常与 ASD 的关联。其中一项研究关注的是 ASD 相关的前额叶皮质神经元 H3K4me3 修饰的改变，该研究发现 H3K4me3 在部分 ASD 患者神经细胞基因组的定位出现过度弥散，从正常富集于转录起始位点附近到下游基因本体和上游启动子区域。不同亚组的 ASD 病例表现 H3K4me3 修饰富集于调控神经连接、社交行为和认知功能相关基因，并与相关基因表达改变相关[53]。

另一项研究关注了 ASD 相关的前额叶皮质、颞叶皮质及小脑组织的组蛋白 H3K27ac 改变，该研究总共使用了 45 例 ASD 患者和 49 例对照的尸检脑组织样品，总计获得 257 例样品的 H3K27ac 修饰组数据。其中，在前额叶皮质、颞叶皮质中发现超过 5000 个 ASD 相关的 H3K27ac 异常修饰位点，相关位点强调了与突触传递、离子运输、癫痫、行为异常、化学促活、组蛋白去乙酰化及免疫功能相关基因。此外，该项研究还结合样品基因型，鉴定了人类脑区的超过 2000 个组蛋白乙酰化数量性状位点[54]。

38.6 总结与展望

ASD 是一种终身患病的神经发育障碍性疾病，其预后不良，严重影响患儿生活质量。现有证据表明，表观遗传异常在 ASD 的发生中起到非常重要的作用。发育早期是表观遗传建立的关键时期，同时也是容易受到环境影响的重要时期，这一时期采取有效的干预措施有可能逆转表观遗传异常，有效治疗和干预疾病的进展。

事实上，循证医学研究的证据表明：早期诊断、早期干预是改善孤独症患儿预后的关键，建议尽早在 2 岁以前开始干预。部分患儿通过早期、有效长程干预后基本可融入社会正常生活。目前 ASD 的治疗以训练干预为主，辅以药物治疗。由于 ASD 患儿常合并多方面的发育障碍、情绪及行为异常，应采用教育干预、行为训练、药物治疗等个体化的综合干预措施。进一步研究表观遗传异常在 ASD 中的作用，将可能有助于开发更有效的药物和干预手段，评估治疗效果，从而改善患儿的神经发育和未来发展。

参考文献

[1] Lai, M. C. *et al.* Autism. *Lancet* 383, 896-910(2014).

[2] Mintz, M. Evolution in the understanding of autism spectrum disorder: historical perspective. *Indian J Pediatr* 84, 44-52(2017).

[3] Volkmar, F. R. & McPartland, J. C. From Kanner to DSM-5: autism as an evolving diagnostic concept. *Annu Rev Clin Psychol* 10, 193-212(2014).

[4] Duchan, E. & Patel, D. R. Epidemiology of autism spectrum disorders. *Pediatr Clin North Am* 59, 27-x(2012).

[5] Xu, G. *et al.* Prevalence of autism spectrum disorder among US children and adolescents, 2014-2016. *JAMA* 319, 81-82(2018).

[6] Evans, B. The Metamorphosis of autism: a history of child development in Britain. (Manchester University Press, 2017).

[7] Kim, Y. S. *et al.* Prevalence of autism spectrum disorders in a total population sample. *Am J Psychiatry* 168, 904-912(2011).

[8] Sun, X. *et al.* Prevalence of autism in mainland China, Hong Kong and Taiwan: a systematic review and meta-analysis. *Mol Autism* 4, 7(2013).

[9] Szatmari, P. Risk and resilience in autism spectrum disorder: a missed translational opportunity? *Dev Med Child Neurol* 60, 225-229(2018).

[10] Mpaka, D. M. *et al.* Prevalence and comorbidities of autism among children referred to the outpatient clinics for neurodevelopmental disorders. *Pan Afr Med J* 25, 82(2016).

[11] Huguet, G. *et al.* The genetic landscapes of autism spectrum disorders. *Annu Rev Genomics Hum Genet* 14, 191-213(2013).

[12] Iossifov, I. *et al.* The contribution of *de novo* coding mutations to autism spectrum disorder. *Nature* 515, 216-221(2014).

[13] Chaste, P. *et al.* A genome-wide association study of autism using the Simons simplex collection: Does reducing phenotypic heterogeneity in autism increase genetic homogeneity? *Biol Psychiatry* 77, 775-784(2015).

[14] Hollis, F. *et al.* Mitochondrial dysfunction in autism spectrum disorder: clinical features and perspectives. *Curr Opin Neurobiol* 45, 178-187(2017).

[15] Jenkins, T. G. *et al.* Age-associated sperm DNA methylation alterations: possible implications in offspring disease susceptibility. *PLoS Genet* 10, e1004458(2014).

[16] Milekic, M. H. *et al.* Age-related sperm DNA methylation changes are transmitted to offspring and associated with abnormal behavior and dysregulated gene expression. *Mol Psychiatry* 20, 995-1001(2015).

[17] Ludwig, M. *et al.* Increased prevalence of imprinting defects in patients with Angelman syndrome born to subfertile couples. *J Med Genet* 42, 289-291(2005).
[18] Lyall, K. *et al.* Pregnancy complications and obstetric suboptimality in association with autism spectrum disorders in children of the Nurses' Health Study II. *Autism Res* 5, 21-30(2012).
[19] Surén, P. *et al.* Association between maternal use of folic acid supplements and risk of autism spectrum disorders in children. *JAMA* 309, 570-577(2013).
[20] Keil, K. P. & Lein, P. J. DNA methylation: a mechanism linking environmental chemical exposures to risk of autism spectrum disorders? *Environ Epigenet* 2, dvv012(2016).
[21] O'Brien, E. *et al.* Perinatal bisphenol A exposures increase production of pro-inflammatory mediators in bone marrow-derived mast cells of adult mice. *J Immunotoxicol* 11, 205-212(2014).
[22] Lee, K. W. K. *et al.* Prenatal exposure to maternal cigarette smoking and DNA methylation: epigenome-wide association in a discovery sample of adolescents and replication in an independent cohort at birth through 17 years of age. *Environ Health Perspect* 123, 193-199(2015).
[23] Kinde, B. *et al.* Reading the unique DNA methylation landscape of the brain: Non-CpG methylation, hydroxymethylation, and MeCP2. *Proc Natl Acad Sci U S A* 112, 6800-6806(2015).
[24] Chen, W. G. *et al.* Derepression of BDNF transcription involves calcium-dependent phosphorylation of MeCP2. *Science* 302, 885-889(2003).
[25] Muotri, A. R. *et al.* L1 retrotransposition in neurons is modulated by MeCP2. *Nature* 468, 443-446(2010).
[26] Chahrour, M. *et al.* MeCP2, a key contributor to neurological disease, activates and represses transcription. *Science* 320, 1224-1229(2008).
[27] Maunakea, A. K. *et al.* Intragenic DNA methylation modulates alternative splicing by recruiting MeCP2 to promote exon recognition. *Cell Res* 23, 1256-1269(2013).
[28] Amir, R. E. *et al.* Rett syndrome is caused by mutations in X-linked MECP2, encoding methyl-CpG-binding protein 2. *Nat Genet* 23, 185-188(1999).
[29] Hoffbuhr, K. *et al.* MeCP2 mutations in children with and without the phenotype of Rett syndrome. *Neurology* 56, 1486-1495(2001).
[30] Van Esch, H. *et al.* Duplication of the MECP2 region is a frequent cause of severe mental retardation and progressive neurological symptoms in males. *Am J Hum Genet* 77, 442-453(2005).
[31] Lombardi, L. M. *et al.* MECP2 disorders: from the clinic to mice and back. *J Clin Invest* 125, 2914-2923(2015).
[32] Lewis, H. A. *et al.* Sequence-specific RNA binding by a Nova KH domain: implications for paraneoplastic disease and the fragile X syndrome. *Cell* 100, 323-332(2000).
[33] Kremer, E. J. *et al.* Mapping of DNA instability at the fragile X to a trinucleotide repeat sequence p(CCG)n. *Science* 252, 1711-1714(1991).
[34] Garber, K. B. *et al.* Fragile X syndrome. *Eur J Hum Genet* 16, 666-672(2008).
[35] Colak, D. *et al.* Promoter-bound trinucleotide repeat mRNA drives epigenetic silencing in fragile X syndrome. *Science* 343, 1002-1005(2014).
[36] Bernier, R. *et al.* Disruptive CHD8 mutations define a subtype of autism early in development. *Cell* 158, 263-276(2014).
[37] Ishihara, K. *et al.* CTCF-dependent chromatin insulator is linked to epigenetic remodeling. *Mol Cell* 23, 733-742(2006).
[38] Kurotaki, N. *et al.* Haploinsufficiency of NSD1 causes Sotos syndrome. *Nat Genet* 30, 365-366(2002).
[39] Choufani, S. *et al.* NSD1 mutations generate a genome-wide DNA methylation signature. *Nat Commun* 6, 10207(2015).
[40] Peters, J. The role of genomic imprinting in biology and disease: an expanding view. *Nat Rev Genet* 15, 517-530(2014).

[41] Dawson, A. J. *et al.* CCMG guidelines: prenatal and postnatal diagnostic testing for uniparental disomy. *Clin Genet* 79, 118-124(2011).

[42] Bennett, J. A. *et al.* Autism spectrum disorder in Prader-Willi syndrome: A systematic review. *Am J Med Genet A* 167A, 2936-2944(2015).

[43] Yang, T. *et al.* A mouse model for Prader-Willi syndrome imprinting-centre mutations. *Nat Genet* 19, 25-31(1998).

[44] Williams, C. A. *et al.* Clinical and genetic aspects of Angelman syndrome. *Genet Med* 12, 385-395(2010).

[45] Greer, P. L. *et al.* The Angelman syndrome protein Ube3A regulates synapse development by ubiquitinating arc. *Cell* 140, 704-716(2010).

[46] Kishino, T. *et al.* UBE3A/E6-AP mutations cause Angelman syndrome. *Nat Genet* 15, 70-73(1997).

[47] Urraca, N. *et al.* The interstitial duplication 15q11.2-q13 syndrome includes autism, mild facial anomalies and a characteristic EEG signature. *Autism Res* 6, 268-279(2013).

[48] Herzing, L. B. K. *et al.* Allele-specific expression analysis by RNA-FISH demonstrates preferential maternal expression of UBE3A and imprint maintenance within 15q11-q13 duplications. *Hum Mol Genet* 11, 1707-1718(2002).

[49] Wong, C. C. Y. *et al.* Methylomic analysis of monozygotic twins discordant for autism spectrum disorder and related behavioural traits. *Mol Psychiatry* 19, 495-503(2014).

[50] Ladd-Acosta, C. *et al.* Common DNA methylation alterations in multiple brain regions in autism. *Mol Psychiatry* 19, 862-871(2014).

[51] Berko, E. R. *et al.* Mosaic epigenetic dysregulation of ectodermal cells in autism spectrum disorder. *PLoS Genet* 10, e1004402(2014).

[52] Feinberg, J. I. *et al.* Paternal sperm DNA methylation associated with early signs of autism risk in an autism-enriched cohort. *Int J Epidemiol* 44, 1199-1210(2015).

[53] Shulha, H. P. *et al.* Epigenetic signatures of autism: trimethylated H3K4 landscapes in prefrontal neurons. *Arch Gen Psychiatry* 69, 314-324(2012).

[54] Sun, W. *et al.* Histone Acetylome-wide Association Study of Autism Spectrum Disorder. *Cell* 167, 1385-1397.e1311(2016).

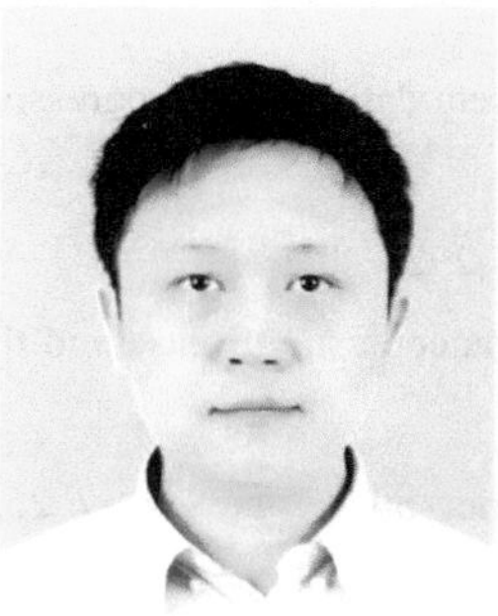

赵欣之 博士，中国福利会国际和平妇幼保健院上海市胚胎源性疾病重点实验室研究员。2006 年在上海交通大学获生物化学与分子生物学博士学位，主要从事妊娠重大疾病和复杂出生缺陷研究，通过高通量遗传检测技术鉴定疾病相关的遗传和表观遗传变异，探索母胎相互作用的拮抗性适应分子机制。作为课题负责人承担国家 973、重点研发计划 2 项，国家自然科学基金项目 2 项，省部级项目 3 项。2009 年入选上海市青年科技启明星。迄今在 *American Journal of Human Genetics*、*Molecular Psychiatry* 等 SCI 刊物上发表论文 60 余篇，被引用 900 余次。

第 39 章　表观遗传与分子代谢

叶　丹

复旦大学生物医学研究院

本章概要

2001 年，人类基因组草图绘制完成，希望这部被寄予厚望的“天书”能够揭示人类的生老病死。事实上，它只是为我们认识生命活动规律提供了一扇新的窗口。生命活动并非完全由 DNA 上的遗传密码所决定，表观遗传也扮演重要的角色。生命同外界环境每时每刻都在进行能量交换，这一过程中发生的新陈代谢过程也涉及蛋白质翻译后修饰、表观遗传机制等，一旦该机制调控异常，就有可能导致肿瘤等重大疾病的发生发展。以往许多学者认为代谢异常只是肿瘤出现后导致的结果，近年来随着基因测序等技术的出现，为代谢失调成为肿瘤发生的诱因提供了直接证据。本章从蛋白质翻译后修饰开始，讲述表观遗传调控与代谢的内在关联，并对代谢异常所导致的癌症发生过程进行探讨，最后对表观遗传分子代谢研究过程中所面临的挑战，如肿瘤相关代谢物、代谢网络示踪等方面进行论述。

生物体内同外界环境不断进行物质和能量的交换转变过程，被称为新陈代谢。生命由不同的代谢机能维持和调控，形成了一套严密而灵活的代谢调控网络系统。代谢调控网络稳态的维系对保障复杂的代谢途径得以正常运转、机体生存、更新、繁殖及适应环境变化至关重要。代谢调控网络的任何一个环节出现问题，都可能导致疾病发生甚至危及生命。代谢失调是最早报道的肿瘤细胞表型和新一代的癌症标志。早在 20 世纪二三十年代，德国生化学家 Otto Warburg 就发现肿瘤细胞更多地依赖于糖酵解通路与无氧代谢，即使肿瘤细胞的线粒体功能并无缺陷、细胞所处环境并非缺氧，肿瘤细胞也比正常细胞更高效地吸收葡萄糖并产生能量[1]。尽管这一现象的分子机制至今没有被完全阐明，但是根据肿瘤组织摄取高水平葡萄糖的这个现象，人们发明了 FDG-PET 技术：对患者注射葡萄糖的放射性类似物 2[^{18}F]-fluoro-2-deoxy-D-glucose（FDG），然后使用正电子发射断面成像（PET）技术显像，进行肿瘤临床诊断和预后判断。虽然多数肿瘤细胞表现出明显的瓦博格效应（Warburg effect），但是由于缺乏探究其机制的有效手段，相关研究热点很快让位于随后兴起的基因突变学说。基因突变学说的观点认为，正常细胞转化为肿瘤细胞的必要条件是一系列的原癌、抑癌基因突变。研究者发现，许多原癌、抑癌基因能直接调控代谢相关基因转录，如 p53 突变、*KRAS* 突变、*BRAF* 突变和 *MYC* 扩增等。因此，代谢失调曾一度被认为只是伴随肿瘤发生的“结果”，并非促进细胞恶性转化的“原因”。

近年来，大规模基因测序研究发现，代谢基因在不同类型肿瘤中发生高频率、早期突变，这为代谢失调是促进肿瘤发生“诱因”的理论提供了直接证据。美国生物学家 Douglas Hanahan 与美国科学院院士 Robert Weinberg 在 2011 年修订的权威综述《癌症标志：新一代十大特征》（*Hallmarks of Cancer: The Next Generation*）中将细胞能量异常（deregulating cellular energetics）列为“新型肿瘤标志”之一[2]。2022 年最新版的 *Hallmarks of Cancer* 又特别指出表观遗传重塑也是重要的肿瘤特征。目前，国际学界提出了肿瘤代谢的六大特征：①糖代谢与氨基酸代谢失调；②以机会主义模式获取所需能源；③利用糖酵解和三羧酸循环中间代谢产物进行生物大分子合成；④对氮源高度需求；⑤代谢产物调节基因转录；⑥代谢与微环境互作。其中，第五大特征，即“代谢产物调节基因转录”大部分是通过影响表观遗传实现的。既往的研究大多关注代谢物提供肿瘤所需能量物质，而代谢物是否参与真核生物表观遗传和基因转录调控，不甚明确。事实上，几乎所有表观修饰酶都以代谢物为底物或辅因子。但由于代谢物具种类繁多、组织/细胞/亚细胞浓度差异大、响应环境刺激时动态变化等特点，代谢物调控表观遗传及失调促癌研究尚处于认知的初期阶段。本章将围绕“表观遗传与分子代谢交互调控机制及生物学功能意义”展开讨论。

39.1 蛋白质翻译后修饰

关键概念

- 蛋白质翻译后修饰，是指在 mRNA 被翻译成蛋白质后，对蛋白质上一个或多个氨基酸残基进行可逆、共价修饰的过程。翻译后修饰作为一个动态调节方式，在蛋白质水平起着至关重要的调控作用。

随着人类基因组计划（HGP）的成功完成，人类初步掌握了自身的遗传信息。目前已知人类基因组中共有 2 万多个编码蛋白基因[3]，这个数目远远低于人们的预期。因为 HGP 所发现的基因数目很难完成细胞生长、分裂、分化和个体发育等复杂的生命过程[4]。在这些生命活动中，蛋白质作为生物功能的具体执行者起着主导作用[5]。为了进一步揭示蛋白质在生物活动中的作用与功能，人类蛋白质组计划（The Human Proteome Project，HPP）应运而生[6]。研究发现，人类蛋白质组是对基因组的一种高度复杂的扩展，通过可变剪接、RNA 编辑和翻译后修饰等机制，单个基因可产生不同的蛋白质形式[7]。

蛋白质翻译后修饰（post-translational modification，PTM）是在 mRNA 被翻译成蛋白质后，对蛋白质上一个或多个氨基酸残基进行共价修饰的过程。翻译后修饰作为一个动态的调节方式[8]，在蛋白质水平起着至关重要的调控作用。例如，翻译后修饰可改变蛋白质的三维结构，进而调节其生化性质，也可以影响蛋白质的亚细胞定位及与其他生物大分子的相互作用，继而改变其活性和功能。翻译后修饰增加了蛋白质的多样性，使其调控更复杂、功能更特化、作用更精细[9]。目前发现的蛋白质翻译后修饰种类约 400 种[10]。在真核生物中研究较多的蛋白质翻译后修饰包括磷酸化（phosphorylation）、泛素化（ubiquitination）、乙酰化（acetylation）、甲基化（methylation）、糖基化（glycosylation）等。其中，磷酸化和乙酰化是两种丰度最高的蛋白质翻译后修饰类型。

磷酸化修饰是研究最为广泛以及最详细的翻译后修饰，它是指通过激酶将 ATP（adenosine triphosphate，三磷酸腺苷）的高能磷酸基团转移到蛋白质的丝氨酸（serine，S）、苏氨酸（threonine，T）或酪氨酸（tyrosine，Y）残基上，并通过磷酸化酶将磷酸基团移除的可逆过程。磷酸化修饰参与了细胞内几乎所有的生理过程，包括细胞周期调控、代谢途径、神经活动和肿瘤发生等[11]。

乙酰化作为另一种高丰度的翻译后修饰，其调控底物广泛，机制多样。赖氨酸乙酰转移酶（lysine acetyltransferase，KAT）催化乙酰基团共价修饰到蛋白质赖氨酸残基的 ε-NH_2 上。赖氨酸乙酰转移酶在结构和功能上具有丰富的多样性，根据它们的催化结构域的不同可分为如下几类：①GNAT 家族乙酰基转移酶，包括 Gcn5、PCAF、Elp3、Hat1、Hpa2 和 Nut1；②MYST 家族乙酰基转移酶，有 Morf、Ybf2（Sas3）、Sas2 和 Tip60；③其他乙酰基转移酶，除了主要的 GNAT 和 MYST 这两个家族的乙酰基转移酶外，还有其他一些蛋白质也体现出乙酰基转移酶的活性，如 p300/CBP（CREB-binding protein）、Taf1 和一些核受体共激活子。最近研究发现，节律蛋白 CLOCK 也含有一个对其功能极其重要的类似 MYST 家族的乙酰基转移酶结构域[12]。乙酰化修饰是一个动态的、可逆的过程。赖氨酸去乙酰化酶（lysine deacetylase，KDAC）是一类水解酶，可以将赖氨酸残基上的乙酰基团去除[13]。依据催化去乙酰化反应时辅酶的选择性不同，可将哺乳动物的去乙酰化酶分为两类：①HDAC 家族去乙酰化酶，即与酵母 HdaI/Rpd3 类似的、锌依赖的去乙酰化酶；②SIRT 家族去乙酰化酶，即与酵母 Sir2 同源的、以 NAD^+为辅酶的去乙酰化酶 Sirtuin（简称 SIRT）。目前已发现超过 4500 种蛋白质被乙酰化修饰，广泛存在于细胞核、线粒体和细胞质中，在调控基因转录和细胞代谢等过程中发挥着重要作用。

39.1.1 组蛋白乙酰化修饰

1964 年，在组蛋白上首次发现了乙酰化修饰的存在。组蛋白是真核生物体内的一类富含精氨酸和赖氨酸的碱性蛋白质。由于氨基酸组成及分子质量的不同，组蛋白可分为 5 种：H1、H2A、H2B、H3、H4 [14]。4 对核心组蛋白（H2A、H2B、H3、H4）组成带正电的八聚体，与 DNA 带负电的磷酸基团结合、缠绕、包装形成核小体。组蛋白的尾部和球状核心都可被乙酰化和其他多种翻译后修饰调节，这些翻译后修饰可以通过影响组蛋白-DNA 的结合影响染色质和转录因子等蛋白质的相互作用，进而调控基因表达等过程[15]。与其他翻译后修饰机制相比，乙酰化修饰可中和组蛋白上赖氨酸的正电荷，减弱组蛋白和带负电的 DNA 骨架之间的相互作用，进而暴露出组蛋白尾部，导致紧密包装的核小体结构变得松散[16]。组蛋白的高度乙酰化修饰会促使更开放的染色质结构的形成，帮助激活基因转录。在发现组蛋白的乙酰化修饰后，后续的研究陆续揭示了约 200 种核内蛋白是受乙酰化修饰调控的，包括许多转录因子（如 p53、RB、NF-κB、HIF-1α 等）。乙酰化修饰也通过对这些蛋白质的调控参与到了蛋白质亚细胞定位、细胞凋亡，DNA 的转录、复制和修复，以及蛋白质稳定性等生物过程[17]。

39.1.2 非核蛋白乙酰化修饰

1987 年，在哺乳动物细胞的核外细胞骨架中发现 α 微管蛋白（α-tubulin）也会被乙酰化修饰[18]。这项研究不仅给乙酰化蛋白组增添了新成员，也扩展了乙酰化调控的空间尺度，使得乙酰化修饰不再是一种局限于细胞核内的翻译后修饰机制。但由于受到技术手段的限制，如同位素标记的[^{14}C]-乙酰辅酶 A（acetyl-coenzyme A）的放射性较弱，而且针对乙酰化的抗体灵敏性较低等原因[19]，核外乙酰化修饰的相关研究在很长时间内没有进展。

以质谱技术为基础的大规模蛋白质组学的发展[20]，突破了传统的乙酰化蛋白鉴定方法（如放射性检测和免疫亲和检测）的局限，使得高通量、高灵敏度寻找被乙酰化修饰的蛋白质成为可能[21]。2006 年，Kim 等[22]通过乙酰化抗体富集乙酰化肽段，然后采用高效液相色谱-串联质谱技术（HPLC/MS/MS）首次在全蛋白组水平研究蛋白乙酰化，共鉴定到大约 200 多个乙酰化蛋白和 400 多个乙酰化肽段。乙酰化修饰是一种受到高度调控的动态过程，乙酰化水平的定量检测是研究这种广泛存在的修饰类型的瓶颈。Choudhary 等[23]利用 SILAC（stable-isotope labeling by amino acid in cell culture）技术和 LTQ Orbitrap 质谱技术实现了对乙酰化高效的动态实时监测，发现了大约 1700 个乙酰化蛋白和 3500 个乙酰化肽段。Choudhary 的研究也使得乙酰化蛋白质组的规模进一步扩大，充分显示了乙酰化在翻译后修饰中的重要地位。SILAC-质谱技术虽然很有效，但因为检测依赖于被检测样品中同位素标记蛋白，因而无法在活体动物中实施。无需标记的定量（label free quantitation，LFQ）质谱检测技术则解决了这一难题。Schwer 等[24]利用这一技术成功检测了在热量限制（calorie restriction，又称卡路里限制）的情况下，肝组织中蛋白乙酰化水平变化。SILAC 质谱技术和 LFQ 质谱技术使蛋白质乙酰化研究实现了革命性的飞跃。近年来，多个研究组以哺乳动物肝脏或血液细胞为材料，运用免疫沉淀、2D 电泳等方法纯化乙酰化修饰的肽段，并借助质谱手段系统性地发掘出了丰富的乙酰化修饰信息。

2010 年，中国科研团队的乙酰化蛋白组学研究发现，核外蛋白乙酰化修饰倾向性地分布于多个代谢途径的代谢酶上。研究表明，几乎所有的代谢途径中的酶都被鉴定出存在乙酰化位点，包括糖酵解、糖异生、TCA 循环、脂肪酸的合成和氧化、酮体代谢、糖原代谢、尿素循环、氧化磷酸化和氨基酸代谢等途径[25]，彰显了乙酰化修饰在代谢调节中的重要性，引起生物医学界的高度关注。与此同时，在细菌[26]、酵母[27]、小鼠[22]、大鼠[28]等多种生物中也证实了乙酰化修饰在代谢途径中存在的广泛性，表明乙酰化是一种进化上保守的翻译后修饰机制。后续研究发现，乙酰化修饰通过不同机制调控代谢酶活性及其生物学功能。例如，葡萄糖和胰岛素等外界环境因子能影响糖酵解途径中磷酸甘油酸激酶（PGK1）的乙酰化水平。乙酰化修饰通过影响 PGK1 与底物 ADP 结合抑制其活性，调控细胞能量代谢[29]；再如，葡萄糖和氧化剂能影响磷酸戊糖途径中葡萄糖六磷酸脱氢酶（G6PD）的乙酰化水平。乙酰化修饰通过改变 G6PD 蛋白聚合状态抑制其活性，影响细胞氧化应激能力[30]；葡萄糖和谷氨酰胺等能量物质能影响谷草转氨酶（GOT2）的乙酰化水平。乙酰化修饰促进 GOT2 与 MDH2 蛋白结合，提高 NADH 细胞质-线粒体穿梭系统效率，从而调控细胞能量代谢[31]；乙酰化修饰还可与其他翻译后修饰（如磷酸化修饰、泛素化修饰）交互作用，协同调控底物蛋白质功能[32, 33]。随着乙酰化修饰对单个代谢酶的调控机制被逐步阐明，系统研究乙酰化修饰对整体代谢网络稳态的作用机制及其病理生理意义，将开辟蛋白翻译后修饰调控代谢研究的新领域。

39.2 代谢基因突变产生致癌代谢物

关键概念

- 致癌代谢物：代谢基因突变导致某些内源性代谢物在体内高度聚集，促进细胞恶性转化。如同致癌基因，致癌代谢物能够诱发或维持肿瘤发生发展及转移。

自 2008 年以来，大规模肿瘤基因组学研究发现多个肿瘤中存在代谢基因的高频率和早期突变，表明代谢失调是恶性肿瘤发生发展的直接原因之一。迄今已报道至少 8 个代谢基因在肿瘤中发生突变，包括：异柠檬酸脱氢酶 1 和 2（isocitrate dehydrogenase，IDH，由 *IDH1* 和 *IDH2* 基因编码）、延胡索酸水合酶（fumarate hydratase，FH）、琥珀酸脱氢酶（succinate dehydrogenase，SDH，由 *SDHB*、*SDHC*、*SDHD* 和 *SDHAF2/SDH5* 基因编码）等。在这一系列肿瘤代谢基因突变的发现之中，又以从 2009 年发现 *IDH1/2* 突变的报道最为引人注目。上述代谢基因突变可分为功能缺失型突变（loss-of-function mutation）和功能获得型突变（gain-of-function mutation），影响基因编码的代谢酶活性。相关研究表明，代谢基因突变导致某些内源性代谢物在体内高度聚集，成为致癌代谢物（oncometabolite）。如同致癌基因，致癌代谢物能够诱发或维持肿瘤发生发展及转移。已知公认的致癌代谢物包括 2-羟基戊二酸（2-hydroxyglutarate，2-HG）、延胡索酸（fumarate）和琥珀酸（succinate）等。其中，2-HG 是目前被研究得最为深入的致癌代谢物，而突变代谢酶 IDH 也成为重要的抗肿瘤药靶。

39.2.1 2-HG 代谢途径

依据手性不同，2-HG 可分为 D-2-HG 和 L-2-HG。这两种 2-HG 异构体具有相同的熔点、沸点等物理特性，但对生物体而言，它们是不同的小分子化合物，拥有截然不同的代谢途径。

在哺乳动物细胞内，存在多个参与 D-2-HG 合成途径的代谢酶（图 39-1）。例如，羟基酸-含氧酸转氢酶（HOT）分布于线粒体中，可催化α-酮戊二酸（α-KG）的还原反应，生成 D-2-HG[34, 35]。磷酸甘油酸脱氢酶（PHGDH）分布于细胞质中，也可还原α-KG 生成 D-2-HG。利用 RNAi 干扰技术，在不同细胞系中敲低 *PHGDH* 基因，可将内源 D-2-HG 含量降低约 50%[36]，表明 PHGDH 催化途径可能是在生理状态下哺乳动物细胞产生 D-2-HG 的主要来源。

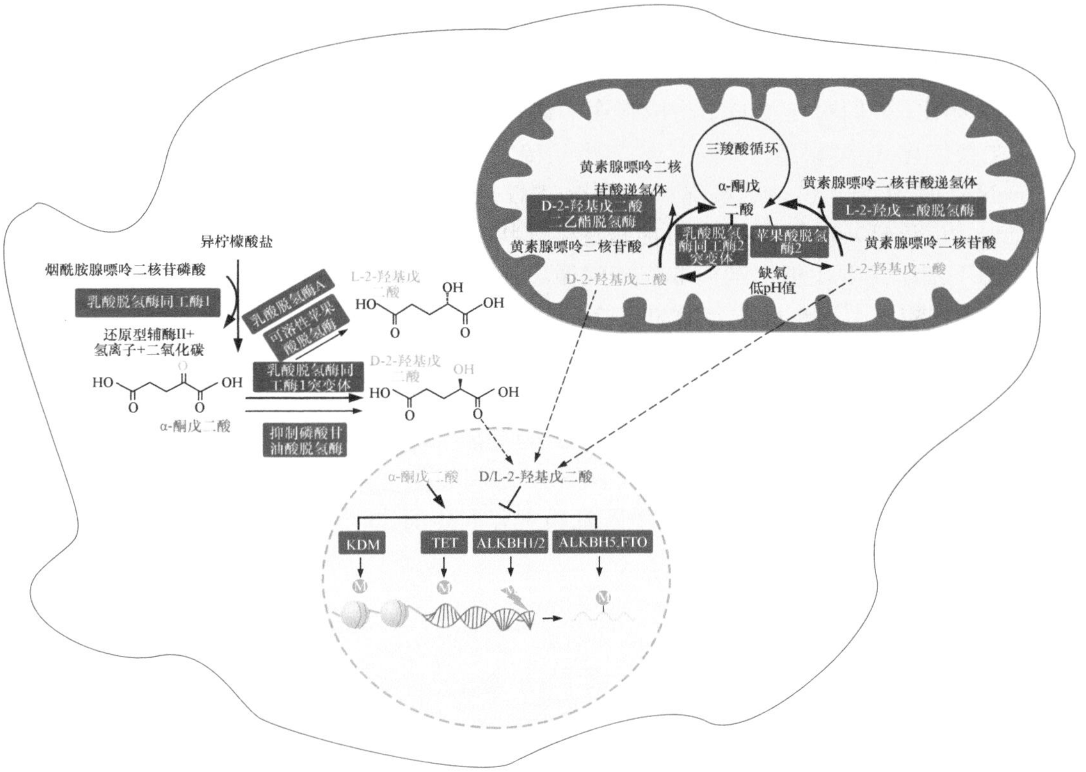

图 39-1　2-HG 代谢途径

近年来，大规模的肿瘤基因组研究发现，*IDH 1/2* 在多种类型肿瘤中发生高频率突变，包括 75%以上的 2～3 期胶质瘤及次级胶质母细胞瘤[37, 38]、约 20%的急性髓性白血病（AML）[39, 40]、75% 以上的软骨瘤[41～43]、10%～23%的胆管癌[44～46]，以及其他少数几类发生低频突变的肿瘤[47, 48]。临床研究表明，*IDH1/2* 突变具有独特的临床特征。首先，*IDH1/2* 突变主要发生在少数几种肿瘤中。例如，*IDH1/2* 突变经常出现在 2～3 期胶质瘤和继发性胶质母细胞瘤，但不出现在原发性胶质母细胞瘤中。*IDH1/2* 突变只出现在细胞遗传学正常的急性髓系白血病（AML）中。其次，*IDH1/2* 突变出现在肿瘤发生早期。在脑胶质瘤中，*IDH1/2* 突变也是目前已知最早的突变，这个特征也与 *IDH1/2* 突变影响细胞命运和分化的观点相一致。

在多种肿瘤中发生突变的 *IDH1/2* 也具有共同的生化特征。第一，*IDH1/2* 突变主要是成体细胞的突变，几乎没有发现配子突变；第二，所有的 *IDH1/2* 突变都是杂合突变，这个特征与功能获得型突变的特点相一致；第三，所有的 IDH 突变只发生在少数几个位点，例如，*IDH1* 的 Arg132 位点（变为 His、Cys、 Leu、Ile、Ser、Gly 和 Val），以及对应的 *IDH2* 的 Arg172（Lys、Met、Gly 和 Trp）和 Arg140（Gln 和 Trp）位点。这三个位点都是 *IDH1/2* 的活性位点，表明这些突变可以直接影响 *IDH1* 和 *IDH2* 的活力；第四，在成年的脑胶质瘤中，也发现了极少数的 *IDH1* 的 *R100A* 突变，在直肠癌细胞系和儿童脑胶质瘤细胞系也发现了 *IDH1* 的 *G97D* 突变；第五，*IDH1* 和 *IDH2* 在所有肿瘤中是互斥突变的，这表明两个基因的突变背后有着共同的生化和生理机制。IDH 主要催化异柠檬酸的氧化脱羧反应，生成α-酮戊二酸（α-KG）[25]。2010 年，美国科学家发现细胞内 *IDH1* 及其同源基因 *IDH2* 突变除了降低α-KG 生成，还会导致 IDH 获得一种全新活力，即催化 α-KG 还原，生成 2-HG。在细胞中外源过量表达肿瘤相关 *IDH1/2* 突变体 *IDH1*^{R132H} 或 *IDH2*^{R172K} 会导致细胞内 2-HG 的大量累积[49]。在含有 IDH 突变的胶质母细胞瘤样品中，2-HG 蓄积可高达 5～35mol/g（相当于 5～35mmol/L）。目前，D-2-HG 脑部成像技术仍处于试验阶段，研究者正在开发磁共振波谱技术，用于脑胶质瘤患者颅内 D-2-HG 的无创检测，该技术对于 *IDH1/2* 突变肿瘤细胞的早期诊断有着极为广阔的应用前景。

与 D-2-HG 相比，人们对 L-2-HG 合成代谢的认知较少（图 39-1）。已知 L-苹果酸脱氢酶（L-malDH）位于线粒体，主要催化 L-苹果酸与草酰乙酸的相互转化。有研究表明，L-malDH 还具有一类非特异性催化能力，可在 NADH 作为氢供体的情况下，催化α-KG 还原反应，生成 L-2-HG[50]。考虑到 L-malDH 本身的高活性及表达广谱性，L-malDH 有可能是在生理状态下哺乳动物细胞产生 L-2-HG 的主要来源。此外，在无氧状态下细胞主要由糖酵解而非三羧酸循环途径提供能量，糖酵解产物丙酮酸可通过乳酸脱氢酶（LDHA）生成乳酸，而这一反应会增加 L-2-HG 生成[51]。

除了合成代谢，2-HG 分解途径对于维持哺乳动物细胞中 2-HG 正常水平也至关重要。参与 2-HG 分解途径的两个代谢酶为 D-2-羟基戊二酸脱氢酶（D2HGDH）和 L-2-羟基戊二酸脱氢酶（L2HGDH），两者均分布于线粒体，分别以 D-2-HG 和 L-2-HG 为底物，将电子与氢转移给 FAD，而非 NAD^+或 $NADP^+$，生成α-KG（图 39-2）。*D2HGDH* 和 *L2HGDH* 基因突变会分别导致人体液中 D-2-HG 和 L-2-HG 浓度异常升高，并表现出以中枢神经系统功能紊乱为主要病症的 D-2-羟基戊二酸尿症（D-2-HGA）和 L-2-羟基戊二酸尿症（L-2-HGA）。

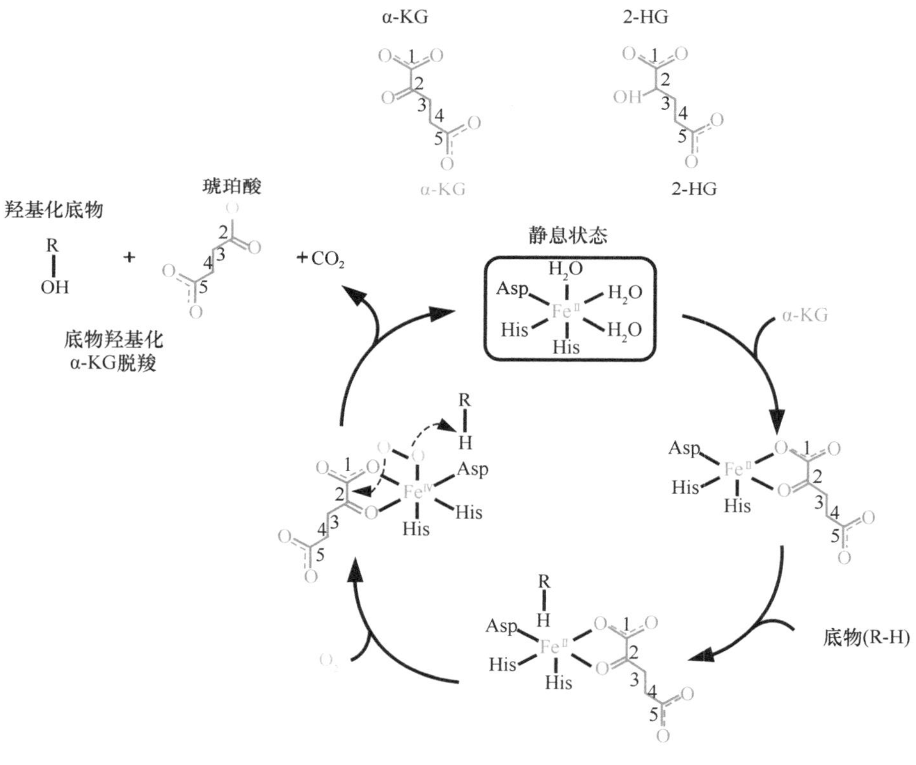

图 39-2 α-KG 依赖型双加氧酶催化反应

除了 D-2-HGA 及 L-2-HGA 外，还有一些导致 2-HG 异常蓄积的疾病，即混合型 D,L-2-羟基戊二酸尿症（D,L-2-HGA）[52]。D,L-2-HGA 患者体内会同时积累 D-2-HG 和 L-2-HG，在尿液和血清中浓度较高，而在脑脊液中的累积水平有限。在 D,L-2-HGA 患者体内 D-2-HG 积累浓度要远高于 L-2-HG。最新研究显示，线粒体转运体蛋白 SLC25A1的基因突变可能是导致 D,L-2-HGA 的主要原因[53, 54]。SLC25A1 属于 SLC25A 线粒体穿梭蛋白家族，具有转运苹果酸、异柠檬酸、柠檬酸、磷酸烯醇式丙酮酸等功能。*SLC25A1* 基因突变可能扰乱上述代谢小分子在细胞质与线粒体之间的穿梭转运，致使线粒体内代谢酶 HOT 和 L-malDH 的底物即α-KG 水平上升，从而导致 D-2-HG 和 L-2-HG 浓度升高。

39.2.2　2-HG 蓄积致病机制

1. 表观遗传是 2-HG 主要靶标

IDH 催化异柠檬酸的氧化脱羧反应，生成α-KG。突变型 *IDH1/2* 通过与其野生型形成异源二聚体，显著抑制 IDH 正常催化酶活，降低细胞内的α-KG 浓度[25]。在哺乳动物中，存在大约 60 多种以α-KG 作为底物的双加氧酶，催化着多种底物的羟基化反应，包括催化胶原蛋白羟基化的 CPH 家族、催化 HIF 蛋白羟基化的 PHD 家族、催化 RNA 上 m6A 的 FTO，以及分别催化组蛋白和 DNA 去甲基化的组蛋白去甲基化酶（histone demethylase，KDM）和 TET 家族 5-甲基胞嘧啶羟化酶等。如图 39-2 所示，α-KG 酮基端的两个氧原子与二价铁离子结合、羧基端的两个氧原子与双加氧酶的残基结合，从而结合到双加氧酶的活性中心。在氧气的参与下，活化的两个氧原子分别进攻底物和 α-KG，最终生成羟基化的底物、琥珀酸和二氧化碳分子（图 39-2）。通过这些羟基化反应，α-KG 依赖型双加氧酶参与了生物体脂肪酸合成、HIF 信号通路调控、DNA 修复，以及组蛋白和 DNA 的表观遗传调控。

结构生物学研究发现，两种 2-HG 对异构体（即 D-2-HG 和 L-2-HG）在结构上与 α-KG 相似，能结合到 α-KG 依赖型双加氧酶活性中心，但因 2 位氧原子被羟基替代，丧失结合催化铁原子的能力，从而竞争性抑制多个 α-KG 依赖型双加氧酶活性（图 39-3）[55]。2-HG 对以α-KG 为底物的双加氧酶的抑制效果并不理想，对 2-HG 具有更高亲和力的双加氧酶将对 2-HG 积累更为敏感。组蛋白去甲基化酶 KDM 家族（又称 JMJC 组蛋白去甲基化酶家族）包括 30 个成员，其中 18 个成员已经被证实具有去甲

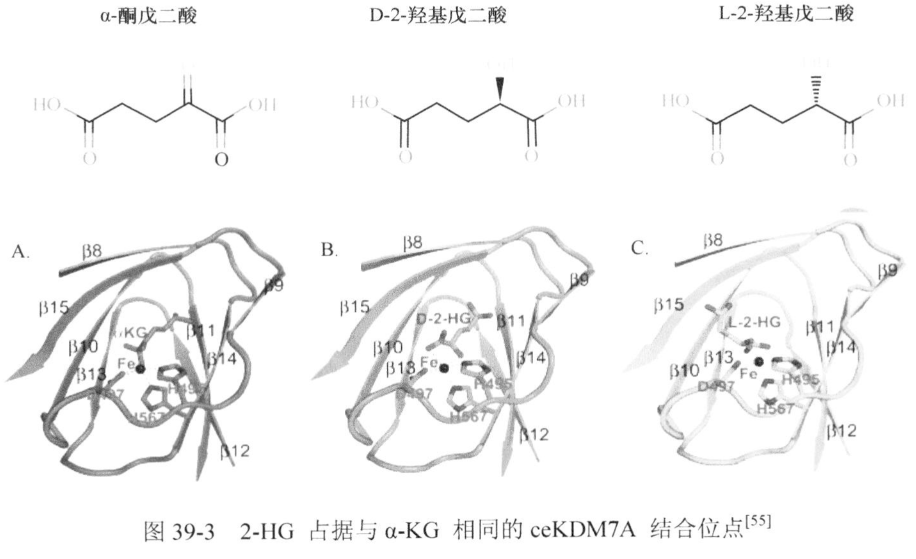

图 39-3　2-HG 占据与 α-KG 相同的 ceKDM7A 结合位点[55]

基化的活力。2011 年，Chowdhury 等开展体外酶活实验，比较了 2-HG 对不同双加氧酶的 IC_{50}，发现组蛋白去甲基化酶 KDM4A（又称 F-box and Leu-rich repeat protein 11，FBXL11）最为敏感（IC_{50}=24μmol/L）。KDM4A 是第一个被鉴定出来的 JMJC 家族组蛋白去甲基化酶，可以催化组蛋白 H3K36me1 和 H3K36me2 的去甲基化。紧接着，对 2-HG 敏感的 α-KG 依赖型双加氧酶是催化 H3K9 和 H3K36 位点去甲基化的 KDM4C（IC_{50}=79μmol/L）及 KDM2A（IC_{50}=106μmol/L）[56]。后续大量研究表明，组蛋白去甲基化酶 KDM 家族是 D-2-HG 和 IDH1/2 突变体的主要靶标之一。

除了组蛋白甲基化，基因组 DNA 的胞嘧啶 5 位上的甲基化是另一个主要的表观遗传标记，在生物发育和基因组调控等方面发挥重要作用。基因组甲基化水平因不同的细胞和组织类型及不同的发育时期而不同。生物体内催化 DNA 甲基化的蛋白质有 3 个：DNMT1、DNMT3A 和 DNMT3B。2009 年，Tahiliani 等人发现 α-KG 依赖型双加氧酶家族成员 TET（ten-eleven translocation）蛋白，可催化 5-methylcytosine（5mC）生成 5-hydroxymethylcytosine（5hmC）。2010 年，两个小组同时在 *Science* 发表文章报道，TET 蛋白不仅可以氧化 5mC 生成 5hmC，还可以进一步氧化生成 5-formylcytosine（5fC）和 5-carboxylcytosine（5caC）。在哺乳动物中，TET 蛋白家族包括 3 个成员：TET1、TET2 和 TET3。2010 年年初，Kosmider 等人的测序结果发现，在急性髓性白血病（AML）中，*IDH1* 与 *TET2* 基因发生突变是相互独立的[57]。几乎同时，Noushmehr 等的研究也发现，在 *IDH1* 突变的脑胶质瘤样本中存在 CpG 岛高甲基化表型（CIMP）[58]。需要指出的是，*IDH* 突变产生的为 D-2-HG，并非 L-2-HG。L-2-HG 似乎比 D-2-HG 对大多数 α-KG 依赖型双加氧酶的抑制能力更强。2015 年，Laukka 等开展体外酶活实验，发现 L-2-HG 比 D-2-HG 对 TET1 或 TET2 的抑制能力更强[59]。这些结果表明，TET 家族 5-甲基胞嘧啶羟化酶是 D-2-HG 和 IDH1/2 突变体的另一个主要靶标。

除了 *IDH1* 和 *IDH2*，延胡索酸水合酶（FH）基因在肾细胞癌和子宫肌瘤中发生突变[60, 61]，琥珀酸脱氢酶（SDHB、SDHC、SDHD 和 SDHAF2/SDH5）基因在家族型副神经节瘤、嗜铬细胞瘤及少量胃肠基质肿瘤中发生突变[62, 63]。FH 和 SDH 分别催化延胡索酸水合生成苹果酸、催化琥珀酸脱氢生成延胡索酸，参与三羧酸循环。*FH* 和 *SDH* 突变会导致其对应代谢产物延胡索酸和琥珀酸异常升高[64]。延胡索酸和琥珀酸与 α-KG 结构也非常类似，这两种小分子也可作为 α-KG 拮抗剂，竞争性抑制 α-KG 依赖型双加氧酶活力，包括 JMJC 组蛋白去甲基化酶家族和 TET 家族 5-甲基胞嘧啶羟化酶。体外酶活实验结果证实，延胡索酸和琥珀酸可抑制以 α-KG 为底物的组蛋白去甲基化酶 KDM4A，IC_{50} 分别为 1.5mmol/L 和 0.8mmol/L[65]。与 2-HG 相比，延胡索酸和琥珀酸对 DNA 去甲基化酶 Tet1 和 Tet2 的抑制效果较强（IC_{50}=390～570μmol/L）[59]。临床研究亦证实，在 SDH 或 FH 突变肿瘤样本中组蛋白和 DNA 甲基化水平显著升高[65]。

代谢酶 *IDH*、*FH* 和 *SDH* 基因突变存在一个共性，即代谢基因突变导致代谢失衡：*IDH* 突变导致 α-KG 生成减少和 2-HG 蓄积，*FH* 和 *SDH* 突变分别导致延胡索酸和琥珀酸积累。事实上，2-HG、延胡索酸和琥珀酸在胞内的生理浓度往往较低。只有在特殊条件下，如代谢基因发生突变，这些内源性代谢物在体内高度蓄积，才能有效抑制 α-KG 依赖型双加氧酶，包括 JMJC 组蛋白去甲基化酶和 TET 家族 5-甲基胞嘧啶羟化酶，形成一套相对于基本遗传学基因水平的表观遗传调控系统，改变染色质结构，调控基因转录和细胞信号转导，可能影响干细胞或前体细胞的分化，最终促进肿瘤发生。

2. 2-HG 与 DNA 损伤修复

众所周知，DNA 是机体生命活动最重要的遗传物质，其分子结构完整性和稳定性的保持对于细胞的存活和正常生理活动的发挥具有重要意义。但是 DNA 时刻面临来自于生物体内部或外部的侵袭，如体内代谢过程中产生的自由基和其他活性化合物、DNA 在复制和重组过程中自发的错误；体内 DNA 会有自发性结构变化，包括 DNA 链上的碱基异构互变、脱氨基、碱基修饰、DNA 链上的碱基脱落等；外界射线的照射等物理因素，烷化剂、碱基类似物、修饰剂等化学因素都能损伤 DNA 的结构，最后能导致 DNA 的点突变，核苷酸缺失、插入或转位，DNA 链断裂等，结果可能影响生物细胞的功能和遗传特性。生物在进化过程中获得的 DNA 修复功能，对生物的生存和维持遗传的稳定性至关重要，如未及时修复，可能导致遗传信息功能的改变，从而与肿瘤发生息息相关。DNA 损伤修复是一个多因子参与、涉及多个环节的复杂修复系统。

早在 1983 年，Kataoka 等就发现大肠杆菌某种变异株对 DNA 损伤剂甲磺酸甲酯非常敏感，并将其命名为 AlkB[66]。这种蛋白质在进化上高度保守，从低等的细菌到高等的哺乳动物中都普遍存在。2006～2008 年，英国学者发现 AlkB 蛋白在 DNA 损伤修复中起重要作用[67, 68]。AlkB 蛋白家族利用亚铁离子（Fe^{2+}）及 α-KG 作为辅助因子和协同底物，以一种称为“氧化去甲基”的作用，通过氧化性去除 DNA、RNA 和组蛋白上的甲基加合物，如 1-甲基腺嘌呤（1mA）和 3-甲基胞嘧啶（3mC），从而在 DNA 修复中扮演重要角色。对于正常细胞而言，DNA 损伤修复机制可以防止 DNA 突变，维护基因组的完整性。但对于肿瘤细胞而言，DNA 损伤修复机制反而有助于肿瘤细胞逃脱放疗或化疗药物的攻击，从而导致肿瘤细胞对化疗药物产生耐药性，造成化疗失败。有学者推测，正是这种 AlkB 分子阻止了传统癌症治疗方法的成功实施，干扰 AlkB 蛋白的功能可能有利于恢复肿瘤细胞对化疗和放疗的敏感性，对其深入研究将有助于克服化疗耐药性这一令人棘手的肿瘤治疗难题。

来自欧洲和美国的临床研究数据表明，*IDH1* 突变的次级胶质母细胞瘤患者对联合使用烷基化试剂甲基苄肼（Procabazine）、洛莫司汀（Lomustine，别名 CCNU）和微管药物长春新碱（Vincristine）的化疗方法（简称 PCV 化疗）特别敏感。体外酶活和生化细胞实验表明，2-HG 抑制 ALKBH 家族 DNA 修复酶 ALKBH2 和 ALKBH3。在过量表达 IDH 突变体的细胞系中，DNA 烷基化损伤的修复速度降低、DNA 损伤积累，导致细胞更容易被烷基化试剂杀死；对烷基化试剂的高敏感性是依赖于 *IDH* 突变体产生 D-2-HG 的催化活性，能被过量表达 ALKBH2 或 ALKBH3 所逆转[69]。另有研究发现，在 *IDH* 突变的小鼠造血干细胞和人类 AML 肿瘤样本中，作为 DNA 损伤信号感受器的毛细血管扩张性共济失调症突变蛋白激酶（ataxia telangiectasia mutated kinase，ATM）的表达水平显著下调，这可能与 2-HG 抑制组蛋白去甲基化酶 KDM4A 和 KDM4B 相关，导致 IDH 突变肿瘤中同源重组修复途径（homologous recombination，HR）存在缺陷[70]。在 *IDH1/2* 突变胶质瘤细胞中，依赖于聚腺苷酸二磷酸核糖转移酶（PARP）的 DNA 修复途径存在缺陷，这可能与 *IDH* 突变肿瘤细胞内 NAD^+浓度降低，继而抑制 PARP 活性相关[71, 72]。上述发现解释了“*IDH1/2* 突变肿瘤患者对 DNA 损伤剂具较高敏感性”的临床现象，这表明除了导致表观遗传的非稳定性，DNA 损伤修复能力削弱引发遗传的不稳定性也可能是 *IDH* 突变促进肿瘤发生的原因之一。“*IDH* 突变肿瘤细胞中 DNA 修复路径存在缺陷”这一特征将对 *IDH* 突变的脑胶质瘤患者临床给药、实现个体化治疗具有重要启发意义。

3. 2-HG 与细胞代谢重编程

除了影响表观遗传和 DNA 损伤修复，2-HG 还被报道能诱导细胞代谢重编程（表 39-1）。转基因小鼠研究结果表明，全身敲入（knock-in）IDH1-R132H 会导致胚胎致死，而大脑特异性敲入 IDH1-R132H（Nestin-Cre 或 GFAP-Cre）在 E14.5 时即出现脑出血，大脑发育严重停滞。小鼠在出生后不久即死亡，伴随着 $NADP^+$/NADPH 比值上升和 GSH/GSSG 比值下降，表明 *IDH1* 突变和 D-2-HG 可能影响细胞氧化-还原状态[73]。采用 D-2-HG 处理大鼠脑片可以下调肌酐激酶、线粒体复合物 IV 和 V 的活力，降低线粒体能量代谢水平，并增加体外培养细胞中的氧化压力[74, 75]。在原代培养的神经元中外源添加 D-2-HG 可以增加突触囊泡对谷氨酸的摄取，而不改变包括 NMDA 受体活性在内的其他突触活力[76]。另外，高浓度 L-2-HG 处理大鼠脑片也可以抑制肌酐激酶活力，增加细胞氧化压力和突触对谷氨酸的摄取[77, 78]。近期研究报道，*IDH1* 突变肿瘤细胞线粒体内琥珀酰辅酶 A 水平显著上升，导致线粒体呼吸受损和细胞凋亡抵抗[79]。

可见，2-HG 异常累积的下游“靶标”众多，包括表观遗传、DNA 损伤修复、细胞代谢重编程等。在多重效应共同作用下，致癌代谢物 2-HG 启动或促进肿瘤发生发展（表 39-1）[80]。

表 39-1　致癌代谢物 2-HG“下游靶标”[81]

2-HG 对映体	酶	分子靶点	影响的细胞通路	相关疾病
D-2-HG	IDH1/2	PHD/EGLN	HIF-1α	胶质瘤
D-2-HG	IDH1/2	TET	DNA 去甲基化	胶质瘤, 急性髓细胞性白血病
D-2-HG	IDH1/2	KDM	组蛋白去甲基化	胶质瘤, 急性髓细胞性白血病
D-2-HG	IDH1	ALKBH1/2	DNA 修复	胶质瘤
D-2-HG	IDH2	FTO	RNA 去甲基化	急性髓细胞性白血病
D-2-HG	IDH2	N.D.		D-2 羟基戊二酸尿症 II 型
D-2-HG	IDH1/2	N.D.	STAT1 通路, T 细胞功能和浸润	肿瘤生长
D-2-HG	IDH2	N.D.	N.D.	心肌症
D-2-HG	IDH1/2	KDM4A, DEPTOR	mTOR 通路	N.D.
D-2-HG	D2HGDH 突变	N.D.	N.D.	D-2 羟基戊二酸尿症 I 型
D-2-HG	体外加入		PIN1, NF-κB 通路和基质细胞	急性髓细胞性白血病
D-2-HG	体外加入	细胞色素 c 氧化酶	细胞呼吸	
L-2-HG	LDHA	KDM	低氧	L-2-羟基戊二酸尿症
L-2-HG	MDH	KDM	低氧	L-2-羟基戊二酸尿症
L-2-HG	L2HGDH 突变	AASS		L-2-羟基戊二酸尿症
L-2-HG	LDHA	KDM	T 细胞功能和浸润	肿瘤抑制
L-2-HG	L2HGDH 低表达	N.D.	N.D.	肾癌

39.3　代谢与表观遗传研究所面临挑战

关键概念

- 代谢流量组学：有别于传统“静态”的代谢组学提供代谢网络容量和热动力学测试，“动态”的代谢流量组学是对通过网络中每步反应的流量值进行精细定量，被认为是对代谢表型的直接衡量。
- 代谢物的实时多维成像：利用遗传编码荧光探针检测代谢物在各亚细胞器内分布与运输。代谢物在全细胞的总量及其在亚细胞区的浓度和调控，将决定表观遗传学修饰酶所催化的酶促反应的有效性和特异性。

目前，世界上最大的癌症基因信息数据库（Cancer Genome Atlas，TCGA）收录了来自 33 种不同类型的上万例肿瘤样本的基因组学信息，已鉴定出近 140 个癌驱动基因（cancer driver）和 12 条肿瘤相关信号通路。其中，近一半的癌驱动基因编码表观遗传修饰酶，参与染色质修饰和重塑[81]。以 AML 为例，近 43.5%的基因突变影响 DNA（去）甲基化修饰[82]。值得关注的是，几乎所有表观遗传修饰酶都以代谢物作为底物或辅酶（表 39-2）。代谢物作为信号分子，通过影响表观遗传和染色质结构，调控基因表达和细胞信号通路，该调控异常可能是广泛存在的促癌机制。深入探讨代谢失调影响表观遗传及其促癌机制，我们正面临着众多挑战，包括：①新型肿瘤代谢物的筛选与鉴定；②复杂代谢网络的稳态流量分布；③代谢物在活细胞、亚细胞、活体层面的实时多维成像；④代谢物调控表观遗传和靶基因转录的分子机制；等等。

表 39-2　大部分表观遗传修饰酶都以代谢物作为底物或辅酶

表观遗传修饰	表观遗传修饰酶	所需代谢物	相关代谢酶	代谢通路
DNA 甲基化	DNMT	SAM	MAT	一碳代谢
DNA 去甲基化	TET	α-KG	IDH, GDH	三羧酸循环&回补过程
组蛋白甲基化	HMT	SAM	MAT	一碳代谢
组蛋白去甲基化	KDM	α-KG	IDH, GDH	三羧酸循环&回补过程
组蛋白去甲基化	LSD1	FAD	FADS	氧化磷酸化
组蛋白乙酰化	HAT	乙酰辅酶 A	PDC, ACLY	脂肪酸合成
组蛋白去乙酰化	HDAC	β-OHB	HBDH	酮体 &丁酸甲酯代谢
组蛋白糖基化	OGA, OGT	O-乙酰葡糖胺	UAP	氨基己醣通路
组蛋白磷酸化	激酶	ATP	PGK, ATP 合成酶	糖酵解&三羧酸循环

39.3.1　组学发现新型肿瘤代谢物

人类基因组计划引领生命科学进入“组学”时代，新兴技术不断涌现，使人类更加全面、微观、准确地探索生命奥秘。此外，测序成本大幅度降低，速度和精确度成倍提高。2014 年 6 月中国启动了中国人类蛋白质组计划：确认、注释预测基因；阐释蛋白质组构成，实现与转录组对接；构建相互作用网络，揭示调控规律；阐明人类生理和病理蛋白质组基础。在后基因组时代，人们不仅想要读到生命的遗传序列，更要深入探究隐藏在这些遗传密码背后的奥秘。近十年来，组学研究进展十分迅速，一系列研究全细胞水平蛋白质和代谢物变化的组学手段，包括代谢组学和蛋白质组学，在癌症基础研究中得到广泛应用，这使科学家从单基因、单通道研究转向了结合高通量组学研究，更全面地研究代谢在细胞生理功能和疾病发生中的作用。

目前，国际上最大的人类代谢组数据库（Human Metabolome Database，HMDB）收录了 42 000 多种代谢物、近 800 条与代谢异常和疾病发生相关通路，以及与肝癌、乳腺癌、肾癌、结直肠癌等 37 种肿瘤相关的代谢组学数据信息[83]。运用生物信息学手段，从现有数据库中进行深度挖掘，揭示不同肿瘤的代谢特征，如碳源生物合成和生物产能方式，将有助于系统地发现与肿瘤发生发展密切相关的代谢通路及重要代谢物。例如，可以依托肿瘤代谢组学的研究，从高通量代谢组学分析结果中初步筛选，利用计算机辅助分子模拟和分子对接，根据三种已知致癌代谢物 2-HG、延胡索酸和琥珀酸的分子结构，发现更多的 α-KG 结构类似物，开展体外生化、细胞和动物多层面的验证，将有望揭示参与表观遗传调控的新型肿瘤相关代谢物。除了 α-KG 结构类似物，肿瘤相关代谢物还包括亚牛磺酸（hypotaurine，与脑胶质瘤相关）、天冬酰胺（asparagine，与白血病相关）、胆碱（choline，与前列腺癌、脑肿瘤和乳腺癌相关）、多胺（polyamines，与许多肿瘤相关）等。这些代谢物影响肿瘤发生发展的作用机制，大部分至今尚未被阐明。

蛋白质组学和代谢组学既有不同，也有相似相通之处。首先，在细胞和机体中，几乎所有的代谢物都由酶促反应生成。机体内蛋白质组的变化，往往会影响代谢物组的变化。通过蛋白质组学研究可获得蛋白质表达、翻译后修饰、蛋白质与蛋白质互作等相关信息，而代谢组学研究可获得由于蛋白质功能变化引起的代谢物水平整体变化的相关信息，代谢组学应当可预测甚至佐证蛋白质组学。其次，代谢物小分子可作为别构调控分子，影响蛋白质翻译后修饰和蛋白质功能，发挥代谢感受器的作用。例如，代谢小分子 AMP、NAD 等可以影响 AMPK（蛋白激酶）和 SIRT（去乙酰化酶）等蛋白修饰相关酶的活性，进而调控底物蛋白的翻译后修饰和功能。再者，代谢小分子可作为共同底物或辅因子，影响几乎所有染色质修饰酶的活性，包括组蛋白和 DNA 去甲基化酶，进而达到表观遗传调控。作为生命科学与生物高技术的新一代引擎，蛋白质组学应与代谢组学等新兴学科有机整合，充分利用蛋白质组学成熟的质谱分析技术，推进“代谢的蛋白质组学”协同研究，将会大力推动我们对生命活动本质的准确认识，筛选疾病相关的分子标志物和治疗靶点，最终推动创新药物的研发。在各种组学和生物信息技术快速发展的帮助下，精准医学正在由理论逐步转入临床实践，人们对于生理和疾病的研究正不断深入，相信在不久的将来人类将对“不治之症”会有更多更有效的治疗手段。

39.3.2 复杂代谢网络的示踪

传统“静态”的代谢组学提供了代谢网络容量和热动力学测试，而“动态”的代谢流量组学则是对通过网络中每步反应的流量值进行精细定量，被认为是对代谢表型的直接衡量。在稳态条件下，代谢流量(metabolic flux)一般以代谢产物的比生成速率表示，是代谢途径中最重要参数。代谢流量分析(metabolic flux analysis，MFA）是根据代谢路径中各反应的计量关系及实验中所测得的数据来确定整个代谢反应网络中代谢流量分布的一种方法。代谢流量组学（fluxomics）是研究代谢流量组（fluxome）随时间动态变化的科学，即对流经代谢途径的代谢流量组进行定量分析。近期随着复杂生物体的稳定同位素注入技术的发展，MFA 和 Fluxomics 分析已成为细胞代谢研究热点技术之一，在肿瘤代谢研究方面取得了令人瞩目的进展。

以 ^{13}C 或 ^{15}N 标记代谢流量分析技术为例，通过整合稳定同位素踪技术、代谢组分析（如 NMR，GC-MS、LC-MS）和数学建模，研究者能够示踪和比较正常与肿瘤细胞内葡萄糖代谢[84]、谷氨酰胺代谢[85]、NADPH 代谢[86, 87]等。应用代谢流量分析技术，将有助于发现一些特定肿瘤类型的特殊代谢表型。例如，通过使用 ^{13}C 同位素标记法，跟踪包括乳酸、葡萄糖及各种氨基酸在内的十多种含碳代谢中间物在人体血液循环中的流量，科学家们发现了乳酸不是无氧条件下的代谢废物，而是可作为组织内和组织间互相传递的重要能源物质，是肺癌细胞最重要的直接营养来源之一[88, 89]。研究者使用 ^{15}N 标记 NH_4Cl，还发现被传统观念认为是代谢废弃物的氨，不仅对乳腺癌细胞没有毒性，而且还能够作为肿瘤生长所需的重要氮源[90]。除了可以示踪在稳态条件下的复杂代谢网络的稳态流量分布，利用 ^{13}C 或 ^{15}N 标记代谢流量分析还能够检测外界环境扰动下，如营养条件改变、胁迫条件施加、药物处理等，细胞和机体内动态代谢流量的响应有助于揭示肿瘤等代谢综合征发生发展过程中的主要代谢通路，并发现基于代谢物和代谢酶的疾病生物标志物与潜在药物靶标。

39.3.3 代谢物如何实现跨膜转运及调控功能?

目前，质谱分析技术多被应用于检测全细胞水平的代谢物浓度。通过磁珠分选快速分离不同细胞器（如线粒体），结合质谱分析技术，可实现亚细胞水平代谢物的浓度测定[91]，但仍存在多方面不足。例如，细胞器分离过程繁琐，难以确保代谢物在细胞器分离过程中的稳定性。更重要的是，无法实现活细胞内不同亚细胞水平的代谢物实时成像检测。

真核细胞的一个重要特征是存在膜被细胞器，使得各个区域的生物功能相对独立，如同蛋白跨膜转运，许多代谢物的跨膜转运受到严格调控。如前所述，几乎所有其他染色质修饰酶也都以代谢小分子作为共同底物或辅因子，包括乙酰辅酶 A、NAD^+、FAD、ATP 等，这预示着胞内代谢状态影响代谢物水平，进而实现对核内表观遗传的调控，可能远远超过目前所了解的范畴。小分子代谢物不仅在全细胞的总量，而且在亚细胞区的浓度及调控方面，将决定表观遗传学修饰酶所催化的酶促反应的有效性和特异性。例如，α-KG 不能在细胞质和线粒体之间自由游离，而是需要通过线粒体膜上 ODC 和 OGC 穿梭途径实现转运。再如，*IDH1* 定位于细胞质，而 *IDH2*、*FH* 和 *SDH* 均定位于线粒体中。这些代谢基因突变使致癌代谢物（2-HG、延胡索酸和琥珀酸）在细胞质和线粒体高水平累积。而被 α-KG 激活并受致癌代谢物 2-HG 抑制的 KDM 家族组蛋白去甲基化酶、TET 家族 DNA 羟基化酶、ALKBH 家族 DNA 修复酶等均定位于细胞核内。α-KG，以及已知致癌代谢物 2-HG、延胡索酸和琥珀酸在不同亚细胞区的浓度如何检测？这些代谢物在细胞内如何实现从线粒体到细胞质、细胞核的跨膜转运？在高糖、缺氧的组织微环境中，α-KG 和已知致癌代谢物在亚细胞水平的浓度如何变化？这些改变又是如何调控代谢物受体蛋白活性和功能，实现对表观遗传的动态调控？这一系列疑问至今都未解决。基于遗传编码荧光探针的活细胞代谢分析方法，可实时地监测细胞内代谢物丰度，对细胞的代谢表型进行高通量且可靠的检测[92～94]。而且，这些遗传编码荧光探针可定位到各个亚细胞器，极大地简化了关于代谢物在各亚细胞器内分布与运输的研究，让实现亚细胞、动物活体水平的代谢物实时多维成像成为可能，将有助于探讨已知致癌代谢物和参与表观调控的新型代谢物的胞内跨膜转运机制、代谢物对外界环境因素改变的响应等，揭示代谢物动态调控表观遗传的机制及其生物学功能。

39.3.4 代谢物如何通过表观遗传调控靶基因转录？

作为真核生物最重要的表观遗传修饰之一，DNA 甲基化多发生在 CpG 位点，精细调控基因表达。但是，DNA 甲基化存在异质性。不同细胞/组织在相同基因组区域上可能携带不同程度 DNA 甲基化修饰，导致细胞/组织特异基因表达和不同细胞表型。基因组特定区域 DNA 甲基化不可能仅由 DNA 序列 CpG 位点决定，而是表观修饰酶与识别 DNA 的转录调控因子协同作用的结果。我们知道 DNA 主动去甲基化的 TET 蛋白家族有三个成员，分别称为 TET1/2/3。体内功能研究表明，*Tet* 基因敲除细胞和小鼠存在广泛表型差异，包括减数分裂异常[95]、胚胎致死[96]、诱导多能干细胞重新编程[97～99]、造血细胞分化[100]、免疫应答[101～103]、心脏保护[104, 105]、肿瘤抑制[100, 106, 107]。上述不同功能的实现，被认为与三个 Tet 对应的特异性靶基因关联密切。有研究发现，TET2 与不同转录因子[108]、转录共激活子[109]等形成复合物，以实现表观信息精准传递，调控靶基因表达和细胞表型。除了 DNA 去/甲基化，组蛋白修饰也是表观遗传的重要表现形式。组蛋白相关表观修饰酶是否及如何识别特定 DNA 序列和调控靶基因，尚待进一步研究。

作为生命活动周期的两个层面，“蛋白修饰与细胞代谢”与“遗传基因与表观遗传”并非彼此孤立，而是相互影响的功能整体。代谢物并非简单被动的中间物，而是衔接细胞代谢与表观遗传的核心枢纽，具有重要的生物学调控功能。从广义上讲，代谢物如同激素和其他小分子，可以作为配体（ligand）和蛋白受体（receptor）直接结合，调控结合蛋白功能或下游信号传递。举例而言，*IDH*、*FH* 和 *SDH* 突变产生 2-HG、延胡索酸和琥珀酸，这三种代谢物可以非共价方式结合并抑制 α-KG 依赖型双加氧酶活性，包括组蛋白去甲基化酶 KDM 家族和 TET 家族 5-甲基胞嘧啶羟化酶，进而影响表观遗传和染色质结构。在正常生理和病理条件下，胞内哪些代谢物浓度的改变能够影响表观遗传？表观修饰酶本身并不具备能够识别特定 DNA 序列的结构域，它们如何精准靶向下游基因及相关细胞生物学过程？代谢重塑所产生致癌代谢物又如何通过表观遗传调控靶基因和改变肿瘤信号通路，最终促进细胞癌变？肿瘤细胞中致癌代谢物影响表观谱，而正常代谢物能否也调控表观酶类的活性呢？这些生物学问题仍然没有被很好解决。

39.4 总结与展望

代谢是生物体维持生命的基本过程。在基因和环境因素的扰动下，代谢调控网络稳态被逐渐打破，继而进入另一种“非稳态”。在这一转变过程中，作为整个代谢调控网络系统输出信号的代谢物，必然会发生相应的变化。代谢物并非“被动”的酶促反应中间物，而是具有重要的生物学调控功能，在维系代谢调控网络稳态过程中扮演重要的角色。首先，代谢物可作为别构调节因子，调控结合蛋白质（或酶）的活性，从而使代谢物结合蛋白发挥代谢感受器作用。其次，代谢物可通过共价或化学修饰的方式（如乙酰化修饰），调控结合蛋白质或酶的活性，进而调控物质代谢反应及相应生理功能。再者，代谢物还是众多表观遗传修饰酶的底物或辅因子，广泛调节表观遗传修饰酶的活性，影响表观遗传和染色质结构，调控基因表达和细胞信号转导。代谢酶突变导致内源代谢物积累，成为能诱发细胞恶性转化的致癌代谢物。目前国际上公认的致癌代谢物有三种：2-羟基戊二酸、延胡索酸和琥珀酸，它们都能够拮抗抑制α-酮戊二酸依赖型双加氧酶活性和产生多重生物学效应，包括改变细胞表观谱、增加基因组不稳定性等，为代谢和表观遗传重塑的肿瘤生物学功能提供了有力证据。基于已知致癌代谢物的分子结构和生化特征，筛选发现并验证未知的肿瘤相关代谢物，深入探讨已知和新发现代谢物在亚细胞水平跨膜转运机制、对外界环境刺激的响应，阐明这些代谢物对表观遗传修饰酶活性和功能调控机制，解析该调控异常对下游靶基因转录、细胞信号传导的作用机制，将有助于进一步阐明代谢失调促进肿瘤发生发展的分子机制，并为定向阻断该过程提供潜在的分子干预靶点。代谢和表观遗传交互调控不仅发生在肿瘤细胞，在微环境免疫细胞中也发挥重要作用。因此，代谢和表观交叉领域的研究半径还可能从肿瘤细胞扩大到微环境免疫细胞，以提供更多代谢酶潜在药靶和干预手段。

注：杨辉、王璞、王义平、麻胜洪、宋俊滨对本章素材整理亦有贡献。

参考文献

[1] Warburg, O. On the origin of cancer cells. *Science*123, 309-314(1956).

[2] Hanahan, D., & Weinberg, R .A. Hallmarks of cancer: the next generation. *Cell* 144, 646-674(2011).

[3] Pennisi, E. ENCODE project writes eulogy for junk DNA. *Science* 337, 1159-1161(2012).

[4] Hangauer, M.J. *et al*. Pervasive transcription of the human genome produces thousands of previously unidentified long intergenic noncoding RNAs. *PLoS Genet*. 9, e1003569(2013).

[5] Gutteridge, A. & Thornton J.M. Understanding nature's catalytic toolkit. *Trends Biochem Sci* 30, 622-629(2005).

[6] Paik, Y. K. *et al*. The Chromosome-Centric Human Proteome Project for cataloging proteins encoded in the genome. *Nat. Biotechnol* 30, 221-223(2012).

[7] Roth, M. J. *et al*. Precise and parallel characterization of coding polymorphisms, alternative splicing, and modifications in human proteins by mass spectrometry. *Mol Cell Proteomics* 4, 1002-1008(2005).

[8] Walsh, C. T. *et al*. Protein posttranslational modifications: the chemistry of proteome diversifications. *Angew Chem Int Ed Engl* 44, 7342-7372(2005).

[9] Yang, X. J. & Seto E. Lysine acetylation: codified crosstalk with other posttranslational modifications. *Mol Cell* 31, 449-461(2008).

[10] Khoury, G.A. *et al*. Proteome-wide post-translational modification statistics: frequency analysis and curation of the swiss-prot database. *Sci. Rep* 1, 90(2011).

[11] Olsen, J. V. *et al*. *In vivo*, and site-specific phosphorylation dynamics in signaling networks. *Cell* 127, 635-648(2006).

[12] Bellet, M. M. & Sassone-Corsi P. Mammalian circadian clock and metabolism-the epigenetic link. *J Cell Sci* 123, 3837-3848(2010).

[13] Glozak, M. A. *et al*. Acetylation and deacetylation of non-histone proteins. *Gene* 363, 15-23(2005).

[14] Koch, C. M. *et al*. The landscape of histone modifications across 1% of the human genome in five human cell lines. *Genome Res* 17, 691-707(2007).

[15] Jenuwein, T. & Allis C. D. Translating the histone code. *Science* 293, 1074-1080(2001).

[16] Grunstein, M. Histone acetylation in chromatin structure and transcription. *Nature* 389, 349-352(1997).

[17] Clayton, A.L. *et al*. Enhanced histone acetylation and transcription: a dynamic perspective. *Mol Cell* 23, 289-296(2006).

[18] Piperno, G.. *et al*. Microtubules containing acetylated alpha-tubulin in mammalian cells in culture. *J Cell Biol* 104, 289-302(1987).

[19] Guan, K. L. *et al*.Generation of acetyllysine antibodies and affinity enrichment of acetylated peptides. *Nat. Protoc* 5, 1583-1595(2010).

[20] Pandey, A. & Mann M. Proteomics to study genes and genomes. *Nature* 405, 837-846(2000).

[21] Mann, M. & Jensen O. N. Proteomic analysis of post-translational modifications. *Nat Biotechnol* 21, 255-261(2003).

[22] Kim, S. C. *et al*. Substrate and functional diversity of lysine acetylation revealed by a proteomics survey. *Mol Cell* 23, 607-618(2006).

[23] Choudhary, C. *et al*. Lysine acetylation targets protein complexes and co-regulates major cellular functions. *Science* 325, 834-840(2009).

[24] Schwer, B. *et al*. Calorie restriction alters mitochondrial protein acetylation. *Aging Cell* 8, 604-606(2009).

[25] Zhao, S.M. *et al*. Glioma-derived mutations in IDH1 dominantly inhibit IDH1 catalytic activity and induce HIF-1α. *Science* 324, 261-265(2009).

[26] Wang, Q. *et al*. Acetylation of metabolic enzymes coordinates carbon source utilization and metabolic flux. *Science* 327, 1004-1007(2010).

[27] Henriksen, P. *et al*. Proteome-wide analysis of lysine acetylation suggests its broad regulatory scope in *Saccharomyces cerevisiae*. *Mol Cell Proteomics* 11, 1510-1522(2012).

[28] Lundby, A. *et al*. Proteomic analysis of lysine acetylation sites in rat tissues reveals organ specificity and subcellular patterns. *Cell Rep* 2, 419-431(2012).

[29] Wang, S. *et al*. Insulin and mTOR pathway regulate HDAC3-mediated deacetylation and activation of PGK1. *PLoS Biology* 13, e1002243(2015).

[30] Wang, Y. P. *et al*. Regulation of G6PD acetylation by SIRT2 and KAT9 modulates NADPH homeostasis and cell survival during oxidative stress. *The EMBO Journal*, e201387224(2014).

[31] Yang, H. *et al*. SIRT3 - dependent GOT2 acetylation status affects the malate–aspartate NADH shuttle activity and pancreatic tumor growth. *The EMBO Journal* 34, 1110-1125(2015).

[32] Zhang, T. *et al*. Acetylation negatively regulates glycogen phosphorylase by recruiting protein phosphatase 1. *Cell Metabolism*15, 75-87(2012).

[33] Lin, H. P. *et al*. Destabilization of fatty acid synthase by acetylation inhibits *de novo* lipogenesis and tumor cell growth. *Cancer Research* 76(2016).

[34] Lyon, R. C. *et al*. Enzymes involved in the metabolism of γ-hydroxybutyrate in SH-SY5Y cells: identification of an iron-dependent alcohol dehydrogenase ADHFe1. *Chemico-Biological Interactions*178, 283-287(2009).

[35] Kardon, T. *et al*. Identification of the gene encoding hydroxyacid-oxoacid transhydrogenase, an enzyme that metabolizes

4-hydroxybutyrate. *FEBS Letters* 580, 2347-2350(2006).

[36] Fan, J. *et al*. Human Phosphoglycerate dehydrogenase produces the oncometabolite. *ACS Chem Biol* 10, 510-516(2014).

[37] Parsons, D. W. *et al*. An integrated genomic analysis of human glioblastoma multiforme. *Science*3211807-1812(2008).

[38] Yan, H. *et al*. IDH1 and IDH2 mutations in gliomas. *New Eng J Med* 360, 765-773(2009).

[39] Mardis, E. R. *et al*. Recurring mutations found by sequencing an acute myeloid leukemia genome. *New Eng J Med* 361, 1058-1066(2009).

[40] Ward, P. S. *et al*. The common feature of leukemia-associated IDH1 and IDH2 mutations is a neomorphic enzyme activity converting α-ketoglutarate to 2-hydroxyglutarate. *Cancer Cell* 17, 225-234(2010).

[41] Amary, M. F. *et al*.IDH1 and IDH2 mutations are frequent events in central chondrosarcoma and central and periosteal chondromas but not in other mesenchymal tumours. *The Journal of Pathology* 224, 334-343(2011).

[42] Amary, M. F. *et al*. Ollier disease and Maffucci syndrome are caused by somatic mosaic mutations of IDH1 and IDH2. *Nature Genetics* 43, 1262(2011).

[43] Pansuriya, T. C. *et al*. Somatic mosaic IDH1 and IDH2 mutations are associated with enchondroma and spindle cell hemangioma in Ollier disease and Maffucci syndrome. *Nature Genetics* 43, 1256(2011).

[44] Borger, D. R. *et al*. Frequent mutation of isocitrate dehydrogenase(IDH)1 and IDH2 in cholangiocarcinoma identified through broad-based tumor genotyping. *The Oncologist* 17, 72-79(2012).

[45] Wang, P. *et al*. Mutations in isocitrate dehydrogenase 1 and 2 occur frequently in intrahepatic cholangiocarcinomas and share hypermethylation targets with glioblastomas. *Oncogene* 32, 3091-3100(2013).

[46] Kang, M. R. *et al*. Mutational analysis of IDH1 codon 132 in glioblastomas and other common cancers. *International Journal of Cancer*125, 353-355(2009).

[47] Gaal, J. *et al*.Isocitrate dehydrogenase mutations are rare in pheochromocytomas and paragangliomas. *The Journal of Clinical Endocrinology & Metabolism* 95, 1274-1278(2010).

[48] Lopez, G. Y. *et al*. IDH1R132 mutation identified in one human melanoma metastasis, but not correlated with metastases to the brain. *Biochemical and Biophysical Research Communications* 398, 585-587(2010).

[49] Dang, L. *et al*. Cancer-associated IDH1 mutations produce 2-hydroxyglutarate. *Nature* 462, 739-744(2009).

[50] Rzem, R. *et al*. L-2-hydroxyglutaric aciduria, a defect of metabolite repair. *Journal of Inherited Metabolic Disease* 30, 681-689(2007).

[51] Intlekofer, A. M. *et al*. Hypoxia induces production of L-2-hydroxyglutarate. *Cell Metabolism* 22, 304-311(2015).

[52] Muntau, A. C. *et al*. Combined D-2-and L-2-hydroxyglutaric aciduria with neonatal onset encephalopathy: a third biochemical variant of 2-hydroxyglutaric aciduria? *Neuropediatrics* 31, 137-140(2000).

[53] Chaouch, A. *et al*. Mutations in the mitochondrial citrate carrier SLC25A1 are associated with impaired neuromuscular transmission. *Journal of Neuromuscular Diseases* 1, 75-90(2014).

[54] Prasun, P. *et al*. Expanding the clinical spectrum of mitochondrial citrate carrier (SLC25A1) deficiency: Facial dysmorphism in Siblings with epileptic encephalopathy and combined D, L-2-hydroxyglutaric aciduria. *JIMD Rep* 19, 111-115(2015).

[55] Xu, W. *et al*. Oncometabolite 2-hydroxyglutarate is a competitive inhibitor of α-ketoglutarate-dependent dioxygenases. *Cancer Cell* 19, 17-30(2011).

[56] Chowdhury, R. *et al*. The oncometabolite 2 - hydroxyglutarate inhibits histone lysine demethylases. *EMBO Reports* 12, 463-469(2011).

[57] Figueroa, M. E. *et al*. Leukemic IDH1 and IDH2 mutations result in a hypermethylation phenotype, disrupt TET2 function, and impair hematopoietic differentiation. *Cancer Cell* 18, 553-567(2010).

[58] Noushmehr, H. *et al*. Identification of a CpG island methylator phenotype that defines a distinct subgroup of glioma. *Cancer*

Cell 17, 510-522(2010).

[59] Laukka, T. *et al.* Fumarate and succinate regulate expression of hypoxia-inducible genes via TET enzymes. *J Biol Chem* 291, 4256-4265(2016).

[60] The Multiple Leiomyoma Consortium. Germline mutations in FH predispose to dominantly inherited uterine fibroids, skin leiomyomata and papillary renal cell cancer. *Nature Genetics* 30, 406-410(2002).

[61] Alam, N. A. *et al.* Genetic and functional analyses of FH mutations in multiple cutaneous and uterine leiomyomatosis, hereditary leiomyomatosis and renal cancer, and fumarate hydratase deficiency. *Human Molecular Genetics* 12, 1241-1252(2003).

[62] Baysal, B. E. *et al.* Mutations in SDHD, a mitochondrial complex II gene, in hereditary paraganglioma. *Science* 287, 848-851(2000).

[63] Astuti, D. *et al.* Germline SDHD mutation in familial phaeochromocytoma. *The Lancet* 357, 1181-1182(2001).

[64] King, A. *et al.* *Succinate dehydrogenase* and *fumarate hydratase*: Linking mitochondrial dysfunction and cancer. *Oncogene* 25, 4675-4682(2006).

[65] Xiao, M. *et al.* Inhibition of α-KG-dependent histone and DNA demethylases by fumarate and succinate that are accumulated in mutations of FH and SDH tumor suppressors. *Genes & Development*26, 1326-1338(2012).

[66] Letouzé, E. *et al.* SDH mutations establish a hypermethylator phenotype in paraganglioma. *Cancer Cell* 23, 739-752(2013).

[67] Kataoka, H, *et al.* A new gene (alkB) of *Escherichia coli* that controls sensitivity to methyl methane sulfonate. *Journal of Bacteriology* 153, 1301-1307(1983).

[68] Sedgwick, B. *et al.* Direct removal of alkylation damage from DNA by AlkB and related DNA dioxygenases. *Methods Enzymol* 408, 108-120(2005).

[69] Bleijlevens, B. *et al.* Dynamic states of the DNA repair enzyme AlkB regulate product release. *Embo Reports* 9, 872-877(2008).

[70] Wang, W. *et al.* Oncometabolite D-2-hydroxyglutarate inhibits ALKBH DNA repair enzymes and sensitizes IDH mutant cells to alkylating agents. *Cell Reports* 13, 2353-2361(2015).

[71] Inoue, S. *et al.* Mutant IDH1 downregulates ATM and alters DNA repair and sensitivity to DNA damage independent of TET2. *Cancer Cell* 30, 337-348(2016).

[72] Sulkowski, P. L. *et al.* 2-Hydroxyglutarate produced by neomorphic IDH mutations suppresses homologous recombination and induces PARP inhibitor sensitivity. *Science Translational Medicine* 9, eaal2463(2017).

[73] Lu, Y. *et al.* Chemosensitivity of IDH1-mutated gliomas due to an impairment in PARP1-mediated DNA repair. *Cancer Res* 77, 1709-1718(2017).

[74] Sasaki, M. *et al.* D-2-hydroxyglutarate produced by mutant IDH1 perturbs collagen maturation and basement membrane function. *Genes Dev* 26, 2038-2049(2012).

[75] da Silva, C. G. *et al.* Inhibition of mitochondrial creatine kinase activity by D-2-hydroxyglutaric acid. *Neurochem Res* 28, 1329-1337(2003).

[76] Latini, A. *et al.* D-2-hydroxyglutaric acid induces oxidative stress in cerebral cortex of young rats. *Eur J Neurosci* 17, 2017-2022(2003).

[77] da Silva, C. G. *et al.* L-2-Hydroxyglutaric acid inhibits mitochondrial creatine kinase activity from cerebellum of developing rats. *International Journal of Developmental Neuroscience* 21, 217-224(2003).

[78] Latini, A. *et al.* Induction of oxidative stress by L-2-hydroxyglutaric acid in rat brain. *Journal of Neuroscience Research* 74, 103-110(2003).

[79] Li, F. *et al.* NADP(+)-IDH mutations promote hypersuccinylation that impairs mitochondria respiration and induces

apoptosis resistance. *Mol Cell* 60, 661-675(2015).

[80] Ye D. *et al*. Metabolism, activity, and targeting of D- and L-2-hydroxyglutarates. *Trends Cancer* 4, 151-165(2018).

[81] Vogelstein, B. *et al*. Cancer genome landscapes. *Science* 339, 1546-1558(2013).

[82] Cancer Genome Atlas Research Network. Genomic and epigenomic landscapes of adult *de novo* acute myeloid leukemia. *N Engl J Med* 368, 2059-2074(2013).

[83] Wishart, D. S. *et al*. Cancer metabolomics and the human metabolome database. *Metabolites* 6, 10(2016).

[84] Ahn W S. *et al*. Evidence for transketolase-like TKTL1 flux in CHO cells based on parallel labeling experiments and(13)C-metabolic flux analysis. *Metab Eng* 37, 72-78(2016).

[85] Metallo, C.M. *et al*. Reductive glutamine metabolism by IDH1 mediates lipogenesis under hypoxia. *Nature* 481, 380-384(2011).

[86] Fan, J. *et al*. Quantitative flux analysis reveals folate-dependent NADPH production. *Nature* 2014; 510(7504): 298-302.

[87] Lewis, C.A. *et al*. Tracing compartmentalized NADPH metabolism in the cytosol and mitochondria of mammalian cells. *Mol Cell* 55, 253-263(2014).

[88] Hensley, C.T. *et al*. Metabolic heterogeneity in human lung tumors. *Cell* 164, 681-694(2016).

[89] Faubert, B. *et al*. Lactate metabolism in human lung tumors. *Cell* 171, 358-371(2017).

[90] Spinelli, J, B, *et al*. Metabolic recycling of ammonia via glutamate dehydrogenase supports breast cancer biomass. *Science* 358, 941-946(2017).

[91] Chen, W. W. *et al*. Absolute quantification of matrix metabolites reveals the dynamics of mitochondrial metabolism. *Cell* 166, 1324-1337(2016).

[92] Zhao, Y. *et al*. Genetically encoded fluorescent sensors for intracellular NADH detection. *Cell Metabolism* 14, 555-566(2011).

[93] Zhao, Y. *et al*. A highly responsive NAD^+ /NADH sensor, allows high-throughput metabolic screening of anti-tumor agents. *Cell Metabolism* 21, 777-789(2015).

[94] Zhao, Y. *et al*. *In vivo* monitoring of cellular energy metabolism using SoNar, a highly responsive sensor for NAD(+)/NADH redox state. *Nature Protocols* 11, 1345(2016).

[95] Yamaguchi, S. *et al*. Tet1 controls meiosis by regulating meiotic gene expression. *Nature* 492, 443-447(2012).

[96] Gu, T.P. *et al*. The role of Tet3 DNA dioxygenase in epigenetic reprogramming by oocytes. *Nature* 477, 606-610(2011).

[97] Costa, Y. *et al*. NANOG-dependent function of TET1 and TET2 in establishment of pluripotency. *Nature* 495, 370-374(2013).

[98] Doege, C.A. *et al*. Early-stage epigenetic modification during somatic cell reprogramming by Parp1 and Tet2. *Nature* 488, 652-655(2012).

[99] Piccolo, F.M. *et al*. Different roles for Tet1 and Tet2 proteins in reprogramming-mediated erasure of imprints induced by EGC fusion. *Molecular Cell* 49, 1023-1033(2013).

[100] Moran-Crusio, K. *et al*. Tet2 loss leads to increased hematopoietic stem cell self-renewal and myeloid transformation. *Cancer Cell* 20, 11-24(2011).

[101] Ichiyama, K. *et al*. The methylcytosine dioxygenase Tet2 promotes DNA demethylation and activation of cytokine gene expression in T cells. *Immunity* 42, 613-626(2015).

[102] Yang, R. *et al*. Hydrogen sulfide promotes Tet1- and Tet2-mediated Foxp3 demethylation to drive regulatory T cell differentiation and maintain immune homeostasis. *Immunity* 43, 251-263(2015).

[103] Zhang, Q. *et al*. Tet2 is required to resolve inflammation by recruiting Hdac2 to specifically repress IL-6. *Nature* 525, 389-393(2015).

[104] Fuster, J.J. *et al*. Clonal hematopoiesis associated with TET2 deficiency accelerates atherosclerosis development in mice. *Science* 355, 842-847(2017).
[105] Jaiswal, S. *et al*. Clonal hematopoiesis and risk of atherosclerotic cardiovascular disease. *N Engl J Med* 377, 111-121(2017).
[106] Li, Z. *et al*. Deletion of Tet2 in mice leads to dysregulated hematopoietic stem cells and subsequent development of myeloid malignancies. *Blood* 118, 4509-4518(2011).
[107] Quivoron, C. *et al*.TET2 inactivation results in pleiotropic hematopoietic abnormalities in mouse and is a recurrent event during human lymphomagenesis. *Cancer Cell* 20, 25-38(2011).
[108] Wang, Y. *et al*. WT1 recruits TET2 to regulate its target gene expression and suppress leukemia cell proliferation. *Mol Cell* 57, 662-673(2015).
[109] Chen, L.L. *et al*. SNIP1 recruits TET2 to regulate c-MYC target genes and cellular DNA damage response. *Cell Rep* 25, 1485-1500(2018).

叶丹　博士，复旦大学生物医学研究院项目负责人、研究员、博士生导师。国家自然科学基金杰出青年科学基金（2022）、优秀青年科学基金（2015）项目获得者。2002 年毕业于浙江大学获理学学士学位，2005 年毕业于浙江大学获遗传学硕士学位，2008 年毕业于荷兰莱顿大学获生物制药博士学位，2008～2010 年在莱顿大学阿姆斯特丹/莱顿药物研发中心做博士后。2011 年由复旦大学引进，长期从事代谢和表观遗传交叉研究。聚焦代谢异常和表观遗传失调的肿瘤生物学意义，发现了代谢物作为信号分子调控 TET 等表观修饰酶活性，揭示了转录因子招募表观修饰酶来调控基因表达和代谢重塑等，阐释了肿瘤代谢物影响细胞恶性表型、肿瘤相关巨噬细胞极化和微环境重塑，并积极推动基于肿瘤代谢重塑的转化应用研究。迄今，以第一作者或通讯作者在国际知名期刊发表 SCI 论文 30 余篇。其中，24 篇为通讯作者（含共同作者）论文，刊登在 *Nat Cell Biol*、*Journal of Hepatology*、*Mol Cell*、*Cell Res*、*Sci Adv*、*Genes Dev*、*EMBO J*（2 篇）等。成果被 *Cancer Discov*、*Mol Cell*、*EMBO J*、*PLoS Biol* 等期刊专评。曾在国际权威学术期刊 *Nature*、*Cancer Cell*、*Cell Res*、*Trends Cancer* 等发表综述或评论。

第 40 章　表观遗传与肿瘤

邓大君
北京大学肿瘤医院/研究所

本章概要

肿瘤是全球人类健康的重大威胁之一，了解肿瘤的发生发展，不仅有重要的科学意义，而且也是寻找有效预防癌症所必需的手段。肿瘤的发生不仅由遗传突变推动，同时还受表观遗传因子的控制。本章先重点描述肿瘤基本特征，以及肿瘤表观遗传学变异与遗传性肿瘤之间的内在关系，并从全基因组 DNA 去甲基化、CpG 岛甲基化及氧化、组蛋白、非编码 RNA、染色质等方面，阐述表观遗传与肿瘤发生发展的关系。此外，本章还介绍了当前表观遗传研究成果在肿瘤预防和诊治方面的应用，并展望未来肿瘤表观遗传研究的发展方向。

表观遗传机制在决定细胞命运和维持细胞分化及环境适应方面发挥着关键作用。肿瘤发生是机体正常细胞对环境致癌因素作用的不可逆性适应反应，表现为恶性转化（malignant transformation）阶段的细胞分化障碍、进展（progression）阶段的侵袭转移能力及治疗阶段的耐药性获得。肿瘤细胞的这些生物学行为变化的底层机制，大部分由表观遗传变异构成。肿瘤表观遗传变异及其机制研究上的进展，不仅大幅度地推动了人们对肿瘤发生机制的认识，也有力地推动了肿瘤预警、诊断及治疗方法的发展。

随着传染病、营养不良和母婴疾病死亡率的下降，恶性肿瘤造成的死亡率逐年攀升，2005 年第三次死因回顾抽样调查显示，中国死于恶性肿瘤的人口已达总死亡人数的 22%，恶性肿瘤已经成为头号杀手[1]。人口老龄化、环境恶化等因素使得这种趋势在不断加速。2016 年，中国 85 岁居民的患癌积累风险已达 36%。肿瘤标志物、内窥镜、核磁共振和 CT 断层成像等技术的应用，让部分恶性肿瘤可尽早地被发现、诊断及治疗。然而受现有诊治手段固有缺陷、经济成本及医疗资源可获得性等因素的制约，大部分恶性肿瘤发现于晚期，患者因此失去了手术切除肿瘤的机会。由于晚期恶性肿瘤缺乏治愈方法，有效可行的肿瘤预防和诊治方法仍有待建立。恶性肿瘤的发生发展规律一直是当代生物医学研究的核心内容，引领着现代细胞生物学和分子生物学的研究方向。

20 世纪 80 年代开启的肿瘤细胞生物学和分子生物学的研究浪潮，不仅丰富了人类对肿瘤本质、发生原因、发生过程及生物学特征的认识，而且有力地推动了肿瘤预防和诊治技术的发展，如发现了新的肿瘤筛查标志物前列腺特异性抗原 PSA 等；发明了一系列的新型肿瘤治疗药物，包括各种小分子治疗药物酪氨酸激酶抑制剂 TKI、靶向 ERBB2、VEGFR 及 CD20 的治疗性抗体、DNA 甲基化阻断剂和组蛋白去乙酰化阻断剂；创建了如 PD-1 和 PD-L1 抗体及 CAR-T 等肿瘤免疫治疗，用于治疗微卫星不稳定（microsatellite instability，MSI）等抗原性强的恶性肿瘤。

肿瘤是细胞分化异常性疾病，肿瘤组织中的表观遗传变异种类和数目众多。虽然推测这些表观遗传变异可能与肿瘤发生发展关系密切，但尚缺乏类似基因突变能够驱动细胞癌变的直接证据。肿瘤起源于组织干细胞，是致癌物诱发细胞损伤和干细胞异常增殖的结果，它们保持了起源组织的主要表观遗传学特征，但生长不受控制。

为了便于叙述表观遗传变异与肿瘤发生发展的关系，本章首先从形态学、细胞生物学和分子生物学层面简单介绍肿瘤的基本特征[2]，接着描述肿瘤表观遗传学变异与这些肿瘤基本特征的内在联系，以及这些变异发生的可能原因，然后总结当前表观遗传学研究成果在肿瘤预防和诊治方面的应用，最后展望未来肿瘤表观遗传学研究的发展方向。

40.1　肿瘤的基本特征

关键概念

- 肿瘤，是正常人体内不存在的各种新生物（neoplasia）的统称，根据其生物学行为分为良性肿瘤和恶性肿瘤。恶性肿瘤俗称为癌症（carcinoma），包括肉眼可见的实体瘤（solid tumor）和肉眼不可见的白血病等非实体瘤。
- 肿瘤干细胞，起源于组织干细胞，组织干细胞肿瘤起源于组织中残存的“胚胎细胞”。

40.1.1　肿瘤的形态学特征

1. 肿瘤的命名

肿瘤是正常人体内不存在的各种新生物（neoplasia）的统称，根据其生物学行为分为良性肿瘤和恶性肿瘤。恶性肿瘤俗称为癌症，包括肉眼可见的实体瘤（solid tumor）和肉眼不可见的白血病等非实体瘤。一般将从上皮细胞发展而来的恶性肿瘤称为癌（cancer），如肺癌、胃癌、结肠癌、肝癌、胰腺癌、乳腺癌、前列腺癌、膀胱癌、皮肤癌等；从间叶组织发展而来的恶性肿瘤称为肉瘤（sarcoma），如纤维肉瘤、脂肪肉瘤、骨肉瘤、横纹肌肉瘤、淋巴肉瘤等。白血病也起源于间叶组织，分为粒细胞白血病、淋巴细胞白血病等；神经组织主要起源于外胚层，多按传统方式命名；此外，还存在一些特殊的肿瘤，如由多种胚层细胞成分构成的畸胎瘤、源自胎盘滋养层细胞的恶性葡萄胎和绒毛膜癌等。

2. 肿瘤组织成分

在显微镜下，上皮性肿瘤组织由肿瘤细胞和结缔组织构成，呈现与宿主组织相似的结构特征。肿瘤细胞有不同程度的分化不完全现象。肿瘤细胞的另一个特征是出现病理性核分裂象，反映细胞增殖速度加快。现在临床上常用细胞增殖标志物 PCNA 和 Ki67 阳性染色指数来反映细胞的增殖状态。良性肿瘤中一般观察不到病理性核分裂象和细胞分化不完全现象。通常来说，肿瘤细胞的分化程度越差，增殖速度越快，恶性程度越高。

3. 肿瘤的异型性

肿瘤组织一般都存在细胞排列紊乱、正常组织结构消失等结构异型性。恶性肿瘤细胞极性消失、细胞大小不一和形状不规则、核深染、核质比例增加、细胞核的大小不一和形状不规则等细胞异型性，是肿瘤形态学诊断的主要依据。

4. 肿瘤新血管生成

为了满足氧气和养分供应，肿瘤组织还存在新血管生成现象。恶性肿瘤组织的血管系统结构紊乱，存在基底膜不完整、周细胞缺失现象，甚至可直接由肿瘤细胞组成伪微血管，淋巴管的完整性更差，这直接为肿瘤细胞进入血液和淋巴循环、形成脉管癌栓创造了条件。在新血管生成不足时，肿瘤组织会发生坏死，多见于体积较大、生长速度快的肿瘤组织，临床上表现为癌组织表面溃烂或中心液化。

5. 肿瘤侵袭和转移

多数良性肿瘤组织外周有完整的包膜，不破坏周围正常组织。恶性肿瘤细胞则有明显的侵袭和转移能力，不仅会破坏周围的正常组织和侵犯邻近器官，还会通过淋巴管和小血管扩散到附近的淋巴结或转移至远处器官，少数肿瘤细胞有嗜神经性，会沿神经末梢扩散。恶性黑色素瘤往往在原发灶不明显时就转移到了远处器官。

6. 肿瘤分期

依据肿瘤侵袭深度（tumor，T）、淋巴结转移（node，N）和远处转移（metastasis，M）情况，临床上会对肿瘤进行 TNM 分期，同时辅以细胞分化程度分级和细胞增殖指数等指标，不仅对制订治疗方案和判断患者预后有重要应用价值，也常用于肿瘤分子标志物研究。

40.1.2 肿瘤的细胞生物学特征

1. 细胞永生化和恶性转化

正常细胞的分裂次数有限，如人正常纤维母细胞在离体培养条件下只能分裂 80 次左右。正常细胞突破分裂次数的限制，获得无限增殖能力的过程称为永生化。在体内只有肿瘤干细胞（又称为肿瘤起始细胞）才拥有无限增殖能力，部分肿瘤细胞也会终末分化和凋亡。在激素依赖性器官，部分肿瘤细胞的增殖依赖于激素的存在，是一种不完全的恶性转化。接触抑制是指正常细胞相互接触后停止分裂的现象，恶性转化的细胞失去了接触抑制能力，在体内不受组织大小的稳态控制。恶性转化细胞不会发生失巢凋亡，以非锚定依赖性的方式生长，可在软琼脂培养基中增殖形成集落。

2. 细胞分化受阻

恶性肿瘤细胞会呈现不同程度的分化不完全现象，形态上接近器官形成过程中胚胎阶段的细胞，常称之为“胚胎化”现象。分化不完全是肿瘤组织中恶性转化的肿瘤干细胞比例增加的结果。这种干细胞后代不能像正常干细胞后代那样完全分化、成熟，导致不同分化程度的幼稚细胞在肿瘤组织中大量积聚。

3. 肿瘤干细胞、组织干细胞和残存胚胎细胞

根据肿瘤细胞“胚胎化”的现象，人们早就推测肿瘤起源于组织中残存的“胚胎细胞”。事实上，这种残存的“胚胎细胞”就是存在于人体正常组织中的多能组织干细胞。这种多能干细胞在毛囊、胃肠道黏膜、骨髓等组织中非常丰富，用于维持生理状态下毛发和胃肠黏膜上皮的更新及日常骨髓造血。这些

组织干细胞的另外一项重要功能是定向修复由炎症和外伤等原因造成的组织缺损，恢复原有的组织结构和功能。与分化成熟的细胞相比，组织干细胞分裂速度快，对致癌物异常敏感，容易恶性转化为肿瘤干细胞[3, 4]。一般认为肿瘤干细胞起源于组织干细胞。肿瘤组织中处于分裂增殖状态的细胞比例增加，发生凋亡的细胞比例减少。

4. 肿瘤细胞对间质细胞的驯化与互作

在上皮癌组织中，结缔组织不仅起营养供给和结构支撑作用，对肿瘤细胞的增殖、转移及定植也有重要影响，是典型的“种子”与“土壤”关系。一个恶性转化细胞能否发展成肿瘤，不仅取决于自身的选择性克隆增殖能力，也依赖于其摆脱宿主免疫监视和驯化间质细胞能力的强弱，如神经胶质瘤细胞可在短期内使其周围大范围的正常胶质细胞驯化，以支撑其发展成肿瘤组织；乳腺癌细胞会激活间质中的纤维母细胞（fibroblast）分泌含 RN7SL1 的类 RNA 病毒外泌体（exosome），以协助癌细胞侵袭转移[3]；分离自癌组织的肌纤维母细胞（myofibroblast）或癌相关纤维母细胞，对癌细胞生长成瘤有明显促进作用。肌纤维母细胞、血管内皮、淋巴细胞与肿瘤细胞之间可通过旁分泌和内分泌等途径相互作用。干细胞治疗试验发现，注射到小鼠组织中的人胚胎干细胞（ESC）、多能干细胞（PSC）或诱导多能干细胞（iPSC）会生长成畸胎瘤[5]。相反，注射到小鼠胚泡的恶性畸胎瘤细胞能够正常增殖分化，正常分布在嵌合小鼠的全身各组织[6]，可见间质组织对正常干细胞和肿瘤干细胞的生长和分化均有重要影响。

5. 肿瘤细胞的侵袭、运动和迁移

肿瘤细胞是“高等多细胞社会”的叛逆者，不遵循“细胞社会”的分工协作原则，并破坏邻近组织和远处靶器官。癌细胞除去驯化周围间质组织外，还分泌各种蛋白酶，直接降解破坏间质和周围正常组织。为了保障全身各器官组织防御、损伤修复甚至受精，部分体内细胞具有高度的运动能力，如血液中的各种白细胞和骨髓间充质干细胞及生殖细胞。在乳腺癌发生过程中，乳腺癌细胞可能在癌变早期就已从原发灶脱离，迁移到远处靶组织并潜伏，择机发展成转移灶[7, 8]。与肿瘤边缘部位相比，肿瘤中心部位血供明显不足，坏死现象时有发生。在癌细胞转移动态研究模型上，可直接观察到肿瘤细胞在肿瘤形成早期从肿瘤组织的中心部位侵入血管，成为循环肿瘤细胞，这与肿瘤细胞是否侵袭周围组织无关[9]。肿瘤血管和淋巴管的完整性较差，为肿瘤细胞进入血液循环和淋巴管创造了条件，肿瘤血管结构也存在异质性。

40.1.3 肿瘤的生物化学和分子生物学特征

关键概念

- 细胞凋亡（apoptosis）：当正常细胞发生不可逆转的损伤时，会启动凋亡程序，以维持组织的细胞纯洁性。
- 获得性免疫：没有遗传性，是针对异己成分发生的特异性体液或细胞免疫反应，如清除感染的致病微生物和突变细胞。

肿瘤细胞有特殊的生物化学和分子生物学特征，包括糖代谢异常、基因组稳定性差、无限分裂能力、维持自主增殖信号、抗程序性坏死、逃逸生长抑制和免疫监视、激活侵袭运动能力、刺激间质血管生成和诱发炎症反应等功能相关的分子生物学改变。

1. 糖代谢异常

肿瘤细胞不仅能够高效摄取和利用葡萄糖，而且还善于以葡萄糖为底物合成各种生物大分子。早在20世纪30年代，德国生理学家Otto Warburg就发现不论是否缺氧，肿瘤细胞通过葡萄糖酵解（glycolysis）合成的能量分子ATP比例明显高于正常的成熟组织细胞。每个葡萄糖分子在细胞质中进行糖酵解所生成的ATP分子数虽然比在线粒体中氧化磷酸化（oxidative phosphorylation）少得多（2∶36），但速度快，同时还能够生成丙酮酸、乳酸等重要原料，以支撑细胞增殖所需的蛋白质、脂质、DNA及RNA的合成。

糖酵解不是肿瘤细胞特有的能量代谢模式。在早期胚胎组织、正常组织干细胞和祖细胞，糖酵解活动更加活跃[10, 11]。在植物凝集素（PHA）诱导分裂的外周血淋巴细胞、对数生长期的纤维母细胞培养物及诱导多能干细胞中，糖酵解活动也非常活跃。处于细胞周期G_0期的终末分化细胞和静息干细胞不需要大量合成新蛋白质和核酸，转换成以葡萄糖氧化磷酸化为主的代谢模式。在晚期恶性肿瘤患者体内，肿瘤细胞为了维持自身增殖分裂的各种合成反应，最后会通过上调表达和分泌生长分化因子GDF15等方式，动员全身正常组织降解，导致患者出现严重消瘦等恶液质体征。

2. 基因组稳定性差

除生殖细胞外，正常人体细胞均为二倍体细胞。然而肿瘤细胞的基因组稳定性大幅度降低，包括：MSI、染色体倍数和数目的改变，大片段染色质拷贝缺失、扩增、倒置、易位，以及碱基点突变等。在各种肿瘤细胞中常见X染色体和20号染色体数目增加，1号和8号染色体长臂及7号染色体短臂大片段扩增，4号和9号染色体短臂大片段拷贝缺失。肿瘤相关基因点突变也是肿瘤基因组稳定性差的表现。胞嘧啶脱氨基形成胸腺嘧啶（C>T）是正常的生理现象，可通过错配修复机制纠正。肿瘤基因组计划（TCGA）研究表明，肿瘤细胞的大部分点突变都是C>T突变，如70%的抑癌基因*TP53*基因点突变为C>T转换，40%以上的肿瘤组织中可检测到*TP53*的C>T突变。组蛋白修饰酶基因*MLL2/3*，以及DNA修饰酶基因*DNMT3A*和*TET2*基因也是肿瘤基因组中的突变热点[12]（图40-1）。

肿瘤基因组不稳定性增加还反映在微卫星等非蛋白编码区。当细胞的DNA错配修复功能存在缺陷时，可导致大量的点突变出现和MSI增加等现象。根据肿瘤单克隆起源的理论，这些存在瘤内异质性的基因突变应该不是驱动细胞癌变的原因，而是肿瘤进展阶段的变化。基因组稳定性差的肿瘤细胞，存在突变相关的肿瘤新抗原（neoantigen）也多，对PD-1/PD-L1抗体免疫治疗更敏感。

3. 限制增殖信号失活

肿瘤细胞发生了永生化，具有无限增殖的潜能。端粒是位于染色体两端的重复性DNA四聚体结构（G-quadruplex），有维持染色体完整性的功能。在正常细胞分裂过程中，端粒不断变短，可能在决定细胞寿命中发挥作用。早先认为肿瘤细胞可通过激活端粒逆转录酶来克服端粒变短的制约，然而将体细胞核移植到去核受精卵的细胞中，照样能够发育成完整的动物[13]，转染Oct4、Sox2、Klf4、c-Myc四个转录因子能够诱导小鼠纤维母细胞成为多能干细胞[14]。早在1969年，Robert McKinnell等就发现，将蛙Lucke腺癌细胞核移植到去核的蛙受精卵，能够发育成会游泳的蝌蚪[15]。这些说明端粒的长度变化是可逆的，决定细胞的寿命可能不是基因组是否老化，而是基因组转录可塑性和能够使基因组转录状态重编程的因素。

永生化可能是避免细胞衰老和克服细胞周期G-S转换限制的综合作用结果。抑癌基因*CDKN2A/P16*表达缺失不仅延缓细胞衰老过程，而且还促进细胞周期G-S转换，可能在细胞永生化过程中发挥重要作用。在ESC和iPSC细胞中*P16*基因不表达，在SV40-T抗原诱导各种上皮细胞永生化过程中，*P16*基因表观遗

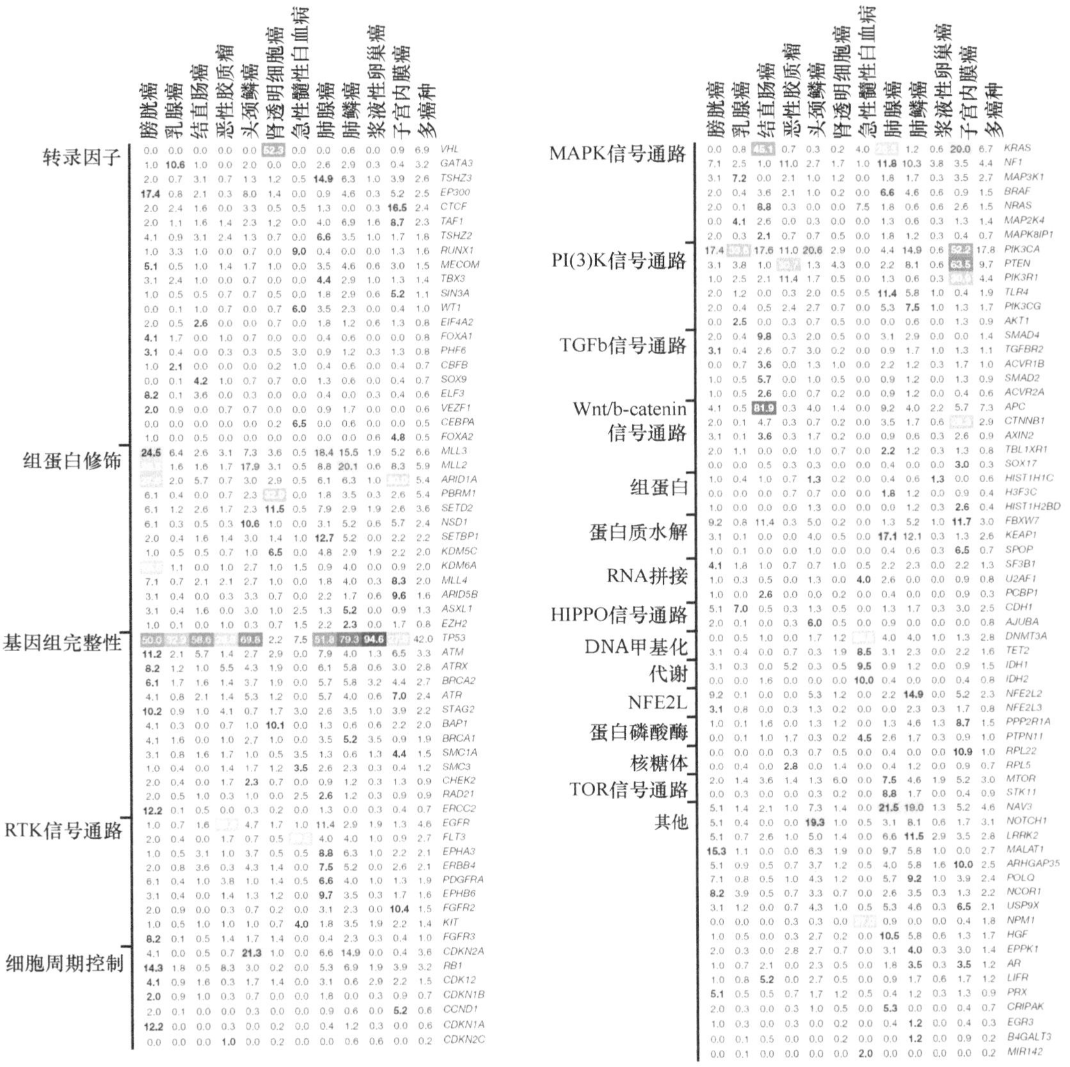

图 40-1 11 种肿瘤组织中热点基因突变及其功能分类（参考文献[12]数据制作）

传失活。肿瘤基因组计划（TCGA）研究表明，*P16* 基因是肿瘤组织中拷贝缺失频率最高的基因（平均 13%），在胶质母细胞瘤、食管癌、胰腺癌、头颈部癌、黑色素瘤、肺鳞癌中的缺失频率>30%。在肿瘤细胞系中，*P16* 基因拷贝缺失的频率高达 37%，*P16* 基因还是肿瘤组织中甲基化失活频率最高的基因（平均 30%）。

4. 自主增殖信号激活

在肿瘤细胞基因组中，促进细胞周期 G-S 转换的循环素 D1 和 E1 基因（*CCND1* 和 *CCNE1*）、循环素依赖性激酶基因 *CDK4*、促进肿瘤细胞生长的 *ERBB2* 和 c-*MYC* 基因经常发生拷贝扩增，而抑制 G-S 转换的染色体 9p21.3 带上的 *P16-P14-P15* 基因座位则经常发生拷贝缺失[16]。这些基因拷贝数的变化会导致基因表达变化，最终引起抑癌基因 RB1 磷酸化失活，促使细胞进入 S 期。人乳头状瘤病毒 HPV E7 蛋白有结合和阻断 RB1 的作用。原癌基因 *RAS* 突变可能活化下游 RAF-MAP 和 PI3K-AKT-mTOR 信号通路，刺激细胞增殖。抑癌基因 *PTEN* 则使 PI3K 去磷酸化失活，*PTEN* 失活能够促进细胞增殖。这些使得恶性程度高的肿瘤细胞可以完全依靠肿瘤细胞内在的自主增殖信号增殖。

5. 通过自分泌和旁分泌等维持细胞增殖

与正常组织干细胞的增殖受生长因子控制类似，许多未完全恶性转化、恶性程度低的肿瘤细胞的增殖，仍然依赖于细胞外的生长刺激信号。肿瘤细胞可通过多种途径来维持对周围增殖信号分子的感知能力，例如，通过自分泌和旁分泌来增加周围生长因子 EGF 和 VEGF 等浓度；通过增加细胞膜表面的生长因子受体（如 EGFR、GFRA1、MET、ER 等）的密度来结合更多的生长因子；表达不需与配体结合就有活性的上皮生长因子受体 ERBB2/HER2 等。许多促癌因素（如巴豆油等促癌物、环境激素）和慢性炎症反应介质也有刺激细胞增殖的作用。肿瘤细胞还可通过细胞间通讯和释放、内吞外泌体的模式，相互传递增殖信号和适应环境信号。

6. 细胞程序性死亡信号失效

细胞程序性死亡也称细胞凋亡（apoptosis）。当正常细胞发生不可逆转的损伤时，会启动凋亡程序，以维持组织的细胞纯洁性。*TP53* 基因是细胞凋亡通路上的重要基因，促使不通过 G_1-S 检查点的细胞凋亡。该基因失活可能是肿瘤细胞抗凋亡的重要原因之一。Hippo-YAP1/TAZ 信号通路是细胞感知周围微环境结构和张力的传感器，控制器官大小比例，使成人器官发育到一定大小后不再生长。由于 Hippo 信号通路失活，肿瘤细胞失去了接触抑制和失巢凋亡（anoikis）能力，不能感知组织、器官大小，以致过度生长成瘤[17, 18]。细胞凋亡障碍不仅促使肿瘤生长，而且增加肿瘤细胞对放疗和化疗的耐受力，活化细胞 Hippo 通路是当前肿瘤治疗研究上的重要策略。

7. 免疫监视逃逸微环境形成

免疫系统是机体清除病原体和变异细胞的重要屏障，分为先天固有性免疫和后天获得性免疫。先天免疫可跨代遗传，是机体抵御异己成分威胁的基础屏障，如防止肠道非致病性大肠杆菌致病、清除异己分子等。当 Toll 样受体 TLR 存在遗传缺陷时，对肿瘤的易感性会大幅度提高。后天获得性免疫没有遗传性，是针对异己成分发生的特异性体液或细胞免疫反应，如清除感染的致病微生物和突变细胞。特异性免疫不断清除体内的突变细胞，在防御全身散在的单个肿瘤细胞克隆、增殖成瘤上发挥着关键作用。为了防止免疫反应过度和自身免疫性疾病发生，机体的免疫系统存在 PD-1（CD179）和 PD-L1（CD274）等免疫限制点（checkpoints）。部分肿瘤细胞可通过分泌 PD-L1 等方式抑制 T 细胞的增殖、成熟和免疫杀伤作用，促成局部免疫抑制、形成逃逸微环境，最终发展成恶性肿瘤。

8. 炎症反应信号

慢性炎症反应与肿瘤发生和发展存在密切关系。肝炎病毒 HBV 和 HCV 及幽门螺杆菌感染均能诱发慢性炎症反应，招募炎症细胞产生大量活性氧、前列腺素等炎症介质，导致靶细胞损伤、坏死，刺激组织干细胞再生，具有促进肿瘤发生作用。长期服用非特异性抗炎药物阿司匹林可预防结肠癌的发生。此外，肿瘤细胞自身能够分泌 GM-CSF 和 CXCL5 等炎症因子招募炎症细胞。免疫杀伤的肿瘤细胞、没有生存优势的突变细胞、坏死的肿瘤组织也招募炎症细胞浸润，释放大量炎症因子。这些炎症反应可能在形成局部的免疫抑制微环境上发挥作用。

9. 上皮-间质转换

一般认为，上皮性肿瘤细胞需要关闭钙黏素基因 *CDH1* 等表达，解除与周围细胞之间的黏附，即发生上皮-间质转换（EMT）后才能脱离原发灶。如果不能有效变形通过狭窄的毛细血管，拥有定植和增殖活性的循环肿瘤细胞或其团块容易被阻滞在肝脏及肺部。未被阻滞的循环肿瘤细胞或者通过趋化因子招募、与靶血管内皮表面的配体相互识别，穿越毛细血管壁，进入脑组织等供血丰富的器官。循环肿瘤细胞被动阻滞或迁移到远处靶组织后，可能还需要恢复 *CDH1* 等基因的表达，即经历间质-上皮转换（MET）过程，才能定植成为转移灶。最新研究表明，EMT 的主要作用可能是协助肿瘤细胞获得耐药性，而不是转移。

40.2 肿瘤与表观遗传

关键概念

- 表观遗传修饰变异：是一种可逆性变化，寻找出驱动肿瘤发生发展的表观遗传变异不仅有助于揭示肿瘤发生的机制，而且可作为治疗肿瘤药物的靶标，使研发诱导肿瘤细胞“从良”药物成为可能。
- 肿瘤表观遗传标志物：肿瘤等细胞异常增生性疾病所形成的病灶，不仅会释放游离 DNA 和 RNA 到血液等体液中，而且可活检取材或手术切除，为表观遗传等生物学分析提供宝贵的组织标本资源。DNA 甲基化和 miRNA 由于稳定性高、检测方法相对成熟、生物学功能较明确，是良好的肿瘤表观遗传候选标志物。

自从发现表观遗传变异能够稳定灭活抑癌基因和激活原癌基因后，人们开始意识到，除遗传变异途径外，肿瘤的发生发展还存在更加复杂、多样的表观遗传变异途径。这种变异不仅导致基因表达异常，还控制全基因组染色质构象，激活细胞的增殖潜能，最终导致细胞恶性转化和肿瘤发生。通过降低全基因组 DNA 甲基化水平和基因组稳定性，表观遗传变异还赋予肿瘤细胞强大的适应能力，通过演变形成各种肿瘤细胞亚克隆，适应患者营养状态等体内环境变化，扩散转移，形成耐药性。

肿瘤细胞内的表观遗传变异种类和数目众多，为肿瘤的早期预警、筛查、诊断、预后判断、疗效预测提供了多种类型的标志物。表观遗传修饰变异还是一种可逆性变化，寻找出驱动肿瘤发生发展的表观遗传变异不仅有助于揭示肿瘤发生的机制，而且可作为治疗肿瘤药物的靶标，使研发诱导肿瘤细胞“从良”药物成为可能。表观遗传修饰基因本身也是突变热点基因，掌握基因结构变化与表观遗传变化的互动关系，对准确理解肿瘤的发生过程至关重要。

40.2.1 表观遗传基因失活与遗传性肿瘤

5-甲基胞嘧啶（5mC）是最早发现的 DNA 分子表观遗传学改变。人们很早就发现了肿瘤细胞基因组总 5mC 水平降低的现象，但直到发现多个表观遗传基因遗传性失活会导致肿瘤等疾病，才意识到表观遗传修饰异常在肿瘤等疾病的发生过程中可能发挥驱动作用。在肿瘤基因组中，表观遗传修饰基因体细胞突变（somatic mutation）也很普遍（图 40-1）。

1. 错配修复基因 *MLH1* 的遗传和表观遗传性失活

已知 *MLH1* 基因遗传性失活是基因组 MSI 发生的原因之一，可导致遗传性非息肉性结肠癌（HNPCC，Lynch 综合征）[19]。在大部分 MSI 阳性的散发性结肠癌、胃癌、子宫内膜癌和卵巢癌及胰岛素瘤细胞中，*MLH1* 基因启动子 CpG 岛（胞嘧啶-鸟嘌呤二核苷酸位点富集区，>500bp）中的关键性 CpG 位点发生了甲基化，并且与该基因转录沉默高度相关。笔者发现在 *MLH1* 甲基化阳性的人胃癌组织裸鼠移植瘤（PDX）中，*MLH1* CpG 岛在 100%的胃癌细胞中都已甲基化[20]。有人对 HNPCC 或内膜癌易感者进行了详细分析[21]，发现 24 例患者全身所有细胞的 *MLH1* 基因都有一个拷贝发生了 CpG 岛 DNA 甲基化，即结构性半甲基化（constitutional hemi-methylation）。这种结构性 *MLH1* 半甲基化可跨代（母→子）遗传，但不遵循典型的孟德尔遗传规律。虽然驱动结构性 *MLH1* 半甲基化形成的原因尚不明确，但该基因的遗传和表观遗传性失活的确能够驱动部分 MSI 阳性肿瘤的发生。对肿瘤细胞系大百科全书计划（CCLE）的基因组和转录组测序数据进行分析可见，在各种肿瘤细胞系中，*MLH1* 基因的 mRNA 水平越高，全基因组发生点突变的频率越低。

DNMT3B 基因胚系突变（germline mutation）失活会造成细胞着丝点不稳定和患者免疫缺陷，称为 ICF 综合征。在 HNPCC 和肺癌患者中，携带 *DNMT3B* 基因启动子高转录活性（–149 C>T）遗传变异的患者肿瘤发生时间早、总生存时间短[22, 23]。体细胞 *DNMT3A* 基因 R822 等突变失活能够促进造血干细胞恶性转化，加速骨髓增生异常综合征（MDS）演变成急性粒细胞白血病[24, 25]。类似地，甲基化胞嘧啶氧化酶 2（TET2）和异柠檬酸脱氢酶 1/2（IDH1/2）及 PcG 蛋白 EZH2 也能够加速 MDS 癌变[26]。这些基因也是肿瘤基因组中常见的突变热点（图 40-1），这提示表观遗传修饰基因突变失活可能在造血干细胞恶性转化中发挥驱动作用。

2. 印记紊乱

在正常的二倍体细胞中，单拷贝印记基因的一个拷贝甲基化沉默，另外一个拷贝保持转录活性，称为基因印记（imprinting）。如果印记基因的两个位点均表达，称为印记缺失（LOI）；如果两个位点均不表达，称为印记获得（GOI）。不论是 LOI 还是 GOI，均属印记紊乱，与多种儿童遗传病发生有关。例如，*H19*、*IGF2* 基因印记紊乱导致拉塞尔-西尔弗综合征（Russell-Silver syndrome，RSS）和贝-维综合征（Beckwith -Wiedemann syndrome，BWS）。BWS 患者（H19-GOI、IGF2-LOI）容易发生肾母细胞瘤（Wilms tumor），这是一种常见于 WT1 基因遗传性失活者的遗传性肿瘤。印记紊乱发生的具体原因仍不清，没有典型的跨代遗传现象，更像是一种先天性胚胎发育印记异常。

雌性二倍体细胞含两条 X 染色体，其中一条 X 染色体会随机发生印记失活（X-inactivation），另一条保持转录活性。在乳腺癌和卵巢癌及内膜癌细胞中，常见印记失活的 X 染色体再激活（X-reactivation），患者预后差。在大部分肿瘤组织中，X 染色体数目扩增和转录上调非常普遍。这种 X 染色体再激活、扩增现象与肿瘤发生的关系不明确。最近，有研究揭示，X 染色体再激活有助于补救位于活性 X 染色体上的 H3K4 和 H3K27 去甲基化酶 *KDM5C* 和 *KDM6A* 等肿瘤抑制基因突变失活，预防细胞癌变[27]，这可能是许多肿瘤在妇女中的发生率显著低于男性的原因之一。伴随 X 染色体再激活、扩增现象一起出现的是位于 X 染色体上的 *MAGE3* 等睾丸特异性癌抗原（cancer-testis antigens）表达激活，可用作肿瘤的免疫治疗靶标。

大约 10%的慢性淋巴细胞白血病（CLL）具有家族聚集性。死亡相关蛋白激酶基因（*DAPK1*）控制细胞凋亡，与位于同一基因座上的 *HOXB7* 相隔 7kb。*HOXB7* 基因上的一个核苷酸变异导致其与转录抑制因子亲和力增加，最终导致 *DAPK1* 启动子 DNA 甲基化和转录抑制[28]。这种 *DAPK1* 启动子甲基化可在大部分 CLL 患者外周血白细胞中检出，提示邻近区域的胚系 DNA 序列变异可导致 *DAPK1* 启动子 DNA 甲基化和等位基因转录不平衡。类似的情况还发生在一个家族性α地中海贫血上：因为 *LUC7L* 基因 3′端缺失，导致该基因转录区域与珠蛋白基因 *HBA2* 启动子区反义链重叠，所产生的病理性长链非编码 RNA（lncRNA）能诱发 *HBA2* 基因 DNA 甲基化和表达沉默，纠正该突变则可预防 *HBA2* 基因沉默，干预这种贫血症的发生[29]。基因组关联研究揭示，大部分人类肿瘤易感相关基因位点都位于基因间区，包括各种重复序列和 lncRNA 转录区。随着这些基因组分功能的揭示，与表观遗传性疾病相关的 DNA 序列还会增加。

40.2.2　肿瘤细胞的表观遗传变异规律

在细胞内已发现的、酶促催化的 DNA 共价修饰包括：脊椎动物细胞基因组 5mC 及其氧化产物 5hmC、5fC、5caC（图 40-2），低等生物基因组 DNA 腺嘌呤 *N6*-甲基化（6mA）和胞嘧啶 *N4*-甲基化（4mC）及磷酸核糖骨架硫修饰。后三种修饰主要存在于微生物细胞，用于防御外源性遗传物质入侵。有报道称，小鼠胚胎干细胞基因启动子区中也可检出极其微量的 4mC 和 6mA（<0.003%和 0.001%）[30]。细胞 RNA 腺嘌呤也存在 N^6-甲基化（为与 DNA 中的 6mA 区别，特称为 m^6A）等修饰。最近发现人类细胞线粒体 DNA 中也存在 6mA。5mC 主要存在于脊椎动物基因组中。5mC 及其氧化产物主要发生在 CpG 位点上，是肿瘤细胞 DNA 修饰变异的主要成分，组蛋白修饰和染色质构象变化也是重要的肿瘤表观遗传变异。继 miRNA 研究高潮之后，lncRNA 表达变异、RNA 剪接和修饰及其与肿瘤等疾病发生的关系也成为研究热点。下面将分别进行介绍。

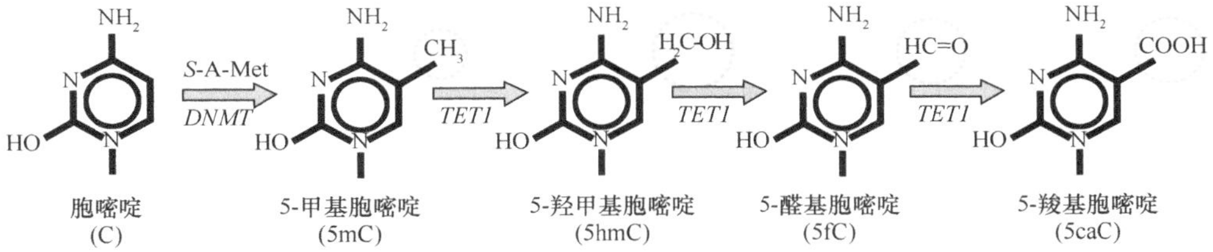

图 40-2　胞嘧啶甲基化及其系列氧化产物的分子结构

1. 全基因组 DNA 去甲基化

全基因组 DNA 去甲基化、低甲基化（demethylation/hypomethylation）是肿瘤细胞的基本特征之一。小鼠在受到电离辐射数小时后，靶组织就出现全基因组 DNA 低甲基化，有剂量依赖性和组织特异性，组织 DNA 损伤程度越高，DNA 总 5mC 含量越低，提示 DNA 低甲基化是细胞对辐射损伤的应激反应（stress response）。脊椎动物基因组 DNA 胞嘧啶脱氨基酶家族成员（AID/APOBEC）催化单链 DNA 5mC 脱氨基的效率，明显高于催化未甲基化胞嘧啶脱氨基，在 DNA 低甲基化应激反应中发挥关键作用[31]。在 DNA 损伤修复过程中形成的单链 DNA 是胞嘧啶脱氨基酶的反应底物。未甲基化的胞嘧啶脱氨基生成尿嘧啶（U），5mC 脱氨基生成胸腺嘧啶（T），导致 G=U 或 G=T 碱基错误配对。在正常细胞基因组，这种错误配对的嘧啶将通过错配修复机制恢复为正确配对的胞嘧啶。5mC 脱氨基还有 DNA 去甲基化作用。没有及时修复的尿嘧啶和胸腺嘧啶会在 DNA 复制过程中固定为 C>T 点突变。这是肿瘤细胞基因组中 70%以上点突变形成的原因，也是进化过程中高等级生物基因组 CpG 抑制（CpG suppression，一种 CpG 密度不断下降的现象）的发生原因。AID 催化形成 C→T 点突变是 B 淋巴细胞形成新抗体基因的重要途径之一，目前尚不明确细胞是否会利用同一机制来催化其他基因主动突变（即适应性突变）。

致癌物暴露等因素造成的炎症反应，会诱发 *AID/APOBEC* 表达大幅度上调，选择性诱导内、外源性病毒基因发生大量的 C>T 突变而失活，是机体先天固有性免疫的重要组成部分[32]。宿主细胞中存在的大量逆转座子（retrotransposon），如重复序列 L1 和 ALU 元件。*AID/APOBEC* 表达上调也使得这些逆转座子发生广泛的 DNA 去甲基化。全基因组 DNA 低甲基化还会降低宿主细胞基因组染色质密度，增加染色质可接近性，有利于基因组的重组修复和重编程。由于精确的 DNA 碱基切除修复和酶切修复不能修复染色体双链断裂、交联等 DNA 损伤，细胞只能通过重组修复这种易错的复制后修复途径来修复这类损伤，维持基因组的完整性。基因组稳定性下降表现形式多样，例如，染色体结构和数目异常，DNA 大片段的不对称重组、移位、缺失、插入、倒置、扩增，微卫星不稳定，碱基点突变等。全基因组 DNA 低甲基化伴随基因组稳定性下降同时出现，两者之间可能存在内在联系。

转座元件（transposable element）占人类基因组的 70%[33]，人类基因组 50%以上的 CpG 位点居于 ALU 元件等重复序列上。DNA 甲基化的功能之一是抑制整合到基因组中各种寄生性逆转录病毒序列的转录活性。ALU 元件是主要的 SINE（short interspersed element）类型，每个 ALU 元件都是一个核小体，一般伴随基因分布。在正常细胞基因间和内含子区的 ALU 元件呈高甲基化，而在转录起始点附近的 ALU 元件呈低甲基化，并且具有一定的组织或细胞特异性[34]。推测 ALU 元件在维持基因组正常染色质构象和重组、染色质的可接近性和转录前基因表达的控制等方面有重要作用。少数 ALU 元件具有转录活性，所形成的 RNA 功能不清。L1 元件（LINE1）是主要的 LINE（long interspersed element）类型，主要分布于基因间区，其转录本为 ALU 等逆转座子的逆转录和转座所需。L1 元件甲基化水平低、转录水平高的肿瘤患者预后较差。L1 高表达有神经细胞毒性，与 TREX1 缺乏相关自身免疫病发生有关，可用抗逆转录病毒药物司他夫定（Stavudine）干预[35]。这种治疗策略是否也适用于肿瘤治疗值得研究。

传统的 DNA 5mC 分析方法中多使用亚硫酸氢盐修饰技术。亚硫酸氢盐使未甲基化胞嘧啶转换成了尿嘧啶（在常规 PCR 中则转换为胸腺嘧啶 T），使得大部分单链 DNA 的 PCR 产物碱基构成由 4 种（A、C、G、T）变成了 3 种（A、G、T），增加了确定重复序列基因组定位难度。常用的 DNA 二代测序法读长比 L1 和 ALU 元件短，而人体细胞每个单倍体约含 100 万个的 ALU 元件和 66 万个 L1 元件，使得确定它们在基因组中的甲基化状态工作难以展开。所以，以二代测序为基础的高通量、高分别率的 DNA 甲基化组分析方法（如 Bisulfite-seq、MeDIP-seq）一般都不包含这些重复序列的甲基化信息，对其甲基化状态变化、生物学功能、与肿瘤等疾病发生关系的认识还处于初级阶段。第三代单分子实时测序技术 SMRT 虽然测序成本较高，但因为能直接区分 5mC 和未甲基化胞嘧啶，使解决这些问题有了可能性。

TET1/2/3 能够催化 DNA 5mC 氧化成 5hmC、5fC 和 5caC（图 40-2），继而在 AID 或胸腺嘧啶糖苷酶-酶切修复机制的作用下实现去甲基化。有研究表明，TET 在致癌物诱导的全基因组低甲基化过程中作用非常有限。在肿瘤细胞中，TET 的表达水平明显下调，基因组总 5hmC 水平也明显下降。*DNMT1*、*DNMT3A*、*DNMT3B*、*TET1*、*TET2*、*IDH1*、*IDH2* 基因体细胞突变和拷贝数变异是肿瘤组织中的常见现象，以各种脑肿瘤最明显[36]（图 40-3）。

2. 肿瘤相关基因 CpG 岛甲基化及氧化异常

不同类型的细胞具有不同的 DNA 甲基化特征谱（signature）。肿瘤组织的 DNA 甲基化谱虽然存在变异，但与其来源组织的正常 DNA 甲基化谱相比仍非常相似。肿瘤细胞即使是在离体培养的条件下，仍然能够维持其起源细胞的主要生物学特征，其基因组 DNA 甲基化谱亦未发生大幅度改变。根据不同类型细胞 DNA 甲基化谱能准确维持遗传的特性，人们可以计算实体瘤组织中肿瘤细胞的构成比，以及设计出鉴定血液循环肿瘤细胞组织来源的方法。肿瘤细胞基因组中的确存在 DNA 甲基化状态改变，包括长片段的

DNA 高甲基化和低甲基化、CpG 岛高甲基化和低甲基化等。

一些长片段的 DNA 甲基化状态改变，由常染色质-异染色质构象转换相关，伴随组蛋白修饰 H3K9me3 变化，与细胞命运控制和分化状态维持有关。长片段表观遗传沉默（long range epigenetic silencing，LRES）对细胞会产生类似 DNA 大片段拷贝缺失影响[37]。跨基因的长片段 DNA 甲基化状态改变同样可发生在常染色质区[38]，与整个基因簇（gene cluster）的开放性或可转录性相关。已发现多种肿瘤中存在长片段的 DNA 甲基化状态异常，但与肿瘤发生发展的因果关系尚不明确。随着对不同染色质袢（loop）物理空间聚集、共定位与基因共转录调控机制的深入了解，以整个基因座位或染色质袢空间组合变异为特征的基因协同转录调控机制及其生物学功能、长片段 DNA 甲基化状态等表观遗传学改变与细胞癌变的关系将会不断揭示，这是对基因表达调控全貌认识的重要扩展。下面对主要肿瘤相关基因 DNA 甲基化状态变化进行简要介绍。

CpG 岛是在进化过程中未发生 CpG 抑制的保守序列，在基因组中主要分布在基因富集区。几乎所有的管家基因和近 50%的组织特异性表达基因转录起始点（TSS）周围的启动子及第一外显子 5′非翻译区（5′UTR）都有 CpG 岛的存在（统称 TSS-CpG 岛），其他外显子和 3′UTR 也是 CpG 岛的常见区域。与广

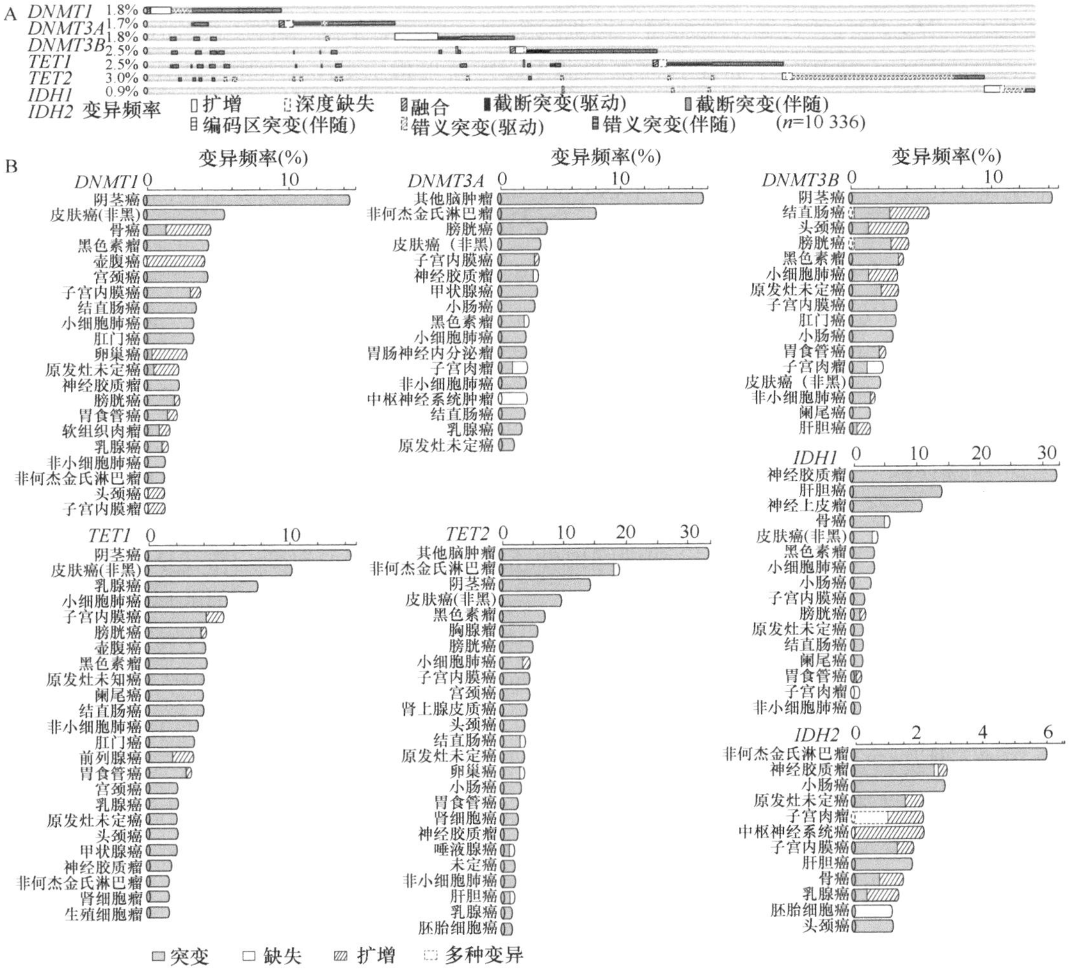

图 40-3　肿瘤组织 DNA 修饰基因 DNA 序列结构变异种类及频率（参考文献[36]数据制作）

A. 肿瘤组织样品中 DNA 修饰基因序列变异详细分类、分布特征、发生频率；

B. 不同肿瘤组织样品（n=10 336）中 DNA 修饰基因序列变异类型及发生频率（非黑：非黑色素瘤性皮肤癌）

大的低 CpG 密度序列不同，在正常生理条件下，大部分 TSS-CpG 岛处于非甲基化状态。CpG 岛甲基化一般起始于其周边（CpG island shores）散在的 CpG 位点，然后以核小体为单元向整个 CpG 岛扩展。当 TSS-CpG 岛完全甲基化或完全非甲基化时，其甲基化状态以稳态方式维持和遗传；当 CpG 岛中只有部分 CpG 位点甲基化时，则不能稳定维持，很难遗传给子细胞。不论是 TSS-CpG 岛，还是其他部位 CpG 岛，都会发生甲基化。TSS-CpG 岛甲基化使得基因失去转录活性，去甲基化则使基因获得可转录性。在外显子和内含子区，统称基因躯干部（gene body），CpG 岛甲基化有助于防止基因形成异常的转录起始点，用 DNA 甲基化抑制剂阻断它们的甲基化会导致大量异常 TSS 形成，组蛋白去乙酰化酶抑制剂（HDACi）也有类似作用[39]。人们常常将肿瘤细胞与正常细胞之间 DNA 甲基化存在差别的 DNA 序列称为差异性甲基化区域（DMR）。由于 TSS-CpG 岛甲基化与稳定的基因转录失活有关，对其有比较深入的研究。对于其他部位 CpG 岛甲基化的功能所知甚少。

单基因 TSS-CpG 岛甲基化变异分析是早期肿瘤表观遗传研究的主要内容。由于 TSS-CpG 岛甲基化与基因转录抑制之间存在密切的相关性，并且可在细胞分裂过程中稳定遗传，人们意识到 TSS-CpG 岛甲基化可能是肿瘤抑制基因功能失活的重要方式之一，可发挥与基因点突变和拷贝缺失类似的作用。*P16*、*P15*、*P14*、*RB1*、*CDH1*、*CDH13*、*BRCA1*、*VHL*、*DAPK1* 等肿瘤抑制基因常常在肿瘤组织发生 TSS-CpG 岛甲基化和转录失活。*P16* 基因不仅是肿瘤细胞中拷贝缺失频率最高的基因（平均 13%），也是 TSS-CpG 岛甲基化频率最高的基因（平均 30%），甚至在癌前病变组织中就可检出 *P16* 基因甲基化，属于肿瘤发生早期的改变。事实上，在 *RB1* 或 *CDH1* 基因的一个拷贝存在胚系突变失活患者的遗传性肿瘤组织中，另外一个野生型的基因拷贝常常发生 DNA 甲基化和转录沉默。这种基因突变/缺失与 DNA 甲基化发生之间是否存在因果关系尚不明确。相反，许多基因也可通过 TSS-CpG 岛去甲基化的方式重新获得转录潜能，例如，*MGMT*、*PIK3CA*、*GSTP*、*MAGE3*、*MDR1*、*LCN2*、*TBC1D16* 基因，还有 *L1* 元件和 *MAG3* 等 ncRNA 基因。依据功能可将肿瘤细胞中 TSS-CpG 岛甲基化状态变异分为四类：①促进正常细胞分化和凋亡基因的高甲基化，如 *P16*、*P15*、*P14*、*DAPK1* 等；②抑制细胞增殖/运动和感知组织器官大小及胚胎期特异性表达基因的去甲基化，如 *PIK3CA*、*GFRA1* 等；③组织特异性表达基因表达的时空偏移相关甲基化改变，例如，胚胎期表达基因的去甲基化激活、睾丸特异性表达基因 *MAGE3* 和肠黏膜特异性表达基因 *TFF3* 去甲基化、胃黏膜特异性表达基因 *TFF1* 甲基化等；④肿瘤细胞适应环境相关基因的甲基化状态改变，例如，DNA 修复基因 *MGMT*、药物/毒物代谢基因 *GSTP* 和 *MDR1* 去甲基化，EMT 和 MET 发生过程中 *CDH1* 和 *EpCAM* 甲基化状态变换。前三类属于稳定性较高的细胞分化状态相关表观遗传改变，具有一定的肿瘤特异性；后一类属于稳定性较差的适应性表观遗传改变，会随细胞内外环境因素的改变而改变，往往是全身多组织性变化。

对小鼠和人 ESC 细胞基因组研究发现，5hmC 主要分布于有转录活性基因的增强子、增强子样转座子、L1 元件的 5′UTR 区，可能参与控制基因转录和转座子的转座过程。与 CpG 位点胞嘧啶的甲基化呈双链对称分布不同，5hmC 的发生有明显的双链不对称性[40]。肿瘤组织氧缺乏能够直接抑制 TET 活性，降低细胞总 5hmC 水平，升高细胞的 5mC 含量[41]。相反，维生素 C 能够增加 TET1/2 的活性，促进 5mC 羟基化和去甲基化[42]。笔者发现在肿瘤 HCT116 细胞中 *P16* 基因 TSS-CpG 岛存在大量的 5hmC 位点，主要分布在其 5′UTR 反义链上；从胃炎到上皮异型增生再到胃癌组织，*P16* 羟甲基化频率不断降低。已知维生素 C 缺乏者对胃炎易感性高，幽门螺杆菌感染等炎症反应大量消耗胃黏膜组织中的维生素 C，炎症反应也是肿瘤组织的重要生物学特征。肿瘤和炎症组织中维生素 C 水平降低是否与胃癌组织中 *P16* 羟甲基化减少有关值得研究。

3. 肿瘤 DNA 甲基化组变异

甲基化组测定技术既有早期的第一代甲基化敏感酶切扫描技术（RLGS）和各种微阵列杂交芯片（如

Illumina 450K 和 850K），也有第二代的亚硫酸氢钠修饰组合高通量测序法（bisulfite-sequencing，BS；genome-wide high throughput BS，GWBS）、甲基化 DNA 富集测序法（MeDIP-Seq）、靶序列集捕获全基因组-BS、简并代表性亚硫酸氢盐测序技术（reduced representative BS，RRBS）。第一代方法成本低，容易开展大样本测定，但是结果粗略，只能测定基因组一小部分 CpG 位点的平均甲基化状态；第二代方法结果精细，可测定全基因组大多数区域 CpG 位点的甲基化状态，但成本高昂，只适合分析少数代表性样品。第三代单分子 DNA 甲基化实时测序法刚刚出现。

肿瘤组织中混杂有各种非肿瘤细胞。显然，肿瘤组织甲基化谱既包括细胞癌变相关改变，也包括组织中非肿瘤细胞构成比变化所致改变。此外，肿瘤细胞中常发生的染色体数目改变也会影响甲基化组测定结果。例如，染色体 4q、21q 缺失导致与芯片杂交信号减弱，形成长片段低甲基化的表象；相反，7q、8q、20q 扩增则导致长片段高甲基化的表象。肿瘤细胞系虽然为单克隆细胞，在离体培养过程中甲基化谱会发生一系列继发的适应性改变，其甲基化组不能准确反映肿瘤细胞在体内的真实状态。现有第三代甲基化组测定技术，读长可达 30kb，能够直接识别 DNA 分子上的 5mC，可能用于测定包括重复序列在内的肿瘤细胞甲基化组，在揭示肿瘤细胞特异性的 DNA 甲基化变异规律上发挥特殊作用。

全基因组 DNA 甲基化研究克服了单基因 CpG 岛甲基化状态变异不能反映全貌的缺点。然而现有的大量甲基化组学数据都是利用尚不完善的芯片杂交平台生成的，如何进一步利用这些海量组学信息来解决恶性肿瘤预防、诊断、治疗关键问题至关重要。与单基因研究模式组合，对有重要应用潜能的基因开展用途验证和功能基础研究是一条可行之路。

4. 组蛋白变异及表达异常

组蛋白置换（histone replacement）在基因表达控制和维持基因组完整性上发挥基础性作用。组蛋白 H3.3 和 H2A.X 是进化早期形成的组蛋白，在正常人细胞染色质核小体内已经被组蛋白 H3 和 H2A 替代。在着丝点（centromere）的 H3 则被其变种 CENP-A 替代。精子的染色质高度凝聚，组蛋白完全被精蛋白（protamine）置换。大部分组蛋白在细胞 S 期合成，称为 DNA 复制相关组蛋白，用于组装新核小体。还存在非 DNA 复制相关的组蛋白（如 H3.3 和 H2A.X），用于 DNA 损伤识别、修复。基因间区调控序列的核小体富含 H2A.Z 和 H3.3，而重复序列则富含 H2A、mH2A 和 H3.1。含 CpG 岛和不含 CpG 岛的 TSS 周围核小体组蛋白成分也存在明显差别。肿瘤细胞中存在众多的组蛋白置换和表达变化，如进化早期组蛋白 H3.3、H2A.X 及 H2A.Z 表达上调[43]（表 40-1）。各种组蛋白的伴侣分子（chaperone）在引导不同组蛋白变种组装到对应染色质核小体的过程中发挥了作用。例如，伴侣复合物 DAXX-ATRX 能够指导 H3.3 组装到 ESC 细胞基因组中的逆转录病毒元件染色质上[44]。

在正常人体细胞内，mH2A 多存在于转录沉默的核小体和异染色质区。mH2A1 有 2 个相互排斥分布的剪接体 mH2A1.1 和 mH2A1.2，前者抑制细胞增殖，后者促进细胞增殖。mH2A2 的功能与 mH2A1.1 类似。mH2A2 和 mH2A1.1 高表达的肿瘤患者预后较好，mH2A1.2 高表达的肿瘤患者预后较差。H2A.Z 和 H2A.B 多存在于常染色质的基因启动子和增强子核小体，有细胞周期波动性，在多种肿瘤组织中表达异常。H2A.Z 和 H2A.B 高表达的肿瘤患者预后较差。H2A.Z 基因还有 2 个旁系同源基因 H2A.Z.1 和 H2A.Z.2，前者为胚胎早期发育所必需，后者为 DNA 修复所需。

H3.3 在基因启动子和增强子区的更新速度很快，在内含子和外显子区以中等速度更新，在端粒区更新很慢。小鼠成熟卵子中的 H3.3 在基因组重编程使 ESC 获得全能性的过程中发挥关键作用[45]。在 DNA 复制过程中，旧核小体中的两个 H3.3-H4 二聚体会平均分配到 2 个子细胞。H3.1 在基因组不同区域更新速度都较快。在雄性果蝇胚系干细胞不对称分裂过程中，旧组蛋白 H3.2 倾向于分配到干细胞，新形成的子细胞则用新合成的组蛋白 H3.2 组成新核小体。由于目前有效区分哺乳动物细胞染色质中不同亚型 H3

比较困难，尚不明确组织干细胞和肿瘤干细胞分裂过程中组蛋白的分配是否也存在类似的现象。

表 40-1 肿瘤细胞染色质中组蛋白置换现象（参考文献[43]数据制作）

类型	组蛋白	基因_染色体条带	相关功能	肿瘤
H1	H1.0	*H1F0*_22q13.1	RNA 代谢，控制细胞分化	乳腺癌、卵巢癌、白血病等
	H1.1	*HIST1H1A*_6p22.2	开放染色质	卵巢癌、结肠癌
	H1.2	*HIST1H1C*_6p22.2	诱导凋亡	乳腺癌、结肠癌
	H1.3	*HIST1H1D*_6p22.2	细胞凋亡、染色质凝聚	乳腺癌、卵巢癌
	H1.4	*HIST1H1E*_6p22.2	细胞凋亡	卵巢癌
	H1.5	*HIST1H1B*_6p22.1	分化细胞膜蛋白家族基因	肺神经内分泌瘤
	H1t	*HIST1H1T*_6p22.2	雄性生殖	儿童白血病
	H1x	*H1FX*_3q21.3	DNA 复制	卵巢癌、神经内分泌瘤
H2A	mH2A1	*H2AFY*_5q31.1	X 灭活、转录抑制，配子	乳腺癌、肺癌、结肠癌等
	mH2A2	*H2AFY2*_10q22.1	X 灭活	肺癌、黑色素瘤
	H2A1	*HIST1H2AI-M/G*_6p22.1	染色质组成	肝癌、结肠癌
	H2A1C	*HIST1H2AC*_6p22.2	有丝分裂	乳腺癌、淋巴细胞白血病
	H2A2A	*HIST2H2AA4/3*_1q21.2	有丝分裂	肝癌
	H2AJ	*H2AFJ*_12p12.3	有丝分裂	乳腺癌、黑色素瘤
	H2A.X	*H2AFX*_12q23.3	DNA 双链断裂修复，凋亡	乳腺癌、肺癌、结肠癌等
	H2A.Z	*H2AFZ*_4q23	DNA 复制，染色体分离等	乳腺癌、结直肠癌、膀胱癌等
H2B	H2B1C	*HIST1H2BG/F/E/I/C*_6p22.2	有丝分裂	乳腺癌
	H2B1L	*HIST1H2BL*_6p22.1	有丝分裂	胃癌
	H2B1M	*HIST1H2BM*_6p22.1	有丝分裂	乳腺癌
	H2B1O	*HIST1H2BO*_6p22.1	有丝分裂	乳腺癌、急性粒细胞白血病
	H2B2E	*HIST2H2BE*_6p22.2	抑制增殖，灭活气味神经元	胃癌
	H2B2F	*HIST2H2BF*_6p22.2	有丝分裂	前列腺癌
H3	H3.1	*HIST1H3A-J*_6p22.1-2	DNA 复制和修复，细胞分化	结肠癌
	H3.2	*HIST2H3C/A/D*_6q21.2	有丝分裂、免疫	结肠癌
	H3.3	*H3F3A/B*_1q42	转录活化	乳腺癌、脑干肿瘤、白血病
	CENP-A	*CENPA*_2p23.3	着丝点组装、有丝分裂	肝癌、乳腺癌、结直肠癌等

5. 组蛋白修饰异常

核小体组蛋白存在多种修饰，如赖氨酸（K）和精氨酸（R）甲基化、赖氨酸乙酰化和泛素化、丝氨酸（S）磷酸化等。赖氨酸除乙酰化外，还会发生微量的丙酰化（propionylation）、丁酰化（butyrylation）、琥珀酰化（succinylation）、豆蔻酰化（crotonylation）、丙二酰化（malonylation）、糖基化（glycation）等其他修饰。这些修饰发生在突出于核小体表面的组蛋白 N 端。大部分组蛋白修饰发生在核小体组装完成之后（如 H3K27me3、H3K9me2/3、H4K20me3），少数组蛋白修饰发生于核小体组装之前（如 H4K79ac、H4K91ac、H3K9me1）。各种组蛋白修饰由不同的酶催化完成，这些酶统称为“写作器”（writer）。不同的组蛋白修饰组合（即组蛋白密码子）会影响染色质与各种转录因子、RNA 聚合酶、DNA 修复酶、DNA 结合蛋白的结合，导致染色质构象或基因转录活性变化。感知组蛋白修饰状态的染色质结合分子统称为“阅读器”（reader）。细胞中还有一组催化这些氨基酸去甲基化、去乙酰化、去泛素化的酶，称为“擦除器”（eraser）。“写作器”和“擦除器”协同工作，动态控制染色质的构象、可接近性、可转录性、稳定性。许多类型组蛋白修饰的功能并未明确。一般认为 H3K27me2、H3K27me3、H3K9me2、H3K9me3、H3K4ac 与染色质的可接近性降低和基因转录抑制有关，属于抑制性修饰；而 H3K27me1、H3K27ac、H3K9me1、H3K9ac、H3K4me3 与染色质的可接近性升高和基因转录活化有关，属于活化性修饰。生殖细胞特别是卵子的染色质 H3K27me3 密码子的稳定传递，对早期卵裂细胞基因组激活、ESC 全能性的获得、胚胎早期发育至关重要，能够跨代遗传[46]。H3K9me3 修饰则在细胞分化、细胞谱系（lineage）建立和维持中发挥作用。在体细胞中，H3K9me3 是最稳定的组蛋白修饰；其他组蛋白修饰稳定性较差，会随着转录因子的结合或分离动态变化。组蛋白及其变种的修饰位点基本相同，个别组蛋白有特殊的修饰位点（如 H3.3 和 H2A.X）。

异染色质区存在大量的组蛋白 H3K9me3 修饰。H3K9me3 由 SUV39H1、SUV39H2、G9 催化完成，是异染色质结合蛋白 HP1 的结合位点。与 HP1 结合后，染色质发生相变——水溶性下降，不再通过 LaminB1 附着于核内膜侧的核纤层，而是成为异染色质凝聚于核浆中。与 H3K9me3 结合的异染色质结合蛋白 HP1 可进一步招募 SUV39H1、SUV39H2 和 SUV420H，催化邻近核小体组蛋白 H3K9me3 和 H4K20me3 形成，扩展异染色质区范围。着丝点和端粒部位染色质组蛋白类型及修饰特征与其他部位染色质不同。基因组中很多重复序列都存在于异染色质区（如 LINE）。在肿瘤细胞中，重复序列 L1 和 ALU 元件不仅发生 DNA 低甲基化，而且其核小体 H3K9me3 含量也明显降低，导致这些区域的同源重组（homologous recombination）和非同源重组（non-homologous recombination）频率大幅度上升，成为肿瘤基因组中的 DNA 结构变异的热点。

常染色质区的组蛋白修饰类型众多，转录活性不同的基因（强转录、弱转录、不转录）之间和基因的不同区域（增强子、启动子、5′UTR、外显子、内含子、3′UTR、下游调控区）之间均有明显差别。强转录的启动子以组蛋白 H3K4me3 和 H3K27ac 修饰为特征；弱转录的启动子以组蛋白 H3K4me3 和 H3K27me3 修饰同时存在为特征；不转录的启动子以组蛋白 H3K4ac 和 H3K27me3 修饰为特征；长期不转录的启动子以组蛋白 H3K27me3 和 H3K9me3 修饰为特征，含 CpG 岛启动子甚至伴随 DNA 甲基化。在肿瘤细胞中，许多抑制细胞增殖和运动、促进细胞黏附和凋亡的基因启动子抑制性组蛋白修饰增多，而促进细胞增殖、运动、侵袭、血管生成、应激反应和生物转化的基因启动子活化性组蛋白修饰增多。

组蛋白 H3.3、H3.1 和 H1.2 的编码基因 *H3F3C*、*HIST1H3B* 及 *HIST1H1C* 在多种肿瘤中存在突变、缺失、扩增，变异频率超过 1%。在视网膜母细胞瘤中以拷贝扩增为主，在性索间质瘤以拷贝缺失为主，在阴茎癌和非霍奇金淋巴瘤则以突变为主（图 40-4）。*HIST1H* 家族组蛋白编码基因聚集于染色体 6p21-22 条带上（表 40-1），一旦发生拷贝数变异，往往导致多个组蛋白编码基因共同变异（图 40-3，右下角）。78%的弥漫性内在桥脑胶质细胞瘤存在 H3.3 K27M 氨基酸突变，36%的非脑干胶质瘤存在 H3.3 K27M 或 G34R/V 突变[47]。H3 K36M/I 氨基酸突变常见于成软骨细胞瘤和未分化肉瘤。这些现象提示，组蛋白基因拷贝的变化和修饰相关突变很可能在某些肿瘤的发生或发展上发挥驱动作用。

PcG 蛋白 EZH2、SUZ12 和 EED 一起组成 PcG 抑制复合物 2（PRC2），在基因表达的表观遗传失活中发挥重要作用。EZH2 催化 H3K27me3 修饰，在肿瘤发生过程中，EZH2 和组蛋白去乙酰化酶（HDAC）表达升高，细胞总 H3K27me3 修饰水平也升高，而 H3 总乙酰化水平降低，抑制 HDAC 的活性是肿瘤表观遗传治疗的重要策略。

TrxG 蛋白的作用与 PcG 蛋白相反，在启动或维持基因表达过程中发挥作用。TrxG 蛋白种类众多，包括催化 H3K4me3 形成的 KMT2D/C（MLL2/3）、催化 H4K16ac 形成的 KMT2A（MLL1），还有催化 H3K27me3 去甲基化的 KDM6A 等。在肿瘤基因组中，组蛋白修饰基因经常发生突变（图 40-1），以 TrxG 蛋白中的 KMT2A/C/D（MLL1/2/3）最为明显。*KMT2D* 基因突变频率高达 8%，可与其他组蛋白修饰基因突变同时存在（图 40-5）。ENL/MLLT1 是 H3K37 豆蔻酰化修饰的阅读者，在维持急性粒细胞性白血病干细胞分裂上可能发挥重要作用。

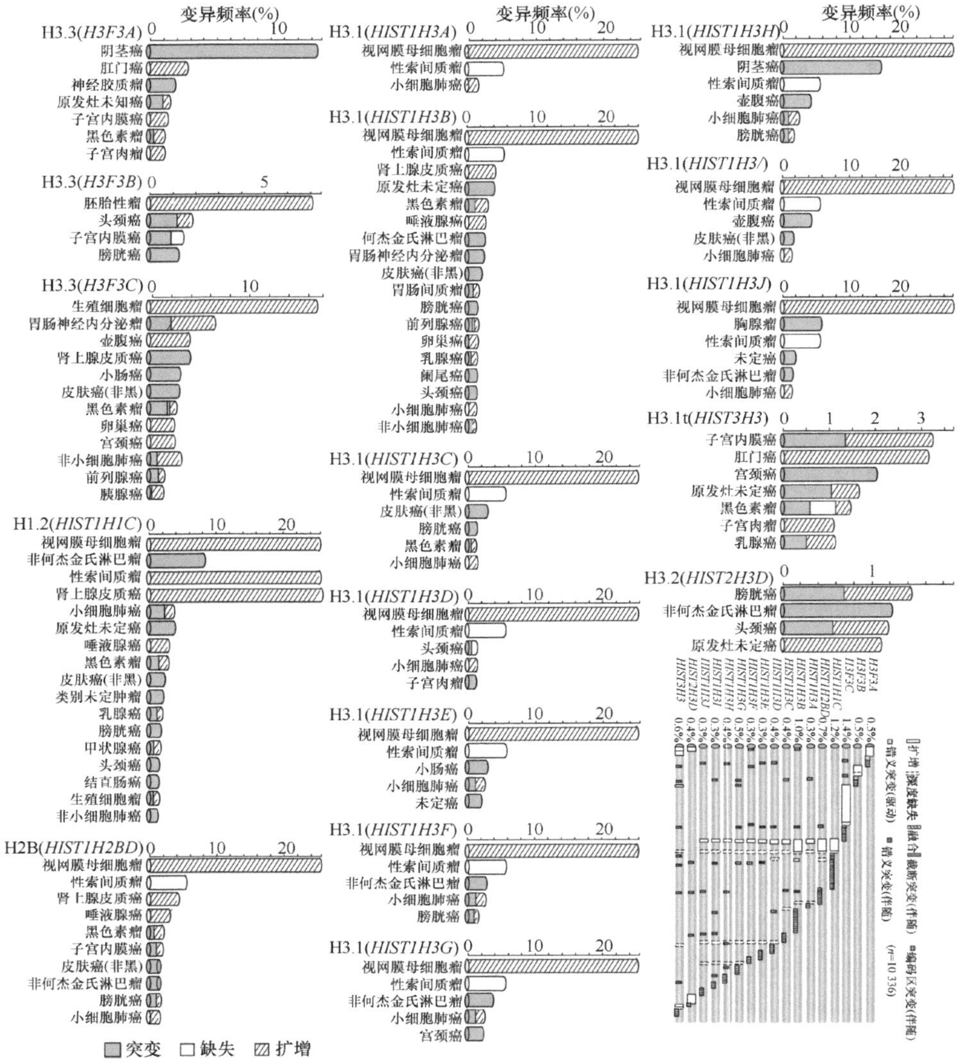

图 40-4 肿瘤组织中组蛋白编码基因 DNA 序列变异类型及频率（参考文献[36]数据制作）

右下角：肿瘤组织样品（*n*=10 336）中组蛋白编码基因序列变异详细分类、分布规律、发生频率

6. 非编码 RNA 表达异常

在人类基因组中，蛋白编码基因 DNA 序列仅占 2%，其余 98%的序列包括：约占 50%的转座子和逆转座子等重复序列，约占 5%的近 2000 个 miRNA 宿主基因（miRBase-21），还有数目仍在不断扩展、功能尚不明确的几万个长链非编码 RNA 基因（>200nt，lncRNA）。事实上，人类基因组 80%以上的区域会转录产生 ncRNA，但大部分功能不清。虽然细胞内也存在 miRNA 上调基因表达的现象，但 miRNA 的主要功能是下调基因表达。它们通过与细胞质 mRNA 3′UTR 或 5′UTR 结合，促进 mRNA 降解或抑制 mRNA 翻译，还可通过与细胞核 DNA 或 RNA 结合，影响基因转录或 RNA 加工成熟。一种 miRNA 可以与上百种不同的细胞质 mRNA 分子结合，一种 mRNA 也可与多种不同的 miRNA 结合。除参与蛋白质合成的经典核糖体 RNA（rRNA）和转运 RNA（tRNA）功能清楚外，细胞内还存在大量的其他 lncRNA、小核仁 RNA（snoRNA）、端粒酶 RNA（TERC）、核糖核酸酶 P（RPPH1）、Piwi 结合 RNA（piRNA）等。

尽管 lncRNA 研究刚刚起步，但已发现许多 lncRNA 具有重要功能，如 lncRNA 可与细胞核内各种转录因子或转录抑制因子直接结合，参与基因的转录调控、基因印记、X 失活等。lncRNA 还可与细胞质中的蛋白质或其他 RNA 直接结合而发挥作用。很多 lncRNA 会剪接成环形 RNA（circRNA），或参与 pre-mRNA 剪接，或与 mRNA 竞争性结合 miRNA，这是目前备受关注的一类与肿瘤相关的 lncRNA。lncRNA 与 mRNA 竞争性结合 miRNA 的模式，构成了精细的基因表达的表观遗传调控网路，是细胞分化、增殖、运动、侵袭、应激、环境适应等基本生命活动 RNA 层面的调控网络，进化上保守。在肿瘤细胞中，存在大量的 miRNA 和 lncRNA 结构及表达异常。

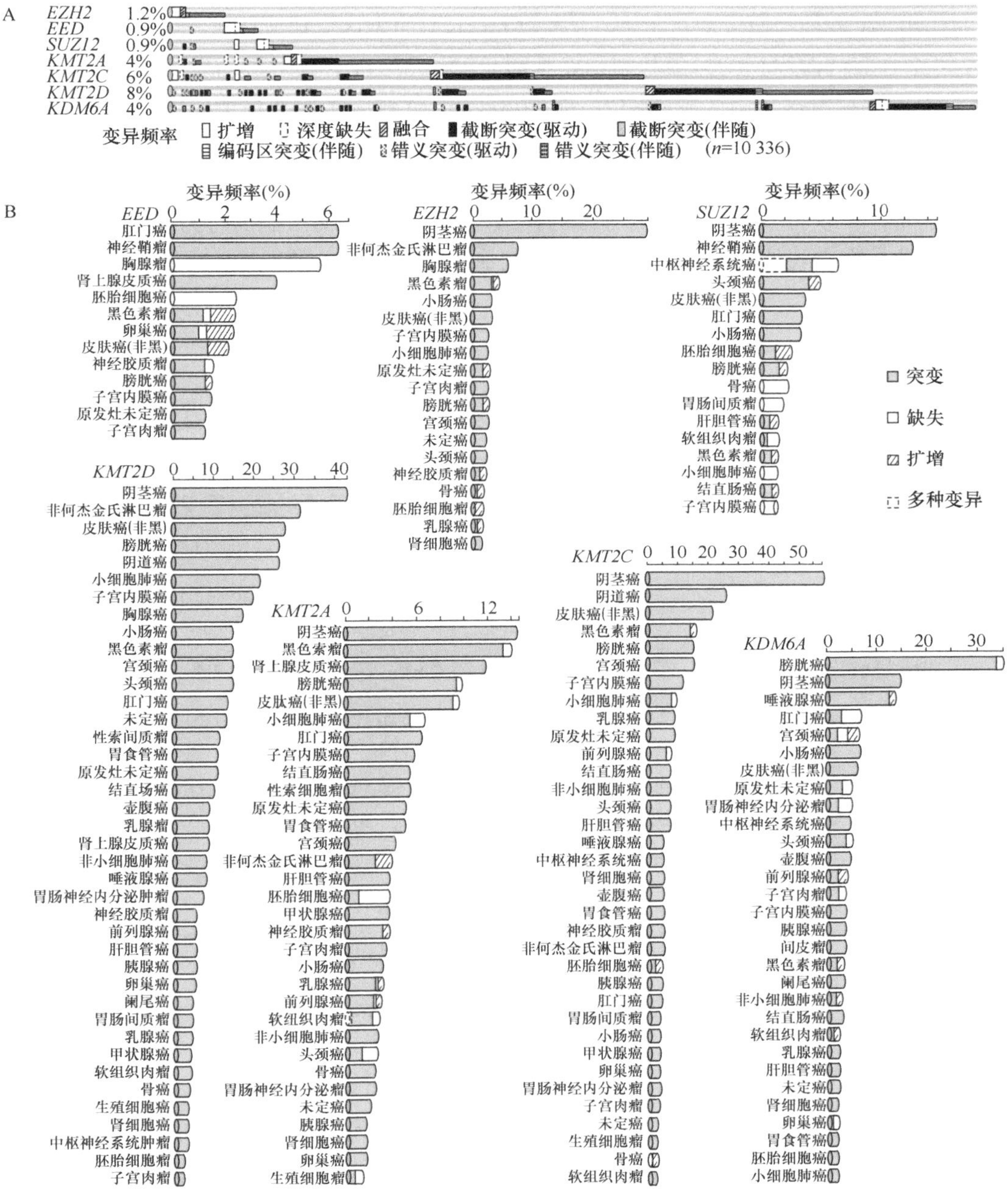

图 40-5　肿瘤组织中经常发生序列变异的组蛋白修饰基因（参考文献[36]数据制作）

A. 肿瘤组织样品（n= 10 336）中组蛋白修饰基因序列变异详细分类、分布特征、发生频率；

B. 不同肿瘤组织中 7 种组蛋白修饰基因的变异频率

在肿瘤细胞中，miRNA 宿主基因经常发生缺失、扩展和易位。大部分 miRNA 基因自身的表达调控机制不明确，自带 TSS-CpG 岛的 miRNA 宿主基因的转录调控与蛋白编码基因类似，位于蛋白编码基因和 lncRNA 基因中的 miRNA 基因则可能与宿主基因共转录。与其他 RNA 一样，miRNA 也存在在 m^6A 等多种类型的碱基修饰，影响 miRNA 的功能和半衰期。早期的研究发现，利用 100 余种 miRNA 的表达差异即可将不同组织/器官来源的肿瘤区分开，而用 15 000 多种 mRNA 的表达差异达不到同样的区分效果，说明 miRNA 在决定细胞谱系身份和肿瘤发生方面可能发挥了关键作用。let-7 具有抑制肿瘤干细胞增殖、促进细胞分化的作用，在肺癌、胃癌、卵巢癌等众多肿瘤中表达下调。miR-21 和 miR-31 具有促进细胞增殖、侵袭的作用，在多种肿瘤中表达上调。大多数 miRNA 的表达变化则因肿瘤类型不同而异（表 40-2）。

miRNA 可结合其同源序列的抑癌基因和癌基因 mRNA 3′UTR，其对肿瘤发生的影响取决于其靶基因是否在靶细胞中表达和发挥作用（表 40-3），如 miR-125b 促进大多数恶性造血细胞生长，但是抑制很多实体瘤的生长，可能与 miR-125b 能够下调造血细胞分化基因（如 *CBFB*、*PRDM1*、*IRF4*、*IL2RB*、*IL10AR*），而这些基因对实体瘤细胞的分化无影响有关。肿瘤细胞还能通过分泌外泌体的方式，将 miRNA 扩散到周围细胞和血液循环中，以旁分泌和类似内分泌的模式，协调不同肿瘤细胞的行为（如运动、侵袭、耐药），驯化间质细胞，动员宿主其他组织器官的资源。测定血液中肿瘤相关的 miRNA 含量变化可用于预测肿瘤的化疗敏感性。

表 40-2 主要类型肿瘤组织中 miRNA 表达变化

肿瘤	表达上调（致癌性）*miR-*	表达下调（抑癌性）*miR-*
肺癌	17/92a，21，31，155，221/222	let-7s，15a/16，29s，34s，126，195，200s，548
食管癌	10b，19a，21，31，34b，92a，196a，205，373，296	let-7，29c，133a/b，143，145，203，210
胃癌	543，544a，1290	9-1，9-3，15a，27b，29c，34b，143，210，375，448，485-5p，508-3p
结直肠癌	20a，196b，200c，4775	106a，125b/100，128，140-5p，143，181a-5p，193b，195，217，487b，506，543-3p，612-5p，613，663a
HCV 肝癌	10a，100，122，221/222，224，224-3p，452，1269	125a-5p，130a，139-5p，145，198，199a-5p/3p，199b-3p，214，424-3p
胆管癌	20a，21，26a，92a，141，155，221	26a，34a，101，122，124，135a-5p，138，144，145，200s，204，214，370，373，605
胰腺癌	21，31，101，132，135b，143，145，146a，150，155，181a/b/d，196a/b，210，212，221/222，223，1290	let-7，29c，30a-3p，96，124，130b，141，148a/b，206，216，217，219-1-3p，375，615-5p
前列腺癌	21，221/222，141，375，18a，4534，650，32，106/25，125b	34a，145，224，452，200b，382，372，17-92a，27a，135-a-1，204-5p，30a，let-7s，133/146a
乳腺癌	18a，19a，21，26b，93，96，106b，181b，182，183，191，200b/c，365，374a，429，449a	let-7b/c/d，22，99a，100，125a/b，127-3p，140，143，145，185，193b，195，204，221/222，320，451，489，497
鼻咽癌	18a/b，141，155，144，214，30a，149，93，504	let-7，9，26a，29c，34c，98，200s，216b，375，451
宫颈癌	31，125b，130a，135a，155，181a，196，196a，215，590，886-5p	7，23b，29，99，99a/b，129-5p，196b，203，214，218，506
肾细胞癌	21，122，155，210，224	30a，129-2-3p，138，141，200b/c，206，335
喉癌	16，19a，21，27a，106b，129-5p，155，196a，1297	1，24，30b，34a/c，126，139，203，206，299-3p，370，519a，874
多发性骨髓瘤	17-92s，21，25，30d，32，106b～25s，125b，181a/b，221/222	24，29b，33b，34s，126，152，192，194，203，214，215，425

表 40-3　肿瘤组织中代表性 ncRNA 表达变化引起的下游靶基因/信号通路和细胞生物学功能变化

	表达上调（致癌性）	功能（通路）	表达下调（抑癌性）	功能（通路）
miRNA	miR-21↑ →	PDCD4↓	let-7↓ →	MYC↑
		PTEN↓		RAS↑
		SOCS1/6↓		HMGA2↑
		TPM1↓		DICER1↑
				CDK6↑
	miR-155↑ →	TP53↓	miR-34↓ →	BCL2↑
		PTEN↓		MET↑
		SOCS1/6↓		PDGFR↑
	miR-17-92↑ →	HIF1A↓	miR-200↓ →	CDH1↑
		PTEN↓		VIM↑
		E2F1↓		ZEB1/2↑
	miR-221/222↑ →	PTEN↓	miR-126↓ →	PIK3R2↑
		TIMP3↓		
	miR-31↑ →	BAP1↓	miR-195↓ →	CHEK1↑
		SPRED1/2↓		
		SPRY1/3/4↓		
		RASA1↓		
lncRNA	HOTAIR↑ →	细胞侵袭↑	MEG3↓ →	细胞凋亡↓
		肿瘤转移↑		[BCL2↓]
		[PRC2↑]		[TP53↓]
	MALAT1↑ →	细胞增殖↑	BANCR↓ →	细胞运动↑
		细胞运动↑		肿瘤转移↑
		肿瘤转移↑		[EMT↑]
		[EMT↑]		
	CCAT2↑ →	细胞迁移↑	PANDAR↓ →	细胞凋亡↓
		[MYC↑]		[TP53 ↓]
	ANRIL↑ →	细胞增殖↑	FER4L4↓ →	肿瘤生长↑
		肿瘤转移↑		肿瘤转移↑
		[PRC1/2↑]		[AKT↑]

目前，在 NONCODE 数据库中列出已确定的及待核实的人 ncRNA 基因已达 9.6 万个，大部分为 lncRNA 基因，已经鉴定出的 lncRNA 转录本超过 1.7 万条。lncRNA 基因不仅分布在基因间区（特称为 lincRNA），还广泛分布在蛋白编码基因的反义链和内含子中。部分 lncRNA 甚至位于蛋白编码基因的外显子上。尽管早在 20 世纪 80～90 年代 *XIST* 和 *H19* 就已发现，但 lncRNA 的生物学功能研究长期未受到重视，目前对其认识还极其不足。许多 lncRNA 基因也像蛋白编码基因一样存在内含子和外显子。RNA 的二代测序结果显示，70%以上的 lncRNA 转录本被剪接成仅含两个外显子的成熟体，对单外显子 lncRNA 目前研究匮乏。与 miRNA 主要抑制基因的表达不同，在细胞核内 lncRNA 不仅参与控制基因组的稳定性，还调节基因的转录和转录后加工过程。在细胞质中，lncRNA 直接结合其他 RNA 或蛋白质，影响多种细胞的生命活动。lncRNA 的表达和剪接变异在肿瘤等疾病的发生上可能发挥关键作用。随着各种 lncRNA 高通量测定平台和生物学功能研究方法的不断涌现，lncRNA 功能变异与肿瘤发生发展关系研究已呈喷发之势（表 40-4）。

lncRNA 调控基因表达，主要表现在如下几个方面：①大部分细胞核 lncRNA 参与基因的转录调控，如 GAS5 能够竞争性结合糖皮质激素受体，阻挡其与 DNA 序列中的糖皮质素相应元件结合。TP53 蛋白诱导的 *PANDAR* 能够与结合在染色质中的转录因子 NF-YA 互作，使后者从靶基因结合序列中解离。*HOTAIR* 则可与 PcG 蛋白抑制复合物 2（PRC2）结合，改变染色质的 H3K27me3 修饰特征，促进肿瘤细胞转移。*ANRIL* 可与 PRC1 和 PRC2 中的多种 PcG 蛋白结合，促进肿瘤细胞侵袭转移。②lncRNA 还通过

表 40-4 主要类型肿瘤组织中 lncRNA 等其他代表性 ncRNA 表达变化

肿瘤	表达上调（致癌性）	表达下调（抑癌性）
肺癌	AFAP1-AS1，ANRIL，BCYRN1，CAR10，CARLo-5，CCAT2，DLX6-AS1，GHSROS，H19，HNF1A-AS1，HOTTIP，HOTAIR，LCAL1，bc060912，LUADT1，MALAT1，MVIH，NEAT1，NKX2-AS1，NRG1，PVT1，RGMBAS1，SCAL1，SOX2-OT，UCA1，ZXF1	AK126698，BENCR，GAS5，GAS6-AS1，HMlincRNA717，MEG3，PANDAR，SPRY4-IT1，TUG1
食管癌	AFAP1-AS1，CASC9，H19，HNF1A-AS1，HOTAIR，KRT7-AS，MALAT1，POU3F3，UCA1	circ-ITCH
胃癌	circ-Foxo3，H19，HOTAIR，LSINCT5，MALAT1，Linc00152，LSINCT-5，POU3F3，piR-651，PVT1	AA174084，circ-002059，circ-ITCH，CUDR，LINC00982，MIR31HG，piR-823，PTENP1，TUSC7
结直肠癌	91H，AFAP1-AS1，ANRIL，ATB，BLACAT1，CCAL，CCAT1-L，CCAT2，CASC11，CRNDE，DANCR，FTX，FEZF1-AS1，H19，HIF2PUT，HOTAIR，HOTTIP，HULC，Lnc34a，MALAT1，MYCLo-1/2/3，NEAT1，PANDAR，PCAT1，PRNCR1，PVT1，SNHG12，TUG1，UCA1，ZFAS1，ZEZF1-AS1	BANCR，circ-001988，circ-ITCH，CASC2，CTD903，GAS5，LINCO01133，LincRNA-p21，MEG3，MYCLo-4/5/6，loc285194，loc554202，RP1-13P20.6，RP11-462C24.1，SLC25A25-AS1，TINCR，TUSC7
肝癌	AFAP1-AS1，ANRIL，BANCR，HOTAIR，HULC，LOC149086，MALAT1，MVIH，NEAT1，RP11-160H22.5，SNHG3，UCA1，XLOC_014172	circ-0001649，PRAL
胰腺癌	AFAP1-AS1，H19，HOTAIR，HULC，loc389641，MALAT1	ENST00000480739，GAS5
前列腺癌	CTBP1-AS，HOTAIR，LncRNA-ATB，NEAT1，DANCR，MALAT1，PCA3，PCAT5，PPCGEM1，lncRNA-1，SChLAP1，SOCS2-AS1	DRAIC，GAS5，PCAT29，PTENP1，
乳腺癌	BC200，HOTAIR，LINC00617，LSINCT5，RP11-445H22.4，SRA，UCA1	GAS5，ZFAS1
宫颈癌	ANRIL，BC200，CCAT2，CUDR，H19，HOTAIR，lncRNA-CCHE1，lncRNA-EBIC，MALAT1	GAS5，lncRNA-LET，MEG3
卵巢癌	ABO73614，ANRIL，CCAT2，CUDR，FAL1，H19，HOST2，HOTAIR，HOXA11-AS，LSINCT5，MALAT1，OVAL，PVT1	BC200，MEG3
皮肤癌	ANRIL，BANCR，CASC15，circ-0035381，HOTAIR，LLME23，MALAT1，RMEL3，SAMMSON，SLNCR1，SNHG5，SPRY4-IT1，UCA1	circ-0022383，GAS5，PTENP1
胶质瘤	AB073614，ATB，CRNDE，HOTAIR，HOXA11-AS，HULC，MALAT1，NEAT1，POU3F3，XIST	ADAMTS9-AS2，CACS2，GAS5，MDC1-AS，MEG3，ROR，TSLC-AS1，TUG1

转录后机制调控基因表达，如 c-*MYC* 的 mRNA 半衰期非常短，*Lnc-RoR* 可通过与 rRNA 结合蛋白 hnRNP 结合来抑制 c-*MYC* mRNA 降解，提高其在肿瘤细胞内的含量。pre-mRNA 的剪接调控极其复杂，一个基因的 pre-mRNA 可剪接成多种不同的 mRNA 成熟体。③lncRNA 亦参与 pre-mRNA 的剪接控制。例如，*BC200*、*PCGEM1*、*MALAT1* 可与剪接因子结合，影响雄激素受体和 *BCL*-x 等基因 pre-mRNA 的剪接方式。*lncRNA-p21* 则通过与 HuR 配合，直接阻碍 *JunB* 和β-联蛋白 mRNA 的翻译过程。PcG 蛋白 EZH2 可与 *HOTAIR*、*MALAT1* 和 *ANCR* 等多种 lncRNA 结合，尚不清楚与这些 lncRNA 结合的 EZH2 在基因组中是否分布在不同的位置上。

lncRNA 调控细胞信号通路。*TP53* 是控制细胞凋亡和 DNA 损伤修复的关键基因，是肿瘤组织中点突变频率最高的基因。TP53 调控多种 lncRNA 的转录，其自身的转录和蛋白稳定性亦受 lncRNA 的反馈性调节，如 DNA 损伤后 TP53 诱导 *DINO*、*Lnc-RoR* 及 *miR-145* 等 ncRNA 转录，*DINO* 又与 TP53 蛋白直接结合，大幅度提高 TP53 的稳定性，增加细胞内 TP53 含量；*Lnc-RoR* 则抑制后续的 *TP53* 转录和翻译，防止细胞内 TP53 水平过度升高；*miR-145* 促进 *Lnc-RoR* 降解，以防细胞内 *Lnc-RoR* 水平过高。又如，活性

NF-κB 是 P50-P65 的复合物，通过与 IκBα结合来抑制 IκBα磷酸化，促进炎症反应、肿瘤生长和转移。在炎症因子刺激下 IκBα磷酸化，NF-κB 从细胞质转移到细胞核内，上调 *NKILA* 等众多基因的转录，lncRNA *NKILA* 又能够直接结合 NF-κB，阻挡其抑制 IκB 磷酸化的作用，激活 NF-κB 转核过程。LncRNA *PACER* 则可通过捕获 P50 来阻断 P50-P65 抑制复合物形成，后者能够抑制活性 NF-κB 的转录因子功能。再如，AKT 通路控制肿瘤生长和转移，lncRNA *AK023948* 能够激活致癌性的 AKT 通路，lncRNA *FER1L4* 则通过上调抑癌基因 *PTEN* 表达来抑制 AKT 活性。NOTCH 信号通路控制细胞增殖和分化，NOTCH 诱导 lncRNA *LUNAR1* 和 *TUG1* 转录，前者为急性 T 淋巴白血病细胞生长所需，后者为维持胶质瘤干细胞干性所需。*BANCR* 表达下调可导致 E-钙黏着蛋白含量降低、N-钙黏着蛋白和 MMP2 含量升高，促进肿瘤细胞 EMT，可能是 *BANCR* 表达水平低的肿瘤易转移的原因。这些均展示出 lncRNA 纷繁复杂的生物学功能及其与肿瘤发生发展之间的密切关系（表 40-3）。

7. 染色质构象异常

在经典的细胞遗传学变异分析中，只能观察到染色体数目和染色体区带缺失、异位等变化。肿瘤细胞基因组的稳定性下降，显微镜下可观察到如费城染色体等大片段的结构变化。随着第二代高通量 DNA 深度测序技术和计算机辅助计算软件的出现，人们开始通过计算来推测染色质的构象（统称为 Hi-C；详见第 28 章），确定细胞核内彼此相邻的基因，为基因的表达调控研究添加了新手段。一般将染色质构象划分为 A、B 两型（compartment A/B）。A 型构象是结构松散的常染色质开放区，转录活性较高，位于每条染色体的表面；B 型构象是结构致密的异染色质区，转录活性极低，位于每条染色体的内部。不同染色体的 A 型构象序列之间可通过染色质袢聚合在一起，共享转录控制系统。在受精卵卵裂成 8 个全能的 ESC 细胞时，发生了广泛的全基因组 DNA 去甲基化，基因组染色质多呈 A 型构象。随着细胞分化和胚胎发育，细胞染色质开始出现细胞谱系特异性的 B 型构象。在肿瘤细胞基因组中，调节染色质构象的基因（如 *ARID2/1A/1B*、*PBRM1*、*SMARCD1*）经常发生突变（图 40-1），影响细胞分化。

正常细胞在遭受致癌物打击后，迅速出现全基因组 DNA 低甲基化和稳定性降低现象，并且在肿瘤细胞中长期维持。在显微镜下，肿瘤细胞核内的异染色质不但没有减少，甚至有所增多，肿瘤细胞仍然维持着其起源细胞的大部分染色质结构特征。与正常人体细胞基因组为二倍体不同，肿瘤细胞基因组常常为超二倍体，可能是肿瘤细胞未通过 $G_2 \rightarrow M$ 转换，或者 M 期染色体不对称分配所致。不能使细胞获得生长优势的染色质将异染色质化。

在端粒和鸟嘌呤密集的基因启动子区，DNA 还会形成由单一 DNA 分子自折叠而成的四链结构（G-quadruplex），称为 G4 DNA，可用特异性抗体或小分子染料 PDSα染色识别。通过对 G4 依赖性 DNA 聚合酶结合的单链 G4 DNA 测序，已在人类基因组中鉴定出 70 万个以上的潜在 G4 DNA 位点，在基因的启动子、5′UTR、剪接位点等缺乏核小体的开放区域比较常见（如 *c-MYC*、*c-KIT*、*k-RAS*、*PDGFRβ*、*FGFR2* 基因的启动子），与基因转录有关。G4 DNA 的另外一个富集区域是肿瘤基因组中存在拷贝数变异的区域。用 G4 DNA 特异性抗体染色质免疫共沉淀测序（ChIP-Seq）分析揭示，DNA 双链断裂热点也是 G4 DNA 高度富集点。重复序列 L1 元件的 3′UTR 区也可形成 G4 DNA 结构，促进逆转座过程。这些结果说明，G4 DNA 结构容易导致 DNA 双链断裂/重组和基因组稳定性下降。G4 DNA 结构的形成还随细胞周期动态变化，在 S 期达到峰值。在永生化细胞和肿瘤细胞中，G4 DNA 的数量增加了 10 倍，是潜在的肿瘤治疗药物靶标。

40.2.3 肿瘤表观遗传变异发生的原因

实体瘤组织的表观遗传变异可分为肿瘤细胞和间质细胞两个方面的表观遗传变化。肿瘤细胞的变化包括细胞癌变重编程和肿瘤进展相关变化。间质细胞的变化则多为肿瘤细胞驯化和免疫细胞浸润综合作用的结果。引起肿瘤细胞表观遗传变化的原因多样，具体机制尚不明确，可能与致癌物打击、细胞克隆增殖、表观遗传修饰基因突变和表达异常等因素有关。

致癌物打击引发靶细胞全基因组 DNA 低甲基化和基因组稳定性下降，不仅导致大量的同源重组和非同源重组，以及基因扩增、缺失、倒置、易位等大片段的 DNA 结构变化，也会导致许多基因表达状态的长期改变。这些变化是正常的细胞应激反应，通过基因组转录重编程，试图激活单细胞生命才拥有的多能性/全能性和快速适应环境潜能，逾越细胞老化和凋亡命运。*DNMT*、*TET*、*IDH*、*EZH2*、*KMT*、*ARID* 等表观遗传修饰基因和各种组蛋白编码基因不仅是肿瘤基因组结构变异热点（图 40-1,图 40-3 至图 40-5），其表达水平也经常发生改变，直接影响细胞表观遗传修饰酶的活性和特异性。

实际上，肿瘤细胞中的许多表观遗传改变不仅在癌组织周边的非癌组织中存在，而且在非癌患者癌前病变组织中也存在，是致癌物暴露诱发的组织早期区域性效应（field effect）。癌变易感细胞是在区域性效应基础上，能够积累更多遗传和表观遗传改变的组织干细胞。这些细胞首先发生癌变重编程，成为恶性转化细胞，然后发生一系列的适应性改变，获得生长优势，促进肿瘤进展。在肿瘤原发灶切除后，存在这种区域性效应的残留组织器官再次发生肿瘤的风险明显升高，提示某些表观遗传改变可能存在驱动肿瘤发生的作用。

很多肿瘤组织的表观遗传变化为炎症因子所诱发。长期慢性炎症反应增加肿瘤发生风险，如 HBV 和 HCV 感染与肝癌、HPV 感染与宫颈癌、EBV 感染与鼻咽癌、幽门螺杆菌感染与胃癌、埃及血吸虫感染与膀胱癌、慢性结肠炎与结肠癌等，存在因果关系。物理致癌物和化学致癌物同样也会引起严重的炎症反应。一方面，一氧化氮（NO）和活性氧（ROS）等炎症因子、终致癌物游离基能够诱发 DNA 损伤，导致基因组染色质构象改变和基因突变；另一方面，炎症介质等游离基还是肿瘤相关基因的 DNA 异常甲基化发生的诱发因素。幽门螺杆菌感染不仅在 NF-κB 介导下诱发胃黏膜 *AID/APOBEC* 高表达和全基因组 DNA 低甲基化，还诱发众多基因 TSS-CpG 岛甲基化[31]。炎症因子诱发的 DNA 甲基化变异多数是不稳定的、局部的、不完全性甲基化，如会随幽门螺杆菌的清除而消失，可用游离基清除剂预防其发生。如果幽门螺杆菌感染长期存在，这些局部性的改变将扩展到敏感基因的整个 CpG 岛，最终固化为稳定的、可在细胞分裂过程中稳定传递的表观遗传改变。例如在胃炎组织中 *P16* 基因 TSS-CpG 岛仅在第一外显子区出现甲基化 CpG 位点，在胃癌组织中甲基化 CpG 位点已经扩展到启动子区，并且以稳态的方式长期维持。PcG 蛋白和 HP1 蛋白招募增加，TET 和 TrxG 的活性下降可能参与了 DNA 甲基化的扩展过程，最终导致染色质凝聚和可接近性降低。

除去细胞恶性转化重编程和肿瘤细胞适应性克隆演变会引起肿瘤特异性的表观遗传变异外，组织的细胞类型构成比变化也会引起表观遗传观测值变化，是非肿瘤特异性细胞比例的结构性变化（constitutional alteration）。正常组织由不同类型的细胞构成，如上皮细胞和结缔组织。不同谱系/分化类型的细胞，其表观遗传谱不同，如胃黏膜组织良性增生时，组织中的上皮性细胞比例大幅度增加，而平滑肌等结缔组织细胞比例相对下降，必然导致表观遗传观测值变化。在大多数肿瘤生物学研究中，没有对肿瘤细胞进行特异性分选/富集，区分肿瘤特异性变化和细胞比例的构成性变化对肿瘤标志物和治疗靶标的研究至关重要。目前已经发现了许多细胞谱系特异性 DNA 甲基化区域，可用于组织中不同谱系细胞构成比的估算，以获得更客观反映肿瘤特异性的表观遗传特征谱。

40.2.4 肿瘤表观遗传变异发生的后果

表观遗传机制在控制基因表达、决定细胞命运、维持细胞分化状态等方面的作用已经得到认可。表观遗传修饰基因不仅是肿瘤基因组的突变热点，而且表观遗传变异在肿瘤发生前就已存在。因为抑制基因表达的 TSS-CpG 岛甲基化或组蛋白 H3K9me3 等表观遗传变异可在细胞分裂过程中稳定传递，推测肿瘤相关基因的表观遗传变异可能像 DNA 突变一样，驱动肿瘤发生发展。与 DNA 序列突变不可逆不同，表观遗传变异仍有可逆性。肿瘤相关基因突变与肿瘤发生的因果关系已经在遗传家系和动物基因敲除模型研究中得到证实。然而，由于既往基因特异性表观遗传修饰手段的长期缺乏，表观遗传变异驱动肿瘤发生发展因果关系的假说尚无类似的证据支撑。目前只有少量的证据证明表观遗传变异能够驱动肿瘤的发生发展。随着 CRISPR/dCas 等表观遗传编辑技术的出现，这一现状将很快改观。

肿瘤组织中的表观遗传变异数目众多，可分为驱动性变化和伴随性变化。驱动性变化包括：①使正常细胞恶性转化，获得无限增殖能力、抗程序性死亡能力，这类变异应存在于同一克隆来源的所有肿瘤细胞中；②使肿瘤细胞获得生长优势，拥有同化肿瘤间质能力、侵袭周围组织能力、促进血管生成能力、迁移/转移能力、抑制宿主免疫监视能力，这类变异可能存在于肿瘤细胞的部分亚群中；③改变肿瘤细胞生物转化能力，获得灭活或排出药物能力，增加肿瘤细胞 DNA 损伤修复能力和耐受 DNA 损伤能力。这类改变或是致癌物长期暴露所致，或继发于肿瘤放化疗。前者与原发性耐药有关，后者与继发性耐药有关。伴随性变化是指伴随遗传和表观遗传性驱动性改变一起发生的变化，不参与肿瘤发生发展。例如，上述肿瘤组织中非肿瘤细胞比例结构性变化导致的变化、位于同一基因簇上其他基因的跟随性表达变化等。肿瘤组织中大部分表观遗传变异为伴随性变化，这种变化的缺失不会影响肿瘤发生发展。

（1）抑癌基因表观遗传失活与肿瘤发生。人类 *CDKN2A* 基因存在 2 个不同的转录起始点，分别转录 *P16* 和 *P14* mRNA。*CDKN2A* 基因不仅是肿瘤基因组中拷贝缺失频率最高的基因（平均 13%），其所包含的 *P16* 基因也是肿瘤组织中 TSS-CpG 岛甲基化频率最高的基因（平均 30%）。*CDKN2A* 基因拷贝缺失和 *P16* 基因 TSS-CpG 岛甲基化在癌前病变组织中即可检出，是肿瘤发生的早期事件。*P16* 甲基化阳性的癌前病变——口腔和胃黏膜上皮异型增生的癌变风险明显高于甲基化阴性者[48-50]。在食管下段黏膜癌前病变——巴雷氏病（Barrett's esophagus）也观察到了相似的结果[51]。笔者以人工锌指蛋白为基础构建的 *P16* 基因 TSS-CpG 岛特异性甲基化酶 P16-Dnmt 能够催化 *P16* 完全甲基化，不仅直接抑制该基因转录[52]，而且能够明显抑制人正常纤维母细胞衰老，大幅度延长细胞寿命。有研究者用 TALE-Dnmt 技术也观察到了类似的现象[53]。小鼠 *p16* 基因虽然无典型的 TSS-CpG 岛，有学者将人 ALU 元件的片段插入到小鼠基因组 *p16* 基因启动子区邻近部位，也能诱导附近 CpG 位点甲基化和基因转录抑制，并且发现 36～100 周龄 *p16* 基因编辑小鼠的自发性肉瘤和淋巴瘤发生率升高[54]。笔者最近的工作发现 *P16* 基因 TSS-CpG 岛甲基化能够加速 TERT 介导的人正常二倍体细胞永生化和恶性转化的证据。

（2）抑癌基因表观遗传失活与肿瘤转移。肿瘤细胞要在摆脱原发灶的束缚、迁移到淋巴管和血管之后，才能够扩散到周围淋巴结和远处器官。一般认为，上皮细胞来源的癌细胞脱离原发灶的过程与上皮→间质转化（EMT）有关，即发生了 *CDH1* 等基因的抑制性组蛋白修饰和 TSS-CpG 岛甲基化，上皮细胞之间和上皮-间质之间的物理性连接等限制被解除，癌细胞可通过定向迁移运动进入淋巴管和血液循环。一旦肿瘤细胞得以循环和再进入靶组织，则发生反向的间质→上皮转化（MET），*CDH1* 等基因 DNA 去甲基化重新激活，完成癌细胞在转移部位的定植过程。

（3）表观遗传变异与治疗敏感性和耐药性。除去基因突变外，肿瘤细胞中存在大量的、稳定的基因表观遗传变化。部分稳定性基因表达状态改变，可影响肿瘤细胞对药物治疗的敏感性，或者直接成为药物治疗的靶标分子，如 *MHL1* 基因 TSS-CpG 岛甲基化不仅驱动 HNPCC 结肠癌发生，而且使肿瘤细胞微卫星稳定性下降，对 PD-1 抗体免疫治疗敏感。*MGMT* 基因 TSS-CpG 岛甲基化降低了胶质瘤细胞修复 DNA 加成物 O^6-甲基鸟嘌呤（6mG）的能力，对替莫唑胺等烷化剂类化疗药物治疗敏感。肿瘤细胞中组蛋白 H3K27ac 水平普遍降低，用 HDAC1/2 抑制剂西达本胺等能够有效治疗 T 细胞淋巴瘤。DNMT1 阻断剂地西他滨处理能够诱导肿瘤细胞基因组转录紊乱，不仅可用于治疗骨髓增生异常综合征（MDS）和粒细胞白血病，而且对顺铂等化疗药物治疗肿瘤有增敏作用，甚至对肿瘤免疫治疗也有增敏作用。

在正常细胞癌变过程中，DNA 甲基化/羟甲基化、各种组蛋白修饰和 ncRNA 表达变化协同进行，相互影响，是机体干细胞这种最小生命单元适应环境求生存的不屈抗争过程。肿瘤细胞虽然不同程度地摆脱了机体微环境的束缚，似乎返回了单细胞社会，除去在实验室中长期培养和保存的肿瘤细胞外，它们最终还得依赖多细胞机体（即宿主）的资源才能生存，并且随着宿主机体的死亡而灰飞烟灭。

40.2.5 肿瘤表观遗传标志物及治疗药物

肿瘤等细胞异常增生性疾病所形成的病灶，不仅会释放游离 DNA 和 RNA 到血液等体液中，而且可活检取材或手术切除，为表观遗传等生物学分析提供了宝贵的组织标本资源。DNA 甲基化和 miRNA 由于稳定性高、检测方法相对成熟、生物学功能较明确，是良好的肿瘤表观遗传候选标志物。随着 lncRNA 研究浪潮的兴起，其临床应用潜能也不断展现。除去前述的表观遗传相关基因遗传性疾病，目前肿瘤细胞表观遗传变异标志物的转化和应用研究也如火如荼，不断取得进展。例如，通过检测血液游离 DNA 甲基化变异和 miRNA 表达谱进行肿瘤筛查及辅助诊断已进入临床应用阶段；通过分析癌前病变组织 DNA 甲基化早期判断癌变潜能已经进入产品开发阶段；通过分析癌组织 DNA 甲基化和各种 RNA 表达谱来判断患者复发/转移潜能、预测患者对药物的疗效的研究也广泛展开，甚至已经进入转化应用阶段。下面简要介绍这方面的研究进展（详细内容见第 46 章和综述[55]）。

（1）TSS-CpG 岛甲基化标志物。一个基因包括启动子、内含子、外显子等多种区域，发生结构变异的种类繁多。对哪些结构变异会影响基因的转录、mRNA 剪接、蛋白质的功能和具有潜在应用价值必须逐一展开研究。然而，通过测定 TSS-CpG 岛中与基因转录相关的关键性区域 CpG 位点甲基化状态即可知其是否转录失活、指标单一、易于应用。与常规的蛋白质或者 mRNA 水平基因表达分析须使用新鲜冻存的组织样品不同，TSS-CpG 岛甲基化分析可用常规的石蜡包埋组织标本进行。目前，已有大量的肿瘤患者预后判断、耐药性预测、分子分型和患癌风险判断方面的研究报道，如通过测定血浆游离 DNA *SEPTIN9* 基因 DNA 甲基化来筛查结肠癌；通过分析癌前病变组织中是否存在 *MHL1*、*P15*、*P16* 基因 TSS-CpG 岛异常甲基化来判断结肠息肉、骨髓异型增生及上皮异型增生恶变潜能；通过分析多种基因的 TSS-CpG 岛甲基化谱构成差别来区分白血病、淋巴瘤和多发性骨髓瘤，鉴定原发灶未知的肿瘤；通过检测患者血浆 *MGMT* 基因 TSS-CpG 岛甲基化来预测多形性神经胶质母细胞瘤对替莫唑胺等甲基脲类烷化剂治疗的敏感性和预后等。根据肿瘤组织中发生 TSS-CpG 岛异常甲基化基因比例的高低，人们还将结肠癌分为高甲基化表型和低甲基化表型，前者的预后好于后者。

（2）DNA 甲基化阻断药物。早先出现的 DNMT1 广谱阻断药物杂氮胞苷（5-aza-C）会干扰 DNA 和 RNA 合成，由于其毒性太大未广泛使用。新一代 DNMT1 阻断药物脱氧杂氮胞苷（5-aza-dCR，地西他滨）不会干扰 RNA 合成，在低剂量给药时无明显的 DNA 损伤作用，不仅用于骨髓增生异常综合征和粒细胞白血病的治疗，还有化疗和放疗增敏的作用。用于治疗实体瘤的多项临床试验也在进行之中。

（3）miRNA 标志物及药物。miRNA 的研究历史已有 20 多年。miRNA 表达谱与细胞谱系分化关系密切，对 miRNA 与肿瘤预后和疗效相关性的临床前研究很多，目前尚无作为肿瘤标志物正式应用于临床的实例。有报道 miR-26a 低表达的肝癌患者能够从α干扰素治疗中受益，而 miR-26a 高表达则不能受益[56]。

miR-122 是丙型肝炎病毒 HCV 感染所依赖的肝细胞 miRNA，通过反义 RNA 降解 miR-122 来消减感染者体内 HCV 病毒载量的 II 期临床试验仍在进行之中。如果该治疗策略能够取得成功，有望为肿瘤治疗开辟新途径。

（4）组蛋白标志物及药物。在组织的组蛋白修饰方面，目前还停留在某种组蛋白修饰的总体水平变化与疾病的转归关系研究上。种种迹象表明，组蛋白修饰变化可能也与肿瘤的转归密切相关。利用组蛋白修饰特异性抗体来共沉淀组织染色质，借助寡核苷酸芯片或者 DNA 深度测序技术来显示存在明显修饰差别的基因位点/染色质区段，将有助于阐明这些组蛋白修饰变化通过何种基因通路来影响肿瘤的生物学行为。H3K27me3 催化酶 EZH2 在多种肿瘤组织中高表达，目前以阻断 EZH2 催化活性为目的的多种药物开发在同步进行，部分药物已经完成临床 III 期试验，例如，Tazemetostat 对弥漫性大 B 细胞淋巴瘤和复发难治性非霍奇金淋巴瘤具有一定的疗效。HDAC 催化组蛋白 H3K27 去乙酰化，后者为 H3K27me3 形成所需，所以也成为抗肿瘤药物的靶分子。目前临床上已经有包括伏立诺他（Vorinostat）和西达苯胺在内的数种 HDAC 抑制药物，不仅对复发难治性外周 T 细胞淋巴瘤治疗有效，还可用于其他肿瘤的靶向治疗和放化疗增敏。虽然 HDAC 也催化非组蛋白赖氨酸去乙酰化，人们一般把 HDAC 抑制剂归类为表观遗传治疗药物。

40.3 总结与展望

DNA 甲基化等表观遗传修饰不仅有细胞谱系特异性，而且还受膳食、环境、患者寿命及细胞周期等因素的影响。组织、器官由多种不同的谱系的细胞构成，已经完成的 ENCODE 计划只对部分人体组织（或培养细胞系）的主要表观遗传修饰或染色质相互作用进行测定，得到的是杂合细胞群体的每段 DNA 的平均值，不能反映细胞之间的差别和动态变化。业已出现的单细胞捕获技术，为同一组织不同类型细胞之间以及不同组织、不同发育阶段、同一类型细胞之间进行表观遗传特征分析提供了技术保障[57]。然而，肿瘤发病原因和发病途径众多，同一肿瘤灶内部包含的不同肿瘤细胞亚群之间有高度的异质性。因此，使用这些昂贵的单细胞组学分析技术，开展规模化的肿瘤表观遗传组学精细分析的时机尚未成熟，不仅工作量巨大，资金成本亦不可承受。低成本的表观遗传组学减容分析技术仍然是未来的主要方法。

目前，肿瘤基因组计划（TCGA）已经完成了 7 万多例患者的肿瘤多组学测定，但是其中的表观遗传组学信息非常有限，仅包括 illumina 27K 或 450K 微阵列杂交芯片测定基因组中 1.6% CpG 位点甲基化状态的结果。鉴于肿瘤是细胞分化障碍性疾病，而表观遗传在决定细胞分化上发挥了核心作用，随着表观遗传测定技术的完善和成本下降，类似 TCGA 规模的肿瘤表观遗传多组学测定数据也将慢慢出现在人们的眼前，充分挖掘 TCGA 数据，总结现有多组学研究的长处和不足，对指导肿瘤表观遗传多组学测定工作有重要借鉴作用。

在肿瘤基因组学研究中，虽然发现了大量的基因结构变化，但难以确定哪些变化为驱动细胞癌变和肿瘤发展的变化。与 DNA 序列变异相比，表观遗传修饰的稳定性更差，便利的基因特异性表观遗传修饰动物模型亦非常缺乏，限制了确定哪些表观遗传改变驱动肿瘤发生发展的研究。目前，CRISPR/Cas9 基因编辑技术在鉴定促进肿瘤进展性基因突变上已经展示出强大的生命力。该技术同样可被改造成没有切割 DNA 能力的 CRISPR/dCas9 表观遗传编辑技术，对表观遗传变异与肿瘤发生发展关系的研究必将发挥推动作用。

表观遗传治疗药物是肿瘤治疗方法上的一股新生力量，它们不仅可以单独用做肿瘤治疗药物，还能够提高多种新兴靶向治疗和传统放化疗的疗效。随着对 pre-mRNA 剪接机制、RNA 修饰、lncRNA 功能及其与肿瘤发生发展关系等方面认识的深入，不仅丰富了人们对生命过程和肿瘤发生本质的认识，也为恶性肿瘤的预防、诊断和疗效预测提供了新型标志分子，为肿瘤治疗药物开发提供了新靶标。

参考文献

[1] Korf, B. R. Neurofibromatosis. *Handbook of Clinical Neurology* 111, 333-340(2013).

[2] Campian, J. & Gutmann, D. H. CNS tumors in neurofibromatosis. *Journal of Clinical Oncology: Official Journal of the American Society of Clinical Oncology* 35, 2378-2385(2017).

[3] Nabet, B. Y. *et al.* Exosome RNA unshielding couples stromal activation to pattern recognition receptor signaling in cancer. *Cell* 170, 352-366.e313(2017).

[4] Tomasetti, C. *et al.* Stem cell divisions, somatic mutations, cancer etiology, and cancer prevention. *Science* 355, 1330-1334(2017).

[5] Hentze, H. *et al.* Teratoma formation by human embryonic stem cells: evaluation of essential parameters for future safety studies. *Stem Cell Research* 2, 198-210(2009).

[6] Illmensee, K. & Mintz, B. Totipotency and normal differentiation of single teratocarcinoma cells cloned by injection into blastocysts. *Proceedings of the National Academy of Sciences of the United States of America* 73, 549-553(1976).

[7] Harper, K. L. *et al.* Mechanism of early dissemination and metastasis in Her2(+)mammary cancer. *Nature* 540, 588-592(2016).

[8] Hosseini, H. *et al.* Early dissemination seeds metastasis in breast cancer. *Nature* 540, 552-558(2016).

[9] Deryugina, E. I. & Kiosses, W. B. Intratumoral cancer cell intravasation can occur independent of invasion into the adjacent stroma. *Cell Reports* 19, 601-616(2017).

[10] Wang, T. *et al.* Aerobic glycolysis during lymphocyte proliferation. *Nature* 261, 702-705(1976).

[11] Agathocleous, M. & Harris, W. A. Metabolism in physiological cell proliferation and differentiation. *Trends in Cell Biology* 23, 484-492(2013).

[12] Kandoth, C. *et al.* Mutational landscape and significance across 12 major cancer types. *Nature* 502, 333-339(2013).

[13] Wilmut, I. *et al.* Viable offspring derived from fetal and adult mammalian cells. *Nature* 385, 810-813(1997).

[14] Takahashi, K. & Yamanaka, S. Induction of pluripotent stem cells from mouse embryonic and adult fibroblast cultures by defined factors. *Cell* 126, 663-676(2006).

[15] McKinnell, R. G. *et al.* Transplantation of pluripotential nuclei from triploid frog tumors. *Science* 165, 394-396(1969).

[16] Beroukhim, R. *et al.* The landscape of somatic copy-number alteration across human cancers. *Nature* 463, 899-905(2010).

[17] Yu, F. X. *et al.* Hippo pathway in organ size control, tissue homeostasis, and cancer. *Cell* 163, 811-828(2015).

[18] Zanconato, F. *et al.* YAP/TAZ at the Roots of cancer. *Cancer Cell* 29, 783-803(2016).

[19] Deng, D. J. *et al.* Silencing-specific methylation and single nucleotide polymorphism of hMLH1 promoter in gastric carcinomas. *World Journal of Gastroenterology* 9, 26-29(2003).

[20] Hitchins, M. P. *et al.* Inheritance of a cancer-associated MLH1 germ-line epimutation. *The New England Journal of Medicine* 356, 697-705(2007).

[21] Papadopoulos, N. *et al.* Mutation of a mutL homolog in hereditary colon cancer. *Science* 263, 1625-1629(1994).

[22] Shen, H. *et al.* A novel polymorphism in human cytosine DNA-methyltransferase-3B promoter is associated with an increased risk of lung cancer. *Cancer Research* 62, 4992-4995(2002).

[23] Jones, J. S. *et al.* DNMT3b polymorphism and hereditary nonpolyposis colorectal cancer age of onset. *Cancer Epidemiology, Biomarkers & Prevention* 15, 886-891(2006).

[24] Tatton-Brown, K. *et al.* Mutations in the DNA methyltransferase gene DNMT3A cause an overgrowth syndrome with intellectual disability. *Nature Genetics* 46, 385-388(2014).

[25] Mayle, A. *et al.* Dnmt3a loss predisposes murine hematopoietic stem cells to malignant transformation. *Blood* 125, 629-638(2015).

[26] Shih, A. H. *et al.* The role of mutations in epigenetic regulators in myeloid malignancies. *Nature Reviews Cancer* 12,

599-612(2012).
[27] Dunford, A. *et al.* Tumor-suppressor genes that escape from X-inactivation contribute to cancer sex bias. *Nature Genetics* 49, 10-16(2017).
[28] Raval, A. *et al.* Downregulation of death-associated protein kinase 1(DAPK1)in chronic lymphocytic leukemia. *Cell* 129, 879-890(2007).
[29] Tufarelli, C. *et al.* Transcription of antisense RNA leading to gene silencing and methylation as a novel cause of human genetic disease. *Nature Genetics* 34, 157-165(2003).
[30] Wu, T. P. *et al.* DNA methylation on N(6)-adenine in mammalian embryonic stem cells. *Nature* 532, 329-333(2016).
[31] Ito, F. *et al.* Family-wide comparative analysis of cytidine and methylcytidine deamination by eleven human APOBEC proteins. *Journal of Molecular Biology* 429, 1787-1799(2017).
[32] Chen, J. & Mac Carthy, T. The preferred nucleotide contexts of the AID/APOBEC cytidine deaminases have differential effects when mutating retrotransposon and virus sequences compared to host genes. *PLoS Computational Biology* 13, e1005471(2017).
[33] de Koning, A. P. *et al.* Repetitive elements may comprise over two-thirds of the human genome. *PLoS Genetics* 7, e1002384(2011).
[34] Xie, H. *et al.* High-throughput sequence-based epigenomic analysis of Alu repeats in human cerebellum. *Nucleic Acids Research* 37, 4331-4340(2009).
[35] Thomas, C. A. *et al.* Modeling of TREX1-dependent autoimmune disease using human stem cells highlights L1 accumulation as a source of neuroinflammation. *Cell Stem Cell* 21, 319-331.e318(2017).
[36] Zehir, A. *et al.* Mutational landscape of metastatic cancer revealed from prospective clinical sequencing of 10, 000 patients. *Nature Medicine* 23, 703-713(2017).
[37] Clark, S. J. Action at a distance: epigenetic silencing of large chromosomal regions in carcinogenesis. *Human Molecular Genetics* 16 Spec No 1, R88-95(2007).
[38] Easwaran, H. P. *et al.* Aberrant silencing of cancer-related genes by CpG hypermethylation occurs independently of their spatial organization in the nucleus. *Cancer Research* 70, 8015-8024(2010).
[39] Brocks, D. *et al.* DNMT and HDAC inhibitors induce cryptic transcription start sites encoded in long terminal repeats. *Nature Genetics* 49, 1052-1060(2017).
[40] Yu, M. *et al.* Base-resolution analysis of 5-hydroxymethylcytosine in the mammalian genome. *Cell* 149, 1368-1380(2012).
[41] Thienpont, B. *et al.* Tumour hypoxia causes DNA hypermethylation by reducing TET activity. *Nature* 537, 63-68(2016).
[42] Yin, R. *et al.* Ascorbic acid enhances Tet-mediated 5-methylcytosine oxidation and promotes DNA demethylation in mammals. *Journal of the American Chemical Society* 135, 10396-10403(2013).
[43] Monteiro, F. L. *et al.* Expression and functionality of histone H2A variants in cancer. *Oncotarget* 5, 3428-3443(2014).
[44] Elsasser, S. J. *et al.* Histone H3.3 is required for endogenous retroviral element silencing in embryonic stem cells. *Nature* 522, 240-244(2015).
[45] Wen, D. *et al.* Histone variant H3.3 is an essential maternal factor for oocyte reprogramming. *Proceedings of the National Academy of Sciences of the United States of America* 111, 7325-7330(2014).
[46] Zenk, F. *et al.* Germ line-inherited H3K27me3 restricts enhancer function during maternal-to-zygotic transition. *Science* 357, 212-216(2017).
[47] Kallappagoudar, S. *et al.* Histone H3 mutations-a special role for H3.3 in tumorigenesis? *Chromosoma* 124, 177-189(2015).
[48] Cao, J. *et al.* Methylation of p16 CpG island associated with malignant progression of oral epithelial dysplasia: a prospective cohort study. *Clinical Cancer Research* 15, 5178-5183(2009).
[49] Liu, H. *et al.* P16 Methylation as an early predictor for cancer development from Oral epithelial dysplasia: A double-blind multicentre prospective study. *EBioMedicine* 2, 432-437(2015).

[50] Sun, Y. *et al.* Methylation of p16 CpG islands associated with malignant transformation of gastric dysplasia in a population-based study. *Clinical Cancer Research* 10, 5087-5093(2004).

[51] Jin, Z. *et al.* A multicenter, double-blinded validation study of methylation biomarkers for progression prediction in Barrett's esophagus. *Cancer Research* 69, 4112-4115(2009).

[52] Cui, C. *et al.* P16-specific DNA methylation by engineered zinc finger methyltransferase inactivates gene transcription and promotes cancer metastasis. *Genome Biology* 16, 252(2015).

[53] Bernstein, D. L. *et al.* TALE-mediated epigenetic suppression of CDKN2A increases replication in human fibroblasts. *The Journal of Clinical Investigation* 125, 1998-2006(2015).

[54] Yu, D. H. *et al.* Targeted p16(Ink4a)epimutation causes tumorigenesis and reduces survival in mice. *The Journal of Clinical Investigation* 124, 3708-3712(2014).

[55] Deng, D. *et al.* Epigenetic alterations as cancer diagnostic, prognostic, and predictive biomarkers. *Advances in Genetics* 71, 125-176(2010).

[56] Ji, J. *et al.* MicroRNA expression, survival, and response to interferon in liver cancer. *The New England Journal of Medicine* 361, 1437-1447(2009).

[57] Loyfer, N. et al. A DNA methylation atlas of normal human cell types. *Nature* 613(7943): 355-364(2023).

邓大君 北京大学肿瘤医院/研究所病因室主任、教授，兼任恶性肿瘤发病机制和转化研究教育部重点实验室和北京大学肿瘤中心副主任（2013～2017年）。南昌大学江西医学院医疗系本科（1983 年）和北京协和医学院病理生理专业硕士研究生（1986 年）毕业，美国弗吉尼亚大学健康科学中心高级访问学者（2001～2002 年），新世纪百千万人才工程国家级人选（2004 年），中国抗癌协会肿瘤病因学专业委员会前任主任委员（2022 年至今）。20 世纪 90 年代主要从事化学致癌研究，首次证实人胃内能够化学合成致癌性亚硝酰胺 NMU，获得国际同行独立验证。21 世纪初开始肿瘤表观遗传学研究，主要成果包括：①创建 DHPLC 定性定量快速测定 CpG 岛甲基化新方法；②通过长期系统研究发现并最终证明 *P16* 基因 DNA 甲基化不仅直接抑制基因转录，而且可用做上皮癌前病变恶变潜能识别标志，创建诊断用方法并开发试剂盒；③通过开展大规模的转移性胃癌 DNA 甲基化谱鉴定研究，发现并证明 *GFRA1* 等基因 DNA 异常甲基化组合与胃癌转移密切相关；④与王松灵教授合作研究发现 Sialin 蛋白是硝酸根离子通道。先后获得 8 项国家和北京市科技进步奖，7 项国内外发明专利授权。在 *Genome Biology*、*Nucleic Acids Research*、*Clinical Cancer Research*、*PNAS*、*EBioMedicine* 等刊物上发表通讯作者论文，引用 3700 余次。

第 41 章　表观遗传学与人类复杂疾病

邢清和
复旦大学

本章概要

人类疾病可根据病因分为简单疾病和复杂疾病，随着基因组学等相关学科的快速发展，我们对简单疾病的遗传学机制研究取得了很多突破性进展，而复杂疾病发病机制至今仍是人类难以攻克的科学难题。复杂疾病大约占人类疾病的 80%以上，肿瘤、心脏病、高血压、老年痴呆等重大疾病均属于复杂疾病的范畴。基因组编码序列变异能合理解释简单疾病的发病机制，但复杂疾病发病机制复杂，涉及环境、基因及环境-基因互作等多种因素，仅依据基因编码区变异难以诠释。表观遗传是环境因素和细胞内遗传物质之间发生交互作用的结果，因此复杂疾病与表观遗传机制关系密切。本章主要阐述复杂疾病的表观遗传学机制，如印记基因、DNA 甲基化、非编码 RNA、RNA 编辑等对复杂疾病的影响，希望能为了解复杂疾病，以及复杂疾病的药物开发、精确诊断提供新的线索和思路。

人类疾病（human disease）根据病因可大致划分为两类：简单疾病（simple disease）和复杂疾病（complex disease）。简单疾病是由一个或几个基因决定的，大多数遵循孟德尔遗传规律；复杂疾病是有多种内、外环境因素，以及多种遗传因素共同参与其发生发展过程。复杂疾病大约占人类疾病的 80%以上，肿瘤、心脏病、高血压、哮喘、老年痴呆症等重大疾病均属于复杂疾病，如何战胜复杂疾病对人类健康的威胁是我们目前面临的重要挑战之一。复杂疾病的病因学涉及环境、基因及环境-基因互作等多种因素，发病机制非常复杂。研究基因组编码序列变异从而揭示简单疾病的发病机制已取得了成功，但同样的研究策略用于复杂疾病研究却存在很大的局限性，这是因为 DNA 甲基化、组蛋白修饰及非编码 RNA 等表观遗传学机制在复杂疾病的发病过程中作用可能更为重要。目前，表观遗传学研究已成为生命科学热门研究领域，同时表观遗传学的快速发展，也为我们揭示复杂疾病的病因学及发病机制提供了新的机遇和挑战。

41.1　复杂疾病的遗传学

关键概念

- 复杂疾病的特点主要有：①单一基因作用有限或微弱；②多基因共同参与疾病的进程；③外显率低或存在拟表型；④具有较强的表型异质性、遗传异质性；⑤存在非经典的遗传传递机制。
- 单体型图谱：同一条染色体上相互关联的 SNP 组成的集合，即人类基因组 DNA 变异的组合模式，用于帮助指导医学遗传学的实验设计和分析。
- 常见疾病常见变异（common disease/common variant，CD/CV）假说：多个频率较高但致病效应微弱的常见遗传变异共同影响疾病的发生发展。
- 复杂疾病的遗传机制分析主要基于两种理论，即微效位点累加理论和主要位点决定论。

41.1.1 复杂疾病概述

复杂疾病的特点如上所述，复杂疾病的发生往往是遗传与环境相互作用的结果，存在众多异质性相关因子（如等位基因异质性、位点异质性、拟表型、性状异质性和表型易变性等）和相互作用相关因子（如基因之间相互作用、基因与环境相互作用等），这些因子进一步相互作用构成了复杂的网络[1]。复杂疾病在全球范围内广泛流行，严重危害人类健康，迫切希望从本质上明确这些疾病的病因和发病机制，从而为疾病的诊断、治疗及预防提供理论基础和技术保障。

随着人类基因组计划（Human Genome Project，HGP）和国际基因组单体型图计划（International HapMap Project，HapMap）的相继完成，以及高通量基因分型技术的快速发展，使得在大规模人群中开展复杂疾病全基因组关联分析（genome-wide association study，GWAS）成为现实[2]。2005 年，《科学》杂志首次报道了老年性黄斑变性的 GWAS，此后一系列 GWAS 陆续展开。2011 年，在《自然》杂志预测的 13 个研究热点中，GWAS 的重要性排在第 2 位。复杂疾病的遗传学研究热点，也从基于候选基因策略探讨一个或几个遗传变异位点与疾病的关系，提升到从全基因组范围内筛选与疾病相关的遗传位点。

为了攻克复杂疾病所建立起来的复杂分子网络和强大的云计算平台，可以容纳多层次的组学数据，能够通过融合多源组学数据，进一步加深对遗传位点和性状关联的理解。复杂疾病研究的“组学革命”时代已从关注某个分子扩展到对分子之间的生物网络系统分析、针对复杂疾病的发生发展机制等研究的关键热点问题分析、集成高通量/多层次组学数据、构建并求解生物分子网络的数学模型等。目前，研究者围绕若干复杂疾病的系统生物学研究已取得重要成果。

HapMap 计划由日本、英国、加拿大、中国、尼日利亚和美国等国的科学家联合完成，目标是绘制人类基因组的单体型图谱（同一条染色体上相互关联的 SNP 组成的集合），即人类基因组 DNA 变异组合的常见模式，用于帮助指导医学遗传学的实验设计和分析[3]。HapMap 计划进一步推动了全基因组的关联研究，利用标签 SNP，在同样的条件下能获得更多有效数据。关联研究的结果将有助于揭示细胞内基本的遗传作用网络，为充分认识复杂疾病的机制奠定基础。但目前所发现的疾病易感基因，多数尚无法直接应用于临床治疗和预防，如已知 *APOE* 基因的变异位点对阿尔茨海默病（Alzheimer’s disease）的发病风险有良好的预测作用，但是尚无法通过改变生活方式或饮食习惯有效预防这种疾病[4]。

41.1.2 复杂疾病的全基因组关联分析

复杂疾病受到包括基因变异、等位基因异质性、基因-基因相互作用等多重遗传因素，以及环境因素的共同影响。通常情况下，每一个易感基因对常见疾病的遗传力可能只有很小的贡献。复杂疾病的遗传学研究方法和单基因疾病有所不同，过去采用候选基因策略对多种复杂疾病开展了大量的遗传学关联研究，但结果并不理想，很多研究结果并不能得到很好的重复[5]。

基于与复杂疾病相关的影响因素单个作用较弱，有人提出了“常见疾病常见变异”假说，即多个频率较高但致病效应较弱的常见遗传变异共同影响疾病的发生发展，而 GWAS 是目前发现人类复杂疾病相关遗传变异最有效的研究方法，可在全基因组水平对复杂性状相关的遗传变异进行挖掘。

GWAS 的核心是覆盖全基因组的 SNP 选择和分型，人类基因组中有超过 100 万个常见的 SNP 位点，不同的 SNP 在彼此足够接近的情况下，同时传递给下一代的概率高于随机分配，这种现象被称为连锁不平衡（linkage disequilibrium，LD）。因此，一旦确定连锁不平衡组合，就可以选出具有代表性的 SNP 作为标签 SNP（tag SNP）。基于 HapMap 可以选择 50 万～100 万个覆盖全基因组的 SNP 位点，或者通过 Haploview 等软件筛选 tag SNP，通过对这些 tag SNP 分析，就可以推算出其他相关的 SNP 信息，这样在很大程度上减少了研究成本且提高了工作效率。与传统的侯选基因关联研究相比，GWAS 有着极低的费效比（即投入费用和产出效益的比值），能够对全基因组进行全面而综合的评估和分析，并且 GWAS 较少依赖于现有研究基础，不需要对所有的 SNP 进行分型，可有效利用基因组内连锁不平衡信息[6]。

虽然 GWAS 是发现疾病相关基因的有效工具，但它也受很多因素的影响，决定 GWAS 是否能成功的因素主要在于是否有足够大的样本量，是否能够提供足够的统计效能检测到潜在的相关遗传位点。而统计效能是样本量、基因效应和基因频率的函数，基因效应和基因频率是未知的，因而样本量是 GWAS 能否成功的一个关键因素[7]。

GWAS 已发现并鉴定了超过 1500 个疾病和表型相关的遗传变异位点[8]，但相关遗传变异仍只能解释复杂疾病的部分病因，如已发现的 2 型糖尿病相关的 18 个 SNP 位点仅能解释其中 6%的遗传风险[9]。这说明大部分复杂疾病的遗传机制尚待进一步深入探究，存在所谓遗传度的“缺失问题”[10]。复杂疾病相关 SNP 位点可分为多种复杂疾病共享和单个复杂疾病特异的两种类型，有证据表明，可利用复杂疾病共享的遗传学特征，创建针对基因组数据的整合算法，有效降低假阳性出现的概率[11, 12]。

以前人们更多关注调控区域或编码区域的所谓功能性遗传变异，但处于非编码区的变异近年来正在引起更多的重视，这为了解复杂疾病的致病机制提供了全新的视角。单个 SNP 位点的作用通常比较微弱，而它们不同组合的联合效应可明显增强，进而导致疾病的发生[13]。人类作为高等生物，任何一个行为或者性状的产生都受精密、复杂的网络调控，当其中的某一个元件发生改变时，整个机体尚且能够维持正常的运转机制，当调控网络中的多个元件发生改变时，则可能影响到生物体原来的调控方式，进而导致不同疾病的发生。因此，应该把基因组作为一个系统分析其与疾病的关系，检测患病群体的特异 SNP 组合，以此作为评价患病敏感性的效能常优于单一位点[13]。未来的一个重要任务是结合更多的基础和临床研究，通过完善不同疾病群体的基因组信息，建立一个与疾病相关的特异基因变异组合的网络，应用于复杂疾病的基因诊断，并为相关疾病的治疗提供潜在靶点。

41.1.3　复杂疾病的发病机制

表观遗传修饰主要包括 DNA 甲基化、组蛋白修饰、染色质重塑、X 染色体失活、基因组印记、非编码 RNA 调控等表观修饰。

随着我国工业化程度的提高及城市化进程的加快，人们生活方式和饮食结构发生了巨大的变化，恶性肿瘤、代谢疾病、心脑血管疾病、神经疾病等各种复杂疾病的发病率也随之上升，严重地威胁着国民身体健康和国家的经济发展，广泛且深入地研究复杂疾病的发病机制对提高国民健康水平意义重大。复杂疾病的发病机制复杂，这是因为多因素和多基因参与了此类疾病的发生发展过程。多因素即多种内外环境因素，它们之间形成了复杂的相互作用网络。复杂疾病通常是风险遗传因素携带者在不良外界环境因素的刺激下引起的，因此在复杂疾病的发病机制研究中，应深入研究基因-基因、基因-环境及不同物种间的基因组交互作用。

1. 遗传学机制

复杂疾病虽然有时也存在显著的家族聚集性，但不符合经典的孟德尔遗传规律，而且同一种疾病常常存在多个易感基因或遗传位点，每个易感位点对疾病产生的效应有限，且不同易感基因之间、易感基因与环境因素之间存在着复杂的相互作用网络。

目前，针对复杂疾病的遗传机制研究主要有两种理论，即微效位点累加理论和主要位点决定论[13,14]。微效位点累加理论认为单个基因或是位点对表型或疾病发生的贡献有限，复杂疾病的发生是多个微效基因或位点共同作用的结果，这与 CD/CV 假说一致。CD/CV 假说认为，常见变异的等位基因频率较高，选择压力相对较小，因此绝大多数的“始祖等位基因”得以保留。常见变异和罕见变异相比，数目相对不多，但频率较高。复杂疾病的遗传学病因主要与众多的频率较高（一般次要等位基因频率 MAF>5%）、致病效应较弱的变异有关[2]。近年来，很多复杂疾病的 GWAS 结果均支持上述“复杂疾病常见变异”假说。

针对复杂疾病遗传学病因的另一种假说，即常见疾病罕见变异（common disease/rare variant，CD/RV）假说认为，复杂疾病的遗传病因主要由众多的频率较低（一般 MAF<1%）、致病效应较强的罕见变异所构成，该假说可以很好地解释部分肿瘤的发病机制。肿瘤的发生与体细胞突变有关，且具有明显的时空特异性。可通过全基因组测序或全外显子测序，分析对照组与病例组的遗传变异分布差异，同时结合基于家系患者或极端表型病例的相关信息进行疾病相关罕见变异的研究。

复杂疾病遗传学研究发现相关常见变异的概率较高，而发现相关罕见变异的概率较低，在复杂疾病的家系中则有较高概率检测到相关的罕见变异。另外，罕见高风险遗传变异可增加常见变异携带者的患病风险。在复杂疾病的病因学中，CD/CV 与 CD/RV 两种假说的致病机制都有其合理性且可能同时存在。

主要位点决定论认为，主要基因位点的变异在疾病的发生过程中起决定性作用，而次要基因位点则起相关或辅助的作用。例如，在阿尔茨海默病的病因中，*APOE* 基因可作为主要位点进行疾病的早期发生风险评估[4]，应首先检测 *APOE* 基因型，然后根据受试者是否携带 *APOE-ε4*，预测其发病风险的准确性可达 94%～98%。*MHC* 基因的 rs1265181 与银屑病的发病显著相关，其风险等位基因携带者的发生风险是对照组的 22.62 倍。但现有研究结果提示，除了少数疾病如阿尔茨海默病以及银屑病等，大多数复杂疾病的遗传学机制更符合微效位点累加理论。

2. 遗传因素与环境因素相互作用

个体间的基因组差异在出生时就已经存在，然而携带风险易感基因并不意味着个体在其一生中就一定会罹患相关疾病，这还要取决于个体所处的外界环境。流行病学研究已经证实，高血压、中风、2 型糖尿病、骨质疏松症等复杂疾病的易感性与环境有着密切的关系。

近年来，表观遗传学研究飞速发展，表观遗传修饰在人类复杂疾病发生过程中的作用日益突出。越来越多的研究证据表明，环境能够与基因相互作用，影响基因的表观修饰，这可以从一定程度上解释遗传与环境因素相互作用的方式，很好地弥补传统遗传学的局限性，更全面地揭示复杂疾病的发病机制[15]。

表观遗传修饰主要包括 DNA 甲基化、组蛋白修饰、染色质重塑、X 染色体失活、基因组印记、非编码 RNA 调控等表观修饰。任何一方面的异常都可能影响染色质结构和基因表达，进而产生相关表型。心血管疾病、肿瘤、精神疾病、2 型糖尿病及代谢综合征等常见复杂疾病均受表观遗传学机制调控，这些疾病具有以下重要特征：①即使在相同或相似遗传背景下，其外显率和表现度也明显不同，不符合经典孟德尔遗传模式。同卵双生子（monozygotic twins，MZ）理论上具有完全相同的基因组序列，但在 DNA 甲基化水平、X 染色体失活及组蛋白修饰等层面均存在明显差异，“表观遗传修饰”是导致基因序列一致的同卵双生子出现个体差异的重要原因。②患病群体存在的性别差异及亲缘效应。激素包括性激素，可通过表观遗传修饰来控制基因表达，因此复杂疾病的性别差异可能与性激素诱导的基因表观修饰在不同性别中存在的差异有关。亲缘效应的发生机制主要是基因组印记，即控制某一表型的一对等位基因由于亲缘不同而差异性表达，即机体只表达来自亲本一方的等位基因。③宫内环境的影响，包括母系食谱、胎儿的营养不良和营养过剩，以及宫内环境改变或风险暴露，均可能成为子代成年后疾病发生的重要诱因。

④年龄增加可能使疾病发生风险上升，但也存在可逆恢复。

表观遗传学在阐明基因和环境相互作用、揭示疾病进程方面发挥了重要作用。对复杂疾病的表观遗传学机制进行深入研究，有利于制定复杂疾病的有效防御策略和治疗措施。

41.2　复杂疾病的表观遗传学机制

关键概念

- 基因组印记：来源于不同亲本同源染色体上的等位基因通常具有相同的效应，但是某些特定的基因或基因簇仅表达来自一方亲本的等位基因，而另一亲本等位基因沉默，同一基因由不同性别的双亲传给子代时可引起不同的表型。
- 非编码 RNA：是由基因组转录而不参与蛋白质编码的功能性 RNA 分子的总称，主要分为 miRNA、siRNA、piRNA、tRNA、lncRNA 及 circRNA 等。
- RNA 编辑：指转录后的 RNA 发生碱基的插入、删除或替换，使转录产物不能反映模板 DNA 的一级序列，并产生多态性的基因表达产物。

复杂疾病是遗传因素与环境因素共同作用的结果，而表观遗传是环境因素和细胞内遗传物质之间发生交互作用的结果。表观遗传学调节是不改变 DNA 一级序列的可遗传的基因表达调节方式，提供了何时、何地、以何种方式执行 DNA 序列编码遗传信息的指令。表观遗传学调节机制包括 DNA 甲基化、组蛋白转录后修饰、非编码 RNA 表达等，它们在生殖、发育、生长、衰老等病理生理学过程中起着不可替代的作用，表观遗传调控的异常可引起机体结构和功能的异常改变，甚至导致疾病的发生，尤其是在复杂疾病发病机制中的作用最为突出。

41.2.1　基于基因变异的表观遗传学机制

1. 印记基因及其调控机制

经典遗传学认为，来源于不同亲本同源染色体上的等位基因具有相同的效应，但是某些特定的基因或基因簇仅表达来自一方亲本的等位基因，而另一亲本等位基因沉默，同一基因由不同性别的双亲传给子代时可引起不同的表型，这种同源染色体基因表达活性不同的现象被称为基因组印记（genomic imprinting），或称为遗传印记[15]。

哺乳动物中的印记基因很少单独存在，目前发现的印记基因中超过 80%都是成簇排列的，这些基因分布在 16 个染色体区域中，每个区域都包含多个编码基因，除 *Grb10* 外，绝大多数印记基因簇还含有至少一个转录长链非编码 RNA（lncRNA）基因。X 染色体存在最大的印记基因簇，哺乳动物 X 和 Y 染色体从一对常染色体进化而来，在进化过程中，Y 染色体失去大部分的始祖基因，而在 X 染色体中这些基因得以保留，从而在两性间造成伴性基因拷贝数的差异。伴性基因表达剂量的失衡是致死性的，因此雌性的一条 X 染色体会随机失活，以使伴性基因在两种性别中具有相近剂量的遗传效应。尽管失活的 X 染色体是随机来自父方或母方，但结构和功能异常的 X 染色体常优先失活。

印记基因簇中都具有一个或多个 DNA 差异甲基化区域（differentially DNA methylated region，DMR），其甲基化印记状态只在父方或母方生殖细胞内建立，并且只在胚胎的一条亲源染色体上保持，从而表现出亲本等位基因特异性的甲基化修饰。印记基因的 DMR 是一类顺式作用元件，其调控着整个或部分簇内印记基因的表达，因此这些区域被称为印记控制区域（imprinting control region，ICR）或印记控制元件（imprinting control element，ICE）。

印记基因的调控机制主要涉及两种模型假说：绝缘子模型和 lncRNA 模型。*Igf2/H19* 基因簇是典型的绝缘子模型（图 41-1A）：母源染色体上未被甲基化的 ICE 通过招募 CTCF 蛋白并与之结合形成绝缘子，阻碍了来自下游的增强子区域的信号，使得 *Igf2* 和 *Ins2* 无法表达[16]。同时增强子激活邻近的 *H19* lncRNA 的启动子，使之能够转录表达。而在父源染色体中，甲基化的 ICE 无法与 CTCF 蛋白结合形成绝缘子，下游的增强子发挥作用，使得 *Igf2* 和 *Ins2* 在这条染色体上表达，*H19* 的启动子由于发生了甲基化而被沉默。lncRNA 模型是更加常见的印记基因调控模型，以 *Igf2r* 基因簇在胎盘中的表达情况为例（图 41-1B），该基因簇中有 *Mas1*、*Igf2r*、*Slc22a1*、*Slc22a2*、*Slc22a3* 共 5 个基因，其中 *Mas1* 和 *Slc22a1* 在胎盘中不表达，其余 3 个基因受 *Arin* lncRNA 的调控。*Arin* 的启动子处于 ICE 内，父源染色体 ICE 区域没有甲基化印记，*Arin* 能够表达，转录出的 lncRNA 顺式沉默了上述 3 个基因。而在母源染色体中则相反，ICE 被甲基化，直接沉默了 *Arin*，从而使这 3 个基因得以表达[17]。

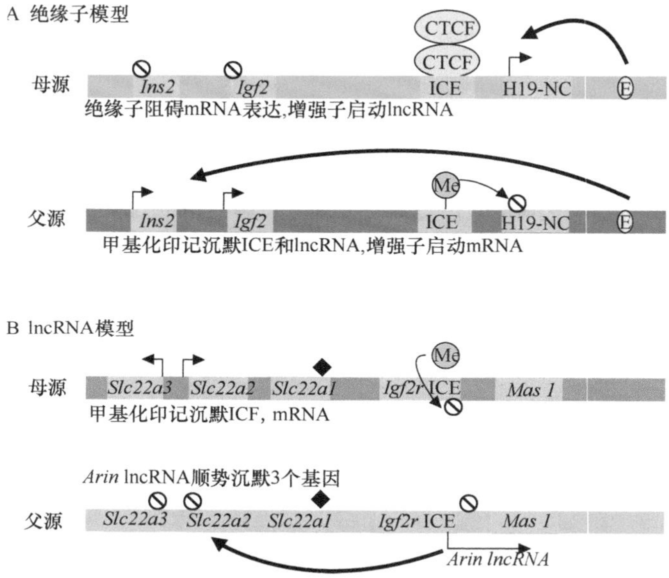

图 41-1　典型的绝缘子模型和 lncRNA 模型[17]

2. 基因组印记病的遗传学基础

印记基因的发现突破了对经典孟德尔遗传定律的传统认识，为一些难以用常规遗传模式诠释的人类遗传性疾病提供了合理的解释[18]。基因组印记病通常有如下三个方面的遗传学机制。①染色体片段的微小缺失：当染色体某个片段上携带印记基因时，含有表达等位基因片段的丢失则可能引起疾病的发生。②单亲二体型（uniparental bisomy，UPD）：两条同源染色体都来源于同一亲代，而不是父、母各提供一条，生成单亲二体型需要有两次错误事件发生。首先，由于减数分裂的不分离导致三体型生成，随后，在有丝分裂中再丢失一条染色体，此现象称为三体挽救。UPD 可以是单亲异二体，也可以是单亲同二体。在异二体中，染色体继承同一亲本，但两条染色体上的基因是不同的；而在同二体中，染色体继承自同一亲本的一条同源染色体。前者的生成机制可归因于第一次减数分裂的不分离，而后者则与第二次减数分裂的不分离有关。完全同二体的病例比较少见，由于基因重组，多数表现为同二体片段与异二体片段的组合。③印记基因突变：由于印记基因的突变，染色体上的印记基因不能正常激活或者关闭，导致印记病的发生。

3. 常见基因组印记病

快乐木偶综合征（Angelman syndrome，AS），或称为安吉尔曼综合征，由 Harry Angelman 于 1965 年首次阐述，发病率约为 1/12 000。患者表现为严重的发育迟缓和智力障碍、语言缺陷、共济失调步态并有频繁大笑，部分患者伴有小头畸形和癫痫等症状[18]。

普拉德-威利综合征（Prader-Willi syndrome，PWS）在 1956 年由 Andrea Prader 及其同事首次报道，其发病率约为 1/10 000，临床表型为肌张力低、身材矮小、性发育不完全、认知障碍、行为异常，该疾病的典型特征为患者长期有饥饿的感觉，过量进食而导致危及生命的肥胖[19]。AS 和 PWS 均是染色体 15q11-q13 异常导致的疾病，但二者却具有完全不同的表型。若该区域母源表达的基因（尤其是 *UBE3E*）缺失或父源单亲二体型，表现为 AS；若父源表达基因缺失或母源单亲二体型，则为 PWS[20]。

贝-维综合征（Beckwith-Wiedemann syndrome，BWS）的基本特征为新生儿脐疝，出生前易出现低血糖、巨舌、肾上腺皮质巨细胞和肾髓质发育不良，患者身材高大，儿童期易患肿瘤，如 Wilms 瘤、肝胚细胞瘤、横纹肌肉瘤等。BWS 的病因是母源生殖细胞染色体重排或父源的单亲二体型导致 11 号染色体 p15 区内相关基因表达的缺失[21]。

拉塞尔-西尔弗综合征（Russell-Silver syndrome，SRS）临床特征为宫内和出生后的生长发育迟缓，可伴有其他畸形，多数病例为散发。SRS 是一类异质性很强的疾病，约有 10%的患者病因为 7 号染色体系母源单亲二体型，但尚不清楚 7 号染色体上具体是什么基因导致 SRS 的发生。也有研究表明，SRS 可能与 11p15 区发生表观变异有关[22]。

41.2.2　基于 DNA 甲基化的表观遗传学机制

DNA 甲基化调控基因转录主要包含两个途径：甲基化在空间上妨碍转录酶与靶基因的结合及甲基化的 DNA 被甲基化 DNA 结合蛋白（MBD）束缚。MBD 结合后会招募其他蛋白质，如组蛋白去乙酰化酶和其他染色质调节蛋白，形成一个高度螺旋的、不活跃的染色质[23]。这种甲基化 DNA 同染色体之间的结合作用非常重要。越来越多的证据表明，DNA 甲基化变化和组蛋白修饰的变化是许多疾病的发病机制，如肿瘤、糖尿病、自身免疫、神经系统疾病及衰老等[24,25]，研究基因组表观遗传状态的调控或基因表达，可以为相关疾病的干预提供新的思路和方法。

随着二代测序的发展，通过筛查癌症基因组，目前发现超过 400 个基因在肿瘤发病过程中可能起关键作用[26]，相关基因的 DNA 甲基化作为表观遗传修饰的主要方式之一与肿瘤的发生发展密切相关。DNA 甲基化可作为生物标记物用于肿瘤的筛查、分型、个体化治疗、预后评估等。例如，*MGMT* 的甲基化可影响替莫唑胺的代谢；高甲基化 *AKAP12* 可作为有效的筛查食管癌的标志物[26]，其甲基化发生在癌变前期，通过检测其甲基化可实现早期诊断的目的，而食管癌传统的筛查方法主要是通过消化内镜或组织切片来判定，方法复杂且时效性差；胃癌与 *hMLH1* 基因启动子的甲基化显著相关，恶性淋巴瘤与 25 个基因的启动子甲基化密切相关，其中最重要的两个是 *DLC-1* 和 *LRP1B*。

除了肿瘤以外，DNA 甲基化异常还与许多其他复杂疾病显著相关，基于糖尿病非共病同卵双生子的全基因组 DNA 甲基化分析显示，有 6 个基因存在显著的甲基化差异[27]；类风湿关节炎与 *DR3* 的高甲基化相关，高甲基化使 *DR3* 沉默而抑制了 DR3 蛋白的表达，使滑膜纤维原细胞凋亡异常，进而导致类风湿关节炎的发生[28]。在系统性红斑狼疮（systemic lupus erythematosus，SLE）患者中普遍存在基因组 DNA 低甲基化的 T 淋巴细胞和 B 淋巴细胞，SLE 患者血清中的低甲基化或者脱甲基状态的 DNA 片段会诱导抗 DNA 抗体的产生从而导致 SLE，同时 DNA 甲基化的程度也被认为与狼疮的活性相关。

尽管对于 DNA 甲基化的研究越来越多，但与基因突变相比，对 CpG 甲基化在哺乳动物中的变化模式，或内外环境因素诱导 DNA 甲基化调控机制及其生物学意义仍知之甚少，伴随着对 DNA 甲基化等表观遗传学调控机制研究的深入，无疑将会有助于人们对生命本质的理解。

41.2.3 基于 RNA 编辑的表观遗传学机制

真核细胞基因表达的调控主要发生在三个独立的水平，包括转录水平、转录后水平和翻译水平。RNA 编辑使人们对基因表达多级调控的复杂性有了新的认识。RNA 编辑是指转录后的 RNA 发生碱基的插入、删除或替换，使转录产物不能反映模板 DNA 的一级序列，并产生多态性的基因表达产物。1986 年，荷兰 Benne 首次报道了这一重要的真核基因转录后加工的特殊方式。RNA 编辑分两大类：核苷酸的插入或删除编辑、碱基替换编辑。

1. RNA 编辑的机制

就人类而言，存在数种不同的 RNA 编辑方式，其中最为重要且研究较为深入的是 RNA 特异性腺苷脱氨酶（adenosine deaminase acting on RNA，ADAR）家族催化的由腺嘌呤（adenine，A）到肌苷（inosine，I）的置换，即 A-to-I RNA 编辑。特异性的腺苷（A）的嘌呤环脱氨基后变成次黄嘌呤（I），而次黄嘌呤在大多数生物系统的翻译过程中被识别为鸟嘌呤（G），意味着基因组 DNA 序列为 A 的位点，转录后的 mRNA 经过编辑后变成了 G。在人类中，*ADAR* 家族包括 3 个主要成员：*ADAR1*、*ADAR2* 及 *ADAR3*，它们在脊椎动物中的基因序列高度保守。*ADAR1* 和 *ADAR2* 表达广泛，而 *ADAR3* 仅在动物脑组织中表达。ADAR1 是目前研究最为深入且生物学功能尤为重要的 RNA 编辑酶。最初发现 ADAR1 有两个亚型，即全长的 p150 及较短的 p110，随后 Nie 等发现了 ADAR1 的第 3 个亚型 p80[29]。三个亚型的存在方式、结构及功能均有所差异。p150 基因表达受干扰素诱导，p110 和 p80 则以组成型表达为主。p150 主要存在于胞质中，p110 位于细胞核，p80 存在于核仁。ADAR1 亚型的共同结构域为 C 端催化脱氨酶结构域（DM）、N 端双链 RNA 结合结构域（dsRBD）。ADAR1 全长蛋白 p150 含有 N 端 Zα、出核信号（NES）和 Zβ 结构域，p110 亚型的结构域与 p150 相比，缺少了出核信号（NES）及 Zα 结构域[29]。p80 与 p110 相比则缺少 Zβ 及 1 个 dsRBD 结构域。ADAR1 的生物学功能主要分为两种：一是以双链 RNA（dsRNA）为底物，催化腺嘌呤水解脱氨基成为次黄嘌呤，主要由 C 端催化脱氨酶结构域（DM）发挥 RNA 编辑作用，影响遗传信息的编码，丰富蛋白质的多样性；另一种是与双链 RNA 结合蛋白相互作用，参与哺乳动物体内的一系列生物学过程。

2. RNA 编辑与人类疾病

ADAR1 编辑活性与人类疾病的发生发展密切相关。已知 ADAR1 介导的编辑功能障碍会引起色素异常性疾病、自身免疫性疾病、神经系统性疾病、心血管疾病和肿瘤等[30]。近几年研究证实，ADAR1 的异常编辑及表达对肿瘤的发生发展有重要影响，如慢性粒细胞性白血病、食管癌、恶性黑色素瘤及肝癌等[30,31]，其可能成为某些肿瘤的生物标志物，而且 ADAR 脱氨酶结构域可作为一个潜在的新工具，用于治疗 RNA 编辑异常相关的疾病[32, 33]。

3. RNA 编辑与表观遗传学

A-to-I RNA 编辑生成的遗传变异，可扩展转录组的多样性和复杂性，它也是一种重要的表观调控机制，对维持正常的生理生化活动至关重要。*ADAR* 突变小鼠表现为胚胎致死，*ADAR* 突变果蝇则表现为神经缺陷。已知被 ADAR 编辑的靶基因包括神经受体、离子转运蛋白和免疫反应受体等。

随着新一代测序平台的快速发展，越来越多的编辑位点被识别，在果蝇中共检测到 9281 个 A-to-I RNA 编辑事件，其中 5150 个（55.5%）分布于 2734 个基因的蛋白编码区（coding sequence region，CDS），进化遗传分析发现这 2734 个基因属于 1526 个同源基因家族，约占 7 个果蝇物种总基因家族数量的 5%[34]。根据 CDS 区内编辑位点的保守性，这 5150 个编辑事件可被分成 3 种不同类型：第一类位点发生在单基因家族基因；第二类发生在多基因家族基因，但位点不保守；第三类发生在多基因家族基因，且位点保守。通过对这三类编辑位点进行不同组织、不同发育时期及动物动态发育过程中的分布及变化分析，第一次发现 A-to-I RNA 编辑在动物发育、生殖等生理过程中存在动态变化的证据，进一步诠释了三类不同编辑位点的重要功能。这些基因主要与神经系统功能相关，说明 RNA 编辑介导的表观遗传适应性主要通过神经系统功能实现，神经系统功能变化是检验有益 RNA 编辑位点的主要标准。以上发现揭示了由 RNA 编辑表观遗传机制引入的编码可塑性，从而产生一类新的二分变异。

41.2.4　复杂疾病表观遗传学面临的主要挑战

复杂疾病在普通人群中有较高的发病率，它们受环境因素与遗传因素的共同调控，环境因素通过表观遗传学对相关基因进行调控，进而产生相关表型。从表观遗传学角度研究复杂疾病的病理生理机制具有重要的现实意义，但开展复杂疾病的表观遗传学研究也存在一系列的挑战，主要有：①复杂疾病遗传学病因复杂，常涉及多个微效基因，微效基因的识别则需要足够大的样本量才能排除背景信号的干扰，获得足够的统计效力；②复杂疾病与环境风险因素的关系也很复杂，复杂疾病大多与年龄相关，发病率随着年龄增加而变化，这说明复杂疾病与环境因素长期刺激的累积效应有关，仅从一维的横断面研究是不够的，需要从环境因素、遗传因素及环境-遗传互作等多维度进行研究；③与基因组一级序列的相对恒定不同，表观遗传学是动态变化的，这需要在动态变化的表观组学数据中发现与研究疾病特异相关的表观遗传学指标；④机体所有细胞的基因组序列是相同的，而表观遗传学特征即使在同一组织的不同细胞间也可存在很大的差异，鉴于表观遗传学变化存在很大的时空特异性，这就要求分析测试方法具有很高的精密度；⑤与复杂疾病相关的表观遗传学改变既可能是发病诱因，也可能是疾病自身病理损伤的继发结果；⑥和传统的基因突变不同，表观遗传学相关表型差异更多的是数量性状（“多”和“少”的关系），而非质量性状（“有”和“无”的关系）；⑦复杂疾病相关的表观遗传学改变可能发生在不同的阶段，如出生前的孕期营养不良、感染等，均可诱发胎儿基因组的表观修饰发生改变，继而对个体器官及整体系统的结构和功能产生长期的影响，使得胎儿成年后对某些复杂疾病的患病率增加；⑧可靠的、可预测的动物模型，对理解复杂疾病的神经生物学基础和药物研发都非常重要，与简单疾病不同，建立可靠的表观遗传学相关疾病动物模型比较困难，如何将相关的基因及环境暴露精准地转化为动物模型的建模因素，也需要认真探索；⑨孟德尔遗传病的表型-基因型关系相对明确，并有完善成熟的数据库和研究方法，这为相关研究提供了有效的支撑，而我们对复杂疾病的表观遗传学认知尚处于初级阶段，难以利用知识累积效应。

41.3　总结与展望

近年来，表观遗传修饰异常与复杂疾病的关系颇受关注。大量的研究证明，表观遗传学机制在环境因素相关的疾病中发挥重要作用，表观遗传调节的异常参与了代谢性疾病、心血管疾病、自体免疫性疾病、癌症和神经精神疾病等人类复杂疾病的发生和病理进程。化学生物学及基因组学研究发现了可用于疾病治疗的、表观遗传学相关的药物靶点，为复杂疾病的治疗提供了新的药物研发方向。其中，针对参与 DNA 甲基化与组蛋白修饰过程中相关蛋白的抑制剂及非编码 RNA 的表观调控药物已成为研究热点。

随着表观遗传学研究的不断深入，表观遗传学药物的研究取得了巨大进步。首先被发现的表观遗传学药物是 DNA 甲基化酶抑制剂和组蛋白去乙酰化酶抑制剂，它们可逆转异常的表观遗传学修饰，用于治疗复杂疾病，具有良好前景。其中，肿瘤临床治疗方面的成果尤为显著。阿扎胞苷（AZA）是首个被美国 FDA 批准的表观遗传学药物，已用于骨髓增生异常综合征和急性非淋巴细胞性白血病的治疗；随后，另一种 DNA 甲基化酶抑制剂——地西他滨也获 FDA 批准。这两种药物相继在实体瘤中也进行了试验，并发现阿扎胞苷对部分实体瘤也有一定的疗效。

组蛋白去乙酰化酶是组蛋白修饰过程中的关键酶，能够导致抑癌基因表达沉默，从而促进肿瘤的发生发展。组蛋白去乙酰化酶抑制剂可有效诱导肿瘤细胞凋亡、抑制增生及阻滞细胞周期等。目前，设计开发的组蛋白去乙酰化酶抑制剂种类繁多，有些药物已进入抗肿瘤治疗的临床使用。曲古抑菌素 A（TSA）是首个被发现的组蛋白去乙酰化酶抑制剂，伏林司他、罗米地辛等已被 FDA 批准用于治疗皮肤 T 细胞淋巴瘤，并取得显著的临床效果。

癌症的多重耐药给临床治疗带来巨大的挑战。肿瘤表观遗传组学认为，肿瘤细胞的药物抗性可能是由表观遗传学修饰诱导产生，逆转该异常修饰可为治疗耐药性肿瘤提供更好的治疗策略。临床上将表观遗传学药物与常规化疗药物联合使用，能增强耐药肿瘤细胞对化疗药物的敏感性，改善肿瘤的治疗效果。研究表明，10%～15%的散发性结直肠癌中出现 DNA 错配修复的缺失，且通常由错配修复基因 *Hmlh1* 高甲基化引起，地西他滨与 5-氟尿嘧啶联合使用后能够恢复肿瘤细胞的错配修复及其对 5-氟尿嘧啶的敏感性。越来越多的研究显示，许多药物靶点基因、药物代谢酶基因及转运体基因等也受表观遗传的调控，这可以部分解释不明原因引起的药物代谢和治疗效果产生个体间差异的机制。合用表观遗传学药物是优化药物治疗的新策略，有望提高以表观遗传为基础的个体化治疗的效果。

表观遗传学药物除应用于肿瘤的治疗外，对其他复杂疾病的研究也在进行中，如组蛋白去乙酰化酶抑制剂 EVP-0334 对阿尔茨海默病的研究已进入临床试验阶段。组蛋白去乙酰化酶抑制剂丙戊酸与非经典抗精神病药联用治疗精神分裂症是目前临床上普遍采用的治疗方案，它能够快速增强抗精神病药物的效果。丙戊酸治疗肌萎缩脊髓侧索硬化症也已进入临床试验。此外，miRNA 在复杂疾病中的重要作用逐渐被人们所认识。研究者已经开始研究利用 miRNA 抑制剂和 miRNA 类似物治疗包括癌症、心血管疾病、神经系统疾病和炎症等诸多复杂疾病。

在对复杂疾病的治疗取得显著成效的同时，大部分表观遗传学药物也存在一些局限性。由于活性位点残基的高度保守性，大多数组蛋白去乙酰化酶抑制剂对不同亚型的组蛋白去乙酰化酶活性的调控缺少特异性。已有的表观遗传学药物产生的是广泛性的表观遗传学变化，同时作用于疾病相关或不良反应相关的基因，可能会降低药物临床治疗效果或引发不良反应。此外，表观遗传学药物对实体肿瘤的治疗效果尚不理想，用药患者易出现严重的骨髓抑制和胃肠道症状等不良反应。

表观遗传学的研究成果更好地解释了外部刺激对多因素疾病的发生和病理进程的影响，同时也更好地诠释了疾病易感性。尽管很多研究证实，已发现的表观遗传学修饰酶的抑制剂对相关疾病有治疗作用，但是对复杂疾病的发生过程中的表观遗传学变化仍需进行深入研究，对各种表观遗传学修饰之间的相互协调、调控机制，及其与疾病的关系需做进一步的探究。同时，表观遗传学药物的靶点结构和功能也亟待深入研究，从而提高相关药物的特异性，减少不良反应的发生，改善临床治疗效果。

表观遗传学调控途径复杂，受遗传、环境和社会等多方面因素影响。表观基因组学的独特之处在于持久记忆、隔代遗传和环境适应性。深入研究表观遗传学的影响因素，在孕期和幼年时期减少暴露于不良环境，可降低相关疾病的患病风险。利用表观遗传学的环境适应性，调整生活方式和饮食习惯，也可能成为一种潜在的预防相关疾病、改善健康状况的有效途径，与此相关的营养和压力表观基因组学也日益受到关注。

总之，表观遗传学不仅是生物学领域内的研究热点，而且在医学方面也将成为未来治疗复杂疾病的新手段，系统、深入地研究表观遗传学有利于揭示生殖、发育和人类复杂疾病等诸多生命现象的本质，以及发现更有效的预防和治疗手段。

知识框：表观遗传药物分类

1. DNA 甲基化抑制剂

DNA 甲基转移酶（DNA methyltransferase，DNMT）抑制剂根据化学结构可分为两大类：核苷类和非核苷类。核苷类 DNMT 抑制剂是一类胞嘧啶核苷衍生物，此类药物主要有阿扎胞苷（Azacitidine）、地西他滨（Decitabine）、折布拉林（Zebularine）等[35,36]。

阿扎胞苷（5-氮杂胞苷）是由阿糖胞苷合成的一种胞嘧啶核苷衍生物，能参与 DNA 的合成，抑制 DNMT，使 DNA 去甲基化并呈剂量依赖性，低浓度的阿扎胞苷能通过降低细胞内 DNMT 活性，有效降低 DNA 甲基化水平；高浓度的阿扎胞苷则参与合成 RNA 或 DNA，产生细胞毒性作用。阿扎胞苷是第一个被美国食品药品监督管理局（FDA）批准的用于治疗骨髓增生异常综合征（MDS）的 DNMT 抑制剂。

地西他滨（5-氮杂-2′-脱氧胞苷酸）是一种 2′-脱氧胞苷类似物，其生物活性也呈剂量依赖性，低浓度时能促进细胞分化和凋亡并抑制细胞增殖，主要作用于细胞周期的 S 期；高浓度时可导致 DNA 合成受阻和细胞毒性，2006 年被美国 FDA 批准用于 MDS 和 CML 等恶性血液系统疾病的治疗。对于 5-氮杂胞苷治疗无效的患者，改用地西他滨治疗后，有 36%的患者症状有所改善。相比于阿扎胞苷，地西他滨选择性更强，且毒性更小。该药物能有效促进血红蛋白病患儿血红蛋白的生成，在白血病与 MDS 等肿瘤的治疗中也取得了一定的疗效。但与阿扎胞苷一样，地西他滨具有化学性质不稳定的特点，因此不能口服给药，且容易产生胃肠道反应、中性白细胞减少与血小板减少等不良反应。

折布拉林（5-氮杂-2′-脱氧胞苷）是另一种胞苷类似物，具有毒性小、结构稳定的优点，且相比于阿扎胞苷与地西他滨副作用更小，它可以低剂量、长时间滴注。折布拉林对 DNMT 的抑制表现出很强的选择性。它诱导肿瘤细胞凋亡相关基因表达，提示它在联合治疗和促进凋亡方面的潜在价值，可用于长期持续治疗。折布拉林具有结构稳定的特点，已成为 DNMT 抑制剂中第一种可口服给药的药物，但也具有体内代谢复杂、清除速率慢、需大剂量给药、容易产生骨髓抑制等不良反应的缺点，限制了其在临床上的应用。

非核苷类 DNMT 抑制剂不含有胞嘧啶核苷结构，一部分是针对 DNMT 结构设计的特异性抑制剂，另一部分是在临床应用与临床试验中发现的具有去甲基功能的传统药物，具体机制可能与干扰

DNMT 有关。这类药物主要包括氨基苯甲酸类、反义寡核苷酸类、肼类、茶多酚类、邻苯二酰胺类、SAM 类似物等。

氨基苯甲酸类主要有普鲁卡因与普鲁卡因胺，在临床上广泛用作局麻药和抗心律失常药。近来发现这两种药物均有抑制 DNMT 的作用，能使肿瘤基因组 DNA 整体去甲基化。普鲁卡因与普鲁卡因胺能结合 CpG 富集区从而阻碍 DNMT 与 DNA 结合，发挥去甲基化作用。普鲁卡因胺能特异性结合并抑制 DNMT1，推测其可能是一种高特异性去甲基化抑制剂。虽然在多种肿瘤细胞中都具有去甲基化的作用，氨基苯甲酸类药物在心脏方面的副作用却限制了它在抗肿瘤治疗方面的应用。

反义寡核苷酸类药物能特异性地阻断甲基化反应，直接作用于 *DNMT1* mRNA 的反义寡核苷酸可以减少人体肿瘤细胞中的 DNMT1 蛋白的表达，诱导去甲基化和 p16 抑癌基因的表达。MG98 是一种作用于 *DNMT1* 的 mRNA 的反义核苷酸类药物，能在不影响 *DNMT3* 的情况下抑制 *DNMT1* 的表达。在Ⅳ期临床试验中，MG98 表现出良好的应答率，且不良反应较小，有望在肿瘤的治疗中得到进一步的应用[37]。

肼类化合物在临床上常用于治疗高血压与心功能不全。作为一种甲基化抑制剂，肼屈嗪在人肿瘤细胞中能使抑癌基因去甲基化而重新表达。在肼屈嗪和丙戊酸盐逆转难治性多药耐药实体肿瘤的Ⅱ期临床试验中，发现 DNA 甲基化可能是肿瘤耐药性产生的原因，而肼屈嗪可能对解决此耐药性有积极影响。

表没食子儿茶素没食子酯酸（EGCG）是一种存在于绿茶中的儿茶酚类化合物，既能抑制 DNMT 活性，也能将 *p16* 基因、*hMLHl* 基因的甲基化逆转。EGCG 主要通过与 DNMT1 的催化活性位点结合来阻碍 DNA 甲基化。EGCG 也可通过激活甲基化沉默的基因发挥作用，如 *p16INK4a*、*RARβ*、*O6-MGMT* 和 *hMLH1* 等。

邻苯二酰胺类药物，通过构建人类 DNMT1 催化域模型，发现了两个能与其特异性结合的小分子化合物，其中之一即为 RG108。RG108 在不影响着丝粒卫星序列甲基化的情况下，能重新激活沉默的抑癌基因，其对 DNMT 专一性很强，具有较好的稳定性，在较低浓度下也能明显抑制 DNA 甲基化，并且具有毒性小的优点，因此 RG108 具有良好的开发前景。目前正以 RG108 作为先导化合物进行深入研究，希望通过对它的修饰与合成，得到有效的以邻苯二酰胺-色氨酸为基本母核的甲基化抑制剂。

作为甲基供体，在 DNMT 的作用下，SAM 能特异性地将活性的甲基转移到 DNA 上，SAM 对 DNA 胞嘧啶残基的 5 位碳进行甲基化修饰，进而转化为去甲基化代谢物 SAH。SAM 类似物能模拟 SAM，竞争性抑制甲基化酶，如西奈芬净及其衍生物对依赖 SAM 的 DNMT 表现出强效抑制，但是 SAM 类似物特异性不高，可同时抑制 SAM 脱羧酶和 SAH 水解酶。

2. 组蛋白去乙酰化酶抑制剂

组蛋白去乙酰化酶抑制剂（histone deacetylase inhibitor，HDACI）是一类在转录水平调控基因表达的化合物，通过诱导蛋白过乙酰化引起染色体重构和细胞周期停滞、诱导细胞分化和凋亡，以及调节转录因子活化/抑制等一系列生物学效应[38]。

根据化学结构的不同，HDACI 大致可以分为 6 类：①短链脂肪酸类，如 4-丁酸苯酯和丙戊酸；②氧肟酸类，如 SAHA、Trichostatin（TSA）、SBHA、CBHA、Pyroxamide、Oxamflatin 等；③环状四肽类，如 TrapoxinA（TPX）、FR901228（或 FK228）、Apicidin；④苯酰胺类，如 MS-275；⑤环氧酮类，如 Trapoxin B；⑥杂化分子，如 CHAP31（cyclic-hydroxamic-acid-containing peptide）、CHAP50[39, 40]。

3. 非编码 RNA

根据 miRNA 在疾病中发挥的作用，可通过上调 miRNA 的功能或者抑制其功能达到治疗的目的。例如，miR-21 的阻断对于肾脏疾病有潜在的治疗作用，anti-miR-21 试用于治疗 Alport's 肾病的临床前研究显示，它可以减轻肾功能异常、蛋白尿和纤维化，提高生存率[41]。anti-miR-21 被 Regulus Therapeutics 公司研发，并且已经进入治疗 Alport's 肾病的 I 期临床试验[42]。另外，还有处于临床前试验的 miR-29，miR-29 在输尿管单侧结扎模型的肾脏中表现为显著减少，通过诱导产生的 pre-miR-29b 可逆转损伤、改善纤维化、发挥治疗作用[43]。

肝细胞癌与 miRNA 相关性研究也有一些重要发现，miR-122 是肝细胞特异性的 miRNA，参与胆固醇、脂肪和铁的代谢。miR-122 通过与 5′-UTR 位点结合，介导病毒 RNA 的稳定性，刺激丙肝病毒（HCV）复制。miR-122 沉默后，黑猩猩表现出持续而有效的 HCV 复制被抑制现象。靶向 miR-122 的 anti-miR-122 寡核苷酸的 I 期和 II 期临床试验，已经表现出了可靠的安全性和有效性。但是也有报道显示，miR-122 敲除型小鼠可促进肝肿瘤形成[44]。

lncRNA 因为参与了发育且有较强的细胞特异性，成为可能的药物靶点而受到重视。然而由于药物的药代动力学和药效动力学、安全性和有效性的严格要求，目前没有已经进入临床试验阶段的药物，但是有许多 lncRNA 相关药物已经进入临床前试验。

lncRNA Ube3a-ATS 可用于治疗单基因疾病 Angelman 综合征（AS），AS 是由于脑中母源 *UBE3A* 等位基因异常所导致，该基因编码 E3 泛素连接酶，受印记中心调控，生理状态下，父源等位基因 *UBE3A* 的表达沉默。父源基因的沉默可能与 Ube3a-ATS lncRNA 的表达有关，小鼠模型中用 ASO 治疗下调 Ube3a-ATS 能促进父系 Ube3a 的表达，进而改善疾病相关的症状[45]。但是，lncRNA 有一大挑战是性质不稳定，而且即使在鼠模型中得到验证，也不意味着这些结果对于人类同样适用，还需要进一步的研究和优化。

由于 ncRNA 的表达水平与疾病类型相关，能够提供具体的诊断或预后的临床信息。miR-21 是最常见的循环 miRNA 之一，目前已经成为许多疾病的潜在生物标志物，用于疾病诊断和个体化治疗，包括肝细胞癌、非小细胞肺癌，还有其他实体瘤，以及心血管疾病如心肌纤维化。

PCA3 是非侵入性的肿瘤标志物，已经被美国 FDA 批准用作尿液生物标志物[46]。它与前列腺特异性抗原（prostate-specific antigen，PSA）血液检查相比，有更高的敏感度和特异性，尤其在前列腺癌患者中有显著的高表达[47]。

HOTAIR 在口腔鳞状细胞癌患者的唾液样本中显著高表达，血液 HOTAIR 升高和结肠癌患者的不良预后显著相关，HOTAIR 可用于预测患者的预后，其敏感性和特异性可分别达到 67%、92.5%[48]。

尿路上皮癌相关分子 1（urothelial carcinoma-associated 1，UCA1）是一种在膀胱癌和肺癌中发现的 lncRNA，它可在尿液检测或者肺部活检过程中作为生物标志物。UCA1 在生理状况下多表达于心脏组织，在急性心脏病发作早期血清中水平下降，而 3 天后上升，同时对应的 miR-1 变化情况与之成反比，因此 UCA1 可以作为急性心脏病发作的诊断和预后的生物标志物[49]。

参 考 文 献

[1] Thornton-Wells, T. A. *et al*. Genetics, statistics and human disease: analytical retooling for complexity. *Trends Genet* 20, 640-647(2004).

[2] Hirschhorn, J. N. & Daly, M. J. Genome-wide association studies for common diseases and complex traits. *Nat Rev Genet* 6, 95-108(2005).

[3] International HapMap, C. The International HapMap Project. *Nature* 426, 789-796(2003).

[4] Goldstein, D. B. & Cavalleri, G. L. Genomics: understanding human diversity. *Nature* 437, 1241-1242(2005).

[5] Risch, N. & Merikangas, K. The future of genetic studies of complex human diseases. *Science* 273, 1516-1517(1996).

[6] Seng, K. C. & Seng, C. K. The success of the genome-wide association approach: a brief story of a long struggle. *Eur J Hum Genet* 16, 554-564(2008).

[7] Newton-Cheh, C. & Hirschhorn, J. N. Genetic association studies of complex traits: design and analysis issues. *Mutat Res* 573, 54-69(2005).

[8] Manolio, T. A. *et al.* Finding the missing heritability of complex diseases. *Nature* 461, 747-753(2009).

[9] Maher, B. Personal genomes: The case of the missing heritability. *Nature* 456, 18-21(2008).

[10] Cross-Disorder Group of the Psychiatric Genomics Consortium. *et al.* Genetic relationship between five psychiatric disorders estimated from genome-wide SNPs. *Nat Genet* 45, 984-994(2013).

[11] Cross-Disorder Group of the Psychiatric Genomics Consortium. Identification of risk loci with shared effects on five major psychiatric disorders: a genome-wide analysis. *Lancet* 381, 1371-1379(2013).

[12] Peter, I. S. & Davidson, E. H. A gene regulatory network controlling the embryonic specification of endoderm. *Nature* 474, 635-639(2011).

[13] 陈尔飞，等. 复杂疾病遗传基础及易感基因研究的发展趋势. 基因组学与应用生物学 33, 6(2014).

[14] Cirulli, E. T. & Goldstein, D. B. Uncovering the roles of rare variants in common disease through whole-genome sequencing. *Nat Rev Genet* 11, 415-425(2010).

[15] Hudson, Q. J. *et al.* Genomic imprinting mechanisms in embryonic and extraembryonic mouse tissues. *Heredity(Edinb)*105, 45-56(2010).

[16] Marcho, C. *et al*. Tissue-specific regulation of Igf2r/Airn imprinting during gastrulation. *Epigenetics Chromatin* 8, 10(2015).

[17] Barlow, D. P. & Bartolomei, M. S. Genomic imprinting in mammals. *Cold Spring Harb Perspect Biol* 6, a018382(2014).

[18] Buiting, K. *et al*. Angelman syndrome - insights into a rare neurogenetic disorder. *Nat Rev Neurol* 12, 584-593(2016).

[19] Kim, Y. *et al*. Epigenetic therapy of Prader-Willi syndrome. *Transl Res* 208, 105-118(2019).

[20] Buiting, K. Prader-Willi syndrome and Angelman syndrome. *Am J Med Genet C Semin Med Genet* 154C, 365-376(2010).

[21] Brioude, F. *et al.* Expert consensus document: Clinical and molecular diagnosis, screening and management of Beckwith-Wiedemann syndrome: an international consensus statement. *Nat Rev Endocrinol* 14, 229-249(2018).

[22] Aygun, D. & Bjornsson, H. T. Clinical epigenetics: a primer for the practitioner. *Dev Med Child Neurol* 62, 192-200(2020).

[23] Clouaire, T. & Stancheva, I. Methyl-CpG binding proteins: specialized transcriptional repressors or structural components of chromatin? *Cell Mol Life Sci* 65, 1509-1522(2008).

[24] Amir, R. E. *et al.* Rett syndrome is caused by mutations in X-linked MECP2, encoding methyl-CpG-binding protein 2. *Nat Genet* 23, 185-188(1999).

[25] Stratton, M. R. Exploring the genomes of cancer cells: progress and promise. *Science* 331, 1553-1558(2011).

[26] Jin, Z. *et al.* Hypermethylation of the AKAP12 promoter is a biomarker of Barrett's-associated esophageal neoplastic progression. *Cancer Epidemiol Biomarkers Prev* 17, 111-117(2008).

[27] Stefan, M. *et al.* DNA methylation profiles in type 1 diabetes twins point to strong epigenetic effects on etiology. *J Autoimmun* 50, 33-37(2014).

[28] Takami, N. *et al.* Hypermethylated promoter region of DR3, the death receptor 3 gene, in rheumatoid arthritis synovial cells. *Arthritis Rheum* 54, 779-787(2006).

[29] Nie, Y. *et al.* Subcellular distribution of ADAR1 isoforms is synergistically determined by three nuclear discrimination signals and a regulatory motif. *J Biol Chem* 279, 13249-13255(2004).

[30] Qiao, J. J. *et al.* ADAR1: a promising new biomarker for esophageal squamous cell carcinoma? *Expert Rev Anticancer Ther* 14, 865-868(2014).

[31] Qin, Y. R. *et al.* Adenosine-to-inosine RNA editing mediated by ADARs in esophageal squamous cell carcinoma. *Cancer Res* 74, 840-851(2014).

[32] Bass, B. L. How does RNA editing affect dsRNA-mediated gene silencing? *Cold Spring Harb Symp Quant Biol* 71, 285-292(2006).

[33] Aizawa, H. *et al.* TDP-43 pathology in sporadic ALS occurs in motor neurons lacking the RNA editing enzyme ADAR2. *Acta Neuropathol* 120, 75-84(2010).

[34] Yu, Y. *et al.* The landscape of A-to-I RNA editome is shaped by both positive and purifying selection. *PLoS Genet* 12, e1006191(2016).

[35] Zhou, Z. *et al.* DNA methyltransferase inhibitors and their therapeutic potential. *Curr Top Med Chem* 18, 2448-2457(2018).

[36] Foulks, J. M. *et al.* Epigenetic drug discovery: targeting DNA methyltransferases. *J Biomol Screen* 17, 2-17(2012).

[37] Amato, R. J. *et al.* MG98, a second-generation DNMT1 inhibitor, in the treatment of advanced renal cell carcinoma. *Cancer Invest* 30, 415-421(2012).

[38] Lee, J. H. *et al.* Histone deacetylase inhibitor induces DNA damage, which normal but not transformed cells can repair. *Proc Natl Acad Sci U S A* 107, 14639-14644(2010).

[39] Dokmanovic, M. *et al.* Histone deacetylase inhibitors: overview and perspectives. *Mol Cancer Res* 5, 981-989(2007).

[40] Zhu, S. M. *et al.*A combination of SAHA and quinacrine is effective in inducing cancer cell death in upper gastrointestinal cancers. *Clin Cancer Res* 15,1905-1916(2018).

[41] Gomez, I. G. *et al.* Anti-microRNA-21 oligonucleotides prevent Alport nephropathy progression by stimulating metabolic pathways. *J Clin Invest* 125, 141-156(2015).

[42] Denby, L. & Baker, A. H. Targeting non-coding RNA for the therapy of renal disease. *Curr Opin Pharmacol* 27, 70-77(2016).

[43] Chen, H. Y. *et al.* MicroRNA-29b inhibits diabetic nephropathy in db/db mice. *Mol Ther* 22, 842-853(2014).

[44] George, J. & Patel, T. Noncoding RNA as therapeutic targets for hepatocellular carcinoma. *Semin Liver Dis* 35, 63-74(2015).

[45] Meng, L. *et al.* Towards a therapy for Angelman syndrome by targeting a long non-coding RNA. *Nature* 518, 409-412(2015).

[46] Sartori, D. A. & Chan, D. W. Biomarkers in prostate cancer: what's new? *Curr Opin Oncol* 26, 259-264(2014).

[47] Lee, G. L. *et al.* Prostate cancer: diagnostic performance of the PCA3 urine test. *Nat Rev Urol* 8, 123-124(2011).

[48] Svoboda, M. *et al.* HOTAIR long non-coding RNA is a negative prognostic factor not only in primary tumors, but also in the blood of colorectal cancer patients. *Carcinogenesis* 35, 1510-1515(2014).

[49] Yan, Y. *et al.* Circulating long noncoding RNA UCA1 as a novel biomarker of acute myocardial infarction. *Biomed Res Int* 2016, 8079372(2016).

邢清和 博士，研究员，博士生导师，复旦大学生物医学研究院研究员（2008年8月至今），复旦大学附属儿科医院教授，上海市卫健委遗传咨询专家委员会委员。硕士就读于河南医科大学（1991～1994），博士就读于复旦大学（1997～2000），于上海交通大学Bio-X研究院任副教授（2003.5～2008.7）。主要研究方向为：①小儿脑瘫发生机制及分子诊断技术：小儿脑瘫位于儿童致残性疾病之首，拟通过基因组学、代谢组学和蛋白质组学等多组学研究其发病机制，寻找小儿脑瘫的致病基因，识别小儿脑瘫早期诊断或产前诊断分子标记，建立小儿脑瘫的新生儿筛查技术和产前诊断技术。②药物皮肤不良反应发生机制及个体化治疗技术：基于已经建立的严重皮肤不良反应的遗传资源库，通过药物基因组学研究识别相关基因，逐步建立相对完善的常见皮肤不良反应相关风险等位基因-致敏药物关联数据库，为临床实施个体化治疗、选择相对安全的药物提供分子标记和检测方法。近10年来，主持了多项国家和省部级项目，包括科技部重点研发计划、国家973计划、国家863计划、国家自然科学基金面上项目、国家自然科学基金国际合作项目、上海市科委重大研究计划项目等。迄今为止，以通讯或第一作者发表SCI论文100余篇，包括*Am J Hum Genet*、*Neuropsychopharmacology*、*Hepatology*等。

第 42 章　环境表观遗传学

马　端　黄建波　章美琴　崔人婕　张　进　马　竞
复旦大学

本章概要

人类的健康不仅受自身的遗传信息调控，还与外界的环境密切相关。暴露在不良环境下，疾病风险也会增高，其中很大一部分原因是不良复杂环境因素如二噁英或重金属等，通过影响人体的表观遗传调控机制，进而影响人的健康。近年来，随着不良环境事件的增多，环境与表观遗传学相互结合的一门新兴研究领域——环境表观遗传学，日益受到人们的关注。环境表观遗传学主要研究环境与表观遗传修饰变化之间的关系。在本章内容中，作者首先对不良环境因素进行阐述，并初步阐明它们如何影响表观遗传修饰；其次分别对重金属、类雌激素、二噁英等不良环境因素与冠心病、早老性痴呆及肺癌之间的关系进行阐述；最后作者提出应对环境污染导致表观遗传变异的策略，介绍了 DNA 甲基化、组蛋白乙酰化及非编码 RNA 的干预手段，并对 DNA 甲基化修饰干预在临床中的应用进行了论述。

42.1　环境毒素与表观遗传学变化

关键概念

- 环境毒素：包括物理、化学或生物毒素。物理类毒素如一些重金属离子和射线等；化学类毒素如二噁英和农药等；生物类毒素如类雌激素和病毒等。
- 细微颗粒物：空气动力学中直径小于或等于 2.5μm 的颗粒物，又称可入肺颗粒物。其对人体的生殖系统、心血管和呼吸系统都存在明显的危害。

42.1.1　环境毒素

流行病学调查及越来越多的动物实验和双生子研究表明，环境因素可通过影响人体细胞的表观遗传修饰变化，引起如肥胖、肿瘤、2 型糖尿病和哮喘等疾病的发生发展。这些环境因素分为物理、化学和生物等方面，其中物理类毒素包括一些重金属离子（如砷、镍、铅、镉和铬等）及射线（如 X 射线、γ 射线等）；化学类毒素主要包括一些有机化合物，如二噁英、苯并芘、苯和双酚 A 等，还有一些农药的残留污染；生物类毒素主要包括类雌激素和病毒等。

环境中的重金属主要是汞、镉、铅、铜、铬、砷、镍、铁、锰和锌。环境中的汞主要来自于污染灌溉、燃煤、汞冶炼和制剂厂的排放、含汞颜料的应用及含汞农药的施用等。土壤中的汞以无机态和有机态形式存在，在一定条件下可互相转化。在土壤微生物作用下，汞可发生甲基化反应，形成脂溶性的甲基汞，可被微生物吸收和积累，进而进入食物链造成对人体的危害。镉主要来源于镉矿和镉冶炼厂，常与锌共生，所以冶炼锌的排放物中必有氧化镉，以污染源为中心可波及数千米远范围之内的环境。镉工业废水灌溉农田也是镉污染的重要来源。土壤中镉的存在形态大致可分为水溶性和非水溶性两大类。离子态和络合态的水溶性镉等能被作物吸收，对生物危害大。铅是土壤污染较为普遍的元素，污染源主要来自汽油里添加的抗爆剂烷基铅，随汽油燃烧后的尾气积存在公路两侧百米范围内的土壤中。另外，铅字印刷厂、铅冶炼厂、铅采矿场等也是重要的污染源。一般进入土壤中的铅在土壤中易与有机物结合，极不易溶解。土壤铅多发现在表土层，表土铅在土壤中几乎不向下移动。铅可在人体中积累，与多种酶结合后干扰生理活动，危害全身器官。铬的污染源主要是电镀、制革废水和铬渣等。铬在土壤中主要有两种价态：Cr^{6+}和Cr^{3+}。两种价态的行为极为不同，前者活性低而毒性高，后者恰恰相反。Cr^{3+}主要存在于土壤与沉积物中；Cr^{6+}主要存在于水中，但易被 Fe^{2+}和有机物还原。砷污染主要来自大气降尘与含砷农药。燃煤是大气中砷的主要来源。砷中毒对人体的危害极大。

2015 年，有人发现环境中的许多人工合成的化学物质对人体和动物的内分泌系统有干扰作用， 它们模拟或拮抗内源激素的作用，可能对内源激素或其受体的合成和代谢过程产生破坏作用。这些环境内分泌干扰物既包括环境雌激素（类雌激素），也包括环境雄激素和环境甲状腺激素等。目前已确定的具有雌激素性质的人工化学品有十几种，其中典型的两类为氯代有机化合物和含羟基（OH）的芳香化合物，如*p*, *p*′-二氯二苯基三氯乙烷（*p*, *p*′-DDT）、多氯联苯（PCB）和多氯二苯并呋喃（PCDF）、烷基苯酚（alkylphenols，AP）和双酚 A（bisphenol-A，BPA）等。

DDT 等有机氯代化合物属于第一代化学合成农药，其中一部分已被禁用。典型的酚类雌激素来源与日常生活关系十分密切。例如，AP 大量用于合成非离子表面活性剂烷基苯酚聚氧乙烯醚（alkylphenolethoxylate，APEO）。APEO 广泛用于洗涤用品和工业加工助剂，如金属表面、纺织品加工业和食品加工业的清洗剂与家用洗涤剂，以及造纸、印染和农药生产中的分散剂、乳化剂与漂浮剂等。双酚 A 是生产聚碳酸酯和环氧树酯的重要原料。

1977 年，荷兰毒理学家 Kees Olie 等最先在阿姆斯特丹垃圾焚烧炉的飞灰和烟气中检测到了二噁英。实际上，二噁英是一些氯化多核芳香化合物的总称，英文简称为 PCDD/Fs，世界卫生组织（WHO）、日本等组织或国家将多氯联苯（PCB）也列为二噁英类物质。PCDD/Fs 是一类毒性很强的三环芳香族化合物，由 2 个或 1 个氧原子连接 2 个被氯取代的苯环组成，每个苯环上可以取 0～4 个氯原子，所以共有 75 个 PCDD 异构体和 135 个 PCDF 异构体。PCDD/Fs 的毒性与氯原子取代的 8 个位置有关，其中毒性最强的是 2、3、7、8-四氯代二苯-对-二噁英，毒性相当于氰化钾毒性的 1000 倍。二噁英进入人体主要通过食品摄入。

农药在杀灭病虫害、提高农作物产量的同时，也会污染农产品，并通过食物链的生物富集作用转移到人体，对人体产生危害。草甘膦（glyphosate）是目前世界上用量最大、应用最广的农药品种，它是一种广谱灭生性和内吸传导型除草剂，目前有 100 多个国家和地区在使用。草甘膦化学名称为 *N*-磷酸甲基甘氨酸，为白色、无臭固体，稳定性好。此外，有机磷农药，如地虫磷、巴拉松、特丁硫磷、二嗪农等也有使用。

42.1.2 环境毒素与 DNA 甲基化改变

DNA 甲基化是表观遗传学中的重要组成部分，环境表观遗传学研究自然也涉及环境毒素与 DNA 甲基化变化，这些环境因素主要有重金属、类雌激素、二噁英和农药，它们主要通过改变基因组或特定基因元件的甲基化水平，从而影响相关基因的表达。

成年小鼠在亚砷酸钠暴露下，表现出基因组甲基化水平下降，在亚砷酸钠和甲基缺陷饮食共处理下，导致某些特定癌基因启动子区低甲基化。Eyvani 等[1]的实验表明，三氧化二砷可诱发全基因组 DNA 低甲基化。也有实验表明锌和镉可降低小鼠肝脏甲基化水平，其机制可能为这两种离子与甲基转移酶活性中心半胱氨酸残基结合，抑制了甲基转移酶活性。其他重金属（如铅、镍）也可促使表观遗传修饰发生变化，如镍可以降低组蛋白乙酰化、提高组蛋白甲基化，从而降低基因表达。铬可以通过影响组蛋白乙酰转移酶和组蛋白去乙酰化酶，从而在表观遗传水平控制基因的表达。

类雌激素可引起表观遗传水平变化。早孕期如果暴露于乙烯雌酚，可增加生殖障碍及罕见肿瘤——阴道透明细胞腺瘤的发生率。双酚 A 可使小鼠前列腺特定基因 DNA 甲基化模式发生变化，包括 *PDE4D4* 基因甲基化水平降低[2]。

不同的动物模型证实，二噁英（TCDD）可引起 DNA 甲基化变化。在小鼠胚胎植入前，从受精卵到囊胚期用 10nmol/L TCDD 处理，然后将胚胎移入未处理的代孕小鼠，印记基因 *H19* 和 *Igf2* 表达水平降低，其调控区甲基化水平升高，甲基转移酶活性也升高。对小鼠子宫用 TCDD 处理可导致后代小鼠 *BRAC-1* 在乳腺组织的表达，诱导 DNA 甲基转移酶 1（DNA methyltransferase，DNMT-1）在 *BRAC-1* 启动子区结合，提高 *BRAC-1* 启动子区 CpG 岛甲基化水平。2006 年，有研究报道二噁英对细胞的表观遗传效应，如用 10mmol/L TCDD 处理小鼠 N2A 神经母细胞瘤细胞，可显著降低 DNA 总甲基化水平，但并不能引起人类神经母细胞瘤细胞 SK-N-AS 甲基化水平改变。TCDD 诱导的 DNA 甲基化改变可能由芳烃受体（aryl hydrocarbon receptor，AhR）介导，TCDD 处理脾细胞产生的多个区域 DNA 甲基化变化与 AhR 受体有关。用 TCDD 处理胚胎期的斑马鱼，1h 即可改变 DNA 甲基转移酶基因的表达：*dnmt1* 和 *dnmt3b2* 表达上调，而 *dnmt3a1*、*dnmt3b1* 及 *dnmt3b4* 表达下调[3]。以上实验结果表明，二噁英可能参与 DNA 甲基化的去除和重建。然而，二噁英对表观遗传水平影响的机制目前尚未被完全阐释清楚。

体外实验表明，0.25mmol/L 的草甘膦处理人外周血单核细胞一段时间后，可显著降低人外周血单核细胞全基因组甲基化水平；而在 0.15mmol/L 浓度处理下，人外周血单核细胞全基因组 DNA 甲基化水平与对照组相比有所降低，但没有统计学差异。在 0.25mmol/L 和 0.5mmol/L 浓度下可显著诱导抑癌基因 *p53* 启动子区甲基化水平升高。2015 年，研究者发现草甘磷可导致小麦基因组 DNA 损伤和超甲基化。此外，近些年的基因组水平体外研究表明，有机磷农药如地虫磷、巴拉松、特丁硫磷、二嗪农等可在人 K562 细胞多个基因启动子区诱导相似的甲基化改变[4]。

42.1.3　环境毒素与非编码 RNA 改变

非编码 RNA 主要包括长链非编码 RNA 和短链非编码 RNA 两大类，它们参与表观遗传学的调控，其中短链非编码 RNA 通过 miRNA（microRNA）的翻译抑制和 siRNA（small interfering RNA）的 mRNA 降解调节基因的表达。研究表明，环境的重金属、类雌激素、二噁英和农药等毒素通过改变 miRNA 的表达水平，诱发一系列的疾病（如癌症、心血管疾病和遗传性疾病等）。

越来越多的数据显示，各类重金属污染，包括砷、镉、铬、铜、铅、汞、镍等[1]都会导致非编码 RNA 的改变。

1. 重金属砷与非编码 RNA 改变[5]

重金属砷影响到的非编码 RNA 包括 Let-7 家族、miR-16、miR-17、miR-19、miR-20、miR-22、miR-24、miR-26b、miR-29a、miR-30、miR-34a、miR-96、miR-98、miR-107、miR-126、miR-195、miR-200b、miR-210、miR-221、miR-222、miR-454 等。例如，亚砷酸钠能够提高人类淋巴母细胞中 4 个 miRNA（miR-22、miR-34a、 miR-221 和 miR-222）的表达并显著降低 miR-210 的表达；采用重金属砷处理 $TP53^{-/-}$细胞造成 miR-200b 的表达降低，继而导致 miR-200 启动子的甲基化程度降低，表明砷可能通过改变 DNA 甲基化的方式抑制 miRNA 表达。这些 miRNA 的改变模式，可能作为评估砷毒性和砷诱发疾病风险的生物标志物。

2. 重金属镉与非编码 RNA 改变[5]

重金属镉影响到的非编码 RNA 包括 Let-7 家族、miR-15b、miR-23b、miR-101、miR-144、miR-130a、miR-361-5p、miR-455-3p、miR-1233、miR-1275 等。体外实验证明，镉可改变 miRNA 的表达水平，如镉可通过上调表达 miR-101 和 miR-144，为靶向囊性纤维化跨膜电导调节剂。

3. 重金属铬与非编码 RNA 改变[6]

重金属铬影响到的非编码 RNA，包括 miR-143、miR-222、miR-3940-5p 等。在铬转化的人肺癌细胞中，miR-143 通过 IL-8-胰岛素生长因子，促进血管生成受体-HIF-1 途径[IL-8-insulin growth factor receptor（IGFR）-HIF-1 pathway] 被抑制；铬的含量与血浆中 miR-3940-5p 水平具有显著相关性；DNA 修复基因 XRCC2 和 BRCC3 的蛋白表达水平与铬和微核细胞率呈正相关。这些数据表明，高浓度的铬暴露引起 DNA 修复系统中的 miRNA 表达发生改变，继而引发铬诱导的遗传损伤。

4. 重金属铜与非编码 RNA 改变[7]

植物中的研究显示，miR-398 是第一个被确定为与氧化应激调节相关的非编码 RNA，它的作用靶点是 Cu/Zn 超氧化物歧化酶和压力上调蛋白 19。在重金属铜的作用下，可以在豆类植物中观察到 miR-398b 上调和下调靶基因的现象。Cu/Zn 超氧化物歧化酶和压力上调蛋白 19 参与活性氧解毒。短时间内将豆类植物暴露于高浓度的铜环境中，发现豆类植物根部的 miR-398b 下调及 miR-398b 靶基因上调，表明 miR-398b 上调可能与常见的豆类植物应对非生物和生物压力下的氧化应激反应相关。

5. 重金属铅与非编码 RNA 改变[8]

重金属铅影响到的非编码 RNA 包括 miR-146a 和 miR-222。目前，只有一项研究涉及暴露于铅时的 miRNA 表达发生的改变。这项研究发现，通过吸入的方式暴露在铅环境下的外周血白细胞，其中 miR-222 表达与铅暴露呈正相关，与 miR-146a 表达呈负相关。miR-146a 已被证明与啮齿动物模型中的炎症相关，miR-222 已被证明可调节肿瘤抑制因子和细胞周期蛋白依赖性激酶抑制剂 1B（p27Kip1）。p27Kip1 的下调与细胞增殖和癌症的发生具有相关性。

6. 重金属汞与非编码 RNA 改变[6]

重金属汞影响到的非编码 RNA 包括 miR-141、miR-196b、miR-302b、miR-367 和 miR-382 等。如果将肿瘤多功能干细胞暴露于甲基氯化汞的环境中，可导致细胞中的 miR-302b、miR-367、miR-372、miR-196b 和 miR-141 表达量增加。这项研究显示部分 miRNA 与发育过程、细胞应对压力的反应，以及与神经系统发育过程相关的 mRNA 靶标的通路相关。

7. 重金属镍与非编码 RNA 改变[8]

重金属镍影响非编码 RNA miR-222。在镍诱导的肿瘤中，miR-222 高表达，其靶基因 CDKN1B 和 CDKN1C 表达下调。

类雌激素种类众多。关于类雌激素与表观遗传机制间的关联性主要集中于双酚 A 和邻苯二甲酸盐的研究[9-11]。研究显示，采用双酚 A 处理人类胎盘细胞，miR-146a 的表达水平明显上升，miR-146a 的表达水平与细胞增殖和对博来霉素诱发的 DNA 损伤的高敏感度具有一定的相关性。采用双酚 A 处理的小鼠睾丸支持细胞系 TM4 后，发现该细胞中的 37 个 miRNA 发生了 2 倍上调或者下调，大多数呈现下调的趋势。此外，新生的大鼠暴露于苯甲酸雌二醇中会导致成年后大鼠睾丸中 miR101 的水平上升。

二噁英作为一种环境污染物，严重影响哺乳动物健康。研究显示，二噁英暴露通过 AhR 上调 mmu-miR-132，导致 $CD4^{+}T$ 细胞中乙酰胆碱酯酶（acetylcholine esterase，AChE）下调。除 miR-132 外，二噁英可能干扰不同人源细胞中各种小 RNA 的生物合成和表达，如 hsa-miR-191、hsa-miR-335、hsa-miR-212、hsa-miR-132、hsa-miR-25-3p 和 hsa-mir-92a-3p。这六种不同的 miRNA 受 AhR 信号通路调节而上调。这些被二噁英作用上调的小 RNA 在非神经组织中也呈现上调趋势[12]。

由农药引起的表观基因组的影响也可归因于 miRNA 表达谱的变化，从而导致基因调控的变化，表明这些化学物质对人体健康是有害的。

此外，通过微阵列分析发现有机磷杀虫剂——敌敌畏（dichlorvos，DIC）能够引起猪肾上皮细胞系（PK15）中 miRNA 和 mRNA 表达谱改变，从而证明了 miRNA 相关的表观遗传调控机制在 DIC 毒性作用中起关键作用。

研究人员利用斑马鱼模型，比较氟虫腈（fipronil）和三唑磷（triazophos）及其混合物对 miRNA 表达谱的变化的影响，同样发现 miRNA 表达存在显著差异，表明了这些化学物质的潜在致毒机制[13]。

42.1.4　环境毒素与组蛋白修饰改变

组蛋白修饰包括转录后的甲基化、乙酰化、磷酸化、泛素化及类泛素化等多种方式，主要参与调控 DNA 的转录、复制和修复过程。研究表明，环境中的化学物质可以使组蛋白的修饰发生改变，最常见的表现形式为 H3 和 H4 的氨基酸末端的赖氨酸发生乙酰化或甲基化。

重金属类的环境污染与组蛋白修饰改变亦存在一定的相关性，包括组蛋白的甲基化、乙酰化、磷酸化和泛素化。

1. 重金属砷与组蛋白修饰改变[14]

重金属砷影响到的组蛋白修饰包括 H3S10p、H2AXp、H3K9/K27/K16/K18ac、H3K4me2/me3、H3K9me2、H3K27me3、H3R3me2 和 H3R17me2。砷主要通过诱导组蛋白修饰酶表达和活化影响组蛋白修饰。

2. 重金属镉与组蛋白修饰改变[15]

重金属镉影响的组蛋白修饰包括 H3p、H3ac、H3K4me3、H3K9me3 和 H3K27me3。镉诱发的组蛋白修饰研究主要限于在体外研究。在尿路上皮细胞中，镉显著增加金属硫蛋白 3 启动子区域 H3K4me3、H3K27me3 和 H3K9me3 水平。此外，镉还会诱发组蛋白 H3 赖氨酸残基甲基化，并通过减少人痘苗相关激酶 VRK1/2 来减少 H3 磷酸化。

3. 重金属铬与组蛋白修饰改变[16]

重金属铬影响到的组蛋白修饰包括 H3S10p、H3K4me2/me3 和 H3K9me2/me3。铬通过交联 HDAC1-DNMT1 复合物到 Cyp1a1 启动子相关的染色质上，抑制由 Ah 受体介导的激活型组蛋白标记，包括 H3S10p、H3K4me3 和 H3/H4 中的各种乙酰化标记。铬能够与组蛋白中的精氨酸和赖氨酸残基相互作用，通过增加 H3K9me3 及 H3K4me3 的水平，致使 H3K9 特异性甲基转移酶 G9a 的高效表达。H3K9me3 也存在于 DNA 修复酶 MLH1 的启动子区域。实验表明，铬暴露下的 MLH1 基因表达量下降，表明铬通过 H3K9me3 和 DNA 甲基化抑制该基因的表达，进一步说明了铬和致癌作用之间的表观遗传学联系。

4. 重金属铜与组蛋白修饰改变[17]

重金属铜影响到的组蛋白修饰包括 H3ac 和 H4ac。铜处理的人肝细胞 Hep3B 直接抑制组蛋白乙酰转移酶（histone acetyltransferase，HAT）活性而不影响组蛋白去乙酰酶（histone deacetylase，HDAC）的活性，诱导组蛋白 H3 和 H4 全局乙酰化的显著降低。铜可与体内组蛋白 H2A、H3 和 H4 的关键组氨酸残基直接结合。铜结合 H2B（H2B94-125）的 C 端肽可能干扰与基因沉默相关的 Lys120 的泛素化。除了组蛋白之外，铜还可以与 DNA 相互作用，导致染色质的构象变化和基因表达的改变。

5. 重金属铅与组蛋白修饰改变[18]

重金属铅影响到的组蛋白修饰包括 H3K9ac、H4K8/K12ac 和 H3K4me2。目前未有过多相关的暴露于环境铅中的组蛋白修饰的报道，但有研究发现暴露于铅环境下的成年灵长类动物中的 H3K9ac、H4K8ac、H4K12ac 和 H3K4me2 的水平显著降低。

6. 重金属汞与组蛋白修饰改变[19]

重金属汞影响到的组蛋白修饰包括 H3ac 和 H3K27me3。在怀孕的小鼠模型中发现，甲基汞暴露引起脑源性神经营养因子（brain derived neurotrophic factor，BDNF）的启动子区域中 H3K27me3 增加、组蛋白 H3 乙酰化降低和 DNA 甲基化增加。

7. 重金属镍与组蛋白修饰改变[20]

重金属镍影响到的组蛋白修饰包括 H3S10p、H3K9ac、H4ac、H2Aub、H2Bub 和 H3K9me2。镍影响组蛋白修饰的方式有多种，如镍可引起 4 个核心组蛋白乙酰化的丧失、H3K9me2 的增加及组蛋白高甲基化等。

8. 有机化合物与组蛋白修饰改变[21-25]

二甲基己烯雌酚和双酚 A 是雌激素样内分泌干扰物质，它们可以引起发育中的子宫发生持续的表观遗传学变化。子宫内的二甲基己烯雌酚暴露与成年妇女的乳腺癌风险增加相关。将胎鼠暴露于双酚 A 环境中也会诱导小鼠乳腺组织的肿瘤变化。有人认为，当胎儿暴露于内分泌干扰物之后，表观遗传改变使乳腺肿瘤风险增加。

EZH2 是与乳腺癌风险和肿瘤发生相关的组蛋白甲基转移酶，是 PRC2 复合物的酶活中心，催化

H3K27me3 产生。将小鼠子宫内暴露于二甲基己烯雌酚和双酚 A 后，检测小鼠乳腺中 EZH2 的表达及功能的变化，发现会引起小鼠乳腺中的 EZH2 高表达与 H3K27me3 上升。有人发现，在人乳腺癌细胞 MCF7 中，二甲基己烯雌酚可干预 PI3K/Akt 途径，导致 H3K27me3 甲基转移酶 EZH2 的丝氨酸 21 位点发生特异性磷酸化，继而导致其失活及 H3K27me3 降低。

目前，关于二噁英对表观遗传机制的研究主要集中在芳烃受体途径的调控。例如，二噁英通过降低组蛋白乙酰化转移酶的活力，造成组蛋白乙酰化修饰的改变，继而诱发唇腭裂。

环境神经毒性金属、农药和其他化学物质的暴露越来越多地认为是慢性神经变性疾病如帕金森病和阿尔茨海默病的发病机制中的关键危险因素。

广泛使用百草枯除草剂（Paraquat）和有机氯杀虫剂狄氏剂（Dieldrin）或是诱发帕金森病的重要环境因素。在黑质多巴胺能神经元系统中，组蛋白和非组蛋白乙酰化在神经毒素诱导的神经变性过程中起着关键作用。在 N27 多巴胺细胞中，百草枯诱导的神经毒性损伤引起的组蛋白 H3 乙酰化改变与百草枯暴露时间呈依赖性，同时与组蛋白脱乙酰酶的活性降低有关。

在中脑多巴胺能神经元细胞中，引起红斑狼疮功能障碍的狄氏剂导致核心组蛋白 H3 和 H4 的乙酰化增加且与其暴露时间呈依赖性，同时导致关键 HAT 积累。此外，小鼠长时间暴露于狄氏剂也会导致其纹状体和黑质中的组蛋白超乙酰化。

42.1.5 $PM_{2.5}$与表观遗传的异常[26-32]

细微颗粒物（fine particulate matter，$PM_{2.5}$）是指空气动力学中直径小于或等于 2.5μm 的颗粒物，又称可入肺颗粒物。$PM_{2.5}$的主要来源有自然源和人为源：自然源主要有土壤扬尘、植物花粉、细菌等；人为源主要有煤炭、柴油、垃圾等的燃烧，烹饪、供热过程中产生的烟尘，以及来自于发电、冶金和纺织等工业过程。随着我国经济的快速发展，$PM_{2.5}$的污染已日益加重，其浓度比发达国家高出很多倍。

$PM_{2.5}$不仅影响空气的能见度，而且严重降低空气的质量。虽然$PM_{2.5}$主要影响人体的心肺功能，但也有研究发现，$PM_{2.5}$在全身和局部都可引发炎症反应，继而导致活性氧（ROS）的释放，进一步引起细胞表观遗传的变化和基因组的不稳定。

现有的研究表明，$PM_{2.5}$对人体的生殖系统、心血管和呼吸系统都存在明显的危害。通过表观遗传机制的研究发现，$PM_{2.5}$对 DNA 甲基化的影响存在 DNA 甲基化增强和去 DNA 甲基化两个方面。

在生殖系统中，$PM_{2.5}$可使子代雄性睾丸细胞中的 DNA 甲基化发生改变。暴露组子代雄鼠睾丸细胞基因组有 23 个基因甲基化表达水平升高、35 个基因甲基化表达水平降低，这些基因几乎涉及主要生精过程；在心血管或呼吸系中，$PM_{2.5}$影响一氧化氮生成的诱导型一氧化氮合酶（inducible endothelial nitric oxide synthase，inos）基因的表达，与 *inos* 基因 DNA 甲基化的降低相关。

此外，$PM_{2.5}$中不同的成分对细胞及相关基因会产生不同程度的效应。$PM_{2.5}$非水溶成分可明显促使心肌细胞 β1 受体 mRNA 表达，并呈剂量依赖性，这与 β1 受体基因启动子区域的甲基化水平减低一致；$PM_{2.5}$中的 NH_4^+ 和 NO_3^- 有机碳和碳元素主要影响 NOS2A 甲基化的降低。

$PM_{2.5}$对非编码 RNA 中的 lncRNA 和 miRNA 存在显著影响。lncRNA 参与众多生理病理过程，通过研究 lncRNA 的变化可解释$PM_{2.5}$的毒理作用。利用含有有机体提取物的$PM_{2.5}$处理人支气管上皮细胞系（BEAS-2B 和 A549），发现 mRNA 谱发生改变，并且 n405968 的高表达与炎性因子（IL-6 和 IL-8）的 mRNA 水平升高呈正相关。进一步实验证明，lncRNA 参与肺上皮细胞的炎症反应和上皮-间质转化（epithelial-mesenchymal transition，EMT）过程。结合有多环芳烃的$PM_{2.5}$通过芳基烃受体拮抗 CYP1A1 抑制途径影响 lncRNA；利用 $PM_{2.5}$处理人支气管上皮细胞（16HBE）会导致 lncRNA 表达谱的改变且 lncRNA LINC00341 显著上调，后者通过调节 p21 的表达来调节$PM_{2.5}$诱导的细胞周期停滞；$PM_{2.5}$的暴露增加了 ROS 产生，导致 lncRNA loc146880 上调，进而促进 A549 细胞自噬。此外，$PM_{2.5}$诱导的 ROS 和 loc146880 促进细胞迁移、侵袭和 EMT。

Jardim 等人通过测定 $PM_{2.5}$暴露时 miRNA 的表达变化，发现 197 个 miRNA 在暴露反应中发生上调或下调，其中显著变化的前 12 个miRNA 主要与炎症和肿瘤发生相关。此外，生活在受电子废物污染地区的人群和生活在无污染地区的人群中存在 182 个差异表达的miRNA。

目前，关于 $PM_{2.5}$影响组蛋白修饰的研究报道十分有限，只在一项研究中发现长期接触可吸入的镍、砷和铁，与来自血液白细胞的组蛋白上的 H3K4me2 和 H3K9ac 的增加有关。实验结果表明，在一定的时间内，$PM_{2.5}$对组蛋白 H3K9 乙酰化有明显的时间累积效应。当 $PM_{2.5}$升高至 $1\mu g/m^3$，可分别引起 PBMC 和肺组织中组蛋白 H3K9 乙酰化水平升高。$PM_{2.5}$可与季节、性别等因素在影响组蛋白 H3K9 乙酰化中发生交互作用。

42.2 应对环境污染导致表观遗传变异的策略

DNA 甲基化和组蛋白甲基化是相对稳定的修饰方式，但仍可通过调控 DNA 甲基化或组蛋白甲基化修饰的酶对其进行改变，从而应对因环境因素导致的表观遗传变异。本部分将主要就常见的 DNA 甲基化、组蛋白乙酰化，以及非编码 RNA 的干预试剂或干预手段进行介绍，并论述 DNA 甲基化修饰的干预在临床中的应用。

42.2.1 DNA 甲基化抑制剂[33-41]

DNA 甲基化紊乱最初被设想是一些复杂先天性综合征和精神疾病的病因学基础。随后的研究表明，DNA 甲基化的改变模式不仅与衰老和慢性炎症等重要过程有关，而且与病毒感染和癌症发展相关。在肿瘤细胞中，整体低甲基化背景下伴随的部分基因启动子区域的局部高甲基化是肿瘤细胞甲基化的一大特点。癌细胞表现出高水平的甲基化 CpG 岛，特别是在抑癌基因启动子区。据估计，与正常细胞相比，癌细胞中平均有600 个CpG 岛的DNA 甲基化模式发生了改变。

DNMTs 负责正常细胞和癌细胞中的 DNA 甲基化。因此，这些酶在癌细胞中的活性降低或增加将导致 5-甲基胞嘧啶（5mC）水平的改变。在人类前列腺癌细胞中，与良性前列腺增生组织相比，DNMT1 表达增加。在膀胱结节性浸润性癌的发展期间，DNA 甲基化模式的异常与该基因的表达相关。此外，5mC 甲基去除速度较慢同样可能导致 DNA 超甲基化。除了编码基因，研究表明 DNA 甲基化导致肿瘤抑制 miRNA（即 miR-148a、miR-34b/c 和 miR-9）表达沉默，与肿瘤淋巴结转移相关。

DNA 甲基化已经成为抗癌治疗的靶标之一。针对 DNA 甲基化设计治疗药物的主要挑战在于所设计分子靶向 DNA 甲基化的特异性，目前最具希望的 DNA 甲基化抑制剂是用来激活抑癌基因表达。DNMT 抑制剂导致基因组的去甲基化，从而恢复高甲基化基因的表达。目前，有 5 种 DNMT 抑制剂作为抗癌药物正在进行临床前或临床试验，它们都是胞嘧啶类似物，包括 5-氮杂胞苷（5-azaCR，氮杂胞苷）、5-氮杂-2′-脱氧胞苷（5-azaCdR）、二氢-5-氮杂胞苷（DHAC）、阿拉伯糖基-5-氮胞嘧啶（Ara-C）和 Zebularine。

5-azaCR 和 5-azaCdR 是研究最多的两个 DNA 甲基化抑制剂，它们均可抑制 DNMT 酶活性，随着细胞分裂，被动地导致 DNA 去甲基化。2004 年，美国 FDA 批准了 5-azaCR 用于治疗骨髓增生异常综合征（MDS）和急性骨髓性白血病。目前还有一些 II 期临床试验正在检测 5-azaCR 治疗实体瘤和其他类型白血病。5-Aza-CdR 毒性更低，FDA 在 2006 年批准其用于治疗骨髓增生异常综合征，用于实体瘤的治疗正处于 II 期临床试验。

Zebularine 更稳定，毒性较低。目前使用 Zebularine 治疗膀胱癌正处于临床前研究阶段。在 II 期临床试验中，它对间皮瘤（mesothelioma）表现出良好的治疗效果，对其他实体瘤效果不明显。Ara-C 也是胞苷衍生物，虽然在临床前研究中表现出对人类白血病、结肠癌、肺癌具有较好的抑制活性，但在 I 期和 II 期临床试验中抗癌效果不佳。

有些长期以来作为临床使用的药物也具有抑制 DNMT 的活性，如肼屈嗪、普鲁卡因、普鲁卡因胺、EGCG、MG98 和 RG108，这些非核苷 DNMT 抑制剂因为不掺入 DNA 而毒性较小。

DNA 甲基化抑制剂的副作用和这些药物的长期安全性是目前面临的一大问题。某些位点 DNA 甲基化的改变具有不良作用，甚至可促进致癌过程，如 5-azaCR 或普鲁卡因胺在动物模型中引起狼疮样自身免疫疾病，这是 T 淋巴细胞 DNA 低甲基化的后遗症。染色质结构的诱导重塑可以激活癌基因或其他基因，从而引发致癌作用。此外，与 DNA（如氮杂胞嘧啶）相结合的核苷酸类似物实际上与遗传毒性化合物类似地改变了 DNA 结构，因此也可能不仅影响表观基因组，也影响基因组编码。

部分天然产物具有抑制 DNA 甲基化修饰的作用，并显示出一定的临床疗效，它们通过特异地抑制 DNA 甲基化转移酶的转录或蛋白质功能，抑制 DNA 甲基化修饰。另外，有些天然产物不仅可以抑制 DNA 甲基化，还可以通过作用于其他表观遗传修饰（如组蛋白乙酰化）或细胞内信号通路调控细胞活性。茶多酚（tea polyphenols）和绿茶多酚（green tea polyphenol，GTP）是茶叶中的主要活性物质，包括黄烷醇类、花色苷类、黄酮类、黄酮醇类和酚酸类等，主要为黄烷醇（儿茶素）类。绿茶中最丰富的多酚是表没食子儿茶素没食子酸酯（epigallocatechin gallate，EGCG）和表儿茶素没食子酸酯（epicatechingallate，ECG），它们均可通过许多不同的机制发挥抗癌作用。在肺、消化道、膀胱、肝、前列腺、乳腺和皮肤癌的细胞培养及动物模型中，EGCG 最常见的抗癌机制包括抑制增殖、诱导细胞凋亡和将细胞周期阻滞在 G_0/G_1。主要影响的信号通路包括：①抑制 PI3K/AKT/p-BAD 细胞存活途径，导致 Bcl-2 的下调和 Bax 的上调及激活 FASR/Caspase-8；②抑制 MAPK 途径（Phospho Erk1/2）和生长因子（IGF1、IGF 受体和 IGFBP-3）；③抑制 I 类组蛋白脱乙酰酶（HDAC）的酶活性从而影响细胞周期调节，导致 p21/waf1 和 Bax 的表达增加；④抑制 COX-2 和 NF-κB，从而表现出抗炎活性。具有至少一个邻苯二酚基团的 GTP 可通过邻苯二酚-*O*-甲基转移酶（COMT）进行甲基化。COMT 催化甲基从 SAM 转移到羟基儿茶酚基上，同时形成 *S*-腺苷-1-高半胱氨酸（SAH），EGCG 在 4′和 4″位置容易甲基化，形成 4-*O*-MeEGCG 和 4,4-二-*O*-甲基-EGCG。EGC 是血液中循环的主要儿茶素，大约 30%的 EGC 以 4′-*O*-MeEGC 甲基化形式出现。

研究表明，EGCG 可抑制肿瘤细胞的 DNA 甲基化，主要机制有两种：①酶动力学分析显示，EGCG 除了作为 COMT 的底物外，还表现出强烈的 COMT 活性抑制作用。EGCG 或 EGC 可能降低 SAM 浓度，同时增加 SAH 的浓度，其中 SAH 是各种 SAM 依赖性甲基化反应的反馈抑制剂。因此，茶多酚可能会抑制 DNA 甲基化。②在培养的皮肤癌细胞中，EGCG 处理后可抑制 DNMT1、DNMT3a 和 DNMT3b。已有研究表明，GTP 抑制 DNA 甲基化会导致表观遗传沉默基因的低甲基化或活化。例如，EGCG 处理癌细胞可激活因高甲基化而沉默数个肿瘤抑制基因（*p16*、*RARβ*、*hMLH1* 和 *MGMT*）。

虽然体外证据支持 EGCG 的抗癌性质，但在正常生理条件下，EGCG 的作用有限，化学稳定性较差。为了增加 EGCG 的化学稳定性，已产生了合成类似物，它们具有更强的稳定性和抗癌活性。例如，EGCG 与 EGCG 类似物（peracetylated EGCG，pEGCG 和EGCG octa-acetate）通过分别抑制DNMT 和组蛋白去乙酰化酶，增强 hTERT 表达。EGCG（40μmol/L）和pEGCG（20μmol/L）以剂量和时间依赖的方式抑制人ER 阳性（MCF-7）和ER 阴性（MDAMB-231）乳腺癌细胞的增殖，但并不影响正常 MCF10A 细胞增殖。目前，EGCG 抑制DNA 甲基化的能力仍然存在争议，在直结肠癌细胞等肿瘤细胞中，EGCG 并未表现出明显的 DNA 甲基化抑制的活性。

姜黄素（difetuloylmethane）是姜黄的活性成分，是最有希望成为抗肿瘤药物的天然产物之一。流行病学证据表明，饮食中掺入高剂量的姜黄素可降低癌症发病率。姜黄素是高效的 HDAC 抑制剂，比丙戊酸和丁酸钠更有效。姜黄素可显著降低 HDAC 1、HDAC3 和HDAC8 水平，导致组蛋白 H4 乙酰化水平升高。姜黄素亦可激活 HDAC2，发挥抗炎作用。

研究还发现，姜黄素是有效的 HAT 抑制剂。2004 年，有人发现姜黄素是 p300/CREB 结合蛋白（CBP）HAT 活性的特异性抑制剂。姜黄素在体内抑制 p300 介导的 p53 乙酰化。姜黄素抑制 p300 介导的 RelA 的乙酰化，减弱与 IκBa 的相互作用，抑制 NF-κB 通路。

迄今仅有少数报道研究了姜黄素对 DNA 甲基化的影响，姜黄素可结合 DNMT1，阻断 DNMT1 对 DNA 的甲基化修饰。然而，有些研究显示姜黄素去甲基化作用不显著，这表明姜黄素作为 DNMT1 抑制剂还需要更多的研究。

花青素（anthocyanins，AC）是果蔬中最丰富的类黄酮（flavonoid）组分。研究表明，花青素可预防*N*-硝基甲基苄基胺诱导的大鼠食管癌。AC 可抑制肿瘤细胞中 DNMT1 和DNMT3B 的表达。原花青素 B2（procyanidin B2）可结合DNMT1 抑制三阴性乳腺癌。

乳香提取物是齿叶乳香树（*Boswellia serrata*）的提取物，具有抗炎作用，被广泛用于治疗关节炎、溃疡性结肠炎和克罗恩病。乙酰基-11-酮-β-乳香脂酸（acetyl-11-keto-β-boswellic acid，AKBA）是一种五环萜类化合物，是乳香提取物主要的活性成分，在不同类型的肿瘤细胞（包括结肠癌、肝癌、前列腺癌、白血病等）中均具有抗肿瘤作用。AKBA 可抑制 NF-κB 和 STAT3 通路。在结肠癌细胞中，AKBA 可抑制 DNMT 活性，引起肿瘤抑制基因（如 SAMD14 和 SMPD3）的去甲基化和再激活。

42.2.2 非编码 RNA 异常的纠正[42-45]

目前，研究较多的 ncRNA 主要有 miRNA、长链非编码 RNA（lncRNA）及环状 RNA（cirRNA），研究表明 miRNA 和 lncRNA 的异常表达参与众多疾病的发生和发展。例如，miR-33 参与代谢性疾病，促进动脉粥样硬化；miR-155 促进炎性疾病；miR-10b 在神经胶质瘤中上调；lncRNA/MIAT 参与心肌缺血反应；HYMAI 参与糖尿病发生；FMR4 是 X 脆性综合征的突变致病基因；H19 和 MEG3 等参与肿瘤发生发展。因此，非编码 RNA 可作为疾病治疗的新兴靶点，根据其表达的上调或下调，进行相应的干预从而实现治疗疾病的目的。

miRNA 的抑制常用方法有以下几种。反义寡核苷酸（anti-miRNA oligonucleotide，AMO）也称为 antagomir，是最常用的抗 miRNA 反义寡聚体。另外，锁核酸（locked nucleic acid，LNA）对靶向 miRNA 具有更强的亲和力，对核酸酶更具抗性，并具有较低的毒性。肽核酸（peptide nucleic acid，PNA）是人工合成的肽结构聚合物，与 DNA 和RNA 相似。PNA 比核苷酸/核苷酸结合更紧密地结合目标核苷酸，相对稳定，毒性低。也可以通过 miRNA 海绵（miRNA sponge）和miRNA 掩蔽（miRNA masking）抑制内源性 miRNA。miRNA 海绵能够靶向 miRNA 的多个互补位点，而 miRNA 掩蔽与靶 mRNA 的3′UTR 的miRNA 作用位点结合以竞争性抑制内源性 miRNA 对靶 mRNA 的活性。另外，还可以针对 miRNA 前体设计反义核酸，以抑制miRNA 前体在核内的加工成熟。

lncRNA 的常用抑制方法有以下几种。①针对 lncRNA 设计干扰 RNA，诱导靶 lncRNA 降解。研究表明，RNAi 对于细胞质中 lncRNA 具有更好的抑制效果。②反义寡核酸（antisense oligonucleotides，ASO）可与靶 lncRNA 完全互补，进而诱导 RNase-H 介导的 RNA 降解。研究表明 ASO 对于核内 lncRNA 的干预效果更好。③针对靶 lncRNA 设计特定的 RNA 核酶（ribozyme），与靶 lncRNA 结合后诱导其切断降解。④使用小分子化合物药物与特定的 lncRNA 结合，破坏其高级结构，进而抑制其生物学活性。

miRNA 上调的常用方法如下。在癌症等疾病中，可以使用过表达目的 miRNA 的载体或通过双链 miRNA 转染的方法实现对下调 miRNA 的补充。例如，在小鼠肝细胞癌（HCC）中重新过表达 miR-26a，可抑制癌细胞增殖，促进细胞凋亡。在 HCC 的小鼠肝癌原位模型中，通过递送具有 NOV340 脂质体的人工 miR-34a，可抑制肿瘤生长，从而延长小鼠寿命。

因为 lncRNA 分子较大，目前通过上调 lncRNA 治疗疾病的报道较少。

42.2.3　组蛋白修饰异常的纠正[46-47]

p300/CBP 家族组蛋白乙酰基转移酶由 p300 和 CBP 乙酰转移酶组成。p300/CBP 是重要的转录共激活因子，参与多种疾病，如癌症、病毒相关疾病、糖尿病、心脏肥大和神经退行性疾病。

PCAF/GCN5 乙酰基转移酶家族间接参与多种疾病，如艾滋病、疟疾和糖尿病。逆转组蛋白乙酰化作为治疗策略首先是因 HDAC 抑制剂的发现而被提出。一些组蛋白去乙酰化酶 HDAC 抑制剂已经在临床肿瘤治疗试验中发挥较好的治疗作用。SAHA（suberoylanilide hydroxamic acidvorinostat）已被美国食品药品监督管理局（FDA）批准用于治疗晚期皮肤 T 细胞淋巴瘤。根据结构基团不同，HDAC 抑制剂可以分为异羟肟酸、环肽、二苄酰亚胺和短链脂肪酸。目前正在进入临床治疗或进行临床检测的 HDAC 抑制剂有 Vorinostat（2006 年 FDA 批准其用于复发性皮肤 T 细胞淋巴瘤）、Depsipeptide（环肽类）、Entinostat 和 Valproic acid。

与 HDAC 抑制剂相比，使用乙酰基转移酶 HAT 调节剂对抗疾病是一个相对较新的领域，相对于乙酰转移酶激活剂，目前筛选到的乙酰转移酶的抑制剂数目相对较多。在不同的 HAT 抑制剂中，p300/CBP 和 PCAF/GCN5 的抑制剂已经得到了更广泛的应用。首先报道的 HAT 抑制剂是双底物类似物 Lys-CoA 和 H3-CoA-20，它们是 p300 的高效特异性抑制剂，但由于其不能透过细胞而应用受限。

第一个报道的天然 HAT 抑制剂是从腰果壳液体中分离出的漆树酸（anacardic acid）。漆树酸可广谱抑制 HAT p300、PCAF 和 Tip60。据报道，PCAF 的特异性抑制剂——漆酶水杨酸衍生物对重组 PCAF 酶的抑制效力提高了 2 倍，并可抑制 HepG2 细胞中 PCAF 介导的乙酰化。姜黄素是一种从姜黄中分离得到的多酚类化合物，是 p300 的特异性抑制剂。姜黄素的最大优点在于能够通过诱导癌细胞凋亡抑制肿瘤，但不影响正常细胞。然而，姜黄素的主要缺点是生物利用度非常差。针对这一缺点，已经研发出一种姜黄素的水溶性衍生物，它能够抑制 p300/CBP 和 PCAF 介导的乙酰化，具有口服抗癌作用。

另一种天然的 p300 和 PCAF 的抑制剂是甘油醇，它是从猕猴桃中分离的。γ-丁内酯衍生物 MB-3 为 CBP 和 Gcn5 的抑制剂，MB-3 脂肪族侧链的长度对它抑制 KAT 活性至关重要。异噻唑烷酮也是 p300 和 PCAF 的有效抑制剂。但是，这些化合物具有高度的反应性，并且靶向性较差，因为它们与某些蛋白质的游离巯基具有较高的化学反应性。此外，绿茶中存在的表没食子儿茶素-3-没食子酸酯（EGCG）已被证明具有 HAT 抑制活性，它对大多数 HAT 显示抑制作用。

第一个报道的 HAT 活化剂是 CTPB [*N*-（4-chloro-3-trifluoromethyl-phenyl）-2-ethoxy-6-pentadecyl-benzamide]，它可以在体内外有效地增加组蛋白乙酰化水平。当其与 p300 结合后，能够诱导 p300 的结构改变，并进一步导致自身乙酰化。另一个报道的 HAT 激活剂是尼莫酮，属于一组多羟基二苯甲酮。

参 考 文 献

[1] Eyvani, H. *et al*. Arsenic trioxide induces cell cycle arrest and alters DNA methylation patterns of cell cycle regulatory genes in colorectal cancer cells. *Life Sci* 167: 67-77(2016).

[2] Tang, W. Y. *et al*. Neonatal exposure to estradiol/bisphenol A alters promoter methylation and expression of Nsbp1 and Hpcal1 genes and transcriptional programs of Dnmt3a/b and Mbd2/4 in the rat prostate gland throughout life. *Endocrinology* 153(1): 42-55(2012).

[3] Aluru, N. *et al*. Developmental exposure to 2, 3, 7, 8-tetrachlorodibenzo-p-dioxin alters DNA methyltransferase(dnmt)

expression in zebrafish(*Danio rerio*). *Toxicol Appl Pharmacol* 284(2): 142-51(2015).

[4] Woźniak, E. *et al*. Glyphosate affects methylation in the promoter regions of selected tumor suppressors as well as expression of major cell cycle and apoptosis drivers in PBMCs(in vitro study). *Toxicol In Vitro* 63: 104736(2020).

[5] Li, Q. *et al*. Exploring the associations between microRNA expression profiles and environmental pollutants in human placenta from the National Children's Study(NCS). *Epigenetics* 10(9): 793-802(2015).

[6] Ray, P. D. *et al*. Incorporating epigenetic data into the risk assessment process for the toxic metals arsenic, cadmium, chromium, lead, and mercury: strategies and challenges. *Front Genet* 5: 201(2014).

[7] Naya, L. *et al*. Regulation of copper homeostasis and biotic interactions by microRNA 398b in common bean. *PLoS One* 9(1): e84416(2014).

[8] Bollati, V. *et al*. Exposure to metal-rich particulate matter modifies the expression of candidate microRNAs in peripheral blood leukocytes. *Environ Health Perspect* 118(6): 763-8(2010).

[9] Singh, S. & Li, S. S. Epigenetic effects of environmental chemicals bisphenol A and phthalates. International Journal of Molecular Sciences 13, 10143-10153(2012).

[10] Cho, H. *et al*. A relationship between miRNA and gene expression in the mouse Sertoli cell line after exposure to bisphenol A. *Biochip Journal* 4, 75-81(2010).

[11] Siddeek, B. *et al*. Developmental epigenetic programming of adult germ cell death disease: Polycomb protein EZH2-miR-101 pathway. *Epigenomics* 8, 1459-1479(2016).

[12] Xie, H. Q. *et al*. New perspectives for multi-level regulations of neuronal acetylcholinesterase by dioxins. *Chemico-Biological Interactions* 259, 286-290(2016).

[13] Collotta, M. *et al*. Epigenetics and pesticides. *Toxicology* 307, 35-41(2013).

[14] Cantone, L. *et al*. Inhalable metal-rich air particles and histone H3K4 dimethylation and H3K9 acetylation in a cross-sectional study of steel workers. *Environ Health Perspect* 119, 964-969(2011).

[15] Asgary, S. *et al*. Serum levels of lead, mercury and cadmium in relation to coronary artery disease in the elderly: A cross-sectional study. *Chemosphere* 180, 540-544(2017).

[16] Zhu, Y. & Costa, M. Metals and molecular carcinogenesis. *Carcinogenesis* 41(9): 1161-1172(2020).

[17] Gadhia, S. R. *et al*. Trace metals alter DNA repair and histone modification pathways concurrently in mouse embryonic stem cells. *Toxicol Lett* 212(2): 169-79(2012).

[18] Varma, G. *et al*. Sex- and brain region- specific effects of prenatal stress and lead exposure on permissive and repressive post-translational histone modifications from embryonic development through adulthood. *Neurotoxicology* 62: 207-217(2017).

[19] Bjørklund, G. *et al*. Mercury exposure, epigenetic alterations and brain tumorigenesis: A possible relationship? *Curr Med Chem* 27(39): 6596-6610(2020).

[20] Jose, C. C. *et al*. Nickel-induced transcriptional changes persist post exposure through epigenetic reprogramming. *Epigenetics Chromatin* 12(1): 75(2019).

[21] Doherty, L. F. *et al*. In utero exposure to diethylstilbestrol(DES) or bisphenol-A(BPA) increases EZH2 expression in the mammary gland: An epigenetic mechanism linking endocrine disruptors to breast cancer. *Hormones & Cancer* 1, 146-155(2010).

[22] Trevino, L. S. *et al*. Hypothesis: Activation of rapid signaling by environmental estrogens and epigenetic reprogramming in breast cancer. *Reproductive Toxicology* 54, 136-140(2015).

[23] Yuan, X. *et al*. Histone acetylation is involved in TCDD induced cleft palate formation in fetal mice. *Molecular Medicine Reports* 14, 1139-1145(2016).

[24] Kanthasamy, A. *et al*. Emerging neurotoxic mechanisms in environmental factors-induced neurodegeneration. *Neurotoxicology* 33, 833-837(2012).

[25] Collotta, M. *et al*. Epigenetics and pesticides. *Toxicology* 307, 35-41(2013).

[26] Renjie, C. *et al*. Fine particulate matter constituents, nitric oxide synthase DNA methylation and exhaled nitric oxide. *Environmental Science & Technology* 49, 11859-11865(2015).

[27] Guerrero-Bosagna, C. & Skinner, M. K. Environmentally induced epigenetic transgenerational inheritance of phenotype and disease. *Molecular and Cellular Endocrinology* 354, 3-8(2012).

[28] Kile, M. L. *et al*. A panel study of occupational exposure to fine particulate matter and changes in DNA methylation over a single workday and years worked in boilermaker welders. *Environ Health* 12, 47(2013).

[29] Chen, R. *et al*. Fine particulate matter constituents, nitric oxide synthase DNA methylation and exhaled nitric oxide. Environ Sci Technol 49, 11859-11865(2015).

[30] Huang, Q. *et al*. Fine particulate matter 2.5 exerted its toxicological effect by regulating a new layer, long non-coding RNA. *Sci Rep* 7, 9392(2017).

[31] Jardim, M. J. *et al*. Disruption of microRNA expression in human airway cells by diesel exhaust particles is linked to tumorigenesis-associated pathways. *Environmental Health Perspectives* 117, 1745-1751(2009).

[32] Cantone, L. *et al*. Inhalable metal-rich air particles and histone H3K4 dimethylation and H3K9 acetylation in a cross-sectional study of steel workers. *Environ Health Perspect* 119, 964-969(2011).

[33] Amaia, L. *et al*. A microRNA DNA methylation signature for human cancer metastasis. *Proceedings of the National Academy of Sciences of the United States of America* 105, 13556-13561(2008).

[34] Yang, X. *et al*. Targeting DNA methylation for epigenetic therapy. *Trends in Pharmacological Sciences* 31, 536-546(2010).

[35] Henning, S. M. *et al*. Epigenetic effects of green tea polyphenols in cancer. *Epigenomics* 5, 729-741(2013).

[36] Reuter, S. *et al*. Epigenetic changes induced by curcumin and other natural compounds. *Genes & Nutrition* 6, 93-108(2011).

[37] Balasubramanyam, K. *et al*. Curcumin, a novel p300/CREB-binding protein-specific inhibitor of acetyltransferase, represses the acetylation of histone/nonhistone proteins and histone acetyltransferase-dependent chromatin transcription. *J Biol Chem* 279, 51163-51171(2004).

[38] Collins, H. M. *et al*. Differential effects of garcinol and curcumin on histone and p53 modifications in tumour cells. *Bmc Cancer* 13, 37-37(2013).

[39] Shilpi, A. *et al*. Mechanisms of DNA methyltransferase-inhibitor interactions: Procyanidin B2 shows new promise for therapeutic intervention of cancer. *Chemico-Biological Interactions* 233, 122-138(2015).

[40] Wang, L. S. *et al*. Black raspberry-derived anthocyanins demethylate tumor suppressor genes through the inhibition of DNMT1 and DNMT3B in colon cancer cells. *Nutrition and Cancer* 65, 118-125(2013).

[41] Roy, N. K. *et al*. The potential role of boswellic acids in cancer prevention and treatment. *Cancer Letters* 377, 74-86(2016).

[42] Ling, H. Non-coding RNAs: Therapeutic strategies and delivery systems. *Advances in Experimental Medicine and Biology* 937, 229-237(2016).

[43] Roberts, T. C. & Wood, M. J. Therapeutic targeting of non-coding RNAs. *Essays in Biochemistry* 54, 127-145(2013).

[44] Braconi, C. & Patel, T. Non-coding RNAs as therapeutic targets in hepatocellular cancer. *Current Cancer Drug Targets* 12(9): 1073-1080(2012).

[45] Behlke, K. A. Mini-review on current strategies to knockdown long non-coding RNAs. *Rare Diseases Research & Treatment* 1, 66-70(2016).

[46] Ververis, K. *et al*. Histone deacetylase inhibitors(HDACIs): multitargeted anticancer agents. *Biologics: Targets & Therapy* 7, 47-60(2013).

[47] Yang, X. J. & Seto, E. HATs and HDACs: from structure, function and regulation to novel strategies for therapy and prevention. *Oncogene* 26, 5310-5318(2007).

马端 博士，教授，博士生导师。上海市领军人才，上海市优秀学术带头人，上海市曙光学者。复旦大学出生缺陷研究中心副主任，复旦大学代谢与分子医学教育部重点实验室副主任。1998 年获上海医科大学医学博士学位，之后在中国协和医科大学/北京协和医院心内科和美国新墨西哥大学病理系从事博士后研究，2002 年以优秀人才被复旦大学上海医学院引进。中华医学会医学遗传学分会副主任委员，中国医检整合联盟副理事长，基因联盟理事长，上海市医学会医学遗传学专委会前任主任委员，上海市健康科技协会基因健康专委会主任委员，上海市医学会罕见病专委会副主任委员。主要研究方向为遗传相关疾病的病因、发病机制、遗传咨询与早期防治，重点研究先天性心脏病、先天智障、遗传性耳聋和血液系统疾病。主持国家重点研发计划、973 计划、863 计划、重大新药研制、科技支撑项目 40 余项；发表论文 300 余篇，其中 SCI 论文180 余篇，被引用 5000 余次；主编《生物学前沿技术在医学研究中的应用》、《临床遗传学》、《破解疾病的遗传密码》和《代谢分子医学导论》；获中国和美国发明专利 10 项。

第 43 章　表观遗传学与外泌体

曾　科　梁宏伟
南京大学

本章概要

20 世纪 80 年代，在研究羊成熟红细胞过程中首次发现了微囊泡，现在的研究表明细胞分泌的微囊泡，尤其是外泌体（exosome）在细胞间通讯过程中发挥了重要的作用。几乎所有的细胞都能够释放外泌体，这些外泌体不仅能够被周围的细胞吸收，也能够通过血液循环系统到达远端细胞并被远端细胞吸收。外泌体能够运送诸如蛋白质、核酸等生物活性分子进入靶细胞，调控靶细胞的基因表达和细胞功能。研究表明，外泌体可介导自分泌、旁分泌和内分泌。越来越多的研究表明，外泌体参与了几乎所有的生理和病理过程，它不仅可作为疾病诊断的生物标志物，而且也能够成为理想的药物载体，用于药物的靶向递送。

43.1　微囊泡概念及分类

作为具膜囊泡的非均匀混合物，微囊泡的分类一直比较混乱。根据目前的研究，外泌体大致可以分为三类：①直径在 30～100nm 的外泌体；②直径在 50～1000nm 的脱落小泡（shedding vesicle)；③直径在 50～5000nm 的凋亡小体（apoptotic body）[1]。这三种微囊泡的生物生成过程具有显著差异，其中外泌体来源于细胞内的多囊泡体（multivesicular body，MVB)：脱落小泡产生于细胞膜的外出芽；凋亡小体则产生于细胞凋亡过程中。基于蛋白质组学分析，微囊泡可以被分为大、中和小三种囊泡。这三种囊泡可通过低（2000*g*)、中（10 000*g*）和高（100 000*g*）三个阶段的差速离心法进行分离。其中，通过高转速分离的微囊泡被认为是大小在 30～100nm 的外泌体。根据外泌体膜表面的蛋白质不同，其又可以分为四类：①富含 CD63、CD81、CD9 和内涵体标志物的外泌体；②不含 CD63/CD81，但富含 CD9 的外泌体；③不含 CD63/CD9/CD81 的外泌体；④富含细胞外基质蛋白或血清衍生因子的外泌体。然而直到现在，外泌体的命名和区分依然不清晰。

43.2　外泌体的生物生成

关键概念

- 转运必需内涵体分选复合物（endosomal sorting complex required for transport，ESCRT）包含四种复合物：ESCRT-0、ESCRT-I、ESCRT-II、ESCRT-III。ESCRT-0 以泛素化依赖的方式参与内涵体包载物的聚集，ESCRT-I 和 ESCRT-II 可以诱导芽的形成，ESCRT-III 负责囊泡的分离。
- 腔内囊泡（intraluminal vesicle，ILV）的形成和外泌体的生物生成也可能不依赖 ESCRT，而由脂质、四跨膜蛋白超家族或者热激蛋白控制。

通过数十年的研究，外泌体的生物合成过程已经被大致揭示（图 43-1）。细胞膜内陷形成的内涵体通过一系列的分子重组，经过高尔基体加工后会形成多囊泡体（multivesicular body，MVB）。当 MVB 成熟后，在一系列分子的调控作用下与细胞膜融合并向细胞外环境释放外泌体（表 43-1）。

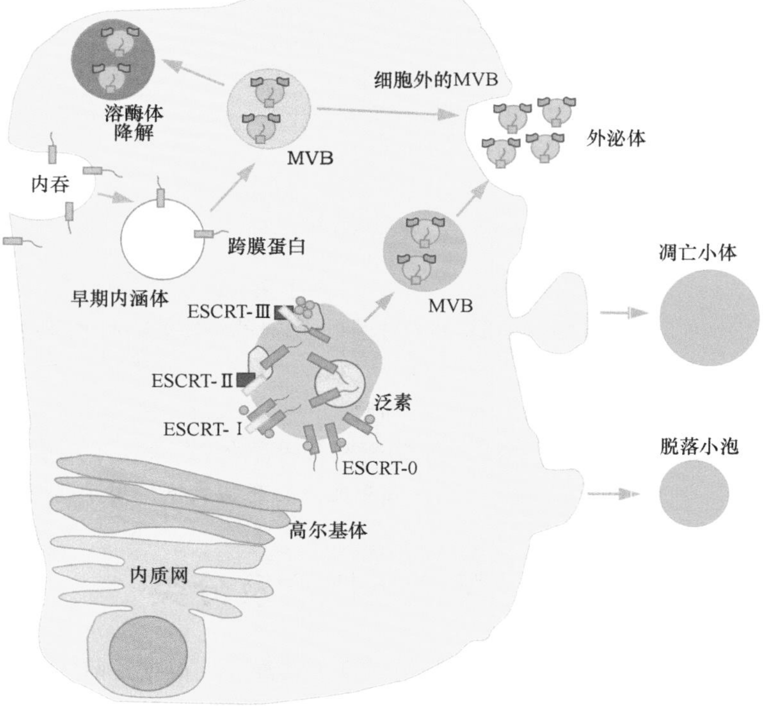

图 43-1　外泌体的生物生成示意图

表 43-1　参与外泌体生物生成调控的蛋白

蛋白名称	细胞类型	外泌体分类标记	抑制剂	参考文献
ESCRT-0				
HRS	HeLa-CIITA	CD63，CD81，MHCII	shRNA	[2]
	原代树突状细胞	泛素化蛋白，TSG101，VPS4B	shRNA	[3]
	HEK293	EVI，WNT3A，CD81	siRNA	[4]
	SCC25-H1047R	MT1，TSG101	siRNA	[5]
STAM1	HeLa-CIITA	CD63，CD81，MHCII	shRNA	[2]
ESCRT-I				
TSG101	HeLa-CIITA	CD63，CD81，MHCII	shRNA	[2]
	MCF-7	内居蛋白-1，CD63，多配体蛋白聚糖-1 C 端片段	siRNA	[6]
	RPE1	脂筏标记蛋白-1	siRNA	[7]
	Oli-neu	PLP	siRNA	[8]
ESCRT-III				
CHMP4	MCF-7	内居蛋白-1，CD63，多配体蛋白聚糖-1 C 端片段	siRNA	[6]

续表

蛋白名称	细胞类型	外泌体分类标记	抑制剂	参考文献
辅助蛋白				
ALIX	HeLa-CIITA	CD63，CD81，MHCII	shRNA	[2]
	MCF-7	内居蛋白-1，CD63，多配体蛋白聚糖-1C 端片段	siRNA	[6]
	C2C12	ALIX，HSC70，β烯醇化酶，泛肌动蛋白，CD63	siRNA	[9]
VPS4	RPE1	脂筏标记蛋白-1 显性负性突变过表达	shRNA	[7]
	HeLa-CIITA	CD63，CD81，MHCII 内居蛋白-1，CD63，多配体蛋白聚糖-1 C 端片段	siRNA 抑制两种异构体	[2]
	MCF-7	CD63,CD81，MHCII 内居蛋白-1，CD63，多配体蛋白聚糖-1 C 端片段	siRNA 抑制两种异构体	[6]
ESCRT-非依赖通路				
神经酰胺	Oli-neu	PLP	GW4869（中性鞘磷脂酶抑制物 neutral sphingomyelinase inhibitor）	[8]
	MCF-7	内居蛋白-1，CD63，多配体蛋白聚糖-1 C 端片段	siRNA	[6]
	Huh-7.5.1c2	CD63，CD81	GW4869	[10]
	HEK293	CD63	GW4869，siRNA	[11]
脂筏标记蛋白-2	Oli-neu	脂筏标记蛋白-2，ALIX，CD63，胆固醇	siRNA	[12]
PLD2	MCF-7	ALIX，内居蛋白-1	siRNA，CAY10594（PLD2 抑制物）	[13]
CD63	RBL-2H3 细胞膜	荧光染色	过表达活性/非活性状态	[14]
CD81	原代淋巴母细胞	蛋白组学分析	基因敲除小鼠	[15]

43.2.1　复合物依赖的外泌体生物产生机制

早在 2000 年左右，研究发现内涵体分拣复合物形成 ILV（intraluminal vesicle）需要 ESCRT。ESCRT 包含四种复合物：ESCRT-0、ESCRT-I、ESCRT-II、ESCRT-III。ESCRT-0 以泛素化依赖的方式参与内涵体包载物的聚集，ESCRT-I 和 ESCRT-II 可以诱导芽的形成，ESCRT-III 负责囊泡的分离。其他的辅助蛋白（如 VPS4 ATPase）参与 ESCRT 复合物的解聚和形成。四个独立的研究证实，ESCRT-0 成员 HRS 参与外泌体的分泌。通过 HRS 抑制剂能有效抑制 HeLa 细胞、DC、HEK293 和头颈部肿瘤细胞外泌体的分泌，通过 shRNA 敲除 HeLa 细胞中的 ESCRT-0 成员 STAM1 也能够抑制外泌体的分泌。在 HeLa 细胞，MCF-7 和 RPE1 上皮细胞中敲除 ESCRT-1 成员 TSG101 也能够降低外泌体的分泌，然而在少突神经胶质细胞中敲除 TSG101 对外泌体的释放却没有影响，这提示细胞还存在一种不依赖于 ESCRT 的外泌体生成机制。外泌体中存在多种 ESRCR-II 和-III 的组成蛋白，这提示 ESRCR-II 和-III 参与了外泌体的生成和分泌。近期的研究表明，ESCRT-III 相关蛋白 ALIX 可以促进内涵体内出芽，因而可以促进外泌体的生物合成。VPS4 参与 ILV 形成的最后一个过程：膜的分离和 ESCRT-III 的解聚。尽管许多研究都利用 ESCRT 抑制剂来抑制外泌体的分泌，但需要注意的是，ESCRT 复合物也参与许多细胞的其他生物过程，尤其是细胞质的重新分布以及膜修复。持续地抑制 ESCRT 对于细胞功能的影响可能远远大于对 MVB 形成的影响。

43.2.2 复合物非依赖的外泌体生物产生机制

近期的几个研究表明，ILV 的形成和外泌体的生物生成也可能不依赖 ESCRT，而是由脂质、四跨膜蛋白超家族（tetraspanin，TSPAN）或者热激蛋白（heat shock proteins，HSP）控制。在哺乳动物细胞中敲除 ESCRT 的关键蛋白，MVB 依然能够形成。在少突神经胶质细胞中抑制 ESCRT，包含 PLP 的外泌体依然能够被正常分泌。在这些细胞中，抑制中性鞘磷脂酶，导致神经酰胺产生障碍，并急剧减少外泌体的分泌。神经酰胺可以诱导 MVB 的膜向内弯曲形成 ILV。自此之后，多个研究组都利用中性鞘磷脂酶抑制剂来抑制外泌体的产生，然而，中性鞘磷脂酶抑制剂对其他囊泡的分泌和细胞功能的影响却没有得到关注。另外一种在外泌体膜上富集的脂质是胆固醇，胆固醇是 MVB 的一种重要组成成分。在神经胶质细胞中由于药物或者基因突变导致的胆固醇在晚期 MVB 内的积累能够促进包含 Flotillin-2、ALIX、CD63 和胆固醇的外泌体的分泌。PLD2 也在外泌体中富集，并参与磷脂酰胆碱水解成磷脂酸的过程。PLD2 是外泌体生物合成的关键蛋白。MVB 膜内侧磷脂酸的积累能够诱导膜弯曲，从而促进 ILV 的形成。四次跨膜蛋白超家族的四种跨膜蛋白被证明参与了外泌体分泌过程中外泌体内含物的分拣。在人黑色素瘤细胞系中，CD63 以神经酰胺和 ESCRT 非依赖的方式分拣黑色素瘤蛋白进入 ILV。TSPAN8 能够影响外泌体内 mRNA 和蛋白质组成。HSC70 被证实可以负责招募 TFR 进入外泌体，进一步研究表明富含 KFERQ 模体的细胞质蛋白能够与 HSC70 结合，并被选择性分拣到 ILV 中。

到目前为止，这些不同的参与外泌体和 ILV 生物生成的机制是否能够在同一个 MVB 内发生，或者同一细胞中是否存在不同的 MVB 依然不太清楚。近期有几项研究证实在一个细胞中可能存在多种类型的 MVB。然而关于外泌体的生物生成还需要进行大量的深入研究。

43.3 外泌体分泌

在过去几年中，关于 MVB 与细胞膜膜融合释放外泌体的机制已经得到了大量的研究（表 43-2）。

表 43-2 参与外泌体分泌的蛋白

蛋白名称	胞内定位	细胞类型	囊泡分类标记	抑制剂	参考文献
RAB 家族					
RAB2B	内质网和高尔基体	HeLa-CIITA	CD63，MHC II，CD81	shRNA	[16]
RAB5A	初级核内体	HeLa-CIITA	CD63，MHC II，CD81	shRNA	[16]
RAB7	次级核内体	MCF-7	CD63，内居蛋白-1，多配体蛋白聚糖-1 C 端片段	siRNA	[6]
RAB9A	次级核内体	HeLa-CIITA	CD63，MHC II，CD81	shRNA	[16]
		K562	TFR，HSC70，乙酰胆碱脂酶	功能缺失突变；过表达	[17]
RAB11	循环和早期胞内体	RPE1	脂筏标记蛋白-1，炭疽毒素	siRNA	[7]
RAB27A	次级胞内体和溶酶体相关细胞器	HeLa-CIITA	CD63，MHC II，CD81	shRNA	[16]
		4T1，TS/A	ALIX，HSC70，CD63， TSG101	shRNA	[18]
		B16-F10，SK-Mel-28	ALIX，TSG101	shRNA	[19]
		SCC61，SCC25-H1047R	–	shRNA	[5]
RAB27B	次级胞内体和溶酶体相关细胞器	HeLa-CIITA	CD63，MHC II，CD81	shRNA	[16]

续表

蛋白名称	胞内定位	细胞类型	囊泡分类标记	抑制剂	参考文献
RAB35	循环胞内体	Oli-neu	PLP	siRNA，显性负性突变过表达	[20]
		RPE1	脂筏标记蛋白-1	siRNA	[7]
		原代少突胶质细胞	ALIX，PLP	siRNA	[22]
SNARE 家族					
VAMP7	溶酶体和次级胞内体	K562	乙酰胆碱脂酶活动	截断过表达	[23]
YKT6	初级和循环胞内体	HEK293	WNT3A，CD81	siRNA	[4]
其他					
PKM2	MVB	A549	CD63	siRNA	[23]

RAB 家族的小 G 蛋白参与了诸如囊泡出芽、囊泡沿骨架蛋白传输、囊泡与靶标对接、膜融合等多个细胞内囊泡运输过程。RAB11 被证实参与 K562 细胞 TFR 和 HSC70 相关外泌体的释放。在少突神经胶质细胞和原代少突胶质细胞中抑制 RAB35 能够抑制 PLP 相关外泌体的分泌。在人细胞系 RPE1 中，RAB11 和 RAB35 是外泌体分泌必需的蛋白质。在 HeLa 细胞中，敲除 RAB5A，RAB9A、RAB2B、RAB27A 和 RAB27B 能够急剧减少外泌体的分泌，而敲除 RAB11A 和 RAB7 对外泌体的分泌却没有影响。与此相反，MCF-7 细胞中包含同线蛋白和 ALIX 的外泌体的释放需要 RAB7 的参与。这些 RAB 蛋白可能参与 MVB 与细胞质膜融合的过程。MVB 与细胞膜之间多种多样的链接和融合方式再一次提示，细胞内可能存在多种 MVB。RAB11 和 RAB35 被证实参与内涵体的回收和早期分拣，RAB27A 和 RAB27B 与晚期内涵体和分泌复合物相关。由此可以推测，不同的 RAB 可能参与包含 ILV 的内涵体的不同成熟阶段。这些不同的 MVB 可以产生不同类的外泌体。

43.4　外泌体组成成分

关键概念

- 外泌体表面具有一些共同的分子，如 CD9、CD63、CD81、Alix、HSP70、HSP90、GTPase 和 MHC 分子。
- miRNA 内分泌调节网络理论：细胞内特定的 miRNA 通过细胞外囊泡主动分泌至细胞外，分泌的 miRNA 在细胞外囊泡的传输下，经循环系统进入靶细胞并调控靶基因表达，从而调节受体细胞的活性、功能、状态和表型。

43.4.1　脂质和蛋白质

不同细胞来源的外泌体包含不同的脂质和蛋白质。由于外泌体也包含高尔基体来源的脂质，其包含的脂质与其来源细胞的细胞膜上的脂质也不一样。研究表明，外泌体膜上富含糖鞘脂、胆固醇、磷脂酰丝氨酸和神经酰胺。脂质组成决定了外泌体特殊的性质。

外泌体表面分子非常复杂。不同来源的外泌体具有一些共同的分子，如 CD9、CD63、CD81、Alix、HSP70、HSP90、GTPase 和 MHC 分子。CD9 参与外泌体与靶细胞的融合。大多数细胞释放的外泌体都包含 MHC-I 分子。DC 在 IL-4 和 IL-3 刺激下释放的外泌体包含大量 MHC-I 分子。这些外泌体与它们来源的细胞不一致，外泌体表面的 MHC-I 蛋白大多形成二聚体。MHC-I 二聚体的形成受到氧化还原环境的控制。MHC-II 分子存在于来自抗原提呈细胞的外泌体，如 DC 细胞、巨噬细胞、B 细胞。未成熟的 DC 表达极低水平的 MCH-II，MHC-II 分子被泛素化后胞吞并分拣到 ILV 中，最终被溶酶体降解。在激活的 DC 中，MHC-II 分子不会被泛素化，而在细胞膜表面富集。MHC-II 分子分拣到外泌体可能不依赖泛素化。DC 接触抗原后，抗原特异性 CD4 T 细胞会激活 DC 形成包含 MHC-II 和 CD9 的 MVB，产生外泌体，并递送入没有被激活的 T 细胞。外泌体包含的蛋白质与外泌体来源细胞不一样，这提示在外泌体形成过程中存在着蛋白质的分拣过程。这个分拣机制目前还不甚了解，但是根据目前的研究推测，这种分拣机制与四跨膜超家族蛋白等其他跨膜蛋白相关。

43.4.2 核酸

外泌体包含诸如 mRNA、miRNA、核糖体 RNA、长链非编码 RNA（lncRNA）和 DNA 在内的多种核酸。miRNA 是一类在转录后水平调控基因表达的非编码小 RNA。2010 年，曾科等人证实单核细胞释放的外泌体可将 miR-150 递送到内皮细胞，从而促进血管形成[24]，该发现首次在体内和体外清晰地证明了外泌体在细胞间通讯的作用。基于上述发现，曾科等提出了“miRNA 内分泌调节网络”理论：细胞内特定的 miRNA 通过细胞外囊泡（extracellular vesicle，包括外泌体和脱落囊泡）主动分泌至细胞外，分泌的 miRNA 在细胞外囊泡的传输下，经循环系统进入靶细胞并调控靶基因表达，从而调节受体细胞的活性、功能、状态和表型。

近年来，外泌体受到越来越多的关注。现已证明，细胞通过分泌外泌体广泛参与调控免疫反应、干细胞分化、脂肪细胞成熟、神经突触生长、心脏修复等正常生理过程，并在肿瘤发生发展、病毒感染、肾脏损伤、动脉粥样硬化形成等病理进程中发挥至关重要的作用[1]。外泌体的组成成分随着细胞所处环境的改变而受到严格调控。关于外泌体内 miRNA 的分拣机制才刚刚开始研究。敲除 ESCRT 蛋白对 miRNA 分拣没有影响。最近的研究表明，能够识别 miRNA 上特殊模体的 RNA 结合蛋白如 hnRNPA2B1 可能参与了外泌体内 miRNA 的分拣。在巨噬细胞中，miRNA 靶基因水平的改变似乎也参与了外泌体内 miRNA 的分拣。在 B 细胞中，研究发现细胞内 miRNA 和外泌体内 miRNA 不是随机分布的，3′端腺苷化的 miRNA 主要分布在细胞内，而 3′端尿苷化的 miRNA 主要分布在外泌体内。研究也表明外泌体内富集的 miRNA 大多具有 m^6A 修饰 （未发表）。这些研究提示外泌体内 miRNA 的分拣可能受到转录后修饰的调控。外泌体内的 mRNA 分拣机制的研究目前还没有重大进展。与外泌体内的 RNA 研究相比，外泌体内的 DNA 只有少数的报道。研究发现，外泌体可能包含线粒体 DNA、单链 DNA、双链 DNA 和一些原癌基因的扩增片段等多种形式的 DNA 片段。Guescini 等人发现，外泌体能够携带线粒体 DNA 从一个细胞转移到另外一个细胞，这可能是线粒体 DNA 转移的一种新的途径和方式。肿瘤细胞释放的外泌体运输的 DNA 可能反映了肿瘤的基因组状态，如原癌基因 c-MYC 的扩增。近期的研究表明，外泌体能够将 DNA 运输到成纤维细胞的细胞质甚至细胞核内。肿瘤细胞释放的外泌体包含的双链 DNA 能够反映肿瘤细胞内基因的突变情况。不同种类的外泌体能够携带不同的 DNA。通过检测肿瘤细胞来源的外泌体内 DNA，能够方便地鉴定肿瘤细胞内的基因突变情况，这已经作为肿瘤诊断的标志物被广泛研究和应用。然而关于外泌体运输的 DNA 的生物学功能，依然需要进行进一步的研究和探索。

43.5 外泌体摄取

外泌体通过多种机制与靶细胞相互结合[25, 26]（图 43-2）。受体结合能够启动外泌体被靶细胞摄取[27, 28]。

不同类型的细胞可能通过膜融合[29]或者内吞作用等多种方式摄取外泌体[30-32]。利用内吞作用的抑制剂 Dynasore 能够部分抑制外泌体的摄取，但是不能完全阻止，这说明细胞通过多种方式摄取外泌体。研究发现外泌体与细胞膜的相互结合受到诸如 ICAM 等多种细胞链接蛋白的调控。此外，外泌体内的乳凝集素、磷脂酰丝氨酸、硫酸乙酰肝素蛋白多糖（HSPG）和四跨膜蛋白超家族，都参与了外泌体的摄取过程[33]。整合素、清道夫受体、补体受体和可以结合磷脂酰丝氨酸的受体 Tim-4 等多种细胞膜受体，被证实能够参与调控外泌体被靶细胞的摄取 [34, 35]。外泌体介导的细胞膜表面配体-受体信号通路也被证实参与了 T 细胞激活、血管新生、癌症的发生和发展 [36-38]。胶质瘤细胞通过释放外泌体能够将 EGFR 运输到不表达 EGFR 的肿瘤细胞[39]。 这些研究揭示了外泌体可以通过与细胞膜融合的方式将细胞膜蛋白从祖细胞递送到靶细胞。

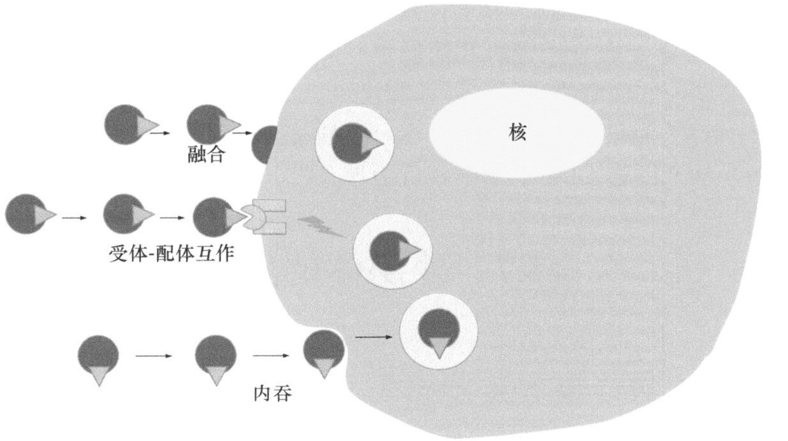

图 43-2 外泌体吸收示意图

外泌体内含物释放到靶细胞的机制以及内含物在靶细胞内的命运依然不甚清楚。利用实时荧光显微追踪技术，Tian 等发现来自 PC12 细胞系的外泌体能够接触细胞膜，并缓慢地与靶细胞的细胞膜融合。随后这些外泌体能够快速进入靶细胞，这些研究揭示外泌体与细胞膜的接触可能激活了肌动蛋白或者溶酶体的微管蛋白[40]。最近的研究表明，外泌体也能够被细胞通过丝状伪足捕获，并递送到细胞内吞区域，通过细胞内吞，外泌体被首先招募到内质网，随后再被递送到溶酶体[41]。

43.6 外泌体的生物功能

DC 和其他抗原提呈细胞[36]、肥大细胞[42]、B 细胞和 T 细胞[43, 44]、肠道上皮细胞[45]、神经元细胞[46]、心肌细胞[47]、MSC[48]、内皮细胞[49]、血小板[50, 51]、肿瘤细胞[44, 52]等多种细胞都被证实能够分泌外泌体。早期对外泌体的功能研究集中于免疫细胞。成熟的 DC 可以通过释放包含 MHC-I/II 的外泌体将抗原提呈给免疫系统[53]。DC 细胞来源的外泌体能够促进免疫系统对肿瘤细胞的抑制作用[54, 55]。来自 IL-10 处理的 DC 细胞的外泌体能够抑制炎症反应和由胶原蛋白诱导的关节炎[56]。T 细胞受体位于免疫突触中心的微囊泡出芽区表面。B 细胞表面的 MHC 蛋白从 T 细胞接收 T 细胞受体信号后，能够启动针对 T 细胞来源的外泌体的细胞内转导信号[57]。激活的 T 细胞也能够通过释放包含 miRNA 的外泌体，经靶向抗原提呈细胞从而参与免疫系统的调节[26]。除了免疫系统，越来越多的研究表明，外泌体参与了包括心血管系统、中枢神经系统等多种多样的生理和病理学过程。

在中枢神经系统中，外泌体参与了髓鞘神经胶质细胞和神经元间的信号转导、神经元的存活、小胶质细胞介导的免疫反应、突触组装和重塑等多种生理过程，同时在神经退行性疾病和脑肿瘤的扩散中也扮演着十分重要的角色[58, 59]。少突神经胶质细胞来源的外泌体能够增强神经元细胞在多种压力状态下的生存能力[21]。来自帕金森病患者循环系统的外泌体能够在压力状态下保护神经元细胞[60]。另一方面，外泌体也参与了神经退行性疾病相关的错误折叠蛋白的扩散[61-64]。

外泌体在肿瘤生长和转移中起到了十分重要的作用。肿瘤细胞来源的外泌体能够调控肿瘤的免疫反应，促进肿瘤细胞增殖、迁移和侵袭，从而促进肿瘤的生长和转移[44, 52, 67-72]。肿瘤细胞来源的外泌体还能够被 DC 摄取，并进行抗原提呈，从而诱发 $CD8^+T$ 细胞介导的抗肿瘤免疫反应[65, 66]。胶质瘤细胞能够利用外泌体将 EGFRvIII 递送到周围的胶质瘤细胞，激活 EGFRvIII 信号通路，促进血管新生和肿瘤生长 [39]。肿瘤细胞来源的外泌体被证实也能够将促血管生成肽和 miRNA 递送到毛细血管内皮细胞促进肿瘤中的血管新生[73, 76]。胰腺癌细胞来源的外泌体能够促进胰腺癌细胞的肝转移[77]。来自于高度转移的黑色素瘤细胞的外泌体能够诱导转移部位血管破裂，从而促进肿瘤细胞向转移部位迁移[19]。肿瘤细胞来源的外泌体内包含的 miRNA 能够调控肿瘤细胞生长、迁移和免疫逃逸。例如，转移型乳腺癌细胞分泌的 miR-105 通过抑制细胞链接蛋白 ZO-1 促进肿瘤细胞迁移[78]。肺癌细胞来源的外泌体能够递送 miR-214 到 $CD4^+T$ 细胞，通过抑制 PTEN，从而促进 $CD4^+T$ 细胞转变为调节性 T 细胞（regulatory T cell，Treg）。

43.7　外泌体的应用

43.7.1　外泌体作为疾病诊断的生物标志物

由细胞释放到循环系统或者体液中的外泌体在不同的生理和病理状态下包含的蛋白质和 RNA 种类及含量具有显著差异，这提示外泌体可能可以作为潜在的疾病诊断标志物[79-81]。目前已经有数项研究进入了临床试验（表 43-3）。

表 43-3　进入临床试验的作为疾病诊断的生物标志物的外泌体

研究项目	状态	研究主题	开展地区	外泌体来源	ClinicalTrials.gov 临床试验编号
胰腺癌患者中外泌体介导的信号传导的研究	招募中	癌症	美国	血液	NCT02393703
男性前列腺癌患者的尿液外泌体基因特征的验证	已完成	癌症	美国	尿液	NCT02702856
循环外泌体作为晚期胃癌患者的预后和预测生物标志物的研究（“EXO-PPP Study”）	招募中	癌症	欧洲	血液	NCT01779583
外泌体检测作为 HPV 阳性口咽鳞状细胞癌筛查的研究	招募中	癌症	美国	原代细胞培养	NCT02147418
帕金森病中 LRRK2 和其他新型外泌体的研究	招募中	帕金森病	美国	血液、尿液	NCT01860118
量化血液和尿液中的应激蛋白以监测恶性实体瘤早期诊断的初步研究（EXODIAG）	招募中	癌症	欧洲	血液、尿液	NCT02662621
人子宫内膜分泌囊泡的分离与表征研究	招募中		欧洲	子宫内膜液	NCT02797834
低分次放射治疗包 3 中监测肿瘤反应的早期生物标志物：免疫反应的研究		癌症	欧洲	血液	NCT02439008
评估血液和细胞学中 miRNA 水平以检测 Barrett 食管和相关肿瘤形成	招募中	癌症	美国	胆汁	NCT02464930

肿瘤细胞来源的外泌体富含肿瘤特征性的 miRNA，这些 miRNA 可以作为肿瘤的特异性标志物[82-84]。胶质瘤患者的血清外泌体包含的 RNA，与正常人血清外泌体内的 RNA 差异显著，胶质瘤患者血清外泌体内富含 EGFRvIII mRNA，这可作为胶质瘤患者诊断的生物标志物[75, 85, 86]。这种方法是一种非侵入性的诊断方法，具有巨大的临床应用价值。胰腺癌患者血清中的外泌体包含 GP1 蛋白，研究证明 GP1 阳性的外泌体能够作为胰腺癌早期诊断的特异性高灵敏度生物标志物[87]。GP1 阳性的外泌体的含量与肿瘤负荷、预后呈正相关关系。除了肿瘤，近期的研究表明，外泌体也可以作为包括神经系统、肝脏、肾脏、肺等多组织和器官的非肿瘤类疾病的生物标志物[88-92]。然而在临床应用上，外泌体作为疾病诊断的生物标志物目前仍然受到外泌体分离纯化技术的限制。为了提供外泌体在疾病诊断上的灵敏性和特异性，还需要进一步开发外泌体的分离纯化技术[93]。

43.7.2　外泌体在疾病治疗中的应用

近期的研究表明，外泌体也能够应用于疾病的治疗。MSC 来源的外泌体能够发挥与 MSC 细胞一样的免疫和细胞保护作用[94, 95]。骨髓间充质干细胞来源的外泌体在心肌缺血/再灌注损伤模型、缺氧诱导的肺动脉高血压、脑损伤等过程中保护相应的受损伤细胞[48, 96-100]。在不同状态下，免疫细胞分泌的外泌体能够激活或者抑制免疫系统。研究发现，利用 DC 细胞来源的外泌体的抗原提呈能力，DC 细胞来源的外泌体可作为肿瘤和感染过程中的疫苗，用于肿瘤和感染的治疗[101]。这些疫苗的一个潜在优点是它们能优先诱导 Th1 型反应和细胞免疫，这是对抗病毒和细菌感染的关键。在胶原诱导的关节炎和药物诱导的结肠炎模型中，利用 DC 分泌的外泌体递送具有免疫抑制功能的免疫调节细胞因子（IL-4、IL-10、TGF-β）能够有效缓解疾病[102, 103]。在心脏移植模型中，利用 DC 来源的外泌体增加脾脏内的 Treg 细胞，能够有效缓解排斥反应[104]。近期的研究表明，外泌体也能够被改造，从而应用于靶向治疗肿瘤和感染等疾病。Alvarez-Erviti 等[11, 105]将一个能靶向神经细胞乙酰胆碱受体的狂犬病病毒糖蛋白（RVG）表达在外泌体的膜表面，从而使外泌体能够穿过血脑屏障，将外泌体包含的 siRNA/小分子药物特异性运输到神经元细胞中。我们利用同样的改造方案成功地将阿片受体的 siRNA 特异性递送入大脑中，应用于吗啡成瘾的治疗。目前，多项基于外泌体特异性递送的特性进行疾病治疗的药物进入临床试验（表 43-4）。

表 43-4　进入临床试验的外泌体递送药物

研究项目	状态	研究主题	阶段	开展地区	来源	给药途径	临床试验编号
植物外泌体将姜黄素递送至结肠癌组织的能力	未知	癌症	I	美国	植物外泌体（姜黄）	膳食补充剂	NCT01294072
血浆来源的外泌体对皮肤伤口愈合的影响	尚未招募	溃疡		东亚	自体血液外泌体	局部施用（每日）	NCT02565264
微泡和外泌体治疗对 I 型糖尿病（T1DM）β 细胞群的影响	邀请招募中	糖尿病	II–III	非洲	脐带血来源的 MSC 微泡	静脉输液	NCT02138331
食用植物外泌体预防与头颈癌放化疗相关的口腔黏膜炎	招募中	癌症	I	美国	植物外泌体（葡萄）	膳食补充剂	NCT01668849
用载有肿瘤抗原的树突状细胞来源的外泌体疫苗接种（CSET 1437）	未知	癌症	II	欧洲	树突细胞来源外泌体	口服疫苗	NCT01159288

43.8 外泌体的研究方法

儿乎所有的体液都包含来自细胞的外泌体。自外泌体被发现以来，基于外泌体的物理化学性质，多个实验室开发出了形形色色的分离鉴定研究外泌体的方法（图 43-3）。

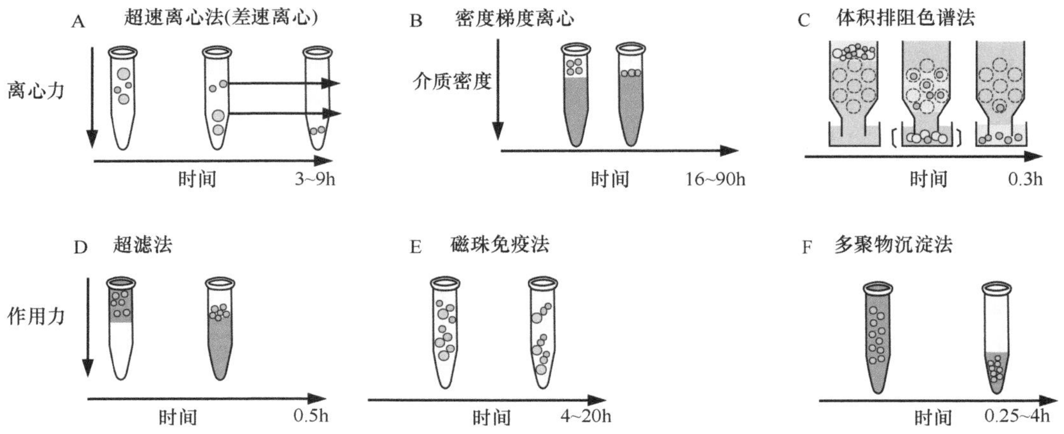

图 43-3 外泌体的分离与富集方法

然而由于缺乏统一的规范和认识，在外泌体研究过程中，错误地分离鉴定研究方法得到的错误结论，严重阻碍了对外泌体生物学功能的研究和阐释。导致这个问题的原因主要有三点。第一，外泌体的命名十分混乱。在研究过程中，研究人员往往会根据外泌体的功能和产生过程对外泌体进行特殊的命名。第二，外泌体参与的生物学功能也有可能是由 exosome-free 的成分导致的，而在研究过程中，为了突出外泌体的功能，研究者往往选择性忽略 exosome-free 成分对生物学功能的影响。第三，在外泌体研究过程中，研究者采用不同的方法分离外泌体，而往往忽略对外泌体生物标志物的鉴定，这导致不能有效地评价分离方法对外泌体的影响。有研究表明，不同的分离方法对外泌体的纯度、理化性质和功能会产生不同的影响。在进行外泌体研究过程中，正确的样本收集和外泌体分离对外泌体功能的研究至关重要。

43.8.1 样本收集

样本的收集对外泌体的分析至关重要，样本的不正确处理往往会得到不正确的结果。在分离血液中的外泌体过程中，应该要特别避免激活血细胞，尤其是血小板。现有的研究表明，血小板在激活过程中会释放大量的外泌体，这很可能对血液中原有的外泌体产生巨大的影响。目前在外泌体研究过程中，使用最多的材料是血液和细胞培养液。本部分我们将着重介绍在准备分离外泌体过程中，收集这两种材料需要注意的事项。

1. 血液的收集

常规的血液收集方法可以用于血液中外泌体的分离。目前，对于血液外泌体的研究，主要是从血清和血浆中分离外泌体。在分离血清过程中，形成血凝块的同时会释放大量的外泌体，因此相比于血清，血浆是分离血液外泌体更为理想的材料。在制备血浆时，需要向血液中加入抗凝剂。目前，普遍使用的抗凝剂是 EDTA、NaF/KOx 和肝素。其中肝素（终浓度为 0.109mol/L）是最理想的抗凝剂。有研究表明，相比于肝素，EDTA、NaF/KOx 和柠檬酸盐等抗凝剂都可能激活血小板并诱导血小板释放大量的外泌体[106]。然而在研究过程中，根据下游分析的不同还应该对抗凝剂加以选择，如在利用定量 PCR 对外泌体内 RNA 进行分析时，应该选择 EDTA，而尽量不要选择肝素。研究发现肝素很可能会干扰 PCR[107]。总之，在抗凝剂选择时需要考虑抗凝剂对血细胞的激活情况和对下游分析的影响。具体来说，在收集血液时需要注意以下几点：

（1）最好收集经过禁食之后的血液，并根据下游分析的内容选择抗凝剂。

（2）避免长时间使用止血带，并最好选用 21 号针头。

（3）弃去初始的 2～3ml 血液，利用塑料管在室温收集血液。

（4）在开始收集血液前用抗凝剂充分润湿塑料管。

（5）收集血液后迅速离心分离血浆，尽量避免长时间放置。

（6）从血浆中分离外泌体时，需要特别注意血小板的干扰。推荐在室温通过两次 3000*g*、15min 离心以充分去除血小板。

2. 细胞培养液的收集

相比于血浆/血清或其他体液，细胞培养液的成分相对单一，可以更加简单和方便地分离外泌体。然而制备细胞培养液时，依然需要注意如下几点：

（1）由于血清中含有大量的外泌体，因此在研究培养的细胞分泌的外泌体过程中，需要使用 exosome-free 的血清，以排除血清中外泌体的干扰。

（2）在进行下游分析时，要使用没有培养过细胞的培养液作为阴性对照。

（3）目前生长因子等活性分子对外泌体释放的影响还没有得到充分的研究，因此在研究外泌体过程中需要考虑这些活性分子对结果的干扰。

43.8.2　外泌体的分离

血液是最常用于外泌体研究的体液，然而血液的成分也是最复杂的，血液中包含细胞、蛋白质、脂质和核酸。在研究血液中的外泌体时，正确地分离外泌体是研究的难点。目前常用的外泌体分离方法都不能从血液中单独分离外泌体。例如，在研究外泌体中的 miRNA 时，常用于分离血液中外泌体的方法是密度梯度离心（DGC），然而这种方法不能将高密度脂蛋白（HDL）相关的 miRNA 与外泌体包含的 miRNA 区分开。截至到目前，还没有方法能够分离和鉴定单个的外泌体，这也给外泌体的研究带来了巨大的困难。

基于外泌体的化学物理性质和外泌体表面的特征性蛋白，目前分离外泌体的方法主要有超速离心、磁珠免疫捕获、沉淀或过滤（图 43-3）[108]。①超速离心（差速离心）法。超离法是最常用的外泌体纯化手段，采用低速离心、高速离心交替进行，可分离到大小相近的囊泡颗粒。超离法因操作简单、获得的囊泡数量较多而广受欢迎，但过程比较费时，且回收率不稳定（可能与转子类型有关），纯度也受到质疑；此外，重复离心操作还有可能对囊泡造成损害，从而降低其质量。以细胞培养上清为例，将欲提取的细胞培养上清液 10ml，在 4℃的环境下，300*g* 10min，2000*g* 20min，弃沉淀，去除细胞；然后 10 000*g* 30min ，弃沉淀，去除亚细胞成分；再用 10 000*g* 60min，弃掉上清液，最后所得沉淀即为外泌体，用 30ml PBS 溶液重新悬浮沉淀物，混匀后再以 10 000*g* 60min，用 1ml PBS 溶液悬浮沉淀物，提纯的外泌体溶液分别装入 Eppendorf 管内，置于−80℃冰箱内保存备用。②在超速离心力作用下，使蔗糖溶液形成从低到高连续分布的密度阶层，是一种区带分离法。通过密度梯度离心，样品中的外泌体将在 1.13～1.19g/ml 的密度范围富集。此法获得的外泌体纯度较高，但步骤繁琐、耗时，对离心时间极为敏感。③体积排阻色谱法。体积排阻色谱法是利用凝胶孔隙的孔径大小与样品分子尺寸的相对关系而对溶质进行分离的分析方法。样品中大分子不能进入凝胶孔，只能沿多孔凝胶粒子之间的空隙通过色谱柱，首先被流动相洗脱出来；小分子可进入凝胶中绝大部分孔洞，在柱中受到更强的滞留，更慢地被洗脱出。分离到的外泌体在电镜下大小均一，但是需要特殊的设备，应用不广泛。④超滤法。由于外泌体是一个大小约 100nm 的囊状小体，大于一般的蛋白质，利用截留不同相对分子质量（MWCO）的超滤膜对样品进行选择性分离，便可获得外泌体。超滤离心法简单高效，且不影响外泌体的生物活性，是提取细胞外泌体的一种新方法。⑤磁珠免疫法。外泌体表面有其特异性标记物（如 CD63、CD9 蛋白），用包被抗标记物抗体的磁珠与外泌体囊泡孵育，即可将外泌体吸附并分离出来。磁珠法具有特异性高、操作简便、不影响外泌体形态完整等优点，但是效率低，外泌体生物活性易受 pH 和盐浓度影响，不利于下游实验，难以广泛普及。⑥多聚物沉淀法。聚乙二醇（PEG）为常用的多聚物，可与疏水性蛋白和脂质分子结合共沉淀，早先应用于从血清等样本中收集病毒，现在也被用来沉淀外泌体，其原理可能与竞争性结合游离水分子有关。利用 PEG 沉淀外泌体存在不少问题，如纯度和回收率低、杂蛋白较多（假阳性）、颗粒大小不均一、产生难以去除的聚合物、机械力或者吐温-20 等化学添加物将会破坏外泌体等，因此发表文章时易受质疑。

43.8.3 外泌体成分分析

分离纯化出来的外泌体可以做蛋白质分析，也可以做 RNA（mRNA、miRNA 和 lncRNA）分析。对于蛋白质分析，目前主要采用蛋白谱进行蛋白质组学分析，或者利用 SDS-PAGE 对外泌体内特定蛋白进行定量分析。对于外泌体内包含的 RNA，目前一般采用高通量测序或者芯片的方式对外泌体内的 mRNA、miRNA 和 lncRNA 进行组学分析，随后再利用 Real-Time PCR 对特定的 mRNA、miRNA 和 lncRNA 进行定量分析。

参 考 文 献

[1] Chen, X. *et al*. Horizontal transfer of microRNAs: molecular mechanisms and clinical applications. *Protein Cell* 3: 28-37 (2012).

[2] Colombo, M. *et al*. Analysis of ESCRT functions in exosome biogenesis, composition and secretion highlights the heterogeneity of extracellular vesicles. *J Cell Sci* 126: 5553-5565(2013).

[3] Tamai, K. *et al*. Exosome secretion of dendritic cells is regulated by Hrs, an ESCRT-0 protein. *Biochem Biophys Res Commun* 399: 384-390(2010).

[4] Gross, J.C.*et al*.Active Wnt proteins are secreted on exosomes. *Nat Cell Biol* 14: 1036-1045(2012).

[5] Hoshino, D. *et al*. Exosome secretion is enhanced by invadopodia and drives invasive behavior. *Cell Rep* 5: 1159-1168(2013).

[6] Baietti, M.F. *et al*. Syndecan-syntenin-ALIX regulates the biogenesis of exosomes. *Nat Cell Biol* 14: 677-685(2012).

[7] Abrami, L. *et al*. Hijacking multivesicular bodies enables long-term and exosome-mediated long-distance action of anthrax toxin. *Cell Rep* 5: 986-996(2013).

[8] Trajkovic, K. *et al*. Ceramide triggers budding of exosome vesicles into multivesicular endosomes. *Science* 319: 1244-1247(2008).

[9] Romancino, D.P.*et al*.Identification and characterization of the nano-sized vesicles released by muscle cells. *FEBS Lett* 587: 1379-1384(2013).

[10] Dreux, M. *et al*. Short-range exosomal transfer of viral RNA from infected cells to plasmacytoid dendritic cells triggers innate immunity. *Cell Host Microbe* 12: 558-570(2012).

[11] Kosaka, N. *et al*. Secretory mechanisms and intercellular transfer of microRNAs in living cells. *J Biol Chem* 285: 17442-17452(2010).

[12] Strauss, K. *et al*. Exosome secretion ameliorates lysosomal storage of cholesterol in Niemann-Pick type C disease. *J Biol Chem* 285: 26279-26288(2010).

[13] Ghossoub, R. *et al*. Syntenin-ALIX exosome biogenesis and budding into multivesicular bodies are controlled by ARF6 and PLD2. *Nature Communications* 5: 3477(2014).

[14] Laulagnier, K. *et al*. PLD2 is enriched on exosomes and its activity is correlated to the release of exosomes. *FEBS Lett* 572: 11-14(2004).

[15] Perez-Hernandez, D. *et al*. The intracellular interactome of tetraspanin-enriched microdomains reveals their function as sorting machineries toward exosomes. *J Biol Chem* 288: 11649-11661(2013).

[16] Ostrowski, M. *et al*. Rab27a and Rab27b control different steps of the exosome secretion pathway. *Nat Cell Biol* 12: 19-30; sup pp 1-13(2010).

[17] Savina, A. *et al*. Rab11 promotes docking and fusion of multivesicular bodies in a calcium-dependent manner. *Traffic* 6: 131-143(2005).

[18] Bobrie, A. *et al*. Rab27a supports exosome-dependent and -independent mechanisms that modify the tumor microenvironment and can promote tumor progression. *Cancer Res* 72: 4920-4930(2012).

[19] Peinado, H. *et al*. Melanoma exosomes educate bone marrow progenitor cells toward a pro-metastatic phenotype through MET. *Nat Med* 18: 883-891(2012).

[20] Hsu, C.*et al*.Regulation of exosome secretion by Rab35 and its GTPase-activating proteins TBC1D10A-C. *J Cell Biol* 189: 223-232(2010).

[21] Frühbeis, C. *et al*. Neurotransmitter-triggered transfer of exosomes mediates oligodendrocyte-neuron communication. *PLoS Biol* 11: e1001604(2013).

[22] Fader, C.M. *et al*. TI-VAMP/VAMP7 and VAMP3/cellubrevin: two v-SNARE proteins involved in specific steps of the autophagy/multivesicular body pathways. *Biochim Biophys Acta* 1793: 1901-1916(2009).

[23] Wei, Y. *et al*. Pyruvate kinase type M2 promotes tumour cell exosome release via phosphorylating synaptosome-associated protein 23. *Nat Commun* 8: 14041(2017).

[24] Zhang, Y. *et al*. Secreted monocytic miR-150 enhances targeted endothelial cell migration. *Mol Cell* 39: 133-144(2010).

[25] de Curtis, I. & Meldolesi, J. Cell surface dynamics - how Rho GTPases orchestrate the interplay between the plasma membrane and the cortical cytoskeleton. *J Cell Sci* 125: 4435-4444(2012).

[26] Mittelbrunn, M. *et al*. Unidirectional transfer of microRNA-loaded exosomes from T cells to antigen-presenting cells. *Nat Commun* 2: 282(2011).

[27] Miyanishi, M. *et al*. Identification of Tim4 as a phosphatidylserine receptor. *Nature* 450: 435-439(2007).

[28] Nolte-'t Hoen, E. N. *et al*. Activated T cells recruit exosomes secreted by dendritic cells via LFA-1. *Blood* 113: 1977-1981(2009).

[29] Prada, I. & Meldolesi, J. Binding and Fusion of Extracellular Vesicles to the Plasma Membrane of Their Cell Targets. *Int J Mol Sci* 17: 1296(2016).

[30] Fitzner, D. *et al*. Selective transfer of exosomes from oligodendrocytes to microglia by macropinocytosis. *J Cell Sci* 124: 447-458(2011).

[31] Morelli, A.E. *et al*. Endocytosis, intracellular sorting, and processing of exosomes by dendritic cells. *Blood* 104: 3257-3266(2004).

[32] Tian, T. *et al*. Visualizing of the cellular uptake and intracellular trafficking of exosomes by live-cell microscopy. *J Cell*

Biochem 111: 488-496(2010).

[33] Nazarenko, I. *et al.* Cell surface tetraspanin Tspan8 contributes to molecular pathways of exosome-induced endothelial cell activation. *Cancer Res* 70: 1668-1678(2010).

[34] György, B. *et al.* Therapeutic applications of extracellular vesicles: clinical promise and open questions. *Annu Rev Pharmacol Toxicol* 55: 439-464(2015).

[35] Record, M. *et al.* Exosomes as intercellular signalosomes and pharmacological effectors. *Biochem Pharmacol* 81: 1171-1182(2011).

[36] Théry, C. *et al.* Exosomes: composition, biogenesis and function. *Nat Rev Immunol* 2: 569-579(2002).

[37] Martinez, M. C. & Andriantsitohaina, R. Microparticles in angiogenesis: therapeutic potential. *Circ Res* 109: 110-119(2011).

[38] Cho, J .A.*et al.* Exosomes from ovarian cancer cells induce adipose tissue-derived mesenchymal stem cells to acquire the physical and functional characteristics of tumor-supporting myofibroblasts. *Gynecol Oncol* 123: 379-386(2011).

[39] Al-Nedawi, K. *et al.* Endothelial expression of autocrine VEGF upon the uptake of tumor-derived microvesicles containing oncogenic EGFR. *Proc Natl Acad Sci U S A* 106: 3794-3799(2009).

[40] Tian, T. *et al.* Exosome uptake through clathrin-mediated endocytosis and macropinocytosis and mediating miR-21 delivery. *J Biol Chem* 289: 22258-22267(2014).

[41] Heusermann, W. *et al.* Exosomes surf on filopodia to enter cells at endocytic hot spots, traffic within endosomes, and are targeted to the ER. *J Cell Biol* 213: 173-184(2016).

[42] Skokos, D. *et al.* Immunoregulatory properties of mast cell-derived exosomes. *Mol Immunol* 38: 1359-1362(2002).

[43] Clayton, A. *et al.* Induction of heat shock proteins in B-cell exosomes. *J Cell Sci* 118: 3631-3668(2005).

[44] Taylor, D. D. & Gerçel-Taylor, C. Tumour-derived exosomes and their role in cancer-associated T-cell signalling defects. *Br J Cancer* 92: 305-311(2005).

[45] van Niel, G. *et al.* Intestinal epithelial cells secrete exosome-like vesicles. *Gastroenterology* 121: 337-349(2001).

[46] Fauré, J. *et al.* Exosomes are released by cultured cortical neurones. *Mol Cell Neurosci* 31: 642-648(2006).

[47] Gupta, S. & Knowlton, A.A. HSP60 trafficking in adult cardiac myocytes: role of the exosomal pathway. *Am J Physiol Heart Circ Physiol*, 292: H3052-3056(2007).

[48] Lai, R. C. *et al.* Exosome secreted by MSC reduces myocardial ischemia/reperfusion injury. *Stem Cell Res* 4: 214-222(2010).

[49] de Jong, O. G. *et al.* Cellular stress conditions are reflected in the protein and RNA content of endothelial cell-derived exosomes. *J Extracell Vesicles* 2012.1.

[50] Pan, B.T. *et al.* Electron microscopic evidence for externalization of the transferrin receptor in vesicular form in sheep reticulocytes. *J Cell Biol* 101: 942-948(1985).

[51] Liang, H. *et al.* MicroRNA-223 delivered by platelet-derived microvesicles promotes lung cancer cell invasion via targeting tumor suppressor EPB41L3. *Mol Cancer* 14: 58(2015).

[52] Zhao, L. *et al.* The role of exosomes and "exosomal shuttle microRNA" in tumorigenesis and drug resistance. *Cancer Lett* 356: 339-346(2015).

[53] Segura, E., *et al.* Théry, Mature dendritic cells secrete exosomes with strong ability to induce antigen-specific effector immune responses. *Blood Cells Mol Dis* 35: 89-93(2005).

[54] Zitvogel, L. *et al.* Eradication of established murine tumors using a novel cell-free vaccine: dendritic cell-derived exosomes. *Nat Med* 4: 594-600(1998).

[55] Liu, Y. *et al.* Tumor Exosomal RNAs Promote Lung Pre-metastatic Niche Formation by Activating Alveolar Epithelial TLR3 to Recruit Neutrophils. *Cancer Cell* 30: 243-256(2016).

[56] Kim, S. H. *et al.* Exosomes derived from IL-10-treated dendritic cells can suppress inflammation and collagen-induced

arthritis. *J Immunol* 174: 6440-6448(2005).

[57] Choudhuri, K. *et al*. Polarized release of T-cell-receptor-enriched microvesicles at the immunological synapse. *Nature* 507: 118-123(2014).

[58] Budnik, V., C. *et al*. Extracellular vesicles round off communication in the nervous system. *Nat Rev Neurosci* 17: 160-172(2016).

[59] Rajendran, L. *et al*. Emerging roles of extracellular vesicles in the nervous system. *J Neurosci* 34: 15482-15489(2014).

[60] Tomlinson, P. R. *et al*. Identification of distinct circulating exosomes in Parkinson's disease. *Ann Clin Transl Neurol* 2: 353-361(2015).

[61] Coleman, B. M. & Hill, A. F. Extracellular vesicles-Their role in the packaging and spread of misfolded proteins associated with neurodegenerative diseases. *Semin Cell Dev Biol* 40: 89-96(2015).

[62] Zhu, C.Y. *et al*. Propagation of dysbindin-1B aggregates: exosome-mediated transmission of neurotoxic deposits. *Neuroscience* 291: 301-316(2015).

[63] Perez-Gonzalez, R. *et al*. The exosome secretory pathway transports amyloid precursor protein carboxyl-terminal fragments from the cell into the brain extracellular space. *J Biol Chem* 287: 43108-43115(2012).

[64] Guo, B.B. *et al*. The neutral sphingomyelinase pathway regulates packaging of the prion protein into exosomes. *J Biol Chem* 290: 3455-3467(2015).

[65] Wolfers, J. *et al*. Tumor-derived exosomes are a source of shared tumor rejection antigens for CTL cross-priming. *Nat Med* 7: 297-303(2001).

[66] Blanchard, N. *et al*. TCR activation of human T cells induces the production of exosomes bearing the TCR/CD3/zeta complex. *J Immunol* 168: 3235-3241(2002).

[67] Valadi, H. *et al*. Exosome-mediated transfer of mRNAs and microRNAs is a novel mechanism of genetic exchange between cells. *Nat Cell Biol* 9: 654-659(2007).

[68] Qu, J.L. *et al*. Gastric cancer exosomes promote tumour cell proliferation through PI3K/Akt and MAPK/ERK activation. *Dig Liver Dis* 41: 875-880(2009).

[69] Higginbotham, J.N. *et al*. Amphiregulin exosomes increase cancer cell invasion. *Curr Biol* 21: 779-786(2011).

[70] Sung, B., *et al*. Role of exosomes in promoting directional migration of cancer cells. *Molecular Biology of The Cell*. 750: 20814-22755(2015).

[71] Singh, R. *et al*. Exosome-mediated transfer of miR-10b promotes cell invasion in breast cancer. *Mol Cancer* 13: 256(2014).

[72] Graves, L. E. *et al*. Proinvasive properties of ovarian cancer ascites-derived membrane vesicles. *Cancer Res* 64: 7045-7049(2004).

[73] Hood, J.L.*et al*.Paracrine induction of endothelium by tumor exosomes. *Lab Invest* 89: 1317-1328(2009).

[74] Ratajczak, J. *et al*. Membrane-derived microvesicles: important and underappreciated mediators of cell-to-cell communication. *Leukemia* 20: 1487-1495(2006).

[75] Skog, J. *et al*. Glioblastoma microvesicles transport RNA and proteins that promote tumour growth and provide diagnostic biomarkers. *Nat Cell Biol* 10: 1470-1476(2008).

[76] Zhang, B. *et al*. Mesenchymal stem cells secrete immunologically active exosomes. *Stem Cells Dev* 23: 1233-1244(2014).

[77] Costa-Silva, B. *et al*. Pancreatic cancer exosomes initiate pre-metastatic niche formation in the liver. *Nat Cell Biol* 17: 816-826(2015).

[78] Zhou, M. *et al*. Pancreatic cancer derived exosomes regulate the expression of TLR4 in dendritic cells via miR-203. *Cell Immunol* 292: 65-69(2014).

[79] Clayton, A. *et al*. Antigen-presenting cell exosomes are protected from complement-mediated lysis by expression of CD55

and CD59. *Eur J Immunol* 33: 522-531(2003).

[80] Pant, S. *et al.* The multifaceted exosome: biogenesis, role in normal and aberrant cellular function, and frontiers for pharmacological and biomarker opportunities. *Biochem Pharmacol* 83: 1484-1494(2012).

[81] Revenfeld, A.L. *et al.* Diagnostic and prognostic potential of extracellular vesicles in peripheral blood. *Clin Ther* 36: 830-846(2014).

[82] Kumar, D. *et al.* Biomolecular characterization of exosomes released from cancer stem cells: Possible implications for biomarker and treatment of cancer. *Oncotarget* 6: 3280-3291(2015).

[83] Mishra, P. J. Non-coding RNAs as clinical biomarkers for cancer diagnosis and prognosis. *Expert Rev Mol Diagn* 14: 917-919(2014).

[84] Schwarzenbach, H. The clinical relevance of circulating, exosomal miRNAs as biomarkers for cancer. *Expert Rev Mol Diagn* 15: 1159-1169(2015).

[85] Noerholm, M. *et al.* RNA expression patterns in serum microvesicles from patients with glioblastoma multiforme and controls. *BMC Cancer* 12: 22(2012).

[86] Taylor, D.D. and C. Gercel-Taylor, MicroRNA signatures of tumor-derived exosomes as diagnostic biomarkers of ovarian cancer. *Gynecol Oncol* 110: 13-21(2008).

[87] Melo, S. A. *et al.* Glypican-1 identifies cancer exosomes and detects early pancreatic cancer. *Nature* 523: 177-182(2015).

[88] Kawikova, I. & Askenase, P. W. Diagnostic and therapeutic potentials of exosomes in CNS diseases. *Brain Res* 1617: 63-71(2015).

[89] Masyuk, A.I. *et al.* Exosomes in the pathogenesis, diagnostics and therapeutics of liver diseases. *J Hepatol* 59: 621-625(2013).

[90] Spanu, S.*et al.*Urinary exosomes: a novel means to non-invasively assess changes in renal gene and protein expression. *PLoS One* 9: e109631(2014).

[91] Levänen, B. *et al.* Altered microRNA profiles in bronchoalveolar lavage fluid exosomes in asthmatic patients. *J Allergy Clin Immunol* 131: 894-903(2013).

[92] Hoefer, I. E. *et al.* Novel methodologies for biomarker discovery in atherosclerosis. *Eur Heart J* 36: 2635-2642(2015).

[93] Taylor, D. D. & Shah, S. Methods of isolating extracellular vesicles impact down-stream analyses of their cargoes. *Methods* 87: 3-10(2015).

[94] Tan, S.S. *et al.* Therapeutic MSC exosomes are derived from lipid raft microdomains in the plasma membrane. *J Extracell Vesicles* 23(2013).

[95] Baglio, S.R. *et al.* Mesenchymal stem cell secreted vesicles provide novel opportunities in (stem) cell-free therapy. *Front Physiol* 3: 359(2012).

[96] Lee, Y. *et al.* Exosomes and microvesicles: extracellular vesicles for genetic information transfer and gene therapy. *Hum Mol Genet* 21: R125-134(2012).

[97] Doeppner, T. R. *et al.* Extracellular Vesicles Improve Post-Stroke Neuroregeneration and Prevent Postischemic Immunosuppression. *Stem Cells Transl Med* 4: 1131-1143(2015).

[98] Zhang, J. *et al.* Exosomes released from human induced pluripotent stem cells-derived MSCs facilitate cutaneous wound healing by promoting collagen synthesis and angiogenesis. *J Transl Med* 13: 49(2015).

[99] Bruno, S. *et al.* Mesenchymal stem cell-derived microvesicles protect against acute tubular injury. *J Am Soc Nephrol* 20: 1053-1067(2009).

[100] Li, T. *et al.* Exosomes derived from human umbilical cord mesenchymal stem cells alleviate liver fibrosis. *Stem Cells Dev* 22: 845-854(2013).

[101] Viaud, S. *et al*. Dendritic cell-derived exosomes for cancer immunotherapy: what's next? *Cancer Res* 70: 1281-1285(2010).

[102] Bianco, N. R. *et al*. Modulation of the immune response using dendritic cell-derived exosomes. *Methods Mol Biol* 380: 443-455(2007).

[103] Robbins, P. D. & Morelli, A.E. Regulation of immune responses by extracellular vesicles. *Nat Rev Immunol* 14: 195-208(2014).

[104] Pêche, H. *et al*. Presentation of donor major histocompatibility complex antigens by bone marrow dendritic cell-derived exosomes modulates allograft rejection. *Transplantation*, 76: 1503-1510(2003).

[105] Alvarez-Erviti, L. *et al*. Delivery of siRNA to the mouse brain by systemic injection of targeted exosomes. *Nat Biotechnol* 29: 341-345(2011).

[106] Coumans, F.A.W. *et al*. Methodological Guidelines to Study Extracellular Vesicles. *Circ Res* 120: 1632-1648(2017).

[107] Beutler, E. T. *et al*. Interference of heparin with the polymerase chain reaction. *Biotechniques* 9: 166(1990).

[108] Li, P. *et al*. Progress in Exosome Isolation Techniques. *Theranostics* 7: 789-804(2017).

曾科　博士，南京大学生命科学学院教授、江苏省小核糖核酸工程研究中心主任、国家肾脏病临床中心特聘教授及全军肾脏病研究所副所长。先后获得国家“长江学者”“杰出青年基金”“国务院特殊津贴”“谈家桢生命科学创新奖”。作为项目负责人，承担科技部“蛋白质机器与生命过程调控”重大专项、973 计划及多项国家自然科学基金，受聘为美国免疫学学会委员。2008 年，作为血清 miRNA 的重要发现者之一，在国际上首次全面描绘了健康受试者和癌症患者的整个血清 miRNA 表达谱，揭示了癌症状态下血清 miRNA 的特异表达模式，显示了血清 miRNA 作为新型肿瘤标志物的巨大应用潜力。迄今在 *Nature Microbiology*、*Nature Communication*、*PNAS*、*JASN* 和 *Diabetes* 等一流杂志发表论文 200 余篇，累计引用 10 000 余次，单篇最高引用逾 2000 次。

第 44 章　表观遗传相关药物

罗　成　陈示洁　陈彦韬　徐　盼　陆文超　张汝康　蒋　昊　廖丽萍　张　豪　王　晨

中国科学院上海药物研究所

本章概要

本章以表观遗传的重要靶点为出发点，综合介绍了表观遗传中包括修饰酶、去修饰酶、阅读子、蛋白质-蛋白质相互作用在内多个重要靶点的功能机制及其与疾病间的联系，并进一步阐述这些靶点涉及的药物研究现状。已上市的表观药物主要包括针对骨髓增生异常综合征（MDS）的阿扎胞苷和地西他滨等 DNA 甲基化酶核苷类药物，伏立诺他、罗米地辛、西达本胺等用于治疗多种淋巴瘤和骨髓瘤的靶向组蛋白去乙酰化酶的药物，以及用于治疗上皮样肉瘤的靶向组蛋白赖氨酸甲基转移酶的药物 Tazemetostat。此外，一些在药物性能上进行改进或针对其他疾病的表观遗传药物也在临床研制中。

基于表观遗传药物现存的问题和已有的研究基础，表观遗传先导化合物的发现及优化十分必要。文章论述了靶向 writer 蛋白、reader 蛋白、PPI 界面的抑制剂及一些化合物的研究进展，而后具体指出表观遗传药物从靶标发现至药物设计所面临的问题及难点所在，最后总结出表观遗传药物在化学探针和药物联用方面的应用情况，分析其面临的挑战并提出展望。

44.1　表观遗传重要靶点简介

表观遗传学中存在多种转录或翻译后修饰，如甲基化、乙酰化、磷酸化等，这些修饰的变化由修饰酶和去修饰酶调控。特定修饰的 DNA 或组蛋白又会被其他调控蛋白所识别，进而调控下游基因的表达。往往异常的修饰会影响正常的生理功能，导致疾病的发生发展。因此，表观遗传修饰相关蛋白已成为疾病治疗的重要潜在靶点。本节将针对表观遗传重要靶点介绍其主要功能机制及其与疾病的关系。

44.1.1　表观遗传中的修饰酶

1. DNA 甲基转移酶

在哺乳动物中，DNA 甲基转移酶（DNMT）主要承担 DNA 的甲基化修饰功能，主要包括 DNMT1、DNMT3A 和 DNMT3B。其中，DNMT1 是维持性甲基化转移酶，负责遗传和维持全基因组甲基化水平；DNMT3A 和 DNMT3B 是从头甲基化酶，负责催化新生 DNA 链上的甲基化。

DNA 的甲基化在胚胎正常发育、维持 X 染色体失活、染色体修饰、基因表达和沉默等方面都具有重要作用，其异常与心血管疾病、神经系统失调、代谢紊乱、肿瘤等疾病的发生发展有着密切联系[1]。研究人员发现在肿瘤中 DNA 甲基化水平整体偏低，但是大部分 CpG 岛被高度甲基化，如与细胞周期、肿瘤细胞迁移、DNA 修复、转录和凋亡相关的抑癌基因等，这些基因启动子区域的高度甲基化使其无法正常表达。而 DNA 甲基化异常与 DNMT 的功能表达异常密切相关，因此 DNMT 已成为抗肿瘤的重要靶点。

2. 组蛋白甲基转移酶

DOT1L 是一个非 SET 结构域的组蛋白甲基转移酶（HMT），并且是唯一能够催化核小体组蛋白 H3 上 79 位赖氨酸上甲基化的修饰酶。DOT1L 参与调控多种生理和病理过程，如基因转录、DNA 修复、细胞周期、胚胎发育、内环境稳态等。在含有 MLL 融合型基因的白血病中，DOT1L 被异常招募，从而导致 H3K79 甲基化水平上调、促白血病生成基因如 HOXA9 和 MEIS1 的表达。同时体外试验证明，抑制 MLL 融合型转化细胞中 DOT1L 的表达或使其失活，能够诱导细胞分化和凋亡。因此，DOT1L 是治疗 MLL 融合型基因白血病（如急性髓系白血病、急性淋巴细胞白血病和混合谱系白血病）的重要靶点，其为 MLL 融合型白血病提供了新的临床治疗方案。

组蛋白甲基转移酶 EZH2 负责催化组蛋白 H3K27 的一、二、三甲基化修饰，从而调控基因的表达。EZH2 的过表达及其介导的 H3K27 的高甲基化与乳腺癌、前列腺癌、恶性淋巴瘤和白血病等多种肿瘤发生密切相关，过表达的 EHZ2 可以抑制多种抑癌基因及促分化基因的表达，从而加速肿瘤的发生和恶化。除了过表达之外，研究人员发现 EZH2 在弥漫性大 B 细胞淋巴瘤（DLBCL）中会发生突变，导致肿瘤细胞中积累大量的三甲基化 H3K27。故 EZH2 成为恶性淋巴瘤治疗的重要靶标，吸引了众多医药研发公司进行相关抑制剂的开发。

除了赖氨酸甲基转移酶（KMT），精氨酸甲基转移酶 PRMT 作为重要的靶标，目前可分为三类：Ⅰ类主要负责催化精氨酸的一甲基化和不对称二甲基化，包括 PRMT1、PRMT2、PRMT3、PRMT4、PRMT6 和 PRMT8；Ⅱ类催化一甲基化和对称二甲基化，包括 PRMT5 和 PRMT9；Ⅲ类精氨酸甲基转移酶只包括 PRMT7，主要催化精氨酸的一甲基化。研究表明，PRMT 参与机体内众多生理过程，包括转录调控、DNA 修复、信号转导和细胞周期等。PRMT 的异常表达也与多种癌症相关。其中，PRMT1 作为细胞内主要的甲基转移酶，负责催化约 90%的精氨酸甲基化，在前列腺癌、乳腺癌、结肠癌、膀胱癌及白血病中都存在高表达的现象，在前列腺癌中 PRMT1 高表达会使 H3R3me2a 水平增加、转录激活，促进肿瘤细胞的增殖，使肿瘤进一步恶化；此外，PRMT2、PRMT3 、PRMT4 、PRMT6 在前列腺癌、乳腺癌、膀胱癌等中也发现高表达；PRMT5 作为精氨酸对称二甲基化催化酶，被认为是介导多种癌症发生发展的重要原癌基因。除了高表达，PRMT7 在转移性乳腺癌中被发现与肿瘤转移有关；PRMT8 在卵巢癌、皮肤癌和大肠癌中存在突变[2]。因此，PRMT 家族蛋白是表观遗传学药物开发的重要靶点。

除了 DNA 甲基化发挥着重要作用外，组蛋白甲基化在体内也扮演着重要的角色。组蛋白甲基化修饰主要发生在精氨酸和赖氨酸残基上，因此 HMT 可以分为精氨酸甲基转移酶（PRMT）和赖氨酸甲基转移酶（KMT）。下面主要介绍几种重要的靶点蛋白。

3. 组蛋白乙酰转移酶

组蛋白乙酰转移酶（HAT）主要催化组蛋白赖氨酸的乙酰化，也可催化 N 端丝氨酸位点乙酰化，但其底物并不局限于组蛋白，对于非组蛋白赖氨酸也能催化其乙酰化的修饰。组蛋白乙酰转移酶通过与辅因子乙酰辅酶 A 结合，将乙酰辅酶 A 的乙酰基催化转移到赖氨酸上 ε 位的氨基上，乙酰化修饰能够中和赖氨酸上的正电荷，减弱组蛋白和带负电 DNA 的作用，从而使转录起始复合物更容易结合到 DNA 上，激活下游基因的转录。乙酰转移酶主要分为三大家族，包括 GNAT 家族、MYST 家族，以及 PCAF、p300/CBP 在内的其他家族。组蛋白乙酰化修饰异常与很多癌症相关，很多研究认为组蛋白的高乙酰化能够激活抑癌基因的表达，从而抑制肿瘤的发生和生长，但同时也有证据表明组蛋白的高乙酰化会导致基因组的不稳定，导致癌症发生。

44.1.2 表观遗传中的去修饰酶

1. 组蛋白去乙酰化酶

组蛋白去乙酰化酶（HDAC）可去除组蛋白赖氨酸上的乙酰化修饰，分为三类：分布在细胞核内的HDAC1、2、3、8 为第一类；能够从胞质进入到核内的 HDAC4、5、6、7、9、10 为第二类；分布在各个细胞器内的 SIRT1-7 为第三类。组蛋白去乙酰化酶对乙酰化水平的调控具有重要的作用，可通过去乙酰化组蛋白或非组蛋白参与细胞周期、凋亡、DNA 损伤修复、代谢、血管生成、自噬调控等过程，在多种实体瘤和非实体瘤中都存在去乙酰化酶的表达异常或者功能异常。不同乙酰化转移酶的表达水平不同，对肿瘤的发生发展影响也不相同，在多种实体瘤中组蛋白去乙酰化酶的高表达与预后差相关，如 HDAC1、HDAC2、HDAC3 在肺癌、肝癌、乳腺癌、胃癌、结肠癌、卵巢癌、前列腺癌、膀胱癌中都高表达；HDAC8、HDAC10 在成神经细胞瘤中高表达，在血液系统恶性肿瘤中组蛋白去乙酰化酶均为过表达。但也存在组蛋白去乙酰化酶的低表达与预后差相关，如在肺癌中 HDAC5、HDAC10 低表达，在胃癌中 HDAC10 低表达，在宫颈癌中 HDAC10 的低表达与淋巴结转移相关；在肝移植患者中 HDAC6 的低表达与生存期短有关。

2. 去甲基化酶

mRNA 中的 6-甲基化腺苷（m^6A）是 RNA 中的常见保守修饰，mRNA 腺苷酸的 6-甲基化修饰可由 RNA 去甲基化酶（demethylases）去除，如 FTO（ALKBH9）和 ALKBH5。FTO（fat mass and obesity associated protein）是第一个发现的去 6-甲基化修饰的甲基转移酶，其依赖于 α-酮戊二酸的双加氧酶，通过产生两个中间产物 6-羟甲基腺苷（hm^6A）和 6-甲酸腺苷（f^6A）从而去除甲基。FTO 的底物可以是 RNA 上的 3-甲基尿嘧啶，也可以是单链 DNA 上的 3-甲基胸腺嘧啶，FTO 所调控的 6-甲基化腺苷的稳定与人大脑发育和心血管系统发育密切相关。FTO 的突变会导致隐性致死综合征，表现为出生后生长缓慢、小头畸形、运动迟缓、大脑缺陷和心脏缺陷等[4]。RNA 的第二个去甲基化修饰酶是 ALKBH5，研究发现小鼠中缺乏 ALKBH5，导致 mRNA 的 6-甲基化腺苷上升。

第一个被发现的组蛋白去甲基化酶是 LSD1（lysine-specific demethylase 1），它能够特异性去除单甲基化和二甲基化组蛋白 H3 第 4 位赖氨酸（H3K4）和第 9 位赖氨酸（H3K9）修饰，从而调控基因的表达。在胚胎发育和肿瘤发生发展等过程中发挥关键作用。在多种癌症如前列腺癌、急性髓系白血病、神经管细胞瘤、肺癌等中发现 LSD1 表达明显升高，过表达的 LSD1 激活癌基因的表达，协助维持肿瘤细胞的生长，参与肿瘤的进展和恶化，是表观遗传领域十分重要的抗肿瘤药物靶标[4]。

44.1.3 表观遗传中的阅读子

表观遗传中的各种特殊修饰会被一类特殊的蛋白质识别并结合，即表观遗传的阅读子（epigenetic reader）。通过识别特定的修饰，表观遗传阅读子可调控下游相关基因的表达，参与体内众多的生理过程。目前研究较多的表观遗传阅读子包括：识别乙酰化修饰的布罗莫结构域（bromodomain）蛋白，识别赖氨酸甲基化的 PHD（plant homeodomain）结构域蛋白，识别赖氨酸和精氨酸甲基化的恶性脑瘤结构域（malignant brain tumor domain，MBT）蛋白等。这些阅读子与疾病发生发展密切相关，已成为表观遗传领域中重要的调控靶点。

布罗莫结构域蛋白能够特异性识别组蛋白及其他蛋白质的乙酰化修饰，并招募相关蛋白复合物调控下游基因的表达。目前，研究共发现 46 种蛋白质，包括 61 个布罗莫结构域，被分为 8 个家族。其中，BET（bromodomain and extra-terminal）家族的 BRD4（bromodomain-containing protein 4）研究得最为透彻。除了与乙酰化组蛋白结合调控下游致癌基因的表达外，BRD4 还能够招募正向转录延伸因子 b（P-TEFb）到启动子区域，激活 RNA 聚合酶 II 的磷酸化并调节致癌基因 *c-Myc* 的表达。BET 家族蛋白的表达异常与多种疾病的发生发展有着密切的联系，已知 BET 家族相关的疾病包括白血病、多发性骨髓瘤、淋巴瘤及其他的实体瘤等，因此 BET 家族已成为多种疾病的有效治疗靶点。

UHRF1 作为表观遗传的调控蛋白，起到了连接 DNA 甲基化修饰和组蛋白编码的作用。在结构上，UHRF1 含有 5 个功能性的识别因子结构域，能识别并结合很多特定修饰的蛋白质以及非蛋白（如甲基化修饰的 DNA）伴侣，调控 DNA 甲基化、染色质修饰、细胞增殖及 DNA 修复。UHRF1 的异常表达与多种恶性肿瘤，如喉部鳞状细胞癌、乳腺癌、肺癌、肝癌、胃癌、肾癌、宫颈癌、膀胱癌、结肠癌及骨肉瘤等疾病相关。

44.1.4　表观遗传中的蛋白质-蛋白质相互作用

蛋白质-蛋白质相互作用（PPI）是信号传递网络中的基本组成单元，其参与调节几乎所有的重要生物过程。在表观遗传调控中，由于大多数酶都存在于多蛋白复合体中，其通过构成十分复杂精细的蛋白质相互作用网络发挥功能，因而 PPI 对表观遗传调控至关重要。PPI 网络异常也是导致多种疾病发生发展的重要因素。

组蛋白赖氨酸甲基化酶 MLL 蛋白家族包括 MLL1-4、SET1A 和 SET1B，其中只有 MLL1 与白血病有关。正常情况下，MLL1 蛋白表达经 Taspse1 切割，形成稳定的活性复合物 $MLL^{N320/C180}$。而在 MLL 重排白血病中，染色体易位导致 MLL 部分和其他基因融合，表达 MLL 融合蛋白，如 MLL 与 AF4、AF9 等基因融合表达，与白血病有密切关系。此外，研究表明 MLL 融合蛋白诱发白血病的功能依赖其与 Menin 蛋白的相互作用，Menin 作为致癌因子与 MLL1 融合后上调 *hox*、*meis1* 等造血相关靶基因，促进急性白血病的发生。因此，Menin-MLL 相互作用界面被认为是理想的白血病治疗靶标。

如前所述，EZH2 是目前表观遗传药物发现领域最热门的靶标之一，但其单独存在并没有催化活性，需要通过与至少两种辅助蛋白 EED（extraembryonic ectoderm development）和 SUZ12（suppressor of zeste 12）形成 PRC2 复合物才能发挥组蛋白赖氨酸甲基转移酶的活性[5]，这为靶向 PRC2 复合物作用界面的抑制剂发现提供了基础。

近年来，随着表观遗传学的迅速发展、表观遗传调控与疾病机制的研究深入，以表观遗传相关蛋白为靶点的药物设计及开发正迅速发展，目前已有很多小分子药物进入临床试验并表现出很好的疗效。但在针对表观遗传关键酶的药物开发中仍然面临着诸多问题与挑战，如靶标成药性机制不明确，现有药物缺乏选择性、毒副作用大、作用靶标局限，缺乏高效、准确的筛选平台等。针对这些问题，未来我们可结合计算机辅助药物设计加快药物的发现速度，发展多种实验研究手段，同时关注和靶向关键的 PPI 界面，进一步加强对靶标功能和作用机制的研究，为表观遗传相关药物的研究提供坚实的理论依据。

44.2　表观遗传药物的发展现状

正如上节所述，表观遗传相关靶点研究在过去 30 年中发展迅速，而针对重要靶点的抗肿瘤药物，不论是单一药物治疗还是药物联用，在临床前研究和临床研究方面都取得了显著成果。截至目前，已有 7 种表观遗传药物获批上市，其中包括 2 种 DNA 甲基转移酶抑制剂（阿扎胞苷和地西他滨）、5 种组蛋白去乙酰化酶抑制剂［伏立诺他（SAHA）、罗米地辛、贝利司他、帕比司他和西达本胺］、1 种组蛋白赖氨酸甲基转移酶 EZH2 抑制剂（Tazemetostat）。在这些药物中，西达本胺仅在中国获批，贝利司他和罗米地辛仅在美国获批，而其他药物则均于多个国家获批。据 Informa's Pharma Intelligence 统计，截至 2016 年，共有 112 个表观遗传药物处于研发阶段，其中约 48%的药物处于临床前研究，约 46%已进入临床研究。从药物靶点来看，除了 DNMT1 和 HDAC 外，赖氨酸特异性脱甲基酶 1A（LSD1/KDM1A）、组蛋白甲基转移酶（HMT）如 DOT1L 和 EZH2、BET 家族蛋白如 BRD4 均有药物进入临床研究，体现出表观遗传药物靶点的多样性。表 44-1 列举了相关靶点药物临床研究情况，图 44-1 为相关靶点部分药物的小分子结构。

表 44-1　表观遗传相关靶点药物

靶点	临床药物	适应证	研发阶段	参考文献
DNMT	阿扎胞苷	MDS	上市	[6]，[7]
DNMT	地西他滨	MDS，CML，AML	上市	
DNMT	SGI-110，CP-4200	MDS，AML，	临床 III 期	
		卵巢癌，肝癌，膀胱癌，胰腺癌	临床 I/II 期	
DNMT	RX-3117	膀胱癌，胰腺癌	临床 I/II 期	
HDAC	伏立诺他	CTCL	上市	[7]，[8]
HDAC	贝利司他，帕比司他	PTCL，多发性骨髓瘤	上市	
HDAC	罗米地辛	CTCL，PTCL	上市	
HDAC	西达本胺	PTCL	上市	
HDAC	CUDC-101，CUDC-907	头颈部肿瘤，胃癌，乳腺癌，肝癌，NSCLC，淋巴瘤，多发性骨髓瘤，晚期或复发实体瘤	临床 I 期	
HDAC	恩替诺特	CML，AML，NSCLC，晚期乳腺癌，转移性结肠直肠癌	临床 I/II 期	
DOT1L	EPZ-5676	复发性 MLL 重排型白血病	临床 I 期	[9]
EZH2	GSK2816126	复发性、难治性弥漫性大 B 细胞淋巴瘤，滤泡性淋巴瘤	临床 I 期	[10]
EZH2	CPI-1205	B 细胞淋巴瘤	临床 I 期	
EZH2	EPZ-6438	上皮样肉瘤	上市	
PRMT5	GSK-3326595（3326595、EPZ-015938）	实体瘤，非霍奇金淋巴瘤	临床 I 期	[11]
LSD1	TCP	AML，MDS	临床 I/II 期	[12]
LSD1	ORY-1001	复发难治急性白血病	临床 I/II 期	
LSD1	ORY-2001	阿尔茨海默病，帕金森病，亨廷顿舞蹈症	临床 I 期	
LSD1	GSK2879552	AML，小细胞肺癌	临床 I 期	
LSD1	IMG-7289	急性粒细胞白血病，MDS	临床 II 期	
BRD4	I-BET762（GSK525762A、GSK-525762、GSK-525762C）	血液系统恶性肿瘤，乳腺癌，实体瘤	临床 II 期	[13]
BRD4	CPI-0610（CPI-232、CPI-267232）	MDS，骨髓及外骨髓增殖，白血病，多发性骨髓瘤，淋巴瘤	临床 I 期	
BRD4	TEN-010（RG-6146、JQ-2）	MDS，AML，实体瘤	临床 I 期	
BRD4	ABBV-075	实体瘤，血液癌症	临床 I 期	
BRD4	OTX-015（MK-8628、Y-803）	复发性胶质瘤，实体瘤	临床 I 期	
BRD4	INCB-54329（又称 INCB-054329）	实体瘤，血液癌	临床 I 期	
BRD4	RVX-208	急性冠脉综合征，动脉粥样硬化，糖尿病前期	临床 III 期	

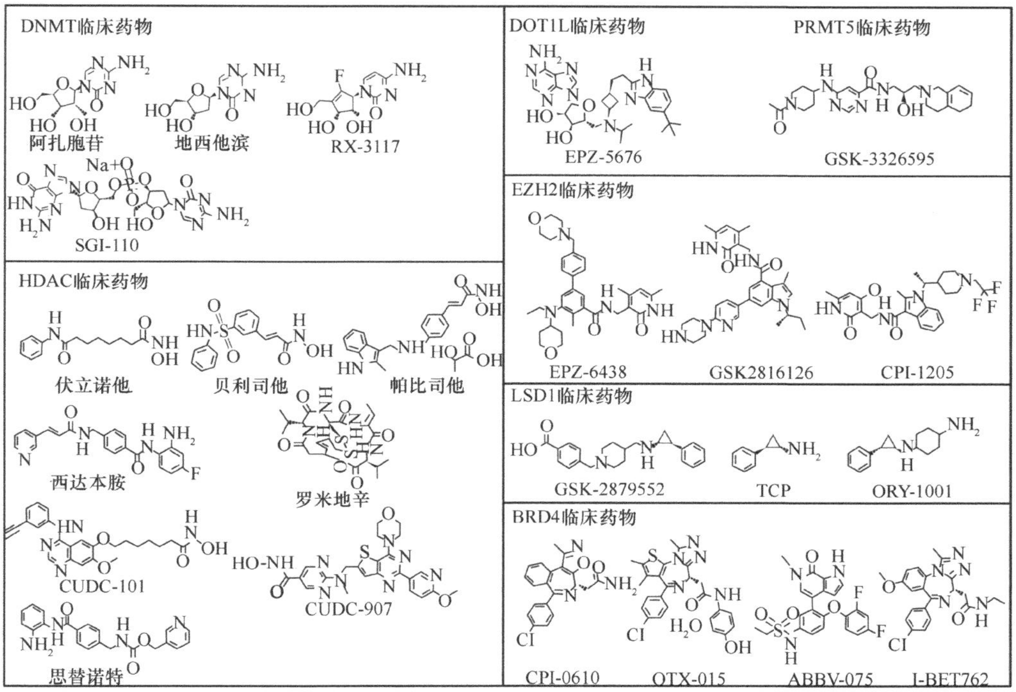

图 44-1　表观遗传重要靶点药物结构

44.2.1　已上市的表观药物概述

1. DNMT 核苷类药物及其作用机制

2004 年，阿扎胞苷作为第一个 DNMT 抑制剂被美国 FDA 批准作为骨髓增生异常综合征（MDS）的治疗药物。随后，2006 年地西他滨也被美国 FDA 批准用于 MDS 的治疗。这两种化合物最早是作为抗代谢和细胞毒性药物应用于白血病的化疗中，均属于核苷类似物，其中阿扎胞苷为 5-氮杂胞嘧啶核苷，地西他滨为 5-氮杂-2′-脱氧胞嘧啶核苷。就作用机制而言，这些抑制剂是通过其作为核苷类似物的特征，在合成DNA过程中模拟胞嘧啶插入到DNA中，在被DNMT甲基化过程中和DNMT形成共价键，使得DNMT捕获在 DNA 上激发其降解，从而抑制了 DNA 的后续甲基化。阿扎胞苷和地西他滨最大的区别在于，阿扎胞苷可以同时插入到 DNA 和 RNA 中，而地西他滨仅限于 DNA。

20 世纪 60 年代，阿扎胞苷和地西他滨最初作为细胞毒性抗癌药物研究，高剂量的药物并没有获得临床试验成功。但进一步研究发现，这些药物在低剂量时可以通过抑制 DNA 甲基化引起细胞分化。事实上，高剂量的地西他滨和阿扎胞苷可以抑制细胞增殖和 DNA 合成，而插入到新合成的 DNA 和后续去甲基化过程均依赖于细胞增殖。随后早期的临床试验也证实连续低剂量处理时，可引起 DNA 去甲基化和更好的临床药物响应。在 MDS 的 III 期临床试验中，患者接受阿扎胞苷治疗的响应率达到 60%，并且有效延迟了白血病的发生（21 个月 vs. 13 个月）；而地西他滨治疗也显示出了更高的响应率（17% vs. 0%）并推迟了 MDS 的发生或死亡时间（12.1 个月 vs. 7.8 个月）[6]。

除 MDS 之外，地西他滨也被用于急性髓系白血病（AML）和慢性髓系白血病（CML）的临床试验中，并在欧洲获批用于 AML 治疗。除血液病外，目前将它们应用于不同癌症，尤其是实体瘤相关的临床试验正在进行，例如，阿扎胞苷和地西他滨在用于治疗胰腺癌、卵巢癌和膀胱癌上正处于临床试验阶段；此外，阿扎胞苷或地西他滨与 HDAC 抑制剂联合使用，在非小细胞肺癌患者中也显示出一定的客观性治疗反应。

2. 靶向 HDAC 的药物及其作用机制

伏立诺他是最早获批上市的 HDAC 抑制剂，2006 年美国 FDA 批准其为治疗皮肤 T 细胞淋巴瘤（CTCL）的药物。作为非选择性的广谱 HDAC 抑制剂，SAHA 可以抑制所有的锌离子依赖的 HDAC。临床前试验证明 SAHA 可诱导肿瘤细胞凋亡，引起细胞周期阻滞和减少细胞增殖及转移。此外，SAHA 还可以增强肿瘤细胞化疗和放疗的敏感性。其他的两个基于异羟肟酸的非选择性 HDAC 抑制剂——贝利司他和帕比司他也被美国 FDA 批准分别用于外周 T 细胞淋巴瘤（PTCL）和多发性骨髓瘤。

罗米地辛是大环拟肽类化合物，属于第二代组蛋白乙酰转移酶抑制剂，可以选择性地抑制 HDAC1 和 HDAC2，先后于 2009 年和 2011 年被美国 FDA 批准用于治疗 CTCL 和 PTCL[7]。

西达本胺是由深圳微芯开发的靶向 HDAC 的小分子抑制剂，于 2014 年被中国 FDA 批准上市，用于治疗 PTCL。它是国内首个获批的原创化学药，是世界首个具有 HDAC 亚型选择性和口服有效的治疗 PTCL 的药物。深圳微芯创立之初，通过化学基因组分析发现在评估的 HDAC 抑制剂中，仅仅苯胺类化合物能够诱导表达上皮细胞分化相关的基因、T 细胞受体（TCR）和 MHC I 簇基因以及死亡受体 6 相关的凋亡基因。同时，苯胺类化合物还可以抑制药物抗性基因和蛋白修饰/降解通路相关基因。基于此，经过一系列的计算化学和药物化学，以及化学基因组分析和其他的生物学方法，从以苯胺为原型的化合物中最终开发出西达本胺。从分子机制上来说，西达本胺可以选择性地抑制 HDAC、1、2、3 和 10 的乙酰转移酶活性。在细胞水平，其可以抑制血液细胞和淋巴衍生的肿瘤细胞的生长，并且诱导凋亡，逆转上皮-间质转变和肿瘤细胞的抗药性。更重要的是，西达本胺能够增强 NK 细胞和抗原特异性 $CD8^+$ 细胞毒性的 T 淋巴细胞介导的抗肿瘤免疫[8]。

3. 靶向 EZH2 的药物及其作用机制

EZH2 作为表观遗传一个重要的靶标，参与众多肿瘤的发生发展。Epizyme 公司于 2012 年报道了 EPZ-005687，其为 EZH2 SAM 竞争性、选择性抑制剂。EPZ-005687 对 EZH2/PRC2 酶的 IC_{50} 为 50nmol/L，K_i 为 24nmol/L。继 EPZ-005687 之后，Epizyme 公司又报道了 Tazemetostat（EPZ-6438），进一步提高了其酶抑制活性，作用机制与 EPZ-005687 类似。此外，Tazemetostat 在动物药代动力学实验中具有更好的口服生物利用度。 研究人员发现，在上皮样肉瘤患者中 90%以上会伴有 INI1 蛋白缺失。这种蛋白缺失会导致 EZH2 酶过度活跃，促使癌细胞的恶性增生。临床研究表明，*INI1* 基因丢失的患者口服 tazemetostat 后，总客观缓解率（ORR）为 15%，其中 1.6%的患者完全缓解，部分缓解率为 13%。有 67%的患者即使肿瘤没有明显缩小，病情也没有再继续恶化，持续响应超过半年甚至更长。由于上皮样肉瘤患者目前还没有特别有效的治疗方法，只能进行化疗，生存期往往只有几个月。Tazemetostat 的出现为该类患者带来福音。2020 年 1 月，Tazemetostat 被美国 FDA 审批通过，用于治疗不适合手术的、转移性或局部晚期上皮样肉瘤患者。其作为首个 first-in-class 的 EZH2 口服小分子药物进入市场。

44.2.2 临床在研药物概述

1. DNMT 临床在研药物

靶向 DNMT 的临床药物主要是核苷类似物，如 SGI-110 和 CP-4200。SGI-110 最早是为了规避阿扎胞苷和地西他滨的代谢不稳定性而开发，其可以抵抗胞苷脱氨酶的作用。在肿瘤移植模型中，SGI-110 显现出良好的活性。目前，SGI-110 在 MDS 和 AML 中的适应证研究已处于临床 III 期，在实体瘤如卵巢癌和肝癌上的研究也处在临床 I 期或 II 期。此外，为了改善核苷类似物抑制剂的胞内释放问题，CP-4200 作为阿扎胞苷的前药被开发出来，为阿扎胞苷反油酸酯。DNMT 的另一小分子抑制剂 RX-3117，用于治疗实体瘤如膀胱癌、胰腺癌的研究，也已处在临床 I 期或 II 期[7]。

2. HDAC 临床在研药物

目前，20 多种不同的 HDAC 抑制剂处于临床研究的各个阶段，或作为单一疗法，或与化疗、放疗试剂联用治疗血液病或实体瘤，从化学结构上来说主要分为四类：异羟肟酸类、苯胺类、环多肽类及脂肪酸类。从作用机制上来说，其中研究得最为广泛的靶向 HDAC 药物是非选择性的 HDAC 抑制剂。然而，这些药物的疗效大多局限于血液系统恶性肿瘤，如白血病、淋巴瘤、多发性骨髓瘤，而作为单一疗法在实体瘤上的疗效并不乐观[8]。

CUDC-101 和 CUDC-907 是异羟肟酸类的代表，可作用于一型和二型 HDAC。此外，CUDC-101 对表皮生长因子受体（EGFR）、人类表皮生长因子受体 2（HER2）都有很强的抑制活性；CUDC-907 同样也是多靶点抑制剂，除 HDAC 外还可作用于磷脂酰肌醇-3 激酶（PI3K）。目前，CUDC-101 处于临床 I 期，评估其在实体瘤如头颈部肿瘤、胃癌、乳腺癌、肝癌及非小细胞肺癌（NSCLC）上的治疗效果。CUDC-907 也处于临床 I 期，主要适应证为淋巴瘤、多发性骨髓瘤和晚期或复发实体瘤。其他的处于临床研究阶段的异羟肟酸类 HDAC 抑制剂还包括瑞米司他（resminostat）、givinostat、pracinostat 等[8]。

恩替诺特（Entinostat）是美国 Syndax 公司研发的一种口服的、高选择性的 HDAC 抑制剂，主要针对 HDAC1 和 HDAC2，在多种类型肿瘤（包括乳腺癌和肺癌）中均展现诱人的治疗潜力。在临床试验中，恩替诺特和阿扎胞苷联用，治疗 CML、AML 和 NSCLC，以及晚期乳腺癌和转移性结肠直肠癌。研究表明，这两种表观遗传调节剂联用效果比单用更好，可以诱导 DNA 损伤，使得食管癌细胞凋亡并抑制其迁移。值得一提的是，恩替诺特可以和 PD-1 或者 PD-L1 的抗体联用。例如，默沙东 PD-1 免疫疗法 Keytruda 与恩替诺特联合治疗 NSCLC 和黑色素瘤；罗氏 PD-L1 药物 Atezolizumab 与恩替诺特联用等[8]。

其他的脂肪酸类 HDAC 抑制剂，如丙戊酸（VPA）、苯丁酸（phenylbutyrate）AR-42 和 pivanex，目前都处于临床 I 期或 II 期，仍在探索其在实体瘤或血液恶性肿瘤上的治疗效果[8]。

3. HMT 临床在研药物

DOT1L 是负责催化 H3K79 甲基化修饰的组蛋白甲基转移酶，其异常表达与血液系统恶性肿瘤的发生发展密切相关。Epizyme 公司发现了首个有效的 DOT1L 小分子抑制剂——EPZ004777，其具有较高的抑制活性。然而 EPZ004777 药代动力学性质不够理想、血浆半衰期短，因此未能进入临床研究，现主要作为探针化合物来研究 DOT1L 的功能。在 EPZ004777 的结构基础上，Epizyme 公司进一步对 EPZ004777 进行基于结构的优化改造，得到了 DOT1L 小分子抑制剂——EPZ-5676。DOT1L 与 EPZ-5676 复合物晶体结构显示：EPZ-5676 占据 DOT1L 的 SAM 结合口袋，诱使其发生构象变化，在 SAM 的上方打开一个疏水口袋。在活性方面，EPZ-5676 对 DOT1L 的选择性远好于 EPZ004777，对其他蛋白甲基转移酶的选择性大于 37 000 倍。在药代动力学性质方面，虽然 EPZ-5676 的药代动力学性质较 EPZ004777 有所提高，但其口服生物利用度仍然较低，想要达到最佳活性并抑制肿瘤生长仍需连续静脉给药 14 天以上。EPZ-5676 是到目前为止针对 DOT1L 靶标唯一进入临床研究的小分子抑制剂，目前正在进行针对复发性 MLL 重排型白血病的临床 I 期研究，且已进入用确定的剂量及给药时间进一步评价安全性及有效性的第二阶段研究[9]。

EZH2 是另一个被广泛研究的 HMT，其过表达及甲基转移酶活性异常与多种癌症的发生发展相关。各跨国制药公司、药物研发机构研发了一系列靶向 EZH2 的小分子抑制剂。除了第一个发现的 EZH2 小分子抑制剂——DZNep 是通过间接性抑制 SAH 发挥效应外，后续报道的 EZH2 小分子抑制剂均是含有吡啶酮结构片段的 SAM 类似物，通过与 SAM 竞争结合 EZH2 的 SET 结构域中 SAM 结合口袋来发挥抑制作用。在 DZNep 之后，诺华公司研发了 EI1。虽然 EI1 能有效降低 B 细胞淋巴瘤中的甲基化水平，但 EI1 仅能抑制含 EZH2 突变体的肿瘤细胞的生长。第一代 EZH2 小分子抑制剂还有 GSK126、EPZ005687、GSK2816126 等。其中，葛兰素史克公司的化合物 GSK2816126 目前已进入针对复发性、难治性弥漫性大 B 细胞淋巴瘤（DLBCL）及滤泡性淋巴瘤患者的临床 I 期研究。此外，Constellation 公司研发 CPI-1205，有 3 个临床研究项目处于 I/II 期，继 CPI-1205 之后第二代 EZH2 抑制剂 CPI-0209 也进入临床 I/II 期研究。临床 I 期研究主要用于确定最大耐受剂量（MTD）及最佳给药剂量；一旦剂量确定，临床 II 期研究主要进行安全性及有效性评估[10]。

在 HMT 中，PRMT 作为精氨酸甲基转移酶也是一类重要的药物作用靶标。目前，已报道了诸多 PRMT 的小分子抑制剂，但成功进入临床的小分子抑制剂屈指可数，包括靶向 PRMT5 的 GSK-3326595（又称 3326595、EPZ-015938），目前处于临床 I/II 期。其由葛兰素史克和 Epizyme 共同研发，用于治疗乳腺癌和非霍奇金淋巴瘤[11]。

4. LSD1A/KDM1A 临床在研药物

反式环苯丙胺（TCP）是首个 LSD1 抑制剂，其长期以来一直作为治疗抑郁症的药物。虽然 TCP 能够抑制 LSD1 活性，其作为不可逆共价抑制剂，对胺氧化酶家族的选择性较差。研究发现，TCP 可以开启全反式维甲酸（ATRA）作用的基因，增强急性髓系白血病细胞对维甲酸治疗的敏感性，目前 TCP、ATRA 和化疗试剂阿糖胞苷（Cytarabine）联用治疗 AML 和 MDS 的研究也进入临床 I /II 期[12]。

Oryzon 公司开发的高选择性、高活性的 LSD1 抑制剂 ORY-1001，目前也进入临床 I/II 期 A 试验，探索其在复发难治急性白血病上的疗效。ORY-1001 的 IC_{50} 值约 18nmol/L，对 MAO 和 LSD2 的选择性超过 1000 倍。体外研究表明，ORY-1001 可以时间和剂量依赖性的引起 LSD1 靶基因相关的 H3K4me2 累积。在 2014 年，罗氏公司和 Oryzon 公司达成合作，共同开展 LSD1 抑制剂研发项目和推进 ORY-1001 的后续发展。Oryzon 公司开发的另一种 LSD1/MAO-B 小分子抑制剂 ORY-2001 目前也处于临床 I 期，用于治疗神经退行性疾病，如阿尔茨海默病、帕金森病和亨廷顿舞蹈症[12]。

ORY-1001 以及 ORY-2001 都属于 TCP 类 LSD1 共价抑制剂，除此之外，该类抑制剂进入临床研究阶段的还包括：葛兰素史克（GSK）的 GSK2879552， 在 AML、MDS、小细胞肺癌（SCLC）上进入临床 I/II 期试验；Imago BioSciences 公司的 IMG-7289，处于骨髓纤维化症、原发性血小板增多症的临床 II 期试验阶段和急性粒细胞白血病、MDS 的 IIa 期临床试验阶段[12]。目前，唯一进入临床研究阶段的 LSD1 可逆抑制剂是 Celgene 公司开发的 CC-90011150，其作为单药在复发难治性实体瘤和非霍奇金氏淋巴瘤适应证中处于临床 I 期阶段。

5. BET 临床在研药物

研究发现，一些新型苯二氮唑类药物对 BET 家族蛋白有抑制作用，在此基础上诞生了第一个与溴区结构域特异性结合的 BRD4 抑制剂——JQ1。虽然 JQ1 有较好的活性，但因其半衰期短，暂时处于临床前研究阶段。在 JQ1 发现的同一时期，葛兰素史克公司研发了四氢喹啉类化合物 I-BET762（又称为

GSK525762A、GSK-525762、GSK-525762C），其是一种选择性的 BET 蛋白小分子抑制剂，可与 BET 家族蛋白的乙酰赖氨酸识别袋结合。I-BET762 初期被应用于炎性疾病，后期发现在多种 BRD4 高表达的肿瘤细胞实验中，其均展现较好的抑制效果，目前正在进行针对血液系统恶性肿瘤、实体瘤的临床 II 期研究。JQ1 与 I-BET762 的出现大大推动了 BRD4 小分子抑制剂的发展，此后，出现了一系列结构相似的小分子抑制剂。由 Dana-Farber 癌症研究所与罗氏公司共同研发的 TEN-010（又称 RG-6146、JQ-2）也处于临床 I 期研究，用于治疗骨髓增生异常综合征、急性骨髓性白血病、实体瘤；Constellation 公司研发的 CPI-0610（又称 CPI-232、CPI-267232）用于治疗骨髓增生异常综合征、骨髓及外骨髓增殖、白血病、多发性骨髓瘤、淋巴瘤的研究正处于临床 I 期；艾伯维公司研发的 ABBV-075 是一种针对 BRD2、BRD4 和 BRDT 的 BD 的强效选择性 BET 家族溴域抑制剂，目前处于临床 I 期，用于治疗实体瘤、血液癌症。与 I-BET762 处于同一临床研究阶段的有：由默沙东公司和田边三菱制药公司共同研发的 OTX-015（又称 MK-8628、Y-803），处于临床 I/II 期试验，用于治疗复发性胶质瘤、实体瘤，对 BRD2、BRD3 及 BRD4 都有抑制活性；Incyte 公司研发的 INCB-54329（又称 INCB-054329），用于治疗实体瘤、血液癌。目前，进入 III 期临床研究的只有 Resverlogix 公司和深圳市海普瑞公司共同研发的 RVX-208，但其适应证并不是肿瘤，该小分子抑制剂针对的是急性冠脉综合征、动脉粥样硬化、糖尿病前期[13]。

44.2.3 表观遗传现有药物的问题

虽然目前已有部分已上市的以及众多临床在研的表观遗传药物，但大量研究表明这些化合物存在不同的药效学、药代动力学及毒副作用等问题。客观存在的因素限制了这些药物的适应证范围，也在一定程度上决定了表观遗传药物的临床应用。首先，大部分表观遗传药物准确的作用机制还未被完全阐明。其次，这些药物是纯粹通过靶向表观基因组发挥其抗癌效应，还是通过引起血管再生异常、细胞凋亡、细胞周期阻滞、促分化、免疫调节及衰老等一系列非表观遗传机制的全局多效抗癌效应来发挥药效还未完全阐明。再者，目前既没有能预测已上市表观遗传药物对哪些患者有最佳疗效的基因表达谱，也没有可靠的、能用于预测药效及肿瘤细胞耐药性的分子生物标志物，这是表观遗传药物广泛应用的又一限制因素。有研究表明，现阶段针对表观遗传药物的临床研究所采用的判断标准大多是沿用或稍加改进的传统抗肿瘤药物临床研究的判断标准，并且采用的生物标志物等也不能完全适用于表观遗传药物的临床研究。正因如此，有些表观遗传药物才会出现与临床前研究不完全相符的毒副作用、药代动力学及药效学性质等问题。相信随着表观遗传学的不断发展及分子生物标志物研究的不断深入，表观遗传药物的毒副作用会逐渐降低，适应证也能得到拓展[9, 14]。

44.3 表观遗传先导化合物的研究现状

如前所述，表观遗传学相关的蛋白质均是体内信号调控的重要环节，其活性功能的异常增强或减弱通常都伴随着重大的生物学功能改变与重大疾病的发生发展过程，因此靶向表观遗传学的药物不仅仅对表观调控蛋白功能研究具有重大意义，同时也是极有应用前景的全新治疗手段。上一节已简要介绍了目前表观遗传药物的发展现状，虽然已取得一定的进展，但相比于传统的肿瘤治疗技术，作用于表观遗传学位点的抑制剂研究成功应用于临床的案例不多，靶点也相对集中。然而，相比于传统的肿瘤治疗药物，表观遗传学药物具有更好的靶向性，是一种具有高选择性、高活性的个性化治疗方案，因此，基于现有药物的问题，研究者根据已有的研究基础，针对多个靶点开展了先导化合物的发现和优化工作，以便为该领域提供更多可靠的潜在创新药物。本节将重点阐述表观遗传领域相关靶点的先导化合物的研究现状。

44.3.1 靶向 Writer 蛋白的化合物研究进展

1. 靶向 DNMT 的抑制剂研究进展

目前已报道的 DNMT 抑制剂大致可分为两类：核苷类似物和非核苷类似物。前面所介绍的已上市及处于临床研究的都是核苷类似物抑制剂，其主要问题是结构单一、半衰期短、特异性差、毒副作用强，因此发现非核苷酸类似物抑制剂逐渐成为研究热点。这类化合物的化学骨架相对较多样，但大多数特异性、活性较差，相关的作用机制研究并不清楚，部分化合物是否为 DNMT1 的抑制剂还有待确证。现在已发现某些天然产物具有 DNA 甲基化抑制作用，如绿茶中的多酚化合物 EGCG。还有合成的化合物 SGI-1027 已被报道对 DNMT1、DNMT3A/3B 均有抑制活性。此外，虚拟筛选得到的 DNMT 抑制剂也有报道，如 L-色氨酸衍生物 RG-108、DC_05，其为目前报道的选择性最好的 DNMT1 抑制剂（图 44-2 A）[15]。

针对 DNA 甲基化转移酶的抑制剂已有大量研究，但是绝大多数分子缺乏对 DNMT 和其他甲基化酶的选择性，且生物活性较差。因此，发现高活性、高特异性的 DNMT 小分子抑制剂依然是这一领域的研究热点。

2. 靶向 HMT 的抑制剂研究进展

EZH2 利用 SAM 上的甲基转移反应靶向性地催化组蛋白 H3K27 的多步甲基化过程。与绝大多数 HMT 一样，其能被 SAM 的结构类似物 Sinefungin 抑制。目前已有为数不少的 EZH2 特异性抑制剂被发现，其中小分子抑制剂 EPZ-6438 已被批准进行包括淋巴瘤在内的数种恶性肿瘤的 II 期临床试验。而 GSK-126、CPI-1205 等抑制剂也已进入临床 I 期试验阶段。其他已报道的抑制剂结构多样性有限，并且在底物竞争试验中表现并不优秀，猜测其并不是简单的底物竞争模式作用，但由于之前晶体结构的缺失还无法获知抑制剂真实的作用方式，近来已有抑制剂 1（图 44-2 B）被发现完全偏离于 SET 口袋[16]。简而言之，由于现状限制，对于 EZH2 抑制剂的机制研究与结构优化工作仍较盲目。

与其他组蛋白赖氨酸甲基转移酶不同，DOT1L 不具有典型的 SET 结构域，可以预见，作用于 DOT1L 催化位点的 HMT 抑制剂可能拥有更佳的选择性和特异性。除了如 EPZ-5676 等用于临床试验的 DOT1L 的特异性抑制剂外，目前报道的还有通过虚拟筛选获得的新型 DOT1L 选择性抑制剂 6，其体外活性为 IC_{50}=8.29μmol/L（图 44-2C）[17]。迄今为止，绝大多数 DOT1L 抑制剂因为活性不佳等原因仍处于临床前研究与优化阶段，距离成药尚有不小的距离。

目前发现的抑制剂主要靶向数个关键性 PRMT，包括 PRMT1、CARM1 和 PRMT5 等。鉴于 PRMT1 是生物体内主要的 PRMT 亚型，因此目前关于 PRMT 抑制剂的发现与确证工作主要集中于 PRMT1。2004 年，Bedford 及其同事通过基于 ELISA 的高通量筛选发现了 AMI（图 44-2D）系列的抑制剂，标志着 PRMT 的泛甲基转移酶抑制剂（pan-methyltranfersase inhibitor）的出现[18]，该类化合物对于 PRMT5 的选择性不强，甚至数个化合物对于赖氨酸甲基化转移酶亦有抑制作用，这是早期发现的 PRMT1 抑制剂（包括 RM65）等广泛存在的问题之一。现在新发现的抑制剂已经较好地解决了 PRMT 选择的问题，不少抑制剂在 PRMT 亚型之间也具有一定的选择性，如 PRMT5 抑制剂 EPZ015666、PRMT6 抑制剂 EPZ020411、PRMT3 抑制剂 SCG707、PRMT4 抑制剂 DC_C11 和 CMPD-1，以及在 EPZ020411 和 CMPD-1 指导下 Eram 等设计的 PRMT1 抑制剂 MS023（图 44-2D）。一系列高选择性抑制剂的发现，为进一步的生物学功能研究与药物开发提供了有益的工具，但是缺乏足够的晶体结构信息和有限的结构差异理解仍然限制着进一步的药物研发工作。此外，由于对应的去甲基化酶抑制剂相对较少，也限制了对甲基化调控全局性知识的掌握[19]。

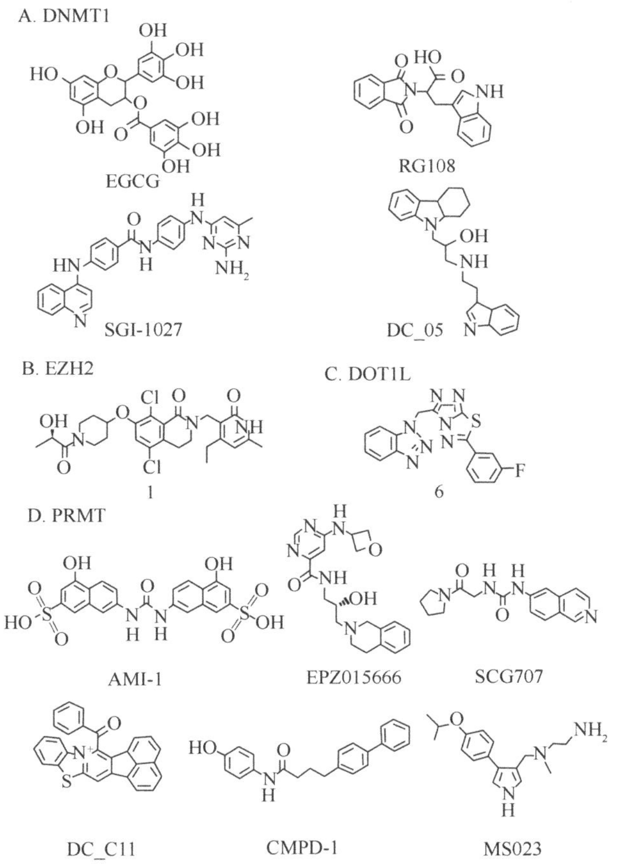

图 44-2　靶向甲基转移酶的抑制剂小分子结构

3. 靶向 HAT 的抑制剂研究进展

已报道的组蛋白乙酰转移酶的小分子抑制剂一般可分为三类：第一类是双底物类似物，如 Lys-Coa 及 H3K14-CoA 等，它们分别对 P300 及 Pcaf 有着 IC_{50}=500nmol/L 和 IC_{50}=300nmol/L 的抑制活性[20]；第二类是天然产物，如 George 等发现的漆树酸、Balasubramanyam 等发现的姜黄素、Sarli 等发现的藤黄酚等，但这些小分子的作用机制不清楚，并且大多选择性不好，对多个靶点有作用；第三类是化学合成得到的小分子，如 Cole 等发现的小分子 C646、Aherne 等发现的 Isothiazol-3-ones 衍生物、Coffey 等人发现的化合物 NU9056 等，但是这些化合物同样具有选择性较差、作用机制不清楚等缺点[21-23]。

总的来说，目前已有的 HAT 抑制剂一般骨架单一、选择性差，且难以成药，并且尚没有好的抑制剂进入临床研究，依然亟需投入更多的药物力量。

44.3.2　靶向 Eraser 蛋白的化合物研究进展

1. 靶向 RNA 去甲基化酶的抑制剂研究进展

FTO 是第一个发现的 RNA 去甲基化酶，于 2010 年解析得到其与底物的晶体结构[24]。在此基础上，2012 年，Chen 等通过基于结构的虚拟筛选和后续的结构优化，得到了第一个 FTO 天然产物小分子抑制剂 rhein，这个化合物通过与底物 ssRNA 竞争结合到 FTO 的酶活区域而抑制其活性[25]。随后在 2013 年，Aik 等筛选得到一系列 2OG 类似物，其中环状和非环状的类似物都表现出 FTO 的抑制活性，进一步的晶体结构表明 2OG 类似物通过占据 FTO 上的 2OG 结合口袋，阻滞 2OG 的结合，从而抑制其活性。ALKBH5 与 FTO 具有一定的功能相似性，大多数抑制剂对它们缺乏选择性，Huang 等通过高通量筛选发现的小分子抑制剂甲氯芬那酸（MA）能选择性地结合于 FTO，并通过影响底物 ssDNA 或 ssRNA 与 FTO 的结合，抑制其活性[26]。

2. 靶向 HDM 的抑制剂研究进展

根据组蛋白赖氨酸去甲基化酶的催化机制不同，相应的去甲基化酶抑制剂也有一定特异性。其中包括高通量筛选得到的 LSD1 可逆小分子抑制剂，如 Namolin 和氨基噻唑。除此之外，通过共价连接 LSD1 抑制剂苯环丙胺和 JmjC 去甲基化酶抑制剂 IOX1 等，得到的“泛”组蛋白赖氨酸去甲基化酶抑制剂对不同催化机制的 KDM 均可起到抑制作用。从结构上来说，所有人类的 KDM 都没有酶催化结构域，其功能的发挥一般可看成蛋白质-蛋白质/核酸相互作用，因此后续基于破坏互作的小分子抑制剂研究将是 KDM 抑制剂研发的一个重要方向。

3. 靶向 HDAC 的抑制剂研究进展

目前，已有多个 HDAC 抑制剂处于临床前或临床研究阶段，从作用形式上这些化合物可被分为两类：特异类型 HDAC 选择性抑制剂（HDAC isoform-selective inhibitor）；泛 HDAC 抑制剂（pan-inhibitor）。从结构来说，HDAC 抑制剂主要有五类：异羟肟酸（异羟肟酸配合物）、短链脂肪酸、苯甲酰胺类化合物、环状四肽和 sirtuin 蛋白抑制剂。正如前一节所述，该靶点已有很多抑制剂目前处于临床研究中，处于临床前研究阶段的化合物 PCI-34051 是一类高选择性 HDAC8 抑制剂（IC_{50}=10nmol/L），对其他 HDAC 有超过 200 倍的选择性，是目前 HDAC 抑制剂中选择性最高的化合物。相比其他 HDAC 抑制剂，该化合物最大的特点是不引起组蛋白和 Tubulin 乙酰化水平的升高，故对正常细胞毒性较小[27]。总的来说，其主要通过细胞周期阻滞、诱导凋亡和自噬、影响细胞信号通路、免疫反应调节等方式进行疾病的治疗，但是不同种类或剂量的 HDAC 抑制剂，在不同的癌症类型中的抗癌机制也有差别。临床研究发现，现有的 HDAC 抑制剂与 5-azacitidine 等抑制剂联用能显著提高其治疗效果，因此除了单独靶向 HDAC 之外，药物联用也是目前 HDAC 抑制剂临床前及临床研究的重要方向[28]。

44.3.3 靶向 Reader 蛋白的化合物研究进展

目前，虽然布罗莫结构域的亚家族成员 non-BET 已有少量抑制剂报道，如靶向 CREBBP 的 SGC-CBP30 等[29]，但有关布罗莫结构域的抑制剂发现主要围绕其亚家族 BET 展开。由于 BET 抑制剂已经成功推进至临床研究，目前，全新小分子 BET 抑制剂的研究策略更着重于创新策略与毒副作用降低研究。小分子 BET 抑制剂 CPI203 和 RVX2135（图 44-3A）的研究工作是其中较为著名的两例。研究指出，相比于单独使用 BET 抑制剂如 JQ1（图 44-3A）等引起的细胞周期阻滞，多靶点联合用药不仅具有降低剂量依赖性毒性的特点，并且在阻滞细胞周期的同时，能够促进 DNA 损伤修复，对于恶性肿瘤治疗具有重大意义，也为目前临床研究中的 BET 抑制剂的制剂研究提供了新的思路[30]。

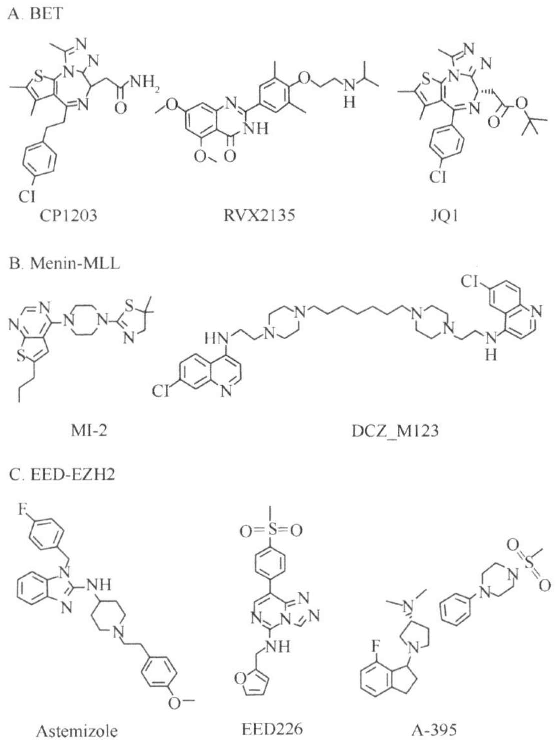

图 44-3 表观遗传部分重要靶点抑制剂小分子结构

44.3.4 靶向 PPI 界面的抑制剂研究进展

1. 靶向 Menin-MLL 作用界面的抑制剂

Menin 是一类与混合谱系淋巴瘤基因蛋白 MLL 作用的核内原癌因子，靶向抑制 Menin-MLL 复合物的形成对于抑制 MLL 介导的白血病发生与发展具有重要意义。目前，已有 Menin-MLL 复合物的晶体结构证实，Menin 与 MLL 存在直接相互作用界面，MLL 通过其两个 N 端基序与 Menin 相作用，相比于 MBM2（menin-binding motif 2），MBM1 结合力更强。随着 2012 年 Grembecka 等发现了第一个具有蛋白活性的 Menin-MLL 的 PPI 抑制剂 MI-2（图 44-3B），关于 Menin-MLL 位点的抑制剂发现工作已经广泛展开。同年，Menin 与小分子复合物的晶体解析工作也得到突破，证实了 MI-2 确实占据在 Menin-MBM1 界面[31]，由于该位点大而深的特点，Menin-MLL 被广泛视为一个较为理想的 PPI 作用靶点。另一个抑制剂 DCZ_M123（图 44-3B）同时结合在 Menin-MBM1 与 Menin-MBM2 界面，则为该类抑制剂设计提供了一个新的思路[32]，但该结构的活性仍待进一步优化。除了小分子抑制剂外，Wang 等根据复合物晶体设计的大环肽类化合物也有很好的抑制活性[33]，但由于多肽结构难以过膜等问题限制了进一步的研究与发展。由于靶向 PPI 界面的复合物研究工作起步较晚，目前已有 10 余个化合物进入临床前研究，并有希望进入临床研究阶段。

2. 靶向 PRC2 复合物作用界面的抑制剂

PRC2 蛋白复合物由 EZH2、EED 和 SUZ12 共同构成具有催化活性的最小复合结构，催化组蛋白

H3K27 的 1～3 个多甲基化过程。由于 EZH2 与 EED、SUZ12 间存在广泛的 PPI 界面，目前已证实，至少存在两个完全不同的蛋白质界面可用于成药性小分子设计，其中包括 EZH2-EED 相互作用中的 EBD-EED 界面和 SRM-EED 界面。Kim 等根据 EZH2 的 EBD 结构设计了第一条靶向 EBD-EED 复合物界面的多肽抑制剂，有效地阻断了 EBD 与 EED 的相互作用[34]；而 Kong 等则使用虚拟筛选方法找到了第一个作用于该界面的小分子抑制剂 Astemizole（图 44-3C）[35]，证明了位点的可靶性。现阶段，SRM-EED 界面也被报道对于阻断 EED-EZH2 作用具有效果，相应的小分子 EED226、A-395（图 44-3C）也被发现。相较于传统的作用于 EZH2 的小分子抑制剂，该类抑制剂由于靶标面积更广、柔性更大的特点，相对不利于活性优化，且研究起步较晚，尚未有进入临床试验的报道，但由于其作用于蛋白质界面，相比于传统抑制剂具有更好的特异性和亲和性，被广泛视为一种极具潜力的 PRC2 抑制思路。同时，随着更多的蛋白质-蛋白质复合物晶体解析工作的发展，相信会有更多新的、可靶界面的出现。同时，近年来随着 PRC2 蛋白晶体解析工作的快速进展，研究工作快速推进，已有不少 PRC2 的 PPI 抑制剂被晶体解析报道出结合模式，而随着 PRC2 蛋白-小分子复合物解析工作的快速推进，相信该类化合物的活性能够得到极大改善，并最终实现成药的可能。

44.4 表观遗传药物发现的难点和策略

如前所述，以表观遗传相关靶点进行药物开发是一种有效的治疗手段，已成为表观遗传及精准医疗领域中的重点和难点。然而，表观遗传的药物开发已经有几十年的历史，至今仍未取得突破性进展，现有的化合物存在很多问题急需解决。本节将从靶标分布的局限性、现有的药物设计方法存在问题、发现选择性化合物的难点这三个方面详细分析造成目前表观遗传化合物进展缓慢的原因，并提出相应的解决方法和策略。

44.4.1 靶标分布的局限性

表观遗传现有已上市药物中主要靶向功能研究较为清楚的有 DNMT、EZH 2 和 HDAC 家族，如 AZA、DAC、Tazemetostat、Romidepsin、Chidamide 和 Panobinostat 等[36]。许多表观遗传靶点的研究还处于功能研究起步阶段，靶点的作用机制没有阐明，靶点与疾病的关系并没有研究透彻，甚至某些靶点是否能成为潜在药物治疗靶点也存在很大争议，因此以表观遗传酶为代表的新靶标药物研究发现效率整体偏低，200 多个酶只有 3 个靶标、8 个上市药物，处于临床阶段表观遗传药物也通常由于患者反应率较低或安全性问题有着较高的失败率，如 MethylGene 公司开发的 DNMT1 抑制剂 MG-98、Bar-IIan 大学开发的 HDAC 抑制剂 AN-9 及 GSK 开发的 EZH2 抑制剂 GSK-126 等；同时由于酶催化位点高度保守，同家族蛋白依赖于同样的辅因子（甲基化酶 SAM；乙酰化酶 Ac-COA；去甲基化酶 α-KG 酮戊二酸），但是其选择性偏差，阻碍了表观遗传药物研发的快速推进。

鉴于表观遗传调节基因表达的复杂性，表观遗传关键酶在不同肿瘤环境中可能发挥不同的作用，这使得这些蛋白质的可靶性需要进一步确证。因而，如何更加系统地评价表观遗传关键酶在不同肿瘤环境中的贡献，明确其发病机制，是目前表观遗传领域药物发现面临的难点。

此外，近些年来，随着基因组学和蛋白质组学研究的不断深入，与人类疾病的发生和发展相关的蛋白质-蛋白质相互作用（PPI）逐渐被发现，共同构成了十分复杂精细的蛋白质相互作用网络。异常 PPI 导致促增殖信号的过度激活，促进恶性肿瘤的发生，维持肿瘤细胞的无限增殖，导致血管生成异常、细胞代谢紊乱，同时促进非可控性炎症向肿瘤转化。多个 PPI 抑制剂已进入临床阶段，但是针对 PPI 界面进行药物发现工作又有着巨大的困难。第一，靶标的成药性未知，发现疾病相关的 PPI 界面作为药物开发的靶标是目前所面对的难点。第二，药物设计方法的局限性，PPI 界面不同于蛋白上的配体结合"口袋"，其相互作用的界面具有溶剂化程度高、可塑性强、涉及大量的残基相互作用等特点，PPI 的竞争性调控剂需要小分子能在比一般底物结合口袋大得多的表面积（>800Å^2）范围内具有非连续的非共价接触，并具有相对稳定的界面形状。因而，传统的药物设计方法并不适用于 PPI 的小分子调控剂的设计，如何针对这些问题对现有配体-蛋白质相互作用评价方法进行改进是目前 PPI 调控剂发现过程中的难点。第三，高通量筛选方法的有限性。目前针对 PPI 的调控剂筛选方法存在着假阳性高、重复性差的特点，筛选得到的化合物的作用机制难以用类似传统酶学的方法进行确认。同时，体外筛选模型与体内真实情况差异较大，体外筛选得到的调控剂在细胞或动物水平的活性往往比较差，严重制约了 PPI 调控剂的发展；第四，在药物化学优化方面，由于 PPI 调控剂的配体效率为 0.24kcal/mol，而一般酶类调控剂为 0.30～0.40kcal/mol，这使得 10nmol/L 活性的 PPI 调控剂分子质量达到 645Da，违反了传统类药 5 规则（rule of five）。与一般药物相比，PPI 调控剂的平均分子质量大，logP 大。因而，无法用传统的类药性规则对 PPI 调控剂的药物化学改造进行指导。

44.4.2　现有的药物发现方法不足

1. 药物设计方法通用性偏差

传统药物设计方法利用软件进行化合物与蛋白质对接并打分，由于蛋白质的结构各不相同，对接使用的化合物库各异，所以对化合物对接结果的打分函数不具有通用性。由于目前已报道的表观遗传活性化合物相对偏少，化合物活性数据来源不统一，数据质量参差不齐，化合物的作用机制大多不明确，采用传统的药物设计方法对其进行虚拟筛选缺乏规律性、准确性和指导性，会导致化合物发现效率偏低、药物筛选效率较差，浪费人力和物力。该领域目前仍缺少适用的药物设计方法来提高化合物的发现效率，因此，需要开发新的药物设计方法来弥补传统药物设计方法的不足，提高发现可靠、特异性化合物的效率。

2. 缺乏高通量实验筛选方法及化合物确证平台

除了缺乏高效的药物设计方法以外，目前针对表观遗传靶点的高通量实验筛选方法也较为局限，主要包括两类：一类为放射性同位素方法，但这种方法具有价格昂贵、对人体有伤害及通量低等缺点；另一类是基于检测荧光信号的方法，这些高通量筛选方法通常假阳性偏高。同时，由于缺少合适的阳性化合物作为对照，进一步增加了筛选方法建立的困难。因此，在以表观遗传靶标为代表的新靶点药物研发中，需要建立和优化可靠、高灵敏度、低成本的高通量筛选方法和相对应的实验验证体系进行化合物确证及成药性特征研究，为研发高效、高选择性的候选药物提供可靠的实验平台支撑。

44.4.3　发现选择性化合物的难度较大

由于表观遗传靶标蛋白底物口袋在家族中具有高度保守性，这从源头上便会造成基于传统药物设计方法和针对天然底物竞争抑制剂的筛选方法得到的小分子化合物具有选择性差的缺点。目前除了少数化合物外，大多数已知的表观遗传调控剂的选择性较差，能同时抑制多种同源蛋白的催化活性。因此，这些化合物在细胞内和体内会由于选择性差的问题而产生多靶效应，无法起到预期的治疗疾病的作用，同时会由于多靶效应造成许多严重副作用，导致药物具有较差的成药性，严重阻碍了新靶标的药物研发进程。

此外，由于靶标蛋白与其天然底物的结合能力很强，针对底物结合口袋筛选竞争性抑制剂时，对化合物本身的活性要求较高，这增加了获得有效化合物的难度，同时对后期化合物的优化改造要求也很高。因此，传统上针对底物口袋开发竞争性抑制剂难度很大，对药物活性要求较高且容易有化合物特异性差的问题。

针对以上总结的表观遗传药物发现的难点，我们可以通过发展药物设计和化合物生物学等新方法来进行靶标发现研究，并提高化合物的发现效率及解决选择性问题。

44.4.4 药物设计新方法的开发

1. 基于组学分析的靶标发现技术

针对表观遗传领域靶点分布局限性问题，开发基于组学分析的靶标发现新技术。通过文本挖掘、机器学习等药物设计方法，以现有的蛋白质组学数据为基础，从蛋白质序列和结构两个方面入手，我们可以通过网络动力学模拟搭建表观遗传生物网络模型，包括基因转录调控网络、信号转导网络及蛋白质相互作用网络等，深入研究网路组成、结构及动力学性质，从系统层面揭示表观遗传在复杂生命现象的分子调控机制，找出网络中心的节点蛋白，为表观遗传相关疾病的治疗及潜在治疗靶标的发现提供线索。亦可通过对现有药物的组学数据的分析，进行表达谱的指纹比对，加速天然产物等活性化合物的表观遗传分子靶标发现。

2. 发展靶标蛋白分子药物设计创新算法

（1）针对表观遗传调控剂筛选效率及现有药物设计方法通用性不足等问题，开发靶标特异性打分函数。针对表观遗传相关的亚家族，通过基于知识的原子对势和机器学习方法，开发靶标特异的分子对接程序，更精确地发展药物-靶标结合自由能全景图的构建方法，以及药物-靶标结合热力学与结合动力学计算方法。特异性打分函数 SAM score、BRD4LGR 等已经成功运用于甲基转移酶、溴结构域蛋白等重要疾病相关表观遗传靶标的先导化合物虚拟筛选中，比起通用打分函数，提高了虚拟筛选富集率及精确度，实现了表观遗传药物的快速发现[17, 37]。

（2）针对化合物选择性差等问题，发展 PPI 界面特异性虚拟筛选评价模型。由于 PPI 对多种肿瘤相关组蛋白修饰酶的功能调节至关重要，而 PPI 界面通常比酶活性中心具有更好的特异性。因而，靶向 PPI 界面不仅可以实现对酶活性的变构调节，还可以在源头上解决表观遗传调控化合物的选择性问题，从而加速特异性表观遗传的药物发现进程。传统的小分子配体-受体对接打分函数方法不适用于 PPI 体系评价，且不同的 PPI 界面具有不同的相互作用特征。因此需要针对 PPI 作用界面发展特异性虚拟筛选评价模型，充分考虑蛋白质柔性、熵变等热力学性质及去溶剂化效应等。同时，由于 PPI 的小分子抑制剂通常分子质量较大（如拟肽类等），在 PPI 体系中需要增强分子对接构象空间的采样，开发 PPI 的诱导契合对接方法及基于动态蛋白结构的药效团模型等。

（3）基于内源性代谢物碎片、底物碎片及已有抑制剂化合物碎片，开发药物化学快速拼接和优化技术，综合考虑分子质量、水溶性、毒性、类药性、可合成性等多种物理化学性质，获得活性化合物的优势片段。优势碎片库技术已成功运用于 RNA 去甲基化酶 FTO 的药物设计中，并通过化学生物学确证，验证了策略的可行性[25]。

3. 开展蛋白动态调控研究

除了针对 PPI 界面筛选化合物可以提高获得选择性化合物的概率，靶向蛋白自身特有的动态调控过程，发现变构调节剂也是另一个提高选择性的策略。因此，首先可以通过开展蛋白动态调控的研究为抑制剂的开发提供线索。在生理状态下，蛋白质处在永无休止的热运动中，侧链的摆动及二级结构的变化可以进一步调节蛋白质折叠与功能，构成蛋白质进化的基础[38]。发现和理解蛋白质新的构象变化特征同样对我们理解蛋白质的功能有着重要的作用。因此，通过综合运用多种计算取样方法，发展高效蛋白质三维构象变化模拟新方法，有助于我们发现晶体结构未捕捉到的能量局部最低的构象状态，发现关键性调控区域。基于发现的这些蛋白质构象，可以利用数据挖掘等计算生物学方法预测新的药物结合位点，通过这些别构位点来调控蛋白质功能，可以从机制出发有效解决选择性问题，同时不直接破坏内源性配体的作用，安全性更高。利用蛋白质分子动力学模拟方法开发变构位点搜寻技术，促进表观遗传靶标高活性、高选择性药物的系统发现。

44.4.5　化学生物学新方法的开发

1. 建立表观遗传靶标专用化合物库

首先基于已发现的苗头化合物与靶标信息，确定有价值的化学结构空间。选出最高效、最有代表性的先导化合物或药效团，通过开发组合库程序设计并发展化合物集中库（focused library），保证组合库的针对性，同时应用遗传算法对集中库等不断进行优化；发展表观遗传调控剂的优化改造新方法，提高库中化合物的结构多样性；对建立的集中库，同时需要进行分子对接、分子类药性、ADMET 等系统性评估，既保证了基于结构药物设计的针对性，又保证了化合物化学空间的多样性与类药性。

2. 发展新型表观遗传相关体系高通量筛选方法

针对发现可用于药物设计的变构调控口袋及全新的表观遗传复合物的 PPI 界面，开发全新的胞外高通量筛选新方法，建立并优化基于荧光偏振（fluorescence polarization，FP）、微珠检测（alphascreen）、荧光能量共振转移（fluorescence resonance energy transfer，FRET）等高通量筛选和活性评价平台，不仅可望调节表观遗传修饰酶活性，还可能在源头上解决药物作用的选择性问题。同时开发高通量实验筛选方法以进一步节约单药筛选成本，实现筛选规模化，最大限度利用已有实验资源，且具有微量、快速、准确和灵敏等优势特点。

3. 发展新的表观遗传相关体系化合物确证方法

基于荧光等高通量筛选方法通常有较高的假阳性率，因此需要开发建立并完善综合利用多种化学生物学技术的表观遗传调控剂的筛选确证技术及靶标确证平台，通过放射性同位素实验、表面等离子共振（surface plasmon resonance，SPR）、等温滴定量热实验（isothermal titration calorimetry，ITC）、核磁共振法（nuclear magnetic resonance，NMR）、生物膜干涉（bio-layer interferometry，BLI）、差示扫描荧光法（differential scanning fluorimetry，DSF）等生物化学或生物物理实验方法，验证调控剂与靶标体系的结合。进一步通过二维核磁（2D-NMR）、氢氘交换质谱（HDX-MS）等方式，研究表观遗传剂的动态调控机制（MOA），解决动力学、构象变化及结合表位定位等重要科学问题。通过共结晶或浸泡法进行配体与靶蛋白的复合物晶体生长，然后通过 X 射线进行衍射数据收集，之后通过分析晶体结构中的电子密度图，确定与靶蛋白结合的化合物的结合构象。利用该技术，可以准确得到化合物与靶蛋白之间的相互作用信息，进而通过构效关系分析指导药物下一步的结构改造，促进新靶标高活性、高选择性药物的系统发现。

4. 发展新的表观遗传相关体系细胞功能表征技术

建立和优化表观遗传药物抗肿瘤活性评价平台，选取特定的肿瘤细胞，检测表观遗传药物对肿瘤细胞增殖的影响，评价化合物抗肿瘤活性。利用 RNA-seq，RT-PCR、Western blot、Co-IP、pull-down 等多种方法建立细胞水平确证平台，检测表观遗传药物对相关下游靶基因的调控。结合 Crisper-Cas9 基因敲除技术，确认药物细胞内的靶向性（on-target effect），进一步应用系统生物学的方法，研究药物对于基因表达谱、基因甲基化谱、蛋白质谱的影响，从中找到表观遗传调控网络中的关键节点和下游调控通路，揭示其分子作用机制。

总之，表观遗传领域的药物发现存在很多的问题和挑战，需要我们具体分析，围绕靶标蛋白特有的性质，在充分了解其功能机制的基础上，结合多种研究手段，形成药物设计和筛选、化合物评价和确证、先导化合物优化和改造、化合物体内机制研究和药效评价等多层次研究，并发挥计算化学、分子设计、药物合成化学、化学生物学、结构生物学、细胞生物学等多学科交叉优势，为表观遗传领域提供更多、更好的创新药物。

44.5 表观遗传药物的应用

随着表观遗传靶点化合物的相继发现，越来越多的小分子作为化学探针应用到表观遗传调控机制的研究中，为该领域的功能研究提供了有力的工具。除此之外，由于表观遗传药物可以恢复基因组的修饰模式，临床发现将其与不同作用机制的药物进行联用，可以达到提高药效、降低毒性的效果，甚至可以解决耐药问题。本节将围绕表观药物的应用展开介绍，并分析了该领域目前所面临的挑战。

44.5.1 化学探针

高活性、高选择性、细胞透膜率高的表观遗传靶点抑制剂常常在基础和应用生物学领域被看成是非常有价值的化学探针。结构基因组学联盟（Structural Genomics Consortium，SGC）统计了到目前为止发现的大多数表观遗传靶标探针（http://www.thesgc.org/chemical-probes/epigenetics），这些探针符合以下三项规则：①体外活性小于 100nmol/L；②针对其他亚家族有大于 30 倍的选择性；③细胞内的到靶效应活性约为 1μmol/L。表 44-2 列举了目前应用较为广泛的表观遗传靶标中修饰酶、去修饰酶及阅读子的化学探针。下面以 2 个化学探针分子为例展开介绍，它们分别靶向组蛋白 H3K27 甲基转移酶 EZH2，以及可以特异性识别乙酰化组蛋白尾部的溴结构域包含蛋白 BRD4。

1. EZH2 的小分子探针 EPZ005678

EZH2 是 PRC2 的功能性酶活组分，它负责将甲基从甲基供体 SAM 转移到 H3K27 上，而 H3K27 的三甲基化状态被报道与许多人类肿瘤有密切关系。研究发现，8%～24%的非霍奇金淋巴瘤患者中 EZH2 的 641 位酪氨酸存在点突变，这些突变可以导致 EZH2 更多地催化 H3K27 二甲基化到 H3K27 三甲基化的转变。同样，相比于含有 EZH2 野生型的淋巴瘤细胞，EZH2 突变型的淋巴瘤细胞中存在相当高的 H3K27 三甲基化水平。研究人员通过高通量筛选和后续的结构优化，获得了小分子 EPZ005678，该小分子针对

表 44-2　靶向表观修饰酶、去修饰酶及阅读子的化学探针及其活性（根据 SGC 提供的表观遗传相关靶点的小分子探针改编）

化学探针（靶点）	小分子结构	分子水平 IC_{50}/（nmol/L）	PubMed 编号
（+）-JQ1（BET family）	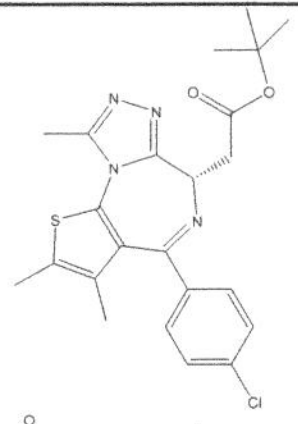	BRD4 1st/2nd BRD：50/90	20871596
GSK4027（PCAF/GCN5）	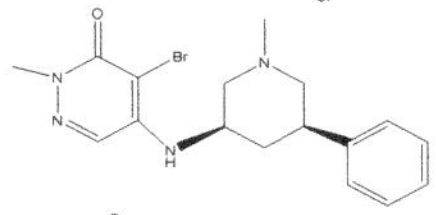	PCAF/GCN5：1.2	28002667
PFI-3（SMARCA2/4）	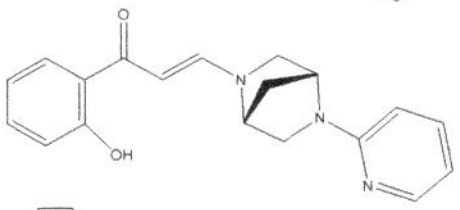	SMARCA4：89	26139243
GSK-J1（JMJD3）	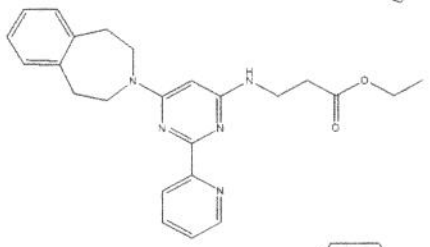	GSK-J1：60	22842901
GSK-LSD1（LSD1）	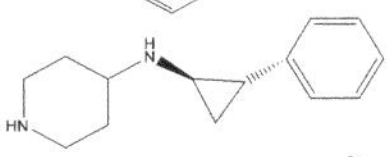	16	26175415
SGC0946（DOT1L）	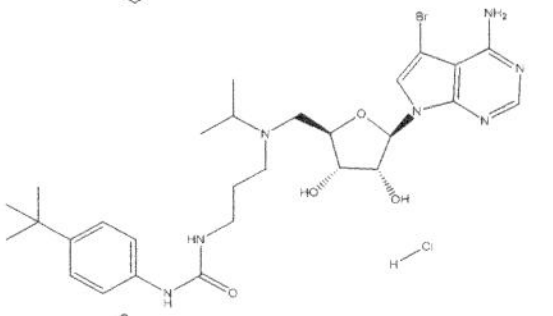	0.3 ± 0.1	23250418
A-395（EED）	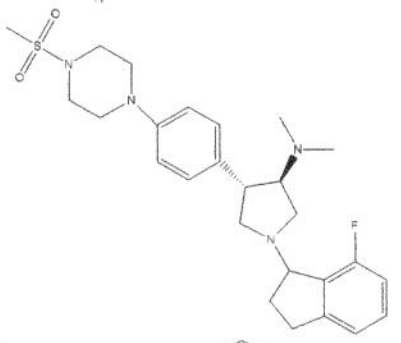	34	28135237
GSK343（EZH2）	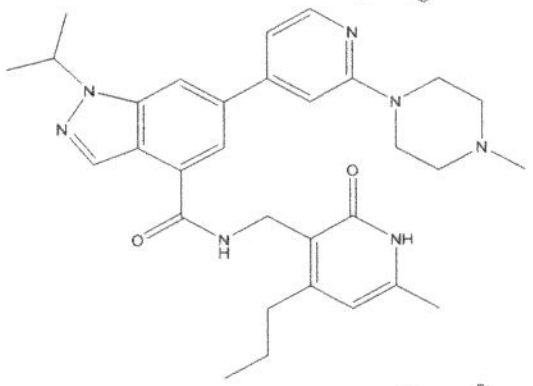	4	24900432
UNC1999（EZH2/H1）	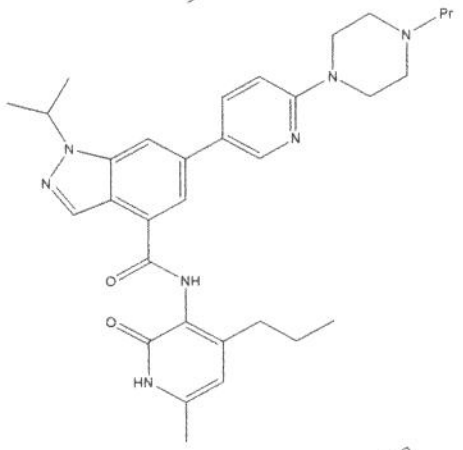	10/45 ± 3	23614352
A366（G9a）	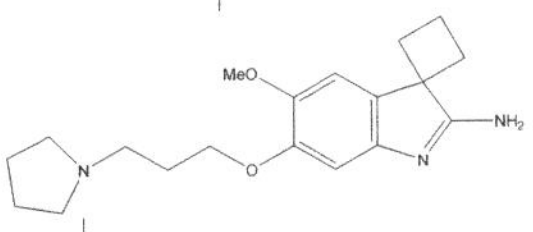	3.3/38	24900801
UNC0642（G9a）	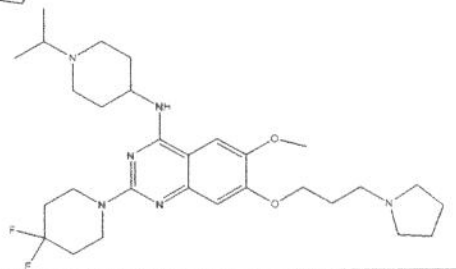	< 2.5	24102134

续表

化学探针（靶点）	小分子结构	分子水平 IC_{50}/（nmol/L）	PubMed 编号
MS023 （PRMT type I）	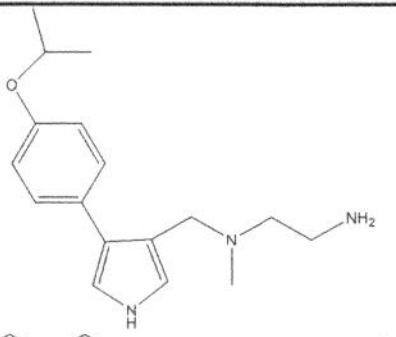	PRMT1/3/4/6/8：39/135/93/4/5	26598975
SGC707 （PRMT3）	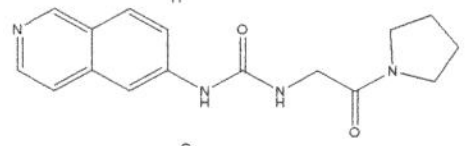	31 ± 2	25728001
GSK591 （PRMT5）	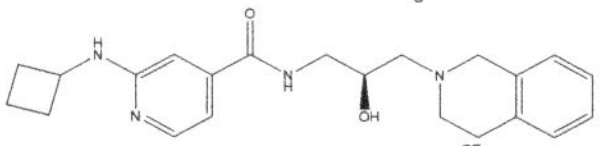	11	26985292
（R）-PFI-2 （SETD7）	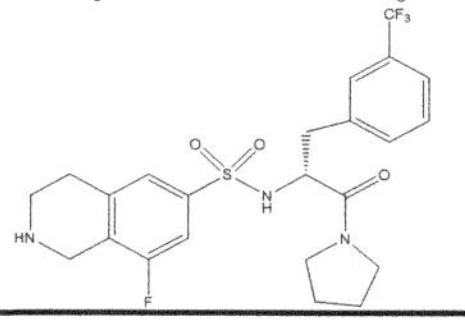	2.0 ± 0.2	25136132

EZH2 的 K_i 值为 24nmol/L，并且对已经测试过的其他甲基转移酶具有超过 500 倍的选择性（除了对 EZH1 的选择性为 50 倍）。EPZ005678 能够浓度依赖性地抑制淋巴瘤细胞中 H3K27 的三甲基化水平，经定量结果测试，其细胞内到靶效应的 IC_{50} 约为 80nmol/L，显示了其较好的细胞透膜率，表明该小分子能够在细胞内到达靶标 EZH2，进而影响其所在复合物催化的底物甲基化水平。进一步的研究表明，EPZ005678 能够选择性地抑制 EZH2 突变型的淋巴瘤细胞生长，而几乎不影响 EZH2 野生型的淋巴瘤细胞的生长，表明 EZH2 的酶活对含 EZH2 突变型的淋巴瘤细胞的生长和存活是必需的。这一研究利用高活性、高选择性的小分子探针揭示了 EZH2 突变型的淋巴瘤细胞的生长和存活依赖于 EZH2 的酶活，并提供了强有力的证据支持 EZH2 突变是淋巴瘤肿瘤发生关键的驱动因素[39]。

2. BRD4 的小分子探针 JQ1

溴结构域包含蛋白 BRD4 属于 BET 家族，其可以识别乙酰化的赖氨酸修饰，是表观遗传靶点中的阅读子蛋白。研究发现 *brd4* 能够与 15 号染色体的 *nut* 基因发生融合，其融合产物 BRD4-NUT 蛋白是一种恶性程度相当高的人鳞状上皮癌——NUT 中线癌的主要致病因素。用基因敲减的手段沉默 BRD4-NUT 基因发现中线癌细胞增殖受到明显抑制，并且可以促进癌细胞的终末分化。Filippakopoulos 等人通过建立高通量筛选平台并基于以往有关 BRD4 先导化合物的研究，通过构效关系和结合模式分析，发现了小分子 JQ-1[40]，其对 BRD4 的两个溴结构域的 K_d 值分别为 50nmol/L 和 90nmol/L。JQ1 对同家族的 BRD3 具有水平相当的抑制作用，对 BRD2 和 BRDT 具有较弱的抑制能力，而对其他家族的溴结构域都具有良好的选择性。竞争性实验和结晶数据都表明 JQ1 结合在 BET 溴结构域的赖氨酸乙酰化结合位点。在细胞水平，JQ1 在 500nmol/L 浓度可以竞争性地抑制染色体与 BRD4 的结合，并且 JQ1 可以诱导患者来源的中线癌细胞的分化和生长抑制。进一步，在动物水平，JQ1（50mg/kg）在中线癌移植瘤模型中也展现了良好的抗肿瘤活性，表明用小分子 JQ1 在体内靶向 BRD4 进行治疗是可行的，暗示了 JQ1 小分子抑制剂的潜在治疗价值。实际上，除了中线癌之外，BET 家族的嗅结构域被报道与多种恶性肿瘤及病毒感染有关。JQ1 凭借其高效的分子和细胞水平的在靶活性和对靶选择性，已成为性质优良的化学探针，被广泛应用于生理和病理学研究。近年来，许多应用 JQ1 作为化学探针探索生物学机制的文章被屡次报道，如 BET 溴结构域对致癌基因 *c-Myc* 的表达调控，BRD4 在急性髓系白血病、骨髓瘤及前列腺癌发生发展中的作用等[41-43]。

值得注意的是，除了上述所提及的靶向表观修饰酶、去修饰酶及阅读子的化学探针，还有许多靶向染色质重塑因子、表观遗传复合物骨架蛋白等靶点的探针分子也有报道，如靶向染色质重塑因子 ATAD2 的小分子探针 GSK8814[44]。这些探针分子的应用丰富了靶标蛋白功能确证和机制的研究，帮助我们更好地了解了表观遗传调控网络及其与疾病的关系。

44.5.2 药物联用

表观遗传药物除了被用作工具探针开展机制研究以外，与其他药物的联用已在临床上解决越来越多的问题。尤其对于那些被诊断出表观模式异常且尚未发展为恶性肿瘤的个体，表观遗传药物的使用就显得尤为重要了。在这些个体当中，DNA 甲基化或组蛋白乙酰化模式的异常改变，可以作为进一步发展为恶性肿瘤的标记。而对于表观遗传修饰异常的个体，使用表观遗传的药物与其他类型的药物进行联用，具有十分积极的意义。一个重要的原因在于，靶向表观遗传靶标的抑制剂，可以将异常的 DNA 甲基化或组蛋白修饰纠正过来，增加自身及其他药物的药效，从而延迟或彻底阻止在这些个体中的肿瘤发生[45]。另一方面，虽然已上市的表观遗传药物对各自的适应证有较好的疗效，但它们的毒副作用不容忽视，例如，DNMT 抑制剂阿扎胞苷可引起中枢神经和肾毒性作用，HDAC 抑制剂伏立诺他会引起胃肠不良反应、脱水、静脉血栓等。因此采取药物联用的方法是降低给药剂量，继而降低毒副作用的一种尝试方法。表 44-3 列举了已上市的表观遗传药物与其他靶点抑制剂的联用信息。由表可知，目前表观遗传药物的联用方案尚处于初级阶段，还没有已经批准的联用方案，但各种面向不同适应证的联用组合已经为表观遗传药物联用开启了新的篇章。目前临床上已将 DNMT 抑制剂与多种抗肿瘤药物联用，在降低毒副作用的同时，扩增了药物的适应证种类，同时可以解决部分对传统抗耐药的问题。而另一个具有上市药物的靶点蛋白 HDAC，虽然其单成分抑制剂的毒副作用要比现有的抗肿瘤抑制剂较低，具有较好的耐受性，但已有大量的证据表明，将其与其他类型的抗肿瘤抑制剂的联用，可以增强其对肿瘤细胞的促凋亡作用[46]。除此之外，随着其他类型药物的不断涌现，可以采用的药物联用方案也越来越多，如近年来涌现出的免疫疗法。另外，有研究发现同时抑制 BRD4 和 DOT1L 能够在白血病细胞和动物模型上产生协同效应，更多的类似基础研究将为后续更多的表观遗传联用治疗方案奠定基础[47]。

表 44-3 已上市的表观遗传药物与其他靶点抑制剂联用信息

药物组合	药物公司/机构	适应证	最高阶段
Lenalidomide（来那度胺）+ azacitidine（阿扎胞苷，DNMT 抑制剂）	Celgene	急性髓细胞白血病	临床 II 期
Decitabine（地西他滨，DNMT 抑制剂）+ gemcitabine（吉西他滨，DNA 合成抑制剂）	University of Minnesota	HIV 感染	早期发现
Decitabine（地西他滨，DNMT 抑制剂）+E-7727（肿瘤代谢抑制剂）	Astex Pharmaceuticals Inc.	骨髓增生异常综合征	临床 II 期
Hsp90 inhibitor（热休克蛋白抑制剂）-vorinostat（伏立诺他，HDAC 抑制剂）偶联物	Madrigal Pharmaceuticals Inc.	癌症	早期发现
Bendamustine 苯达莫司汀-vorinostat（伏立诺他）融合分子	Hangzhou Minsheng Pharmaceutical Co.，Ltd.	癌症	临床申请
Vacc-4x + romidepsin（罗米地辛，HDAC 抑制剂）	Solon Eiendom ASA	HIV 感染	临床 II 期
Hsp90 inhibitor（热休克蛋白抑制剂）-panobinostat（帕比司他，HDAC 抑制剂）偶联物	Madrigal Pharmaceuticals Inc.	癌症	早期发现

44.6 表观遗传药物发展面临的挑战及展望

实验室中取得的表观遗传学研究进展向临床转化的过程中，面临着许多的挑战[48]。

首先，最大的挑战还是人类表观遗传学的复杂性。例如，单一的突变或表观遗传改变，就能引起 DNA、组蛋白或染色体结构全局或局部的改变，或是影响不同的生理过程，包括转录、复制和 DNA 修复。由于表观遗传的各个成员之间的相互联系，预测表观遗传抑制剂的效果是十分困难的[46]。一些表观遗传的药物，会引起非常复杂的遗传药理影响，并且预计会产生复杂的药物间相互作用。正是由于表观遗传调控网络的复杂性，表观靶标的抑制剂长期用药会带来一些严重的副作用。例如，长期使用 LSD1 的抑制剂会导致贫血[49]。DNMT 抑制剂同样具有严重的毒副作用，虽然其在肿瘤的治疗上取得了一定的成功，且有一系列用于治疗神经退行性疾病的 DNMT 抑制剂正在研发。然而，由于抑制剂对全局性 DNA 甲基化模式的影响，导致对神经元的损伤。此外，尽管一系列的 HDAC 抑制剂临床研究呈现出光明的前景，然而也观察到了副作用，这些毒副作用的起因目前还不清楚。

其次，表观遗传的改变很可能具有组织或细胞特异性，因为控制基因组织特异性表达的主要是表观遗传的因子。由于表观遗传修饰在体内的广泛存在，同样的酶和修饰在不同的环境中可能存在不同的功能，这便导致抑制剂在不同的细胞、组织等环境中可能产生不同的效果。以 HDAC 的抑制剂为例，HDAC 的抑制剂不仅会引起肿瘤细胞的凋亡和周期阻滞，也会在神经系统的细胞中引起类似的效果。因此，在 CNS 疾病的治疗中，若靶向特定的 HDAC 并且长期治疗，必须格外谨慎。化学结构类型多样的 HDAC 抑制剂，在不同肿瘤类型上诱导的凋亡是否具有共有的内在机制，目前也不清楚。急需解决的问题还包括 HDAC 的翻译后修饰调控机制、关于特定 HDAC 在特定疾病中功能的全面研究，以及临床上用来预测及监测治疗效果的生物标记。一个值得注意的问题是，HDAC 抑制剂对于肿瘤干细胞的杀伤力。越来越多的证据表明，肿瘤细胞是异质的。许多抑制剂难以靶向肿瘤干细胞，是其治疗失败的重要原因。因此，肿瘤干细胞对于 HDAC 抑制剂的敏感性研究是迫切需要开展的，进而评估 HDAC 抑制剂在临床应用中真正的治疗潜力[50]。表观遗传抑制剂的设计，应当根据不同癌症的生物学差异而量体裁衣，如何更加系统地评价表观遗传关键酶在不同环境中的贡献，明确其发病机制并寻找特定调控的抑制剂，是目前表观遗传领域药物发现面临的难点。

此外，表观遗传抑制剂研发的一大挑战是选择性。由于表观遗传家族蛋白大多催化口袋保守，这便给发现选择性抑制剂带来了困难。例如，含有 JMJC 结构域的 KDM 家族，包括了属于 5 个亚家族的约 30 个成员。虽然负责去甲基化组蛋白上的不同残基，但都含有保守的亚铁离子和 α-KG 结合位点。因此，α-KG 的类似物是广谱抑制剂，可以影响多种 KDM 亚家族和组蛋白标记。系统寻找针对表观遗传靶标的特异性抑制剂，将有助于开发出毒性更小的抑制剂[48]，而寻找选择性抑制剂可以从蛋白质的非催化结构域入手。对于表观遗传药物靶标的催化结构域，大多已研究得比较清楚，而对于这些靶标蛋白的非催化结构域，目前的知识和理解还远远不够。这些非催化结构域，一般负责调控底物特异性、靶标招募或是参与其他表观遗传成员的互动。彻底深入地了解这些非催化结构域的功能，将帮助人们更好地理解这些靶标蛋白调控基因表达的机制，进而发现比靶向催化结构域更好的特异性抑制剂。其次，开展靶标蛋白的构象变化研究，开发选择性调控构象变化的变构小分子，或者发现定点修饰靶标蛋白的共价小分子，也是寻找选择性抑制剂的方法。此外，靶向关键调控蛋白复合物作用界面以实现对酶活性的调节，也可以在源头上解决表观遗传调控化合物的选择性问题。

近年来，疾病的诊断越来越多地依赖对个体基因组学、蛋白质组学及表观遗传组学数据的检测，这将提示我们更多的表观遗传药物靶标及基因调控的通路。近年来，运用系统生物学及化学生物学等技术手段，对于已确证的表观遗传药物靶标、化合物的脱靶效应及毒副作用机制研究得更加深入全面。随着相关技术的飞速发展，靶向特定表观遗传靶标的探针或新药也将不断地被开发出来。然而，表观遗传研究的终极目标，还是如何理解和控制多层次的遗传与表观遗传的异质性。唯有对这些表观遗传药物靶标生物学功能的彻底理解，才能找到最有效的治疗方案。当我们在表观遗传学研究的领域拥有这样的知识和理解时，我们将具备的能力不仅是治疗癌症，而是预防癌症。

参 考 文 献

[1] Castillo-Aguilera, O. *et al.* DNA Methylation Targeting: The DNMT/HMT Crosstalk Challenge. *Biomolecules* 7(2017).

[2] Yang, Y. & Bedford, M. T. Protein arginine methyltransferases and cancer. *Nat Rev Cancer* 13, 37-50(2013).

[3] Klungland, A. & Dahl, J. A. Dynamic RNA modifications in disease. *Curr Opin Genet Dev* 26, 47-52(2014).

[4] Amente, S. *et al.* The histone LSD1 demethylase in stemness and cancer transcription programs. *Biochim Biophys Acta* 1829, 981-986(2013).

[5] Kim, K. H. & Roberts, C. W. Targeting EZH2 in cancer. *Nat Med* 22, 128-134(2016).

[6] Sato, T. *et al.* DNA Hypomethylating drugs in cancer therapy. *Cold Spring Harbor Perspectives in Medicine* 7(2017).

[7] Foulks, J. M. *et al.* Epigenetic drug discovery. *Journal of Biomolecular Screening* 17, 2-17(2012).

[8] Li, Y. & Seto, E. HDACs and HDAC inhibitors in cancer development and therapy. *Cold Spring Harbor Perspectives in Medicine* 6(2016).

[9] Okosun, J. *et al.* Investigational epigenetically targeted drugs in early phase trials for the treatment of haematological malignancies. *Expert Opinion on Investigational Drugs* 23, 1321-1332(2014).

[10] Tiffen, J. *et al.* EZH2: an emerging role in melanoma biology and strategies for targeted therapy. *Pigment Cell & Melanoma Research* 28, 21-30(2015).

[11] Yan, W. *et al.* Epigenome-based personalized medicine in human cancer. *Epigenomics* 8, 119-133(2016).

[12] Morera, L. *et al.* Targeting histone methyltransferases and demethylases in clinical trials for cancer therapy. *Clinical Epigenetics* 8, 57(2016).

[13] Huang, W. H. *et al.* An overview on small molecule inhibitors of BRD4. *Mini-Rev Med Chem* 16, 1403-1414(2016).

[14] Nervi, C. *et al.* Epigenetic treatment of solid tumours: a review of clinical trials. *Clinical Epigenetics* 7, 127(2015).

[15] Chen, S. J. *et al.* Identifying novel selective non-nucleoside DNA methyltransferase 1 inhibitors through docking-based virtual screening. *J Med Chem* 57, 9028-9041(2014).

[16] Brooun, A. *et al.* Polycomb repressive complex 2 structure with inhibitor reveals a mechanism of activation and drug resistance. *Nat Commun* 7, 11384(2016).

[17] Wang, Y. *et al.* Discovery of novel disruptor of silencing telomeric 1-like(DOT1L)inhibitors using a target-specific scoring function for the(S)-adenosyl-l-methionine(SAM)-dependent methyltransferase family. *J Med Chem* 60, 2026- 2036(2017).

[18] Cheng, D. *et al.* Small molecule regulators of protein arginine methyltransferases. *J Biol Chem* 279, 23892-23899(2004).

[19] Peng, C. & Wong, C. C. The story of protein arginine methylation: characterization, regulation, and function. *Expert Rev Proteomics* 14, 157-170(2017).

[20] Lau, O. D. *et al.* HATs off: selective synthetic inhibitors of the histone acetyltransferases p300 and PCAF. *Mol Cell* 5, 589-595(2000).

[21] Bowers, E. M. *et al.* Virtual ligand screening of the p300/CBP histone acetyltransferase: identification of a selective small molecule inhibitor. *Chem Biol* 17, 471-482(2010).

[22] Ghizzoni, M. *et al.* 6-alkylsalicylates are selective Tip60 inhibitors and target the acetyl-CoA binding site. *Eur J Med Chem* 47, 337-344(2012).

[23] Castellano, S. *et al.* Identification of structural features of 2-alkylidene-1, 3-dicarbonyl derivatives that induce inhibition and/or activation of histone acetyltransferases KAT3B/p300 and KAT2B/PCAF. *Chem Med Chem* 10, 144-157(2015).

[24] Han, Z. F. *et al.* Crystal structure of the FTO protein reveals basis for its substrate specificity. *Nature* 464, 1205-U1129(2010).

[25] Chen, B. *et al.* Development of cell-active N6-methyladenosine RNA demethylase FTO inhibitor. *J Am Chem Soc* 134, 17963-17971(2012).

[26] Huang, Y. *et al.* Meclofenamic acid selectively inhibits FTO demethylation of m6A over ALKBH5. *Nucleic Acids Res* 43, 373-384(2015).

[27] Balasubramanian, S. *et al.* A novel histone deacetylase 8(HDAC8)-specific inhibitor PCI-34051 induces apoptosis in T-cell lymphomas. *Leukemia* 22, 1026-1034(2008).

[28] Eckschlager, T. *et al.* Histone deacetylase inhibitors as anticancer drugs. *International Journal of Molecular Sciences* 18, 1414(2017).

[29] Hay, D. A. *et al.* Discovery and optimization of small-molecule ligands for the CBP/p300 bromodomains. *J Am Chem Soc* 136, 9308-9319(2014).

[30] Doroshow, D. B. *et al.* BET inhibitors: a novel epigenetic approach. *Ann Oncol* 28, 1776-1787(2017).

[31] Shi, A. B. *et al.* Structural insights into inhibition of the bivalent menin-MLL interaction by small molecules in leukemia. *Blood* 120, 4461-4469(2012).

[32] Xu, Y. *et al.* Discovery of novel inhibitors targeting the menin-mixed lineage leukemia interface using pharmacophore- and docking-based virtual screening. *J Chem Inf Model* 56, 1847-1855(2016).

[33] Zhou, H. *et al.* Structure-based design of high-affinity macrocyclic peptidomimetics to block the menin-mixed lineage leukemia 1(MLL1)protein-protein interaction. *J Med Chem* 56, 1113-1123(2013).

[34] Kim, W. *et al.* Targeted disruption of the EZH2-EED complex inhibits EZH2-dependent cancer. *Nat Chem Biol* 9, 643-650(2013).

[35] Kong, X. *et al.* Astemizole arrests the proliferation of cancer cells by disrupting the EZH2-EED interaction of polycomb repressive complex 2. *J Med Chem* 57, 9512-9521(2014).

[36] Cramer, S. A. *et al.* Advancements in the delivery of epigenetic drugs. *Expert Opinion on Drug Delivery* 12, 1501-1512(2015).

[37] Xing, J. *et al.* Machine-learning-assisted approach for discovering novel inhibitors targeting bromodomain-containing protein 4. *J Chem Inf Model* 57, 1677-1690(2017).

[38] Tokuriki, N. & Tawfik, D. S. Protein dynamism and evolvability. *Science* 324, 203(2009).

[39] Knutson, S. K. *et al.* A selective inhibitor of EZH2 blocks H3K27 methylation and kills mutant lymphoma cells. *Nat Chem Biol* 8, 890-896(2012).

[40] Filippakopoulos, P. *et al.* Selective inhibition of BET bromodomains. *Nature* 468, 1067-1073(2010).

[41] Delmore, J. E. *et al.* BET bromodomain inhibition as a therapeutic strategy to target c-Myc. *Cell* 146, 904-917(2011).

[42] Zuber, J. *et al.* RNAi screen identifies Brd4 as a therapeutic target in acute myeloid leukaemia. *Nature* 478, 524-528(2011).

[43] Asangani, I. A. *et al.* Therapeutic targeting of BET bromodomain proteins in castration-resistant prostate cancer. *Nature* 510, 278-282(2014).

[44] Bamborough, P. *et al.* A chemical probe for the ATAD2 bromodomain. *Angew Chem Int Ed Engl* 55, 11382-11386(2016).

[45] Yoo, C. B. & Jones, P. A. Epigenetic therapy of cancer: past, present and future. *Nat Rev Drug Discov* 5, 37-50(2006).

[46] Bolden, J. E. *et al.* Anticancer activities of histone deacetylase inhibitors. *Nat Rev Drug Discov* 5, 769-784(2006).

[47] Gilan, O. *et al.* Functional interdependence of BRD4 and DOT1L in MLL leukemia. *Nat Struct Mol Biol* 23, 673-681(2016).

[48] Pfister, S. X. & Ashworth, A. Marked for death: targeting epigenetic changes in cancer. *Nat Rev Drug Discov* 16, 241-263(2017).

[49] Hojfeldt, J. W. *et al.* Histone lysine demethylases as targets for anticancer therapy. *Nat Rev Drug Discov* 12, 917-930(2013).

[50] Minucci, S. & Pelicci, P. G. Histone deacetylase inhibitors and the promise of epigenetic(and more)treatments for cancer. *Nat Rev Cancer* 6, 38-51(2006).

罗成　博士，中国科学院上海药物研究所研究员，博士生导师，获国家杰出青年基金资助，入选科技部创新领军人才、中组部“万人计划”领军人才和上海市优秀学术带头人。2004 年获中国科学院上海药物研究所有机化学博士学位，2005 年于美国宾夕法尼亚大学 Wistar 研究所从事表观遗传与化学生物学研究。研究领域包括药物设计、分子药理学和化学生物学。其针对表观遗传重要靶标，开展了靶标新功能发现、药物作用机制研究和创新药物研发；揭示了多个表观遗传重要靶标的调控机制；发现一批具有开发前景的先导化合物，两个化合物进入了全面临床前评价。共发表 SCI 论文 145 篇，总影响因子（IF）>1000 以上，论著被引用近 4000 次，H 因子为 33。近 5 年来，研究结果在 *Nature*、*Cancer Cell*、*Nature Chem*、*JACS*、*PNAS*、*Adv Mater*、*Nucleic Acid Res* 和 *J Med Chem* 等国际著名杂志发表通讯作者、共同通讯作者或第一作者论文近 71 篇。申请专利 35 项（美国专利 1 项、PCT6 项），获得授权专利 5 项；主持“863”、基金委杰青、重点等项目 10 项。

第 45 章　基因编辑技术与表观遗传调控

于文强　任晓光　刘梦醒
复旦大学

本章概要

人类基因组计划的完成和高通量测序技术的快速发展揭开了人类基因组的宏伟篇章，而近十几年来兴起的基因编辑技术（ZFN、TALEN、CRISPR/Cas9）正如上帝手中一把神奇的“剪刀”，通过对特定基因进行剪切和修饰，使修补人类基因组中的遗传信息成为可能。表观遗传作为一种不依赖于 DNA 序列的遗传，能够在多个维度上调控基因的表达，而表观遗传学的异常则会引发人类各种各样的疾病。利用“ZFN、TALEN、CRISPR/Cas9 可以与特定的 DNA 序列结合” 这一特性，基于 DNA 甲基化、组蛋白修饰、染色质高级结构的“基因定向调控”应运而生。通过将表观修饰因子如组蛋白修饰酶、DNA 甲基化酶等与 ZFN、TALEN、Cas9 蛋白融合，进而靶向目标 DNA 序列，实现基因的定向表观修饰调控。表观遗传紊乱往往伴随着疾病的发生，虽然目前我们对肿瘤和神经退行性疾病等的致病机制的认知有限，现有基因编辑技术仍存在脱靶和效率低等问题，但随着技术的不断完善，未来基于基因编辑的表观修饰调控可能为疾病的治疗提供新的选择。

45.1　常见基因编辑方法概述

关键概念

- 锌指核酸酶（zinc-finger nuclease，ZFN）是最早使用的基因编辑工具，其由 N 端与 DNA 结合的锌指蛋白和 C 端发挥切割作用的 *Fok* I 限制性内切核酸酶融合而成。
- TALE 与 DNA 的特异性结合依赖于不同的 RVD，较为常见的 NI、NN、HD 和 NG 分别识别 A、G、C、T 四种碱基。
- Cas9 蛋白在 sgRNA 的引导下特异性识别靶 DNA，而后在 PAM 附近进行切割产生 DSB，从而启动 DNA 自主修复机制，实现 DNA 特定位点的序列编辑。

如果说浩瀚的基因组是一幅壮丽的画布，那么基因编辑技术就是上帝手中的魔剪。从锌指酶技术到 TALEN 再到 CRISPR 技术的发展，这把魔剪越来越简单实用，剪切效率越来越高，应用前景越来越广阔。

45.1.1　第一代基因编辑技术：锌指核酸酶系统

1. 锌指核酸酶系统工作原理

锌指核酸酶最早被用于基因编辑，其由 N 端与 DNA 结合的锌指蛋白和 C 端发挥切割作用的 *Fok* I

限制性核酸内切酶融合而成。*Fok* I 来源于海床黄杆菌，它需要形成二聚体才具备切割 DNA 的活性，因此，ZFN 在进行基因编辑时是成对进行的。每个锌指蛋白单体可以特异性识别并结合 DNA 序列上 3 个连续的碱基，一般情况下单个的 ZFN 以其 3 个锌指结构结合 9 个连续的碱基，使用多个锌指蛋白串联可以识别更长的 DNA 序列，两个 ZFN 结合的位点之间一般留有 5～7 个碱基对的间隔以提供合适的 *Fok* I 二聚体作用空间。根据靶基因人工设计出合适的 ZFN，*Fok* I 在靶点处二聚体化切割 DNA 形成 DNA 双链断裂（double strand break，DSB），引发细胞内的同源介导的 DNA 双链修复（homology-directed repair，HDR）或者非同源性末端结合（non-homologous end-joining，NHEJ），从而敲除、替换、增加碱基或基因片段，达到基因编辑的目的（图 45-1）。

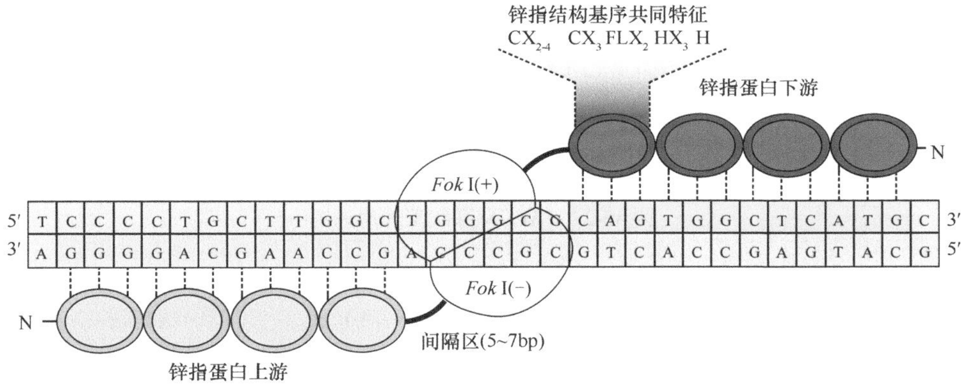

图 45-1　锌指酶系统工作原理图

2. 锌指酶系统的应用

利用 ZFN 系统进行的基因定点修饰已经广泛应用于多种生物。在中国仓鼠卵巢细胞中敲除二氢叶酸还原酶基因是将该技术首次应用在哺乳动物细胞中[1]，ZFN 在模式生物如果蝇、斑马鱼以及大鼠胚胎上都得到了有效的验证并获取了相应的突变体[2]。ZFN 也可以用来进行基因修正，使用游离的供体将单核苷酸或短的异源 DNA 序列通过细胞内 HDR 的修复机制添加至 DSB 处，应用 ZFN 处理果蝇的三个不同基因，其后代中携带供体特异性等位基因的比例高达 90%[3]。ZFN 进行基因修正在植物方面的应用也为农业生物技术开辟了新的路径[4]。此外，ZFN 系统也被普遍应用到疾病的研究中，比如敲除细菌内源性氨苄西林抗性基因以逆转细菌耐药性[5]；以线粒体为靶点的 ZFN 可以将突变的线粒体 DNA 在整个心脏中特异性清除，为多种遗传来源的线粒体疾病提供新的治疗途径[6]。

45.1.2　第二代基因编辑技术：TALEN 系统

1. TALEN 系统工作原理

转录激活因子样效应物核酸酶（transcription activator-like effector nuclease，TALEN）在结构上与 ZFN 类似，它的 C 端为 *Fok* I 限制性内切核酸酶，但 N 端为植物中黄单胞杆菌 III 型分泌系统产生的转录激活因子样效应物（transcription activator-like effector，TALE）。TALE 的作用与 ZFP 类似，用于识别并结合靶 DNA，*Fok* I 用于形成二聚体切割 DNA 以产生 DSB，通过 HDR 和 NHEJ 进行基因编辑。TALE 通常由 33～35 个氨基酸串联而成，含有 N 端的转运信号、C 端的核定位信号、转录激活结构域以及 DNA 结合结构域（DNA binding domain，DBD）。在保守的氨基酸序列中，第 12、13 位氨基酸是变化的，为重复可变双残基（repeat variable diresidue，RVD）。TALE 与 DNA 的特异性结合有赖于不同的 RVD，较为常见的 NI（天冬酰胺-异亮氨酸）、NN（天冬酰胺-天冬酰胺）、HD（组氨酸-天冬氨酸）和 NG（天冬酰胺-甘氨酸）分别识别 A、G、C、T 四种碱基。与 ZFP 相比，TALE 的一对一识别模式使得 TALEN 系统在基因编辑过程具有更高的精确性（图 45-2）。

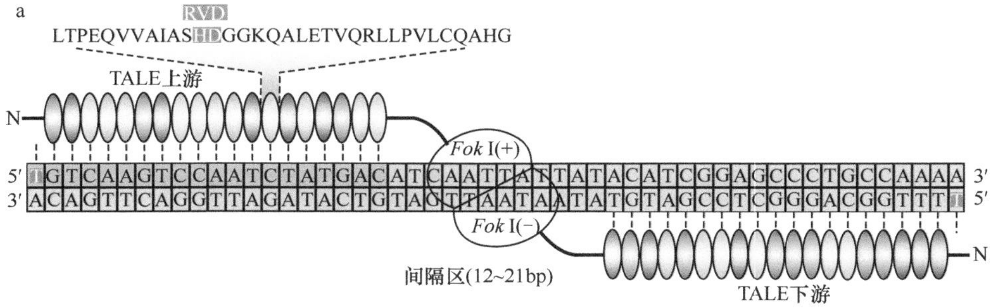

图 45-2 TALEN 系统工作原理图

2. TALEN 系统的应用

由于 TALEN 系统纠正了 ZFN 系统的不足，依靠其特有的优势在短期内迅速发展。目前也有许多计算机网络程序便于快速设计 TALE，如 E-TALEN、Genome engineering resources、Scoring algorithm for predicting TALE（N）activity 等。TALEN 已被成功应用于编辑不同物种的内源基因，包括病毒、酵母、植物、线虫、昆虫、青蛙、鱼，以及小鼠、大鼠等哺乳动物，涉及遗传育种、基因功能研究及医学研究等多个方面[2]。应用 TALEN 系统在人类 HPV 阳性细胞系中敲除 E6 和 E7 蛋白的原癌基因能够有效抑制细胞的快速增长和癌变趋势[7]；利用 TALEN 定点突变 SD（Sprague Dawley）大鼠的瘦素受体研究瘦素受体突变对大鼠的影响[8]；敲除鸡生殖细胞的 *DDX4* 基因，生殖细胞在卵巢发育过程的减数分裂中丢失，导致成年雌性不育[9]；设计了 28 种针对 CCR5 基因的 TALE 对人类 CCR5 进行特异性编辑，可用于 CD4 T 细胞和 CD34 造血干细胞（HSC）的改造，促使免疫系统抵抗 HIV-1 感染等[10]。

45.1.3 第三代基因编辑技术：CRISPR 系统

1. CRISPR 系统工作原理

CRISPR 的全称是成簇的有规则间隔短回文重复（clustered regularly interspaced short palindromic repeats），CRISPR 系统是在细菌和古细菌中发现的一种能够抵抗病毒等外源 DNA 侵袭的获得性免疫体系，其在基因编辑中的应用原理与 ZFN 和 TALEN 有很大的区别。基于系统中 Cas 基因、效应复合物等核心作用元件的不同，CRISPR 系统被分成了两大类，第一类包括 Type Ⅰ型、Type Ⅲ型和 Type Ⅳ型，它们的效应物为多亚基复合物，第二类包括 Type Ⅱ型、Type Ⅴ型和 Type Ⅵ型，它们的效应物为单亚基复合物。随着人们对 CRISPR-Cas 系统的深入研究，每一种类型的结构与功能机制也在不断的完善，其中较为简单、研究得比较透彻的是 Type Ⅱ型系统。Type Ⅱ型系统的 CRISPR 基因座由一段重复序列、重复序列中的间隔序列以及一系列 CRISPR 相关基因（CRISPR-associated gene，Cas gene）组成。在细菌或古细菌中，CRISPR 系统主要通过以下三个步骤实现其免疫防御功能。①适应。当噬菌体进入细菌或古细菌中时，该系统将噬菌体 DNA 切割成小片段并间隔插入基因组的 CRISPR 重复序列中。②crRNA（CRISPR RNA）的生物合成。CRISPR 基因座序列进一步转录并被细胞内的核酸酶加工成为 crRNA 与 tracrRNA（trans-activating CRISPR RNA）的复合物。③DNA 干扰。当该种噬菌体 DNA 再次进入细胞时，crRNA-tracRNA 与 Cas 蛋白结合后通过碱基互补配对识别并破坏入侵细胞的外源 DNA。Type Ⅱ 型系统中的关键蛋白为 Cas9，人工设计的 CRISPR/Cas9 系统中将 crRNA 和 tracrRNA 融合成单链向导 RNA（single-chain guide RNA，sgRNA），模拟 crRNA-tracrRNA 天然形成的茎环结构，进一步简化了该系统。Cas9 蛋白含有 RuvC 和 HNH 两个发挥活性的主要结构域，HNH 识别 crRNA 互补链 NGG PAM（protospacer adjacent motif）上游第 3 个碱基外侧，并从该处进行切割。RuvC 负责非互补链的切割，切割位点在 PAM 上游的 3～8 碱基之间。Cas 蛋白在 sgRNA 的引导下特异性识别靶 DNA，而后在 PAM 附近进行切割产生 DSB，细胞由此启动 DNA 自主修复机制，最终实现 DNA 特定位点的定向编辑（图 45-3）。

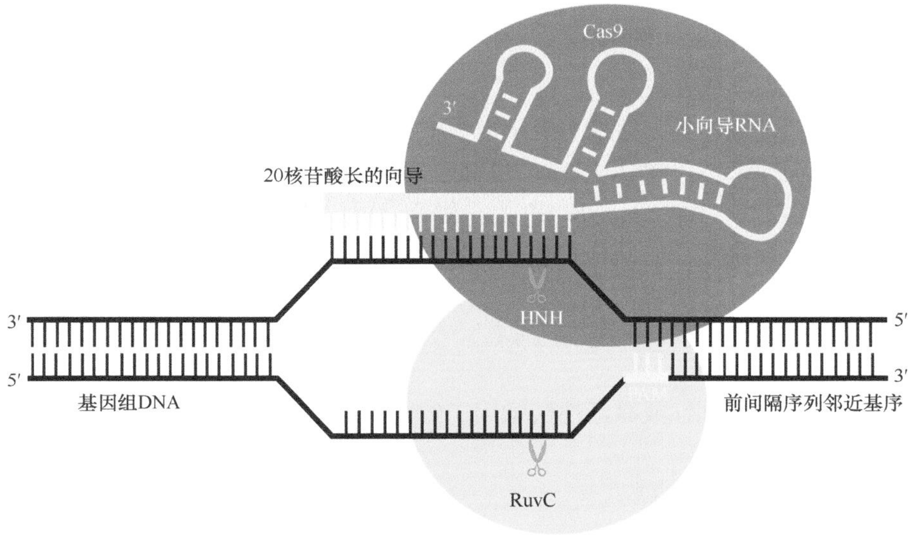

图 45-3　CRISPR/Cas9 系统工作原理图

2. CRISPR 系统的应用

由于基因编辑工具 CRISPR/Cas 系统设计起来简便、成本较低，且具有很大的发展潜力，目前已经得到了极为广泛且多元化的应用。起初，CRISPR 系统用于诱导细菌、斑马鱼胚胎以及哺乳动物细胞中的靶点突变，然后渐渐在植物、线虫、果蝇、小鼠、大鼠、非人灵长类动物和人多能干细胞中完成了高效的基因编辑[2]。利用 CRISPR/Cas9 系统，通过错配修复机制可以实现插入或删除突变、功能缺失筛查等；通过同源修复机制还可以完成更为精准的点突变、基因敲除以及一些标签或报告基因的敲入。除了对靶基因常规的基因编辑，在 CRISPR/Cas 系统上进行改造，将 RucV 和 HNH 两个位点失活得到 dCas9，不产生切割活性但仍然可以与靶位点结合，使得该系统也能够完成基因调节、表观遗传定点修饰、染色质成像等更多的操作。dCas9 与靶基因结合后会影响内源转录因子、RNA 聚合酶Ⅱ等其他 DNA 结合蛋白活性，这一特性已被用来研究 CRISPR 干扰（CRISPR interference，CRISPRi），通过 dCas9 的结合阻断转录过程进而抑制基因表达。将 dCas9 与 KRAB（Krüppel-associated box）融合可进一步增强抑制作用[11]，而将 dCas9 与 VP64 融合则会诱导基因表达[12]。利用 dCas9 融合能够共价修饰组蛋白或 DNA 化学修饰的酶，可以对靶序列进行相应的表观遗传修饰。此前使用 ZFP 和 TALE 蛋白将荧光蛋白靶向至着丝粒和端粒等基因组的重复区域用于活细胞成像，后来利用 dCas9 技术能够大幅度提高活细胞染色质成像过程中的靶向效率和范围[13]。

45.2 基因组编辑技术在表观遗传调控中的应用

关键概念

- ZFN、TALEN、CRISPR/Cas9 技术都可以定位到特定的 DNA 序列。
- Cas9 蛋白含有 HNH 与 RuvC1 两个核酸内切酶结构域，分别切割两条 DNA 链，产生突变。D10A、H840A 和 Cas9 蛋白从而失去切割 dsDNA 的活性成为 dCas9[14]。
- 将一些表观修饰因子如组蛋白修饰酶类、DNA 甲基化酶等与 ZFN、TALEN、dCas9 蛋白融合，通过定点的表观修饰实现基因表达的定向调控。

技术的发展总是从粗糙到精细，技术的应用也大抵如此，基因组编辑技术也不例外。ZFN、TALEN、CRISPR 系统都可以定位到特定的 DNA 序列，利用这一特性，如果将一些表观修饰因子如组蛋白修饰酶类、DNA 甲基化酶等与 ZFN、TALEN、dCas9 蛋白融合，可以实现基因的定向表观修饰和调控。基因的定向表观修饰技术通过改变染色质的结构和状态成为未来调控基因表达的重要手段。

45.2.1 基于转录因子的基因定向调控

将基因编辑相关蛋白与抑制性或激活性转录因子结合就可以实现基因表达的定向调控。

1. 基于转录因子的基因定向沉默

最初，人们将 ZFP 蛋白与转录抑制因子蛋白融合，然后靶向 DNA 序列，以此定向沉默靶基因。抑制性的转录因子包括 KRAB、ERF 抑制结构和 SID，三者均能有效地抑制靶基因的活性，而 KRAB 具有最好的抑制效果[15]。TALEN 技术也是如此：将抑制性转录因子与 TALE 蛋白融合，然后靶向 DNA，抑制基因的表达[16, 17]，其中包括 PIE-1 抑制结构域、IAA28 抑制结构域、SID 和 KRAB 等，其中 SID 与 KRAB 能够取得较好的抑制效果[17]。CRISPR 系统似乎更简单直接，dCas9 与 gRNA 结合到靶基因序列上，可以阻止转录的进行，进而沉默靶基因。例如，将 CRISPR/Cas9 应用在哺乳动物细胞中，基因的表达下调了 2～3 倍[18]，而将转录抑制子 KOX1 的 KRAB 结构域与 dCas9 融合有助于进一步提高 CRISPR/dCas9 抑制基因表达的效率[19]，其机制是 KRAB 通过募集 H3K9me3 至靶基因区域，降低了染色质的可接近性，进而抑制基因的表达[20]，而 dCas9-KRAB 介导的基因沉默已经成为 dCas9 依赖的靶基因沉默的常用策略[21]。如果将另一个因子 MeCP2 融合到 dCas9-KRAB 上，即 dCas9-KRAB-MeCP2，鉴于 MeCP2 可以结合甲基化的 DNA，该方法进一步增强了 CRISPR/dCas9 介导的基因沉默效率[21]。

2. CRISPR 介导的基因激活

将抑制性转录因子与 ZFP、TALEN、CRISPR 融合，实现基因的定向抑制，同样的道理，如果将转录激活因子与这些蛋白质融合，可以实现基因的定向激活。

将 ZFP 与 VP16 及其结构域 VP64 融合，靶向 *erbB-2*/*HER-2* 基因的启动子，可以激活基因的表达，而 VP64 激活效果更好[15]。如果将 p65 与 ZFP 融合，也可以激活基因表达，相比之下，p65 比 VP16 具有更好的激活效果[22]。为优化 ZFP-VP64 的激活效率，可以将 p65 及 Rta 同时融合到 ZFP-VP64 分子上，即 ZFP-VP64-p65-Rta，简称 ZFP-VTR，相较于其他方式，该融合蛋白的激活效率最高[23]。TALEN 技术也是一样，将 VP64、p65 或 VTR 与 TALEN 融合，也具有良好的激活效果[23-25]。

如果将转录激活因子与 dCas9 蛋白融合，就可以利用 CRISPR/dCas9 系统实现基因的定向激活。VP16 是 HSV 病毒编码的蛋白质，是 HSV 病毒裂解性感染过程中至关重要的激活因子[26]。其蛋白序列的 437～447 位置的肽段是活性区域，将该序列串联重复四次即为 VP64 肽段[15]。将 VP64 与 dCas9 融合，即 dCas9-VP64，可以定向激活靶基因[27, 28]，而将 p65 与 Rta 蛋白、dCas9 融合后，也具有激活基因表达的活性，虽然其效果略低于 VP64[23]。另外，将 p65、Rta 与 dCas9-VP64 融合，即 dCas9-VP64-p65-Rta，称之为 dCas9-VPR，可明显提高激活效果[23]。

为了进一步提高 dCas9-VP64 的激活效率，研究者对 VP64 进行改造，将 VP16 上一些肽段融合，发现 VP128 具有更强的激活效果。若进一步融合 TALE 激活结构域，即 dCas9-6TAL-VP128（简称 dCas-TV），该系统在植物与哺乳动物细胞中均有较好的激活效率[29]。如果在 dCas9-VP64 的基础上融合了人热休克蛋白因子 1（human heat-shock factor 1，HSF1）的激活结构域，也能提高 dCas9-VP64 的激活效率[30]，也可以用 VP192 取代 VP64，因为 VP192 作为 VP16 蛋白上一段重复序列，被证明具有优于 VP64 的激活效果[29]，进一步融合 p65，即 dCas9-VP192-p65-HSF1（简称 dCas9-VPH），可用于研究人胚胎干细胞的重编程过程[31]。

45.2.2　基于组蛋白修饰的定向调控

组蛋白修饰在调控基因表达过程中扮演重要的角色，如启动子区域组蛋白的 H3K4me3 修饰，是基因表达的重要标志，而启动子区域组蛋白的 H3K27me3 修饰，则是基因沉默的重要标志。组蛋白修饰酶类、识别酶类、擦除酶类调控着组蛋白修饰的动态过程。若将组蛋白修饰调控的酶类与 dCas9 融合，也可实现基因的定向组蛋白修饰和表达调控。

1. 抑制性组蛋白修饰介导的调控

LSD1 是组蛋白去甲基化酶，催化 H3K4 位点的去甲基化，进而抑制基因的表达[32]。在小鼠的胚胎干细胞中，LSD1 与 dCas9 融合形成的 dCas9-LSD1 在增强子区域可以有效地去除 H3K4me2，同时也降低了该位点的 H3K27ac 修饰，进而抑制基因表达[33]。

EZH2 是 PRC2 复合物的组分，其催化 H3K27me3 抑制基因的表达。分别将 EZH2 全长序列及活性结构域与 dCas9 融合，二者均能下调靶基因表达，但是仅 dCas9-EZH2 可以在靶序列上使 H3K27me3 修饰增加，然而 H3K27me3 的丰度并不与基因的下调倍数呈相关性[34]。而将 FOG1（该蛋白质与 H3K27ac 擦除和 H3K27me3 获得有关）的 N 端序列与 dCas9 融合，同样能够增加靶序列上的 H3K27me3 修饰，并抑制基因表达[34]。此外，也可以将 G9A 和 SUV39H1 的催化结构域 SET 与 dCas9 融合，这两个蛋白质均能催化形成 H3K9me，dCas9-G9A[SET]能够在靶序列促进 H3K9me3 富集，而 dCas9-SUV39H1[SET]却不能提高 H3K9me2/3 的水平，但是二者均可以抑制靶基因表达[34]。至于抑制基因表达与组蛋白修饰的不对应现象，其机制有待于进一步研究。

H3K27ac 修饰与基因的激活有关，而去乙酰化酶（HDAC）则参与细胞内基因的表达抑制。如果将 HDAC3 与 dCas9 融合，有可能抑制基因表达，然而不可思议的是，在转染的同一细胞系挑选的不同细胞克隆中，对同一基因的表达影响，有的促进也有的抑制，而在不同的细胞系内，对同一基因的表达影响也不尽相同，提示 HDAC 的功能可能跟染色质的局部环境有关系[35]。在将甲基转移酶 SUV39H1 和 G9A 与 ZFP 融合的实验中，虽然靶基因的表达被抑制，除了组蛋白 H3K9me3 的修饰发挥作用外，在靶基因位点附近还募集了 HDAC 蛋白，二者有可能协同抑制了基因的表达[36]。

研究发现，将 TALEN 蛋白与 LSD1 融合靶向基因的增强子区域，也可以有效地将靶区域的 H3K4me2 去甲基化，同时也降低了该区域的 H3K27ac，有助于抑制基因的表达[37]。而将催化 H3K9me1 的 KYP 蛋白、催化 H4K20me3 的 TgSET8 蛋白等与 TALEN 融合，也能介导基因的沉默[38]。

2. 激活性组蛋白修饰介导的调控

p300 是乙酰基转移酶，负责催化 H3K27 位点的乙酰化，在启动子区域以及远端的增强子区域的 H3K27ac 修饰，有助于基因的表达[39]。将 p300 蛋白或其催化结构域与 dCas9、ZFP、TALEN 融合，可以定向的激活靶基因表达，且其效果优于 dCas9-VP64 系统，而且 dCas9-p300 的激活效率要优于 TALEN-p300[40]。

H3K4me3 与 H3K79me2/3 分布在转录起始位点，可以促进基因的表达，将其催化酶 PRDM9 及 DOT1L 的催化结构域分别与 dCas9 融合，可以定向催化组蛋白修饰。虽然 H3K4me3 足以促进基因的表达，但维持基因表达状态则依赖于所处染色质的局部环境。当同时诱导 H3K4me3 和 H3K79me3 时，发现 H3K79me3 可以维持并稳定 H3K4me3，共同促进靶基因的持续表达[41]。而将 H3K9ac 的去乙酰化酶 Sin3a、Sirt3、NcoR 和 H4K8ac 的去乙酰化酶 HDAC8、RPD3、Sir2a 等与 TALEN 蛋白融合，也能通过基因的定向组蛋白修饰抑制基因的表达[38]。

45.2.3 基于 DNA 甲基化的定向调控

DNA 中 CG 位点中的 C，通常会被甲基化修饰，DNA 甲基化可以调节基因表达、染色质结构等，在细胞分化过程中也扮演重要的角色。DNMT1、DNMT3A/B 负责催化 C 的甲基化，而 TET1/2/3 负责 C 的去甲基化。将 dCas9 与 DNA 甲基化调控酶类融合，便可实现 DNA 甲基化的定向调控，打破了目前甲基化小分子化合物只能在全基因组水平调控甲基化的瓶颈，为应用表观遗传方式调控特定基因的表达和疾病治疗提供强有力的工具。

1. 定向甲基化技术

在研究 DNA 定向甲基化的初期，将分离自原核生物的甲基转移酶 M.SssI 与 M.HpaI，分别与 ZFP 融合[42, 43]。为了提高系统的特异性，可以将 M.HpaI 的 N 端和 C 端分别与 ZFP 蛋白融合，仅当两个 ZFP 蛋白在靶序列上结合时，M.HpaI 才会组装成具有完整酶活的复合体，发挥 DNA 甲基化的功能[44]。后来，TALEN 技术也被应用于 DNA 定向甲基化修饰，将 DNMT3A-DNMT3L 与 TALE 融合，即 TALE-DNMT3A-DNMT3L，并将其靶向 CDKN2A 区域，抑制该基因的表达[45]。也有一些研究将 DNMT3A 的催化结构域单独与 TALE 蛋白融合来实现定向甲基化[46]。

CRISPR 技术出现后，将 DNMT3A 与 dCas9 融合去实现基因的定向甲基化修饰。例如，设计靶向 CCCTC 结合因子（CCCTC binding factor，CTCF）结合序列的 gRNA，可以使 CTCF 结合序列的 DNA 甲基化水平增加，进而影响了 CTCF 的结合[47]。同时发现 CRISPR/dCas9 比 TALEN 的基因定向修饰系具有更高的效率[47]。利用 dCas9-DNMT3A，靶向基因的启动子区域，也能够抑制基因的表达[48]。研究人员将 dCas9 与 sunTag 融合，sunTag 是一套信号放大系统，其序列上带有多个抗体识别表位，DNMT3A 则与单链抗体（single-chain variable fragment，scFv）融合，这样一来，dCas9 可聚合多个 DNMT3A 分子，进而发挥靶向修饰 DNA 的功能[49]。

在 ZFP-KRAB 定向基因调控系统中，通过 KRAB 结合因子 KAP1 募集 DNMT3A/B 也可以抑制基因表达。据此，将 DNMT3A/L 以及 KRAB 分别与 dCas9 融合，则可以在细胞中建立长久的沉默修饰[50]。为提高 dCas9-DNMT3A 的效率，构建 dCas9-DNMT3A-DNMT3L，发现其 DNA 甲基化效率及抑制基因表达的效果都优于 dCas9-DNMT3A[51, 52]。ZFP 蛋白也可以跟 DNA 甲基化调节酶类融合，并发挥定向修饰的功能，将 ZFP 与 DNMT3A 融合，并靶向 *P16* 基因的启动子区域，能够抑制该基因的表达，并促进肿瘤的发生[53]，而将 DNMT3A/L 的 C 端活性区域与 ZFP 融合，以 VEGF-A 基因的启动子为靶序列，通过甲基化抑制其表达[54]。

2. 定向去甲基化技术

基因的启动子区域的高甲基化通常会抑制基因的表达，若将 DNA 去甲基化酶与 dCas9 融合，则可以实现定向的 DNA 去甲基化并促进目标基因的表达。将 TET 家族的甲基胞嘧啶双加氧酶 1（ten-eleven translocation methylcytosine dioxygenase 1，TET1）与 dCas9 融合，分别靶向 *BDNF* 及 *MyoD* 基因的启动子和增强子，可成功去除甲基化并诱导两个基因的表达[47]。而如果将 SunTag 与 dCas9 融合，再将 scFv 与 TET1 融合，这样就可以在 dCas9 靶向的位置富集多个 TET1 分子，从而提高其效率[55]。

在 ZFP 系统中，将 TET1/2/3 分别与 ZFP 融合，发现 ZFP-TET2 具有最好的 DNA 去甲基化活性[56]。同样，TALEN 技术也被应用到定向 DNA 去甲基化的研究中，将 TET1 与 TALE 融合，研究其定向 DNA 去甲基化的功能，相比于 ZFP-TET，TALE-TET1 存在明显的脱靶效应[57]。

45.2.4　调控表观基因组的其他编辑技术

1. 通过改变 GC 含量定点甲基化

基因的启动子区域富含 CG 序列，称为 CpG 岛，通常不会被甲基化。如果将一段无 CG 序列的 DNA 片段插入到 CpG 岛中，可以诱导 CpG 岛中 CG 的定点甲基化，而且这种甲基化可以持续存在，即使将插入的无 CG 序列清除，也不会改变其甲基化的状态[58]。

2. 针对 long non-coding RNA 的编辑调控

lncRNA 在基因组上的分布广泛，很多 lncRNA 与相邻的基因等共用启动子，且一些 lncRNA 的启动子分布在基因体区域。有研究显示，针对 lncRNA 的 CRISPRi/a，有 1/3 不会影响到其他基因，大多会对附近的基因表达产生影响[59]，例如，CRISPRa 在调控 lncRNA NEAT1 方面具有较好的激活效果[60]。

3. 针对染色体高级结构的编辑调控

染色质高级结构的改变是调节基因表达的重要方式之一，如染色质的可接近性、染色质弯曲等。将染色质结构调节相关因子与基因靶向系统结合，就可以定向调控染色质的高级结构。

将 MS2 与 sgRNA 融合，MS2 蛋白则与一个 FKBP 蛋白融合，FKBP 会特异性地募集 RAB 蛋白，将 HP1 C 端区域与 RAP 蛋白融合，这样 HP1cs 就可以募集 SUV39H1 蛋白，对染色质进行 H3K9me3 修饰，最终抑制基因的表达[61]。也可以将染色质重塑复合物 mSWI/SNF 与 RAP 蛋白融合，通过染色质重塑，实现基因表达的激活[61]。

远端的增强子通过形成 DNA 环（DNA loop）调节基因的表达，为了定向控制 DNA loop 的形成，将能够形成异源二聚体的分子分别与两个 dCas9 融合，然后分别靶向 DNA 的不同位置，最终介导了 DNA loop 的形成[62, 63]。共转录因子 Ldb1 在细胞内也能够形成同源二聚体，将该蛋白质与 ZFP 融合，成功地使 DNA 形成 loop 结构，并激活靶基因的表达[64]。

45.3　基因编辑技术定向调控表观修饰的意义

直接针对基因组序列的编辑是不可逆的，从应用角度来说缺乏灵活性。而将基因编辑技术应用于表观基因组的调控是可逆的，更灵活且风险更小。

表观遗传学上的异常调控会引起各种各样的人类疾病，肿瘤的表观遗传异常的逆转已经成为肿瘤治疗的新思路。通过基因组编辑技术，重新激活或沉默肿瘤抑制因子或抑制癌基因的表达，有可能降低肿瘤生长或转移潜力。例如，通过 CRISPR/dCas9 系统靶向 BRCA1 的启动子能够降低 DNA 甲基化水平，进而重新激活并恢复乳腺癌与宫颈癌中 BRCA1 的活性[65]。

DNA 甲基化、染色质重塑和组蛋白修饰等表观遗传调控的机制在神经元功能和发育的多个方面发挥重要作用。表观遗传与一些神经退行性疾病，如阿尔茨海默病（AD）、亨廷顿病（HD）和肌萎缩侧索硬化症（ALS）等的发生发展密切相关。虽然我们对这些神经退行性疾病机制的理解仍然非常有限，但未来通过基因编辑技术调控表观遗传因素可能为这些疾病的治疗提供新的选择。

45.4　基因编辑定向调控技术的挑战与展望

基于 ZFP、TALEN、CRISPR/dCas9 三个技术进行基因的定向表观修饰，为研究表观遗传修饰在基因调控等过程中的作用提供了有力支持。然而，这些发展中的技术离临床应用还有很长一段路要走，需要进一步改进与完善。

45.4.1　基因编辑定向调控技术的局限性

1. 脱靶效应

当我们使用外源工具对基因组进行编辑时，编辑工具的脱靶效应是使用者最关心的问题。总的来说，ZFP 技术具有较高的脱靶效应，TALEN 相对较低，而 CRISPR/dCas9 则依赖于其 gRNA 的设计[66]。

在体外探究 ZFP 的脱靶效应实验中，用 CCR5-224 和 VF2468 两种 ZFP，分别与约 10^{11} 种不同的 DNA 做底物孵育以模拟细胞内的靶序列，发现 CCR5-224 存在 9 个脱靶位点，而 VF2468 有 31 个脱靶位点[67]。同样使用 ZFP 技术靶向 CCR5，会导致约 11%的 CCR2 突变，而使用 TALEN 技术，CCR2 的突变比例只有 1%[68]。对于 CRISPR/Cas9 技术而言，当 sgRNA 与靶 DNA 序列出现单个或者两个碱基错配时，错配碱基的位置决定了脱靶效应的程度，尤其是 gRNA 3′的错配，会引发脱靶效应[69, 70]。

2. 效率问题

除了脱靶效应，基因编辑的效率及持续时间也是我们需要关注的问题。依赖不同技术融合的表观修饰因子具有不同的效率，如 ZFP、TALEN、dCas9 都与 DNMT3A-DNMT3L 融合，但其 DNA 甲基化的效率却有所不同[45, 51, 54]。对于同一技术而言，其融合的表观修饰因子不同，对靶基因的修饰效率也有差异，如转录激活因子，研究发现，VP64 的效率要优于 VP16 等[22, 27]，而同时将若干因子串联融合，则具有更高的效率[23, 31]。

45.4.2　基因编辑定向调控技术的展望

表观基因组囊括了所有的翻译后修饰以及与基因组调控元件相关的其他染色质特征。目前，一些大规模的表观基因组学研究成果如 DNA 元件百科全书（Encyclopedia of DNA Elements，ENCODE）和 REMC（roadmap epigenome mapping consortium）等已经描绘出各种细胞系以及原代细胞类型和组织中的 DNA 或组蛋白的染色质修饰概况。虽然这些表观基因组图谱揭示出了细胞特异性的基因调控和基因组组织，但诸如组蛋白修饰和 DNA 甲基化的各种表观基因组特征的功能仍有待进一步的分析。ZFN、TALEN 和 CRISPR 系统等基因座特异性的表观基因组编辑工具和技术有望极大地帮助研究人员阐明染色质修饰更为全面的功能和作用。这些工具能够帮助研究染色质生物学中一些长期存在的问题，例如，表观遗传标记的存在与基因表达之间的因果关系，进而促进对 DNA 甲基化、组蛋白修饰、非编码 RNA 的研究。

基因编辑是以改变或修复 DNA 序列为手段达到研究目的，这种改变是不可逆的，而建立在表观遗传基础上的基因定向修饰，可以达到相同的目的，但遗传物质并没有发生突变，而且这种修饰也可以通过某种手段逆转，这一特性赋予了定向表观遗传修饰技术独特的优势。对于一些因印记基因异常导致的疾病，如快乐木偶综合征（Angelman syndrome）等，基因的定向修饰技术具有潜在临床应用价值[70]。

参 考 文 献

[1] Santiago, Y. *et al.* Targeted gene knockout in mammalian cells by using engineered zinc-finger nucleases. *Proc Natl Acad Sci U S A* 105, 5809-5814(2008).

[2] Kim, H. & Kim, J. S. A guide to genome engineering with programmable nucleases. *Nat Rev Genet* 15, 321-334(2014).

[3] Bibikova, M. *et al.* Enhancing gene targeting with designed zinc finger nucleases. *Science* 300, 764(2003).

[4] Pathak, B. P. *et al.* Utility of I-SceI and CCR5-ZFN nucleases in excising selectable marker genes from transgenic plants. *BMC Res Notes* 12, 272(2019).

[5] Shahbazi Dastjerdeh, M. *et al.* Zinc finger nuclease: A new approach to overcome beta-lactam antibiotic resistance. *Jundishapur J Microbiol* 9, e29384(2016).

[6] Gammage, P. A. *et al.* Genome editing in mitochondria corrects a pathogenic mtDNA mutation *in vivo*. *Nat Med* 24, 1691-1695(2018).

[7] Shankar, S. *et al.* TALEN based HPV-E7 editing triggers necrotic cell death in cervical cancer cells. *Sci Rep* 7, 5500(2017).

[8] Chen, Y. *et al.* Generation of obese rat model by transcription activator-like effector nucleases targeting the leptin receptor gene. *Sci China Life Sci* 60, 152-157(2017).

[9] Taylor, L. *et al.* Efficient TALEN-mediated gene targeting of chicken primordial germ cells. *Development* 144, 928-934(2017).

[10] Shi, B. *et al.* TALEN-Mediated knockout of CCR5 confers protection against infection of human immunodeficiency virus. *J Acquir Immune Defic Syndr* 74, 229-241(2017).

[11] Gilbert, L. A. *et al.* CRISPR-mediated modular RNA-guided regulation of transcription in eukaryotes. *Cell* 154, 442-451(2013).

[12] Maeder, M. L. *et al.* CRISPR RNA-guided activation of endogenous human genes. *Nat Methods* 10, 977-979(2013).

[13] Chen, B. *et al.* Dynamic imaging of genomic loci in living human cells by an optimized CRISPR/Cas system. *Cell* 155, 1479-1491(2013).

[14] Jinek, M. *et al.* A programmable dual-RNA-guided DNA endonuclease in adaptive bacterial immunity. *Science* 337,

816-821(2012).
[15] Beerli, R. R. *et al.* Toward controlling gene expression at will: specific regulation of the erbB-2/HER-2 promoter by using polydactyl zinc finger proteins constructed from modular building blocks. *Proc Natl Acad Sci U S A* 95, 14628-14633(1998).
[16] Mahfouz, M. M. *et al.* Targeted transcriptional repression using a chimeric TALE-SRDX repressor protein. *Plant Mol Biol* 78, 311-321(2012).
[17] Cong, L. *et al.* Comprehensive interrogation of natural TALE DNA-binding modules and transcriptional repressor domains. *Nat Commun* 3, 968(2012).
[18] Qi, L. S. *et al.* Repurposing CRISPR as an RNA-guided platform for sequence-specific control of gene expression. *Cell* 152, 1173-1183(2013).
[19] Gilbert, L. A. *et al.* CRISPR-mediated modular RNA-guided regulation of transcription in eukaryotes. *Cell* 154, 442-451(2013).
[20] Thakore, P. I. *et al.* Highly specific epigenome editing by CRISPR-Cas9 repressors for silencing of distal regulatory elements. *Nat Methods* 12, 1143-1149(2015).
[21] Yeo, N. C. *et al.* An enhanced CRISPR repressor for targeted mammalian gene regulation. *Nat Methods* 15, 611-616(2018).
[22] Liu, P. Q. *et al.* Regulation of an endogenous locus using a panel of designed zinc finger proteins targeted to accessible chromatin regions. Activation of vascular endothelial growth factor A. *J Biol Chem* 276, 11323-11334(2001).
[23] Chavez, A. *et al.* Highly efficient Cas9-mediated transcriptional programming. *Nat Methods* 12, 326-328(2015).
[24] Zhang, F. *et al.* Efficient construction of sequence-specific TAL effectors for modulating mammalian transcription. *Nat Biotechnol* 29, 149-153(2011).
[25] Maeder, M. L. *et al.* Robust, synergistic regulation of human gene expression using TALE activators. *Nat Methods* 10, 243-245(2013).
[26] Wysocka, J. & Herr, W. The herpes simplex virus VP16-induced complex: the makings of a regulatory switch. *Trends Biochem Sci* 28, 294-304(2003).
[27] Maeder, M. L. *et al.* CRISPR RNA-guided activation of endogenous human genes. *Nat Methods* 10, 977-979(2013).
[28] Perez-Pinera, P. *et al.* RNA-guided gene activation by CRISPR-Cas9-based transcription factors. *Nat Methods* 10, 973-976(2013).
[29] Li, Z. *et al.* A potent Cas9-derived gene activator for plant and mammalian cells. *Nat Plants* 3, 930-936(2017).
[30] Konermann, S. *et al.* Genome-scale transcriptional activation by an engineered CRISPR-Cas9 complex. *Nature* 517, 583-588(2015).
[31] Weltner, J. *et al.* Human pluripotent reprogramming with CRISPR activators. *Nat Commun* 9, 2643(2018).
[32] Shi, Y. *et al.* Histone demethylation mediated by the nuclear amine oxidase homolog LSD1. *Cell* 119, 941-953(2004).
[33] Kearns, N. A. *et al.* Functional annotation of native enhancers with a Cas9-histone demethylase fusion. *Nat Methods* 12, 401-403(2015).
[34] O'Geen, H. *et al.* dCas9-based epigenome editing suggests acquisition of histone methylation is not sufficient for target gene repression. *Nucleic Acids Res* 45, 9901-9916(2017).
[35] Kwon, D. Y. *et al.* Locus-specific histone deacetylation using a synthetic CRISPR-Cas9-based HDAC. *Nat Commun* 8, 15315 (2017).
[36] Snowden, A. W. *et al.* Gene-specific targeting of H3K9 methylation is sufficient for initiating repression *in vivo*. *Curr Biol* 12, 2159-2166(2002).
[37] Mendenhall, E. M. *et al.* Locus-specific editing of histone modifications at endogenous enhancers. *Nat Biotechnol* 31, 1133-1136(2013).
[38] Konermann, S. *et al.* Optical control of mammalian endogenous transcription and epigenetic states. *Nature* 500, 472-476(2013).

[39] Ogryzko, V. V. *et al*. The transcriptional coactivators p300 and CBP are histone acetyltransferases. *Cell* 87, 953-959(1996).
[40] Hilton, I. B. *et al*. Epigenome editing by a CRISPR-Cas9-based acetyltransferase activates genes from promoters and enhancers. *Nat Biotechnol* 33, 510-517(2015).
[41] Cano-Rodriguez, D. *et al*. Writing of H3K4Me3 overcomes epigenetic silencing in a sustained but context-dependent manner. *Nat Commun* 7, 12284(2016).
[42] Xu, G. L. & Bestor, T. H. Cytosine methylation targetted to pre-determined sequences. *Nat Genet* 17, 376-378(1997).
[43] McNamara, A. R. *et al*. Characterisation of site-biased DNA methyltransferases: specificity, affinity and subsite relationships. *Nucleic Acids Res* 30, 3818-3830(2002).
[44] Nomura, W. & Barbas, C. F., 3rd. *In vivo* site-specific DNA methylation with a designed sequence-enabled DNA methylase. *J Am Chem Soc* 129, 8676-8677(2007).
[45] Bernstein, D. L. *et al*. TALE-mediated epigenetic suppression of CDKN2A increases replication in human fibroblasts. *J Clin Invest* 125, 1998-2006(2015).
[46] Lei, Y. *et al*. DNA methylation and de-methylation using hybrid site-targeting proteins. *Genome Biol* 19, 187(2018).
[47] Liu, X. S. *et al*. Editing DNA methylation in the mammalian genome. *Cell* 167, 233-247.e217(2016).
[48] Vojta, A. *et al*. Repurposing the CRISPR-Cas9 system for targeted DNA methylation. *Nucleic Acids Res* 44, 5615-5628(2016).
[49] Huang, Y. H. *et al*. DNA epigenome editing using CRISPR-Cas SunTag-directed DNMT3A. *Genome Biol* 18, 176(2017).
[50] Amabile, A. *et al*. Inheritable silencing of endogenous genes by hit-and-run targeted epigenetic editing. *Cell* 167, 219-232.e214(2016).
[51] Stepper, P. *et al*. Efficient targeted DNA methylation with chimeric dCas9-Dnmt3a-Dnmt3L methyltransferase. *Nucleic Acids Res* 45, 1703-1713(2017).
[52] Saunderson, E. A. *et al*. Hit-and-run epigenetic editing prevents senescence entry in primary breast cells from healthy donors. *Nat Commun* 8, 1450(2017).
[53] Cui, C. *et al*. P16-specific DNA methylation by engineered zinc finger methyltransferase inactivates gene transcription and promotes cancer metastasis. *Genome Biol* 16, 252(2015).
[54] Siddique, A. N. *et al*. Targeted methylation and gene silencing of VEGF-A in human cells by using a designed Dnmt3a-Dnmt3L single-chain fusion protein with increased DNA methylation activity. *J Mol Biol* 425, 479-491(2013).
[55] Morita, S. *et al*. Targeted DNA demethylation *in vivo* using dCas9-peptide repeat and scFv-TET1 catalytic domain fusions. *Nat Biotechnol* 34, 1060-1065(2016).
[56] Chen, H. *et al*. Induced DNA demethylation by targeting ten-eleven translocation 2 to the human ICAM-1 promoter. *Nucleic Acids Res* 42, 1563-1574(2014).
[57] Maeder, M. L. *et al*. Targeted DNA demethylation and activation of endogenous genes using programmable TALE-TET1 fusion proteins. *Nat Biotechnol* 31, 1137-1142(2013).
[58] Takahashi, Y. *et al*. Integration of CpG-free DNA induces *de novo* methylation of CpG islands in pluripotent stem cells. *Science* 356, 503-508(2017).
[59] Goyal, A. *et al*. Challenges of CRISPR/Cas9 applications for long non-coding RNA genes. *Nucleic Acids Res* 45, e12(2017).
[60] Yamazaki, T. *et al*. CRISPRa-mediated NEAT1 lncRNA upregulation induces formation of intact paraspeckles. *Biochem Biophys Res Commun* 504, 218-222(2018).
[61] Braun, S. M. G. *et al*. Rapid and reversible epigenome editing by endogenous chromatin regulators. *Nat Commun* 8, 560(2017).
[62] Hao, N. *et al*. Programmable DNA looping using engineered bivalent dCas9 complexes. *Nat Commun* 8, 1628(2017).
[63] Morgan, S. L. *et al*. Manipulation of nuclear architecture through CRISPR-mediated chromosomal looping. *Nat Commun* 8,

15993(2017).

[64] Deng, W. *et al.* Controlling long-range genomic interactions at a native locus by targeted tethering of a looping factor. *Cell* 149, 1233-1244(2012).

[65] Choudhury, S. R. *et al.* CRISPR-dCas9 mediated TET1 targeting for selective DNA demethylation at BRCA1 promoter. *Oncotarget* 7, 46545-46556(2016).

[66] Kim, H. & Kim, J. S. A guide to genome engineering with programmable nucleases. *Nat Rev Genet* 15, 321-334(2014).

[67] Pattanayak, V. *et al.* Revealing off-target cleavage specificities of zinc-finger nucleases by in vitro selection. *Nat Methods* 8, 765-770(2011).

[68] Mussolino, C. *et al.* A novel TALE nuclease scaffold enables high genome editing activity in combination with low toxicity. *Nucleic Acids Res* 39, 9283-9293(2011).

[69] Fu, Y. *et al.* High-frequency off-target mutagenesis induced by CRISPR-Cas nucleases in human cells. *Nat Biotechnol* 31, 822-826(2013).

[70] Xie, N. *et al.* Novel epigenetic techniques provided by the CRISPR/Cas9 system. *Stem Cells Int* 2018, 7834175(2018).

于文强 博士，复旦大学生物医学研究院高级项目负责人，复旦大学特聘研究员，教育部“长江学者”特聘教授，“973 计划”首席科学家。2001 年获第四军医大学博士学位，2001～2007 年在瑞典乌普萨拉大学（Uppsala University）和美国约翰斯·霍普金斯大学（Johns Hopkins University）做博士后，2007 年为美国哥伦比亚大学教员（faculty）和副研究员（associate research scientist）。在国外期间主要从事基因的表达调控和非编码RNA 与 DNA 甲基化相互关系研究。回国后，专注于全基因组 DNA 甲基化检测在临床重要疾病发生中的作用以及核内 miRNA 激活功能研究。开发了具有独立知识产权高分辨率全基因组 DNA 甲基化检测方法 GPS（guide positioning sequencing）和分析软件，已获国内和国际授权专利，GPS 可实现甲基化精准检测和胞嘧啶高覆盖率（96%），解决了 WGBS 甲基化检测悬而未决的技术难题，提出了 DNA 甲基化调控基因表达新模式；发现肿瘤的共有标志物，命名为全癌标志物（universal cancer only marker，UCOM），在超过 25 种人体肿瘤中得到验证并应用于肿瘤的早期诊断和复发监测，为肿瘤共有机制的研究奠定了基础；发现 miRNA 在细胞核和胞浆中的作用机制截然不同，将这种细胞核内具有激活作用的 miRNA 命名为 NamiRNA（nuclear activating miRNA），并发现 NamiRNA 能够在局部和全基因组水平改变靶位点染色质状态，发挥其独特的转录激活作用，提出了 NamiRNA-增强子-基因激活全新机制；发现 RNA 病毒包括新冠病毒等存在与人体基因组共有的序列，命名为人也序列（human identical sequence，HIS），是病原微生物与宿主相互作用的重要元件，也是其致病的重要物质基础，为病毒性疾病的防治提供全新策略。已在 *Nature*、*Nature Genetics*、*JAMA* 等期刊发表学术论文 40 余篇，获得国内国际授权专利 7 项。

第 46 章　表观遗传分子标志物

陶　谦　李力力
香港中文大学

本章概要

生物标志物是指某些生物学状态下可测量的指标，即在正常生理或病理状态下可用生物学手段客观、准确和可重复地测量的指标。生物标志物常用于评估患者最初的和经过治疗处理后的疾病状况，而表观遗传相关的各种调节分子和分子修饰不仅具有重要的生物学功能，而且可以广泛地作为生物标志物，包括 DNA CpG 甲基化、组蛋白修饰、miRNA 及 lncRNA。与遗传学生物标志物相比，表观遗传分子标志物具有许多优势：发生在疾病的早期、相对稳定和广谱、易于检测。本章重点描述表观遗传学标志物的种类、检测方法选择及评估标准，重点讨论表观遗传标志物在肿瘤早期诊断、肿瘤转移、肿瘤耐药及预后判断中的作用，探讨表观遗传标志物在人类复杂疾病包括神经退行性疾病、糖尿病及自身免疫性疾病中的潜在应用。液体活检是目前肿瘤检测最热门的领域，但是将表观遗传标志物应用于液体活检还面临诸多挑战。DNA 甲基化标志物的寻找和确定、DNA 甲基化检测方法的优化涉及 DNA 甲基化检测方法的稳定性和可重复性，而这些问题无疑是表观遗传标志物应用于临床需要解决的瓶颈问题。血浆游离 DNA 的提取和保存对液体活检的准确性也具有重要影响。通过液体活检对肿瘤进行溯源并应用于肿瘤的早期诊断还需要解决许多技术难题。所有这些内容，读者均可以在本章中找到答案，并对表观遗传标志物的未来充满期待。

46.1　表观遗传分子标志物的种类和特点

关键概念

- 生物标志物：某些生物学状态下可测量的指标，即在正常生理或病理状态下可用生物学手段客观、准确和可重复地测量的指标。
- 表观基因组指通过修饰基因组进行基因调控的所有变化，包括可能导致疾病状态的病理变化。
- 表观遗传机制（包括 CpG 甲基化、组蛋白修饰、miRNA 和 lncRNA）具有作为表观遗传分子标志物的潜能。

生物标志物（biological marker，biomarker）是指某些生物学状态下可测量的指标，即在正常生理或病理状态下可用生物学手段客观、准确和可重复地测量的指标。生物标志物常用于临床，用于评估患者最初的和经过治疗处理后的疾病状况，包括临床试验终点、药物开发和基础科学研究。因此，生物标记物在当今医学领域中发挥着重要作用，并推动着医学领域重大技术和革新的发展。那么重要的问题是，目前的生物标志物是否有助于疾病的早期诊断？理想的生物标志物可在早期鉴定出正常生理学向病理状态的转变，缩短产生结果所需的时间，并确保结果更准确、可靠和个性化。其主要特点为：特定存在于患病器官或组织，能区分病理状态；根据疾病病理的发展而迅速和大量释放；在样品中的半衰期长，与病理严重程度成比例；能够快速、简单、准确和便宜地检测，不受环境和无关条件的影响；数据可以用来补充临床前和临床结果；存在于液态样本中，可用于无创检测。

表观遗传学概念是由 C. Waddington 在 1942 年提出的。表观基因组（epigenome）是指基因组中所有可能遗传修饰的完整描述，而原始 DNA 序列没有任何变化。因此，表观基因组指通过修饰基因组进行基因调控的所有变化，包括可能导致疾病状态的病理变化。表观遗传改变在分化和增殖的细胞调节过程中是必需的，与基因突变一样，表观遗传改变在疾病的发病机制和分子异质性中发挥重要作用。表观遗传修饰可在多个层面进行，从直接的 DNA 修饰到更高级的染色质构象变化，以及最新发现的各种 RNA 修饰。表观遗传调控包括各种非编码 RNA［微小 RNA （miRNA）、长链非编码 RNA-lncRNA］，在基因组水平检测这些修饰为诠释全面的基因调控提供了机会[1-4]。表观遗传范畴的各种分子修饰和调节分子不仅具有重要的生物学功能，也有作为生物标志物的应用价值。这些表观遗传修饰和调节分子可被准确和重复地检测到，符合生物标志物的定义。表观遗传学分子标志物基本上包括 CpG 甲基化、miRNA 和 lncRNA、DNA 5hmC，甚至 RNA 分子修饰。

表观遗传分子标志物相比其他分子标记物具有优势，因为 DNA 或非编码 RNA 分子十分稳定，在常规组织病理处理后还能够稳定存在多年。而基因突变作为肿瘤标志物逐渐显示出其不足，因现在发现肿瘤的特征性的基因突变并不多，并且基因突变也并不总是与肿瘤有关，而大量的表观遗传标志物可适用于大多数疾病个体，检测也较为方便[5]。

46.1.1 表观遗传分子标志物的种类

表观遗传标志物目前已广泛应用于肿瘤、自身免疫性疾病、精神病和神经退行性疾病的诊断及预后。因此，通过对疾病的表观遗传组改变的分析，从而发现并发展表观遗传分子标志物已经成为一个新的表观遗传学研究领域。我们描述了四种不同的表观遗传机制（CpG 甲基化、组蛋白修饰、miRNA 和 lncRNA），及其作为表观遗传分子标志物的潜能。

1. DNA 分子 CpG 甲基化

DNA 分子 CpG 甲基化是基因组 DNA 上一种最重要的表观遗传修饰，是 CpG 二核苷酸上胞嘧啶的第 5 位碳原子和甲基的共价结合[6]。CpG 岛（CpG island）区域富含 CpG 二核苷酸序列[7]。Daiya Takai 和 Peter Jones 运用人 21 号和 22 号染色体的完整基因组序列来检查 CpG 岛的特点，更新 CpG 岛的定义，即为“大于 500bp 的 DNA 区域，其（G+C）%等于或大于 55%”[8]。DNA 甲基化转移酶（DNA methyltransferase，DNMT）是一组调节 DNA 甲基化状态的酶家族，负责将甲基基团添加到胞嘧啶上：DNMT3A 和 DNMT3B 催化从头 DNA 甲基化，而 DNMT1 维持 DNA 甲基化已有的状态。CpG 甲基化在 DNA 复制过程中可被复制到新链，通过有丝分裂遗传，代表了亲代细胞基因表达状态的细胞记忆过渡机制。

CpG 甲基化与基因沉默密切相关，其作用受其在基因组中位置的影响。GpG 岛主要位于基因启动子区域，在肿瘤细胞中异常甲基化[9, 10]。启动子区 CpG 岛的甲基化导致转录沉默，而基因启动子区外 CpG 岛的甲基化/基因体甲基化（gene body methylation）则与转录激活相关[6, 11, 12]。在肿瘤形成的过程中，启动子区 CpG 岛的高甲基化和全基因组的去甲基化同时发生。广泛存在的基因组低甲基化可引起染色质结构变化和异染色质的减少，进而引起基因组不稳定性增加，促进肿瘤的发生[13, 14]，如微卫星 DNA 序列在低甲基化状态时更易发生突变。特别重要的是，启动子区 CpG 岛的高甲基化使抑癌基因（tumor suppressor gene，TSG ）转录失活进而促进肿瘤的发生发展[15]。因此，选择基因组特定位置（启动子区）的 CpG 甲基化作为生物标志物，可为疾病尤其是肿瘤发展的风险预测及预后分析提供重要的信息[17]。

2. 组蛋白修饰

组蛋白修饰是另一种重要的表观遗传修饰，是指通过甲基化、乙酰化、磷酸化、泛素化和类泛素化（sumoylation）修饰来改变组蛋白末端氨基酸[16]。DNA 缠绕由四种组蛋白构成的八聚体组成核小体，即染色质的基本组成单位。组蛋白易受翻译后修饰影响，因其带电的 NH_2 末端从核小体球状结构中突出。组蛋白修饰可改变 DNA 与组蛋白的相互作用，从而影响转录因子或 RNA 聚合酶 II 对 DNA 转录位点的亲和性。因此，组蛋白尾的翻译后修饰影响染色质的结构状态，进而影响转录因子与 DNA 的结合及基因表达水平[16-18]。此外，这些修饰还可通过募集一些特别蛋白因子而行使特别的生物学功能。

组蛋白甲基化修饰通常发生在组蛋白 H3 和 H4 的赖氨酸及精氨酸残基上，由组蛋白甲基转移酶（histone methyltransferases，HMT）和组蛋白去甲基酶（histone demethylases，HDM）所调控。通过增加 1 个（me）、2 个（me2）或 3 个（me3）甲基，赖氨酸残基存在不同的甲基化修饰状态，进而导致不同程度的 DNA 可及性（DNA accessibility）。H3K9me2、H3K9me3、H3K27me3 和 H4K20 me3 的修饰关闭染色质结构，而 H3K4me3 和 H3K36me3 的修饰打开染色质结构。组蛋白的乙酰化修饰受到在赖氨酸残基上共价加入乙酰基的组蛋白乙酰转移酶（histone acetyltransferase，HAT）和去除乙酰基的组蛋白去乙酰化酶（histone deacetylase，HDAC）的正反调节。HAT 通过中和正电荷促进转录，导致特异基因位置的染色质结构开放和转录激活，而 HDAC 通常导致由染色质凝聚而引起的 DNA 转录失活。HDAC 活性的失调可引起基因的沉默，从而参与肿瘤的发生。但目前运用组蛋白修饰物作为分子标志物在技术上仍有难度。

3. miRNA

非编码 RNA（noncoding RNA，ncRNA）根据转录片段的大小包括微小 RNA（miRNA）（<200nt，microRNA）和长链非编码 RNA（lncRNA，>200nt）[19]。miRNA 为小分子核糖核酸，由 21～23 个核苷酸构成，作为 mRNA 转录后的调节因子广泛存在于真核细胞中。miRNA 不编码蛋白质，但其可通过与 mRNA 结合调控其稳定性和翻译效率，进而抑制蛋白编码基因的表达。miRNA 是通过与靶基因的 3′非编码区（3′UTR）不完全的配对进而切割 mRNA 抑制翻译。miRNA 参与多种生物调控过程，包括细胞分化、增殖和凋亡。miRNA 的异常表达与不同的肿瘤发生相关，可用于肿瘤的分类分型[20]，因此 miRNA 有望成为肿瘤理想的生物标志物。

4. lncRNA

lncRNA 是大于 200bp、不编码蛋白质的 RNA 转录产物，构成人类转录组最主要的部分，但相关机制仍不是很清楚[21]。lncRNA 可参与细胞各种过程的重要调节。lncRNA 在肿瘤细胞中可通过进一步调控肿瘤基因（抑癌基因和癌基因），在肿瘤起始、发生发展和转移过程中起到重要作用[22]。部分 lncRNA 可作为肿瘤恶性转化的重要驱动因素[22]。lncRNA 在特定的疾病（肿瘤）类型中具有高度的表达特异性，使其有望成为疾病诊断的分子标志物；其表达与疾病（肿瘤）发展不同阶段的病理特征及患者的存活相关，有望成为预后的分子标志物。

46.1.2 表观遗传分子标志物的优势和不足

临床生物标志物的目标是提供疾病存在或不存在的指标（诊断分子标志物）、影响治疗方案或判断患者预后的指标（预后和治疗分子标志物）。表观遗传分子标志物主要通过对患者样品单个位点或多个基因组区域的表观遗传改变的检测而实现，进而预测疾病及其亚型、肿瘤分级、评估疾病确诊后的临床方案。表观遗传分子标志物与遗传分子标志物相互补充，但表观遗传改变多发生于疾病（包括肿瘤）的早期，并为疾病的发生和发展所需，因此表观遗传分子标志物具有疾病早期诊断的生物学意义[5, 23]。

1. 表观遗传分子标志物的优势

表观遗传分子标志物特别是DNA分子CpG甲基化作为分子标志物具有独特的优势和可行性：①DNA分子十分稳定，在组织病理学的常规处理后能够稳定存在多年；②DNA甲基化的检测具有绝对的参照系统（完全甲基化或者完全没有甲基化），极大地简化了甲基化实验的内参设计；③DNA 甲基化检测是单个阳性检测，与样品起始量无关，且不同于杂合丢失（LOH）的阴性检测；④肿瘤细胞与正常细胞中的甲基化异常是质而不是量的不同，极大地提高了检测的准确性和灵敏度；⑤基因突变通常对不同个体有不同的突变，而甲基化的标志物通用于大多数个体，检测较为方便；⑥DNA的甲基化在较长的时间内都会保持一个相对稳定的水平，不像基因的表达易受到波动[5, 6]。

miRNA亦具有良好生物标志物的必要特征：①比常规的蛋白质标志物具有更高的特异性和灵敏度；②可以动态监测疾病状态，如预测患者的生存时间、肿瘤转移和复发的风险；③大多数miRNA的序列在不同物种间是保守的，一些miRNA的表达对组织或生物学阶段是特异性的，可作为独立的诊断性生物标志物或是经典的非侵入性生物标志物的辅助检测指标；④可较易地评估其表达的水平，检测方法包括聚合酶链反应（PCR），可允许其信号放大；⑤miRNA在血浆、血清、尿液和唾液等多种体液中都是稳定的，可做非侵入性检测。

2. 表观遗传分子标志物的不足

DNA甲基化作为表观遗传分子标志物仍有其局限性：①候选基因在一些肿瘤中的甲基化频率仍不够高；②对原发肿瘤样本有很高灵敏度的甲基化检测并不完全适用于液体样本；③甲基化检测的方法及平台目前均不完善；④对于高风险和处于癌前病变阶段人群的检测仍面临挑战。但随着检测技术的进一步发展及完善，应该可以筛选出能区分早期病变和疾病发展后期阶段的表观遗传分子标志物。

miRNA作为表观遗传分子标志物亦有其不足：①不同检测平台之间的低相关性，在旁系同源物中的短及保守序列使得难以测量特定的miRNA水平，难以区分前体和成熟形式；②缺乏样品制备的标准方案，样品中miRNA的浓度检测较为困难；③不同样品之间的归一化，对于细胞外miRNA很难验证结果，特别是在使用不同的操作步骤和平台时。

46.2 表观遗传分子标志物的实验评估

关键概念

- DNA CpG 甲基化的评估方法包括覆盖基因组 60%～90% CpG 的捕获法 MBD-Seq/MethylCap-Seq

或 MeDIP-Seq，以及覆盖基因组 90%以上 CpG 的全基因组测序法 WGBS 和 RRBS/dRRBS。

- miRNA 与 lncRNA 分子标志物可通过 DNA 叠瓦式阵列嵌合芯片（DNA tiling array）、RNA 测序（RNA-Seq）等发现。

为了研究与表观遗传改变相关的现象，用于检测表观遗传变化稳定的、可靠的技术对发展表观遗传分子标志物至关重要。表观遗传生物标志物优于其他标志物的关键优势在于可用于组织样本和液体样本生物标志物的检测。随着技术的进步和发展，常规和简单的样品处理即可用于获得新的表观遗传修饰状态的信息。目前用于研究一系列检测表观遗传修饰的技术已逐步开发，并基于现有技术进行发展和提高，而且可结合几种不同的表观遗传分析技术用于准确评估表观遗传分子标志物可信度。本节将简要介绍用于表观遗传分子标志物检测的关键原理和技术，以获取单点或基因组层面上疾病的表观遗传变化。

46.2.1　DNA CpG 甲基化的评估方法

在基因组水平内进行表观遗传分子标志物分析价格不菲，因此应权衡多个平台方法考虑基因组覆盖率、信噪比及单个样本成本。DNA 测序成本的下降使得大规模的表观遗传分子标志物的筛查变得可行，故第一步骤应尽量选择最大程度基因组覆盖的实验方法（步骤 1）[6, 24-27]，如覆盖基因组 60%～90% CpG 的捕获法（MBD-Seq/MethylCap-Seq 或 MeDIP-Seq），以及覆盖基因组 90%以上 CpG 的全基因组测序法 WGBS[28]和 RRBS[29]/dRRBS[30]。小样本初筛阶段出现的不确定性，可由中型队列的验证来解决（步骤 2），在自由选择初筛的候选区域 5 倍以上的样品中进行评估。验证中型队列的分子标志物必须可定制，可在多达 100 个样品中评估数千个 CpG 的 DNA 甲基化状态，可采用区域特异性富集 DNA 的亚硫酸氢盐测序和表观表型分析法而实现，如 Illumina Infinium Human Methylation 450 平台（覆盖了 2800 万个基因组 CpG 位点中的 450 000 个）[31]。基于来自中等队列灵敏度和特异性的评估，可选取少量高度可预测的基因组区域/位点作为候选分子标志物。对于每个这些有表观遗传改变的区域/位点，可发展一种优化的快速检测小规模 CpG 位点的 DNA 甲基化检测体系。由于 DNA 甲基化状态与 CpG 岛中邻近 CpG 二核苷酸高度相关，因此仔细分析筛选的 CpG 位点就可精确地检测整个 CpG 岛或基因启动子的 DNA 甲基化状态。

一些特定的实验方法可快速、低成本地用于小量 CpG 位点甲基化的评估，满足表观遗传分子标志物验证的关键要求和随后的临床使用。亚硫酸氢盐焦磷酸测序（bisulfite pyrosequencing）[32]、甲基化敏感的单核苷酸引物延伸（Ms-SNuPE）、组合亚硫酸氢盐限制分析（COBRA）[33]和质谱（mass spectrometry）[34]能提供单个 CpG 位点定量甲基化信息且比较稳定，但除质谱分析外，均无法高通量运用。相比之下，甲基化特异性 PCR（methylation-specific PCR，MSP）[35, 36] 和 MethyLight[37]方法可同时检测多个 CpG 位点的甲基化状态，且可高通量运用。DNA 甲基化分析的黄金标准——亚硫酸氢盐处理后基因组测序（bisulfite genomic sequencing，BGS）[36, 38]方法可用于质控和证实在确定的区域内最具代表性的 CpG 位点，但无法作为常规临床使用，因其费时费力。

46.2.2　其他表观遗传分子标志物的评估方法

miRNA 与 lncRNA 分子标志物可通过 DNA 阵列（DNA tiling array）、RNA 测序（RNA-Seq）发现。染色质免疫沉淀（chromatin immunoprecipitation，ChIP）技术或质谱技术，用于鉴定组蛋白翻译后修饰，或转录因子及其他染色质相关蛋白的基因组定位。组蛋白修饰的大规模检测可用特定抗体富集后，通过 ChIP 结合 DNA 微阵列（DNA array）技术（ChIP-on-chip）或测序（ChIP-sequencing）进行检测[39, 40]，但

ChIP 技术极大地依赖于所用抗体的亲和力和特异性。

46.3 表观遗传分子标志物的临床应用

关键概念

- 表观遗传改变如启动子高甲基化发生在疾病早期阶段，故可作为早期病变的标志。
- 为了提高标志物的敏感性和特异性，可同时评估多个基因的甲基化，或与非编码 RNA 筛选相结合。

表观遗传生物标志物具有通过启用风险分层，提供早期诊断和开发治疗方法来显著改善临床实践的潜力。表观遗传学的研究有助于揭示在生理和病理生理条件下基因表达是如何调节的，因此表观遗传分子标志物具有显著的临床应用潜力。表观遗传学变化可发生在疾病发生病理状态的早期阶段，因此可作为生物标志物进行疾病的早期诊断，进行危险分层并协助化学预防的选择。此外，表观遗传修饰也具有治疗的意义，可用来评估治疗干预的有效性，并可采用表观基因组药物直接靶向。然而，使用表观遗传生物标志物仍需注意疾病的多因素病因学、化学作用和获得性耐药性等。

46.3.1 在肿瘤早期诊断中的应用

对疾病进行早期诊断及干预，可大为改善患者预后，如肿瘤的人群筛查和高危患者的监控，可使局部肿瘤在发展至转移之前即被诊断出来。目前，多数用于肿瘤筛查的方法，如组织学评估、放射和内窥镜的检查，其特异性和敏感性均不高，且较为昂贵，患者耐受性差。在普通人群中进行疾病的筛查并不常规，如当患者出现症状时才诊断疾病，患者可能患有此病症已有一段时间。因此，需要利用微创评估与现有的检测手段相结合，从而提高疾病筛查的灵敏度和特异性。表观遗传改变如启动子高甲基化发生在疾病早期阶段[41]，故可作为早期病变的标志。为了提高标志物的敏感性和特异性，可同时评估多个基因的甲基化或与 miRNA 筛选相结合。目前，表观遗传分子标志物的评估已在肿瘤等多种疾病中陆续展开，必将成为有前景的疾病早诊的手段[5]。

根据世界卫生组织（WHO）2015 年的数据，肠癌已是世界上癌症死亡的第三主因，早期筛查有助减轻疾病负担，因此表观遗传分子标志物有望成为肠癌诊断的有力指标[42]。DNA 甲基化所致基因沉默在结直肠癌中已有广泛报道，这些表观遗传变化在细胞转化中发挥重要作用，改变了维持基因组稳定性的基因。肠癌癌前病变异常——腺窝病灶（aberrant crypt foci，ACF）已作为增加肠癌风险的生物标志物[43]。在 ACF 中已发现 DNA 修复基因 *MLH1* 和 *MGMT* 启动子的高甲基化[44]。在 *MGMT* 高甲基化的所有病变中，还发现微卫星的不稳定(MSI)，表明 DNA 缺损是 MSI 肠癌的前兆。在肠镜活检的样本中，评估 *hMLH1* 和 *MGMT* 启动子甲基化状态，可早期发现肠癌，通过与现有诊断方法相结合，在接受结肠镜检查的健康男性和女性中运用。启动子甲基化的频率虽然由于检测的部位和受试者的年龄不同而有所差异，但大多数高甲基化在结肠部位均可检测到，符合肠癌的诊断，因此表观遗传变化是肠癌早期致癌过程的重要分子事件。另一个独有的、与早期肠癌相关的表观遗传修饰是 miR-137 的甲基化。正常结肠黏膜表达 miR-137，其水平与甲基化水平呈负相关。因此，miR-137 在肠癌中的甲基化和沉默可作为早期肿瘤的分子标志物[45]。美国 FDA 已批准用于结直肠癌检测的少数几个表观遗传分子标志物(CpG 甲基化)，如 *SEPT9*（ColoVantage）和 *Vimentin*（ColoSure）[46]。

肺癌是全球癌症死亡最常见的原因，5 年生存率为 6%～16%，早期发现是有效提高肺癌患者生存率的有效方法。虽然长期吸烟者有增加患肺癌的风险已得到普遍认可，但其中仅有 10%最终会发展为肺癌。迄今为止所采用的长期吸烟者的测试筛选，并没有成功地降低肺癌死亡率。特异地用于肺癌的表观遗传分子标志物可为其早诊提供可能性。抑癌基因启动子的 CpG 甲基化较高频率地发生于肺癌中。在肺癌组织、细胞系、患者痰液和（或）血清中，已有超过 40 个基因的甲基化状态得到详尽分析，研究人员确定了多个基因的甲基化模式以获得复杂的 DNA 甲基化标签，有望为肺癌的早诊提供高灵敏度和特异性的工具。与非侵入性方法结合检测表观遗传分子标志物，提供了一种可行的方法来筛选具有肺癌风险的受试者。*P16* 的异常甲基化是肺癌发生的最早期事件，也可成为肺癌早期诊断和预防的表观遗传分子标志物[47]。I 期非小细胞肺癌患者中 4 个基因启动子甲基化（*APC*、*RASSF1A*、*P16* 和 *CDH13*）与肺癌的早期复发有关[48]。

血清前列腺特异性抗原（prostate-specific antigen，PSA）是目前唯一用于诊断和监测前列腺癌的分子标志物。然而，PSA 蛋白作为分子标志物有其固有局限性：前列腺癌的 PSA 水平无明确的标准；PSA 对前列腺癌无特异性；血清 PSA 无法预测前列腺癌的严重程度或病程进展。

表观遗传修饰的改变在前列腺癌中也较为常见，较突变发生得更为频繁，参与前列腺癌的发生与演进，因此有望成为早期诊断前列腺癌的分子标志物。多种特异的基因甲基化已在前列腺癌中鉴定出来，其中最成熟的是 DNA 谷胱甘肽-*S*-转移酶 P1（glutathione-*S*-transferase P1，GSTP1）基因的甲基化。*GSTP1* 启动子甲基化是前列腺癌最具前景的分子标志物[49-51]：与血清 PSA（20%）相比，其具有更高的特异性（> 90%），可将前列腺癌与其他前列腺疾病区分开来，还与前列腺癌的不同阶段相关，可采用非侵入性方法（血清或尿液）检测[49]。但 *GSTP1* 甲基化并非前列腺癌所特有，在其他肿瘤中亦可检测到。表观遗传分子标志物作为前列腺癌早诊的指标为临床预后的改善提供了重要的基础，前列腺癌 DNA 甲基化检测（ProCaM）已被 FDA 批准[52]，主要检测 *GSTP1*、 *RARβ2* 和 *APC* 三个基因的甲基化。

46.3.2　在监测肿瘤转移中的应用

表观遗传的异常显著促进肿瘤进展，特别是肿瘤的早期转移，其中发生表观遗传改变的基因或一些表观遗传因子（蛋白质、miRNA 或 lncRNA）的参与，可促进肿瘤细胞从原发性肿瘤传播并转移到远处。上皮间质转化（EMT）通过促使上皮来源的细胞渗透邻近组织并传播到远处，是驱动肿瘤传播和转移形成的关键过程[53]。肿瘤干细胞（cancer stem cell，CSC）具有自我更新、多向分化及无限增殖的生物学特性，被认为是肿瘤转移扩散的种子。

寻找肿瘤转移相关的表观遗传分子标志物，可采用来自患者个体匹配的正常组织、原发癌和转移组织中候选基因的 CpG 甲基化状态。已报道的受启动子甲基化沉默的转移相关的基因包括钙黏蛋白（cadherin）、组织抑制剂的蛋白酶（tissue inhibitors of proteinase）和层粘连蛋白（laminin）的基因。E-钙黏蛋白基因（*CDH1*）的高甲基化与乳腺癌前哨淋巴结转移（SLN）及浸润性显著相关[54]；*CDH1*、*WIF1* 和 *SFRP1* 的甲基化高频出现于肠转移的肺腺癌中[55]；*CDH1* 甲基化与胃癌淋巴结转移和浆膜浸润相关[56]。*CDH1* 是肿瘤转移中常见的表观遗传靶点，也是靶向治疗的潜在候选分子。此外，基因启动子的高甲基化亦与肿瘤某些转移特征相关，如 *GSTP1* 甲基化与肿瘤负荷增加相关。转移肿瘤的高甲基化特征在整体上与其各自的原发性肿瘤相似。转移前列腺癌的克隆模型——高甲基化谱在肿瘤发生早期即已建立，可能通过 DNA 甲基转移酶 DNMT1 的过表达从而在肿瘤进展过程中得以维持[57]。特定基因（*GSTP1*、*APC*、*PTGS2*）的甲基化除在前列腺癌早诊中有作用，亦能提供前列腺癌转移的诊断和预后价值[58,59]。去甲基化药物（5-aza-C、组蛋白去乙酰化酶抑制剂 TSA）可使转移相关基因去甲基化和恢复其表达，从而抑制转移。

部分 miRNA 有促进肿瘤转移功能，如 miR-10b 通过靶向 HOXD10，导致促转移因子 RhoC 上调，从而促进乳腺癌细胞迁移和侵袭[60]；miR-373 和 miR-520c 的表达促进乳腺癌侵袭转移[61]；miR-21 具有原癌基因的功能，通过抑制多种转移抑制因子如 TPM1、PDCD4 和 maspin，从而在肿瘤的侵袭和转移中发挥作用[62]。miRNA 也可作为转移抑制因子发挥作用：乳腺癌中的 miR-126 和 miR-335 抑制细胞增殖和肿瘤侵袭[63]；miR-335 通过抑制癌基因 SOX4 从而抑制肿瘤转移和迁移[64]；miR-200 家族通过靶向 CDH1 的抑制因子 ZEB1、ZEB2 和 SIP1，从而参与抑制 EMT 的发生[65]。

lncRNA 在肿瘤中的异常表达已逐步成为肿瘤进展和转移的有力调节分子。MALAT1、HOTAIR 和 TRE 通过参与染色质修饰、表观遗传调控、RNA 选择性剪接和翻译调控，可介导细胞的迁移、侵袭、EMT 和转移调控[66]。HOTAIR 与 Polycomb 复合物 PRC2（SUZ12，EZH2）重新编码染色质，促进了乳腺癌和结直肠癌的转移。HOTAIR 也在癌症组织中高表达，并且高表达 HOTAIR 的患者具有相对较差的预后[67]。lncRNA T 细胞因子-7（lncTCF7）是一种在 HCC 和肝癌干细胞（CSC）中高表达的 lncRNA，通过将 SWI/SNF 复合物募集到 TCF7 基因座来调节其表达，导致 Wnt 信号转导的激活[68]。lncTCF7 由 IL6/STAT3 信号转导并介导 IL6 诱导的肝癌细胞的 EMT 和侵袭。UCA1 的高表达与结直肠癌和鳞状细胞癌的转移和预后不良相关[69]。MEG3 的表达与体外迁移、侵袭、增殖及体内肿瘤生长有关。在小鼠中缺失 *Meg3* 基因导致其围产期致死，并与血管生成增强有关[70]。

46.3.3 在预测肿瘤耐药中的应用

有希望用于预测药代动力学的表观遗传分子标志物大多是在肿瘤中因表观遗传机制失活的 DNA 修复基因，如 O^6-甲基鸟嘌呤-DNA 甲基转移酶编码基因 *MGMT*、DNA 错配修复蛋白编码基因 *MLH1*、Werner 综合征相关基因 *WRN* 或 *BRCA1*。在正常组织中，这些酶负责修复 DNA 损伤，防止突变和其他类型基因组损伤的发生。在肿瘤细胞中，这些酶可修复由化疗药物诱导的 DNA 损伤，从而产生化学耐药性。在部分具有突变体表型的肿瘤中，这些 DNA 修复基因受甲基化沉默，从而无法修复由化疗药物造成的 DNA 损伤。

DNA 修复基因的甲基化在肿瘤耐药中成功的例子是 *MGMT* 基因的甲基化作为胶质瘤对药物卡莫司汀（Carmustine）和替莫唑胺（Temozolomide）敏感的预测因子[71, 72]。*MGMT* 可逆转向 DNA 的鸟嘌呤添加烷基，并在正常细胞中保护 DNA 免受致癌物质（如亚硝酰胺）所致转位突变的产生。鸟嘌呤的 O^6 位置也是烷化剂如卡莫司汀、尼莫司汀（Nimustine）、甲基苄肼（Procarbazine）、氮烯唑胺（Dacarbazie）和替莫唑胺的靶向位点。因此，含有 *MGMT* 高甲基化的原发性肿瘤将对这类药物更为敏感。*MGMT* 的甲基化已成为胶质瘤对卡莫司汀和替莫唑胺良好临床反应的独立预测因子。*MGMT* 的甲基化可代表长期存活的罕见胶质瘤病例，并预测与其他治疗方案，如西仑吉肽（Cilengitide）或辐射放疗的协同反应。相比之下，在替莫唑胺未治疗的患者中，*MGMT* 甲基化则是预后不良的标志物，可能与肿瘤中累积的突变有关。*MGMT* 的甲基化也可预测替莫唑胺治疗对其他类型肿瘤的反应，如侵袭性垂体癌、结直肠癌和非小细胞肺癌等[73]。回顾分析替莫唑胺在肿瘤中的临床试验数据也发现 *MGMT* 甲基化较少的黑素瘤对此药物反应不同。*MGMT* 的甲基化也可预测对其他类型 DNA 损伤的反应（如由环磷酰胺介导的 DNA 损伤），以及在 *MGMT* 未甲基化的肿瘤中使用小分子失活 MGMT 蛋白的可能性。

其他 DNA 修复基因的甲基化状态作为表观遗传分子标志物也已用于预测化疗反应，例如，*MLH1* 的甲基化与顺铂（Cisplatin）治疗的卵巢癌[74]，*WRN* 的甲基化与依立替康（Irinotecan）治疗的结直肠癌[75]，*IGF-BP3* 的甲基化与顺铂治疗的肺癌[76]，*BRCA1* 的甲基化与 PARP 抑制剂治疗的乳腺癌[77]。受 CpG 甲基化沉默可成为抗肿瘤药物反应预测因子的其他基因，包括与多西紫杉醇/紫杉醇有关的细胞周期检测点基因，如 CHFR 代谢物载体基因、与淋巴瘤甲氨蝶呤（methotrexate）治疗相关的 *SLC19A1*、与乳腺癌多柔比星（doxorubicin）治疗相关的 *GSTP1* 基因。

值得注意的是，在激素相关肿瘤的某些个体中，使用非类固醇药物如他莫昔芬（Tamoxifen）、雷洛昔芬（Raloxifene）无效应，这可能是由于其细胞受体（如雌激素和孕激素受体）表观遗传沉默的后果。类视色素治疗不成功可能与编码视黄酸受体 β 的 *RARB2* 基因和编码细胞视黄醇结合蛋白 1 的 *CRBP1* 基因的表观遗传沉默有关。随着表观遗传及基因组学技术的发展，研究人员可在全基因组层面了解与化学敏感性、耐药相关的 CpG 甲基化情况，如治疗卵巢癌发展出的药物表型学[78]。另外，使用表观遗传抑制剂如 DNA 去甲基化药物，可提高肿瘤细胞再次对经典化疗药物的敏感性。

46.3.4　表观遗传分子标志物与肿瘤的来源

早期确定原发性肿瘤并运用其特异性治疗，可大大改善患者的生存质量。虽然一些诊断性手段，如 Pathway Diagnostics 和 BioTheranostics Cancer Type ID，可用于肿瘤来源的确定，且其准确性也在 75%～92%，但这些检测均基于 mRNA 表达，不是很稳定[79]。肿瘤特异的基因启动子 CpG 甲基化状态是肿瘤的特征性标志，并具有较好的稳定性[10]。研究人员已运用一种基于芯片的 DNA 甲基化标志物（EPICUP）来区分肿瘤的类型，预测隐性或未知的原发性肿瘤[80]，发现 EPICUP 的准确率能达 96%～100%。EPICUP 所用样本包括新鲜冷冻标本或福尔马林固定石蜡包埋的样本，样本类型不影响其预测肿瘤类型的效能，这在很大程度上解决了临床组织样本的实际问题。因此，CpG 甲基化分子标志物测定可显著改善未知原发性肿瘤的诊断，通过揭示未知或原发肿瘤的原发部位，将有助于指导患者精准治疗。

46.3.5　表观遗传分子标志物与其他疾病的诊断

DNA 甲基化谱反映了基因表达的具体模式。疾病特异性甲基化谱不仅在肿瘤而且在其他疾病中也有发现，包括遗传疾病、神经和精神疾病及感染[3]。CpG 甲基化与疾病相关性检测，涵盖了从风险预测到疾病诊断、治疗，再到对高级的神经脑活动进行评估。因此，对疾病 DNA 甲基化模式的详尽分析，有助于发展表观遗传分子标志物用于疾病的诊断、分类和治疗指导。遗传性疾病的异常甲基化可能是表观遗传学基因印记发生错误的直接结果（如 Beckwith-Wiedemann 综合征、Angelman 综合征和 Russell-Silver 综合征），或结合甲基化 DNA 蛋白（MeCP2）突变的间接影响（如自闭症谱系 Rett 综合征）。阿尔茨海默病、精神分裂症、抑郁症、神经退行性和精神性疾病也具有其疾病特异性甲基化模式。多发性硬化患者脑部某些区域也具有异常甲基化的基因，癫痫患者的脑组织也显示疾病特异性甲基化。药物诱导的 DNA 甲基化改变（药代动力学）可用于监测疾病的发展，如在某些具有三核苷酸重复扩增的神经系统疾病中，DNA 甲基化可调节重复序列的稳定性，从而改变疾病的严重性并间接影响其自然病程。DNA 甲基化可调节突触的可塑性，是记忆保留所必需的。DNA 甲基化也可影响由感染诱导的宿主基因表达变化，包括甲型病毒引起的肝炎、幽门螺杆菌引起的胃炎，以及由人乳头状瘤病毒感染引起的宫颈发育不良等。炎性反应也可诱导炎症特异性甲基化，从而引起基因表达变化。

miRNA 是正常心脏发育和心脏功能的重要调节因子，在心脏疾病中表达异常，如心肌梗死、动脉粥样硬化、冠状动脉疾病、心力衰竭、心房颤动、心脏肥大和纤维化[81, 82]。miRNA 调节基因 *Dicer* 组织特异性的缺失在小鼠中可引起心肌的致死表型。综合分析终末期心脏病患者心肌样本 miRNA 和 mRNA 的表达水平表明，miRNA 比 mRNA 更为敏感地决定终末期心力衰竭的功能状态，这与 miRNA 在心肌应激反应中的作用一致。心力衰竭、缺血性心肌病、扩张型心肌病和主动脉瓣狭窄均具有特异 miRNA 谱，有望发展为潜在的诊断分子标志物。

46.4 表观遗传分子标志物在液体活检中的运用

关键概念

- 人类血液中存在循环游离核酸（circulating free nucleic acid，cfNA）为“液体活检”提供了可能性。
- 液体活检标志物包括循环肿瘤细胞（circulating tumor cell，CTC）、循环游离 DNA、循环 RNA、无细胞蛋白（cell-free protein）、肽（peptide）和外泌体（exosome）等。
- 循环游离 DNA（circulating cell free DNA，cfDNA）高度片段化，长 180～200bp。cfDNA 由基因组 DNA（genomic DNA，gDNA）和线粒体 DNA（mitochondrial DNA，mtDNA）组成。

随着人类基因组计划的完成，研究发现循环体液中核酸的基因组图谱可与相应疾病的基因图谱密切匹配，这对深入认识疾病的分子病理学和临床肿瘤学都具有重要意义。因此，表观遗传分子标志物未来发展的一大趋势是在微创“液体活检”中的应用。“液体活检”的循环游离核酸分析可用于监测疾病的早期病变、疾病治疗的反应及耐药性的评估。由于液体活检能够提供多种原发性和转移性肿瘤的非侵入性图谱，对个性化医疗具有很大的应用前景。循环游离核酸分析已成为将几种非侵入性多标记检测方法引入临床应用的重要基石。我们在此概述了液体活检标本的种类、循环游离核酸作为表观遗传分子标志物的研究现状，以及循环核酸的表观遗传组改变作为分子标志物的潜在用途。

46.4.1 液体活检标本的种类

检测单一组织活检样本具有局限性，现在评估和监控疾病发生发展的方法已得到进一步发展。1948 年，Mandel 和 Métais 首次描述了在人类血液中存在循环游离核酸（circulating free nucleic acid，cfNA），因而提出“液体活检”的可能。直至 1994 年，因在肿瘤患者血液中检测到了突变的 *RAS* 基因片段，循环游离核酸的重要性才得到学术界的认可[83, 84]。液体活检标志物包括循环肿瘤细胞、循环游离 DNA、循环 RNA、无细胞蛋白、肽和外泌体等。

液体活检标本可来源于外周血液（血浆、血清）、尿液、唾液、胸腔积液、胃液、胆汁、胰液和腹水等。液体活检提供了重复采样的可能性，从而允许追踪疾病发生发展的自然过程，或在治疗过程中 cfNA 的改变。cfNA 指标的变化可反映疾病不同的病理和生理过程，包括恶性（肿瘤）和良性病变、炎性疾病、组织创伤和败血症，提示通过简单的体液筛查评估疾病存在和演进的可能性。

1. 循环游离 DNA/循环肿瘤 DNA

cfDNA 高度片段化，长 180～200bp[85]。cfDNA 由 gDNA 和 mtDNA 组成[86]。与双拷贝的 gDNA 不同，单细胞含有多达数百个拷贝数的 mtDNA。gDNA 通常为游离形式核酸，而血浆中 mtDNA 存在与颗粒相关和非颗粒相关两种形式。cfDNA 包含编码和非编码的 gDNA，可用于检测微卫星不稳定性、杂合性缺失（loss of heterozygosity，LOH）、突变、多态性和 CpG 甲基化。DNA 进入循环系统有被动和主动两种机制：被动机制包括正常凋亡和坏死的细胞释放基因组和线粒体 DNA；主动机制包括细胞自发释放 DNA 片段进入循环系统。在正常生理条件下，机体的吞噬细胞会清除凋亡和坏死碎片，因此健康个体中 cfDNA 的水平很低。但在某些病理条件下（如肿瘤或炎症），机体自身的清除能力受到阻碍，因而导致细胞碎片的累积，然后释放到血液中。

循环肿瘤 DNA 可能由循环肿瘤细胞所释放，并以不同的方式进入体液循环：肿瘤细胞可直接从原始组织释放；坏死性肿瘤细胞被巨噬细胞吞噬，随后进入血液或尿道；循环肿瘤 DNA（circulating tumor DNA，ctDNA）也可通过细胞裂解碎片直接进入体液[87]。但是，ctDNA 与 CTC 之间存在数量上的差异[88]：每单个人体细胞含 6pg DNA，而每毫升晚期癌症中的血浆中平均有 17ng 的 DNA，如果 CTC 是 ctDNA 的主要来源，每毫升血浆需要超过 2000 个细胞。而实际情况为每 7.5ml 血液中仅有少于 10 个 CTC，因此，ctDNA 是否来自 CTC 仍有待证实，估计大部分来自肿瘤细胞死亡降解碎片。虽然 ctDNA 仅占 cfDNA 总量的不到 1%，但由于存在肿瘤特异性的染色体遗传和表观遗传改变，因而能有效地与正常的 cfDNA 区分，这为 ctDNA 发展成为特异性肿瘤分子标志物提供了可能。

2. 循环游离 RNA

除 cfDNA 外，循环基因转录产物也可在体液中检测到。自 1996 年，黑色素瘤患者的血液中首先检测到循环肿瘤相关 mRNA 后，其他形式的 RNA-miRNA 和 lncRNA 随后也在实体瘤患者的体液中鉴定出，其中 cf-miRNA 是体液循环中含量最丰富的 cfRNA[89, 90]。

46.4.2　循环游离核酸作为表观遗传分子标志物

1. cfDNA / ctDNA 运用于分子标志物

为了克服组织活检的局限性，发展可监测疾病治疗和演进及肿瘤异质性的非侵入性技术显得必要[91]。cfDNA 原则上可提供与组织活检样本相同的遗传信息，其体液循环流通具有明显的优势：新鲜 DNA 的来源，不受防腐剂的影响；针头微创取样，避免活检的危险；只需抽取少量体液标本；可在治疗期间的任何时间抽取血液，不依赖于单一静态时间点，可动态监测疾病的分子变化。母体血浆内游离胎儿 DNA 的发现已发展为常规非侵入性的产前筛查手段[92]。cfDNA 的研究已扩展至各种疾病的检测与诊断，包括肿瘤、心肌梗死、中风、手术和创伤及遗传性疾病产前诊断。

作为 cfDNA 中一小部分直接来源于肿瘤细胞的 DNA，ctDNA 片段含有与其肿瘤组织本身相同的遗传缺陷，包括在肿瘤中不同类型的基因组和表观基因组的改变，如点突变（TP53、EGFR、KRAS 等）、重排（EML4-ALK）、扩增（HER2、MET）、非整倍体和 CpG 甲基化等。虽然目前的证据已表明，ctDNA 可代表疾病整体的分子改变，但位于不同器官的多发性转移灶是否均匀释放 ctDNA 仍有待证明。ctDNA 的敏感性依赖于肿瘤的生物学特性和检测技术。肿瘤分期或整体肿瘤负荷体现出的肿瘤细胞的数量决定了 ctDNA 的敏感性，如 ctDNA 对晚期肿瘤患者的敏感性可达 100%，而早期肿瘤和无转移的晚期肿瘤所含的 ctDNA 片段则较少。

从技术层面上来说，了解检测手段的限制和优势能更好地提高 ctDNA 检测的敏感性[93]。经典 cfDNA 评估方法包括基于荧光的方法（如 PicoGreen 染色和紫外 UV 光谱）或定量 PCR（如 SYBR Green、TaqMan）。ctDNA 可量化、具动态变化，因而需要高灵敏度和特异的分析平台。在数字化技术出现之前，聚合酶链反应（PCR）、BEAMing（beads，emulsion，amplification，magnetics）数字化 PCR 或焦磷酸裂解活化聚合（pyrophosphorolysis-activated polymerization，PAP）用于检测 ctDNA，这些方法的敏感性都受到 DNA 聚合酶错误率的限制，通常为 0.01%或更低。而数字化高通量测序技术（next-generation sequencing，NGS）则具有较高的灵敏度，几乎可鉴定出每一个细胞中的突变。多重 PCR-高通量测序技术使用早期肺癌 ctDNA 已成功运用于追踪肺癌复发和转移，为 ctDNA 指导肿瘤治疗提供了新的途径[94]。

2. cfRNA 作为分子标志物的特点

cf-miRNA/cf-lncRNA 在外周循环体液中十分稳定，几乎不受核糖核酸酶（RNase）的降解，并以囊泡的形式（如外泌体、蛋白质复合物）稳定地存在于外循环中。外周血中的 cf-miRNA/cf-lncRNA 也不受其他条件降解，如低 pH 或高 pH、长期储存、煮沸和反复冻融。cf-miRNA 水平的变化与不同疾病及某些生理或病理阶段相关。lncRNA 在原代肿瘤组织中的失调，可清楚地从各种体液如全血/血浆、尿液、唾液和胃液中反映。cf-miRNA/cf-lncRNA 是一类新的稳定的、无创分子标志物，对疾病的诊断、预后和治疗反应监测具有重要用途。

46.4.3 cfNA 作为表观遗传分子标志物的临床应用

1. cfDNA 和 cfRNA 与肿瘤检测

ctDNA 作为表观遗传学分子标志物具有巨大的临床应用潜力。研究显示 ctDNA 表观遗传学分子标志物预测疾病具有较高的特异性，通常出现在癌症早期，具有比微卫星分析更高的灵敏度，且优于突变分析和传统的血清标志物，对于存活率的分析至关重要[95, 96]。近年来，临床上已应用液体表观遗传学标志物检测，作为肿瘤早期和非侵入性筛查、风险评估、治疗特异性和敏感性的监测。抑癌基因在肿瘤组织中高频异常甲基化，类似的变化也同样存在于体液样本中。ctDNA 的甲基化检测已用于多种肿瘤的监测，包括肺癌、肾癌、胰腺癌、卵巢癌、前列腺癌、肝癌、食管腺癌、结肠直肠癌、乳腺癌、头颈部鳞状细胞癌、睾丸癌等[97]。研究表明，患者的 cfDNA 中可检测到的抑癌基因的甲基化，可用于肿瘤的早期诊断、预后和治疗的评估，如 *RASSF1A*、*PCDH10*[98]、*RARBSEPT9*、*ESR1*、*CDKN2A* 和 *RUNX3* 等。cfDNA 中 *SEPT9* 的甲基化可区分健康个体与结肠癌患者，敏感性为 69%、特异性为 86%，已发展为结肠癌的非侵入性诊断分子标志物，由 Epigenomics AG 和 Abbott Molecular 公司开发，成为第一个商业化的早期结直肠癌血浆检测指标[99, 100]。 此外，一项前瞻性临床试验（PRESEPT）已证实该检测方法与常规粪便潜血试验（FOBT）具有相同的灵敏度和特异性，验证了其作为结肠癌的血液生物标志物的用途，此项检测也已被 CFDA 批准用作结肠癌筛选试验。宫颈癌发生的早期阶段——低级别鳞状上皮内病变（low-grade squamous intraepithelial lesion，LSIL）的宫颈刮片中可检测到 *PCDH10* 基因启动子甲基化发生。因此，*PCDH10* 的失活可能是宫颈癌进展中的关键事件，有望成为宫颈癌潜在有用的治疗靶标[101]。在 Hodgkin 淋巴瘤患者的血清中，可检测到 *IGSF4* 的甲基化，而在正常血清中未检测到，提示 *IGSF4* 也可作为 Hodgkin 淋巴瘤的诊断指标。血清样本中 Wnt 信号拮抗因子的甲基化，可作为极佳的表观遗传生物标志物用于鼻咽癌和肾癌的检测、分期和预后判断[102, 103]。血清中 *RASSF1A* 甲基化的定量检测也可用于肝癌的筛选、检测和预测[104]。

基于 cf-miRNA 生物学作用和参与细胞转化的能力，其具有作为诊断、预后和预测的生物标志物的很好潜能，也可认为是潜在的未来治疗靶标[105, 106]。2008 年，miRNA 首先在弥漫性大 B 细胞淋巴瘤患者（DLBCL）中被发现，从而证明了 miRNA 表达谱具有与肿瘤分类、诊断和疾病进展相关的特征[107]。与早期患者相比，晚期乳腺癌患者的血液中更高的 miR-34a、miR-10b 和 miR-155 水平与肿瘤细胞转移相关[108]。最近发现，cf-miR-21 表达水平可用于监测早期乳腺癌的进展[109]。miR-92、miR-93 和 miR-21 早于 CA-125 增加出现，可作为浆液性卵巢癌早期诊断标志物[110]。血浆 miR-141 可作为早期检测非小细胞肺癌的有力补充。非小细胞肺癌生存时间长和短的患者血清中，miRNA 水平有 5 倍以上不同[111]。miRNA 标签甚至可反映各种肿瘤的发育谱系和分化，如检测血浆中的 miR-17/92 可区分结直肠癌患者与胃癌患者[112]。肝发育期间有特定 miRNA 表达水平的动态变化，其中 miR-500 是与人肝细胞癌诊断相关的癌胚 miRNA。通过诠释食管腺癌的 miRNA 组学（miRNome）图谱，异常表达的 cf-miRNA 水平有助于预测食管腺癌患者的存活及幽门螺杆菌（HP）感染状态[113]。

与广泛使用的前列腺特异性抗原 PSA 血清水平相比，前列腺癌患者尿样中检测到的 lncRNA PCA3 及血清中检测到的 lncRNA MALAT1 水平，能更准确地诊断前列腺癌[114]。另外，对具有诊断性能的 lncRNA（TINCR、CCAT2、AOC4P、BANCR、LINC00857、AA174084 和 H19）在胃癌患者的体液样本中的水平进行了评估（如血浆和胃液），发现这些 lncRNA 可有效地区分胃癌患者和健康人群，以及有效区分胃癌发生和从早期到转移不同的发展阶段[115]。

2. cfNA 与代谢性疾病的检测

miRNA 是代谢活性组织生理平衡的重要调节因子，其表达改变会导致葡萄糖和脂质体内平衡的受损，在代谢性疾病起重要作用。糖尿病中 miRNA 的改变引起了胰岛素释放和胰岛素抵抗的功能障碍[116]。体液中的 miRNA 可作为分子标志物用于监测糖尿病的发展和进展。已有 12 个 miRNA 在 1 型糖尿病患者血清中发现。血清 miR-23a 和 miR-126 水平被认为是可靠的早期检测 2 型糖尿病的生物标志物。miR-278 和 miR-375 是胰岛素分泌调节剂，有可能成为治疗糖尿病的药理靶点。miR-122 调节肝脏中的脂质代谢，miR-122 的抑制作用可导致血浆胆固醇降低和显著改善小鼠肝脂肪变性。肿瘤抑制家族 Let-7 在葡萄糖代谢中通过 Lin28/Let-7 轴调节葡萄糖代谢。cf-miRNA 正在成为糖尿病和其他代谢疾病有价值的表观遗传标志物。

3. cfNA 表观遗传分子标志物与其他疾病的检测

2016 年，Lehmann-Werman 等利用 cfDNA 甲基化研究组织的特异性，运用全基因组甲基化 450K 阵列分析了多种组织，利用目标 NGS 检查 cfDNA 以期寻找与鉴定组织特异性的 CpG 位点，并确定了与以下组织特异性模式相关的 CpG 甲基化[117]：1 型糖尿病患者胰腺 β 细胞的 *INS* 启动子；复发性多发性硬化症患者的少突胶质细胞中的 *MBP3* 和 *WM1*；创伤性或缺血性脑损伤后患者脑细胞中的 *CG09787504* 位点（*Brain1*）；胰腺癌或胰腺炎患者外分泌胰腺细胞中的 *CUX2* 和 *REG1A*。

21 三体综合征（trisomy 21 syndrome）是可产前筛查的重要疾病。检测母亲血液中 cfDNA 的 21 号染色体 DNA 的甲基化类型，用于筛查 21 三体综合征[118]。研究发现了 22 个 CpG 岛，在母体血细胞中完全未甲基化（MI = 0.00）并在胎盘中甲基化（MI 范围为 0.22～0.65）；或在母体中完全甲基化（MI = 1.00）而在胎盘中低甲基化，因此，可作为生物标记物对 21 三体综合征进行产前无创筛查。

体液（脑脊液和血液）中的 cf-miRNA 可能是脑损伤的有用生物标志物，其 miRNA 可能来源于外泌体，或因血脑屏障被损伤或破坏后少量释放于脑表达的 miRNA。例如，cf-miR-146a 和 cf-miR-134 有助于癫痫的诊断。唾液腺分泌的 cf-miRNA 也可作为系统性自身免疫性疾病——斯耶格伦氏综合征（Sjögren's syndrome）的分子标志物。病毒感染、酒精和化学致癌剂可诱导肝脏患者血浆中 miR-122 水平升高，而且 miR-122 显示出良好的敏感性、特异性和可靠性。失调的 miRNA 在多囊肾病发病中起作用，可作为相关肾脏疾病候选的分子标志物。cf-miRNA 作为生物标志物对诊断心肌梗死也具有很大的潜力，如 cf-miR-1 和 cf-miR-208a 已被证实作为心血管疾病的生物标志物[119]。

46.4.4　组织特异性 CpG 甲基化与肿瘤的早期筛查

早期肿瘤释放到外周血中的游离 DNA 极其微量且高度片段化，而目前已有的 DNA CpG 甲基化组检测技术灵敏度均较低，无法满足对其进行高通量检测的要求。液态活检的另一用途是追溯肿瘤发生的位置，由于身体组织大都有其独特的甲基化形式，可以根据此特性来对组织进行定位。因此，利用表观遗传分子标志物和组织特异性 CpG 甲基化谱双重信号进行肿瘤早期筛查的技术有重要应用价值。

最近，研究人员开发出新的液态活检技术，利用癌症标记物和组织特异性 CpG 甲基化模式的双重信号来检测和定位癌症[120]。通过建立 10 个不同组织（肝脏、小肠、结肠、肺、脑、肾、胰腺、脾、胃和血液）全部 CpG 甲基化谱数据库和肿瘤特异性分子基因标记物数据库，筛查癌症患者和健康人的血液样本，此技术未来可以用于癌症无创早筛与溯源。

甲基化 CpG 短串联扩增与测序（MCTA-Seq）技术可在一个反应中同时检测到近 9000 个 CpG 岛的甲基化，检测下限可低至 1～2 个细胞的基因组 DNA，已被用于肝癌的检测[121]。血清甲胎蛋白（AFP）是临床上最常用的肝癌早筛标记物，但有大约 40%的假阴性率。研究者发现，肝癌患者血浆中的 CpG 岛标志物可分为两类，一类直接来自肝癌组织，另一类则由肝癌组织和非癌肝组织共同释放。通过联合两类血浆 CpG 岛标记物，MCTA-Seq 技术诊断肝细胞癌的灵敏度为 94%，特异度为 89%，而且可成功地为 AFP 假阴性的肝细胞癌患者做出诊断[121]。该技术通过对肿瘤血浆 cfDNA 中异常高甲基化的 CpG 岛进行全面测序分析，可实现对肝癌等其他类型肿瘤的早期诊断，是肿瘤诊断方法上的一个突破。

Cancer Locator 技术运用全基因组 DNA 甲基化数据同时推断血液样品中肿瘤衍生的 cfDNA 的比例和组织来源，以期通过确定肿瘤的存在及位置而实现 cfDNA 的诊断潜能[122]。即使 cfDNA 中肿瘤来源 DNA 的比例较低，Cancer Locator 在模拟和实际数据方面也优于已建立的多类分类方法，而且对低 DNA 甲基化测序覆盖的患者血浆样本也取得了令人鼓舞的结果。

46.4.5 5-羟甲基胞嘧啶甲基化与肿瘤检测

5hmC 是另一种重要的 DNA 表观遗传修饰，为 5mC 去甲基化过程的中间产物。5hmC 与基因调控和肿瘤发生也密切相关，可作为肿瘤早期诊断的标志物。相对于 5mC 对基因表达的抑制作用，5hmC 是基因处于表达激活状态的标志。5hmC 的分布具有组织特异性，并且在正常组织和肿瘤组织中均可观察到。不同肿瘤中 5hmC 量变化不同，这为使用 5hmC 进行肿瘤诊断提供了可能。研究人员通过使用基于敏感性化学标记的低捕获鸟枪测序方法探究了 cfDNA 中 5hmC 的诊断潜能[123]。通过对 7 种不同肿瘤类型（肺癌、胃癌、结肠癌、肝癌、胰腺癌、乳腺癌和胶质母细胞瘤）的 49 名患者 cfDNA 中的 5hmC 进行全基因组测序，发现肿瘤中 cfDNA 的 5hmC 表达谱能高精确度地预测肿瘤的类型和阶段，如早期肺癌 cfDNA 中的 5hmC 与健康样本有显著差异，随肿瘤分期进展而表现出羟甲基化修饰的丢失，这提示 cfDNA 中的 5hmC 测序可能成为肺癌早期检测、进展与转移监测的工具。肝癌特有的高羟甲基化和低羟甲基化基因可用于区分肝癌样本、部分 HBV 样本和健康样本，这提示 cfDNA 5hmC 测序可用于对肝癌的检测、诊疗与复发监测[123]。肝细胞癌和胰腺癌具有游离羟甲基组疾病特异性的改变。由此可见，cfDNA 中 5hmC 标志物不仅可用于识别肿瘤类型，还可用于追踪肿瘤的不同发生发展阶段。cfDNA 中 5hmC 信息为液体活检诊断及个性化精准医疗提供了一个新的参数。

46.5 总结与展望

表观遗传分子标志物在临床中具有改善健康的可观前景。但对表观遗传分子标志物鉴定与建立的每个阶段，仍需要进一步的深入研究。虽然 CpG 甲基化、miRNA 和 lncRNA 均已证实可作为良好的分子标志物，但可能还有其他表观遗传学修饰具有临床应用的潜力。相对来说，RNA 和组蛋白修饰发展成为生物标志物仍有困难，因为 RNA 本身太不稳定，组蛋白修饰不具目的基因特异性。在技术层面上，表观遗传生物标志物的检测，仍有大量需改进完善的地方，其临床应用需要更简单、更快、更灵敏、更稳定的样品处理和高通量分析技术。

对于现有疾病的表观基因组学特征变化，应进行更详尽的疾病进展研究，尤其在异常生理导致疾病的初始阶段，应优先考虑表观遗传变化特征。由于表观遗传变化常发生在基因表达改变之前，可导致疾病的进一步发展，所以表观遗传改变本身可提供导致疾病的基因表达改变的早期标记。表观遗传组学相关性研究（epigenome-wide association study）通过确定健康受试者和疾病患者样品甲基化谱、组蛋白修饰谱、miRNA 和 lncRNA 表达谱来进行分析，以期鉴定与疾病相关的表观遗传标记，因某些特定疾病具有一些关键的表观遗传修饰标记。与单个生物标志物相比，运用几种不同的表观遗传修饰标志物将减少假阳性结果。因此，表观遗传标志物基因组研究将有助于疾病诊断、风险分析和化学预防的临床实践，可用于辅助早期临床诊断，进行早期干预以期改善健康结果，风险分析将使高风险患者得到识别，并允许选择化学预防进行防备。

近年来，液体活检在疾病诊断方面的应用以惊人的速度发展。在实体肿瘤中，许多临床试验已开始进行纵向血液收集，虽然大部分的研究仍只包括小队列的患者。在临床实践中，液体活检的应用只有在广泛的对照研究完成后才能进行。其局限性主要包括：血液采集程序的标准化以提高样品在室温下的稳定性，减少分析前的样品变异；ctDNA 量化的方法；ctDNA 分离的标准化以提高产量；提高 ctDNA 检测的敏感度。在病患筛查中，利用液体活检方法可对疾病的发生发展进行更全面的监测，包括疾病的进展和整体性分子改变。在临床上的全面实施包括：①使用基于 PCR 的方法分析已知的热点突变的候选基因，以此作为基准测试确认是否有足够量的 ctDNA；②使用覆盖面更广泛的 ctDNA 测序以发现可行的治疗靶标。

下一代的“液体活检”研究的关键是，建立基于血液的表观遗传组学分析技术的临床适用性。液体活检方法将会极大改善疾病的诊断和监测，但关键仍是液体活检引导的治疗转化是否能真正提高疾病患者的生存率和生活质量。

参 考 文 献

[1] Wolffe, A. P. & Matzke, M. A. Epigenetics: regulation through repression. *Science* 286, 481-486(1999).

[2] Bird, A. Perceptions of epigenetics. *Nature* 447, 396-398(2007).

[3] Robertson, K. D. DNA methylation and human disease. *Nat Rev Genet* 6, 597-610(2005).

[4] Kouzarides, T. Chromatin modifications and their function. *Cell* 128, 693-705(2007).

[5] Laird, P. W. The power and the promise of DNA methylation markers. *Nat Rev Cancer* 3, 253-266(2003).

[6] Ushijima, T. Detection and interpretation of altered methylation patterns in cancer cells. *Nat Rev Cancer* 5, 223-231(2005).

[7] Singal, R. & Ginder, G. D. DNA methylation. *Blood* 93, 4059-4070(1999).

[8] Takai, D. & Jones, P. A. Comprehensive analysis of CpG islands in human chromosomes 21 and 22. *Proc Natl Acad Sci U S A* 99, 3740-3745(2002).

[9] Baylin, S. B. & Herman, J. G. DNA hypermethylation in tumorigenesis: epigenetics joins genetics. *Trends Genet* 16, 168-174(2000).

[10] Herman, J. G. & Baylin, S. B. Gene silencing in cancer in association with promoter hypermethylation. *N Engl J Med* 349, 2042-2054(2003).

[11] Jones, P. A. Functions of DNA methylation: islands, start sites, gene bodies and beyond. *Nat Rev Genet* 13, 484-492(2012).

[12] Hellman, A. & Chess, A. Gene body-specific methylation on the active X chromosome. *Science* 315, 1141-1143(2007).

[13] Feinberg, A. P. & Tycko, B. The history of cancer epigenetics. *Nature reviews. Cancer* 4, 143(2004).

[14] Jones, P. A. & Baylin, S. B. The fundamental role of epigenetic events in cancer. *Nat Rev Genet* 3, 415-428(2002).
[15] Portela, A. & Esteller, M. Epigenetic modifications and human disease. *Nat Biotechnol* 28, 1057-1068(2010).
[16] Bannister, A. J. & Kouzarides, T. Regulation of chromatin by histone modifications. *Cell Res* 21, 381-395(2011).
[17] Esteller, M. Cancer epigenomics: DNA methylomes and histone-modification maps. *Nat Rev Genet* 8, 286-298(2007).
[18] Zhou, V. W. *et al.* Charting histone modifications and the functional organization of mammalian genomes. *Nat Rev Genet* 12, 7-18(2011).
[19] Ambros, V. The functions of animal microRNAs. *Nature* 431, 350-355(2004).
[20] Filipowicz, W. *et al.* Mechanisms of post-transcriptional regulation by microRNAs: are the answers in sight? *Nat Rev Genet* 9, 102-114(2008).
[21] Kung, J. T. *et al.* Long noncoding RNAs: past, present, and future. *Genetics* 193, 651-669(2013).
[22] Huarte, M. The emerging role of lncRNAs in cancer. *Nat Med* 21, 1253-1261(2015).
[23] Feinberg, A. P. *et al.* The epigenetic progenitor origin of human cancer. *Nat Rev Genet* 7, 21-33(2006).
[24] Bock, C. *et al.* Quantitative comparison of genome-wide DNA methylation mapping technologies. *Nat Biotechnol* 28, 1106-1114(2010).
[25] Urich, M. A. *et al.* MethylC-seq library preparation for base-resolution whole-genome bisulfite sequencing. *Nat Protoc* 10, 475-483(2015).
[26] Plongthongkum, N. *et al.* Advances in the profiling of DNA modifications: cytosine methylation and beyond. *Nat Rev Genet* 15, 647-661(2014).
[27] 陶谦. 肿瘤学(第 5 版), 第四章 肿瘤表观遗传学. 北京: 人民卫生出版社(2020).
[28] Lister, R. *et al.* Human DNA methylomes at base resolution show widespread epigenomic differences. *Nature* 462, 315-322(2009).
[29] Meissner, A. *et al.* Reduced representation bisulfite sequencing for comparative high-resolution DNA methylation analysis. *Nucleic Acids Res* 33, 5868-5877(2005).
[30] Wang, J. *et al.* Double restriction-enzyme digestion improves the coverage and accuracy of genome-wide CpG methylation profiling by reduced representation bisulfite sequencing. *BMC Genomics* 14, 11(2013).
[31] Sandoval, J. *et al.* Validation of a DNA methylation microarray for 450, 000 CpG sites in the human genome. *Epigenetics* 6, 692-702(2011).
[32] Bassil, C. F. *et al.* Bisulfite pyrosequencing. *Methods Mol Biol* 1049, 95-107(2013).
[33] Bilichak, A. & Kovalchuk, I. The combined bisulfite restriction analysis(COBRA)assay for the analysis of locus-specific changes in methylation patterns. *Methods Mol Biol* 1456, 63-71(2017).
[34] Tost, J. *et al.* Analysis and accurate quantification of CpG methylation by MALDI mass spectrometry. *Nucleic Acids Res* 31, e50(2003).
[35] Herman, J. G. *et al.* Methylation-specific PCR: a novel PCR assay for methylation status of CpG islands. *Proc Natl Acad Sci U S A* 93, 9821-9826(1996).
[36] Tao, Q. *et al.* Methylation status of the Epstein-Barr virus major latent promoter C in iatrogenic B cell lymphoproliferative disease. Application of PCR-based analysis. *Am J Pathol* 155, 619-625(1999).
[37] Eads, C. A. *et al.* MethyLight: a high-throughput assay to measure DNA methylation. *Nucleic Acids Res* 28, E32(2000).
[38] Grunau, C. *et al.* Bisulfite genomic sequencing: systematic investigation of critical experimental parameters. *Nucleic Acids Res* 29, E65-65(2001).
[39] Barski, A. *et al.* High-resolution profiling of histone methylations in the human genome. *Cell* 129, 823-837(2007).
[40] Schones, D. E. & Zhao, K. Genome-wide approaches to studying chromatin modifications. *Nat Rev Genet* 9, 179-191(2008).

[41] Jones, P. A. & Laird, P. W. Cancer epigenetics comes of age. *Nat Genet* 21, 163-167(1999).

[42] Stewart B. W. *et al*. World Cancer Report 2014. Lyon, France: International Agency for Research on Cancer. (2014).

[43] Chan, A. O. *et al.* CpG island methylation in aberrant crypt foci of the colorectum. *Am J Pathol* 160, 1823-1830(2002).

[44] Greenspan, E. J. *et al.* Microsatellite instability in aberrant crypt foci from patients without concurrent colon cancer. *Carcinogenesis* 28, 769-776(2007).

[45] Balaguer, F. *et al.* Epigenetic silencing of miR-137 is an early event in colorectal carcinogenesis. *Cancer Res* 70, 6609-6618(2010).

[46] Gyparaki, M. T. *et al.* DNA methylation biomarkers as diagnostic and prognostic tools in colorectal cancer. *J Mol Med(Berl)*91, 1249-1256(2013).

[47] Belinsky, S. A. *et al.* Aberrant methylation of p16INK4a is an early event in lung cancer and a potential biomarker for early diagnosis. *Proceedings of the National Academy of Sciences* 95, 11891-11896(1998).

[48] Brock, M. V. *et al.* DNA methylation markers and early recurrence in stage I lung cancer. *N Engl J Med* 358, 1118-1128(2008).

[49] Gonzalgo, M. L. *et al.* Prostate cancer detection by GSTP1 methylation analysis of postbiopsy urine specimens. *Clin Cancer Res* 9, 2673-2677(2003).

[50] Cairns, P. *et al.* Molecular detection of prostate cancer in urine by GSTP1 hypermethylation. *Clin Cancer Res* 7, 2727-2730(2001).

[51] Millar, D. S. *et al.* Detailed methylation analysis of the glutathione S-transferase pi(GSTP1)gene in prostate cancer. *Oncogene* 18, 1313-1324(1999).

[52] Baden, J. *et al.* Predicting prostate biopsy result in men with prostate specific antigen 2.0 to 10.0 ng/ml using an investigational prostate cancer methylation assay. *J Urol* 186, 2101-2106(2011).

[53] Christiansen, J. J. & Rajasekaran, A. K. Reassessing epithelial to mesenchymal transition as a prerequisite for carcinoma invasion and metastasis. *Cancer Res* 66, 8319-8326(2006).

[54] Shinozaki, M. *et al.* Distinct hypermethylation profile of primary breast cancer is associated with sentinel lymph node metastasis. *Clin Cancer Res* 11, 2156-2162(2005).

[55] Tang, M. *et al.* Wnt signaling promoter hypermethylation distinguishes lung primary adenocarcinomas from colorectal metastasis to the lung. *Int J Cancer* 119, 2603-2606(2006).

[56] Graziano, F. *et al.* The role of the E-cadherin gene(CDH1)in diffuse gastric cancer susceptibility: from the laboratory to clinical practice. *Ann Oncol* 14, 1705-1713(2003).

[57] Hughes, L. A. *et al.* The CpG island methylator phenotype: what's in a name? *Cancer Res* 73, 5858-5868(2013).

[58] Bastian, P. J. *et al.* Diagnostic and prognostic information in prostate cancer with the help of a small set of hypermethylated gene loci. *Clin Cancer Res* 11, 4097-4106(2005).

[59] Ellinger, J. *et al.* CpG island hypermethylation at multiple gene sites in diagnosis and prognosis of prostate cancer. *Urology* 71, 161-167(2008).

[60] Ma, L. *et al.* Tumour invasion and metastasis initiated by microRNA-10b in breast cancer. *Nature* 449, 682-688(2007).

[61] Huang, Q. *et al.* The microRNAs miR-373 and miR-520c promote tumour invasion and metastasis. *Nat Cell Biol* 10, 202-210(2008).

[62] Zhu, S. *et al.* MicroRNA-21 targets tumor suppressor genes in invasion and metastasis. *Cell Res* 18, 350-359(2008).

[63] Negrini, M. & Calin, G. A. Breast cancer metastasis: a microRNA story. *Breast Cancer Res* 10, 203(2008).

[64] Tavazoie, S. F. *et al.* Endogenous human microRNAs that suppress breast cancer metastasis. *Nature* 451, 147-152(2008).

[65] Park, S. M. *et al.* The miR-200 family determines the epithelial phenotype of cancer cells by targeting the E-cadherin

repressors ZEB1 and ZEB2. *Genes Dev* 22, 894-907(2008).
[66] Dhamija, S. & Diederichs, S. From junk to master regulators of invasion: lncRNA functions in migration, EMT and metastasis. *Int J Cancer* 139, 269-280(2016).
[67] Kogo, R. *et al.* Long noncoding RNA HOTAIR regulates polycomb-dependent chromatin modification and is associated with poor prognosis in colorectal cancers. *Cancer Res* 71, 6320-6326(2011).
[68] Wang, Y. *et al.* The long noncoding RNA lncTCF7 promotes self-renewal of human liver cancer stem cells through activation of Wnt signaling. *Cell Stem Cell* 16, 413-425(2015).
[69] Han, Y. *et al.* UCA1, a long non-coding RNA up-regulated in colorectal cancer influences cell proliferation, apoptosis and cell cycle distribution. *Pathology* 46, 396-401(2014).
[70] Wang, C. *et al.* Long non-coding RNA MEG3 suppresses migration and invasion of thyroid carcinoma by targeting of Rac1. *Neoplasma* 62, 541-549(2015).
[71] Hegi, M. E. *et al.* MGMT gene silencing and benefit from temozolomide in glioblastoma. *N Engl J Med* 352, 997-1003(2005).
[72] Everhard, S. *et al.* MGMT methylation: a marker of response to temozolomide in low-grade gliomas. *Ann Neurol* 60, 740-743(2006).
[73] Gerson, S. L. Clinical relevance of MGMT in the treatment of cancer. *J Clin Oncol* 20, 2388-2399(2002).
[74] Zeller, C. *et al.* Candidate DNA methylation drivers of acquired cisplatin resistance in ovarian cancer identified by methylome and expression profiling. *Oncogene* 31, 4567-4576(2012).
[75] Agrelo, R. *et al.* Epigenetic inactivation of the premature aging Werner syndrome gene in human cancer. *Proc Natl Acad Sci U S A* 103, 8822-8827(2006).
[76] Ibanez de Caceres, I. *et al.* IGFBP-3 hypermethylation-derived deficiency mediates cisplatin resistance in non-small-cell lung cancer. *Oncogene* 29, 1681-1690(2010).
[77] Veeck, J. *et al.* BRCA1 CpG island hypermethylation predicts sensitivity to poly(adenosine diphosphate)-ribose polymerase inhibitors. *J Clin Oncol* 28, e563-564(2010).
[78] Marsh, S. *et al.* Pharmacogenetic assessment of toxicity and outcome after platinum plus taxane chemotherapy in ovarian cancer: the Scottish Randomised Trial in Ovarian Cancer. *J Clin Oncol* 25, 4528-4535(2007).
[79] Greco, F. A. *et al.* Cancer of unknown primary: progress in the search for improved and rapid diagnosis leading toward superior patient outcomes. *Ann Oncol* 23, 298-304(2012).
[80] Moran, S. *et al.* Epigenetic profiling to classify cancer of unknown primary: a multicentre, retrospective analysis. *Lancet Oncol* 17, 1386-1395(2016).
[81] Papageorgiou, N. *et al.* The role of microRNAs in cardiovascular disease. *Curr Med Chem* 19, 2605-2610(2012).
[82] Quiat, D. & Olson, E. N. MicroRNAs in cardiovascular disease: from pathogenesis to prevention and treatment. *J Clin Invest* 123, 11-18(2013).
[83] Vasioukhin, V. *et al.* Point mutations of the N-ras gene in the blood plasma DNA of patients with myelodysplastic syndrome or acute myelogenous leukaemia. *Br J Haematol* 86, 774-779(1994).
[84] Sorenson, G. D. *et al.* Soluble normal and mutated DNA sequences from single-copy genes in human blood. *Cancer Epidemiol Biomarkers Prev* 3, 67-71(1994).
[85] Jahr, S. *et al.* DNA fragments in the blood plasma of cancer patients: quantitations and evidence for their origin from apoptotic and necrotic cells. *Cancer Res* 61, 1659-1665(2001).
[86] Mehra, N. *et al.* Circulating mitochondrial nucleic acids have prognostic value for survival in patients with advanced prostate cancer. *Clin Cancer Res* 13, 421-426(2007).

[87] Schwarzenbach, H. *et al.* Cell-free tumor DNA in blood plasma as a marker for circulating tumor cells in prostate cancer. *Clin Cancer Res* 15, 1032-1038(2009).

[88] Volik, S. *et al.* Cell-free DNA(cfDNA): Clinical significance and utility in cancer shaped by emerging technologies. *Mol Cancer Res* 14, 898-908(2016).

[89] Mitchell, P. S. *et al.* Circulating microRNAs as stable blood-based markers for cancer detection. *Proc Natl Acad Sci U S A* 105, 10513-10518(2008).

[90] Arita, T. *et al.* Circulating long non-coding RNAs in plasma of patients with gastric cancer. *Anticancer Res* 33, 3185-3193(2013).

[91] Heitzer, E. *et al.* Circulating tumor DNA as a liquid biopsy for cancer. *Clin Chem* 61, 112-123(2015).

[92] Lo, Y. M. *et al.* Presence of fetal DNA in maternal plasma and serum. *Lancet* 350, 485-487(1997).

[93] Siravegna, G. *et al.* Integrating liquid biopsies into the management of cancer. *Nat Rev Clin Oncol* 14, 531-548(2017).

[94] Abbosh, C. *et al.* Phylogenetic ctDNA analysis depicts early-stage lung cancer evolution. *Nature* 545, 446-451(2017).

[95] Phallen, J. *et al.* Direct detection of early-stage cancers using circulating tumor DNA. *Sci Transl Med* 9(2017).

[96] Aravanis, A. M. *et al.* Next-generation sequencing of circulating tumor DNA for early cancer detection. *Cell* 168, 571-574(2017).

[97] Bettegowda, C. *et al.* Detection of circulating tumor DNA in early- and late-stage human malignancies. *Sci Transl Med* 6, 224ra224(2014).

[98] Yu, J. *et al.* Methylation of protocadherin 10, a novel tumor suppressor, is associated with poor prognosis in patients with gastric cancer. *Gastroenterology* 136, 640-651 e641(2009).

[99] Molnar, B. *et al.* Plasma methylated septin 9: a colorectal cancer screening marker. *Expert Rev Mol Diagn* 15, 171-184(2015).

[100] Warren, J. D. *et al.* Septin 9 methylated DNA is a sensitive and specific blood test for colorectal cancer. *BMC Med* 9, 133(2011).

[101] Narayan, G. *et al.* Protocadherin PCDH10, involved in tumor progression, is a frequent and early target of promoter hypermethylation in cervical cancer. *Genes Chromosomes Cancer* 48, 983-992(2009).

[102] Urakami, S. *et al.* Wnt antagonist family genes as biomarkers for diagnosis, staging, and prognosis of renal cell carcinoma using tumor and serum DNA. *Clin Cancer Res* 12, 6989-6997(2006).

[103] Li, L. *et al.* Characterization of the nasopharyngeal carcinoma methylome identifies aberrant disruption of key signaling pathways and methylated tumor suppressor genes. *Epigenomics* 7, 155-173(2015).

[104] Chan, K. C. *et al.* Quantitative analysis of circulating methylated DNA as a biomarker for hepatocellular carcinoma. *Clin Chem* 54, 1528-1536(2008).

[105] Schwarzenbach, H. *et al.* Clinical relevance of circulating cell-free microRNAs in cancer. *Nat Rev Clin Oncol* 11, 145-156(2014).

[106] Cortez, M. A. *et al.* MicroRNAs in body fluids--the mix of hormones and biomarkers. *Nat Rev Clin Oncol* 8, 467-477(2011).

[107] Lawrie, C. H. *et al.* Detection of elevated levels of tumour-associated microRNAs in serum of patients with diffuse large B-cell lymphoma. *Br J Haematol* 141, 672-675(2008).

[108] Eichelser, C. *et al.* Deregulated serum concentrations of circulating cell-free microRNAs miR-17, miR-34a, miR-155, and miR-373 in human breast cancer development and progression. *Clin Chem* 59, 1489-1496(2013).

[109] Asaga, S. *et al.* Direct serum assay for microRNA-21 concentrations in early and advanced breast cancer. *Clin Chem* 57, 84-91(2011).

[110] Resnick, K. E. *et al.* The detection of differentially expressed microRNAs from the serum of ovarian cancer patients using a novel real-time PCR platform. *Gynecol Oncol* 112, 55-59(2009).

[111] Heegaard, N. H. *et al.* Circulating micro-RNA expression profiles in early stage nonsmall cell lung cancer. *Int J Cancer* 130, 1378-1386(2012).

[112] Mogilyansky, E. & Rigoutsos, I. The miR-17/92 cluster: a comprehensive update on its genomics, genetics, functions and

increasingly important and numerous roles in health and disease. *Cell Death Differ* 20, 1603-1614(2013).

[113] Zhai, R. *et al.* Whole-miRNome profiling identifies prognostic serum miRNAs in esophageal adenocarcinoma: the influence of Helicobacter pylori infection status. *Carcinogenesis* 36, 87-93(2015).

[114] Ren, S. *et al.* Long non-coding RNA metastasis associated in lung adenocarcinoma transcript 1 derived miniRNA as a novel plasma-based biomarker for diagnosing prostate cancer. *Eur J Cancer* 49, 2949-2959(2013).

[115] Zhang, K. *et al.* Genome-Wide lncRNA Microarray Profiling Identifies Novel Circulating lncRNAs for Detection of Gastric Cancer. *Theranostics* 7, 213-227(2017).

[116] Kantharidis, P. *et al.* Diabetes complications: the microRNA perspective. *Diabetes* 60, 1832-1837(2011).

[117] Lehmann-Werman, R. *et al.* Identification of tissue-specific cell death using methylation patterns of circulating DNA. *Proc Natl Acad Sci U S A* 113, E1826-1834(2016).

[118] Chim, S. S. *et al.* Systematic search for placental DNA-methylation markers on chromosome 21: toward a maternal plasma-based epigenetic test for fetal trisomy 21. *Clin Chem* 54, 500-511(2008).

[119] Montgomery, R. L. *et al.* Therapeutic inhibition of miR-208a improves cardiac function and survival during heart failure. *Circulation* 124, 1537-1547(2011).

[120] Guo, S. *et al.* Identification of methylation haplotype blocks aids in deconvolution of heterogeneous tissue samples and tumor tissue-of-origin mapping from plasma DNA. *Nat Genet* 49, 635-642(2017).

[121] Wen, L. *et al.* Genome-scale detection of hypermethylated CpG islands in circulating cell-free DNA of hepatocellular carcinoma patients. *Cell Res* 25, 1250-1264(2015).

[122] Kang, S. *et al.* CancerLocator: non-invasive cancer diagnosis and tissue-of-origin prediction using methylation profiles of cell-free DNA. *Genome Biol* 18, 53(2017).

[123] Song, C. X. *et al.* 5-Hydroxymethylcytosine signatures in cell-free DNA provide information about tumor types and stages. *Cell Res* 27, 1231-1242(2017).

陶谦 香港中文大学肿瘤学系终身教授，博士生导师，国家杰出青年B类，Cancer Epigenetics实验室主任。国际表观遗传学会（The Epigenetics Society）副主席。1995年获香港大学博士学位，1995～1999年在美国Johns Hopkins大学医学院从事博士后研究。自1999年起曾任Johns Hopkins大学医学院肿瘤学系助理教授，新加坡国立大学副教授。主要从事肿瘤表观遗传组学（epigenomics），分子标志物和表观遗传治疗研究。已完成多个肿瘤的甲基化组学谱（CpG methylome），鉴定多个被启动子甲基化失活的新抑癌基因，如*PCDH10*，*RASAL1*，*ZNF382*，*DLEC1*，*JPH3*，*DACT2*，*ZBTB28*，*ZDHHC1*等，并阐明其在肿瘤发生中的功能、分子机制及作为肿瘤标志物的潜力，也参加甲基化药物的临床试验。担任国际癌症研究机构（International Agency for Research on Cancer，IARC）、英国医学研究理事会（Medical Research Council，MRC）、维康信托基金会（Wellcome Trust）、新加坡生物医学研究理事会（Biomedical Research Council，BMRC）、香港研究资助局（Research Grants Council，RGC）、国家自然科学基金委员会（National Natural Science Foundation of China，NSFC），为*JNCI*、*Nature Comm*、*Cancer Res*等多种杂志审稿人及多个杂志编委。已发表SCI论文175篇（h指数66，总引用次数>11 100），包括*PNAS*、*Lancet*、*JCO*、*Hepatol*、*Cancer Res*、*Blood*文章多篇。编写全国研究生教材《肿瘤学》（2012年第3版；2014年第4版；2020年第5版）"肿瘤表观遗传学"一章，*Methods in Molecular Biology*（Humana Press 2013）dRRBS一章。

第 47 章　全癌标志物

于文强[1]　徐　鹏[1]　董世华[2]
1. 复旦大学；2. 上海奕谱生物科技有限公司

本章概要

自 1976 年 Michael Bishop 和 Harold Varmus 发现正常细胞携带原癌基因以来，人们对癌症的认识进入到分子层面。白血病、黑色素瘤等特定癌症患者的生存状况得到显著改善，但数十年来癌症的总体发病率和死亡率仍呈现增长态势。“谈癌色变”的年代远未过去，癌症研究任重道远。本章梳理了癌症研究的六大问题，讨论了肿瘤的异质性和精准医疗的利弊，进一步分析了癌症的表观遗传共性，重点介绍了“全癌标志物”的发现、验证及临床应用，最后展望了“全癌标志物”对于癌症研究的重要意义。

47.1　癌症研究的窘境

关键概念

- 在 2000~2014 年的十多年间，我国癌症发病率每年保持约 3.9%的增幅，死亡率每年保持 2.5%的增幅，癌症的防控势态十分严峻。
- 癌症研究的六大现实问题：①如何准确判断癌症的高风险者？②如何判断癌前病变的发展趋势？③如何选择癌症治疗策略？④如何确定手术切沿？⑤如何快速判定癌症疗效？⑥如何预测癌症复发？

47.1.1　癌症人口不断增长

据国际癌症研究机构（International Agency for Research on Cancer，IARC）数据显示，2020 年全球新增癌症患者约 1930 万，癌症相关死亡人数约 1000 万[1]，平均每天有超过 2.7 万人死于癌症相关疾病。我国是癌症大国，2020 年我国癌症发病人数约 457 万，癌症死亡人数约 300 万，占全球癌症总死亡人数的 1/3[2]。癌症的整体现状并没有因为现代医学的发展而衰退或缓解，相反，在 2000~2014 年的十多年间，我国癌症发病率每年保持约 3.9%的增幅，死亡率每年保持 2.5%的增幅，且发病总体呈现年龄前移的趋势[3]。癌症的防控势态十分严峻。

癌症起源于正常细胞的癌变，当实体组织里的癌细胞不受控的增长时，我们称之为肿瘤。我国医学中关于肿瘤的最早记载可追溯到殷墟出土的 3500 年前的甲骨文，而西方自有医学史开始就有关于肿瘤的记载。人们对肿瘤的认识不断加深，人为什么会得肿瘤——肿瘤病因学，一直是生物医学研究的热点。

100 多年间，多种肿瘤发生发展的理论和假说不断涌现。1909 年，Peyton Rous 发现雌鸡胸肌肉瘤由病毒诱发，并鉴定了肉瘤病毒（Rous sarcoma virus，RSV）。随后，Harry Rubin 发现 RSV 可将培养皿中鸡的胚胎成纤维细胞转化为肿瘤样细胞，使得人们对肿瘤的认识由组织层面上升到细胞层面。1976 年，加州大学旧金山分校的 Harold Varmus 和 Michael Bishop 联合南加州大学的 Peter Vogt 发现正常细胞也携带具有促发癌症的原癌基因，这一发现将癌症研究带入分子层面[4]。癌细胞与干细胞具有很多相似的特性，使得人们推测癌症干细胞的存在，并逐渐建立了癌症干细胞理论。除了理论上的归纳和创新，在癌症药物开发、癌症疫苗研发、癌症治疗等各个方面也都取得了一定的突破。在美国，自 1970 年到 2010 年的约 40 年间，癌症总体五年生存率由 50.3%提升至 67%，其中白血病的五年生存率由 34.2%提升至 60.6%，黑色素瘤由 24.6%提升至 49.6%[5]。但同时我们也注意到，肝癌、肺癌、胰腺癌和食管癌等多种癌症患者的五年生存率不超过 20%，其中胰腺癌的五年生存率依然低于 10%。尽管各种新技术、新理论不断涌现，但人们对癌症的认知仍然十分有限，“谈癌色变”的情况并没有得到实质改善。

47.1.2 癌症研究的六大现实问题

发病率和死亡率数据反映了癌症研究的窘境，其背后的原因有哪些？以下总结了癌症研究的六大重要问题。

1. 如何准确判断癌症的高风险者？

基因突变具有诱发细胞癌变的潜力，癌细胞中存在着大量的驱动突变（driver mutation）[6]。除了突变，个体之间存在的单核苷酸多态性（single nucleotide polymorphisms，SNP）与包括癌症在内的许多疾病有关[7]。可通过基因测序检测基因突变和 SNP 进而预测癌症发生的风险，如 *BRCA1* 基因突变预示着较高的乳腺癌风险[8]。但已鉴定到的与癌症强相关的 SNP 或突变较少；即使检测到了特定的 SNP 和突变，依然无法准确告知个体是否患癌以及患癌的时间，其临床应用价值相对有限。

2. 如何判断癌前病变的发展趋势？

癌症的发生是一个多步骤的、逐渐演变的过程。在癌症发生发展过程中，一些癌前病变可被检测到。常见的癌前病变包括乳腺纤维腺瘤、慢性囊性乳腺病、慢性胃炎肠上皮化生、结直肠的乳头状腺瘤、口腔黏膜白斑、宫颈的不典型增生等。尽管癌前病变不一定会演变为癌症，但如果检测到了癌前病变，就需要定期随访。在无法判断癌前病变走势的当下，长时间的定期随访成为让人稍感心安但又无奈的选择。

3. 如何选择癌症治疗策略？

比如以下三个案例：①肺部结节的干预。当检查出肺部阴影时，由于难以区分良恶性，为了规避风险，患者通常选择手术治疗，而回顾性的研究显示，肺部阴影用于筛查肺癌的同时，也造成了大量的过度医疗[9]。②腋窝淋巴结活检与保乳治疗。乳腺癌腋窝淋巴转移是保乳治疗的决定性因素，术前或术中腋窝淋巴结活检非常关键。淋巴结转移漏检无疑是致命的，而现有的临床病理切片检查依然存在一定的漏检率。③直肠癌患者的艰难抉择。直肠癌的位置分期决定手术方式，对于距离肛门口 5～6cm 以内的肿瘤需要切除肛门，进行结肠造瘘手术，因此确定肿瘤浸润到肛门的距离就十分关键。由于无法准确获得癌症的这些特征，如何选择合适的干预措施将变得棘手。

4. 如何确定手术切沿？

在肿瘤切除术中，切沿的确定非常关键，如果切除不干净，则可能引起肿瘤复发，如胃肠道肿瘤复发多发生在切口位置。切沿的确定严重依赖于冰冻切片病理报告，而病理结果的分析和判读依赖于经验丰富的病理科医生。一方面，临床经验一定程度上因人而异，难以标准化；另一方面，依赖于病理切片的判断依然存在一定程度的误判。研究发现，切沿组织存在 DNA 甲基化异常，因此亟需分子生物学诊断。

5. 如何快速判定癌症疗效？

目前判定癌症疗效的方式是在治疗 1 个月或 3 个月后进行影像学检查和判定。人源肿瘤异种移植（patient-derived tumor xenograft，PDX）模型可用于药物疗效的预筛，但由于其难以反映出肿瘤的多样性和异质性，使得其价值有限[10]。此外，化疗药物或靶向药物、放疗方案、免疫治疗方案以及新辅助治疗方案等的选择，都需要一些快速的伴随诊断的方法，避免耽误患者的治疗。

6. 如何预测癌症复发？

癌症患者经常忍受着肿瘤复发的煎熬，但何时复发难以预测。尽管目前有一些文献报道了染色质或基因变异、血浆中的非编码 RNA 等可作为肿瘤复发的标志物[11-14]，但临床上尚缺乏切实可行的癌症复发分子标志物。

47.2 肿瘤的异质性与共性

关键概念

- 肿瘤的异质性促进了精准医疗的诞生，即通过临床症状、病理、分子诊断等整合分析，针对特定患者提出个性化的治疗方案。
- 癌症的十大特征提示起源于不同部位、形态各异、不同类型的癌症可能存在共有的特性。

47.2.1 肿瘤的异质性

回归肿瘤的本质，肿瘤由一群失去了组成正常组织能力的细胞构成。肿瘤组织中除了包含大量的肿瘤细胞，还包含了正常基质细胞、癌症基质细胞、肿瘤干细胞等。为何癌症难以应对？研究发现，同一种肿瘤，在不同患者或同一患者不同部位中，其表型甚至基因型存在差异，即肿瘤的异质性。同一肿瘤组织中的不同肿瘤细胞，对药物的敏感性也可能存在差异，抗癌药物难以完全消除，残留的肿瘤细胞可能是肿瘤复发的重要原因。

由于肿瘤具有异质性，肿瘤的生物标志物的寻找将走入另一个困境。对于不同的肿瘤患者、不同类型的肿瘤、同一类型的肿瘤不同阶段、甚至同一阶段的同一类型肿瘤的不同肿瘤细胞，都具有独特的生物学特征。基于此，国内外研究者提出了肿瘤的“精准医疗”，即通过临床症状、病理、分子诊断等整合分析，针对特定患者提出个性化的治疗方案[15]。

精准医疗首先要解决的是，如何鉴定这些海量细胞的独特特征。单细胞测序提供了一线希望，但高昂的价格和繁琐的数据分析[16]，使其广泛应用受阻。精准医疗提供了新的希望，即使最后成功地为每一位患者制订了个性化的治疗方案，但个性化定制价格高昂，让患者望而却步。

当人们在精准医疗的道路上上下求索时，来自哲学的启示可能为我们提供了新的视角。“辩证唯物主义认为，任何事物都是共性和个性的统一体。共性和个性是相互联结的。共性寓于个性之中，并通过个性表现出来。没有个性就没有共性。个性离不开共性，不包含共性的个性是没有的”。那么是否存在所有肿瘤共有的特征或标志物呢？尤其是在临床中存在上述的六大问题，如果存在肿瘤共有的特征或标志物，能否改善上述的六大问题甚至将它们一网打尽？这对于肿瘤研究及其诊断治疗将是革命性的。

47.2.2 癌症共有的特征

早在 2000 年，Douglas Hanahan 和 Robert A. Weinberg 总结了癌症的六大特征[17]。2011 年，结合不断涌现的新发现，他们对癌症的特征进行了进一步的阐述，将癌症的特征归纳为：持续的增殖信号、逃避生长抑制因子、对抗细胞死亡、复制性的永生化，以及诱导血管生成、侵袭和转移。这些特征的背后可能是基因组不稳定性和炎症；进一步的，癌细胞通常呈现出能量代谢重编程以及逃避免疫摧毁，因此他们将癌症的六大特征进一步拓展为十大特征[18]。癌症的十大特征对于理解癌组织及癌细胞的行为具有重要意义，这些特征也逐渐成为了生物医学研究者的共识。

癌症的十大特征提示起源于不同部位、形态各异、不同类型的癌症，在细胞行为学乃至分子层面存在一些区别于正常细胞的、癌细胞特有的，且可能不同种癌症共有的特性。癌症患者和治疗者更关心的现实问题是，这些共有特征的背后，是否存在共有的标志物。即使在未完全揭示癌症发生发展的机制前，人们也有希望及时发现、检测和治疗肿瘤。高通量测序技术的进步和成熟使得快速检测人类基因组和表观基因组成为可能，因此探索肿瘤的遗传学和表观遗传学共性变得可行。

Douglas Hanahan 和 Robert A. Weinberg 在总结癌症的十大特征时已经意识到，基因组不稳定性是癌症共有的特征，而癌症共有的表观遗传特征鲜有研究。尽管人们已经知道，肿瘤细胞中呈现整体低甲基化和局部高甲基化的状态（癌细胞中的 DNA 甲基化详见第 2 章 2.6.2），但具体位点在多种癌症中的甲基化情况研究较少。直到 2013 年，TCGA 工作组发布了第一份大型的整合基因组分析，发现 *MGMT*、*GSTP1*、*MLH1*、*CDKN2A* 和 *BRCA1* 等基因在 12 种肿瘤中频繁高甲基化[19]，在不同类型癌症的发生发展中，DNA 甲基化的异常和累积可能影响相同的信号通路[20]，这可能解释了癌症共有特征形成的原因。

47.3 全癌标志物

关键概念

- 全基因组甲基化检测技术“导向定位测序技术”（guide positioning sequencing，GPS）可以更精准地检测全基因组的 DNA 甲基化，这为肿瘤共有标志物的发现提供了技术基础。
- *HIST1H4F*、*PCDHGB7*、*SIX6* 等基因在分析的所有肿瘤中均显著高甲基化，是一种全新的标志物——全癌标志物（universal cancer only marker，UCOM）。
- *HIST1H4F* 基因高甲基化在肺泡灌洗液样本中用于肺癌检测，其特异性高达 96.7%，敏感性为 87.0%，显示出很高的临床应用价值。
- *PCDHGB7* 是一个新的全癌标志物，宫颈脱落细胞中 *PCDHGB7* 基因高甲基化用于宫颈癌检测时，在训练集中特异性为 94.3%，敏感性为 96.0%，并且在宫颈癌前病变（高级别宫颈上皮内瘤变）阶段即可检出；此外，阴道分泌物中 *PCDHGB7* 基因高甲基化也可用于宫颈癌的早期筛查。

47.3.1　全癌标志物的发现基础

DNA 甲基化的研究依赖于 DNA 测序技术。现行的全基因组 DNA 甲基化测序（whole-genome bisulfite sequencing，WGBS）技术需要经过重亚硫酸盐处理，将未甲基化的 C 转变为 T，使得基因组的复杂度降低；测序后的数据与参考基因组的比对率（mapping rate）相对较低，尤其是重复序列区域，早期的全基因组 DNA 甲基化检测的比对率不到 30% [21]，造成数据的浪费和信息的遗漏。

为了解决 WGBS 中存在的一系列问题，复旦大学于文强课题组历时 8 年开发了一种全新的全基因组甲基化检测技术——导向定位测序技术（guide positioning sequencing，GPS）[22]。GPS 借用双端测序的优势，让双端测序的一端是基因组序列，另一端是转化后序列，有效提升了比对率。相比于 WGBS，GPS 具有精确性高、比对率高、检测成本低、没有序列偏好性，可同时检测表观基因组和基因组学变异等优势。GPS 可以更精准地检测全基因组的 DNA 甲基化，这为肿瘤共有标志物的发现提供了技术基础。借助 GPS，研究者意外地发现，肿瘤样本中很多组蛋白基因呈现高甲基化[23]，这引起了研究者的极大兴趣。

47.3.2　第一个全癌标志物 *HIST1H4F* 及其在肺癌检测中的应用

真核生物细胞中组蛋白分为 H1、H2A、H2B、H3、H4 五类，组蛋白 H2A、H2B、H3 和 H4 为核心组蛋白，组蛋白 H1 为接头组蛋白。DNA 双链缠绕在各两分子的 H2A、H2B、H3、H4 组成的八聚体上，进而组装成核小体，连接组蛋白 H1 连接于两个核小体之间。研究者往往将目光聚焦于种类繁多的组蛋白修饰，而组蛋白基因却鲜有人问津。

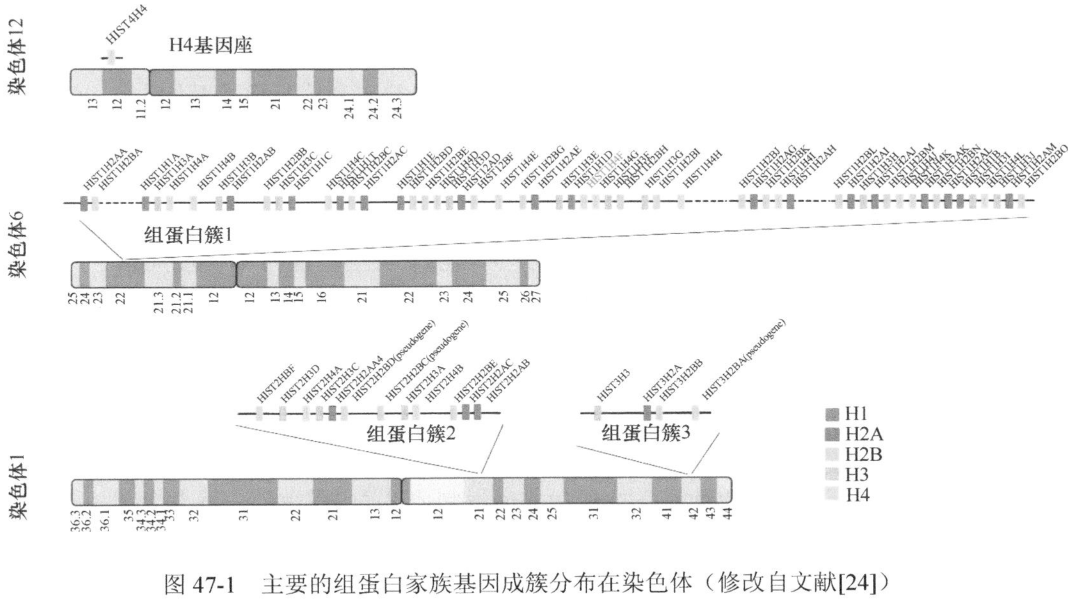

图 47-1　主要的组蛋白家族基因成簇分布在染色体（修改自文献[24]）

组蛋白基因作为重要且保守的管家基因，在机体所有的细胞中都稳定表达。由于组蛋白的重要性，每一种组蛋白都由多个拷贝的组蛋白基因编码。根据其在细胞中表达的时空特点，组蛋白基因可分为在细胞周期 S 期表达的经典复制依赖性组蛋白，以及不依赖于细胞周期表达的非复制依赖性组蛋白变体基因。目前已发现的人类组蛋白基因有 85 个，包括 68 个复制依赖性组蛋白基因与 17 个非复制依赖性组蛋白变体基因。大部分组蛋白基因在染色体上成簇分布，在人类染色体上，主要有 3 个组蛋白基因簇，分别是组蛋白基因簇 1（位于 Chr6p21）、基因簇 2（位于 Chr1q21）和基因簇 3（位于 Chr1q42），其他组蛋白基因散在分布于基因组。

为了检验 GPS 中关于组蛋白基因高甲基化的发现，研究者分析了 TCGA 数据库中 17 种肿瘤的 7344 例样本，检测了 85 种组蛋白基因的表达情况，发现组蛋白基因在多种肿瘤中发生高甲基化。尤其是 *HIST1H4F* 基因，其在分析的所有肿瘤中均显著高甲基化，是具有重要意义的肿瘤共有标志物，研究者将其命名为“全癌标志物”（universal cancer only marker，UCOM）[23]。为了进一步验证 TCGA 数据库中的结果，研究者收集了来自 9 种肿瘤的 243 例样本，癌症类型包含肺癌、肝癌、食管癌、结直肠癌、宫颈癌、胃癌、胰腺癌、乳腺癌和头颈部肿瘤，结果显示 *HIST1H4F* 基因在所有肿瘤类型的临床样本中均高甲基化。值得注意的是，*HIST1H4F* 在肿瘤发生的早期（stage I）就已经高甲基化，这提示 *HIST1H4F* 具有作为肿瘤早期检测标志物的潜力。

肺癌是全球死亡人数最多、发病人数第二多的癌症，肺癌的早期检测对于提高肺癌患者的生存率至关重要。肺泡灌洗液（bronchoalveolar lavage fluid，BALF）是利用支气管镜向支气管肺泡中注入生理盐水灌洗后收集吸出的液体，肺泡灌洗液中包含多种细胞组分和可溶性物质，包括肺部脱落细胞及细胞分泌物等。通过检查肺泡灌洗液中的组分，可进行包括肺癌在内的多种疾病的检测。肺泡灌洗液作为肺癌早期诊断的重要样本来源，与组织穿刺活检相比，其具有创伤性低、取样简单、靶位点取样等优点，对于肺癌的早期诊断有重要意义。目前，肺泡灌洗液样本取样后主要通过病理脱落细胞学检查的方式进行肺癌诊断。由于细胞经过灌洗、离心等步骤，形态发生变化，显微镜下难以辨认，因此虽然肺泡灌洗液脱落细胞学检测的特异性较高，但敏感性非常低，限制了其临床意义。

DNA 甲基化检测在分子生物学层面对样本进行检查，避免了因脱落细胞形变而导致难以辨别的问题。为了验证全癌标志物 *HIST1H4F* 能否用于肺癌检测，研究者收集了 265 例临床肺泡灌洗液样本，包括 206 例肺癌样本作为肺癌组与 59 例肺部良性疾病样本作为对照组。结果显示，*HIST1H4F* 基因高甲基化在肺泡灌洗液样本中用于肺癌检测，其特异性高达 96.7%，敏感性为 87.0%，显示出很高的临床应用价值[23]。

在发现 *HIST1H4F* 的过程中，研究者还注意到了一类在肿瘤中高甲基化的基因——*PCDH* 家族基因。通过进一步的筛选和验证，发现其中的 *PCDHGB7* 基因在多种肿瘤中高甲基化，于是研究者将目光转向 *PCDHGB7*。

47.3.3 全癌标志物 *PCDHGB7* 及其在宫颈癌早期筛查中的应用

为了系统探索 *PCDHGB7* 是否可以作为新的全癌标志物及其临床应用，首先利用 TCGA 数据库（7114 例样本）的数据进行分析，发现与非癌组织相比，在 17 种肿瘤中 *PCDHGB7* 均显著高甲基化。为了进一步验证该结果，研究者收集到了 13 种组织类型的临床样本（727 例），发现在所有检测的癌症类型中，*PCDHGB7* 均显著高甲基化。这些结果证实 *PCDHGB7* 是一个新的全癌标志物[25]。

宫颈癌是长期以来困扰女性的癌症，全球每年新增宫颈癌发病人数超过 50 万，每年死亡人数超 30 万。现行的宫颈癌筛查主要依赖于高风险的 HPV 检测和 ThinPrep 细胞学检测（ThinPrep cytologic test，TCT），但它们的敏感性存在一定局限性，尤其对于早期的癌前病变检测能力不足。为了验证全癌标志物 *PCDHGB7* 在宫颈癌早筛中的表现，研究者收集了 4 种宫颈组织，包括非癌（病理诊断为阴性）、两种癌症病变（低级别瘤变 LSIL、高级别瘤变 HSIL）和宫颈癌，检测了 *PCDHGB7* 在 4 种组织中的甲基化水平，发现 *PCDHGB7* 在癌前病变阶段（具体为高级别病变阶段）就已经显著高甲基化，提示 *PCDHGB7* 可区分高级别瘤变和低级别瘤变。

为了全面评估 *PCDHGB7* 在宫颈癌中的表现，研究者收集了宫颈刮片并利用改进的 ME-qPCR 检测

PCDHGB7 甲基化。在宫颈刮片中也得到与此前相似的结论，在高级别瘤变阶段 HSIL 就可鉴定 *PCDHGB7* 高甲基化，进而可以进行有效地干预，提高患者的生存率。高甲基化的 *PCDHGB7* 作为标志物，发现检测高级别瘤变 HSIL 的 ROC 曲线下面积 AUC（AUC 是评价标志物的效能的重要指标，越接近 1 表示其性能越优异）为 0.87，检测宫颈癌的 AUC 为 0.97，检测高级别瘤变 HSIL 或宫颈癌的 AUC 为 0.88。由此可见，*PCDHGB7* 对于宫颈癌的早期检测是一个非常有效的标志物。在训练集中检测后，在独立的验证集中进行验证，并计算了其敏感性和特异性。对于检测高级别瘤变 HSIL，其特异性为 88.7%，敏感性为 73.7%；而对于检测宫颈癌，其特异性同为 88.7%，但敏感性提升至 100%[25]。这些结果再次证实，*PCDHGB7* 对于宫颈癌的早期检测非常有效。

高危型 HPV 感染给广大女性的生活造成了极大的困扰，而研究显示只有约 15% HPV 感染的女性会罹患宫颈癌，而且这个过程长达数十年，期间需要频繁地检测，HPV 感染造成的过度医疗是目前宫颈癌预防的突出问题。全癌标志物可将宫颈癌的筛查提高到高级别瘤变阶段，这无疑具有重要意义。全癌标志物的检测既可缓解女性对感染 HPV 的焦虑，也可有效防止锥切等过度医疗手段的实施。肿瘤的早诊早治已是共识，全癌标志物将宫颈癌的筛查提前到“未癌”阶段，可能会为世界卫生组织所倡导的全球 2030 年消除宫颈癌的倡议提供一个可执行的中国方案。

宫颈刮片是一种微创的样本来源，须由妇产科专科医生取样；而阴道分泌物是一种无创的样本，女性可居家自行采样。是否能够通过检测阴道分泌物中的 *PCDHGB7* 进而实现宫颈癌或癌前病变的居家采样检测呢？通过分析 273 例不同阶段的宫颈分泌物，研究发现在高级别瘤变 HSIL 患者的阴道分泌物中也可以检测到高甲基化的 *PCDHGB7*。对于宫颈癌而言，在 90.4%特异性的情况下，敏感度高达 90.9%[25]，说明阴道分泌物中 *PCDHGB7* 高甲基化也可用于宫颈癌的早期筛查。全癌标志物可以让宫颈癌筛查变得简单、居家、快捷、易行。另有研究表明，*PCDHGB7* 不仅可用于宫颈癌筛查，宫颈脱落细胞中 *PCDHGB7* 的甲基化状态还可用于子宫内膜癌的检测。子宫内膜癌是女性生殖道常见的恶性肿瘤之一，其发病率仅次于宫颈癌。近年来，子宫内膜癌的发病率逐年上升，在日本及欧美等发达国家其发病率占恶性肿瘤的比例已由原来的 5%上升至 40%，甚至更高。子宫内膜癌在早期是高度可治愈的，其 I 期疾病的 5 年总生存率可高达 95%，而晚期仅为 19%。因此，子宫内膜癌的早发现和早治疗具有重要的意义，特别是对子宫内膜癌前病变如子宫内膜非典型增生的早期筛查及识别。目前，诊断子宫内膜癌的标准策略是在子宫内膜厚度增加的情况下，基于经阴道超声和宫腔镜检查进行判断。但遗憾的是，在子宫内膜癌前病变阶段，多数患者没有明显的癌症进展指征，且目前临床缺乏可靠有效且无创的筛查和辅助诊断手段。因此，迫切需要寻找用于癌症早期检测的新生物标志物。研究者将全癌标志物 *PCDHGB7* 甲基化应用于子宫内膜癌的无创早期筛查和辅助诊断，在早期（stage I）子宫内膜癌检测中敏感性为 85.71%，特异性为 80.60%，提示全癌标志物具有重要的临床应用潜力[26]。

47.3.4　全癌标志物 *SIX6* 及其在肺癌中的机制

启动子区域的异常高甲基化通常与基因表达密切相关，全癌标志物作为一类新的肿瘤共性的异常甲基化区域，其在肿瘤中发挥了怎样的功能？是否也参与了基因表达调控？这些问题目前都悬而未决，而对这些问题的回答将有利于揭示肿瘤发生的一些共性机制。

针对全癌标志物 *HIST1H4F* 的研究表明，虽然在多种肿瘤中 *HIST1H4F* 异常高甲基化，但在正常细胞与肿瘤细胞中 *HIST1H4F* 均不表达，表明 *HIST1H4F* 的异常高甲基化与基因表达调控不相关。在一项新的研究中显示，*SIX6* 基因被证明是一个新的全癌标志物[27]，与 *HIST1H4F* 类似，在验证的所有肿瘤中均异常高甲基化，但在正常细胞与肿瘤细胞中均不表达。研究人员以人胚肺成纤维细胞系 MRC-5 与肺癌细胞系 A549 作为研究模型，研究发现虽然在 MRC-5 与 A549 细胞系中 *SIX6* 均不表达，但启动子区域的组蛋白修饰发生了变化，在 MRC-5 细胞系中，*SIX6* 基因的沉默由抑制性组蛋白修饰 H3K27me3 与 H3K9me3 介导，在肿瘤细胞系 A549 中，H3K27me3 与 H3K9me3 显著降低，转而由 DNA 甲基化介导 *SIX6* 基因的沉默。这一现象也提示我们，DNA 甲基化全癌标志物在肿瘤中异常高甲基化的发生，发挥了更广泛的作用，可能与组蛋白修饰之间的相互作用并在染色体高级结构方面均发挥重要功能。这方面的研究目前尚处于早期阶段，还有赖于进一步的探索。

47.4 全癌标志物的展望

癌症的十大特征已成为研究者的共识和理论基础。既然不同类型的癌症有一系列共同的特征，那么是否也存在共同的标志物呢？全癌标志物证实了这一猜想。

全癌标志物的出现使得我们不需要通过多种标志物的排列组合或者复杂的建模，用一种标志物检测多种肿瘤，实现一次检测或可将肿瘤一网打尽。全癌标志物研究才刚刚开始，有一系列问题尚待解决，比如：①除了这两个全癌标志物，还有多少个呢？②全癌标志物是否提示癌症具有统一的发病机制呢？研究发现，在不同类型肿瘤的发生发展中，DNA 甲基化的异常和累积可能影响相同的信号通路[20]，这可能解释了肿瘤共有特征形成的原因。全癌标志物的发现提示肿瘤的发生和发展可能存在尚不为人知的统一规律，而对这些规律的探索将进一步推动肿瘤标志物研究的进展，最终让患者受益。

参 考 文 献

[1] Sung, H. *et al*. Global Cancer Statistics 2020: GLOBOCAN Estimates of Incidence and Mortality Worldwide for 36 Cancers in 185 Countries. *CA Cancer J Clin* 71(3), 209-249(2021).

[2] Zhang, S. *et al*. Cancer incidence and mortality in China, 2015. *Journal of the National Cancer Center* 1, 2-11(2020).

[3] 郑荣寿，等. 2000—2014 年中国肿瘤登记地区癌症发病趋势及年龄变化分析. 中华预防医学杂志 52(6), 593-600(2018).

[4] Stehelin, D. *et al*. DNA related to the transforming gene(s)of avian sarcoma viruses is present in normal avian DNA. *Nature* 260(5547), 170-173(1976).

[5] Howlader, N. *et al*. SEER Cancer Statistics Review, 1975-2010, National Cancer Institute. Bethesda, MD(2013).

[6] Martínez-Jiménez, F. *et al*. A compendium of mutational cancer driver genes. *Nat Rev Cancer* 20(10), 555-572(2020).

[7] Deng, N. *et al*. Single nucleotide polymorphisms and cancer susceptibility. *Oncotarget* 8(66), 110635(2017).

[8] Brose, M.S. *et al*. Cancer risk estimates for BRCA1 mutation carriers identified in a risk evaluation program. *Journal of the National Cancer Institute* 94(18), 1365-1372(2002).

[9] Hutchinson, B.D. *et al*. Spectrum of subsolid pulmonary nodules and overdiagnosis. *Semin Roentgenol* 52(3), 143-155(2017).

[10] Invrea, F. *et al*. Patient-derived xenografts (PDXs) as model systems for human cancer. *Curr Opin Biotechnol* 63, 151-156(2020).

[11] Goh, J.Y. *et al*. Chromosome 1q21.3 amplification is a trackable biomarker and actionable target for breast cancer recurrence. *Nat Med* 23(11), 1319-1330(2017).

[12] Borges, V.F. *et al*. Semaphorin 7a is a biomarker for recurrence in postpartum breast cancer. *NPJ Breast Cancer* 6, 56(2020).

[13] Shin, S. *et al*. Urinary exosome microRNA signatures as a noninvasive prognostic biomarker for prostate cancer. *NPJ Genom Med* 6(1), 45(2021).

[14] Matsumura, T. *et al*. Exosomal microRNA in serum is a novel biomarker of recurrence in human colorectal cancer. *Br J Cancer* 113(2), 275-281(2015).

[15] 涂超峰，等. 肿瘤异质性：精准医学需破解的难题. 生物化学与生物物理进展 42(10), 881-890(2015).

[16] Lähnemann, D. *et al*. Eleven grand challenges in single-cell data science. *Genome Biol* 21(1), 31(2020).

[17] Hanahan, D. & Weinberg R.A. The hallmarks of cancer. *Cell* 100(1), 57-70(2000).

[18] Hanahan, D. & Weinberg R.A. Hallmarks of Cancer: The Next Generation. *Cell* 144(5), 646-674(2011).

[19] Ciriello, G. *et al*. Emerging landscape of oncogenic signatures across human cancers. *Nat Genet* 45(10), 1127-1133(2013).

[20] Kim, J.H. *et al*. LRpath analysis reveals common pathways dysregulated via DNA methylation across cancer types. *BMC Genomics* 13, 526(2012).

[21] Yong, W.S. *et al*. Profiling genome-wide DNA methylation. *Epigenetics Chromatin* 9, 26(2016).

[22] Li, J. *et al*. Guide Positioning Sequencing identifies aberrant DNA methylation patterns that alter cell identity and tumor-immune surveillance networks. *Genome Res* 29(2), 270-280(2019).

[23] Dong, S. H. *et al*. Histone-related genes are hypermethylated in lung cancer and hypermethylated HIST1H4F could serve as a pan-cancer biomarker. *Cancer Research* 79(24), 6101-6112(2019).

[24] Amatori, S. *et al*. The dark side of histones: genomic organization and role of oncohistones in cancer. *Clin Epigenetics* 13(1), 71(2021).

[25] Dong, S. *et al*. Hypermethylated PCDHGB7 as a universal cancer only marker and its application in early cervical cancer screening. *Clin Transl Med* 11(6), e457(2021).

[26] Yuan, J. J. *et al*. Hypermethylated PCDHGB7 as a biomarker for early detection of endometrial cancer in endometrial brush samples and cervical scrapings. *Front Mol Biosci* 8: 774215(2022).

[27] Dong, S. H. *et al*. Mutually exclusive epigenetic modification on SIX6 with hypermethylation for precancerous stage and metastasis emergence tracing. *Signal Transduct Target Ther* 7(1): 208(2022).

于文强　博士，复旦大学生物医学研究院高级项目负责人，复旦大学特聘研究员，教育部“长江学者”特聘教授，“973 计划”首席科学家。2001 年获第四军医大学博士学位，2001～2007 年在瑞典乌普萨拉大学（Uppsala University）和美国约翰斯·霍普金斯大学（Johns Hopkins University）做博士后，2007 年为美国哥伦比亚大学教员（faculty）和副研究员（associate research scientist）。在国外期间主要从事基因的表达调控和非编码 RNA 与 DNA 甲基化相互关系研究。回国后，专注于全基因组 DNA 甲基化检测在临床重要疾病发生中的作用以及核内 miRNA 激活功能研究。开发了具有独立知识产权高分辨率全基因组 DNA 甲基化检测方法 GPS（guide positioning sequencing）和分析软件，已获国内和国际授权专利，GPS 可实现甲基化精准检测和胞嘧啶高覆盖率（96%），解决了 WGBS 甲基化检测悬而未决的技术难题，提出了 DNA 甲基化调控基因表达新模式；发现肿瘤的共有标志物，命名为全癌标志物（universal cancer only marker，UCOM），在超过 25 种人体肿瘤中得到验证并应用于肿瘤的早期诊断和复发监测，为肿瘤共有机制的研究奠定了基础；发现 miRNA 在细胞核和胞浆中的作用机制截然不同，将这种细胞核内具有激活作用的 miRNA 命名为 NamiRNA（nuclear activating miRNA），并发现 NamiRNA 能够在局部和全基因组水平改变靶位点染色质状态，发挥其独特的转录激活作用，提出了 NamiRNA-增强子-基因激活全新机制；发现 RNA 病毒包括新冠病毒等存在与人体基因组共有的序列，命名为人也序列（human identical sequence，HIS），是病原微生物与宿主相互作用的重要元件，也是其致病的重要物质基础，为病毒性疾病的防治提供全新策略。已在 *Nature*、*Nature Genetics*、*JAMA* 等期刊发表学术论文 40 余篇，获得国内国际授权专利 7 项。

第 48 章　DNA 甲基化检测方法

于文强　茹道平　张宝珑
复旦大学

本章概要

DNA 甲基化是发生在碱基上的一种化学修饰，胞嘧啶（cytosine，C）上的第 5 位碳原子共价结合一个甲基基团，形成 5-甲基胞嘧啶（5mC）。DNA 甲基化参与一系列重要的生物学过程，包括早期胚胎发育、基因组印记、X 染色体失活，以及癌症的发生和转移等，是表观遗传学研究的核心内容。因此，DNA 甲基化的检测有助于阐明这些重要生命过程背后的机理。随着对表观遗传学研究的不断深入，MeDIP、MIRA、BSP、MSP、MethyLight、pyrosequencing、WGBS、RRBS、GPS 等大量 DNA 甲基化检测方法被开发出来。根据不同的检测需求和样本类型，DNA 甲基化检测逐步实现从单基因位点到多基因位点，再到全基因组水平位点的分析，力求达到高精确度、高可靠性和高性价比。目前，DNA 甲基化检测的高通量时代已经到来，正在为表观遗传的研究提供强有力的支持。

48.1　DNA 甲基化研究方法概述

DNA 甲基化作为一种重要的表观遗传现象，与人类胚胎发育、衰老、疾病发生等生理病理过程密切相关。DNA 甲基化的精确测定将有助于加深对生命过程的理解，为疾病机制探究和药物研发提供新思路。经过几十年的探索，DNA 甲基化的检测方法和技术手段在不断地进步和发展。

从检测原理上来说，DNA 甲基化测定可以被归为四大类：①基于化学结构的全基因组整体甲基化测定，如 HPLC、HPCE 等；②甲基化敏感的限制性内切酶法，如 MSRE-PCR、MSRE-Southern、LUMA 等；③甲基化特异的 DNA 免疫沉淀法，如 MeDIP、MBD-seq；④基于亚硫酸氢盐转化的化学修饰法，如 Pyroseq、BS-seq。

按照检测的碱基分辨率，又可将 DNA 甲基化检测分为：①全基因组水平非位点特异的甲基化分析，如 HPLC；②单基因特异位点的 DNA 甲基化分析，如 Pyroseq；③多位点 DNA 甲基化分析，如 MSRE-PCR、MSRE-Southern 法；④全基因组水平位点特异性甲基化分析，如 BS-seq。

48.2　全基因组整体甲基化水平测定

关键概念

- 高效液相色谱法（high-performance liquid chromatography，HPLC）是通过酶或酸的作用，将基因组 DNA 水解成单个碱基，利用高效分离技术（high-performance separation technologies）和紫外检测技术（UV detection）对体系中甲基化和非甲基化胞嘧啶的定量分析的全基因组平均 DNA 甲基化水平检测技术。

- 高效毛细管电泳法（high performance capillary electrophoresis，HPCE）是利用窄孔熔融石英毛细管分离出复合物中的不同化学组分，根据 5mC 和 5C 在强电场作用下的理化性质不同进行分离，从而定量检测整体甲基化水平。

48.2.1　高效液相色谱法

高效液相色谱（HPLC）法是第一个用于全基因组水平的 DNA 甲基化检测方法，最初是 1980 年由 Kuo 等化学领域的研究者设计完成，其主要依赖于高效分离技术和紫外检测技术[1]。该方法通过酶或酸的作用，将基因组 DNA 水解成单个碱基，再将水解产物通过色谱柱进行分离，利用甲基化的胞嘧啶和非甲基化的胞嘧啶具有不同吸收峰的特性进行紫外光测定，达到对体系中甲基化和非甲基化胞嘧啶的定量分析，通过计算 5mC /（5mC + 5C）的积分面积比，即可计算出全基因组整体 DNA 甲基化水平[2]。在此方法的基础上，后续发展起来的甲基化检测方法有超高效液相色谱（ultra-performance liquid chromatography，UPLC）、高效液相色谱-质谱联用法（HPLC-MS）等，这些改良后的方法不仅降低了 DNA 初始量，同时可以定量检测 5hmC 的水平，大大提高了甲基化检测的灵敏度和精确度[3, 4]。

高效液相色谱检测结合了液相色谱法与质谱法的优点，能快速高效地对全基因组甲基化水平进行定量分析，具有较高的检测敏感性，但也正因其无法检测特异性位点的甲基化情况，此技术的应用受到了一定的限制。

48.2.2　高效毛细管电泳法

高效毛细管电泳法（HPCE）同样基于色谱技术，利用窄孔熔融石英毛细管从复合物中分离出不同的化学组分，其原理是在强电场作用下，不同分子由于其大小、结构、所带电荷以及疏水性等不同而相互分离。用 HPCE 方法处理 DNA 水解产物能够实现 5mC 和 5C 的分离与定量检测，进而达到测定整体甲基化水平的目的[5, 6]。

HPCE 和 HPLC 均利用高效分离技术和色谱技术，在仪器操作上均可实现自动化。HPCE 与 HPLC 相比，具有如下优点：①分离速度更快：HPCE 用迁移时间取代 HPLC 中的保留时间，HPCE 的分析时间通常不超过 30min，比 HPLC 速度快；②分离度更高，特异性更好：HPCE 理论上其理论塔板高度和溶质的扩散系数成正比，对扩散系数小的生物大分子而言，其柱效要比 HPLC 高得多；③对样品量和纯度要求低，HPCE 所需样品为纳升（nL）级，最低可达 270fL，流动相用量也只需儿毫升，而 HPLC 所需样品为微升（μL）级，流动相则需儿百毫升乃至更多。

48.3　基于甲基化敏感的限制性内切酶分析

关键概念

- 甲基化敏感的限制性内切酶（methylation-sensitive restriction endonuclease，MSRE）是一类对其识别位点中含有甲基化修饰碱基敏感的限制性内切酶，若其识别位点中含有甲基化修饰的碱基则无法切割 DNA。

- 全基因组甲基化检测的录码技术（luminometric methylation assay，LUMA）是利用限制性内切酶将 DNA 消化后，结合焦磷酸测序技术定量检测全基因组 DNA 5-甲基胞嘧啶（5mC）的方法。
- 甲基化敏感的限制性内切酶-PCR/Southern 法（methylation-sensitive restriction endonuclease，MSRE-PCR/MSRE-Southern）是利用限制性内切酶将 DNA 消化为大小不同的片段后再进行 Southern 或设计与所选基因特异性匹配的引物进行 PCR 扩增来检测多位点甲基化状态。
- 限制性标记基因组扫描技术（restriction-landmark genomic scanning，RLGS）是以凝胶电泳技术为基础发展起来的联合使用限制性内切酶及二维电泳的全基因组甲基化分析技术。
- 连接子介导的 *Hpa*II 小片段富集分析（*Hpa*II tiny fragment enrichment by ligation-mediated PCR，HELP）是分别用甲基化敏感的限制性内切酶 *Hpa*II 与非甲基化敏感的同裂酶 *Msp*I 对同一基因组序列进行消化，然后进行连接子介导的 PCR 和电泳进行比较分析，或将此 DNA 样本杂交到基因组芯片上进行分析的一种甲基化检测方法。

甲基化敏感的限制性内切酶是一类对其识别位点中含有甲基化修饰敏感的限制性内切酶，若其识别位点中含有甲基化修饰的碱基则无法切割 DNA。该内切酶一般不能区分 5-甲基胞嘧啶、4-甲基胞嘧啶、5-羟甲基胞嘧啶或糖化 5-羟甲基胞嘧啶等[7]，此类酶有 *Hpa*II、*Hin*6I、*Bst*UI 等。同裂酶（isoschizomer）是能够识别相同核苷酸靶序列的不同来源的限制性内切酶，其切割位点可以相同也可以不同。*Hpa*II-*Msp*I（C/CGG）是较为常用的甲基化敏感和非甲基化敏感的同裂酶，两者均可识别相同的碱基序列 CCGG，但对内部胞嘧啶甲基化的敏感性不同，*Hpa*II 为甲基化敏感的限制性内切酶，无法切割 $C^{m}CGG$，而 *Msp*I 对内部胞嘧啶无任何限制，可同时切割甲基化和非甲基化的 CCGG[8]。利用"甲基化敏感的限制性内切酶无法切割内含甲基化修饰的碱基"这一特性，结合多种检测手段可以区分 DNA 的甲基化和非甲基化状态。

48.3.1 全基因组甲基化检测的录码技术

全基因组甲基化检测的录码技术是 Mohsen Karimi 在 2006 年发明的结合限制性内切酶与焦磷酸测序技术检测全基因组 DNA 5-甲基胞嘧啶（5mC）的方法。LUMA 方法通常利用同裂酶 *Hpa*II/*Msp*I 平行消化基因组 DNA，一个用 *Hpa*II + *Eco*RI，一个用 *Msp*I + *Eco*RI，然后通过焦磷酸测序平台分析酶处理后的 DNA，以定量每种酶的限制性切割量，DNA 甲基化的相对量表示为 *Hpa*II / *Msp*I 比率。LUMA 的一个优势是利用 *Eco*RI 来实现结果的标准化。*Eco*RI 的识别序列为 GAATTC，不受 CpG 甲基化的影响。在 *Hpa*II 或 *Msp*I 酶切后，产生 5′-CG 突出端，而 *Eco*RI 酶切产生 5′-AATT 突出端。使用焦磷酸测序平台，以特定顺序逐步添加核苷酸，区分 CG 与 AATT 突出端。当 dNTP（dATP α S、dTTP、dCTP、dGTP）与模板配对时，聚合酶就可以催化该 dNTP 掺入到链中并释放焦磷酸基团（PPi），掺入的 dNTP 和释放的焦磷酸等摩尔数目，随后硫酸化酶催化底物 5-磷酰硫酸（APS）和 PPi 形成 ATP，ATP 和焦磷酸的摩尔数目一致，并驱动萤光素酶介导的荧光素向氧化荧光素（oxyluciferin）的转化，氧化荧光素发出与 ATP 含量成正比的可见光信号（560nm），由 CCD 摄像机检测并由程序呈现为不同的峰值[9]，其原理见图 48-1。

在 LUMA 检测中，通过对基因组 DNA 平行进行 *Hpa*II + *Eco*RI 和 *Msp*I + *Eco*RI 酶切反应，酶切后的产物结合焦磷酸测序平台进行聚合酶链反应补平酶切产生的 5′突出端，利用 2 个反应体系中的峰高推算出酶切位点的甲基化水平，来判断全基因组的平均甲基化水平。

对应于不同型号的焦磷酸测序仪器，可同时分析 24 个、96 个和 384 个样品。目前该方法主要与其他方法联用，在早期对基因组甲基化状态做一个整体比较，在此基础上再选择其他合适的甲基化研究方法进行更为准确的定点分析。

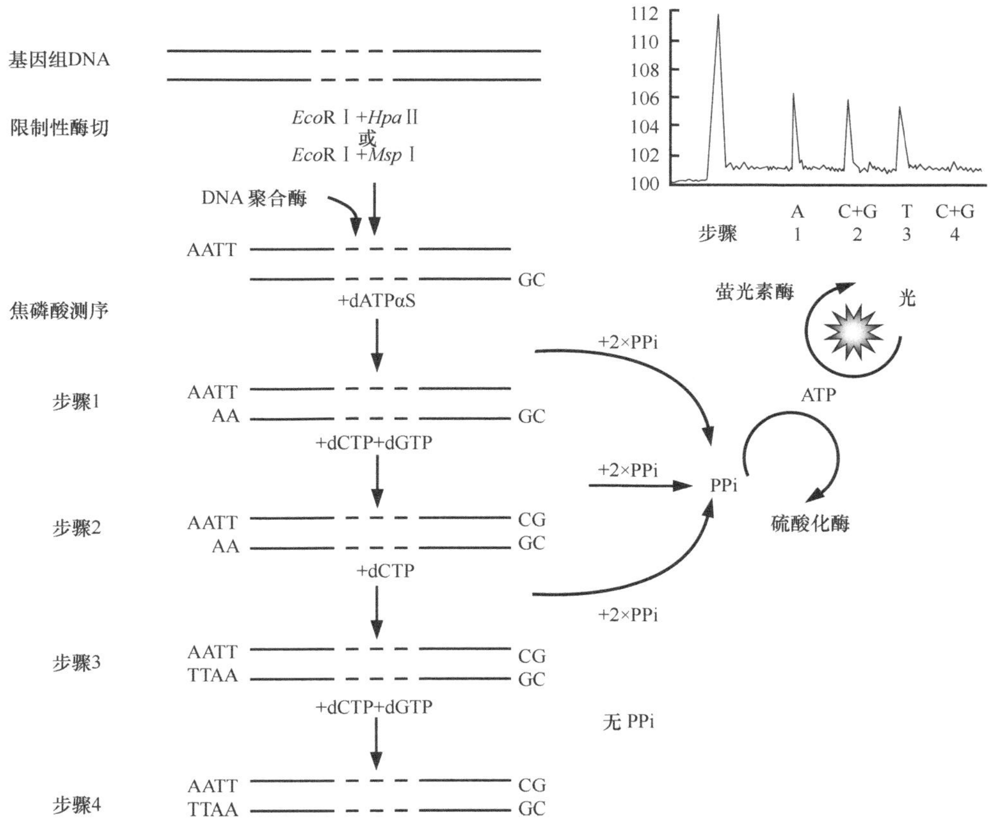

图 48-1　全基因组甲基化检测的录码分析示意图

48.3.2　甲基化敏感的限制性内切酶-PCR / Southern 法

甲基化敏感的限制性内切酶-PCR/Southern 法是结合限制性内切酶的特异性与对甲基化作用的敏感性进行甲基化检测的一种方法，该方法利用“甲基化敏感的限制性内切酶无法切割内含甲基化修饰的碱基”这一特性，将 DNA 消化为大小不同的片段后再进行 Southern 或设计与所选基因特异性匹配的引物进行 PCR 扩增，可同时、快速检测多位点的甲基化状态[10-12]。常用的甲基化敏感性限制性内切酶有 *Hpa*II、*Hin*6I、*Bst*UI，由于酶的活性被 5mC 阻断，仅消化非甲基化位点，而甲基化区域不受影响。因此，在成功消化和 PCR 扩增后，只有甲基化 DNA 才能产生可检测的 PCR 产物（图 48-2）[13, 14]。

这些扩增产物也可以进一步通过定量聚合酶链反应（qPCR）检测，测算靶标的甲基化水平。此外，通过校准曲线可研究基因组区域甲基化 DNA 的相对或绝对定量[14]。将 MSRE 消化和基于 qPCR 的检测相结合，通过高通量 PCR 平台可实现大型研究队列的甲基化测试。

甲基化敏感的限制性内切酶法是检测甲基化的传统方法，其成本较低，操作相对简单，但也有其局限性：①只能检测位于识别序列中的 CG，无法检测其他位置的 CG；②酶的消化不完全可能会引起假阳性；③MSRE-Southern 法对样本量需求量较大。

48.3.3　限制性标记基因扫描技术

限制性标记基因扫描技术是 1991 年以凝胶电泳技术为基础发展起来的全基因组甲基化分析技术，该

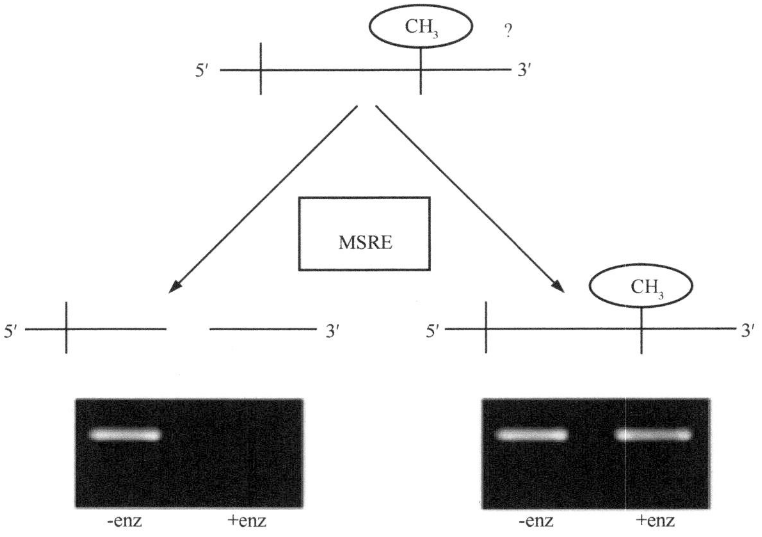

图 48-2 甲基化敏感的限制性内切酶-PCR（MSRE-PCR）原理图
非甲基化的 DNA 不能被扩增（左图）；甲基化的 DNA 可以扩增（右图）

技术联合使用了限制性内切酶及二维电泳[15]。具体方法是：首先利用甲基化敏感的稀频限制性内切酶 *Not* I 对基因组 DNA 进行消化切割，再用 Klenow I 聚合酶与放射性同位素标记的脱氧核苷酸标记酶切末端，然后使用稍高频的对甲基化不敏感的限制性内切酶 *Eco*RV 将基因组 DNA 进一步片段化后，一维凝胶电泳分离大小不同的片段。随后用更高频的甲基化不敏感的限制性内切酶 *Hin*fI 消化凝胶内已分离的酶切产物，然后将凝胶 90°翻转后进行二维电泳分离，通过放射自显影即可得到基因组 RLGS 图谱。通过对比分析样本组和对照组，图谱不一致的区域即可能是甲基化差异片段（图 48-3），在此基础上对该部分序列进行回收和克隆鉴定，再结合单基因甲基化检测技术确定甲基化差异[16, 17]。

基因组 DNA 经甲基化敏感的稀频限制性内切酶 *Not*I 消化后进行放射性标记，后经高频的甲基化不敏感的限制性内切酶 *Eco*RV 和 *Hin*fI 酶切，DNA 片段在二维电泳分离后，就会产生多个分散的 DNA 甲基化斑点。

该方法实现了对全基因组范围的甲基化图谱的分析，并可定位具体甲基化位点，但由于操作较为复杂，且受到酶活性的限制，该技术并未得到广泛应用。

48.3.4 连接子介导的 *Hpa*II 小片段富集分析

连接子介导的 *Hpa*II 小片段富集分析是最近发展起来的一种甲基化检测方法，可以基于芯片的 DNA 甲基化检测，也可以结合大规模平行测序技术（massively parallel signature sequencing，MPSS）。该方法分别用甲基化敏感的限制性内切酶 *Hpa*II 与非甲基化敏感的同裂酶 *Msp*I 对同一基因组序列进行消化，产生不同的代表性序列，然后对此序列进行连接子介导的 PCR（图 48-4），随后进行电泳等比较分析或将此 DNA 样本杂交到基因组芯片上进行分析[17]。

用 *Hpa*II 与 *Msp*I 对同一基因组序列进行消化，加上接头进行 PCR 反应，将扩增产物限制在 200～2000bp。通过比较各个位点的相对富集，就可以对胞嘧啶甲基化状态进行赋值。A 位点可同时在两组中被扩增出来，说明 A 位点没有甲基化；B 和 C 位点因为存在甲基化使 *Hpa*II 无法消化而只能在 *Msp*I 中扩增出来；部分甲基化的 D 与 A 相比具有较低的 *Hpa*II / *Msp*I 比率，E 因识别位点的突变不能被两种酶所消化，因此两组均无扩增。

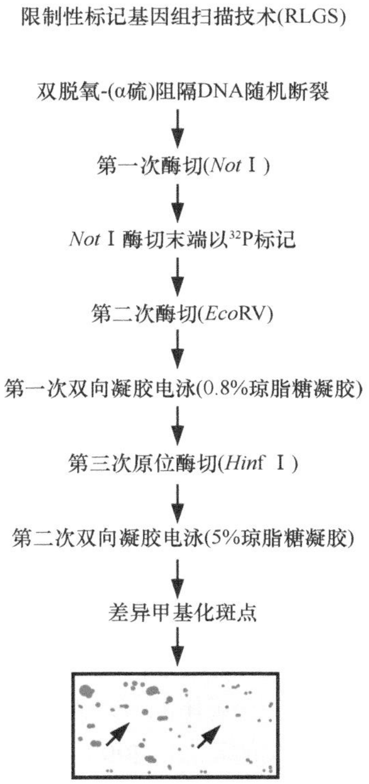

图 48-3　限制性标记基因组扫描技术（RLGS）示意图

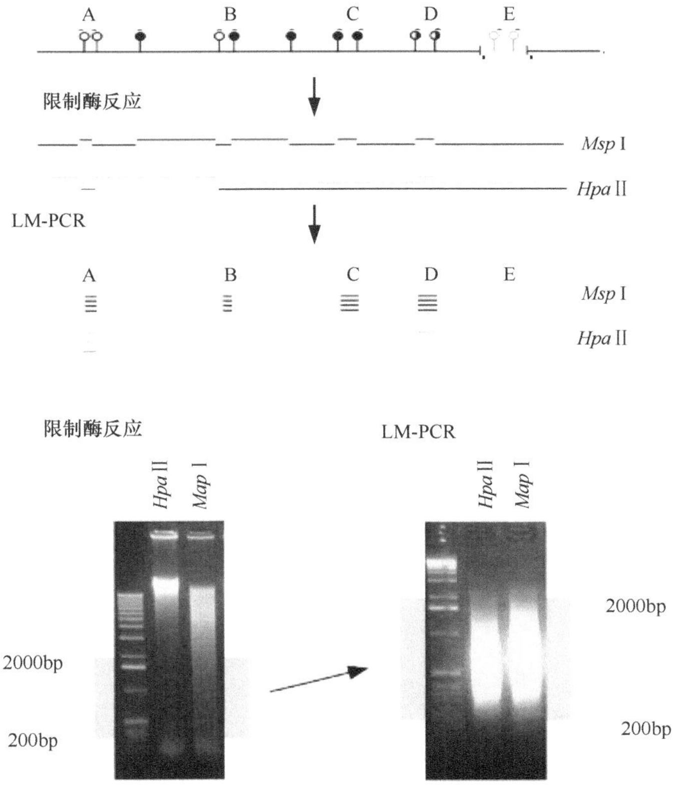

图 48-4　连接子介导的 *Hpa*II 小片段富集分析（HELP）原理示意图

48.4 基于免疫亲和反应分析法

关键概念

- 甲基化 DNA 免疫沉淀（methylated DNA immunoprecipitation，MeDIP 或 mDIP）是一种基于胞嘧啶甲基化抗体用于富集染色质或基因组甲基化 DNA 片段的亲和纯化技术。
- 甲基化 CpG 岛回收试验（MIRA）是根据 MBD2b 特异性识别甲基化 CpG 位点的原理建立起来的，既不依赖亚硫酸氢盐转化实验，也不依赖抗体识别单链 DNA。

48.4.1 甲基化 DNA 免疫沉淀

甲基化 DNA 免疫沉淀是一种应用针对甲基化的胞嘧啶抗体进行富集染色质或基因组甲基化 DNA 片段的亲和纯化技术（图 48-5）。利用抗原抗体之间特异性识别的特性，通过使用 5-甲基胞嘧啶（5-methylcytosine，5mC）特异性识别抗体对甲基化的 DNA 片段进行富集，再结合高通量测序技术，人们在 DNA 甲基化的研究工作中取得了巨大的进步。2003 年瑞典 Ohlsson 团队利用抗 5-甲基胞嘧啶的抗体富集甲基化的 DNA 片段结合芯片技术用于 CTCF 结合位点的研究[18]，随后 Weber 团队在 2005

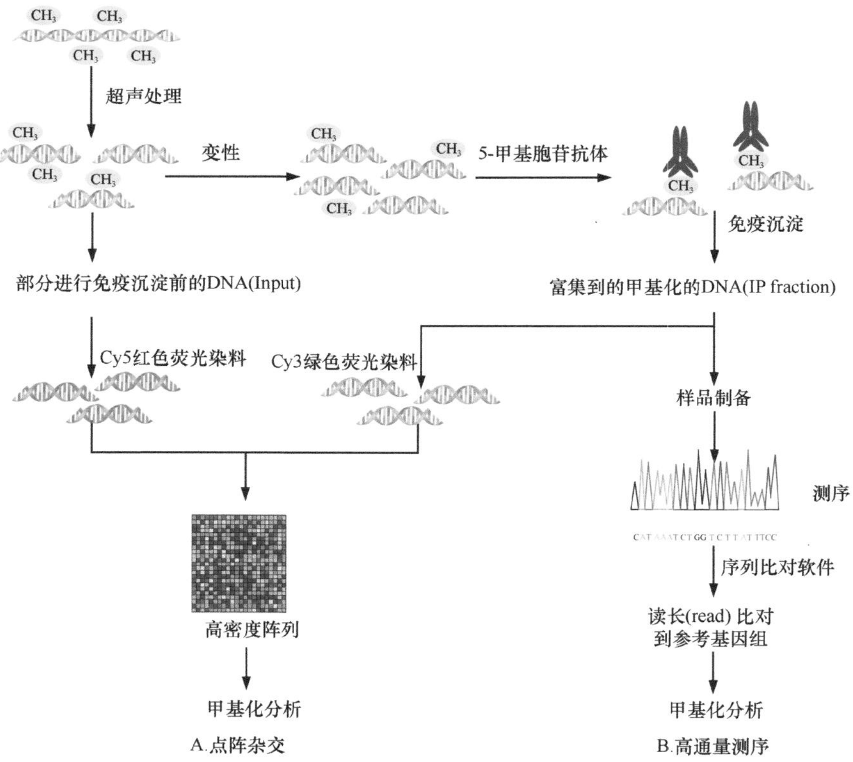

图 48-5 甲基化 DNA 免疫沉淀（MeDIP）原理图

年优化了该项技术并应用于 DNA 甲基化检测研究[19]。MeDIP 通过运用一种抗 5mC 的抗体将甲基化 DNA 分离出来。通过免疫沉淀方法纯化得到的甲基化片段可用于高通量 DNA 检测，如甲基化 DNA 免疫沉淀-芯片杂交（methylated DNA immunoprecipitation-chip，MeDIP-chip）或者甲基化 DNA 免疫沉淀-测序（methylated DNA immunoprecipitation sequencing，MeDIP-seq）。该方法摆脱了限制性内切酶受到酶切位点限制的束缚，能够快速、高效地捕获基因组上有甲基化修饰的 DNA 片段，并进行甲基化位点的特征分析。该方法具有覆盖范围广泛、性价比高等优点，但同时也存在对 CG 富集区域的偏好性以及不能进行单碱基分析等缺点。

从细胞中提取和纯化基因组 DNA，超声破碎形成随机片段，长度主要集中在 400～600bp 范围[20]。短片段有助于获得高分离度和提高免疫沉淀的效率，并能减少片段长度引起的效应和偏差，由于多个 5mC 位点有利于抗体与 DNA 片段的高效结合，但过长的片段也会影响免疫沉淀效率[21]。为提高抗体的亲和性，可将 DNA 片段进行变性产生单链 DNA。用 5mC 单克隆抗体孵育单链 DNA，运用偶联抗鼠 IgG 的磁珠与抗 5mC 抗体结合将甲基化 DNA 片段沉淀下来，去除上清液中未与磁珠结合的 DNA。用蛋白酶 K 酶解抗体、释放游离 DNA，获得的 DNA 可用于进一步的分析检测[19, 21-23]。

1. 甲基化 DNA 免疫沉淀-芯片杂交（MeDIP-chip）

用 Cy5（红色）标记超声破碎后得到的 DNA 片段，同时用 Cy3（绿色）标记免疫沉淀富集的甲基化 DNA 片段，双通道高密度芯片杂交对标记的 DNA 样本进行定性和定量。通过比较，鉴定出杂交水平存在显著差异的序列，从而确定甲基化富集的目的序列。芯片的设计是影响 MeDIP-chip 效果的重要因素，其分辨率受到探针设计的限制。与其他芯片杂交技术一样，MeDIP-chip 在信号处理中也需要进行标准校正[22, 24]。

2. 甲基化 DNA 免疫沉淀-测序（MeDIP-seq）

MeDIP-seq 技术也就是将 MeDIP 与二代测序或 454 焦磷酸测序、Illumina 测序等技术结合起来。2008 年 Down 团队应用 MeDIP-seq[25]将甲基化 DNA 片段进行高通量测序，得到大量短序列，进而进行甲基化富集分析[26]。后续，可以应用荧光定量 PCR 对数据的质量和准确性进行验证[21]。

48.4.2　甲基化 CpG 岛回收试验

甲基化 CpG 岛回收试验（methylated-CpG island recovery assay，MIRA）是一种比较前沿和有效的基因组甲基化分析方法，它可以分析双链 DNA 的甲基化水平，并具有较高的敏感性和特异性（图 48-6）。MIRA 不依赖亚硫酸氢盐转化胞嘧啶碱基，也不依赖抗体识别单链 DNA，而是依赖于能与甲基化 CpG 位点特异性结合（MBD）的蛋白质[27, 28]。鉴于 MBD2b 与甲基化 DNA 的结合不受序列的影响，应用 MBD2b 分离纯化甲基化 DNA 比 MeCP2 更具优势[11, 12]。MIRA 就是根据 MBD2b 特异性识别甲基化 CpG 位点建立起来的甲基化分析方法。MBD2b 与甲基化 DNA 具有高亲和力，而 MBD3L1 可以进一步提高 MBD2b 与甲基化 DNA 的亲和力[29-31]。

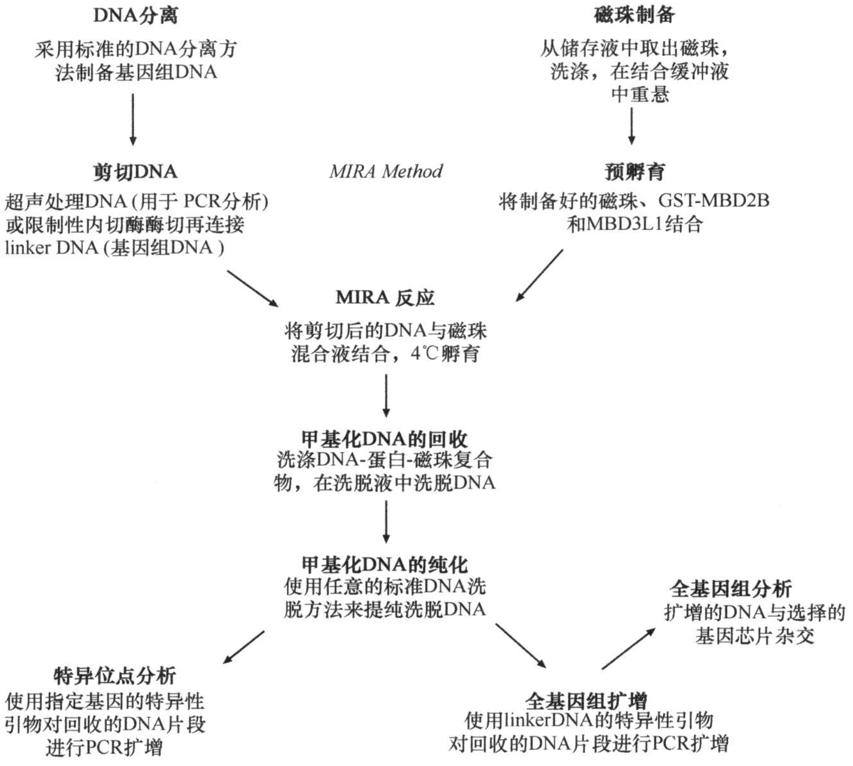

图 48-6　甲基化 CpG 岛回收试验（MIRA）原理图

48.5　基于亚硫酸氢盐转化的甲基化检测

关键概念

- 亚硫酸氢盐测序（bisulfite sequencing，BSP）就是通过亚硫酸氢盐处理 DNA 来确定 DNA 的甲基化水平。
- 甲基化特异性 PCR（methylation-specific PCR，MSP）是通过用甲基化特异性引物或非甲基化特异性引物扩增亚硫酸氢盐处理后的 DNA 来确定其甲基化水平。
- 甲基化荧光定量法（MethyLight）是在 MSP 基础上发展而来的一种甲基化检测方法，与 MSP 不同之处在于用 qPCR 替代 PCR。
- 焦磷酸测序（pyrosequencing）基于 DNA 互补链在延伸合成过程中产生焦磷酸的原理，可定量检测经亚硫酸氢盐处理的 DNA 序列上的特定甲基化 CpG 位点。

亚硫酸氢盐处理能将 DNA 序列中的胞嘧啶（C）转变成尿嘧啶（U），而 5-甲基胞嘧啶不发生转变。因此，亚硫酸氢盐处理后的 DNA 序列保留下来的胞嘧啶都是甲基化的（图 48-7）。亚硫酸氢盐处理能分辨 DNA 序列中单个核苷酸的甲基化状态，转变后的序列可以通过多种方法进行分析，从而可以判断 DNA 甲基化水平。

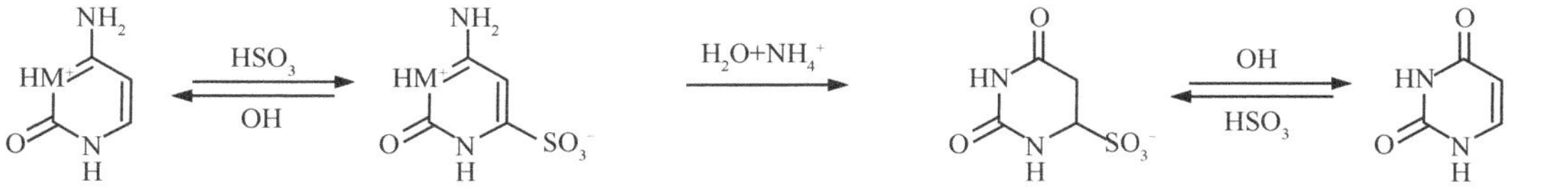

图 48-7　亚硫酸氢盐处理原理图

48.5.1　单基因位点分析

DNA 甲基化在不同基因组区域往往存在非常大的差异，而很多关键基因的甲基化异常已经被证明在疾病发生、肿瘤形成等过程中扮演着至关重要的角色，因此，单基因特异位点 DNA 甲基化检测具有不可替代的重要作用。

1. 亚硫酸氢盐测序

亚硫酸氢盐测序就是将亚硫酸氢盐处理 DNA 通过 DNA 测序来确定 DNA 的甲基化水平[32]。在需要测定的甲基化位点两侧设计引物，引物中含有非 CpG 位点的已经转化了的胞嘧啶碱基，确保未经亚硫酸氢盐处理的序列不能与引物结合，而同时甲基化序列和非甲基化序列都能被扩增。所有非甲基化的胞嘧啶在扩增后的正义链以胸腺嘧啶（T）的形式存在，在反义链以腺嘌呤（A）的形式存在。若在引物 5′端加上高通量测序接头（adapter），PCR 扩增产物即可用于大规模平行测序（图 48-8）。

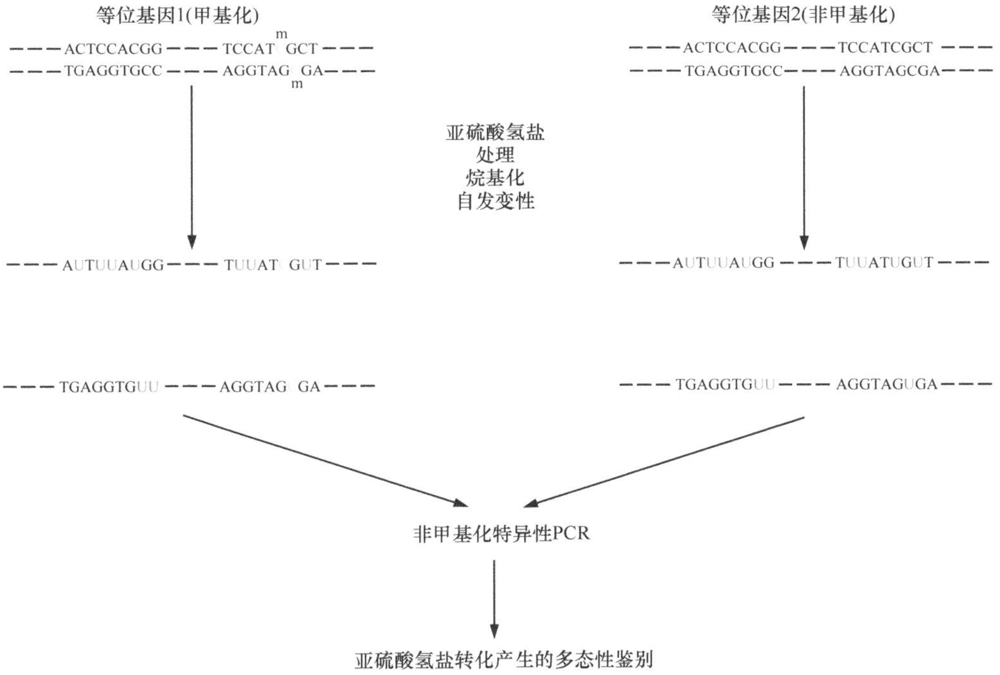

图 48-8　亚硫酸氢盐测序原理图

2. 甲基化特异性 PCR

甲基化特异性 PCR 通过扩增亚硫酸氢盐处理后的 DNA，通过 PCR 产物电泳条带来判断 DNA 甲基化水平[33]。在 MSP 中，PCR 引物被设计为具有甲基化特异性，只与不发生转变的 5-甲基胞嘧啶 CpG 位点结合以及非甲基化胞嘧啶转变为胸腺嘧啶的区域结合。通过特异性引物的扩增能力来确定靶序列的甲基化水平。这种方法特别适用于检测高甲基化的 CpG 岛，因为检测的特异性随着引物中 CpG 数量的增加而增强。将 CpG 设计在引物的 3′端末尾也能提高检测的敏感性（图 48-9）。

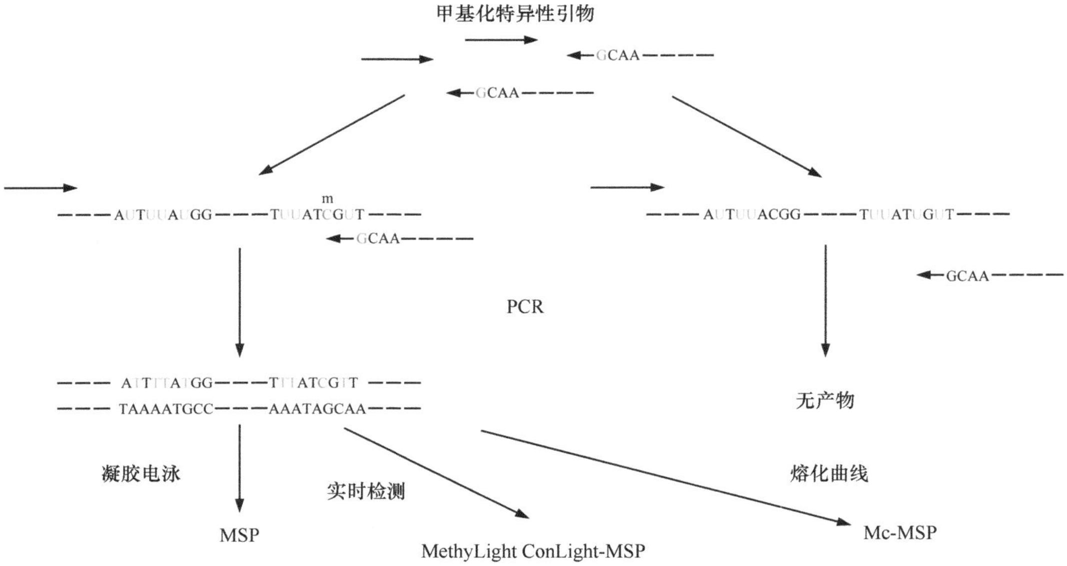

图 48-9 甲基化特异性 PCR（MSP）原理图

Mc-MSP（melting curve-MSP）是一种利用熔解曲线分析 MSP 扩增产物的方法[34]。这种方法通过用特异性针对甲基化序列的引物和特异性针对非甲基化序列的引物扩增经亚硫酸氢盐处理后的 DNA，再通过比较熔解曲线分析确定两种扩增产物量的比值。

3. 甲基化荧光定量法

甲基化荧光定量法（Methylight）是一种在 MSP 基础上发展而来的技术，MethyLight 的特点在于通过 qPCR 进行定量分析[35]。MethyLight 通过设计一条能够与目标区域结合的带有荧光标记的探针，再进行荧光定量 PCR。测定每个 PCR 循环中报告荧光的强度，即可对目的片段上的甲基化状态进行定量分析。MethyLight 的一个改进方法是 ConLight-MSP。ConLight-MSP 在 MethyLight 的基础上增加一条与不发生亚硫酸氢盐转化的 DNA 链结合的探针，从而提高检测的精确性[36]。

4. 焦磷酸测序法

焦磷酸测序法是一种基于“边合成边测序”原则的 DNA 测序方法（图 48-10）。焦磷酸释放后会发生一系列反应并产生光信号，焦磷酸测序由此得名。Bertil Pettersson 团队在 1993 年首次阐述了焦磷酸测序的原理[37]。DNA 聚合酶（polymerase）、ATP 硫酸化酶（sulfurylase）、萤光素酶（luciferase）和特定的 dNTP 加到待测单链 DNA，通过探测光信号确定某种 dNTP 是否参与了延伸反应，从而确定待测 DNA 序列的碱基组成[38, 39]。光信号的强弱可以确定参与延伸反应的核苷酸的数目，从而反映待测模板上互补碱基的数目。四种核苷酸按照特定的顺序添加到反应中，添加下一种核苷酸进行延伸反应之前需要三磷酸腺苷双磷酸酶（apyrase）把前一种核苷酸除去。如此循环，直到整个待测序列检测完毕为止。

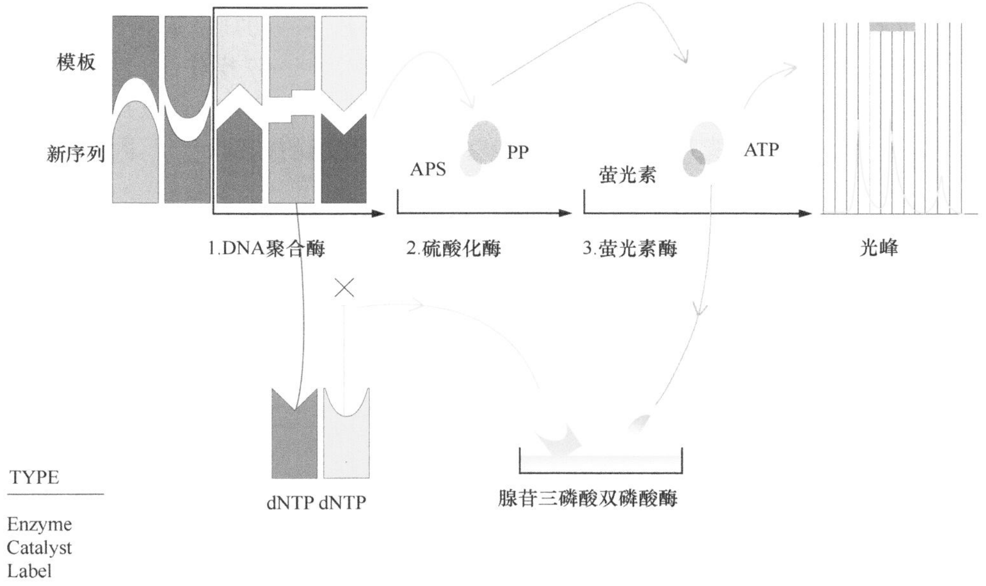

图 48-10　焦磷酸测序法原理图

焦磷酸测序常用于分析亚硫酸氢盐处理后的目标 DNA 序列，经 PCR 扩增后，特定位点上 C 与 T 的比值能根据延伸过程中参与反应的 C 和 T 的量确定，进而定量检测 DNA 甲基化水平[40, 41]。Wong 团队通过改进焦磷酸测序方法[42]，运用等位基因特异性测序引物，可以将母系和父系等位基因单独进行分析，对基因组印记的分析尤为重要。

5. 亚硫酸氢盐-限制性酶切结合分析法

亚硫酸氢盐-限制性酶切结合分析法（combined bisulfite restriction analysis，COBRA）[43]由 BSP 技术发展而来，结合了以亚硫酸氢盐转化为基础的 PCR 技术和限制性酶切反应，能够精准检测小样本 DNA 序列特定位点甲基化水平（图 48-11）。常用的甲基化敏感的限制性内切酶组合有 *Hpa* II-*Msp* I（CCGG）

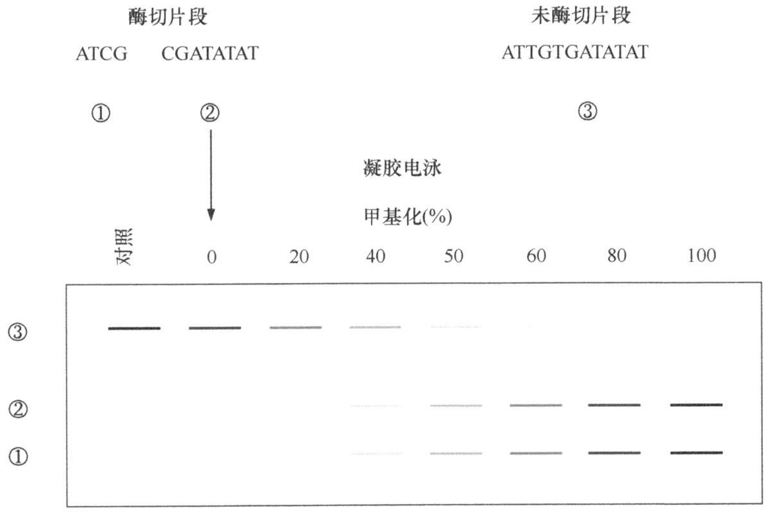

图 48-11　亚硫酸氢盐-限制性酶切结合分析法原理图

和 *Sma* I-*Xma* I（CCCGGG）等。利用甲基化敏感的限制性内切酶无法切割甲基化片段的特性，将基因组DNA 酶切片段结合 PCR 扩增对酶切位点的甲基化状态进行判定。该方法操作简单，成本低廉，可以对特异位点的甲基化状态进行研究。但是最大的限制也来源于此，该方法受到酶切位点分布的严格限制，很多关键基因的甲基化特征区域可能并没有可用的甲基化敏感内切酶的识别序列，因此在应用上受到很大制约。

6. 甲基化敏感性单核苷酸引物延伸检测 DNA 甲基化

甲基化敏感性单核苷酸引物延伸（methylation-sensitive single-nucleotide primer extension，MS-SnuPE）使用针对单核苷酸多态性的引物进行延伸反应检测 DNA 甲基化[44]。DNA 片段经过亚硫酸氢盐处理，然后在需要检测的 CG 位点前面一个碱基的位置设计延伸引物。反应体系中加入双脱氧核苷酸后，引物能够在C或者T位点延伸一个碱基，再对C/T比值进行定量。C/T比值可以通过多种方法进行定量。MS-SnuPE可通过同位素标记 dNTP 的方法确定 C/T 比值，也可以与荧光标记技术或者焦磷酸测序法结合[45]。MALDI-TOF 质谱仪和反相离子对高效液相色谱法（IP-RP-HPLC）也可以用于分析两种单核苷酸引物延伸产物[46]。

48.5.2 多位点分析

随着甲基化研究的深入，寻找疾病相关的甲基化模式或甲基化标记物显得尤为重要，而同时对数十个乃至成千上万个潜在的 DNA 甲基化位点进行分析，上述单基因甲基化研究策略显然无法满足多位点检测的需求。

1. 简化式亚硫酸氢盐测序法

简化式亚硫酸氢盐测序法（reduced representation bisulfite sequencing，RRBS）是一种高效率、高通量的分析技术，可用于测定特定区域基因组单个核苷酸甲基化水平（图 48-12）。RRBS 结合限制性内切酶和亚硫酸氢盐测序法，利用限制性内切酶对 CG 富集区域进行筛选，达到富集基因组中高 CpG 含量的 DNA 序列的目的，再结合亚硫酸氢盐测序技术对富集下来的 DNA 片段进行精准的甲基化分析[47]。由于对整个基因组进行甲基化测序分析需要巨大的成本和工作量，RRBS 将测序区域减少到基因组的 1%，简化后的样本依旧包含了大部分的启动子序列和传统亚硫酸氢盐测序难以测定的重复序列[48]。RRBS 与全基因组甲基化测序相比，能够极大地减少测序深度，从而降低测序成本，另一方面，由于酶切位点具有特异的序列结构，因此在进行数据分析的时候可以更为准确地对测序数据进行比对。

RRBS 技术已经成功地被用于单细胞的 DNA 甲基化测定工作，为研究 DNA 甲基化在单细胞间的差异提供了非常有力的工具。单细胞简化式亚硫酸氢盐测序法（scRRBS）[49]的优点在于 PCR 扩增前所有的反应采用单管反应，这种改进使 scRRBS 能提供人或小鼠单个细胞中 100 万个 CpG 位点甲基化状态信息。与单细胞亚硫酸氢盐测序法（scBS）相比，scRRBS 覆盖了较少的 CpG 位点，却能更好地呈现 CpG 岛的甲基化信息。

2. 靶向捕获测序

有时候，研究人员并不是对基因组上所有甲基化位点都感兴趣，他们往往只关注部分目标基因区域，

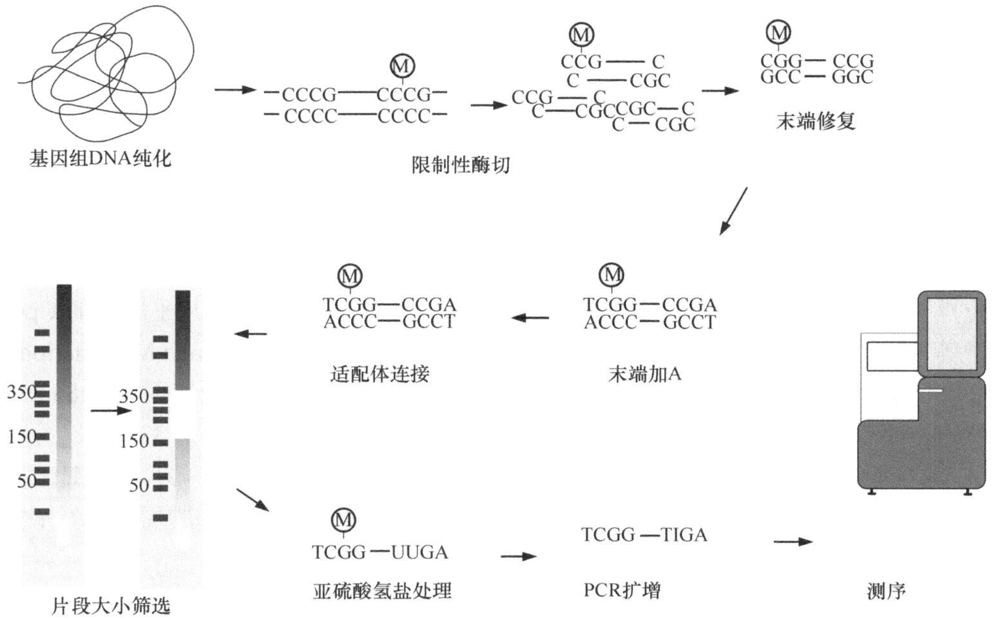

图 48-12　简化式亚硫酸氢盐测序法（RRBS）原理图

这些区域的靶向捕获甲基化测序能够更加高效地对目标区域以及调控序列的甲基化状态进行深度、准确和定制化的分析，从而大大降低研究所需的成本。DNA 甲基化靶向捕获分析可以首先进行靶向序列捕获，然后进行亚硫酸氢盐转化，也可以先进行亚硫酸氢盐转化，对转化后的 DNA 进行靶向序列捕获测序，不仅降低成本，也可以增加后续分析的准确性（图 48-13）。

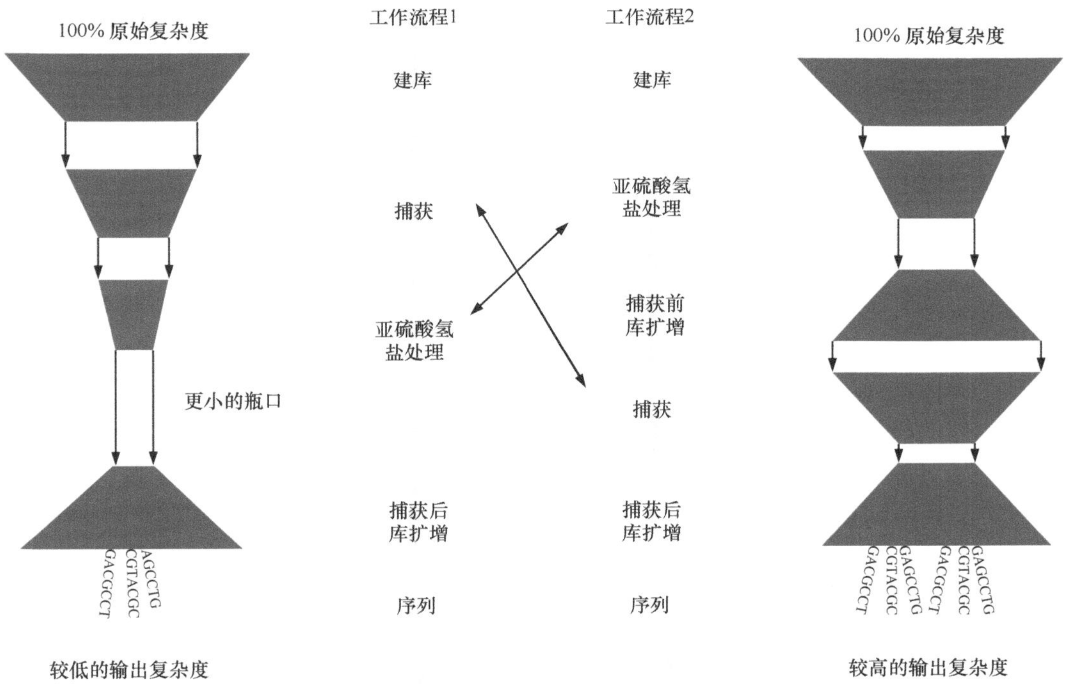

图 48-13　靶向捕获测序原理图

3. 芯片杂交分析

芯片杂交分析（microarray）常用于大样本量的基因组甲基化分析，是亚硫酸氢盐处理 DNA 与芯片技术的结合[50]。利用亚硫酸氢盐对甲基化和非甲基化序列的不同转化作用，将处理后的 DNA 片段与芯片上的寡核苷酸探针进行杂交，而芯片上的寡核苷酸探针对同一位点同时设置 TG 和 CG 这样成对的探针，完成杂交后通过检测芯片上不同位点的荧光强度，即可对 DNA 甲基化状态进行准确判断。随着芯片制作技术的进步，能够覆盖的 CG 位点数目越来越多，高密度甲基化芯片杂交技术的开发使得一次性能够检测的甲基化位点数目发生几何级数的增长。目前的甲基化芯片已经可以覆盖几乎所有的 CpG 岛，以及启动子、增强子等关键调控序列，并且能够实现目标区域的定制。Illumina Human Methylation 450K 芯片可以覆盖约 450 000 多个甲基化位点，96%的 CpG 岛；而 850K 芯片可检测人全基因组约 853 307 个 CpG 位点的甲基化状态，不仅实现对 CpG 岛、基因启动子区的全面覆盖，还新增了 333 265 个探针覆盖来自 ENCODE 及 FANTOM5 计划的增强子区域以及基因编码区域。理论上来说，芯片的探针设计可以实现对全基因组的任何一个潜在甲基化位点的覆盖，这为 DNA 甲基化在胚胎发育、肿瘤发生发展等多种重要生理过程中的研究提供了有利的条件。

48.5.3 全基因组单碱基甲基化分析

在 DNA 甲基化的探索性研究工作中，往往需要在全基因组水平研究 DNA 单碱基位点的甲基化，因此开发全基因组水平单碱基位点的甲基化检测有助于深入研究 DNA 甲基化在生理和病理过程中的作用。

1. 全基因组亚硫酸氢盐测序

全基因组亚硫酸氢盐测序技术（whole genome bisulfite sequencing，WGBS）于 2008 年首次被应用于研究拟南芥基因组甲基化水平[51, 52]，其结合了亚硫酸氢盐处理与高通量测序，可用于检测全基因组中单个胞嘧啶甲基化水平[53]，是一种绝对甲基化水平检测方法，也是 DNA 甲基化检测的金标准。与全基因组建库所不同的是，DNA 片段两端连接的是甲基化的接头，即接头中的 dCTP 替换成甲基化的 dmCTP，再经过亚硫酸氢盐处理和 PCR 扩增，最后进行高通量测序，即可高效、准确地对每一个胞嘧啶脱氧核苷酸位点的甲基化状态进行精确测定（图 48-14）[54, 55]。该方法最大的优点就是在未知待测样本 DNA 甲基化特征区域的情况下，可进行高覆盖度的筛选，包括低 CpG 密度区域，如基因间的“基因沙漠”、部分甲基化域和远端调控元件。由于其高通量、单碱基分辨率等技术特点，WGBS 已成为几个主要的表观基因组计划的标准配置方法，例如 NIH Roadmap[56]，ENCODE[57]，Blueprint[58]和 IHEC[59]。

不可否认的是，在 WGBS 检测过程中，亚硫酸氢盐处理后的 DNA 复杂度降低导致后续分析时比对率下降或比对出错的概率增加，对低甲基化区域尤其如此；大量的 PCR 循环和对尿嘧啶不敏感的 DNA 聚合酶的选择不当可能会导致甲基化 DNA 数据的过度表达[60]；WGBS 高昂的检测费用也限制了其广泛的应用。除此之外，WGBS 技术建库起始量要求在 μg 以上，高起始量是限制 WGBS 应用于临床样本的主要因素。

2. 导航定位测序

WGBS 测序最主要的问题是序列比对率低和比对准确性差两大问题。导航定位测序（guide positioning sequencing，GPS）[61]借用双端测序的优势，让双端测序的一端是基因组原序列，另一端是转化后的表观序列，很好地解决了 WGBS 检测遇到的瓶颈问题。

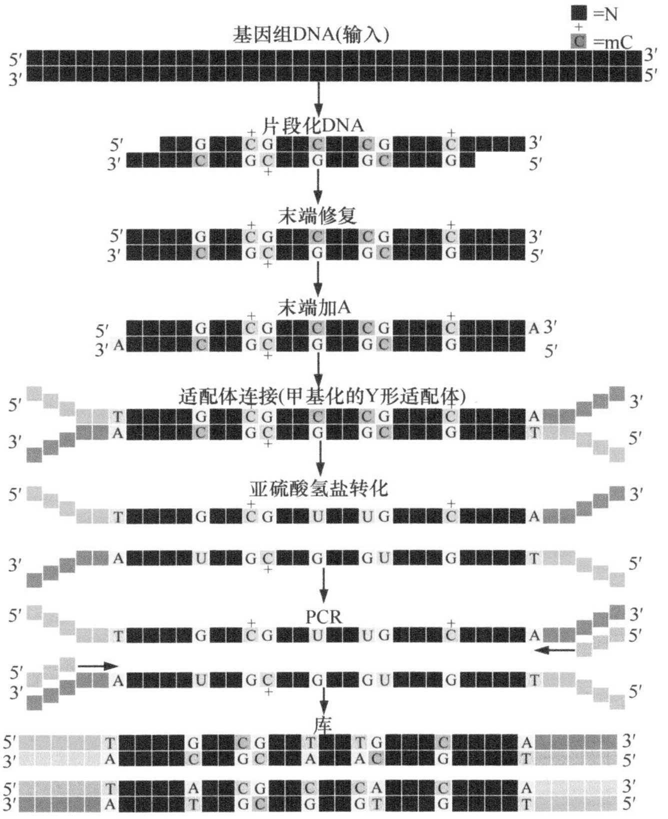

图 48-14　全基因组亚硫酸氢盐测序建库流程

GPS 检测方法利用 T4 DNA 聚合酶，在没有 dNTP 的情况下，可以发挥 3′→5′外切酶的活性，当反应体系中存在 dNTP 的时候就可以发挥 5′→3′聚合酶的活性，不过在 GPS 反应体系中，将 dCTP 换成甲基化的 dmCTP。因此，所有的 DNA 片段 3′端在亚硫酸盐处理后还保持基因组序列，可用来定位；而 5′端就可以用来计算甲基化水平（图 48-15）。

GPS 检测全基因组 DNA 甲基化理论上简单，操作上易行。GPS 的优点归纳如下：①GPS 检测 DNA 甲基化的精确性：序列比对的准确性决定了 GPS 检测 DNA 甲基化具有精准检测的优势。②GPS 具有较高的比对率：GPS 方法 CpG 位点覆盖率高达 97%。③GPS 甲基化检测成本低：主要基于 GPS 方法的比对率高，同时 GPS 测序数据比对只要超过 5 层，就能够比较精准地计算出 DNA 甲基化，而 WGBS 的精准检测甲基化一般情况下需要超过 30 层。④GPS 检测甲基化没有序列偏好性：GPS 检测到的 DNA 甲基化位点在启动子区域和功能基因组元件上没有分布偏好性。与 WGBS 相比，GPS 对于重复序列、CpG 岛以及 GC-rich 区域（如启动子区域）的检测具有更高的效率。⑤GPS 可以同时检测表观基因组和基因组学变异，特别适用于精准检测等位基因特异性的甲基化（allele-specific methylation，ASM），而 ASM 检测有助于回答许多表观遗传调控的关键基础问题。

3. 单细胞全基因组亚硫酸氢盐测序

单细胞测序技术在混合的细胞群中分析各种细胞系方面具有巨大的应用前景。将 DNA 甲基化检测与单细胞技术结合，有助于我们进一步认识基因调控的机制，更好地揭示表观遗传的多样性和复杂性[62]。单细胞全基因组亚硫酸氢盐测序（single cell whole genome bisulfite sequencing，scWGBS）结合了单

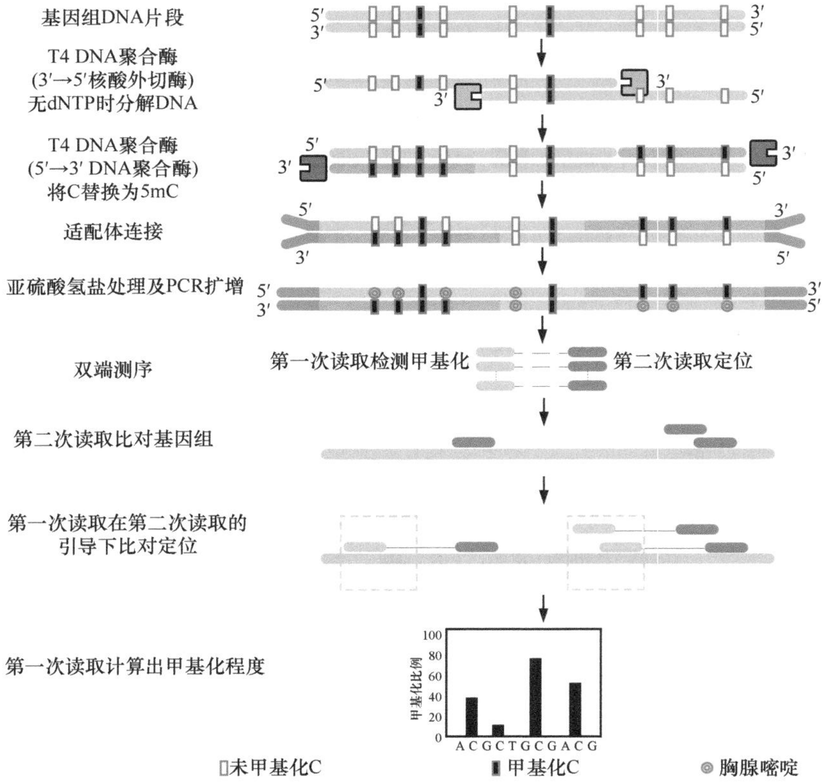

图 48-15 导航定位测序（GPS）工作原理

细胞基因组测序技术和亚硫酸氢盐处理方法，包括单细胞分离、亚硫酸氢盐处理基因组 DNA、全基因组扩增、构建测序库和高通量测序等步骤[63]。将 PBAT（post-bisulfite adaptor tagging）用于单细胞全基因组亚硫酸氢盐测序[36]，先用亚硫酸氢盐处理 DNA，通过使用包含 adapter 序列和 9 个随机碱基的引物延伸合成 DNA 片段的互补链，然后使用包含第二种 adapter 序列的引物进行延伸，最后针对 adapter 序列设计互补引物进行 PCR 扩增。扩增得到的 PCR 产物就可以构建单细胞 DNA 测序库用于后续测序（图 48-16）。

4. DNA 甲基化检测的三代测序技术

三代测序技术（third-generation sequencing，TGS）的本质属于单分子测序，可直接检测序列上碱基的甲基化修饰。目前以 PacBio 公司开发的基于光信号的单分子实时测序（single molecule real-time，SMRT）技术和基于电信号的 ONT（oxford nanopore technology）纳米孔单分子测序技术为主[64]。PacBio SMRT

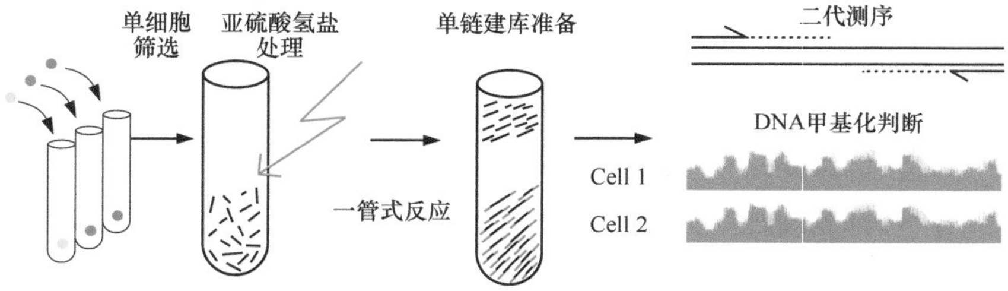

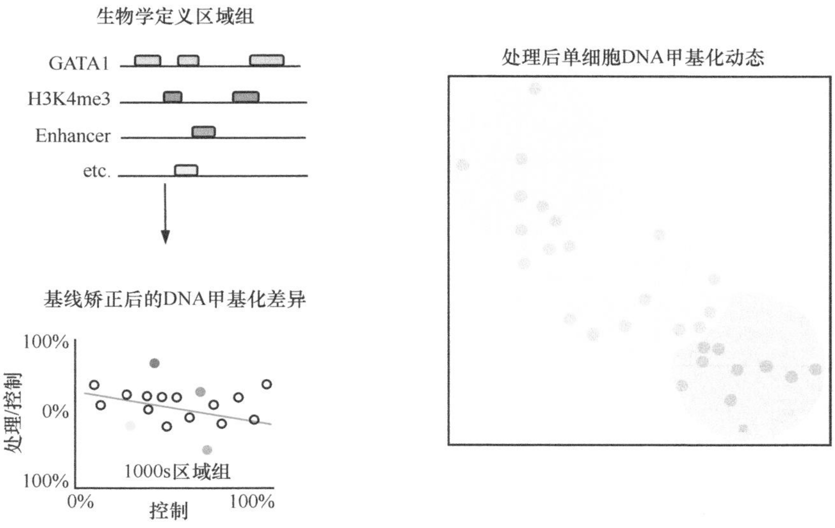

图 48-16　单细胞全基因组亚硫酸氢盐测序原理图

通过检测不同修饰碱基的脉冲间隔持续时间（inter-pulse duration，IPD），即碱基在读长链上的通过时间，来确定甲基化状态[65]；ONT 测序则依据不同碱基通过 MinION 纳米孔时引起的离子电流改变不同而确定碱基的甲基化状态[66]。目前三代测序才刚刚开始，在检测精准性上还有很长一段路要走，但这是未来 DNA 甲基化检测的一个方向。

48.6　DNA 甲基化检测方法的选择

DNA 甲基化检测技术和方法众多，根据研究工作的需要选择合适的检测方法会起到事半功倍的效果。我们将 DNA 甲基化检测策略归类为基于甲基化胞嘧啶理化性质的方法、免疫亲和反应法、限制性酶切法、亚硫酸氢盐法。每种策略都有各自的优点和缺点，我们在选择合适的检测方法时需要根据费用、时间、定性还是定量、DNA 的获得量、全基因组还是特定位点等因素综合考量（图 48-17）。

基于甲基化胞嘧啶理化性质的方法中，高效液相色谱法（HPLC）和基质辅助激光解吸电离飞行时间质谱（MALDI-TOF-MS）比较常用于检测整体 DNA 甲基化水平，具有高定量性（highly quantitative）和高可重复性的特点。然而，这两种方法对 DNA 样本量和质量要求比较高，因此不适宜作为高通量（high-throughput）检测方法。利用特定抗体高亲和性的原理开发的 DNA 甲基化检测方法，如甲基化 DNA 免疫共沉淀（MeDIP），能够确定 DNA 甲基化富集的区域，但分辨率不能精确到单碱基水平。

在应用限制性内切酶的检测方法中，限制性标记基因组扫描（RLGS）是其中一种将限制性内切酶与二维电泳结合的检测方法，能够同时快速检测数以千计的酶切位点的甲基化状态，但由于检测方法复杂、繁琐，目前已经很少被应用。限制性内切酶还可以与亚硫酸氢盐法结合起来检测部分区域的 DNA 甲基化水平。简化式亚硫酸氢盐测序法（RRBS）以其操作简单、费用低为优点，被广泛采用，而且检测 DNA 甲基化水平的分辨率可以达到单个碱基。

基于亚硫酸氢盐法的 DNA 甲基化检测技术是目前最常用的方法[66]。其中，甲基化特异性 PCR（MSP）是一种快速、高灵敏的 DNA 甲基化检测技术[33]，其优势在于对 DNA 数量和质量的要求较低，而不足之处在于只能定性不能定量。全基因组重亚硫酸氢盐测序法（WGBS）的优点在于可以获得整个基因组的甲基化状态信息，缺点在于需要较高的成本，并需要对获得的数据进行庞大的分析工作。因此，全基因

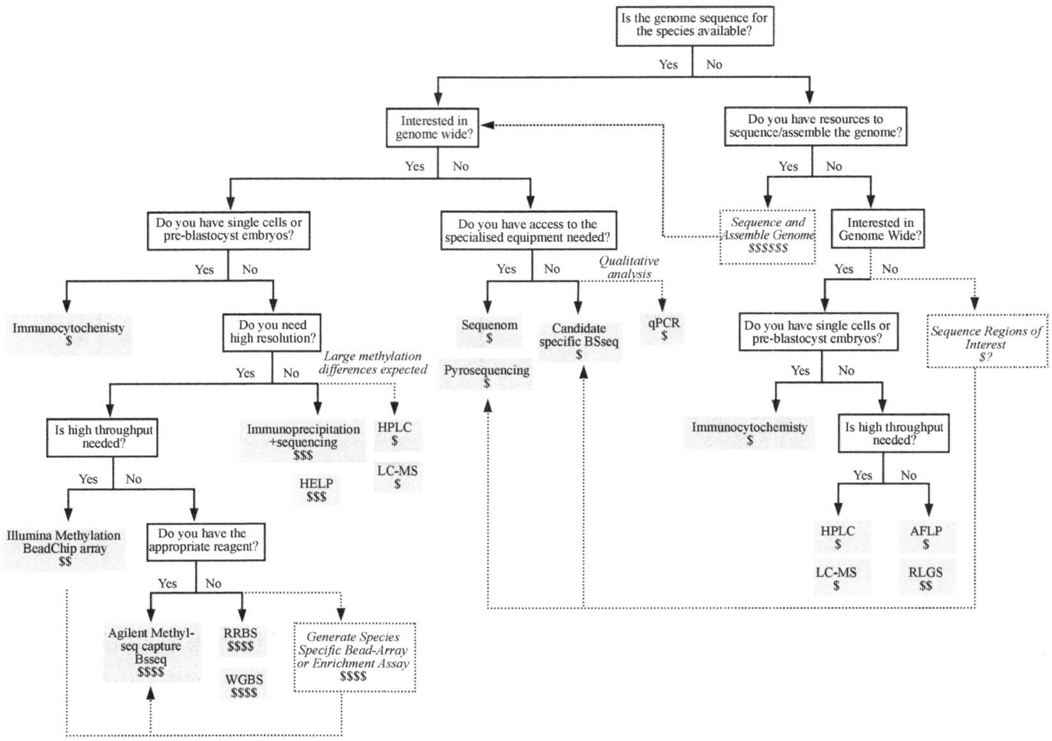

图 48-17 DNA 甲基化检测方法选择原则

组重亚硫酸氢盐测序法不适合用于大规模样本的分析。导航定位测序（GPS）弥补了 WGBS 的缺点，具有更高的精确性、高覆盖率、成本低，以及没有序列偏好性、能同时检测表观基因组和基因组学变异等众多优势[61]。大规模样本的分析常用 DNA 甲基化芯片。DNA 甲基化芯片有以下三点优势：①检测的分辨率能达到单个碱基；②成本远低于二代测序；③能够同时检测数以千计的 CpG 位点。然而，DNA 甲基化芯片的不足之处在于探针微阵列没有覆盖整个人类基因组 2.8×10^7 个 CpG 位点，大约覆盖率为 1%到 2%，而且大多只能检测已知的甲基化位点。

DNA 甲基化是表观遗传学的核心组成部分，对于正常细胞的功能维持、胚胎发育等生命过程至关重要，DNA 甲基化堪称人类基因组的另一套密码。DNA 甲基化的检测说起来容易做起来难，检测的精准度、可重复性以及定量检测是 DNA 甲基化领域永恒的话题。随着新技术的不断研发和应用，DNA 甲基化检测的所有问题终将全部解决。

参 考 文 献

[1] Kuo, K. C. *et al*. Quantitative reversed-phase high performance liquid chromatographic determination of major and modified deoxyribonucleosides in DNA. *Nucleic Acids Res* 8, 4763-4776(1980).

[2] Berdasco, M. *et al*. Quantification of global DNA methylation by capillary electrophoresis and mass spectrometry. *Methods Mol Biol* 507, 23-34(2009).

[3] Yang, I. *et al*. Fused-core silica column ultra-performance liquid chromatography- ion trap tandem mass spectrometry for determination of global DNA methylation status. *Anal Biochem* 409, 138-143(2011).

[4] Le, T. *et al*. A sensitive mass spectrometry method for simultaneous quantification of DNA methylation and hydroxymethylation levels in biological samples. *Anal Biochem* 412, 203-209(2011).

[5] Sunday, B. R. *et al*. Process and product monitoring of recombinant DNA-derived biopharmaceuticals with high-performance

capillary electrophoresis. *J Capill Electrophor Microchip Technol* 8, 87-99(2003).

[6] Toraño, E. G. *et al*. Global DNA hypomethylation in cancer: review of validated methods and clinical significance. *Clin Chem Lab Med* 50, 1733-1742(2012).

[7] Rein, T. *et al*. Identifying 5-methylcytosine and related modifications in DNA genomes. *Nucleic Acids Res* 26, 2255-2264(1998).

[8] Cedar, H. *et al*. Direct detection of methylated cytosine in DNA by use of the restriction enzyme MspI. *Nucleic Acids Res* 6, 2125-2132(1979).

[9] Karimi, M. *et al*. LUMA(LUminometric Methylation Assay)--a high throughput method to the analysis of genomic DNA methylation. *Exp Cell Res* 312, 1989-1995(2006).

[10] Li, Q. *et al*. Methylation and silencing of the thrombospondin-1 promoter in human cancer. *Oncogene* 18, 3284-3289(1999).

[11] Pogribny, I. *et al*. A sensitive new method for rapid detection of abnormal methylation patterns in global DNA and within CpG islands. *Biochem Biophys Res Commun* 262, 624-628(1999).

[12] Sievers, S. *et al*. IGF2/H19 imprinting analysis of human germ cell tumors(GCTs)using the methylation-sensitive single-nucleotide primer extension method reflects the origin of GCTs in different stages of primordial germ cell development. *Genes Chromosomes Cancer* 44, 256-264(2005).

[13] Melnikov, A. A. *et al*. MSRE-PCR for analysis of gene-specific DNA methylation. *Nucleic Acids Res* 33, e93-e93(2005).

[14] Olkhov-Mitsel, E. & Bapat, B. Strategies for discovery and validation of methylated and hydroxymethylated DNA biomarkers. *Cancer Med* 1, 237-260(2012).

[15] Hatada, I. *et al*. A genomic scanning method for higher organisms using restriction sites as landmarks. *Proc Natl Acad Sci U S A* 88, 9523-9527(1991).

[16] Kawai, J. *et al*. Methylation profiles of genomic DNA of mouse developmental brain detected by restriction landmark genomic scanning(RLGS)method. *Nucleic Acids Res* 21, 5604-5608(1993).

[17] Khulan, B. *et al*. Comparative isoschizomer profiling of cytosine methylation: the HELP assay. *Genome Res* 16, 1046-1055(2006).

[18] Mukhopadhyay, R. *et al*. The binding sites for the chromatin insulator protein CTCF map to DNA methylation-free domains genome-wide. *Genome Research* 14, 1594-1602(2004).

[19] Weber, M. *et al*. Chromosome-wide and promoter-specific analyses identify sites of differential DNA methylation in normal and transformed human cells. *Nat Genet* 37, 853-862(2005).

[20] Jacinto, F. V. *et al*. Methyl-DNA immunoprecipitation(MeDIP): hunting down the DNA methylome. *Biotechniques* 44, 35(2008).

[21] Pomraning, K. R. *et al*. Genome-wide high throughput analysis of DNA methylation in eukaryotes. *Methods* 47, 142-150(2009).

[22] Wilson, I. M. *et al*. Epigenomics: mapping the methylome. *Cell Cycle* 5, 155-158(2006).

[23] Zhang, X. *et al*. Genome-wide high-resolution mapping and functional analysis of DNA methylation in arabidopsis. *Cell* 126, 1189-1201(2006).

[24] Down, T. A. *et al*. A Bayesian deconvolution strategy for immunoprecipitation-based DNA methylome analysis. *Nat Biotechnol* 26, 779-785(2008).

[25] Li, H. *et al*. Mapping short DNA sequencing reads and calling variants using mapping quality scores. *Genome Res* 18, 1851-1858(2008).

[26] Wade, P. A. Methyl CpG binding proteins: coupling chromatin architecture to gene regulation. *Oncogene* 20, 3166- 3173(2001).

[27] Hendrich, B. & Bird, A. Mammalian methyltransferases and methyl-CpG-binding domains: proteins involved in DNA methylation. *Curr Top Microbiol Immunol* 249, 55-74(2000).

[28] Fraga, M. F. *et al.* The affinity of different MBD proteins for a specific methylated locus depends on their intrinsic binding properties. *Nucleic Acids Res* 31, 1765-1774(2003).

[29] Rauch, T. & Pfeifer, G. P. Methylated-CpG island recovery assay: a new technique for the rapid detection of methylated-CpG islands in cancer. *Lab Invest* 85, 1172-1180(2005).

[30] Jiang, C. L. *et al.* MBD3L1 is a transcriptional repressor that interacts with methyl-CpG-binding protein 2(MBD2)and components of the NuRD complex. *J Biol Chem* 279, 52456-52464(2004).

[31] Frommer, M. *et al.* A genomic sequencing protocol that yields a positive display of 5-methylcytosine residues in individual DNA strands. *Proc Natl Acad Sci U S A* 89, 1827-1831(1992).

[32] Herman, J. G. *et al.* Methylation-specific PCR: a novel PCR assay for methylation status of CpG islands. *Proc Natl Acad Sci U S A* 93, 9821-9826(1996).

[33] Akey, D. T. *et al.* Assaying DNA methylation based on high-throughput melting curve approaches. *Genomics* 80, 376-384(2002).

[34] Eads, C. A. *et al.* MethyLight: a high-throughput assay to measure DNA methylation. *Nucleic Acids Res* 28, E32(2000).

[35] Nyrén, P. *et al.* Solid phase DNA minisequencing by an enzymatic luminometric inorganic pyrophosphate detection assay. *Anal Biochem* 208, 171-175(1993).

[36] Uhlen, M. Magnetic separation of DNA. *Nature* 340, 733-734(1989).

[37] Nyrén, P. & Lundin, A. Enzymatic method for continuous monitoring of inorganic pyrophosphate synthesis. *Anal Biochem* 151, 504-509(1985).

[38] Rand, K. *et al.* Conversion-specific detection of DNA methylation using real-time polymerase chain reaction (ConLight-MSP)to avoid false positives. *Methods* 27, 114-120(2002).

[39] Colella, S. *et al.* Sensitive and quantitative universal Pyrosequencing methylation analysis of CpG sites. *Biotechniques* 35, 146-150(2003).

[40] Tost, J. *et al.* Analysis and quantification of multiple methylation variable positions in CpG islands by Pyrosequencing. *Biotechniques* 35, 152-156(2003).

[41] Wong, H. L. *et al.* Rapid and quantitative method of allele-specific DNA methylation analysis. *Biotechniques* 41, 734-739(2006).

[42] Xiong, Z. & Laird, P. W. COBRA: a sensitive and quantitative DNA methylation assay. *Nucleic Acids Res* 25, 2532-2534(1997).

[43] Gonzalgo, M. L. & Jones, P. A. Rapid quantitation of methylation differences at specific sites using methylation-sensitive single nucleotide primer extension(Ms-SNuPE). *Nucleic Acids Res* 25, 2529-2531(1997).

[44] Uhlmann, K. *et al.* Evaluation of a potential epigenetic biomarker by quantitative methyl-single nucleotide polymorphism analysis. *Electrophoresis* 23, 4072-4079(2002).

[45] Matin, M. M. *et al.* An analytical method for the detection of methylation differences at specific chromosomal loci using primer extension and ion pair reverse phase HPLC. *Hum Mutat* 20, 305-311(2002).

[46] Meissner, A. *et al.* Reduced representation bisulfite sequencing for comparative high-resolution DNA methylation analysis. *Nucleic Acids Res* 33, 5868-5877(2005).

[47] Gu, H. *et al.* Preparation of reduced representation bisulfite sequencing libraries for genome-scale DNA methylation profiling. *Nat Protoc* 6, 468-481(2011).

[48] Guo, H. *et al.* Profiling DNA methylome landscapes of mammalian cells with single-cell reduced-representation bisulfite sequencing. *Nat Protoc* 10, 645-659(2015).

[49] Adorján, P. *et al.* Tumour class prediction and discovery by microarray-based DNA methylation analysis. *Nucleic Acids Res*

30, e21(2002).

[50] Cokus, S. J. *et al.* Shotgun bisulphite sequencing of the Arabidopsis genome reveals DNA methylation patterning. *Nature* 452, 215-219(2008).

[51] Lister, R. *et al.* Highly integrated single-base resolution maps of the epigenome in *Arabidopsis*. *Cell* 133, 523-536(2008).

[52] Stevens, M. *et al.* Estimating absolute methylation levels at single-CpG resolution from methylation enrichment and restriction enzyme sequencing methods. *Genome Res* 23, 1541-1553(2013).

[53] Urich, M. A. *et al.* MethylC-seq library preparation for base-resolution whole-genome bisulfite sequencing. *Nature protocols* 10, 475-483(2015).

[54] Yong, W. S. *et al.* Profiling genome-wide DNA methylation. *Epigenetics & Chromatin* 9, 26(2016).

[55] Bernstein, B. E. *et al.* The NIH roadmap epigenomics mapping consortium. *Nat Biotechnol* 28, 1045-1048(2010).

[56] ENCODE Project Consortium. An integrated encyclopedia of DNA elements in the human genome. *Nature* 489, 57-74(2012).

[57] Adams, D. *et al.* BLUEPRINT to decode the epigenetic signature written in blood. *Nat Biotechnol* 30, 224-226(2012).

[58] International Human Epigenome Consortium, http: //ihec-epigenomes.org/(2016).

[59] Ji, L. *et al.* Methylated DNA is over-represented in whole-genome bisulfite sequencing data. *Frontiers in Genetics* 5, 341(2014).

[60] Li, J. *et al.* Guide positioning sequencing identifies aberrant DNA methylation patterns that alter cell identity and tumor-immune surveillance networks. *Genome Res* 29, 270-280(2019).

[61] Jaitin, D. A. *et al.* Massively parallel single-cell RNA-seq for marker-free decomposition of tissues into cell types. *Science* 343, 776-779(2014).

[62] Farlik, M. *et al.* Single-cell DNA methylome sequencing and bioinformatic inference of epigenomic cell-state dynamics. *Cell Rep* 10, 1386-1397(2015).

[63] Flusberg, B. A. *et al.* Direct detection of DNA methylation during single-molecule, real-time sequencing. *Nat Methods* 7, 461-465(2010).

[64] Rhoads, A. & Au, K. F. PacBio sequencing and its applications. *Genomics Proteomics Bioinformatics* 13, 278-289(2015).

[65] Wescoe, Z. L. *et al.* Nanopores discriminate among five C5-cytosine variants in DNA. *J Am Chem Soc* 136, 16582-16587(2014).

[66] Clark, S. J. *et al.* High sensitivity mapping of methylated cytosines. *Nucleic Acids Res* 22, 2990-2997(1994).

于文强 博士，复旦大学生物医学研究院高级项目负责人，复旦大学特聘研究员，教育部“长江学者”特聘教授，“973 计划”首席科学家。2001 年获第四军医大学博士学位，2001～2007 年在瑞典乌普萨拉大学（Uppsala University）和美国约翰斯·霍普金斯大学（Johns Hopkins University）做博士后，2007 年为美国哥伦比亚大学教员（faculty）和副研究员（associate research scientist）。在国外期间主要从事基因的表达调控和非编码 RNA 与 DNA 甲基化相互关系研究。回国后，专注于全基因组 DNA 甲基化检测在临床重要疾病发生中的作用以及核内 miRNA 激活功能研究。开发了具有独立知识产权高分辨率全基因组 DNA 甲基化检测方法 GPS（guide positioning sequencing）和分析软件，已获国内和国际授权专利，GPS 可实现甲基化精准检测和胞嘧啶高覆盖率（96%），解决了 WGBS 甲基化检测悬而未决的技术难题，提出了 DNA 甲基化调控基因表达新模式；发现肿瘤的共有标志物，命名为全癌标志物（universal cancer only marker，UCOM），在超过 25 种人体肿瘤中得到验证并应用于肿瘤的早期诊断和复发监测，为肿瘤共有机制的研究奠定了基础；发现 miRNA 在细胞核和胞浆中的作用机制截然不同，将这种细胞核内具有

激活作用的 miRNA 命名为 NamiRNA（nuclear activating miRNA），并发现 NamiRNA 能够在局部和全基因组水平改变靶位点染色质状态，发挥其独特的转录激活作用，提出了 NamiRNA-增强子-基因激活全新机制；发现 RNA 病毒包括新冠病毒等存在与人体基因组共有的序列，命名为人也序列（human identical sequence，HIS），是病原微生物与宿主相互作用的重要元件，也是其致病的重要物质基础，为病毒性疾病的防治提供全新策略。已在 *Nature*、*Nature Genetics*、*JAMA* 等期刊发表学术论文 40 余篇，获得国内国际授权专利 7 项。

第 49 章　DNA 甲基化组数据的生物信息学分析

张　勇　王　文
同济大学

本章概要

本章主要描述了由不同 DNA 甲基化组学实验技术产生的三种数据类型：基于亚硫酸氢盐转化方法产生的数据、基于限制性内切核酸酶方法产生的数据，以及基于免疫亲和方法产生的数据（图 49-1）。本章介绍了不同数据的特点，并叙述了不同数据类型分析的主要流程及分析过程中的主流软件、注意事项、可能产生偏差的步骤和校正的方式，最后介绍了 DNA 甲基化组学数据在推断样本异质性等方面的最新进展。

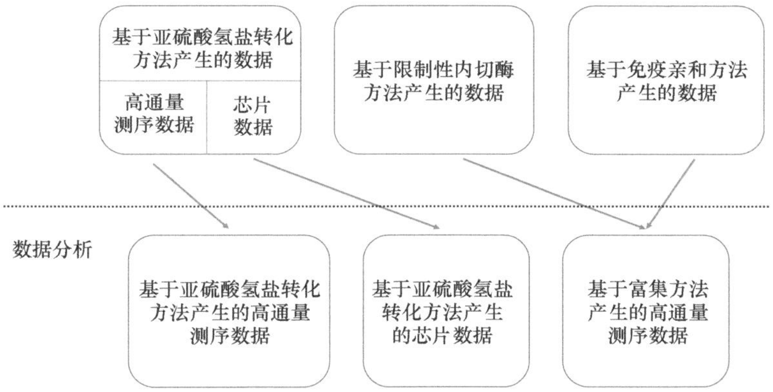

图 49-1　DNA 甲基化组数据分类

49.1　DNA 甲基化组数据类型概述

关键概念

- 经过亚硫酸氢盐处理后的 DNA 序列，非甲基化的胞嘧啶（C）被转化为尿嘧啶（U），而甲基化的胞嘧啶（5mC）没有改变。在经过 DNA 聚合酶链反应（PCR）扩增之后，序列中的尿嘧啶（U）以胸腺嘧啶（T）的形式出现，甲基化的胞嘧啶（5mC）仍表现为胞嘧啶。
- 全基因组亚硫酸氢盐测序技术（whole genome bisulfite sequencing，WGBS）将亚硫酸氢盐转化同高通量测序技术结合起来，可以获取单碱基分辨率的甲基化信息。
- 简化亚硫酸氢盐测序（RRBS）技术利用限制性内切核酸酶 *Msp*I 特异性识别并切割 C-CGG 位点的特性获取富集在高密度 CpG 区域的 DNA 片段。
- 限制性内切核酸酶方法的核心思路是利用一些对 DNA 甲基化状态敏感的限制性内切核酸酶处理

DNA，再对酶切片段进行高通量测序来检测 DNA 的甲基化状态。

- 免疫亲和法主要是利用对甲基化/非甲基化 DNA 的亲和性有差异的抗体进行免疫沉淀操作，再对富集的 DNA 片段进行高通量测序以获取基因组上的甲基化信息。

在本章中，对 DNA 甲基化的讨论仅局限于发生在 CpG（胞嘧啶-磷酸-鸟嘌呤）位点的 5mC 这种研究得最为广泛的修饰。DNA 甲基化修饰是最早发现的表观遗传学修饰之一。截至 2021 年 4 月，美国国家生物技术信息中心（National Center for Biotechnology Information，NCBI）的 Gene Expression Omnibus（GEO）甲基化组数据已超过 6500 套，这些 DNA 甲基化组数据对于研究相关表观遗传学问题提供了不可或缺的数据支持。熟练地掌握这些甲基化组数据的分析方法是研究人员从 DNA 甲基化组数据中提取信息并解决相关生物学问题的必要手段。DNA 甲基化组数据从实验方法上大致可分为以下三类。

49.1.1 基于亚硫酸氢盐转化方法产生的数据

经过亚硫酸氢盐处理后的 DNA 序列，非甲基化的胞嘧啶（C）被转化为尿嘧啶（U），而甲基化的胞嘧啶（5mC）没有改变。在经过 DNA 聚合酶链反应（PCR）扩增之后，序列中的尿嘧啶（U）以胸腺嘧啶（T）的形式出现，甲基化的胞嘧啶（5mC）仍表现为胞嘧啶（C）。通过这种差异，可以区分基因组上甲基化与非甲基化的胞嘧啶。将亚硫酸氢盐转化同二代测序或者芯片技术结合起来，可以便捷地获取全基因组尺度上的定量 DNA 甲基化状态。

1. 基于亚硫酸氢盐转化产生的高通量测序数据

高通量测序技术为获取全基因组尺度的组学数据提供了方便，将亚硫酸氢盐转化与高通量测序技术结合起来的全基因组亚硫酸氢盐测序技术[1]可以获取单碱基分辨率的甲基化信息。简化亚硫酸氢盐测序（RRBS）技术利用限制性内切核酸酶 *Msp*I 特异性识别并切割 C-CGG 位点的特性获取富集在高密度 CpG 区域的 DNA 片段[2]；这种方法可以在不增加测序通量的情况下获得 CpG 高密度区域高测序深度的 DNA 甲基化数据。

2. 基于亚硫酸氢盐转化产生的芯片数据

在高通量测序技术普及之前，芯片技术是获取全基因组尺度组学数据的重要方法。截至 2021 年 4 月，GEO 中不同类型组织和细胞样本的 DNA 甲基化芯片数据已超过 3000 套。虽然基于亚硫酸氢盐转化的高通量测序数据可以获取单碱基分辨率下全基因组的 DNA 甲基化信息，但芯片技术只获取特定位点甲基化数据数据的特点，使得其在医疗检测等特定领域仍有成本优势；掌握 DNA 甲基化芯片数据的分析依然有着重要意义。

49.1.2 基于限制性内切核酸酶方法产生的数据

基于限制性内切核酸酶方法产生的数据主要包括 MRE-seq[3]、McrBC-seq[4]、HELP-seq[5]和 Methyl-seq[6]等。该类方法的核心思路是利用一些对 DNA 甲基化状态敏感的限制性内切核酸酶处理 DNA，再对酶切片段进行高通量测序来检测 DNA 的甲基化状态。这类实验方法在技术上相对简单，但其产生的数据只能从定性的角度衡量全基因组的甲基化水平，获取单碱基分辨率的 DNA 甲基化信息需要较为复杂的算法。

49.1.3　基于免疫亲和方法产生的数据

基于免疫亲和方法产生的数据主要包括 MeDIP-seq[7]和 MBD-seq[8]等。该类方法主要是利用对甲基化/非甲基化 DNA 的亲和性有差异的抗体进行免疫沉淀操作，再对富集的 DNA 片段进行高通量测序以获取基因组上的甲基化信息。这类实验方法的效果依赖于抗体的效价，测序样本制备难度中等，该方法得到的数据也是从定性角度分析样本的 DNA 甲基化程度，难以获取精确的单碱基分辨率甲基化信息。

49.2　数据分析流程

关键概念

- 由于亚硫酸氢盐转化的过程中将非甲基化的胞嘧啶（C）转化为尿嘧啶（U）并在之后的文库构建过程中转化为胸腺嘧啶（T），数据回帖是将这些测序读长正确地比对到参考基因组上。目前，有通配符比对（wild-card）和三字符比对（3-letter）两种方案。
- DNA 甲基化水平的检测是从回帖得到的 SAM/BAM 文件中提取基因组上 CpG 位点甲基化信息的过程，一般会产生一个全基因组甲基化信息的表格。
- 差异甲基化区域的鉴定是通过比较不同样本间的甲基化水平，找出两者之间甲基化水平有明显差异的区域。
- 下游分析是指在获取全基因组甲基化水平或者差异甲基化区域后进行的分析，一般包含全基因组甲基化水平分析和差异甲基化区域的分析。
- 芯片数据是根据DNA 文库同芯片上的探针杂交产生的荧光强度来反映基因组不同位置的DNA 甲基化程度。

DNA 甲基化组数据的处理是指从原始组学数据出发获取全基因组上的甲基化水平并进一步分析得出相关生物学结论的过程。对于不同类型的甲基化组数据，其处理流程和分析手段不尽相同。这里讲述的是高通量测序和芯片数据的处理流程。

49.2.1　基于亚硫酸氢盐转化方法产生的高通量测序数据

处理此类数据时，基本的分析流程分为数据回帖、DNA 甲基化水平检测、差异甲基化区域（differential methylation region，DMR）鉴定和下游分析四个部分。

1. 数据回帖

在回帖部分，由于亚硫酸氢盐转化的过程中将非甲基化的胞嘧啶转化为尿嘧啶并在之后的文库构建过程中转化为胸腺嘧啶（T），如何将这些测序读长正确地比对到参考基因组上就需要特殊的方法来解决。目前，有通配符比对（wild-card）和三字符比对（3-letter）两种方案。通配符比对用通配符（Y）在参考基因组上代替胞嘧啶（C），三字符模式则将参考基因组上所有的胞嘧啶（C）替换为胸腺嘧啶（T）。通配符模式能够回帖更多的测序读长，但部分位点观测到的甲基化水平较实际值偏高；三字符模式回帖的成功率较低，但不会给后续的甲基化水平的检测带来偏差。随着测序长度的增加，可以有效克服这两种方法带来的弊端（图 49-2）。BSMAP[9]和 Bismark[10]分别是目前应用最广泛的通配符和三字符回帖软件。其中，BSMAP 使用较为简单，Bismark 则需要提前产生修改过的参考基因组，操作上略为复杂。

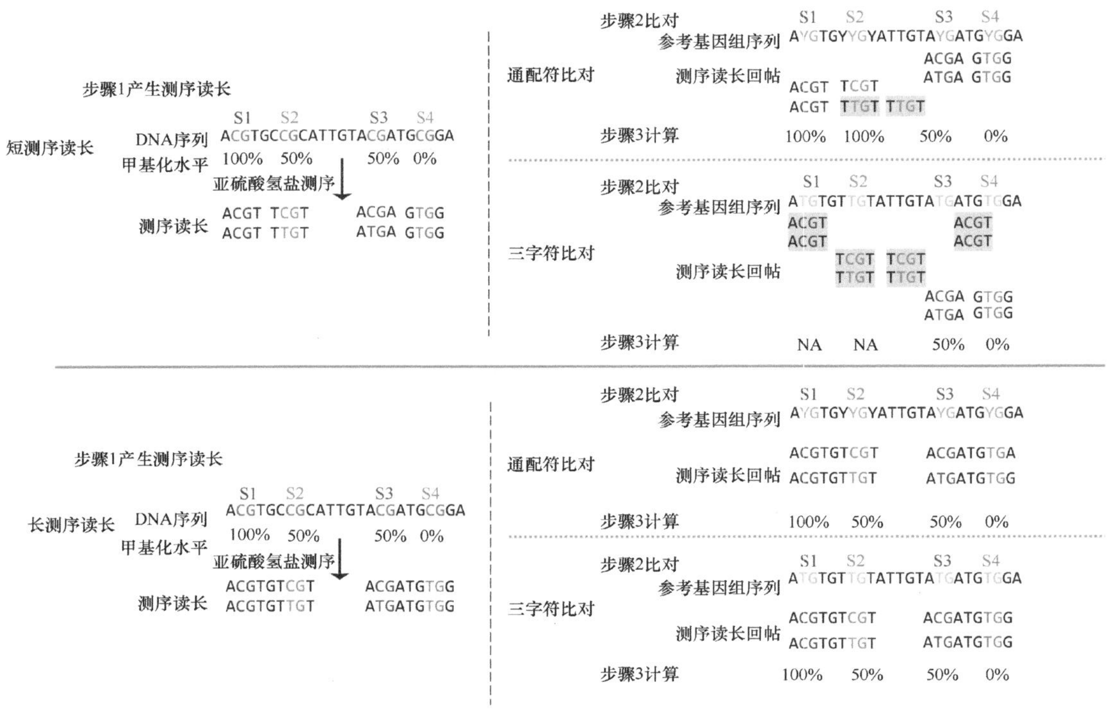

图 49-2 亚硫酸盐转化数据比对模式示意图

以图 49-2 中所示的 DNA 序列为例，考虑只有 4 个碱基长度的测序读长的情况（左图）。在通配符模式下，参考基因组上的胞嘧啶（C）转化为通配符（Y），可以和胞嘧啶（C）或者胸腺嘧啶（T）相匹配；在如图所示的回帖过程中，某些测序读长由于不能唯一地比对到基因组上（灰色）而被舍弃，造成了部分位点上甲基化检测水平系统性的偏高。在三字符模式下，所有的胞嘧啶（C）均转化为胸腺嘧啶（T），以此来解决回帖比对的问题；这种情况下，不能正确比对到基因组上的测序读长相较于通配符模式更多，最终能有效获取甲基化水平的位点较少，但获取的甲基化水平不会产生系统性偏差。当测序长度增加时（右图），两种方法均能获得可靠的甲基化信息。

2. DNA 甲基化水平检测

DNA 甲基化水平的检测是从回帖得到的 SAM/BAM 文件中提取基因组上 CpG 位点甲基化信息的过程，一般会产生一个包含全基因组甲基化信息的表格。最简单的方法就是在每个胞嘧啶上统计回帖至此的测序读长中胞嘧啶和胸腺嘧啶的数量，根据两者比例计算此处的甲基化水平。但是，该过程会受到以下几个因素的影响。①末端修复：大部分甲基化的文库制备中都会在超声打断后进行末端修复。在此过程中，非甲基化的胞嘧啶会被加在 DNA 片段的末端，造成 DNA 片段末端检测到的甲基化水平低于实际值。②转化效率：亚硫酸氢盐的转化在 DNA 片段的 5′端会有所降低，这会导致此处检测的甲基化水平高于实际值。③单核苷酸多态性（single-nucleotide polymorphism，SNP）：当 CpG 上的胞嘧啶（C）出现替换为胸腺嘧啶（T）的点突变时，就会对此处甲基化水平的检测造成干扰，使得最后得到的甲基化水平偏低。④文库测通：当构建的 DNA 文库长度小于测序长度时，所测得的 DNA 片段末端会包含引物接头的信息。此时在 3′端会引入非甲基化的胞嘧啶使得检测到的甲基化水平高于实际值。⑤3′端测序质量下降：二代测序中，随着测序长度的增加，测序质量会不断下降，由此造成 3′端的甲基化水平产生偏差。⑥PCR 时产生的偏差：在文库构建过程中，不同 DNA 片段被扩增的次数会有所不同。这种不均衡的扩增会导致用于计算的 CpG 与实际来源的 CpG 的比例不同，从而影响甲基化水平的检测。

在上述因素中，末端修复、转化效率和单核苷酸多态性属于亚硫酸氢盐转化测序特有的问题。前两者可以通过 *M* bias plot[11]进行检测并处理，单核苷酸多态性可通过统计对应链上的腺嘌呤和鸟嘌呤数量进行纠正。文库测通、3′端测序质量下降和 PCR 造成的偏差是二代测序数据的常见问题。文库测通也可通过 *M* bias plot 进行检测，3′端测序质量下降可以用 FastQC 软件检测，PCR 的问题可以通过去重复的方法解决。在 DNA 甲基化水平的检测方面比较常用的软件有 BSmooth[12]、Bis-SNP[13]和 MOABS[14]等。其中，BSmooth[12]是从回帖到差异甲基化区域鉴定的处理流程，可以有效地检测和去除因素①、②、④、⑤所导致的问题；但其不支持标准的 SAM/BAM 输入的特点，使其在处理由其他回帖软件所得结果时不够方便。Bis-SNP[13]能够支持标准的 SAM/BAM 输入并且在产生全基因组甲基化状态表格的同时产生有关 SNP 信息的 VCF 文件；但其对其他影响甲基化检测的因素考虑不足。MOABS[14]能够考虑到因素①、②、④、⑤、⑥，其组件 mcall 也可以使用标准的 SAM/BAM 文件作为输入。

3. 差异甲基化区域鉴定

差异甲基化区域的鉴定是通过比较不同样本间的甲基化水平找出两者之间有明显差异的甲基化区域。在测序深度有限时，难以在单个碱基的分辨率下获取可靠的差异 CpG 位点；此时以降低分辨率的方式来换取统计上的可靠性去寻找差异甲基化区域是一种解决办法。对于哺乳动物而言，邻近的甲基化状态是相似的，那么可以将邻近的 CpG 同时考虑在一起计算统计显著性。这样，比较区域的选择又成为了新的问题。一种做法是用固定长度的窗口在基因组上滑动，得到有统计显著性的差异窗口，再将这些窗口连接起来。另一种方法是在某些有特定功能的区域，如启动子和增强子上进行比较。上文提及的 BSmooth[12]和 MOABS[14]，以及专门寻找差异甲基化区域的 dmrFinder[15]和 IMA[16]等是较为常用的工具。

4. 下游分析

下游分析是指在获取全基因组甲基化水平或者差异甲基化区域后进行的分析。一般包含以下几个方面的内容。

1）全基因组甲基化水平分析

全基因组尺度的甲基化分析主要关注甲基化的分布状况。①评判全基因尺度上甲基化水平的分布可以通过直方图或者琴图的方式得到每一个 CpG 上的胞嘧啶的甲基化水平分布。通常，甲基化水平呈现一种双峰分布。在哺乳动物中，高甲基化的 CpG 占主要部分。②对于不同样本的比较。可以使用散点图将不同样本的甲基化水平分布放在一起比较。散点图不仅能观察到不同样本间的分布差异，还能确切地知道是哪些位点发生了甲基化的变化。③甲基化水平在基因组不同位置上的分布是否均一。鉴于整个基因组是一个一维的线性尺度，希尔伯特曲线（Hilbert curve）等升维方法可以满足这类需求。④甲基化水平在特定功能区域周围（如启动子、外显子和增强子等）的分布。可以使用折线图来反映甲基化水平在这些区域的平均水平。

2）差异甲基化区域的分析

在通过各种软件或统计方法获取了差异甲基化区域后，一般应开展如下常规分析。①对差异甲基化区域进行展示。火山图（volcano plot）适合同时观察差异的大小和统计量的显著程度；曼哈顿图（Manhattan plot）可以方便地观察在基因组上是否存在特殊的富集差异甲基化区域的位置。②结合相应的生物学背景知识，挑出某些特定的甲基化区域进行考察。可以将所选取的特定区域放在可视化的软件上（如 IGV[17]、UCSC genome browser[18]等）观察，并通过低通量实验进行验证，确认所识别出的差异甲基化区域是否可靠。③功能富集研究。这一方法通常用来比较经过某些处理的样本，探究这些样本间的差异甲基化区域的目的是关注它们在表观遗传调控功能上的差异。研究人员可以将差异甲基化区域对应至相应的基因上，最简单的方法是对应至最近的转录起始位点（transcript start site，TSS），再对这些基因进行功能富集分析。在功能富集分析方面，研究人员可以选择功能强大的在线工具 DAVID[19]、R 语言包 clusterProfiler[20]等。

49.2.2 基于亚硫酸氢盐转化方法产生的芯片数据

基于 Illumina HumanMethylation450 BeadChip（450K）平台产生的数据在现有的基于亚硫酸氢盐转化方法产生的 DNA 甲基化组芯片数据中占据绝大多数，因此本章仅介绍 450K 数据的分析流程。芯片数据的分析流程通常分为背景数据矫正、数据归一化处理和甲基化水平的获取。芯片数据是根据 DNA 文库同芯片上的探针杂交产生的荧光强度来反映基因组不同位置的 DNA 甲基化程度，包含两种可能的偏差：其一是由于同一张芯片上不同部位探针的亲和性不同而产生的芯片内误差；其二是不同芯片间在制备或实验批次中所产生的芯片间差异。数据的背景矫正和归一化就是用来处理这种差异对于后续分析的影响。芯片上存在一定数量的正向和负向对照探针，根据这些探针的信号及芯片上整体的信号分布即可通过统计手段进行校正。目前较为常用的分析软件有 Illumina GenomeStudio 和 minfi。其中，Illumina GenomeStudio 是 Illumina 公司的商业软件，提供了最基本的校正和分析算法。minfi 是一个 R 语言包，不仅包含了与 Illumina GenomeStudio 类似的功能，还整合了 SWAN[21]等算法用以进行数据均一化处理。以上软件所得的主要结果是包含β-value 的表格，然后可以根据所得的β-value 进行下游分析，下游分析的思路与基于高通量测序产生的 DNA 甲基化组数据类似。

49.2.3 基于富集方法产生的高通量测序数据

虽然基于限制性内切核酸酶和免疫亲和法产生数据的方法不同，但其本质都是通过富集甲基化或非甲基化 DNA 片段来获取基因组上的 DNA 甲基化情况、数据分析思路和流程存在共性。此类数据的基本分析流程类似于 ChIP-seq 数据分析，分为数据回帖、DNA 甲基化富集区域检测、DNA 甲基化水平检测和下游分析。

此类数据的测序读长的回帖和普通高通量测序数据相同，目前应用最广泛的软件是 bowtie[22]和 BWA[23]。两者均能够快速且准确地将测序读长回帖到参考基因组上相应的位置。在获得测序数据的基因组位置信息后，下一步是获取这些测序读长在不同基因组位置的富集情况。最直接的思路是用每个碱基实际覆盖到的测序读长数量除以平均分布下期望的测序读长数量，其得到的倍数表示相对富集水平。但该思路会受到二代测序数据在基因组上分布不均一的影响，二代测序所得的信号在 GC 含量较高的区域会偏高，造成这些地方的信号值整体偏高，因此需要一定的统计手段来纠正这样的偏差。MACS 是处理基于富集方法产生的数据的常用方法，可以去除基因组上不同区域上测序读长分布不均一对富集区域结果的影响[24]。BATMAN[7]和 MEDIPS[25]等针对 DNA 甲基化组数据的方法可以在单个 CpG 的层面上进行分析。此外，methylCRF[26]可以将 MeDIP-seq 和基于酶切的 DNA 甲基化组数据综合考虑，获取可靠的单 CpG 分辨率的 DNA 甲基化状态。在通过以上流程获取了 DNA 甲基化水平或甲基化富集区域后，下游分析的思路与基于高通量测序产生的 DNA 甲基化组数据类似。

49.3　相关前沿研究

除了上述所提到的分析外，近年来一些利用甲基化组数据探究其他生物学问题的研究不断出现，拓展了甲基化组数据的应用。

（1）推断样本异质性。芯片及二代数据通常需要大量细胞来制备样本，对于甲基化组数据来说，单个细胞内特定位点的甲基化水平处于离散的状态，为研究人员从甲基化组数据中区分不同细胞类群提供了可能。例如，MethylPurify[27]通过 EM 算法可以区分癌症样本中的正常组织；也有类似的工作基于芯片数据推断样本的异质性。

（2）推断调控位点。基因组上甲基化状态的变化同转录调控紧密相关，例如，近期的一项研究[28]提出稀疏保守低甲基化 CpG 的概念，并且发现这些位点富集了与染色质环相关的蛋白质，从而将 DNA 甲基化特征和染色质高级结构联系到了一起。

（3）跨代遗传。在哺乳动物中，DNA 甲基化修饰在胚胎发育早期经历了剧烈的去甲基化过程[29]，但以印记控制区域为代表的部分区域可以逃脱这个过程。在斑马鱼的早期胚胎发育中，DNA 甲基化修饰一直维持在一个比较高的状态；近期的研究探讨了 DNA 甲基化修饰的跨代遗传对子代合子基因组激活的作用[30]。

（4）单细胞 DNA 甲基化组。单细胞亚硫酸氢盐转化数据的优势是可以确切地知道某个细胞内特定位点的甲基化状态，但由于实验过程中的 DNA 损耗，单个细胞的基因组上大量 CpG 位点的 DNA 甲基化状态处于缺失状态。单细胞 DNA 甲基化组数据质量较差、基因组覆盖率低等问题为发展新的生物信息学分析方法提出了要求。

49.4　总　　结

DNA 甲基化是一种与转录因子结合[31]、染色质开放区域建立[30]和印记调控[32]等转录调控事件密切相关的表观遗传学修饰，因此掌握 DNA 甲基化组数据的基本分析流程对于表观遗传学研究者十分必要。现有的 DNA 甲基化组数据常规分析流程较为成熟，本章主要描述了由不同 DNA 甲基化组实验技术产生的三种数据类型，并叙述了不同数据类型分析的主要流程及分析过程中的主流软件、注意事项、可能产生偏差的步骤和校正的方式。

参 考 文 献

[1] Lister, R. *et al*. Human DNA methylomes at base resolution show widespread epigenomic differences. *Nature* 462(7271), 315-322(2009).

[2] Meissner, A. *et al*. Genome-scale DNA methylation maps of pluripotent and differentiated cells. *Nature* 454(7205), 766-770(2008).

[3] Maunakea, A.K. *et al*. Conserved role of intragenic DNA methylation in regulating alternative promoters. *Nature* 466(7303), 253-U131(2010).

[4] Wang, X.F. *et al*. Genome-wide and organ-specific landscapes of epigenetic modifications and their relationships to mRNA and small RNA transcriptomes in maize. *Plant Cell* 21(4), 1053-1069(2009).

[5] Oda, M. *et al*. High-resolution genome-wide cytosine methylation profiling with simultaneous copy number analysis and

optimization for limited cell numbers. *Nucleic Acids Research* 37(12), 3829-3839(2009).

[6] Brunner, A.L. *et al.* Distinct DNA methylation patterns characterize differentiated human embryonic stem cells and developing human fetal liver. *Genome Research* 19(6), 1044-1056(2009).

[7] Down, T.A., *et al.* A Bayesian deconvolution strategy for immunoprecipitation-based DNA methylome analysis. *Nature Biotechnology* 26(7), 779-785(2008).

[8] Serre, D.*et al.* MBD-isolated Genome Sequencing provides a high-throughput and comprehensive survey of DNA methylation in the human genome. *Nucleic Acids Research* 38(2), 391-399(2010).

[9] Xi, Y. & W. Li. BSMAP: whole genome bisulfite sequence MAPping program. *BMC Bioinformatics* 10, 232(2009).

[10] Krueger, F. & Andrews, S.R. Bismark: a flexible aligner and methylation caller for Bisulfite-Seq applications. *Bioinformatics* 27(11), 1571-1572(2011).

[11] Lin, X. *et al.* BSeQC: quality control of bisulfite sequencing experiments. *Bioinformatics* 29(24), 3227-3229(2013).

[12] Hansen, K.D. *et al.* Smooth: from whole genome bisulfite sequencing reads to differentially methylated regions. *Genome Biology* 13, 10(2012).

[13] Liu, Y.P. *et al.* Bis-SNP: Combined DNA methylation and SNP calling for Bisulfite-seq data. *Genome Biology* 13, 7(2012).

[14] Sun, D. *et al.* MOABS: model based analysis of bisulfite sequencing data. *Genome Biology* 15, 2(2014).

[15] Jaffe, A.E. *et al.* Bump hunting to identify differentially methylated regions in epigenetic epidemiology studies. *International Journal of Epidemiology* 41(1), 200-209(2012).

[16] Wang, D. *et al.* IMA: an R package for high-throughput analysis of Illumina's 450K Infinium methylation data. *Bioinformatics* 28(5), 729-730(2012).

[17] Thorvaldsdottir, H. *et al.* Integrative Genomics Viewer(IGV): high-performance genomics data visualization and exploration. *Briefings in Bioinformatic* 14(2), 178-192(2013).

[18] Kent, W.J. *et al.* The human genome browser at UCSC. *Genome Research* 12(6), 996-1006(2002).

[19] Huang da, W. *et al.* Bioinformatics enrichment tools: paths toward the comprehensive functional analysis of large gene lists. *Nucleic Acids Res* 37(1), 1-13(2009).

[20] Yu, G.C. *et al.* ClusterProfiler: an R package for comparing biological themes among gene clusters. *Omics-a Journal of Integrative Biology* 16(5), 284-287(2012).

[21] Maksimovic, J. *et al.* SWAN: Subset-quantile within array normalization for illumina infinium HumanMethylation450 beadChips. *Genome Biology* 13, 6(2012).

[22] Langmead, B. & Salzberg S.L. Fast gapped-read alignment with Bowtie 2. *Nat Methods* 9(4), 357-359(2012).

[23] Li, H. & Durbin R. Fast and accurate short read alignment with Burrows-Wheeler transform. *Bioinformatics* 25(14), 1754-1760(2009).

[24] Zhang, Y. *et al.* Model-based analysis of ChIP-Seq(MACS). *Genome Biol* 9(9), R137(2008).

[25] Chavez, L. *et al.* Computational analysis of genome-wide DNA methylation during the differentiation of human embryonic stem cells along the endodermal lineage. *Genome Research* 20(10), 1441-1450(2010).

[26] Stevens, M. *et al.* Estimating absolute methylation levels at single-CpG resolution from methylation enrichment and restriction enzyme sequencing methods. *Genome Research* 23(9), 1541-1553(2013).

[27] Zheng, X. *et al.* MethylPurify: tumor purity deconvolution and differential methylation detection from single tumor DNA methylomes. *Genome Biol* 15(8), 419(2014).

[28] Lin, X.Q. *et al.* Sparse conserved under-methylated CpGs are associated with high-order chromatin structure. *Genome Biology* 18(2017).

[29] Guo, H.S. *et al.* The DNA methylation landscape of human early embryos. *Nature* 511(7511), 606-610(2014).

[30] Liu, G. *et al*. Inherited DNA methylation primes the establishment of accessible chromatin during genome activation. *Genome Res* 28(7), 998-1007(2018).

[31] Yin, Y. *et al*. Impact of cytosine methylation on DNA binding specificities of human transcription factors. *Science* 356, 6337(2017).

[32] Barlow, D.P. Genomic Imprinting: A Mammalian Epigenetic Discovery Model. *Annual Review of Genetics*, 45, 379-403(2011).

张勇　博士，同济大学生命科学与技术学院教授，教育部“长江学者”青年学者，国家高层次人才特殊支持计划青年拔尖人才，国家自然科学基金委优秀青年基金获得者，上海市优秀学术带头人。2006 年毕业于中国科学院生物物理研究所，获得博士学位；2006～2009 年，在美国哈佛大学和丹娜-法伯（Dana-Farber）癌症研究所进行博士后研究，期间开发了在国际上得到广泛应用的高通量测序数据分析算法 MACS；2009 年被聘为同济大学生命科学与技术学院教授。研究方向基于高通量生物学数据，结合生物信息学方法发展与深度数据分析，研究细胞命运决定过程中的表观遗传信息建立及预编程机制。近年来的主要研究成果包括：系统性地开发了表观遗传组数据分析方法及平台；分别以小鼠和斑马鱼为研究对象，揭示了早期胚胎发育中表观遗传信息动态变化规律及预编程机制。在 *Nature*、*Nature Cell Biology*、*Genome Research* 等期刊发表学术论文 60 余篇，目前担任 *Genome Biology* 杂志的编辑委员会成员。

第50章　染色质免疫共沉淀技术

王　玺[1,2]　李　杨[3]　黄雪峰[1,2]　熊朝阳[1,2]　何厚胜[4]
1. 北京市感染性疾病研究中心；2. 首都医科大学；3. 天津医科大学总医院；
4. 加拿大多伦多大学

本章概要

染色质免疫共沉淀（chromatin immunoprecipitation，ChIP）是目前研究体内 DNA 与蛋白质相互作用的最常用的方法。它的基本原理是在活细胞状态下固定蛋白质-DNA 复合物，并将其随机切断为一定长度范围内的染色质小片段，然后通过免疫学方法沉淀此复合物，特异性地富集目的蛋白结合的 DNA 片段，通过对目的片段的纯化与检测，从而获得蛋白质与 DNA 相互作用信息。

染色质免疫共沉淀得到的 DNA，可以用多种方法进行检测。如果只想快速检测几个 DNA 位点丰度，可用 qPCR 进行检测（即 ChIP-qPCR）。然而，该方法受限于其只能研究有限的、预先假设的相互作用而无法被广泛应用。

用基因芯片进行检测（ChIP-on-chip），则可有效解决 ChIP-qPCR 受其通量限制的问题。它具备 DNA 芯片广谱高效的优势，可以通过一次实验同时检测几千甚至几万个基因组上的特定序列，获得感兴趣的染色质蛋白与潜在的一系列 DNA 分子之间相互作用的信息。

ChIP-on-chip 受到芯片上固定数量与种类的 DNA 探针的限制，会对结果带来一定水平的偏倚。与 ChIP-on-chip 相比，大规模并行测序相整合的 ChIP-seq 技术，摆脱了芯片技术需要预先设定的限制，可以更灵活地研究所有染色质免疫共沉淀后获得的 DNA 序列。

ChIP-seq 是目前广泛使用的一项技术，不过其分辨率并不高，能达到 200～300bp。如果利用λ核酸外切酶处理 ChIP 得到的 DNA，将没有被目的蛋白“保护”的 DNA 消化掉，用它进行高通量测序，则可将分辨率提高到单碱基水平。

近年来，随着生命科学的不断发展，人们注意到越来越多的现象不能用经典遗传学理论来解释，因此，更多的科学家将注意力转移到表观遗传学的研究上。这些研究已经深入到各个学科与门类，在疾病治疗、诊断预防及动植物性状改良等方面均获得了令人瞩目的成就和突破。表观遗传学主要关注在 DNA 序列不变的情况下，个体性状发生了可遗传的改变，这个过程涉及多种调控机制，例如，在转录过程中，顺式作用元件（特定功能性 DNA 序列）被转录因子的动态结合或与这些顺式作用元件结合的核小体的共价修饰 / 结构重塑所调控。基于以上原因，染色质免疫共沉淀作为研究 DNA 与蛋白质相互作用的核心技术，受到越来越多的关注与应用。与萤光素酶报告基因实验（luciferase assay）和凝胶迁移实验（electrophoretic mobility shift assay，EMSA）研究 DNA 与蛋白质相互作用的技术不同，由于 ChIP 技术具备研究天然状态下 DNA 与蛋白质相互作用的独特优势，其受到了更多的关注与应用。

50.1　ChIP 方法学概论

早在 20 世纪 80 年代，康奈尔大学科学家 Gilmour 和 Lis 用紫外线照射大肠杆菌和果蝇细胞，使细胞中的 DNA 与蛋白质交联在一起，并用免疫沉淀的方法纯化 RNA 聚合酶 II，以便研究 RNA 聚合酶 II 与处于转录状态和“待发（poised）”状态的基因之间的关系，形成了当今 ChIP 技术的雏形[1-3]。1988 年，麻省理工学院的 Solomon 和 Varshavsky 利用甲醛将 DNA 与蛋白质交联，研究组蛋白 H4 和果蝇*hsp70* 基因之间的相互作用[4]。随后，德国科学家 Paro 和 Orlando 优化了这一交联方法，使其可以应用于转录因子以及蛋白复合物与 DNA 相互作用的研究[5]。

细胞在交联后，要提取出染色质并将其片段化。染色质片段化主要有物理法（超声法）[5,6]和化学法（酶切法）[7]两种方法。最初的酶切法是利用核酸内切酶将染色质剪切为 DNA 小片段，但其存在酶切效率低的问题。而微球菌核酸酶（micrococcal nuclease，MNase）的应用，大大提高了酶切效率，并在 ChIP 实验中的 DNA 片段化过程中得到了广泛的应用[8]。然而酶切法还是有一定程度的 DNA 序列选择性，因而影响随机性，进而导致结果分析有偏倚。因此，超声法仍然是目前 ChIP 实验中应用最普遍的方法，其优点是随机性好，但长时间超声会产生积热效应，使蛋白质变性，影响最终结果。有的课题组会应用酶切-超声联合法[8]来将 DNA 片段化，这样既避免了酶切导致的随机性差的问题，又避免了因长时间超声产生的积热问题。

在最初的染色质免疫共沉淀实验中，细胞用甲醛处理后，利用超声或核酸酶片段化 DNA；然后用相应的抗体免疫沉淀蛋白质-DNA 复合物；最后，利用 slot blot 或 Southern blot 分析回收的 DNA 片段。1998 年，加州大学的 Rundlett 和 Grunstein 最先利用 ChIP 结合 PCR 的方法研究转录因子与 DNA 的相互作用[9]。随后 Rundlett 等利用 ChIP 结合 PCR 研究染色质上的组蛋白修饰[10]。20 世纪末，尚永丰、Myles Brown 等所做的一系列研究开始将 ChIP 技术应用到哺乳动物细胞的研究中[11-14]，也从这时开始，ChIP 技术像 Western blot 一样作为常规实验进入到世界各地的生物学实验室。

近年来，为了更系统、更高通量地研究 DNA 与蛋白质之间的相互作用，科学家将 ChIP 技术与基因芯片技术联合（ChIP-on-chip），应用到蛋白质与 DNA 相互作用的研究中[15,16]。随后，随着二代测序技术的发展，科学家进一步将 ChIP 技术与二代测序技术联合（ChIP-seq），真正意义上获得更高分辨率的、全基因组水平上 DNA 与蛋白质之间相互作用的图谱[17-20]。近期，科学家利用λ核酸外切酶处理染色质免疫共沉淀过程中富集的 DNA，从 5′端向 3′端方向剪切掉没有被蛋白质“保护”的 DNA，从而将 ChIP 后测序结果的分辨率由原来的几百个碱基提高到将近一个碱基，得到史无前例的高分辨率的蛋白质-DNA 相互作用图谱。

50.2　ChIP 基本方法：ChIP-qPCR

50.2.1　ChIP-qPCR 原理和概述

真核生物的基因组 DNA 以染色质的形式存在。因此，研究蛋白质与 DNA 在染色质环境下的相互作用是阐明真核生物基因表达机制的基本途径。染色质免疫沉淀技术（ChIP）是研究体内 DNA 与蛋白质相互作用最常用的方法。它的基本原理是在活细胞状态下固定蛋白质-DNA 复合物，并将其随机切断为一定长度范围内的染色质小片段，然后通过免疫学方法沉淀此复合物， 特异性地富集目的蛋白结合的 DNA 片段，通过对目的片段的纯化与检测，从而获得蛋白质与 DNA 相互作用信息。

ChIP-qPCR 是利用荧光实时定量 PCR 检测 ChIP 样品的常用手段。ChIP-qPCR 技术实现了在靶基因的启动子上找到转录因子结合的直接证据，是细胞内真实的、原位的结果，同时可以比较与不同位点的结合能力，相对于 EMSA、Luciferase 报告载体等体外实验验证更具说服力。

50.2.2 ChIP-qPCR 方法、流程和试剂

1. 细胞的甲醛交联与超声破碎

每次实验前准备 10×10^6～100×10^6 细胞。

（1）用 1%甲醛交联细胞：每百万细胞加 1mL 培养基，根据实验需要向培养皿中加入 *x* mL 培养基，并加入 *x*/37mL 的 37%甲醛，室温孵育 8min。

（2）交联完毕后，立即加入 *x*/10mL 的 1.25mol/L Glycine，室温孵育 5min 以终止交联反应。

（3）按如下方式处理细胞。

A. 贴壁细胞

①弃掉培养基；

②用 10mL PBS 洗细胞两遍，用细胞刮将细胞刮下，收集于一个 15mL 离心管中；

③4℃、1500r/min 离心 10min。

B.非贴壁细胞

①转移细胞到一个 15mL 离心管中；

②4℃、1500r/min 离心 10min 收集细胞；

③用 10mL PBS 洗细胞两次。

（4）用 Lysis Buffer 重悬细胞（每百万细胞加入 100μL Lysis Buffer），涡旋振荡混匀后，置于冰上孵育 10min；期间可以涡旋振荡 2～3 次，使细胞充分裂解。

（5）将样本进行超声处理。保证样本不产生泡沫，并且始终保持低温。注：超声条件需要优化。

2. 检验超声破碎的效果

（1）取 10μL 样品，用纯化试剂盒或酚氯仿抽提法回收 DNA。

（2）1%琼脂糖凝胶检测回收 DNA 的位置（200～1000bp 最佳）。

3. 抗体孵育

（1）将染色质转移到一个 1.5mL 的离心管中待用。

（2）将染色质置于冰上慢慢融化，4℃，12 000r/min 离心 15min 沉淀 SDS，将上清液转移到一个新的离心管中。

（3）测 DNA 浓度。

（4）按每管 100μg 体系，将染色质分装入新的离心管中。注：染色质的浓度应该大于 750ng/μL，A_{260}/A_{280}应该处于 1.4～1.6范围内。

（5）用 Dilution Buffer 将染色质稀释到终体积 300μL。

（6）为了避免非特异性结合，向染色质中加入 50μL protein A-agarose/salmon sperm DNA，4℃低温下旋转 1～2h。

（7）4℃、3000r/min 离心 5min，将上清液转移至一个新的离心管中。

（8）分别向各管中加入相应的抗体 IgG（阴性对照，2～5μg）和目的蛋白抗体（2～5μg），混匀后置于旋转混匀仪上，4℃低温旋转过夜。

4. 免疫复合物的沉淀及清洗

（1）第二天向染色质样本中加入 50μL protein A-agarose/salmon sperm DNA，4℃低温下旋转 2h。

（2）4℃、3000r/min 离心 2min 收集样本。

（3）在对照抗体组中取出 15μL 上清作为 5% Input，置于冰上待用。

（4）小心弃掉所有样本中的上清。

（5）加入 1mL Low Salt，重悬，4℃、旋转洗涤 5min，4℃、3000r/min 离心 5min 收集样本。

（6）加入 1mL High Salt，重悬，4℃、旋转洗涤 5min，4℃、3000r/min 离心 5min 收集样本。

（7）加入 1mL LiCl，重悬，4℃、旋转洗涤 5min，4℃、3000r/min 离心 5min 收集样本。

（8）加入 1mL TE，重悬，4℃、旋转洗涤 5min，4℃、3000r/min 离心 5min 收集样本。

（9）加入 1mL TE，重悬，转入新的 1.5mL EP 管中，4℃、3000r/min 离心 5min 收集样本。

（10）用 300μL Elution Buffer 重悬所有样本（包括 Input），并向溶液中加入 1μL蛋白酶K，65℃孵育过夜。

5. DNA 样品的回收

（1）室温下最高速度离心 5min。

（2）将上清液转移到一个新的离心管中。

（3）用纯化试剂盒或酚氯仿抽提法回收 DNA。

（4）用 50μL 双蒸水或 TE 缓冲液重悬 DNA 待用。

6. qPCR 分析

qPCR 检测回收的 DNA 片段。

7. ChIP-qPCR 常用试剂

（1）Lysis Buffer

组成	工作浓度
Tris-HCl（pH 8.0）	50mmol/L
EDTA	10mmol/L
SDS	1%
PMSF	1mmol/L
PIC	1×

（2）Elution Buffer

组成	工作浓度
Tris-HCl（pH 7.5）	20mmol/L
EDTA	5mmol/L

SDS	1%
NaCl	50mmol/L

（3）Dilution Buffer

组成	工作浓度
Tris-HCl（pH 8.0）	20mmol/L
EDTA	2mmol/L
SDS	0.01%
NaCl	150mmol/L
Triton X-100	1%
PIC	1×

（4）Low Salt Wash Buffer

组成	工作浓度
SDS	0.1%
Triton X-100	1%
EDTA	2mmol/L
Tris-HCl（pH 8.1）	20mmol/L
NaCl	150mmol/L

（5）High Salt Wash Buffer

组成	工作浓度
SDS	0.1%
Triton X-100	1%
EDTA	2mmol/L
Tris-HCl (pH 8.1)	20mmoL/L
NaCl	500mmol/L

（6）LiCl Wash Buffer

组成	工作浓度
LiCl	0.25mol/L
IGEPAL-CA630	1%
deoxycholic acid	1%
EDTA	1mmol/L
Tris (pH 8.1)	10mmol/L

（7）TE Buffer

组成	工作浓度
Tris-HCl	10mmol/L
EDTA（pH 8.0）	1mmol/L

50.2.3 结果的分析和理解

1）计算过程

（1）标准化 DNA 的量 Normalize DNA.

ΔCt [normalized ChIP] =（Ct [ChIP] –（Ct [Input] –Log2（Input Dilution Factor）））

Input Dilution Factor =（fraction of the inputchromatin saved）$^{-1}$

（2）计算百分比

% Input = $2^{(-\Delta Ct\ [normalized\ ChIP])}$

（3）要加入阴性对照的 Ct 值

ΔΔCt [ChIP/NIS] = ΔCt [normalized ChIP] –ΔCt [阴性]

（4）计算 Assay Site IP Fold Enrichment Fold Enrichment = $2^{(-\Delta\Delta Ct\ [ChIP/NIS])}$

（5）S1 和 S2 的比值计算

ΔΔCt [S2-S1] = ΔCt [S2:normalized ChIP] – ΔCt[S1:normalized ChIP]

2）无特异性信号的可能情况

（1）细胞用量过少导致最终获得的目的 DNA 片段过少，或者最后产物溶解体积过大导致产物浓度过低，无法利用 PCR 检测到。

（2）目的蛋白与染色质交联效率不高。甲醛交联前，可以通过加入蛋白质-蛋白质交联剂提高最终免疫沉淀的效率，降低非特异性信号。由于有些蛋白质只是短暂地与染色质结合，这种情况下可以通过延长交联时间来提高交联效率。

（3）甲醛交联时间不合适。设置不同时间梯度，找到最适合的交联条件。

（4）交联结束后，需要用甘氨酸中和甲醛，而甘氨酸的用量不足或者交联结束后未能充分洗涤甲醛都能够导致过度交联，这能够降低抗原抗体的特异性结合。

（5）超声后 DNA 片段大小不合适。超声后，将得到的 DNA 片段进行琼脂糖凝胶电泳，根据电泳结果调整超声条件，控制片段大小在 200～1000bp。

（6）抗体不能有效地结合交联后的蛋白质。抗体结合抗原的效率可以通过 Western blot 检测。如果免疫沉淀过程效率不够，有必要更换抗体。很多商品化的抗体都是通过免疫肽段生产的。尽管部分抗肽段抗体与抗原的结合能力很强，但还存在很多抗肽段抗体不能有效地结合抗原。

（7）protein A 与蛋白质之间的相互作用在洗脱过程中被破坏。使用低强度的洗液或者使用 protein G，因为 protein G 与一些不同来源的抗体亲和性更高。

（8）在对结合有抗体抗原以及目的 DNA 片段的 protein A/G 进行非特异性结合的洗涤时，最后未能将洗涤溶液去除干净，影响后续实验。

3）阴性对照组观察到高背景的可能情况

（1）protein A-agarose 非特异性结合。孵育抗体前，protein A-agarose 与染色质孵育的过程中，增加其与染色质孵育的时间。

（2）protein A-agarose 琼脂可能质量不高。换一批次 protein A 进行实验。

（3）实验过程中洗液被基因组或者质粒 DNA 污染。在进行 PCR 时，使用无染色质组做阴性对照。

50.2.4　技术关键和注意事项

1. 细胞

细胞的生长状态直接影响 ChIP 实验的结果。当细胞处于凋亡或其他不健康的状态时，细胞核内的转录调控网络会受到破坏，影响实验结果的重复性。

2. 交联

交联的程度会影响蛋白质与 DNA 的结合，以及后续超声破碎 DNA 效果。交联时间过久，将导致目的蛋白非特异性结合 DNA 及 DNA 片段化难度增高，容易造成假阳性结果；相反，交联时间过短，部分目的蛋白没有固定到 DNA 片段上，同时超声容易破坏蛋白质与 DNA 的结合，造成假阴性结果。因此， 很有必要摸索一个合适的交联条件，一般对于蛋白质和染色质直接作用的研究，使用 1%的甲醛交联即可，但是对于非直接结合的情况，很多科学家会使用双交联的方法，一般使用 DSG［Di（*N*-succinimidyl）glutarate］或者 EGS［ethylene glycol disuccinate bis（sulfo-*N*-succinimidyl）ester］联合甲醛进行交联，能够更稳定地研究这种间接结合 DNA 调控基因表达的情况。

3. 超声

超声破碎是 ChIP 实验过程中至关重要的步骤，由于其受到样本类型、细胞密度、超声功率、超声时间及超声循环数等条件的影响，导致超声过程直接关系到 ChIP 实验的最终结果，尤其是 ChIP 结果的重复性。不建议不进行优化而直接采取已发表文章中的超声方法，尤其是在超声设备与发表文章中不一致的情况下。目前的超声破碎设备主要包括水浴超声和探头超声，水浴超声因具备高通量、非接触的优点而被广泛应用。超声过程中样品需要一直处于低温环境，避免超声导致高温影响蛋白质不可逆变性。一般水浴温度和超声功率比较稳定，超声效果比较理想，结果重复率高；相反，探头超声过程中需要注意探头必须处于样品正中央，避免接触管壁和管底，同时还需要避免气泡产生，只有在超声均匀的情况下， 超声效果好，结果重复率比较高。

4. 抗体

用来进行免疫沉淀的抗体，是 ChIP 实验成功一个至关重要的因素，ChIP 级别的抗体比 Western blot 级别的抗体要求更高。Western blot 级别的抗体只需要识别变性的抗原，而 ChIP 级别的抗体则需要识别抗原的三维结构，或者一个暴露的抗原表位。

50.2.5 小结和展望

目前，不断发展的 DNA 和蛋白质相互作用的方法与技术已经成为研究 DNA 复制、重组、修复和转录的核心。这些技术中，凝胶迁移实验（electrophoretic mobility shift assay，EMSA）是一种在体外快速研究转录调控蛋白和相应核苷酸序列结合的方法，其中蛋白质和 DNA 的复合物在非变性的聚丙烯酰胺凝胶上移动比自由探针慢，另外还可以用竞争性 EMSA 确定 DNA 和蛋白质结合的特异性。虽然 EMSA 能够确定特定蛋白质和 DNA 序列、转录因子和其靶基因启动子区域的结合特性，但是这种体外方法不能真实地反映体内的情况，不能阐明生理条件下蛋白质和 DNA 的相互作用，而且许多转录调控蛋白有相似或相同的 DNA 结合位点，所以严谨性不足。另外，EMSA 法需用放射性标记材料，成本较高。萤光素酶报告基因实验（luciferase assay）最关键的是报告基因的表达不能影响转化细胞的新陈代谢，且目的基因不能是靶细胞内源表达的。酵母单杂交的优点在于可以确定体内 DNA 和蛋白质的相互作用，能够提供细胞核内蛋白前体的正确折叠和修饰；然而在非酵母体系中，应用该方法研究 DNA 和蛋白质相互作用是不可靠的，且易出现假阳性。与这些方法相比，ChIP 是一种在体内研究转录因子和靶基因启动子区域直接相互作用的方法，可以在体内直接确定它们之间相互作用方式的动态变化，能够得到转录因子结合位点的信息，确定其直接靶基因。由于 ChIP 技术具备研究天然状态下 DNA 与蛋白质相互作用的独特优势，ChIP 技术已经成为 DNA 和蛋白质相互作用研究中不可代替的实验技术。

50.3　ChIP-on-chip

50.3.1　ChIP-on-chip 概述：基本原理和概述

ChIP-on-chip 是一项将 ChIP 技术与 DNA 芯片（chip）技术结合，用来研究特定蛋白质与 DNA 的相互作用的技术。与常规 ChIP 相比，ChIP-on-chip 具备 DNA 芯片广谱高效的优势。ChIP 技术主要用来研究感兴趣的蛋白分子 A 与目标 DNA 分子 B 之间的相互作用，而 ChIP-on-chip 技术可以通过一次实验同时检测几千甚至几万个基因组上的特定序列，获得感兴趣的蛋白分子 A 与潜在的一系列 DNA 分子之间相互作用的信息。

ChIP-on-chip 的原理是将 ChIP 技术获得的 DNA 进行扩增，随后用荧光标记物（如 Cy5 或 Alexa 等）标记单链 DNA 片段。标记好的 ChIP-DNA 片段小心滴加到 DNA 芯片上，DNA 芯片的表面按顺序排列着成千上万个短的单链 DNA 探针，当荧光标记的 ChIP-DNA 片段遇到芯片上与之互补的 DNA 探针，二者杂交并在特定位置上形成一个带荧光的双链 DNA 片段。

50.3.2　ChIP-on-chip 方法、流程以及试剂

1. 染色质免疫共沉淀

见 50.2 节。

2. ChIP DNA 的线性扩增

（1）向 ChIP DNA 产物 3′端加 PolyT 尾

（1.1）按下列体系配制溶液，37℃孵育 20min。

DNA	10μg
TdT Buffer	8μL
$CoCl_2$	8μL
8% Nucleotide Solution	8μL
10U/μL TdT	2μL

（1.2）用 QIAGEN Min Elute Kit 纯化回收，并用 20μL 洗脱液溶解 DNA。

（2）向 DNA 片段末端加 T7 启动子。

（2.1）按下列体系配制溶液。

步骤（1.2）中回收的 DNA	20μL
T7(A)18[B] primer	0.3μL
NEB2	2.5μL
dNTP mix1	1μL
ddH_2O	0.2μL

（2.2）将配置好体系按下列反应条件孵育。

94℃孵育	2min
1℃/s 降温到	35℃

35℃孵育　　2min
5℃/s 降温到　　25℃
此时向体系中加入 1μL 5U/μL Klenow酶，37℃孵育 90min。
（2.3）用 QIAGEN Min Elute Kit 纯化回收，并用 20μL 洗脱液回溶 DNA。
（2.4）用真空离心浓缩仪将样本体系浓缩到 8μL。
（3）体外转录扩增
利用 T7 MegaScript 试剂盒将步骤（2.3）回收的 DNA 进行体外转录扩增，随后将产物用 Rneasy Mini Kit 试剂盒回收。这个过程可以将约 50ng 的 DNA 转录为 10 μg 的 RNA。

3. 生物素标记产物 DNA 及芯片杂交

（1）第一链 cDNA 合成
将上一步回收的 10μg RNA 逆转录为 cDNA。10μg RNA 与 1μL Poly RNA 混合，加入 5μL Random Hexamers，最后加水补足到 50μL，按下列反应条件反应。
70℃孵育　　10min
25℃孵育　　5min
4℃孵育　　10min
加入 16μL 5×Buffer、8μL 0.1mol/L dithiothreitol、4μL dNTP Mix 2 和 2μL SuperScript III。
15℃孵育　　30min
1℃/s 升温到　　42℃
42℃孵育　　60min
70℃孵育　　15min
4℃保存
（2）第二链合成。向上一步反应产物中加入 354μL 双蒸水、50μL NEB2、10μL dNTP Mix 2、5μL Klenow酶和 1μL RNase H，并按下列反应条件反应：
15℃孵育　　30min
0.5℃/s 升温到　　37℃
37℃孵育　　80min
70℃孵育　　15min
4℃保存
用 QIAquick PCR Purification Kit 纯化回收产物 DNA。
（3）DNA 片段化。为了使回收的 cDNA 顺利与芯片杂交，用 DNase 将 DNA 消化为长度 50～100bp 的片段。5μg cDNA 与 4μL 1×One-Phor-All-Buffer 混合，随后加入 1.5μL DNase，最后用双蒸水补足到 40μL。37℃孵育 11min，随后立刻放入 99℃金属浴中孵育 10min 终止反应。反应产物用 1%琼脂糖凝胶观察消化结果，注意不要过度消化。
（4）生物素标记。用生物素标记的 dideoxy-ATP 标记片段化的 cDNA。向 25μL 片段化的 cDNA 中加入 7.5μL TdT Buffer、3.75μL $CoCl_2$、1μL biotin-ddATP 和 0.5μL Terminal Transferase Enzyme，最后用无酶水补充到 50μL 体系。将反应液于 37℃孵育 60min，加 2μL 0.5mol/L EDTA 终止反应。
（5）芯片杂交。杂交反应可以在特制的杂交仪（hybridization station）中进行，或者还可以在专用的杂交盒（hybridization station）中进行。杂交仪的优势是一次反应可以供多张芯片同时杂交，有利于杂交条件的标准化，并可有效降低成本。而杂交盒相比更为简便，斯坦福大学 Patrick O. Brown 教授领导的实验室将制作杂交盒的详细说明提供在互联网（http://cmgm.stanford.eduu/pbrowri/index.htmL），同时还提供了芯片设备、样品处理与杂交的完整的实验手册及有关软件的下载。

50.3.3　结果的分析和理解

通常来讲，基因芯片上的杂交信号需要依赖于高灵敏度的检测系统——阅读器（reader）。目前，阅读器主要分为两大类：基于光电倍增管（photomultiplier tube，PMT）的激光共聚焦显微镜检测系统；基于电荷耦联装置（charge-coupled device，CCD）的摄像原理检测系统。基于光电倍增管的激光共聚焦显微镜检测系统的优势是分辨率和灵敏度更高，与之相比，基于电荷耦联装置（charge-coupled devices，CCD）的摄像原理检测系统虽然分辨率和灵敏度略有降低，但其扫描速度快且成本更低。由阅读器读取的原始信号，会含有非特异性的背景噪声部分，因此要对原始数据进行背景处理，即过滤芯片杂交信号中属于非特异性的背景噪声部分。一般以图像处理软件对芯片划格后，以每个杂交点周围区域各像素吸光度的平均值作为背景，但此法存在芯片不同区域背景扣减不均匀的缺点。也可利用芯片最低信号强度的点（代表非特异性的样本与探针结合值）或综合整个芯片非杂交点背景所得的平均吸光值作为背景。

对于利用 Cy5（红）和 Cy3（绿）两种荧光标记，分别标记 ChIP 和 WCE 样本 cDNA 序列的 ChIP-on-chip 数据，阅读器扫描仪采用两种波长对基因芯片的图像进行扫描，根据每个点的光密度值计算相对应的绝对强度（intensity）；然后图像分析软件通过芯片的背景噪声及杂交点的光密度分析，对每个点的 intensity 校准，利用 Cy5/Cy3 的值获取 ChIP 组与 WCE 组的相对值，进行生物信息学分析。

ChIP-on-ChIP 生物信息学分析流程如下：

（1）原始数据标准化（可选软件）：MBR（检测和去除芯片图像中的斑点状污点），MAT（去除 Affymetrix 芯片中序列依赖的探针效应），MA2C（可基于 CG 含量进行双通道芯片的标准化）。

（2）基于标准化后的芯片检测结合区域（可选软件）：MAT、TileMap、TAS（基于移动划窗模型）、HMMTiling、TileMap（基于隐马尔可夫模型）、TileHGMM、BAC（基于树状混合模型）、Mpeak、JBD、MeDiChl（基于回归和内核卷积模型）等。

（3）结合区域注释。

（4）使用 MEME 软件进行 motif 分析。

50.3.4　技术关键和注意事项

（1）Klenow 酶标记后特异性低，可能是由于不同批次 Cy 染料效价不同导致，应更换不同批号的 Cy 染料，重新进行实验。

（2）Klenow 酶标记过程中 DNA 产量过低，可能由于模板 DNA 量不足，应提高模板 DNA 的量，重新进行实验。

（3）芯片扫描后发现荧光信号过低，可能是由于 Cy 染料曝光所致，故 Cy 染料应尽量避光保存，杂交后尽快进行扫描，读取荧光信号。

50.3.5　总结和展望

ChIP-on-chip 技术是将染色质免疫共沉淀富集的 DNA 与芯片杂交，获得一组潜在的、可以与目的蛋白相互作用的 DNA 片段。因此，ChIP-on-chip 应用可以找到转录因子或者染色质相关蛋白与其靶基因的相互作用信息。此外，ChIP-on-chip 不仅可以更广谱地筛选蛋白质的下游靶基因，更重要的是 ChIP-on-chip

可以帮助我们找到蛋白结合位点，也就是基因组上的功能元件（functional element）。通过一系列不同转录因子的 ChIP-on-chip 研究，我们可以找到基因组上启动子、增强子和沉默子等调控 DNA 复制、转录和翻译的顺式作用元件。此外，通过组蛋白的 ChIP-on-chip 研究，可以获得组蛋白修饰在基因组上的分布信息，从另外一个角度研究转录调控的机制。最重要的是，ChIP-on-chip 技术可以建立不同组织及不同生理或病理状态下蛋白质与 DNA 相互作用的图谱，这些信息可以帮助我们进一步在细胞水平或者分子水平了解增殖、凋亡、自噬等生理现象背后的机制。

ChIP-on-chip 技术的广泛应用仍然受到一些条件的制约。首先，ChIP-on-chip 实验中的杂交过程需要微克级的 DNA，而由于细胞样本量少或 ChIP 效率低等原因，无法满足芯片杂交所需要的 DNA 用量。其次，受到 DNA 芯片原理的限制，ChIP-on-chip 只能检测目的蛋白与有限范围内的靶 DNA 之间的相互作用，其结果仍然存在偏倚。

50.4 ChIP-seq

50.4.1 ChIP-seq 概述

ChIP 技术是研究细胞内部在生理状态下蛋白质与 DNA 相互作用的最有力的方法。然而，该方法受限于其只能研究有限的、预先假设的相互作用而无法被广泛应用。ChIP-on-chip 的应用，有效地解决了 ChIP 受其通量限制的问题。然而，ChIP-on-chip 技术也只能研究感兴趣的蛋白质与 DNA 芯片上固定数量及种类的 DNA 探针之间的相互作用。该技术受到芯片上固定数量与种类的 DNA 探针的限制，会给结果带来一定水平的偏倚。与 ChIP-on-chip 相比，同大规模并行测序相整合的 ChIP-seq 技术，摆脱了芯片技术需要预先设定的限制，可以更灵活地研究所有染色质免疫共沉淀后获得的 DNA 序列。

ChIP-seq 的原理是首先利用染色质免疫共沉淀技术特异性地富集目的蛋白结合的 DNA 片段，并对富集的 DNA 片段进行纯化与文库构建（末端修复、加接头、片段筛选与文库扩增），然后利用测序仪对富集得到的片段进行高通量测序。研究人员利用生物信息学方法将获得的数百万条序列精确定位到基因组上，从而获得全基因组范围内目的蛋白与 DNA 片段相互作用的信息。

50.4.2 ChIP-seq 方法、流程以及试剂

1. 染色质免疫共沉淀

见 50.2 节。

2. Illumina 平台 DNA 文库制备流程

1）超声法或核酸酶法处理使 DNA 片段化见 50.2 节。

2）对片段化的 DNA 片段进行末端修复

（1）按下列体系配制反应液：

T4 DNA Ligase Buffer with 10mmol/L ATP	10uL
10mmol/L dNTP mix	4μL
T4 DNA Polymerase	5μL
Klenow Enzyme	1μL

T4 PNK	5μL
片段化 DNA	500ng～2μg
RNase-free Water	至 100μL

（2）用移液枪反复吹吸，使体系充分混匀，瞬时离心。
（3）将离心管置于金属浴中，20℃下孵育 30min。
（4）应用 QIAquick PCR Purification Kit 回收产物 DNA，用 32μL 洗脱缓冲液重悬。
3）对 DNA 片段 3′端加 A 尾
（1）按下列体系配制反应液：

DNA 样本	32μL
Klenow Buffer	5μL
1mmol/L dATP	10μL
Klenow Exo-	3μL

（2）用移液枪反复吹吸，使体系充分混匀，瞬时离心。
（3）将离心管置于金属浴中，37℃下孵育 30min。
（4）应用 QIAquick PCR Purification Kit 回收产物 DNA，用 10μL 洗脱缓冲液重悬。
4）DNA 片段的两端连接带有 Barcode 序列的接头
（1）按下列体系配制反应液：

DNA 样本	10μL
2× DNA Ligase Buffer	25μL
PE Adapter Oligo Mix	10μL
DNA Ligase	5μL

（2）用移液枪反复吹吸，使体系充分混匀，瞬时离心。
（3）将离心管置于金属浴中，20℃下孵育 15min。
（4）应用 QIAquick PCR Purification Kit 回收产物 DNA，用 30μL 洗脱缓冲液重悬。
5）片段筛选与文库扩增
（1）配制 2%琼脂糖凝胶。
（2）将所有 DNA 样本上样，120V 电压下电泳 60min。
（3）紫外灯下观察，并用手术刀切下 400bp 处 2～3mm 宽的条带。
（4）应用 QIAquick Gel Extraction Kit 回收产物 DNA，用 30μL 洗脱缓冲液重悬 DNA。
6）文库扩增及产物回收
（1）按下列体系在 200μL PCR 管中配制反应液：

DNA	30μL
PCR primer PE 2.0	1μL
PCR primer PE 1.0	1μL
Phusion DNA Polymerase	25μL
超纯水	3μL

（2）用移液枪反复吹吸，使体系充分混匀，瞬时离心。
（3）按下列反应程序在 PCR 仪上运行：
①98℃孵育 30s
②98℃孵育 40s
65℃孵育 30s

72℃孵育 30s
共 10 个循环
③72℃孵育 5min
④储存于 4℃
（4）应用 QIAquick PCR Purification Kit 回收产物 DNA，用 30μL 洗脱缓冲液重悬。
（5）配制 2%琼脂糖凝胶。
（6）将所有 DNA 样本上样，120V 电压下电泳 60min。
（7）紫外灯下观察，并用手术刀切下 400bp 处 2～3mm 宽的条带。
（8）应用 QIAquick Gel Extraction Kit 回收产物 DNA，用 30μL 洗脱缓冲液重悬 DNA。

3. Ion Torrent 平台 DNA 文库制备流程

1）超声法或核酸酶法处理使 DNA 片段化
见 50.2.2 节。
2）对片段化的 DNA 片段进行末端修复
（1）按下列体系在 200μL PCR 管中配制反应液，室温孵育 20min

ChIP DNA，10ng	50μL
Nuclease-free Water	29μL
5× End Repair Buffer	20μL
End Repair Enzyme	1μL

（2）片段筛选
A. 第一轮纯化（除去 250bp 以上的片段）
（2.1）向离心管中加入 150μL 无核酸酶水、225μL Agencourt AMPure XP Reagent，涡旋混匀，瞬时离心，室温孵育 5min。
（2.2）将离心管放到磁力架上，室温静置 3min。
（2.3）收集上清到一个新的离心管中。
B. 第二轮纯化（回收 100～250bp 的片段）
（2.4）向离心管中加入 100μL Agencourt AMPure XP Reagent，涡旋混匀，瞬时离心，室温孵育 5min。
（2.5）将离心管放到磁力架上，静置 3min，弃掉上清。
（2.6）立即向离心管中加入 500μL 新配制的 70%乙醇，室温静置 30s，在磁力架上颠倒离心管两次使磁珠混合，待上清澄清后，除去上清。
（2.7）重复步骤（2.6）。
（2.8）将离心管留在磁力架上，室温静置 5min。
（2.9）取下离心管，加入 25μL Low TE（1×TE）缓冲液，涡旋混匀。
（2.10）瞬时离心，将离心管放置到磁力架上 1min，待溶液澄清后，将上清转移至一支新的 200μL PCR 管。
3）接头连接与切口平移
（1）按下列体系在 200 μL PCR 管中配制反应液：

End-repair ChIP DNA	25μL
10× Ligase Buffer	10μL
Ion P1 Adaptor	1μL

Ion Xpress Barcode X+	1μL
dNTP Mix	2μL
DNA Ligase	2μL
Nick Repair Polymerase	8μL
Nuclease-free Water	51μL

（2）用移液枪反复吹吸，使体系充分混匀，瞬时离心。

（3）将 PCR 管置于 PCR 仪中，按下列反应程序运行：

25℃孵育 15min

72℃孵育 5min

储存于 4℃

（4）片段筛选

（4.1）向 PCR 管中加入 140μL Agencourt AMPure XP Reagent，用移液枪反复吹吸，使体系充分混匀，瞬时离心，室温孵育 5min。

（4.2）将离心管放到磁力架上，室温静置 3min。

（4.3）立即向离心管中加入 500μL 新配置的 70%乙醇，室温静置 30s，在磁力架上颠倒离心管两次使磁珠混合，待上清澄清后，除去上清。

（4.4）重复步骤（4.3）。

（4.5）将离心管留在磁力架上，室温静置 5min。

（4.6）取下离心管，加入 25μL Low TE（1×TE）缓冲液，涡旋混匀。

（4.7）瞬时离心，将离心管放置到磁力架上 1min，待溶液澄清后，将上清转移至一支新的 PCR 管。

4）文库扩增与片段筛选

（1）按下列体系在 PCR 管中配制反应液：

Platinum PCR SuperMix High Fidelity	100μL
Library Amplification Primer Mix	5μL
Ligated ChIP DNA	25μL

（2）用移液枪反复吹吸，使体系充分混匀，瞬时离心。

（3）按下列反应程序在 PCR 仪上运行。

①95℃孵育 5min

②95℃孵育 15s

58℃孵育 15s

70℃孵育 1min

共 10～15 个循环

③储存于 4℃

（4）扩增产物纯化

A. 第一轮纯化（除去 1kb 以上的片段）

（4.1）向离心管中加入 195μL 无核酸酶水，160μL Agencourt AMPure XP Reagent，涡旋混匀，瞬时离心，室温孵育 5min。

（4.2）将离心管放到磁力架上，室温静置 3min。

（4.3）将上清转移到新的无核酸酶的 EP 管中，以进行下一轮纯化。

B. 第二轮纯化（回收 200～500bp 的片段）

（4.4）加入 160μL Agencourt AMPure XP Reagent，涡旋混匀，瞬时离心，室温孵育 5min。

（4.5）将离心管放到磁力架上，室温静置 3min。

（4.6）立即向离心管中加入 500μL 新配置的 70%乙醇，室温静置 30s，在磁力架上颠倒离心管两次使磁珠混合，待上清澄清后，除去上清。

（4.7）重复步骤（4.6）。

（4.8）将离心管留在磁力架上，室温静置 5min。

（4.9）取下离心管，加入 25μL Low TE （1×TE）缓冲液，涡旋混匀。

（4.10）瞬时离心，将离心管放置到磁力架上 1min，待溶液澄清后，将上清转移至一支新的离心管。

50.4.3 结果的分析和理解

结果分析见 51 章。

50.4.4 技术关键和注意事项

（1）文库浓度过低，可能原因：细胞量准备不足；DNA 纯化过程中有乙醇残留，抑制了扩增效率；PCR 或者加接头过程反应不够充分；AMPure XP beads 风干过于充分，抑制文库扩增效率；qPCR 时间过短。

（2）文库浓度过高，可能原因： DNA 定量过程中产生误差，利用 TaqMan RNase P Detection Reagents Kit 进行 DNA 定量；起始 DNA 样本过多，建议起始 DNA 样本量少于 100ng。

（3）接头形成二聚体，一般是孵育温度不合适，将孵育温度由 60℃改为 65℃；接头浓度过高时，降低反应体系中接头的使用量。

50.4.5 总结和展望

由于高通量测序技术的高速发展，与高通量测序相结合的 ChIP-seq 技术已经成为研究细胞核内染色质信息最有利的手段。与 ChIP-on-chip 技术相比，ChIP-seq 技术对样本量的要求更低，解决了一些由于样本量太少而无法研究的问题；此外，ChIP-seq 技术可以对全基因组覆盖，得到更多的信息，产生更少的数据偏倚，进而提高数据的准确性与可信度；最后，随着测序成本的不断降低，ChIP-seq 技术的成本已经基本等同于 ChIP-on-chip 技术的成本，而且仍然有下降的空间，意味着 ChIP-seq 技术会进入更多的实验室。

当下，随着 ENCODE 计划、modENCODE 计划及 NIH Roadmap Epigenomics Program 计划的进行，我们已经初步得到了一系列蛋白质与 DNA 相互作用的信息。在未来，随着测序的能力不断提升，会产生越来越多蛋白质与 DNA 相互作用的数据，会得到更多在不同组织、不同细胞类型、不同生理病理状态以及不同发育阶段的染色质修饰和调控信息。为了更深层次地理解这些数据，需要将 ChIP-seq 数据与其他类型的数据综合分析。例如，将 ChIP-seq 数据与 RNA-seq 数据综合分析来阐明基因表达调控网络，以及转录组与表观遗传调控之间的相互作用机制。

ChIP-seq 的进一步应用仍然受到一些条件的制约。首先，需要更多种类达到 ChIP 级别的抗体，以获得更高质量的 ChIP-seq 数据。其次，受到一些样本类型的限制，该技术需要满足更少的起始细胞数量，甚至是单细胞水平。最重要的是，很多实验室的工作人员无法处理高通量测序产生大量的数据。这就要求生物信息学实验室开发出交互界面更友好的分析软件，或者生物信息学实验室与其他类型的实验室可以进行更广阔的交流合作。

50.5　ChIP-exo

50.5.1　ChIP-exo 概述

从三十年前，科学家开始引入 ChIP 技术研究生理状态下目的蛋白与 DNA 之间的相互作用，经过 Chip-on-chip、Chip-seq 等技术的迭代，科学家已经获得了在不同物种、不同组织来源及不同生理病理状态下蛋白质与 DNA 之间相互作用的图谱。然而，现如今的 ChIP-seq 技术，仍然存在两个问题：其一是片段化的 DNA 回帖到基因组上仍然存在约 300bp 左右的误差（分辨率不高）；其二是在免疫共沉淀过程中，会有部分非特异性 DNA 被一起富集，产生背景噪声，对结果造成影响。为了解决这个问题，科学家 Pugh 和他的团队最先利用 Lambda 核酸外切酶处理染色质免疫共沉淀过程中富集的 DNA，从 5′端向 3′端方向剪切掉没有被蛋白质“保护”的 DNA，从而将 ChIP 后测序结果的分辨率由原来的几百个碱基提高到将近一个碱基。

ChIP-exo 的原理是：首先利用染色质免疫共沉淀技术特异性地富集目的蛋白结合的 DNA 片段（解交联之前），随后将 P2-adaptor 连接到 ChIP-DNA 的两端，应用 Lambda 核酸外切酶处理 ChIP-DNA，使双链 DNA 的两条链分别从 5′端开始向中间消化直到核酸外切酶“遇到”DNA 上交联的目的蛋白。解交联后，利用 P2-PCR 引物将洗脱的单链扩增为双链 DNA，并在其 5′端连接 P1-adaptor 来精确地标记外切消化的位点。最后将产物扩增建库，利用测序仪对富集得到的片段进行高通量测序。

50.5.2　ChIP-exo 方法、流程以及试剂

1. 连接 P2-adaptor

（1）按下列体系配制反应液：

Chromatin-beads	20μL
10mmol/L Tris-HCl(pH8.0)	27μL
10×NEBuffer 2	6μL
10×BSA（终浓度 100μg/mL）	3μL
3mmol/L dNTP	3μL
T4 DNA polymerase	1μL

（2）用移液枪反复吹吸，使体系充分混匀，瞬时离心。

（3）将离心管置于震荡金属浴中，12℃下孵育 20min。

（4）向离心管中加入 1mL 含有蛋白酶抑制剂的 Ice-cold FA Lysis Buffer，室温旋转孵育 5min，1000r/min 离心 1min，弃掉上清。

（5）重复步骤（4）。

（6）按步骤（4）方法，用下列含有蛋白酶抑制剂的缓冲液按顺序各洗一次。

Ice-cold FA Wash Buffer 1（high-salt）

FA Wash Buffer 2

FA Wash Buffer 3

TE Buffer

（7）向离心管中加入 1mL 含有蛋白酶抑制剂的 Ice-cold 10mmol/L Tris-HCl (pH 8.0)，1000r/min 离心 1min，弃掉上清。

（8）按下列体系配制反应液，37℃孵育 30min，连接 A 尾：

Chromatin-beads	20μL
10mmol/L Tris-HCl (pH 8.0)	31μL
10×NEBuffer 2	6μL
3mmol/L dATP	2μL
5U/μL Klenow fragment	1μL

（9）按步骤（4）～（6）洗样本。

（10）向离心管中加入 1mL 含有蛋白酶抑制剂的 Ice-cold 10mmol/L Tris-HCl (pH 7.5), 1000r/min 离心 1min，弃掉上清。

（11）按下列体系配制反应液，25℃孵育 90min，连接：

P2-adaptor Chromatin-beads	20μL
10mmol/L Tris-HCl (pH 7.5)	28μL
10×T4 DNA Ligase Buffer	6μL
15μmol/L P2-adaptor	5μL
500U/μL T4 DNA Ligase	1μL

（12）按步骤（4）～（6）洗样本。

（13）向离心管中加入 1mL 含有蛋白酶抑制剂的 Ice-cold 10mmol/L Tris-HCl (pH 7.5) ，1000r/min 离心 1min，弃掉上清。

（14）按下列体系配制反应液，30℃孵育 20min。

Chromatin-beads	20μL
10mmol/L Tris-HCl (pH 7.5)	18μL
10×BSA	12μL
10×phi29 DNA Polymerase Buffer	6μL
3mmol/L dNTP	3μL
10U/μL phi29 DNA Polymerase (final 10U)	1μL

（15）按步骤（4）～（6）洗样本。

（16）向离心管中加入 1mL 含有蛋白酶抑制剂的 Ice-cold 10mmol/L Tris-HCl (pH 7.5) ，1000r/min 离心 1min，弃掉上清。

（17）按下列体系配制反应液，37℃孵育 30min，启动 Lambda 核酸外切酶反应。

Chromatin-beads	20μL
10mmol/L Tris-HCl (pH 9.2)	32μL
10×Lambda Exonuclease Buffer	6μL
5U/μL Lambda Exonuclease	2μL

（18）按步骤（4）～（6）洗样本。

（19）向离心管中加入 1mL 含有蛋白酶抑制剂的 Ice-cold 10mmol/L Tris-HCl (pH 8.0) ，1000r/min 离心 1min，弃掉上清。

2. 将染色质与抗体-磁珠分离

（1）向离心管中加入 450μL ChIP Elution Buffer，65℃孵育 15min。
（2）1000r/min 离心 1min，将上清转移到一个新的离心管中。

3. 解交联并回收 DNA

（1）向离心管中加入 1μL Protease K（20μg/μL），65℃孵育过夜。
（2）第二天，向离心管中加入 450μL 酚/氯仿/异戊醇，涡旋混匀，14 000r/min 室温离心 10min。
（3）将上层水相转移到一个新的离心管中，加入 1mL 无水乙醇和 1μL 糖原 (20mg/mL)，–80℃孵育 1h。
（4）14 000r/min，4℃，离心 15min，弃掉上清。
（5）加入 200μL 70%冰乙醇，室温离心 5min，去上清，乙醇挥发 5min。
（6）11μL TE 缓冲液重悬沉淀并转移到 PCR 管中。

4. 引物延伸以及连接 P1-adaptor

（1）按下列体系配制反应液：

DNA	11μL
10×phi29 DNA Polymerase Buffer	2μL
10×BSA	4μL
4mmol/L dNTP	1μL
20mol/L Library PCR Primer 2	1μL

（2）按下列反应程序在 PCR 仪上运行：
95℃孵育 5min
62℃孵育 5min
室温保存
（3）向反应体系中加入 1μL 10U/μL phi29 DNA Polymerase，置于 PCR 仪中 30℃孵育 20min，65℃孵育 10min。
（4）向反应体系中下列试剂，25℃孵育 1h，添加 P1-adaptor：

TE Buffer	5μL
10×T4 DNA Ligase Buffer	3μL
15μmol/L P1-adaptor	1μL
500U/μL T4 DNA Ligase	1μL

（5）应用 QIAquick PCR Purification Kit 回收产物 DNA，用 30μL 洗脱缓冲液重悬。

5. 文库扩增

（1）按下列体系配制反应液：

DNA	30μL
TE Buffer	3μL
10×standard Taq Reaction Buffer	4μL
25mmol/L dNTP	0.5μL

20μmol/L Library PCR Primer 1	1μL
20μmol/L Library PCR Primer 2	1μL
5U/μL *Taq* DNA Polymerase	0.5μL

（2）按下列反应程序在 PCR 仪上运行：

①95℃孵育 5min

②95℃ 孵育 15s

62℃ 孵育 15s

72℃孵育 1min

共 12～25 个循环

③72℃孵育 5min

④储存于 4℃

（3）应用 QIAquick PCR Purification Kit 回收产物 DNA，用 30μL 洗脱缓冲液重悬。

（4）配制 2%琼脂糖凝胶。

（5）将所有 DNA 样本上样，120V 电压下电泳 60min。

（6）应用 QIAquick Gel Extraction Kit 回收产物 DNA，用 30μL 洗脱缓冲液重悬 DNA。

50.5.3 结果的分析和理解

将测序得到的读段回帖到基因组上，DNA 读段在正义链与反义链的 5′端作为蛋白质与 DNA 相互作用的左右边界。生物信息学分析见 51 章。

50.5.4 技术关键和注意事项

（1）如果在引物延伸阶段，DNA 没有转变为双链形式，说明接头连接过程出现问题，应根据实际情况调整 PCR 反应条件。

（2）如果测序结果显示很低的复杂性，或者存在大量的重复读段，说明 ChIP 过程使用的细胞量不够，应将细胞量提高到 2.5×10^6 以上再进行实验。

50.5.5 总结和展望

ChIP-exo 技术是传统 ChIP-seq 方法的改进与延伸，该技术通过引入核酸外切酶，从而提高 ChIP-seq 数据结果的分辨率，从原来 300bp 左右的误差提高到只有近 1bp 的误差。Lambda 核酸外切酶可以从 5′端向 3′端方向剪切双链 DNA，应用 Lambda 核酸外切酶处理 ChIP 后富集的 DNA，可以使两条链分别从 5′端向中间剪切 DNA，直到核酸外切酶“遇到”DNA 上交联的蛋白质。RecJf 是一种特异于单链的核酸外切酶，其功能是从 5′端向 3′端方向剪切单链 DNA。在 ChIP 实验过程中，DNA 片段可以非特异性地与 Sepharose beads 结合，从而在测序的过程中产生背景噪声，影响结果的准确性。用 RecJf 核酸外切酶处理上一步酶解得到的产物，可以进一步消除 ChIP 过程中引入的非特异性 DNA，进而提高结果的准确性。应用 ChIP-exo 技术可以得到史无前例的高分辨率的蛋白质-DNA 相互作用图谱，这种转变相当于从一台低分辨率的 240p 电视机转变到一套高分辨率的 1080p 家庭影院系统。由于许多疾病的遗传起始位点位于基因编码区域之外，因此该技术的应用将有助于查明复杂疾病特征所在的准确位置。

参考文献

[1] Gilmour, D. S. & Lis, J. T. Detecting protein-DNA interactions *in vivo*: distribution of RNA polymerase on specific bacterial genes. *Proc Natl Acad Sci U S A* 81, 4275-4279(1984).

[2] Gilmour, D. S. & Lis, J. T. *In vivo* interactions of RNA polymerase II with genes of *Drosophila melanogaster*. *Mol Cell Biol* 5, 2009-2018(1985).

[3] Gilmour, D. S. & Lis, J. T. RNA polymerase II interacts with the promoter region of the noninduced hsp70 gene in *Drosophila melanogaster* cells. *Mol Cell Biol* 6, 3984-3989(1986).

[4] Solomon, M. J. *et al.* Mapping protein-DNA interactions *in vivo* with formaldehyde: evidence that histone H4 is retained on a highly transcribed gene. *Cell* 53, 937-947(1988).

[5] Orlando, V. *et al.* Analysis of chromatin structure by *in vivo* formaldehyde cross-linking. *Methods* 11, 205-214(1997).

[6] Kuo, M. H. & Allis, C. D. *In vivo* cross-linking and immunoprecipitation for studying dynamic protein: DNA associations in a chromatin environment. *Methods* 19, 425-433(1999).

[7] Thorne, A. W. *et al.* Native chromatin immunoprecipitation. *Methods Mol Biol* 287, 21-44(2004).

[8] Fanelli, M. *et al.* Chromatin immunoprecipitation and high-throughput sequencing from paraffin-embedded pathology tissue. *Nat Protoc* 6, 1905-1919(2011).

[9] Hecht, A. *et al.* Spreading of transcriptional repressor SIR3 from telomeric heterochromatin. *Nature* 383, 92-96(1996).

[10] Rundlett, S. E. *et al.* Transcriptional repression by UME6 involves deacetylation of lysine 5 of histone H4 by RPD3. *Nature* 392, 831-835(1998).

[11] Boyd, K. E. & Farnham, P. J. Myc versus USF: discrimination at the cad gene is determined by core promoter elements. *Mol Cell Biol* 17, 2529-2537(1997).

[12] Parekh, B. S. & Maniatis, T. Virus infection leads to localized hyperacetylation of histones H3 and H4 at the IFN-beta promoter. *Mol Cell* 3, 125-129(1999).

[13] Shang, Y. *et al.* Cofactor dynamics and sufficiency in estrogen receptor-regulated transcription. *Cell* 103, 843-852(2000).

[14] Wathelet, M. G. *et al.* Virus infection induces the assembly of coordinately activated transcription factors on the IFN-beta enhancer *in vivo*. *Mol Cell* 1, 507-518(1998).

[15] Iyer, V. R. *et al.* Genomic binding sites of the yeast cell-cycle transcription factors SBF and MBF. *Nature* 409, 533-538(2001).

[16] Ren, B. *et al.* Genome-wide location and function of DNA binding proteins. *Science* 290, 2306-2309(2000).

[17] Barski, A. *et al.* High-resolution profiling of histone methylations in the human genome. *Cell* 129, 823-837(2007).

[18] Johnson, D. S. *et al.* Genome-wide mapping of *in vivo* protein-DNA interactions. *Science* 316, 1497-1502(2007).

[19] Mikkelsen, T. S. *et al.* Genome-wide maps of chromatin state in pluripotent and lineage-committed cells. *Nature* 448, 553-560(2007).

[20] Robertson, G. *et al.* Genome-wide profiles of STAT1 DNA association using chromatin immunoprecipitation and massively parallel sequencing. *Nat Methods* 4, 651-657(2007).

王玺 博士，首都医科大学基础医学院免疫学系教授、系主任、博士生导师。北京市肿瘤侵袭和转移机制研究重点实验室主任，首都医科大学肿瘤学系（院）副主任，首都医科大学儿童血液肿瘤诊疗与研究中心副主任。本科和硕士毕业于北京大学医学部，博士毕业于美国宾夕法尼亚州立大学。2004～2012 年在哈佛大学医学院工作（博士后/儿科讲师）。曾任天津医科大学基础医学院副院长、细胞生物学系教授兼创系系主任。在染色质结构分析、恶性肿瘤发生发展的表观遗传调控、免疫细胞发育和功能的表观遗传调控等领域的科研成果以（共同）第一作者或通讯作者于 *PNAS*、*Nature Medicine*、*Cancer Cell*、*Journal of Clinical Investigation*、*Science Signaling*、*Cancer Research*、*Nucleic Acids Research*、*Journal of Immunology* 等杂志发表多篇文章并多次受邀到国际会议做大会报告。迄今以第一作者或通讯作者发表的文章累计影响因子

270，单篇最高 36，总引用数累计达 1400 次，单篇最高引用数 492 次。作为 973 计划、国家自然科学基金等国家级项目的课题负责人；被授予“北京市高水平创新团队带头人”、“天津市科技创新中青年领军人才”等荣誉。目前研究方向：①免疫细胞发育和功能的表观遗传调控；② 恶性 T 细胞淋巴瘤、膀胱癌、胃癌等恶性肿瘤免疫治疗的表观遗传调控；③慢性阻塞性肺炎发生发展中炎症反应的表观遗传调控。

第 51 章　ChIP 的生物信息学

邵　振
中国科学院上海营养与健康研究所

本章概要

本章介绍了 ChIP-seq 数据分析的基本流程，以及同种细胞多个 ChIP-seq 样本整合分析和多种细胞的多个 ChIP-seq 样本的比较分析方法。

ChIP-seq 数据分析的流程包括：数据质量评估、基因组比对、峰识别（peak calling）、信号峰的基因组定位分析、基因组序列分析、调控功能分析等。

对来自相同细胞状态的多个 ChIP-seq 样本进行整合分析，有助于理解该细胞的染色质状态。目前常用 chrmoHMM 进行计算，Epigenome Roadmap 运用 ChromHMM 对 127 个人类组织细胞和细胞系的染色质状态进行了系统描述。

如果需要研究胚胎发育、疾病发生等过程中重要调控因子或组蛋白修饰的 ChIP-seq 信号的变化，则需要对跨细胞状态的 ChIP-seq 样本进行比较分析。对于双细胞状态的分析，常用的定量比较分析工具包括 MAnorm 和 THOR。而对多细胞状态进行分析时，需要针对具体问题具体分析。例如，可以分析某种细胞状态特异的调控元件；可以基于所比较的 ChIP-seq 样本对感兴趣的基因组区域进行聚类分析，研究所比较蛋白质的染色质结合在不同细胞状态间的分布模式；对染色质状态进行跨细胞分析；等等。

尽管 ChIP-seq 数据分析对于刻画蛋白质的染色质结合和理解其生物功能至关重要，但是选择不同分析工具所得出的结果往往仍存在较大差别。研究者应根据具体的生物学问题和可获得的数据来选择恰当的工具。此外，对于 ChIP-seq 数据，未来还需要开发出更有效地针对整型随机变量分布进行分析的方法。

染色质免疫共沉淀测序（chromatin immunoprecipitation sequencing，ChIP-seq）是目前研究体内 DNA 与蛋白质相互作用最常用的方法。下面我们将介绍其测序数据的分析流程。

51.1　ChIP-seq 数据概述

51.1.1　ChIP-seq 实验的基本原理及应用

1. ChIP-seq 实验的基本原理

染色体免疫共沉淀测序（ChIP-seq）实验是在全基因组水平研究蛋白质在染色质上结合的重要工具。它的基本原理是用甲醛等手段将 DNA 与其上结合的蛋白质交联，然后经过细胞破碎、超声、特异性蛋白质抗体富集等一系列步骤，得到纯化后的目的 DNA 片段，最后对其进行文库构建和高通量测序。

2. ChIP-seq 实验的常见应用

当前 ChIP-seq 实验主要应用于发掘基因组上转录因子和染色质重构因子的结合位点，以及携带特定组蛋白修饰的染色质区域。其中包括：调控细胞谱系分化的转录因子（如 GATA1 等），稳定染色质空间结构的 CTCF（如组蛋白乙酰转移酶 P300 等），特定的组蛋白及修饰，等等。

51.1.2 ChIP-seq 数据的常见格式

1. FASTQ 格式数据

FASTQ 是包括 ChIP-seq 在内许多新一代测序实验原始数据的格式。它一般以四行为一单元，饱含每一条测序读本（read）的序列和对应的质量信息。

2. SAM/BAM 格式数据

SAM 是一种序列比对格式标准，一般表现为以 TAB 为分割符的文本格式。它主要应用于对测序序列比对到基因组上的结果进行展示。BAM 是 SAM 的二进制格式，用于压缩文件占用的空间。

3. BED 格式数据

BED 格式有 3 个必需的列和 9 个额外可选的列，用来描述特定基因组位置的坐标和注释信息。它是一种比较简略的位置信息储存文本格式，在 ChIP-seq 数据中常用于存储测序读本比对到基因组后的位置信息、识别的峰区基因组坐标，以及一些必要的注释信息，所以文件一般较 SAM 格式小很多。

4. 用于 ChIP-seq 信号可视化的数据格式

ChIP-seq 信号的可视化主要用于观察基因组特定区域的信号强度，常见的包括 WIG、BedGraph 等文本格式，以及它们的二进制格式如 BIGWIG、TDF 等[1]。

51.1.3 几个重要的 ChIP-seq 数据库和资源网站

早期的 ENCODE、modENCODE 及后续的 Epigenome Roadmap、BluePrint 等项目均生成了大量针对重要转录因子和组蛋白修饰的 ChIP-seq 数据，并提供相应的数据浏览和下载服务[2]。ENCODE 主要包括上百种人和小鼠常见的细胞系，Epigenome Roadmap 则覆盖数十种人体主要组织细胞。另外，GEO 和 ArrayExpress 还存储了大量课题研究产生的 ChIP-seq 数据。

51.2 单个 ChIP-seq 样本的预处理和下游分析

51.2.1 ChIP-seq 数据的预处理

1. ChIP-seq 数据的质量评估

对 ChIP-seq 数据的质量评估主要包含测序质量和信噪比这两个方面。在将序列比对到参考基因组之前，一般需要使用 FastQC 等软件对测序质量进行总体评估，包括读本上不同位置的测序质量、碱基比例、高频的序列字串等。通常 ChIP-seq 数据读本两端的测序质量较差，而读本中也可能包含大量的接头片段。这时需要用专门的软件将其去掉。完成基因组比对后，信噪比是另一个常被评估的指标。例如，CHANCE 软件使用其作为评价每组 ChIP-seq 样本免疫沉淀富集强度的指标。

2. ChIP-seq 数据的基因组比对

Bowtie 和 BWA 等软件常被用于将 ChIP-seq 数据比对到目标基因组[3]。一般来说，当少于 50%的读本能够被唯一比对到目标基因组时，需要考虑数据质量是否偏低。较低的唯一比对率可能由过多的 PCR 扩增、样品污染或降解，甚至测序平台或抗体本身的质量问题所导致。此外，选择适当的序列匹配参数有助于提高唯一比对率。

51.2.2　ChIP-seq 样本的峰识别

1. 窄峰的识别方法与工具

对于大多数转录因子和 H3K4me3、H3K27ac 等组蛋白修饰，其基因组结合位点的 ChIP-seq 信号主要呈现为窄峰（sharp peak）的形式。MACS 和 SPP 等常用峰识别软件都能很好地识别窄峰[4]。它们一般采用窗口平扫的方法识别潜在的信号峰。此外，它们常会合并相邻的窄峰。有时这会导致连绵的窄峰被合并为一个过长的峰区，从而降低下游分析的分辨率。针对这一问题，PeakSplitter 能够基于峰内 ChIP-seq 信号的相对涨落将连绵的峰区拆分为若干个子峰，从而更准确地推测结合位点。

2. 宽峰的识别方法与工具

包括 H3K27me3、H3K9me3 和 H3K36me3 在内的很多组蛋白修饰的信号富集区往往表现为宽峰（broad peak）的形式。它们与窄峰不同，往往不包含明显的峰顶（summit），信号较为平滑。前述的 MACS 和 SPP 等软件可以通过提高平扫窗口宽度的手段来识别宽峰。但也有许多软件如 SICER、CCAT、ZINBA 和 RSEG 等被特别地开发出来用于识别宽峰。

51.2.3　基于 ChIP-seq 信号峰的下游功能分析

1. 基因组定位分析

对 ChIP-seq 样本进行峰识别后得到的一组峰区常被用于推测所研究蛋白质在相应细胞状态下的主要基因组结合区域。一个常见的下游分析是统计所得峰区在不同基因组区域中的分布情况。例如，计算它们在启动子、外显子、内含子和基因间区中的比例，能够推断该蛋白质是否偏好结合在特定的基因组区域。

2. 基因组序列分析

使用 MEME 等软件包对转录因子 ChIP-seq 样本峰区的基因组序列进行从头基序搜索（*de novo* motif finding），常被用于发掘所研究转录因子特异性识别的 DNA 序列。此外，发掘在特定 ChIP-seq 样本峰区中显著富集的已知转录因子结合基序不仅能指导评价数据质量，还能帮助推测所研究蛋白质的染色质结合辅助因子。

3. 调控功能分析

不同蛋白质的染色质结合时常会导致不同的调控效果。例如，处于转录激活状态的基因的启动子区常出现 H3K4me3 和 H3K27ac 等组蛋白修饰和激活性转录因子的结合，而 H3K27me3 或 H3K9me3 的出现则往往代表基因处于转录沉默状态。另外，H3K4me1 和 H3K27ac 常被用于定义特定细胞类型的增强子元件，而粘连蛋白和中介体复合物则介导了远端增强子到基因启动子的环化。在定义了信号峰的靶基因之后，通过分析这些基因的表达水平及它们在所研究蛋白质被敲低或敲除之后的表达变化，能够推断该蛋白质对其靶基因是执行转录激活还是抑制功能。另外，使用 DAVID、GREAT 或者 GSEA 工具对这些靶基因进行信息富集能够推测所研究蛋白质调控的功能通路。

51.3 来自相同细胞状态的多 ChIP-seq 样本整合分析

染色质状态（chromatin state）即染色质同一区域上的多种组蛋白修饰和染色质调控蛋白的结合状态，以及它们所决定的该区域的功能活性状态。

51.3.1 染色质状态的鉴定和功能分析

1. 染色质状态概念的提出

许多研究表明染色质上同一区域往往覆盖着多种组蛋白修饰和其他控制染色质功能结构的蛋白质，而它们共同决定了该区域的功能活性状态。因此，近年来人们提出染色质状态这一概念，并根据它将特定细胞状态下的基因组按照染色质上组蛋白修饰和其他重要蛋白的组合模式的不同而分为处于不同功能状态的区域，如活性染色质（active chromatin）区和非活性染色质（inactive chromatin）区。活性染色质区一般是指具有转录活性的区域，而非活性染色质区则往往处于低转录活性甚至转录沉默状态。

2. 染色质状态的常用定义方法

ChromHMM 是目前常被用于定义染色质状态的计算工具[5]。它通过使用隐马尔可夫模型整合分析来自相同细胞类型的多个 ChIP-seq 样本并识别其中主要的组合结合模式，从而能够对染色质状态做出细致的推测。

3. 染色质状态的功能分析

Epigenome Roadmap 运用 ChromHMM 对 127 个人类组织细胞和细胞系的染色质状态进行了系统描述[6]。该分析基于每种细胞的 H3K4me1、H3K4me3、H3K36me3、H3K27me3 和 H3K9me3 等常见组蛋白修饰和控制染色质三维结构的 CTCF 的 ChIP-seq 数据，将全基因组分为增强子（enhancer）、启动子（promoter）、绝缘子（insulator）、抑制区（repressed）、转录区（transcription）、异染色质（heterochromatin）

和重复区（repeat）等不同的染色质状态区。

51.3.2　转录因子的组合调控分析

1. 转录因子之间的共定位分析

许多转录因子在染色质上表现出强烈的共定位关系。解析转录因子之间是否存在共定位关系，可通过整合分析其 ChIP-seq 数据实现。例如，通过识别各自样本的信号峰，找到它们在相应细胞状态的全基因组结合位点，再通过不同转录因子信号峰之间的重叠推测它们的共定位关系。

2. 多转录因子组合调控模式的鉴定及功能分析

很多情况下，调控元件的激活和下游基因的表达依赖于多种转录因子的组合调控。目前常见的转录因子组合调控模式分析有两类：一种基于转录因子 ChIP-seq 信号对目标区域进行聚类分析，将其分为携带不同转录因子组合的数个集群并进行下游功能分析[7]；另一种是假设已经熟知几类调控元件，如增强子、绝缘子和启动子等，通过多元回归分析来识别不同组合模式在各类调控元件中的协同与拮抗作用，最终理解多因子组合模式对这些调控元件功能的决定作用。

51.4　跨细胞状态的 ChIP-seq 样本比较分析

比较来自不同细胞状态的 ChIP-seq 样本有着广泛的生物学意义。例如，研究胚胎发育、疾病发生等过程中重要调控因子或组蛋白修饰的 ChIP-seq 信号的变化，对于理解组织特异性基因表达谱的建立机制和发掘控制细胞状态转换的关键调控因子极为重要。下面介绍常见的 ChIP-seq 样本的比较分析及相关的计算工具。

51.4.1　基于双 ChIP-seq 样本比较的差异结合分析

1. ChIP-seq 样本的定性比较分析

实际研究中，经常需要比较特定蛋白来自于不同细胞状态的两个 ChIP-seq 样本，如分别来自突变体与野生型或者组织病变前后的样本。最常用的分析策略是首先对两个样本各自进行峰识别，再比较两组峰之间的重叠，最后将其中仅在一个样本中被识别为峰的区域作为所比较蛋白的差异结合位点。这种定性的比较分析十分依赖于 ChIP-seq 样本峰识别的方法和参数设置。因此，其结果常常假阳性率较高，一般仅在两种细胞状态差别较大时可用。

2. ChIP-seq 样本的定量比较分析

近年来，许多计算模型被开发出来用于对 ChIP-seq 样本进行定量比较。这些模型一般首先对被比较的两个样本进行信号标准化，定量刻画每个基因组区域或者潜在结合位点附近的 ChIP-seq 信号强度变化，并运用统计模型推断其统计显著性，常用工具包括 MAnorm 1/2 和 THOR[8,9]。这类方法能够更精确地识别峰区 ChIP-seq 信号的定量变化，所得的差异结合位点可信度较高，对于比较两个相近的细胞状态（如两个紧邻的发育时期）尤为有效。

3. 差异结合位点的下游功能分析

蛋白质在不同细胞状态之间的染色质结合差异常会导致下游基因的表达变化，因此对其有着复杂多样的下游功能分析。常见的分析包括：鉴定差异结合位点的靶基因及这些基因富集的功能通路，解析差异结合事件的生物学意义；探索差异结合位点附近是否富集其他转录因子的结合位点，推测介导所研究蛋白质的细胞类型特异性染色质结合的辅助调控因子；等等。

51.4.2 跨细胞状态的多 ChIP-seq 样本比较分析

1. 多细胞状态的 ChIP-seq 样本比较分析

多细胞状态的 ChIP-seq 数据分析很大程度上依赖于具体的研究问题。例如，将其中一种细胞状态的 ChIP-seq 数据，分别与其他每一种参考细胞状态的数据进行比较，能够较为可靠地鉴定该细胞状态特异的调控元件；定量地刻画某个基因组区域在多细胞状态之间的 ChIP-seq 信号变化水平，探索该区域染色质状态的可塑性[10]。作为起始，可以基于所比较的 ChIP-seq 样本对感兴趣的基因组区域进行聚类分析，来研究所比较蛋白质的染色质结合在不同细胞状态间的分布模式。必须注意的是，在所比较样本较为相似或者信噪比差别较大时，需要小心选择 ChIP-seq 信号标准化和后续量化分析的方法。

2. 鉴定两个细胞状态之间的染色质状态变化

这种情况下的分析，与之前提到的基于双样本的 ChIP-seq 信号比较分析极为相似。不同点在于，每一个细胞状态的 ChIP-seq 数据均涵盖染色质状态相关的主要组蛋白修饰和其他蛋白质。这样，研究者就能更精确地衡量所比较的两个细胞状态之间的染色质状态变化，例如，特定基因的启动子是否由活性启动子状态转换到同时包含 H3K4me3 和 H3K27me3 两种修饰的二价启动子状态，等等。

51.5 ChIP-seq 数据分析的挑战与展望

尽管 ChIP-seq 数据分析对于刻画蛋白质的染色质结合和理解其生物功能至关重要，但是选择不同分析工具所得出的结果往往仍存在较大差别。研究者应根据具体的生物学问题和可获得的数据来选择恰当的工具。本节提出两个常见的分析难点，并展望 ChIP-seq 数据分析的未来发展。

51.5.1 当前表观遗传研究前沿课题提出的 ChIP-seq 数据分析挑战

1. 面向个体的表观基因组分析

近年来许多研究表明，同一种细胞类型的表观基因组，如染色质上的组蛋白修饰水平和 DNA 甲基化，在个体间仍存在明确的差异，虽然很多时候仅表现为定量的变化，而这些差异与环境因素，以及个体自身的基因型和表型都存在着确定的联系[11]。研究个体表观基因组，对于理解生物的进化和受环境的影响、发展疾病的个性化治疗都至关重要。然而，面向个体的表观基因组分析仍然是一个巨大挑战。一方面，这样的分析通常涉及很高的数据维度。也就是说，所分析的数据需要涵盖多种调控因子或者多个个体才能比较可靠地发掘重要的个体表观组差异位点。因此，深度剖析这些数据需要从不同的侧面和角度入手。另一方面，正因为数据量过于庞大，所分析的 ChIP-seq 样本中极可能有着较强的批次效应，而目前还没有专门为 ChIP-seq 数据开发的移除批次效应的计算方法。

2. ChIP-seq 数据与其他组学数据的整合分析

将 ChIP-seq 数据与其他组学数据进行整合分析，有助于挖掘数据中包含的具体生物学意义。例如，整合 ChIP-seq 数据和染色质长距离相互作用数据（如 Hi-C 或 ChIA-PET 数据），可以推断增强子和靶基因之间的调控关系；在比较疾病组织和正常组织时，引入基因组测序数据并识别表观修饰区内存在的基因组突变位点，可以帮助发掘重要的致病非编码突变。但是，正如前文所述，这类分析所涉及的数据维度通常较高，而个体之间的表观组差异也往往较为微弱，很容易被数据噪声掩盖，因此分析工作的难度极高。

51.5.2 ChIP-seq 数据分析的未来发展

一个广泛存在的新一代测序数据分析难点在于，这些数据经处理后得到的往往是整型的、离散的测量值，而不是连续的信号强度值。从统计理论上讲，对于整型随机变量的分布（如泊松分布和负二项分布），其数学性质不像连续型分布（如正态分布）那样完备和易于解析。这大大增加了测序数据的分析难度，并且限制了它们的分析类型。针对这一现象，一些分析软件如 voom 将整型 RNA-seq 数据转变为近似符合正态分布的连续型信号强度，从而大大拓宽了能用于 RNA-seq 数据的分析类型，例如，许多为传统数据类型如芯片数据开发的旧有统计模型由此可以使用[12]。在将来，我们期望会有类似的针对 ChIP-seq 数据的方法被开发出来。

参考文献

[1] Robinson, J. T. *et al.* Integrative genomics viewer. *Nat Biotechnol* 29, 24-26(2011).

[2] Consortium, E. P. An integrated encyclopedia of DNA elements in the human genome. *Nature* 489, 57-74(2012).

[3] Langmead, B. *et al.* Ultrafast and memory-efficient alignment of short DNA sequences to the human genome. *Genome Biol* 10, R25(2009).

[4] Zhang, Y. *et al.* Model-based analysis of ChIP-Seq(MACS). *Genome Biol* 9, R137-R137(2008).

[5] Ernst, J. & Kellis, M. ChromHMM: automating chromatin-state discovery and characterization. *Nat Methods* 9, 215-216(2012).

[6] Roadmap Epigenomics, C. *et al.* Integrative analysis of 111 reference human epigenomes. *Nature* 518, 317-330(2015).

[7] Xu, J. *et al.* Combinatorial assembly of developmental stage-specific enhancers controls gene expression programs during human erythropoiesis. *Dev Cell* 23, 796-811(2012).

[8] Tu S. *et al.* MAnorm2 for quantitatively comparing groups of ChIP-seq samples. *Genome Research* 31:131-145(2015).

[9] Allhoff, M. *et al.* Differential peak calling of ChIP-seq signals with replicates with THOR. *Nucleic Acids Res* 44, e153(2016).

[10] Pinello, L. *et al.* Analysis of chromatin-state plasticity identifies cell-type-specific regulators of H3K27me3 patterns. *Proc Natl Acad Sci U S A* 111, E344-E353(2014).

[11] Kasowski, M. *et al.* Extensive variation in chromatin states across humans. *Science* 342, 750-752(2013).

[12] Law, C. W. *et al.* voom: Precision weights unlock linear model analysis tools for RNA-seq read counts. *Genome Biol* 15, R29-R29(2014).

邵振 博士，中国科学院上海生命科学研究院马普伙伴计算生物学研究所（现中国科学院上海营养与健康研究所）研究员，课题组长。2009 年获中国科学院理论生物物理博士学位，2009～2013 年在美国哈佛医学院达纳法伯癌症研究所开展生物信息博士后研究，2013 年年底全职回国加入中国科学院。在国外期间主要从事血液细胞分化以及干细胞干性维持的调控网络研究。回国后，专注于围绕基因表达调控和表观基因组学开展计算生物学研究，开发了多种用于生物组学数据统计和整合分析的计算模型和流程。开发的 MAnorm112 和 MAmotif 等计算模型实现了 ChIP-seq 数据的定量比较与差异结合分析，并能通过进一步与转录因子结合信息进行整合分析从而发掘潜在的细胞类型特异性调控因子；开发的 MAP 模型实现了不依赖于额外的技术重复数据而直接对 iTRAQ 定量蛋白组数据进行误差建模，能够有效提升 iTRAQ 定量蛋白组数据差异表达分析的效率和精度。已在 *Genome Biology*、*Nature Cell Biology*、*Developmental Cell*、*Molecular Cell* 等期刊发表学术论文 20 余篇。

第 52 章　lncRNA 的检测及研究方法

宋　旭　李　灵
四川大学

本章概要

本章介绍了长非编码 RNA（long non-coding RNA，lncRNA）的检测手段与研究方法。

第一，在 lncRNA 的筛查中，可以用基因芯片（microarray）、RNA-seq、GRO-seq 等方法对不同生物学环境中的功能性 lncRNA 进行初步筛查。

第二，对于 lncRNA 的鉴定，可以用 cDNA 末端快速扩增技术（rapid amplification of cDNA end，RACE）克隆 lncRNA 的全长序列；用软件工具预测 lncRNA 的编码潜能；用核糖体富集分析检测 lncRNA 是否可被翻译。此外，还可用细胞组分特异性 qRT-PCR、荧光原位杂交（fluorescence *in situ* hybridization，FISH）等方法检测 lncRNA 的亚细胞定位。

第三，对 lncRNA 的表达量，可以通过 Northern blot、qRT-PCR、ISH 和 FISH 进行检测。

第四，检测 lncRNA 与 DNA 的相互作用，即 lncRNA 在基因组上的结合位点，可以通过 ChIRP（chromatin isolation by RNA purification）、CHART（capture hybridization analysis of RNA target）和 RAP（RNA antisense purification）等方法进行。

第五，RNA-蛋白质的相互作用，可以通过 RIP、CLIP、RNA-SELEX 等方法找到与目的蛋白结合的 RNA；而 ChIRP-MS 和 RAP-MS 等手段可研究与目的 RNA 结合的蛋白质组；用 RNA pull-down 可以富集与 RNA 结合的蛋白质或蛋白质复合物；也可以结合蛋白质免疫荧光和 FISH，利用成像学手段检测 RNA-蛋白质相互作用。

第六，用电泳迁移率变化分析（electrophoretic mobility shift assay，EMSA），亦即凝胶迁移实验（gel shift assay）在体外确认 RNA 与目的蛋白的结合。

对 lncRNA 的表达如何被调控，则可通过甲基化特异性 PCR（methylation-specific PCR，MSP）和亚硫酸氢钠测序检测 lncRNA 基因启动子的 DNA 甲基化修饰，用 ChIP 检测 lncRNA 基因的活性状态，用 DNA-EMSA 检测 lncRNA 基因特定区域与蛋白质的结合情况，以及用报告基因分析验证 lncRNA 表达的调控机制。

52.1　概　　述

长非编码 RNA（lncRNA）是一类不具备蛋白质编码潜能，且长度大于 200nt 的转录本。近年来已在不同的生命体中发现了成千上万条 lncRNA；然而，它们当中的绝大多数有何生物学功能、以何种分子机制发挥功能效应尚不得而知。随着部分 lncRNA 的功能被注释，我们推测这些数量巨大的 lncRNA 能够在表观遗传、转录、转录后等多个层面调控基因表达，从而实现对各种生理病理过程的调控。不同亚细胞定位的 lncRNA 可能以不同的方式发挥功能：某些定位于细胞核的 lncRNA 可以调节特定基因的表观遗传状态，参与基因的转录调控及诸如可变剪接等转录后调控，或者参与细胞核亚结构的构建；在细胞质中，lncRNA 可以调节 mRNA 的稳定性，还能够通过不同的效应机制调节目标 mRNA 的翻译（如通过与目标 mRNA 的碱基配对，以及通过作为 miRNA 的前体或竞争性抑制 miRNA 的活性调节 mRNA 翻译）。正是由于 lncRNA 生物学功能及其效应机制的多样性和复杂性，近年来研究者开发了众多研究方法用于功能性 lncRNA 的筛查和深度解析。在本章内容中，我们将逐一介绍用于功能性 lncRNA 筛查、lncRNA 功能效应及效应机制解析的研究方法。利用这些技术方法，科研人员已经在功能性 lncRNA 的研究中取得了巨大进展。

52.2 功能性 lncRNA 的筛查

关键概念

- 基于 RNA-seq 的转录组分析是发现新的 lncRNA，以及进行 lncRNA 表达分析的有力工具。
- GRO-seq（global nuclear run-on sequencing）是一种专门检测新生转录本的方法。
- RNA 免疫沉淀（RNA immunoprecipitation，RIP）是一种用于研究特定蛋白与 RNA 相互作用的实验技术。
- 紫外交联免疫共沉淀测序（CLIP-seq）：通过将紫外交联（UV cross-linking）、免疫共沉淀和高通量测序等步骤有机整合，可以高通量研究 RNA 结合蛋白在体内与众多 RNA 靶标的结合模式，分析 RNA 靶标在 RNA 结合蛋白上的互作位点，并揭示 RNA 结合蛋白在特定生物学过程中的功能，是一种在全基因组水平揭示 RNA 分子与 RNA 结合蛋白相互作用的革命性技术。
- SELEX 技术即指数富集的配基系统进化技术（systematic evolution of ligands by exponential enrichment，SELEX）。

测序技术的快速发展使人们发现了为数众多的、包含 lncRNA 在内的 ncRNA。尽管我们最初对这些转录本的功能知之甚少，但高通量的技术手段能够使我们更加容易地对不同生物学环境中的功能性 lncRNA 进行初步筛查。基因芯片、RNA 深度测序（RNA deep sequencing，RNA-seq），以及其他的基于全基因组分析的方法已经被广泛用于 lncRNA 的大规模筛选。尽管如此，这些技术方法必须与下游的功能鉴定和效应机制解析等有机结合才能产出更加具有科学意义的研究结果；此外，倘若将功能性 lncRNA 的筛查和效应机制研究有机整合，这将更加有利于规避 lncRNA 研究的盲目性。

52.2.1 Microarray、RNA-seq 和 GRO-seq

基因芯片是从组学层面研究基因转录的有效手段。较之于蛋白质编码基因，lncRNA 的功能注释尚处于起步阶段。尽管如此，近年来已有很多新建数据库（如 lncRNAdb[1]，NONCODE[2]及 LNCipedi[3]）用于储存 lncRNA 的序列信息或功能注释[4]。一些重要的组织和平台正在尝试开发一种更加统一的系统用于 lncRNA 的注释。隶属于 ENCODE Project 的 GENCODE Consortium 致力于人类 lncRNA 的注释[5]。为了更加深入地了解 lncRNA 的表达情况，GENCODE 已经开发了一种商业化的表达谱芯片，该芯片能够同时检测超过 2 万条的 lncRNA 和 1.7 万条蛋白质编码基因。可以预见的是，在转录本功能注释和 lncRNA 芯片研发上的进展，将进一步促进 lncRNA 的表达研究。

RNA-seq 的技术进步和广泛应用直接推动了 lncRNA 的发掘。RNA-seq 以 cDNA 二代测序（next-generation sequencing，NGS）为基础，其不仅可以获得 RNA 的序列信息，还能够检测 RNA 在特定时间，以及在特定细胞、组织或器官中的表达丰度[6]。较之于表达谱芯片，RNA-seq 能够从组学层面更加精确且灵敏地检测基因的表达情况[7-9]。RNA-seq 能够区分不同种类的 lncRNA，如来源于蛋白质编码基因反义链的转录本、来源于增强子或基因组重复区的转录本、来源于启动子双向转录的转录本，以及来源于基因间区域的转录本[10]。研究者可以利用 RNA-seq 对转录本进行定量检测，比较分析 lncRNA 在不同条件、不同发育阶段及不同组织器官中的表达水平，从而揭示出一个全方位的 lncRNA 动态表达谱。此外，基于 RNA-seq 的单细胞测序技术还可以针对极少量的细胞开展研究，从而使对痕量生物样本开展转录组分析成为可能。

基于 RNA-seq 的转录组分析是发现新的 lncRNA，以及进行 lncRNA 表达分析的有力工具。对 RNA-seq 技术进行改良，无论对实验生物学还是对计算生物学而言均是当前的研究热点。由于细胞转录本的复杂性，由 RNA 合成产生 cDNA 的逆转录反应会无法避免地造成 RNA-seq 数据的失真和偏差。在实验生物学层面，直接以 RNA 作为模板进行测序反应可有效解决这一问题；在计算生物学层面，序列分析算法的改进同样可以使基于 RNA-seq 的转录组分析更加趋于完美[11]。

需要注意的是，通过基因芯片或 RNA-seq 进行的转录本（包括 lncRNA）表达谱分析并不等同于转录调控分析。GRO-seq（global nuclear run-on sequencing）是一种专门检测新生转录本的方法。该方法的原理是通过对细胞进行快速冷冻，使细胞核内正在工作的转录复合物机器处于冻结状态，然后分离细胞核，加入带标记的底物（Br-UTP）并使细胞核重新恢复 RNA 转录，让 Br-UTP 掺入新生的转录本，利用抗 Br-dUTP 的抗体分离得到带 Br-UTP 标记的新生 RNA，用于高通量测序[12, 13]。新生 RNA 的丰度变化直接反映了转录起始及转录调控的变化。通过 GRO-seq 技术，可以在整个基因组的范围内对基因的转录状态进行实时检测；此外，该技术还可取代常规 RNA-seq，实现对基因转录的位置和方向的精确定位。

52.2.2　基于 RNA-蛋白质相互作用的 lncRNA 筛查

lncRNA 通过多种机制参与基因的表达调控。参与染色质修饰的表观遗传修饰酶及转录因子等是常见的与 lncRNA 相互作用的蛋白质。这些 lncRNA-蛋白质之间的相互作用极大程度地增加了基因表达调控的灵活性和复杂度。因此，除了通过基因芯片或 RNA-seq 筛选差异表达的 lncRNA，基于 lncRNA-蛋白质相互作用的定向筛选是获得功能性 lncRNA 的重要技术手段。

1. RIP-chip 和 RIP-seq

RNA 免疫沉淀（RNA immunoprecipitation，RIP）是一种用于研究特定蛋白与 RNA 相互作用的实验技术。该方法首先裂解细胞，随后利用针对特定蛋白的抗体进行免疫沉淀，与目标蛋白互作的 RNA 会被一同沉淀下来，并可通过 RNA 抽提进行分离纯化。就与 RIP 偶联的下游分析技术而言，除了可以通过 qRT-PCR（quantitative RT-PCR ）检测特定的 RNA-蛋白质之间的相互作用，RIP 产物中的 RNA 组分还可利用基因芯片（RIP-chip）及深度测序（RIP-seq）等进行组学研究[10]。已有研究者运用 RIP-seq 技术捕获与 PRC2 结合的长度超过 200nt 的 RNA，并筛选到了一系列具有潜在生物学功能的转录本，它们来源于印记基因、癌基因、抑癌基因，以及与细胞命运决定相关的染色质区域[14]。由于 PRC2 等染色质修饰复合物在维持细胞干性、调节肿瘤发生发展等过程中发挥重要作用，通过 RIP-seq 绘制的调节性 RNA 的全基因组图谱将对阐释 PRC2 等染色质修饰复合物的效应机制具有重要意义。

2. CLIP-seq

紫外交联免疫共沉淀测序（cross-linking immunoprecipitation and high-throughput sequencing，

CLIP-seq），通过将紫外交联（UV cross-linking）、免疫共沉淀和高通量测序等步骤有机整合，可以高通量研究 RNA 结合蛋白在体内与众多 RNA 靶标的结合模式，分析 RNA 靶标在 RNA 结合蛋白上的互作位点，并揭示 RNA 结合蛋白在特定生物学过程中的功能，是一种在全基因组水平揭示 RNA 分子与 RNA 结合蛋白相互作用的革命性技术。其主要原理是基于 RNA 分子与 RNA 结合蛋白在紫外照射下发生交联，以 RNA 结合蛋白的特异性抗体将 RNA-蛋白质复合体沉淀之后，回收其中的 RNA 片段，经添加接头、RT-PCR 等步骤，对这些分子进行高通量测序，再利用生物信息学作分析处理，挖掘出其特定规律[15]。RIP 和 CLIP 均依赖于对 RNA-蛋白质复合物的免疫沉淀。CLIP 利用交联诱导的突变位点（cross-linking induced mutation site，CIMS）来定位蛋白质在 RNA 上的结合位点[15]。较之于常用的固定 DNA-蛋白质相互作用的甲醛交联（该交联方法在 ChIP 实验中常用），CLIP 并不造成蛋白质-蛋白质之间的固定，其仅仅通过紫外交联来固定蛋白质和 RNA 之间的相互作用。

3. RNA-SELEX-seq

SELEX 技术即指数富集的配基系统进化技术（systematic evolution of ligands by exponential enrichment，SELEX）。利用该技术可以从随机单链核酸序列文库中筛选出特异性与靶物质（如抗原及药物等靶分子）高度亲和的核酸适体（aptamer）。自 SELEX 被用于筛选特异性吸附噬菌体 T4 DNA 聚合酶的寡核苷酸适体后，经过十几年的发展，该技术已经成为一种重要的对生物分子进行定向筛选的手段。由 SELEX 演进而来的 RNA-SELEX-seq 技术是目前筛选与目的蛋白相互作用的 lncRNA 最好的方法之一。该方法以感兴趣的蛋白质为诱饵，利用类似于亲和层析的方法，通过 3～5 轮筛选，从细胞组分或细胞器 RNA 中富集、分离得到与诱饵蛋白结合的 RNA，这些 RNA 即有可能通过与诱饵蛋白的相互作用来发挥功能；对这些 RNA 分子进行高通量测序，不仅可在转录组水平获得与诱饵蛋白结合的所有 RNA 分子，还可能直接分析负责与诱饵蛋白结合的 RNA 功能区。研究人员已成功应用该方法筛选鉴定了多条可调控蛋白质活性的 lncRNA[16]。

52.3 lncRNA 的鉴定

关键概念

- cDNA 末端快速扩增技术（rapid amplification of cDNA end，RACE）是基于 RT-PCR 反应获得 RNA 转录本全长序列的常用分子生物学技术。
- 判定一条 RNA 转录本为 lncRNA 的标准包括：①不具有典型的开放阅读框（open reading frame，ORF）；②与已知蛋白结构域的编码序列无显著同源性；③在体外翻译实验中不具备指导蛋白质合成的能力。
- 核糖体图谱（ribosome profiling），亦即 Ribo-seq 或核糖体足迹（ribosome footprinting），是一种基于 mRNA 深度测序来研究哪些 mRNA 被翻译的技术。
- lncRNA 在不同的亚细胞区域可能发挥完全不同的功能。在细胞核中，lncRNA 可能在染色质和转录层面调控基因表达，也可能在转录后层面调控 mRNA 前体的可变剪接，还可能协助构建特定的细胞核亚结构。在细胞质中，lncRNA 可以通过调节 mRNA 稳定性或改变 mRNA 翻译效率参与基因表达调控。

52.3.1 lncRNA 全长序列的克隆

cDNA 末端快速扩增技术（RACE）是基于 RT-PCR 反应获得 RNA 转录本全长序列的常用分子生物学技术。RACE 以 RNA 的部分已知序列为基础，首先通过逆转录反应获得 RNA 转录本的对应 cDNA 分子，然后通过 PCR 反应对得到的 cDNA 分子进行扩增；对 RACE 产物进行测序分析，从而得到对应 RNA 的全长序列及其在基因组上的定位信息。较之于 cDNA 文库筛选等获得基因全长序列的传统方法，RACE 可以从低丰度的转录本中快速扩增 cDNA 的 5′端和 3′端，以其简单、快速、廉价的优势而备受研究者的青睐。

RACE 分为 3′端 RACE 和 5′端 RACE。3′端 RACE 利用带有接头的 oligo（dT）（dT-adaptor）进行逆转录，从而在得到的第一链 cDNA 末端加上了一段特殊的接头序列；在此基础上，利用基因特异性引物、通过退火延伸产生互补的第二链 cDNA；随后，利用基因特异性引物和接头引物进行 PCR 扩增得到 cDNA 双链，该扩增反应的特异性取决于基因特异引物与目标 cDNA 的序列识别特异性，而用接头引物来取代 dT-adaptor 则可防止由 oligo（dT）序列引发的碱基错配。5′端 RACE 与 3′端 RACE 略有不同。首先，利用基因特异性引物（GSP-RT）进行逆转录反应；其次，在逆转录反应中增加了加尾步骤，即利用 GSP-RT 逆转录得到第一链 cDNA 后，还需要利用脱氧核糖核酸末端转移酶在 cDNA 的 5′端进行加尾，再利用锚定引物合成第二链 cDNA。接下来的步骤与 3′端 RACE 类似。

52.3.2 lncRNA 编码潜能的预测

是否缺乏翻译产生蛋白质的能力是 lncRNA 的评判标准，因此对一条 RNA 转录本的蛋白质编码潜能进行评估是开展 lncRNA 后续研究的基础。判定一条 RNA 转录本为 lncRNA 的标准包括：①不具有典型的开放阅读框（open reading frame，ORF）；②与已知蛋白结构域的编码序列无显著同源性；③在体外翻译实验中不具备指导蛋白质合成的能力[10]。

目前已有多种在线工具可以对转录本的蛋白质编码潜能进行分析。ORF finder（http://www.ncbi.nlm.nih.gov/gorf/gorf.html）能够根据遗传密码子的特征在特定序列中搜寻所有的潜在开放阅读框[17]。此外，用于转录本蛋白质编码潜能预测的其他工具还有 Coding-Non-coding Index（CNCI）[18]、Coding-Potential Assessment Tool（CPAT）[19]、Coding Potential Calculator（CPC）[20]和 Coding Substitution Frequency（CSF）[21]等。以 CSF 为例，该工具根据 ORF 的进化保守性在多个物种中对特定 RNA 序列进行分析，这是一种评判 RNA 编码潜能的通用策略。然而，这种基于 ORF 保守性分析的评判方法并不能够区分那些含有非保守 ORF 的蛋白质编码转录本[21]。CPC（http://cpc.cbi.pku.edu.cn/）是通过对已有蛋白质数据库进行分析来搜寻潜在的 ORF[20]。不同于基于序列比对的方法，CPAT（http://lilab.research.bcm.edu/cpat）通过建立回归模型对转录本中的潜在 ORF 进行综合评分，从而实现对转录本的分类[19]。不同于以上三种工具，CNCI（http://www.bioinfo.org/software/cnci/）并不通过预测 ORF 来识别 lncRNA，而是根据转录本自身的核苷酸构成来分析其蛋白质编码潜能[18]。

52.3.3 核糖体富集分析

深度测序的快速发展对生物学研究的各个领域都产生了巨大影响，其不仅仅是一种基因表达的定量检测手段，在特定的情况下，研究者利用深度测序还可以进行其他类别的定量分析，获得除基因表达丰度外的更多信息。核糖体图谱（ribosome profiling），亦即 Ribo-seq 或核糖体足迹（ribosome footprinting），是一种基于 mRNA 深度测序来研究哪些 mRNA 被翻译的技术[22]。该技术是对受核糖体翻译机器保护的 mRNA 片段进行深度测序，从而在全基因组范围内对蛋白质的翻译状况实现高分辨率的监控：使用核酸酶消化 mRNA 时，合成蛋白质的核糖体机器保护了大约 30nt 的 mRNA 片段，通过密度垫层离心（centrifugation by sucrose cushion）将核糖体连同被保护的 mRNA 片段分离后，抽提纯化 mRNA 片段并用于深度测序，从而分析核糖体在 mRNA 上的分布情况，并最终得到细胞中蛋白质翻译状态的完整信息。核糖体图谱可用来识别与核糖体结合的 mRNA，也可以在 mRNA 分子上区分无核糖体分布的非编码区（如 5′UTR 和 3′UTR），还可以定量分析核糖体翻译机器在 mRNA 上的动态变化[23]。核糖体图谱与常规 RNA-seq 均包含测序文库的构建、深度测序及数据分析等步骤；但不尽相同的是，RNA-seq 是针对样品中的所有 mRNA 进行测序分析，但核糖体图谱技术则仅仅分析在翻译过程中受核糖体覆盖并保护的 mRNA 序列。

核糖体图谱是对特定生物学体系在特定条件下进行翻译整体分析的重要手段。在 RNA 上检测到核糖体分布是该 RNA 分子具有翻译能力的直接证据；更为重要的是，合理利用核糖体图谱技术也可以对蛋白质编码 RNA 和 ncRNA 加以区分。目前，核糖体图谱技术已被成功用于研究 lncRNA 的短肽编码潜能。有研究显示，较之于 mRNA 的 3′UTR，在某些 lncRNA 上具有较多的核糖体分布，有可能翻译出功能性的多肽[24]。为了评估 lincRNA（long intergenic noncoding RNA，基因间的长非编码 RNA）是否具有翻译能力，Guttman 等利用核糖体图谱技术对转录本上的核糖体分布模式做了更为全面的分析；并且，他们针对其他的非编码区域（如 5′UTR 和经典的 lncRNA）也进行了详细的核糖体分布分析。研究显示，与 3′UTR 不同，在某些已知的非编码转录本上是具有核糖体分布的；就 lncRNA 而言，这类生物大分子更倾向于以 RNA 转录本的形式发挥功能[25]。综上所述，核糖体图谱技术使科研人员能够从基因组水平监测蛋白质的翻译状况，同时也是一种分析 lncRNA 蛋白质编码潜能的强有力的工具。

52.3.4 lncRNA 的亚细胞定位分析

lncRNA 在不同的亚细胞区域可能发挥完全不同的功能。在细胞核中，lncRNA 可能在染色质和转录层面调控基因表达，也可能在转录后层面调控 mRNA 前体的可变剪接，还可能协助构建特定的细胞核亚结构。在细胞质中，lncRNA 可以通过调节 mRNA 稳定性或改变 mRNA 翻译效率参与基因表达调控。例如，某些 lncRNA 可以作为 miRNA 的加工前体（precursor），或者充当 miRNA 的海绵吸附分子，从而间接调控 miRNA 的 mRNA 靶分子[26]。综上，lncRNA 必须被运输到特定的效应位置才能发挥功能，因此分析 lncRNA 的亚细胞定位对开展后续的 lncRNA 生物学功能研究及效应机制研究至关重要。

1. 细胞组分特异性 qRT-PCR

制备高纯度的细胞核和细胞质组分是针对特定 RNA 转录本进行细胞组分特异性 qRT-PCR 检测的关键。目前，已有商品化的试剂盒可以同时对生物样品中不同的细胞组分、甚至细胞器进行分离。在低温条件下利用机械匀浆的方式制备组织或细胞的裂解物是整个实验操作的第一步。由于整个匀浆过程是在低温的条件下快速完成，样品中的 RNA 及蛋白质组分均能够得到完整的保存。从总细胞、细胞核和细胞质等组分中分离纯化得到的 RNA 可用于 qRT-PCR 检测；而一些已知的、具有特定亚细胞定位的蛋白质或 RNA 分子可作为检测标志物来评判细胞组分分离成功与否。值得一提的是，该方法不仅可以对 lncRNA 在细胞内的定位进行定性分析，还能够提供 lncRNA 在细胞核或细胞质中分布的定量数据。

2. FISH

荧光原位杂交（fluorescence *in situ* hybridization，FISH）是在固定处理的细胞中对核酸分子进行定位分析及表达量分析的常用方法。基于荧光标记的 DNA 或 RNA 探针对目标核酸分子的特异性识别，FISH 技术可用于基因的突变检测，或用于分析基因表达的时空变化。FISH 适用于对 mRNA、lncRNA 及 miRNA 等多种 RNA 分子进行检测。较之于其他的核酸检测方法，FISH 是一种可视化的技术，能够提供更为精确且直观的 RNA 分子的亚细胞定位信息和表达量信息。作为一种经典的实验方法，研究人员已经成功利用 FISH 对 XIST（X-inactive specific transcript）、MALAT1（metastasis-associated lung adenocarcinoma transcript 1）和 NEAT1（nuclear-enriched abundant transcript 1）等一系列为人熟知的 lncRNA 进行了定位及表达量分析。这些早期研究为我们揭开了 lncRNA 这种基因组“暗物质”的神秘面纱，也为当前如火如荼的 lncRNA 研究工作奠定了基础。

RNA 的 FISH 检测包含探针制备、高浓度的探针孵育、探针洗脱、杂交信号检测等基本流程。探针孵育后，需要将多余的、非特异性结合的探针洗脱，只留下特异性识别 RNA 靶分子的探针。当前，研究者主要通过选用不同类型的核酸探针及改良探针的标记方法来提高 FISH 检测的灵敏度和准确性。

常规的 FISH 实验能够轻易检测出细胞中的高丰度转录本，然而大多数的 lncRNA（特别是起调控作用的 lncRNA）在细胞中的表达量并不高。为了检测细胞中的低丰度 lncRNA，研究者开发出了单分子 RNA FISH 技术（single-molecule RNA FISH technique），该技术利用多条荧光标记的寡核苷酸探针对 RNA 靶分子进行多重杂交，从而使得到的杂交信号最大化[27, 28]。用荧光基团标记探针是实现杂交信号直接检测的基础。为了达到单分子检测所需的灵敏度，由探针发出的荧光必须强于检测背景的自发荧光。一种技术方案便是利用由多条单链寡核苷酸组成的探针组对 RNA 靶分子进行杂交，这些探针不仅各自识别待检测 RNA 分子的不同区域，并且每条探针带有一个或多个荧光基团，从而使一条 RNA 靶分子发出尽可能强的荧光信号[28]。基于多条探针的杂交可以使杂交信号尽可能的强烈，从而使 RNA 靶分子在荧光显微镜下形成一个容易识别的荧光斑点。此外，同时使用多条寡核苷酸探针还可以有效减小由探针脱靶造成的对杂交结果的影响。即便一条探针在杂交过程中发生了脱靶，由于多条探针与 RNA 靶分子之间的特异性杂交可形成显著的荧光斑点，该脱靶探针的荧光仍然会被真实的杂交信号掩盖，或者至少能够与真实的杂交信号区分，从而减少出现假阳性结果的可能。另外，即便一条或少数几条探针不能识别 RNA 靶分子，探针库中的其他探针仍然能够有效工作，从而减少产生假阴性结果的可能[29]。综上，FISH 是一种不可或缺的研究 lncRNA 表达水平及亚细胞定位的方法，而单分子 RNA FISH 技术则是一种更加有力的研究低丰度 lncRNA 的手段。

52.4　lncRNA 的表达检测

lncRNA 是一类新的调控性转录本，对其进行表达量分析是进行后续研究的基础。qRT-PCR、ISH（*in situ* hybridization，原位杂交）、FISH 和 Northern blot 是几种常用的基因表达研究方法。qRT-PCR 能够在细胞或组织中检测到 lncRNA 表达的细微变化。较之于 qRT-PCR、ISH 和 FISH，Northern blot 的检测灵敏度较低。此外，ISH 和 FISH 能够同时对 lncRNA 的表达量和亚细胞定位进行分析。

52.4.1　Northern blot

尽管新的技术层出不穷，但 Northern blot 仍然是检测生物样品中特定 RNA 分子的经典方法。Northern blot 检测是基于探针与 RNA 靶分子之间的碱基互补。与待检 RNA 部分序列或全长序列互补的单链 DNA

或 RNA 均可作为 Northern blot 的探针分子；就 Northern blot 的技术用途而言，其既可以单纯地用于检测特定 RNA 的表达量，也可以检测基因初始转录本（primary transcript）经可变剪接加工产生的各种剪接变异体。Northern blot 具有较 RT-PCR 更高的检测特异性，因此得到假阳性结果的可能性更低。此外，Northern blot 检测后的膜还具有可储存、可重复利用等优势[30]。

与其他基于核酸杂交的检测方法类似，Northern blot 也包含探针杂交、多余探针洗脱、杂交信号检测等基本步骤。首先，从样本中得到的 RNA 样品根据各转录本的分子质量大小进行电泳分离；通过毛细管虹吸作用或利用电转膜仪将带负电荷的 RNA 转移至尼龙膜上，并通过紫外交联使 RNA 在膜上固定；随后，固定于膜上的 RNA 与带有特定标记的探针杂交，从而形成 RNA-DNA 或者 RNA-RNA 双链结构；杂交过程一般需要持续过夜，在适当的严谨条件下洗脱多余的或非特异性杂交的探针，最后根据探针的标记类型选择合适的方法对杂交信号进行检测。

52.4.2 qRT-PCR

qRT-PCR 是一种基于聚合酶链反应（polymerase chain reaction，PCR）的 RNA 检测技术，可以在对靶分子进行扩增的同时进行定性或定量检测。qRT-PCR 的逆转录操作与普通 RT-PCR 一致，只是在其 PCR 扩增过程中实现了对 PCR 产物荧光信号的实时监测，通过得到的荧光信号来计算基因表达的强弱和差异。

区别于传统的线性 RNA，环状 RNA（circular RNA，circRNA）具有独特的闭合环状结构，使得其对核酸酶不敏感。较之于 lncRNA，对 circRNA 进行 qRT-PCR 检测的关键点在于检测引物的设计。引物设计前应先找到剪切成环位点之间的线性序列，其方向与正常线性 RNA 一致；针对线性序列设计常规的上下游检测引物，该引物序列的反向互补序列即可作为对应 circRNA 的检测引物。

52.4.3 ISH 和 FISH

FISH 和 ISH 可用于细胞或组织切片的基因表达分析。具体信息参见 52.3.4 节。

52.5 lncRNA 在基因组上的结合位点检测

某些 lncRNA 不仅与蛋白质机器相互作用，同时还定位于染色质，从而通过招募蛋白质机器到特定的染色质位点来参与基因的表达调控。因此，通过检测 lncRNA 在染色质上的结合位点可以确定受 lncRNA 直接调控的靶基因。

ChIRP（chromatin isolation by RNA purification）是当前检测 lncRNA 在基因组上结合位点的常用方法。该方法所用的寡核苷酸探针均匀地覆盖整条 lncRNA（覆瓦式探针，tiling probes），利用覆瓦式探针捕获与之互补的 lncRNA 靶分子，进而富集与特定 lncRNA 形成复合物的染色质 DNA。覆瓦式探针的设计不需要事先了解 lncRNA 与染色质互作的区域，充分利用了探针在 lncRNA 上潜在的所有识别位点，因此适用于大多数 lncRNA；为了维持 RNA 和染色质之间的互作，用于 ChIRP 检测的细胞需要经过戊二醛交联；随后，裂解交联处理的细胞并用超声波剪切基因组 DNA；与探针孵育后，用 RNase A/H 处理 ChIRP 产物，分离纯化得到的 DNA 用于二代测序，测序信号对应的染色质区域则表征了 RNA 在基因组上的结合位置。总体来说，ChIRP 技术具有高灵敏度、高特异性等特点，可以用来构建分辨率为几百个碱基对的 lncRNA 在染色质上的结合图谱[31]。

ChIRP-seq 能够帮助我们在全基因组范围内识别 RNA-DNA 的相互作用。尽管如此，并不是所有的 ChIRP-seq 揭示的 RNA-DNA 相互作用都具有生物学意义。因此，在经过 ChIRP-seq 的筛选后，需要辅以其他研究才能够对 RNA 在特定染色质区域的定位做进一步的功能及机制阐释。除了 RNA-DNA 互作，RNA 与 RNA 或 RNA 与蛋白质之间的相互作用也能够被 ChIRP 技术检测出来。在这种情况下，ChIRP 产物中的 RNA 组分可被分离出来用于 qRT-PCR 分析或高通量测序，ChIRP 产物中的蛋白质组分则可用于质谱分析。

除 ChIRP 外，CHART（capture hybridization analysis of RNA target）和 RAP（RNA antisense purification）[32,33]也是用于检测 lncRNA 在基因组上结合位点的常用方法。这三种方法具有相似的技术原理和操作流程。

52.6 RNA-蛋白质相互作用的检测

RNA-蛋白质相互作用是 lncRNA 发挥生物学功能的重要模式。当前的研究显示，基于 lncRNA 与蛋白质的相互作用，lncRNA 可以作为蛋白质的诱饵分子（decoy）、引导分子（guide）或者支架分子（scaffold）发挥功能。因此，从组学层面筛选与 lncRNA 结合的蛋白质，就 lncRNA 的功能机制研究而言至关重要。

52.6.1 lncRNA 结合蛋白的组学筛选

ChIRP 和 RAP 除了用于检测 lncRNA 在基因组上的结合位点，这两种方法经过优化后还能与质谱分析联用（ChIRP-MS 和 RAP-MS），用来筛选与特定 lncRNA 结合的蛋白质。Xist 是一条与 X 染色体失活密切相关的 lncRNA。Xist RNA 与核基质紧密结合，因此要在非变性条件下对其进行有效分离是一件比较困难的事。超声波处理这一物理方法可以增强 Xist RNA 的溶解性，使其能被有效分离；然而，由于 Xist RNA 的长度超过 17kb，超声波处理会将其剪切为小片段。这些问题能够通过 ChIRP 得到解决：甲醛交联和超声波处理能够在增强 Xist RNA 溶解性的同时维持其与其他生物大分子，如蛋白质的相互作用；同时，覆瓦式探针还能够尽可能地捕获所有的 Xist RNA 片段[34]。此外，McHugh 等还通过 RAP-MS 筛选到一系列与 Xist RNA 直接结合的特异性蛋白：首先，通过紫外交联使直接相互作用的 lncRNA 和蛋白质形成分子间稳固的共价键，其次，在变性条件下破坏基于非共价键的较弱的分子间互作，从而达到分离共价复合物的目的[35]。当然，还可针对特定的实验组和对照组样本同时进行基于 ChIRP-MS 或 RAP-MS 的定量分析，以找到在不同条件下与特定 lncRNA 差异结合的蛋白质，从而达到更为精细的实验目的[36]。

52.6.2 RNA-蛋白质相互作用的鉴定

通过 RIP-seq、CLIP-seq、ChIRP-MS 和 RAP-MS 等高通量手段筛选得到 RNA-蛋白质相互作用后，有必要对其做进一步验证，所涉及的方法包括 RIP、RNA pull-down 以及 RNA 电泳迁移率变化分析（RNA electrophoretic mobility shift assay，RNA-EMSA）等。简言之，研究人员可利用 RIP 等方法来筛选或鉴定与特定蛋白质结合的 lncRNA 分子；与之对应，若要筛选或鉴定与特定 lncRNA 结合的蛋白质，则可利用 RNA pull-down 等方法来开展实验。

1. RIP

如 52.2.2 节所述，RIP 是一种基于免疫沉淀的、在体内条件下筛选或检测 RNA-蛋白质相互作用的技术。根据样本制备的不同，该方法可分为活性 RIP（native RIP）和交联 RIP（cross-linked RIP）[37]。活性 RIP 直接对内源性的蛋白质复合物进行免疫沉淀，在此过程中同时将蛋白质复合物中的 RNA 组分沉淀下来；RIP 产物的 RNA 组分可以通过 qRT-PCR 进行检测，而其中的蛋白质组分则可以通过 Western blot 进行检测，从而对特定的 RNA-蛋白质相互作用进行评估鉴定。当然，活性 RIP 可能会检测到非特异性的 RNA-蛋白质相互作用，这些相互作用可能形成于 RIP 检测时的操作过程，并不能代表细胞中真实存在的 RNA-蛋白质复合物。针对活性 RIP 的这一弊端，交联 RIP 就显得更有优势。交联 RIP 通过甲醛等交联试剂对细胞进行预处理，从而达到“固定”细胞中真实存在的 RNA-蛋白质复合物的目的，随后通过在高严谨度的变性条件下进行洗脱，可有效防止形成于 RIP 检测体系的非特异性的 RNA-蛋白质互作[37]。因此，从某种意义上说，交联 RIP 是活性 RIP 的有益补充，已有研究者同时利用活性 RIP 和交联 RIP 对特定的 lncRNA-蛋白质互作开展了研究[38]。

尽管 RIP 是一种在体内条件下检测 lncRNA-蛋白质相互作用的有力工具，但其也有自身的技术局限性。就检测的 lncRNA 靶分子而言，细胞内高丰度的 lncRNA 更加容易被 RIP 检测到，而丰度较低的 lncRNA 分子则可能被非特异性的背景 RIP 信号所掩盖。

2. RNA pull-down

蛋白质主要通过静电吸引、氢键和疏水键等与 RNA 发生相互作用；同时，RNA 分子的高级结构也对 RNA-蛋白质相互作用具有显著影响。因此，作为 RNA-蛋白质互作检测体系中两种重要的生物大分子，RNA 和蛋白质必须正确折叠以形成适当的空间结构。

RNA pull-down 利用特定的识别标签，如生物素来分离在体外系统中形成的 RNA-蛋白质复合物。首先，通过 T7 RNA 聚合酶转录产生带生物素标记的 RNA 分子并进行纯化；通过电泳分离和基于生物素识别的 Northern blot 检测转录产生的 RNA 的生物素标记是否成功、RNA 分子的转录是否完全；将生物素标记的 RNA 进行变性及退火处理，使之折叠形成正确的高级结构；RNA 与细胞裂解物孵育，并往体系中加入链霉亲和素凝胶；最后，洗涤凝胶，加入 SDS-PAGE 上样缓冲液，煮沸、收集捕获的蛋白质用于 Western blot 检测。相对于前面提到的 ChIRP 和 RAP 等方法，RNA pull-down 具有能够富集、分离低丰度蛋白质的优势。例如，有研究者利用 RNA pull-down 来筛选与 lincRNA-p21 结合的蛋白质，并进一步利用该方法来检测 lincRNA-p21 各区段与 hnRNP-K（heterogeneous nuclear ribonucleoprotein K）的结合能力；研究结果显示 hnRNP-K 结合于 lincRNA-p21 的 5′端一段 780nt 的区域[39]。

3. RNA-EMSA

电泳迁移率变化分析（electrophoretic mobility shift assay，EMSA），亦即凝胶迁移实验（gel shift assay），是一种用于研究蛋白质-DNA 或蛋白质-RNA 相互作用的常用技术。该技术能够确定某种蛋白质或蛋白质复合物是否能够与特定 DNA 或 RNA 结合。辅以 DNA 酶足迹（DNase footprinting）、RNA 酶足迹（RNase footprinting）、引物延伸（primer extension）等实验，EMSA 可以用于基因转录起始、DNA 复制、DNA 修复及 RNA 剪接加工等研究工作[39, 40]。

RNA-EMSA 通过检测 RNA 在凝胶电泳中迁移速度的变化来鉴定潜在的 RNA-蛋白质相互作用：首先将标记的 RNA 探针与蛋白质样品（如细胞抽提物）孵育，使之形成复合物；孵育后的反应体系通过非变性的聚丙烯酰胺凝胶电泳进行分离；若 RNA 能够与特定的蛋白质形成复合物，那么较之于游离的 RNA 探针，RNA-蛋白质复合物在凝胶中的迁移速度更慢。RNA 与蛋白质相互作用的特异性可以利用竞争性 RNA-EMSA 进行检测：在 RNA-EMSA 反应体系中，除了标记的 RNA 探针，还可以加入过量的非标记 RNA 冷探针，如果 RNA 能够与蛋白质特异性结合，则标记和非标记的探针就会形成竞争关系，使 RNA-蛋白质复合物发出的标记信号减少。此外，RNA 与蛋白质形成的复合物还可以交联处理，RNase T1 消化后利用变性胶进行电泳分离；此时，在对应蛋白质分子质量的凝胶位置会出现特异性的信号带。就 RNA 探针而言，可利用放射性同位素、荧光基团及化学发光基团等对其进行标记。除了用于检测 RNA-蛋白质之间的相互作用，RNA-EMSA 还可用来检测特定 RNA 分子的突变体同蛋白质的结合特异性和结合强度。

4. RNA-蛋白质相互作用的原位可视化检测

若利用蛋白质免疫荧光（protein immunofluorescence，IF）和荧光原位杂交（fluorescence *in situ* hybridization，FISH）对固定细胞进行双标记（IF/FISH），则可同时检测细胞中的蛋白质分子和 RNA 转录本。该方法分别利用特异性抗体和荧光标记的探针开展实验，对特定蛋白质和基因/RNA 转录本进行检测，进而分析它们的表达时空特异性及分子间互作。

为了得到更好的检测信号，通常先对蛋白质进行 IF 检测，然后对 RNA 进行 FISH 检测：固定的细胞或组织切片首先进行抗原-抗体特异性反应，并加入二抗孵育；随后，透化处理的细胞或组织利用特异性的探针进行杂交，并通过荧光显微镜检测 IF 及 FISH 信号。较之于前面介绍的 RIP、RNA pull-down 和 RNA-EMSA 等检测方法，IF/FISH 最大的优点是能够使分子间互作的检测结果实现可视化和直观化，直接体现为：IF/FISH 在检测生物分子和分子间相互作用的同时，还能够对生物分子及分子间互作的亚细胞定位进行检测。尽可能维持细胞的结构、蛋白质的抗原表位及核酸探针对目标转录本的识别效率和识别特异性，对于 IF/FISH 的成功实施至关重要，这取决于被检测靶分子的拷贝数、FISH 探针的长度和 GC 含量、生物样品本身的复杂度等因素。需要指出的是，尽管有标准的 IF/FISH 操作流程供研究者参考，但要得到理想的检测结果，研究者通常需要针对具体的生物样品进行实验条件的摸索和优化。

52.7　lncRNA 自身的表达调控研究

目前，我们知道 lncRNA 可以通过不同的分子机制调控基因表达并发挥生物学调节效应，但对 lncRNA 自身的表达调控却知之甚少。目前已知的大多数 lncRNA 是 RNA 聚合酶 II（RNA polymerase II，Pol II）的产物，具有 5′端帽子结构和 3′端 poly（A）尾巴等 Pol II 产物的典型特征；并且，表达谱分析显示它们具有明显的表达时空特异性。与蛋白质编码基因类似，lncRNA 的表达也受到严格的调控：在转录层面，启动子 CpG 岛的 DNA 甲基化与组蛋白修饰是调节 lncRNA 表达的主要表观遗传学机制；此外，一些转录因子也能够调控 lncRNA 转录；在转录后层面，某些 lncRNA 是特定 miRNA 和 RNA 结合蛋白的识别靶点，这些调控分子能够调节 lncRNA 的稳定性。在此，我们将逐一介绍用于 lncRNA 表达调控研究，以及检测 DNA 甲基化、组蛋白修饰、转录因子及启动子识别的技术方法。

52.7.1　甲基化特异性 PCR 和亚硫酸氢钠测序

DNA 甲基化是一种可稳定遗传的表观遗传学标志，也是一种重要的基因表达调控机制。很大一部分 lncRNA 的基因启动子含有一定数量的 CpG 岛，因此适合通过甲基化特异性 PCR（methylation-specific PCR，MSP）进行检测[41]。该方法利用亚硫酸氢钠处理基因组 DNA，将未发生甲基化修饰的胞嘧啶转变为尿嘧啶，而甲基化的胞嘧啶不变，随后设计针对甲基化和非甲基化序列的引物进行 PCR 扩增。用于 MSP 的引物有如下设计要求：①引物末端均设计至检测位点结束；②两对引物分别只能与亚硫酸氢钠处理后的序列互补配对，即一对结合处理后的甲基化 DNA 链，另一对结合处理后的非甲基化 DNA 链。检测 MSP 扩增产物，如果用针对处理后甲基化 DNA 链的引物能扩增出片段，则说明该被检测的位点存在甲基化；若用针对处理后的非甲基化 DNA 链的引物扩增出片段，则说明被检测的位点不存在甲基化。

MSP 从非甲基化模板背景中检测甲基化模板的敏感性非常高（通常能检测 CpG 岛中约 0.1%的甲基化 DNA），是最敏感的甲基化检测方法。除了新鲜制备的基因组 DNA，MSP 还可检测由石蜡切片提取的 DNA 样本。若待检测的甲基化 DNA 链含有特定的限制性内切核酸酶识别位点，MSP 的扩增产物还可进一步进行限制酶酶切验证，从而降低 MSP 检测的假阳性。此外，MSP 除了进行基于 MSP 产物琼脂糖凝胶电泳的定性检测，还可通过 qPCR 做甲基化的定量检测。在关键性 CpG 位点设计合适的上下游引物是决定 MSP 成功与否的关键因素。在具体的操作过程中，为了得到 MSP 扩增产物，有时不得不降低退火温度，其后果是得到不符合预期的非特异性产物。随着退火温度的降低，MSP 的可靠性将不可避免地随之下降。

亚硫酸氢钠测序（bisulfate sequencing PCR，BSP）是以 MSP 为基础，进一步检测 CpG 岛各个位点甲基化情况的方法：DNA 样本处理与 MSP 一致，重亚硫酸盐使 DNA 中未发生甲基化的胞嘧啶脱氨基转变成尿嘧啶，而甲基化的胞嘧啶保持不变；通过 PCR 扩增所需 DNA 片段（引物设计时避免与 CpG 直接配对，以免受 DNA 甲基化的影响），则尿嘧啶全部转化为胸腺嘧啶，能够与甲基化的胞嘧啶区分；最后，对 PCR 产物进行测序，并且与未经重亚硫酸盐处理的序列比较，判断 CpG 位点是否发生甲基化修饰。BSP 是一种可靠性及精确度较高的方法，能够明确目的片段中每一个 CpG 位点的甲基化状态，因此在寻找具有显著生物学意义的关键 CpG 位点方面较其他检测方法（如 MSP）更具优势，是当前 DNA 甲基化检测的金标准。如上所述，该方法以 CpG 岛两侧的序列为引物设计配对区，所以能够同时扩增出甲基化和非甲基化序列。当然，BSP 也存在不足之处，即对时间和资源的耗费。该检测方法至少要对 10 个以上的克隆进行测序才能获得可靠的数据，需要进行大量的克隆构建、质粒提取和测序反应，过程较为繁琐。

总体来说，MSP 和 BSP 这两种基于重亚硫酸盐处理的 DNA 甲基化检测方法具有灵敏性高、检测高效准确、检测样品兼容性广等优点；相对而言，MSP 是一种快速检测 DNA 甲基化修饰的方法，而 BSP 提供的检测数据则更为精准。

52.7.2 ChIP

染色质免疫共沉淀（chromatin immunoprecipitation，ChIP）是一种研究组蛋白、转录因子、RNA 聚合酶、转录复合物机器等 DNA 结合因子的实验方法，目前已被广泛应用于表观遗传学和基因转录调控等研究[42]。该方法首先通过甲醛等交联试剂处理细胞，固定 DNA-蛋白质之间的相互作用，从而便于后续的复合物分离纯化；加入针对特定 DNA 结合蛋白的抗体，利用抗体将交联固定的 DNA-蛋白质复合物免疫沉淀下来；纯化 ChIP 产物中的 DNA 组分，利用针对特定 DNA 序列的引物进行常规 PCR 或 qPCR，定性或定量地检测 DNA 与蛋白质之间的相互作用。DNA 结合蛋白和蛋白质识别的 DNA 是 ChIP 检测体系中两种关键的生物大分子。因此，针对特定蛋白质选择高亲和力和高特异性的抗体，以及针对特定 DNA 区域设计高扩增效率的 PCR 引物就显得至关重要，这也是 ChIP 实验的两大难点。当前，ChIP 已成为在体内条件下检测 DNA-蛋白质相互作用的强有力工具。

52.7.3 DNA-EMSA

相对于 ChIP，EMSA 则是一种在体外条件下检测蛋白质和 DNA 相互作用，以及评估 DNA-蛋白质相互作用亲和力和特异性的实验方法[43]。EMSA 的基本原理是，较之于游离的 DNA 探针，DNA 与特定蛋白质形成的复合物在非变性聚丙烯酰胺凝胶或者琼脂糖凝胶中的泳动速度更慢，因此该方法又被称为凝胶移位（gel shift）或者凝胶阻滞（gel retardation）分析。此外，如果进一步往 EMSA 反应体系中加入蛋白质特异性的抗体，则会形成尺寸更大的三元复合物（抗体-蛋白质-DNA），该复合物较 DNA-蛋白质二元复合物的泳动速度更慢，因此对应的实验技术被称为“超移位”（supershift），该方法可用来鉴定形成的 DNA-蛋白质复合物中的蛋白质组分。

可用于“凝胶移位”或者“超移位”分析的蛋白质样品可以是纯化的重组蛋白，也可以是细胞核或者总细胞的蛋白抽提物，这些蛋白质样品与放射性同位素末端标记的 DNA 片段孵育以形成 DNA-蛋白质复合物，得到的复合物即可通过非变性聚丙烯酰胺凝胶或琼脂糖凝胶电泳分离，并进行放射自显影检测。若要检测 DNA-蛋白质相互作用的特异性，则可利用未标记的 DNA 冷探针做竞争性分析：若 DNA 与蛋白质为特异性结合，则未经同位素标记的“冷探针”会与同位素标记的 “热探针”竞争性结合蛋白质，则得到的 DNA-蛋白质复合物的放射性信号会减弱[43]。目前，除了同位素标记，用于 EMSA 的 DNA 探针还可利用生物素或荧光基团进行标记。

总体来说，EMSA 是一种研究基因表达调控和 DNA-蛋白质之间相互作用的经典方法。需要特别指出的是，当特定蛋白质在细胞中的表达丰度较低时，较之于 ChIP 等体内研究方法，利用 EMSA 进行相关研究则更具优势；另一方面，若要进行基于 DNA 突变的 DNA-蛋白质相互作用分析（如分析 DNA 序列上的蛋白质识别位点，或者利用 DNA 突变研究 DNA 与蛋白质相互作用的亲和力），EMSA 也是研究人员优先选择的研究手段。

52.7.4 报告基因分析

目前鉴定的大多数 lncRNA 是 Pol II 的转录产物；同时，在它们的启动子区域发现了潜在的转录因子结合序列。因此，可以利用报告基因分析（reporter assay）来对 lncRNA 的启动子、转录因子识别序列、增强子等顺式作用元件进行研究。与常规的报告基因分析类似，实验成功的关键是利用分子克隆的方法，将报告基因编码序列和待检测的潜在顺式作用元件构建成一个适当的融合基因。研究者可根据自身的实验目的对顺式作用元件进行设计和改造，而报告基因的编码序列则相对固定，其编码产物一般为易于检测的蛋白质酶类，如萤火虫萤光素酶（firefly luciferase）和碱性磷酸酶（alkaline phosphatase）等。在检测过程中，只有当潜在的顺式作用元件被激活，这些蛋白质酶类才能表达出来，进而催化底物产生能够被检测的光或颜色变化等信号。

52.8 总结与展望

随着基因组计划的完成，人们越来越认识到仅仅依赖蛋白质编码基因很难对复杂的生命现象做出合理的解释。以 *p53* 基因为例，其在负责调节癌症相关应激状态的分子网络中处于核心地位[44,45]。直到 21 世纪初期，人们仍然认为 p53 网络完全由蛋白质编码基因构成，这些基因包含上游启动 p53 活性的基因、下游介导 p53 效应的基因，以及组成调节性反馈回路的基因。然而，基于蛋白质编码基因对 p53 网络的解释存在诸多谜团，例如，p53 可通过未知的机制抑制靶基因[46,47]；此外，对受控于 p53 的蛋白质编码基因的遗传学研究也不能很好地解释这些靶基因如何最终产生由 p53 介导的诸如细胞周期停滞和细胞凋亡等生物学效应[48]。随后的研究表明，除了 miRNA，lincRNA-p21[49]、PANDA[50]及 lincRNA-RoR[51]等 lncRNA 也参与了 p53 调控网络的整体构建。随着对 lncRNA 研究的不断深入，人们已经认识到 lncRNA 可能广泛参与了关键生物学过程的调控；一些 lncRNA 能够同时调控为数众多的下游基因，进一步说明 lncRNA 在生物体中的中心调控作用。

目前发现的 lncRNA 均以分子间相互作用的形式发挥功能，除了基于序列特异性的 RNA-RNA 或者 RNA-DNA 相互作用，lncRNA 对蛋白质活性或对蛋白质复合物的调节是近年来 lncRNA 研究的重大发现，也可能是 lncRNA 发挥其生物学功能的重要途径。因此，发现并研究 lncRNA 与其他生物大分子之间的相互作用可能为人们提供了一条研究 lncRNA 功能的捷径，并能够加深人们对相关调控通路的认识。当然，我们也必须清楚地认识到当前 lncRNA 研究所面临的问题。在完成分子生化与细胞层面的研究后，必须通过开展整体动物层面的研究工作才能够全面了解 lncRNA 真实的生物学功能。较之于蛋白质编码基因，lncRNA 在物种间的保守性相对较低，当前只有极少数的 lncRNA 通过模式生物进行了研究。因此，如何在整体动物层面对 lncRNA 进行研究可能是我们当前必须思考和解决的问题。

参 考 文 献

[1] Quek, X. C. *et al.* lncRNAdb v2.0: expanding the reference database for functional long noncoding RNAs. *Nucleic Acids Research*, 43, D168-D173(2015).

[2] Bu, D. *et al.* NONCODE v3.0: integrative annotation of long noncoding RNAs. *Nucleic Acids Research*, D1(2011).

[3] Pieter-Jan, V. *et al.* An update on LNCipedia: a database for annotated human lncRNA sequences. *Nucleic Acids Research*, D1(2014).

[4] Petrov, A. I. *et al.* RNAcentral: an international database of ncRNA sequences. *Nucleic Acids Research* 43, D123-D129(2015).

[5] Fatica, A. & Bozzoni, I. Long non-coding RNAs: new players in cell differentiation and development. *Nature Reviews Genetics* 15, 7-21(2014).

[6] Derrien, T. *et al.* The GENCODE v7 catalog of human long noncoding RNAs: analysis of their gene structure, evolution, and expression. *Genome Research* 22, 1775-1789(2012).

[7] Marguerat, S. & Bähler, J. RNA-seq: from technology to biology. *Cellular and Molecular Life Sciences* 67, 569-579(2010).

[8] Ozsolak, F. & Milos, P. M. RNA sequencing: advances, challenges and opportunities. *Nature Reviews Genetics* 12, 87-98(2011).

[9] Wang, Z. *et al*. RNA-Seq : a revolutionary tool for transcriptomics. *Nature Reviews Genetics* 10, 57-63, (2009).

[10] Atkinson, S. R. *et al.* Exploring long non-coding RNAs through sequencing. *Seminars in Cell & Developmental Biology.* 23(2), 200-205(2012).

[11] Heyer, E. E. *et al.* An optimized kit-free method for making strand-specific deep sequencing libraries from RNA fragments. *Nucleic Acids Research*, 1(2015).

[12] Core, L. J. *et al*. Nascent RNA sequencing reveals widespread pausing and divergent initiation at human promoters. *Science* 322, 1845-1848(2008).

[13] Danko, C. G. *et al.* Identification of active transcriptional regulatory elements from GRO-seq data. *Nature Methods* 12, 433-438(2015).

[14] Jing, Z. *et al.* Genome-wide Identification of Polycomb-Associated RNAs by RIP-seq. *Molecular Cell* 40, 939-953(2010).

[15] Zhang, C. & Darnell, R. B. Mapping *in vivo* protein-RNA interactions at single-nucleotide resolution from HITS-CLIP data. *Nature Biotechnology* 29, 607-614(2011).

[16] Li, L. *et al.* Role of human noncoding RNAs in the control of tumorigenesis. *Proc Natl Acad Sci USA* 106, 12956-12961(2009).

[17] Wheeler, D. L. *et al.* Database resources of the National Center for Biotechnology. *Nucleic Acids Research* 31, 28-33(2003).

[18] Liang, S. *et al.* Utilizing sequence intrinsic composition to classify protein-coding and long non-coding transcripts. *Nucleic Acids Research*, 17(2013).

[19] Wang, L. *et al.* CPAT: Coding-Potential Assessment Tool using an alignment-free logistic regression model. *Nucleic Acids Research*, 6(2013).

[20] Lei, K. *et al.* CPC: assess the protein-coding potential of transcripts using sequence features and support vector machine.

Nucleic Acids Research, 2(2007).

[21] Lin, M. F. *et al.* PhyloCSF: a comparative genomics method to distinguish protein coding and non-coding regions. *Bioinformatics* 27, i275-i282, (2011).

[22] Ingolia, N. T. *et al.* Ribosome profiling: New views of translation, from single codons to genome scale. *Nature Reviews Genetics* 15, 205-213(2014).

[23] Ingolia, N. T. *et al.* Genome-wide analysis *in vivo* of translation with nucleotide resolution using ribosome profiling. *Science* 324, 218-223(2009).

[24] Ingolia, N. T. *et al.* Ribosome profiling of mouse embryonic stem cells reveals the complexity and dynamics of mammalian proteomes. *Cell* 147, 789-802(2011).

[25] Guttman, M. *et al.* Ribosome profiling provides evidence that large noncoding RNAs do not encode proteins. *Cell* 154, 240-251(2013).

[26] Zhang, K. *et al.* The ways of action of long non-coding RNAs in cytoplasm and nucleus. *Gene* 547, 1-9(2014).

[27] Cabili, M. N. *et al.* Localization and abundance analysis of human lncRNAs at single-cell and single-molecule resolution. *Genome Biology* 16, 20(2015).

[28] Pinaud, R. *et al.* Detection of two mRNA species at single-cell resolution by double-fluorescence *in situ* hybridization. *Nature Protocols* 3, 1370(2008).

[29] Dunagin, M. *et al.* Visualization of lncRNA by single-molecule fluorescence *in situ* hybridization. *Methods Mol Biol*, 1262, 3-19(2015).

[30] Streit, S. *et al.* Northern blot analysis for detection and quantification of RNA in pancreatic cancer cells and tissues. *Nature Protocols* 4, 37-43(2009).

[31] Chu, C. *et al.* Genomic maps of long non-coding RNA occupancy reveal principles of RNA-chromatin interactions. *Molecular Cell* 44, 667-678(2011).

[32] Vance, K.W. Mapping long noncoding RNA chromatin occupancy using capture hybridization analysis of RNA target (CHART). *Methods Mol Biol*, 1468, 39-50 (2017).

[33] Engreitz J. *et al.* RNA antisense purification(RAP)for mapping RNA interactions with chromatin. Nuclear bodies and noncoding RNAs. *Springer*, 183-197(2015).

[34] Chu C. *et al*. Systematic discovery of Xist RNA binding proteins. . *Cell* 161(2), 404-416, (2015).

[35] McHugh C. A. *et al.* The Xist lncRNA interacts directly with SHARP to silence transcription through HDAC3. *Nature* 521 232-236(2015).

[36] Bantscheff M. *et al.* Quantitative mass spectrometry in proteomics: a critical review. *Anal Bioanal Chem* 389, 1017-1031, (2007).

[37] McHugh C.A. *et al.* Methods for comprehensive experimental identification of RNA-protein interactions. *Genome Biology* 15, 203(2014).

[38] Huarte M. *et al.* A large intergenic non-coding RNA induced by p53 mediates global gene repression in the p53 response. *Cell* 142, 409-419(2010).

[39] Garner M. M. & Arnold R. A gel electrophoresis method for quantifying the binding of proteins to specifi c DNA regions: application to components of the *Escherichia coli* lactose operon regulatory system. *Nucleic Acids Research* 9, 3047-3060(1981).

[40] Fried M. & Crothers D. M. Equilibria and kinetics of lac repressor-operator interactions by polyacrylamide gel electrophoresis. *Nucleic Acids Research* 9, 6505-6502(1981).

[41] Li Y & TO, T. DNA methylation detection: bisulfite genomic sequencing analysis. *Methods Mol Biol* 791, 11-21, (2011).

[42] Furey, T. S. ChIP-seq and beyond: new and improved methodologies to detect and characterize protein-DNA interactions. *Nat Rev Genet* 13, 840-852(2012).

[43] Evertts, A. G. *et al*. Modern approaches for investigating epigenetic signaling pathways. *J Appl Physiol* 109, 927-933(2010).

[44] Lowe, S. W. *et al*. Intrinsic tumour suppression. *Nature* 432, 307-315(2004).

[45] Vogelstein, B. *et al*. Surfing the p53 network. *Nature* 408, 307-310(2000).

[46] Yu, J. *et al*. Identification and classification of p53- regulated genes. *Proc Natl Acad Sci USA* 96, 14517-14522(1999).

[47] Zhao, R. *et al*. Analysis of p53-regulated gene expression patterns using oligonucleotide arrays. *Genes Dev* 14, 981-993 (2000).

[48] Brugarolas, J. *et al*. Radiation-induced cell cycle arrest compromised by p21 deficiency. *Nature* 377, 552-557(1995).

[49] Huarte, M. *et al*. A large intergenic noncoding RNA induced by p53 mediates global gene repression in the p53 response. *Cell* 142, 409-419(2010).

[50] Hung, T. *et al*. Extensive and coordinated transcription of noncoding RNAs within cell-cycle promoters. *Nat Genet* 43 621-662(2011).

[51] Zhang, A. L. *et al*. The human long non-coding RNA-RoR is a p53 repressor in response to DNA damage. *Cell* 23, 340-350(2013).

宋旭 四川大学生命科学学院教授、博士生导师、“蛋白质机器与生命过程调控”国家重点研发计划首席科学家。1999 年博士毕业于中国协和医科大学，同年 7 月进入美国耶鲁大学分子生物物理与生物化学系做博士后，2002 年起任耶鲁大学分子生物物理与生物化学系助理教授、副研究员。2006 年离开耶鲁大学被引进到四川大学任教授。从 1999 年起，一直致力于研究长非编码 RNA 与蛋白质的相互作用，以及该相互作用的作用机制和生理病理意义。在国际上，最早报道了长非编码 RNA 与蛋白质相互作用参与肿瘤发生发展的机制（Song et al. *PNAS* 2004）。回国后，于 2009 年在 *PNAS* 发表的 2 篇论文（Li et al. *PNAS* 2009，Wang et al. *PNAS* 2009），是国内研究者在长非编码 RNA 领域发表的最早的 2 篇研究性论文。

第 53 章　RNA 分析

韩敬东　刘登辉　郭潇潇
北京大学

本章概要

随着二代测序的兴起，RNA-seq 已成为测量细胞或组织内的转录组的重要手段，相较于传统的 EST-seq[1]和 Microarray，用 RNA-seq 的方法测量转录组可以获得更大的数据量和更高的精度[2]。基于二代测序的 RNA-seq 最终会产生大量的短序列片段，这些片段称为读段（read），将这些 reads 比对（mapping）到基因组上后，可以用来衡量基因的表达水平和检测新的可变剪切[3]。

本章将介绍 RNA-seq 数据的分析方法。首先，针对 RNA-seq 进行比对，用 UMI、FPKM、RPKM 或 TPM 进行数据定量。在进行差异表达基因分析时，传统的 Tophat-cufflinks 分析流程的下游工具是 Cuffdiff，是基于 FPKM 来分析差异表达基因，其表现不如 counts-based 方法，如 DESeq 或者 edgeR，后者在绝大多数情况下都是相当不错的选择。在没有生物学重复的情况下，更好的选择是 GFOLD；而对单细胞数据分析的时候，DEsingle 也是一个很不错的选择。

其他的 RNA 分析方法包括利用主成分分析来对多个样本的 RNA-seq 进行降维分析；利用 K-means、BICSK-means 等方法进行聚类分析；利用 GO、KEGG、GSEA 等方法进行功能富集分析。此外，还可以根据需要预测基因上游的调控因子，计算基因共表达网络，绘制转录组空间图谱等。

53.1　RNA-seq 测序数据比对

关键概念

- 不同的 mapping 软件用不同的算法建立索引、搜索比对，所需的内存空间、时间也不尽相同，常用的软件有 TopHat、HISAT、STAR 等。
- TopHat 是一个快速比对 RNA reads 的工具，它调用短序列比对工具 Bowtie 建立索引并进行比对。
- HISAT 是近两年开发的 mapping 软件，它将 Bowtie2 内置在软件中，并使用了全新的构建索引的方法，即基于图像的 BWT 算法构建 GFM（Graph FM index）。
- STAR 是基于 MMP（maximal mappable prefix）搜寻算法进行序列比对，直接将基因组上不连续的 reads 比对到连续的基因组上，找到已知或未知的可变剪切位点[4]。

53.1.1　常用 mapping 软件介绍

由于基因组储存的信息量庞大，二代测序产生的 reads 数量也高达百万至千万级别，在将 reads 比对到基因组的过程中，如何缩小运行时所需要的内存空间，提高比对速度和效率，成为 mapping 软件需要解决的首要问题。因此，在比对之前，需要对基因组建立有效的索引结构，不同的 mapping 软件用不同的算法建立索引、搜索比对，所需的内存空间、时间也不尽相同，常用的软件有 TopHat、HISAT，STAR 等。

1. TopHat

TopHat 是一个快速比对 RNA reads 的工具，它调用短序列比对工具 Bowtie 建立索引并进行比对。Bowtie 基于 BWT（Burrows-Wheeler transform）算法构建基因组的 FM（Full-text index inminute space）索引[5]，大大缩小了比对时所需内存空间和运行时间[6]。由于高等动植物的 mRNA 是经过剪切的，测序得到的 reads 在基因组上可能是不连续的，因此，TopHat 首先用 Bowtie 将所有 reads 比对到已知的转录组上，而未比对到转录组上的 reads 可用以寻找新的可变剪切，大大提高了比对的准确率和效率[3]。TopHat 的新版本 TopHat2 改善了 TopHat 在比对时的精确度和灵敏度，在基因插入、删除、重复及假基因等存在的情况下依旧可以实现精确比对[7]。

2. STAR

与 TopHat 和 HISAT 基于 BWT 构建索引，再比对到转录组上的方法不同，STAR 是基于 MMP（maximal mappable prefix）搜寻算法进行序列比对，即先种子搜寻、再聚类打分的方法，可以直接将在基因组上不连续的 reads 比对到连续的基因组上，找到已知或未知的可变剪切位点[4]。

3. HISAT

HISAT 是近两年开发的 mapping 软件，它将 Bowtie2 内置在软件中，并使用了全新的构建索引的方法，即基于图像的 BWT 算法构建 GFM（Graph FM index）。除了对整个基因组构建全局的 GFM 外，HISAT 还会构建一系列的局部索引，每一条索引覆盖 64kb 左右，例如，人类基因组至少需要构建 48 000 条索引，这种构建索引的策略称为 HGFM（hierarchical graph FM index），局部索引结合几种比对策略，实现更快速、准确的序列比对[8]。而新开发的 HISAT2 甚至可以取代 Bowtie 和 TopHat，同时支持 RNA-seq 和 DNA-seq 数据的比对。

53.1.2 常用 mapping 软件之间的比较

除了上述介绍的几个软件，还有很多其他常用的 mapping 软件，如 OLego、GSNAP，以及专为 16S rRNA 设计的比对软件 Mothur 等。

通过系统地比较几种常用的序列比对软件如 HISAT、STAR、TopHat、OLego、GSNAP，无论从运行速度上还是准确率上看，HISAT（HISAT、HISAT×1、HISAT×2 使用了不同参数）都有较大的优势[8]，因此，我们优先推荐 HISAT2 作为 RNA-seq 的比对工具。但与此同时，由于 NGS 产生 reads 数量较大，mapping 过程中仍然存在很多问题，在准确度和速度方面依旧有较大的提升空间。

53.2　RNA 的定量

关键概念

- 我们用 RNA-seq 中 mRNA 的丰度时，就需要对 RNA 进行定量，定量方式主要分为绝对定量和相对定量两种。
- 传统上最常用的定量软件是 Tophat-cufflinks 流程，该流程可以很方便地实现测序数据的比对、转录本的比较、可变剪接的鉴定，以及基于 FPKM 的定量和差异表达分析。

53.2.1　RNA 定量的方式

我们用 RNA-seq 中 mRNA 的丰度时，就需要对 RNA 进行定量，定量方式主要分为绝对定量和相对定量两种。RNA 的定量主要受到两个方面的限制：一是测序的灵敏度，使得低丰度的 mRNA 无法直接测量；二是 PCR 之后不可避免地引入误差，降低了定量的准确度[9]。而这两个方面的限制恰恰就是绝对定量和相对定量对应地需要克服的问题。

1. 绝对定量（UMI）

低丰度 mRNA 在细胞中含量可能低至约 10mol，无法直接测得其分子数。而用单分子标记（uniquemolecular identifier，UMI）对 RNA 进行绝对定量时采取了先标记后扩增的方法，即在 RNA 逆转录为 cDNA 的过程中，在每个 cDNA 分子末端上标记一段 5bp 左右的随机序列（UMI），以比对到基因上的不同的 UMI 数量为该 RNA 分子的实际数量[9]。单细胞的 RNA-seq 中常使用 UMI 对 mRNA 分子进行绝对定量，既避免了在 PCR 扩增过程中引入误差，又克服了灵敏度的限制，从而准确地捕捉细胞间的异质性[10]（图 53-1）。

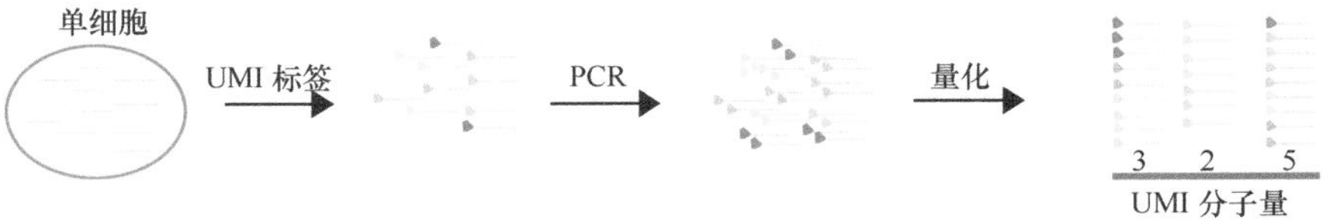

图 53-1　UMI 定量 mRNA 分子

2. 相对定量（FPKM/TPM）

对于普通的 RNA-seq 的数据分析，考虑成本和时间问题，也常采用 map 到目的基因上的 reads 数对基因表达进行相对定量。为了消除测序深度和基因长度的影响，需对 reads 数进行归一化处理，常见的有 RPKM/FPKM、TPM 等[11]。

RPKM（reads per kilobase per million mapped reads）是每百万 reads 比对到该外显子单位长度（kb）上的 reads 数，其计算公式如下：

$$\mathrm{RPKM}=\frac{n_r\times10^9}{L\times N}$$

式中，L 为基因的外显子长度，单位是 bp；n_r 为 map 到该基因上的 reads 数；N 为样品中 map 到基因组上的总 reads 数。

同理，还有 FPKM（fragments per kilobase per million mapped fragment）。如果是双端（Paired-End）测序，当两端 reads 同时比对到转录本上时，这一对 reads 计为一个 fragment；当只有一端 read 比对上时，一个 read 计为一个 fragment。而 RPKM 计算的是所有比对到转录本的 read 数量（不管两端的 read 能否比对到同一个转录本上）；如果是单端（single-end）测序，一个 read 即一个 fragment，FPKM 和 RPKM 计算的结果将是一致的。因此，在双端测序中通常选用 FPKM 作为 RNA 的相对含量。

然而，有报道指出，如果两个样品的 reads 比对到了一组相同的转录本，那么 RNA 的相对含量 rmc（relative RNA molecular concentration）的平均数应该是一个常数，而 RPKM 却会得到不一致的结果，因此，RPKM 不适合用来比较样本间的基因表达水平[12]。于是他们对 RPKM 进行了修正，提出了 TPM（transcripts per million）的计算方法，即先对 read 数进行归一化（乘以 read 长度与外显子长度之比），再用归一化后的 read 总数为相对总含量，计算其相对含量，公式如下：

$$\mathrm{TPM}=\frac{r_g\times rl\times10^6}{fl_g\times T}$$

$$T=\sum_{g\in G}\frac{r_g\times rl}{fl_g}$$

式中，G 为所有基因的集合；g 是一特定基因，r_g 为 map 到基因 g 上的 reads 数；rl 是所有 reads 的平均长度（bp）；fl_g 是基因 g 的外显子长度（bp）；T 为所有集合归一化 reads 数的总和。不难看出，对于特定的样本，TPM 和 RPKM 呈线性关系：

$$\mathrm{RPKM}=\frac{T\times10^3}{N\times rl}\times\mathrm{TPM}$$

在不同的样本间，因为测序深度不同，总 read 数量（N）不同，RPKM 就引入了不同的比例因子（scaling factor），使得样本间的 RPKM 没有可比性[12]。RNA 相对含量的争议归根结底在于不同样本的总 reads 数不同，而总 reads 数没有直接的生物学意义，即不能代表样品内 RNA 的丰度，因此，在计算相对丰度时必须去除测序深度的影响。尽管近年越来越多人质疑 RPKM 和 FPKM 的意义，但是其作为流传甚广的 RNA 相对定量方法依旧在被大量沿用。

53.2.2 常用定量软件的介绍及比较

传统上最常用的定量软件是 Tophat-cufflinks 流程，该流程可以很方便地实现测序数据的比对、转录本的比较、可变剪接的鉴定，以及基于 FPKM 的定量和差异表达分析。但是由于 FPKM 是基于测序深度和转录本长度做标准化（normalization）之后的结果，所以 FPKM 和基于测序读本数（reads count）的方法比较，掩盖了部分差异，并且基于转录本长度做标准化也会产生一定的系统误差[13]。所以，FPKM 在现在的测序数据分析中用得越来越少而直接基于 reads counts 的分析越来越多，因此目前使用得比较多的是首先通过比对软件产生 bam 或者 sam 文件，然后通过 HTseq（https://pypi.python.org/pypi/HTSeq）计数每一个基因在每一个样本中的 reads 数目，后续再通过 DESeq2 等进行标准化（normalization）或者差异表达分析。

53.3 差异表达基因分析

在对 RNA 进行定量之后，我们通常比较关心的是在处理组和对照组之间，或者时序（time series）样本之间都有哪些基因是差异表达的，并进而对这些基因进行聚类和功能分析。但是在基于 RNA-seq 数据来对基因差异性表达进行分析的过程中，普遍存在以下几个方面的问题[14]：

（1）转录本在基因组上并不是均匀分布的；

（2）在同样的表达水平下，长的转录本比短的转录本有更多的 reads 数目；

（3）样本之间测序的深度或者文库的大小通常不一样；

（4）少数高表达的基因可能会导致低表达基因的差异表达，产生假阴性；

（5）在针对单细胞 RNA-seq 数据分析的时候，由于单细胞数据存在起始量比较低、有 drop-out 等情况，所以传统的基于大量细胞的分析方法会有很大的偏差。

针对以上问题，研究者们开发了很多方法，各种方法的核心都是基于测序数据的分布模型。

53.3.1 常用分析方法的介绍

在早期的 RNA-seq 分析中，由于缺少生物学重复，只有技术重复（technical replicate），所以测序得到的 counts 的分布可以被认为符合泊松分布[15]，然而随着测序的生物学重复越来越多，泊松分布会出现过离散（overdispersion）的问题。当用负二项分布拟合的时候就不会出现这种问题[16]，所以负二项分布是现在主流的差异表达分析工具的基础。典型的差异表达分析流程如图 53-2 所示。目前大部分差异表达分析工具都是基于 FPKM 或者 counts。

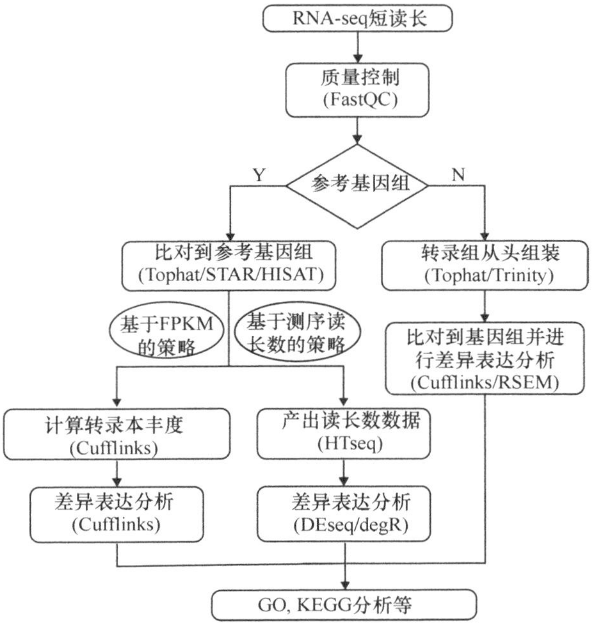

图 53-2 常用差异表达分析流程

1. FPKM-based 的分析方法

Cuffdiff 是传统的属于 Tophat-cufflinks 分析流程的、下游用来做差异表达分析的工具[17]。Cuffdiff 基于 FPKM 来做差异表达基因的分析，但是由于 FPKM 是基于测序深度和转录本长度做标准化（normalization）之后的结果，所以 FPKM 和基于 count 的方法相比，掩盖了部分差异，并且基于转录本长度做标准化也会产生一定的系统误差[13]。所以总体上来讲，Cuffdiff 的表现不如 Counts-based 的方法（如 DESeq 或者 edgeR），虽然当测序深度足够大时（>20million reads），Cuffdiff 的表现和 Counts-based 的方法比较接近[18]，但是在目前单细胞测序深度普遍偏低、测序的样本越来越多的大背景下，Cuffdiff 在差异表达分析中逐渐被边缘化。

2. Counts-based 的分析方法

Counts-based 的差异表达分析工具以 counts 矩阵作为输入，以 Counts-based 作为模型的差异表达分析方法很多，但是并没有一种方法能够在所有的情况下都得到很好的结果[18]。综合来说，非参数方法 SAMseq 在每种条件下有 4～5 个样本的时候是最优的方法，但是当每种条件下最小样本量为 2 的时候，DESeq2 和 edgeR 的表现是最好的。DESeq2 和 edgeR 的结果一致性比较高，但是 DESeq2 相对来说更保守一些，找到的差异表达基因的数目会少一些。尽管 RNA-seq 的成本在快速下降，但是仍然有大量的数据没有生物学重复[19]。针对没有重复的情况，Feng 等开发了 GFOLD 的方法，在没有生物学重复的时候，依然能够得到比较稳定的结果[19]。

3. 单细胞差异表达分析方法比较

单细胞转录组测序最大的特点是起始的 RNA 量非常低，所以扩增轮数的增多会导致噪声及 PCR bias 的增大；同时也会导致某些在某个样本中有着比较高表达量的基因，却在其技术重复中无法检测到，这种情况被称为 dropout event，图 53-3。

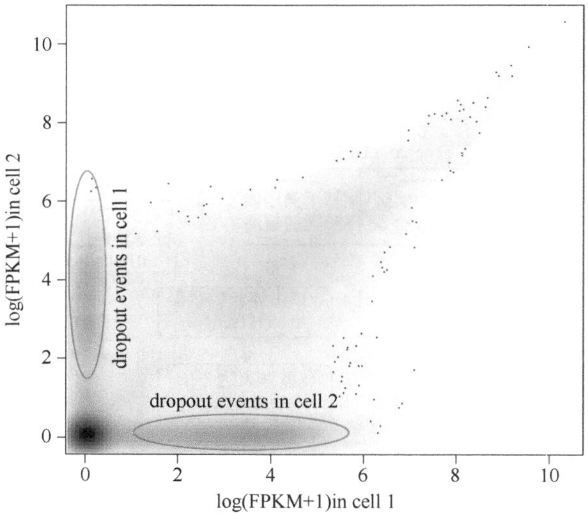

图 53-3 测序中的 dropout events 现象

在单细胞测序出现早期，DESeq2 和 edgeR 也被用来做单细胞差异表达分析[20]。但是几乎所有的基于群体细胞差异表达分析都有一个共同的假设——大部分基因在样本间的表达是相等的[14]，而这一假设在单细胞测序中经常是不满足的。所以，越来越多的基于单细胞测序的差异表达分析方法被开发出来，如基于贝叶斯推断的 SCDE[21]、基于广义线性模型的 MAST[22]、基于 Beta-Poisson 分布的 BPSC[23]和基于 Zero-Inflated Negative Binomial（ZINB）model 的 DEsingle[24]。上述方法的核心，都是在找差异表达基因的过程中，把在单细胞测序技术中出现的 Drop-out event 考虑进来。

由于差异表达分析首先需要对样本分组，然而对于连续分化的单细胞研究来说，很难精确地对单细胞分组。所以差异表达基因的分析在单细胞研究中所占的比重越来越低。取而代之，在所有的单细胞样本中，找变化最大的基因（most variable gene）成了一种新的趋势[25, 26]。

53.3.2 总结以及常用分析方法推荐

综上所述，在样本量大小不同、数据模式不同的情况下，应该合理选择最符合自己数据模型的方法。Counts-based 的方法（如 DESeq2、edgeR）在绝大多数情况下都是相当不错的选择。但是当没有生物学重复的情况下，更好的选择是 GFOLD；在对单细胞数据分析的时候，DEsingle 也是一个很不错的选择。

53.4 其他 RNA 分析方法

关键概念

- 在面对高维数据的时候，降维分析是一种非常有效的整合及展示高维数据的方法，通过降维分析，可以把原来多维的指标转化为几个低维指标。
- 把具有同样表达模式的基因聚成一类，并进而探究每一类基因表达的模式及功能富集情况，称为聚类分析（cluster，BICSK means）。
- 基因共表达网络（co-expression network）反映了基因间的调控关系，是结合表达量、先验调控关系，以及聚类等信息之后的一种分析方法。

53.4.1 降维分析

在面对高维数据的时候，降维分析是一种非常有效的整合及可视化高维数据的方法，通过降维分析，可以把原来多维的指标转化为几个低维指标。主成分分析（principal component analysis，PCA），是一种常用线性降维分析手段，可以把高维数据变换到一个新的坐标系中，第一个坐标能够解释原数据最大的方差，第二个坐标能够解释第二大的方差，依此类推。主成分分析是一种简单高效的降维方法，但是随着数据量的增大、数据复杂性的提高，或者特征与特征之间是非线性关系，用主成分分析可能会存在欠拟合的情况。在这种情况下 t-SNE（t-distributed stochastic neighbor embedding）是目前更优的一种选择，t-SNE 本质上也是一种高维数据到低维数据的变换。和 PCA 不同的是，它的目标是在变换前后，两个点之间尽可能接近。对于高维数据，t-SNE 采用高斯分布近似，而对于低维数据，t-SNE 采用 t 分布近似；相比于 PCA，t-SNE 能够处理更为复杂的数据和更大的数据量，但是 t-SNE 比 PCA 的计算量要大。所以在数据处理的时候，要根据数据量大小、数据复杂度，合理选择合适的降维方法。

53.4.2 聚类分析

具有相同表达模式的基因集可能共同调控了某一种生物学过程，或者这些基因受到了同一种或者同一类的调控因子调控。所以在得到差异表达基因之后，通常的分析思路是把具有同样表达模式的基因聚成一类，并进而探究每一类基因表达的模式及功能富集情况，称为聚类分析（cluster，BICSK means）。

在聚类算法中，最为常用的是 K-均值（K-means）聚类和层次聚类（hierarchical clustering）。层次聚类是一种无监督的聚类方式，通过计算数据原始点之间的距离，对所有数据点中最为相似的两个数据点进行组合，然后对新组合产生的数据点继续计算距离组合，最终构建出一棵有层次的嵌套聚类树。在层次聚类中，数据点位于树的最底层，顶层是聚类的根节点。而 K-均值聚类则是在给定了聚类的数目 K 之后，在数据空间中找到 K 个点，对最靠近它们的数据点进行归类，然后再重新计算每个类的中心点，并重新归类，直至满足收敛要求。层次聚类和 K-均值聚类可以方便地通过多种软件实现，比如说 Cluster 3.0 可以在几乎所有的平台实现，“pheatmap”包可以在 R 环境中实现聚类。

但是，层次聚类和 K-均值聚类在具体的应用中却存在以下问题：

（1）层次聚类在数据点比较多的时候，层次结构的复杂度的提高会导致噪声的增大；

（2）K-均值聚类可以应对大数据量的聚类，但是聚类的效果依赖于起始点的选择，并且容易陷入局部最优化；

（3）K-均值聚类之前需要首先确定 K 值。

研究者为了解决上述的问题，开发了很多方法，比如说 K-means^{++}可以优化起始点选择的过程，避免陷入局部最优化；BICSKmeans[27]提供了一种比较全面的解决思路，该软件基于贝叶斯信息理论可以辅助选择最优的 K，并优化了初始点的选择，避免陷入局部最优化，并进一步对已经聚类过的基因再次进行层次聚类。产生的文件可以直接导入 Java TreeView 进行可视化。

53.4.3 功能富集分析

同一类基因拥有相同的表达模式，所以这些基因可能富集在相同的功能或者通路上。GO（Gene Ontology）、KEGG（Kyoto Encyclopedia of Genes and Genomes）和 GSEA（Gene Set Enrichment Analysis）是常用的分析方法。在 GO 和 KEGG 分析中，对于每一个基因集，基于超几何分布计算该基因集与每个条目（term）或者通路的 p-value。当 p-value 显著的时候，就显示该条目（Term）或者通路在该基因集中富集。GO 分析和 KEGG 分析都可以通过 DAVID（https://david.ncifcrf.gov/）网站很方便地进行分析和展示，R 语言中也有如 cluster Profiler 等可以实现。

GSEA 分析和 GO 以及 KEGG 分析稍微不同，适用性更广一些。GSEA 使用预先定义的基因集，将基因按照差异表达程度排序之后，检验预先定义的基因集是否在排序的顶端或者底端富集。GSEA 分析也可以在网站上方便地实现（http://software.broadinstitute.org/gsea/index.jsp）。

功能富集分析对聚类结果有提示作用，通过不同基因集的功能富集分析，可以找到不同的差异基因集可能分别与哪些功能相关。

53.4.4 基因上游调控因子分析

在对基因集进行上游调控因子分析的时候，通常假设具有相同表达模式的基因集，可能受到同一种或者同一类的转录因子（transcription factor）的调控。由于同一种转录因子在不同基因上的结合具有一定的序列保守性，所以可以通过基因启动子区域的序列 motif 分析，预测基因集上游可能的调控因子。Homer（http://homer.ucsd.edu/homer/）中的 findMotifs.pl 脚本即可通过这种方式找到上游富集的调控因子。

随着 ENCODE、Chip-seq 等研究调控因子结合位点的数据的普及，越来越多的转录因子和基因集合的关系被揭示出来，通过这种关系，结合超几何分布检验，也可以找到在基因集中富集的转录调控因子。例如，i-cisTarget 数据库（https：//gbiomed.kuleuven.be/apps/lcb/i-cisTarget/）通过构建转录因子所结合的 motif 的位置权重矩阵（position weight matrices，PWM）来分析共表达基因集合启动子区域显著富集的潜在转录因子结合位点。用户只要提交感兴趣的基因集合或启动子区域的序列信息，就可得到统计学上显著富集的上游调控因子。

53.4.5 基因共表达网络

基因共表达网络（co-expression network）反映了基因间的调控关系，是结合表达量、先验调控关系，以及聚类等信息之后的一种分析方法。通过基因共表达网络的分析，可以综合地探究基因间可能的调控关系，并进而寻找核心（Hub）基因，进行进一步的验证。共表达网络分析最常用的分析软件是R包中的 WGCNA[28]，可以方便地实现基因的聚类以及共表达网络的构建。但是仅仅通过基因的共表达来预测其相互作用会有很多的假阳性，NP-network[29]通过先验已知（或预测）的调控关系筛选一些基因的共表达，并分别展示正-负调控的模式，有助于发现更有意义的相互作用。此外，可以通过采用连接特异性指标（connection specificity index，CSI）的方法来降低非特异性相互作用的基因之间的权重，从而优化得到的共表达调控网络（Nat Methods. 2013 Dec；10（12）：1169-1176）。在构建基因互作网络之后，可以通过 Cytoscape（http://www.cytoscape.org/）进行展示。

53.4.6 转录组空间图谱分析（Geo-seq）

除了通过在时间上寻找差异表达基因，有越来越多的研究者关注在转录组空间上的表达模式。相比于时序表达谱，空间表达谱能够精确地反映出不同细胞在某一组织空间位置上的转录图谱，通过对空间转录组数据的深入分析，对于不同的组织样本，能够得到不同的空间转录模块，这些在空间上模块化的分布现象，对于解释和剖析组织样本潜在的发育或分化方向具有重要的生物学意义。例如，在早期胚胎发育过程中，胚胎的空间区域性分布是细胞发育命运的反映，因此，为了从全基因组水平来考察胚层分化和谱系建立中的分子事件，Peng 等结合激光显微切割技术、单细胞测序技术以及计算生物学分析方法构建了 Geo-seq 技术，并深入探讨了整个原肠运动过程中小鼠胚胎在时间和空间上的转录组变化情况[30]。通过采用该技术，该实验室共收集了原肠运动过程中三个时间点的胚胎样本（E6.5、E7.0 和 E7.5）。对每个时期的胚胎，从不同空间位置采集少量细胞并进行 mRNA 测序，最后得到空间位置信息已知的不同区域的转录组数据。通过采用不同的计算生物学分析算法，最终绘制了所有表达基因的数字化整体原位杂交图谱（digital whole-mount *in situ* hybridization，d-WISH），识别出不同的空间表达区域及相应的特异表达基因，并基于不同的空间转录组模块构建并解析了转录因子调控网络及信号通路富集模式，最后通过定义 zip-code 基因集合来预测胚胎单细胞或其他细胞系在胚胎上的可能空间位置。Geo-seq 方法为小鼠原肠运动时期胚胎提供了完整的空间转录组注释，为更深入研究原肠运动中胚胎细胞谱系分化的分子机制提供了丰富的资源。

参 考 文 献

[1] Adams, M. D. *et al.* Rapid cDNA sequencing(expressed sequence tags)from a directionally cloned human infant brain cDNA

library. *Nat Genet* 4, 373-380(1993).

[2] Marioni, J. C. *et al.* RNA-seq: An assessment of technical reproducibility and comparison with gene expression arrays. *Genome Research* 18, 1509-1517(2008).

[3] Trapnell, C. *et al.* TopHat: discovering splice junctions with RNA-Seq. *Bioinformatics* 25, 1105-1111(2009).

[4] Dobin, A. *et al.* STAR: ultrafast universal RNA-seq aligner. *Bioinformatics* 29, 15-21(2013).

[5] Ferragina, P. & Manzini, G. *Proceedings of the twelfth annual ACM-SIAM symposium on Discrete algorithms*. 269-278(Society for Industrial and Applied Mathematics, Washington, D.C., USA, 2001).

[6] Langmead, B. *et al.* Ultrafast and memory-efficient alignment of short DNA sequences to the human genome. *Genome Biology* 10, R25(2009).

[7] Kim, D. *et al.* TopHat2: accurate alignment of transcriptomes in the presence of insertions, deletions and gene fusions. *Genome Biology* 14, R36(2013).

[8] Kim, D. *et al.* HISAT: a fast spliced aligner with low memory requirements. *Nat Meth* 12, 357-360(2015).

[9] Islam, S. *et al.* Quantitative single-cell RNA-seq with unique molecular identifiers. *Nat Meth* 11, 163-166(2014).

[10] Kivioja, T. *et al.* Counting absolute numbers of molecules using unique molecular identifiers. *Nat Meth* 9, 72-74(2012).

[11] Dillies, M. A. *et al.* A comprehensive evaluation of normalization methods for Illumina high-throughput RNA sequencing data analysis. *Briefings in Bioinformatics* 14, 671-683(2013).

[12] Wagner, G. P. *et al.* Measurement of mRNA abundance using RNA-seq data: RPKM measure is inconsistent among samples. *Theory in Biosciences* 131, 281-285(2012).

[13] Frazee, A. C. *et al.* Flexible isoform-level differential expression analysis with Ballgown. *bioRxiv*, 003665(2014).

[14] Soneson, C. & Delorenzi, M. A comparison of methods for differential expression analysis of RNA-seq data. *BMC Bioinformatics* 14, 91(2013).

[15] Marioni, J. C. *et al.* RNA-seq: an assessment of technical reproducibility and comparison with gene expression arrays. *Genome Research* 18, 1509-1517(2008).

[16] Anders, S. & Huber, W. Differential expression analysis for sequence count data. *Genome Biology* 11, R106(2010).

[17] Trapnell, C. *et al.* Differential analysis of gene regulation at transcript resolution with RNA-seq. *Nat Biotechnol* 31, 46-53(2013).

[18] Zhang, Z. H. *et al.* A comparative study of techniques for differential expression analysis on RNA-Seq data. *PLoS One* 9, e103207(2014).

[19] Feng, J. *et al.* GFOLD: a generalized fold change for ranking differentially expressed genes from RNA-seq data. *Bioinformatics* 28, 2782-2788(2012).

[20] Stegle, O. *et al.* Computational and analytical challenges in single-cell transcriptomics. *Nature Reviews Genetics* 16, 133-145(2015).

[21] Kharchenko, P. V. *et al.* Bayesian approach to single-cell differential expression analysis. *Nature Methods* 11, 740-742(2014).

[22] Finak, G. *et al.* MAST: a flexible statistical framework for assessing transcriptional changes and characterizing heterogeneity in single-cell RNA sequencing data. *Genome Biology* 16, 278(2015).

[23] Vu, T. N. *et al.* Beta-Poisson model for single-cell RNA-seq data analyses. *Bioinformatics* 32, 2128-2135(2016).

[24] Miao, Z. & Zhang, X. DEsingle: A new method for single-cell differentially expressed genes detection and classification. *bioRxiv*(2017).

[25] Guo, G. *et al.* Serum-based culture conditions provoke gene expression variability in mouse embryonic stem cells as revealed by single-cell analysis. *Cell Rep* 14, 956-965(2016).

[26] Petropoulos, S. *et al.* Single-cell RNA-Seq reveals lineage and X chromosome dynamics in human preimplantation embryos.

Cell 165, 1012-1026(2016).

[27] Zhang, W. *et al.* Integrating genomic, epigenomic, and transcriptomic features reveals modular signatures underlying poor prognosis in ovarian cancer. *Cell Reports* 4, 542-553(2013).

[28] Langfelder, P. & Horvath, S. WGCNA: an R package for weighted correlation network analysis. *BMC Bioinformatics* 9, 559(2008).

[29] Xue, H. *et al.* A modular network model of aging. *Molecular Systems Biology* 3, 147(2007).

[30] Peng, G. *et al.* Spatial transcriptome for the molecular annotation of lineage fates and cell identity in mid-gastrula mouse embryo. *Developmental Cell* 36, 681-697(2016).

韩敬东 教授，现就职于北京大学前沿交叉学科研究院，曾任中国科学院上海生科院计算生物学研究所所长、中国科学院遗传发育所分子系统中心主任、上海科技大学生命科学与技术学院特聘教授、中国科学院特聘研究员；中国科学院百人计划入选者，获得中国科学院百人计划优秀人才称号，国家基金委杰出青年，国家百千万人才工程有突出贡献中青年专家，上海市优秀学术带头人，上海领军人才，马普 MaxAgingNet Fellow，F1000 Faculty in Development，Cell Metabolism Women in Metabolism，Member of Academy of Health and Lifespan Research。同时担任中国细胞生物学学会功能基因组信息学与系统生物学分会理事，*Science China Life Sciences*、*eLIFE*、*Aging Cell*、*Journal of Biological Chemistry*、*Quantitative Biology* 等杂志编委，*Journal of Genomics and Genetics*、*Special Issue on Aging* 杂志责任编辑。课题组主要从事分子系统生物学研究工作，主要包括表观组学、功能基因组学及整合网络分析，寻找衰老及干细胞分化相关的关键基因，并进一步研究分子及功能作用机制等。共发表文章 112 篇，其中 IF>10 文章 50 篇，包括第一作者或通讯作者 CNS 文章 4 篇。申请国内专利 2 项，授权专利 2 项。

第 54 章　RNA 修饰的检测

伊成器　彭金英
北京大学

本章概要

与 DNA 和组蛋白一样，RNA 上也存在种类繁多的表观遗传修饰。从 20 世纪 50 年代至今，人们已经发现了 150 余种不同的 RNA 修饰。而随后的功能研究发现，这些 RNA 修饰在生物体内发挥了重要的调控作用，以 RNA 修饰为核心的 RNA 表观遗传学也成为近年来表观遗传领域研究的新热点。RNA 表观遗传学研究的基础之一是能够通过特定的实验技术确定 RNA 修饰的有无、种类和位置；另一方面，对于全基因组 RNA 修饰位点的检测往往需要应用高通量测序技术来实现。因此，本章从 RNA 修饰检测技术的角度出发，简要介绍了 RNA 修饰的定量和定点检测方法、基于第二代高通量测序技术的 RNA 修饰组学检测方法及数据处理流程，以及应用第三代测序技术的 RNA 修饰检测原理和方法。

自 20 世纪 50 年代以来，人类在古生菌、细菌、病毒和真核生物中发现了超过 150 种 RNA 转录后修饰，这些修饰广泛存在于各种类型的 RNA 中，在 RNA 的代谢和功能方面发挥着重要的作用，RNA 修饰也因此逐渐成为表观遗传学研究领域的新热点之一。下面，我们将对 RNA 修饰的类型与检测手段进行介绍。

54.1　RNA 修饰的类型

关键概念

- RNA 修饰主要由核苷酸的碱基或核糖在修饰酶的作用下发生不同的化学反应，最终导致某些化学基团的加入、替代或缺失而形成。根据化学生成反应的不同，我们可以将 RNA 修饰简要分为三大类。

第一类修饰是基于甲基化反应生成的 RNA 修饰，如 6-甲基腺嘌呤（N^6-methyl adenosine，m^6A）、1-甲基腺嘌呤（N^1-methyladenosine，m^1A）、N^6,2′-*O*-二甲基腺嘌呤（N^6,2′-*O*-dimethyladenosine，m^6Am）、5-甲基胞嘧啶（5-methylcytidine，m^5C）。甲基化酶以 *S*-腺苷甲硫氨酸（*S*-adenosylmethionine）为供体，将甲基转移到碱基基团的氮原子或碳原子，以及 2′OH 的氧原子等特殊位置上。如图 54-1 所示，m^1A 修饰和 m^6A 修饰分别是在腺嘌呤 1 位和 6 位氮原子上共价结合了一个甲基基团，而 m^5C 修饰则是在胞嘧啶的 5 位碳原子上共价结合了一个甲基基团。m^6Am 与 m^6A 相比，核糖的 2′ OH 的氧原子上也共价结合了一个甲基。在所有的甲基化修饰中，某些甲基化修饰是可逆的，例如，甲基转移酶 METTL3（methyltransferase like 3）、METTL14（methyltransferase like 14）和 WTAP（WT1 associated protein）复合物可以将甲基转移到腺嘌呤上，使其生成 m^6A；而 FTO（fat mass and obesity associated protein）和 ALKBH5（alkB homolog 5）去甲基化酶又可以去掉 m^6A 的甲基，使 m^6A 重新转变为腺嘌呤。某些甲基化修饰也可以进一步被氧化，成为其他类型的修饰，例如，m^5C 上的甲基可以被氧化成羟甲基，成为 5-羟甲基胞嘧啶（5-hydroxylmethylcytidine，hm^5C）修饰（图 54-1）。甲基化是 RNA 修饰中含量最多的一种修饰，约占修饰总量的 2/3。

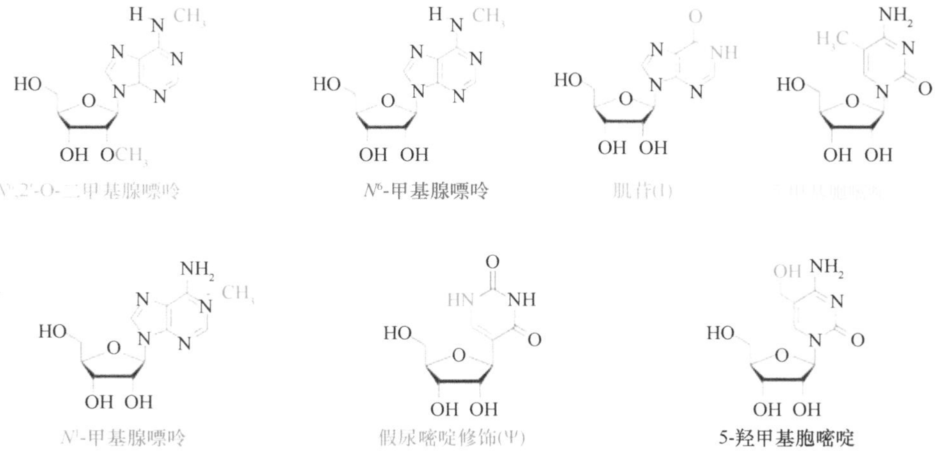

图 54-1　RNA 上常见的核苷酸修饰的化学结构

第二类修饰是基于异构化反应生成的 RNA 修饰，如假尿嘧啶修饰（pseudouridine，Ψ）（图 54-1）。假尿嘧啶核苷由尿嘧啶核苷异构化而来。尿嘧啶和糖环相连的碳氮键（N1-C1）在假尿嘧啶合成酶的作用下发生断裂，然后沿着 N3-C6 的轴发生 180°翻转，在碱基的 C5 位与糖环之间形成新的碳碳键，成为假尿嘧啶。假尿嘧啶在非沃森-克里克碱基配对（Watson-Crick base pairing）面的一侧多出了一个氢键供体，增强了碱基堆积力，使得假尿嘧啶具有独特的化学性质和生物学功能。催化假尿嘧啶修饰的酶有很多种，人源细胞内有 13 种假尿嘧啶合成酶。在大肠杆菌中，假尿嘧啶也可以在假尿嘧啶激酶和糖苷酶的作用下，断开碳-碳键，成为 5′磷酸核糖和尿嘧啶。但在哺乳动物中，RNA 上的尿嘧啶修饰一般不会被降解。

第三类修饰是基于脱氨反应生成的 RNA 修饰，例如，次黄嘌呤（inosine，I）是由腺嘌呤脱氨转化而来的。腺嘌呤的 6 位碳原子上共价结合有一个 $CH\text{-}NH_2$ 基团，该基团可以在腺嘌呤脱氨酶作用下，发生脱氢作用成为亚氨基 CHNH，亚氨基进一步水解成氨和羰基，从而使腺嘌呤转变为次黄嘌呤（图 54-1）。次黄嘌呤主要发生 RNA 的双链结构区。第一个次黄嘌呤发现于 tRNA 上，后来在 pre-mRNA 和病毒转录的 RNA 上也发现了该修饰。同样，胞嘧啶 6 位也是 $CH\text{-}NH_2$ 基团，该氨甲基基团也可以在脱氨酶的作用下成为羰基，从而使胞嘧啶转变成为尿嘧啶。RNA 上的胞嘧啶脱氨反应由 APOBEC1（apolipoprotein B mRNA editing enzyme catalytic polypeptide 1）蛋白催化完成。目前发现的 C/U 脱氨位点主要在 tRNA 和 mRNA 上。

化学修饰不仅改变了核苷酸的结构和构象，也影响了 RNA 的代谢和生物功能，如 RNA 剪接、RNA 的稳定性、蛋白质翻译等。此外，RNA 修饰还参与了多种生物学调控过程，如细胞重编程、免疫调控、配子生成、性别决定、胚胎发育、神经发育、生物节律、病毒感染等。此外，某些疾病的发生也与 RNA 修饰密切相关，如癌症、先天性角化不良疾病等。目前人们对 RNA 修饰的种类和功能有了更多的认识，这些认识很大程度上归功于检测技术的发展和进步。RNA 修饰的检测技术已经从最初单个位点的检测，发展成为对整个转录组快速高效的检测。RNA 修饰检测技术的进步，极大地促进了“表观转录组学”领域的发展。

54.2 RNA 修饰的检测技术

关键概念

- 2D-TLC（two-dimensional cellulose thin-layer chromatography），即二维纤维素薄层层析技术，是一种利用核苷酸电荷和碱基极性的差异，使不同修饰核苷酸在不同流动相的作用下，分布于纤维素薄层不同的位置，从而实现对不同修饰核苷酸定性和定量检测的方法。
- HPLC（high performance liquid chromatography）即高效液相色谱技术，是一种利用核苷极性的差异对修饰核苷进行分离和定量的技术，是一种高效快速的 RNA 修饰的检测和定量手段。
- LC-MS（coupling of liquid chromatography to mass spectrometry）即液相色谱与质谱联用技术，是一种先用 HPLC 对核苷进行初步分离，再用质谱对核苷进一步分离和定量的 RNA 修饰检测技术。

RNA 上存在着多种多样的核苷酸修饰，这些修饰的核苷酸与四种经典的核苷酸相比，结构上均具有不同程度的差异。这种差异使得带修饰的核糖核苷酸在物理化学性质、酶反应性质和化学反应能力等方面具有独特的性质。根据修饰核苷酸的这些特性，人们开发了多种不同的检测方法。下面分别从定量检测、定点检测和组学检测三个方面一一展开介绍。

54.2.1 RNA 修饰的定量检测

RNA 修饰的定量检测主要基于修饰核苷物理化学性质的差异，利用分析化学的手段，对不同修饰的核苷酸进行分离和定量。目前常用的定量检测方法有 2D-TLC、HPLC、LC-MS 三种。

1. 2D-TLC

2D-TLC，即二维纤维素薄层层析技术，是一种利用核苷酸电荷和碱基极性的差异，使不同修饰核苷酸在不同流动相的作用下，分布于纤维素薄层不同的位置，从而实现对不同修饰核苷酸定性和定量检测的方法[1, 2]。该方法中，RNA 序列需先酶解成单磷酸核苷酸。单磷酸核苷酸可以直接点在纤维素薄层上进行分离，也可以经放射性同位素标记后再点在纤维素薄层上进行分离。纤维素薄层作为固定相，两种不同的溶剂作为流动相。在流动相的带动下，单磷酸核苷酸先后在两个维度上移动。由于碱基极性不同，单磷酸核苷酸移动速度不同，最后核苷酸停留的位置也不同。经 UV 照射或放射性显影后，可以观察到不同位置的核苷酸信号。根据修饰核苷酸的信号强度与基本核苷酸信号强度之间的差异可以确定该修饰的相对含量。放射性标记核苷酸可以提高检测的灵敏度，一般有 ^{32}P、^{14}C 和 ^{3}H 标记。^{32}P 标记又可分为体内标记和体外标记两种。体内标记即在培养基中加入 ^{32}P 正磷酸盐，生物体在自身的 RNA 合成过程中便实现了 ^{32}P 的标记。和体内 ^{32}P 标记方法相比，体外 ^{32}P 标记 2D-TLC 方法在检测 tRNA 的核苷酸修饰方面具有广泛的应用。下面以此为例，对该方法的实验步骤进行详细的介绍。

首先用 RNase T2 将 tRNA 分解成 5′端羟基和 3′端磷酸基的单核苷酸，然后使用 T4 多聚核苷酸激酶（T4 PNK）和 ^{32}P 标记的 ATP 将 ^{32}P 标记到单核苷酸的 5′端，之后用三磷酸腺苷双磷酸酶（apyrase）去除多余的 ATP，最后使用核酸酶 P1 去除 3′端的磷酸基团得到 5′-^{32}P -NMP。将 5′-^{32}P-NMP 点在纤维素薄层板上，先用异丁酸-氨水-水的混合物作为流动相，根据电荷的差异进行第一维的分离。之后旋转 90°，再用异丙醇-盐酸-水混合物或者磷酸钠-硫酸铵-异丙醇混合物做流动相，根据碱基组成的差异进行第二维分离。分离完成后，放射性显影，可以观察到分散的荧光信号。将荧光信号位置和已知核苷酸的信号位置图谱作比较，可以判断出核苷酸和修饰核苷酸的种类。分析荧光信号的强度，将修饰核苷酸的信号强度和基本核苷酸的信号强度进行对比，可以得出该种修饰的相对含量。

2D-TLC 是一种简单、便于操作的检测方法，已经被广泛应用于多种 RNA 修饰的研究中。放射性同位素标记使该方法具有较高的灵敏度，但同时也带来了一定的安全问题。另外，2D-TLC 需要用 RNase 将 RNA 酶解成单个核苷酸，但 RNase 对不同修饰核酸的酶解效率并不相同。不同修饰的 ^{32}P 标记效率也有所差异，因此 2D-TLC 仍然存在着碱基偏好性的缺点。此外，用于 2D-TLC 检测的 RNA 长度一般不会大于 200nt。RNA 的纯度、反应缓冲液及流动相都可能对某些修饰的检测产生一定程度的影响。

2. HPLC

HPLC，即高效液相色谱技术，是一种利用核苷极性的差异对修饰核苷进行分离和定量的技术，可作为高效快速的 RNA 修饰的检测和定量手段。HPLC 用 C18 反向色谱柱作为固定相，水/甲醇或乙腈溶液为流动相，流动相中有机溶剂的浓度随时间梯度增加。核苷通过疏水性相互作用分配于固定相的表面，并在流动相的作用下逐渐被洗脱下来，洗脱下来的核苷可以被 UV 分光光度计实时检测。由于不同修饰核苷的极性不同，洗脱下来所需有机溶剂浓度也不同，洗脱下来的时间也不同。根据洗脱时间可以将不同的核苷分离开来，并可以利用 UV 检测到的吸光度，对不同的核苷进行初步的定量分析。但是不同核苷的吸光系数有所差异，所以 UV 检测到的吸光度并不能直接代表核苷含量。此时需要检测已知浓度的核苷标准样品，绘制吸光度标准曲线，计算待检测核苷的浓度，并与四种基本核苷进行对比，得到该修饰核苷的相对含量。下面以检测 RNA 样品中的 6-甲基鸟嘌呤（1-methylguanosine，m^1G）为例，详细介绍 HPLC 的技术。

首先分离纯化待检测的 RNA，用核酸酶 P1 将 RNA 降解成单个的核苷酸，再用碱性磷酸酶脱掉核苷酸的磷酸基，得到单个的核苷。同时配制合适浓度梯度的 m^1G 和基本核苷标准样品。将相同体积的待检测样品加载到 C18 柱上，用 40%的乙腈溶液按照 50min 内 0～25%的梯度变化冲洗 C18 柱子（乙腈溶液变化梯度是可调的），获得不同核苷的洗脱时间和吸光度图谱。用核苷标样绘制标准曲线，计算核苷浓度。将 m^1G 的浓度与四种基本核苷的浓度作对比，得到 m^1G 的相对含量[3]。

类似于 2D-TLC，HPLC 也利用了不同修饰核苷极性有所差异的特点，实现了不同核苷修饰的分离和定量。但与 2D-TLC 不同，HPLC 将 RNA 酶解成单核苷，且无需放射性同位素标记，实验操作更加简便安全。HPLC 采用动力输液系统和 UV 分光光度计检测系统，检测手段更加高效迅速。但是由于 UV 分光光度计的灵敏度有限，HPLC 只能应用于高丰度 RNA 修饰的检测。此外，HPLC 根据洗脱时间对核苷进行分离及鉴定，对于一些洗脱时间相近的核苷，该方法并不适用。

3. LC-MS

LC-MS，即液相色谱与质谱联用技术，是一种先用 HPLC 对核苷进行初步分离，再用质谱对核苷进一步分离和定量的 RNA 修饰检测技术[4]。HPLC 分离出来的单核苷在进入质谱后，经过电离和碰撞，产生离子碎片。不同的核苷会产生不同的离子碎片，并带有不同的核质比。在磁场的作用下，带有不同核质比的离子碎片显示在检测器的不同位置上，同时记录核质比信息和信号强度。最终，通过 HPLC 的洗脱时间和核质比可以确定待测核苷为何种修饰，同时通过离子碎片的信号强度可以初步实现核苷的定量。

由于离子碎片的信号强度并不能直接代表核苷的含量，所以仍然需要同时检测标准样品，绘制标准曲线。下面以检测 mRNA 上的假尿嘧啶修饰的含量为例进行介绍。首先分离待检测的 RNA，用 Trizol

提取的方法从细胞中提取总 RNA。然后用含有胸腺嘧啶脱氧核苷酸寡聚链 [oligo（dT）] 的磁珠从总 RNA 中分离出含 poly（A）尾的 mRNA。用核苷酸酶 P1 处理 mRNA，使其断裂成单个核苷酸。再用碱性磷酸酶脱去核苷酸上的磷酸基团，使其成为单个的核苷。用 LC-MS 分析仪检测单核苷样品和标准样品，获得每种核苷的信号峰和峰面积。根据标准品的浓度和峰面积绘制标准曲线，由标准曲线计算待检测核苷的浓度。最后用修饰核苷的浓度与基本碱基浓度作比，得到修饰核苷的相对含量。

LC-MS 方法使用了质谱技术对核苷进行检测，大大提高了检测的灵敏度。该方法不仅可以对高丰度 RNA 的多种修饰进行定量检测，也可以对低丰度 mRNA 上的多种修饰进行定量检测[5]。真核细胞 mRNA 中 m^6A（m^6A/A 数值为 0.1%～0.5%）和ψ（ψ/U 数值为 0.2%～0.4%）的含量均已通过该技术确定[6, 7]。

54.2.2 RNA 修饰的定点检测

关键概念

- 引物延伸技术（primer extension）是指利用 RNA 修饰会阻碍逆转录反应进行的特性，实现对 RNA 上的修饰的定位检测。
- SCARLET（site-specific cleavage and radioactive-labeling followed by ligation-assisted extraction and thin-layer chromatography）技术是一种综合了放射性同位素标记、DNA 连接富集和 TLC 检测的 RNA 修饰定点检测技术。

为了研究 RNA 修饰的功能，不仅需要对 RNA 修饰的含量进行检测，还需要确定 RNA 修饰的具体位置。基于这一需求，人们开发了多种 RNA 修饰的定点检测方法。与 RNA 修饰的定量检测不同，定点检测除依赖于核苷的物理化学性质差异外，还可以根据修饰核苷对逆转录反应和酶活性的影响来检测。目前常用的定点检测方法有引物延伸技术、SCARLET 技术及基于连接酶效率的技术等。这些技术已广泛应用于序列已知 RNA 上单个位点的检测，下面对这三种方法一一展开介绍。

1. 引物延伸技术

引物延伸技术利用 RNA 修饰会阻碍逆转录反应进行的特性，实现对 RNA 上的修饰的定位检测。在该方法中，^{32}P 标记的逆转录引物先与 RNA 互补配对，然后在逆转录酶的作用下延伸。若 RNA 上没有修饰，逆转录将得到全长的 cDNA；若 RNA 上有修饰，逆转录则停在修饰位点附近，得到短的 cDNA。之后用聚丙烯酰胺凝胶电泳分离得到的 cDNA 片段放射自显影后，与参考序列对比可以确定短 cDNA 的长度。cDNA 的长度就是引物 5′端与修饰核苷酸之间的距离，由此可以确定修饰所在的位置。

不同修饰对逆转录反应的影响不同，如 m^1A 自身就会影响碱基配对，导致逆转录停止；假尿嘧啶核苷被 CMCT [cyclohexyl-*N*′-（2-morpholinoethyl）-carbodiimide metho-p-toluenesulfonate] 标记后，也能导致逆转录停止；2′-氧甲基（2′-*O*-methylation，2′-OMe）则是在低 dNTP 浓度的条件下才会导致逆转录的终止。以 2′-氧甲基修饰为例，首先，根据已知的 rRNA 序列，在修饰位点 3′端约 20nt 处设计逆转录引物。引物长度一般为 20～24nt，G+C 含量一般在 50%左右，3′端含有 1～2 个 G 或 C。用 PNK 和 ^{32}P 标记的 ATP 在引物的 5′端标记上 ^{32}P 磷酸基。然后将引物和 RNA 退火结合，用低浓度的 dNTP 和 AMV 逆转录酶进行逆转录反应，合成 cDNA。RNA 种类不同，甲基化修饰比例不同，则逆转录所需的 dNTP 浓度也不同，一般为 0.004～1mmol/L。逆转录完成后，用变性聚丙烯酰胺凝胶电泳分离 cDNA 片段。放射性显影分析 cDNA 片段大小，即可确定 2′-氧甲基修饰的位置。

引物延伸技术具有方便高效的优点，已被广泛用于多种实验分析。该方法可以直接从混合的 RNA 中对某一特定的 RNA 进行检测，而不需要 RNA 提纯。引物设计是该实验成功的关键因素之一，但有时某一基因很难找到合适的引物。此外，逆转录反应受 RNA 本身序列如 RNA 二级结构的影响，有可能导致逆转录反应在到达修饰位点前停止，造成复杂的背景信号。

2. SCARLET 技术

SCARLET 是一种综合了放射性同位素标记、DNA 连接富集和 TLC 检测的 RNA 修饰定点检测技术。该方法利用了 RNase H 特异性切割 DNA/RNA 杂交链中 RNA 链的特点，实现了对特定位点的核苷酸进行 ^{32}P 标记[8]。在该方法中，首先设计与目的 RNA 互补配对的、2′位是 2′-OMe 和 2′-H 混合的 2′-OMe RNA-DNA-2′-OMe RNA 杂合寡聚核苷酸探针，DNA 序列与待检测位点 5′端的序列相匹配。待检测 RNA 与杂合寡聚核苷酸探针形成 DNA/RNA 杂交链后，RNase H 将待检测位点 5′端的一段 RNA 序列降解掉，从而暴露出待检测核苷酸的 5′端磷酸基团。然后用碱性磷酸酶脱去该磷酸基团，并在 T4 PNK 和 ^{32}P 标记 ATP 的作用下重新加上 ^{32}P 标记的磷酸基团。再将该 ^{32}P 磷酸基团标记的 RNA 片段连接到单链 DNA 上，并用 RNase A/T1 降解掉 DNA-RNA 连接复合物中大部分的 RNA 序列，保留下 RNA 5′端的 1～2 个核苷。最后通过聚丙烯酰胺凝胶电泳将 117nt 和 118nt 的片段分离并富集下来。富集后的片段经过核苷酸酶 P1 的降解后，进行 TLC 检测。与 2D-TLC 的检测方法类似，根据放射性信号的有无判断是否有核苷修饰，再通过修饰核苷的信号强度与四种基本核苷信号强度作对比，得到该修饰的相对含量。

SCARLET 技术不仅可以用于检测丰度比较高的 ncRNA，也可用于检测 mRNA 和 lncRNA。该技术的另一优点是可以直接从 RNA 混合样品中对特定的 RNA 进行定点检测，而不需要将该 RNA 提纯[9]。SCARLET 可以用于多种核苷酸修饰的检测，如 m^5C、Ψ、2′-*O*-methyl ribonucleosides（Nm）等。RNase H 的位点特异性切割不依赖于 RNA 的序列，因此，SCARLET 技术不仅可以用于检测不同种类的 RNA，也可用于检测同一 RNA 上的不同位点。值得注意的是，杂合寡聚核苷酸探针与 RNA 序列的配对效率受 RNA 二级结构的影响，所以当待检测核苷酸位于 RNA 二级结构附近时，修饰比例可能会被低估[10]。

3. 基于连接酶效率的定点检测技术

根据 RNA 修饰对连接酶效率的影响，开发出了基于连接酶效率的定点检测技术。该技术以待检测的 RNA 序列为模板，筛选出两对单链 DNA 寡聚核苷酸序列，每一对单链 DNA 寡聚核苷酸可以完全互补到 RNA 模板上，两条序列之间没有核苷酸空缺，且连接缺口所在的位置对应 RNA 上待检测核苷酸的位置。因此，RNA 上的待检测核苷酸的修饰会影响 T4 DNA 连接酶对两条 DNA 寡聚核苷酸链的连接效率。其中，一对单链 DNA 寡聚核苷酸的连接效率对 RNA 修饰敏感，通过连接效率的差异可以判断 RNA 上是否存在修饰，从而实现 RNA 修饰的定点检测[11]。另一对单链 DNA 寡聚核苷酸的连接效率则对 RNA 的修饰不敏感。连接效率不敏感组的结果可用于计算含修饰和不含修饰两种 RNA 的总量。而连接效率敏感组的结果，可用于计算其中一种修饰或未修饰的 RNA 的量。通过两组结果对比，可以确定修饰的比例。所以该方法不仅可以检测修饰是否存在，也可以用来检测修饰的含量。

54.2.3 RNA 修饰的组学检测

RNA 修饰最早[11]在丰度较高的非编码 RNA 上发现，如 rRNA、tRNA 和 snRNA，在非编码 RNA 的自身代谢和生物学功能方面都具有重要的作用。随着检测技术的发展，人们在包括 mRNA 在内的其他

RNA 上也检测到大量的核苷酸修饰。为了进一步研究不同种类的修饰在转录组上的功能，需要先确定 RNA 修饰在转录组上的分布。上述的 RNA 修饰定点检测技术，只能用于单个位点的检测，而不能用于转录组范围的检测。为了解决这一问题，人们将 RNA 修饰的检测与高通量测序技术结合起来，开发了多种 RNA 修饰的组学检测技术。

高通量测序技术（high-throughput sequencing technology），又称二代测序技术（next generation sequencing，NGS），利用边合成边测序的方法，可以一次对几十万到几百万条 DNA 分子进行序列测定。目前主要的测序平台有美国 Illumina 公司的 HiSeq 2500 平台、HiSeq X10 测序平台和美国 Life Technology 公司的 Ion Torrent™平台。通常在 RNA 修饰检测的高通量测序技术中，需要先将待检测的 RNA 逆转录成 cDNA，再构建 cDNA 文库，然后进行高通量测序。高通量测序得到大量的序列信息，用生物信息的技术分析处理这些序列信息，得到 RNA 修饰的分布位点。用于组学检测的 RNA 主要分为两类：一类是用 oligo（dT）的磁珠从总 RNA 中富集含 poly（A）的 mRNA；另一类是利用设计的杂交探针从总 RNA 中去除大部分的 rRNA 后的 RNA。RNA 修饰的组学检测方法主要有两种：一是利用抗体或化学反应等手段将含有修饰的 RNA 片段富集出来，构建修饰所在 RNA 片段的 cDNA 文库；二是用不同的方法处理或标记修饰的核苷酸或未修饰的核苷酸，使其在逆转录反应过程中获得标记，继而构建含标记信息的 cDNA 文库。人们根据不同种类 RNA 修饰的特性开发了多种组学检测技术，在 RNA 修饰的分布和功能研究方面取得了巨大的进步。下面根据待检测 RNA 修饰种类的差异，对主要的几种组学检测技术分别进行介绍。

1. m^6A 的组学检测

m^6A 是真核生物 RNA 中存在最广泛的甲基化修饰之一。m^6A 既不会影响核苷酸的碱基配对能力，对化学试剂也不敏感，因此很难在常规测序中检测到。针对这一问题，研究者先后开发了多种 m^6A 的组学检测技术，如 MeRIP-seq（m^6A-specific methylated RNA immunoprecipitation with next-generation sequencing）、m^6A-seq（m^6A sequencing）、PA-m^6A-seq（photo-crosslinking-assisted m^6A-sequencing）、miCLIP（m^6A individual-nucleotide-resolution crosslinking and immunoprecipitation）和 m^6A-CLIP（m^6A RNA cross-linking and immunoprecipitation）等。这些检测技术都是基于 m^6A 抗体对 m^6A 的特异识别开发的。下面将这些方法分为三类，逐一介绍。

1）m^6A-seq 和 MeRIP-seq

m^6A-seq 和 MeRIP-seq 是开发和应用最早的 m^6A 测序技术，两者都是利用特异性抗体对 m^6A 所在 RNA 进行富集，从而实现 m^6A 的组学检测[12, 13]。该类方法首先需要对待检测的 RNA 进行一定程度的纯化，一般是用 oligo（dT）磁珠筛选有 poly（A）尾的 mRNA，或者从 total RNA 里用 rRNA 探针去除 rRNA，将剩余的 RNA 用作待检测的转录组 RNA。之后用二价阳离子在高温条件下将待检测 RNA 随机打断成 100～200nt 的小片段，这些 RNA 片段称为投入样品，即 input 样品。取少量的 input RNA 作对照，剩余的 input RNA 与特异性识别 m^6A 的抗体孵育。m^6A 抗体结合到含 m^6A 的 RNA 片段上，然后用 IgG 抗体磁珠将 m^6A 抗体-RNA 复合物分离出来，这一过程称为 IP（imunoprecipitation）。最后用蛋白酶 K 降解掉多余的 m^6A 抗体，纯化含有 m^6A 的 RNA 片段，这些 RNA 片段称为富集后样品，即 pull-down 样品。将 input 对照和 pull-down 样品 RNA 片段的 3′端连上接头（adaptor），用与接头互补的引物逆转录得到 cDNA。cDNA 的 3′端再连接上另一种接头序列，然后根据 cDNA 两端的已知接头序列 PCR 扩增制备测序文库，最后进行高通量测序。

高通量测序得到大量的片段序列，将这些序列比对到转录组上。与 input 样品相比，pull-down 样品经过 m^6A 抗体的富集，序列将集中比对到转录组上 m^6A 所在的区域，形成 m^6A 的富集峰，称为 peak［具体的生物信息学分析方法见 54.2.4 节的第 3 小节］。m^6A 位点在 peak 内，peak 的宽度一般为 100～200nt，

即 m^6A 的分辨率为 100～200nt。之前的研究结果发现 m^6A 附近的序列具有 RRACH（R=purine，H=A，C 或 U）的特征，这种序列特征称为 motif。根据 motif 可以进一步缩小 m^6A 所在位置的范围，通常一个峰中会找到 1～3 个可能的 m^6A 位点。m^6A 富集峰的宽度与 RNA 片段的长短有关，将 RNA 片段缩短到 80nt 左右大小，使用链特异的建库方法建库，并用 m^6A 修饰酶缺陷的样品作对照，可以在某种程度上达到近乎单碱基的分辨率。

2）PA-m^6A-seq

PA-m^6A-seq 技术将 m^6A-seq 检测方法和 PAR-CLIP（photoactivatable ribonucleoside-enhanced crosslinking and immunoprecipitation）技术相结合，通过 4-硫代尿苷（4sU）介导的紫外交联在 m^6A 附近引入突变标记，据此提高了 m^6A 的分辨率[14]。此外，RNase T1 酶解 RNA 长片段也起到了提高分辨率的作用。实验步骤如下：在细胞培养过程中掺入 4sU，RNA 在合成过程中 4sU 被随机掺入到 RNA 序列中。提取待检测的 RNA，将全长 RNA 与 m^6A 抗体孵育，并用 365nm 的紫外光照射。4sU 在紫外线的作用下与其邻近的氨基酸形成共价交联。IP 富集 RNA 后，加入 RNase T1 将 RNA 降解成碎片。m^6A 附近的 RNA 序列由于抗体的保护不被降解，而保留下来成为 30nt 左右的 RNA 短片段。将这些短片段两端连接上测序接头，经过逆转录反应和 PCR 扩增得到测序文库，再进行高通量测序。

高通量测序得到的序列比对到转录组上，得到 m^6A 的分布 peak。因为富集的 RNA 片段很短，所以 m^6A 的分布 peak 更窄，分辨率更高。同时 RNA 上的 4sU 在逆转录的过程中与 G 配对，从而形成 T 到 C 的突变，简称 T/C 突变。根据 T/C 突变的位置可以进一步缩小 m^6A 的分布区域，提高分辨率到 23nt 左右。利用 T/C 突变也可以提高信噪比，排除更多的假阳性。但在 m^6A 附近没有 4sU 掺入的情况下，某些修饰位点也可能会被漏掉[15]。虽然 PA-m^6A-seq 技术大大提高了测序精度，但仍需要通过 m^6A 的特殊周边碱基序列来推测 m^6A 的位点，并且不能达到单碱基分辨率。

3）miCLIP 和 m^6A-CLIP

miCLIP 技术和 m^6A-CLIP 技术均利用紫外交联在 m^6A 附近引入氨基酸残基，该氨基酸残基阻碍逆转录反应的进行，最终在 m^6A 位点及其附近引起突变或转录终止，从而实现单碱基分辨率的 m^6A 组学检测[16, 17]。这两种方法都需要先将 RNA 片段与 m^6A 抗体孵育，然后用 254nm 的紫外光照射进行交联。IP 后用蛋白酶 K 消化掉 m^6A 抗体，在抗体交联的碱基处留下一个氨基酸残基。该氨基酸残基将影响后续的逆转录反应。若使用 Abcam 公司的抗体，逆转录过程中 cDNA 倾向于停在 m^6A 的+1 位，这类 cDNA 称为 cDNA 截断片段（cDNA truncation）。而 SySy 公司的抗体，逆转录过程中 cDNA 倾向于在 m^6A 的+1 位造成 T 到 C 的错配。用生物信息学的方法分析高通量数据中逆转录停止位置或 T/C 错配的位置（详见 54.2.4 节的第 4、5 小节），可以精确地判断 m^6A 所在的位置。与上述方法相比，miCLIP 技术和 m^6A-CLIP 技术检测的灵敏度更高，实现了单碱基的分辨率。

此外，该方法所用的 m^6A 抗体同样可以结合 m^6Am。m^6Am 是 mRNA 的 7 甲基-鸟苷帽子（m^7G cap）后的第一个核苷酸。m^6A 抗体交联造成的转录终止同样可以用于 m^6Am 的检测。用该检测方法在 RNA 的 5′端发现大量的 m^6Am 修饰。m^6Am 周围的序列具有 BCA（B = C/U/G）特点，而 m^6A 周围的序列具有 RRACH 的特点，据此可以将两者分开，实现 m^6Am 的组学检测。

2. m^1A 的组学检测

m^1A 很早就被发现存在于 tRNA 和 rRNA 上，但直到 2016 年人们才证实其在 mRNA 上的存在。利用近年来商业化的 m^1A 特异性抗体，研究人员开发了 m^1A-seq（methylated RNA immunoprecipitation sequencing）、m^1A-ID-seq（m1A-specific RNA immunoprecipitation and demethylase-assisted RNA sequencing）和 m^1A-MAP（misincorporation-assisted profiling of m^1A）等检测技术。根据实验方法和分辨率的差异，可

以分成两类。

1）m^1A-seq 和 m^1A-ID-seq

m^1A-seq 和 m^1A-ID-seq 技术与上述 MeRIP-seq 方法类似，两者都使用了 m^1A 抗体对含 m^1A 的 RNA 进行富集，并同时利用 m^1A 对逆转录反应的影响，对 m^1A 进行更准确的定位[18, 19]。m^1A-seq 实验方法如下：先将待检测的 RNA 打断成 RNA 片段，留取部分 RNA 片段作为 input 样品。m^1A 抗体与 RNA 片段孵育，IP 后将 RNA 片段分成两部分：一部分 RNA 用 Na_2CO_3 溶液进行碱性处理，使 m^1A 发生 Dimroth 重排反应（Dimroth rearrangement），转变成为不影响逆转录反应的 m^6A，该 RNA 样品称为处理样品（treated RNA）；另一部分 RNA 不做该处理，作为非处理样品（untreated RNA）。将上述三组 RNA 样品用随机引物逆转录成 cDNA，合成第二条链，末端修复并连接接头，PCR 扩增后进行高通量测序。数据分析方法与 MeRIP-seq 类似，将处理组样品和非处理组样品数据与 input 组样品数据比对，可以找到 m^1A 附近的富集峰。但与处理组样品富集峰不同，非处理组样品含有短的 cDNA 片段，富集峰中间会出现一个凹陷，称为落峰。根据落峰的位置即可判断 m^1A 的分布区域。

m^1A-ID-seq 技术与 m^1A-seq 实验方法类似，不同的是该方法用了一个大肠杆菌去甲基化酶 AlkB[alpha-ketoglutarate and Fe（II）-dependent dioxygenases]，使得 m^1A 去甲基化转变为正常的腺嘌呤 A。AlkB 去甲基的效率很高。同时，使用 AlkB 去甲基可以避免 Dimroth 重排反应对 RNA 造成的降解。用与上述方法类似的建库手段建立 cDNA 文库，然后进行高通量测序。比较 input 组和去甲基化酶处理组的数据，可以得到 m^1A 的富集峰 peak1，比较 input 组和非去甲基化酶处理组的数据可以得到 m^1A 的 peak2。m^1A 最可能出现在 peak1 和 peak2 的重叠区域。与 peak1 不同，peak2 由于 m^1A 引起的转录终止而呈现出左低右高的形状。因为 cDNA 停在 m^1A 的 3′端，所以 m^1A 位于 peak2 低峰位置。根据这些特征，可以进一步缩小 m^1A 所在的区域，提高分辨率。m^1A-ID-seq 和 m^1A-seq 首次实现了 m^1A 的组学检测，但这两种测序方法都没有做到单碱基分辨率，检测精度为 50～200nt。

2）m^1A-MAP

m^1A-MAP 与 m^1A-ID-seq 方法类似，但与 m^1A-ID-seq 不同，m^1A-MAP 利用 m^1A 在逆转录过程中引起 A/T 错配的特性，因此实现了单碱基分辨率的检测[20]。逆转录过程中，m^1A 既能引起 A/T 的突变，也能导致转录停止。m^1A-MAP 对逆转录条件做了调整，使用了 TGIRT 逆转录酶，使 m^1A 能够精确地在 m^1A 处引入错配，同时也降低了 m^1A 导致逆转录停止的可能性。在 m^1A-MAP 方法中，先将待检测的 RNA 打断成片段，用 m^1A 抗体进行富集，然后将 RNA 样品分为两部分：一部分用去甲基化酶 AlkB 处理，一部分不做处理。将处理样品和非处理样品 RNA 的 3′端连接上逆转录接头，逆转录后，在 cDNA 的 3′端连接接头，PCR 扩增后高通量测序。用生物信息学的方法分析错配位点。与去甲基化酶处理组相比，未处理组中 A/T 高度错配的位点即 m^1A 位点。

3. m^5C 的组学检测

相较于在 DNA 上的研究，m^5C 在 mRNA 上的研究比较少。目前 m^5C 组学检测的方法主要有重亚硫酸氢盐测序（bisulfite sequencing，BS-seq）、m^5C-RIP（m^5C RNA immunoprecipitation）、AzaIP（5-azacytidine-mediated RNA immunoprecipitation）和 miCLIP（methylation-individual nucleotide resolution crosslinking immunoprecipitation）。其中，m^5C-RIP 利用了 m^5C 的特异性抗体检测 m^5C 的分布，原理和操作都与 MeRIP-seq 类似，因此下面主要介绍其他三种方法。

1）BS-seq

BS-seq 是根据 5-甲基胞嘧啶和胞嘧啶与重亚硫酸氢盐的反应活性不同，在未修饰位点引入 C/U 突变，

从而实现 m^5C 组学检测的方法[21]。5 位甲基化修饰并不影响胞嘧啶的碱基配对能力，但 5 位甲基化修饰后，m^5C 对重亚硫酸氢盐的反应活性降低。在 pH 碱性时，胞嘧啶会在重亚硫酸氢盐的作用下发生脱氨反应，变成尿嘧啶，在逆转录反应中与腺嘌呤 A 配对；而 m^5C 不会发生脱氨反应，在逆转录反应中与鸟嘌呤 G 配对。重亚硫酸氢盐处理的 RNA 经过碱性磷酸酶和 T4 多聚核苷酸激酶（T4 PNK）的处理，连接逆转录接头，通过逆转录反应获得 cDNA，连接测序接头，PCR 扩增后进行高通量测序。通过生物信息学分析（详见 54.2.4 节中 call mutation 方法）找出未发生 C/U 突变的位点，即 m^5C 修饰所在的位点。BS-seq 方法可以方便快速地检测转录组中 m^5C 的分布，但该方法依赖于重亚硫酸氢盐引起的脱氨反应，重亚硫酸氢盐造成的 RNA 降解比较严重，并且脱氨效率受 RNA 二级结构的影响，所以该方法还有很多局限性。此外，BS-seq 方法没有富集步骤，因此在检测丰度较低的 RNA 上的 m^5C 时，需要较高的测序深度。

2）Aza-IP

Aza-IP 是一种通过检测 m^5C 甲基转移酶结合位点，来检测 m^5C 修饰位点的组学检测技术[22]。m^5C 甲基转移酶 NSun2（NOP2/Sun RNA methyltransferase family member 2）和 Dnmt2（DNA methyltransferase-2）在催化过程中，活性位点处半胱氨酸残基上的硫原子与胞嘧啶的 6 位碳原子间形成共价键，甲基化修饰完成后该共价键再断开。当胞嘧啶核苷被其类似物 5-氮杂胞苷（5-azacytidine，5azaC）取代以后，甲基转移酶与 5azaC 形成的共价键不能再断开。5azaC 在逆转录过程中与 C 配对，引起 C/G 的突变。此方法中甲基转移酶可以起到 m^5C 抗体的作用，从而将 m^5C 富集出来。为达到这一目的，先在细胞中过表达带有 V5 标签（V5 tag）的融合甲基转移酶 NSun2 或 Dnmt2，并在培养基中掺入 5azaC，5azaC 随机合成到 RNA 内。然后用 V5 抗体将甲基转移酶-5azaC-RNA 复合物富集下来，并在高温断裂缓冲液的作用下将 RNA 从甲基转移酶-5azaC-RNA 复合物中释放出来，同时断裂成 RNA 片段。之后用与上述 BS-seq 类似的方法建库，再进行高通量测序，最后用生物信息学的方法分析富集峰和 C/G 的突变位点，即可得到 m^5C 在转录组上的单碱基分布图谱。但由于 5azaC 对 RNA 的影响及 C/G 突变的机制还不清楚，Aza-IP 方法的使用还存在很多局限性。

3）m^5C-miCLIP

miCLIP 也是一种通过 m^5C 甲基转移酶结合位点来检测 m^5C 修饰位点的组学检测技术[23]。与 Aza-IP 不同，miCLIP 不需要 5azaC。miCLIP 通过改造甲基转移酶 NSun2，使 NSun2 和底物胞嘧啶核苷酸始终共价交联在一起。通常情况下，NSun2 在完成甲基化修饰后断开共价键，释放 RNA。NSun2 217 位的半胱氨酸在这一过程中起到关键的作用。将该半胱氨酸替换成丙氨酸后，NSun2 不能释放 RNA，仍是通过共价键与 RNA 交联在一起，形成 NSun2 C271A-cytosine-RNA 复合物。用 C271A NSun2 的抗体将 NSun2 C271A-cytosine-RNA 复合物富集出来。用蛋白酶 K 降解 NSun2 C271A 后，在 m^5C 修饰位点留下氨基酸残基，使逆转录 cDNA 停在 m^5C 的位置。最后分析测序数据中的 cDNA 停止位点即可找到 m^5C 修饰位点，实现 m^5C 单碱基分辨率的组学检测。

4. 假尿嘧啶的组学检测

假尿嘧啶是目前已知的 RNA 修饰中含量最多的化学修饰。假尿嘧啶的化学性质与尿嘧啶接近，两者都可以与腺嘌呤配对；由于目前没有 IP 级别的抗体，因此只能利用化学标记的方法进行检测。目前常用的标记化合物是 CMCT。CMCT 可以共价结合到尿嘧啶、假尿嘧啶及鸟嘌呤上，经过碱处理后，CMCT 与尿嘧啶和鸟嘌呤发生分解反应，只有假尿嘧啶依然和 CMCT 共价结合在一起。通过 CMCT 的这一特性，假尿嘧啶可以被 CMCT 特异性标记，被 CMCT 标记的假尿嘧啶会阻碍逆转录过程的进行，使 cDNA 停留在假尿嘧啶的 3′端。基于 CMCT 的这种属性，人们开发了四种假尿嘧啶的组学检测方法：Psi-seq（pseudouridine site identification sequencing），Pseudo-seq，ψ-seq，CeU-seq（N_3-CMC–enriched pseudouridine sequencing)。Psi-seq、Pseudo-seq 和Ψ-seq 这三种方法类似，下面分两类进行详细介绍。

1）Ψ-seq、Psi-seq 和 Pseudo-seq

Ψ-seq、Psi-seq 和 Pseudo-seq 三种方法的基本原理和实验过程较为相似[24-26]。首先用 CMCT 标记 Poly（A）$^{+}$ RNA。标记方式分为两种：一种是 RNA 被 CMCT 标记后再打断成 RNA 片段；一种是 RNA 先断裂成小片段后用 CMCT 标记。标记方法如下：RNA 片段与 CMCT 孵育，标记完成后用碳酸钠溶液脱掉 U 和 G 上的 CMCT。回收反应后的 mRNA，连接 3′接头序列，用与接头序列互补的反转引物进行逆转录，产生截短的 cDNA 片段；cDNA 经环化获得 5′接头序列或直接连接 5′接头序列，PCR 扩增后进行高通量测序。利用生物信息学技术分析逆转录断裂位点［详见 54.2.4（5）部分］，从而找到假尿嘧啶修饰位点。这三种方法成功地实现了假尿嘧啶的单碱基分辨率测序，但由于测序过程中没有对假尿嘧啶所在 RNA 进行富集，所以一般需要较高的测序深度。此外，上述方法对修饰比例较低或者表达量较低的转录本上的修饰位点，检测灵敏度较低。

2）CeU-seq

CeU-seq 是一种利用 CMCT 衍生物对含假尿嘧啶的 RNA 先富集再测序的方法[7]。该方法对 CMCT 进行了化学改造，在其上引入了一个叠氮基团，使其成为 N_3-CMC，从而可以与 DBCO-生物素（DBCO-biotin）发生点击化学反应（click chemistry），生成 ψ-CMC-biotin 复合物。链霉亲和素磁珠能够特异结合 biotin，从而在磁力的作用下将 ψ-CMC-biotin 复合物富集出来。纯化 ψ-CMC-biotin 标记的 RNA 片段，然后连接 3′接头序列进行逆转录反应，得到全长 cDNA 和 cDNA truncation 片段。cDNA 在环化连接酶的作用下，3′端与 5′端连接在一起成为环形 cDNA。3′接头除含有与逆转录引物互补的序列外，还含有一个 *Bam*HI 酶切位点和 5′端接头序列。*Bam*HI 酶切位点位于中间，并在 *Bam*HI 内切酶的作用下断开，使 cDNA 5′端连上接头序列。最后，PCR 扩增得到测序文库。cDNA 环化提高了建库效率。高通量测序后，利用生物信息学技术分析逆转录停止位点，得到假尿嘧啶在转录组上单碱基分辨率的分布位点。

与上面两种方法相比，CeU-seq 实现了对含假尿嘧啶 RNA 的富集，降低了测序深度，提高了信噪比和检测的灵敏度。该方法不仅能够用于检测丰度高的 RNA 上的修饰，也能用于检测某些丰度较低或修饰比例较低的假尿嘧啶修饰。假尿嘧啶修饰 RNA 的富集也产生了一定的缺点，即富集后的数据不能用于检测修饰比例。上述四种假尿嘧啶的组学检测方法都需要 CMCT 碱处理反应，该反应对 RNA 的降解比较严重，因此上述四种方法都需要很高的 RNA 起始量。这也限制了测序样本的范围，RNA 含量低的样品不适于用这些方法检测。

5. 次黄嘌呤的组学检测

次黄嘌呤由双链 RNA 上的腺嘌呤通过脱氨反应产生。次黄嘌呤在逆转录反应中与胞嘧啶配对，引起 A 到 G 的突变。因此可以通过比对基因组的测序结果和转录组的测序结果，寻找转录组上发生的 A 到 G 的突变，从而推断次黄嘌呤核苷的位置[27]。这是检测次黄嘌呤最简单方便的一种方法，但这种方法在进行生物信息学分析的时候有较高的复杂度，需要排除单核苷酸多态性（single nucleotide polymorphism，SNP）带来的影响。因为 A 到 G 的突变也有可能是由于 SNP 造成的，所以用上述方法检测次黄嘌呤定位时，基因组样本和转录组样本必须同时来自于同一个样品。此外，生物信息学分析也很难排除 PCR 错误或测序错误引起的突变，导致次黄嘌呤定位结果中可能存在着较多的假阳性结果。基于上述缺点，人们开发了 ICE-seq（inosine chemical erasing）测序方法。

ICE-seq 测序方法是一种通过化学标记次黄嘌呤，引起逆转录反应终止，从而实现次黄嘌呤转录组定位的方法[28]。ICE-seq 方法中，次黄嘌呤先和丙烯腈通过迈克尔加成反应（Michael addition reaction）形成 N_1-氰乙基次黄嘌呤（N_1-cyanoethylinosine），后者可以阻碍逆转录反应的进行。基本实验步骤如下：首先将待检测的 RNA 分成三部分，第一部分在温和的反应条件下与丙烯腈反应，使 RNA 上的次黄嘌呤被标记成为 N_1-氰乙基次黄嘌呤；第二部分在剧烈的反应条件下与丙烯腈反应，使 RNA 上的次黄嘌呤几乎全部被标记成为 N_1-氰乙基次黄嘌呤；第三部分 RNA 不与丙烯腈反应，但用同样的反应条件处理，将这一部分 RNA 样品用作对照。然后，将上述三种样品 RNA 打断成 RNA 短片段，用随机引物逆转录成 cDNA，合成 CDNA 的第二条链，末端修复连接测序接头，PCR 扩增得到 cDNA 测序文库。用琼脂糖凝胶电泳分离 cDNA 测序文库，选取 300bp 大小的 cDNA 测序文库进行高通量测序和数据分析。第三组 RNA 样品中的次黄嘌呤未被标记，在测序数据中次黄嘌呤位点呈现 A/G 的突变。第一组和第二组 RNA 样品中的次黄嘌呤被标记成 N_1-氰乙基次黄嘌呤，导致逆转录终止，因此测序数据中没有 A/G 的突变。第一组和第二组数据与第三组数据相比，A/G 的突变消失的位点即次黄嘌呤位点。该方法不再依赖于转录组和基因组之间的突变分析，因此可以排除 SNP 或者测序随机错误带来的干扰。

6. hm^{5}C 的组学检测

hm^{5}C 由 RNA 上的 m^{5}C 氧化而来。相较于 DNA 而言，人们对 RNA 上的 hm^{5}C 分布研究较少。hm^{5}C 最早在小麦的 rRNA 上发现。近年来，人们逐渐在人、小鼠、果蝇等生物的 RNA 上也发现了 hm^{5}C 的存在。目前应用于 hm^{5}C 组学检测的方法主要是 hMeRIP-seq（hydroxymethylated RNA immunoprecipitation followed by sequencing）方法。

hMeRIP-seq 是一种用 hm^{5}C 特异性抗体检测 hm^{5}C 分布的方法，该方法的原理和实验操作类似于 m^{6}A 的组学检测方法 MeRIP-seq[29]。实验步骤如下：准备 1mg 的总 RNA，打断成 RNA 片段，保留 input 样品。剩余的 RNA 片段用 hm^{5}C 特异性抗体富集，IP 下来的 RNA 作为 pull-down 样品。将 input 样品和 pull-down 样品同时建库：先用随机引物反转成 cDNA，合成第二条链，末端修复，DNA 两端连接接头，PCR 扩增构建 cDNA 文库。高通量测序后将测序序列比对到基因组上，用生物信息学的方法寻找 pull-down 样品数据中高度富集的 peak，从而判断 hm^{5}C 的分布。该方法已成功用于果蝇 RNA 上 hm^{5}C 的检测，在 1597 个 S2 细胞编码基因的转录本上发现了 3058 个显著的 peak[29]。

7. 三代测序应用于 RNA 修饰的检测

二代测序技术的发展极大地促进了 RNA 修饰的研究。但二代测序技术读长比较短，具有一定的系统偏向性。测序文库的构建依赖于 PCR 扩增，PCR 扩增在一定程度上增加了测序的错误率。测序序列的打断和再拼接，在一定程度上也增加了实验和生物信息学分析的复杂程度。针对这些问题，三代测序技术（third generation sequencing）逐步得到开发，其中以 PacBio 公司的 SMRT 技术（single-molecule real-time sequencing）和 Oxford Nanopore Technologies 公司的纳米孔单分子测序技术为主要代表。

SMRT，即实时单分子测序技术，与二代测序技术类似，也是一种利用荧光信号进行测序的技术[30, 31]。SMRT 测序时，DNA 聚合酶被固定于约 100nm 的小孔中，DNA 分子与 DNA 聚合酶结合后，利用四种不同荧光标记的 dNTP 进行 DNA 合成。DNA 上每加入一种 dNTP，发出一种不同的荧光，根据收集光的波长与峰值判断加入的 dNTP 种类，从而实现测序。该技术的关键是将反应信号与周围游离 dNTP 的强大荧光背景区别出来。DNA 合成反应在很小的纳米孔中进行，纳米孔的孔径小于荧光波长。因而 dNTP 进入小孔后放出能量不会辐射到周围，而被限制在一个小的可检测范围内，孔外的游离 dNTP 依然留在黑暗中，从而将背景降到最低。此外，该方法中所用的 DNA 聚合酶能够长时间保持酶的活性，荧光基团标记在 dNTP 的磷酸基团上，在 dNTP 合成到 DNA 以后，荧光基团就被 DNA 聚合酶切除掉，减少了荧光对 DNA 聚合酶的损伤，实现超长的读长。

目前，SMRT 技术主要应用于基因组的检测和 DNA 修饰的检测。如果某一碱基存在修饰，DNA 聚合酶在该处的合成速度会减慢，此时检测两个相邻碱基的信号间隔时间，可发现相邻两信号之间的距离增大。因此，根据信号间隔时间可以检测 DNA 修饰[32]。根据上述特性，SMRT 已经实现了对 DNA 上 m^5C、hm^5C、m^6A 的检测[33]。SMRT 技术也可以用于 RNA 的直接测序。用逆转录酶代替 DNA 聚合酶，以 RNA 为模板合成 cDNA，利用逆转录合成反应直接对 RNA 测序。同理，SMRT 技术也可用于检测 RNA 修饰。目前已经用 SMRT 实现了 RNA 测序，并且在模式 RNA 实现了 m^6A 的检测[34]。

Oxford Nanopore Technologies 公司的纳米孔单分子测序技术（nanopore sequencing）是基于电信号的测序技术[35]。该技术设计了一个特殊的纳米孔，当单链 DNA 或者 RNA 通过该纳米孔时，不同碱基使纳米孔上的电荷发生不同变化，从而短暂地影响流过纳米孔的电流强度。用灵敏的电子设备检测电流的变化，从而识别不同的碱基。由于每种碱基所影响的电流变化幅度均不相同，该方法不仅可以用于测序，也可以用于检测 DNA 或 RNA 修饰。目前单分子测序技术已经可以用于 RNA 的测序，例如，对 mRNA 进行测序、用于外显子（exon）分析[36] 。

三代测序技术具有读长很长、无 PCR 扩增、低错误率等诸多优点。但与二代测序技术相比，三代测序的测序通量较低。目前，三代测序技术主要应用在基因组测序和 DNA 修饰的检测上，对于 RNA 修饰的检测仍处于技术开发和完善阶段。

54.2.4 RNA 修饰的组学检测数据分析

基于高通量测序的 RNA 修饰的检测方法，往往依赖于第二代测序技术。不同的 RNA 修饰往往对应不同的建库方法和后续的数据分析处理流程[15, 37]。从分辨率来看，有些种类的 RNA 修饰只能确定大概的位置范围，通常需要再根据该种修饰的特定 motif 来推测更精确的修饰位点。而有些种类的 RNA 修饰则可以通过特殊的测序建库办法（如逆转录过程中在修饰位点引用突变），实现单碱基分辨率，如 mRNA 上的 m^6A 和 Ψ 等。这些测序数据的分析流程大体上可以分为三步：①测序结果的质量控制；②测序结果比对到参考基因组或参考转录组；③修饰位点的鉴定。在下文中我们将针对这三个方面的内容，进行比较详细地说明与解释。

另一方面，近年来随着 Pacific Biosciences（PacBio）公司推出的 SMRT 测序技术和 Oxford Nanopore Technologies 公司推出的 Nanopore 测序技术的应用，第三代测序技术的优势正逐渐显现，在某些方面大有取代第二代测序技术的势头。第三代测序技术在 RNA 修饰检测方面的优势主要在于可以进行单分子、长片段的 RNA 化学修饰检测。虽然在具体实践的过程中仍然有着不小的挑战，但其巨大的开发潜力与应用场景让我们对基于第三代测序技术的 RNA 修饰检测方法有了更多期待。因此，在下文中会简单介绍两种第三代测序技术的原理，并简述各自在 RNA 修饰检测方面的优势与困难。

1. 测序结果的质量控制

在获得测序结果的原始文件以后，一般需要对测序结果进行质量控制（简称质控）。质控主要包括三个内容：第一个是去掉测序质量比较低的测序读段（reads），因为低测序质量的序列有可能给下游的分析引入更多的不确定性，造成未知偏好（bias）；第二个是根据需求去除测序建库时 PCR 所带来的重复（duplications）；第三个是去掉测序时所带的接头。

在质控过程中，通常会使用 FastQC 软件进行高通量测序数据的质量评估；使用 cutadapt 软件进行 adapter 的去除；使用 FASTX-Toolkit 或 FastUniq 软件进行 reads 重复的去除。下面对这三个软件分别进行详细的介绍。

1）FastQC

FastQC 是 Babraham Bioinformatics Institute 开发的一款能够快速评估测序结果质量的工具，同时支持第一代、第二代与第三代测序结果。通常输入文件为测序结果，输出文件是一个后缀名为 html 的网页报告文件。报告包含了测序质量箱线图（boxplot）、测序长度分布图、测序重复性统计图、测序结果包含 adapter 的情况、测序结果的 GC 偏好性等内容。报告结果示例见图 54-2。

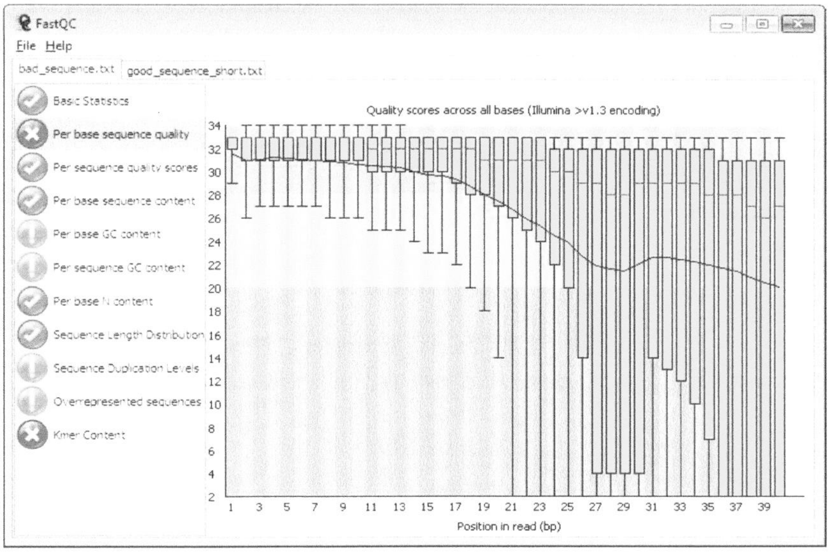

图 54-2　FastQC 报告结果示例

右侧为测序结果质量箱线统计图，横轴为测序结果碱基位置，纵轴为测序质量分数

通过 FastQC 的检测，我们通常会更关注 reads 的长度分布、reads 的质量情况、reads 的 adapter 种类、reads 的重复信息等情况，为下游的分析提供参考。

FastQC 软件的官方网址为 www.bioinformatics.babraham.ac.uk/projects/fastqc/。

2）cutadapt

cutadapt 是一款非常经典的去除测序 reads 两端 adapter 序列的软件。运行软件的过程中，支持去除单端测序或双端测序的结果。在选择需要去除的 adapter 序列信息的时候，往往需要根据具体的实验建库流程进行确定。通常情况下，需要去除的 adapter 序列信息都能够从 Illumina 公司的官方网站查询得到。cutadapt 软件的输入为单端或双端的 fastq 格式文件，输出为去除指定 adapter 后的 fastq 格式文件。一般在去除 adapter 以后，还需要再做一次 FastQC 质量控制步骤以检查 adapter 是否被成功去除，图 54-3 和图 54-4 是成功去除前后的 adapter 序列信息统计图。图 54-3 是去除 adapter 序列前的 adapter 统计信息，在 95bp 以后 adapter 含量明显上升；图 54-4 是去除 adapter 序列后的 adapter 统计细信息，测序 reads 中的 adapter 序列被清除干净。

cutadapt 的官方网站：http://cutadapt.readthedocs.io/en/stable/index.html。

3）去除 PCR 重复

在 Illumina 测序的建库过程中，往往需要 PCR 扩增，在扩增过程中经常会因为建库目标片段的 GC 含量而产生扩增偏好性，高 GC 含量的序列更容易被扩增，因此经过建库过程以后，高 GC 含量的片段更容易产生重复序列。这些重复序列来自同一片段的扩增，不包含额外的信息；同时，重复片段会使得其附近的覆盖信号升高，对下游统计分析的结果产生非常大的影响，经常会造成假阳性。去除重复的策略

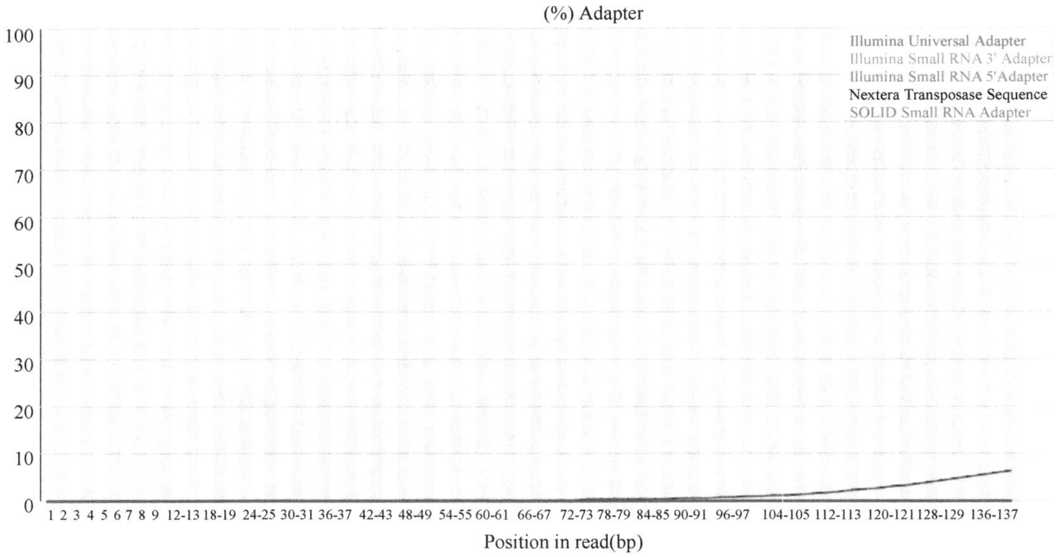

图 54-3　过滤前测序结果 adapter 含量示意图

横轴表示测序结果碱基位置，纵轴表示 adapter 序列比例，红线表示 Illumina 通用引物序列信息

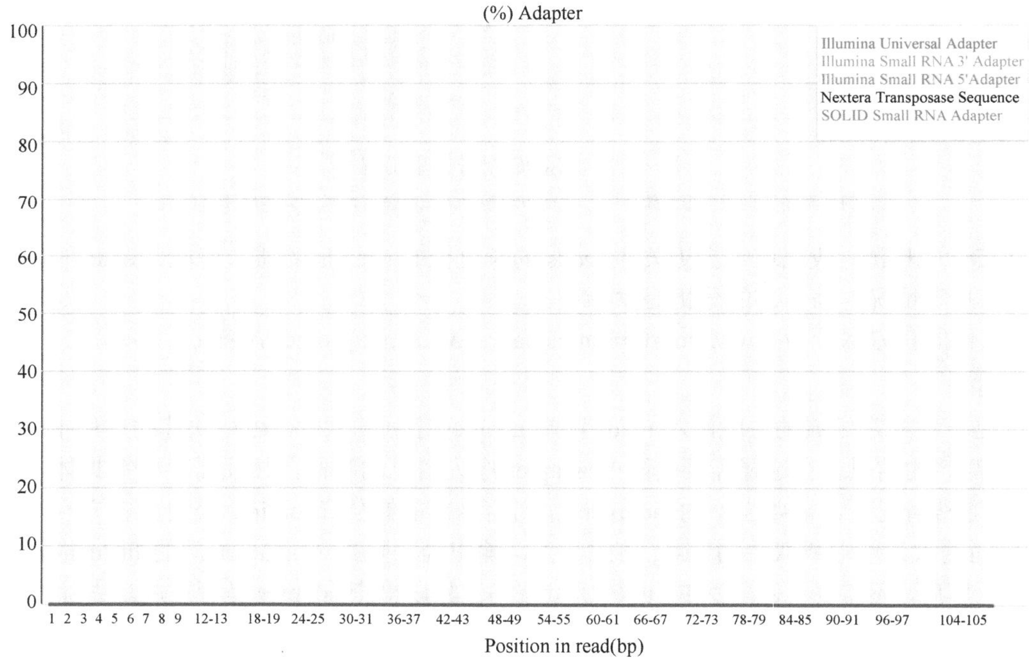

图 54-4　过滤后测序结果 adapter 含量示意图

横轴表示测序结果碱基位置，纵轴表示 adapter 序列比例，红线表示 Illumina 通用引物序列信息

有两种：第一种是根据测序结果的序列信息去除重复；第二种是在测序序列比对到参考基因组以后去除重复。

在第一种去除重复的策略中，推荐使用的软件为 BBTools 中的 clumpify 工具包或 FastUniq 软件。其中，clumpify 工具包同时支持单端测序与双端测序结果的去除重复；而 FastUniq 只支持双端测序结果。经过软件的处理后，会输出去除重复以后的测序结果数据，如图 54-5 所示。

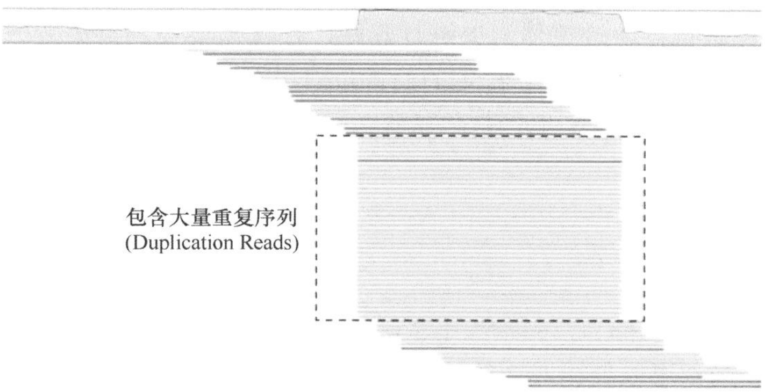

图 54-5　测序比对结果重复片段示意图

图中绿色片段为重复序列，红色片段为去除重复以后保留的测序序列

在第二种去除重复的策略中，推荐使用 Picard 中的 Remove Duplicates 这个模块进行操作。Remove Duplicates 模块的去除原理是根据测序结果比对到参考基因组的起始和终止位置进行判断，具有相同起始与终止位置的序列将会被保留 1 条。

在选择去除重复策略的过程中，DNA 非酶切打断的建库方法推荐使用第二种策略去除重复；而针对 RNA 测序数据，因为 RNA 片段经常存在多拷贝的情况，往往需要在建库过程中加入随机序列（random barcode），然后在 fastq 水平选择第一种策略进行去重复。

BBTools 官方网站：https://jgi.doe.gov/data-and-tools/bbtools/bb-tools-user-guide/。

FastUniq 官方网站：https://sourceforge.net/projects/fastuniq/files/。

Picard 官方网站：http://broadinstitute.github.io/picard/。

2. 将测序结果比对到参考序列

在完成测序序列的质控以后，需要确定测序序列（reads）在参考基因组的位置，一般把寻找 reads 在参考基因组的过程称为 reads 的回贴/比对（mapping）。真核生物的基因一般散落在基因组，且外显子中间会存在内含子（intron），因此 RNA 建库后的测序结果在比对到参考基因组的时候，需要考虑这个内含子间隔（junction）的问题。

针对 mRNA 建库的常用策略有两种：第一种是通过 oligo（T）来选择性富集带有 poly（A）尾的 mRNA；第二种是通过去除细胞中的 rRNA 来提高剩余 RNA 组份的比例。第一种策略建库获得的测序结果，可以直接比对到参考转录组，也可以比对到参考基因组；但是通过第二种策略建库获得的测序结果，建议直接比对到参考基因组。针对其他类型 RNA 的建库策略，尤其是小 RNA 的建库策略，应该直接将测序结果比对到参考基因组。一方面是因为这些 RNA 的转录组注释不够完备，容易丢失新的 RNA 区间；另一方面是因为 RNA 基因在基因组上往往不是单一拷贝，比对到基因组可以鉴定这些位置[38, 39]。

在 RNA 序列比对过程中，有若干常用的序列比对软件，如 Tophat2、HISAT、STAR 等。这些比对软件，都对 RNA 的比对问题进行了算法优化。其中，Tophat2 STAR 软件出现时间最早，应用最广泛，但是由于运行速度的问题，正逐渐被速度更快、准确度更高的 STAR 和 HISAT 所取代。

在将质控以后的序列比对到参考基因组的操作过程中，输入文件为质控后的测序结果，一般是 FASTQ 格式的文件；输出的比对结果为 SAM/BAM 格式文件。比对结果中包含了所有的测序信息及其在参考基因组中的位置信息。

在完成序列比对后，往往需要根据不同的 RNA 修饰建库策略选择不同的数据处理方法。一般可以分成三种处理流程：第一种是直接通过抗体富集进行建库，往往需要找到富集区域，此时的处理流程称为 call peak；第二种是通过在逆转录过程中，特定的修饰位点会进行终止延伸来确定位置，这个时候的处理流程称为 find stop site；第三种是通过产生点突变，鉴定突变的具体位置，此时的处理流程称为 call mutation。

3. 富集峰鉴定的生物信息学方法

在鉴定某些种类的 RNA 修饰时，可以使用对应修饰的抗体直接富集含有修饰的 RNA 片段，例如，RNA 上的 m^6A 和 m^1A 修饰都可以使用对应的抗体进行富集。针对富集以后的 RNA 片段进行反转录建库，将建库完成后的序列进行测序、质量控制等预处理，然后比对到参考基因组。理论上，含有特定修饰的 RNA 片段会在某些区域富集，测序 reads 的堆叠会形成一个一个富集的峰（peak），使用一定的统计学方法就可以确定这些富集区域，这个过程就称为富集峰鉴定（call peak）（图 54-6）。

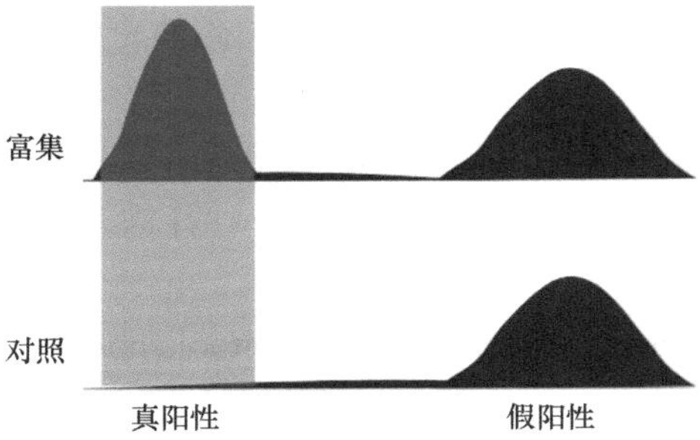

图 54-6 call peak 示意图

左侧阴影部分为真实富集区域，右侧为假阳性富集区域

在 call peak 的过程中，需要使用相应的生物信息学软件，输入为富集过后的片段比对到参考基因组的结果及相应的对照数据（即未富集的比对结果），然后通过统计学方法确定每个区域的显著性。在 call peak 的过程中，有非常多的软件可以完成任务，其中比较著名的是哈佛大学刘小乐教授开发的 MACS（Model-based Analysis for ChIP-Seq）软件[40]。MACS 软件最初是为了处理 ChIP-Seq 数据来设计的，但是更新过后的 MACS2 软件可以通过调整参数来适应各种实验背景的分析需求。MACS2 假设测序 reads 随机比对到基因组上的概率分布近似服从泊松分布（Poisson distribution），在这个假设条件下，将检测富集的问题转换为统计学中富集样本与对照样本中的测序 reads 分布是否相同的统计学检验问题，相对于对照组结果显著富集的区域，就被认为是与特定抗体结合的区域，即带有目标修饰的 RNA 片段。在应用过程中，需要调整的参数主要是测序建库中插入片段的大小、抗体的富集倍数、peak 区域的宽度，以及统计学显著性检验阈值等。

在确定富集区域后，如果该种 RNA 修饰具有特定的 motif 信息，则可以在富集区域内根据 motif 的序列信息进一步缩小修饰所在的区域。一般情况下，call peak 的方法能够在 50～200bp 精度内确定修饰所在的位置。

4. call mutation 的生物信息学方法

如上所述，使用抗体进行富集的办法来确定 RNA 修饰的位置，其精度并不理想，通常只能确定 50～200bp 的区间。最理想的情况是鉴定 RNA 的单碱基分辨率位置，但是带有修饰的 RNA 片段在逆转录过程中会丢失掉修饰信息。目前，单碱基分辨率 RNA 修饰鉴定策略主要有两种：第一种是将修饰在逆转录过程中处理成突变；第二种是在逆转录时造成逆转录的阻断，使逆转录停在修饰位点。在具体的数据处理过程中，第一种办法确定 RNA 修饰位置的核心是根据测序的序列找到特定的突变位点；第二种办法是确定逆转录过程中的阻断位点。

在 RNA 上鉴定 m^5C 位点、次黄嘌呤（I）位点等都可以使用 call mutation 的策略。例如，使用亚硫酸盐处理 m^5C 样品，不带有甲基修饰的样品会造成 C 到 U 的突变，最终测序结果为 T；带有 m^5C 的 RNA 样品则不会受到影响，测序结果依旧保持为 C。通过最终测序结果是否造成了 C 到 T 的突变来判定该位点是否有相应的甲基化修饰。

在 call mutation 的过程中，通常有两种策略可以使用。第一种是使用 samtools 软件中的 mpileup 命令[41]，统计比对结果中每个位点含有突变的覆盖情况。软件的输出结果包括基因组位置、覆盖度、该位置不同碱基的个数。此种方法非常简单，操作也非常方便，但是在确定最终突变的过程中，需要人为设定合理的阈值，一般认为 30 条 reads 覆盖的位点有 10 条以上出现了同样的点突变，则认为该位点包含点突变。

第二种是使用 GATK（genome analysis toolkit）进行突变的检测[42]。该过程比较繁琐，但是可以大大降低突变检测的假阳性。call mutation 过程中的假阳性主要来自于比对过程。在使用比对软件将二代测序的短序列片段比对到参考基因组的过程中，默认的比对策略是 end-to-end，这种比对策略的设计初衷是为了让序列有更多的匹配（match）、更少的错配（mismatch），但是这样的策略会在染色体出现插入或缺失（indel）的时候出现问题。如果一个样本客观上与参考基因组相比存在 indel，那么在 indel 的附近，就会出现大量 mismatch，这样的序列会造成有很多假阳性的突变产生。因此，GATK 在进行突变检测的时候，会使用局部比对（local alignment）的办法，将这些序列进行重新比对。重新比对以后，再使用其中的 VariantFiltration 工具进行最终的突变位点筛选，得到比较可信的突变位点。图 54-7 是使用 GATK 工具重新比对前后的对比图，重新比对以后，由于缺失造成的错配问题被大大降低了。

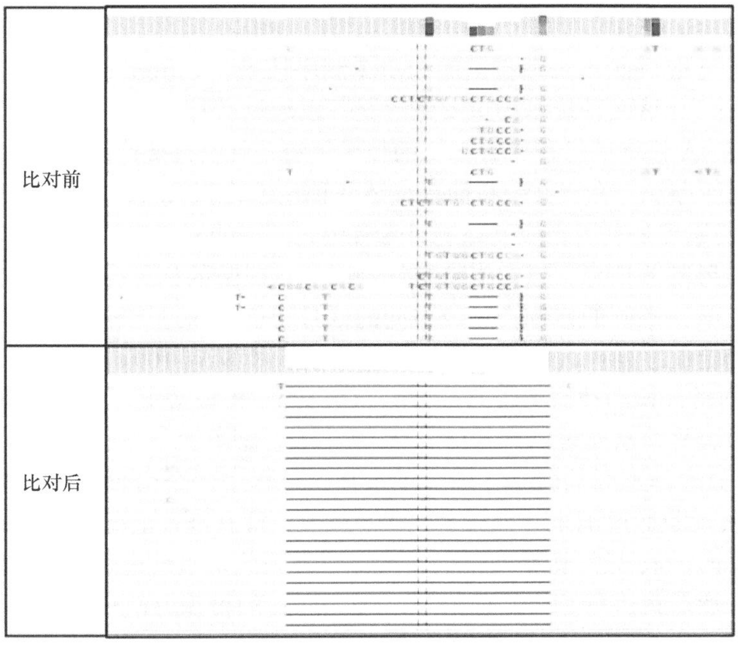

图 54-7　修正比对结果差异示意图

上图为原始的比对结果，缺失会造成大量错配，并造成了 T 到 G 的假阳性突变；下图为使用 GATK 重新比对的结果，避免了序列缺失造成的影响，降低了假阳性。图中灰色片段为测序序列

5. 寻找 stop 位点的生物信息学方法

与“call mutation 的生物信息学方法”中的 call mutation 策略不同，寻找 stop 位点确定修饰的办法一般是在 RNA 逆转录时，在目标修饰处停止逆转录。然后根据测序结果，鉴定出 stop 位点，从而获得修饰位点的单碱基分辨率的位置信息（图 54-8）。

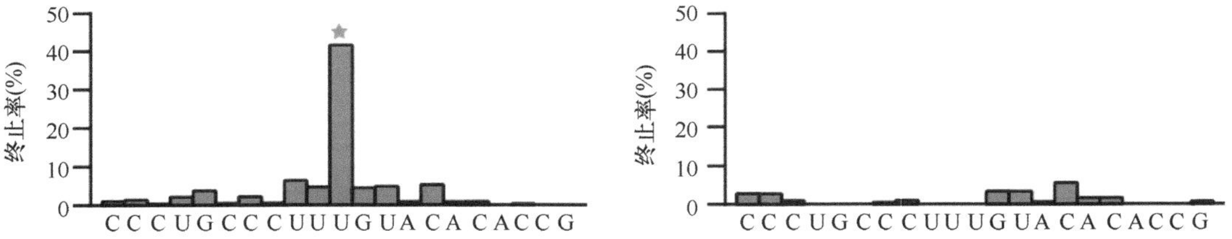

图 54-8 通过终止逆转录位置信息来确定假尿嘧啶修饰位点示意图

左图为处理样本，红星处为鉴定出的假尿嘧啶修饰位点；右图为对照样本

例如，在进行 RNA 假尿嘧啶修饰的测定过程中，CeU-Seq 测序方法使用了 N3-CMC，N3-CMC 会与 RNA 上的假尿嘧啶发生点击反应，随后使用生物素进行片段富集[7, 15]。在逆转录的过程中富集的片段会在原 RNA 中含有假尿嘧啶修饰的位置停止反应。通过比较对照组与处理组的停止比例的差异，即可确定该位置是否含有假尿嘧啶的修饰。

在寻找 stop 位点的过程中，往往需要编写脚本程序。该脚本程序的主要内容是：根据比对结果的文件统计全基因组上每个位点通读和停止的数量，然后再设定一个阈值，筛选掉 reads 覆盖比较少的位点，随后计算停止比例等参数，最终确定修饰位点。

6. 三代测序应用于 RNA 修饰的检测

目前三代测序主要是指 PacBio 公司推出的 SMRT 测序技术和 Oxford Nanopore Technologies 公司推出的 Nanopore 测序技术[43]。这两种技术的主要优点是可以进行长片段的测量，以及短的建库准备时间。Nanopore 技术在检测 RNA 修饰的过程中有独特的技术优势，可以直接检测出 RNA 上的修饰；PacBio 的 SMRT 则需要复杂的建库办法。在下文中将简要描述两种技术检测 RNA 修饰的不同策略（图 54-9）。

PacBio 测序的主要原理是利用合成互补链时带有荧光基团的碱基在特定条件下激发出不同的荧光，根据荧光信号即可确定碱基的信息。当存在特定修饰时，合成酶的构象会受到影响，前后若干碱基的合成信号也因此会受到影响，不同的修饰会造成不同的信号特征，通过比较不含修饰样品的信号与含修饰样品的信号，就可以确定在序列什么位置存在何种修饰碱基（图 54-10）。例如，在检测 m^6A 的时候，可以直接利用 SMRT 的逆转录检测体系进行修饰检测。当 RNA 模板链上存在 m^6A 修饰的时候，合成酶会因为修饰造成一个延时信号，从而可以判断出 m^6A 的具体位置[32, 34]。

Nanopore 的测序原理是不同的碱基在通过纳米孔的过程中，会引起纳米孔两侧的电流发生变化，通过捕获电流的变化来判断通过纳米孔的碱基类型。因此，带有修饰的碱基在通过纳米孔的过程中，也会引起电流的变化。Nanopore 只能接受双链的片段测序，因此可以通过逆转录，将 RNA 片段逆转录成 RNA-DNA 的杂合体，然后再进行测序。理论上，Nanopore 的检测办法可以检测 RNA 单分子水平的修饰，因此应用前景巨大。图 54-11 展示的是使用该种方法对 RNA 上的 m^6A 与 m^5C 进行测序的电信号变化图，可以看出在含有修饰的碱基通过纳米孔时，与不含修饰的普通碱基通过纳米孔时的电信号变化有比较明显的差异。

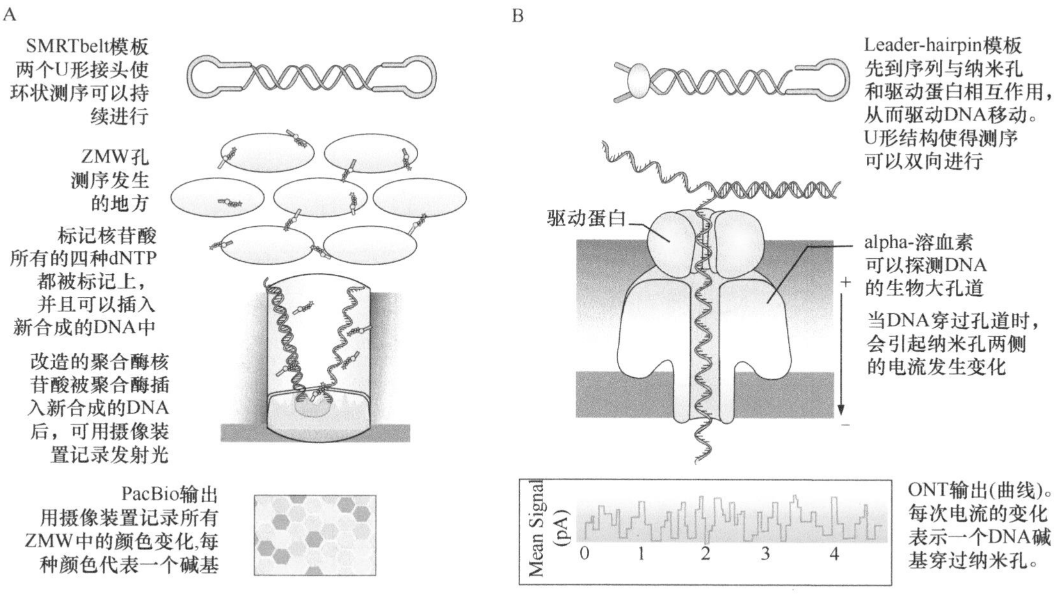

图 54-9　SMRT 测序技术（A）和 Nanopore 测序技术（B）原理图

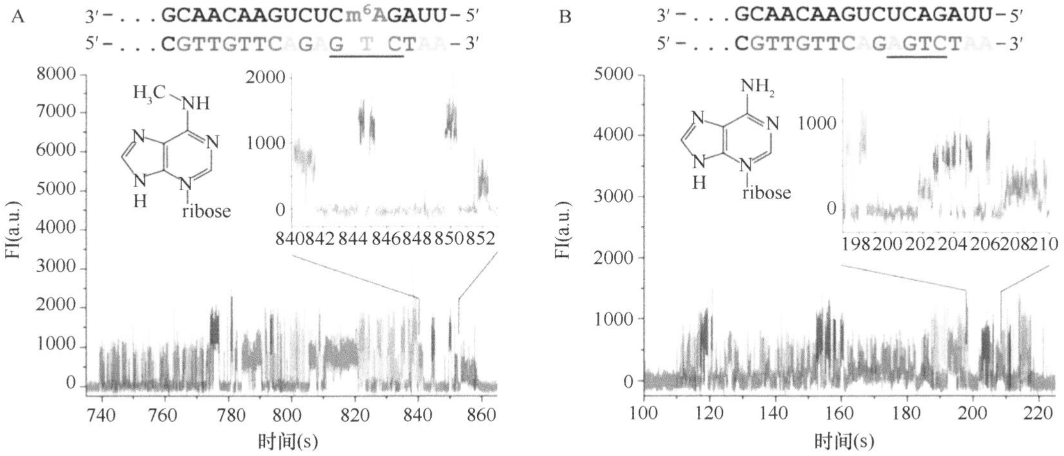

图 54-10　PacBio 检测 RNA m^6A 修饰原理示意图

左侧序列含有 m^6A 修饰，在反转率合成时会在修饰附近出现信号延迟；右侧序列不含修饰，未出现信号延迟。

无论是 PacBio 还是 Nanopore 产生的数据格式都并非第二代测序常用的 FASTQ 格式，而是一种特殊的基于 HD5 模式构建的 FAST5 格式。FAST5 格式的数据文件以二进制进行储存，在提取序列信息的过程中需要使用定制的 HD5 工具包，如 Poretools（基于 Python），PoRe（基于 R 语言）将 FAST5 格式的测序原始信息提取出来以供后续的分析处理。在进行 RNA 修饰的鉴定过程中，目前尚没有统一的解决方法，也没有固定的分析流程，因此基于三代测序技术的 RNA 修饰检测依然有非常多的问题亟待解决。

综上，基于第二代测序技术的 RNA 修饰检测方法根据建库策略不同可以分别通过 call peak、call mutation 和 call stop site 的生物信息学处理寻找到 RNA 修饰位点。其中，生物信息学分析方法一般分为三步：测序结果的质量控制；质控结果与参考基因组的比对；比对结果的后续分析（call peak 等）。而基于第三代测序的 RNA 修饰检测方法目前尚无统一的分析方法与解决策略，但从测序原理角度分析，第三代测序技术对于长片段、单分子的 RNA 修饰检测更有优势，很可能是未来的发展方向。

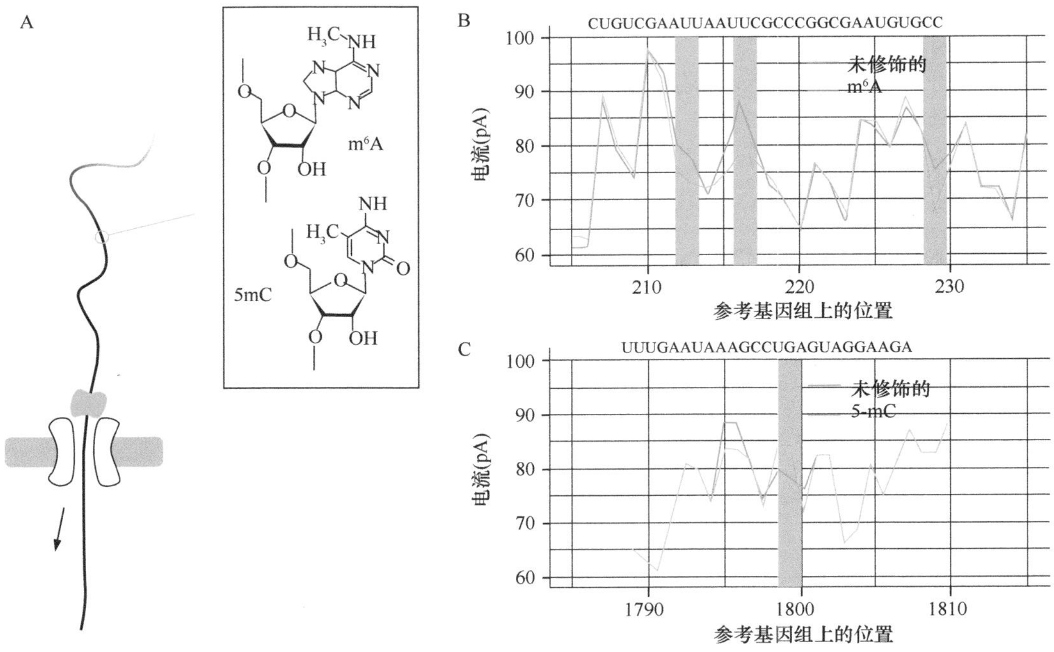

图 54-11 Nanopore 检测 RNA m^{6}A 和 5mC 修饰原理示意图

B 为不含修饰与含有 m^{6}A 修饰的 RNA 序列通过纳米孔产生的差异电流信息；C 为不含修饰与含有 5mC 修饰的 RNA 序列通过纳米孔产生的差异电流信息

参 考 文 献

[1] Grosjean, H. *et al*. Detection and quantification of modified nucleotides in RNA using thin-layer chromatography. *Methods Mol Biol* 265, 357-391(2004).

[2] G, K. Mobilities of modified ribonucleotides on two-dimensional cel- lulose thin-layer chromatography. *Biochimie* 77, 142-144(1995).

[3] Nees, G. *et al*. Detection of RNA modifications by HPLC analysis and competitive ELISA. *Methods Mol Biol* 1169, 3-14(2014).

[4] Brandmayr, C. *et al.* Isotope-based analysis of modified tRNA nucleosides correlates modification density with translational efficiency. *Angew Chem Int Ed Engl* 51, 11162-11165(2012).

[5] Chan, C. T. *et al.* A quantitative systems approach reveals dynamic control of tRNA modifications during cellular stress. *PLoS Genet* 6, e1001247(2010).

[6] Jia, G. *et al.* N6-methyladenosine in nuclear RNA is a major substrate of the obesity-associated FTO. *Nat Chem Biol* 7, 885-887(2011).

[7] Li, X. *et al.* Chemical pulldown reveals dynamic pseudouridylation of the mammalian transcriptome. *Nat Chem Biol* 11, 592-597(2015).

[8] Liu, N. & Pan, T. Probing N6-methyladenosine(m6A)RNA Modification in Total RNA with SCARLET. *Methods Mol Biol* 1358, 285-292(2016).

[9] Liu, N. *et al.* Probing N6-methyladenosine RNA modification status at single nucleotide resolution in mRNA and long noncoding RNA. *RNA* 19, 1848-1856(2013).

[10] Liu, N. *et al.* N(6)-methyladenosine-dependent RNA structural switches regulate RNA-protein interactions. *Nature* 518,

560-564(2015).

[11] Saikia, M. *et al.* A systematic, ligation-based approach to study RNA modifications. *RNA* 12, 2025-2033(2006).

[12] Dominissini, D. *et al.* Topology of the human and mouse m6A RNA methylomes revealed by m6A-seq. *Nature* 485, 201-206(2012).

[13] Meyer, K. D. *et al.* Comprehensive analysis of mRNA methylation reveals enrichment in 3′ UTRs and near stop codons. *Cell* 149, 1635-1646(2012).

[14] Chen, K. *et al.* High-resolution N(6)-methyladenosine(m(6)A)map using photo-crosslinking-assisted m(6)A sequencing. *Angew Chem Int Ed Engl* 54, 1587-1590(2015).

[15] Li, X. *et al.* Epitranscriptome sequencing technologies: decoding RNA modifications. *Nat Methods* 14, 23-31(2016).

[16] Ke, S. *et al.* A majority of m6A residues are in the last exons, allowing the potential for 3′ UTR regulation. *Genes Dev* 29, 2037-2053(2015).

[17] Linder, B. *et al.* Single-nucleotide-resolution mapping of m6A and m6Am throughout the transcriptome. *Nat Methods* 12, 767-772(2015).

[18] Dominissini, D. *et al.* The dynamic N(1)-methyladenosine methylome in eukaryotic messenger RNA. *Nature* 530, 441-446(2016).

[19] Li, X. *et al.* Transcriptome-wide mapping reveals reversible and dynamic N(1)-methyladenosine methylome. *Nat Chem Biol* 12, 311-316(2016).

[20] Li, X. *et al.* Base-resolution mapping reveals distinct m1A methylome in nuclear- and mitochondrial-encoded transcripts. *Mol Cell*(2017).

[21] Schaefer, M. *et al.* RNA cytosine methylation analysis by bisulfite sequencing. *Nucleic Acids Res* 37, e12(2009).

[22] Khoddami, V. & Cairns, B. Identification of direct targets and modified bases of RNA cytosine methyltransferases. *Nat Biotechnol* 31, 458-464(2013).

[23] Hussain, S. *et al.* NSun2-mediated cytosine-5 methylation of vault noncoding RNA determines its processing into regulatory small RNAs. *Cell Rep* 4, 255-261(2013).

[24] Lovejoy, A. F. *et al.* Transcriptome-wide mapping of pseudouridines: pseudouridine synthases modify specific mRNAs in S. cerevisiae. *PLoS One* 9, e110799(2014).

[25] Carlile, T. M. *et al.* Pseudouridine profiling reveals regulated mRNA pseudouridylation in yeast and human cells. *Nature* 515, 143-146(2014).

[26] Schwartz, S. *et al.* Transcriptome-wide mapping reveals widespread dynamic-regulated pseudouridylation of ncRNA and mRNA. *Cell* 159, 148-162(2014).

[27] Wulff, B. E. *et al.* Elucidating the inosinome: global approaches to adenosine-to-inosine RNA editing. *Nat Rev Genet* 12, 81-85(2011).

[28] Suzuki, T. *et al.* Transcriptome-wide identification of adenosine-to-inosine editing using the ICE-seq method. *Nat Protoc* 10, 715-732(2015).

[29] Delatte, B. *et al.* Transcriptome-wide distribution and function of RNA hydroxymethylcytosine. *Science* 351, 282-285(2016).

[30] Korlach, J. *et al.* Real-time DNA sequencing from single polymerase molecules. *Methods Enzymol* 472, 431-455(2010).

[31] Schadt, E. E. *et al.* A window into third-generation sequencing. *Hum Mol Genet* 19, R227-240(2010).

[32] Flusberg, B. A. *et al.* Direct detection of DNA methylation during single-molecule, real-time sequencing. *Nat Methods* 7, 461-465(2010).

[33] Fang, G. *et al.* Genome-wide mapping of methylated adenine residues in pathogenic *Escherichia coli* using single-molecule real-time sequencing. *Nat Biotechnol* 30, 1232-1239(2012).

[34] Vilfan, I. D. *et al.* Analysis of RNA base modification and structural rearrangement by single-molecule real-time detection of reverse transcription. *J Nanobiotechnology* 11, 8(2013).

[35] Wang, Y. *et al*. The evolution of nanopore sequencing. *Front Genet* 5, 449(2014).

[36] Bolisetty, M. T. *et al*. Determining exon connectivity in complex mRNAs by nanopore sequencing. *Genome Biol* 16, 204(2015).

[37] Helm, M. & Motorin, Y. Detecting RNA modifications in the epitranscriptome: predict and validate. *Nat Rev Genet* 18, 275-291(2017).

[38] Xie, C. *et al.* Hominoid-specific *de novo* protein-coding genes originating from long non-coding RNAs. *PLoS Genet* 8, e1002942(2012).

[39] Li, S. *et al.* Multi-platform assessment of transcriptome profiling using RNA-seq in the ABRF next-generation sequencing study. *Nat Biotechnol* 32, 915-925(2014).

[40] Zhang, Y. *et al.* Model-based analysis of ChIP-Seq(MACS). *Genome Biol* 9, R137(2008).

[41] Li, H. A statistical framework for SNP calling, mutation discovery, association mapping and population genetical parameter estimation from sequencing data. *Bioinformatics* 27, 2987-2993(2011).

[42] DePristo, M. A. *et al.* A framework for variation discovery and genotyping using next-generation DNA sequencing data. *Nat Genet* 43, 491-498(2011).

[43] Conesa, A. *et al.* A survey of best practices for RNA-seq data analysis. *Genome Biol* 17, 13(2016).

伊成器 博士，北京大学生命科学学院博雅特聘教授、博士生导师。2010 年于美国芝加哥大学化学系获得博士学位。入选中组部“青年千人计划”、国家杰出青年科学基金项目、科技部中青年科技创新领军人才、中组部“万人计划”领军人才等多项重要荣誉与奖项。现任教育部植物基因与蛋白质工程国家重点实验室副主任、北京市生物化学与分子生物学会青年委员会委员、中国化学会奖励推荐委员会委员等。通过化学生物学新技术、新方法的发展，致力于核酸化学修饰调控重要生命过程的机理研究，发展了多个新型 DNA 修饰的原创性技术，在表观转录组学领域拓展了由中国科学家主导的研究新方向。迄今已在 *Nature*、*Nature Chemical Biology*、*Nature Methods*、*Nature Communications*、*Cell Stem Cell*、*Molecular Cell* 等期刊发表学术论文 40 余篇，获得国内国际授权专利多项。

第 55 章　RNA 剪接的生物信息学

韦朝春
上海交通大学

本章概要

可变剪接是指同一个基因通过不同的 RNA 剪接方式产生多个不同转录本的现象。可变剪接按剪接模式可以分为五大类，包括外显子丢失、内含子保留、可变供体位点、可变受体位点和互斥性外显子。随着二代测序技术的发展，测序数据呈指数增长，使得可变剪接预测和分析的生物信息学变得愈发重要。可变剪接的预测至少包括以下三种：①以转录组测序数据预测可变剪接的方法；②只用基因组序列进行预测的方法；③整合基因组序列和表达数据等多种方法。现有的从 RNA-seq 测序数据重建转录组的方法包括两种：需要参考基因组注释的方法；不需要参考基因组注释直接从 RNA-seq 测序数据拼接的方法。一个完整的转录组数据集可以为不同实验条件下的基因表达差异及转录调控分析等提供理想的背景对照数据集，在转录组重建、蛋白质组重建、表达差异比较分析等方面有重要的应用。

55.1　RNA 剪接的生物信息学概述

关键概念

- 可变剪接（alternative splicing，AS）是指同一个基因通过不同的 RNA 剪接方式产生多个不同转录本的现象。
- 可变剪接按剪接模式可以分为五大类，包括外显子丢失（cassette exon）、内含子保留（intron retention）、可变供体位点（alternative donor site）、可变受体位点（alternative acceptor site）和互斥性外显子（exclusive exon）。

现代生物学的“中心法则”中，DNA 通过转录将遗传信息转移到 RNA，然后通过翻译产生参与各种生命活动的蛋白质[1]。真核生物中，遗传信息从 DNA 传递到 RNA 的过程中涉及 RNA 剪接。同一个基因通过不同的 RNA 剪接方式产生多个不同转录本的现象，被称为可变剪接。可变剪接可以极大地增加转录组和蛋白质组的多样性[2]。具有可变剪接的基因在细菌和古菌中比较少见，但在真核生物基因组中普遍存在[3]。在高等动植物基因组中，可变剪接出现的频率非常高[4]。通过研究大量的表达序列标签（EST），推测约 38%的人类蛋白质编码基因存在可变剪接现象[5]。高通量测序技术的发展，特别是 RNA 高通量测序（RNA-seq）技术的发展，为可变剪接的研究提供了有利条件。越来越多的研究表明，90%甚至 95%以上的人类基因存在可变剪接现象[2, 6, 7]。

55.1.1 可变剪接的分类

可变剪接按剪接模式可以分为五大类，包括外显子丢失、内含子保留、可变供体位点、可变受体位点和互斥性外显子。人类基因组中各大类剪接模式中互斥性外显子的出现频率最低，内含子保留的频率次之，外显子丢失的频率比较高[8]。

55.1.2 可变剪接的功能

人类基因组中几乎所有的多外显子基因都存在可变剪接，对于可变剪接在癌症等疾病中作用的研究正在逐渐发展为一个新的研究领域[9-12]。有研究显示，60%的遗传性疾病对应的基因组变异位点为剪接相关的位点，而不是在蛋白质编码区域[13]。另一项研究表明，大约 1/3 的遗传性疾病的致病基因与可变剪接相关[14]。一些癌症和可变剪接有关联，其中有一部分已被验证是由可变剪接直接导致的[15]。在其他疾病中也可以观察到相关基因的可变剪接变化，如老年痴呆症[16]、哮喘[9]等。研究发现晚发骨髓增生异常综合征（myelodysplastic syndrome，MDS）、急性髓系白血病（acute myeloid leukemia，AML）及淋巴瘤的致病突变位于和可变剪接密切相关的 *DDX41* 基因[17]，这提示影响可变剪接的突变在癌症中可能具有重要作用。因此，可变剪接可以作为癌症发病机制研究的一个重要方面。另外，疾病相关的可变剪接位点可以作为治疗的潜在生物标志物[18]。

可变剪接作为一个最基本的生物学过程，其机制的研究对生物医学相关领域具有重要的意义。然而，现有人类基因组的可变剪接转录本数据集并不完整，人类基因组所编码蛋白质的数目目前尚无定论。

本章拟简单介绍可变剪接研究相关的生物信息学算法和系统，特别是人类基因组可变剪接分析的生物信息学算法和工具，包括从表达数据（如 RNA-seq 测序数据）分析可变剪接转录本的方法，以及直接从基因组数据预测可变剪接转录本的方法；然后估计人类基因组中蛋白质编码转录本的数量，并简单介绍重复序列对可变剪接的影响。

55.2 可变剪接的预测方法

可变剪接的预测有多种方法，包括以转录组测序数据预测可变剪接转录本的方法、只用基因组序列进行预测的方法，以及整合基因组序列和表达数据等多种数据的方法。目前预测可变剪接以基于转录组测序数据的方法为主。然而转录组学数据只能检测到已表达的且表达水平足够高的转录本，在样本数目有限及组织细胞特异性表达的背景下，这类方法存在很大的局限性，不能识别一个基因组编码的所有转录本。

55.2.1 基于基因表达产物的可变剪接预测方法

表达产物数据包括 RNA-seq 数据、EST 数据、mRNA 数据及蛋白质组数据等。RNA-seq 技术可以高通量测序整个转录组，在可变剪接转录本预测中具有举足轻重的作用。

现有的从 RNA-seq 测序数据重建转录组的方法包括两种：需要参考基因组注释[19-22]的方法；不需要参考基因组注释，直接从 RNA-seq 测序数据拼接的方法[21-24]。对于需要参考基因组注释的方法，需要把 RNA-seq 测序数据和参考基因组进行序列比对。

1. RNA-seq 测序数据和参考基因组的序列比对方法

生物信息学发展早期的序列比对方法如 BLAST，并不支持剪接比对（spliced alignment）。二代测序技术出现后的 RNA-seq 测序通量比较高，需要高速的序列比对系统，尤其是支持剪接比对的系统。二代短读长 RNA-seq 测序数据和参考基因组序列比对常用 Bowtie/Bowtie2 软件[25]。Bowtie2[26]在 Bowtie 的基础上引入动态编程方法支持剪接比对。在 RNA-seq 和参考基因组序列比对完成后，需要从比对结果重建剪接位点或完整的转录本。Tophat[27]是基于 Bowtie 序列比对结果的剪接位点识别系统。Tophat2 则可以处理存在插入、缺失以及基因融合等情况下的剪接比对[28]。

2. 基于直接拼接的 RNA-seq 测序数据分析方法

Cufflinks[29]可以从 RNA-seq 直接进行转录组拼接。Bowtie、Tophat 和 Cufflinks 组成的一系列分析软件为从 RNA-seq 高通量测序数据进行转录本水平的表达量分析提供了技术基础。

近年来使用比较广泛的、用 RNA-seq 测序数据进行转录本水平表达量分析的软件包括 HISAT、StringTie 和 Ballgown 等工具[30]。HISAT 是近年出现的基于低内存需求的、支持有剪接比对的快速比对方法[31]。和 Cufflinks 相似，StringTie 是从 RNA-seq 测序数据重建转录组的方法。StringTie 通过引入网络流优化（network flow optimization）和从头拼接，改进了转录组构建的质量。Ballgown 可以从 RNA-seq 测序数据估计出外显子、基因及转录本水平的表达差异[32]。尽管如此，该系列方法在大部分组织的 RNA-seq 数据中重建转录本的准确率仍然低于 40%[30]。

不管是用参考基因组注释的方法还是直接进行转录组拼接的方法，这些方法的准确率（敏感性和特异性）在整个转录组水平都低于 20%，与理想水平还相差很远[33, 34]。

3. 人类蛋白质组学数据

蛋白质编码基因的可变剪接可以产生不同的蛋白质产物。近年来蛋白质组学数据急速增加，为在蛋白质组水平验证可变剪接提供了大量的资源[35]。而可变剪接转录本预测的结果，也可以为蛋白质质谱数据的分析提供一个更加完整的参考数据库，从而改进蛋白质组数据分析的质量[8]。

55.2.2 基于基因组序列的可变剪接从头预测方法

直接对基因组序列进行从头预测可以避免转录组数据无法包含所有转录本的局限性[8]。为了说明直接从基因组序列进行从头预测可变剪接转录本，以下先介绍蛋白质编码基因的结构预测（一个基因预测一个转录本）。

1. 基因结构预测方法

在得到物种的基因组序列后，从基因组序列中预测蛋白质编码基因的结构是早期生物信息学的主要研究方向[36]。尽管近几年来基因结构预测的准确率已经有了极大的提高，基因结构预测仍然是一个具有挑战性的工作，尤其是对基因结构比较复杂（包括内含子）的高等生物。

现有的基因结构预测可变剪接的方法包括三种类型：①基于基因组序列的从头预测；②基于转录产物和目标基因组序列的基因结构预测；③混合从头预测和基于转录产物的基因结构预测方法。从头预测的方法包括 Genscan[36]等，基于转录产物和目标基因组序列的基因结构预测系统包括 ENSEMBL[37]等，混合的方法包括 AUGUSTUS[38]等。基于基因组序列直接从头预测的方法理论上能够找到所有的基因，但是预测的准确性通常不高。而基于转录产物的方法虽然有很高的准确率，但是只能预测到在现有实验条件下转录的基因。

此外，多个进化距离相近的基因组测序，为开发基于两个或多个基因组的基因结构预测系统提供了条件。例如，用线虫 *C. elegans* 的基因组作参考，可以对另一种线虫 *C. briggsae* 进行基因结构预测[39]。同时也可以整合转录产物等证据，提高基因结构预测的准确性[40]。

2. 基因结构预测结果的实验验证

可以从预测到的基因结构得到转录本序列，然后以该转录本序列为目标设计 PCR 引物进行扩增和测序。该方法使我们能够以很高的性价比有效地增加有实验证据支持的基因数目。用这种方法在线虫中鉴定了至少 1000 个公共数据库中没有的新基因[40]，在人类基因组中也鉴定了 700 多个基因[41]。

随着各种不同类型（如基因组和转录组）测序数据的不断增长，人们更迫切地想要探究如何尽可能地利用已有的序列资源来注释一个基因组以达到最好的结果。例如，一个整合的系统以有效地利用各种不同来源的序列，对不同的资源按其可信度进行分步处理，然后将结果整合到一起以达到注释结果的最优化。ENCODE 项目中就采用了该策略[42]。

3. 从基因组直接从头预测可变剪接

为了避免预测转录本对疾病基因的偏好性，通过对人类基因组序列进行直接计算预测转录本，再结合转录组和蛋白质组数据，可以验证近 3 万个目前公共数据库中没有的转录本。在此基础上，结合已知的公共数据库如 Refseq [43]、ENSEMBL[44]及 GENCODE[42]，研究人员构建了一个包括将近 9 万个全长蛋白质编码的可变剪接转录本数据集[8]，为我们理解可变剪接的规模和机制奠定了基础。

55.2.3 可变剪接预测结果的验证

近年来，高通量测序技术飞速发展，测序的通量不断上升而价格快速下降。Illumina 测序技术平台的 HiSeqX Ten 测序仪突破了每个人类基因组 1000 美元的测序价格，其测序读长为双端 150bp，每次运行可以产生 60 亿条读长序列（reads），可以在 3 天之内产生 1.8Tb 的序列数据。而 Illumina 测序技术平台的 Miseq 则可以一次产生 2500 万条双端 300bp 读长的序列，序列数据达 15Gb。高通量短读长的测序技术，如 Miseq 测序，非常适合大规模检测转录本的表达[8]。Illumina 公司最新推出的 NovaSeq 系列测序仪有可能突破每个人类基因组 100 美元的测序价格。而近年推出市场的超长读长的测序技术，如 Pacific Bioscience 公司（简称 PacBio）的单分子实时测序技术（single molecule，real-time sequencing，SMRT），单个读长测序长度可以达到极高的 6 万个碱基，从而为比较完整地检测基因组中的变异，特别是为包括转座元件的基因组区域的检测提供了技术基础。尤其值得一提的是，PacBio 针对全长转录本检测开发的技术方案 Iso-Seq 对检测较长的转录本而言，测序长度的增加可以提高转录本验证的准确率，是革命性的突破[45]。

55.2.4 人类基因组中可变剪接转录本的数量

目前，人类蛋白质编码基因的可变剪接转录本的数量用不同的方法或者数据会得到不同的估计数量，比如用实验的方法验证的转录本数量超过了 10 万个[46]，而用计算的方法预测的蛋白质编码转录本可能超过 20 万个[8]。然而，人类基因可变剪接转录本数量仍有待确定。随着不同高通量测序技术的进展，更多的可变剪接转录本逐渐被发现。例如，用单分子长读长序列测序技术（single-molecule long-read sequencing）对 20 个人类器官和组织进行测序，得到了超过 1400 个新的转录本[46]。目前公共数据库中蛋白质编码的转录本的数量不到 9 万个（全长的转录本约 6 万个），估计至少还有一半的蛋白质编码转录本还未被发现[8]。

55.2.5 转座元件以及包含转座元件的基因的可变剪接

人类基因组中近一半的区域是转座元件（transposable element，TE）[47]。转座元件可以分为四大类：长散在元件（long interspersed element，LINE）、短散在元件（short interspersed element，SINE）、长末端重复序列（long terminal repeat，LTR）以及 DNA 转座子[48]。前三个大类的转座元件通过 RNA 逆转录机制（copy-and-paste）在基因组中扩展，而 DNA 转座子则通过在 DNA 中直接剪接-粘贴（cut-and-paste）在基因组中传播[49, 50]。尽管 TE 在一开始被认为是“垃圾 DNA”和“自私 DNA”[51, 52]，但越来越多的证据表明 TE 是基因组进化的重要因素，并且具有重要作用。例如，基因组的很多关键的调控因子有可能来自 TE[53]；TE 可以改变不同的发育调控网络[54, 55]，影响基因的表达甚至导致疾病[56]；TE 也可以位于基因组中的蛋白质编码区域，直接影响蛋白质功能[57]。现在，TE 被认为是真核生物基因组进化的重要驱动因素，例如，牛基因组中高达 25%的基因组区域由一个名叫 BovB 的转座元件进化而来[58]。

包含 TE 的基因的可变剪接，由于 TE 本身没有内含子，因此有关转座元件的可变剪接的报道并不多。但是 Pan 等人用 RNA-seq 对人类可变剪接复杂性进行研究后发现，大部分新检测到的可变剪接和重复序列相关[2]，而重复序列的主体是转座元件[47, 59]。因此，转座元件研究对理解可变剪接有重要意义。另外，在体外实验中转座元件本身存在可变剪接现象[60, 61]。转座元件与基因组的序列比对时经常观察到插入和缺失现象，这些插入和缺失很可能是由包括可变剪接的转座元件逆转录后产生的。研究发现至少 2000 个可变剪接转录本在基因组中与转座元件 LINE1 重叠[8]，表明转座元件与可变剪接的相关性较强。

55.3 可变剪接预测结果的应用

一个完整的转录组数据集可以为不同实验条件下的基因表达差异及转录调控分析等提供理想的背景对照数据集，在转录组重建、蛋白质组重建、表达差异比较分析等方面有重要的应用。

1. 转录组重建

通过 RNA-seq 测序数据，人们可以重建转录组。由于现有方法的准确率还不理想，完整的可变剪接注释结果可以帮助转录组的重建。

2. 蛋白质组学分析

蛋白质组学的质谱数据分析中很重要的一个步骤是蛋白质数据库搜库，需要一个尽可能完整的蛋白质数据库。然而，现有的蛋白质数据库并不完整[35]。通过构建更加完整的可变剪接转录本数据库有助于构建更加完整的蛋白质序列数据库，基于这一蛋白质组数据库，重新分析现有乳腺癌蛋白质质谱数据，已发现至少 36 个新的蛋白质[8]。

3. 可变剪接转录本功能的预测

通过整合基因组、转录组、蛋白质组等的表达信息及进化信息等，可以进行可变剪接转录本的功能预测[62]。

4. TE、转录本数量及基因的致病性

人类基因组中，单转录本基因中的TE含量是最低的。基因的TE含量与其可变剪接转录本的数量有一定的正相关关系，而转录本数量和基因致病性有很强的正相关关系。例如，单转录本的人类基因中致病基因的比例最低。如果把人类基因按转录本的数量分类，各个子类中致病基因的比例随着各子类转录本数量的增加而提高。

55.4 总结与展望

55.4.1 可变剪接预测的新方法

可变剪接转录本的预测及转录本水平的表达分析方法领域进展迅速，从Bowtie、Cufflinks系列，迅速进展到最近几年的HISAT、StringTie和Ballgown系列软件。然而，可变剪接的预测方法仍然有很大的改进空间，转录本水平表达量的准确估计仍然是生物信息学中的一个挑战[30]。

整合基因组序列信息和RNA-Seq、CLIP-Seq等实验数据，可以改进我们对可变剪接及其功能的预测分析[63, 64]。另外，近年来兴起的长读长测序技术，如Pacific Biosciences，可以与二代短读长测序技术结合，以提高转录本预测准确率[45]。

55.4.2 可变剪接的进化起源

原核生物中很少发现可变剪接现象，而在真核生物中可变剪接现象则广泛存在。同时，脊椎动物中的可变剪接现象多于非脊椎动物、植物和真菌，特别是灵长类基因组中存在最多的可变剪接现象[3]。从进化的角度来看，内含子保留模式主要存在于多细胞后生动物及植物中，而外显子跳跃模式所占的比例沿着系统发生树上动物进化的分支逐渐增加[3]。

不同的脊椎动物具有类似的蛋白质编码基因[65]，但是它们的表型却可能完全不同。可变剪接具有物种特异性，而且在同一物种中有组织特异性、细胞特异性、条件特异性。因此，可变剪接的差异有助于解释脊椎动物物种间的差别[66]。比较了不同脊椎动物（跨越约3.5亿年）、不同组织的转录组数据后，Barbosa-Moraise等发现可变剪接的物种特异性要高于组织特异性[67]，这暗示了可变剪接和脊椎动物的物种分化可能有比较密切的联系。

总之，可变剪接的生物信息研究包括通过可变剪接的预测和验证构建完整的可变剪接转录本参考数据集、在此基础上转录本水平的表达分析及后续的转录调控分析等，以及在肿瘤研究等生命科学领域中的应用研究等。目前公共数据库中的可变剪接转录本可能还不到真实完整数据集的一半。用生物信息学方法从高通量二代测序数据中准确估计转录本水平的表达量还有比较大的难度。

参考文献

[1] Crick, F. Central dogma of molecular biology. *Nature* 227, 561-563(1970).

[2] Pan, Q. *et al.* Deep surveying of alternative splicing complexity in the human transcriptome by high-throughput sequencing. *Nat Genet* 40, 1413-1415(2008).

[3] Keren, H. *et al.* Alternative splicing and evolution: diversification, exon definition and function. *Nat Rev Genet* 11, 345-355(2010).

[4] Kim, E. *et al.* Different levels of alternative splicing among eukaryotes. *Nucleic Acids Res* 35, 125-131(2007).

[5] Brett, D. *et al.* EST comparison indicates 38% of human mRNAs contain possible alternative splice forms. *FEBS Lett* 474, 83-86(2000).

[6] Sultan, M. *et al.* A global view of gene activity and alternative splicing by deep sequencing of the human transcriptome. *Science* 321, 956-960(2008).

[7] Wang, E. T. *et al.* Alternative isoform regulation in human tissue transcriptomes. *Nature* 456, 470-476(2008).

[8] Hu, Z. *et al.* Revealing Missing Human Protein Isoforms Based on Ab Initio Prediction, RNA-seq and Proteomics. *Sci Rep* 5, 10940(2015).

[9] Gordon, E. D. *et al.* Alternative splicing of interleukin-33 and type 2 inflammation in asthma. *Proceedings of the National Academy of Sciences of the United States of America* 113, 8765-8770(2016).

[10] Xiong, H. Y. *et al.* RNA splicing. The human splicing code reveals new insights into the genetic determinants of disease. *Science* 347, 1254806(2015).

[11] Skotheim, R. I. & Nees, M. Alternative splicing in cancer: noise, functional, or systematic? *Int J Biochem Cell Biol* 39, 1432-1449(2007).

[12] Wang, G. S. & Cooper, T. A. Splicing in disease: disruption of the splicing code and the decoding machinery. *Nat Rev Genet* 8, 749-761(2007).

[13] Lopez-Bigas, N. *et al.* Are splicing mutations the most frequent cause of hereditary disease? *FEBS Lett* 579, 1900-1903(2005).

[14] Lim, K. H. *et al.* Using positional distribution to identify splicing elements and predict pre-mRNA processing defects in human genes. *Proceedings of the National Academy of Sciences of the United States of America* 108, 11093-11098(2011).

[15] Danan-Gotthold, M. *et al.* Identification of recurrent regulated alternative splicing events across human solid tumors. *Nucleic Acids Res*(2015).

[16] Parikshak, N. N. *et al.* Genome-wide changes in lncRNA, splicing, and regional gene expression patterns in autism. *Nature* 540, 423-427(2016).

[17] Lewinsohn, M. *et al.* Novel germ line DDX41 mutations define families with a lower age of MDS/AML onset and lymphoid malignancies. *Blood* 127, 1017-1023(2016).

[18] Liu, J. *et al.* Genome and transcriptome sequencing of lung cancers reveal diverse mutational and splicing events. *Genome Res* 22, 2315-2327(2012).

[19] Mezlini, A. M. *et al.* iReckon: simultaneous isoform discovery and abundance estimation from RNA-seq data. *Genome Res* 23, 519-529(2013).

[20] Rogers, M. F. *et al.* SpliceGrapher: detecting patterns of alternative splicing from RNA-Seq data in the context of gene models and EST data. *Genome Biology* 13, R4(2012).

[21] Li, J. J. *et al.* Sparse linear modeling of next-generation mRNA sequencing(RNA-Seq)data for isoform discovery and abundance estimation. *Proceedings of the National Academy of Sciences of the United States of America* 108, 19867-19872(2011).

[22] Trapnell, C. *et al.* Transcript assembly and quantification by RNA-Seq reveals unannotated transcripts and isoform switching during cell differentiation. *Nat Biotechnol* 28, 511-515(2010).

[23] Schulz, M. H. *et al.* Oases: robust *de novo* RNA-seq assembly across the dynamic range of expression levels. *Bioinformatics* 28, 1086-1092(2012).

[24] Zerbino, D. R. & Birney, E. Velvet: algorithms for *de novo* short read assembly using de Bruijn graphs. *Genome Res* 18, 821-829(2008).

[25] Langmead, B. *et al.* Ultrafast and memory-efficient alignment of short DNA sequences to the human genome. *Genome Biology* 10, R25(2009).

[26] Langmead, B. & Salzberg, S. L. Fast gapped-read alignment with Bowtie 2. *Nat Methods* 9, 357-359(2012).

[27] Trapnell, C. *et al.* TopHat: discovering splice junctions with RNA-Seq. *Bioinformatics* 25, 1105-1111(2009).

[28] Kim, D. *et al.* TopHat2: accurate alignment of transcriptomes in the presence of insertions, deletions and gene fusions. *Genome Biology* 14, R36(2013).

[29] Trapnell, C. *et al.* Differential gene and transcript expression analysis of RNA-seq experiments with TopHat and Cufflinks. *Nat Protoc* 7, 562-578(2012).

[30] Pertea, M. *et al.* Transcript-level expression analysis of RNA-seq experiments with HISAT, StringTie and Ballgown. *Nat Protoc* 11, 1650-1667(2016).

[31] Kim, D. *et al.* HISAT: a fast spliced aligner with low memory requirements. *Nat Methods* 12, 357-360(2015).

[32] Frazee, A. C. *et al.* Ballgown bridges the gap between transcriptome assembly and expression analysis. *Nat Biotechnol* 33, 243-246(2015).

[33] Steijger, T. *et al.* Assessment of transcript reconstruction methods for RNA-seq. *Nat Methods* 10, 1177-1184(2013).

[34] Engstrom, P. G. *et al.* Systematic evaluation of spliced alignment programs for RNA-seq data. *Nat Methods* 10, 1185-1191(2013).

[35] Zhang, B. *et al.* Proteogenomic characterization of human colon and rectal cancer. *Nature* 513, 382-387(2014).

[36] Burge, C. & Karlin, S. Prediction of complete gene structures in human genomic DNA. *J Mol Biol* 268, 78-94(1997).

[37] Birney, E. *et al.* Ensembl 2004. *Nucleic Acids Res* 32, D468-470(2004).

[38] Stanke, M. *et al.* AUGUSTUS: ab initio prediction of alternative transcripts. *Nucleic Acids Res* 34, W435-439(2006).

[39] Stein, L. D. *et al.* The genome sequence of *Caenorhabditis briggsae*: a platform for comparative genomics. *PLoS Biol* 1, E45(2003).

[40] Wei, C. & Brent, M. R. Using ESTs to improve the accuracy of *de novo* gene prediction. *BMC Bioinformatics* 7, 327(2006).

[41] Team, M. G. C. P. *et al.* The completion of the Mammalian Gene Collection(MGC). *Genome Res* 19, 2324-2333(2009).

[42] Harrow, J. *et al.* GENCODE: the reference human genome annotation for The ENCODE Project. *Genome Res* 22, 1760-1774(2012).

[43] Pruitt, K. D. *et al.* NCBI Reference Sequences(RefSeq): current status, new features and genome annotation policy. *Nucleic Acids Res* 40, D130-135(2012).

[44] Flicek, P. *et al.* Ensembl 2014. *Nucleic Acids Res* 42, D749-755(2014).

[45] Kuosmanen, A. *et al.* Evaluating approaches to find exon chains based on long reads. *Briefings in Bioinformatics* 19(3), 404-414(2017).

[46] Sharon, D. *et al.* A single-molecule long-read survey of the human transcriptome. *Nat Biotechnol* 31, 1009-1014(2013).

[47] Lander, E. S. *et al.* Initial sequencing and analysis of the human genome. *Nature* 409, 860-921(2001).

[48] Smit, A. F. The origin of interspersed repeats in the human genome. *Current Opinion in Genetics & Development* 6, 743-748(1996).

[49] Hedges, D. J. & Batzer, M. A. From the margins of the genome: mobile elements shape primate evolution. *BioEssays: News and Reviews in Molecular, Cellular and Developmental Biology* 27, 785-794(2005).

[50] Mills, R. E. *et al.* Which transposable elements are active in the human genome? *Trends in Genetics : TIG* 23, 183-191(2007).

[51] Doolittle, W. F. & Sapienza, C. Selfish genes, the phenotype paradigm and genome evolution. *Nature* 284, 601-603(1980).

[52] Orgel, L. E. & Crick, F. H. Selfish DNA: the ultimate parasite. *Nature* 284, 604-607(1980).

[53] Feschotte, C. Transposable elements and the evolution of regulatory networks. *Nat Rev Genet* 9, 397-405(2008).

[54] Lynch, V. J. *et al.* Transposon-mediated rewiring of gene regulatory networks contributed to the evolution of pregnancy in mammals. *Nat Genet* 43, 1154-1159(2011).

[55] Jacques, P. E. *et al.* The majority of primate-specific regulatory sequences are derived from transposable elements. *PLoS Genetics* 9, e1003504(2013).

[56] Chen, J. M. *et al.* A systematic analysis of LINE-1 endonuclease-dependent retrotranspositional events causing human genetic disease. *Human Genetics* 117, 411-427(2005).

[57] Britten, R. Transposable elements have contributed to thousands of human proteins. *Proceedings of the National Academy of Sciences of the United States of America* 103, 1798-1803(2006).

[58] Walsh, A. M. *et al.* Widespread horizontal transfer of retrotransposons. *Proceedings of the National Academy of Sciences of the United States of America* 110, 1012-1016(2013).

[59] Smit, A. F. Interspersed repeats and other mementos of transposable elements in mammalian genomes. *Current Opinion in Genetics & Development* 9, 657-663(1999).

[60] Belancio, V. P. *et al.* LINE-1 RNA splicing and influences on mammalian gene expression. *Nucleic Acids Res* 34, 1512-1521(2006).

[61] Belancio, V. P. *et al.* The impact of multiple splice sites in human L1 elements. *Gene* 411, 38-45(2008).

[62] Li, H. D. *et al.* A proteogenomic approach to understand splice isoform functions through sequence and expression-based computational modeling. *Brief Bioinform* 17, 1024-1031(2016).

[63] Jha, A. *et al.* Integrative deep models for alternative splicing. *Bioinformatics* 33, i274-i282(2017).

[64] Zhang, W. *et al.* Predicting human splicing branchpoints by combining sequence-derived features and multi-label learning methods. *BMC Bioinformatics* 18, 464(2017).

[65] Ponting, C. P. The functional repertoires of metazoan genomes. *Nature Reviews Genetics* 9, 689-698(2008).

[66] Pan, Q. *et al.* Alternative splicing of conserved exons is frequently species-specific in human and mouse. *Trends in Genetics* 21, 73-77(2005).

[67] Barbosa-Morais, N. L. *et al.* The Evolutionary Landscape of Alternative Splicing in Vertebrate Species. *Science* 338, 1587-1593(2012).

韦朝春　博士，教授，博士生导师，浦江人才，教育部新世纪优秀人才。1996 年获北京大学数学学士，2006 年获美国华盛顿大学（圣路易斯）计算机科学（生物信息学方向）博士学位。随后到美国微软总部工作。2008 年初至 2015 年年底任上海交通大学生命学院生物信息学与生物统计学系副教授，2016 年起任教授，2011 年起为博士生导师。2013 年起任上海生物信息学会理事，2014 年至 2019 年任生物信息学与生物统计学系副系主任。研究方向包括基因组学、元基因组学、泛基因组学以及高性能计算在生物信息学中的应用研究等。在线虫（*C.elegans*）基因结构预测方面的结果是世界上第一个在基因水平上准确率突破 60%的多细胞生物基因预测系统，被 *Nature reviews Genetics* 报道为研究亮点。在人类基因预测方面，运用统计模型结合比较基因组学和转录组学的方法使得人类基因结构预测准确率在基因水平上的敏感性从 15%提高到了 45%，特异性从 10%增加到 25%左右。发展了人类蛋白质编码的转录本从头预测新方法，预测并验证了近 3 万个新转录本，并估计出人类基因组编码的蛋白质数量不低于 20 万个。最近几年开展了包括多个个体基因组的泛基因组研究，发现水稻物种泛基因组比参考基因组大近 70%（多出超过 12 000 个基因），提出基因有无变异（PAV）作为基因组多样性的新指标。已在 *Nature*、*Genome Research*、*Nucleic Acids Research* 等国际著名学术期刊发表学术论文超过 50 篇，引用次数超过 4800 次。

第 56 章　3D 基因组检测方法

杨红波
复旦大学

本章概要

随着对染色体研究的深入，人们渴望能够破解其在细胞核中的 3D 空间区位及折叠方式。相应地，解析染色质 3D 结构的方法不断产生，大体上分为两类：一类是基于显微镜的 DNA 成像技术，另一类是基于高通量测序的技术。前者的优点是能在单个细胞水平检测染色质三维构象动态变化，但局限性是不能在全基因组范围内分析染色质 3D 构象，后者旨在克服这一缺点。在 2002 年，基于测序技术的研究染色体构象的方法——3C（capturing chromosome conformation，染色体构象捕获）出现了，其技术核心——邻近连接是之后快速发展的各种 3D 研究方法的基础。在此基础上，4C、5C 和 Hi-C 等高通量捕获染色质构象的技术被不断研发出来。2015 年，一种改良型的 Hi-C——DNase Hi-C 方法发表，该方法利用 DNase I 随机断裂基因组，其精度仅依赖于测序深度，与用内切酶的 Hi-C 相比，对基因组能达到更好的覆盖度。此外，single-cell Hi-C 更是为我们探究单个细胞中染色体 3D 结构提供了可能。然而，GC 含量、蛋白质的占有度和酶识别位点的密度等导致这些基于 3C 方法的技术存在偏好。GAM 在一定程度上解决了这一问题，它将激光超薄冷冻切片和 DNA 高通量测序结合起来，通过对单个切片上所有出现或者消失位点的测定确定染色体空间结构。总的来说，实验中的技术瓶颈总是在促使新技术不断产生，解析染色体 3D 结构的方法在近十年来可谓发展迅速。我们相信未来会有更多优化甚至全新的技术出现，期待这些技术能使人们更加了解细胞染色体 3D 结构的真实状态，揭示生命的奥秘。

56.1　染色质 3D 结构研究的实验方法

关键概念

- 4C、5C、Hi-C、*in situ* Hi-C、capture-C、CHIA-PET、PLAC-seq 等方法都是以 3C 技术核心，即邻近连接为基础的高通量染色质 3D 构象捕获技术。
- *in situ* Hi-C 是通过细胞核内的邻近连接减少随机连接，而不是裂解细胞核后稀释反应体系。
- GAM（genome architecture mapping）将激光超薄冷冻切片和 DNA 高通量测序结合起来，能够获得基因组范围内染色体相互作用频率、辐射分布和染色体组装等染色体空间结构参数。
- ChIA-PET（chromatin interaction analysis by paired-end tag sequencing）是利用 ChIP 富集与目标蛋白相互作用的染色质，然后进行邻近连接，用于确定特定因子参与的相互作用。
- Capture-C 将寡聚核酸捕获技术（oligonucleotide capture technology，OCT）与 3C、高通量测序结合起来，使其在分析 SNP 影响远距离相互作用成为可能。

56.1.1　染色质 3D 结构研究方法概述及衍变

染色质 3D 结构的研究方法大体分为两类：一类基于显微镜 DNA 成像技术（microscopy-based DNA imaging technique），另一类基于高通量测序技术（high-throughput sequencing technique）。基于显微镜 DNA 成像技术的优点是可以在单个细胞基础上检测染色质三维构象的动态变化。但是显微镜 DNA 成像的应用也有很大限制，其最主要的限制是很多方法只能检测感兴趣的一些位点或者一段区域，不能在全基因组范围内分析 3D 构象。在本章，我们主要介绍基于高通量测序的实验方法。

2002 年，第一篇基于测序技术的研究染色体构象的方法——3C（capturing chromosome conformation，染色体构象捕获）发表[1]。3C 可以检测基因组两个位点之间是否存在相互作用，其技术核心——邻近连接（proximity ligation）是之后快速发展的各种 3D 研究方法的基础，也可以说之后的 4C、5C、Hi-C、*in situ* Hi-C、capture-C、CHIA-PET、PLAC-seq 等方法均是 3C 方法的衍生产物。就 3C 方法具体而言（图 56-1），首先用甲醛交联细胞核，交联可以固定蛋白质与蛋白质的相互作用，也可以固定蛋白质与 DNA 之间的相互作用。如果两个位点有相互作用的话，即使它们在 DNA 序列上相隔很远，但空间上势必会离得很近。用甲醛处理后，这些相互作用就被固定下来。然后，选择合适的限制性内切核酸酶将染色体切成片段，再在低 DNA 浓度的条件下进行连接反应。低浓度连接有利于那些被交联在一起的 DNA 进行“分子内”连接，从而避免随机连接。最后，用位点特异的引物做 qPCR 检测连接产物，qPCR 结果可以反映被检测位点间相互作用的频率。基因组范围各个位点相互作用的频率可以提供细胞核组织结构和染色体构象的大体信息。3C 方法的分辨率取决于感兴趣位点到最近的酶切位点的距离，最高可达 1kb。3C 最早被用于展示酵母基因组大体的 3D 构象，以及感兴趣的启动子（promoter）和增强子（enhancer）之间的相互作用，后来被用来验证 Hi-C 实验中发现的相互作用。

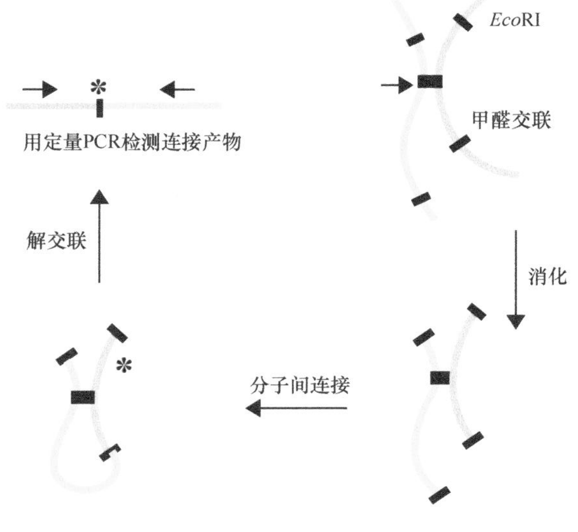

图 56-1　3C 的实验原理[1]

3C 方法应用的一个明显限制是“低通量”，必须对可能的相互作用对象有一个推测或者预知才能设计 PCR 的引物。也就是说对于一个特定位点，只能对猜想的可能的相互作用位点进行“一对一”的检测。2006 年，两篇介绍 4C（一篇文章中称为 chromosome conformation capture-on-chip，一篇文章中命名为 circμlar chromosome conformation capture）方法[2, 3]和一篇介绍 5C（chromosome conformation capture carbon copy）方法的文章[4]分别发表。4C 避免了 3C 方法需要猜想相互作用对象的缺点，实现了全基因组检测诱饵位点（bait locus）的相互作用对象。4C 方法具体的改进如下（图 56-2）：在交联和邻近连接反应后，在诱饵位点附近的酶切位点中选择第二种限制性内切核酸酶处理样品，然后环化线性 DNA。根据诱饵位点两端序列设计引物（两个末端由第二个内切酶的酶切位点决定），以环化 DNA 为模板做反向 PCR。理论上，全基因组范围内与诱饵位点有相互作用的位点都可以被检测出来。5C 是在 3C 文库的基础上，向 3C 文库加入一个寡聚脱氧核糖核酸库（oligo pool），寡聚脱氧核糖核酸是根据所选择的内切酶的酶切位点设计的。寡聚脱氧核糖核酸与匹配的基因组 DNA 退火（annealing），相邻的两个寡聚脱氧核糖核酸会被 *Taq* DNA 连接酶连接。这些由被连接的寡聚脱氧核糖核酸组成的文库称为 5C 文库，它们代表了被检测区域（即设计寡聚脱氧核糖核酸的区域）中的相互作用位点。由于正向寡聚脱氧核糖核酸的 5′端和反向寡聚脱氧核糖核酸的 3′端都含有通用引物的结合位点，初始的 5C 文库经 PCR 扩增后，结合高通量测序技术，基因组中区域性的相互作用图谱即可被展现。

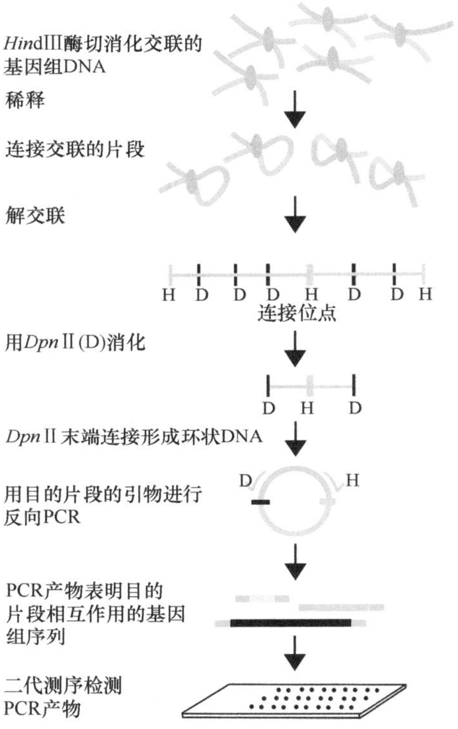

图 56-2 4C 的实验原理[2]

虽然与 3C 方法相比，5C 方法是高通量，但 5C 可以检测的范围和程度依然被寡聚脱氧核糖核酸库的复杂度限制，并不能在真正意义上实现全基因组无偏差（no bias）检测。随着第二代高通量测序技术（next generation sequencing）的快速发展，3D 基因组检测方法也向真正的全基因组范围迈进。2009 年，Hi-C 方法在 *Science* 发表[5]。Hi-C 将邻近连接与第二代高通量技术结合起来，第一次整体展示了人类基因组的三维组织结构，实验验证了染色体存在区域划分（territories），一些小的基因富集（gene-rich）的染色体区域在空间上较为邻近（proximity），染色体空间上可以划分为开放（open）和关闭（closed）两种间隔（compartment）。Hi-C 全基因组无差别检测源自以下实验改进（图 56-3）：样品细胞被交联和酶切处理后，酶切后的染色体片段留有一个黏末端，用 biotin 标记的 dNTP 填平这些黏末端，然后在稀释的情况下进行连接反应；这样，带有 biotin 标记的连接位点就代表了细胞核中空间邻近的片段；用超声断裂 DNA 后，那些 biotin 标记的片段被 sreptavidin 磁珠特异性地 pull-down 下来，然后经 PCR 扩增做成 Hi-C 文库；最后 Hi-C 文库通过高通量测序生成几百万个（甚至更高）序列信息。第一代 Hi-C 方法需要的样品细胞数量较多（约为 1000 万），测序后的有用序列（双向测序，两端距离大于 20kb 的序列）所占比例相对较少。实验结果的精度（resolution）依赖于所用的内切酶（*Hind*III）在基因组中的分布频率和测序的深度，一般为 10 万～100 万之间。第二代 Hi-C 方法在时隔 5 年后发表，作者称之为 *in situ* Hi-C[6]。*in situ* Hi-C 针对第一代 Hi-C 的缺点做了优化。首先，所谓 *in situ*，是指邻近连接是在完整的细胞核中完成的。*in situ* Hi-C 是通过细胞核内的邻近连接减少随机连接，而不是裂解细胞核后稀释反应体系。由于反应体系较之前大大减小，这不仅节省了实验试剂，更节省了实验样品。对于 *in situ* Hi-C 来说，建议的起始细胞数是 200 万～500 万，但实际上我们用 50 万细胞也得到了很好的结果。实际经验表明，*in situ* Hi-C 的结果相对于 Hi-C 的结果有更好的信噪比。其次，*in situ* Hi-C 用四碱基内切酶 *Mbo* I（后来也有人用 *Dpn* II）代替了六碱基内切酶（*Hind*III），这使其精度得以提高。综合以上两个优点，现在 *in situ* Hi-C 的实验方法逐渐取代了第一代 Hi-C 的实验方法。我们也会在下面一节中详细说明 *in situ* Hi-C 的实验步骤。

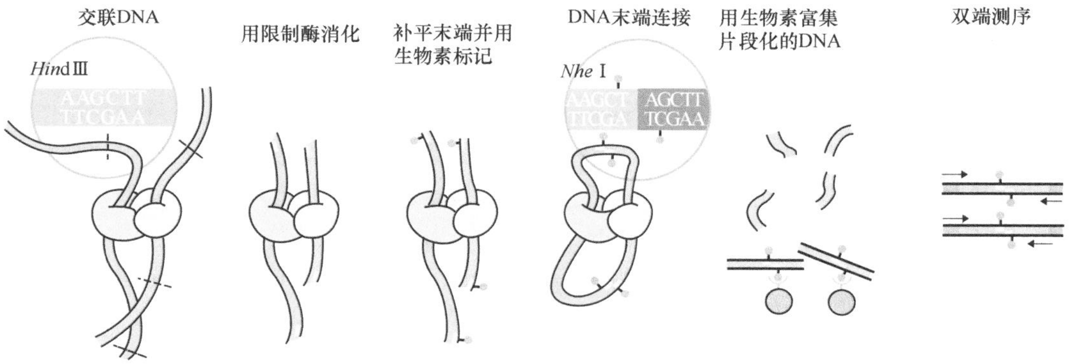

图 56-3 Hi-C 的实验原理

无论是 Hi-C 还是 *in situ* Hi-C，一个明显的缺陷是实验精度都依赖于内切酶在基因组中的分布。2015 年，一种改良型的 Hi-C——DNase Hi-C 方法发表[7]。DNase Hi-C 用 DNase I 来随机断裂基因组，并在邻近连接前在断裂的末端加上 biotin 标记的 adaptor。这样，DNase Hi-C 的精度仅依赖于测序的深度，与用内切酶的 Hi-C 相比，对基因组能达到更好的覆盖度（coverage）。同一年，另一篇相似的方法 Micro-C 发表[8]。Micro-C 也针对 Hi-C 同样的问题做了修改，不同的是 Micro-C 用 MNase（micrococcal nuclease）来断裂基因组，与 DNase I 的作用异曲同工。

以上实验方法所展示的基因组 3D 结构都是细胞群体的平均值，但 FISH（fluorescence *in situ* hybridization）实验表明，即使基因型和表型一样的细胞，其基因组和染色体构象也是高度多变的。single-cell Hi-C 为我们探究单个细胞的基因组 3D 结构提供了可能[9]。single-cell Hi-C 方法中，在邻近连接的步骤之后，单个细胞核被分离于单独的管中，streptavidin beads 纯化出 biotin 标记的片段，然后第二个内切酶 *Alu*I 被用于代替超声将 DNA 切成小段。再连上 Illumina 特制的 adapter（含有三碱基的标签）后，每个 single-cell Hi-C 文库被 PCR 扩增后用于测序。single-cell Hi-C 的分辨率很低，单个细胞只有 10Mb 左右，可以解析单个细胞中的远距离的 DNA 环相互作用（DNA looping interaction）。single-cell Hi-C 的结果显示虽然拓扑相关结构域（TAD）相对稳定，但是 TAD 之间和染色体间的相互作用却是随机的。

目前，所有基于 3C 的方法都需要酶切和邻近连接来帮助捕捉相互作用的基因组位点，这也是基于 3C 方法的软肋所在。这些方法不能清楚地定量多个位点同时发生相互作用的情况。例如，虽然它们可以检测到三重相互作用（triplet contacts），但是效率却不高，也不能定量。另外，基于 3C 方法的另一个技术上的限制是，GC 含量、蛋白质的占有度和酶识别位点的密度等导致这些方法会有偏好（bias）。再者，基于 3C 的方法也不能提供诸如染色质折叠、染色质与核周（nuclear periphery）的关系等这些有关细胞核三维结构的重要信息。GAM（genome architecture mapping）这个方法在一定程度上弥补了基于 3C 方法的不足[10]。GAM 将激光超薄冷冻切片和 DNA 高通量测序结合起来，对一群细胞随机方向上进行一系列切片，通过对单个切片上所有出现或者消失位点的测定，GAM 可以对一些染色体空间结构给予参数，如基因组范围内染色体相互作用频率、辐射分布和染色体组装等。具体来说，甲醛固定后的细胞被冷冻包埋在蔗糖里，然后冷冻横切，接着激光微切割生成很多细胞核切片，每个切片中的 DNA 都被提取、扩增和测序。那些在细胞核中空间上接近的位点在同一个切片中出现的概率要远大于距离远的位点。这样，收集足够多的切片，提取其中共同出现的所有可能的位点，就可以生成位点间距离的矩阵（matrix），从而计算基因组范围内的相互作用。GAM 技术最先被用来解析小鼠胚胎干细胞的 3D 结构，结果显示小鼠基因组内存在大量的三重相互作用，尤其在那些含有超级增强子（super enhancer）和高表达基因的区域之间。虽然 GAM 技术是对基于 3C 方法的一个补充，但是实验花费、仪器设备等方面对其应用的推广有很大限制。

Hi-C、*in situ* Hi-C 等技术解析的都是全基因组范围内的相互作用，如果只对一些特定因子（如某一个转录因子或者某一个组蛋白修饰）参与的相互作用感兴趣，通过深度测序整个 Hi-C 文库来达到局部解析就显得得不偿失。与原始 Hi-C 方法并行而出的另一个方法 ChIA-PET 填补了这一空白[11]。ChIA-PET 是 chromatin interaction analysis by paired-end tag sequencing 的缩写，细胞中长距离的染色体相互作用被交联固定，染色体被超声打断，然后用感兴趣蛋白的抗体做 ChIP，那些与目标蛋白的相互作用将被富集。接着，被 IP 下来的染色体 DNA 末端被连接上 biotin 标记的接头（linker），接头上含有 *Mme*I 的识别位点，然后进行邻近连接。最后，用 *Mme*I 在接头两端各约 20bp 的位置酶切，Streptavidin beads 纯化出 biotin 标记的 DNA 片段，连上 adaptor、PCR 扩增后用于高通量测序。ChIA-PET 最先解析了 ER-α（oestrogen receptor α）结合位点在人基因组中的相互作用网络。ChIA-PET 方法需要很高的细胞量（1 亿）来保证最终的结果，这很大程度上限制了 ChIA-PET 的应用。最近，两个相似的方法 PLAC-seq[12]和 HiChIP[13]分别对 ChIA-PET 进行了改进，改进后的方法不仅对细胞数量的要求大大降低，而且很好地提高了信噪比，实验步骤也较 ChIA-PET 简化了很多，提高了可操作性。PLAC-seq 和 HiChIP 对 ChIA-PET 改进的共同之处是在完成邻近连接后再用特异性抗体做 ChIP，不同之处是 PLAC-seq 用传统的末端修复、加 A、连 adaptor 的方法做文库，而 HiChIP 用 Tn5 插入的方法引入 adaptor 做文库。用 Tn5 做文库虽然更加简便，但需要掌握好 Tn5 和 DNA 的比例，DNA 太短或太长都会影响文库的质量。我们将在下一节中介绍 PLAC-seq 的具体操作步骤。

启动子和顺式作用元件的相互作用对基因表达调控至关重要。上述的 3C、4C、Hi-C 和 ChIA-PET 等方法不能做到大规模、精确地将启动子和顺式作用元件对应起来，Capture-C 方法对此是个补充。依据探针的规模，Capture-C 既可以对应单个或几个位点，也可以大规模靶向精确解析与目标位点相互作用的顺式元件。Capture-C 将寡聚核酸捕获技术（oligonucleotide capture technology，OCT）与 3C、高通量测序结合起来，其具体原理是：用 *Dpn*II 酶切基因组做成 3C 文库后，DNA 被超声断裂成 300bp 左右的片段，并被连上 adaptor；寻找目标序列附近的 *Dpn*II 位点，依据其 5′端或 3′端序列设计单链 DNA 或 RNA 诱饵探针（bait），探针被 biotin 标记；将合成的探针（库）加入超声断裂的 3C 文库中孵育，然后用 streptavidin beads 纯化出与探针杂交的 DNA，这些被探针捕获的 DNA 包含了所有与目标位点相互作用的顺式原件；经 PCR 扩增后，Capture-C 文库可被用来测序。原始的介绍 Capture-C 方法的文章分析了大约 450 个启动子的相互作用顺式原件。Capture-C 的高精度（high resolution）还使其在分析 SNP 影响远距离的相互作用（looping interaction）方面成为可能，具体来说就是有助于发现疾病相关 SNP 调控的基因。

实验中的技术瓶颈总是在促使新技术不断产生，基因组 3D 结构的检测方法在近十年来可谓发展迅速。相信未来会有更多优化甚至全新的技术出现，如在细胞的自然状态下检测，而不用甲醛交联固定。我们期待全新的技术能使人们更加接近细胞 3D 结构的真实状态，或者揭示出以前由于技术的限制而不为人知的一面。

56.1.2　解析全基因组染色质构象和相互作用的实验技术

如上所述，Hi-C、*in situ* Hi-C、DNase Hi-C、Micro-C、GAM（genome architecture mapping）等都可以解析全基因组的 3D 结构，根据方法的普及度及简便性，这里主要介绍 *in situ* Hi-C 的实验步骤。

1. *in situ* Hi-C 的实验步骤、实验技巧及影响因素

1）交联（crosslinking）

（1）在推荐的最适条件下培养细胞至覆盖约 80%培养皿；若是悬浮细胞，则长至约为平台期密度的 80%。300*g* 离心 5min，收集 2×10^6～5×10^6 个细胞。

（2）在新鲜培养基中重悬细胞，使得重悬后的细胞密度为 1×10^6 个/mL。在通风橱中，加入新鲜配制的甲醛溶液，使甲醛的终浓度为 1%（*V/V*）。在室温交联 10min。交联时，将试管放在摇床上旋转混匀。

（3）加入 2.5mol/L 的甘氨酸（glycine）至终浓度为 0.25mol/L，终止交联反应。加入甘氨酸后，置于摇床上室温孵育 5min。

（4）预冷离心机，300*g* 离心 5min，将上清弃于合适的收集容器中。

（5）用 1mL 预冷的 1×PBS 重悬细胞，然后 4℃ 300*g* 离心 5min。弃上清，可以立即进行下面的步骤，也可在此步将细胞用液氮或者干冰速冻，保存于–80℃冰箱。

2）细胞裂解和限制性内切核酸酶消化

（1）在 250μL 预冷的 Hi-C 裂解液（10mmol/L Tris-HCl pH8.0，10mmol/L NaCl，0.2% IGEPAL CA630）中加入 50μL 蛋白酶抑制剂（Sigma，P8340），混匀后重悬交联的细胞。

（2）将细胞重悬液置于冰上>15min，然后 4℃ 2500*g* 离心 5min，弃上清。

（3）用 500μL 预冷的 Hi-C 裂解液重悬细胞，4℃ 2500*g* 离心 5min 后，弃上清。

（4）用 50μL0.5% SDS 小心重悬细胞，然后 62℃ 孵育 5～10min。

（5）孵育结束后，加入 145μL 水和 25μL 10%Triton X-100（Sigma，93443）终止 SDS 的作用。充分混匀，避免产生过多气泡，37℃ 孵育 15min。

（6）加入 25μL 10× NE Buffer2 和 100U 的限制性内切核酸酶 *Mbo*I（NEB 核酸，R0147），37℃过夜消化染色体，或者 37℃旋转消化至少 2h。

3）标记切割的 DNA 末端、邻近连接（proximity ligation）和逆交联（crosslink reversal）

（1）62℃孵育 20min 失活 *Mbo*I，然后冷却至室温。

（2）按表 56-1 配制体系（master mix），以填平并用 biotin 标记酶切的黏末端：

表 56-1　Biotin 标记酶切黏末端体系

0.4mmol/L biotin-14-dATP（Life Technologies，19524-016）	37.5μL
10mmol/L dCTP	1.5μL
10mmol/L dGTP	1.5μL
10mmol/L dTTP	1.5μL
DNA Polymerase I，Large（Klenow）Fragment（NEB，M0210）	8μL
总体积	50μL

注：吹吸混匀后置于旋转摇床，37℃反应 45min 至 1.5h。

（3）加入 900μL 连接 master mix（表 56-2），颠倒混匀后置于摇床缓慢旋转，室温孵育 4h。

表 56-2 连接 master mix 体系

H_2O	663μL
10× NEB T4 DNA ligase buffer（B0202）	120μL
10% Triton X-100	100μL
10mg/mL BSA（100×）	12μL
T4 DNA Ligase（NEB，M0202）	5μL
总体积	900μL

（4）加入 50μL 20mg/mL 的蛋白酶 K（NEB，P8102）和 120μL 10% SDS 消化体系中的蛋白质，55℃孵育 30min（注意：细胞核在连接之后可以被离心富集，然后重悬，这样可以去除溶液中发生的随机连接产物，也可以减小体积，以便更好操作）。

（5）加入 130μL 5mol/L NaCl，68℃孵育过夜，或者 68℃孵育至少 1.5h。

4）DNA 超声断裂和合适片段选择（size selection）

（1）将体系冷却至室温。

（2）将体系平分至两个 750μL，加入新 2mL 管中，然后在每管中加入 0.1×体积的 3mol/L 乙酸钠（pH5.2），混匀后加入 1.6×体积的乙醇。颠倒混匀后置于–80℃ 15min。

（3）最高速 4℃离心 15min，离心后将管置于冰上，小心吸去上清。

（4）用 800μL 70%乙醇重悬两管的 DNA 沉淀并合并，高速离心 5min。

（5）弃上清，再次用 800μL 70%乙醇洗涤沉淀，最高速离心 5min。

（6）完全弃上清，干燥沉淀。然后用 130μL 10mmol/L Tris-HCl（pH8.0）溶解沉淀。可以 37℃孵育 15min 以帮助完全溶解 DNA。

（7）为了使 biotin 标记的 DNA 长度可用于 Illumina 高通量测序仪，我们需要将 DNA 片段超声断裂，然后用 AMPure XP beads（Beckman Coulter，A63881）做 DNA 片段的双向选择，使大部分 DNA 片段集中在 300～500bp。超声参数如下：

①超声仪：Covaris LE220（Covaris，Woburn，MA）

②超声体积：130μL，用 Covaris microTUBE

③水位：10

④Duty Cycle：15

⑤PIP：500

⑥Cycles/burst：200

⑦超声时间：58s

（8）将超声后的 DNA 转入新 1.5mL 管，用 70μL 水润洗 Covaris 玻璃管，然后合并至样品管，使总体积为 200μL。取少量样品，1∶5 稀释后进行 2%琼脂糖胶，以检测超声的效果。对于起始细胞数少于 $2×10^6$ 个的样品来说，可以在最后 PCR 扩增后进行使用下述的 AMPure XP beads 做片段双向选择。

（9）将 AMPure XP beads 置于室温平衡 20～30min。为了增加产量，在混匀 beads 之前，可以吸去一些上面的清亮液体以使 AMPure XP beads 浓缩。

（10）充分混匀 beads 后，向样品管中精确加入 110μL（0.55×体积）的 beads，然后吹吸混匀，室温孵育 5min。

（11）将样品管置于磁力架上，待 beads 和溶液分离，将清亮溶液转移至新 1.5mL 管中，避免吸上 beads。此时溶液中的 DNA 片段应该小于 500bp。

（12）精确加入 30μL 新的 AMPure XP beads 到步骤（11）的管中，吹吸混匀，室温孵育 5min。

（13）将管置于磁力架上，待 beads 和溶液分离，弃上清。此时，300～500bp 的 DNA 吸附在 beads 上。

（14）将管置于磁力架上，用 700μL 70%乙醇洗涤 beads 两次，不要混匀。

（15）将管置于磁力架上，并开盖晾 5min，以使残留的乙醇挥发。

（16）用 300μL 10mmol/L Tris-HCl（pH8.0）洗脱 DNA，吹吸混匀，在室温孵育 5min，然后用磁力架分离 beads，将上清转入新 1.5mL 管。

（17）用 Qubit dsDNA High Sensitivity Assay（Life Technologies，Q32854）定量 DNA 浓度，并取少量未稀释的 DNA 进行 2%琼脂糖胶，以确定片段选择（size selection）是否成功。

5）Biotin pull-down 和建库（library preparation）

注意：以下步骤均在低吸附的管（low-bind tube）中进行。

（1）取 150μL 10mg/ml Dynabeads Myone Streptavidin T1 beads（Life Technologies，65602）至 1.5mL 管中，置于磁力架上，移去上清。用 400μL 1× Tween Washing Buffer（1×TWB：5mmol/L Tris-HCl，pH7.5；0.5mmol/L EDTA；1mol/L NaCl；0.05% Tween 20）洗涤 T1 beads 一次。

（2）用 300μL 2×Binding Buffer（10mmol/L Tris-HCl，pH7.5；1mmol/L EDTA；2mol/L NaCl）重悬 T1 beads，将 T1 beads 加入 300μL DNA，室温孵育 15min，旋转混匀。此步的目的是使 biotin 标记的 DNA 结合到 T1 beads 上。

（3）用磁力架分离 beads 和溶液，弃上清。

（4）加 600μL 1× TWB 洗涤 beads，混匀后将 beads 转移至新 1.5mL 管。在 Thermomixer 上 55℃振荡 2min，用磁力架分离 beads，弃上清。

（5）重复步骤（4）。

（6）用 100μL 1×NEB T4 DNA Ligase Buffer（NEB，B0202）重悬 beads，将 beads 转移至新 1.5mL 管，用磁力架分离 beads，弃上清。

（7）End-Rpair：修补超声断裂 DNA 的黏末端，使其变成平末端，同时去除未连接末端的 biotin。将 beads 重悬在 100μL master mix（表 56-3）中。

表 56-3　Master mix 体系

1× NEB T4 DNA ligase buffer（含 10mmol/L ATP）	88μL
25mmol/L dNTP mix	2μL
NEB T4 PNK（M0201）	5μL
NEB T4 DNA polymerase I（M0203）	4μL
NEB DNA polymerase I，Large（Klenow）Fragment（M0210）	1μL
总体积	100μL

（8）室温孵育 30min，用磁力架分离 beads，弃上清。

（9）用 600μL 1× TWB 洗涤 beads，混匀后将 beads 转移至新 1.5mL 管。在 Thermomixer 上 55℃振荡 2min，用磁力架分离 beads，弃上清。

（10）重复步骤（9）。

（11）将 beads 重悬在 100μL 1× NEBuffer 2 中，转移至新 1.5mL 管。用磁力架分离 beads，弃上清。

（12）加 A：将 beads 重悬在 100μL dATP attachment master mix（表 56-4）中。

表 56-4 dATP attachment master mix 体系

1× NEBuffer 2	90μL
10mmol/L dATP	5μL
NEB Klenow exominus（M0212）	5μL
总体积	100μL

（13）37℃孵育 30min，用磁力架分离 beads，弃上清。

（14）用 600μL 1× TWB 洗涤 beads，混匀后将 beads 转移至新 1.5mL 管。在 Thermomixer 上 55℃振荡 2min，用磁力架分离 beads，弃上清。

（15）重复步骤（14）。

（16）将 beads 重悬在 100μL 1× Quick ligation reaction buffer（NEB，B6058）中，转移至新 1.5mL 管。用磁力架分离 beads，弃上清。

（17）将 beads 重悬在 50μL 1× Quick ligation reaction buffer 中。加入 2μL NEB DNA Quick ligase（NEB，M2200）和 3μL Illumina adapter（含 index），充分混匀，室温孵育 15min。用磁力架分离 beads，弃上清。

（18）用 600μL 1×TWB 洗 beads，并将 beads 转移到新管中。将 beads 置于 Thermomixer 上 55℃振荡加热 2min，用磁力架分离 beads，弃上清。

（19）重复步骤（18）。

（20）用 100μL 1× Tris 缓冲液重悬 beads，转移至新管。用磁力架分离 beads，弃上清后，用 50μL 1× Tris 缓冲液重悬 beads。

6）PCR 扩增和纯化

（1）可以用 Illumina 的引物和 Protocol（Illumina，2007）直接从 T1 beads 上扩增 Hi-C library，PCR 循环数为 4～12 之间。为了避免某些批次的 sreptavidin beads 干扰 PCR，也可以先将 DNA 从 beads 上洗脱下来再做 PCR。洗脱条件为：98℃加热 10min。

（2）PCR 扩增完成后，将 library 的体积增加至 250μL。

（3）在磁力架上分离 beads，将溶液转移至新管。

（4）将 AMPure XP beads 平衡至室温，重悬混匀后，向 PCR 溶液中加入 175μL beads（0.7×体积）。吹吸混匀，置于室温 5min。

（5）在磁力架上分离 beads，弃上清。

（6）保持 beads 在磁力架上，用 700μL 70%乙醇洗涤一次，不要混匀。

（7）完全移除乙醇。为了更好地除去小片段，将 beads 重悬在 100μL 1× Tris 缓冲液中，重新加入 70μL AMPure XP beads，吹吸混匀，置于室温 5min。

（8）在磁力架上分离 beads，弃上清。

（9）保持 beads 在磁力架上，用 700μL 70%乙醇洗涤一次，不要混匀。

（10）完全移除乙醇。开盖晾 5min，让残留的乙醇挥发。

（11）加 25～50μL 1×Tris 缓冲液洗脱 DNA，吹吸混匀，室温放置 5min。在磁力架上分离 beads，将上清转移至新管中。上清溶液中就是最终的 *in situ* Hi-C library，可以被用来定性和在 Illumina 平台上测序。

56.1.3　靶向检测染色质相互作用的实验技术

靶向检测染色质相互作用的实验技术包括 3C、4C、5C、capture-C、ChIA-PET、PLAC-seq 等。这里，我们具体介绍 4C、capture-C 和 PLAC-seq 的操作步骤。

1. 4C 实验步骤、实验技巧及影响 4C 实验的因素

1）第 0 天：收集细胞，分离细胞核

（1）收集细胞并计数，将 1×10^7 个细胞重悬在 8.75mL 新鲜培养基中。

（2）交联：加入 500μL 37% 甲醛，室温交联 10min。

（3）加入 500μL 2.5mol/L 甘氨酸（glycine），混匀后置于冰上，立即进行下一步离心。

（4）3500*g* 离心 10min，弃上清，用移液枪吸去残留的液体。

（5）将细胞重悬在 5mL 预冷的裂解液（表 56-5）中，冰上放置 10min。

表 56-5　细胞裂解液配方

裂解液	Stock	配制 5mL
10mmol/L Tris-HCl（pH 7.5）	1mol/L	50μL
10mmol/L NaCl	5mol/L	10μL
5mmol/L $MgCl_2$	1.5mol/L	16.6μL
0.1mmol/L EGTA	50mmol/L	10μL
1× Complete	50×	100μL
H_2O		4.81mL

（6）400*g* 离心 5min，小心移去上清。

（7）可以将细胞保存在–80℃，也可以直接进行下面的酶切反应。

2）第 1 天：限制酶酶切反应

（1）将细胞重悬在 1.2× 酶切缓冲液（表 56-6）中。

表 56-6　酶切缓冲液体系

1.2× 酶切缓冲液	Stock	配制 500μL
10× 酶切缓冲液	10×	60μL
H_2O		440μL

（2）加入 15μL 10%SDS，在 Thermomixer 上 37℃孵育 1h（700r/min）。

（3）加入 50μL 20% Triton X-100，在 Thermomixer 上 37℃孵育 1h（700r/min）。此步可以留取 10μL 样品作为未酶切的对照。

（4）加入 400U 选择的内切酶，37℃孵育过夜。反应体系如下：

10mmol/L Tris-HCl（pH 7.5）　1mol/L　1μL

蛋白酶 K 20mg/mL　　10μL

样品　10μL

H_2O　79μL

3）第 2 天：连接、蛋白酶 K 消化

（1）向每个样品中加入 80μL 10% SDS，Thermomixer 上 65℃孵育 20min（700r/min）。此处可以留取 10μL 样品作为酶切后的对照。

（2）将样品加入 6.125mL 1.15×连接缓冲液（表 56-7）中。

表 56-7 1.15×连接缓冲液体系

1.15× 连接缓冲液	Stock	配制 10mL
75.9mmol/L Tris-HCl pH 7.5	1mol/L	759μL
5.75mmol/L DTT	1mol/L	57.5μL
5.75mmol/L $MgCl_2$	1.5mol/L	38.3μL
1.15mmol/L ATP	100mmol/L	115μL
H_2O		9.03mL

（3）加入 375μL 20% Triton X-100，37℃旋转孵育 1h。

（4）向每个样品中加入 50μL 1U/μL T4 DNA ligase（Invitrogen），16℃水浴反应 4h（水浴仪器最好放在冷室里）。

（5）4h 后，将样品在室温放置 30min。

（6）加入 25μL 20mg/mL 蛋白酶 K，65℃消化过夜。

4）第 3 天

（1）向每管样品另外加入 25μL 20mg/mL 蛋白酶 K，65℃孵育 2h，待样品自然冷却到室温（不要放冰上冷却，让其在室温放置 10min），将每个样品转到 50mL 离心管中。

（2）向每个样品中加入 10mL 苯酚（pH 8.0），振荡 2min，然后 3500r/min 离心 10min。

（3）将上清（水相）转移到新 50mL 管中，加入 10mL 的 Phenol：Chloroform：Isoamyl Alcohol（pH 8.0），振荡 2min，然后 3500r/min 离心 10min。

（4）将上清转到 35mL 高速离心管中，若体积不足 10mL，用 1× TE 补足。

（5）向每个样品中加入 1mL 3mol/L 乙酸钠，混匀后再加入 25mL 预冷的 100%乙醇并颠倒混匀，将样品在–80℃放置至少 1h（可以过夜）。

（6）4℃，10 000*g* 离心 20min，小心移去上清（沉淀可能会很松散），用移液枪尽可能多地移去残留的乙醇。

（7）加入 450μL 1×TE 溶解沉淀，然后转移到 1.5mL 新管中，使用 Speed vac 真空处理样品 5min，除去残留的乙醇。

（8）酚：氯仿抽提样品两次：向每个样品中加入 500μL Phenol：Chloroform：Isoamyl alcohol，振荡 30s，将悬浊液转移到 phase lock tube 中，在最高速离心 4min，然后将上清转到新 1.5mL 管中。重复抽提一次。

（9）将最终的上清转到新 1.5mL 离心管中，加入 40μL 3mol/L 乙酸钠，振荡混匀。

（10）加入 1mL 预冷的 100%乙醇，颠倒混匀，将样品在–80℃放置至少 30min，最高速 4℃离心 20min，弃上清。

（11）用 500μL 预冷的 70%乙醇洗沉淀一次，最高速 4℃离心 5min，弃上清，用移液枪移去残留的乙醇，开盖晾干 10min。

（12）用 500μL 1×TE 溶解沉淀（可以在 37℃孵育 10min 以助溶解），将样品转移至 Amicon ultra

Centrifugal Unit（0.5mL 30K），18 000*g* 离心 10min。

（13）弃流穿液（flow through），加入 450μL 1×TE，重复离心两次。

（14）弃收集管，将过滤管反向插入新的收集管中，18 000*g* 离心 2min 收集样品，用 1×TE 将样品体积调整至 100μL。

（15）向每个样品中加入 1μL 10mg/mL RNase A，37℃孵育 30min。

（16）用 Qubit 定量样品。通常，需要 1∶40 稀释后再定量，才能使样品浓度落在线性测量范围内。

（17）用选择的限制性内切核酸酶酶切样品过夜：DNA 终浓度为 100ng/μL，1U 内切酶/μg DNA。

5）第 4 天

（1）在 65℃加热样品 20min，失活内切酶。

（2）用 1×TE 将样品的体积调整到 400μL。

（3）酚：氯仿抽提样品一次：向每个样品中加入 500μL Phenol：Chloroform：Isoamyl alcohol，振荡 30s，将悬浊液转移到 phase lock tube 中，在最高速离心 4min，然后将上清（400μL）转到新 1.5mL 管中。

（4）向每个样品中加入 40μL 3mol/L 乙酸钠，振荡混匀。

（5）向每个样品中加入 1mL 预冷的 100%乙醇，颠倒混匀，将样品在–80℃放置至少 30min。

（6）最高速 4℃离心 20min，弃上清；

（7）用 500μL 预冷的 70%乙醇洗沉淀一次，最高速 4℃离心 5min，弃上清，用移液枪移去残留的乙醇，开盖晾干 10min。

（8）加入 100μL 水溶解沉淀（可以在 37℃孵育 10min 以助溶解）。

（9）环化 DNA：在 14mL 总反应体系（表 56-8 和表 56-9）下，4℃连接 4h。

表 56-8　连接总反应体系

组成	储液	配制 14mL
1× Ligation buffer	10×	1.4mL
DNA ligase（50U）	1U/μL	50μL
样品		X μL
H_2O		补至 14mL

表 56-9　10×连接缓冲液配方

10× 连接缓冲液	储液	配制 2mL
660mmol/L Tris-HCl（pH 7.5）	1mol/L	1.32mL
50mmol/L DTT	1mol/L	100μL
50mmol/L $MgCl_2$	1.5mol/L	66.7μL
10mmol/L ATP	100mmol/L	200μL
H_2O		313μL

（10）4h 后，将样品在室温放置 20min，然后转入 50mL 离心管中，加入 14mL 酚-氯仿，振荡混匀 2min，3500r/min 离心 10min，将水相转入新 50mL 离心管中。

（11）每个样品中加入 14μL 20μg/μL glycogen，再加入 1.4mL 3mol/L 乙酸钠，振荡混匀后，每个样品加入 28mL 预冷的乙醇，颠倒混匀后在–80℃放置至少 3h。

（12）4℃，3500r/min 离心 35min，小心倒掉上清，不要扰动沉淀。

（13）用 15mL 预冷的 70%乙醇洗沉淀一次，4℃，3500r/min 离心 35min。
（14）小心倒掉上清，不要扰动沉淀。室温晾干 5min，加 200μL 1×TE 溶解沉淀。

6）PCR 扩增
（1）每个 PCR 反应体系设置为 50μL，每个样品需要分在 16× 50μL PCR 管中进行。反应体系如下：

1×	16×
10μL Fusion HF 5× Buffer	160μL
11.5μL DNA	184μL
1μL 10mmol/l dNTP	16μL
0.5μL Fusion Hot Start	8μL
3.125μL Primer 1（10μmol/L）	50μL
3.125μL Primer 2（10μmol/L）	50μL
20.75μL H_2O	332μL

（2）PCR 结束后，将 8 个同样的反应产物混合（约为 400μL），然后加入 720μL Amol/lPure XP beads（1.8×）。
（3）吹吸 10 次混匀后，室温放置 5min。
（4）将样品置于磁力架上 2min，分离 beads。
（5）弃上清，用 1mL 70%乙醇洗 beads 一次，旋转洗涤 1min，然后用掌上离心机短暂离心数秒，将样品管置于磁力架上，分离 beads，弃上清。
（6）重复步骤（5）一次。
（7）开盖晾干残留的乙醇，晾干时不要将样品从磁力架上取下。
（8）用 50μL 1×TE 溶解 DNA，反复吹吸 10 次。
（9）用磁力架分离 beads，将溶解的 DNA 转移到新 1.5mL 管中。
（10）取 1μL 跑胶，检查 4C library 的质量。

2. capture-C 实验步骤实验技巧及影响 capture-C 实验的因素

1）3C 文库的制备
A. 第一天
（1）离心收集 1×10^7 个细胞，重悬在 20mL 常温 1×PBS 中。
（2）加入 1.14mL 37%甲醛（终浓度为 2%），室温交联 10min。
（3）加入 1.2mL 2.5mol/L 甘氨酸（终浓度为 0.25mol/L），室温旋转孵育 5min，终止甲醛的作用。
（4）离心，用 20mL 常温 1×PBS 重悬细胞。
（5）再次离心，弃上清，用 1mL 预冷的 1×PBS 重悬细胞并转到 1.5mL 新管中。离心收集细胞，可以将细胞保存在–80℃，也可以继续进行下面的步骤。
（6）将细胞重悬在 1mL 预冷的细胞裂解液中（10mmol/L Tris pH 8.0，10mmol/L NaCl，0.2% NP-40/Igepal），置于冰上 10min。
（7）（可选择）用预冷的 Dounce Pestle A（每个样品上下抽 10 次）裂解细胞，然后转移到 1.5mL 管中。
（8）离心收集细胞核，重悬在 800μL 预冷的 1.2× NEBuffer *Dpn*II 中。
（9）离心收集细胞核，重悬在 500μL 预冷的 1.2× NEBuffer *Dpn*II 中。

（10）加入 7.5μL 20% SDS（终浓度为 0.3%）。在 Thermomixer 上 37℃孵育 1h（950r/min）。如果细胞结团，用移液枪吸打混匀。

（11）加入 50μL 20% Triton X-100（终浓度为 1.8%），在 Thermomixer 上 37℃孵育 1h（950r/min）。

（12）加入 40μL 水，取 10μL 样品作为未酶切的对照，标记为“UND”，保存在–20℃。

（13）加入 300U（即 50U/μL 的酶加 6μL）*Dpn*II（NEB #R0543M），950r/min，37℃酶切过夜。

B. 第二天

（1）另外加入 300U 的 *Dpn*II，继续酶切 2～4h。

（2）取 10μL 样品作为酶切后的对照，标记为“DIG”。

（3）在 Thermomixer 上 65℃加热 20min（950r/min），失活 *Dpn*II。

（4）离心收集细胞核，将细胞重悬在连接反应体系（表 56-10）中（连接反应总体积：1.2mL / 10^6 细胞）。

表 56-10　T4 DNA 连接酶反应体系

组成	体积
10× T4 DNA Ligase Buffer（NEB）	120μL
100×BSA	12μL
H_2O	1058μL
T4 DNA ligase（400U/μL）	10μL

（5）将连接反应置于 16℃孵育 4h，然后放在室温 30min。

（6）加入 20μL 20mg/mL 蛋白酶 K，120μL 10% SDS，65℃解交联过夜。

（7）对于 UND 和 DIG 样品，加入 190μL PK 缓冲液（TE + 0.5% SDS）、8μL 5mol/L NaCl 和 3μL 20μg/μL 蛋白酶 K，65℃解交联过夜。

C. 第三天

对于 3C 样品：

（1）加入 10μL 蛋白酶 K，55℃孵育 2h。

（2）加入 2μL RNase A，37℃孵育 30min。

（3）将样品平分为两个 600μL，用 600μL 酚：氯仿抽提，振荡 30s，再用手振荡 1～2min。最高速室温离心 10min，取上清。重复此抽提步骤。

（4）向每管样品中加入 500μL 氯仿，手动振荡 1～2min，最高速室温离心 10min，取上清。

（5）将同样样品的上清合并，分装到 3 个 1.5mL 管中，每管 400μL。每管加 40μL 3mol/L NaAc（1/10 体积，pH 5.2）和 1mL（2.5 倍体积）100% 乙醇，颠倒混匀后在–80℃放置至少 15min。

（6）最高速 4℃离心 15min。

（7）1mL 预冷的 70%乙醇洗沉淀一次，4℃最高速离心 10min。

（8）开盖晾干 5min，每管加 60μL EB 溶解沉淀，合并相同的样品。

（9）稀释样品 10 倍，然后 Qubit 测量 DNA 浓度。

（10）取 500ng 3C 文库、500ng 未酶切对照和酶切后对照进行 0.8% 琼脂糖凝胶电泳。

D. 对于 UND 和 DIG 样品

（1）冷却样品后，加入 1μL RNase A，37℃孵育 10min。

（2）向每管中加入 200μL TE。

（3）每管加 400μL 酚氯仿抽提，振荡 30s，最高速离心 5min。

（4）取上清，加入 400μL 氯仿，振荡 30s，最高速离心 5min。

（5）取上清，加入 10μL Glycogen（1μg/μL）和 40μL 3mol/L NaAc（pH 5.2），振荡混匀后，加入 1mL 预冷的乙醇。颠倒混匀，置于–20℃至少 30min。

（6）4℃最高速离心 30min，管底可见少量沉淀。

（7）小心弃去乙醇，不要扰动 DNA 沉淀。

（8）加 1mL 预冷的 70%乙醇洗沉淀，4℃最高速离心 10min。

（9）小心弃去上清，不要扰动 DNA 沉淀。

（10）开盖晾干 10min。

（11）加 60μL EB 溶解 DNA，用 Nanodrop 测量 DNA 浓度。

E. SYBR qPCR 检查酶切效率

（1）用 UND 和 DIG 分别做 SYBR qPCR，引物设计在选择的 *Dpn*II 位点两侧。可以预见的是，酶切后 DNA（DIG）的扩增数要少于未酶切 DNA（UND）的扩增数。

（2）用 2ng UND 和 DIG 做 qPCR，0.01～10ng 基因组 DNA（genomic DNA）用来绘制标准曲线。

（3）*Dpn*II 位点的引物用来扩增基因组 DNA（绘制标准曲线）、UND 和 DIG 样品。同时，用非 *Dpn*II 位点的引物作为 UND 和 DIG 的上样对照。

酶切效率%=100 × $[1-(DIG_{target}/UND_{target})/(DIG_{control}/UND_{control})]$

最佳情况是酶切效率大于 60%。如果效率不高，最后的测序结果中有用信息的含量也会比较低。在这种情况下考虑重新做 3C 文库，重新做时用 1%甲醛（而不是 2%）交联，与 0.3% SDS 的孵育时间可以更长一些。

2）连接 adaptor（NEBNext DNA Library Prep Master Mix Set，#E6040S/L）

（1）对于下一步的捕获（capture），先超声断裂 DNA，目标是 200～300bp。取 2μL 超声后的 DNA 进行 2%琼脂糖凝胶电泳，检查超声效果。

（2）用 AMPureXP beads 纯化 DNA：

a. 振荡重悬 AMPureXP beads，让 beads 在室温平衡至少 30min。

b. 向超声后的 DNA 中加入 1.8× AMPureXP beads，震荡混匀。

c. 在室温放置 5min。

d. 将样品置于磁力架上，分离 beads，弃上清。

e. 样品管保持在磁力架上，向每管中加 400μL 新鲜配制的 80%乙醇，室温孵育 30s，弃上清。

f. 重复步骤（e）一次。

g. 样品管保持在磁力架上，开盖晾干 10min。

h. 加 60μL 水洗脱 DNA，振荡混匀，用磁力架分离 beads。

i. 将 60μL 上清转移到新管中。另外向 beads 中加入 25μL 水，重复步骤（h～i）。合并两次洗脱的 DNA。

j. 用 Nanodrop 测量 DNA 浓度。

（3）超声断裂 DNA 的末端修复（end repair）：按表 56-11 在 PCR 管中配制反应溶液，PCR 仪中 20℃反应 30min。

表 56-11 断裂 DNA 末端修复体系

组成	体积
Fragmented DNA（可至 5μg）	85μL
NEBNext End Repair Reaction Buffer（10×）	10μL
NEBNext End Repair Enzyme Mix	5μL
总体积	100μL

（4）用 1.8× AMPureXP beads 纯化 DNA，洗脱两次（21μL H_2O/time）。

（5）加 A 反应（dA-Tailing）：按表 56-12 在 1.5mL 离心管中配制反应溶液，将样品置于 37℃反应 30min。

表 56-12　加 A 反应体系

组成	体积
End Repaired，Blunt DNA	42μL
NEBNext dA-Tailing Reaction Buffer（10×）	5μL
Klenow Fragment（3′→ 5′ exo-）	3μL
总体积	50μL

（6）用 1.8× AMPureXP beads 纯化 DNA，洗脱两次（10μL H_2O/time）。

（7）连接 adaptor（如下是针对每个反应 5μg DNA 的，可以根据总的 DNA 量相应放大体系）：按表 56-13 在 PCR 管中配制反应溶液，在 PCR 仪中 20℃反应 15min。

表 56-13　adaptor 连接反应体系

组成	体积
dA-Tailed DNA	20μL
Quick Ligation Reaction Buffer（5×）	10μL
NEBNext Adaptor（15μmol/L）*	15μL
Quick T4 DNA Ligase	5μL
总体积	50μL

* Adaptor 是从 NEB 单独购买的，货号为#E7335 或者 #E7500。

（8）向每个管中加入 3μL USER 酶，上下吹吸混匀，37℃反应 15min。

（9）用 1.8× AMPureXP beads 纯化 DNA，洗脱两次（7.5μL H_2O/time）。

注：如果超声的效果很好的话，片段大小筛选（size selection）不是必需的，而且 adaptor 二聚体是不会被探针（probe）捕获到的。

（10）PCR 扩增连接 adaptor 的 DNA：按表 56-14 在 PCR 管中配制反应溶液，为了降低复杂度（complexities），建议按表 56-15 使用 index 组合（避免同时使用#14 和#16），反应条件参照表 56-16。

表 56-14　PCR 扩增体系

组成	体积
Adaptor Ligated DNA（1～2μg）	15μL
Universal PCR Primer（10 μmol/L）	5μL
Index Primer*（10 μmol/L）	5μL
NEBNext Q5 Hot Start HiFi PCR Master Mix	25μL
总体积	50μL

*如果你在用 NEBNext MμLtiplex Oligos for Illumina（index 引物 1～12），对每一个 PCR 反应，只用 12 个引物中的一个。

表 56-15　index 组合推荐

	2 个样品	3 个样品	4 个样品
index	#6 / #12	#2 / #7 / #19	#5 / #6 / #12 / #19
	#5 / #19	#5 / #6 / #15	#2 / #4 / #7 / #16
		#1 / #10 / #20	#1 / #8 / #10 / #11
		#3 / #9 / #25	#3 / #9 / #22 / #27
		#8 / #11 / #22	

表 56-16 PCR 扩增程序

步骤	温度	时间	循环数
预变性	98℃	30s	1
变性	98℃	10s	6
退火-延伸	65℃	75s	
最后延伸	65℃	5min	1
	4℃	∞	

（11）用 1.8× AMPureXP beadsc 纯化 DNA，洗脱两次（7.5μL H_2O/次）。

（12）按表 56-17 和表 56-18 进行 PCR 扩增加了 index 的 DNA。

表 56-17 PCR 反应体系

组成	体积
indexed DNA（1～2μg）	15μL
P5（25 μmol/L）	5μL
P7（25 μmol/L）	5μL
NEBNext Q5Hot Start HiFi PCR Master Mix	25μL
总体积	50μL

表 56-18 PCR 扩增程序

步骤	温度	时间	循环数
预变性	98℃	30s	1
变性	98℃	10s	6
退火-延伸	65℃	75s	
最后延伸	65℃	5min	1
	4℃	∞	

（13）用 1.8× AMPureXP beads 纯化 DNA，洗脱两次（12.5μL H_2O/次）。

（14）（可选择）取少量 PCR 产物（library），稀释 20 倍后上样 Bioanalyzer（high sensitivity chip），检测 library 的质量。如果片段大小筛选（size selection）的目标是 300bp 的话，那 Bioanalyzer 的电泳图应该显示很窄的、峰值在 400～420bp 的 DNA 分布。

3）目标富集（target enrichment）

注意：

（1）此部分用到的试剂盒是：SeqCap EZ Hybridization and Wash Kit，Roche NimbleGen，#05634261001/05634253001。

（2）在这个实验中，捕获步骤（capture）被执行了两次。

A. 第一次捕获（First Capture）：

（1）准备捕获探针（capture probes）：

将探针溶解在无核酸酶的水中，工作浓度为 1.5pmol/μL（μmol/L）。

（2）准备杂交样品：

a.在 PCR 管中混合如下文库 DNA（留几微升备用，用来测量捕获效率和富集程度）和阻断试剂

（blocking reagent）：

①含 index 的文库［来自上页步骤（13）］。

②5 μg 人的 Cot-1 DNA。

③1μL xGen Universal Blocking Oligo – TS-p5（1nmol/μL）。

④1μL xGen Universal Blocking Oligo – TS-p7（6nt）（1nmol/μL）。

b. 将 a 中的 PCR 管放在 PCR 仪上，开盖 60℃加热，直至管中的液体全部蒸发。根据起始的体积不同，这一步可能会耗费几个小时。

c. 将 DNA 重悬在 7.5μL Nimblegen 2× Hybridization buffer（管 5）、3μL Nimblegen Hybridization Component A（管 6）和 2.5μL 无核酸酶的水中。这一步可能会花费 10min。

d. 在 PCR 仪上 95℃加热 10min。

e. 室温最高速离心 10s。

f. 每管中加入 2μL 捕获探针库（总量为 3pmol，约为 1.8×10^{12} 个探针），振荡，短暂离心。最终体积为 15μL。

g. 在 PCR 仪上 47℃孵育 24～72h。孵育时，PCR 仪的热盖需开启，并设置为 57℃。在 PCR 仪上留说明条，保证 PCR 仪一直保持工作。

（3）准备缓冲液：

a. 按表 56-19 将浓缩的缓冲液稀释至 1×工作浓度。

表 56-19　浓缩缓冲液稀释体系

浓缩缓冲液	体积（μL）	无核酸酶的水（μL）	1×缓冲液的终体积（μL）
10× Wash Buffer I	30	270	300
10× Wash Buffer II	20	180	200
10× Wash Buffer III	20	180	200
10× Stringent Wash Buffer	40	360	400
2.5× Bead Wash Buffer	200	300	500

注：1×缓冲液可以在室温存放 2 周。上表的体积是根据一个样品计算的，若有多个样品，按比例增加。

b. 在使用之前，在 Thermomixer 上 47℃预先加热如下缓冲液至少 2h：

①400μL 1× Stringent Wash Buffer

②100μL 1× Wash Buffer I

（4）准备捕获 biotin 的 beads：

a. 使用前，将 Dynabeads MyOne Streptavidin C1 置于室温平衡 30min。

b. 振荡 15s，充分混匀 beads。

c. 分装 streptavidin beads 到新的 1.7mL 管中，每个捕获反应用 40μL beads。

d. 将管置于磁力架上，分离 beads，小心弃上清。

e. 每 100μL beads 加入 200μL 1× Bead Wash Buffer，振荡 10s。

f. 将管置于磁力架上，分离 beads，小心弃上清。

g. 重复步骤 e～f。

h. 加入与原始 beads 等体积的 1× Bead Wash Buffer（比如在步骤 c 中加了 100μL beads，则在此步中加入 100μL 1× Bead Wash Buffer）。

i. 将管置于磁力架上，分离 beads，小心弃上清，注意不要损失 beads。

注：立即进行下一步，不要让 streptavidin beads 干掉。

（5）用 streptavidin beads 捕获目标 DNA

a. 将步骤（2）中的杂交样品转移到含有 streptavidin beads 的管中，避免产生气泡。

b. 振荡充分混匀。

c. 将管放在 thermomixer 上 47℃孵育 45min，是目标 DNA 结合到 beads 上，每 10min 振荡混匀一次。

（6）洗涤 streptavidin beads

a. 每管中加入 100μL 预热的 1× Wash Buffer I，振荡 10s 混匀。

b. 将管置于磁力架上，分离 beads。将上清转移到新管保存起来，上清含有未结合的 DNA，可以用来计算捕获的效率。

c. 向每个管中加入 200μL 预热的 1× Stringent Wash Buffer，震荡混匀，在 47℃孵育 5min。然后将管置于磁力架上，分离 beads，小心弃上清。

d. 重复步骤 c。

e. 加入 200μL 室温的 1× Wash Buffer I，振荡 2min 混匀。

f. 将管置于磁力架上，分离 beads，小心弃上清。

g. 加入 200μL 室温的 1× Wash Buffer II，振荡 1min 混匀。

h. 将管置于磁力架上，分离 beads，小心弃上清。

i. 加入 200μL 室温的 1× Wash Buffer III，振荡 30s 混匀。

j. 将管置于磁力架上，分离 beads，小心弃上清。

（7）洗脱捕获的 DNA

a. 将样品管从磁力架上取下，加入 25μL 0.125mol/L NaOH（从母液新鲜稀释），振荡混匀，室温孵育 10min，每 2min 振荡一次，保持 beads 悬浮在溶液中。

b. 将样品管放在磁力架上，在进行步骤 c 和 d 时，保持管在磁力架上。

c. 向新 1.7mL 管中加入 25μL 1mol/L Tris-HCl（pH 8.8）。

d. 将步骤 b 中的上清转移到 c 中含有 1mol/L Tris-HCl 的管中，Tris-HCl 可以中和 NaOH。

e. 用 90μL（1.8×体积）AMPureXP beads 纯化 DNA，22μL 水（分子实验纯度）洗脱两次（共 44μL）。

（8）PCR 扩增捕获的 DNA：按表 56-20 准备 PCR 体系，反应条件参照表 56-21。

表 56-20　两次捕获 PCR 反应体系

1st capture		2nd capture	
组成	体积	组成	体积
NEBNext Q5 Hot Start HiFi PCR Master Mix	50μL	NEBNext Q5 Hot Start HiFi PCR Master Mix	50μL
25 μmol/L Illumina P5 引物	3μL	10 μmol/L Illumina P5 引物	3μL
25 μmol/L Illumina P7 引物	3μL	10 μmol/L Illumina P7 引物	3μL
洗脱 DNA	44μL	Eluted DNA	44μL
总体积	100μL	总体积	100μL

注：Illumina P5 引物：AATGATACGGCGACCACCGA；Illumina P7 引物：CAAGCAGAAGACGGCATACGA

表 56-21　PCR 扩增程序

步骤	温度	时间	循环数	
			1st capture	2nd capture
预变性	98℃	30s	1	1
变性	98℃	10s	12	12
退火-延伸	65℃	75s		
最后延伸	65℃	5min	1	1
	4℃	∞		

（9）用 AmpureXP beads 纯化 PCR 产物，12.5μL 水洗脱两次（共 25μL）。

B. 第二次捕获

重复第一次捕获的步骤（1）～（9），第二次捕获的杂交时间为 12～14h。

（1）（可选择）用 qPCR 测量捕获效率（capture efficiency）和富集度（enrichment）。探针（probe）只能捕捉到 dsDNA 的一条链，所以捕获效率不应该超过 50%。富集度由捕获 DNA 经扩增后（来自第 III 部分步骤 9）和未经捕获的文库［来自第 II 部分步骤（13）］相比较的倍数变化衡量。

（2）取 1μL 经过扩增的捕获 DNA（可含有多个 index），上样 Agilent DNA 1000chip 检查质量。用 Qubit 测量最后 DNA 的浓度。

（3）用 qPCR 测量要测序文库的浓度。

（4）经过上述检测的样品可以用于深度测序。

3. PLAC-seq 实验步骤、实验技巧以及影响 PLAC-seq 实验的因素

PLAC-seq 简单说来就是在 *in situ* Hi-C 的实验中间加入 ChIP 的步骤，其实验步骤主要包括三个部分：原位邻近连接（*in situ* proximity ligation）、染色质免疫沉淀（chromatin immunoprecipitation，ChIP）和 biotin pull-down 后的建库测序。原位邻近连接和 biotin pull-down 的步骤与 56.1.2（1）中 *in situ* Hi-C 的实验方法类似，但做了如下所述的微小改动。

（1）原位邻近连接：将 0.5mol/L 至 5mol/L 交联过的细胞置于冰上融化，用预冷的裂解液［10mmol/L Tris（pH 8.0），10mmol/L NaCl，0.2% IGEPAL CA-630，proteinase inhibitor］裂解细胞 15min。用裂解液洗涤一次，然后用 50μL 0.5%的 SDS 重悬细胞。将细胞置于 62℃孵育 10min，加入 25μL 10% Triton X-100 和 145μL 水中止 SDS 的通透作用。37℃孵育细胞 15min。然后加入 NE Buffer2 至终浓度为 1×，再加入 100U 的 *Mbo*I。将酶切体系置于 Thermomixer，37℃，1000r/min，反应 2h。酶切结束后 62℃孵育 20min 失活 *Mbo*I。Biotin 填平反应的体系为：各加入 15nmol 的 dCTP、dGTP、dTTP、biotin-14-dATP（Thermo Fisher Scientific）和 40U 的 Klenow，37℃thermomixer 上孵育 1.5h。邻近连接反应体系为：1×T4 Ligase Buffer，0.1mg/mL BSA，1% Triton X-100，4000U 的 T4 Ligase（NEB），总体积为 1.2mL，缓慢旋转，室温反应。

（2）染色质沉淀（ChIP）：邻近连接反应后，2500*g* 离心 5min 富集细胞核，弃上清。用 130μL RIPA 缓冲液[10mmol/L Tris（pH 8.0），140mmol/L 290 NaCl，1mmol/L EDTA，1% Triton X-100，0.1% SDS，0.1% Sodium Deoxycholate，蛋白酶抑制剂]重悬细胞核。将细胞核置于冰上裂解 10min，然后在 Covaris M220 上超声断裂，程序设置如下：功率 75W；duty factor 10%；per burst：200；时间 10mim；温度 7℃。超声后，14 000r/min 离心 20min，取上清（细胞核裂解物），与 protein G Sepharose beads（GE Healthcare）混合，4℃旋转孵育 3h。这步预处理的目的是降低非特异性结合对结果的干扰。3h 后，去除 protein G beads，

取约 5%上清作为 input 对照。剩余的上清与 2.5 μg H3K27Ac（ab4729，abcam）、H3K4me3（04-745，Millipore）或者 5 μg Pol II（ab817，abcam）特异性抗体混合，4℃旋转孵育过夜。第二天，加入 0.5% BSA 封闭的 proteinG Sepharose beads（前一天准备好），4℃旋转孵育 3h。2000r/min 离心 1min 富集 beads 后，用如下方法洗涤 beads：RIPA 缓冲液洗 beads 三次，高盐 RIPA 缓冲液[10mmol/L Tris（pH 8.0），300mmol/L NaCl，1mmol/L 301 EDTA，1% Triton X-100，0.1% SDS，0.1% Sodium Deoxycholate]洗 beads 两次，LiCl 缓冲液[10mmol/L Tris（pH 302 8.0），250mmol/L LiCl，1mmol/L EDTA，0.5% IGEPAL CA-630，0.1% Sodium Deoxycholate]洗 beads 一次，TE 缓冲液[10mmol/L Tris（pH 8.0），0.1mmol/L EDTA]洗 beads 两次。在洗脱步骤中，在洗脱液[10mmol/L Tris（pH 8.0），350mmol/L NaCl，0.1mmol/L EDTA，1% SDS]中加入 10 μg RNase A，37℃处理 1h。然后，加入 20μg Proteinase K，在 65℃下逆交联（reverse crosslinking）过夜。最后，用 Phenol/Chloroform/Isoamyl Alcohol（25∶24∶1）纯化、乙醇沉淀 DNA。

（3）Biotin pull-down 和库的构建：Biotin pull-down 和库的构建的方法与 *in situ* Hi-C 中的方法基本一致，只做了如下修改：①每个样品只需用 20μL Dynabeads MyOne Streptavidin T1beads，而不是 150μL；②为了使 PLAC-seq 库的复杂性（complexity）最大化，最后 PCR 扩增的循环数由 qPCR 决定。

56.2 3D 基因组学生物信息分析

56.2.1 原始数据的预处理和质量监控

相比较其他深度测序的数据而言，Hi-C 数据的特殊建库原理导致了一些其特有的偏差，这些偏差需要在预处理阶段被考虑进去。目前最流行的几种预处理分析流程的核心思想，一是去除主要的系统性误差，二是通过多次循环性比对联配来实现对短读长序列的数据利用最大化。2009 年第一篇介绍 HiC 的文章发表在 *Science* 杂志，HiC 读长数据的处理方式比较简单。76bp 的双端读长用 Maq 比对软件分别比对到人类 hg18 版参考基因组，错配参数取值 150。仅当双端都可以被成功比对到参考基因组时才被采用到后续的分析当中。由于建库时被甲醛固定的互作区域双端是通过限制性内切核酸酶剪断的，所以一个重要的质量控制手段是确保读长数据是在所使用的限制性内切核酸酶的剪切识别点的附近。如果两个读长数据的双端点完全吻合，则被认为是 PCR 的重复性信号扩增产物，将被排除在后续分析之外。互作矩阵是基于 1Mb 的窗口化处理产生的。2011 年 Yaffe 等通过统计模型来纠正三种主要系统性误差：限制性内切核酸酶位点分布（影响生物性相关的高频互作区域的发现）；GC 含量的分布；基因组区域性片段的唯一性（影响联配比对的分数）。由于 HiC 文库里读长的两端是由限制性内切核酸酶的剪切位点所决定，所以它们应该分布在这些位点的统计距离之内，超出这个分布范围的将会被排除在后续分析中。另一种和限制酶位点相关的误差是两个位点之间的距离分布。这样的分布造成了短距离的读长容易在文库的末端修复和环化过程中被捕获，所以相对长距离的读长呈现增多。此误差在多次实验中都呈现高度的可重复性，验证了其存在的真实性。另一个重要的系统性误差来源是由 DNA 的序列特性造成的——GC 含量。在限制酶剪切位点附近的 GC 密集度与 HiC 读长的分布呈负相关关系，而且这种误差对于不同的限制酶的使用有不同的分布状态。最后一个重要的误差来源是由基因组的高度重复造成的，这种误差在不同的测序数据中都普遍存在。在做读长序列到参考基因组的联配过程中，根据序列联配的唯一度来决定其准确性。但是由于人类基因组的高度区域性重复，造成很多读长无法准确唯一地联配到基因组上。因此在 HiC 数据分析中，必须考虑以上各种系统误差，纠正之后的 HiC 数据才能展示出更好的生物学意义。

2012 年 Ming Hu 等延承了 Yaffe 等系统性误差的纠正思路，基于泊松分布的统计模型开发了一款运行速度更快的质控软件 HiCNorm。类似此类的软件还有 2015 年 Wenyuan Li 等做的 HiC-Corrector，都是在运行速度方面有所提高。2012 年 Imakaev 等首次使用多次循环联配的处理手段，增强了原始数据的利用度和准确度。他们开发了一套 HiC 数据预处理的流程化软件 ICE。ICE 虽然没有像之前 Yaffe 等文章中那样显性地列出误差，但却与之有异曲同工的效果。2015 年 Nicolas Servant 等基于 ICE 的思想开发了一款改进版的软件 HiC-Pro，通过对读长进行更精确地提取和分类增大了其利用率，并且利用平行计算加快了运行速度。分析流程如图 56-4 所示。

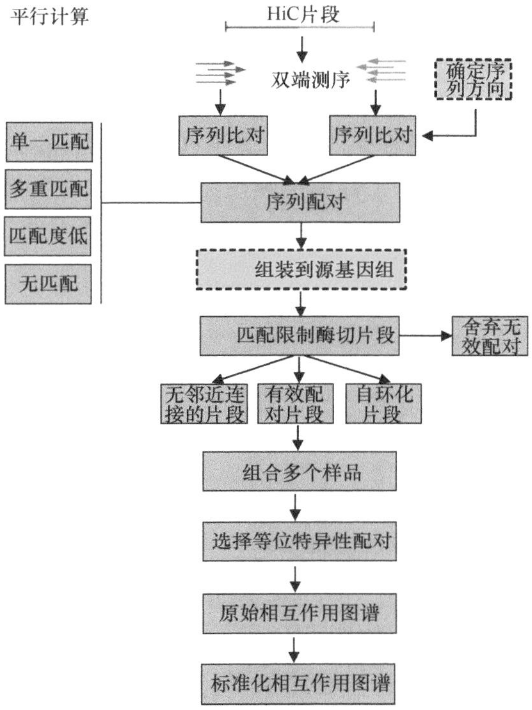

图 56-4　HiC-Pro 软件分析流程

基于 HiC 数据的特点，分析的方法和流程较其他测序数据类型复杂一些。这里我们以 HiC 为例，简单介绍最基本的数据分析方法。

（1）将双端测序 HiC 文库的 fastq 原始数据分别联配到参考基因组，使用 BWA-MEM 或者 bowtie2。

i）fastq 文件处理

BWA

```
bwa mem -t $threads $ref $fastq_file
```

Bowtie2

```
bowtie2 --rg-id BMG --rg SM：${prefix} --${FORMAT} -quals -p ${N_CPU} -x ${BOWTIE2_IDX} -U ${file}
```

ii）将上一步 mapping 到基因组的序列产生的 sam 文件进行格式转化成为二进制 bam 文件

```
samtools view -bS -o $fastq_file.bam
```

iii）将 bam 文件进行按基因组排序，加速后续分析速度

```
samtools sort $fastq_file.bam    $fastq_file.bam.sorted
```

iv）使用 picard-tools 软件去除 PCR 重复测序序列

set JAVA = "java -Xmx6g -jar"

set RMDUPS = /mnt/thumper/home/ghon/mysoftware/picard-tools-1.43/MarkDuplicates.jar

$JAVA $RMDUPS INPUT=$fastq_file.bam.sorted OUTPUT=$fastq_file.bam.sorted.nodup METRICS_FILE=metrics.lane7.txt ASSUME_SORTED=true REMOVE_DUPLICATES=true VALIDATION_STRINGENCY=LENIENT

v）对分析好的 bam file 按基因组的位置做标记

samtools index $fastq_file.bam.sorted.nodup

（2）将联配好的双端 bam 文件进行人工配对。程序一般需要用户自行编写，代码如附件的 Perl 程序。

（3）将配好对的 bam 文件按照基因组的窗口进行分配。程序也需要自行编写，代码如附件 Perl 程序。

以上是大致的手动分步分析 HiC 数据的流程。如果读者希望将前文所提到的 HiC 数据的系统偏差都考虑进去，分析将极为复杂。建议使用流程化的分析软件 HiC-Pro（https：//github.com/nservant/HiC-Pro）。

我们建议使用者按照软件作者在网站上介绍的使用流程逐步安装和测试该软件，需要具有基本的程序编写能力、Python 代码阅读能力、Linux server 使用经验。建议在专业生物信息分析员的指导下完成。

56.2.2 重要特征信号的分析

HiC 数据提供三种重要的特征信号：

（1）A/B compartment，2009 年由 Erez Lieberman-Aiden 在第一篇 HiC 的 *Science* 文章中揭示出了这种特性；

（2）拓扑相关性区域结构（topologically associating domain，TAD），2012 年由 Jesse R. Dixon 等率先在 *Nature* 发表文章，系统性地描述并提取出这种信号；

（3）Peak/Loop，2014 年由 Ferhat 在 *Genome Research* 文章中第一次用统计学模型把控 distance effect，并提取出统计学显著性地高频互作特征。

对于特征信号（高频互作区，拓扑相关性区域结构）的分析，我们在表 56-22 列出目前常用的软件。

56.2.3 数据的整合和可视化

对于 HiC 数据可视化软件的总结，2017 年 Galip Gürkan Yardımcı 等发表了一篇文章，系统性地比较了五个软件：HiC-Browse、my5C、Epigenome、3D Genome browser、Juicebox。这五个软件分别在不同的应用场景中具有自己的优势，所以读者应该根据需要而选择对应的工具。HiC-Browse 和 my5C 适于观察比较大的结构，如单个染色体组甚至整个基因组的 3D 结构。Epigenome 和 3D Genomebrowser 的优势在于观察局部的 3D 结构，如增强子和靶基因之间的互相作用，而且它们对现有的公共数据（如 ENCODE、Roadmap、GWAS）都进行了比较好的整合，另外这两个都是网络型应用，方便随时随地获取信息。Juicebox 则便于动态地在局部结构和整体结构的观察模式之间进行转换，但其单机版的模式需要下载并安装软件。特别值得一提的是，由岳峰教授实验室开发的网络应用型 HiC 可视化软件 3D Genome browser，基于对数据提供的生物学意义的充分理解，结合 HiC 分析的使用场景，实现了几种独特地可视化模式：HiC 数据模式，虚拟 4C 模式，ChIA-PET 类数据模式，Capture HiC 数据模式，数据比较模式，最后还有专门用于观察癌细胞染色质异常的 inter-chromosome 模式。该应用整合的数据类型几乎涵盖了所有 omics 数据（像 ATAC-seq、ChIP-seq、RNA-seq 等），目前拥有最大的用户使用群，横跨 100 多个国家。

表 56-22　HiC 数据特征信号分析软件

	方法	下载网址	软件使用环境
染色质高频互作区	Fit-Hi-C	http://noble.gs.washington.edu/proj/fit-hi-c	Python
	GOTHiC	http://bioconductor.org/packages/release/bioc/html/GOTHiC.html	R
	HOMER	Homer.ucsd.edu/homer/download.html	Perl，R
	HIPPIE	Wanglab.pcbi.upenn.edu/hippie	Python，Perl，R
	diffHic	http://bioconductor.org/packages/release/bioc/html/diffHic.html	R，Python
	HiCCUPS	http://github.com/theaidenlab/juicer/wiki/Download	Java
拓扑相关性区域结构	HiCseg	http://cran.r-project.org/web/package/HiCseg/index.html	R
	TADbit	http://github.com/3DGenomes/TADbit	Python
	DomainCaller	http://chromodome.sdsc.edu/mouse/hi-c/download.html	Matlab，Perl
	InsμlationScore	http:// github.com/dekkerlab/crane-nature-2015	Perl
	Arrowhead	http:// github.com/theaidenlab/juicer/wiki/Download	Java
	TADtree	http://compbio.cs.brown.edu/projects/tadtree	Python
	Armatus	http:// github.com/kingsfordgroup/armatus	C++

需要注意的是，这些工具都不提供对原始数据的分析，需要使用者将 HiC 数据自行分析到 matrix 的类型才能导入这些可视化软件。如果使用者具有生物信息背景或者一定的编程能力，另有两个画图软件也有比较好的应用价值：HiCplotter 和 HiTC。它们的优势在于可以整合一些其他类型的数据，像 Fit-Hi- C 产生的 p-value。另外，HiC 数据还可以被模拟成 3D 分子模型，有几个软件可以做到：GMol，Shrec3D，TADBit，TADKit。最后还要介绍一个最新的可视化软件——HiGlass。这款软件的开发灵感来自于谷歌地图，在 2017 年的 4DN 年会上被介绍给大家，这款在线软件可以同时对两个以上的 HiC 数据进行同步或非同步地缩放性分析比较。

参 考 文 献

[1] Dekker, J. *et al*. Capturing chromosome conformation. *Science* 295, 1306-1311(2002).

[2] Simonis, M. *et al*. Nuclear organization of active and inactive chromatin domains uncovered by chromosome conformation capture-on-chip(4C). *Nat Genet* 38, 1348-1354(2006).

[3] Zhao, Z. *et al*. Circular chromosome conformation capture(4C)uncovers extensive networks of epigenetically regulated intra- and interchromosomal interactions. *Nat Genet* 38, 1341-1347(2006).

[4] Dostie, J. *et al*. Chromosome Conformation Capture Carbon Copy(5C): a massively parallel solution for mapping interactions between genomic elements. *Genome Res* 16, 1299-1309(2006).

[5] Lieberman-Aiden, E. *et al*. Comprehensive mapping of long-range interactions reveals folding principles of the human genome. *Science* 326, 289-293(2009).

[6] Rao, S. S. *et al*. A 3D map of the human genome at kilobase resolution reveals principles of chromatin looping. *Cell* 159, 1665-1680(2014).

[7] Ma, W. *et al*. Fine-scale chromatin interaction maps reveal the cis-regulatory landscape of human lincRNA genes. *Nat Methods* 12, 71-78(2015).

[8] Hsieh, T. H. *et al*. Mapping nucleosome resolution chromosome folding in yeast by micro-C. *Cell* 162, 108-119(2015).

[9] Nagano, T. *et al*. Single-cell Hi-C reveals cell-to-cell variability in chromosome structure. *Nature* 502, 59-64(2013).

[10] Beagrie, R. A. *et al*. Complex multi-enhancer contacts captured by genome architecture mapping. *Nature* 543, 519-524(2017).

[11] Fullwood, M. J. *et al*. An oestrogen-receptor-alpha-bound human chromatin interactome. *Nature* 462, 58-64(2009).

[12] Fang, R. *et al.* Mapping of long-range chromatin interactions by proximity ligation-assisted ChIP-seq. *Cell Res* 26, 1345-1348(2016).

[13] Mumbach, M. R. *et al.* HiChIP: efficient and sensitive analysis of protein-directed genome architecture. *Nat Methods* 13, 919-922(2016).

杨红波 复旦大学生殖与发育研究院研究员，博士生导师，上海市领军人才（海外）。北京大学生命科学院细胞生物学专业博士。2015～2019 年宾州州立大学 Hershey 医学院生化与分子生物学系助理教授，2019～2021 年西北大学 Feinberg 医学院生化与分子遗传学系研究助理教授，2021 年 9 月至今任职于复旦大学生殖与发育研究院，主要研究基因组 3D 结构和表观遗传修饰在人类出生缺陷，器官发育和心血管再生中的作用。在过去 5 年内获得多项 NIH 资助研究表观遗传组学和 3D 基因组学在人类疾病发病机制中的作用（R01HG010658、R01HG009906、R01GM125872）。在 *Nature*、*Cell*、*Nature Genetics*、*Nature Cell Biology* 等杂志发表多篇高质量研究论文，近三年作为第一作者（含共同作者）或通讯作者（含共同作者）在 *Nature*（2020），*Nature Communications*（2020）、*Molecular Cell*（2021）、*Nature Genetics*（2021）、*Genome Research*（2022）发表论文 5 篇，主持国家自然科学基金重大项目子课题和面上项目。

第 57 章　单细胞测序技术

潘星华[1,2]　李亚子[1,2]
1. 南方医科大学；
2. 广东省单细胞技术与应用重点实验室

本章概要

本章首先概述了单细胞测序技术的概念、意义和发展；其次介绍了单细胞的分离技术、单细胞核酸的主要扩增方法；然后，重点叙述了单细胞基因组测序、转录组测序、表观组测序和多组学测序的原理及主要方法，主要关注不同类型的测序文库构建方法和特征；最后提出了目前单细胞测序存在的若干问题，展望了该领域的发展趋势。

57.1　单细胞测序技术的意义和发展

常规的二代测序（next generation sequencing，NGS）都是以细胞群体为分析对象。随着研究的深入，人们认识到各种细胞群体如特定组织甚至流式分选的具有特定标记的细胞群体都存在高度的异质性，即各个单细胞之间的差异。而这种异质性对阐明整个细胞群体或系统的功能，包括系统组织器官的正常发育、疾病的分子机制和发展规律，都至关重要。以往的以群体细胞为对象的研究常常掩盖了不同细胞亚群之间的重要差异。为了精确地研究复杂细胞群体中生物学事件的发展变化规律和分子机制，单细胞测序（single cell sequencing，SCS）技术应运而生；在这种情况下，往往需要平行分析大量的单细胞才能反映特定群体的单细胞水平的异质性结构。同时，单细胞技术也使得在细胞数量非常有限的情况下仍可进行高敏感的组学分析，如第三代试管婴儿植入前的胚胎遗传学检测（preimplantation genetic test，PGT）、循环肿瘤细胞（circulating tumor cell，CTC）的精准组学分析等[1]。

单细胞测序或单细胞分析都源于单细胞核酸的扩增和分析，而单细胞基因组中特定基因和靶转录子的扩增分析均在很早之前就有了大量成功的探索研究。经典的流式细胞仪分析、免疫组织化学及核酸原位杂交都能显示单个细胞的分子及表型规律，只是当时只能分析个别细胞和细胞间的个别基因及其产物的某些特征。早期胚胎细胞单个基因的 Sanger 测序有着很长的研究历史和实践。在组学水平上，早在 1992 年宾州大学 James Eberwine 就进行了单个神经元中 RNA 转录组的扩增和杂交分析[2]。2004～2008 年，在多重置换扩增技术（multiple displacement amplification，MDA）基础上，很多研究人员包括作者在内[3]初建和发展了单细胞全基因组扩增技术。2009 年剑桥大学汤富酬报道了第一个基于 NGS 的单细胞转录组测序技术[4]，自此单细胞测序研究蓬勃开展起来。

单细胞测序技术或统称为单细胞组学（single cell omics）技术，是指对特定细胞群体中单个细胞的基因组、转录组、表观遗传学组等核酸特征实施全套（全基因组范围）或代表性的定性、定量甚至定位分析。在实际应用中，单细胞基因组学（single cell genomics）往往也代指广义的单细胞组学。蛋白质组分析技术传统上主要使用二维电泳、质谱分析和基于抗体拼盘的杂交技术，但是最近发展的抗体偶联特异寡核苷酸探针标记特定蛋白质并扩增探针的技术，使得蛋白质组也能以测序的方式解决，而且也可以进行高通量的单细胞水平分析。单细胞分析（single cell analysis，SCA）则包括核酸测序及其以外的更广泛单细胞水平的分析，涵盖了单细胞蛋白质组分析、单细胞端粒长度分析[5]、单细胞相互作用和细胞通讯、单细胞影像、单细胞物理及化学特性检测等多种单细胞特征和功能分析技术。单细胞测序的许多技术已经获得重要突破，近年在干细胞、癌症、免疫、神经和发育等领域的基础理论研究方面成果叠出，特别是人体细胞图谱研究（human cell atlas，HCA），极大地促进了生命科学和基因组医学的发展。

单细胞测序包括三个基本层面，即基因组、转录组和不同的表观组信息，并已发展到多维组学（多组学）、空间组学、蛋白质组测序等[1, 6]。其中，单细胞基因组和转录组测序技术相对成熟。单细胞基因组测序主要用于研究基因突变谱，从单核苷酸变异（single nucleotide variation，SNV，包括单个核苷酸的替代、插入或缺失）到拷贝数变异（copy number variation，CNV），但是由于需要分析大量的单个细胞，使得旨在筛查 SNV 的全基因组检测包括建库和测序的总体费用相对昂贵。单细胞转录组测序揭示基因表达谱，效率较高，目前应用最广，已可实现高通量、自动化和在体/原位测序。较之基因组和转录组测序，单细胞表观遗传学测序解码单细胞的全基因组调控图谱技术发展相对略晚，但在近几年取得突破；但除个别技术外，目前大多数的单细胞表观组学测序仍无法实现高通量操作，而且覆盖度较低。近两年来，单细胞多组学、单细胞转录组的空间测序，以及单细胞测序与系谱追踪相结合的时空系谱关系的构建也取得了激动人心的突破。针对单细胞测序数据的计算机分析算法和工具发展迅速，是单细胞测序成功不可或缺的一环，并且发挥越来越重要的作用。

几种主要的单细胞测序技术（二代测序）的发展历程如下（图 57-1）。

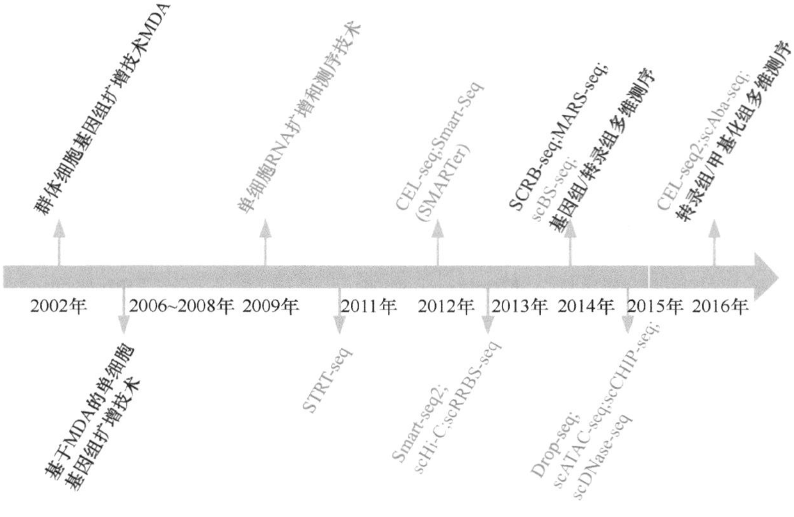

图 57-1　单细胞测序技术的发展历程

黑色为单细胞基因组测序的发展历程，红色为单细胞转录组测序，蓝色为单细胞表观遗传学测序，紫色为单细胞多维测序

现阶段，针对具有高度异质性的样品/系统，单细胞测序揭示了许多前所未知的生命科学奥秘，如揭示胚胎早期发育轨迹、描绘人体细胞地图；发现神经系统、免疫系统及其他组织器官的新型细胞亚群；阐明肿瘤异质性与进化机制、肿瘤细胞与肿瘤微环境（免疫细胞）互作；加深干细胞的分化和个体的发育机制的认识等。最近在临床上细胞数量极少的样品/系统的研究中，单细胞测序技术也展现了广泛的应用前景，如对外周血中 CTC 的单细胞分析可用于癌症的诊断、治疗与追踪，指导精准医疗；对囊胚细胞的单细胞分析应用于胚胎植入前遗传学诊断/筛查（PGT）已经开始获得临床上生殖健康领域的初步应用等。

哈佛大学等机构的科学家 2016 年发起的一项大型国际合作项目“人类细胞图谱计划”，进一步将单细胞测序技术推上了生命科学研究的“主战场”。该计划旨在通过单细胞测序技术和空间分析技术来重新定义组成健康人体的所有细胞类型，并将这些分子信息与对细胞的经典描述（如形态、空间位置）相关联，从而描绘一幅全面的、可供参考的人类组织细胞图谱。通过人类细胞图谱，人们可以了解组织中的细胞类型、细胞的分子特征、细胞在时间和空间上的组织结构及细胞与细胞之间的相互作用，加速人们了解胚胎发育、衰老、不同疾病条件下细胞图谱的变化，从而为了解其中的分子机制、发现新的治疗靶点和个性化医疗提供非常有价值的参考。

由于单细胞测序技术在生物医药领域具有无可比拟的作用，该技术在 2013 年 1 月被 *Science* 杂志评选为 2013 年最具发展前景的六大科学项目之一，2014 年 1 月被 *Nature Method* 杂志列为 2013 年度最重要的方法学进展，2017 年 *Science* 杂志又专门推出了聚焦单细胞测序技术的特刊。2011 年 1 月，中国《遗传》杂志首先介绍了单细胞测序技术。2016 年，单细胞测序技术纳入国家重点研发计划“精准医学研究”专项。单细胞技术将是今后至少 10 年甚至更长时期生命科学研究的重要工具，将发挥更大作用和长远影响。

57.2　单细胞分离技术

单细胞测序首先需要进行单细胞的分离。根据细胞的生物学状态、样品体积、样品细胞数量、下游测序方法和实验目的及组织特征不同，需要选择合适的单细胞分离方法。现阶段主要的单细胞分离方法见图 57-2 和表 57-1 [6-9]，下面简单介绍常用的几种方法。

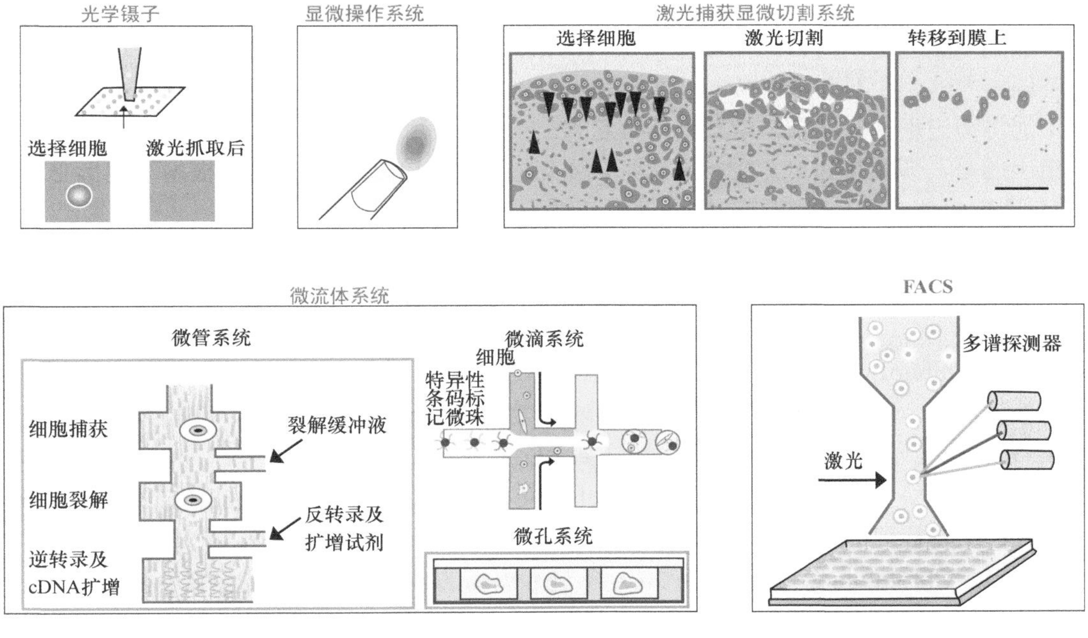

图 57-2　单细胞分离的 5 种主要技术[6]

显示荧光激活细胞分选系统（FACS）、微流体系统（微管系统、微滴系统和微孔系统）、显微操作系统、激光捕获显微切割系统及光学镊子

57.2.1　荧光激活细胞分选系统

这是单细胞分离最常采用的方法，它结合了多参数的流式细胞技术（FACS）和预先设定了荧光阈值的细胞分选系统。采用荧光标记细胞表面蛋白的抗体分离感兴趣的细胞类群，现阶段可同时采用多达二十几种抗

体，确保特定类型细胞的分离。该分选系统可发送单个细胞到标准的96/384孔板，在几分钟内将成百上千个单细胞有效地分配到单个孔中，也可仅富集特定细胞群体供下游微流体技术或显微操作分选单个细胞。

表 57-1 单细胞分离的 5 种方法

	荧光激活细胞分选系统	微流体系统	显微操作系统	激光捕获显微切割系统	光学镊子
样本类型	细胞悬液	细胞悬液	细胞悬液	固定的组织	细胞悬液
是否与成像系统偶联	否	是	是	是	是
优点	可同时使用20个以上的表面标记分离特定的细胞类型，但是标记数目仍然有限	高通量的多步骤的自动操作系统；纳升级别的反应体积；通量较高；样品污染少	从含少量细胞的样品中分离特定表型的单细胞；手动操作，个性化强	保留了细胞的位置信息；可在原始微环境下，也可在冷冻或固定的组织中分离单细胞	通量高；与微量移液管相比，细胞分离更加可控
缺点	通量低，只适用于细胞数量较多的样品；回收的细胞受到机械应力，易损伤；对样品中目标细胞数量极低和细胞体积差距很大的样品，分离效果不好	设备成本高；只能分离一定范围大小的细胞；仅适用具有较大数量细胞的样品	通量低；适用于较大体积样品；细胞的特异性由显微镜决定，主观性较大；回收的细胞受到一定应力	通量低；切片和显微切割可能损伤细胞；难以分离小细胞；需要预先组织处理；核酸受损；易污染非目标细胞	安装门槛高，只有少数实验室可采用

另一种流式细胞分选术可以采用细胞内蛋白的抗体，根据细胞内信号通路状态分选细胞。如果采用温和的细胞固定方法，并不会影响RNA的质量及下游的测序。现阶段该分选系统还未与细胞成像系统偶联，因而不能将细胞形态与转录组学数据结合起来。

需要指出的是，该系统也可不用抗体标记，不进行任何阈值的设定，而是根据细胞形态或组成特征（如核酸的量即单倍体或多倍体细胞）的光散射特性进行细胞分选。

57.2.2 微流体系统

微流体系统（microfluidics）可自动完成单细胞捕获、细胞裂解、cDNA合成及扩增或DNA扩增等其他操作的整套流程。目前应用在单细胞测序领域的微流体系统包括微管系统（如Fluidigm C1）、微滴系统（如10x Genomics及ddSEQ）和微孔系统（如BD Rhapsody及Cytoseq）[7]。特定的微流体系统可分离血液中稀有的CTC，如CTC捕获平台CTC-IchIP可以根据白细胞和CTC的细胞形状及大小的差异分离出没有特异性生物标记的CTC。同时，微流体系统也可成功分离少量无法培养的细胞。

10x Genomics Chromium Controller是2016年进入市场的高通量单细胞测序文库构建系统。该系统根据液滴测序（drop-seq）原理自动分选单细胞（每个液滴一个细胞），每次仅需要输入悬浮单个活细胞10 000个左右，捕获率在50%～60%，所获得的目标细胞数目可根据输入细胞总数调整。文库的构建采用Smart-seq的改良版本，其在实验程序早期的转录过程中进行单细胞特异性条码（barcode，即一定数目的单核苷酸的排列组合）和mRNA独特分子标记[unique molecular index，UMI，设计在poly d（T）引物上]。随后合并所有细胞样品，在单一试管中进行3′或5′端RNA序列的扩增和建库等[10]。

57.2.3 其他系统

通过常规显微操作系统，采用玻璃微量移液管，在显微镜下手动直接吸取单细胞，该法简单而方便。

与显微操作系统不同的是，光学镊子用一束高度集中的激光束进行微小的、不导电物体的抓取和转移。与基于成像的细胞分选系统偶联后，光学镊子可以操作细胞悬液或微流体装置中细胞阵列的单个细胞。而激光捕获显微切割系统则可以根据细胞形态、相互关系和特定基因表达信息，精准定位感兴趣的细胞，用激光进行切割后，分离特定的单细胞并转移到膜上或试管内[6, 9]。

57.3　单细胞全基因组扩增方法

单细胞基因组测序的核心是单细胞全基因组扩增方法（whole genome amplification，WGA）[6]。另外，单细胞转录组和表观组测序在特定的 mRNA 信息或表观修饰信息转化为 DNA 之后，也与单细胞基因组测序类似，存在选择 DNA 的扩增方法的问题，故这类方法可称为全 DNA 库扩增技术（whole DNA pool amplification，WPA）[3]。现阶段主要有四种全基因组扩增（或 DNA 扩增）方法（图 57-3，表 57-2），它们各有优缺点，但是都会在不同程度上引入基因组覆盖度低、扩增偏移[主要包括：位点偏差（locus bias），即不同序列片段扩增效率不一致，其可用扩增均一性（uniformity）来描述；等位基因偏移（allele bias），可能导致等位基因丢失（allele dropout）]、碱基序列误读等问题。根据测序的目的，有单细胞全基因组测序（single cell whole genome sequencing，scWGS）、全外显子组检测（single cell whole exome sequencing，scWES）、靶突变拼盘检测、非整倍体或大片段 CNV 检测，以及转录组或表观组测序等不同要求。所以需要根据测序的目的和材料（细胞及其 DNA 特征）的状况来选择合适的扩增方法。

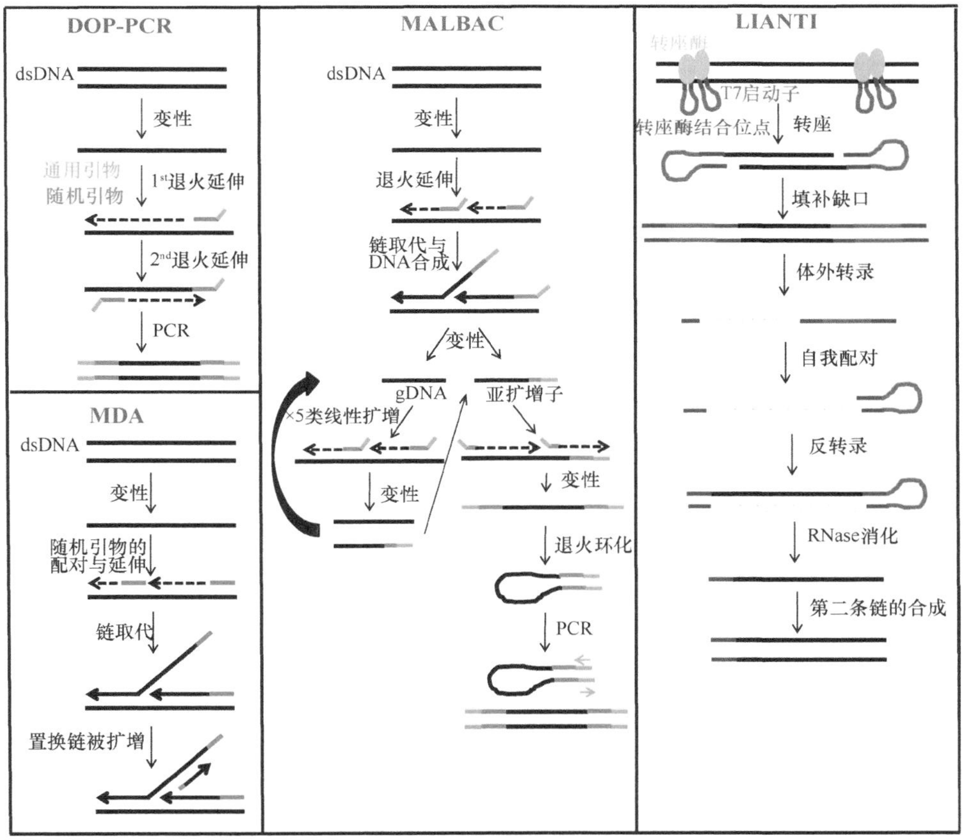

图 57-3　单细胞全基因组扩增四种方法流程图

直线表示 DNA，波浪线表示 RNA

DOP-PCR 用固定序列和简并引物组成的杂合引物进行扩增，分别用较高和较低的退火温度进行两轮 PCR 扩增。MDA 用具有链置换活性的 phi29 DNA 聚合酶进行恒温扩增。当新合成的 DNA 链的 3′端到达相邻的配对 DNA 双链的 5′端时，后者发生链置换，释放 DNA 单链，进行新一轮的随机引物配对与 DNA 的合成。MALBAC 用特殊设计的引物通过多轮链置换预扩增形成环状扩增子，最后通过 PCR 扩增该环状扩增子，扩增子可以被下一步 PCR 有效扩增，而 gDNA 在 PCR 扩增时不能被有效扩增。LIANTI、Tn5 转座酶和 LIANTI 转座子二聚体在基因组 DNA 随机位置打断 DNA，并在两端连接上 LIANTI 转座子。经缺口填补后，两端单链的 T7 启动子环转变为双链。在 T7 启动子的作用下，以体外转录的方式扩增 DNA，得到的基因组 RNA 的 3′端可配对重新形成茎环结构。经过逆转录、RNase 切割和 cDNA 第二条链的合成，形成双链 LIANTI 扩增子。

表 57-2　单细胞全基因组扩增的 4 种方法

	DOP-PCR	MDA	MALBAC	LIANTI
基因组覆盖度	低	高	适中	高
扩增位点均一性	一般	较差	较好	好
扩增序列忠实性	较差	好	较差	好
等位基因脱扣	较高	较低	较低	低
SNV 假阳性	较高	低	较高	低
适于检测指标	CNV	SNV、CNV	CNV	CNV、SNV
适合早期条码标记	最适	不适	不适	不适
操作简便性	较简	最简	复杂	复杂

57.3.1 聚合酶链式反应

较早使用的聚合酶链反应（PCR）方法为 DOP-PCR（degenerate oligonucleotide primed PCR）[11]。该方法采用 5′端为固定序列、3′端为 6 个碱基的简并序列组成的引物进行 DNA 模板的随机扩增。第一轮扩增中，用较低的退火温度进行引物与模板 DNA 的随机配对，在第二轮对扩增产物的进一步扩增中则采用较高的退火温度，从而实现对第一轮扩增产物的特异扩增（图 57-3）。该扩增方法采用随机引物，模板 DNA 捕获的随机性较高；因其为指数扩增，存在扩增偏移，包括位点偏移和等位基因偏移；由于 PCR 是分段扩增的，故捕获基因组序列存在散在的缺口；扩增过程使用热稳定性聚合酶，序列保真性有限，不适合筛查未知的 SNV。但是，该方法的改进版适合于在大尺度的基因组范围内检测 CNV，也适合于检测转录组中不同基因表达的拷贝数及表观组学特定序列。特点是操作简单、效率高，其多种不同的版本在不同的单细胞测序技术中应用较广泛。

PEP-PCR（primer extension pre-amplification PCR）采用 15 个碱基组成的简并引物，通过增加退火温度进行自由的热循环过程。LA-PCR（linker adaptor PCR）将 DNA 片段随机打断后两端连上接头序列，用接头序列进行 PCR 扩增。这两个方法也存在 DOP-PCR 类似的缺点[12]。

57.3.2 多重置换扩增

由于序列的高保真性和操作极简便，多重置换扩增法（MDA）是目前应用最广泛的全基因组扩增技术之一。该方法采用具有链置换活性的 phi29 DNA 聚合酶进行 30℃恒温的随机引物配对和扩增。当新合成的后端 DNA 链的 3′端沿着模板延伸到达前端相邻的同向 DNA 链的 5′端时（尽管这个“前端”DNA 链与其对应的互补 DNA 以双链的形式存在），后端新合成的 DNA 链置换前端的 DNA 链，即释放前端的 DNA 单链。这条被释放的 DNA 单链又可以成为新的模板，从而可以与新一轮的随机引物配对，并开始更多新的 DNA

合成，最终形成复杂的三维多分支结构，但是产物的主要 DNA 成分仍是双链。扩增子直接在原模板上或将分支部分合成为双链 DNA 后，用常规双链 DNA 类似的方式进行建库和测序（图 57-3）。

由于 phi29 DNA 聚合酶的高保真性，同一个 DNA 原始模板被不同的引物扩增，即使出现一次碱基错误，在后续反应中也易于稀释（不同于 PCR），所以 MDA 扩增的序列测序忠实性较高，适合于检测 SNV。与 DOP-PCR 相同，MDA 也为非线性扩增，但这种序列依赖的扩增偏差不是高度可重复的，因此 MDA 似乎不是 CNV 检测的最佳方案；但在优化算法的基础上，MDA 产物仍可有效地用于 CNV 的分析，尤其是大尺度 CNV，并获得广泛应用。MDA 的另一缺点是，需要比较完整的模板[13]，因此部分降解的短 DNA 片段（如玻片上固定的基因组 DNA）不是 MDA 的最佳模板，不仅扩增效率低，而且偏差大。值得指出的是，由于 phi29 DNA 聚合酶具有很强的持续合成能力和链置换活性，MDA 检测的全基因组序列覆盖率非常高，可达 95%以上。为了增加扩增的均一性，往往需要减少反应体积、增加模板浓度以及减少扩增次数，从而减轻指数扩增带来的拷贝数偏差。例如，微孔置换扩增系统（micro-well displacement amplification system，MIDAS），反应体积只有常规 MDA 扩增的千分之一，在微孔中自动完成细胞分选、裂解、DNA 变性和扩增的过程，基因组扩增的偏差优于普通的 MDA[14]。由于该酶的恒温扩增特点，有方法将其用于原位核酸扩增。而突变筛选改进的酶使得扩增的产物长度几乎接近 1Mb，在第三代测序中也获得应用。

57.3.3　多重退火与成环扩增

多重退火与成环扩增技术（multiple annealing and looping-based amplification cycle，MALBAC）[15]是 PCR 与 MDA 的结合。该方法首先用含通用扩增序列的随机引物以类似 MDA 的方式进行数个循环的预扩增。第一轮循环产生的只有 5′端带有随机引物的亚扩增子与原基因组 DNA 进入下一轮预扩增。亚扩增子预扩增形成的两端共同序列互补配对，形成环状扩增子，环状结构保护该扩增子不会进入下一轮预扩增，避免出现指数扩增；而原基因组 DNA 则经过预扩增进一步产生亚扩增子，进而继续合成更多的环状扩增子，从而实现“类线性”的扩增过程。经过多个循环后，最终将这些环状扩增子用通用引物以 PCR 的方式进行指数扩增，从而满足二代测序对 DNA 量的要求（图 57-3）。

MALBAC 经过多轮链置换预扩增过程，尽可能地增加随机引物与基因组的配对，因此该方法检测的基因组覆盖度较 DOP-PCR 高。“类线性”的预扩增过程虽然不能完全消除扩增偏好性，但与 MDA 不同的是，该偏差性是可以重复的，客观上不同序列间偏差较小，适合 CNV 的检测，有多个成功用于非整倍体检测的报告，也可以应用于检测特定的目标突变。但 MALBAC 在预扩增阶段采用的 Bst DNA 聚合酶缺少校正活性，测序准确性不高；而且由于扩增片段较短，序列覆盖的连续性不好，有的序列可能丢失，故不是筛查单细胞水平 SNV 的最佳选择。

57.3.4　转座子插入线性扩增

该方法采用一个茎环结构的转座子介导扩增过程，其包含一个双链的转座酶结合位点和一个单链的 T7 启动子环[16]。Tn5 转座酶与 LIANTI（linear amplification via transposon insertion）转座子结合后形成二聚体，其与基因组 DNA 结合后在随机位置打断 DNA，并在 DNA 两端连接上 LIANTI 转座子。经 DNA 聚合酶填补缺口后，两端单链的 T7 启动子环转变为双链。在 T7 启动子的作用下，以体外转录的方式进行线性 DNA 扩增，得到的基因组 RNA 的 3′端可配对重新形成茎环结构。经过逆转录、RNase 消化和 cDNA 第二条链的合成，形成双链 LIANTI 扩增子用于 DNA 文库的构建（图 57-3）。该方法操作比较复杂，但是效果较好。因采用线性扩增及高保真酶，报道显示该方法扩增的序列，扩增倍数的均一性和序列保真性都较好，可能对 CNV 和 SNV 两者的检测均适合。基于 Tn5 转座酶的全基因组扩增技术近年获得了多种改良和创新，在单细胞组学包括表观组、转录组文库的构建和测序方面取得了一系列进展。

57.4 单细胞基因组测序

个体发育过程中，细胞分裂时 DNA 复制错误会产生体细胞突变，这是癌症等疾病发生的重要原因。哺乳动物生殖细胞及早期胚胎发育过程中也会发生高频率的染色体异常。现代生活中环境致突变因素和致癌因素则往往通过 DNA 突变而致癌。同时，一些正常组织如大脑发育过程中发生了功能性的基因重组，存在体细胞 CNV。所有类型的生殖细胞和体细胞突变，如 SNV、CNV，甚至一些染色体结构突变（structure variation，SV），都可以通过单细胞基因组测序进行检测。胚胎和胎儿的遗传性突变的检测是生殖健康临床领域的热点。单细胞内微量的 DNA 在进行测序之前，需要进行 DNA 的扩增。单细胞测序按照测序范围的分类，根据不同的研究目的可进行不同范围的单细胞基因组扩增和测序[17]。

57.4.1 单细胞靶向基因测序

选择与研究的特定生物学问题最相关的一组特定基因序列进行多重靶向 DNA 测序，可以大大降低测序成本，方便分析，同时减少人工引入的错误突变及 DNA 二级结构的干扰。由于靶基因组合序列简单，目标专一，可以采取深度测序。可选择与癌症、发育相关的基因组进行 SNV 检测以进行癌症的早期诊断。如何捕获特定基因组合并平行构建大量单细胞的文库是这类测序的关键，一般可以用 PCR 的方法对特定的基因位点进行扩增，也可以用芯片或液相杂交的方法捕获特异的位点。对单细胞靶向测序（single cell targeted DNA sequencing），为适应高通量测序，往往在测序引物末端加入细胞和样品条码及测序所需要的接头[18, 19]。目前成功的商业化平台有 Missionbio Tapestri 技术。

57.4.2 单细胞全外显子组测序

基因组的外显子区域包括了疾病发生相关的 85%以上的变异。相比全基因组测序，全外显子测序可以更高效地筛查编码基因中疾病相关的 SNV。单细胞全外显子组测序（scWES）数据也可以应用于 CNV 的检测。scWES 需要在全基因组扩增之后进行外显子的捕获和富集，这需要制备捕获文库或芯片，增加了费用和时间[20, 21]。预期很快将会有基于单细胞条码标记的高通量单细胞 scWES 建库技术的产生，将会克服这些困难。

57.4.3 单细胞全基因组测序

单细胞全基因组测序（scWGS）覆盖基因组全部序列，避免了在对特定基因或外显子区域进行捕获时引入的序列偏好性的问题，因此适用于 CNV 和 SNV 的检测[22]。此外，scWGS 也可进行结构变异（SV）、基因组非编码序列和调节序列的检测，但需要更高的测序深度和读数，增加了测序成本。如果需要进行大量单细胞的测序（参考单细胞 RNA 测序要求成千上万个单细胞），一般实验室很难负担这样的测序成本，除非 NGS 技术产生质的飞跃，使成本显著下降。

57.4.4 单细胞基因组测序的目的

1. 单核苷酸变异的检测

单核苷酸变异（SNV）检测从一开始就是单细胞外显子测序的主要目的[20]，为此，基因组扩增时需采用序列高保真的扩增方法，如 MDA 和 LIANTI。SNV 可用 scWGS 或 scWES 的方式进行检测，但需要较高的测序深度（最少大于 30x，对具有高度异质性的样品如癌症突变谱甚至需要 100x 以上）。在实践中从效率考虑，往往在 scWES 用更高的覆盖度，而 scWGS 覆盖度可以较低。另外，大量样品的 DNA 测序文库的构建目前也是一个低效的工作。

2. 拷贝数变异的检测

扩增的序列均一性（uniformity）即最小的基因位点间偏差对拷贝数变异（CNV）的准确检测至关重要，基于 PCR 的 WGA、MALBAC 和 LIANTI 技术似乎为适当选择。实际报道中 MDA 方法仍较多应用，可能主要因其检测 CNV 和 SV 效果较理想，操作简单，而且在此基础上相关算法比较成熟，可以准确鉴定尤其是较大尺度的 CNV。一般用 scWGS 的方法进行检测，只需较低的测序深度：0.1～1x 甚至更低，取决于期望的 CNV 检测分辨率。在实际工作中，scWES、scRNA-seq 甚至甲基化测序的数据都可以用来分析 CNV，虽然对结果的质量（如覆盖度、精细度或尺度）有一定影响。

CNV 分析的特点是只需要在全基因组范围内散在地测序，总的测序费用比 SNV 测序大大减低，但是平行构建大量单细胞文库而且保证构建文库的扩增均一性（即忠实地反映原始拷贝数）是一个重要挑战。目前微流控芯片体系获得关注[23]，其中值得一提的是 SCI-seq[24]。SCI-seq 在去除细胞的 DNA 结合的核小体蛋白质之后，采用类似 sciATAC-seq 组合标记技术[25]建库。SCI-seq 基于常规 96 孔 PCR 板，进行两次细胞洗牌和标记：先每孔分配 22 个细胞核，用 Tn5 在其基因组上引入同一种条码，此时细胞基本完整；混合整板细胞，重新分配到每个孔，裂解细胞，进行 PCR 建库，此时每个孔再引入第二个条码。这样理论上每个 96 孔 PCR 板有 9126 个独特条码组合，每个细胞的所有 DNA 片段都有一个独特的条码组合，并在恒河猴大脑和人类胰腺导管腺癌获得了成功，但是测序需要独立的测序引物和测序程序。

单细胞 CNV、SNV 和 SV 的检测，在肿瘤的突变研究方面获得广泛的应用，是阐明肿瘤细胞起源和演化机制及分子分型的有力工具，催生了大量的成果。近年基因组突变的检测也用于筛查、鉴定循环肿瘤细胞（CTC）或残留病（MRD）细胞中的突变标记，具有重要的临床意义，有望用于动态监测肿瘤进展、鉴定治疗靶标和指导精准医疗。此外，对单细胞 CNV 和 SNV 的检测还可用于分析多细胞器官发育过程中的基因嵌合性。

57.5　单细胞转录组测序

此处所述单细胞转录组测序（scRNA-seq）特指单细胞内 mRNA 的测序，简称单细胞 RNA 测序。目前进行涵盖所有 RNA 分子的全转录组测序还罕见报道，主要原因是除 mRNA 外的转录组部分主要是 rRNA，信息简单，而别的重要 RNA 如非 poly-A 的 lncRNA、超短的 miRNA 等又难以特异扩增。单细胞 RNA 测序主要用来反映基因表达谱的变化，可以通过 5′或 3′端代表性测序来实现；全长 RNA 测序除反映表达差异外，亦可检测 mRNA 的选择性剪切、鉴定 SNP 位点及新的转录产物等。scRNA-seq 包括三个主要的步骤：mRNA 逆转录为 cDNA 的第一链；cDNA 第二条链的合成和 cDNA 双链的扩增，也可以直接在第一链的基础上扩增。其后是文库构建（也可在扩增时直接构建）及在二代测序平台上的测序和数据分析。文库构建主要是在限定长度范围的 cDNA 两端加上可以用来进行二代测序的锚定接头和测序引物序列，也包括各种标记样品、细胞和分子的核酸条码。所有 scRNA-seq 的方法，其 cDNA 第一链的合成基本上都采用 ploy（T）引物进行逆转录，特异性捕获 mRNA 而排除细胞内其他类型的 RNA。cDNA 第二条链的合成主要涉及如何在非 poly（A）的一端（5′端）加上可以用引物扩增的通用序列，主要采用两种方法：在第一条 cDNA 的 3′端（即原 mRNA 的 5′端）添加 poly（A）尾［poly（A）tailing］；模板转换（template-switching，TS）。单细胞 RNA 测序技术有多种实验方案[26, 27]，这里从不同侧面概述了其基本设计策略。

57.5.1 cDNA 第二链合成的两种方式

1. 5′端加 poly（A）尾

用末端脱氧核苷酸转移酶在逆转录合成的 cDNA 第一链的 3′端（即 mRNA 的 5′端）加上大约 30 个单核苷酸的 poly（A）尾。该酶不需要模板，可以控制加尾的大致长度。随后通过含 poly（T）的引物与之互补配对，启动进行第二链的合成。由于 cDNA 第一链逆转录可能不完全但是仍然可以加尾，该方法往往导致 mRNA 3′端测序的偏向性。

2. 5′端模板转换

早在 1999 年，Schmidt 建立了通过逆转录酶的模板转换机制将 mRNA 转变为全长 cDNA 的方法。很多逆转录酶具有 mRNA 5′CAP 依赖的脱氧核苷酸末端转移酶活性，能够在逆转录后得到全长 cDNA 第一链的 3′端加上 3～4 个不依赖于模板链的 dCTP。同时设计特殊序列的模板转换寡核苷酸（TSO），其 3′端的 $rGTP_{3-4}$ 通过与该 $dCTP_{3-4}$ 互补配对形成新的延伸模板，其 5′端则含有一个固定序列以便用作 PCR 扩增时的锚定序列。在 TSO 存在的情况下，逆转录酶以 TSO 为模板延伸，从而合成 TSO 的互补序列。接着，以 TSO 互补序列为引物开始 cDNA 第二条链的合成。该方法依赖于 mRNA 的 5′CAP 结构，因此能得到全长的 cDNA，避免了因不完全逆转录导致的 mRNA 测序的 3′端偏向性，虽然在单细胞的 mRNA 测序实际结果中常常出现非全长的 cDNA。

57.5.2 cDNA 扩增的三种方法

单细胞转录组在合成 cDNA 以后，扩增方法非常成熟[6, 8, 28]，主要包括 3 大类方法。

1. 聚合酶链反应

PCR 为指数扩增，如果扩增循环数太多，稀有转录子会丢失；扩增的效率与转录本的序列也有关，因而存在某些转录本的偏好性；而且长的 DNA 模板扩增效率较低，因此较难得到极长转录子的全长序列信息，但目前的优化扩增酶已经基本解决了这一问题。该方法的特点是扩增效率高，操作较为简便，故目前应用最广，Smart-seq 即是 PCR 扩增的典型应用。

2. 体外转录

在 mRNA 逆转录的引物中引入 T7 启动子，合成的双链 cDNA 可以在 T7 RNA 聚合酶的作用下以体外转录（*in vitro* transcription，IVT）的方式进行扩增。因每个 mRNA 分子都连接有 T7 启动子序列，具有基本相同的体外转录效率，因此这是线性扩增过程，扩增的位点偏差较小、均一性好。由于体外转录扩增往往效率较低（一般在 1000 倍以下），通常情况下需要进行 2～3 个循环的扩增才能产生足够的 mRNA 用于后续的文库构建，或者需要后续与 PCR 扩增方法相结合。但体外转录易发生不成熟的反应终止，较长的转录子容易丢失 5′端的序列信息，因此存在 3′端测序的偏好性。另外，体外转录操作程序较为繁琐，而且扩增效率低，往往使人望而却步。

3. 滚环扩增

在滚环扩增（rolling circle amplification，RCA）中[8, 29]，mRNA 用 oligo-dT 或随机引物逆转录为 cDNA 后，将 sscDNA（single-strand cDNA）或 dscDNA（double-strand cDNA）环化，以类似于 MDA 全基因组扩增的方式进行 mRNA 扩增，可得到全长的转录子信息。环化的优点不仅是增加底物的长度（环状后可以无限延伸）从而提高 MDA 的扩增效率，而且能平衡不同长短的 cDNA 序列的扩增效率，使得任意序列的最终扩增效率相一致，因而能增加序列的均一性，减少偏差。但是由于 gDNA 是 MDA 扩增的良好模板，在扩增 RNA 前需要除去其基因组 DNA，增加了操作的复杂性，影响了其应用。这种基于滚环扩增原理扩增 RNA 的技术，由于其恒温、高效和简单的优点，也被多种原位测序技术所借鉴。

57.5.3 不同 mRNA 覆盖区域的测序策略

1. 3′端测序

为了确定基因采用哪个 poly（A）位点，同时研究哪条 DNA 作为转录模板链，需要进行 mRNA 的 3′端鉴定。由于 mRNA 的逆转录从 3′端 poly（A）位点起始，因此不管 mRNA 是否有部分降解或逆转录提前终止，都可以得到 mRNA 3′端的序列信息，它是研究基因表达最有效而且常用的策略。再者，在富集 poly（A）位点启动逆转录的 poly（T）引物上加上细胞特异的条码及 mRNA 分子特异的独特分子标记（UMI），不需要顾及 RNA 其他部分序列的所属问题，这有助于实现早期（逆转录后）的单细胞合并，进而再捕获 3′端序列建库，从而实现大量单细胞的高通量测序。

2. 5′端测序

有些基因含有多个启动子，在不同条件下会选择不同的转录起始位点进行转录；mRNA 5′UTR 也可以转录形成有生物学功能的活性肽；有些基因并不采用经典的 ATG 作为起始密码子，而在基因的内部区域进行转录。为了确定基因的转录起始信息，同时可判断哪条 DNA 链作模板链进行转录（链特异性转录），需要进行 mRNA 的 5′端测序。5′端测序也同样可以检测基因表达谱。5′端测序首先需要以模板转换的机制合成全长的 cDNA，在模板转换时，mRNA 的 5′端加上了一段具有特定序列的寡核苷酸（TSO），通过这一 TSO 序列，就可捕获 5′端序列。由于在合成双链 cDNA 后就能进行大量单细胞的合并，合并后再捕获 3′端序列建库，5′端测序也便于进行大量单细胞的高通量测序。基于 10x Genomics 及 BD Rhapsody 等的单细胞转录组技术，在获得第一轮转录组扩增产物后，可平行进行 mRNA 转录组的 5′端测序，以及 T 细胞受体（TCR）和 B 细胞免疫球蛋白受体（BCR）的多样性检测。

3. 全长测序

为了研究 mRNA 转录组的选择性剪切、RNA 编辑、转录子的突变（SNV）、等位基因的特异性表达和鉴定新的外显子，需要描述所有 mRNA 全长的序列特征。这需要先合成 cDNA 的第二条链，且以全长 cDNA 两端的引物进行全长扩增，并制备包含全长序列的文库。全长测序往往需要较大的测序深度，而且往往也能检测到更多的转录子。另外，与转录组的 3′端和 5′端测序不同的是，转录组全长测序不便于程序早期标记每一个细胞的转录组（需要标记各个转录子的所有序列），因此不便于进行大量单细胞平行的高通量测序。目前应用最广的全长测序技术主要有低通量的单细胞 Smart-seq 及其衍生产品，以及高通量的基于三代测序平台的单细胞全长 RNA 测序。

57.5.4 三种代表性的 scRNA-seq 技术

scRNA-seq 建库测序技术是所有单细胞测序技术中获得最多关注和应用的技术，该方法多种多样[28, 30, 31]，这里介绍 3 种代表性技术。

1. CEL-seq

CEL-seq（cell expression by linear amplification and sequencing）[32] 方法是进行单细胞的基于 IVT 原理的典型方法。用含 T7 启动子的 poly（T）引物进行逆转录，在 cDNA 第一链末端用末端单核苷酸转移酶加 poly（A），并以之启动合成 cDNA 第二条链，再在 T7 RNA 聚合酶的作用下以体外转录的方式线性扩增 mRNA，最后进行又一轮的逆转录生成双链 cDNA，并重复上述体外转录和逆转录步骤（图 57-4，表 57-3）。测序结果可以获得链特异性的信息。

CEL-seq 在逆转录的引物中引入标记单个细胞的条码，cDNA 合成结束后即可以将所有细胞的样品合并在一个反应管中进行后续的 cDNA 扩增和建库过程，最后根据特异性的条码序列区分单细胞中的转录子。该策略可实现大量单细胞的高通量测序。同时，混合非常大量单细胞进行 cDNA 扩增，可只进行一个循环的体外转录便产生足够多的 mRNA，这在一定程度上可以减少扩增循环数和序列偏差，但是由于体外转录扩增的效率较低，往往需要进行第二循环扩增。新近改进的 CEL-seq2 用一轮体外转录循环加一轮 PCR 扩增，进一步提高了扩增效率，同时在一定程度上保证了扩增的线性[33]。

cDNA 合成的丢失和 cDNA 扩增的转录子长度及序列相关偏好性会造成 mRNA 的定量误差。CEL-seq 在逆转录的引物中引入 UMI 标记单个 mRNA 分子。在进行 mRNA 定量时，一种 UMI 标记的 mRNA 分子只计算为一个初始拷贝，不受 mRNA 扩增效率的干扰，从而可准确计算原始样品中 mRNA 的拷贝数[34]。这种校正扩增倍数偏差的 UMI 在多种 scRNA-seq 中得到广泛应用。

2. STRT-seq

STRT-seq（single-cell tagged reverse transcription sequencing）[35, 36]通过模板转换机制合成双链 cDNA，在逆转录的引物中加入限制性酶切位点，用于扩增完成后去除 RNA 3′端片段。逆转录引物和 5′端 TSO 引物含相同的通用序列，用于 cDNA 的 PCR 扩增。同时，这两个引物标记有生物素，可使 mRNA 固定在链亲和素磁珠上进行反应。cDNA 扩增结束后，将 cDNA 片段化，酶切释放 3′端片段，得到固定在磁珠上 TSO 邻近的 5′端片段，可选择性地进行 5′端测序，见图 57-4 和表 57-3。该方法也在 TSO 引物中引入细胞条码和 UMI，从而实现高通量测序和偏差校正分析。

3. Smart-seq

Smart-seq（switching mechanism at 5′ end of RNA template）[37, 38]用模板转换和 PCR 的方式进行 cDNA 的合成及扩增，将全长的 cDNA 通过 Tn5 转座酶进行 DNA 的片段化和测序接头的引进，见图 57-4 和表 57-3。为了得到所有 mRNA 片段的信息，只能在最后连接接头时引入细胞条码，无法实现高通量；同时，也无法引入 UMI，不能进行转录子扩增时的倍数偏差的校正。Smart-seq2 是在原始版 Smart-seq（SMARTer）的基础上优化了逆转录、模板转换和 cDNA 扩增的过程，因而提高了检测的灵敏度、mRNA 的覆盖度和检测长度。在此基础上更进一步建立了 Smart-seq v3 和 Smart-seq v4，由于在后期建库时采用 3′端测序的

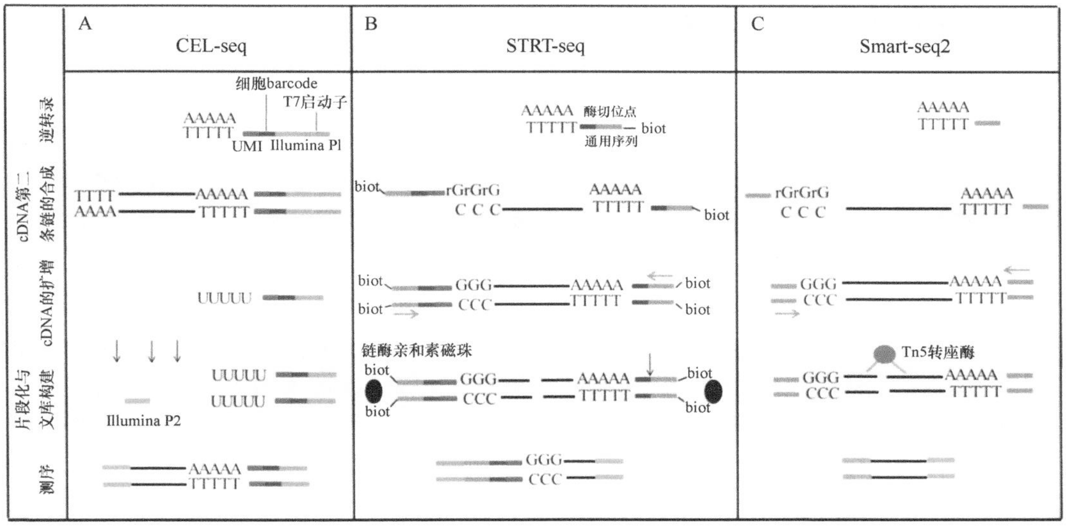

图 57-4　三重代表性 scRNA-seq 技术流程图

A. CEL-seq：用含有 T7 启动子、Illumina P1 测序接头、细胞条码、UMI、poly（T）的引物进行逆转录。合成双链 cDNA 后，将所有单细胞样品混合，进行体外转录合成 mRNA。将 mRNA 片段化后连接 Illumina P2 测序接头，将 RNA 经逆转录转变为双链 DNA 后，用两端的测序接头进行 PCR 以获得含双端接头的 DNA。测序以获得 mRNA 3′端的序列信息。B. STRT-seq：用含通用序列、限制性酶切位点的 poly（T）引物进行逆转录，用包含通用序列、细胞条码/UMI 的 TSO 引物通过模板转换机制合成 cDNA 第二条链。混合所有细胞后，用通用引物 PCR 扩增 cDNA。结合链亲和素磁珠，打断 cDNA，酶切释放 3′端片段，测序得到 mRNA 5′端信息。C. Smart-seq2：用含通用序列的 poly（T）引物进行逆转录，用含相同通用序列的 TSO 进行模板转化。PCR 扩增全长 cDNA 后，用 Tn5 转座酶进行 DNA 的文库构建，测序得到 mRNA 全长信息。目前 UMI 和 3′端或 5′端测序也可用于 Smart-seq2 基础上的改进版本，从而实现高通量建库

表 57-3　scRNA-seq 的三类主要技术

	CEL-seq	STRT-seq	Smart-seq2
cDNA 第二链合成的方法	加 poly（A）尾	模板转换	模板转换
测序覆盖区域	3′端	5′端	全长
cDNA 扩增方法	体外转录	PCR	PCR
添加条码的方法	逆转录时添加	模板转换时添加	构建文库时添加
可否引入 UMI	√	√	×
可否获得 DNA 模板链的信息	√	√	×
是否高通量	是	是	否

选择，可实现单细胞特异的早期条形码标记及转录子的 UMI 标记，从而可以进行高通量测序[39]。基于 Drop-seq 的商品化平台，包括 10x Genomics 和 BD Rhapsody 技术等，都在此原理基础上改进。

57.5.5　转录组的原位测序及空间测序

前文描述的常规测序都是离体测序，即将细胞从组织中分离出来，不同的单个细胞的 RNA（转录组）分别进行扩增、建库和测序。一方面，在单细胞分离过程产生的机械应力可能会影响单细胞转录组的组成；另一方面，离开了天然微环境的单细胞会失去微环境对其转录组的调控；更重要的是，离体测序丢失了细胞之间相互作用关系的信息，也丢失了基因表达与细胞形态、功能的表型信息之间的关系。为了精确地研究单细胞的生物学过程，特别是精确反映细胞之间的天然空间位置关系和相互作用分子基础，需要在进行单细胞 mRNA 测序的同时保留其天然空间关系。

1. 转录组荧光原位测序及在体测序

荧光原位 RNA-seq 技术（fluorescent *in situ* RNA sequencing，FISSEQ）[40-42]和转录组在体分析（transcriptome *in vivo* snalysis，TIVA）[43]是原位单细胞转录组分析的首次突破。TIVA 方法捕获新鲜组织中的 mRNA 后再进行离体测序，而 FISSEQ 直接在固定组织的单细胞内进行 mRNA 的扩增与原位测序。FISSEQ 将组织或细胞进行固定和通透后，用含测序接头的随机引物进行逆转录，其中用氨烯丙基 aaUTP 取代 dUTP。aaUTP 的 NH 基团可将 cDNA 与细胞内的蛋白基质交联在一起。降解 RNA 后，将 cDNA 连接形成环状，用 phi29 DNA 聚合酶通过滚环扩增的方式将 cDNA 扩增形成一条多拷贝的长链 cDNA 分子，在单细胞内形成 3D 原位 RNA 测序文库。利用 SOLiD 测序平台，在荧光显微镜下进行手动的单细胞原位 RNA 测序。但是，由于 SOLiD 测序平台不再使用，限制了 FISSEQ 技术的应用。最新报道的 3D 完整组织 RNA 测序技术（STARmap）更是实现了反映 160～1020 个基因表达信息的单细胞转录状态的三维完整组织测序；在小鼠大脑组织切片的立方毫米级空间中，检测到多重兴奋性神经元和抑制性神经元亚型的分布关系，涵盖稳定的细胞类型和短暂的细胞状态[44]。

2. 空间转录组测序

空间转录组测序能够高通量的研究组织样本中不同细胞类型及其不同基因的空间分布信息，被 *Nature Methods* 评为 2020 年年度技术。10x Genomics 平台于 2019 年将空间转录组测序（spatial transcriptomics，ST）实现商业化。每个组织捕获区域包含约 5000 个 spot 点，根据组织类型和厚度的不同，每个点可以捕获 1～10 个细胞。在进行 RNA 测序之前，将独特的位置条形码引入组织芯片；测序之后，每个 spot 将有一套测序数据，并且根据其位置条码对应于组织的图像上，这样就可以对每个基因在组织上表达的空间位置进行定位[45]。该实验环节比较复杂，分为组织透化和基因表达谱捕获两个阶段，据此将芯片分为两种类型（透化芯片和基因表达芯片）。新鲜组织的冷冻切片在透化芯片上经过 HE 染色、明场扫描，然后设置不同的透化时间梯度，组织切片在透化酶的作用下释放出 RNA，最终通过荧光检测确定最佳透化时间。接着，将 RNA 结合到基因表达芯片表面带有空间位置标签的特殊 Oligo 上，逆转录成 cDNA，洗脱并进行文库构建和测序。现阶段空间转录组测序不再局限于新鲜冰冻组织切片，10x Genomics 于 2020 年推出了适用于 FFPE 样品的空间基因表达解决方案。由于目前空间 Visium 技术还达不到单细胞分辨率，因此往往需联合单细胞转录组测序技术，通过生物信息学的分析方法将单细胞类群映射到空间转录组数据上。空间转录组技术的精髓不是研究细胞亚群的空间分布，而在于将它在空间位置上体现的异质性与组织学特征的分布进行结合，挖掘在不同组织特征下转录组学的差异，因此现阶段在肿瘤及发育等研究中应用最为广泛[46]。也有将特定空间位置的单细胞激光分离后，用单核苷酸组合条码特异标记每一个细胞的转录组并建库测序[47]。近两年来，真正单细胞分辨率水平的空间转录组测序已经有多项技术报告和商业化信息公布，预期将很快有更好的平台脱颖而出，进入实验室。

57.5.6 单细胞多重 RNA 杂交技术

与传统的荧光原位杂交技术不同，多重单分子 FISH (smFISH) 能够可视化和量化 mRNA 分子，在单分子分辨率下同时检测大约 10 000 个基因和每个细胞大约 70 000～100 000 个 RNA 分子。RNAscop 是一种商业化的基于 smFISH 的技术，使用分支 DNA 和信号放大实现比传统 FISH 更好的灵敏度和特异性；这种方法可以检测多达 12 种不同的 RNA 靶点，可以方便地与免疫组化结合同时研究 RNA 和蛋白质。基于显微成像的多重纠错荧光原位杂交技术（multiplexed error-robust fluorescence *in situ* hybridization，

MERFISH）和 seqFISH（sequential fluorescence *in situ* hybridization）是两种最新的基于 smFISH 的高通量转录组分析技术。MERFISH 直接在组织上杂交，可以定性并且定量地检测单细胞内转录组表达谱，对 RNA 分子在细胞中以及细胞在组织中的空间分布进行定位，同时可结合免疫荧光检测组织的特异性结构[48]。该系统首先可对多种 RNA 分子进行编码，即优化的汉明码；在 16 个 Bit 的组合排列中，每一种 RNA 由多个探针的 4 个 Bit 组合来代表。探针杂交过程分为两步：首先将初级探针与组织的 RNA 分子进行杂交，每个初级探针由一段与 RNA 分子互补的序列和 3 段读取序列组成；随后进行 8 轮（每轮两种荧光即 2 个 Bit）的读取探针杂交并成像记录探针信号。将检测到的探针信号进行校准并解码，从而得到每个信号所代表的 RNA 分子类型、位置及表达丰度。此外，该方法可通过探针设计靶向检测同一基因的不同 RNA 可变剪切体。同时，通过对细胞膜特异染色可记录细胞边界信息，从而把基因表达定位在各个细胞内，其效果相当于原位高通量的单细胞 RNA 测序。seqFISH 采用类似的方式，用有限的荧光基团进行多轮连续杂交，将 RNA 信号转化为荧光信号的组合，以此判断特异的 RNA 信息[49]。这两种技术目前已可进行成千上万种不同 RNA 分子在数百个成千个单细胞中的杂交，其对低表达基因的检测仍具有很高的灵敏性，结果在表达谱上可与二代测序相媲美，具有极大的应用前景。

值得强调的是，RNA 的细胞内定位是一种重要的转录后调控方式，可以用来研究不同 RNA 分子之间的相互关系。同时根据组织中单细胞 RNA 的表达特征和定位可以在 RNA 水平描述组织结构形式，了解组织内单细胞之间、细胞与微环境之间的相互作用。

57.6 单细胞表观组测序

表观基因组学（epigenomics）是指在基因组水平上研究表观遗传修饰。对基因组而言，不仅仅是序列包含遗传信息，而且其修饰也可以记载遗传信息，即表观遗传或表观组信息。目前研究的表观修饰主要包括 DNA 的甲基化、RNA 的甲基化、非编码 RNA、组蛋白的修饰、染色质修饰和重塑、转录因子调控等。表观修饰可以在个体发育及细胞分裂过程中传递和记忆，而且可以在内外环境的影响下获得改变。如果说基因组提供细胞的相对稳定的骨干遗传信息，转录组和蛋白质组反映细胞的分子表型和分子机制，而单细胞表观组则反映特定细胞群体的单细胞水平的调控异质性，并且提供一种将基因组学与转录组学（分子表型）、将遗传与环境连接起来的桥梁，在生命科学各个领域，从基因组运作机制到疾病和发育的机制的认识都有重要意义。单细胞表观组测序技术近年取得重要进展[50, 51]，几种主要技术介绍如下。

57.6.1 scATAC-seq

真核生物的核 DNA 在活跃复制转录时，其紧密结构会打开，成为裸露 DNA 区域，称为开放染色质（open chromatin）。各种调控因子与开放染色质结合，发挥调控细胞功能的作用。而多数基因组中的染色质都紧紧盘绕在细胞核内，以核小体的形式存在，称为关闭染色质（closed chromatin）。染色质的开放特征称为染色质的可及性（chromatin accessibility）。早期研究开放染色质的方法有 scDNase-seq、MNase-seq 及 FAIRE-seq 等。近年建立的转座子可及的染色质测序，即 ATAC-seq（transposase-accessible chromatin sequencing）利用 Tn5 转座酶能结合和切割裸露的 DNA 的特性，简单、快捷且高效，并进一步发展到可检测单细胞内开放性的染色质（scATAC-seq）[52]。scATAC-seq 能在单细胞水平分析揭示核小体定位、转录因子（TF）结合位点和调控元件，分析得到特定群体细胞内的 TF 及相应表观调控的异质性。

1. 基于 Fluidigm C1 的方法

基于微管的微流体装置 Fluidigm C1 捕获单细胞后，裂解细胞，加入 Tn5 转座酶捕获开放性的染色质区域[52]。装载有测序接头的 Tn5 可切割开放性染色质片段，并使 DNA 片段两端连接上测序接头。加入测序接头引物进行第一轮的 PCR 扩增后，将 96 个开放性的染色质片段库从 Fluidigm C1 的“整合流体回路（IFC）”转移到 96 孔板，用具有细胞特异标记（条码）的引物进行第二轮 PCR 扩增，在此过程中标记每个单细胞。合并所有细胞的开放性染色质片段文库后测序。成功的实验一次能获得 60～80 个单细胞数据。因其效率不高，目前该方法较少应用。

2. 基于组合细胞标记的方法

针对前述方法通量的有限性，基于组合细胞标记的 ATAC-seq（sciATAC-seq）通过细胞组合标记，将一个细胞同时标记两种条码以提高分析的细胞数量[25]。先将细胞平均分配到 96 孔板中，此时一个孔中有多个细胞。用 Tn5 转座酶将一个孔中的所有细胞标记为一种条码。将所有孔中的细胞，经 FACS 将细胞重新分配到 96 孔板中，控制每个孔中的细胞数量为 15～25 个，可保证每个孔中一种特异条码标记的细胞只有一个。裂解细胞核后，基于 Tn5 从开放性染色质上解离下来，通过 PCR 方法进行第二轮的条码标记，混合所有的开放性染色质库后测序。理论上共有 9216（96×96）种条码组合可标记不同的单细胞。但鲁棒性有限，测序系统特殊，目前尚未见广泛应用。

3. 基于 10x Genomics 平台的方法

上述技术流程比较烦琐，而 2018 年 scATAC-seq 建库已经能够在 10x Genomics 技术平台上高通量地进行。原理与基于 10x Genomics 平台的 scRNA-seq 类似：先制备细胞核悬液，在形成大量单个细胞核独立反应液滴的基础上，利用转座酶将带细胞条码的引物插入染色质开放区域，并在 DNA 片段的末端添加测序引物，构建文库。最后，文库在 Illumina 测序平台上测序。每个反应一般可获得 500～10 000 个单细胞核的开放染色质谱信息。该平台适用于冷冻样品，通量提高，费用下降。预期 scATAC-seq 的广泛应用将在发育、癌症、免疫等相关人类疾病研究中发挥重要作用。

57.6.2 scDNase-seq

scDNase-seq（单细胞 DNA 酶高敏位点测序）可检测单细胞内基因组上的活跃转录调控元件，一般为基因的启动子和增强子区域，这些活跃区域因没有被核小体包裹而易于被 DNase 切割，即 DNA 酶高敏位点（DNase I hypersensitive site，DHS），而沉默基因往往因核小体保护而不被切割[53]。DNA 酶切割基因组后，形成的短 DNA 片段在建成的 DNA 测序文库和测序数据中得到反映，而完整的长 DNA 将不出现在文库和数据中。切割基因组后建库操作时，加入大量环状载体 DNA 作为保护盾牌，以减少单细胞中微量 DNase 切割片段的损失。按 Illumina 常规建库的方法，补平末端缺口后，连接接头。以两步 PCR 的方式扩增 DNA 酶切割产生的 DNA 短片段后测序。总之，scDNase-seq 技术是 ATAC 的史前版，所获得信息的生物学意义与 ATAC-seq 类似，但是操作过程较复杂，通量较低。

57.6.3 scHi-C

scHi-C 的原理是先交联远程相互作用的染色体区域，在酶切、环化交联染色质片段后，对所有连接的接头部分 DNA 进行测序，以检测单细胞全基因组范围内的染色质相互作用，从而表征基因组的三维结构[54, 55]。Hi-C 是在最初的染色质构象捕获技术（chromatin conformation capture，3C）基础上发展起来的高通量方法，检测全基因范围内的多位点对多位点的染色质与染色质的相互作用。Hi-C 精细化到单细胞水平（scHi-C），对于研究基因组三维结构的单细胞水平的异质性提供了重要手段。具体操作包括：混合所有细胞的细胞核，用甲醛交联染色质。限制性内切核酸酶切割染色质后，补平黏性末端，同时加入带有生物素标记的 ddATP 使 DNA 带上生物素标记。在将反应体系稀释后，加入连接酶使得发生交联的染色质片段间更易发生连接。分选单个细胞核后分别操作每个细胞，打断 DNA 片段，用链酶亲和素磁珠纯化生物素标记的连接片段，连接测序接头建库（图 57-5）。最近建立的单细胞组合细胞索引 Hi-C（sciHi-C）实现了同时进行大量单细胞的高通量操作[56]，有广泛的应用前景。

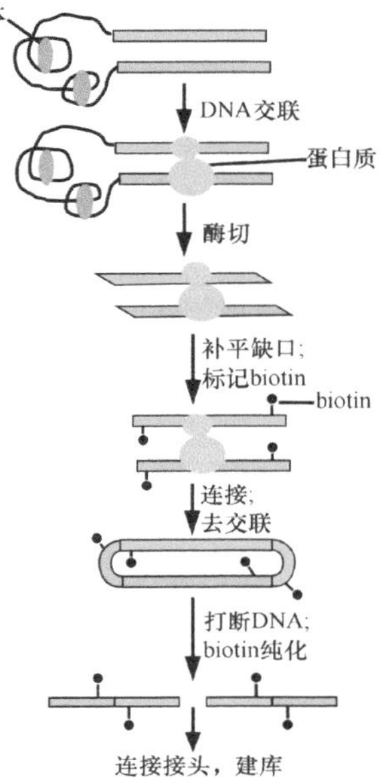

图 57-5　scHi-C 检测远端染色质的相互作用

染色质交联后，酶切染色质，补平黏性末端，同时引入生物素标记。连接发生交联的染色质片段，去交联后打断 DNA 片段，用链亲和素磁珠纯化生物素标记的连接片段，连接测序接头建库

57.6.4　scChIP-seq

单细胞染色质免疫共沉淀测序（single cell chromatin immunoprecipitation sequencing，scChIP-seq）可在单细胞水平上获得天然细胞全基因组范围内与特异修饰的组蛋白或转录因子互作的相关 DNA 区段信息，反映与特定蛋白质结合的调节 DNA 序列的细胞间异质性，即染色质调控状态异质性[57]。在染色质免疫共沉淀（ChIP）之前将不同单细胞的染色质片段分别进行分子标记，并标上细胞特异条码，将所有单细胞混合后再进行免疫共沉淀，可以提高实验的通量、效率和操作的一致性；而且因为加大了样本量，可以减少免疫共沉淀过程中抗体对非特异性片段的捕获产生的背景噪声。采用对称设计的条码序列，两种方向的条码含有相似的序列，最终可产生 4 种两端对称连接的 DNA 片段，其条码序列的互补性与对称性可用来区分不同的单细胞。

为扩大通量，该技术首先分别制备包含单细胞与条码的微滴。当混有细胞裂解试剂和 MNase（微球菌核酸酶）的缓冲液及细胞悬液同时通过微粒体装置的微滴制造连接处时，可形成包含该缓冲液与单个细胞的微滴。单细胞在微滴中裂解后，微滴中 MNase 切割核小体之间的连接 DNA，可得到单细胞中核小体包裹的染色质片段。同时，另外准备每一个孔只含有一个条码的 384 孔板。当上述每个细胞的染色质片段微滴和 384 孔板的一个独特条码微滴通过三通装置的电极处时，激发的电场使相邻的微滴融合，同时将包含有连接酶的连接缓冲液注入到融合的微滴中，使得单细胞可以在微滴中进行细胞标记。这里的细胞条码为一段 64bp 的对称 DNA 片段，包含两端的条码序列、*Bci*VI和 *Pac*I 的酶切位点。标记结束后可产生两端对称连接的核小体、不对称连接的核小体和接头形成的串联体。打破微滴，把所有细胞的带有标记的染色质混合在一起，用针对特定蛋白质的抗体基于染色质免疫共沉淀富集所需的 DNA 片段。用 *Pac*I 酶切染色质，设计引物，通过 PCR 让只有两端对称连接的核小体得到扩增。随后，用 *Bci*VI 酶切片段产生带有 A 的黏性末端，接着可进行常规的 Illumina 文库的构建（图 57-6）。

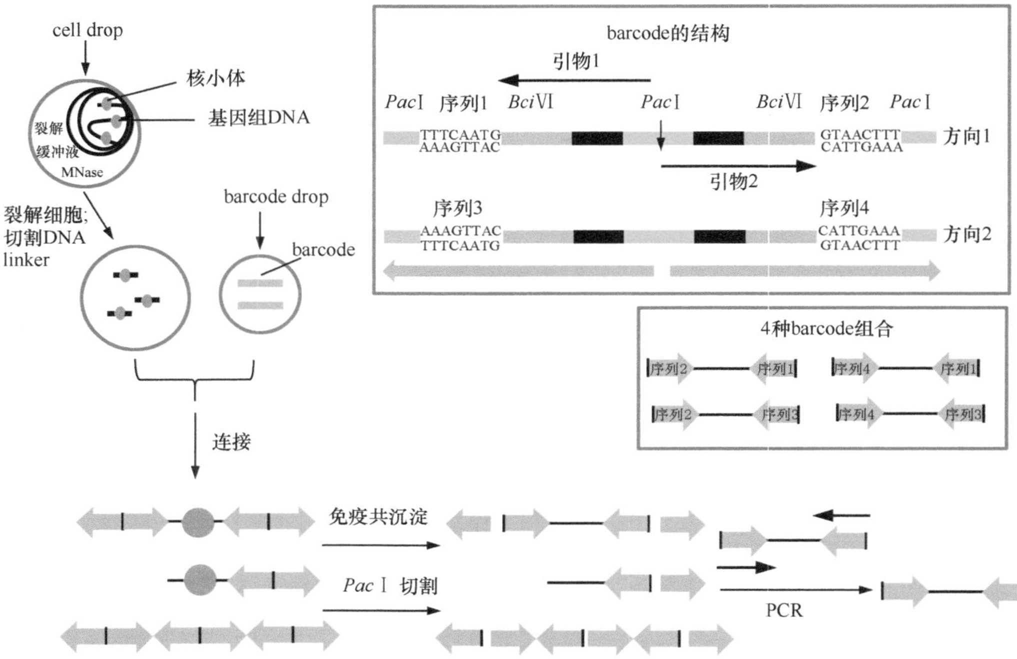

图 57-6 基于微滴系统的 scChIP-seq

包含在微滴中的单细胞被裂解后，核小体之间的连接 DNA 断裂，片段化的染色质与条码微滴融合，DNA 片段两端连接上条码。混合所有细胞的染色质经免疫共沉淀富集所需 DNA，经 *Pac*I 切割、PCR 扩增后得到两端对称连接有不同条码组合的扩增子

57.6.5 单细胞甲基化测序

DNA 的甲基化分析是表观遗传学和表观基因组学领域最广泛的经典分析手段，其终极方法是基于重亚硫酸盐转换（BS）的甲基化测序，获得单碱基分辨率的信息。原理是利用重亚硫酸盐使非甲基化的碱基 C 转换为 U，而甲基化的 C 不能被转换，最终测序时非甲基化的 C 读为 T，而甲基化的 C 仍读为 C。单细胞甲基化测序（scM-seq）是在群体细胞甲基化测序基础上发展而来，对检测特定细胞群体的单细胞水平的表观调控异质性提供了重要信息。scM 可以直接在全基因组范围内进行转换（scBS-seq 或 scWGBS），也可以只集中研究 CG 丰富的 DNA 序列，主要覆盖 CpG 岛及启动子等，然后再进行转换（scRRBS-seq）（表 57-4）。目前 BS 技术的缺点是费用昂贵、操作复杂、覆盖度低、鲁棒性差。最近报道基于组合标记细胞技术（single-cell combinatorial indexing strategy，SCI）和 Tn5 转座子插入技术改进 scWGBS-seq 进行单细胞全基因组甲基化测序[58]，采用 2 次细胞重洗牌将 2 种条码加在每个细胞的所有 DNA 片段上，每个细胞都有一个独特的条码组

合，从而能在操作的较早期混合所有样品，提高了建库操作效率，但是覆盖率和鲁棒性仍然有限。

表 57-4　DNA 甲基化测序的两种主要方法

	scBS-seq	scRRBS-seq
特点	覆盖全基因组序列，潜在可覆盖的 CpG 位点较多	通过限制酶富集启动子及 CpG 岛区域，靶向测序
缺点	测序成本较高、效率低，很多片段不含或含有极少 CpG 位点；难以实施高通量操作	无法检测远离代表区域序列的 CpG；丢失 DNA 较多；序列覆盖率低，尤其低 CpG 含量区域；只能检测到约 10%的 CpG 位点
优点	序列覆盖率高，可检测到 76%的 CpG 位点和大量只含 C 的序列；测序数据可同时用来分析 DNA 突变	较少的测序读数可检测较多的 CpG 位点和 CpG 岛数据；测序成本低、效率高

1. scRRBS-seq

最初报道的 scM 为单细胞简化代表性重亚硫酸盐测序（single-cell reduced-representation bisulfite sequencing，scRRBS）[59, 60]。在重亚硫酸盐转换前，使用 *Msp*I（酶切位点为 CCGG，其中 C 发生或不发生甲基化都可被识别）或其他类似特点的酶来切割样本，从而富集启动子及 CpG 岛区域（含有更丰富的 CG，从而具有更多 *Msp*I 酶切切点），使用较少的数据量富集到尽可能多的包含 CpG 位点的 DNA 片段信息，特别是重要的功能区域。

实验过程包括：提取基因组 DNA，去除 DNA 结合蛋白，避免对下游酶切反应和重亚硫酸盐转化反应的干扰。用 *Msp*I 切割 DNA，得到末端为 GpC 双核苷酸的富含 CpG 位点的 DNA 片段。在两端连接上甲基化的 Illumina 测序接头，DNA 变性后进行重亚硫酸盐转换，再 PCR 扩增 DNA 片段后建库、二代测序。问题是，需要到重亚硫酸盐处理和 PCR 扩增之后，才可能把多个样品的反应步骤混合到一个管中进行操作，这样不仅复杂、费力、昂贵，而且易于造成 DNA 的损失而减少覆盖度。可在基因组中加入微量的未甲基化λDNA 作参照，用以估计每个单细胞样本中重亚硫酸盐的转换效率。

2. scBS-seq

原始实验流程是在 DNA 序列两端加上双链的测序接头，再进行重亚硫酸盐转化。在这一过程中，接头间 DNA 的断裂会导致扩增无效而丢失这部分 DNA 的信息。改进后的 scBS-seq[61, 62]是在重亚硫酸盐转化之后再连接测序接头（post-bisulfite adaptor tagging，PBAT），故可大大提高序列覆盖度。

scBS-seq 用重亚硫酸盐处理时，先变性为单链基因组 DNA，同时 DNA 发生断裂即片段化。用生物素（biotin）标记的 3′端随机引物（含 Illumina 测序接头为引物 5′端）捕获 DNA，通过 5 个循环的延伸合成互补的单链 DNA，以得到更大的基因组覆盖度和更多的 DNA 片段。用链霉亲和素（streptavidin）磁珠纯化合成的单链 DNA 后，用另一随机引物（含 Illumina 测序接头的另一端）合成另一互补的 DNA 片段。此时 DNA 双链的两端都带有测序接头，可进行后续的建库与测序。表 57-4 是两种主要策略的比较。

3. scCGI-seq

全基因组 CpGI 的甲基化测序（single-cell CpG island sequencing，scCGI-seq）[13]不依赖于重亚硫酸盐的转换，而是采用甲基化敏感的限制性内切核酸酶和 MDA 扩增的方式选择性地测定高度甲基化的 CGI。该方法可用较少的测序数据达到更高的 CGI 检测覆盖度。

该技术需要同时设定与实验组细胞匹配的对照细胞。先用只切割非甲基化位点的甲基化敏感的非高频切的限制性内切核酸酶切割实验组的基因组 DNA，不处理对照组细胞的 DNA。实验组细胞的非甲基化 CpG 岛（CGI）等富含 CpG 位点的 DNA 序列将被切割为小片段，而 CpG 稀有的 DNA 序列和高度甲基化的富含 CpG 的 DNA 序列将完整保留或切割为大片段。接着用 MDA 方式扩增两组细胞的 DNA，基于 MDA 的扩增特性，长的（未切割的）DNA 序列将被选择性扩增。再用另一组高频切的限制性内切核酸酶切割两者（实验组和对照组）扩增产物以富集含 CGI 的序列（减少测序序列复杂性，类似于 scRRBS），将得到的短片段进行建库测序。在实验组和对照组中可同时检测到的片段为甲基化的 CpGI 序列，而在对照细胞中检测到的片段非甲基化的 CpGI 序列，从而可将 CpGI 的甲基化和非甲基化序列鉴定出来。该方法的缺点是它不能提供单碱基分辨率，优点是不经过重亚硫酸盐处理，其 CGI、启动子等的覆盖面非常高，自动化处理前景广阔。

57.6.6 单细胞羟甲基化测序

胞嘧啶的羟甲基化（5hmC）由胞嘧啶 5 号碳上甲基化 5mC 经 TET 氧化酶氧化而来，胞嘧啶的羟甲基化和甲基化都不能被重亚硫酸盐转换，因此不能用重亚硫酸盐转换的方法区分鉴定。检测羟甲基化 5hmC 的一个代表性方法是 scAba-seq[63]，先将 5hmC 糖基化转化为 5gmC（β-葡萄糖基-5-羟甲基胞嘧啶），继而以限制性内切核酸酶 *Aba*SⅠ特异性识别对称定位的 5gmC，并在下游 3′端固定距离（11～13nt）切割双链 DNA。加上测序接头后，根据接头与测序为 C 的碱基之间的碱基数目鉴定该胞嘧啶（C）是否发生羟甲基化。*Aba*SⅠ的切割活性与切割位点两端的 DNA 链上胞嘧啶的修饰状态高度相关，如果只有一端胞嘧啶被糖基化，将大大降低该酶的切割活性（另一端的胞嘧啶为 5gmC、5hmC、5mC、C 时切割活性依次降低）。

实验步骤见图 57-7。用 T4 噬菌体 β-葡萄糖基转移酶处理基因组 DNA，将 5hmC 转化为 5gmC，再用 *Aba*SⅠ切割基因组 DNA。将切割片段连接上包含细胞条码、Illumina 5′测序接头和 T7 启动子的接头序列。将所有细胞的连接有接头的酶切片段混合后，通过体外转录的方式扩增 RNA，制备 RNA 文库后测序。

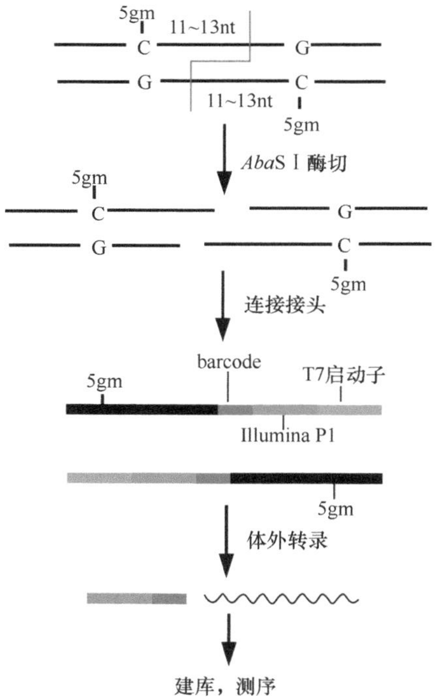

图 57-7 scAba-seq 检测单细胞的羟甲基化

将基因组 DNA 糖基化后，*Aba*SⅠ识别对称定位的 5gmC，将切割产生的 DNA 片段连接 T7 启动子，以体外转录的方式扩增 DNA，最后进行 RNA 建库

57.7　单细胞多组学测序

单细胞多组学测序（single-cell multiomics）是相对于单组学（mono-omics），即常规的单细胞组学（single-cell omics）而言。单细胞组学只描述单细胞内的一种层面的组学指标或一种分子类型，而单细胞多组学则分析一个单细胞的两种以上的多种组学指标，包括狭义的基因组学（基因组突变信息）、转录组学、一种或多种表观组学、蛋白质组学等。这些不同层面（多维度）的组学因素不仅有基于中心法则的信息传递关系，而且有非常复杂的非线性的调节网络关系。近年的研究大大拓展了经典中心法则的内容，如多种非编码 RNA 的发现、染色质之间的相互作用，但是出现了更多新疑问有待于解决。而群体细胞多种组学的综合分析又由于细胞之间的异质性，并不能准确地反映不同的表观改变或基因组突变与转录图谱、蛋白质表达图谱和细胞表型的真正内在关系。为了准确地阐明基因组、表观组和分子表型（RNA 和蛋白质）之间的联系，需要在大量的单个细胞内同时进行 DNA、RNA 或特定表观组学的测序（表 57-5）。这种单细胞水平的多组学整合分析，有望进一步完善对中心法则的基本规律的认识，并为人类的发育、衰老和疾病的机制与规律的理解提供独特角度的信息[51]。目前单细胞多组学分析已经从二维分析扩展到三维、四维甚至五维分析，如果结合细胞表型和功能分析，并且如果能进行高通量的分析，将会把这一多组学研究推进到更高的境界。

表 57-5　单细胞多组学测序的 4 种主要方法

	DR-seq	G&T-seq	scTrio-seq	scMT-seq
DNA/RNA 的损失	损失少	可能有损失	损失一半的细胞质 mRNA 和全部核 mRNA	损失一部分的细胞质 mRNA 和全部核 mRNA
RNA 测序的特征	3′端测序	全长测序	全长测序	全长测序
DNA 测序是否有污染	污染 cDNA	无	无	无
是否可进行甲基化测序	否	是	是	是

57.7.1　基因组与转录组共测序

在单细胞内同时检测基因组和转录组可以直接将细胞的基因型和转录特征（分子表型或功能状态）联系起来。在同一个单细胞内同时进行 DNA 和 RNA 测序可以得到偶联有描绘细胞双重分子特征的细胞发育谱系树，从而可以加深对正常和疾病条件下异质性的组织中单细胞组织结构方式和调控方式的深入理解。

可以用两种方式进行细胞裂解。第一种是温和的细胞裂解方法，只裂解细胞膜而不裂解细胞核，将细胞核从裂解液中分离出来后可分别进行 DNA 和 RNA 测序。2014 年报道的在微流体装置上进行细胞的裂解及细胞核和细胞质的分离，分别进行 DNA 和 mRNA 的扩增，将扩增产物导出微流体系统后，再分别进行基因组和转录组的建库与测序[64]。这是单细胞多重测序的首次报道。其后，采用相似的原理发展起来的 scMT-seq（single-cell methylation and transcription sequencing）技术可同时检测单细胞的甲基化组和转录组[65]。同样，scTrio-seq（single-cell genome，DNA methylome and transcriptome sequencing）也先进行 DNA 和 mRNA 的分离，用 scRRBS 的方法检测甲基化时可同时检测 CNV，实现了基因组、DNA 甲基化组和转录组三重测序[66]。

第二种方式完全裂解细胞并释放 DNA 和 RNA，用 DR-seq（genomic DNA-mRNA sequencing）[67]和

G&T-seq（genome and transcriptome sequencing）[68]的方式进行基因组与转录组平行测序。该方法避免了在扩增之前分离细胞核和细胞质，减少了单细胞内微量 DNA 和 mRNA 的损失，但是该方法不适合进行染色质构象分析，因为染色质结构一开始就破坏了。DR-seq 首先将 gDNA 和 mRNA 同时进行类线性扩增，然后将扩增产物分为两部分分别进行 gDNA 和 RNA 的特异性扩增，即裂解细胞后，将细胞裂解液中的 RNA 进行逆转录以形成 5′端整合有 T7 启动子的单链 cDNA，再将 gDNA 和单链 cDNA 同时进行 MALBAC 扩增。之后将反应产物一分为二，一半反应产物中的 gDNA 通过 PCR 进一步扩增后测序，但同时 cDNA 也会得到扩增而形成测序数据的噪声；另一半反应产物则先将其中的单链 cDNA 转变为双链，然后通过体外转录的方式扩增 mRNA，进行 mRNA 3′端测序。与 DR-seq 不同的是，G&T-seq 将 DNA 和 mRNA 分离后再单独进行扩增。细胞裂解液中的 mRNA 用 oligo-dT 包被的磁珠分离后，用 Smart-seq2 的方法进行转录组全长测序，而 DNA 则可经任意方式的全基因组扩增后进行测序。其中，RNA 或 DNA 也可以靶向测序，对某些实验目的来说更简便[69]。

57.7.2 转录组与表观遗传学组共测序

第一个同时检测转录组与表观遗传学组的方法为 scM&T-seq[70]。此方法为 G&T-seq 的延伸，分离的 gDNA 用 scBS-seq 的方法进行 DNA 甲基化测序。随后报道的 scMT-seq 方法用显微操作的方式分离细胞核，用 scRRBS 的方法检测 DNA 的甲基化[65]。而 scTrio-seq 通过离心分离细胞核，同样用 scRRBS 的方法检测 DNA 的甲基化。除了 DNA 的甲基化，其他表观遗传学多重测序的分析技术也有可行的发展前景，以更好、更精准地了解其他表观调控的机制和规律。最近建立的 COOL-seq（chromatin overall omic-scale landscape sequencing）可同时在单细胞内检测多达 5 个层面的基因组和表观基因组特征信息[71]。

第一个商业化的高通量单细胞多组学技术是 10x Genomics 平台于 2020 年推出的单细胞 ATAC 暨单细胞转录组联合测序技术；该技术可同时处理数千个细胞，并对每一个单细胞内的 RNA 和染色质可及性同时进行检测。也有人对同一样本的不同细胞取样分别进行单细胞 RNA 和单细胞 ATAC 检测，依赖于生物信息学的方法整合两种组学结果。前者实验性单细胞多组学测序方法应能更精确阐释同一细胞中染色质可及性与基因表达之间的相互关系；后者则较方便实现高通量，但是有时不同类型的组学参数整合较困难，目前较成功的也是 scATAC 和 scRNA-seq 的整合。

57.7.3 转录组与蛋白质组共测序

邻近延伸试验（proximity extension assay，PEA）可同时检测单细胞内 mRNA 与蛋白质的表达水平[72]。将细胞裂解液一分为二，一半用 qPCR 的方法检测特定转录组的表达水平，另一半与偶联有特定寡核苷酸单链的抗体进行孵育检测蛋白质水平。后者设计针对同一个蛋白质的不同抗原表位的两个抗体，其偶联的单链寡核苷酸可以互补配对。当两个抗体结合到同一个蛋白质后，两条核苷酸的位置足够接近，从而可配对和延伸形成特定核苷酸链，该核苷酸链可通过 qPCR 进行检测。该方法将蛋白质信号转化为核苷酸信号，同时也提高了信号的特异性。用一系列偶联有特定寡核苷酸单链探针的特定蛋白质抗体进行标记，随后对抗体偶联的探针进行 DNA 扩增，能够显示定性、定量甚至定位信息，预期很快将有更多的技术突破。

多组学测序领域面临诸多挑战，如基因组测序中等位基因丢失和位点丢失现象普遍存在；蛋白质组测序只能检测单个细胞内的少数种类蛋白质。普遍的问题是难以实现同时研究大量单细胞的高通量操作，看来微流体模式仍然是一个发展方向[64]，但是还有大量的工作要做。尽管如此，有理由相信近年来越来越多的进步最终会帮助我们完整地描绘单个细胞内的多种分子特征，为中心法则的深刻认识特别是为基本生命过程的复杂调控机制和基本发生发展机制的理解和应用带来新的突破。

57.8　总结与展望

本章主要介绍单细胞测序技术基本原理和设计，包括最新前沿的实用技术和一些代表性的经典技术。单细胞测序技术随着单细胞全基因组扩增技术和二代测序技术而诞生，虽然至今只有十余年的历史，但是发展迅速，一系列的预期多数得到了实现[1, 6, 12]。这种快速发展对生命科学和医学基础研究影响深远，开启了单细胞时代。目前单细胞转录组测序技术相对最为成熟，并在研究领域获得最广泛的应用，但是其他单细胞测序技术仍然在不断创新和完善。单细胞测序技术领域的主要问题和研究热点反映在以下 4 个方面。

57.8.1　单细胞测序技术的改进

目前单细胞测序技术的覆盖度和忠实性仍然需要提高。现有的单细胞 DNA（尤其是染色质图谱、DNA 甲基化组等表观组信息等）和 RNA 的捕获效率都比较低（如转录子捕获效率一般只有大约 20%），覆盖度有限，而且产生各种性质的偏差。通过特定的生物信息分析方法并结合序列元件的功能关系（如信号通路及特定细胞谱系标记基因、DNA 的 CGI 单位等）可以部分地解决这一问题，但是技术的进一步改进将大大提高数据质量。更重要的是，由于单细胞测序主要针对高度异质性细胞群体，较小的细胞数目难以忠实全面地反映群体细胞亚群特征，所以在单细胞表观组和多组学测序等方面迫切需要高通量、实用性强的自动化技术方案，以便能高效地进行大量单细胞的建库。一般是尽早将单个细胞核酸加上条码、合并大量单细胞在单一试管内扩增和建库，测序后再解码。在这方面，微流体技术发挥了关键作用，得益于 Fluidigm C1、10x Genomics、BD Rhapsody 等商业平台，scRNA-seq 的高通量操作日趋成熟，scATAC 也已经获得类似成功。最近的微孔测序技术（microwell-seq）也显示了独特的魅力和广泛的前景[73]。组合标记技术[24, 25, 58, 74]一般采用 2 次（甚至多达 4 次）细胞洗牌，将 2 种以上标记条码加在每个细胞 DNA 片段或转录子扩增片段的两端，这样每个细胞都有一个独特的条码组合，利用常规器材（96 孔或 384 孔 PCR 板）能实现操作流程早期的高通量建库，在多种单细胞测序领域都获得成功应用。

57.8.2　单细胞测序与其他技术的交叉

单细胞测序技术与微流体技术的结合，使得 scRNA-seq 实现了高通量自动化、平台和试剂商业化及成功应用。单细胞测序技术与高分辨率显微影像技术及病理组织学技术的交叉和结合将许多生理病理现象的解析深入到三维空间结构的单细胞精细度，前文所述的 3D 转录组测序、单细胞空间测序提供了这一技术交叉的成功样板[44, 46]。单细胞测序与基于 CRISPR 基因编辑的细胞系谱追踪技术的结合，为精准阐明组织器官发育、癌症进化动态轨迹和分子机制提供了前所未有的新手段[75-77]。其基本原理是，把一种靶向编辑的条码序列敲入到要进行系谱分析的生物或系统（如癌症模型）中，再导入 Cas9 和与靶序列对应的指导 RNA。在细胞分裂分化过程中 Cas9 不断地（每一次细胞分裂都发生，或在特定的时间经诱导发生）靶向编辑这些条码序列。后者会累积突变，单细胞水平的突变信息反映这些细胞的系统发生关系。如果直接利用生物本身基因组的重复序列作为编辑的靶序列，则每一次 Cas9 基因编辑都会留下新的印记，而旧的印记在分裂中保留。在单细胞基因组测序后，根据这些印记信息，可建立反映整个系统细胞之间发生关系的系谱树。在这一基础上，人类细胞命运图研究及基本机制研究将进入到一个四维时空水平。这种学科和技术的交叉预计也将带来单细胞蛋白质组、代谢组的新突破。

57.8.3 单细胞测序数据的生物信息分析

早期通过计算机处理数据主要解决单细胞测序数据处理的基本技术问题，如技术偏差和噪声、序列信息丢失、批次效应和生物学偏差，并在此基础上创建了单细胞测序一系列分析软件，包括数据转换、质控和标准化及可视化工具，特别是解决单细胞组成、动态改变和机制的算法及手段[78,79]。同时，单细胞测序数据的下游分析方法不断获得创新，如不同的降维方法、细胞亚型的鉴定和注释、肿瘤细胞与非肿瘤细胞鉴定、RNA 速率分析、拟时序分析、细胞状态转换轨迹、细胞通讯和交流、特定生物特征或疾病标志物鉴定、疾病机制和潜在治疗靶点、数据库的完善和更新等。目前，多组学的整合分析，包括同一层面测序数据的多层次信息的挖掘和直接的单细胞多组学测序，为进一步研究正常机体的发育及生理功能和疾病的分子调节机制提供了新的理论依据。单细胞测序在实验设计、技术平台、单细胞数目、测序深度、技术和生物学重复次数以及结果的验证等方面都提出更高的要求[30]。同时，制定单细胞测序技术标准的呼声也日益增加。越来越多的证据表明，在单细胞尺度的组学规律和群体细胞的组学规律存在巨大的不同，预期单细胞测序研究在揭示发育和不同疾病的基因组、转录组、表观组的特征和规律，以及阐明其相互关系方面将会带来一系列新的发现。

57.8.4 单细胞测序技术的应用

单细胞测序技术目前的应用主要集中在高度异质性细胞群体的基础研究，主要兴趣在细胞分群/细胞亚型鉴定、亚群变化规律（时空异质性）及其分子基础，阐明细胞之间的通讯及特定细胞群与微环境的相互作用。单细胞测序技术主要应用于癌症、神经系统及干细胞与发育方面的研究，通过在疾病机制、诊断标记和治疗药靶方面的新发现促进临床实践[80]。初步的临床应用基础研究方面主要包括第三代试管婴儿的遗传筛查和检测（PGT）、无创产前筛查和诊断（NIPT），以及基于循环肿瘤细胞（CTC）和肿瘤残留病（MRD）的单细胞检测来辅助精准治疗[81, 82]。虽然单细胞测序技术面向临床的应用才刚刚开始尝试，但是随着细胞分离、经济效率（费用昂贵）、检测时间等问题的解决，以及相应分子标记可靠的重复性、有限的假阳性和假阴性，单细胞技术和研究成果必将造福于公众健康。

致谢：本章工作受到国家自然科技基金和广东省单细胞技术与应用重点实验室运行经费资助，感谢实验室成员何锴、骆超超、林贯川、麦丽瑶、梁兵、卢严方、尹瑶、周靖晶、王琳琳等在书稿修改中的贡献。

参 考 文 献

[1] Pan, X. Single cell analysis: from technology to biology and medicine. *Single Cell Biology* 3(2014).

[2] Eberwine, J. *et al.* Analysis of gene expression in single live neurons. *Proc Natl Acad Sci U S A* 89, 3010-3014(1992).

[3] Pan, X. *et al.* A procedure for highly specific, sensitive, and unbiased whole-genome amplification. *Proc Natl Acad Sci U S A* 105, 15499-15504(2008).

[4] Tang, F. *et al.* Development and applications of single-cell transcriptome analysis. *Nat Methods* 8, S6-11(2011).

[5] Wang, F. *et al.* Robust measurement of telomere length in single cells. *Proc Natl Acad Sci U S A* 110, E1906-1912(2013).

[6] Zhang, X. *et al.* Single-cell sequencing for precise cancer research: Progress and prospects. *Cancer research* 76, 1305-1312(2016).

[7] Prakadan, S. M. *et al.* Scaling by shrinking: empowering single-cell 'omics' with microfluidic devices. *Nature Reviews*

Genetics 18, 345-361(2017).
[8] Saliba, A. E. *et al.* Single-cell RNA-seq: advances and future challenges. *Nucleic Acids Research* 42, 8845-8860(2014).
[9] Hu, P. *et al.* Single cell isolation and analysis. *Frontiers in Cell and Developmental Biology* 4, 116(2016).
[10] Macosko, E. Z. *et al.* Highly parallel genome-wide expression profiling of individual cells using nanoliter droplets. *Cell* 161, 1202-1214(2015).
[11] Huang, L. *et al.* Single-cell whole-genome amplification and sequencing: Methodology and applications. *Annu Rev Genomics Hum Genet* 16, 79-102(2015).
[12] Macaulay, I. C. & Voet, T. Single cell genomics: advances and future perspectives. *PLoS Genetics* 10, e1004126(2014).
[13] Han, L. *et al.* Bisulfite-independent analysis of CpG island methylation enables genome-scale stratification of single cells. *Nucleic Acids Research* 45, e77(2017).
[14] Gole, J. *et al.* Massively parallel polymerase cloning and genome sequencing of single cells using nanoliter microwells. *Nature Biotechnology* 31, 1126-1132(2013).
[15] Zong, C. *et al.* Genome-wide detection of single-nucleotide and copy-number variations of a single human cell. *Science* 338, 1622-1626(2012).
[16] Chen, C. *et al.* Single-cell whole-genome analyses by Linear Amplification via Transposon Insertion(LIANTI). *Science* 356, 189-194(2017).
[17] Gawad, C. *et al.* Single-cell genome sequencing: current state of the science. *Nature reviews. Genetics* 17, 175-188(2016).
[18] De Bie, J. *et al.* Single-cell sequencing reveals the origin and the order of mutation acquisition in T-cell acute lymphoblastic leukemia. *Leukemia* 32, 1358-1369(2018).
[19] Pellegrino, M. *et al.* High-throughput single-cell DNA sequencing of acute myeloid leukemia tumors with droplet microfluidics. *Genome Res* 28, 1345-1352(2018).
[20] Hou, Y. *et al.* Single-cell exome sequencing and monoclonal evolution of a JAK2-negative myeloproliferative neoplasm. *Cell* 148, 873-885(2012).
[21] Wu, H. *et al.* Evolution and heterogeneity of non-hereditary colorectal cancer revealed by single-cell exome sequencing. *Oncogene* 36, 2857-2867(2017).
[22] Dong, X. *et al.* Accurate identification of single-nucleotide variants in whole-genome-amplified single cells. *Nat Methods* 14, 491-493(2017).
[23] Baslan, T. *et al.* Optimizing sparse sequencing of single cells for highly multiplex copy number profiling. *Genome Res* 25, 714-724(2015).
[24] Vitak, S. A. *et al.* Sequencing thousands of single-cell genomes with combinatorial indexing. *Nat Methods* 14, 302-308(2017).
[25] Cusanovich, D. A. *et al.* Multiplex single cell profiling of chromatin accessibility by combinatorial cellular indexing. *Science* 348, 910-914(2015).
[26] Bostick, M. *et al.* Strand-specific transcriptome sequencing using SMART technology. *Curr Protoc Mol Biol* 116, 4. 27. 1-4. 27. 18(2016).
[27] Ziegenhain, C. *et al.* Comparative analysis of single-cell RNA sequencing methods. *Molecular Cell* 65, 631-643 e634(2017).
[28] Liu, N. *et al.* Single-cell analysis of the transcriptome and its application in the characterization of stem cells and early embryos. *Cellular and Molecular Life Sciences : CMLS* 71, 2707-2715(2014).
[29] Pan, X. *et al.* Two methods for full-length RNA sequencing for low quantities of cells and single cells. *Proc Natl Acad Sci U S A* 110, 594-599(2013).
[30] Grun, D. & van Oudenaarden, A. Design and analysis of single-cell sequencing experiments. *Cell* 163, 799-810(2015).
[31] Hwang, B. *et al.* Single-cell RNA sequencing technologies and bioinformatics pipelines. *Experimental & Molecular Medicine*

50, 96(2018).

[32] Hashimshony, T. *et al.* CEL-Seq: single-cell RNA-Seq by multiplexed linear amplification. *Cell Reports* 2, 666-673(2012).

[33] Hashimshony, T. *et al.* CEL-Seq2: sensitive highly-multiplexed single-cell RNA-Seq. *Genome Biol* 17, 77(2016).

[34] Islam, S. *et al.* Quantitative single-cell RNA-seq with unique molecular identifiers. *Nat Methods* 11, 163-166(2014).

[35] Islam, S. *et al.* Highly multiplexed and strand-specific single-cell RNA 5′ end sequencing. *Nature Protocols* 7, 813-828(2012).

[36] Islam, S. *et al.* Characterization of the single-cell transcriptional landscape by highly multiplex RNA-seq. *Genome Res* 21, 1160-1167(2011).

[37] Ramskold, D. *et al.* Full-length mRNA-Seq from single-cell levels of RNA and individual circulating tumor cells. *Nature Biotechnology* 30, 777-782(2012).

[38] Picelli, S. *et al.* Smart-seq2 for sensitive full-length transcriptome profiling in single cells. *Nat Methods* 10, 1096-1098 (2013).

[39] Fish, R. N. *et al.* Transcriptome analysis at the single-cell level using SMART technology. *Curr Protoc Mol Biol* 116, 4. 26. 1-4. 26. 24(2016).

[40] Avital, G. *et al.* Seeing is believing: new methods for in situ single-cell transcriptomics. *Genome Biol* 15, 110(2014).

[41] Lee, J. H. *et al.* Highly multiplexed subcellular RNA sequencing in situ. *Science* 343, 1360-1363(2014).

[42] Lee, J. H. *et al.* Fluorescent in situ sequencing(FISSEQ)of RNA for gene expression profiling in intact cells and tissues. *Nature Protocols* 10, 442-458(2015).

[43] Lovatt, D. *et al.* Transcriptome *in vivo* analysis(TIVA)of spatially defined single cells in live tissue. *Nat Methods* 11, 190-196(2014).

[44] Wang, X. *et al.* Three-dimensional intact-tissue sequencing of single-cell transcriptional states. *Science* 361(2018).

[45] Stahl, P. L. *et al.* Visualization and analysis of gene expression in tissue sections by spatial transcriptomics. *Science* 353, 78-82(2016).

[46] Berglund, E. *et al.* Spatial maps of prostate cancer transcriptomes reveal an unexplored landscape of heterogeneity. *Nature Communications* 9, 2419(2018).

[47] Casasent, A. K. *et al.* Multiclonal invasion in breast tumors identified by topographic single cell sequencing. *Cell* 172, 205-217 e212(2018).

[48] Moffitt, J. R. *et al.* High-throughput single-cell gene-expression profiling with multiplexed error-robust fluorescence *in situ* hybridization. *Proc Natl Acad Sci U S A* 113, 11046-11051(2016).

[49] Shah, S. *et al.* *In situ* transcription profiling of single cells reveals spatial organization of cells in the mouse hippocampus. *Neuron* 92, 342-357(2016).

[50] Clark, S. J. *et al.* Single-cell epigenomics: powerful new methods for understanding gene regulation and cell identity. *Genome Biol* 17, 72(2016).

[51] Karemaker, I. D. & Vermeulen, M. Single-cell DNA methylation profiling: Technologies and biological applications. *Trends in Biotechnology* 36, 952-965(2018).

[52] Buenrostro, J. D. *et al.* Single-cell chromatin accessibility reveals principles of regulatory variation. *Nature* 523, 486-490(2015).

[53] Jin, W. *et al.* Genome-wide detection of DNase I hypersensitive sites in single cells and FFPE tissue samples. *Nature* 528, 142-146(2015).

[54] Nagano, T. *et al.* Single-cell Hi-C reveals cell-to-cell variability in chromosome structure. *Nature* 502, 59-64(2013).

[55] Lieberman-Aiden, E. *et al.* Comprehensive mapping of long-range interactions reveals folding principles of the human

genome. *Science* 326, 289-293(2009).

[56] Ramani, V. *et al.* Massively multiplex single-cell Hi-C. *Nat Methods* 14, 263-266(2017).

[57] Rotem, A. *et al.* Single-cell ChIP-seq reveals cell subpopulations defined by chromatin state. *Nature Biotechnology* 33, 1165-1172(2015).

[58] Mulqueen, R. M. *et al.* Highly scalable generation of DNA methylation profiles in single cells. *Nature Biotechnology* 36, 428-431(2018).

[59] Guo, H. *et al.* Single-cell methylome landscapes of mouse embryonic stem cells and early embryos analyzed using reduced representation bisulfite sequencing. *Genome Res* 23, 2126-2135(2013).

[60] Gu, H. *et al.* Preparation of reduced representation bisulfite sequencing libraries for genome-scale DNA methylation profiling. *Nature Protocols* 6, 468-481(2011).

[61] Smallwood, S. A. *et al.* Single-cell genome-wide bisulfite sequencing for assessing epigenetic heterogeneity. *Nat Methods* 11, 817-820(2014).

[62] Farlik, M. *et al.* Single-cell DNA methylome sequencing and bioinformatic inference of epigenomic cell-state dynamics. *Cell Reports* 10, 1386-1397(2015).

[63] Mooijman, D. *et al.* Single-cell 5hmC sequencing reveals chromosome-wide cell-to-cell variability and enables lineage reconstruction. *Nature Biotechnology* 34, 852-856(2016).

[64] Han, L. *et al.* Co-detection and sequencing of genes and transcripts from the same single cells facilitated by a microfluidics platform. *Sci Rep* 4, 6485(2014).

[65] Hu, Y. *et al.* Simultaneous profiling of transcriptome and DNA methylome from a single cell. *Genome Biol* 17, 88(2016).

[66] Hou, Y. *et al.* Single-cell triple omics sequencing reveals genetic, epigenetic, and transcriptomic heterogeneity in hepatocellular carcinomas. *Cell Res* 26, 304-319(2016).

[67] Dey, S. S. *et al.* Integrated genome and transcriptome sequencing of the same cell. *Nature Biotechnology* 33, 285-289(2015).

[68] Macaulay, I. C. *et al.* G&T-seq: parallel sequencing of single-cell genomes and transcriptomes. *Nat Methods* 12, 519-522(2015).

[69] Kong, S. L. *et al.* Concurrent single-cell RNA and targeted DNA sequencing on an automated platform for comeasurement of genomic and transcriptomic signatures. *Clinical Chemistry* 65, 272-281(2019).

[70] Angermueller, C. *et al.* Parallel single-cell sequencing links transcriptional and epigenetic heterogeneity. *Nat Methods* 13, 229-232(2016).

[71] Guo, F. *et al.* Single-cell multi-omics sequencing of mouse early embryos and embryonic stem cells. *Cell Res* 27, 967-988(2017).

[72] Darmanis, S. *et al.* Simultaneous multiplexed measurement of RNA and proteins in single cells. *Cell Reports* 14, 380-389(2016).

[73] Han, X. *et al.* Mapping the mouse cell atlas by microwell-Seq. *Cell* 173, 1307(2018).

[74] Rosenberg, A. B. *et al.* Single-cell profiling of the developing mouse brain and spinal cord with split-pool barcoding. *Science* 360, 176-182(2018).

[75] McKenna, A. *et al.* Whole-organism lineage tracing by combinatorial and cumulative genome editing. *Science* 353, aaf7907(2016).

[76] Kester, L. & van Oudenaarden, A. Single-cell transcriptomics meets lineage tracing. *Cell Stem Cell* 23, 166-179(2018).

[77] Spanjaard, B. *et al.* Simultaneous lineage tracing and cell-type identification using CRISPR-Cas9-induced genetic scars. *Nature biotechnology* 36, 469-473(2018).

[78] Yuan, G. C. *et al.* Challenges and emerging directions in single-cell analysis. *Genome Biol* 18, 84(2017).

[79] Bacher, R. & Kendziorski, C. Design and computational analysis of single-cell RNA-sequencing experiments. *Genome Biol* 17, 63(2016).

[80] Wang, Y. & Navin, N. E. Advances and applications of single-cell sequencing technologies. *Molecular Cell* 58, 598-609(2015).

[81] Zhu, W. *et al.* Next-generation molecular diagnosis: single-cell sequencing from bench to bedside. *Cellular and Molecular Life Sciences* 74(5), 869-880(2017).

[82] Shalek, A. K. & Benson, M. Single-cell analyses to tailor treatments. *Science Translational Medicine* 9(2017).

[83] 潘星华, 朱海英, Marjani Sadie L.单细胞基因组学分析的技术前沿.遗传, 17-24(2011).

潘星华　博士，教授、博士生导师。专长单细胞测序技术，十余年来先后创造了独特的单细胞基因组、转录组和DNA甲基化扩增/测序技术，首创了多维组学、端粒长度和闭合染色质等检测技术。现为南方医科大学基础医学院基因工程研究所/生物化学与分子生物学系（教研室）主任、广东省单细胞技术与应用重点实验室主任、南方医科大学基础医学院学术委员会委员。兼任广东生化学会副理事长、广东省医学遗传学会常务理事、中国生物化学与分子生物学会基础医学专业分会委员、全国侨联特聘专家和生物医药专业委员会委员、美国耶鲁大学医学院遗传学系顾问等。研究领域为分子生物学和基因组医学；研究方向包括单细胞组学技术创新与应用、肿瘤异质性与精准医学及其他疾病的功能基因组学。研究课题获得国家自然科学基金、科技部重大专项基金、广东省重大基础培育项目、广东省珠江领军人才本土创新团队、广东省重点实验室基金、广东省高水平大学建设南方医科大学高层次人才启动经费等支持。致力于单细胞核心技术研发，以及癌症、发育、生殖、衰老、再生和干细胞等相关疾病的功能基因组学基础研究和临床应用研究。

第 58 章　核小体定位分析

刘亚平
辛辛那提儿童医院

本章概要

核小体定位指的是 DNA 双螺旋相对于组蛋白八连体的位置，是重要的表观遗传调控机制之一。本章从概述核小体定位分析开始，重点介绍了几类常用的核小体定位分析的技术方法，包括：基于酶促（如 microccocal nuclease，MNase）切割 DNA 方式的 MNase-seq，基于酶促反应（如 M.CviPI 酶）印迹方式的 NOMe-seq，以及多种基于化学或者物理切割 DNA 方式的方法技术，如对遗传工程改造后的组蛋白进行定点的羟基化学切除（chemical mapping）、硫酸二甲酯测序法（DMS-seq）、甲锭丙基乙二胺四乙酸测序法（MPE-seq）和电离辐射测序法（RICC-seq）等。

58.1　核小体定位分析概述

关键概念

- 核小体是真核生物基因组的基本组成单位。大约 147 碱基对的 DNA 环绕在组蛋白八聚体上，通过大约 20 碱基对的 DNA 连接在一起重复出现在基因组上。

核小体是真核生物基因组的基本组成单位。大约 147 碱基对的 DNA 环绕在组蛋白八聚体上，通过大约 20 碱基对的 DNA 连接在一起重复出现在基因组上[1, 2]。不同基因序列对核小体的位置有不同的影响[3]。同一基因序列由于在不同组织中带有的不同表观遗传学修饰，也会导致核小体定位的不同[4-6]。核小体定位可以通过调节转录因子及转录机器的接近程度，进而对基因转录的调控产生重要的作用[7]。因此，对基因组水平上核小体定位分布的研究将对我们了解基因组不同区域在不同细胞、组织、胚胎发育阶段及进化水平上的基因表达调控具有重要意义[7]。

在前基因组时代，已经出现了很多基于不同酶促切割和酶促反应印迹在基因组的一些区域，来有限地定位核小体的技术[8-11]。之后与基因芯片技术结合，极大地扩大了可研究的基因组区域。随着进入后基因组时代，在与二代测序技术结合之后，出现了更多的在全基因组水平上对核小体定位进行研究的新的实验技术。本文主要对三类结合二代测序的方法做介绍，最广泛应用的技术是 MNase 酶切染色质后再对剩下的 DNA 片段进行二代测序[12]。也有报道使用 DNase、Tn5 等其他酶切也能得到类似的核小体定位[13, 14]。另一类就是以 NOMe-seq 为代表的使用酶促反应（如 M.CviPI 酶）的印迹后再配合亚硫酸氢钠测序法（bisulfite sequencing）得到单碱基对精度的核小体定位[15]。最后一类就是化学或物理断裂 DNA 的方法，如对遗传工程改造后的组蛋白进行定点的羟基化学切除[16]、硫酸二甲酯测序法[17]、甲锭丙基乙二胺四乙酸测序法[18]和电离辐射测序法[19]等。

58.2 基于酶促切割 DNA 的方式

关键概念

- 受核小体保护的 DNA 对 MNase 的酶切具有抵抗作用，而裸露的 DNA 则很容易被切割。选择合适的 MNase 浓度，能在酶切后留下大约 150 碱基对长度的印迹。

58.2.1 MNase-seq 及其他方式简介

受核小体保护的 DNA 对 MNase 的酶切具有抵抗作用，而裸露的 DNA 则很容易被切割。选择合适的 MNase 浓度，能在酶切后留下大约 150 碱基对长度的印迹。利用二代测序的短片段读长就可以定位这些印迹片段在基因组上的位置，从而达到定位核小体的效果。双端测序可以得到完整的 DNA 片段起始位置，从而通过中点的位置就可以判断核小体的定位。MNase 对 A/T 5′端的切割效率比 G/C 5′端的大 30 倍左右，分析的时候要特别注意平衡切割的背景偏差。现阶段 MNase-seq 的实验方法主要有两种，一种是直接在染色质上处理 MNase，另一种是甲醛交联后再处理。第一种方式能够较好的得到具有稳定结构的核小体的排布信息；第二种方式对非稳定结构的核小体有较好作用，但同时也带来了其他非核小体结构的干扰作用。MNase-seq 详细的实验步骤可以参见文献[20]。

DNase-seq、FAIRE-seq 和 ATAC-seq 等主要利用酶切来探测染色质开放区域的方法也可以在一定程度上通过生物信息学手段得到核小体定位的相关信息，在这里不详细展开讨论。

58.2.2 MNase-seq 的原始数据预处理、质控和分析

测序结果的 fastq 文件在序列定位前可以使用常见的 fastqc 等软件进行质量控制，在经过 cutadapt 等软件去除接头和低质量碱基后，可以用 bowtie/bowtie2 或者 bwa 等软件进行比对定位到基因组的具体位置[21, 22]。之后可以用 CAM 等软件进行下列步骤的质量控制[23]。①测序深度（反映了测序的分辨率）；②AA/TT/AT 碱基的频率（反映了核小体的旋转定位）；③核小体 DNA 的长度（反映了 MNase 的反应浓度）；④启动子区域的无核小体区域；⑤在启动子下游，顺式调控元件及已知的染色质开放区域等区域附近的核小体定位情况（④和⑤反映了该实验对核小体定位的检测能力）。在去除低质量的定位序列后（定位分数过低，不唯一性定位到基因组、 PCR 冗余等），可以观察感兴趣的各种调控元件附近的核小体的分布，定位具体的核小体位置，注释完好排列的核小体区域。

58.2.3 MNase-seq 的公共数据

在基因组时代刚刚开始的时候，基因组水平核小体的研究还主要集中在酵母等其他物种上，数据量还能够存储在各实验室的服务器上。2008 年第一个人类全基因组细胞中的核小体定位的研究得以发布。之后在各种条件下核小体分布的研究都得以发布，大多数数据在 200～400million 的测序深度。两种或者多种情况下的核小体定位比较还具有非常高的挑战性，由于人类基因组的规模比较大，而核小体的分布

遍布基因组的各个位置，要进行高精度的两种情况下的比较可能需要 1～4billion 左右的测序深度。这么巨大的数据量以及涉及的个人基因型等隐私相关的数据，使得存储在个人或者各实验室网站上不再现实。在美国，原始数据通常存储在 SRA（Short Read Archive ）（很多非细胞系的人类组织数据需要获得 dbgap 的权限批准），相关的描述性和下一级较小的数据存储在 GEO（Gene Expression Omnibus）中；在欧洲，则主要存储在 ENA（European Nucleotide Archive）。在中国，中国科学院北京基因组研究所主导的 GSA（Genome Sequence Archive）最近也开始接受数据提交。文献[24]中列举了大部分公共数据库中可以查找到的在各个物种和组织中的 MNase-seq 数据。

58.3　基于酶促反应印迹的方式——NOMe-seq

关键概念

- 哺乳动物中，细胞本身内源性的甲基化主要发生在 CpG 的 C 上，NOMe-seq 使用的外源性 M.CviPI 酶催化反应的 GpC 和内源性的 CpG 甲基化之间基本不会相互影响，于是在同一次实验中，我们可以在同一个 DNA 分子上同时得到两种不同的表观遗传学信息，这也是 NOMe-seq 最大的优势。

58.3.1　NOMe-seq 简介

M.CviPI 酶是 1998 年就已经被发现的一种特异性作用于 GpC 的 DNA 甲基转移酶[25-28]。基于酶促反应印迹的方式，如 NOMe-seq[15]，采用 M.CviPI 酶对基因组上的 GpC 进行酶促反应，使 GpC 上的 C 被甲基化，之后再采取传统的亚硫酸氢钠测序法（bisulfite sequencing）得到 C 上的甲基化情况。基因组中 GpC 被核小体保护的区域被甲基化的程度要弱于处在开放染色质区域，从而可以根据 GpC 的甲基化情况得到单碱基对精度的核小体排布信息。哺乳动物中，细胞本身内源性的甲基化主要发生在 CpG 的 C 上，NOMe-seq 使用的外源性 M.CviPI 酶催化反应的 GpC 和内源性的 CpG 甲基化之间不会相互影响（除了极少数 GCG 的区域，故实际分析时主要采用 GCH 的甲基化程度来观察核小体排布、采用 HCG 的甲基化程度来观察内源性 CpG 甲基化，H 是 A、C、T，但是不包括 G 的碱基序列），于是在同一次实验中，我们可以在同一个 DNA 分子上同时得到两种不同的表观遗传学信息。其他的酶促反应方式，如采用作用于 CpG 上的 CpG Methyltransferase[29, 30]则由于会极大地影响到内源性 CpG 的甲基化，使得应用受到一定的局限。NOMe-seq 详细的实验步骤可以参见该文献，建库大约需要 20 万个细胞[31]。

上面 58.2.1 节中提到的传统的基于酶促切割 DNA 的方式虽然由于建库的步骤简单等原因得到广泛的应用，但是具有一定的局限性[32]：①最初被 MNase 酶切割下来的单个核小体周围缠绕的 DNA 片段大小不固定，大约在 200 碱基对左右，延续的 MNase 继续反应会慢慢地把片段长度缩小到 165 碱基对大小，过度的反应会丢失 H1，片段长度会缩减到 147 碱基对，甚至减少到更多的亚核小体长度，这使得定位精度受到实验条件的很大影响；②实验的分辨率局限于测序的深度，同时使得对两种或者多种情况下核小体的定位比较困难；③由于对某一区域是否有核小体主要依靠测序覆盖程度来判定，使得实验结果主要表现细胞群体的核小体定位状况，很难应用于单细胞情况下（由于单细胞测序下存在大量的缺失数据，这些区域很难与无核小体的区域区分开来）；④MNase、DNase 和 ATAC-seq 所用的 Tn5 等酶都有不同程度的序列切割偏好性，如不能很好地纠正背景切割速率，会给分析和核小体定位带来难度。使用酶促反应印迹的方式可以避免以上的一些不利情况，当然也会带来另一些问题，比如不同情况下进行核小体定位比较的时候，如何归一化处理 M.CviPI 浓度等带来的背景影响，亚硫酸氢钠测序的建库难度和需要的

DNA 量相对增加，GpC 甲基化程度的精确度受到覆盖其上的测序深度的影响，M.CviPI 的特异性问题（有 <5%的对 CpC 的甲基化作用）等。

58.3.2 NOMe-seq 原始数据预处理、质控、分析方法和可视化

在序列定位前，由于亚硫酸氢钠测序中使用的接头中的 C 都是已经甲基化的，故没有去除干净的接头序列会对之后数据中甲基化的估计产生较大的影响。在某些未知原因的情况下，使用亚硫酸氢钠的两端测序中会造成大量的反向重复序列，这些会对序列在参考基因组上的定位成功率造成很大的负面影响（表 58-1）[33]。这些序列在两端测序时，会出现第一端和第二端开始的序列，除了少部分由于亚硫酸氢钠转化序列带来的错配以外几乎完全一致，之后的序列又会出现大量的序列错配，这样即使因为前段大部分一致的序列被成功定位在参考基因组的序列上，两端测序之间的插入长度也几乎为零，朝向也一致。碰到该种情况，使用 Bis-tools 中的 invert_dups_check.pl 对序列进行一定的剪切去掉后端大量错配区域后，可基本回复正常的序列定位效率。

表 58-1 NOMe-seq 受影响后的定位率

	库类别	去除接头序列前	去除接头序列后	去除接头序列后＋剪切 inverted duplication reads
序列定位差的库	NOMe-seq	10%	27%	82%
	WGBS	22%	23%	88%
对照组	NOMe-seq	78%	78%	78%
	WGBS	80%	80%	81%

注：受 inverted duplication reads 影响的序列成功定位的百分比。序列由 BSMAP 定位。

NOMe-seq 的序列定位可以使用应用在亚硫酸氢钠测序法中的序列定位软件，如 BSMAP、Bismark、bwa-meth 等[34, 35]，将序列定位到参考基因组上。序列定位后的质量控制方面，除了常见的在亚硫酸氢钠测序中使用的质控软件，如 BSeQC [36, 37]等，还可以对下列方面进行质量管理：①在 GpC 和 CpG 上的测序深度，反映了对甲基化的估计程度的准确性；②在 CpG 岛和岛上下游 10kb 外的测序深度比值，反映了亚硫酸氢钠测序中相对加剧的 CpG 岛测序深度降低的趋势；③M.CviPI 的特异性（CpC 常染色体上的甲基化程度，以及在具有 CpG 岛的启动子区域转录起始点 CpG 的甲基化程度）；④M.CviPI 浓度等带来的背景影响（线粒体中 GpC 的甲基化程度）；⑤HCG 和 GCH 在具有 CpG 岛的启动子区域，CTCF 结合区域的甲基化模式。Bis-tools（https://github.com/DNAase/Bis-tools）的 Bis-QC 模块提供部分 NOMe-seq 质控方法。

在标注或去除低质量的定位序列后，可以使用 Bis-SNP 软件[38]的 NOMe-seq 模式（-out_modes NOMESEQ_MODE），同时得到 GCH 与 HCG 的甲基化水平，并去除由于序列中可能的单核苷酸多态引起的错误 GCH 与 HCG 估计。之后 Bis-tools 的 Bis-seg 模块提供了对 GCH 的甲基化程度使用基于 beta-binomial 模型两种溢出状态的隐马尔可夫链来定位染色质的开放与闭合区域，之后根据连续相同状态的窗口来区分核小体、核小体间与开放染色质区域等。也可以使用 NOMe-seq-analysis[39]（https://github.com/astatham/NOMe-seq-analysis ）在滑动窗口中基于卡方检验与周边的 GCH 甲基化程度进行比较来定位无核小体与核小体区域。

NOMe-seq 最大的优势是在同一个 DNA 分子上，即来自同一个细胞的同一个染色体上，能够同时得到两种表观遗传学信息，也就是说，可以研究 DNA 甲基化和核小体排布，或者 DNA 开放程度在同一个细胞中的相关程度，并在一定程度上得到细胞群体中该相关性的异质性信息。同样的，对于两个配对染色体之间的表观遗传差别，如基因组印记和 X 染色体失活等，配对染色体间不等的情况也可以在一定程度上反映这种异质性。epiG 是一个已发表且能在 haplotype 水平上对 NOMe-seq 的两个信息进行较好分析的软件[40]。

基因组水平上对 NOMe-seq 序列定位后原始序列中甲基化水平的可视化可以采用 IGV（Integrative Genomics Viewer）中的 NOMe-seq 模式[41]。如果只对某些区域感兴趣或者使用靶向重测序，则可以使用 methylcircleplot（https://github.com/ying-w/bioinformatics-figures/tree/master/methylcircleplot）或者 NOMe-seq-analysis 中的可视化程序。

58.3.3　NOMe-seq 的扩展应用

近年来，由于 NOMe-seq 技术在单分子水平上可以得到两种不同的表观遗传学信息，以及亚硫酸氢钠测序技术的进步，使得建库需要的 DNA 量进一步减少，出现了很多基于 NOMe-seq 技术的一些扩展应用。由于需要的 DNA 量的关系，最开始的 NOMe-seq 是基于细胞系建立的，之后又扩展到了人类的原生组织上。与不同盐度梯度洗脱的结合使得 NOMe-seq 不但可以探测核小体与 DNA 结合的紧密程度，从而得到一些非经典的核小体结构的信息，还可以探测转录因子与 DNA 结合的紧密程度[32]。

与 GPS（guided positioning sequencing）的结合，使得由于亚硫酸氢钠转化造成的序列复杂性降低引起的序列定位难度增大的问题得到了一定程度的解决[42]。由于重亚硫酸盐处理后接头标记技术（PBAT）[43]对亚硫酸氢钠测序的改进使得在单细胞水平上应用 NOMe-seq 成为可能，并且进一步和同时提取 RNA 分子相结合，使得能够在单细胞水平上同时得到单个细胞内的遗传信息、染色质开放程度、核小体定位、基因表达水平的多纬度信息（scNMT-seq、scCOOL-seq）[44]。这一进展将使得在不同情况（包括病理情况）下了解单个细胞内基因表达成为可能。

58.4　基于抗体富集的方式——H3 ChIP-seq

由于 H3 是核小体组蛋白八聚体中的重要组成成分，故而可以使用针对 H3 的抗体进行 ChIP-seq 来得到核小体的定位[45]。由于其实验手段和数据分析方法与 ChIP-seq 高度一致，在这里不详细展开讨论。

58.5　基于化学或者物理切割 DNA 的方式

关键概念

- 与 MNase 等酶切割主要作用于核小体外部区域的方式不同的是，CC-seq 的切割位点主要集中在核小体中心−1到+6碱基对的位置处，经过生物信息算法的反卷积后，可以得到单碱基对的定位精度。
- 甲锭丙基乙二胺四乙酸测序法（methidiumpropyl-EDTA sequencing，MPE-seq）是一种在全基因组上利用小分子 MPE 对 DNA 的切割来定位核小体位置的测序方法。
- 硫酸二甲酯测序法（DMS-seq）是采用硫酸二甲酯处理双链 DNA 后，在 G 和 A 上加上基团形成 *N*-7 甲基鸟嘌呤和 *N*-3 甲基腺嘌呤，随后的 beta 消除脱嘌呤反应中会造成 DNA 的断裂，从而达成切割 DNA 的目的[17]。

58.5.1　CC-seq

CC-seq 是一种利用游离羟基对核小体中心部位进行切割，进而测序得到核小体定位的技术[46]。核小体组蛋白 H4 中的第 47 位丝氨酸被突变成半胱氨酸（H4S47C），这个位置对称地分布在核小体中心两侧靠近 DNA 骨架的区域，在使用 EDTAcyst-NPS 作用于半胱氨酸后，二价铁离子也会来到相同的区域，加入过氧化氢后，螯合的铁离子会发生芬顿反应（Fenton reaction），创造游离羟基，从而最终对该地点的 DNA 骨架进行切割。与 MNase 等酶切割主要作用于核小体外部区域的方式不同的是，CC-seq 主要切割核小体的中心位点。在进行两端测序后，可以准确地得到核小体的间隔距离。之后 CC-seq 被应用在酵母和小鼠的细胞系中的体内实验。在酵母中使用筛选得到的含 H4S47C 的种系[16, 47]，而小鼠中则主要使用了转基因小鼠来修改大部分 H4 的基因序列[32, 48]。

CC-seq 的切割位点主要集中在核小体中心－1 到＋6 碱基对的位置处，经过生物信息算法的反卷积后，可以得到单碱基对的定位精度[49]，大约 10 碱基对的亚核糖体结构的 AA/TT/AT/TA 的周期性规律比起 MNase-seq 更强一些。此外，由于原理性不一样，能观测到一些与 MNase-seq 不一致的结果。例如，CC-seq 能够得到下一个核小体是从 DNA 双螺旋的另外一面开始，并能得到 RNAPII 与不稳定核小体的一些关系。在 CTCF、Oct4 等转录因子结合的位点，CC-seq 显示有不稳定的核小体结合在该区域，而不是像 MNase-seq 所揭示的完全无核小体区域，转录因子的结合是与核小体的占据程度成正比。与 GRO-seq 结合的结果显示，在转录起始位点下游＋1 的核小体区域，占据程度是与该基因的表达程度成正比而非之前认为的成反比。在转录的可变剪切位点，核小体是排布在外显子和内含子的交界处，而非 MNase-seq 认为的外显子中。

同样的，CC-seq 也有一些自身的局限性[32]：①必须作用于遗传工程改造的过组蛋白的细胞中，使得其很难直接应用在人类原初组织中；②对含有靶向位点的非组蛋白转录因子等蛋白质可能也会产生非特异性效用；③由于使用遗传工程改造后的组蛋白，不清楚在基因组的每个区域，该蛋白质是否会被均匀地加入核小体中，具体作用的小分子是否能均匀地到达每一个位点产生作用，这些都需要进一步的实验对照或者生物信息学的归一化来处理信号。CC-seq 的分析流程可以大致参考 MNase-seq。

58.5.2 MPE-seq

MPE-seq 是一种在全基因组上利用小分子 MPE 对 DNA 的切割来定位核小体位置的测序方法[18]。MPE 会和二价铁螯合形成复合物，在氧存在的情况下通过插入 DNA 造成单链或者双链 DNA 断裂来达成切割 DNA 的目的。与 MNase-seq 相似的是，它们都偏好作用于核小体之间的 DNA，但是小分子 MPE 相对于 MNase 酶对裸露的 DNA 具有较少的序列偏好性，使得能够发现一些与 MNase-seq 不同的核小体排布结构。有意思的是，MPE-seq 和上面的 CC-seq 都发现了相同的、与传统 MNase-seq 结论相反的非经典核小体结构，反映了染色体结构在基因调控中的复杂作用。MPE-seq 的分析流程可以大致参考 MNase-seq。

58.5.3 DMS-seq

DMS-seq 是采用硫酸二甲酯处理双链 DNA 后，在 G 和 A 上加上基团形成 N_7-甲基鸟嘌呤和 N_3-甲基腺嘌呤，随后的 beta 消除脱嘌呤反应中会造成 DNA 的断裂，从而达成切割 DNA 的目的[17]。DMS-seq 的主要目的是研究蛋白质和 DNA 的相互作用关系，继而发现也可以定位核小体的中心位置而不需要像 CC-seq 一样对基因进行改造。同样的，该方式也发现了类似的与 MNase-seq 结论相反的非经典核小体结构。

58.5.4 RICC-seq

现有的方法大部分是对单个核小体的结构等进行定位研究，而对 1～3 个核小体之间的相互作用了解甚少（50～500 碱基对）。早在 1998 年就有人利用电离辐射来研究 1～3 个核小体尺度上的染色质的核小体是怎样堆叠的[50]。最近，发明 ATAC-seq 组的 William Greenleaf 使用伽马射线的电离辐射结合二代测序得到了全基因组水平上核小体相互作用的图谱[19]。对活细胞照射伽马射线后，水分子会得到能量产生游离羟基，这些游离羟基聚集成团，会对附近约 3.5nm 范围内的 DNA 造成碱基的损伤和断裂。空间上接近的 DNA 链会多次通过这些游离羟基基团，造成聚集的损伤或者断裂。通过选择最后 DNA 链的长度在 1kb 以内，可以减少不相关的断裂。

参考文献

[1] Luger, K. *et al.* Crystal structure of the nucleosome core particle at 2.8 A resolution. *Nature* 389, 251-260(1997).

[2] Richmond, T. J. & Davey, C. A. The structure of DNA in the nucleosome core. *Nature* 423, 145-150(2003).

[3] Segal, E. *et al.* A genomic code for nucleosome positioning. *Nature* 442, 772-778(2006).

[4] Chodavarapu, R. K. *et al.* Relationship between nucleosome positioning and DNA methylation. *Nature* 466, 388-392(2010).

[5] Collings, C. K. *et al.* Effects of DNA methylation on nucleosome stability. *Nucleic Acids Res* 41, 2918-2931(2013).

[6] Huff, J. T. & Zilberman, D. Dnmt1-independent CG methylation contributes to nucleosome positioning in diverse eukaryotes. *Cell* 156, 1286-1297(2014).

[7] Radman-Livaja, M. & Rando, O. J. Nucleosome positioning: how is it established, and why does it matter? *Developmental Biology* 339, 258-266(2010).

[8] Reeves, R. & Jones, A. Genomic transcriptional activity and the structure of chromatin. *Nature* 260, 495-500(1976).

[9] Weintraub, H. & Groudine, M. Chromosomal subunits in active genes have an altered conformation. *Science* 193, 848-856(1976).

[10] Gilmour, D. S. & Lis, J. T. *In vivo* interactions of RNA polymerase II with genes of *Drosophila melanogaster*. *Molecular and Cellular Biology* 5, 2009-2018(1985).

[11] Nagy, P. L. *et al.* Genomewide demarcation of RNA polymerase II transcription units revealed by physical fractionation of chromatin. *Proc Natl Acad Sci U S A* 100, 6364-6369(2003).

[12] Henikoff, J. G. *et al.* Epigenome characterization at single base-pair resolution. *Proc Natl Acad Sci U S A* 108, 18318-18323(2011).

[13] Buenrostro, J. D. *et al.* Transposition of native chromatin for fast and sensitive epigenomic profiling of open chromatin, DNA-binding proteins and nucleosome position. *Nat Methods* 10, 1213-1218(2013).

[14] Zhong, J. *et al.* Mapping nucleosome positions using DNase-seq. *Genome Res* 26, 351-364(2016).

[15] Kelly, T. K. *et al.* Genome-wide mapping of nucleosome positioning and DNA methylation within individual DNA molecules. *Genome Res* 22, 2497-2506(2012).

[16] Brogaard, K. *et al.* A map of nucleosome positions in yeast at base-pair resolution. *Nature* 486, 496-501(2012).

[17] Umeyama, T. & Ito, T. DMS-Seq for *in vivo* genome-wide mapping of protein-DNA interactions and nucleosome centers. *Cell Rep* 21, 289-300(2017).

[18] Ishii, H. *et al.* MPE-seq, a new method for the genome-wide analysis of chromatin structure. *Proc Natl Acad Sci U S A* 112, E3457-3465(2015).

[19] Risca, V. I. *et al.* Variable chromatin structure revealed by *in situ* spatially correlated DNA cleavage mapping. *Nature* 541, 237-241(2017).

[20] Cui, K. & Zhao, K. Genome-wide approaches to determining nucleosome occupancy in metazoans using MNase-Seq. *Methods in Molecular Biology* 833, 413-419(2012).

[21] Langmead, B. *et al.* Ultrafast and memory-efficient alignment of short DNA sequences to the human genome. *Genome Biol*

10, R25(2009).

[22] Li, H. & Durbin, R. Fast and accurate short read alignment with Burrows-Wheeler transform. *Bioinformatics* 25, 1754-1760(2009).

[23] Hu, S. *et al.* CAM: A quality control pipeline for MNase-seq data. *PLoS One* 12, e0182771(2017).

[24] Teif, V. B. Nucleosome positioning: resources and tools online. *Brief Bioinform* 17, 745-757(2016).

[25] Xu, M. *et al.* Cloning, characterization and expression of the gene coding for a cytosine-5-DNA methyltransferase recognizing GpC. *Nucleic Acids Res* 26, 3961-3966(1998).

[26] Jessen, W. J. *et al.* Mapping chromatin structure *in vivo* using DNA methyltransferases. *Methods* 33, 68-80(2004).

[27] Kilgore, J. A. *et al.* Single-molecule and population probing of chromatin structure using DNA methyltransferases. *Methods* 41, 320-332(2007).

[28] Pardo, C. E. *et al.* MethylViewer: computational analysis and editing for bisulfite sequencing and methyltransferase accessibility protocol for individual templates(MAPit)projects. *Nucleic Acids Res* 39, e5(2011).

[29] Gal-Yam, E. N. *et al.* Constitutive nucleosome depletion and ordered factor assembly at the GRP78 promoter revealed by single molecule footprinting. *PLoS Genet* 2, e160(2006).

[30] Pandiyan, K. *et al.* Functional DNA demethylation is accompanied by chromatin accessibility. *Nucleic Acids Res* 41, 3973-3985(2013).

[31] Lay F. D., *et al*. Nucleosome occupancy and methylome sequencing (NOMe-seq). *Methods Mol Biol* 1708, 267-284(2018).

[32] Voong, L. N. *et al.* Genome-wide mapping of the nucleosome landscape by micrococcal nuclease and chemical mapping. *Trends in Genetics : TIG* 33, 495-507(2017).

[33] Liu, Y. Understanding nucleosome organization and DNA methylation in cancer by single molecule sequencing. Ph.D. thesis, University of Southern California(2014).

[34] Xi, Y. & Li, W. BSMAP: whole genome bisulfite sequence MAPping program. *BMC Bioinformatics* 10, 232(2009).

[35] Krueger, F. & Andrews, S. R. Bismark: a flexible aligner and methylation caller for Bisulfite-Seq applications. *Bioinformatics* 27, 1571-1572(2011).

[36] Lin, X. *et al.* BSeQC: quality control of bisulfite sequencing experiments. *Bioinformatics* 29, 3227-3229(2013).

[37] Chen, G. G. *et al.* BisQC: an operational pipeline for multiplexed bisulfite sequencing. *BMC Genomics* 15, 290(2014).

[38] Liu, Y. *et al.* Bis-SNP: combined DNA methylation and SNP calling for Bisulfite-seq data. *Genome Biol* 13, R61(2012).

[39] Statham, A. L. *et al.* Genome-wide nucleosome occupancy and DNA methylation profiling of four human cell lines. *Genomics Data* 3, 94-96(2015).

[40] Vincent, M. *et al.* epiG: statistical inference and profiling of DNA methylation from whole-genome bisulfite sequencing data. *Genome Biol* 18, 38(2017).

[41] Robinson, J. T. *et al.* Integrative genomics viewer. *Nat Biotechnol* 29, 24-26(2011).

[42] Luo, H. *et al.* Cell identity bookmarking through heterogeneous chromatin landscape maintenance during the cell cycle. *Hum Mol Genet* 26, 4231-4243(2017).

[43] Miura, F. *et al.* Amplification-free whole-genome bisulfite sequencing by post-bisulfite adaptor tagging. *Nucleic Acids Res* 40, e136(2012).

[44] Guo, F. *et al.* Single-cell multi-omics sequencing of mouse early embryos and embryonic stem cells. *Cell Research* 27, 967-988(2017).

[45] Rodriguez, J. *et al.* Genome-wide analysis of nucleosome positions, occupancy, and accessibility in yeast: Nucleosome mapping, high-resolution histone ChIP, and NCAM. *Current Protocols in Molecular Biology* 108, 21 28 21-16(2014).

[46] Flaus, A. *et al.* Mapping nucleosome position at single base-pair resolution by using site-directed hydroxyl radicals. *Proc Natl*

Acad Sci U S A 93, 1370-1375(1996).

[47] Moyle-Heyrman, G. *et al.* Chemical map of *Schizosaccharomyces* pombe reveals species-specific features in nucleosome positioning. *Proc Natl Acad Sci U S A* 110, 20158-20163(2013).

[48] Voong, L. N. *et al.* Insights into nucleosome organization in mouse embryonic stem cells through chemical mapping. *Cell* 167, 1555-1570 e1515(2016).

[49] Xi, L. *et al.* A locally convoluted cluster model for nucleosome positioning signals in chemical map. *Journal of the American Statistical Association* 109, 48-62(2014).

[50] Rydberg, B. *et al.* Chromatin conformation in living cells: support for a zig-zag model of the 30 nm chromatin fiber. *Journal of Molecular Biology* 284, 71-84(1998).

刘亚平　博士，辛辛那提儿童医院人类遗传系助理教授，辛辛那提大学医学院儿科系助理教授。2008 年获南京大学生物技术学士学位，2014 年获南加州大学遗传学博士学位，2014～2017 年在美国麻省理工学院-哈佛大学布罗德研究所做博士后，2018 年在美国 Freenome 公司任主任计算生物学家。2019 年 1 月开始在辛辛那提建立实验室。现在实验室的研究方向主要是运用计算生物学、表观遗传基因组学以及游离 DNA 来了解基因调控的机理。刘亚平博士已在 *Nature*、*Nature Genetics*、*Nature Methods*、*Genome Research*、*Genome Biology* 等期刊发表学术论文 20 余篇，总引用 8000 多次，H 指数超过 20。

第 59 章　蛋白质翻译后修饰的质谱分析

陆豪杰[1]　张　锴[2]
1. 复旦大学；2. 天津医科大学

本章概要

本章主要介绍了基于质谱技术鉴定蛋白质翻译后修饰的基本原理、策略和技术方法。首先，简要阐述了生物质谱的工作原理及主流质谱仪的特点。其次，介绍了基于质谱技术的蛋白质组学方法，并针对几种常见的蛋白质翻译后修饰形式，阐述了各自的分离分析策略和定性定量的方法。最后，本章介绍了蛋白质及蛋白质修饰相关分析的常用生物信息学工具。

59.1　生物质谱的原理和分析方法

关键概念

- 质谱（mass spectrometry，MS）是一种测量分子质荷比（*m/z*）的技术。
- 质谱分析前，样品通常要离子化成气态。常用于蛋白质和多肽的离子化方法有电喷雾离子化（electrospray ionization，ESI）和基质辅助激光解吸离子化（matrix assisted laser desorption ionization，MALDI）技术。
- 质量分析器是质谱的核心部件，也是区分质谱类型的标准。
- 串联质谱（MS/MS）分析多肽，通常是离子在一级质谱进行 *m/z* 扫描后（母离子），被选择的离子进入碰撞池内，按照特定的裂解方式发生化学键的断裂，产生一系列互补的碎片离子（子离子），然后在二级质谱扫描子离子的 *m/z*。
- 蛋白质的鉴定是基础，其分析策略主要有 Bottom-up 和 Top-down。
- 基于质谱的定量蛋白质组学方法是精确测量在多个不同生理或病理条件下，生物样本中蛋白质组表达量及翻译后修饰水平动态变化的重要方法。
- 常用的数据分析策略是，将测量数据与理论上可能存在的多肽序列及其碎片离子进行比对，从而获得测量数据最可能的多肽序列归属。

59.1.1　质谱仪器和原理

质谱是一种测量分子质荷比的技术。其基本分析过程通常是先将物质离子化，然后按离子的 *m/z* 分离，并测量各种离子谱峰的强度来分析被测物的属性和含量。一台典型的质谱仪一般由离子源、质量分析器、信号采集器和数据记录系统组成。此外，还需要进样系统、真空系统等辅助设备。其中，样品的离子化和质量分析是两个关键环节。质谱分析广泛应用于有机、无机和生物样品，这里主要介绍用于蛋白质和多肽分析的生物质谱。

1. 离子化技术

质谱分析前，样品通常要离子化成气态。常用于蛋白质和多肽的离子化方法有电喷雾离子化（ESI）和基质辅助激光解吸离子化（MALDI）技术。

MALDI 是一种针对固态样品的离子化技术，日本科学家田中耕一（Koichi Tanaka）博士最早采用这一技术分析生物大分子。其原理是：利用激光束照射分散于基质的样品，通过基质吸收光子能量，并均匀传递给样品，使固态样品气化，通过气相质子转移反应使样品发生离子化。MALDI 是一种软电离技术，可保持分析物结构完整，通常获得带单电荷的正离子，容易辨析分析物的分子质量。MALDI 可与多种类型质谱仪联用，常与时间飞行（time of fight，TOF）质谱组成 MALDI-TOF，用于检测蛋白质和多肽样品。

ESI-MS 是一种针对液态样品的离子化技术，美国科学家芬恩（John B. Fenn）博士最早采用这一技术分析生物大分子。其原理是：在喷雾器尖端施加电场，使样品液滴带电，通过溶剂蒸发和高电场下液滴崩裂现象，使电雾滴体积不断变小，直至样品变成气相离子。ESI 可以与各种质谱联用，特别适合用于高效液相色谱（HPLC）和质谱联用的接口，实现液态样品的快速离子化，HPLC-ESI-MS 是当前蛋白质和多肽样品分析的主要工具。ESI 也是一种软电离技术，可使样品带多电荷，并通过带电荷数和 *m/z* 计算被分析物的分子质量，实现在低质量扫描范围对大分子的检测。

2. 质量分析器

样品离子化后，受电场引导，进入质谱内部的真空环境，在电场或磁场质量分析器的调控下，实现不同 *m/z* 离子的分离、选择或过滤，离子最终到达检测器，并将检测信号输出转化为质谱图。质量分析器是质谱的核心部件，也是区分质谱类型的标准。目前生物质谱常用的质量分析器有 5 种：四极杆（quadrupole，Q）、离子阱（ion trap）、飞行时间（TOF）、傅里叶变换-离子回旋共振（fourier transform ion cyclotron resonance，FTICR）、静电场轨道阱（orbitrap）。

四极杆质量分析器是由四根平行的圆柱体金属杆构成（为了获得更高的分辨率，极杆由圆柱改进为弧形电极），相对的两根杆连在一起为同极，再分别施加 x、y 方向的直流电压（U）和射频电压（V），调控沿 z 方向进入四极杆的离子运行轨迹，实现不同 *m/z* 离子的分离、选择和过滤。四极杆既可作为质量分析器，也可用于离子裂解的碰撞池。常见的如三重四极杆，即三个四极杆的串联。第一个四极杆（Q1）进行离子 *m/z* 扫描，即获得母离子的 *m/z* 信息；第二个四极杆（Q2）选择一定 *m/z* 的母离子，裂解成碎片离子，即子离子；第三个四极杆（Q3）进行子离子 *m/z* 扫描，由此获得分析物分子质量和结构的碎片信息。当前，三重四极杆多反应监测（MRM）模式可实现目标分子的高灵敏度检测。

离子阱与四极杆的原理相似，经典的 3D 离子阱由一对上、下端电极和一个环形电极组成，通过在环形电极施加射频电压，调控进入离子的运行轨迹，捕获不同 *m/z* 离子。捕获离子后，通过调整电压选择一定 *m/z* 离子，将其余离子抛射出阱，可对阱内离子进行质量分析或裂解产生二级或多级碎片子离子。离子阱既是质量分析器，也是碰撞池，可实现离子的多级碎片分析。线性离子阱（LTQ）比 3D 离子阱具有更强的离子捕获能力和分析速度，在蛋白质和多肽分析中应用广泛。

飞行时间质量分析器是利用不同 *m/z* 离子在一定路径中的飞行时间不同来分离离子，并以飞行时间的相对长短来计算离子的 *m/z*。TOF 具有较高的分辨率，不仅与 MALDI 联用，与 ESI 的联用也有广泛应用。通过 Q-TOF、TOF-TOF 可进行二级质谱分析，在蛋白质和多肽分析中应用广泛。目前，TOF-TOF 还可实现超快速质谱采集，适合数据非依赖采集（DIA）模式的蛋白质组分析。

傅里叶变换-离子回旋共振质谱的工作原理是：离子在射频电场和正交磁场作用下做螺旋回转运动，当回旋运动的频率与射频电场频率相等时，产生回旋共振，并以共振频率来计算离子的 *m/z*。傅里叶变换-离子回旋共振质谱具有很高的分辨率，但扫描速度较其他质量分析器慢，适合用于 Top-down 策略的蛋白质分析。

静电场轨道阱是自 2005 年发展起来的一种新型质谱，它是利用离子在轨道阱电场中运动频率的不同，对阱内离子进行 *m/z* 分析的。静电场轨道阱分辨率高、扫描速度快，是当前蛋白质组学中主要采用的质谱分析器之一。

商品化的质谱仪，常将多种质量分析器进行组合，如 Q-TOF、Q-Trap、LTQ-Orbitrap、Trap-TOF 等，通过优势互补，以增强质谱检测的功能和效率。

3. 串联质谱

串联质谱（MS/MS）分析多肽，通常是离子在一级质谱进行 *m/z* 扫描后（母离子），被选择的离子进入碰撞池内，按照特定的裂解方式发生化学键的断裂，产生一系列互补的碎片离子（子离子），然后在二级质谱扫描子离子的 *m/z*。一级质谱提供了多肽的 *m/z* 和电荷数，可推断多肽分子质量，而二级质谱提供的碎片信息，通过比对相邻序列离子间的质量差，推断出多肽的氨基酸序列及氨基酸残基发生的质量偏移，确定修饰类型和位点。目前常用于蛋白质和多肽分析的裂解技术有：碰撞诱导解离（collision induced dissociation，CID）、电子传递解离（electron transfer dissociation，ETD）、电子捕获解离（electron capture dissociation，ECD）和高能碰撞解离（high-energy collisional dissociation，HCD）等。

CID 是一种常用的多肽裂解技术，它是采用惰性气体（如氮气或氦气）碰撞多肽离子，使多肽骨架在酰胺键处发生断裂，产生相应的 b（碎片离子的 N 端带电）和 y（碎片离子的 C 端带电）离子（图 59-1）。CID 最适合分析+2、+3 价态的多肽离子，对于含多个碱性基团、带高电荷的多肽，裂解效果较差，因此主要用于 Bottom-up 策略的多肽分析。另外，对于结构不稳定的修饰，易发生非骨架酰胺键断裂，导致修饰裂解，信息难以辨认。

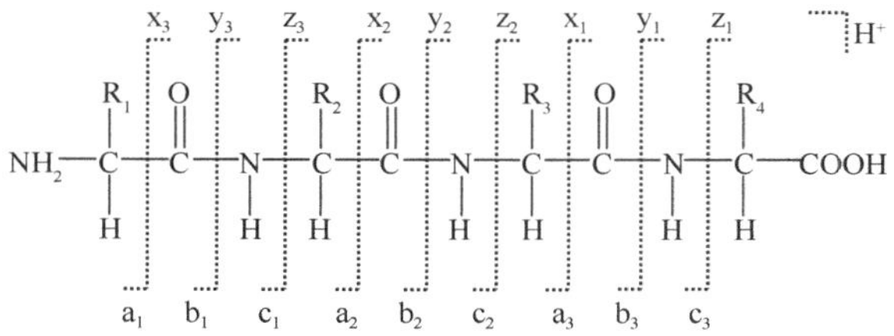

图 59-1 多肽的质谱裂解方式

CID 和 HCD 模式裂解获得 b 和 y 离子；ETD 和 ECD 模式裂解获得 c 和 z 离子，R 为氨基酸残基

HCD 是近年来发展的一种裂解技术，其裂解机制与 CID 相似，在特定的 HCD 碰撞池中进行高能碰撞诱导裂解。HCD 也产生 b 和 y 离子，b 离子还可进一步裂解成 a 离子。相比于 CID，HCD 采用更高的碰撞能量，离子裂解更为充分。由于没有离子阱 CID 中所谓低质量截止值（low mass cutoff）的约束，HCD 可以检测多肽碎片中分子质量低的 *m/z* 的信息，适合蛋白质标签上的低分子质量的报告离子（reporter）的分析。与离子阱 CID 相比，HCD 往往获得的 y 离子信息更好，而 b 离子较少。另外，由于 HCD 的二级碎片采用高分辨质谱检测，因此碎片质量精度更高。

与上述裂解技术不同，ECD 是通过阴极灯丝发射低能量的电子与带正电的多肽或蛋白质离子碰撞，从而诱发肽链发生 Cα-N 的断裂，产生互补的 c（碎片离子的 N 端带电）和 z（碎片离子的 C 端带电）离子（图 59-1），ECD 目前主要用于 FTICR 质谱。ETD 的裂解机制与 ECD 相似，所不同的是，ETD 是通过富含电子的化合物引入电子，碰撞多肽或蛋白质而引发碎片裂解。ETD 技术在离子阱质谱中应用较多。与 CID 和 HCD 相比，ECD 和 ETD 对于带有较高正电荷（>3）的肽段离子具有更好的裂解效果，因此

ETD 和 ECD 不仅用于多肽鉴定，也适合 Top-down 策略的蛋白质鉴定。

研究表明，CID/HCD 和 ETD 具有很强的互补性，在解析蛋白质结构，特别是蛋白质修饰方面联合使用可获得更多的数据信息。

4. 质谱扫描模式

目前生物质谱的扫描模式常用的有 4 种：子离子扫描（product ion scanning）、母离子扫描（precursor ion scanning）、中性丢失扫描（neutral loss scanning）和多反应监测/选择反应监测（multiple reaction monitoring，MRM；selected reaction monitoring，SRM）。

（1）子离子扫描是蛋白质组学最常用的 MS/MS 扫描模式。常用的是数据依赖型采集模式（data dependent acquisition，DDA）。首先进行全扫描，获得母离子 *m/z* 和电荷信息，然后在 MS1 筛选出某一特定 *m/z* 的母离子。随后，被选出的母离子在碰撞池中裂解，最后在 MS2 进行碎片离子的 *m/z* 扫描。DDA 获得分析物母离子及其子离子的 *m/z* 信息，容易推断多肽的氨基酸序列，是一种应用广泛的蛋白质和多肽的质谱分析模式。在实际应用中常要设置离子选择的规则（例如，根据丰度由高到低选择；采用动态排除规则避免离子过多的重复选择；排除单价非多肽离子的干扰等），以保证 MS/MS 图谱的效率，尽可能多地鉴定出样品中的多肽成分。但是由于蛋白质样品的复杂性，仍有很多母离子没有被选择而导致信息丢失。

数据非依赖型采集模式（data independent acquisition，DIA）是近年来发展的 MS/MS 模式。与 DDA 不同，DIA 让所有的母离子都进行裂解，并进行所有子离子的检测，以获取全部的母离子及子离子信息。DIA 目前有 MS^E、SWATH（sequential windowed acquisition of all theoretical fragment ions）和 AIF（all-ion fragmentation）等多种方式。其中 SWATH 目前受到较多关注，它将质谱扫描范围划分为以 25 Da 为间隔的一系列区间，在区间内的所有母离子同时裂解，并通过高速扫描来获得扫描范围内全部子离子的碎片信息，再通过软件技术对复杂质谱信息进行处理，以获得母离子和相应子离子的配对。DIA 模式可获得样品中更多多肽的质谱信息，但目前解析更为复杂。

（2）母离子扫描法是一种灵敏度较高的 MS/MS 模式，通常使用于三重四极杆。Q1 对母离子进行扫描，随后母离子进入 Q2 并进行裂解，Q3 固定扫描特定 *m/z* 碎片离子。它的主要特征是通过在 Q3 固定 *m/z* 碎片检测，在 Q1 扫描产生该碎片离子的母离子，以提高检测的灵敏度和特异性。这一方法适合用于某些蛋白质修饰的检测，如在 Q3 中瞄准 *m/z* 79（PO_3^-），可用于磷酸化检测。

（3）中性丢失扫描法是指 MS1 和 MS2 同时进行全扫描，但是二者始终保持一固定的质量差，只有在碰撞池中丢失的中性部分满足这个固定质量差的离子才被检测。在 CID 中，一些多肽修饰会发生中性分子丢失，也常作为一些化学官能团的特征，如 H_3PO_4（98Da）。中性丢失导致在 MS2 中扫描的离子比其在 MS1 中检测 *m/z* 小，相差为中性丢失的分子质量与电荷的比值。这种方法能明显改善信号的信噪比，适用于分析样品中具有某种特定修饰的多肽，最常应用的是鉴定丝氨酸或苏氨酸上的磷酸化修饰。

（4）多反应离子监测法是一种靶标分子的高灵敏度质谱分析方法。MS1 和 MS2 会分别挑选出母离子和其特定的、能代表该母离子的子离子作为扫描对象，进行靶向定位扫描，检测该物质的质谱信息。它可同时对几十个靶标进行分析，特别适合痕量目标分子的精确定量。

59.1.2　基于质谱技术的蛋白质组学

1. 研究策略

目前基于质谱的蛋白质组学技术已经成为蛋白质、蛋白质复合物、翻译后修饰，以及蛋白质结构鉴定的有力工具[1]。其中，蛋白质的鉴定是基础，其分析策略主要有 Bottom-up 和 Top-down。

（1）Bottom-up 策略，即自下而上法，通常是先将蛋白质消化/酶解成多肽，通过鉴定多肽的氨基酸序列和修饰，推断其所属蛋白质和修饰信息。

蛋白质酶解是 Bottom-up 分析中一个必需的步骤。目前最常用的是胰蛋白酶（trypsin），它通常在赖氨酸和精氨酸的羧基端（C 端）进行酶切，产生 C 端为碱性的赖氨酸或精氨酸残基的多肽，因此由胰蛋白酶酶切产生的多肽在其氨基端（N 端）和 C 端都能带上正电荷，即每条多肽都能带两个或两个以上的正电荷，这不仅能使多肽在质谱中易于与小分子干扰离子区分，而且能保障成对的裂解离子（如 b 和 y）都带有足够的正电荷，容易实现 MS/MS 检测。

一个蛋白质发生酶解后，通常会生成几十条多肽，这无疑会使样品变得更为复杂，因此在进行质谱分析前，常常需要对它进行分离、分级，以简化进入质谱前的样品复杂程度。由于酶解所产生的多肽具有较好的疏水性，且分离方法需与质谱分析兼容，因此多采用反相液相色谱法（RP-HPLC）对多肽进行预分离，可简化瞬时进入质谱仪器中样品的复杂程度，从而有利于提高蛋白质鉴定的氨基酸覆盖率。另外，HPLC 也对样品进行了在线富集，可提高检测的灵敏度，有利于低丰度组分的分析。由于在 HPLC-MS 分析过程中，通常采用正离子 ESI 模式，因此，在 HPLC 洗脱液中需添加微量挥发性酸（如甲酸），以保障样品的离子化效率。

（2）Top-down 策略，即自上而下法，是直接对完整的蛋白质（包括翻译后修饰蛋白质）进行分析。通常把整个蛋白质离子化后，直接引入质谱中进行扫描、裂解和检测，根据质谱数据获得蛋白质及其翻译后修饰的信息。由于不需要酶解，Top-down 策略样品前处理较快，且能更完整、全面地分析蛋白质序列和修饰。Bottom-up 是通过多肽来实现蛋白质分析，而 Top-down 是直接分析蛋白质，由于蛋白质分子质量大，因此会带来一些不利因素。首先，蛋白质离子化效率低，往往需要较多量的蛋白质。其次，由于其分子质量大，质谱测量的绝对误差大，对质谱仪分辨率和精确度提出了更高的要求。最后，由于蛋白质氨基酸序列长，裂解碎片结构复杂，不容易解析。这些因素都制约了 Top-down 策略在蛋白质组学中的广泛应用。

2. 蛋白质组的鉴定方法

目前常用的鸟枪法（shotgun sequencing）采用的是 Bottom-up 策略，分析流程可分为以下步骤（图 59-2）：第一步，从细胞、组织、体液或细胞器中提取蛋白质混合物；第二步，将蛋白质混合物酶解成多肽；第三步，将多肽用高效液相色谱法进行分离；第四步，多肽离子化并用质谱检测各肽段及其裂解碎片离子的分子质量。若在第二步前/后，增加蛋白质或多肽的分离步骤，可提高蛋白质的鉴定数量和序列覆盖度；若增加对翻译后修饰蛋白质的选择性富集步骤，便可鉴定蛋白质修饰组。

上述方法获得的质谱数据包含大量的多肽及其裂解碎片的分子质量信息（通常几万张质谱图），直接根据这些数据计算氨基酸序列（*de novo* sequencing）是非常具有挑战性的。因此，目前常用的数据分析策略是，将测量数据与理论上可能存在的多肽序列及其碎片离子进行比对，从而获得测量数据最可能的多肽序列归属。而理论数值的建立，首先是按照物种进行分类，提取理论上所有可能表达的蛋白质序列；其次，按照酶解规则，将蛋白质序列转换成相应的酶解多肽，这是多肽分子质量理论值的依据；再次，将理论多肽按照质谱裂解规则进行处理，计算对应的碎片离子；最后，将理论多肽及对应的碎片分子质量进行整合，组成数据库。以数据库为基础，采用专门的搜索引擎并设置搜索参数，对质谱数据进行搜索分析，可获得蛋白质的鉴定信息。因此，每个蛋白质的鉴定都是以若干条多肽的质谱测量数据为基础的。值得注意的是，每条多肽并不一定指认一个蛋白质，有些多肽序列可能同时属于不同的蛋白质。

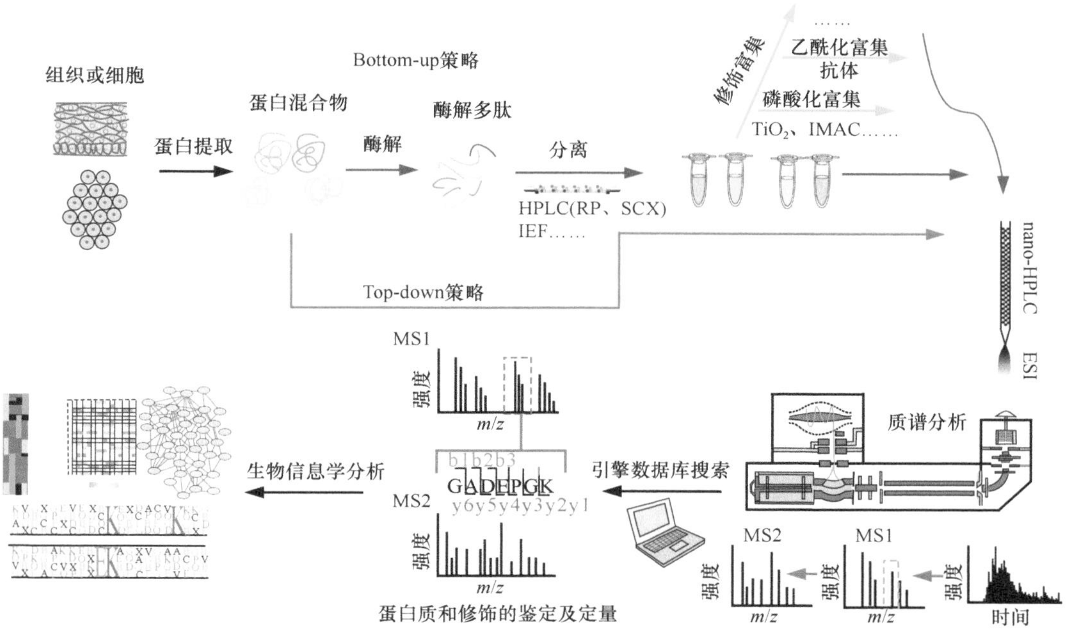

图 59-2　蛋白质及蛋白质翻译后修饰的质谱鉴定流程图

近年来，随着质谱仪器灵敏度的提高及各种富集分离方法的不断发展，蛋白质组的鉴定能力得到了快速发展，蛋白质的鉴定数量得到了大幅提高。例如，基于质谱技术绘制了人类蛋白质组草图[2, 3]，已鉴定了 18 000 多个非冗余蛋白质；构建了海量蛋白质互作网络[4, 5]，如采用丰度、化学计量和专一性三个维度表征了 5400 个蛋白质之间的 28 500 种互作。

3. 定量蛋白质组学

基于质谱的定量蛋白质组学方法是精确测量多个不同生理或病理条件下，生物样本中蛋白质组表达量及翻译后修饰水平动态变化的重要方法。根据定量目的的不同，蛋白质组学定量分析方法可分为相对定量（考察不同样本中相同蛋白质群表达量的相对变化）和绝对定量（考察样本中单个蛋白质或蛋白质组的绝对含量）。根据是否对蛋白质/多肽进行标记，蛋白质定量方法可分为标记定量和非标记定量方法。

标记定量的策略通常是在蛋白质或多肽上引入稳定同位素标签，在同一次质谱扫描中，来自不同样本、序列相同的多肽以固定差异的 *m/z* 呈现，在质谱上得以区分，而根据标记轻、重同位素肽段的相对强度，可计算蛋白质丰度的差异。该方法定量可靠性良好，可用于不同样品中蛋白质的相对定量和绝对定量。根据稳定同位素的掺入方式不同，可分为代谢标记、化学标记和酶促标记等。

代谢标记是通过生物体或细胞代谢吸收稳定同位素，在体内蛋白质表达的过程中，将差异标签引入到生物活体。最常用的方法是稳定同位素氨基酸细胞培养标记（stable isotope labeling by amino acids in cell culture，SILAC）。以两标的 SILAC 为例（图 59-3），将两组细胞分别在含有普通赖氨酸（$^{12}C_6K$）和重稳定同位素标记的赖氨酸（如 $^{13}C_6K$）培养基中培养，通过至少连续 6 次传代（重同位素可获得 98%以上的标记效率），然后将不同标记的细胞等比例混合，进行蛋白质组学分析。通过一级质谱图（MS1）上一对轻、重稳定同位素峰的强度比值来确定多肽的丰度差异，通过二级质谱（MS/MS）来确定多肽的序列。SILAC 方法主要用于细胞样品的定量分析。

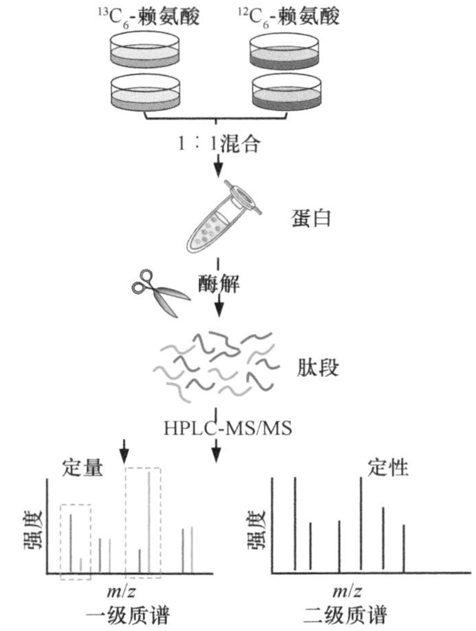

图 59-3 基于 SILAC 标记的蛋白质组定量策略

化学标记是通过轻、重稳定同位素试剂与不同样品分别进行化学反应来实现的，种类繁多，可分为非等重同位素化学标记和等重同位素标签标记。非等重同位素标记后，由于同一序列的肽段质量数增加不同，在一级质谱中产生 *m/z* 差异的对峰，可在一级质谱中进行定量。代表性方法如肽段 N 端和赖氨酸侧链氨基的二甲基化标记、半胱氨酸上巯基的 ICAT、肽段 C 端羧基的酯化标记等。而等重同位素标记后同一序列的肽段质量数增加相同，在一级质谱中呈现单峰，在多级质谱中产生 *m/z* 不同的碎片离子，从而在多级质谱中进行定量。iTRAQ（isobaric tag for relative absolute quantitation）和 TMT（tandem mass tag）是目前常用的商品化的等重化学标记试剂。iTRAQ/TMT 试剂由三部分组成：报告基团、平衡基团和反应基团（图 59-4）。iTRAQ/TMT 试剂通常与多肽 N 段的氨基及赖氨酸侧链的氨基发生反应，实现对酶解肽段的标记。在一级谱图中，来自于不同样本的同一肽段，标记后表现为相同的质荷比。在二级谱图中，由于报告基团与平衡基团的共价键断裂，使得带不同同位素标签的同一肽段产生质量不同的报告离子，根据报告离子的丰度可获得样本间相同肽段的定量信息，再经过软件处理可得到蛋白质的定量信息。化学标记方法可用于细胞、组织和体液等各种样本中蛋白质组的定量分析，并可进行多重样本的标记，如 TMT 可实现十八重标记。

酶促标记是通过酶催化在特定氨基酸位点引入稳定同位素标记。例如，在蛋白质酶解过程中（主要是胰蛋白酶），通过将 $H_2{}^{18}O$ 的 ^{18}O 转入酶解肽段的羧基，可实现肽段的同位素标记。由于标记效率、稳定性和回标等方面的改善，这一方法近年来在定量蛋白质组学中也得到广泛应用。最近，利用胰蛋白酶的连接酶活性，将稳定同位素编码的精氨酸连接到酶解肽段的 N 端，实现了对肽段的同位素标记和蛋白质的相对定量[5]。

非标记定量方法不需要对样品进行同位素标记，避免了样品前处理的繁琐和样品的损失，是较为简便的蛋白质定量方法。传统非标定量主要是依据多肽的丰度与其在质谱中被检测的次数或质谱峰强度具有一定相关性来进行蛋白质丰度的比较，如谱图计数（spectral count）、多肽离子强度计数（peptide ion intensity counting）、多肽匹配数（peptide hits）等。近年来，综合多肽计数、谱图计数和碎片离子峰强度（fragment-ion intensity）等信息的归一化非标定量法（normalized spectral index，SIN）在定量方面也有所改进。MRM 非标定量和绝对定量相结合的高通量蛋白质组分析策略，也取得了较好的定量结果。

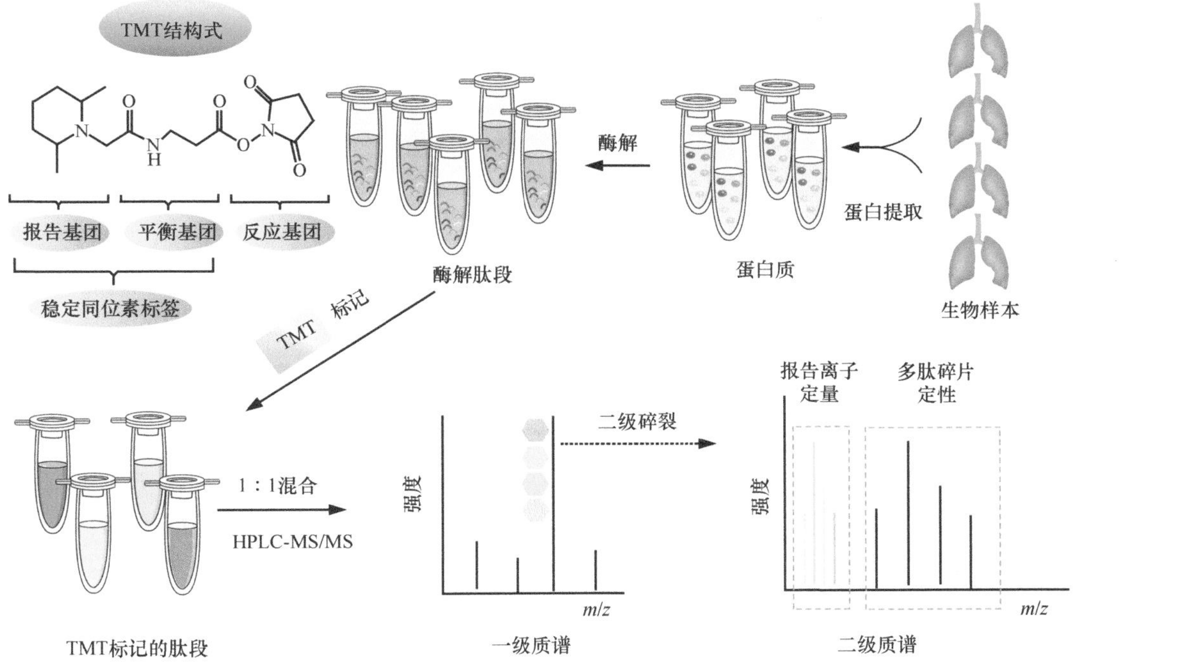

图 59-4　基于 TMT 标记的蛋白质组定量策略

目前，以上策略已广泛应用于蛋白质定量分析中并取得良好效果，如采用 TMT 技术，在蛋白质组层面上定量研究药物与底物蛋白质之间的作用[6]；通过大规模肿瘤样本的非标定量分析，发现肿瘤细胞异常表达蛋白[7]。

59.2　常见蛋白质翻译后修饰的质谱分析

关键概念

- 蛋白质翻译后修饰（post-translational modification，PTM）通常是指蛋白质由 mRNA 翻译后发生的化学加工过程，即在氨基酸残基上增加或切除某些化学基团，从而改变蛋白质的性质及其功能。
- 目前研究较多的翻译后修饰，通常是在原有氨基酸残基上添加一个化学基团，导致氨基酸残基发生一个固定的分子质量偏移。
- 蛋白质磷酸化修饰（phosphorylation）是目前最常见和研究最广泛的蛋白质翻译后修饰之一，细胞内大约 1/3 的蛋白质都存在磷酸化修饰。磷酸化具有独特的化学结构，可以通过静电作用、螯合作用、亲和抗体等多种原理进行选择性富集。蛋白质磷酸化主要是采用“鸟枪法”进行鉴定，利用串联质谱鉴定磷酸化肽。
- 赖氨酸乙酰化通常是指在乙酰化转移酶催化下，将来自乙酰辅酶 A（CoA）的乙酰基，转移到底物蛋白赖氨酸残基侧链伯胺上的反应。赖氨酸乙酰化的质谱鉴定通常采用“鸟枪法”，即以赖氨酸乙酰化多肽为目标。
- 糖基化是最重要的翻译后修饰之一，哺乳动物中 50%以上的蛋白质可能被糖基化。目前，糖蛋白质组学主要采用“鸟枪法”，涉及糖分析和糖肽分析。
- 组蛋白分为 H2A、H2B、H3、H4 和 H1 五种类型，其中 H2A、H2B、H3 和 H4 是核心组蛋白，

成对构成组蛋白八聚体复合物，外周由 147bp 的 DNA 包绕，构成真核生物细胞染色质的基本重复结构单元核小体。

- 组蛋白翻译后修饰种类繁多、形式复杂，生物质谱是目前分析组蛋白修饰最有效的方法之一，其基本技术流程包括：组蛋白的提取，组蛋白的分离，质谱鉴定，生物信息学分析和验证。

59.2.1 蛋白质翻译后修饰的质谱基本分析方法

1. 蛋白质翻译后修饰的生物学意义

蛋白质翻译后修饰通常是指蛋白质由 mRNA 翻译后发生的化学加工过程，即在氨基酸残基上增加或切除某些化学基团，从而改变蛋白质的性质及其功能。蛋白质翻译后修饰大体可分为四类：①化学官能团添加到氨基酸残基，如赖氨酸乙酰化、丝氨酸/苏氨酸/酪氨酸磷酸化、色氨酸羟基化等；②与其他蛋白质或脂肪酸的共价连接，如泛素化；③氨基酸自身化学结构的改变，如精氨酸去氨基化；④由水解酶酶解或二硫键连接引起的结构变化。目前研究报道的翻译后修饰种类已经超过 400 种，这些修饰的发生可能会改变蛋白质的电荷状态、疏水性、构象和稳定性，最终影响蛋白质的功能。翻译后修饰几乎参与了细胞所有的生命活动，在基因转录、信号转导、能量代谢等各种生物过程中都发挥了十分重要的调控作用。蛋白质修饰的异常可能会导致肿瘤等疾病的发生，因此翻译后修饰在研究疾病发生机制、药物治疗靶点等方面都具有重要价值。本章主要介绍的是由酶催化、以共价键添加到特定氨基酸残基侧链上的翻译后修饰形式，如磷酸化。

翻译后修饰增加了蛋白质分子的多样性，扩展了原有基因表达产物的局限。翻译后修饰对应的蛋白质个数大约为 2 万多个，而由于基因变异、mRNA 剪切和翻译后修饰的发生，使得人类蛋白质的数量远远超过了基因组对应的数量，呈现出来的蛋白质形式要复杂得多。

翻译后修饰与其底物蛋白质的功能密切联系。例如，组蛋白（histone）N 端含有大量的赖氨酸乙酰化和甲基化修饰，这些修饰可重塑核小体的结构，影响组蛋白与核酸的相互作用，如组蛋白赖氨酸乙酰化修饰可减弱组蛋白与 DNA 间的相互作用，有利于基因转录。另外，邻近的蛋白质修饰之间也会发生复杂的相互作用，如组蛋白 H3T3 上的磷酸化会影响 H3K4 三甲基化对转录因子的招募。

很多翻译后修饰往往受修饰酶和去修饰酶调控，如人类细胞中有大约 500 种基因编码的激酶和 100 种磷酸酶来调控磷酸化修饰基团的添加及去除。因此，翻译后修饰常常是可逆的，在一定的生物学过程中，翻译后修饰状态可能发生动态变化，这与蛋白质在不同细胞时期所发挥的功能也是密切相关的。

尽管蛋白质翻译后修饰分布十分广泛，但发生翻译后修饰的蛋白质拷贝数往往很低，不容易检测，如在酵母细胞中 75%的乙酰化修饰位点的丰度不到相应非修饰位点丰度的 0.2%[8]。

2. 蛋白质翻译后修饰的鉴定策略和方法

通常由于蛋白质修饰的丰度很低，呈动态变化，形式复杂，容易受高丰度的非修饰蛋白质干扰，且翻译后修饰本身也缺乏有效的扩增或放大技术，因此，蛋白质翻译后修饰的检测具有挑战性。目前的检测方法主要有：基于抗体的检测方法（如 Western blot）、基于放射性同位素标记的检测方法（如 ^{32}P）、基于蛋白质或多肽的生物芯片，以及基于生物质谱的蛋白质组学方法。其中，基于生物质谱的蛋白质组学方法是当前鉴定蛋白质翻译后修饰最有效的方法之一，多采用 Bottom-up 分析策略，即核心问题是鉴定酶解多肽氨基酸残基上的修饰类型和位点。

目前研究较多的翻译后修饰，通常是在原有氨基酸残基上添加一个化学基团，导致氨基酸残基发生一个固定的分子质量偏移。例如，酪氨酸磷酸化会导致酪氨酸残基的分子质量（163 Da）增加到 243 Da，即增加了磷酸化分子质量（80 Da）。因此，通过质谱检测氨基酸残基上分子质量的偏移值，便可确定修饰的类型。表 59-1 是常见修饰的分子质量偏移值。

表 59-1　常见的蛋白质翻译后修饰和在质谱中的分子质量偏移

翻译后修饰类型	修饰的主要氨基酸残基	质量偏移/Da
磷酸化	丝氨酸、苏氨酸、酪氨酸	80
乙酰化	赖氨酸，蛋白 N 端	42
甲基化	赖氨酸单、双、三甲基化 精氨酸单、双甲基化	14，28，42
糖基化	*N*-天冬酰胺	>800
	O-丝氨酸/苏氨酸	203，>800
	磷脂酰肌醇（GPI）锚定	>1000
泛素化	赖氨酸	>1000，胰蛋白酶酶切后为 114
硫酸盐	酪氨酸	80
氧化	甲硫氨酸	16
	色氨酸	4，16，32
羟基化	脯氨酸	16
甲酰化	赖氨酸	27
棕榈酰化	半胱氨酸	238
法尼基化	半胱氨酸	204，206
豆蔻酰化	N 端残基	210
巴豆酰化	赖氨酸	68
羟基丁酰化	赖氨酸	86
瓜氨酸化	精氨酸	43
琥珀酰化	赖氨酸	100
ADP-核糖基化	精氨酸，半胱氨酸，天冬酰胺，丝氨酸，谷氨酸	541
脱酰胺化	天冬酰胺，谷氨酰胺	1

利用质谱分子质量的偏移推断蛋白质修饰形式的方法可分为两类：一类是根据分子质量的偏移直接推断修饰的种类，如赖氨酸乙酰化是 42Da；另一类则需要在质谱分析前经过特殊的处理，将要研究的修饰基团裁剪成特殊的分子质量偏移。质谱检测的质量偏移与其原始的分子质量偏移不同，而以裁剪后分子质量偏移呈现，如泛素化有 76 个氨基酸残基，分子质量较大，采用质谱鉴定时，通常用胰蛋白酶将赖氨酸泛素化酶解成“KGG”的特征结构，即赖氨酸残基增加 114Da 的分子质量，再由此推断泛素化的修饰位点。

根据多肽在二级质谱中的裂解碎片比对，可推断修饰位点。因此，利用质谱方法分析蛋白质翻译后修饰不仅可鉴定修饰类型，还可以推断修饰的精确位点，这是质谱分析方法的特点和优势。而质谱鉴定的效果，往往与蛋白质的丰度、修饰程度及其在质谱裂解过程中的稳定性等密切相关。

通常由于实际样本中翻译后修饰蛋白质丰度很低，且受到高丰度非修饰蛋白质的严重干扰，直接采用质谱方法鉴定修饰蛋白质通常非常困难。在质谱鉴定前，先对修饰蛋白质进行针对性的富集是解决这一问题的有效方法。富集方法大体可分为两类：一类是以蛋白质为目标，可采用的富集方法有目标蛋白抗体富集、标签融合蛋白表达及亲和富集（如 His、GST、Flag 等亲和标签），以及根据蛋白质理化特性的分离方法（如组蛋白酸提法）；另一类是针对某一类修饰进行大规模富集，如采用泛乙酰化抗体进行乙酰化修饰肽段的富集、采用二氧化钛进行磷酸化肽段的富集。

蛋白质修饰在质谱裂解过程中的稳定性大致分为两类：一类修饰的结构十分稳定，在裂解过程中，即使在高能碰撞下，也能保持其化学结构的完整，如赖氨酸单甲基化修饰；另一类修饰结构不稳定，在裂解过程中容易丢失或部分碎片丢失，如磷酸化修饰。因此，需要掌握不同蛋白质修饰类型的质谱裂解规律和特征来解析蛋白质翻译后修饰。

大规模翻译后修饰鉴定的方法流程大体包括以下几步：①从全细胞或组织样品中提取蛋白质混合物；②利用离心、沉淀、SDS-PAGE、色谱等方法分离、纯化蛋白质混合物；③将蛋白质混合物酶解成多肽混合物；④采用反相色谱、离子色谱、等电聚焦（IEF）等方法分离多肽混合物；⑤翻译后修饰肽段的选择性富集，如采用泛抗体富集赖氨酸乙酰化肽、二氧化钛富集磷酸肽、凝集素富集糖肽等；⑥通过HPLC-MS/MS 鉴定富集得到的修饰肽段；⑦采用专门的搜索引擎和数据库进行质谱数据检索，确定翻译后修饰的属性和数量，以及修饰的生物信息学分析。下面介绍常见的磷酸化、赖氨酸乙酰化、糖基化及组蛋白修饰的质谱鉴定方法。

59.2.2 蛋白质磷酸化的质谱分析

1. 蛋白质磷酸化修饰

蛋白质磷酸化修饰（phosphorylation）是目前最常见和研究最广泛的蛋白质翻译后修饰之一，细胞内大约 1/3 的蛋白质都存在磷酸化修饰。蛋白质磷酸化是在蛋白激酶介导下，将腺苷三磷酸或三磷酸鸟苷的γ-磷酸基团转移到底物蛋白氨基酸残基的过程，一般发生在丝氨酸、苏氨酸和酪氨酸侧链的羟基上，极少数发生在精氨酸、赖氨酸侧链的氨基上，以及天冬氨酸和谷氨酰胺的侧链羧基或半胱氨酸的侧链巯基上。目前研究表明，真核生物中磷酸化修饰发生在丝氨酸、苏氨酸和酪氨酸上的比例大约分别为 90%、9.9% 和 0.1%。

蛋白质上磷酸基团的添加和去除，通常分别由激酶和磷酸化酶来调控，因此在生物体内它是一种可逆的动态修饰。磷酸化基团带有负电荷，会对带有正电荷或负电荷的氨基酸残基产生吸引或排斥作用，进而改变蛋白质的理化性质、结构及其生物学功能。磷酸化修饰的动态变化具有重要的生物学功能，涉及信号转导、细胞分裂、能量代谢等众多生物学过程的调控。例如，G 蛋白偶联受体激酶（G-protein coupled receptor kinases，GRK）可催化 G 蛋白偶联受体 C 端的丝氨酸残基发生磷酸化，从而使得受体与 G 蛋白偶联。

2. 磷酸化蛋白质的分离鉴定

自从 1883 年第一个磷酸化蛋白 Casein 发现以来，目前报道的磷酸化修饰位点已经超过 10 万个。尽管磷酸化修饰在蛋白质中广泛存在，但是由于磷酸化修饰具有动态变化、丰度低等特点，且会受到大量非磷酸化肽段的干扰，直接通过质谱方法进行大规模鉴定仍然比较困难，通常需要先对磷酸化修饰蛋白质/肽段进行富集。

1）磷酸肽段的富集方法

磷酸化具有独特的化学结构，可以通过静电作用、螯合作用、亲和抗体等多种原理进行选择性富集。目前主要的方法包括固定金属离子亲和色谱（immobilized metal affinity chromatography，IMAC）、二氧化钛（TiO_2）和抗体等富集技术。

（1）固定金属离子亲和色谱分离。

固定金属离子亲和色谱（IMAC）的固定相通常是由基质、络合剂和金属离子组成。IMAC 常用的螯合基团有三羧甲基乙二胺、次氨基乙酸、亚氨基二乙酸等，在螯合铁、镓等金属离子后可用于磷酸肽的富集。利用金属离子的正电荷与磷酸化基团的负电荷发生静电作用，可将磷酸化多肽或蛋白吸附到固定相。基于静电作用原理，IMAC 可以富集磷酸化多肽，但同时也会富集一些富含天冬氨酸或谷氨酸的酸性肽，因此特异性不高。通过优化富集条件，如离子强度、pH、有机相等，可显著提高磷酸化肽富集的选择性，IMAC 方法大约可富集 70%～90%的磷酸化多肽。最近研究发现以磷酸基团为螯合配体的 IMAC 可有效避免酸性肽段的非特异性吸附，提高磷酸肽的富集。

强阳离子交换色谱很早应用于磷酸化富集。在酸性条件下，胰蛋白酶解的非磷酸化多肽通常容易带有两个正电荷（来自于多肽 N 端氨基和 C 端赖氨酸或精氨酸侧链）。而磷酸化多肽，由于磷酸基团负电性，多肽带正电荷较低。因此，通过强阳离子色谱分离（SCX），可以将磷酸化和非磷酸化多肽分离。尽管这一方法选择性不高，但由于 SCX 可以和反相色谱联用，形成二维色谱分离，有利于磷酸化修饰多肽的鉴定。另外，SCX 也常与其他磷酸肽富集技术配合使用，以提高富集效率。

（2）二氧化钛。

二氧化钛是目前最为常用的磷酸化富集材料之一。二氧化钛与磷酸化肽段之间的特异性作用，是利用材料表面的钛离子与磷酸根中氧原子形成的配位键。在配位化学中，氧原子是电子供体，能够与金属离子形成较为稳定的配位键。而根据配位化学中的软硬酸碱理论，磷酸根中的氧原子作为一种硬碱，容易和四价钛离子（硬酸）形成较强的配位键。

二氧化钛同样会发生非特异性吸附，通过洗脱条件的改进，如在上样缓冲液中添加谷氨酸或天冬氨酸可降低非特异性吸附，提高磷酸肽的富集。另外，通过改性二氧化钛固载的基质[9]，也可以减少非特异性磷酸肽的吸附。从文献报道来看，二氧化钛比 IMAC 对磷酸肽具有更高的选择性，但二者具有一定互补性，常一起使用以提高磷酸化鉴定的覆盖效率。

（3）抗体富集。

基于抗体富集磷酸肽多用于酪氨酸磷酸化。与丝氨酸和苏氨酸磷酸化相比，酪氨酸抗体具有更好的专一性和可靠性。而酪氨酸磷酸化肽含量很低，在鉴定的磷酸化肽总量中不到 1%，容易受到其他氨基酸残基磷酸化肽的干扰。由于酪氨酸磷酸化有专门的识别蛋白结构域，如 SH_2，因此基于 SH_2 识别已发展成为酪氨酸磷酸化的富集方法。最近，通过突变改造结合区的氨基酸残基，可增强 SH_2 与酪氨酸磷酸化基团的亲和力，显著提高酪氨酸磷酸肽的富集效率，通过方法整合可鉴定到上万个酪氨酸磷酸化位点[10]。

在大规模的磷酸化蛋白质分析研究中，通常会采用多种富集方法的组合，如二氧化钛和 IMAC 联合使用、SCX 和二氧化钛串联使用，通过富集方法的互补，可提高磷酸化位点的覆盖率。

2）磷酸化位点的质谱分析

蛋白质磷酸化主要是采用“鸟枪法”进行鉴定，利用串联质谱鉴定磷酸化肽。其在质谱中的显著特征是氨基酸残基（丝氨酸/苏氨酸/酪氨酸）上一个或多个 80 Da 的分子质量偏移，通过二级质谱碎片对比，可以确定磷酸化修饰的位点。

磷酸肽的质谱裂解可采用 CID、ETD 和 HCD 等不同裂解模式。由于磷酸酯键的不稳定性，其具有独特的质谱行为。在正离子的 CID 模式下，很多丝氨酸或苏氨酸上的磷酸基团会发生 β 消除，导致一个磷酸（H_3PO_4）的丢失，分子质量减少 98 Da，即发生中性丢失。这些磷酸肽（母离子）在 MS1 进行 *m/z* 扫描分析后，在碰撞池中发生中性丢失并裂解。而酪氨酸上的磷酸基团大部分相对稳定，不发生 β 消除。对于稳定性较好酪氨酸磷酸肽，可采用母离子扫描模式进行高灵敏分析，以三重四极杆质谱为例，Q1 进行质量全扫描，在 Q2 进行 CID 裂解，Q3 用来监测磷酸化专有的碎片，如 216 是磷酸化酪氨酸残基铵盐离子的特征离子。而对于不稳定的丝氨酸或苏氨酸磷酸肽，可采用中性丢失的扫描模式，Q1 和 Q3 同时进行扫描两个不同的 *m/z*，它们的差异恰好是丢失的磷酸分子质量除以多肽的电荷数，以此来分析磷酸化肽。在离子阱检测中，由 CID 导致的磷酸中性丢失的碎片离子，还可以进一步通过三级质谱（MS/MS/MS）分析更为精细的序列信息。图 59-5 是丝氨酸和酪氨酸磷酸化肽的二级质谱碎片的图谱解析。

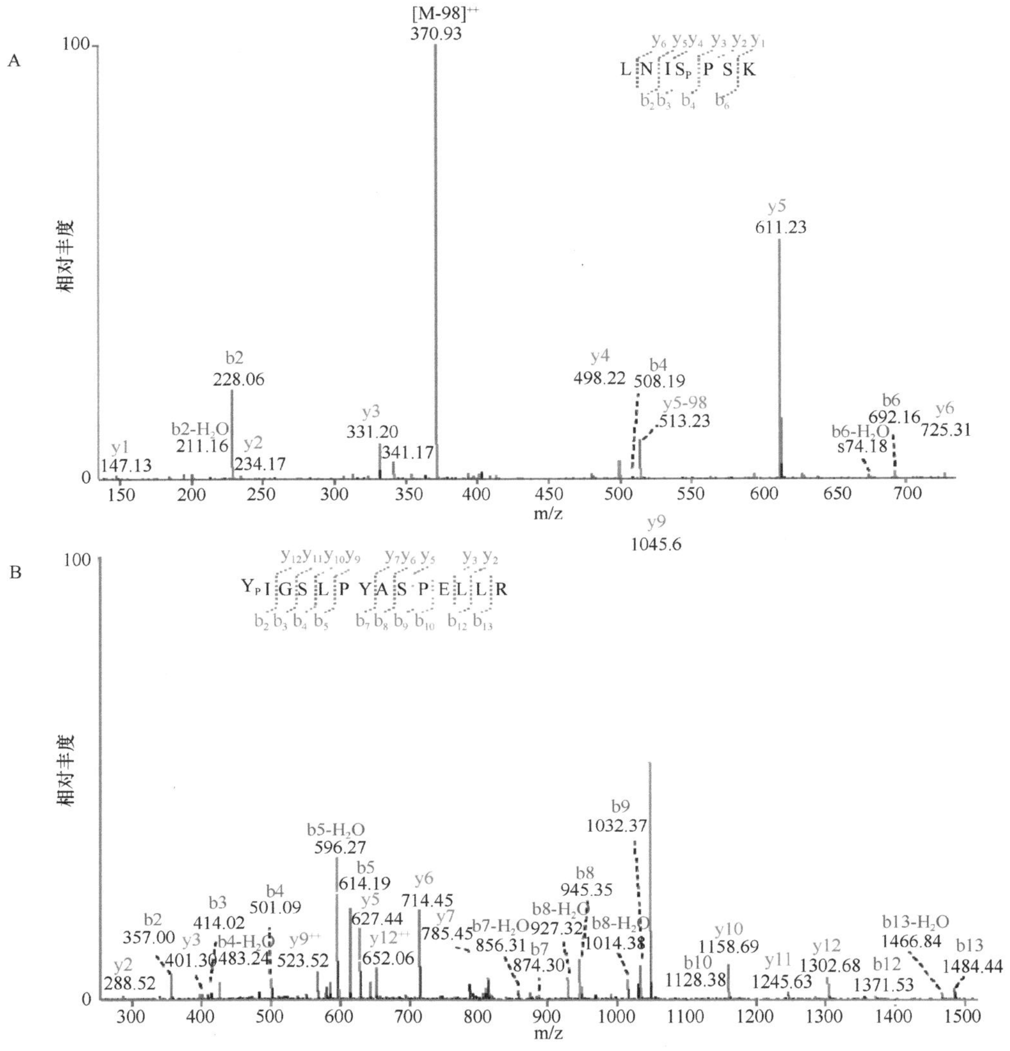

图 59-5 磷酸化肽的 CID 裂解

A. 丝氨酸磷酸化肽的 MS/MS；B. 酪氨酸磷酸化肽的 MS/MS

HCD 裂解磷酸化肽与 CID 相似，但由于裂解能量高，可产生更为广泛的碎片离子，在分辨率、准确性等方面也具有优势。ETD 在裂解磷酸化肽方面是 CID 的有力补充，对于电荷大于 2、*m/z* 较低的磷酸化肽鉴定，ETD 更具优势。

3. 磷酸化蛋白质的定量分析

1）磷酸化的相对定量

各种定量蛋白质组学方法已广泛应用于蛋白质磷酸化的相对定量。例如，采用 SILAC 标记，联合二氧化钛和 IMAC 富集、静电轨道场质谱，鉴定 HeLa 细胞 2244 个蛋白质中 6600 个磷酸化位点随表皮生长因子刺激而产生的动态变化规律[11]。目前，通过增加多维色谱分离，在细胞和组织水平可获得上万个磷酸化位点的定量信息[12, 13]。另外，大规模磷酸化的相对定量是揭示激酶、磷酸化酶及抑制剂对磷酸化网络的有效方法[14]，也是目前新药筛选研究热点。

2）磷酸化的绝对定量

由于翻译后修饰与底物蛋白所占的比例有很大的不确定性，蛋白质修饰的相对含量的变化可能不能完全反映出绝对含量的变化及真实的生理意义。这就需要进行磷酸化绝对定量分析，比较同一样品磷酸化和非磷酸化多肽的丰度比。然而由于二者在离子化效率方面可能存在差异，这为准确进行绝对定量带来了困难。

SILAC 方法可用于磷酸化绝对定量，通过轻、重标记的修饰多肽，以及相应非修饰多肽、修饰蛋白质的比例，结合数学模型，可进行 5000 多个磷酸化位点的绝对定量[15]。有报道通过运用去磷酸化方法联合 SILAC 标记，考察非磷酸化多肽在去或不去磷酸化处理的比例，可计算磷酸化的化学计量[16]。此外，通过合成同位素标记的磷酸肽作为内标，比较轻、重标记磷酸肽的峰面积，也是揭示磷酸化绝对计量的有效方法。

59.2.3　蛋白质赖氨酸乙酰化的质谱分析

1. 蛋白质赖氨酸乙酰化修饰

赖氨酸乙酰化通常是指在乙酰化转移酶催化下，将来自乙酰辅酶 A（CoA）的乙酰基，转移到底物蛋白赖氨酸残基侧链伯胺上的反应。在乙酰化转移酶（如 P300）和去乙酰化转移酶（如 Sirt1）的调节下，赖氨酸乙酰化发生可逆的动态变化，由于乙酰化中和了原有赖氨酸残基侧链上的正电荷，因此可能会改变蛋白质的结构和性质，从而影响蛋白质的功能。蛋白质赖氨酸乙酰化最早是在真核细胞组蛋白上发现的，目前已广泛报道于各种生物体，其功能涉及基因转录、信号转导、能量代谢等各种重要生物过程的调控[17]。乙酰化的异常发生，可能与多种疾病的发生、发展密切相关，如癌症、糖尿病和阿尔茨海默综合征等。

早期蛋白质赖氨酸乙酰化鉴定主要集中在组蛋白等个体蛋白质上，2006 年，联合乙酰化多肽泛抗体富集和蛋白质组学的策略开始用于赖氨酸乙酰化鉴定，采用线性离子阱质谱在人的细胞和鼠肝组织中发现了 388 个乙酰化位点[18]。2009 年，通过方法改进，采用等电聚焦分离（IEF）和静电轨道场质谱分析，在人的多种细胞的 1750 个蛋白质中发现了 3600 个乙酰化位点[19]。2010 年，在大规模乙酰化鉴定的基础上，发现了乙酰化对细胞代谢调控的关键作用[20]，提出代谢酶乙酰化调节碳源利用和代谢流。这些研究不仅提升了赖氨酸乙酰化大规模质谱鉴定水平，也促进了人们对赖氨酸乙酰化功能的认识。

2. 赖氨酸乙酰化蛋白质的分离鉴定

赖氨酸乙酰化的质谱鉴定通常采用“鸟枪法”，即以赖氨酸乙酰化多肽为目标。乙酰化的赖氨酸比裸露赖氨酸残基增加 42.0106Da 的分子质量偏移，这是赖氨酸乙酰化质谱鉴定的主要特征。目前常用于赖氨酸乙酰化鉴定的质谱裂解模式是 CID 和 HCD，乙酰化的酰胺键稳定性较好，能完整地保留在赖氨酸残基上，这使得乙酰化的质谱鉴定非常简明，图 59-6 是赖氨酸乙酰化多肽 MS/MS 的解析。由于赖氨酸三甲基化与乙酰化分子质量非常相近（相差 0.04Da），所以高分辨质谱的鉴定是十分必要的。另外，乙酰化赖氨酸的亚铵离子（*m/z* 143.1）失去 NH_3 的报告离子（*m/z* 126.1）在质谱中具有较高灵敏度，可用于 MRM 模式的赖氨酸乙酰化分析。

尽管赖氨酸乙酰化分布广泛，但发生修饰的蛋白质拷贝数很低。在酵母细胞中，超过 3/4 的乙酰化的化学计量低于 0.2%[8]。无论是细胞还是组织样品，赖氨酸乙酰化蛋白质常常被大量的非乙酰化蛋白质所掩盖，因此直接进行质谱鉴定是非常困难的。目前解决的办法主要是进行赖氨酸乙酰化富集。一方面可针对目标蛋白或蛋白质群进行富集（如组蛋白的提取）；另一方面是针对赖氨酸乙酰化的特征进行大规模富集和分析。

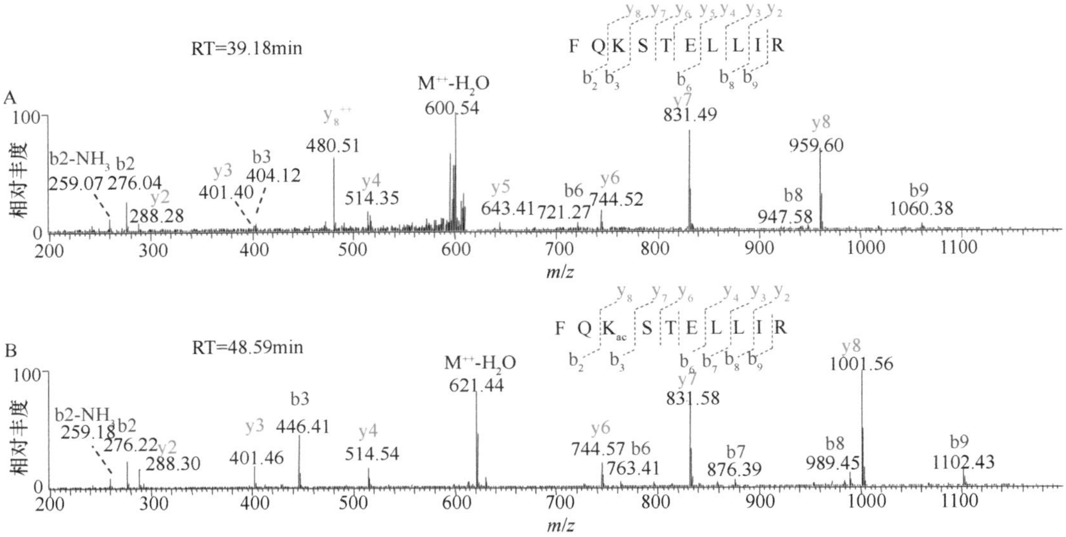

图 59-6 赖氨酸乙酰化多肽的 CID 裂解

A.非修饰肽的 MS/MS；B.赖氨酸乙酰化多肽的 MS/MS. A 和 B 具有相似的 MS/MS 碎片指纹，乙酰化的碎片离子如 y8 分子质量增加了 42Da

目前，泛抗体富集技术是赖氨酸乙酰化多肽最有效的富集方法，将低丰度的赖氨酸乙酰化修饰从复杂的蛋白质酶解产物中提取出来，减少了大量的非修饰多肽的干扰，是提高乙酰化多肽分析灵敏度、实现大规模乙酰化鉴定的关键。此外，在酶解前进行样品分级处理，可以减少每份样品的复杂程度，增加乙酰化的检测动态范围，从而提高蛋白质乙酰化的鉴定效果。目前应用于乙酰化分级的方法有高 pH 反相色谱[21]、等电聚焦（IEF）[19]、离子交换色谱等[22]。另外，为防止去乙酰化酶的影响，通常在细胞裂解和蛋白质提取过程中添加去乙酰化酶抑制剂，也是保障赖氨酸乙酰化位点鉴定数量的方法。采用富集技术和高灵敏质谱鉴定，可实现上千个赖氨酸乙酰化位点的鉴定[23]。最近在 16 种大鼠的组织中共鉴定到 15 474 个赖氨酸乙酰化位点，分布于 4541 个蛋白质上[24]。近年来，也有采用功能化的乙酰 CoA 模拟物，修饰蛋白底物，再通过 Click 反应引入化学报告基团或富集标签，实现乙酰化的鉴定[25]。

3. 赖氨酸乙酰化蛋白质的定量分析

利用定量蛋白质组学方法研究乙酰化在生理/病理条件的动态变化，是目前揭示乙酰化的生物学意义和功能的重要手段，已经广泛应用于肿瘤、糖尿病、细胞重编程等生物医学领域。可采用的方法包括 SILAC[21]、化学标记（如 TMT）[26]，以及非标定量等。由于赖氨酸可以在不需要酶催化下，通过乙酰 CoA 直接添加乙酰化[27]，因此采用定量蛋白质组学研究去乙酰化酶及其抑制剂对赖氨酸乙酰化网络的调节引起更多的关注。例如，Sirt1 对各细胞通路中蛋白质乙酰化的调节[21]、Sirt3 对线粒体蛋白质乙酰化的调节[26]。最近，一个大规模乙酰化组的定量研究，系统揭示了涉及 18 种赖氨酸去乙酰化酶的 19 种抑制剂对赖氨酸乙酰化网络的调控[22]。

赖氨酸乙酰化的绝对定量起初在组蛋白等单个蛋白质的乙酰化研究中实现，采用的关键技术是重同位素乙酸酐化学衍生未修饰赖氨酸[28]。大规模赖氨酸乙酰化的绝对定量是近几年开展起来的，采用的策略是将天然未修饰的赖氨酸转变成重同位素标记的乙酰化赖氨酸，然后比较天然赖氨酸乙酰化和重同位素化学乙酰化的丰度，从而实现绝对量化分析。目前采用的方法有：基于稳定同位素标记的乙酰化多肽碎片，即乙酰化赖氨酸亚铵离子强度分析[29]；基于乙酰磷酸和 SILAC 不完全标记法，考察天然乙酰化与部分化学乙酰化多肽的计量比[8]；基于未修饰赖氨酸完全化学标记法[30]；基于连续稀释-SILAC 技术，联合完全和不完全化学乙酰化标记的分析方法[31]。

59.2.4　蛋白质糖基化的质谱分析

1. 蛋白质糖基化修饰

糖基化是最重要的翻译后修饰之一，哺乳动物中50%以上的蛋白质可能被糖基化。糖蛋白广泛分布于生命体中，特别是在细胞膜上和体液中含量丰富，大部分膜蛋白和分泌蛋白都是糖蛋白。糖基化修饰不仅影响蛋白质的折叠和空间构象、生物活性、运输和定位，而且在分子识别、细胞通信、信号转导等特定生物过程中发挥着至关重要的作用。蛋白质糖基化的动态变化与肿瘤等疾病的发生发展密切相关，在生物标志物和靶向治疗方面具有重要意义。

在真核细胞中，蛋白质的糖基化类型主要有 *O*-糖基化和 *N*-糖基化。*O*-糖基化主要发生在丝氨酸/苏氨酸残基侧链的羟基上。*N*-糖基化修饰主要发生在天冬酰胺侧链的酰胺氮上，具有特异性氨基酸序列“天冬酰胺-X-丝氨酸/苏氨酸（N-X-S/T）”（其中 X 是除脯氨酸以外的任意氨基酸）。与天冬酰胺相连接的糖链以五糖核心为基础，一般有高甘露糖、混合型和复杂型。

2. 糖基化蛋白质的鉴定和定量分析

与常见的翻译后修饰不同，糖链的多样性使得糖基化形式非常复杂，一条蛋白质上可能会连接有几十条，甚至上百条多种形式的糖链，因此蛋白质糖基化的结构鉴定十分具有挑战性。基于质谱的蛋白质组学技术是目前糖蛋白解析的重要方法。糖链的复杂形式，对质谱离子化和数据解析都带来很多困难。目前，糖蛋白质组学主要采用“鸟枪法”，涉及糖分析和糖肽分析。其中，糖结构分析需要用酶将糖从蛋白质上切除，进行专门鉴定。糖肽结构分析则可保留糖在多肽序列中的定位，基本流程包括：①糖蛋白的提取；②酶解成多肽和糖肽；③糖肽富集和分离；④糖肽的串联质谱分析；⑤数据的检索和糖基化的鉴定。

1）糖蛋白和糖肽的富集

由于糖基化修饰动态变化、形式复杂，酶解糖肽的丰度可能很低，且糖基化修饰不利于糖肽在质谱中的离子化，因此糖蛋白/糖肽的富集是十分必要的。根据不同原理，糖蛋白有很多种富集方法，如凝集素亲和技术、肼化学富集法、亲水色谱法、硼酸化学法等。凝集素亲和技术是常见的富集方法，凝集素能特异性识别并结合一个或几个特异糖基，实现糖蛋白分离纯化。富集的蛋白酶解产物再次通过凝集素亲和富集，可纯化富集糖肽。硼酸化学是利用硼酸与糖基上的顺式二醇生成共价键形成硼酸酯，而在酸性条件这一反应逆向进行，以此来实现糖肽的富集和释放。当前大量带有硼酸的功能化材料被开发[32]，可用于大规模糖蛋白/糖肽的富集。

2）糖肽的质谱鉴定

由于糖链复杂和多样的结构，糖肽的二级质谱碎片十分复杂。糖肽采用串联质谱鉴定，除了 b/y、c/z

离子外，还有糖链部分特征的离子。通过将测量的二级谱图与糖肽的理论碎片离子进行匹配或者从头测序分析，可解析糖肽序列和糖链结构。由于单糖-单糖之间连接的糖苷键与氨基酸-氨基酸之间连接的肽键的键能等理化性质不同，导致糖链的碎裂与肽段的碎裂有较大差别。目前最常见的裂解模式有 CID、HCD 和 ETD。

以 *N*-糖肽的裂解为例，由于 CID 的碰撞能量较低，低键能的糖苷优先断裂，而肽键就不易裂解。因此常观测到糖链结构，而不易发现肽段碎片离子，难以独立完成糖肽的鉴定。HCD 是高能碰撞，因此糖苷键断裂后，容易发生二次裂解，可以鉴定到肽段碎片离子。同时由于 HCD 利用轨道阱检测离子，克服了离子阱检测的 1/3 效应，从而能够检测到低质荷比区域的离子，观察到糖肽的氧鎓离子。因此，HCD 在糖肽分析中较 CID 更具有优势。ETD 主要裂解糖肽的肽段部分的 N-Cα 键，产生糖肽的 c/z 离子。ETD 可产生丰富的糖肽 c/z 离子，此时糖链并不碎裂，在糖基化位点上保持完整连接，这为糖肽的肽链解析提供了更好的机会。

3）糖基化蛋白质组定量

目前 SILAC、化学标记、MRM 等方法已应用于蛋白糖基化的定量分析。在相对定量方面，SILAC 和化学标记是主要的糖基化定量手段。如采用 super-SILAC 策略定量分析乳腺癌细胞，在 11 个细胞系中鉴定并定量分析了 1398 个 *N*-糖位点[33]。通过糖肽的酰阱固相富集和稳定同位素二甲基化标记的整合技术，可获得较好的糖肽的定量[34]。最近，一种基于功能化二溴硅烷探针代谢标记糖链的方法，可实现靶向糖肽的富集和鉴定，在定量方面也预示了潜力[35]。在绝对定量方面，通过比较糖肽和对应非糖肽的相对丰度，可以确定糖基化的绝对计量[36]。

59.2.5 组蛋白修饰的质谱分析

1. 组蛋白修饰

组蛋白分为 H2A、H2B、H3、H4 和 H1 五种类型，其中 H2A、H2B、H3 和 H4 是核心组蛋白，成对构成组蛋白八聚体复合物，外周由 147bp 的 DNA 包绕，构成真核生物细胞染色质的基本重复结构单元核小体。核心组蛋白包括从核小体表面伸出的相对无结构的 N 端 “组蛋白尾巴”、球状核心结构域和 C 端。组蛋白 N 端尾部富含带正电的赖氨酸和精氨酸，易于发生多种翻译后修饰，包括甲基化、乙酰化、磷酸化、泛素化、丙酰化、丁酰化、脯氨酸异构化、ADP-核糖基化、瓜氨酸化、巴豆酰化、丙二酰化、琥珀酰化、2-羟基异丁酰化等 20 种修饰[37]。这些修饰可通过改变组蛋白分子的电荷性或核小体间的相互作用，调节染色质的组装，进而调控染色质的高级结构及 DNA 结合蛋白的进入。另外，组蛋白修饰还可以招募专门的识别蛋白及伴侣复合物来调整染色质的结构，进而影响染色质与结合蛋白之间的互作以及相应的生物学过程。因此，组蛋白修饰在以 DNA 为模板的生物学过程中发挥了重要作用，被认为是一类重要的表观遗传密码，它的动态变化可以调控基因表达，决定细胞命运。

2. 组蛋白修饰的分离鉴定

组蛋白翻译后修饰种类繁多、形式复杂，生物质谱是目前分析组蛋白修饰最有效的方法之一，其基本技术流程包括：组蛋白的提取，组蛋白的分离，质谱鉴定，生物信息学分析和验证。

1）组蛋白的提取和分离

组蛋白呈碱性，在细胞核染色质中有特殊定位，有专门的提取方法。目前常用的是“酸提法”[38]，即基于组蛋白在强酸（盐酸或硫酸）中溶解和三氯乙酸（TCA）中沉淀的性质，将组蛋白抽提，再通过冷丙酮漂洗，即可提取高浓度的组蛋白。“酸提法”产率较高，但大量强酸可能会水解一些不稳定的蛋白质修饰如磷酸化，造成修饰基团的丢失，因此也有采用高盐萃取方法。

对于组蛋白提取物的分析，最简单的方法是使用聚丙烯酰胺凝胶电泳（SDS-PAGE）分离后，分别切割各组蛋白条带进行胶内酶解，提取多肽进行质谱分析。当然，也可以采用 HPLC 方法对组蛋白变体进行较为精细的分离。常用的分离模式是反相色谱，由于组蛋白分子质量不大，且在酸性水溶液中溶解性较好，多采用 C18 色谱填料的固定相，在分离 H2A、H2B、H3 和 H4 等不同类型组蛋白的同时，还可分离同一类组蛋白的变体，如 H3.1、H3.2 和 H3.3 等。另外，鉴于组蛋白亲水性较强的特性，也有采用亲水色谱（hydrophilic interaction liquid chromatography，HILIC）分离组蛋白的研究。

2）基于 Bottom-up 鉴定组蛋白修饰

目前，组蛋白修饰的质谱鉴定主要采用 Bottom-up 策略，即先将提取的组蛋白酶解成多肽，然后反相液相色谱分离、串联质谱鉴定，再通过多肽上修饰的解析，推演组蛋白修饰的定位。组蛋白酶解常采用胰蛋白酶。与一般蛋白修饰鉴定不同，组蛋白的 N 端赖氨酸密集，位置邻近，含有大量动态修饰，这导致：①酶解多肽上可能多种修饰共存，如组蛋白 H4 的一段酶切多肽包含 4 个赖氨酸乙酰化修饰；②同一段氨基酸序列，可能有多种酶切的多肽形式，如组蛋白 H4 氨基酸序列 5～16，可能有几十条不同形式的酶解多肽，这就导致组蛋白酶解样品复杂程度大大增加，对质谱鉴定以及后续的定量带来困难；③一些酶切肽段长度太短、疏水性差，在反相色谱上保留太弱，也不利于鉴定；④组蛋白酶解肽段存在大量漏切现象，这也为修饰的准确定量分析带来困难。而改用其他酶如 ArgC，由于专一性或性能等问题，也导致组蛋白修饰的鉴定和重复性不理想。

利用化学试剂对组蛋白裸露的赖氨酸进行衍生化保护，再进行胰蛋白酶解，是一种有效的改进方法[39]。目前常用的试剂是丙酸酐和乙酸酐，可高效地将裸露的赖氨酸，以及单甲基化赖氨酸和 N 端的氨基进行丙酰化衍生，阻止胰蛋白酶酶切，规整酶解产物的长度，简化形式，提高多肽的鉴定效果。这一方法也可用于直接胰蛋白酶酶解多肽的 N 端氨基的衍生，以增加酶解多肽的疏水性，提高鉴定效果。

通过上述富集和衍生方法的组合使用，可以提高组蛋白氨基酸序列鉴定的覆盖率，增加组蛋白修饰的鉴定数量[40]。此外，采用 Bottom-up 策略，结合蛋白修饰非限定性检索，计算氨基酸残基发生的分子质量偏移，推测对应的化学结构，再进行生化方法验证，已成为鉴定蛋白新修饰的有效方法，基于这种策略目前已鉴定到大量的组蛋白新修饰，如组蛋白赖氨酸丁酰化、丙酰化、巴豆酰化、琥珀酰化、2-羟基异丁酰化等[40-43]。

组蛋白修饰多为赖氨酸酰化形式，化学性质稳定，在质谱裂解过程中保持较完整的化学结构，有利于鉴定和解析。采用 Bottom-up 策略鉴定组蛋白修饰，多采用 CID 和 HCD 裂解模式。比较特殊的是，组蛋白酶解多肽常包含多个修饰，图 59-7 是 3 个乙酰化多肽的裂解碎片。质谱中鉴定的组蛋白不同修饰的组合形式也可能孕育着不同的生物学意义。

3）基于 Top-down 和 Middle-Down 策略鉴定组蛋白修饰

组蛋白分子质量相对较小，而其丰度较大，适合 Top-down 分析，同时避免酶解产生的问题，在鉴定组蛋白修饰间精确关系方面具有潜力[44]。采用 Top-down 策略，在质谱分析前，组蛋白通常采用 WCX-HILIC、RP-HPLC 等色谱进行分离，简化样品的复杂程度。组蛋白带有高电荷，通常采用 ETD 或 ECD 进行蛋白碎片裂解。由于分子质量较大，离子化较差，通常需要较多的样品，而且需要采用高分辨质谱进行检测，减少分析的误差。另外，从 Top-down 获得的组蛋白裂解碎片非常复杂，质谱解析具有很大的挑战性，这制约了 Top-down 策略在组蛋白修饰鉴定方面的应用。

Middle-Down 是对 Top-down 分析组蛋白修饰策略的改进。鉴于组蛋白序列的特殊性，可采用 Asp-N 或 Glu-C 酶将组蛋白 H3 的 N 端氨基酸 1～50、组蛋白 H4 的 N 端氨基酸 1～23 整体切下，再进行质谱分析。这种策略减少了 Top-down 分析中的难度，也保存了对组蛋白 N 端修饰的完整分析。采用这一策略可实现组蛋白 H3.2 的 150 个不同修饰形式的鉴定[45]。

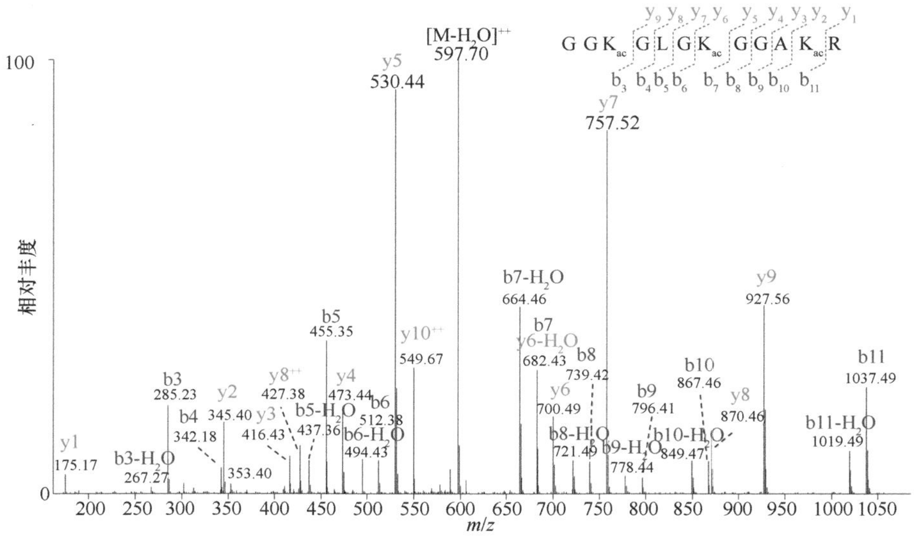

图 59-7 组蛋白酶解多肽的 CID 裂解质谱图

三个连续的赖氨酸发生乙酰化，不能发生胰蛋白酶酶切，多个修饰共存一条酶解多肽

Bottom-up 和 Top-down/Middle-down 在组蛋白分析中具有互补性。前者不要求质谱数据的复杂解析，灵敏度较高；后者在对组蛋白修饰谱的综合理解方面具有优势。

3. 组蛋白修饰的定量分析

组蛋白修饰动态变化、形式复杂，组蛋白修饰的定量为理解组蛋白修饰生物学意义提供了重要线索和依据，包括相对定量和绝对定量。相对定量是表征组蛋白修饰在不同样本中丰度的相对改变；绝对定量是理解同一位点不同修饰（包括非修饰）的丰度比。采用的技术包括非标定量、SILAC、化学同位素标记，以及同位素标准肽添加等方法。

1）组蛋白修饰的相对定量

非标定量是定量组蛋白修饰变化较为简单的方法，主要是基于母离子谱图次数或色谱峰面积，需要考虑各种修饰多肽和相应的非修饰多肽，然后进行归一化分析，研究组蛋白修饰在不同样品中的差异。例如，通过对 H3K9 和 H3K27 所有甲基化修饰的非标定量，可辨别不同甲基化在异染色质中的差异性富集。当然，不同修饰可能导致离子化效率的改变，从而影响它们分析的准确性。通过稳定同位素标记的组蛋白修饰标准肽段校正，可减少这方面的偏差[46]。针对组蛋白酶解肽段形式复杂、同一修饰位点酶解多肽长短不齐的现象，采用先丙酰化衍生封闭裸露赖氨酸，再用胰蛋白酶酶解的方法，可将修饰肽段整合为相同长度[39]，通过 MRM 分析，可实现靶标组蛋白修饰的准确定量。也有通过 PRM 模式对靶标组蛋白修饰酶解多肽直接进行分析，实现非衍生化组蛋白修饰定量。

SILAC、TMT 和 iTRAQ 等方法都已经广泛应用于组蛋白修饰的相对定量[47]。而利用轻、重同位素标记的丙酸酐分别衍生不同样品裸露赖氨酸，在整合肽段长度的同时，引入同位素标记，也可进行准确定量。采用这一策略，实现了体细胞重编程 iPS 细胞过程中组蛋白修饰动态变化的检测[48]。

Top-down/Middle-down 在整体观测组蛋白修饰变化方面具有优势。采用 Middle-down 策略，在人的胚胎干细胞分化过程中，定量了 74 种组蛋白 H4 变体的动态变化，揭示了甲基化和乙酰化在分化过程中的变化规律[49]。

2）组蛋白修饰的绝对定量

非标定量通过测算每条多肽不同修饰形式的丰度，可计算每种修饰在各种修饰丰度总和中的比例，估计修饰的含量。另外，结合 SRM/MRM，非标定量可进行高灵敏度的靶向组蛋白修饰定量，如通过 MRM 模式分析 H3K56 乙酰化和非修饰峰面积，可检测 0.04%含量的组蛋白乙酰化修饰[50]。

基于 SILAC 的方法也可用于组蛋白修饰的绝对定量，最近 4 个组蛋白位点的 2-羟基异丁酰化修饰在同步 G_2/M 周期的人细胞的绝对丰度被测量，发现其绝对含量比相应的乙酰化还高[42]。

化学同位素标记的配对离子的比例可用来计算组蛋白修饰的化学计量。例如，通过裸露赖氨酸的重同位素化学乙酰化标记，再与天然的赖氨酸乙酰化质谱信号进行对比，可计算组蛋白赖氨酸乙酰化的含量[28]，相似的方法还可用于赖氨酸甲基化的绝对定量。

59.3 蛋白质及修饰的信息学分析

目前一次“鸟枪法”蛋白质组学质谱分析，可以提供几万张甚至更多的一级质谱和二级质谱图，如何准确解读质谱数据，获得蛋白质和修饰的定性、定量信息，极具挑战性。目前质谱数据解析主要是通过数据库搜索来实现。数据搜索通常要先从质谱数据开始，提取谱图的信息，然后导入专门的搜索引擎并设置搜索参数，如样品所属的物种和数据库、酶的种类和漏切数、氨基酸残基固定修饰和可变修饰、质谱仪器的种类以及 MS 和 MS/MS 的误差范围，还包括如假阳性率（FDR）等统计学参数等。根据一定搜索原则，搜索引擎将实验质谱数据与理论数据比对，并按照匹配程度评分，最终确定实验数据的多肽序列及对应的蛋白质，通过控制评分或置信度可进行不可靠谱数据的删除。对于重要的多肽和修饰信息，可以通过手工解谱进行核查，还可以合成标准肽与实验数据进行 MS/MS 的指纹对比来确认。获得的蛋白质组数据还可通过各种数据库进行定位、属性、网络和通路等生物信息学分析。

59.3.1 数据库搜索引擎

数据库搜索算法（搜索引擎）在蛋白质组学分析中扮演了重要角色，并且被广泛用于匹配多肽质谱数据与数据库中的蛋白质序列。常用的搜索引擎有 Sequest、Mascot、MaxQuant、X!Tandem、Paragon™、Andromeda 和 pFind 等，这些引擎都可以用来进行蛋白质和修饰的定性定量分析。

Sequest 是较早采用的搜索引擎，它是以描述模型为算法，将预测得到的理论质谱数据（来自于数据库的 MS/MS）与实际质谱测量值进行匹配，计算二者之间的相似度，并报告高得分序列。

Mascot 是目前应用最广泛的蛋白质组学搜索引擎之一。与 Sequest 类似，Mascot 将实验导出的数据与理论生成的碎片离子进行对比，但不同的是，Mascot 在其输出中加入了基于概率的评分。实验数据集和每个数据库条目之间的匹配是一个概率事件，Mascot 计算观察到的匹配概率。Mascot 数据库输出的形式包括每个识别肽的得分值（score）和期望值（expect）。得分值表示为 10 Log（P），其中 P 是根据实验数据和数据库序列之间观察到的匹配概率。期望值越低，得分值越高，因此识别正确的可能性越大。

Andromeda 是纳入 MaxQuant 软件的搜索引擎。类似于 Mascot，Andromeda 是一种基于概率的方法，Andromeda 使用的评分功能建立在简单二项分布概率公式基础上，该公式曾用于评估 MS3 谱并定位 PTM。Andromeda 在动态匹配测试之前将 MS/MS 频谱分解为 100Th 分段，以强度优先的方式选择实验峰。Andromeda 与 Mascot 的肽识别的重合率很高。

还有一些软件是针对目标蛋白设计的，如 EpiProfile 专门用于已知组蛋白修饰位点的定量分析，PTMap 用于氨基酸残基非限定性修饰的搜索。

59.3.2 蛋白质修饰的预测软件

目前，很多用于预测和定位翻译后修饰的软件已被开发并在网上开放。

ASEB 是用于 KAT 特异性乙酰化位点预测的网络服务器。在分析不同 KAT 家族的乙酰化蛋白的序列特征后，发现 KAT 催化具有底物特异性，与激酶催化的磷酸化相似。基于乙酰化集合的富集（ASEB）方法来预测催化特定蛋白质的 KAT 家族。

SUMMOn 是用于分析泛素化（SUMO）的软件工具，计算两个独立分数。第一个分数根据 b 和 y 离子序列，评估修饰存在的概率。第二个分数用于鉴定去修饰的肽段，通过比较前体离子质量结果与数据库产生的理论前体离子质量来计算。因为 SUMO 修饰的较长 C 端片段形成的靶肽不利于 MALDI-TOF 仪器的检测，目前该方法仅限用于 LC-MS / MS 数据。

Sulfinator 是蛋白质序列中酪氨酸硫酸化位点的预测工具，该程序使用四种不同的隐马尔可夫模型（HMM），用于识别以下位置的硫酸化酪氨酸残基：N 端序列窗口，大于 25 个氨基酸的序列窗口；C 端的序列窗口，小于 25 个氨基酸窗口。四个 HMM 都包含多重序列比对的提取信息。

FindMod 是一种能够预测潜在蛋白质翻译后修饰，并在肽中发现潜在的单个氨基酸取代的工具。该程序用于从头合成方法发现 PTM。它检测已知蛋白质的肽质量指纹图谱，以确定大量修饰的鉴定，并通过观察实验数据与特异蛋白质序列理论肽的质量差异来完成。如果质量差异对应于 UniProtKB/Swiss-Prot 数据库中尚未注释的已知 PTM，则应用“智能”（intelligent）规则，检查目标肽的序列，并预测多肽中氨基酸可能携带的修饰形式。

修饰定位（SLoMo）是用于 ETD / ECD 和 CID 质谱数据中修饰定位的算法。SLoMo 以通用 pepXML 格式接受数据文件，可用于搜索 UniMod 数据库中的修饰。除了高分辨率 ETD 和 ECD 数据之外，该算法还能够接受低分辨率 ETD 和 CID 数据。

59.4 展　　望

随着当前质谱技术和蛋白质修饰富集技术的快速发展，可以预计未来蛋白质翻译后修饰位点鉴定数量的扩展还有很大潜力，新的蛋白质修饰形式也将不断被发现，这将为蛋白质修饰相关生物学研究提供更多的线索和启示。同时，蛋白质修饰定量分析在生物医学中的广泛应用，也将有助于发现疾病中异常的蛋白质修饰通路，理解其动态调控规律，促进疾病分子机制研究。另外，随着生物信息学的迅猛发展，特别是人工智能的引入，必将提升对于海量质谱大数据的深度挖掘，从而提高对蛋白质修饰网络及功能的深入理解和认识，也为精准医学在蛋白质翻译后修饰层面提供更重要的信息和依据。

参考文献

[1] Aebersold, R. & Mann, M. Mass-spectrometric exploration of proteome structure and function. *Nature* 537, 347-355(2016).

[2] Kim, M. S. *et al.* A draft map of the human proteome. *Nature* 509, 575-581(2014).

[3] Wilhelm, M. *et al.* Mass-spectrometry-based draft of the human proteome. *Nature* 509, 582-587(2014).

[4] Hein, M. Y. *et al.* A Human interactome in three quantitative dimensions organized by stoichiometries and abundances. *Cell* 163, 712-723(2015).

[5] Huttlin, E. L. *et al.* The BioPlex network: A systematic exploration of the human interactome. *Cell* 162, 425-440(2015).

[6] Savitski, M. M. *et al.* Tracking cancer drugs in living cells by thermal profiling of the proteome. *Science* 346, 1255784(2014).

[7] Zhang, B. *et al.* Proteogenomic characterization of human colon and rectal cancer. *Nature* 513, 382-387(2014).

[8] Weinert, B. T. *et al.* Acetylation dynamics and stoichiometry in Saccharomyces cerevisiae. *Mol Syst Biol* 10, 716(2014).

[9] Ma, W. F. *et al.* Ti4+-Immobilized magnetic composite microspheres for highly selective enrichment of phosphopeptides. *Adv Funct Mater* 23, 107-115(2013).

[10] Bian, Y. Y. *et al.* Ultra-deep tyrosine phosphoproteomics enabled by a phosphotyrosine superbinder. *Nat Chem Biol* 12, 959-966 (2016).

[11] Olsen, J. V. *et al.* Global, *in vivo*, and site-specific phosphorylation dynamics in signaling networks. *Cell* 127, 635-648 (2006).

[12] Humphrey, S. J. *et al.* High-throughput phosphoproteomics reveals *in vivo* insulin signaling dynamics. *Nat Biotechnol* 33, 990-U142(2015).

[13] Huttlin, E. L. *et al.* A Tissue-specific atlas of mouse protein phosphorylation and expression. *Cell* 143, 1174-1189(2010).

[14] Steger, M. *et al.* Phosphoproteomics reveals that Parkinson's disease kinase LRRK2 regulates a subset of Rab GTPases. *Elife* 5, e12813(2016).

[15] Olsen, J. V. *et al.* Quantitative phosphoproteomics reveals widespread full phosphorylation site occupancy during mitosis. *Sci Signal* 3, ra3(2010).

[16] Wu, R. H. *et al.* A large-scale method to measure absolute protein phosphorylation stoichiometries. *Nat Methods* 8, 677-U111(2011).

[17] Sabari, B. R. *et al.* Metabolic regulation of gene expression through histone acylations. *Nat Rev Mol Cell Bio* 18, 90-101(2017).

[18] Kim, S. C. *et al.* Substrate and functional diversity of lysine acetylation revealed by a proteomics survey. *Mol Cell* 23, 607-618(2006).

[19] Choudhary, C. *et al.* Lysine acetylation targets protein complexes and Co-regulates major cellular functions. *Science* 325, 834-840(2009).

[20] Zhao, S. M. *et al.* Regulation of cellular metabolism by protein lysine acetylation. *Science* 327, 1000-1004(2010).

[21] Chen, Y. *et al.* Quantitative acetylome analysis reveals the roles of SIRT1 in regulating diverse substrates and cellular pathways. *Mol Cell Proteomics* 11, 1048-1062(2012).

[22] Scholz, C. *et al.* Acetylation site specificities of lysine deacetylase inhibitors in human cells. *Nat Biotechnol* 33, 415-U136 (2015).

[23] Zhang, K. *et al.* Comprehensive profiling of protein lysine acetylation in *Escherichia coli*. *J Proteome Res* 12, 844-851(2013).

[24] Lundby, A. *et al.* Proteomic analysis of lysine acetylation sites in rat tissues reveals organ specificity and subcellular patterns. *Cell Rep* 2, 419-431(2012).

[25] Yang, Y. Y. *et al.* Bioorthogonal chemical reporters for monitoring protein acetylation. *J Am Chem Soc* 132, 3640-3641(2010).

[26] Hebert, A. S. *et al.* Calorie restriction and SIRT3 trigger global reprogramming of the mitochondrial protein acetylome. *Mol Cell* 49, 186-199(2013).

[27] Weinert, B. T. *et al.* Acetyl-phosphate is a critical determinant of lysine acetylation in *E. coli*. *Mol Cell* 51, 265-272(2013).

[28] Smith, C. M. *et al.* Mass spectrometric quantification of acetylation at specific lysines within the amino-terminal tail of histone H4. *Anal Biochem* 316, 23-33(2003).

[29] Baeza, J. *et al.* Stoichiometry of site-specific lysine acetylation in an entire proteome. *J Biol Chem* 289, 21326-21338(2014).

[30] Zhou, T. *et al.* Site-specific identification of lysine acetylation stoichiometries in mammalian cells. *J Proteome Res* 15, 1103-1113(2016).

[31] Weinert, B. T. *et al.* Accurate quantification of site-specific acetylation stoichiometry reveals the impact of sirtuin deacetylase CobB on the *E. coli* acetylome. *Mol Cell Proteomics* 16, 759-769(2017).

[32] Zhang, Y. *et al.* Fishing the PTM proteome with chemical approaches using functional solid phases. *Chem Soc Rev* 44, 8260-8287(2015).

[33] Boersema, P. J. *et al.* Quantification of the N-glycosylated secretome by super-SILAC during breast cancer progression and in human blood samples. *Mol Cell Proteomics* 12, 158-171(2013).

[34] Sun, Z. *et al.* Capture and dimethyl labeling of glycopeptides on hydrazide beads for quantitative glycoproteomics analysis. *Anal Chem* 84, 8452-8456(2012).

[35] Woo, C. M. *et al.* Isotope-targeted glycoproteomics(IsoTaG): a mass-independent platform for intact N- and O-glycopeptide discovery and analysis. *Nat Methods* 12, 561-567(2015).

[36] Sun, S. S. & Zhang, H. Large-scale measurement of absolute protein glycosylation stoichiometry. *Anal Chem* 87, 6479-6482(2015).

[37] Huang, H. *et al.* SnapShot: histone modifications. *Cell* 159, 458(2014).

[38] Shechter, D. *et al.* Extraction, purification and analysis of histones. *Nat Protoc* 2, 1445-1457(2007).

[39] Garcia, B. A. *et al.* Chemical derivatization of histones for facilitated analysis by mass spectrometry. *Nat Protoc* 2, 933-938(2007).

[40] Tan, M. J. *et al.* Identification of 67 histone marks and histone lysine crotonylation as a new type of histone modification. *Cell* 146, 1015-1027(2011).

[41] Chen, Y. *et al.* Lysine propionylation and butyrylation are novel post-translational modifications in histones. *Mol Cell Proteomics* 6, 812-819(2007).

[42] Dai, L. Z. *et al.* Lysine 2-hydroxyisobutyrylation is a widely distributed active histone mark. *Nat Chem Biol* 10, 365-U373 (2014).

[43] Zhang, C. & Darnell, R. B. Mapping *in vivo* protein-RNA interactions at single-nucleotide resolution from HITS-CLIP data. *Nature Biotechnology* 29, 607-614(2011).

[44] Zheng, Y. P. *et al*. Epiproteomics: quantitative analysis of histone marks and codes by mass spectrometry. *Curr Opin Chem Biol* 33, 142-150(2016).

[45] Garcia, B. A. *et al.* Pervasive combinatorial modification of histone H3 in human cells. *Nat Methods* 4, 487-489(2007).

[46] Lin, S. *et al.* Stable-isotope-labeled histone peptide library for histone post-translational modification and variant quantification by mass spectrometry. *Mol Cell Proteomics* 13, 2450-2466(2014).

[47] Huang, H. *et al.* Quantitative proteomic analysis of histone modifications. *Chem Rev* 115, 2376-2418(2015).

[48] Sridharan, R. *et al.* Proteomic and genomic approaches reveal critical functions of H3K9 methylation and heterochromatin protein-1 gamma in reprogramming to pluripotency. *Nat Cell Biol* 15, 872-873(2013).

[49] Phanstiel, D. *et al.* Mass spectrometry identifies and quantifies 74 unique histone H4 isoforms in differentiating human embryonic stem cells. *Proc Natl Acad Sci USA* 105, 4093-4098(2008).

[50] Drogaris, P. *et al.* Histone Deacetylase Inhibitors Globally Enhance H3/H4 Tail Acetylation Without Affecting H3 Lysine 56 Acetylation. *Sci Rep* 2, 220(2012).

陆豪杰　博士，复旦大学化学系教授，生物医学研究院项目负责人，复旦大学卫生部糖复合物重点实验室主任。1996 年获得厦门大学理学学士学位，2001 年获中国科学院兰州化学物理研究所博士学位，2001～2003 年于中国科学院上海有机化学研究所从事博士后研究，2006～2007 年在美国加州大学洛杉矶分校（UCLA）医学院做访问学者。在基于生物质谱的蛋白质方法学研究方面开展了系列研究，提高了低丰度蛋白质和糖基化等修饰蛋白质的质谱分析灵敏度，发展了系列高通量，高精准的蛋白质组定量方法。发表 200 余篇 SCI 论文，被引 5000 余次。授权中国发明专利近 20 项，受邀在 *Chem Soc Rev* 等期刊上发表综述并撰写糖蛋白质谱分析流程章节和专著（Humana Press，2013；CRC，2021）。主持国家重点研发计划专项（首席）、国家自然科学基金重点项目、973 项目（课题组长）等国家和省部级项目。国家杰出青年基金获得者，上海市优秀学术带头人，东方学者跟踪计划获得者。入选第二批国家“万人计划”领军人才、科技部创新人才推进计划。获教育部自然科学奖二等奖、中国化学会青年化学奖等。

张锴　博士，天津医科大学教授、博士生导师。分别于 1996 年和 2003 年在南开大学化学学院获得学士和博士学位。自 2003 年以来，先后在法国国家科研中心（CNRS-7575）、美国华盛顿州立大学、美国得州大学西南医学中心（Dallas）、美国芝加哥大学从事蛋白质组学、翻译后修饰和生物质谱等方面的博士后研究。回国后，先后在南开大学和天津医科大学，专注于蛋白质赖氨酸修饰的系统鉴定和应用研究。建立了系列组蛋白赖氨酸修饰和识别蛋白的系统分析新方法；发现了细菌中赖氨酸-2-羟基异丁酰化、乳酸化等修饰的组学特征、调控机制和生物学功能；系统鉴定了食管癌蛋白质和翻译后修饰的组学特征，揭示了异常赖氨酸修饰在食管癌中的生物学功能，发表相关 SCI 论文 100 多篇。近年来，主要成果以通讯作者发表在 *Nature Chemical Biology*、*Molecular Cell*、*Science Advances*、*Nature Communications*、*Angewandte Chemie International Edition*、*Analytical Chemistry*、*Molecular & Cellular Proteomics* 等国际知名学术期刊。

第 60 章　基因编辑方法学

王永明　谢一方
复旦大学

本章概要

本章主要介绍了基因编辑技术的原理及应用。首先，简要阐述了基因编辑技术的原理。其次，针对目前在用的几类基因编辑技术简单介绍了 ZFN 和 TALEN 技术，着重介绍 CRISPR/Cas9 技术。最后，本章介绍了基因编辑技术的应用。

60.1　基因编辑技术原理

关键概念

- 基因编辑技术是通过核酸酶在要修饰的基因组位点切断 DNA，产生 DNA 双链断裂（DSB），细胞在修复 DSB 过程中会产生突变，从而达到定点修饰的目的。
- 细胞主要通过两种途径修复 DSB：非同源末端连接（nonhomologous end joining，NHEJ）和同源重组（homologous recombination，HR）。
- 制造能够在基因组任意位点切断 DNA 的核酸酶是基因编辑技术的关键步骤。

真核生物的基因组含有上亿个碱基对。在基因（组）编辑（genome editing）技术出现之前，想改变某个特定位点的碱基序列是一个巨大的挑战。20 世纪 80 年代出现的基因打靶技术是基因工程中的一个突破，它可以通过同源重组定点改变基因组序列。但是这种技术只能应用于小鼠的胚胎干细胞，在其他类型的细胞中重组频率很低，难以广泛应用。1994 年 Maria Jasin 等发现在要修饰的 DNA 位点产生一个 DNA 双链断裂（double-strand break，DSB）可以提高同源重组效率[1]。至此，研究人员开始研究定点切断基因组 DNA 的方法，最终发明了基因编辑技术。基因编辑技术是一种能够对基因组序列进行准确的定点改造的遗传操作技术，已经在生命科学和医学领域得到了广泛应用。例如，要研究某个基因或者 microRNA 的功能，就可以利用基因编辑技术在细胞或者模式生物中敲除它们，然后研究敲除引起的表型变化和分子机理。

基因编辑技术的原理是通过一个人工的核酸酶在要修饰的基因组位点切断 DNA，产生 DNA 双链断裂，细胞在修复 DSB 过程中会产生突变，从而达到定点修饰的目的。细胞主要通过两种途径修复 DSB：非同源末端连接和同源重组[2]。通过 NHEJ 途径修复 DSB 时，参与修复的酶经常会在 DNA 末端增加或者减少几个碱基，然后连接在一起。所以 NHEJ 途径会产生突变，可以用于基因敲除（图 60-1）。如果在细胞中引入与 DSB 两侧序列同源的 DNA，细胞可以通过 HR 途径修复 DSB，同源 DNA 上的序列会被拷贝到 DSB 处，精确地改变基因组序列。NHEJ 和 HR 途径竞争修复 DSB，NHEJ 的效率远高于 HR。如何提高 HR 依然是基因编辑领域的一个难题。

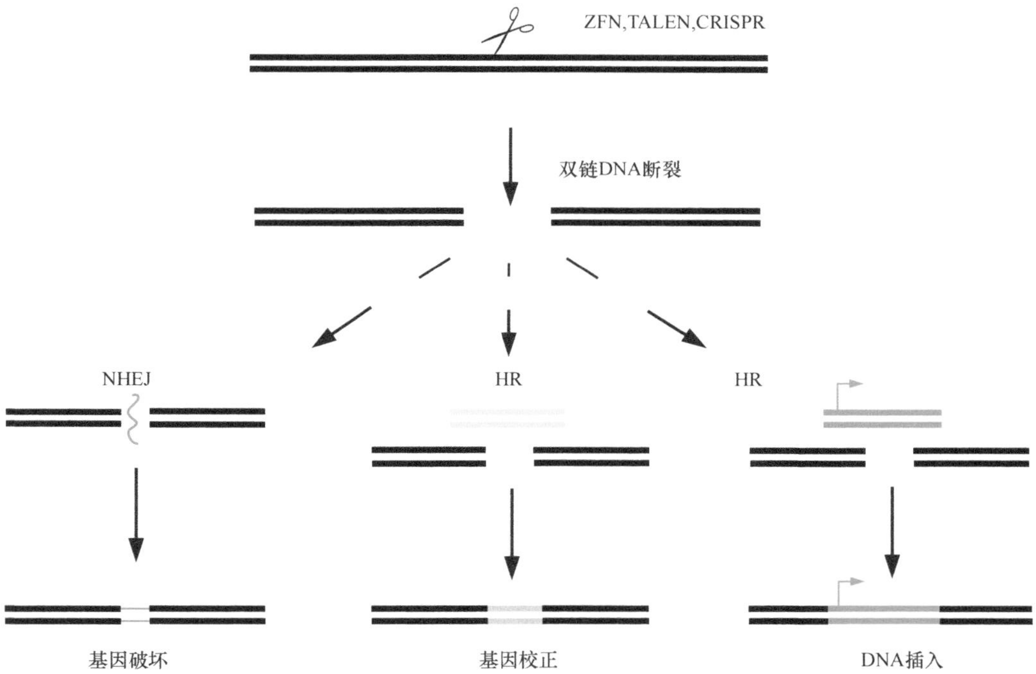

图 60-1　基因编辑技术原理

人工核酸酶定点切割靶序列产生 DSB，当 DSB 被细胞内的 NHEJ 修复途径修复时，常常会产生碱基的插入或缺失，导致基因功能丧失；当提供一个同源模板时，通过同源重组修复，可以实现特异点突变的引入和定点转基因

可编程核酸酶是基因编辑技术的关键元件，可编程核酸酶主要有三种，分别是锌指核酸酶（zinc-finger nuclease，ZFN）、转录激活因子样效应物核酸酶（transcription activator-like effector nuclease，TALEN），以及近几年发展迅猛的 CRISPR（clustered regularly interspaced short palindromic repeat）/Cas9。这三种核酸酶都能够根据需要靶向基因组不同的位置，叫做可编程核酸酶。其中，CRISPR/Cas9 技术操作最为简单，是基因编辑领域一个突破性进展。在本章中，我们将简单介绍 ZFN 和 TALEN 技术，着重介绍 CRISPR/Cas9 技术。

60.2　ZFN 技术

关键概念

- 最早出现的基因编辑技术是 ZFN 技术。
- 锌指蛋白是细胞中广泛存在的一种蛋白质，一个锌指蛋白可以结合序列特异的三个碱基，将几个锌指蛋白串联起来就可以结合一段 DNA 序列。
- 与 TALEN 和 CRISPR/Cas9 技术相比，ZFN 技术的优点是基因序列短，缺点是需要大量的锌指蛋白库才能靶向不同的基因序列。

最早出现的基因编辑技术是 ZFN 技术。锌指蛋白是细胞中广泛存在的一种蛋白质，一个锌指蛋白可以结合序列特异的三个碱基，将几个锌指蛋白串联起来就可以结合一段 DNA 序列。*Fok*I 限制性内切核酸酶由 DNA 结合结构域和切割结构域两部分构成，这两个结构域独立起作用。用串联的锌指蛋白替换 *Fok*I

限制酶的结合结构域就得到了 ZFN（图 60-2）。*Fok*I 限制酶需要形成二聚体才能发挥切割作用，需要设计一对 ZFN，二者相距 9～12bp，*Fok*I 才能形成二聚体。将不同的锌指蛋白与 *Fok*I 连接在一起，就可以切割不同的基因组序列。一对 ZFN 中含有 6～8 个锌指蛋白，识别 18～24 个碱基，这个长度的 DNA 序列在大多数基因组中都是唯一的。如果 ZFN 同时编辑多个位点，最后难以解释哪个位点导致了表型的变化。

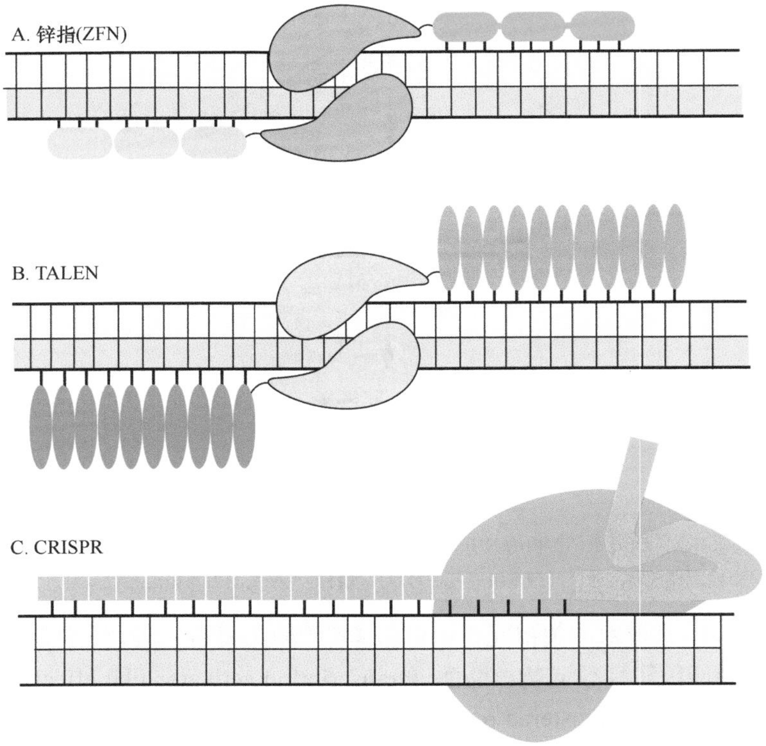

图 60-2　ZFN、TALEN 和 CRISPR/Cas9 工作示意图

A.一个锌指蛋白（绿色图标）识别 3 个碱基。4 个锌指蛋白串联起来识别 12 个碱基。在锌指蛋白末端接上 *Fok*I 酶（红色图标）。在相反方向也设计一个 ZFN，使 *Fok*I 酶形成二聚体，在靶位点切断 DNA。B.利用 TALE 识别特异碱基，一个 TALE 识别 1 个碱基，将多个短肽片段串联起来可以特异识别一段特异的 DNA 序列。末端的红色图标为 *Fok*I 酶。在相反方向也设计一个 TALEN，使 *Fok*I 酶形成二聚体，切断 DNA。C. CRISPR/Cas9 依靠 sgRNA 和 Cas9 复合体识别切割 DNA

与 TALEN 和 CRISPR/Cas9 技术相比，ZFN 技术的优点是基因序列短，可以通过 AAV 病毒导入体内进行基因治疗（表 60-1）。ZFN 技术的缺点也是明显的，它需要大量的锌指蛋白库才能靶向不同的基因序

表 60-1　三种基因编辑技术间的比较

	ZFN	TALEN	CRISPR/Cas9
大小	约 1kb×2	约 3kb×2	4.2kb（Cas9）+0.1kb（sgRNA）
DNA 切割功能域	*Fok*I	*Fok*I	Cas9
DNA 识别功能域	锌指蛋白（ZF）	TALE	sgRNA/Cas9
靶位点长度	18～36bp	30～40bp	20bp+NGG
操作难易程度	难	中等	容易
脱靶程度	取决于靶向位点	低	取决于靶向位点
细胞毒性	相对较高	低	低
同时靶向多位点	难	难	容易

列。筛选高活性 ZFN 的工作量也非常大。ZFN 技术另外一个缺点是容易切割与其靶序列相似的序列，就是所谓的脱靶切割。这些缺点导致了 ZFN 技术难以广泛推广。设计 ZFN 的方法请参考 Keith Joung 实验室发明的 OPEN 和 CoDA 方法[3, 4]。

60.3　TALEN 技术

植物病原体黄单胞菌（*Xanthomonas* sp.）能够分泌一种蛋白质，叫做转录激活样效应因子（transcription activator-like effector，TALE）[5]。TALE 被黄单胞菌注入到植物细胞中后能够特异结合到某些基因启动子区域增强基因表达，进而促进黄单胞菌的增殖。研究发现，TALE 蛋白中含有多个氨基酸重复序列，一个重复序列能够特异地识别一个碱基，正是这种特异识别碱基的功能赋予了 TALE 靶向结合启动子的特性。进一步研究发现一个单元的重复含有 34 个氨基酸，其中第 12 和 13 位点是可变区，它决定了碱基识别的特异性。这两个位点的氨基酸与识别碱基的对应关系如下：NG 识别 T，HD 识别 C，NI 识别 A，NN 识别 G[6, 7]。把这些重复序列重新组装起来就可以识别新的 DNA 序列。受 ZFN 技术的启发，在 TALE 末端连接上 *Fok*I 限制酶，就形成了新的基因编辑工具 TALEN（图 60-2B）。TALEN 的组装相对简单，活性和特异性较好。设计 TALEN 推荐使用 Daniel Voytas 实验室发明的 Golden Gate 组装方法，耗时大约一周[8]。方法中用到的组装模块可以从 Addgene 上获得，一般的分子生物学实验室均能操作。

60.4　CRISPR/Cas9 技术

关键概念

- CRISPR 的全称是规律成簇间隔短回文重复（clustered regularly interspaced short palindromic repeats），它由一簇 30～40bp 的 DNA 重复序列和间隔序列构成。
- 整个 CRISPR 序列经过转录加工后形成短的 RNA，称为 crRNA。
- SpCas9 识别的靶序列后面必须是 NGG 序列，被称为 PAM（protospacer-adjacent motif）序列。

在自然界中，细菌时刻受到噬菌体的威胁。为了应对威胁，细菌和古细菌进化出了获得性免疫系统，即 CRISPR/Cas 系统。CRISPR 的全称是规律成簇间隔短回文重复（clustered regularly interspaced short palindromic repeat），它由一簇 30～40bp 的 DNA 重复序列和间隔序列构成。间隔序列是在噬菌体或者质粒 DNA 侵染细菌时获得的。整个 CRISPR 序列经过转录加工后形成短的 RNA，称为 crRNA，包含部分重复序列和间隔序列。crRNA 能够通过同源互补配对识别噬菌体或者质粒，并引导 Cas 限制酶切断入侵 DNA。CRISPR/Cas 系统分为三种类型（I～III），其中 II 型系统最简单，被开发成了基因编辑工具。

来源于酿脓链球菌的 CRISPR/SpCas9 系统应用最为广泛，本文主要介绍 SpCas9，穿插介绍其他 Cas9。SpCas9 是第一个被开发为基因编辑工具的 CRISPR 系统，具有活性高、编辑范围广的优点。SpCas9 由 SpCas9 限制酶蛋白、crRNA 和反向编码 crRNA（trans-encoded crRNA，tracrRNA）三部分构成。crRNA 和 tracrRNA 可以被融合成一条 RNA，称为 sgRNA（single guide RNA）。sgRNA 5′端的 20nt 通过互补配对识别靶 DNA 序列，并引导 SpCas9 切断靶序列。只需要改变这 20nt 的序列就可以实现对不同位点的编辑。同时，SpCas9 识别的靶序列后面必须是 NGG 序列，被称为 PAM（protospacer-adjacent motif）序列。所以 SpCas9 识别序列可以写成 N_{20}NGG，其中 N_{20} 是与 sgRNA 和靶位点互补配对的序列[9, 10]。与 ZFN 和 TALEN 技术相比，CRISPR/Cas9 简单高效，而且可以在一个细胞中表达多个 sgRNA，实现多个位点的同时编辑（表 60-1）。CRISPR/Cas9 技术已经实现了对于多个物种及细胞系的基因编辑，如细菌、酵母、果蝇、斑马鱼、青蛙、小鼠、大鼠、兔、烟草、水稻、人类的癌细胞系和胚胎干细胞系等。

60.5 其他类型的 CRISPR 核酸酶

CRISPR/Cas9 系统编辑的位点受 PAM 序列限制。科研人员从两个方面着手扩大编辑范围，一个是改造已有的 Cas9 蛋白，一个是从自然界开发新的 Cas9 系统。SpCas9 经过改造后（如 VQR SpCas9、EQR SpCas9、VRER SpCas9）可以识别 NGA、NGAG、NGCG 和 NG-PAM 等序列。研究人员甚至研发出几乎不受 PAM 限制的 SpRY Cas9 突变体。SpCas9 的缺点是基因大，无法用单个腺相关病毒（AAV）递送到体内。AAV 载体是基因治疗的理想载体，具有效率高、适用细胞类型广泛及低免疫原性等优点。另外，SpCas9 容易脱靶，虽然经过改造后特异性提高很多，但是编辑活性降低了很多。除了酿脓链球菌中的 CRISPR 系统，自然界中还存在其他类型的 CRISPR 核酸酶。它们能够识别不同的 PAM 序列，扩展了编辑范围。例如，SaCas9 识别 NNGRRT（R 代表 A/G）-PAM；我国学者开发的 SauriCas9 和 SlugCas9 识别 NNGG-PAM。它们的优点是蛋白质小，可以用 AAV 载体递送。基于 SlugCas9 改造的 SlugCas9-HF 性能突出，活性与 SpCas9 相当，特异性非常高。多个 CRISPR/Cas12 系统也被开发成基因编辑工具，它们识别富含 T 的 PAM。CRISPR/Cas12 切割 DNA 后形成黏性末端，而 CRISPR/Cas9 系统切割 DNA 后产生的是平末端。

60.6 CRISPR/Cas9 特异性-检测脱靶的方法

关键概念

- *评价基因编辑工具的两个重要指标是编辑效率和特异性。*
- *与 ZFN 和 TALEN 技术一样，CRISPR/Cas9 系统也存在脱靶切割的风险。*
- *建立有效的检测脱靶位点的方法对基因编辑至关重要。*

评价基因编辑工具的两个重要指标是编辑效率和特异性。与 ZFN 和 TALEN 技术一样，CRISPR/Cas9 系统也存在脱靶切割的风险。当基因组中存在与靶向序列相似的序列时，sgRNA 能够与这些序列结合，并引导 Cas9 切割这些位点，这就是脱靶效应。脱靶效应能够在目标序列外引入突变，其危害是显而易见的。尤其在进行基因治疗时，应该尽量减少脱靶效应，避免引发癌症。靶向序列靠近 PAM 序列的 8～12bp 对于 Cas9 的识别至关重要，这一区域的序列被称为种子序列。种子序列与 sgRNA 序列不匹配会严重影响 Cas9 核酸酶的切割效率；相比之下，5′端（远离 PAM 端）的序列具有更强的错配耐受性，这一区域即使有两三个碱基不匹配，sgRNA 也有可能引导 Cas9 核酸酶进行切割。少数情况下，sgRNA 与基因组序列间有 4bp 或者 5bp 的错配时，Cas9 依然能够切割这些位点。因此，建立有效的检测脱靶位点的方法对基因编辑至关重要。

早期的时候，科学家运用计算方法在基因组中查找与编辑位点相似的序列，根据相似度预测脱靶位点。虽然一个 sgRNA 在基因组中可能存在几十个甚至上百个潜在的脱靶位点，但实验结果表明预测的准确性比较差，实际上脱靶的位点不多。因此，计算的方法还有待于在大量实验数据基础上进行改进。目前主要依靠全基因组内无偏差的方法评估 sgRNA 的特异性，根据评估的原理可以分为三类：全基因组测序（WGS）、直接捕获 DSB 和间接捕获 DSB 的方法。这些方法都有各自的优缺点，灵敏度、花费和实验难易程度不尽相同。新的方法还在不断被开发出来。目前 GUIDE-seq 应用较多。

1）全基因组测序（whole-genome sequencing，WGS）

这是一种最彻底的评估方法。编辑完成后，将细胞分成单克隆，对单克隆细胞进行全基因组测序分析。也可以对编辑后的动物个体进行测序分析。但由于成本高，这种方法适合分析数量较少的单细胞克隆或者动物。同时，这种方法不适合分析 sgRNA 在一群混合细胞中的脱靶情况。

2）直接捕获 DSB

这种方法可以直接鉴定出 Cas9 产生的 DNA 双链断裂，它可以分为 Digenome-seq（digested genome sequencing）和 BLESS（direct *in situ* breaks labeling，enrichment on streptavidin and next-generation sequencing）两种技术。

（1）Digenome-seq 技术利用 Cas9-sgRNA 复合物在体外对纯化后的基因组 DNA 进行消化，然后进行全基因组测序分析，找出切断的位置。对没有消化的基因组进行全基因组测序时，Reads 的 5′端分布是随机的。而对消化后的基因组测序，如果某个位点被切断了，这个地方 Reads 的 5′端是相同的序列。这种方法灵敏度很高，能检测到 0.1%的 indel 频率。由于是体外实验，所以 Digenome-seq 并不能反映出染色体结构对于 Cas9 活性的影响。

（2）BLESS 技术能够检测到 Cas9 在细胞内产生的 DSB。在编辑过程中，用甲醛将细胞固定住，这时一部分编辑导致的 DSB 还没有被细胞修复。用生物素标记的引物接头连接到 DSB，然后用链酶亲和素磁珠将 DSB 处的 DNA 富集起来测序，就可以找到脱靶的位点。如果细胞内的修复非常迅速的话，将会影响 BLESS 的精确度。BLESS 能检测到大于 1%的 indel 频率。

3）间接捕获 DSB

细胞中大部分 DSB 都是通过 NHEJ 修复的，如果在修复过程中加入外源 DNA 片段，这些片段就可能被连接到 DSB 处，通过深度测序找到外源 DNA 片段，从而能够鉴定出 DSB 的位置。基于这种原理开发出了两种检测脱靶的技术，分别是 IDLV（integrase-defective lentiviral vector）捕获和 GUIDE-seq（genome-wide，unbiased identification of double-strand breaks enabled by sequencing）。

（1）IDLV 捕获技术：整合酶突变的慢病毒无法依靠自身携带的酶插入到基因组中。但是如果基因组中含有 DSB，慢病毒的基因组就会插入到 DSB 处，从而标记了 DSB。通过 PCR 技术可以将慢病毒整合位点扩增出来，再通过深度测序找出整合位点。

（2）GUIDE-seq 技术：在编辑过程中将双链的外源 DNA 片段导入细胞中，如果基因组中含有 DSB，外源的 DNA 片段就会通过 NHEJ 修复途径整合到 DSB 处，从而标记了 DSB。通过 PCR 将整合位点的序列富集，再通过深度测序找出来整合位点。这种方法比 IDLV 技术灵敏，可以检测到大于 0.1%的 indel 频率。通过 GUIDE-seq 发现基因组中大多数含有 1～3 个碱基错配的位点都是可以被 Cas9 识别切割的。GUIDE-seq 适合检测平末端的 DSB，对 ZFN 和 TALEN 产生的黏性末端检测效果差。

60.7　提高特异性的方法

关键概念

- 提高 CRISPR/Cas9 特异性最简单的办法是设计特异性高的 sgRNA，避免在靶向序列外出现与种子序列相同的序列。
- 使用 Tru-sgRNA（5′端截短的 sgRNA）可以提高 Cas9 的特异性。
- 研究者将 RuvC 和 HNH 都突变掉，Cas9 失去了切割功能，但是保留了靶向结合 DNA 的功能，被称为 dCas9（dead Cas9）。
- 对 SpCas9 蛋白结构进行改造可以提高编辑的特异性。

提高 CRISPR/Cas9 特异性最简单的办法是设计特异性高的 sgRNA，避免在靶向序列外出现与种子序列相同的序列。除此之外，使用 Tru-sgRNA（5′端截短的 sgRNA）可以提高 Cas9 的特异性。Tru-sgRNA 是在正常长度 sgRNA（20nt）的 5′端去掉几个碱基，一般只有 17nt 或者 18nt 碱基。Tru-sgRNA 在大多数的靶向位点和 20nt-sgRNA 的效率相似，但是在脱靶位点的切割效率大大降低，因而能够提高特异性[11]。有报道发现在 sgRNA 的 5′端额外加入两个 G，即 5′GG+sgRNA（20nt），也可以提高靶向特异性[12]。但是这两种方法在有些位点会降低编辑效率。另外，如果将 Cas9 蛋白和 sgRNA 在体外形成蛋白复合体，导入细胞后编辑时间缩短，在某种程度上也可以减少脱靶效应。而用质粒表达 Cas9 和 sgRNA 时，持续的表达会增加脱靶效应。

除了上述方法，还有其他方法可以提高编辑的特异性，双切口（double-nicking）技术就是其中一种。Cas9 蛋白具有 RuvC 和 HNH 两个核酸酶结构域，独立发挥切割功能，分别负责切断一条 DNA 单链。在 RuvC 结构域引入 D10A 突变后，Cas9 只能切断单链 DNA（single-strand break，SSB）[13]。如果在 DNA 上设计两个 sgRNA，引导 Cas9-D10A 分别切断两条单链 DNA，就能够形成双链断裂[14]。当其中一条 sgRNA 发生脱靶时，只能在 DNA 一条链上产生切口，这样的切口修复后一般不会产生突变，这样就降低了脱靶效应[15]。

随后有研究者将 RuvC 和 HNH 都突变掉，Cas9 失去了切割功能，但是保留了靶向结合 DNA 的功能，被称为 dCas9（dead Cas9）。效仿 ZFN 和 TALEN 的策略，将 dCas9 和 *Fok*I 融合为核酸酶，当两个 sgRNA 距离合适时，*Fok*I 形成二聚体切割 DNA。单个 dCas9-*Fok*I 脱靶后不会切割 DNA，从而可以提高特异性[16, 17]。但是 Double-nicking 和 dCas9-*Fok*I 这两种方法都有局限性，需要两个 sgRNA 距离合适（这样的位点在基因组中并不是广泛存在），而且活性都比较高才能有效地发挥功能。因此，这两种方法没有得到广泛应用。

对 SpCas9 蛋白结构进行改造可以提高编辑的特异性。2015 年，美籍华人科学家张锋课题组对 SpCas9 蛋白结构进行了改造，得到了 eSpCas9。SpCas9 蛋白的凹槽区域含有带正电荷的氨基酸，可以非特异性地增加与带负电荷 DNA 的结合力。在凹槽区域用中性电荷氨基酸来代替带正电荷的氨基酸就得到了 eSpCas9，它与 DNA 的结合力减弱，在脱靶位点难以切割，从而提高了特异性[18]。与此同时，另外一个课题组也对 SpCas9 蛋白进行了改造，得到了 SpCas9-HF1。当 SpCas9 核酸酶与 DNA 结合时，Cas9 上的一些氨基酸会与 DNA 的磷酸骨架之间形成氢键，增加蛋白质与 DNA 直接的结合力。把形成氢键的氨基酸替换为不能形成氢键的氨基酸就得到了 SpCas9-HF1，它与 DNA 非特异性的结合力减弱，从而降低脱靶效应[19]。这两种方法也降低了脱靶切割的效率。某些 Cas 酶天然特异性就高， 如 NmCas9、CjCas9、SaCas9 和 Cas12 等。在基因治疗方面，高特异性 Cas9 将会发挥重要作用。关于各种提高特异性的方法总结，请参见表 60-2。

表 60-2　提高 CRISPR/Cas9 特异性的方法

方法	优点	缺点
Tru-gRNA	容易操作，特异性+	靶向效率某种程度上会降低；特异性弱的 sgRNA 脱靶效率反而增加
GG+sgRNA（20nt）	易操作，特异性+	只有部分 sgRNA 可以用这种修饰；靶向效率有时候会显著降低
Cas9-sgRNA 蛋白复合体	易操作，特异性+	表达周期短，编辑效率可能会降低，另外 Cas9 蛋白比较昂贵
Double-nicking	特异性++	单链切口也可能会引起变异，靶点的可选择范围变窄
dcas9-*Fok*I	特异性++++	靶向切割效率可能会降低；可选择的靶点很少
eSpCas9	特异性+++	靶向切割的效率可能会降低
SpCas9-HF1	特异性+++	靶向切割的效率可能会降低

60.8　设计 sgRNA 的网站

运用 CRISPR/Cas9 进行基因编辑时，sgRNA 的设计非常关键，要充分考虑特异性和编辑活性这两个方面。目前有很多基于网络的 sgRNA 设计工具，大多数工具会根据特异性对目标片段内的所有 sgRNA 进行排序。少数工具还会对 sgRNA 的活性进行预测，最终输出的结果是特异性和活性综合考虑的结果。研究者们可以根据具体需求选择 sgRNA（表 60-3）。例如，设计高活性 sgRNA 可以使用 deephf，它采用深度学习的方法极大地提高了预测的准确性；如果预测 sgRNA 的脱靶位点，可以使用 Cas-OFFinder 工具。除了 sgRNA 的活性和脱靶效应，设计 sgRNA 时还需要注意以下因素：①通常使用 U6 启动子驱动 sgRNA 表达，sgRNA 开头碱基需要 A 或者 G。如果不是，需要将第一个碱基替换成 A 或者 G；②不要选择含有 TTTT 转录终止序列的 sgRNA。

表 60-3　常用的 sgRNA 设计网站

工具	描述	排序
deephf	针对任何物种，预测活性	是
sgRNA Designer	只针对人和小鼠，对脱靶性和活性综合进行评分	是
CRISPR Design Tool	针对多个物种，预测多达 4 个碱基错配的脱靶的序列，根据错配碱基所处的位置和数量进行评分	是
Cas-OFFinder	针对多个物种，多种 PAM 序列的 Cas9 进行脱靶预测预测，可以人工设定错配的碱基数	否
FlyCRISPR	主要针对果蝇、秀丽隐杆线虫等低等物种的基因组进行脱靶预测	否
E-CRISP	针对多个物种，允许脱靶位点从 5′端起始含有多达 7 个连续不匹配的碱基，根据序列的基因组位置和错配碱基数进行评分	是
ZiFiT	针对多个物种，预测多达 3 个碱基错配的脱靶的序列	否

60.9　基 因 敲 除

关键概念

- 基因编辑的一个重要应用是基因敲除。
- 利用附着体载体（episomal vector）表达 Cas9、gRNA 和嘌呤霉素抗性基因，称为附着体 CRISPR（epiCRISPR）技术。

基因编辑的一个重要应用是基因敲除。在研究基因功能时，经常需要将基因敲除，研究敲除引起的细胞或者动物表型变化。基因敲除也被用于基因治疗和动植物的品种改良。基因敲除一般指的是基因功能的敲除，就是让基因功能丧失。敲除基因最彻底的方法是将整个编码区敲掉，但是在基因组中敲掉一段 DNA 的难度远大于产生一个 indel 的难度，所以不是首选的方法。实验中大多数都是在基因的编码区设计一个 sgRNA，通过基因编辑产生一个 indel，如果测序发现 indel 造成了移码突变，就认为基因可能被敲除了。如果通过 Western blot 证实蛋白质没有表达，就进一步证实了基因被敲除了。敲除基因时还要注意以下几个方面：①sgRNA 靶向的基因组序列尽量不要含有 SNP；②尽量在该基因的功能域设计 sgRNA；在编码区的前端设计 sgRNA，基因可能会越过这个位点从后面某个位置开始表达，或者会通过 RNA 拼接去掉编辑位点，表达出来的蛋白质还有功能；设计的 sgRNA 过于靠后，可能会表达出截短的、仍然有功能的蛋白质；如果不知道基因的功能区，实验证实在编码区的 5%～65%区段设计 sgRNA 较为有效；③要根据编码区进行设计，不要把 sgRNA 设计在基因的内含子区；④根据 cDNA 设计时，sgRNA 不要跨在两个外显子上，因为两个外显子在基因组上是被内含子隔开的；⑤对于具有多个转录本的基因，sgRNA 需要设计在它们共同的区域，才能敲除所有的转录本。

运用 CRISPR/Cas9 系统建立敲除基因的细胞系时，大多采用瞬时转染的方法进行编辑，这种方法受到转染效率和编辑时间的影响，有时编辑效率比较低。在质粒上加上荧光蛋白基因，转染后用流式细胞仪将有荧光的细胞分出来可以克服转染效率低的问题，但是克服不了瞬时表达的问题。本课题组利用附着体载体表达 Cas9、gRNA 和嘌呤霉素抗性基因，称为附着体 CRISPR 技术，克服了上述问题（图 60-3）。附着体载体不整合到基因组，但是可以随着细胞的复制而复制。在嘌呤霉素的筛选作用下附着体载体一直保留在细胞中，Cas9 和 sgRNA 稳定表达，可以长期编辑细胞。嘌呤霉素筛选还可以富集转染成功的细胞，即使转染效率很低的细胞也能够实现高效的编辑。编辑完成后，去除筛选药物，附着体载体会在一周内迅速丢失，细胞中不再表达外源基因。epiCRISPR 系统的编辑效率高达 80%以上[20]，而且还可以实现高效的多基因敲除和基因组片段敲除。

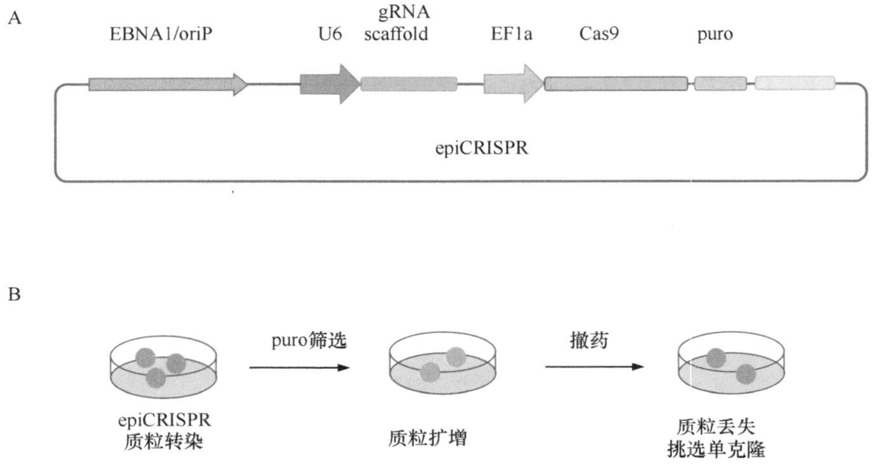

图 60-3 epiCRISPR 质粒的结构及工作流程

60.10 基因敲入

关键概念

- 基因编辑的一个重要应用是基因敲入。
- 人类基因组的 19 号染色体上有一个安全港位点，也叫 AAVS1 位点。
- 质粒上的同源序列主要分布在 DSB 两侧，长度一般在 500～1000bp，被称为同源臂。

基因编辑的一个重要应用是基因敲入。质粒 DNA 或者整合型病毒是常用的转基因工具，但是它们的整合位点是随机的，可能会破坏某些重要基因的功能，还可能会插入到基因组中容易被沉默的位置。利用基因编辑技术可以将外源基因精确地插入到基因组中，避免上述情况发生。例如，人类基因组的 19 号染色体上有一个安全港位点，也叫 AAVS1 位点。AAV 病毒会将其基因组整合到这个位点表达。这个位点是一个开放位点，转基因在这个位点不会被沉默，这个位点被破坏后不会对细胞产生明显的影响，因此是一个理想的表达外源基因的位点。利用 CRISPR/Cas9 技术切割 AAVS1 位点，同时在细胞中导入含有与 AAVS1 位点同源的质粒，在同源序列中间放入外源基因，外源基因就会通过同源重组整合到 AAVS1 位点。用同样的方法也可以在内源基因上连接 GFP 标签。质粒上的同源序列主要分布在 DSB 两侧，长度一般在 500～10000bp，被称为同源臂。如果只把同源模板质粒导入到细胞中，发生同源重组的效率非常低。CRISPR/Cas9 的作用是定点产生 DSB，DSB 会促进同源重组的发生，从而将模板上的遗传信息整合到染色体上。需要注意的是 DSB 产生后，NHEJ 途径会与 HDR 途径竞争修复 DSB，HDR 途径的效率很低，所以需要在同源模板上加入筛选基因才能将发生同源重组的细胞筛选出来。如果在同源序列的两端加上 sgRNA 识别位点，Cas9 会将同源片段切下来，能够显著提高同源重组效率[21, 22]。

还有其他几种值得借鉴的基因敲入方法。通过 NHEJ 的方法也可以将外源基因定点整合到基因组。利用 CRISPR/Cas9 切断基因组 DNA，同时将供体质粒中的外源基因切下来，外源基因会通过 NHEJ 途径连接到 DSB 处[23]。这种连接有正、反两个连接方向。细胞中除了经常提及的 NHEJ 和 HDR 修复途径，还有一个微同源性末端连接（MMEJ）修复途径，它依靠 5～25bp 的同源序列将 DNA 两端融合在一起。Yamamoto 课题组在外源基因两侧加上两个 20bp 的同源臂，利用 CRISPR/Cas9 切割下来的外源基因会通过 MMEJ 定向整合到基因组[26]。但是这两种方法效率都不高，需要用标记基因筛选才能得到敲入成功的细胞克隆。

60.11 纠正基因突变与引入点突变

关键概念

- 基因编辑还可以在基因上纠正或者引入点突变。
- 引入点突变是通过同源重组实现的。
- 单链 DNA 也可以作为同源模板纠正突变或者引入突变。

基因编辑还可以在基因上纠正或者引入点突变。例如，患者的心肌病可能是遗传突变造成的，但是每个人都携带很多突变，究竟是哪个突变导致了疾病呢？把基因编辑技术和干细胞技术结合起来就可以解决这个问题。从患者身上获取表皮细胞或者血液细胞，诱导成干细胞（iPSC），再利用基因编辑技术将干细胞中的突变纠正过来，分析干细胞分化为心肌细胞后表型是否正常。如果表型恢复正常了，说明这个点突变是致病因素。但是还有一个问题，疾病是这一个点突变导致的，还是和其他点突变协同导致的？回答这个问题就需要将点突变引入到另外一株遗传上不相关的干细胞中，分析是否能导致心肌细胞的表型变化。除此之外，利用基因编辑技术还可以纠正患者细胞中的突变，达到治疗的目的。因为纠正突变和引入突变的方法是一样的，所以下面只讨论引入点突变的方法。

引入点突变是通过同源重组实现的。作为同源重组的 DNA 模板有两种，分别是双链的 DNA 质粒和单链 oligo DNA。用质粒作为同源模板引入点突变的操作方法与基因敲入一样，所以也被很多人称为基因敲入。引入的点突变需要放在同源臂上，与 DSB 越近，同源重组效率越高。由于重组效率很低，需要在模板上加入标记基因，通过药物筛选或者流式分选的方法将发生同源重组的细胞筛选出来。标记基因可能会影响基因的正常表达，还需要通过 Cre-LoxP 技术或者其他方法将标记基因移除。这个方法耗时耗力，但是成功率比较高[25]。

单链 DNA 也可以作为同源模板纠正突变或者引入突变。它在 DSB 两边的同源臂长度需要达到 40bp

以上。单链 DNA 合成的长度有限，所以它只适合把点突变和短的 DNA 序列整合到基因组中，但是无法将较大的基因敲入到基因组中。单链 DNA 重组效率受细胞类型和编辑位点影响很大，在有的细胞中低于 1%，在有的细胞中可高达 60%[26]。单链 DNA 的优点是合成时间短、成本低，缺点是重组效率变化很大，很多时候难以筛选到阳性克隆[27]。有研究表明加入 DNA ligase IV 的抑制剂 Scr7 可以抑制 NHEJ 途径，间接提高了同源重组的效率[28, 29]。但是每种细胞对 Scr7 浓度的耐受程度不同，提高的效率也相差很大，从效果不明显到提高十几倍不等，需要花时间摸索最佳的条件，所以很少有人使用。

60.12 CRISPR/Cas9 导入细胞的方法

将基因编辑元件导入到细胞中是基因编辑必不可少的一步，导入的方法很多，需要根据细胞类型确定。编辑体外培养的细胞时，常用的导入方法包括化学方法（lipofactamine 和 PEI）、物理方法（电转）和病毒方法[30]。化学方法简单廉价，是首选方法。电转方法成本高，效率也高，对大多数的细胞都适用。病毒方法对大多数类型的细胞效率都非常高。常用的病毒载体包括逆转录病毒（retrovirus）、慢病毒（lentivirus）、腺病毒（adenovirus）和腺相关病毒（adeno-associated virus，AAV）[31]。其中，逆转录病毒和慢病毒会整合到基因组，可以长期表达转基因，优点是可以提高编辑效率，缺点是整合过程中可能会导致额外的基因突变，长期表达 CRISPR/Cas9 也会增加脱靶的效率。

编辑体内细胞时，病毒载体是最有效的方法。在进行基因治疗时，腺相关病毒（AAV）是最常用的载体，它几乎不整合到基因组，还具有低免疫原性的优点[32]。AAV 分为多个亚型，很多亚型的转导效率具有组织特异性，可以针对某个器官进行编辑。AAV 对外源 DNA 的包装能力小于 4.5kb[33]，无法包装 SpCas9。2015 年研究者们发现了较小的 SaCas9，可以用于 AAV 包装，为基因治疗奠定了基础[34]。在动物体内做编辑实验时慢病毒是常用的工具，它可以整合到基因组中长期表达编辑元件。

如果编辑的目的是制作动物模型，则需要对动物的受精卵进行编辑。受精卵中储备了大量的 mRNA，很少有新的基因转录发生，因此不能使用 DNA 质粒表达 Cas9 和 sgRNA，需要将 sgRNA 和 Cas9 在体外转录成 mRNA，通过显微注射的方法导入细胞中。制作基因编辑的小鼠请参考 Rudolf Jaenisch 实验室的方法[35]。制作基因编辑的斑马鱼请参考 Shawn Burgess 实验室的方法[35]。

60.13 CRISPR/Cas9 系统的其他几种应用

关键概念

- 传统的研究染色体结构的方法是原位杂交技术（FISH），它需要固定样品，会杀死细胞，使得我们不能实时观察染色体的结构变化。
- EGFP-dCas9 系统通过单个 sgRNA 的介导就可以使得 DNA 重复序列如端粒区域可视化。
- 人类的大多数疾病都是由基因的点突变引起的。
- CRISPR/Cas9 技术可以调控基因的表达。
- 人类基因组计划完成后，接下来的工作是研究所有注释基因的功能。

60.13.1　可调控的 CRISPR/Cas9 系统

在研究中常常需要揭示特定发育阶段（或是特定环境下）某一基因的生物学功能，需要 Cas9 在特定时期发挥功能，这就需要对 Cas9 的表达或者功能进行精确调控。利用多西环素（doxycycline）表达系统可以调控 Cas9 的表达，已经在小鼠和人类胚胎干细胞（hESC）中得到了应用[36, 37]。利用光控基因技术可以调控 Cas9 的功能。将 Cas9 蛋白分成两个失活的片段，并且分别连接上光控蛋白。当蓝光照射时，两个光控蛋白连接到一起，Cas9 核酸酶功能也随之恢复；停止光照，Cas9 蛋白会再度分开。这样就可以通过光照 Cas9 的功能进行调控[38]。

60.13.2　染色体定位成像

染色体可以通过结构上的变化影响基因表达。传统的研究染色体结构的方法是原位杂交技术（FISH），它需要固定样品，会杀死细胞，使得我们不能实时观察染色体的结构变化。研究人员把 dCas9 和荧光蛋白 GFP 融合起来，实现了在体实时标记染色体。EGFP-dCas9 系统通过单个 sgRNA 的介导就可以使得 DNA 重复序列如端粒区域可视化[39]。随后又有研究人员在此基础上开发出了 CRISPRainbow（CRISPR 彩虹）技术，这种技术通过 sgRNA 招募不同颜色的荧光蛋白，可以同时实时标记多个不同得基因组位点，并可以通过荧光之间的相互重合来判断不同基因组位点的相互作用[40]。这些技术为研究人员提供了研究基因组动力学的宝贵工具。

60.13.3　碱基编辑/引导编辑

人类的大多数疾病都是由基因的点突变引起的。虽然基因敲入的方法可以用来制作点突变的细胞模型或者动物模型，但是敲入效率不高。基因敲入的方法更难以纠正体内的基因突变。2016 年，研究人员将产生单链切割的 nCas9 和胞嘧啶脱氨酶融合在一起[42]，叫做碱基编辑器，可以定点地将 C 转换成 T，2017 年实现了 A 到 G 的转换，2020 年实现了 A 到 G 的颠换[41]。2019 年科研人员发明了引导编辑器（prime editor）[42]，能够实现小片段序列的任意改变。它的原理是在 nCas9 上融合表达逆转录酶，nCas9 切开非靶向链，以延长 sgRNA 的 3′端作为模板修复 DNA。引导编辑器设计巧妙，但是效率还有待于提高。

60.13.4　内源基因的转录调控

CRISPR/Cas9 技术可以调控基因的表达。研究表明，在大肠杆菌和哺乳动物细胞中[43, 44]，dCas9 靶向结合到基因的启动子区会阻碍转录因子/RNA 聚合酶结合到启动子上，从而抑制了基因的转录。单纯的 dCas9 抑制基因转录的效率较低，而将 dCas9 与具有转录抑制功能的 KRAB 或者 SID 效应蛋白连接在一起，会提高抑制效果[45,46]。同理，把 dCas9 和 VP64 或者 P65 转录激活功能域相融合，能够激活内源基因的表达。一般情况下，通过单个 sgRNA 上调基因表达的作用较小，通过多个 sgRNA 同时靶向一个启动子区域会显著增加基因表达[47-49]。

60.13.5　全基因组范围内的遗传筛选

人类基因组计划完成后，接下来的工作是要研究所有注释基因的功能。对基因组内所有基因进行高通量的功能筛选可以快速找到我们想要的基因。运用 CRISPR/Cas9 技术能够实现全基因组范围内的筛选。筛选原理是对每个基因设计 3～10 条 sgRNA，利用芯片一次合成数万条覆盖整个基因组 sgRNA 库，把这些 sgRNA 连接到慢病毒载体上得到一个混合的文库。将文库病毒颗粒包装，感染细胞，控制滴度使得一个细胞只得到一条 sgRNA（一个细胞只敲除一个基因），在适当的筛选条件下筛选细胞，根据 sgRNA 在筛选前后的丰度变化找出感兴趣的基因[2, 50-53]（图 60-4）。在 CRISPR/Cas9 技术出现之前，科学家们运用 RNAi 或者 shRNA 技术进行全基因组范围内高通量的功能筛查，但是这两种方法只能敲低基因的表达，而不能敲除，没有 CRISPR/Cas9 技术筛选灵敏[53]。除了对编码基因进行高通量的筛选，有学者运用双 sgRNA 技术成功地对癌细胞中的长非编码 RNA（lncRNA）进行了高通量的功能筛选[54]。研究者们还把 dCas9 与转录激活因子（VP64 和 p65）或抑制因子 KRAB 连接，进行了全基因组的转录抑制（CRISPRi）和转录激活（CRISPRa）筛选[55, 56]。

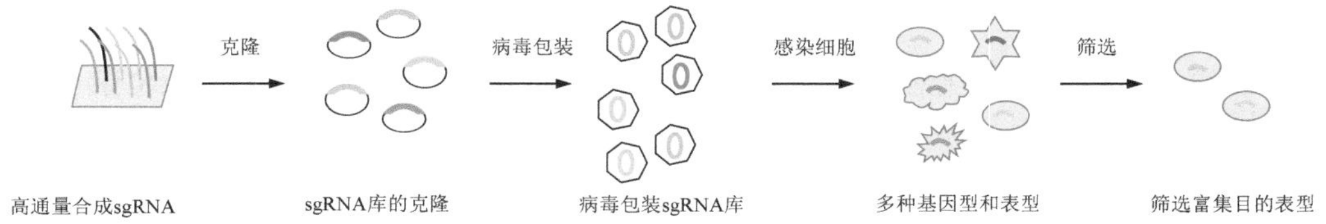

图 60-4 全基因组范围内的遗传筛选流程

60.14 总结与展望

基因编辑技术的出现极大地推进了生命科学的发展。CRISPR/Cas9 技术更是突飞猛进，从 2013 年第一次实现对哺乳动物细胞的编辑到现在，短短 5 年时间，CRISPR/Cas9 技术已经在生物学和医学研究众多领域大放异彩。ZFN 技术和 TALEN 技术也有各自的优点，它们将和 CRISPR/Cas9 技术长期共存，互为补充。随着各种基因编辑技术的发展和完善，我们将具备更加有效的工具以开展基础生命科学研究和人类疾病研究。

参 考 文 献

[1] Rouet, P. *et al*. Expression of a site-specific endonuclease stimulates homologous recombination in mammalian cells. *Proc Natl Acad Sci USA* 91, 6064-6068(1994).

[2] Kim, H. & Kim, J. S. A guide to genome engineering with programmable nucleases. *Nat Rev Genet* 15, 321-334(2014).

[3] Maeder, M. L. *et al*. Rapid "open-source" engineering of customized zinc-finger nucleases for highly efficient gene modification. *Molecular Cell* 31, 294-301(2008).

[4] Sander, J. D. *et al*. Selection-free zinc-finger-nuclease engineering by context-dependent assembly(CoDA). *Nature Methods* 8, 67-69(2011).

[5] Moscou, M. J. & Bogdanove, A. J. A simple cipher governs DNA recognition by TAL effectors. *Science* 326, 1501(2009).

[6] Boch, J. *et al*. Breaking the code of DNA binding specificity of TAL-type III effectors. *Science* 326, 1509-1512(2009).

[7] Moscou, M. J. & Bogdanove, A. J. A simple cipher governs DNA recognition by TAL effectors. *Science* 326, 1501(2009).

[8] Cermak, T. *et al*. Efficient design and assembly of custom TALEN and other TAL effector-based constructs for DNA targeting. *Nucleic Acids Research* 39, e82(2011).

[9] Tian, X. *et al*. Potent binding of 2019 novel coronavirus spike protein by a SARS coronavirus-specific human monoclonal

antibody. bioRxiv, 2020.2001.2028.923011(2020).
[10] Mali, P. *et al*. RNA-guided human genome engineering via Cas9. *Science* 339, 823-826(2013).
[11] Fu, Y. *et al*. Improving CRISPR-Cas nuclease specificity using truncated guide RNAs. *Nat Biotechnol* 32, 279-284(2014).
[12] Hsu, P. D. *et al*. Development and applications of CRISPR-Cas9 for genome engineering. *Cell* 157, 1262-1278(2014).
[13] Jinek, M. *et al*. A programmable dual-RNA-guided DNA endonuclease in adaptive bacterial immunity. *Science* 337, 816-821(2012).
[14] Ran, F. A. *et al*. Double nicking by RNA-guided CRISPR Cas9 for enhanced genome editing specificity. *Cell* 154, 1380-1389(2013).
[15] Dianov, G. L. & Hubscher, U. Mammalian base excision repair: the forgotten archangel. *Nucleic Acids Res* 41, 3483-3490(2013).
[16] Tsai, S. Q. *et al*. Dimeric CRISPR RNA-guided FokI nucleases for highly specific genome editing. *Nat Biotechnol* 32, 569-576(2014).
[17] Guilinger, J. P. *et al*. Fusion of catalytically inactive Cas9 to FokI nuclease improves the specificity of genome modification. *Nat Biotechnol* 32, 577-582(2014).
[18] Slaymaker, I. M. *et al*. Rationally engineered Cas9 nucleases with improved specificity. *Science* 351, 84-88(2016).
[19] Kleinstiver, B. P. *et al*. High-fidelity CRISPR-Cas9 nucleases with no detectable genome-wide off-target effects. *Nature* 529, 490-495(2016).
[20] Xie, Y. *et al*. An episomal vector-based CRISPR/Cas9 system for highly efficient gene knockout in human pluripotent stem cells. *Scientific Report*s 7, 2320(2017).
[21] Zhang, J. P. *et al*. Efficient precise knockin with a double cut HDR donor after CRISPR/Cas9-mediated double-stranded DNA cleavage. *Genome Biology* 18, 35(2017).
[22] Yao, X. *et al*. Homology-mediated end joining-based targeted integration using CRISPR/Cas9. *Cell Research* 27, 801-814(2017).
[23] Maresca, M. *et al*. Obligate ligation-gated recombination(ObLiGaRe): custom-designed nuclease-mediated targeted integration through nonhomologous end joining. *Genome Research* 23, 539-546(2013).
[24] Sakuma, T. *et al*. MMEJ-assisted gene knock-in using TALENs and CRISPR-Cas9 with the PITCh systems. *Nature Protocols* 11, 118-133(2016).
[25] Yusa, K. Seamless genome editing in human pluripotent stem cells using custom endonuclease-based gene targeting and the piggyBac transposon. *Nature Protocols* 8, 2061-2078(2013).
[26] Richardson, C. D. *et al*. Enhancing homology-directed genome editing by catalytically active and inactive CRISPR-Cas9 using asymmetric donor DNA. *Nature Biotechnology* 34, 339-344(2016).
[27] Paquet, D. *et al*. Efficient introduction of specific homozygous and heterozygous mutations using CRISPR/Cas9. *Nature* 533, 125-129(2016).
[28] Chu, V. T. *et al*. Increasing the efficiency of homology-directed repair for CRISPR-Cas9-induced precise gene editing in mammalian cells. *Nature Biotechnology* 33, 543-548(2015).
[29] Maruyama, T. *et al*. Increasing the efficiency of precise genome editing with CRISPR-Cas9 by inhibition of nonhomologous end joining. *Nature Biotechnology* 33, 538-542(2015).
[30] Stewart, M. P. *et al*. In vitro and ex vivo strategies for intracellular delivery. *Nature* 538, 183-192(2016).
[31] Kay, M. A. *et al*. Viral vectors for gene therapy: the art of turning infectious agents into vehicles of therapeutics. *Nature Medicine* 7, 33-40(2001).
[32] Wang, A. Y. *et al*. Comparison of adenoviral and adeno-associated viral vectors for pancreatic gene delivery *in vivo*. *Hum*

Gene Ther 15, 405-413(2004).

[33] Wu, Z. *et al*. Effect of genome size on AAV vector packaging. *Mol Ther* 18, 80-86(2010).

[34] Ran, F. A. *et al*. *In vivo* genome editing using Staphylococcus aureus Cas9. *Nature* 520, 186-191(2015).

[35] Yang, H. *et al*. Generating genetically modified mice using CRISPR/Cas-mediated genome engineering. *Nature Protocols* 9, 1956-1968(2014).

[36] Dow, L. E. *et al*. Inducible *in vivo* genome editing with CRISPR-Cas9. *Nat Biothechnol* 33, 390-394(2015).

[37] Gonzalez, F. *et al*. An iCRISPR platform for rapid, multiplexable, and inducible genome editing in human pluripotent stem cells. *Cell Stem Cell* 15, 215-226(2014).

[38] Nihongaki, Y. *et al*. CRISPR-Cas9-based photoactivatable transcription system. *Chem Biol* 19, 169-174(2015).

[39] Chen, B. *et al*. Dynamic imaging of genomic loci in living human cells by an optimized CRISPR/Cas system. *Cell* 155, 1479-1491(2013).

[40] Komor, A. C. *et al*. Programmable editing of a target base in genomic DNA without double-stranded DNA cleavage. *Nature* 535, 420-424(2016).

[41] Zhao, D, D. *et al*. Glycosylase base editors enable C-to-A and C-to-G base changes. *Nature Biotechnology* 39, 35-40 (2021).

[42] Anzalone, A. V. *et al*. Search-and-replace genome editing without double-strand breaks or donor DNA. *Nature* 576, 149-157 (2019).

[43] Bikard, D. *et al*. Programmable repression and activation of bacterial gene expression using an engineered CRISPR-Cas system. *Nucleic Acids Res* 41, 7429-7437(2013).

[44] Qi, L. S. *et al*. Repurposing CRISPR as an RNA-guided platform for sequence-specific control of gene expression. *Cell* 28, 1173-1183(2013).

[45] Gilbert, L. A. *et al*. CRISPR-mediated modular RNA-guided regulation of transcription in eukaryotes. *Cell* 18, 442-451 (2013).

[46] Konermann, S. *et al*. Optical control of mammalian endogenous transcription and epigenetic states. *Nature* 22, 472-476 (2013).

[47] Perez-Pinera, P. *et al*. RNA-guided gene activation by CRISPR-Cas9-based transcription factors. *Nat Methods* 10, 973-976(2013).

[48] Maeder, M. L. *et al*. CRISPR RNA-guided activation of endogenous human genes. *Nat Methods* 10, 977-999(2013).

[49] Mali, P. *et al*. CAS9 transcriptional activators for target specificity screening and paired nickases for cooperative genome engineering. *Nat Biotechnol* 31, 833-838(2013).

[50] Chen, S. *et al*. Genome-wide CRISPR screen in a mouse model of tumor growth and metastasis. *Cell* 12, 1246-1260(2015).

[51] Koike-Yusa, H. *et al*. Genome-wide recessive genetic screening in mammalian cells with a lentiviral CRISPR-guide RNA library. *Nat Biotechnol* 32, 267-273(2014).

[52] Wang, T. *et al*. Genetic screens in human cells using the CRISPR-Cas9 system. *Science* 343, 80-84(2014).

[53] Shalem, O. *et al*. Genome-scale CRISPR-Cas9 knockout screening in human cells. *Science* 343, 84-87(2014).

[54] Zhu, S. *et al*. Genome-scale deletion screening of human long non-coding RNAs using a paired-guide RNA CRISPR-Cas9 library. *Nat Biotechnol* 34, 1279-1286(2016).

[55] Konermann, S. *et al*. Genome-scale transcriptional activation by an engineered CRISPR-Cas9 complex. *Nature* 517, 583-588(2015).

[56] Gilbert, L. A. *et al*. Genome-scale CRISPR-mediated control of gene repression and activation. *Cell* 159, 647-661(2014).

王永明　博士，复旦大学生命科学学院青年研究员，博士生导师。1997～2001 年就读于兰州大学生命科学学院并获得学士学位，2001～2004 年就读于东北师范大学生命科学学院并获得硕士学位，2005～2010 年在德国马克斯-德尔布吕克分子医学中心（MDC）做博士生研究，并获得柏林自由大学博士学位。2010～2013 年在斯坦福大学医学院从事博士后研究。2013 年加入复旦大学生命科学学院。主要研究方向：建立高效的 CRISPR/Cas9 基因编辑技术；运用基因组编辑技术把基因突变引入到人体多潜能干细胞中制作心脏病模型，并通过这些模型研究先天性心脏病的发病机理和筛选治疗药物；运用 CRISPR/Cas9 纠正人体的遗传突变，治疗疾病。

第 61 章　二代测序样本制备策略

王　焱
南京科维思生物科技股份有限公司

本章概要

在基因研究中，新一代测序（next-generation sequencing，NGS）或二代测序已经成为了一个常用工具，并且在临床上越来越广泛地被应用。我们在本章中将会介绍 NGS 文库构建的操作，并且讨论将其应用于临床的潜力。新一代测序在 DNA 及 RNA 文库构建的过程中，可能遇到来自文库质量、复杂性和仪器检测灵敏度方面的问题。我们还将会从基础研究和临床两个方面讨论 DNA 和 RNA 的初始量以及 NGS 的应用（如基因组测序、靶向测序、RNA 测序、ChIP 测序、RIP 测序和甲基化测序）。

61.1　简介：NGS 及文库构建的关键

新一代测序科技（NGS），也称为二代测序，现已在基础研究中广泛使用。尽管相对来讲仍存限制，但随着人们对癌症和无创产前诊断技术的掌握越来越成熟，在临床医学中 NGS 正开始占有自己的一席之地。测序技术及测序前 NGS 文库构建方法已经得到提高和改良[1, 2]。多个企业（10xGenomics、Illumina、Bio-Rad）现在已有针对基因组和转录组的单细胞高通量测序系统（图 61-1）。在测序之前，以核酸（DNA 或者 RNA）为起始，进行测序文库构建的工作无论对于研究还是临床应用都是至关重要的一节。在本章中，我们会介绍对于不同 NGS 应用中的文库制备工作，并讨论在临床医学相关的转化应用中会遇到的困难。

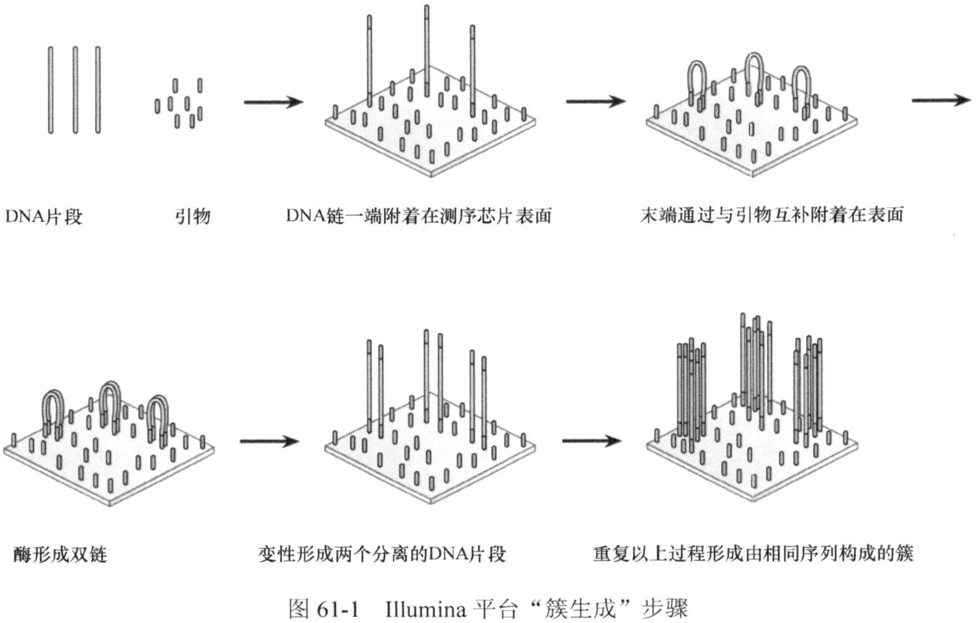
DNA片段
引物
DNA链一端附着在测序芯片表面
末端通过与引物互补附着在表面
酶形成双链
变性形成两个分离的DNA片段
重复以上过程形成由相同序列构成的簇

图 61-1　Illumina 平台“簇生成”步骤

61.2　NGS 工作流程的基础：片段化、片段大小选择及测序方式

大多数情况下，把待测序的文库控制在一个具体的长度范围内是十分重要的。而最佳的插入片段大小一般由测序仪的要求限制和该测序的具体应用来决定。例如，当我们使用 Illumina 平台时，最佳的片段大小会由一个叫“簇生成”（cluster generation）的步骤所决定。该步骤中，文库会经过变性、稀释，然后随机分布在测序芯片（flow-cell）中的二维平面上（图 61-2），并利用已附着在表面的引物（primer）复制扩增来产生“簇”（cluster）。较短的链一般会更容易且更有效地被复制，而长链则会形成面积较大但密度较疏的簇。接下来有两种测序方式可供选择，即单端测序和双端测序。单端测序是从 DNA 文库的一端开始读，测序芯片上每个簇最长可读 300 个序列；而双端测序可以从碎片的两个方向读取，产生的两段序列则通过下游的生物信息分析来链接和配对。由于簇生成步骤的物理限制，可用的文库片段长度有一个上限。目前 Illumina 平台的文库长度上限是 1000～1500bp。而长链测序仪（第三代测序）如 PacBio、Oxford Nanopore 则可以从容地应对 15 000～30 000bp 长度的文库测序。

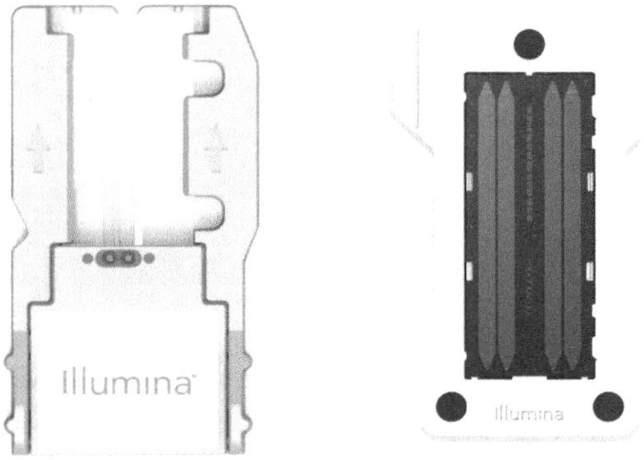

图 61-2　Illumina 测序平台使用的测序芯片（flow-cell）
左为 MiSeq 测序仪所用，右为 NextSeq 测序仪所用

最佳的测序长度一般由测序的具体应用所决定。这里有几个需要考虑的要点：第一，如果目的是和基因组或转录组比对序列，如基因表达分析或寻找蛋白质与 DNA 相互作用区域（例如，染色质免疫沉淀 ChIP-seq），那么 50～100 个碱基对长度的单端测序已经足够了，因为更长的读取长度或者双端测序并不能有效地提高单端测序序列的比对率。但是如果测序目的是为了检测核酸序列的变化，如单核苷酸多态性（single nucleotide polymorphism，SNP）、插入缺失或 RNA 中的拼接剪切位点，那么更长的读取长度和双端测序则更有优势[3]。例如，在人类外显子组测序中，超过 80%的外显子组片段长度低于 200 个碱基[4]。使用 2×100 双端读取对于外显子组测序来说是非常有效的方法，其通常包含 200～250 个碱基的插入片段。在基因组序列的从头测序应用中，使用最长读取长度的双端测序，并结合大片段文库的使用，一般可通过增加决定组装质量的 N50［N50 大小指中位重叠群大小（median contig size）］来改善组装的效果。

61.2.1　片段化

DNA 片段化被广泛用于制备高分子质量基因组 DNA 的文库。最常见的有物理片段化（声学剪切和超声处理）或酶促反应，如非特异性的核酸内切酶和转座酶 tagmentation 反应[5, 6]。用于声学剪切的仪器

（Covaris，Woburn，MA）可以非常有效地将 DNA 片段精确地控制在短至 100bp 和长达 5000bp 的范围内。离心柱则可以有效地用于将 DNA 剪切成更长的片段大小（6000～20 000bp；Covaris g-TUBE），以便与长读长测序仪（如 Pac Bio 和 Oxford Nanopore）一起使用。有时酶促片段化会通过 DNase I 或 Fragmentase（New England Biolabs，Ipswich，MA）来完成，但是这些需要精细地控制反应条件来获得可重复的结果。

通过物理片段化（声学剪切和超声处理）和酶促反应（Fragmentase）片段化的比较发现两者都能有效构建 NGS 文库[7]（图 61-3）。然而，与物理片段化相比，Fragmentase 产生更多的插入缺失假象。另一种用于片段化 DNA 的酶促方法是 Illumina 的 Nextera tagmentation 技术（Illumina，San Diego，CA），其中转座酶在把 DNA 片段化的同时将衔接头插入双链 DNA 中。这种方法有几个优点，包括减少样品处理和准备时间[5]。

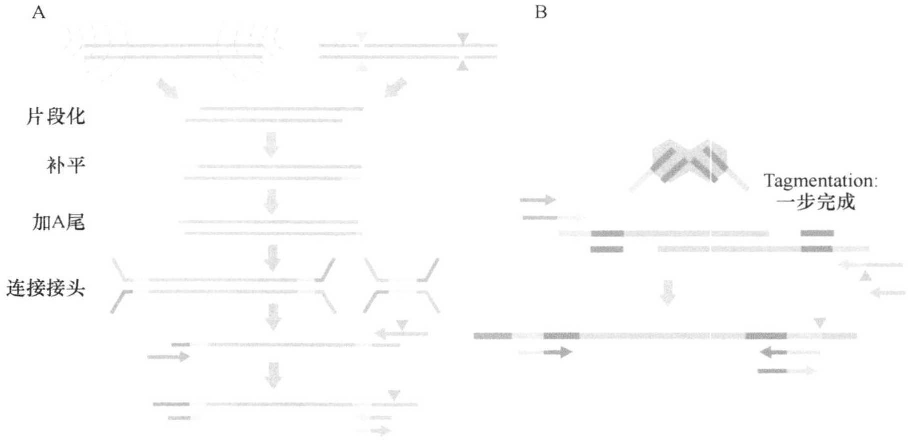

图 61-3 声学剪切与核酸内切酶（A）和 Tagmentation（B）的对比

前者（A）需要在不同的步骤中分别进行末端修复、加 A 尾和连接接头。而 Tagmentation 反应则可以在一步内完成，减少处理和准备时间

RNA-seq 文库的大小也由具体应用决定。相比于 DNA，在大多数情况下，RNA 在转化成 cDNA 之前会被片段化，方法是将 RNA 和二价金属阳离子（镁或锌）混合，通过调整加热消化的时间来控制 RNA 片段长度。

在文库构建后，做第二次片段大小选择的步骤通常是为了进一步优化文库大小并去除接头二聚体或其他文库准备过程中的瑕疵。接头二聚体是接头相互自连接的产物，它们不含插入序列。这些二聚体能非常有效地在测序芯片上形成簇，浪费芯片上的宝贵空间而不产生任何有用的数据。因此，实验室通常使用基于磁珠的清理（SPRI 珠），或者在琼脂糖凝胶上纯化提取目标产物。大多数情况下，第一种方法适用于有足够起始材料的样本。当试图精确地确定文库大小或分离尺寸非常接近的产物时，可能需要基于凝胶的纯化。在文库构建时，较少的样本通常会生成更多的衔接头二聚体。在这种情况下，基于磁珠的清理可能无法达到最佳效果，并且可能需要两种纯化相结合。

在制备 microRNA（miRNA）或 small RNA（sRNA）文库的情况下，所需产物仅比约 120bp 的衔接头二聚体大 20～30 个碱基。因此，进行凝胶纯化来丰富所需产物非常重要，使用磁珠完成这种分离都是不太可行的。然而，最近推出的几乎不产生衔接头二聚体的 miRNA 文库制备试剂使得基于磁珠的纯化成为可能[8]。

此外，用于从头测序组装的大型文库（如细菌基因组）插入片段（1kb）可从基于凝胶的大小选择中获益，以确保最终文库中大部分插入片段长度平均一致。在最近一个对 7 种不同 RNA 测序文库制备方法的研究中[9]，大多数方法在连接衔接头之前对 mRNA 进行某种片段化。在不使用随机引物法

（hexamer priming method）[10]或者 SMARTer Ultra Low RNA Kit（Clontech，Mountain View，CA）[11]的情况下，一段固定的 3′和 5′序列被加在合成的 cDNA 两端，以便可以在长距 PCR（LD-PCR）中扩增整个 cDNA 文库（平均 2kb 长）。然后通过超声剪切将该扩增的双链 cDNA 片段化至适当的大小并进行标准的 Illumina 文库制备（涉及末端修复和激酶、A 尾部和衔接头连接，然后通过 PCR 进行额外扩增）。

61.3　DNA 文库制备

在用 DNA 样品制备文库时有几个重要的考虑因素，包括起始材料的数量，以及该应用是否为重测序（有参考序列可用于比对）或从头测序（读出的序列需要被组装以创建新的参考序列）。文库制备容易因含有异常高或低 GC 含量的基因组而产生偏倚，不过已经开发了用于 PCR 扩增的聚合酶、热循环、反应条件和缓冲液来解决这些问题[12-15]。不论是全基因组测序，基因组内的靶向测序（如外显子组测序）、ChIP 测序还是 PCR 扩增子测序（见下文），DNA 样品的文库制备一般都遵循相同的工作流程（图 61-4）。对于任何应用场景而言，其最终目标都是尽可能地使文库覆盖更多的序列（见下文）。

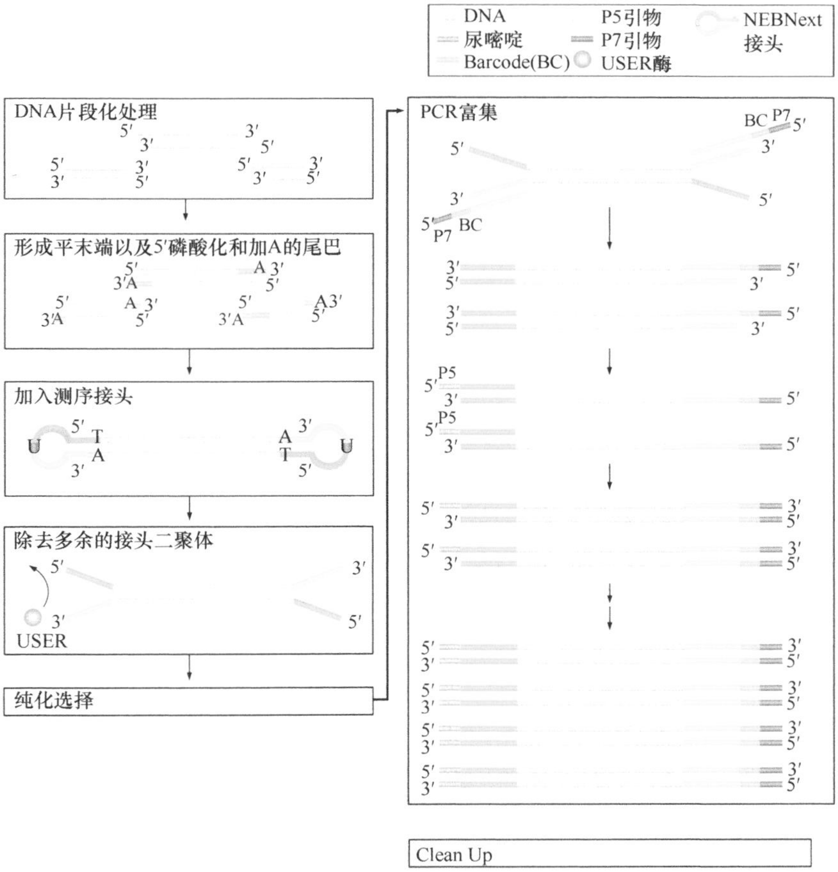

图 61-4　NGS DNA 文库构建的工作流程

图中给出的是 NEB Ultra II DNA Library Preparation 的示例

许多用于 DNA 测序文库制备的试剂盒可从各种供应商获得，并且健康的市场竞争导致价格稳步下降，质量上升。用于以微克（microgram）到皮克（picogram）DNA 为起始材料进行文库构建的试剂盒也是存在的。但是我们必须记住这样一个原则，即更多的原材料意味着更少的扩增，使文库的复杂性提高。

除去 Illumina 的 Nextera 文库制备方法，DNA 的文库制备通常需要：①片段化；②末端修复；③5′端的磷酸化；④3′端加 A 尾以促进接头的连接；⑤连接接头；⑥通过 PCR 循环来富集两端都连有接头的产物[1]。一旦起始 DNA 被片段化，片段末端被三种酶（T4 多核苷酸激酶、T4 DNA 聚合酶和 Klenow 酶）的混合物形成平末端并将 5′端磷酸化。接下来，使用 *Taq* 聚合酶或 Klenow 片段（exo-）对 3′端进行加 A 尾。在连接接头反应期间，基于拷贝数或摩尔浓度的最佳接头和 DNA 片段比例为 10∶1。过多的接头会促使衔接头二聚体的形成，此后很难被分离，并且可能干扰随后的 PCR 扩增，即产生更多的二聚体而 DNA 文库并不会等比增加。在 PCR 扩增之前，可以在末端修复和加 A 尾反应后进行基于磁珠或离心柱的清理以除去多余的接头及接头形成的二聚体。

为了便于将多个样本在同一个测序过程中完成检测（multiplexing），可以将含有不同标签序列的接头连接到每个样本的两端，或者可以在 PCR 扩增步骤中使用带有不同标签序列的 PCR 引物来区分不同样本。带有标签序列的接头和高质量的 PCR 引物可以从许多供应商的试剂盒中轻易获得。然而 DNA 文库构建的每一个组件，从衔接头到酶，现在都已有详细文献记载，并且可以很容易组装成“自制”文库制备套装。

另一种方法是使用 Nextera DNA Sample Prep Kit（Illumina），该试剂盒在制备基因组 DNA 文库的过程中使用转座酶在称为“tagmentation”的反应中同时片段化并标记 DNA[16]。该酶具有双重活性：它能将 DNA 片段化，同时在片段的两端添加特定的接头（参考图 61-3）。然后使用这些接头在 PCR 中扩增插入片段，将全长接头序列和标签序列作为该过程中 5′端的 PCR 引物的一部分。该文库制备方式将 DNA 片段化，末端修复和接头连接整合到一个步骤中，改进了传统方法。与机械破碎方法相比，该方案对 DNA 输入量非常敏感。为了获得合适长度的插入片段，转座酶复合物与样品 DNA 的比例至关重要。由于碎片大小也取决于反应效率，因此所有反应参数（如温度和反应时间）都很关键，需严格控制。

61.4 RNA 文库制备

在决定最佳的文库制备方案之前，应当考虑该 RNA 测序的主要目的。如果是为了揭示复杂的全局转录事件，那么该文库应该尽可能完整地捕获整个转录组，包括编码、非编码、反义 RNA（antisense RNA）和基因间 RNA（intergenic RNA）。然而，多数情况下，目的只是研究翻译成蛋白质的编码 mRNA 转录物。还有可能只是探测小 RNA，最常见的是 miRNA，但也包括小核仁 RNA（snoRNA）、piwi-interacting RNA（piRNA）、小核 RNA（snRNA）和转运 RNA（tRNA）。RNA-seq 文库构建中的常见方法是使用随机引物、非随机引物和（或）连接反应的各种组合将 RNA 转化为两端接有测序接头序列的合适大小的双链 cDNA 分子。下面用一些例子来介绍具体的工作流程。

最早将 NGS 成功应用于 RNA 测序的就是 miRNA[17, 18]。用于制备 miRNA 测序文库的方案出人意料地简单并且通常在同一试管中进行所有反应（图 61-5）。自然状态下 miRNA 在 5′端有一个磷酸盐，使其可以通过连接酶与接头序列连接来从各种 RNA 中被有选择性地筛选出来，形成 miRNA 的文库。

在 miRNA 文库制备的第一步中，一段 5′端腺苷酸化且 3′端被阻断的 DNA 接头被连接至 RNA 样本。该反应使用了截短的 T4 RNA 连接酶 2（truncated T4 RNA ligase 2），这个被修改过的酶选择连接至 3′端被腺苷酸化 miRNA 的分子。这保证了总 RNA 样品中来自其他品种的 RNA 片段在该反应中不会被连接在一起，只有腺苷酸化的寡核苷酸才可以被连接到游离的 RNA 的 3′端。而且，由于接头的 3′端被阻断，所以它不能自我连接形成二聚体。接着，将 5′端 RNA 衔接头与 ATP 和 RNA 连接酶 1 一起添加到反应中。只有 5′端被磷酸化的 RNA 分子（如 miRNA）才能发生连接反应。在第二次连接后，将逆转录（RT）引物与已连接的 3′衔接子杂交并进行 RT-PCR 扩增（通常为 12 个循环）。由于 miRNA 的文库大小很小但是分子质量非常集中（120 个碱基的衔接子序列加上 20～30 个碱基的 miRNA 插入片段），因此可以将 RNA 文库，或含多个标签序列的合并文库在凝胶（SDS-PAGE）上进行大小选择和提纯。凝胶大小选择是十分重要的，因为文库中很可能存在连接反应中产生的接头二聚体副产物，以及高分子质量的其他非 miRNA 片段（如 tRNA 和 snoRNA）产物。它们可能含有 5′端磷酸基团，所以可以发生连接反应。这种文库制备方法产生定向文库，就是说测序总是从最初 RNA 链的 5′端读至 3′端。Ion Torrent 平台上的 miRNA 测序原理类似（图 61-3B），不过该平台使用两个双向接头（dual duplex adaptor），在单个反应中连接 miRNA 的 3′和 5′两个末端，然后进行 RT-PCR。

miRNA 文库构建的一个主要限制出现在当 RNA 的输入量过低时（如总 RNA<200ng）。较短的衔接头二聚体在 RT-PCR 反应中与所需产物、接头和 miRNA 插入片段竞争。当存在太多接头二聚体时，它们在凝胶大小选择时会因电泳拖尾造成文库污染。为了尽量减少这个问题，许多商业化的 miRNA 文库制备试剂盒现在采用了各种策略来抑制接头二聚体的产生（图 61-5）。

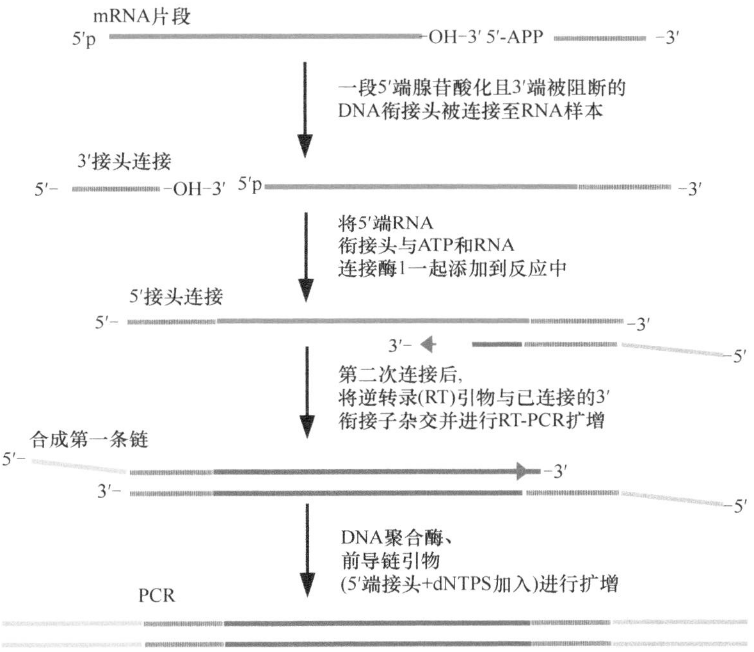

图 61-5　miRNA 文库构建的流程和原理

为了构建多聚腺苷酸化的 mRNA 文库，已经研究出了多种基于 cDNA 合成的方法：使用随机引物、T 重复寡核苷酸（oligo-dT）引物，或通过将接头连接至 mRNA 片段，随后进行某种形式的扩增。cDNA 的第一条链可以使用随机寡聚物或锚定的 T 重复寡核苷酸作为引物产生。如果使用随机引物，则首先必须除去或减少 rRNA。这里可以使用基于寡核苷酸探针的试剂如 Ribo-Zero（Epicentre，Madison，WI）和 RiboMinus（Life Technologies，Carlsbad，CA），亦可使用 T 重复寡核苷酸磁珠直接提取多聚腺苷酸化 RNA。

RNA 文库构建时，通常需要保留原始目标 RNA 的链方向。例如，在某些转录情况下，可能产生在调节基因表达中发挥作用的反义 RNA[19]。此外，长链非编码 RNA（lncRNA）分析直接依赖于定向 RNA 测序[20]。制备定向 RNA-seq 文库的方法现在很容易获得[9]。其原理是通过将 dUTP 添加进第二链 cDNA 合成反应中来进行 cDNA 合成，并选择性去除两条链中的一条链。随后含尿嘧啶的链可以用酶去除[21]或用不能接受模板链中尿嘧啶的 PCR 聚合酶进行扩增。另外，放线菌素 D 经常被添加到 cDNA 第一链合成反应中以减少伪反义合成（阻止逆转录酶使用 DNA 作为模板）[22]。

另一种将接头序列并入 cDNA 分子的方法是利用随机或锚定的 T 重复寡核苷酸引物，在引物的 5′端带有接头序列以启动第一链 cDNA 合成。接下来，在称为“模板转换”（template-switching）的过程中，将另一接头序列添加到 cDNA 分子的 3′端[11]。该方法的独特优势在于第一链 cDNA 分子能直接被 PCR 扩增而无需第二链的合成，因为可以使用模板转换反应连接在 3′端的独特序列标签。5′端的标签序列则像标准的引物一样被带入第一条链合成中（图 61-6）。

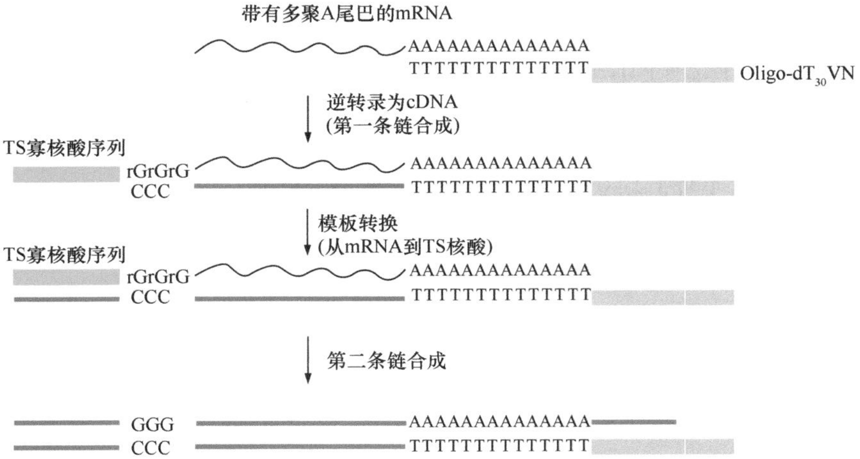

图 61-6 使用“模板转换”反应生成 cDNA 的 RNA NGS 文库构建流程和原理

RNA 测序文库构建的最后一个要点涉及用于 cDNA 合成的特别设计的引物。例如，可以设计出一个只针对 rRNA，但不允许其随后扩增的引物来避开 rRNA 序列。一款商业试剂盒（NuGEN Ovation RNA-seq；San Carlos，CA）同时运用 SPIA 核酸扩增技术[23]与特别定制的第一链 cDNA 合成引物以抑制 rRNA 序列扩增。一项研究也提出了另一个方法，将全部 4096 个可能的六聚体序列与 rRNA 序列比对以鉴定并消除完美匹配。剩余 749 个六聚体，随后用于 cDNA 的第一链合成反应。这个策略使 rRNA 读数在最终的测序数据里从 78%下降到 13%[10]。最后，在一种称为 DP-seq[24]的方法中，小鼠大部分转录组的扩增是由一组限定的 44 个七聚体引物完成的。该引物序列设计选择性地抑制了高表达转录物（包括 rRNA）的扩增，并且能够可靠地估算胚胎发育模型中的低表达转录物。

61.5 NGS 文库构建的注意事项：偏倚、复杂性、批次效应

关键概念

- 测序文库制备时，实验偏倚是不可避免的，它可以被定义为由于实验设计导致的数据系统失真。
- 一般来说，文库复杂性越高，即文库中独特分子的数量越多，其包含的信息就越多，偏倚就越小。
- 批次效应可能因日常样品处理的变化而产生，如反应条件、试剂批次、吸量管精度，甚至是不同技术人员操作上的细微差别。

制备测序文库时的目标是尽可能避免造成偏倚。偏倚可以被定义为由于实验设计导致的数据的系统失真。由于不可能消除所有实验偏倚的来源，所以最好的策略是：了解偏倚发生的步骤，并采取所有措

施尽可能将其规避。文库中独特分子的数量通常被用于描述测序文库中分子多样性的水平。一般来说，文库复杂性越高（即文库中独特分子的数量越多），其包含的信息就越多，偏倚就越小。NGS 文库的复杂性可以反映出该特定实验设计的偏倚。一个理想的文库是高度复杂的，并且能很好地以高保真度还原原材料的初始复杂性。这里的技术挑战在于任何形式和数量的扩增及筛选都会降低保真度。文库的复杂性可以通过测序数据中存在的重复读取的数量或百分比来衡量。重复读取通常定义为读取结果相同或在与参考序列比对时具有完全相同的起始位置[25]。一个需要注意的地方是偶然出现的重复读取率（代表从原始样本源真正独立的采样）会随着测序深度的增加而增加。因此，了解在什么情况下重复读取率准确地代表了文库复杂性是至关重要的。

因为在进行基因组 DNA 测序时起始文库中的核酸序列大致处于等摩尔比率，所以使用重复读取率来度量文库复杂度会获得很好的效果。然而，RNA 测序更复杂，因为起始的序列库代表了不同数量的 mRNA 转录本的复杂混合物，反映了生物学的差异表达特性。在 ChIP 测序中，复杂性由靶蛋白对特定 DNA 序列亲和力的差异（即高与低）产生。这些生物学上显著的差异意味着最终文库中的序列数量大部分情况下不会是等摩尔的。

不过总的来说，要点都是相同的，即文库制备的目标是最大限度地提高复杂度并将由 PCR 或其他扩增方式产生的偏倚降到最低。这对于低初始量核酸样品的文库构建来说是一个重大的挑战，例如，许多 ChIP 测序实验或从有限数量的细胞中获得的 RNA / DNA 样本。现在理论上可以对数千个细胞制备成的单个文库进行基因组 DNA 和 RNA 测序。这里的关键在于对核酸的取样效率较低，并且有偏倚，另外文库构建时大量的扩增会进一步增大文库的偏倚。在之后的下游数据分析时，这种偏倚会是一个严重的遗留问题。一种应对方法是使用独特分子索引（unique molecular index，UMI），在扩增前将随机序列附加到样本分子上，从而允许重复拷贝的分子（含有相同的 UMI）在数据分析步骤被视为同一个分子[26, 27]。UMI 现在通常用于单细胞测序应用，它主要提供纠正扩增偏倚的重要信息及判定所需测序深度[28]。

在制备 NGS 文库时，应当时刻考虑如何缓解批次效应[29-31]，理解分子操作导致的系统偏差所造成的影响，例如，由 miRNA 测序文库制备中不同接头序列导致的不同连接效率的偏倚。批次效应可能因日常样品处理的变化而产生，如反应条件、试剂批次、吸量管精度，甚至是不同技术人员操作上的细微差别。另外，在 Illumina 测序仪的每一次运行，以及测序芯片的不同通道之间都可能会观察到批次效应。减轻批次相应的影响有时很简单，亦可能相当复杂。如果有疑问，在实验设计过程中咨询统计技术员可以节省大量成本和时间。

在文库制备过程中有很多方法可以减少偏倚。在一次实验中，应该从质量和核酸数量相似的样本开始入手，并应尽可能使用总混合试剂（master mix），也就是将所有需要的试剂按所需浓度/数量混合到一个试管中，再按需平均分配给每一个反应，这样可以保证每个反应中所含的试剂都是相同的。一种十分严重的偏倚来源是扩增反应如 PCR，有充分证据表明 GC 含量对 PCR 扩增效率有实质性影响。已经证明的 PCR 聚合酶如 Kapa HiFi（Kapa Biosystems，Wilmington，MA）或 AccuPrime Taq DNA Polymerase High Fidelity（Life Technologies）可以使由于极端 GC 含量导致的扩增偏倚最小化。最近有研究报道说，对于特别高 GC 含量的目标，3min 的初始变性时间以及随后的 PCR 高温变性时间延长至 80s 可以显著降低扩增偏倚[12]。虽然根据需要尽可能少地使用扩增循环，但实验中的每个样本被扩增相同的循环次数至关重要。在 miRNA 文库制备方案中，连接酶已被证明促进序列依赖性偏倚的增高[32, 33]。一个研究小组发现向 3′接头的 5′端和 5′接头的 3′端添加三个简并碱基能够显著降低该连接偏倚[34]。目前 Gnomegen（San Diego，CA）提供在 5′接头上加入三个简并碱基的 miRNA 文库制备试剂盒。

除了酶促步骤之外，在凝胶或磁珠纯化之前合并不同标签序列的文库也可以减少偏倚。就 miRNA 测序文库而言，每一个文库都可以在安捷伦生物分析仪上定量 miRNA 峰值，然后使用该信息以等摩尔浓度建立含有多个标签样本的总文库，以便在凝胶纯化中只用单一通道进行后续纯化以避免样品之间的大小差异。

61.6 靶向测序和扩增子测序

靶向测序允许研究人员对选定的一组基因或特定的基因组序列进行研究，如 CpG 岛和启动子/增强子区域[35]。靶向测序常被应用于外显子组测序，SureSelect（Agilent Technologies，Santa Clara，CA）、SeqCap（Roche NimbleGen，Madison，WI）和 TruSeq Exome Enrichment Kit（Illumina，San Diego，CA）都有市售高质量的试剂盒。三种试剂盒的捕获方法都基于探针杂交对全基因组样本的测序文库进行筛选[36, 37]。Life Technologies 已经将另一种基于超多重 PCR 的 AmpliSeq 技术方法商业化。一家名为 Cellecta 的公司也推出了转录组范围的表达谱分析试剂盒，用于在单次分析中测量几乎 19 000 种人类蛋白质编码基因的表达水平。研究人员有大量的选择，并通过定制这些产品以满足具体的应用要求，设计捕获或 PCR 探针来覆盖基因组中数千至数百万个碱基的目标区域。

杂交捕获的方式通常效果不错，但可能会造成非特异捕获或者难以有效捕获具有高度重复或低复杂度的序列（如人组织相容性基因座区域）。基于 PCR 的方法在 DNA 含量较低和目标序列总数偏低时效率更高[38]。还应该注意的是，探针是基于参考序列的，所以严重偏离参考序列的基因突变，以及显著的插入或缺失突变并不总是能被识别。

由 Raindance（Billerica，MA）开发的另一种靶向测序方法使用微滴 PCR 和定制设计的微滴文库[39, 40]。微滴乳液 PCR 的自带属性显著降低了 PCR 扩增偏倚[41]。微滴 PCR 允许用户在 1h 内完成对一个试管中的 1.5×10^6 个微滴进行扩增。该液滴文库基于 500bp 扩增子设计，一个定制文库可以靶向 2000～10 000 个不同扩增子，覆盖 5×10^6 个碱基。

扩增子测序涉及用超多重 PCR 产物制备二代测序文库。这种有针对性的测序形式更适用于微生物学实验，如调查复杂菌群混合物中的 16S rRNA 序列[42]、抗体多样性分析[43]和 T 细胞受体基因库[44]群落组成分析，而这些研究又进一步促进了在 SELEX protocol 中鉴定和选择高价值适配体的过程[45]。为了突出扩增子测序的灵活性，最近的一项研究使用该方法分析将非天然核苷酸嵌入 DNA 合成[46]。

短序列扩增子的测序也可以在单端读取或双端读取设计中获得完整的序列。这里，接头可以直接连接到扩增子的末端并进行测序，以保留重建抗体或 T 细胞受体基因序列，以及在微生物群课题中鉴定物种所需的单倍型信息。

但是，在靶向测序中通常有必要设计更长的扩增子。在这种情况下，PCR 产物需要先被片段化再进行测序。扩增子可以使用声学剪切、超声处理或酶消化直接进行片段化，或者也可以先拼接成更长的片段再将其片段化。扩增子测序的一个问题是在 PCR 过程中通过 PCR 介导的重组产生扩增子嵌合体[47]。这个问题在低复杂度的文库和过度扩增中加剧。最近的一项研究发现，有高达 8%的原始序列会被转化成嵌合型[48]。然而，文章作者可以通过将读取数据质量筛选并使用生物信息工具 Uchime[49]将嵌合体率降低至 1%。PCR 引物序列或其他高度固定序列的存在对于依赖荧光检测的一些测序平台（如 Illumina）造成了技术限制。这可能发生在基于扩增子的测序中，如使用 16S rRNA 进行物种鉴定的微生物组研究。在这种情况下，测序刚开始时几个循环会因为 PCR 引物序列导致每一次读取产生完全相同的碱基，从而给信号检测硬件和软件带来问题。Ion Torrent 系统（不基于荧光）不存在此限制，并且 Illumina 系统中也可以尽量在同一通道中进行多个不同扩增子的测序以避开这一限制。我们采用的另一种策略是在特定扩增子的 PCR 扩增过程中使用多种 PCR 引物。每个引物的 5′端具有不同数量的碱基（通常 1～3 个随机碱基），这样当接头连接到扩增子上时，可以抵消或错开序列。

61.7　单细胞 DNA 测序

几个研究小组最近都报道了对单细胞进行的基因组测序[50]。目前的策略是利用全基因组扩增和多重置换扩增（MDA）（图 61-7）。MDA 依赖于 phi29 随机引物的使用，phi29 是具有连续合成及链置换能力的聚合酶[51]。虽然这种技术能够产生足够的扩增产物来构建测序文库，但非线性扩增会产生相当大的偏倚。最近的报道显示，通过添加一个减少偏倚的准线性预扩增步骤，能够显著改善 MDA[52]。Fluidigm（South San Francisco，CA）提供基于小区域化和微流体技术的技术平台，为每次运行多达 96 个单细胞的文库做准备。

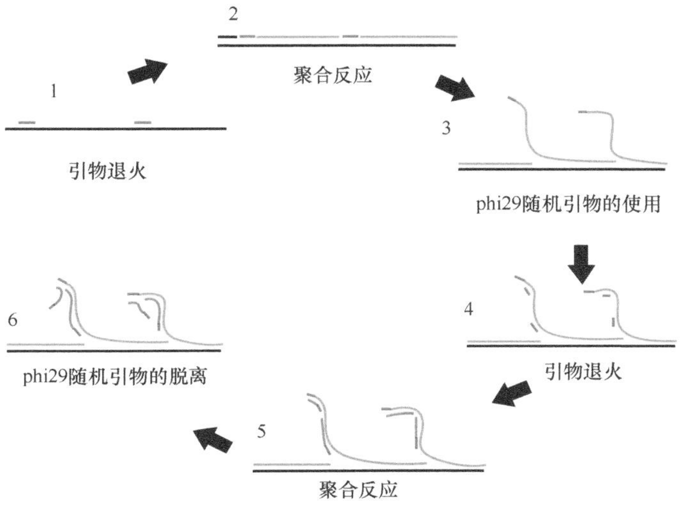

图 61-7　多重置换扩增（MDA）的原理

因为新合成的 DNA 单链会被用于模板再一次进行扩增，该方法会产生较大的非线性扩增偏倚

MDA（多重置换扩增）的改进方法称为多次退火环状循环扩增（MALBAC）（图 61-8，左）。该技术依赖于在指数 PCR 扩增之前的准线性预扩增。MALBAC 引物由一个包括 27 个碱基的共同序列和一个包括 8 个可变碱基的序列组成，可变序列可与模板 DNA 链结合。它们在模板的随机位置启动预扩增，并且取代 DNA 聚合酶产生具有可变长度的互补链（仅在 5′端具有引物序列）。然后在下一个热循环中，原始单链 DNA 和新合成的互补链将被用作模板链以分别产生更多的互补链和全扩增子。一旦扩增产生完整的扩增子，由于 MALBAC 引物具有共同的序列，并且 3′端正好与 5′端互补，它们将彼此杂交以形成环状 DNA。这样就可以阻止全扩增子进一步扩增和全扩增子之间的交叉杂交，从而确保扩增是接近线性的。这种环状的扩增子极大地降低了扩增的偏好性，并且可以从皮克级产生微克级别的更均匀和线性的扩增产物。另一篇评论文章指出，MALBAC 与其他 WGA 方法相比具有高覆盖率、高保真性及显示完整变异等优点[53]。然而，值得注意的是，MALBAC 技术仍然是利用非特异性引物启动扩增和指数放大（在准线性预扩增后），因而会产生偏倚[54]。

WGA 的另一个改进方法是通过转座子插入的线性扩增（LIANTI）（图 61-8，右）。这种方法完全摈弃了指数扩增，所以理论上应该具有更高的保真度。首先，LIANTI 转座体由等摩尔 LIANTI 转座子（含有转座酶结合位点和单链 T7 启动子环）和 Tn5 转座酶组成。然后将基因组 DNA 随机片段化并通过 LIANTI 转座子标记，并且将 T7 启动子区域整合到两端的基因组 DNA 片段中。利用启动子区域以线性扩增基因组 DNA 链及体外转录为基因组 RNA。最后，RNA 链可以进行 RT 反应、第二条链及条形码的合成，从而形成测序文库。虽然体外转录需要很长时间，甚至在以前的文章中报道反应需要过夜，但 LIANTI 产生的产物覆盖是非常均匀的。

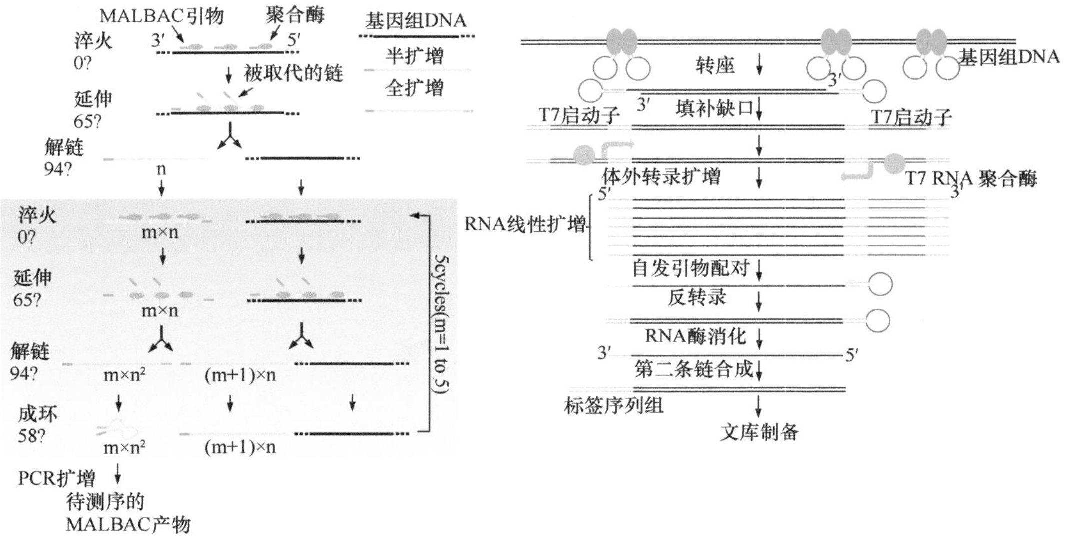

图 61-8　多次退火环状循环扩增（MALBAC）（左）和通过转座子插入的线性扩增（LIANTI）（右）的对比

MALBAC 通过拟线性预扩增来降低偏倚，而 LIANTI 则完全不使用指数扩增在理论上完全避免扩增产生的偏倚

61.8　单细胞 RNA 测序

最近报道了从单细胞制备 RNA 测序文库的方法（图 61-9）[55-59]。一种策略是利用第一链 cDNA 的多核苷酸加尾（图 61-9A），并与模板转换反应组合（图 61-9B），使其可以使用通用 PCR 引物扩增第一链 cDNA 产物。图 61-9B 中所示的版本已经整合到市售试剂盒中（SMARTer Ultra Low RNA Kit; Clontech）。另一种称为 CEL 测序的方法在 cDNA 的 5′端引入 T7 启动子序列，然后使用体外转录进行线性扩增（图 61-9C）。

一个典型的细胞具有大约 10pg 的总 RNA，而聚腺苷酸化的 RNA 可能仅含有 0.1pg。因此，这些方法都需要某种全转录扩增来产生足够的材料制备测序文库。这种笼统扩增的缺点是会产生巨大的技术噪声，而这个问题尚未解决。

10x Genomics 公司最近开发并且商业化了单细胞 RNA-seq 的方法，10x 系统利用微流体产生数十万滴的乳液[60]（图 61-10）。在每个液滴中，有一个凝胶珠子，表面结合了测序接头、引物、条形码、UMI 和 T 重复寡核苷酸，用来引发 polyA RNA 合成[61]。同一珠子上的所有寡核苷酸都具有相同的条形码序列，但不同的珠子之间是不一样的。微通道和微流体技术确保在相同液滴中只有一个珠子和一个细胞，这就使得来自同一细胞的所有片段具有相同的条形码。当预估的基因表达量与其他 scRNA-seq 方法（如 SMART-seq 2）进行比较时，UMI 也可以校正其产生的扩增偏倚。10x Genomics 方法的简单性和便利性还提供了一次操作同时处理大量细胞的能力。然而，由于 10x 系统使用 T 重复寡核苷酸捕获 RNA 的性质，它具有 3′偏向性，并且具有较低的复杂性。当读取深度需求随着细胞数量的增加而增加时，它会牺牲文库的复杂性[62]。

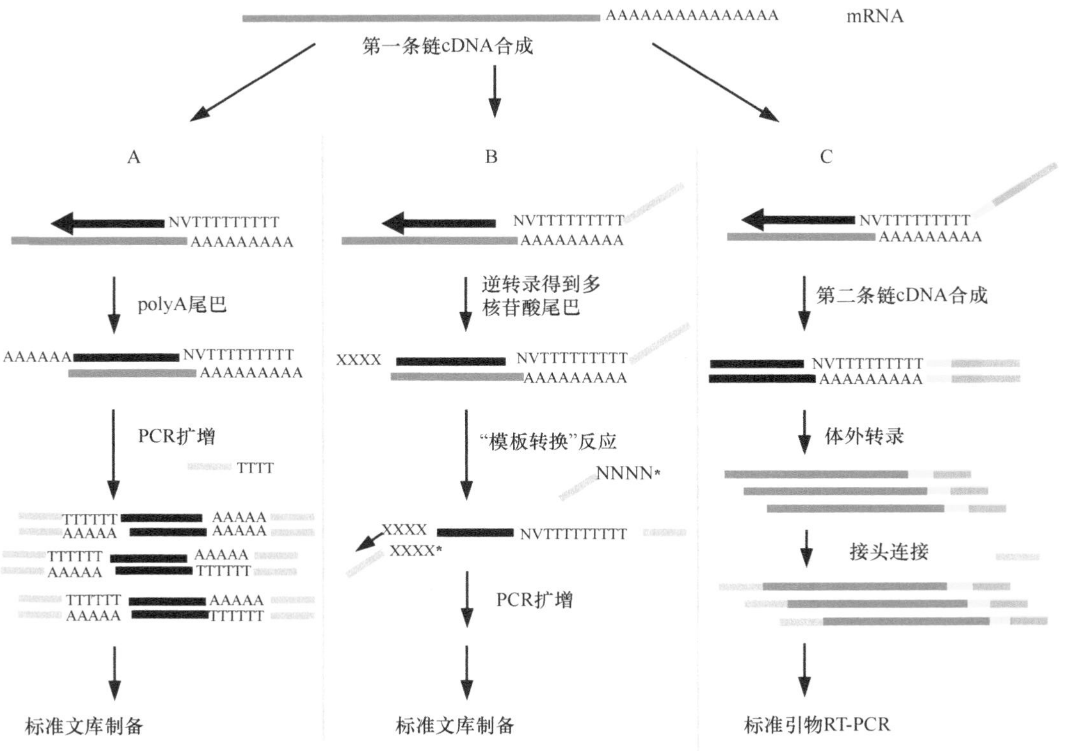

图 61-9　单细胞 RNA 测序文库准备可由多核苷酸加尾（A）、模板转换反应（B）或体外转录（C）完成

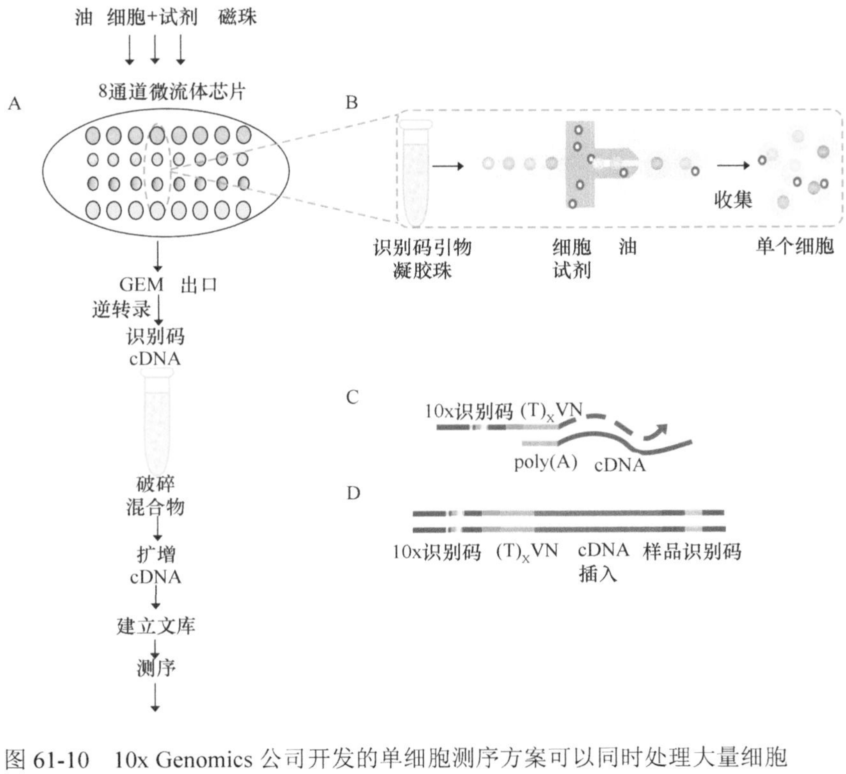

图 61-10　10x Genomics 公司开发的单细胞测序方案可以同时处理大量细胞

61.9 临床应用

随着二代测序技术的发展和越来越先进的测序平台的引入，基因测序的成本已显著降低，同时能提供更高的通量和准确度。二代测序科技有潜力被应用于临床环境，并且有一部分已经被应用于临床。接下来我们将围绕以下三个主要背景来讨论二代测序的潜在临床应用价值。

61.9.1 循环游离 DNA

循环游离 DNA（circulating cell-free DNA，cfDNA）天然存在于每个个体的血液中。已有研究显示癌症患者倾向于具有比健康个体更高的 cfDNA 浓度[63]。通过细胞死亡，如凋亡或坏死，或通过活细胞 cfDNA 可以释放到循环系统中，无论它们是正常细胞的还是恶性的肿瘤细胞（图 61-11）。研究人员继而揭示循环肿瘤 DNA（circulating tumor DNA，ctDNA）通过将致癌基因掺入宿主细胞基因组中（图 61-12），其可能在癌症转移中发挥作用[64]。因此，ctDNA 具有作为癌症生物标志物的巨大潜力。非侵入性 ctDNA 检测将有助于癌症伴随诊断（companion diagostics），评估疾病状态和监测治疗反馈。

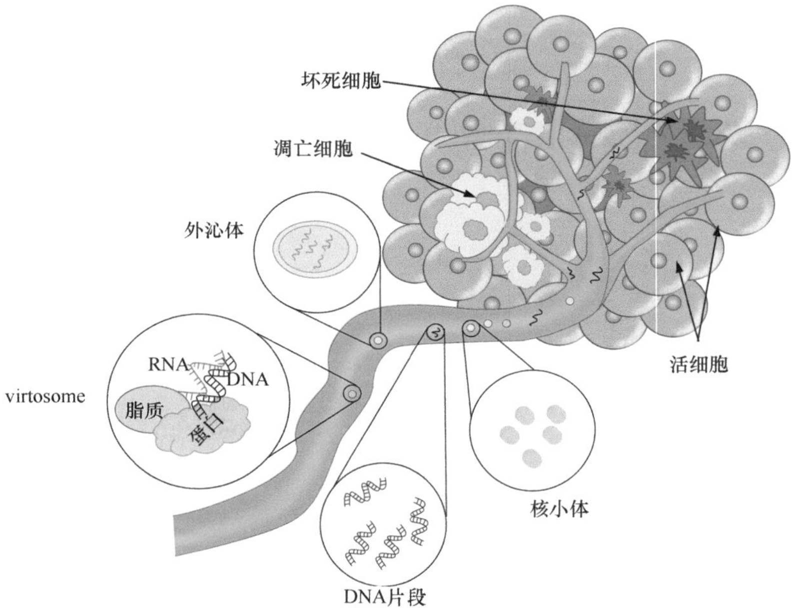

图 61-11 cfDNA 可以被正常细胞、癌细胞、坏死细胞或凋亡细胞释放入循环系统

它可以以外泌体、核小体、DNA 片段或 virtosome 的形式存在

由于 ctDNA 由癌细胞释放，所以它们很可能具有与癌细胞中相同的突变。NGS 已被用于分析 ctDNA / cfDNA 并鉴定癌性突变。末端重排个性化分析（PARE）检测特定个体肿瘤细胞中的染色体重排，并通过分析 cfDNA 来监测疾病状态。然而，灵敏度和对测序数据量的依赖性、成本、检测假阳性的可能性，以及 ctDNA 未知的来源信息都是这个技术的限制[65]。

癌症个体化深度测序分析（CAPP-seq）是另一种基于 NGS 的 ctDNA 检测技术。该研究组使用定制探针靶向癌症基因组图谱（TCGA）中经常突变的基因，并且能够在所有 II～IV 期非小细胞肺癌患者中检测到 ctDNA。

cfDNA 也参与了各种非侵入性产前检测（NIPT）的应用。初始检测之一包括通过筛选母体血液中的Y 染色体 cfDNA 进行胎儿性别测定。非侵入性的性别测定对 X 连锁遗传病携带者尤其重要。非整倍体疾病可由数字 PCR（dPCR）检测到，并且已经被广泛用于唐氏综合征临床筛查。但是，目前只验证了非侵入性产前检测对染色体 21、31 和 18 三体性以及 X 单体检测的可靠性。对于使用基于二代测序的非侵入性产前检测来发现微缺失和微重复及其他胚胎遗传病，还没有足够的科学数据来支持。与常规的基于 PCR 的方法相比，dPCR 通常对突变检测更敏感，其检测极限（LOD）提高了 10 倍以上。BEAMing[小珠（bead）、乳浊液（emulsion）、扩增（amplification）、磁性（magnetic）]和液滴数字 PCR（ddPCR）是两种基于 dPCR 的技术，用于检测突变和罕见等位基因，其中 BEAMing 是目标方法中最灵敏和最准确的方法，检测准确度高达 4.3∶100 000 [66, 67]。BEAMing 技术使用了与末端连接了生物素的寡核苷酸结合的链霉抗生物素蛋白珠作为 PCR 引物（图 61-13）。然后将 PCR 组分、珠子和 DNA 片段与油/洗涤剂混合物一起混合以产生乳液，并进行 PCR 扩增。使用不同的荧光标记抗体来杂交和区分模板 DNA。使用流式细胞术，可以检测到野生型或含有突变等位基因的 cfDNA[67]。

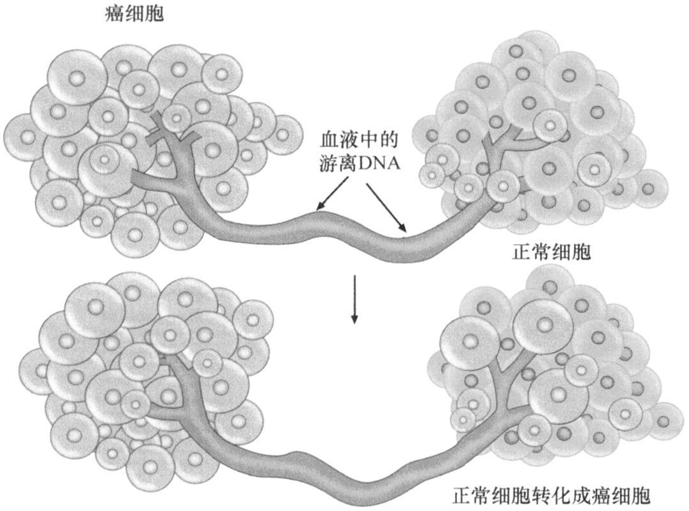

图 61-12　cfDNA 可能是癌症转移机理中的一部分

61.9.2　肿瘤 DNA/RNA

NGS 技术和测试正在被广泛用于癌症研究，主要用于检测和识别驱动突变。随着分子生物学研究的进展，分子引导靶向治疗已经开发出来并被广泛用于临床癌症治疗。2010 年，曲妥珠单抗（Trastuzumab）被批准用于治疗胃癌。它是一种针对人类表皮生长因子受体 2（HER2）胞外结构域的单克隆抗体，HER2 受体与一部分胃癌形成有关[68]。雷莫芦单抗（Ramucirumab）是一种血管内皮细胞生长因子受体 2（VEGFR-2）拮抗剂，也被证明可延长晚期胃癌患者的生存时间[69]。然而，仅仅根据组织学的癌症分类的老方法不能区分不同的癌症亚型，因此不能为靶向治疗提供很好的决策信息。所以，NGS 技术被用于分析潜在的肿瘤基因组学和分子特征，并针对特定患者调整其最适合的治疗方案。例如，使用基因表达特征，如 Oncotype DX（Genomic Health，Inc.，Redwood City，CA）和 MammaPrint（Agendia Inc.，Irvine，CA）来鉴定患者是否具有 ER +（雌激素受体阳性 ）早期乳腺癌，并使用辅助化疗来治疗。ER +肿瘤用他莫昔芬（Tamoxifen）、芳香酶抑制剂（Aromatase Inhibitor，AI）或其他内分泌疗法治疗，而 HER2 阳性肿瘤用曲妥珠单抗、拉帕替尼（Lapatinib）、帕妥珠单抗（Pertuzumab）、曲妥珠单抗-DM1 和其他 HER2 靶向治疗[70]。

个性化诊断中心（The Center for Personalized Diagnostics）最初启用了两个二代测序临床基因集（NGS panel）用于恶性血液肿瘤（Heme-NGS Panel，33 个基因）和实体瘤（Solid-NGS Panel，47 个基因）[71]。在该综述文章中，Heme-NGS Panel 寡核苷酸提取自多种来源，Solid-NGS Panel 中的寡核苷酸可在市场上买到。随后靶向扩增子测序用于检测目标的基因。

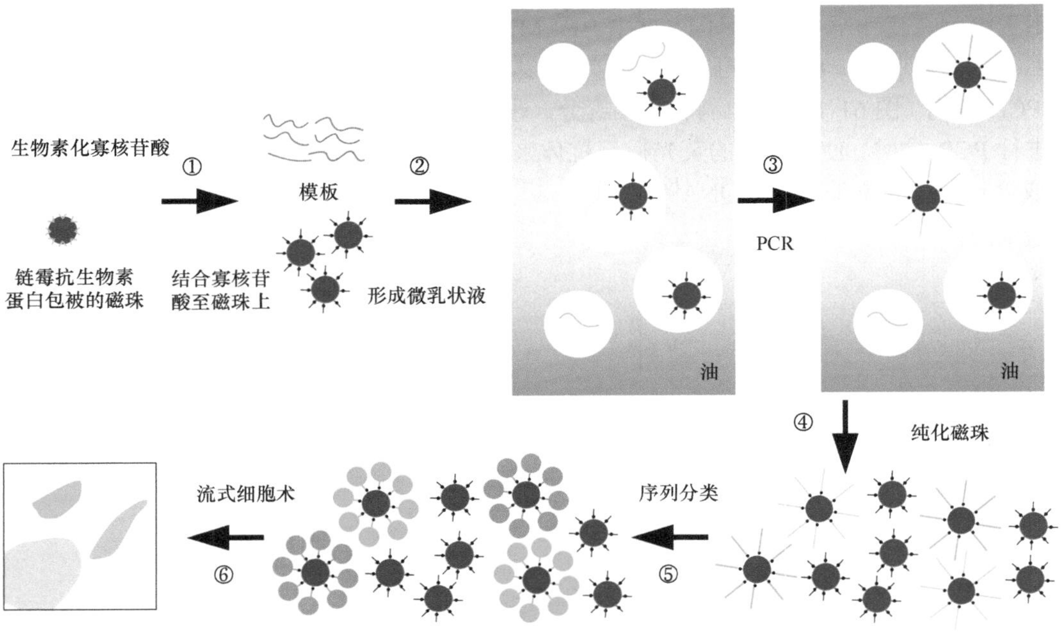

图 61-13 BEAMing 数字 PCR 的原理和流程

每个微滴中只包含一条 DNA 片段。相较于液滴数字 PCR，BEAMing 的微滴中含有一个链霉抗生物素蛋白珠与连接了生物素的 DNA 片段结合

诸如 MiSeq（Illumina，San Diego，CA）和 Ion Torrent 个性化基因组仪（PGM）（Life Technologies，Guilford，CT）的台式二代测序仪的开发降低了全基因组测序的成本和复杂性，使他们成为临床测序应用的理想选择。这些平台还能够对临床目的基因进行高覆盖率的测序（1000 个基因，覆盖率为 30×至 50×，或者约 100 个基因，覆盖度为 1000+），以检测发病率低于 5%的罕见突变[70]。

胚胎植入前遗传学筛查（pre-implantation genetic screening，PGS）可以对植入前的发育过程中三种不同类型的细胞（极体、卵裂球、囊胚）进行活检。这是验证由体外受精（IVF）产生的胚胎中的染色体非整倍性的一项重要技术。一些研究[72, 73]已经表明使用二代测序技术与其他 PGS 技术如基于微阵列的比较基因组杂交（aCGH）之间检测到非整倍体的高一致性，以及高达 100%的总体特异性和灵敏度。另一份报道也得出结论，二代测序对于 PGS 是非常准确和高效的[74]。

61.10 染色体免疫沉淀测序

染色体免疫沉淀测序（chromatin immunoprecipitation sequencing，ChIP-seq）现在是一个成熟的用于在全基因组范围内评估是否存在组蛋白修饰和（或）转录因子的公认方法。组蛋白修饰是表观基因组谱的重要组成部分，并被认为有助于调节和募集转录因子及其他 DNA 修饰酶。组蛋白修饰的具体生物功能目前还有待进一步研究，但利用 ChIP 测序的全基因组研究为这方面提供了重要的信息和建议。

虽然最初 ChIP 测序是以低通量 PCR 为基础被开发出来的检测方法，但是随着二代测序技术的引入，使得其有效应用范畴扩大到基因组。该测定的大体原理涉及特定蛋白质及其相关 DNA 的免疫沉淀。检测过程通常需要甲醛使得 DNA-蛋白质交联，然后使用微球菌核酸酶（MNase）和（或）超声处理破碎片段化。特异性抗体会被用来结合特异的目标蛋白或组蛋白上的修饰，随后通过免疫沉淀纯化目标 DNA 片段并进行高通量测序（图 61-14）。测序结果应与一个适当的对照进行比较。

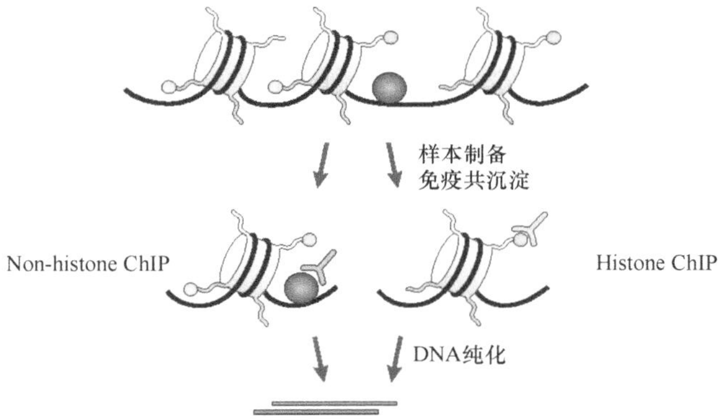

图 61-14　ChIP-seq 原理图

染色质被交联和片段化之后，可以使用针对组蛋白修饰或目的蛋白的抗体来进行免疫沉淀。提纯清洗后可通过标准的文库构建方案制作 DNA 测序文库

现在已经有了一些关于 ChIP 测序应该用什么样的对照的讨论。兔类免疫球蛋白 G（immunoglobulin G，IgG）已被用作非特异性抗体结合的对照，但是亲和纯化的抗体存在非特异性交叉反应，因而这些抗血清并不能作为很好的对照。因此，更普遍的做法是在片段化之后和免疫沉淀之前将总输入 DNA 分出一小份作为 ChIP 测序的对照。此外，这种对照似乎还能更好地估算由染色质片段化和测序引起的偏倚。

ChIP 测序有许多技术挑战，仍需要更加完善的标准来促进交叉研究分析。特别是抗体质量是影响 ChIP 测序实验结果的一个重要因素。ENCODE（Encyclopedia of DNA Elements；www.genome.gov/10005107）和 Roadmap 组织（NIH Roadmap Epigenomics Mapping Consortium）已经阐述了评估抗体质量的程序，包括针对组蛋白尾肽的斑点免疫印迹试验以评估结合特异性和交叉反应性[75]。ChIP 测序研究中使用的一些技术步骤对下游测序文库制备和所得测序数据有直接影响。例如，ChIP 测序实验中通常使用的甲醛交联对研究转录因子非常有用，但它似乎会导致检验分辨率降低并增加了非特异性相互作用的可能性。最近针对 DNA 结合蛋白提出了解决方案，使用 λ 核酸外切酶消化距交联蛋白一段固定长度的 5′ 端，可大大减少非特异性 DNA 的污染[76]。此外，甲醛交联使得 DNA 受到微球菌核酸酶的破坏，所以当使用 ChIP 测序评估 DNA 结合蛋白时，超声处理是现在片段化的首选方法。相反，微球菌核酸酶已被发现能消化核小体之间的连接区，因此在研究组蛋白修饰时，它仍然是染色质断裂的首选方法。总之，不管是什么片段化策略，如果成功的话，DNA 插入片段加上测序接头应该是 300bp 左右。我们通常在文库制备过程中的连接测序接头后及 PCR 之后做磁珠纯化，以减少样品损失。

ChIP 测序中最大的技术问题之一是需要大量初始材料[77]。通常情况下，每次免疫沉淀需要 100 万～2000 万个细胞才能获得足够的测序材料。对于原代细胞、祖细胞和临床样品来说，这些量是难以实现的。这个领域仍然需要改善测序文库制备方法，使其从极少量相对较短的 DNA 片段中获益。迄今为止，大多数试图改善 ChIP 测序对起始材料需求的方法都需要全基因组扩增或大规模的 PCR 扩增。然而，最近引入的 Nano-ChIP 测序方法允许通过使用具有茎环结构的定制引物和 *Bci*VI 限制性内切核酸酶位点使起始量降至 10 000 个细胞。在另一项最新的研究中，转录因子 ERalpha 的 ChIP 测序通过使用单管线性扩增（LinDA），仅用 5000 个细胞就成功完成。该方法使用优化的基于 T7 RNA 聚合酶 IVT 的步骤，被证明是成熟可靠的，并且降低了由 GC 含量导致的扩增偏倚[77]。

在没有商业抗体时，研究新型 DNA 结合蛋白或组蛋白修饰尤其困难。在这些情况下通常需要使用可以靶向的标签（如 His 或 FLAG 标签）来暂时或稳定表达目标蛋白。这种方法的缺点是需要进行广泛的控制以确保融合蛋白的定位正确，并且相互作用不受空间位阻或非内源表达水平的影响。

ChIP-Seq 需要数以亿计的细胞作为起始材料，为了解决这个问题，基于转座酶的染色质可及性的高通量测序技术（ATAC-Seq）已经开发出，它只需要 500 个细胞作为起始材料[78]。该方法使用活跃的 Tn5 转座酶切割可接近的染色质，同时在测序适配器上进行连接[79]。由于空间位阻，封闭的染色质对 Tn5 转座酶和 PCR 扩增并不是很方便，并且所得的文库主要来自染色质开放的区域。转座酶可作为测定全基因组染色质可及性的探针，而该分析可以提供蛋白因子结合和调控位点中核小体位置的信息。与染色质可及性研究的其他方案如 DNase-Seq 和 FAIRE-Seq 相比，ATAC-Seq 在文库构建时更加快速和高效，并且使用更少的起始细胞[78]。

61.11 RNA 免疫沉淀测序

初级 RNA 的转录开始于一套复杂的程序，包括识别内含子/外显子剪切位置、剪接和选择性剪接、添加聚（A）尾、转运至细胞质、进入核糖体、各种非编码 RNA 的加工，以及生成用于 RNA 降解的信号。研究这些过程和调控它们的蛋白质的一个有力工具是 RNA 免疫沉淀测序（RNA immunoprecipitation sequencing，RIP-Seq），其中 RNA 分子上在不同序列结合的蛋白质复合物被免疫沉淀，然后与其结合的 RNA 被纯化和测序（图 61-15）。

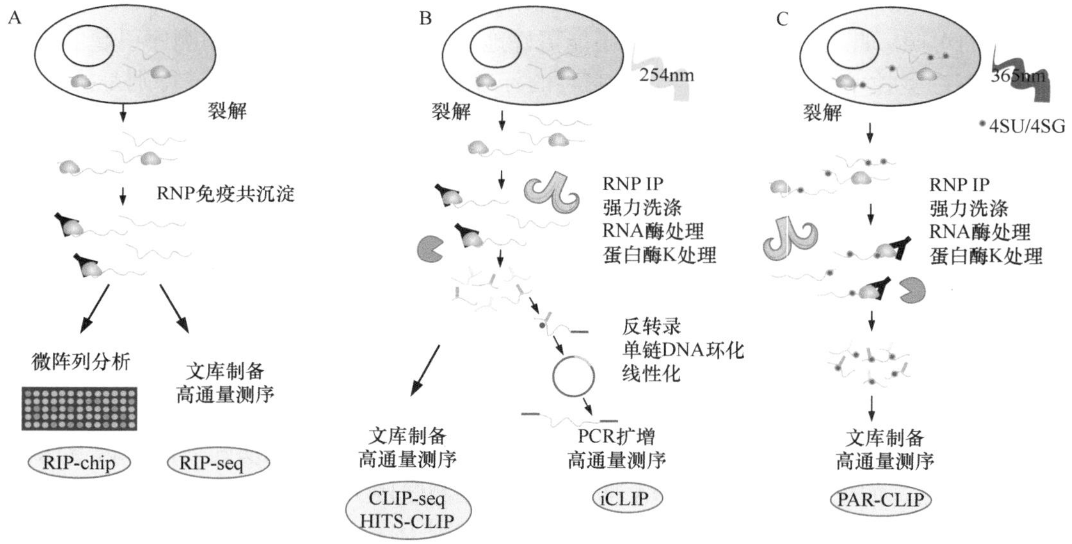

图 61-15 RIP-Seq 及其变种 CLIP-Seq、iCLIP-Seq 和 PAR-CLIP-Seq 的原理图

RNA 结合蛋白（RNA binding protein，RBP）识别核糖核酸序列，包括特定序列、单链骨架、二级结构和双链 RNA。这些相互作用包括了所有类型的 RNA，而且发生在从转录到降解的每一步。许多信使 RNA 的转录后加工步骤相互重叠，导致其存在的任意时刻都会有多个 RBP 复合物与其结合。RIP 测序可

以用蛋白特异抗体完成，也可以通过表达被标记的目的 RBP 来完成。此外，RIP 测序能够根据结合 RNA 的 RBP 种群来评定这些结合蛋白在特定细胞类型和（或）细胞状态下的功能[80-82]。

一个成功的 RIP 测序所需的起始 RNA 数量远大于 RNA 测序。首先，和任意一个 RBP 结合的 RNA 数量是个高度变量，但是始终只是原总 RNA 库的一小部分，并且通常情况下是很小的一部分。其次，取决于目的 RBP，可能要用到核裂解物，因此需要更多的起始材料。另一个技术挑战在于 RNA 非特异性地与蛋白质结合的趋向。我们可以通过使用绑在磁珠上的同型对照抗体来预先清洗裂解物。同样，DNA 的非特异性结合也是一个问题。DNase Ⅰ处理应该在整个程序中使用多次（例如，在裂解物制备、TRIZOL 分离后和文库制备过程中）。免疫沉淀的过程可能用时 2h 到过夜。延长培养时间可以提高蛋白质的提取率，但是也会造成更多的非特异性 RNA 结合，并形成额外的噪声。被 RIP 提取纯化的 RNA 可以直接被用于适合低输入量、小片段的标准文库制备程序中。我们已经使用 ScriptSeq-v2 RNA-Seq Library Preparation Kit（Epicentre，Madison，WI）在 RIP 测序中取得过不错的成果。

一个 RIP 测序的变种是交联免疫沉淀（cross-linking and immunoprecipitation，CLIP）（图 61-15B 左），接着消化未被 RBP 保护的 RNA 序列。该程序用于鉴定 RBP 的特异性结合位点和侧翼序列。在原版本的 CLIP 方案中，初始材料的交联由 UV 照射完成。在免疫沉淀之前，将制备的裂解物用 RNA 酶消化，使 RNA 种群限制在被 RBP 结合保护的那些区域。接着，一个多步骤程序放射性标记结合 RBP 的 RNA，通过 SDS-PAGE 分离样品，使用放射成像使 RNA-蛋白质复合物可视化，并切下所需区域（比目标 RBP 分子质量高 5～30kDa）。最后，用蛋白酶 K 消化 RBP，将接头连接至剩余的 RNA 片段，并构建用于测序的文库。对照样本用于考虑交联效率、RNA 酶消化和非特异性 RNA 结合。

目前有一些对 CLIP 测序方案的改进方法，如单核苷酸分辨率交联免疫沉淀（individual-nucleotide resolution CLIP，iCLIP）（图61-15B，右）和光激活核糖核苷增强交联免疫沉淀（photoactivatable ribonucleoside-enhanced CLIP，PAR-CLIP）（图61-15C）。在 iCLIP 中，接头连接步骤被替换为一个分子内环化步骤，该反应提高了反应效率，并且增加了识别交联位点的能力（精确到单个核苷酸）（图61-16）。

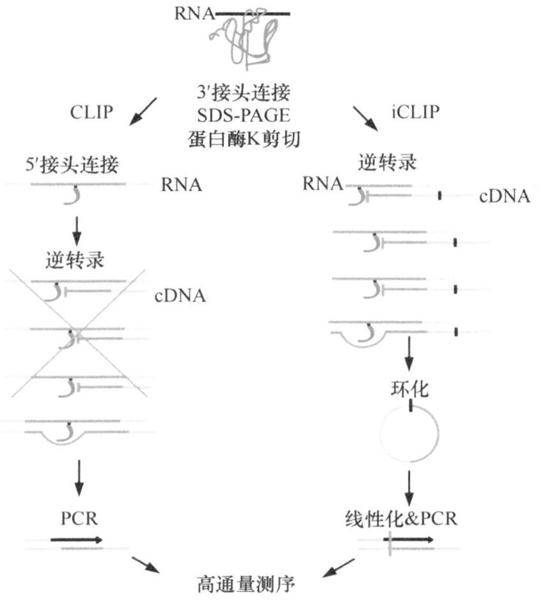

图 61-16　CLIP-seq 和 iCLIP-seq 细节原理对比

iCLIP 中有一个分子内环化，并且能够以单个核苷酸分辨率识别交联位点在 PAR-CLIP 中，UV 交联之前将核糖核苷类似物（4-SU 或6-SG）添加到介质中。辐照步骤除了产生碱基转变，还将核糖核苷类似物与 RBP 结合。接着遵循标准 CLIP 测序方案，与全 RNA 测序数据比对，可以通过定位单碱基错配或插入缺失来识别光激活的交联位点[83]。

61.12　甲基化 DNA 免疫沉淀

DNA 甲基化是表观遗传调控的一个基础方式。这个现象很快就被认定为疾病状态的一个重要特征，尤其当简单的基因遗传并不能充分揭示临床医学中遇到的复杂表型特征时。

胞嘧啶 5 位甲基化（5mC）是 DNA 甲基化的最常见形式，人类基因组中 2800 万个 CpG 双核苷酸中有 60%～80%被甲基化。全基因组的低甲基化与高突变率和染色体不稳定性有关，而启动子高甲基化则会抑制基因转录。DNA 甲基化也是遗传印迹、转座因子抑制和 X 染色体失活的必要条件。异常的 DNA 甲基化与许多疾病有关，包括癌症、自身免疫性疾病、炎症和代谢紊乱[84-87]。

早前的研究只限制于一次调查个别基因的 DNA 甲基化，或者笼统地估算全面范围的甲基化。而近期高通量测序的发展显著提高了这些研究的通量和分辨率。用于二代测序平台的 DNA 甲基化研究主要有三种方法：①基于限制性内切核酸酶（restriction enzyme，RE）；②靶向富集；③亚硫酸氢钠测序法（图 61-17）。这些方法各有利弊，研究人员需要根据具体的需求和预算来权衡。

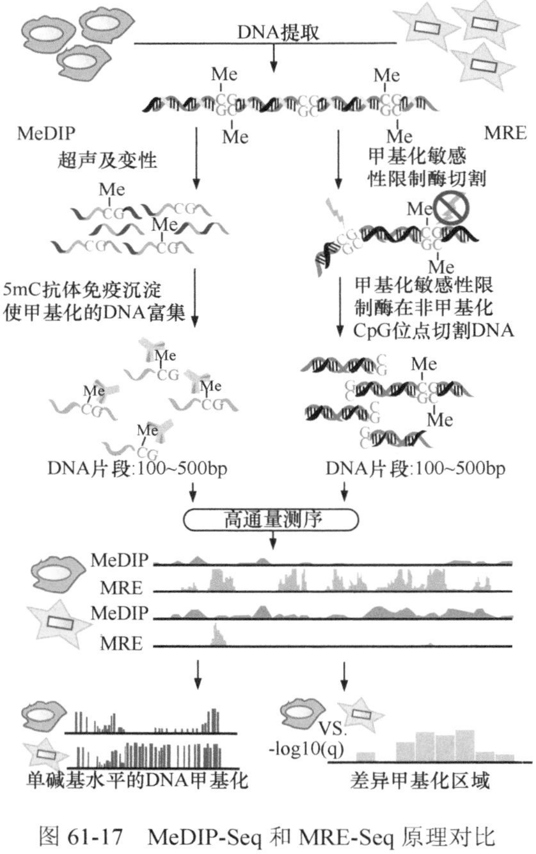

图 61-17　MeDIP-Seq 和 MRE-Seq 原理对比

MeDIP-Seq 只能捕捉甲基化位点，并比较不同细胞中甲基化的程度。而 MRE-Seq 则可以比较同一细胞中不同位置的甲基化程度

甲基化敏感限制性内切核酸酶测序（methylation sensitive restricition enzyme sequencing，MRE-Seq）

依赖于对其识别位点中含有的甲基化碱基敏感的内切酶（图 61-17）。甲基化敏感 *Hpa*II 和其甲基化不敏感的同切点限制性内切核酸酶 *Msp*I 是最常用的一对。另一个由连接子介导 PCR 的 *Hpa*II 小片段富集分析（*Hpa*II tiny fragment enriched by ligation mediated PCR，HELP）利用这两种酶分析全基因组甲基化谱[131]。样本通过被每一种酶消化，然后产生的片段被相继测序。被 *Msp*I 消化的参考样本不仅可以用作甲基化的比对，而且还能作为对照，因为单核苷酸多态性（SNP）导致 *Hpa*II 无法切割。其他基于限制性内切核酸酶的方法，如 methyl-sensitive cut counting（MSCC）、甲基化特异性数字测序（methylation-specific digital sequencing，MSDS），以及改良的甲基化敏感性数字核型分析（modified methylation-sensitive digital karyotyping，MMSDK）依赖于其他甲基化敏感限制性内切核酸酶[88]。基于限制性内切核酸酶的方法受限于其基因组中存在的固定数量的消化位点，这使得 CpG 甲基化看起来更偏向于这些特定位点，并且其准确度取决于高保真度的完全消化。

甲基化 DNA 的亲和富集需要对甲基化 DNA 具有特异性的抗体(MeDIP)或其他能够结合甲基化 DNA 的蛋白(MBD-seq)。目前，含有甲基化 CpG 结合域(methyl binding domain，MBD)的蛋白质，如 MeCP2、MBD1、MBD2 及其结合伴侣 MBD3L1 已被用于免疫沉淀甲基化的 DNA。虽然这种免疫沉淀方法不受序列特异性的限制，但它们倾向于优先析出高甲基化的区域并遗漏低甲基化的基因组区域。此外，对免疫沉淀获得的材料进行测序，虽为研究人员提供了甲基化区域，但没有揭示哪些单个碱基被甲基化。

61.13 甲基化测序

DNA 的亚硫酸氢钠处理会使未甲基化的胞嘧啶化学转化成尿嘧啶，而被甲基化胞嘧啶保护的碱基不会改变（图 61-18）。亚硫酸氢盐转换加上“鸟枪法”测序首先在拟南芥中在两个创造了亚硫酸氢盐测序（bisulfite sequencing，BS-Seq）[89]和甲基化测序（MethylC-Seq）[101]方法的研究小组中进行。MethylC-Seq 也应用于第一个人类 DNA 单个碱基分辨率甲基化图谱的制作。虽然亚硫酸氢盐测序或 MethylC-Seq 被广泛认为是甲基化组分析的黄金标准，但它需要显著的读取深度（30×覆盖率），因而这项技术仍然保持着高昂的价格，此外还需要大量样本，因此不容易被应用于临床研究。最近有研究表明，只有约 20%的 CpG 岛在 30 个人类细胞和组织中有甲基化的差异，表明全基因组测序中 80%的 CpG 岛甲基化并不能产生有效信息[90]。为了降低全基因组亚硫酸氢盐测序的成本和数据的复杂性，最近的方法都试图将富集方法与测序相结合。基因组中认定的富集 CpG 甲基化位点区域［如 CpG 岛、基因启动子、差异甲基化区（dIfferentially methylated region，DMR）］的捕获和靶向测序可由 Agilent Technologies 市售的试剂盒 SureSelectXT Methyl-Seq Target Enrichment 完成。或者，MeDIP 或 MBD 下拉分离的 DNA 的亚硫酸氢盐转化允许通过这些方法获得单碱基分辨率。具体步骤为：首先通过序列特异性结合磁珠富集，然后进行亚硫酸氢盐处理，或将亚硫酸氢盐转化的 DNA 结合至亚硫酸氢盐锁式探针（bisulfite padlock probe，BSPP），这些也已被证明是富集潜在甲基化区域的有效方法。我们团队开发出了一个靶向亚硫酸氢盐测序的方法。该方法使用微滴 PCR 及定制的液滴文库。这项技术依赖于亚硫酸氢盐处理过的 DNA 与区域特异性引物的无偏移扩增。所有这些富集方法保留了单碱基对分辨率，这对于亚硫酸氢盐测序非常有利，同时极大地减少了所需的测序量。然而，重要的是要注意 DNA 的亚硫酸氢盐处理导致 DNA 不稳定所造成的产物损失。因此，这些方法大多数需要比基于非亚硫酸氢盐转化的方法更多的输入 DNA。

最近发现 5-羟甲基胞嘧啶（5hmC）是 5-甲基胞嘧啶（5mC）去甲基化为胞嘧啶的中间体，这为 DNA 甲基化和表观遗传调控的机制开辟了一个全新的研究领域[91]。研究表明，TET（Ten-Eleven Translocation）蛋白家族加速 5mC 去甲基化为胞嘧啶。该反应通过三种中间体，即 5hmC、5-甲酰基胞嘧啶（5fC）和 5-羧基胞嘧啶（5caC）完成去甲基化过程。亚硫酸氢盐处理将 5fC 和 5caC 转化为尿嘧啶，但不能转化 5mC

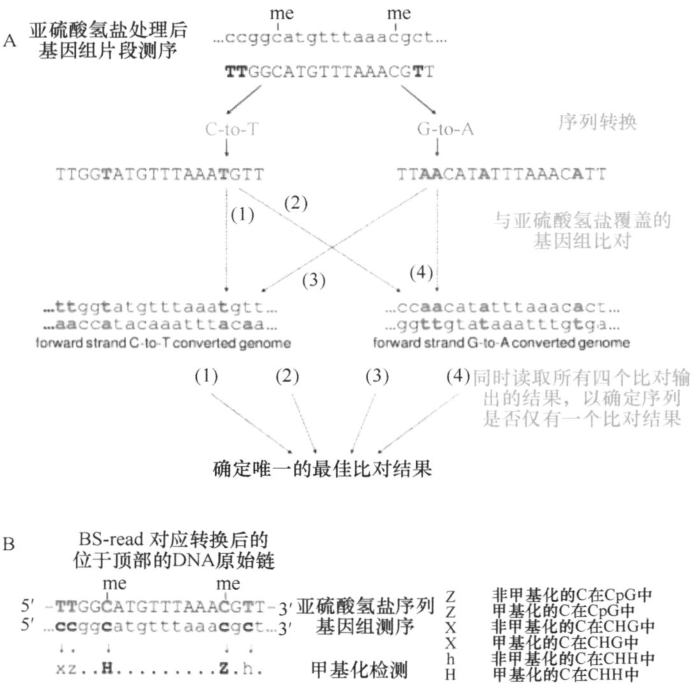

图 61-18 亚硫酸氢盐测序（BS-seq）原理图

或 5hmC。因此，亚硫酸氢盐测序不能区分 5mC 和 5hmC。为了检测这些新的甲基化中间体，研究人员已经开发了新的技术。第一项尝试涉及 5hmC 特异性抗体（hMeDIP 测序）或 5hmC 化学修饰。对 5hmC 单碱基分辨率测序的最新进展是氧化亚硫酸氢盐测序（oxidative bisulfite sequencing，oxBS-seq）（图 61-19）和 TET 辅助亚硫酸氢盐测序（TET-assisted bisulfite sequencing，TAB-seq）。单分子实时（single-molecule real-time，SMRT）DNA 测序（Pacific Biosciences，Menlo Park，CA）已被引用为另一种对 5hmC 进行测

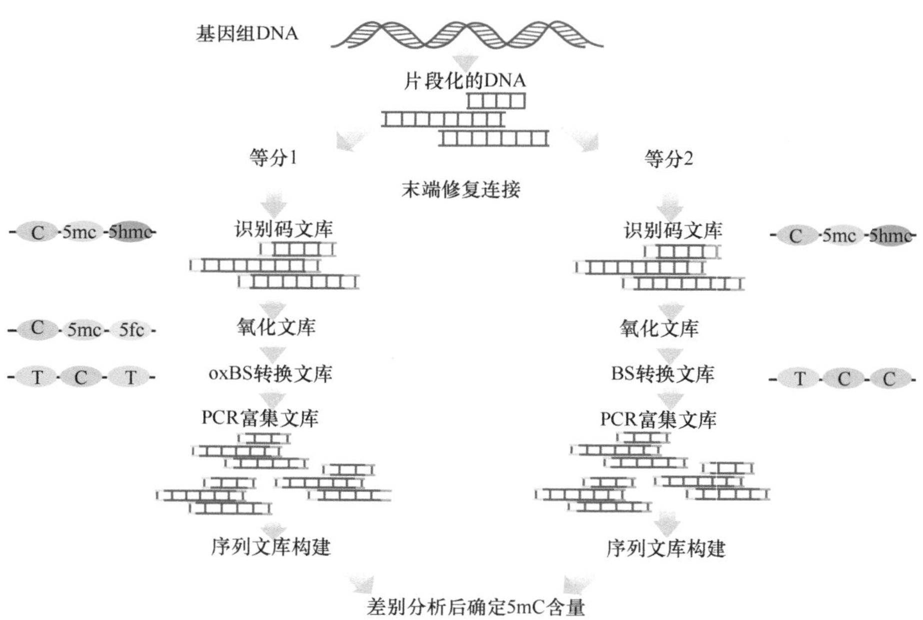

图 61-19 氧化亚硫酸氢盐测序（oxBS-Seq）原理图

该改进使其能够区分 5mC 和 5hmC

序的方法。SMRT 测序依赖于掺入单个核苷酸的聚合酶动力学，允许直接检测这些修饰的胞嘧啶。最近，已开发基于抗体的免疫沉淀方法和化学修饰方法，使 5fC 测序成为可能。

61.14　SHAPE 测序

核糖体足迹可揭示在任何时间点经历翻译的细胞 mRNA 转录本库[92]。该方案涉及用 RNA 酶处理细胞裂解物，仅留下由每个核糖体保护的 30 个核苷酸的区域。然后通过蔗糖密度梯度离心纯化核糖体，并从核糖体中提取共纯化的 mRNA 片段。RNA 测序的另一个新颖应用是 SHAPE-Seq（selective 2′-hydroxyl acylation analyzed by primer extension），通过引物延伸分析，选择性地进行 2′-羟基酰化作用，并通过优先修饰未配对碱基的酰化试剂来探测 RNA 的二级结构[93]。当修饰的 RNA 和未修饰的对照使用特异性引物进行逆转录时，可以对得到的 cDNA 片段进行测序并比较，以反映核苷酸水平的碱基配对信息。

61.15　其他基于二代测序的应用

一些其他的基于二代测序的基因组测序的方法，包括用于检测 RNA 修饰位点的 *N6*-甲基腺苷测序（m^6A-Seq）、核糖甲基化测序（RiboMeth-Seq），以及用于对不同表型基因贡献的遗传学分析的基因组水平 CRISPR / Cas9 敲除（GeCKO）筛选[94]。RiboMeth-Seq 依赖的原理是：2′-*O*-甲基化（2′-O-Me）修饰的碱基相比于未被修饰的碱基来说，更不容易被降解。在 m^6A-Seq 中，polyA RNA 首先被片段化，然后使用抗 m^6A 抗体免疫共沉淀。最后，GeCKO 筛选采用 CRISPR / Cas9 机制，以全基因组方式敲除目的基因或目标区域，进行功能缺失的筛选。引导序列利用慢病毒整合到表达 Cas9 的细胞中，然后再使目标细胞处于筛选压力之下。结合高通量测序，我们可以研究细胞在压力前后的引导效率[95]。

61.16　三代测序系统

已有两种“三代测序”（“3rd generation” sequencing systems）技术被开发并上市用于科研，以及未来潜在的临床应用。虽然 PacBio 和 Oxford Nanopore 系统基于不同的原理，但是都能够从多个平行运行的单 DNA 分子快速地产生非常长的测序读取（10～30kb 甚至更多）。不过这些技术相比于 Illumina 和 Ion Torrent 平台具有更高的错误率（高达 15%的碱基错读），以及较低且不稳定的输出（0.1～1GB）[96]。PacBio 系统善于补全二代测序未能完成的基因组空缺，识别非单核苷酸多态性的结构变化，并且在转录组研究中无需参照基因组即可鉴别转录亚型（transcript isoform）。相比之下，Oxford Nanopore 的错误率甚至更高（65%～88%的准确率），而且并不擅长有大量碱基重复的区域的测序。但是这个平台成本低、仪器小、实时产生数据的特点，使其适用于病原体监察及临床诊断应用[149]。这两种平台显著增长的读取长度都非常适合用于小规模基因组从头测序，如细菌或病毒。从头测序的目标是使用计算机算法来组装出一个新基因组的大致框架，为之后的实验提供参考。将重叠群（contig）和 scaffold 合成一个连续的基因组图谱是一项非常具有挑战性的任务。使用非常长的读取序列已经被论证可以显著地加速这一过程，并且已经在很大程度上取代了配对（pair-end）文库繁琐和冗长的制备程序[98]，这在之前一直是用于从头测序中组装重叠群和 scaffold 的首选方案。

参 考 文 献

[1]　Quail, M. A. *et al.* A large genome center's improvements to the Illumina sequencing system. *Nat Methods* 5,

1005-1010(2008).

[2] Kozarewa, I. *et al.* Amplification-free Illumina sequencing-library preparation facilitates improved mapping and assembly of(G+C)-biased genomes. *Nat Methods* 6, 291-295(2009).

[3] Chhangawala, S. *et al.* The impact of read length on quantification of differentially expressed genes and splice junction detection. *Genome Biol* 16, 131(2015).

[4] Sakharkar, M. K. *et al.* Distributions of exons and introns in the human genome. *In Silico Biol* 4, 387-393(2004).

[5] Marine, R. *et al.* Evaluation of a transposase protocol for rapid generation of shotgun high-throughput sequencing libraries from nanogram quantities of DNA. *Appl Environ Microbiol* 77, 8071-8079(2011).

[6] Head, S. R. *et al.* Library construction for next-generation sequencing: overviews and challenges. *Biotechniques* 56, 61-64, 66, 68(2014).

[7] Knierim, E. *et al.* Systematic comparison of three methods for fragmentation of long-range PCR products for next generation sequencing. *PLoS One* 6, e28240(2011).

[8] Shore, S. *et al.* Small RNA library preparation method for next-generation sequencing using chemical modifications to prevent adapter Dimer formation. *PLoS One* 11, e0167009(2016).

[9] Levin, J. Z. *et al.* Comprehensive comparative analysis of strand-specific RNA sequencing methods. *Nat Methods* 7, 709-715(2010).

[10] Armour, C. D. *et al.* Digital transcriptome profiling using selective hexamer priming for cDNA synthesis. *Nature Methods* 6, 647-U635(2009).

[11] Zhu, Y. Y. *et al.* Reverse transcriptase template switching: a SMART approach for full-length cDNA library construction. *Biotechniques* 30, 892-897(2001).

[12] Aird, D. *et al.* Analyzing andminimizing PCR amplification bias in Illumina sequencing libraries. *Genome Biol* 12, R18(2011).

[13] Seguin-Orlando, A. *et al.* Ligation bias in illumina next-generation DNA libraries: implications for sequencing ancient genomes. *PLoS One* 8, e78575(2013).

[14] Dabney, J. & Meyer, M. Length and GC-biases during sequencing library amplification: a comparison of various polymerase-buffer systems with ancient and modern DNA sequencing libraries. *Biotechniques* 52, 87-94(2012).

[15] Oyola, S. O. *et al.* Optimizing Illumina next-generation sequencing library preparation for extremely AT-biased genomes. *BMC Genomics* 13, 1(2012).

[16] Adey, A. *et al.* Rapid, low-input, low-bias construction of shotgun fragment libraries by high-density *in vitro* transposition. *Genome Biol* 11, R119(2010).

[17] Umbach, J. L. *et al.* MicroRNAs expressed by herpes simplex virus 1 during latent infection regulate viral mRNAs. *Nature* 454, 780-783(2008).

[18] Buermans, H. P. *et al.* New methods for next generation sequencing based microRNA expression profiling. *BMC Genomics* 11, 716(2010).

[19] Morris, K. V. & Vogt, P. K. Long antisense non-coding RNAs and their role in transcription and oncogenesis. *Cell Cycle* 9, 2544-2547(2010).

[20] Hangauer, M. J. *et al.* Pervasive transcription of the human genome produces thousands of previously unidentified long intergenic noncoding RNAs. *PLoS Genet* 9, e1003569(2013).

[21] Parkhomchuk, D. *et al.* Transcriptome analysis by strand-specific sequencing of complementary DNA. *Nucleic Acids Res* 37, e123(2009).

[22] Perocchi, F. *et al.* Antisense artifacts in transcriptome microarray experiments are resolved by actinomycin D. *Nucleic Acids*

Res 35, e128(2007).

[23] Kurn, N. *et al.* Novel isothermal, linear nucleic acid amplification systems for highly multiplexed applications. *Clin Chem* 51, 1973-1981(2005).

[24] Bhargava, V. *et al*. Quantitative transcriptomics using designed primer-based amplification. *Sci Report* 3, 1740(2013).

[25] Parkinson, N. J. *et al.* Preparation of high-quality next-generation sequencing libraries from picogram quantities of target DNA. *Genome Res* 22, 125-133(2012).

[26] Gilfillan, G. D. *et al.* Limitations and possibilities of low cell number ChIP-seq. *BMC Genomics* 13, 645(2012).

[27] Fu, G. K. *et al*. Counting individual DNA molecules by the stochastic attachment of diverse labels. *Proc Natl Acad Sci U S A* 108, 9026-9031(2011).

[28] Shiroguchi, K. *et al.* Digital RNA sequencingminimizes sequence-dependent bias and amplification noise with optimized single-molecule barcodes. *Proc Natl Acad Sci U S A* 109, 1347-1352(2012).

[29] Islam, S. *et al.* Quantitative single-cell RNA-seq with unique molecular identifiers. *Nat Methods* 11, 163-166(2014).

[30] Lauss, M. *et al.* Monitoring of technical variation in quantitative high-throughput datasets. *Cancer Inform* 12, 193-201(2013).

[31] Leek, J. T. *et al.* Tackling the widespread and critical impact of batch effects in high-throughput data. *Nat Rev Genet* 11, 733-739(2010).

[32] Taub, M. A. *et al*. Overcoming bias and systematic errors in next generation sequencing data. *Genome Med* 2, 87(2010).

[33] Zhuang, F. *et al*. Structural bias in T4 RNA ligase-mediated 3′-adapter ligation. *Nucleic Acids Res* 40, e54(2012).

[34] Hafner, M. *et al.* RNA-ligase-dependent biases in miRNA representation in deep-sequenced small RNA cDNA libraries. *RNA* 17, 1697-1712(2011).

[35] Sorefan, K. *et al.* Reducing ligation bias of small RNAs in libraries for next generation sequencing. *Silence* 3, 4(2012).

[36] Mamanova, L. *et al.* Target-enrichment strategies for next-generation sequencing. *Nat Methods* 7, 111-118(2010).

[37] Gnirke, A. *et al.* Solution hybrid selection with ultra-long oligonucleotides for massively parallel targeted sequencing. *Nat Biotechnol* 27, 182-189(2009).

[38] Hodges, E. *et al.* Genome-wide in situ exon capture for selective resequencing. *Nat Genet* 39, 1522-1527(2007).

[39] Koboldt, D. C. *et al*. The next-generation sequencing revolution and its impact on genomics. *Cell* 155, 27-38(2013).

[40] Komori, H. K. *et al.* Application of microdroplet PCR for large-scale targeted bisulfite sequencing. *Genome Res* 21, 1738-1745(2011).

[41] Tewhey, R. *et al.* Microdroplet-based PCR enrichment for large-scale targeted sequencing. *Nat Biotechnol* 27, 1025-1031(2009).

[42] Hori, M. *et al.* Uniform amplification of multiple DNAs by emulsion PCR. *Biochem Biophys Res Commun* 352, 323-328(2007).

[43] Fouts, D. E. *et al.* Integrated next-generation sequencing of 16S rDNA and metaproteomics differentiate the healthy urine microbiome from asymptomatic bacteriuria in neuropathic bladder associated with spinal cord injury. *J Transl Med* 10, 174(2012).

[44] Cheng, J. L. *et al.* Ectopic B-cell clusters that infiltrate transplanted human kidneys are clonal. *Proc Natl Acad Sci USA* 108, 5560-5565(2011).

[45] Fischer, N. Sequencing antibody repertoires: the next generation. *MAbs* 3, 17-20(2011).

[46] Hoon, S. *et al*. Aptamer selection by high-throughput sequencing and informatic analysis. *Biotechniques* 51, 413-416(2011).

[47] Malyshev, D. A. *et al.* Efficient and sequence-independent replication of DNA containing a third base pair establishes a functional six-letter genetic alphabet. *Proc Natl Acad Sci U S A* 109, 12005-12010(2012).

[48] Lahr, D. J. & Katz, L. A. Reducing the impact of PCR-mediated recombination in molecular evolution and environmental

studies using a new-generation high-fidelity DNA polymerase. *Biotechniques* 47, 857-866(2009).

[49] Schloss, P. D. *et al.* Reducing the effects of PCR amplification and sequencing artifacts on 16S rRNA-based studies. *PLoS One* 6, e27310(2011).

[50] Edgar, R. C. *et al.* UCHIME improves sensitivity and speed of chimera detection. *Bioinformatics* 27, 2194-2200(2011).

[51] Wang, J. *et al.* Genome-wide single-cell analysis of recombination activity and *de novo* mutation rates in human sperm. *Cell* 150, 402-412(2012).

[52] Dean, F. B. *et al.* Rapid amplification of plasmid and phage DNA using Phi 29 DNA polymerase and multiply-primed rolling circle amplification. *Genome Res* 11, 1095-1099(2001).

[53] Zong, C. *et al.* Genome-wide detection of single-nucleotide and copy-number variations of a single human cell. *Science* 338, 1622-1626(2012).

[54] Borgstrom, E. *et al.* Comparison of whole genome amplification techniques for human single cell exome sequencing. *PLoS One* 12, e0171566(2017).

[55] Chen, C. *et al.* Single-cell whole-genome analyses by Linear Amplification via Transposon Insertion(LIANTI). *Science* 356, 189-194(2017).

[56] Hashimshony, T. *et al.* CEL-Seq: single-cell RNA-Seq by multiplexed linear amplification. *Cell Rep* 2, 666-673(2012).

[57] Islam, S. *et al.* Characterization of the single-cell transcriptional landscape by highly multiplex RNA-seq. *Genome Res* 21, 1160-1167(2011).

[58] Ramskold, D. *et al.* Full-length mRNA-Seq from single-cell levels of RNA and individual circulating tumor cells. *Nat Biotechnol* 30, 777-782(2012).

[59] Sasagawa, Y. *et al.* Quartz-Seq: a highly reproducible and sensitive single-cell RNA sequencing method, reveals non-genetic gene-expression heterogeneity. *Genome Biol* 14, R31(2013).

[60] Tang, F. *et al.* mRNA-Seq whole-transcriptome analysis of a single cell. *Nat Methods* 6, 377-382(2009).

[61] Mostovoy, Y. *et al.* A hybrid approach for *de novo* human genome sequence assembly and phasing. *Nat Methods* 13, 587-590(2016).

[62] Zheng, G. X. *et al.* Massively parallel digital transcriptional profiling of single cells. *Nat Commun* 8, 14049(2017).

[63] Baran-Gale, J. *et al.* Experimental design for single-cell RNA sequencing. *Brief Funct Genomics* 17, 233-239(2018).

[64] Leon, S. A. *et al.* Free DNA in the serum of cancer patients and the effect of therapy. *Cancer Res* 37, 646-650(1977).

[65] Aarthy, R. *et al.* Role of circulating cell-free DNA in cancers. *Mol Diagn Ther* 19, 339-350(2015).

[66] Leary, R. J. *et al.* Detection of chromosomal alterations in the circulation of cancer patients with whole-genome sequencing. *Sci Transl Med* 4, 162ra154(2012).

[67] Dressman, D. *et al.* Transforming single DNA molecules into fluorescent magnetic particles for detection and enumeration of genetic variations. *Proc Natl Acad Sci USA* 100, 8817-8822(2003).

[68] Gorgannezhad, L. *et al.* Circulating tumor DNA and liquid biopsy: opportunities, challenges, and recent advances in detection technologies. *Lab Chip* 18, 1174-1196(2018).

[69] Liang, H. & Kim, Y. H. Identifying molecular drivers of gastric cancer through next-generation sequencing. *Cancer Lett* 340, 241-246(2013).

[70] Wilke, H. *et al.* Ramucirumab plus paclitaxel versus placebo plus paclitaxel in patients with previously treated advanced gastric or gastro-oesophageal junction adenocarcinoma(RAINBOW): a double-blind, randomised phase 3 trial. *Lancet Oncol* 15, 1224-1235(2014).

[71] Hansen, A. R. & Bedard, P. L. Clinical application of high-throughput genomic technologies for treatment selection in breast cancer. *Breast Cancer Res* 15, R97(2013).

[72] Fox, A. J. *et al.* Next generation sequencing for the detection of actionable mutations in solid and liquid tumors. *J Vis Exp*(2016).

[73] Yin, X. *et al.* Massively parallel sequencing for chromosomal abnormality testing in trophectoderm cells of human blastocysts. *Biol Reprod* 88, 69(2013).

[74] Fiorentino, F. *et al.* Development and validation of a next-generation sequencing-based protocol for 24-chromosome aneuploidy screening of embryos. *Fertil Steril* 101, 1375-1382(2014).

[75] Yang, Z. *et al.* Randomized comparison of next-generation sequencing and array comparative genomic hybridization for preimplantation genetic screening: a pilot study. *BMC Med Genomics* 8, 30(2015).

[76] Rivera, C. M. & Ren, B. Mapping human epigenomes. *Cell* 155, 39-55(2013).

[77] Northrup, D. L. & Zhao, K. Application of ChIP-Seq and related techniques to the study of immune function. *Immunity* 34, 830-842(2011).

[78] Furey, T. S. ChIP-seq and beyond: new and improved methodologies to detect and characterize protein-DNA interactions. *Nat Rev Genet* 13, 840-852(2012).

[79] Buenrostro, J. D. *et al.* Transposition of native chromatin for fast and sensitive epigenomic profiling of open chromatin, DNA-binding proteins and nucleosome position. *Nat Methods* 10, 1213-1218(2013).

[80] Buenrostro, J. D. *et al.* ATAC-seq: A method for assaying chromatin accessibility genome-wide. *Curr Protoc Mol Biol* 109, 21 29 21-21 29 29(2015).

[81] Salton, M. *et al.* Matrin 3 binds and stabilizes mRNA. *PLoS One* 6, e23882(2011).

[82] Sephton, C. F. *et al.* Identification of neuronal RNA targets of TDP-43-containing ribonucleoprotein complexes. *J Biol Chem* 286, 1204-1215(2011).

[83] Zhao, J. *et al.* Genome-wide identification of polycomb-associated RNAs by RIP-seq. *Mol Cell* 40, 939-953(2010).

[84] Hafner, M. *et al.* Transcriptome-wide identification of RNA-binding protein and microRNA target sites by PAR-CLIP. *Cell* 141, 129-141(2010).

[85] Ehrlich, M. DNA hypomethylation in cancer cells. *Epigenomics* 1, 239-259(2009).

[86] Cheung, H. H. *et al.* DNA methylation of cancer genome. *Birth Defects Res C Embryo Today* 87, 335-350(2009).

[87] Grolleau-Julius, A. *et al.* The role of epigenetics in aging and autoimmunity. *Clin Rev Allergy Immunol* 39, 42-50(2010).

[88] Villeneuve, L. M. & Natarajan, R. The role of epigenetics in the pathology of diabetic complications. *Am J Physiol Renal Physiol* 299, F14-25(2010).

[89] Suzuki, M. & Greally, J. M. Genome-wide DNA methylation analysis using massively parallel sequencing technologies. *Semin Hematol* 50, 70-77(2013).

[90] Cokus, S. J. *et al.* Shotgun bisulphite sequencing of the Arabidopsis genome reveals DNA methylation patterning. *Nature* 452, 215-219(2008).

[91] Gifford, C. A. *et al.* Transcriptional and epigenetic dynamics during specification of human embryonic stem cells. *Cell* 153, 1149-1163(2013).

[92] Kohli, R. M. & Zhang, Y. TET enzymes, TDG and the dynamics of DNA demethylation. *Nature* 502, 472-479(2013).

[93] Ingolia, N. T. *et al.* The ribosome profiling strategy for monitoring translation *in vivo* by deep sequencing of ribosome-protected mRNA fragments. *Nat Protoc* 7, 1534-1550(2012).

[94] Mortimer, S. A. *et al.* SHAPE-Seq: High-throughput rna structure analysis. *Curr Protoc Chem Biol* 4, 275-297(2012).

[95] Shalem, O. *et al.* High-throughput functional genomics using CRISPR-Cas9. *Nature Reviews Genetics* 16, 299-311(2015).

[96] Schmierer, B. *et al.* CRISPR/Cas9 screening using unique molecular identifiers. *Mol Syst Biol* 13(2017).

[97] Lu, H. Y. *et al.* Oxford nanoporeminION sequencing and genome assembly. *Genom Proteom Bioinf* 14, 265-279(2016).

[98] Rhoads, A. & Au, K. F. PacBio Sequencing and Its Applications. *Genomics Proteomics Bioinformatics* 13, 278-289(2015).

王焱　博士，北京大学生命科学学院学士，美国哥伦比亚大学生物学博士，美国加州理工大学生物学博士后，现任南京科维思生物科技股份有限公司董事长兼首席科学家。2004 年加入美国 Peptimmune 生物技术公司担任临床前新药研发项目经理；2006 年作为科学家加入美国 Helicos 生物科技公司，从事高通量测序文库构建技术开发；2008 年在美国 Epicentre 生物技术公司从事高通量测序试剂产品的开发；2012 年创立南京科维思生物科技股份有限公司，致力于数字 PCR 相关产品的临床研发。

第 62 章　表观遗传学常用软件及网站介绍

于文强　李　伟
复旦大学

本章概要

本章主要介绍了 ENCODE 和 Roadmap 项目的研究计划、研究现状、研究成果，以及表观遗传学常用软件及网络资源，总结了 DNA 甲基化、组蛋白修饰、非编码 RNA 以及相关疾病常用的表观遗传数据资源、软件分析、算法策略和应用方向，从生物信息学的角度为表观基因组学相关的实验研究和数据分析提供思路。

人类基因组计划研究成果告诉我们，人类基因组只有不到 2%的序列编码蛋白质，剩余基因组序列大多是进化过程中产生的“垃圾”。但这无法解释为什么人类全部编码蛋白的基因和黑猩猩只有不到 1%的差别，却造就了两个截然不同的物种？癌症的发生与环境、饮食等因素又有何关联？为了深度解析 DNA 元件，来自世界各国的多家研究机构展开了广泛的合作，并于 2003 年启动了 DNA 元件百科全书计划（Encyclopedia of DNA Element， ENCODE 计划）。为了解读生命体的功能元件，来自世界各国 32 个研究机构的 442 名科学家历时 5 年，发现人类基因组看似多余的“垃圾序列”不再是“垃圾”，这些序列中至少 80%是有功能的，包括了大量的非编码 RNA 和转座子等。随后，由美国国立卫生研究院资助的表观基因组学路线图计划（Roadmap Epigenomics Mapping Consortium，Roadmap 计划）也于 2008 年相继启动，历经 10 余年数百位科学同仁的不懈努力，人类表观基因组学研究有了巨大突破，以 ENCODE 计划和 Roadmap 计划为基础的相关数据库为人类的生殖发育、疾病发生研究及精准医学治疗提供了大量公开可靠的数据。ENCODE 计划和 Roadmap 计划的研究成果或许可以为我们答疑解惑。

62.1　ENCODE 计划和 Roadmap 计划的介绍

62.1.1　ENCODE 计划

ENCODE 计划，即 DNA 元件百科全书（Encyclopedia of DNA Element，ENCODE）计划，其目的是要构建人类基因组功能原件清单，包括功能元件在蛋白质和 RNA 水平的作用，同时，筛选调控不同细胞和环境基因激活表达的调控元件（图 62-1）。

1. ENCODE 计划的简介

在完成对人类基因组的测序后，科学家发现人类基因组存在 30 亿碱基。人们推测人类基因组中至少存在大于或等于 10 万个基因，但随着研究的深入他们仅找到了 3.5 万个基因，而且最后得到实验确认的仅有 2.1 万个左右的基因。其余无法注释的区域在当时只能被定义为“垃圾区域”。

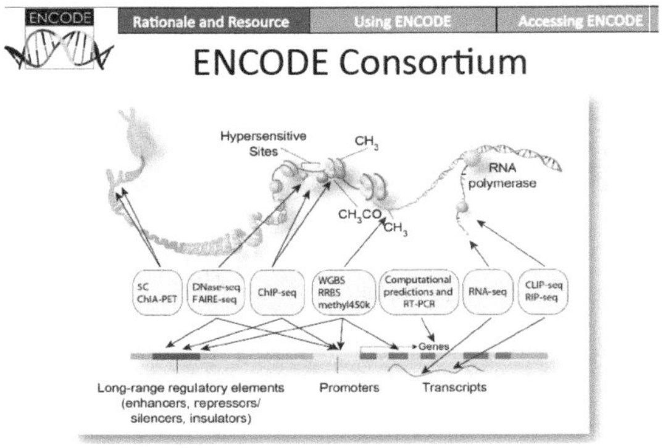

图 62-1 ENCODE 计划数据库网站（https://www.encodeproject.org/）

ENCODE 计划就是美国在 2003 年 9 月由美国国家人类基因组研究所（National Human Genome Research Institute，NHGRI）启动的 DNA 元件百科全书计划，经过十年左右的研究发现，在我们人类基因组中大约有 80%的 DNA 至少从生物化学角度来看都是有目的或者说是有功能的[1, 2]。ENCODE 计划的目的是要构建人类基因组功能元件清单，包括功能元件在蛋白质和 RNA 水平的作用，同时，筛选调控不同细胞和环境基因激活表达的调控原件。

该项目早期依赖芯片（microarray）测序方法，后来随着 DNA 测序技术的进步和测序成本的降低，后续该项目主要采用了二代测序技术检测基因组信息。ENCODE 计划研究结果显示，DNA 序列除了可以编码蛋白质之外，还可以与蛋白质结合，影响基因的活性；可以转录出 RNA 行使各种调控功能；也可以作为各种化学修饰物的底物起到基因沉默的作用等。通过 ENCODE 计划的研究我们发现，不论是编码基因附近还是远隔的 DNA 片段都可以发挥调控作用，而且一些不能翻译成蛋白质的非编码 RNA（noncoding RNA）也具有调控作用。ENCODE 计划有 35 家科研团体参与，一共对人类基因组中的 44 个区域共计 3000 万碱基的 DNA 片段进行了分析和研究，不过这在整个人类基因组中只是很小的一个部分，只占到了人类基因组序列的 1%而已。大约有 11 224 个 DNA 片段被鉴定为假基因（pseudogene），但现在却发现这些基因在某些细胞或个体内依旧有活性[3]。

2. ENCODE 计划有关的数字

（1）ENCODE 计划针对 147 种不同的细胞，如 GM12878 细胞系、K562 淋巴细胞系、人类胚胎干细胞 H1-hESC 细胞系等。

（2）ENCODE 计划确定了人类基因组中 80%的功能区域，研究人员会重点关注编码 RNA 的 DNA 片段，还会关注这些 RNA 产物最终是不是会翻译成蛋白质，以此来更加精确地预测蛋白质编码基因、基因组位置及序列信息。ENCODE 计划也给很多“基因”正了名，基因不再只是可以编码蛋白质的 DNA 片段，也可以是为不翻译成蛋白质的 RNA 提供转录模板的 DNA 片段。本项目的研究发现，在他们研究的基因组片段里居然有 93%的 DNA 序列都可以转录生成 RNA，而在整个人类基因组中大约有 76%的 DNA 片段也都可以被转录。

（3）ENCODE 计划确定了 20 687 个蛋白编码基因。检验某段 DNA 序列是否具有重要功能的方法就是看它们是否属于保守片段，即在不同的物种或某个物种里的不同个体间全都保持一致。虽然 ENCODE 计划的研究发现在人类基因组中有更多的片段都是有功能的，但是之前的研究发现在人类基因组中大约只有 5%的片段在整个哺乳动物中属于保守片段。ENCODE 计划选择了参与千人基因组计划（1000 Genomes Project）的多个个体样本进行了研究[4]，从中确定出了我们人类基因组中的功能区。美国麻省理工学院（MIT）的 Lucas Ward 和 Kellis 对不同人基因组中的这些功能区进行了比对研究，结果他们发现其中有一些 DNA 片段对于人群和哺乳动物其实并不是真的保守 DNA 片段，但是这些片段在人群中还是保留得非常好，说明在我们人类的基因组中大约还有 4%的片段在人类最近的进化历程中也受到了选择压力[5]。另一方面，他们还发现在人类基因组中有一些原本被大家当作是保守区域的片段（这是通过与 29 种不同的哺乳动物的比对得到的结论）在不同人的基因组中却不一样，说明这些“保守区域”可能不再具有非常重要的功能。

（4）ENCODE 计划确定了 18 400 个 RNA 编码基因。ENCODE 计划组发现了 8800 种小 RNA 分子（small RNA）和 9600 多种长非编码 RNA（long noncoding RNA），这些长链非编码 RNA 每一个的长度都在 200bp 以上。根据 ENCODE 计划研究的结果显示，这些 RNA 分布在亚细胞的不同区域当中，因此，可以推测 RNA 参与了细胞的多个生物学过程，其作用机制也应该是非常复杂的。美国纽约冷泉港实验室（Cold Spring Harbor Laboratory in New York）的 Thomas Gingeras 等认为我们人类基因组的基本作用单元及遗传的基本单位都应该是 RNA，而不是基因。

（5）ENCODE 计划共产生了多种类型的高通量测序数据。

（6）ENCODE 计划共有 442 名科学家参与了该项目的研究。

（7）ENCODE 计划投入 2.88 亿美元，主要用于项目研究、技术开发、构建模式生物和各项科研工作。

NHGRI 已经为 ENCODE 计划投入了 2.88 亿美元，这笔钱主要用于开展前期研究、开发实验技术，以及针对小鼠、线虫和果蝇开展的研究工作等方面。据 NHGRI 的分子生物学家 Michael Pazin 介绍，参与了 ENCODE 计划研究的科研人员累计已经发表了 400 多篇论文，还有 110 多篇论文使用了 ENCODE 计划公布的研究数据。加拿大多伦多大学的分子生物学家 Mathieu Lupien 也是上述这些论文的作者之一，他的研究方向是表观遗传学与癌症，他指出，ENCODE 计划的数据都是我们最基本的研究材料，所以花在这上面的每一分钱都是值得的。

DNA 除了具有转录功能之外，还可以通过与转录因子或其他蛋白质之间的相互作用起到调控基因表达的功能。ENCODE 计划通过好几种不同的试验对此问题进行了研究，在整个人类基因组中找到了很多这种相互作用的位点。其中，通过 DNase-Seq 和 FAIRE-seq 这两项技术可以让科研人员对整个人类基因组有一个大致的了解，如可以发现蛋白质-DNA 结合成的紧密结构染色质在哪些地方会打开、了解蛋白质与 DNA 的结合位点等信息。ENCODE 项目组借助 DNase-Seq 技术已经在 125 个细胞系里找到了 289 万个这样的位点。我们可以参阅 Stamatoyannopoulos 在 *Science* 杂志上发表的文章了解更多更详细的相关信息。他们的研究小组一共对 349 种不同的细胞系进行了研究，其中还包括 233 个寿命从 60 天至 160 天不等的胚胎组织样品。在每一个细胞系中都发现了大约 20 万个 DNA 结合位点。据估计，在我们人类的所有基因中至少会有 390 万个转录因子结合位点。他们还发现，在所有被研究的这些细胞系的基因组中，大约有 42%的基因组区域都是可以与蛋白质等其他因子结合的。甚至在很多时候他们都可以精确地定位是哪一些碱基参与了这种 DNA 与蛋白质的相互结合作用。2011 年，Stamatoyannopoulos 发现这些新近确定的人类基因组功能区域在很多时候都会与某些特定的 DNA 片段重叠，而这些特定的 DNA 片段又都与我们人类罹患某些疾病的风险升高或者降低有关，说明这些基因调控元件很有可能与我们人类疾病相关[6]。这一研究表明 ENCODE 的研究成果可以被其他学科的科研人员用于其他领域的研究，也可以验证最近提出的遗传因素与某种疾病相关的假说是否正确等。ENCODE 计划已经发现这其中有 12%的碱基（SNP 位点）同时也都是转录因子结合位点，通过 DNase-Seq 试验也发现其中 34%的片段都位于开放的染色质区域里。

在 ENCODE 计划研究工作中经常被使用到的另外一项技术就是 ChIP-seq 试验技术，这是使用针对某种特定 DNA 结合蛋白质的抗体进行的免疫共沉淀试验，通过这项试验可以发现这种蛋白质都与人类基因组中的哪些 DNA 位点结合。到目前为止，他们通过这种方法已经对 1500 多个已知的转录因子中的 100 多种转录因子及另外 20 多种 DNA 结合蛋白（其中就包括组蛋白）进行了研究。通过 ChIP-Seq 试验发现的 DNA

结合位点与通过 FAIRE-Seq 试验和 DNase-Seq 试验发现的 DNA 结合位点也都非常吻合。在人类基因组中大约有 8%的片段都属于转录因子结合片段，如果继续针对其他的转录因子开展研究，这个数字应该还会增加一倍。美国耶鲁大学的 Gerstein 利用这些研究成果总结出了所有已经被研究过的转录因子之间的相互作用，以及这些调控因子作用的网络结构图。他发现这些转录因子在细胞里形成了一个三层结构，最顶层的转录因子具有最广泛的影响力，中间的转录因子则共同对一个靶基因发挥调控作用。还有一些研究人员利用 5C 技术寻找 DNA 与同一染色体上的远隔 DNA 片段，或者与其他染色体上的 DNA 片段之间的相互作用。他们发现平均大约 3.9 段 DNA 就会连接一个基因的起始位点。据 Gingeras 介绍，这种调控作用就好像是一个必须被堆到一起才能解开的三维立体谜题，ENCODE 计划现在的工作就是解开这个谜。

3. ENCODE 计划的数据介绍

ENCODE 数据库共收录了人类、小鼠、果蝇、秀丽隐杆线虫和其他几种类型的线虫，共 10 个物种的基因组及表观基因组数据。ENCODE 计划共检测了 9863 套数据，其中包括 5125 套 ChIP-Seq 数据、533 套 DNase-Seq 数据、533 套 shRNA RNA-Seq 数据、469 套 eCLIP 数据、334 套 polyA RNA-Seq 数据、259 套 DName Array 数据、258 套 total RNA-Seq 数据、180 套 RNA microarray 数据、173 套 small RNA-Seq 数据、161 套 RNA Binding-Seq 数据、155 套 RAMPAGE 数据、136 套 single cell RNA-Seq 数据、129 套 ATAC-Seq 数据、124 套 WGBS 数据、123 套 genotyping 芯片数据、118 套 microRNA-Seq 数据、115 套 microRNA counts 数据、104 套 Repli-Seq 数据、103 套 RRBS 数据、78 套 CAGE 数据、77 套 CRISPRi RNA-Seq 数据、63 套 Repli-chip 数据、62 套 ChIA-PET 数据、54 套 siRNA RNA-Seq 数据、50 套 CRISPR RNA-Seq 数据、43 套 Hi-C 数据、43 套 RIP-Seq 数据、43 套 genetic modification DNase-Seq 数据、37 套 FAIRE-Seq 数据、32 套 RIP-Seq 数据、32 套 polyA depleted RNA-Seq 数据、31 套 RNA-PET 数据、24 套 MRE-Seq 数据、14 套 MS-MS 数据、14 套 genotyping HTS 数据、13 套 5C 数据、7 套 iCLIP 数据、6 套 DNA-PET 数据、4 套 MeDIP-Seq 数据、2 套 MNAse-Seq 数据和 2 套 Switchgear 数据。ENCODE 数据库收录的样本包括 5299 套细胞系的数据（如 MCF7、HepG2 等细胞系类型）、2827 套组织来源的数据、882 套原代细胞数据、324 套体外已分化的细胞数据、305 套干细胞相关数据、161 套游离细胞样本数据、49 套多能干细胞样本数据和 16 套单细胞样本数据。同时，ENCODE 数据库提供了多种数据格式，如最原始的 fastq 格式的数据、map 到对应基因组以后的 bam 文件和 bed 文件等，以方便不同需求的研究人员进行深入的数据分析和筛选[7, 8]。

62.1.2 Roadmap 计划

Roadmap 计划，即表观基因组学路线图计划（Roadmap Epigenomics Mapping Consortium），主要研究正常的组织和细胞基因组的表观测序信息，并期望与未来研究的多组织和细胞比较，为不同组织和细胞的整体研究提供背景框架。

1. Roadmap 计划的简介

表观基因组学路线图计划的总体假设是，健康的起源和对疾病的易感性部分是基因蓝图的表观遗传调控的结果[9]。具体而言，控制干细胞分化的表观遗传机制有助于对导致疾病的内源性和外源性刺激形式的生物反应，该计划由美国国立卫生研究院 Roadmap 表观遗传图谱联盟主导完成（图 62-2）。该联盟创建了一些基于新一代测序技术的实验流程。这些实验流程主要用于建立干细胞和初级离体组织中的 DNA 甲基化测序文库、组蛋白修饰测序文库、染色质开放程度的测序文库和小 RNA 转录本的测序文库，以代表经常涉及人类疾病的组织和器官系统的正常对应物[10]。该计划主要研究对象是一些正常组织和细胞的表观基因组的表观测序信息，并期望与未来研究的多组织和细胞比较，为不同组织和细胞的整体研究提供背景框架。除此之外，该计划陆续更新和发布了各个正常组织的表观遗传二代测序原始数据、表观遗传学特征图谱数据和高级别的整合数据图谱，从而不断地缩小数据生成和公共传播之间的差距。该计划在数据产生和分析的多个环节制定了一系列的标准和规则，例如，不同类型表观遗传数据的实验技术和试剂的标准操作流程、数据标准化的流程和规范的数据传播协议[11]。该计划对于多个环节的标准化控制，使得后续研究人员可以自由地利用、整合和扩展这些数据。

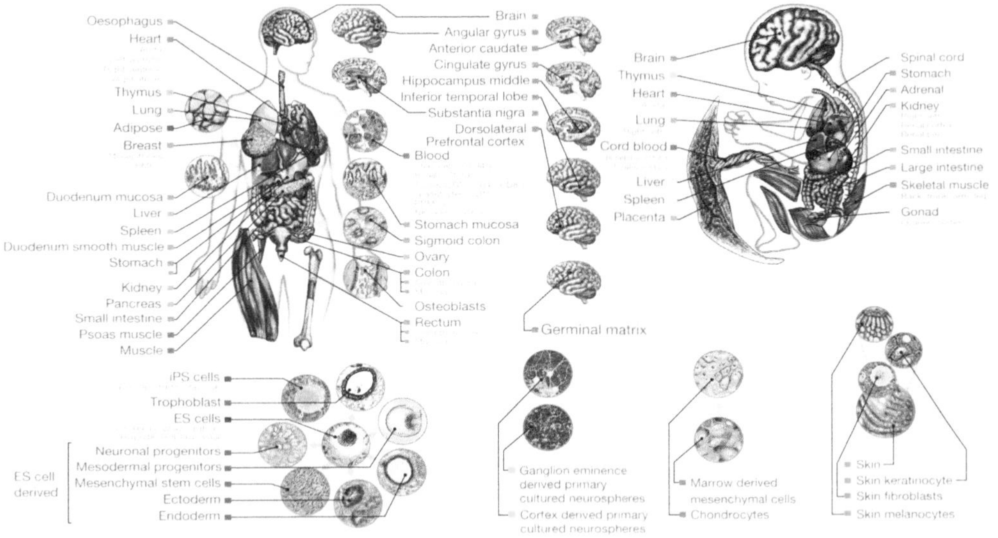

图 62-2　Roadmap 表观基因组数据库（http://egg2.wustl.edu/roadmap/web_portal/）

2. Roadmap 计划的目标

（1）建立一个表观遗传国际委员会。
（2）开发用于表观基因组学研究的标准化实验平台和计算平台[12-14]。
（3）开展表观遗传示范项目以评估表观基因组的变化情况[15]。
（4）开发单细胞层面表观基因组学分析平台和表观遗传活体成像新技术。
（5）创建公共数据库资源，加速表观基因组学的方法的应用[16]。

3. Roadmap 计划的数据介绍

Roadmap 表观遗传计划力图创建一个包含干细胞和人类各个正常组织的表观基因组的免费公共数据资源库[17-19]。迄今为止，数据库更新的版本为 release 9，该数据库共包含 2804 套全基因组表观基因组数据，其中有 1821 套组蛋白修饰数据、360 套 DNA 数据、277 套 DNA 甲基化数据和 166 套 RNA-Seq 数据。Roadmap 数据库中的表观基因组数据有 150.21 亿条测序片段可以覆盖人类基因组 3174 层。Roadmap 数据库的第九版本提供了 111 个不同的组织或者细胞的 1936 套核心组蛋白标记（H3K4me3、H3K4me1、H3K27me3、H3K9me3 和 H3K36me3）等数据集[20]。Roadmap 数据库收录的不同组织或者细胞的不同类型表观基因组数据的统计结果如图 62-3 所示。

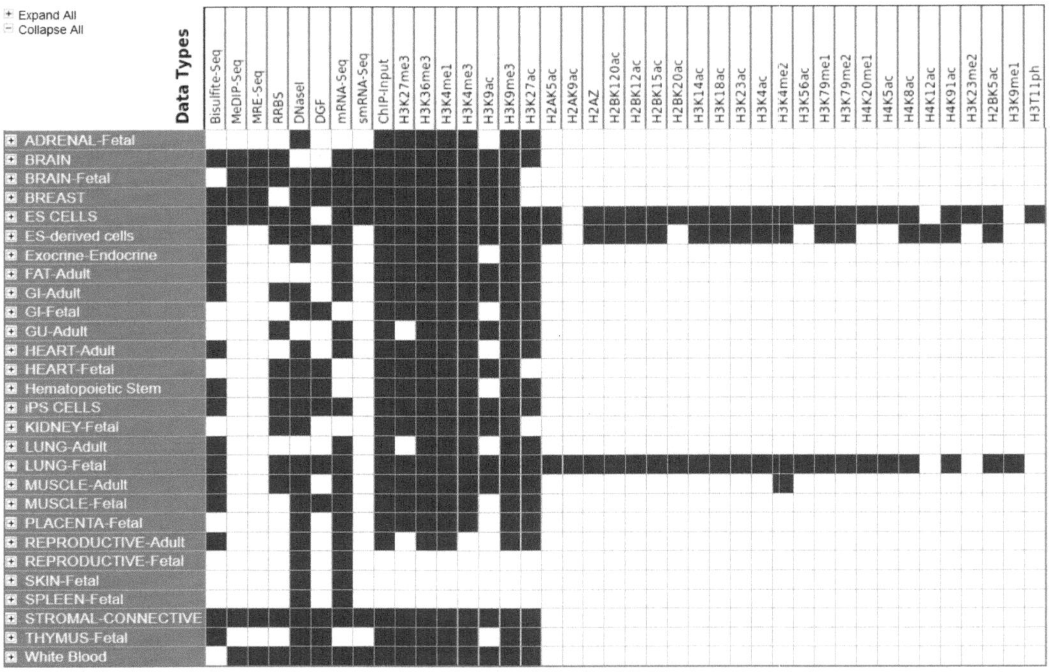

图 62-3 Roadmap 收录的不同类型表观基因组数据统计结果（http://www.roadmapepigenomics.org/data/tables/all）

62.2 表观遗传常用数据及软件资源介绍

62.2.1 表观遗传常用软件

1）International Human Epigenome Con-sortium（IHEC）（http://ihec-epigenomes.org/）

人类表观基因组协会（HEC）于 2003 年 10 月正式宣布开始投资和实施人类表观基因组计划（International Human Epigenome Project，IHEP）。HEP 的提出和实施，标志着与人类发育和肿瘤疾病密切相关的表观遗传学（epigenetic）和表观基因组（epige-nome）研究又跨上了一个新的台阶。IHEP 不仅可以进一步完善人类基因组注释，而且对于进一步了解人类发育本质，探寻与人类发育和肿瘤疾病相关的表观遗传学机制具有重要而深远的实用价值。IHEP 开发出了专用于浏览 MVP 数据的在线浏览器——MVP Viewer（http://www.sanger.ac.uk/PostGenomics/epigenome/）。MVP Viewer 的功能：①MVP 数据的在线浏览与分析工具；②将 MVP 数据与已有的基因组注释相互整合，它已经是 EMBL 的 Ensembl GenomeBrowser 的一部分，除了 DNA 甲基化数据，还包括染色体坐标（chromosome coordinate）、CpG 岛、SNP 转录信息。

2）UCSC 数据库（http://genome.ucsc.edu/index.html）

UCSC 数据库包含了 ENCODE 计划中的各种类型数据，包括不同版本中不同物种的参考基因组数据、不同物种的不同类型的组蛋白修饰数据、不同细胞系的 DNA 甲基化数据、组蛋白修饰数据、表达数据、SNP 位点数据等。同时，UCSC 可以按照用户的需求提供过滤后的数据下载，如图 62-4 所示。

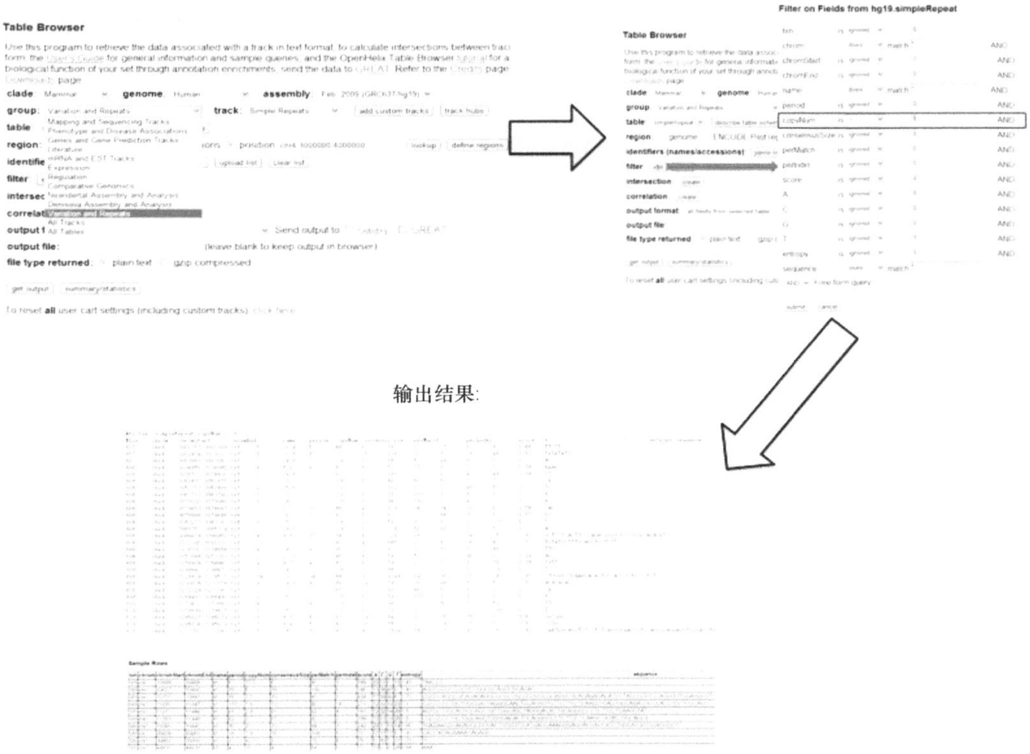

图 62-4　在 UCSC 数据库下载位于人类 4 号染色体上的、且重复 8 次以上的简单重复序列实例

3）Roadmap 数据库（http://www.roadmapepigenomics.org/）

这个数据库在前面介绍 Roadmap 计划的时候已经讲过数据库包含的信息，基本上是一些正常组织和细胞的表观数据，在此不再赘述。

4）TCGA 数据库（https://cancergenome.nih.gov/abouttcga/overview）

TCGA 数据库是国家癌症研究所（National Cancer Institute）和美国人类基因组研究所（National Human Genome Research Institute）共同监督的一个项目，旨在应用高通量的基因组分析技术，以帮助人们更好地认识癌症，从而提高对于癌症的预防、诊断和治疗能力。该数据库至少有 200 种癌症类型，还有更精细的癌症亚型分类信息。这些中的每一种癌症都是由 DNA 中的变化引起的，这些变化将导致细胞不受控制地生长。确定每个癌症的完整 DNA 及其癌症基因组的变化，并了解这些变化如何相互作用以驱动疾病，将为改善癌症预防、早期发现和治疗水平奠定基础。TCGA 数据库描述肿瘤组织和来自超过 11 000 名患者的匹配正常组织的 2.5PB 数据，数据是公开的，并且已被研究界广泛使用。这些数据为独立研究人员和 TCGA 研究网络出版物的一千多项癌症研究做出了贡献。TCGA 数据库创建了一个基因组数据分析流程，可以有效地收集、选择和分析人体组织，进行大规模的基因组改造。这个全国研究和技术团队网络的成功是未来项目的典范，体现了科学团队合作的巨大力量。虽然 TCGA 在 2017 年已经结束，但新的 NCI 基因组学计划贯穿 NCI 癌症基因组学中心（CCG），将继续以 TCGA 数据库的工作模式为基础，通过公开提供基因组学数据，并且使用相同的协作模式进行大规模基因组分析。

5）SRA 数据库（http://www.ncbi.nlm.nih.gov/sra）

序列读取存档（SRA）数据库存储生物样本的二代测序数据并提供给研究团体使用，以提高可重复性，并通过比较不同类型数据集之间的关系，从而发现新的结论。SRA 存储来自多个高通量测序平台的原始测序数据和比对信息，包括如下平台：罗氏 454 GS System，Illumina Genome Analyzer，Applied Biosystems SOLiD system，Helicos Heliscope，Complete Genomics 和 Pacific Biosciences SMRT。该数据库收录的数据类型有样本的原始测序数据 fastq 格式数据、比对到对应基因组的.sam 和.bam 数据等格式。

6）GEO（Gene Expression Omnibus）DataSets（https：//www.ncbi.nlm.nih.gov/gds）

GEO DataSets 数据库存储了不同测序类型的基因表达数据，以及 GEO 存储库中的原始系列和平台记录。GEO DataSets 记录包含多种研究中的疾病样本、正常样本和细胞系等样本的基因表达芯片的原始数据及分析的过程数据，同时也包含不同研究和样本的二代测序数据（包含原始测序数据和 map 过后的数据）。

62.2.2 DNA 甲基化相关的常用数据及软件资源

1）MethDB（http://www.methdb.de）

MethDB 数据库的目的是为科学界提供存储 DNA 甲基化数据的资源，并使这些数据随时可供公众使用。数据库的未来发展将集中于对 DNA 甲基化的环境影响。该数据库（Sep 22，2009）版本收录了 6312 个不同的平台或测序类型的 20 236 套 5mC 数据（图 62-5）。

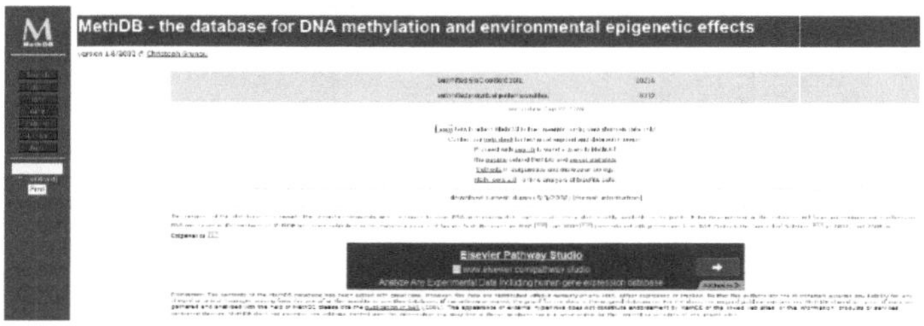

图 62-5 MethDB 数据库

2）MethBank（http://bigd.big.ac.cn/methbank）

甲基化银行（MethBank）是一个数据库，它将全基因组 DNA 甲基化组件整合到各种物种中，并为高分辨率 DNA 甲基化数据提供了一个交互式浏览器作为可视化工具。该数据库迄今为止包含人类甲基化数据、小鼠甲基化数据、大鼠甲基化数据、大豆甲基化数据、木薯甲基化数据、菜豆甲基化数据、番茄甲基化数据、斑马鱼甲基化数据等物种的数据。

62.2.3 疾病相关 DNA 甲基化数据资源

1）PubMeth（整合文本挖掘和专家注释的癌症相关 DNA 甲基化数据库，该数据库可在 http://www.pubmeth.org 搜索）

PubMeth 是一种癌症相关的 DNA 甲基化数据库，该数据库包含已经被报道的在各种癌症类型中被甲基化的基因信息。该数据库查询可以有三种检索方式：①基于基因检索（以基因检索不同癌症类型的 DNA 甲基化信息）；②基于癌症类型检索［据报道列出不同癌症（亚）类型中被 DNA 甲基化的基因］；③基于基因-癌症关系对检索（依据用户输入的基因和癌症的关键词检索特定癌症中的基因 DNA 甲基化信息）。PubMeth 数据库是基于 Medline/PubMed 文章摘要进行的文本挖掘，结合手工阅读和摘要来筛选完成数据库信息的注释。

2）PCMdb 数据库（胰腺癌 DNA 甲基化数据库，http://crdd.osdd.net/raghava/pcmdb/）

胰腺癌是第五大常见的恶性肿瘤，迫切需要新的生物标志物来促进其早期发现。PCMdb 胰腺癌甲基化数据库是一个胰腺癌基因甲基化的综合资源[21]。该数据库手动收集已发表文献中的数据。PCMdb 中包含 4342 个基因的 65 907 条 DNA 甲基化水平的记录。PCMdb 数据库收集了 88 个癌细胞系（53 565 条记录）和 3078 个癌组织（12 342 条记录）的数据。在这些数据库的记录中，有 47.22%的数据库记录报道了其相应的基因在胰腺癌中呈现高甲基化状态，而 10.87%的记录表明相应的基因在胰腺癌中呈现低甲基化水平。PCMdb 涵盖了胰腺癌中的 5 种疾病亚型数据，大多数是针对腺癌（88.38%）和黏液瘤（5.76%）。该数据库开发了用户友好的数据浏览、搜索和分析界面，这个数据库的信息有助于我们进一步地发现胰腺癌生物标志物。

3）DDMGD 数据库（http://www.cbrc.kaust.edu.sa/ddmgd/）

DDMGD 数据库是通过文本挖掘的方式发现疾病中甲基化基因相关信息的综合数据库。DDMGD 数据库早期开发了文本挖掘系统 DEMGD 和额外的后处理，以便我们从 PubMed Central 文章和 PubMed 摘要中提取到不同疾病中甲基化基因的关系。在 2500 个手工筛选的记录中，提取关联的准确率为 82%。DDMGD 数据库检索可以根据置信度的得分来排列这些关联结果。同时，DDMGD 数据库也给用户提供了提交新的数据记录的机会。

4）MethHC 数据库（https:// MethHC.mbc.nctu.edu.tw）

MethHC 数据库是一个系统整合人类癌症中大量 DNA 甲基化数据、mRNA 表达，microRNA 基因的 DNA 甲基化数据和 microRNA 表达等的数据库[22]。DNA 甲基化是基因转录的重要表观遗传调节因子，其启动子区域中具有高水平 DNA 甲基化的基因是转录沉默的。MethHC 数据库利用基于 TCGA 数据库中人类 18 种癌症 6000 多个样本的 6548 个芯片数据和 12 567 个 RNA-Seq 数据进行了 DNA 甲基化、mRNA / microRNA 表达之间的相关性分析。

5）MethCNA 数据库（http://cgma.scu.edu.cn/MethCNA/）

MethCNA 数据库是一个综合分析人类癌症 DNA 甲基化和拷贝数变异的数据库[23]。目前，数据库包含 10 000 个公开的 Illuminate 平台的人类甲基化 450 芯片的样本数据。Infinium 人类甲基化 450 芯片是用类似于单核苷酸多肽阵列的生化反应原理，并且能在甲基化研究中稳定地探测出相应样本的拷贝数变异情况。该数据库的数据均来源于 TCGA（The Cancer Genome Atlas）和 GEO（Gene Expression Omnibus）数据库。该数据库将这些原始数据进行标准化处理、质量控制、批次效应分析，而后进行拷贝数变异分析、差异甲基化区域筛选分析。MethCNA 是用于人类癌症中基因组和表观基因组数据大规模整合分析的资源。不同组学数据类型的整合是理解癌症发展的基本机制的重要方法。相同肿瘤样本的 DNA 甲基化和拷贝数改变数据的整合分析可以帮助我们鉴定肿瘤抑制基因失活或致癌途径活化的协同机制。

6）DiseaseMeth 2.0（http://bioinfo.hrbmu.edu.cn/diseasemeth）

人类疾病甲基化数据库 DiseaseMeth 2.0 版是一种基于网络资源，专注于人类疾病异常甲基化的数据库。现在越来越多的大规模疾病相关 DNA 甲基化数据的产生，使得我们可以从中挖掘到更多的疾病相关 DNA 甲基化信息。该数据库不仅提供了甲基化数据集，而且还提供了一些软件工具，以支持和促进该领域的研究。

62.2.4　组蛋白修饰相关的常用数据资源介绍

1. 组蛋白修饰常用数据资源

1）HIstome：The Histone Infobase

HIstome 是印度普纳科学教育研究所（IISER）的表观遗传学卓越中心（CoEE）与孟买癌症治疗、研究和教育高级中心（ACTREC）两家机构的研究人员共同努力的结晶。

HIstome 是一个专门收录有关人类组蛋白变体、翻译后修饰位点和各种组蛋白修饰酶信息的专业电子数据库，该数据库涵盖 5 种类型的组蛋白、8 种类型的翻译后修饰和 13 种修饰酶。当前版本包含约 50 种组蛋白和约 150 种组蛋白修饰酶的信息。许多数据字段被超链接到其他数据库（如 UnprotKB/ Swiss-Prot、HGNC、OMIM、Unigene 等）。另外，该数据库还提供了所有基因条目的启动子区序列（–700TSS + 300）。这些序列是从 UCSC 基因组浏览器中提取的，同时显示了 PubMed 列出的文献中手动搜索组蛋白的翻译后修饰位点。这种信息库对于对表观遗传调控感兴趣的研究人员来说是十分有用的。

2）Gametogenesis Epigenetic Database（http://gametsepi.nwsuaflmz.com/）

配子表观数据库是一个搜集和整理哺乳动物配子发生的表观遗传修饰的文献信息资源数据库。该数据库整合了 1000 多篇文献中哺乳动物配子发生的表观遗传修饰信息，并预测了哺乳动物每种配子发生阶段的潜在途径。该数据库包括人、小鼠、大鼠、牛、猪、羊、山羊共 7 个物种的数据，以及 16 个配子发生阶段数据，包括 PGC、生殖细胞、卵原细胞、卵母细胞、原代卵母细胞、继发卵母细胞、卵子、精原细胞、精母细胞、A 型精原细胞、B 型精原细胞、初级精母细胞、次级精母细胞、精子细胞等信息以及 GED 提供获得文献中的信息。

2. 疾病相关的组蛋白修饰常用数据资源

人体组蛋白修饰数据库（HHMD）（http://bioinfo.hrbmu.edu.cn/hhmd）是从实验数据中整合有用的组蛋白修饰信息，收录人类组蛋白修饰的综合数据库。目前发布的 HHMD 数据库中包含了人类 43 种位点特异性组蛋白修饰。同时，数据库还提供了 9 种人类癌症类型的组蛋白修饰调控的综合数据资源。除此之外，该数据库还开发了 HisModView 以方便用户在现有人类基因组注释的背景下浏览不同的组蛋白修饰数据。

62.2.5 非编码 RNA 相关的常用数据资源

1. miRNA 常用数据资源

1）miRBase 数据库（http://www.mirbase.org/）

miRBase 数据库是一个包含 miRNA 序列数据和相关注释信息的数据库[24]。该数据库（Release 21）包含 223 个物种的 28 645 个 miRNA 前体和 35 828 个成熟 miRNA 的数据信息。该数据可以免费查询和下载，其中可以批量下载的信息包含如下文件及格式：

（1）miRNA.dat — EMBL 数据库的格式注释所有 miRNA 的信息；

（2）hairpin.fa — 预测的 miRNA 的茎环结构的 fasta 格式的序列信息；

（3）mature.fa — 成熟的 miRNA 的 fasta 格式的序列信息；

（4）miRNA.dead — 数据库中移除的信息条目；

（5）miRNA.diff —不同版本数据库不同的 miRNA；

（6）miFam.dat — 发夹结构的家族分类信息。

2）miRWalk 2.0（http://zmf.umm.uni-heidelberg.de/apps/zmf/mirwalk2/）

该数据库利用 miRWalk 算法通过预测 miRNA 序列中的 1～6 位碱基的 7 个种子序列的结合情况预测 miRNA 和靶基因的关系[25]。该数据库整合了 13 个 miRNA 靶基因预测数据库的预测结果。同时，利用其中的 5 种 miRNA 靶基因预测算法预测了基因的 5′非翻译区和基因的编码区域靶点，该平台还整合了线粒体基因组上的 miRNA 靶基因结合位点的信息。在 2.0 版本的数据库中还包含了 miRNA-mRNA 的调控信息，并且可以对 miRanda、PITA、RNAhybird 和 Targetscan 四种预测算法的靶向位点进行比较。这个数据库中共涉及 miRNA 靶基因相关的功能：KEGG 功能 597 个、Panther 功能 456 个、Wiki 通路 522 个和 gene onology 注释 18 394 个。不仅如此，这个数据库还包含 2035 个疾病注释信息、6727 个人类表型注释信息和 4980 个 OMIM 数据的疾病注释信息。该数据库的信息不仅支持下拉框式的查询，同时也可以提供数据的批量下载。

2. Long non-coding RNA 常用数据资源

1）NONCODE 数据库 V5.0（http://www.bioinfo.org/noncode/）

NONCODE 数据库是一个整合了多个公共数据库和多篇文献信息的数据库，其系统地整合了非编码 RNA 的信息（主要是 long non-coding RNA，但不包括 tRNA 和 rRNA）[26]。目前，NONCODE 数据库收录了 17 个物种（人类、小鼠、牛、大鼠、鸡、果蝇、斑马鱼、秀丽隐杆线虫、酵母、拟南芥、黑猩猩、大猩猩、猩猩、恒河猴、负鼠、鸭嘴兽和猪）。该数据库中利用标准流程整合数据库 Ensemble、RefSeq、LncRNAdb 和 GENCODE。同时检索 PUBMED 数据库中的关键词，并人工鉴定 lncRNA 及其注释。NONCODE 数据库不仅提供了 lncRNA 的基本信息（包括 lncRNA 的位置信息、链的信息、外显子编号、长度和序列信息等），而且还提供了相关的表达谱、序列保守性信息、疾病相关信息和功能预测信息等。

2）LncRNome（http://genome.igib.res.in/lncRNome/）

LncRNome 数据库[27]是一种全面的可搜索生物学知识库，适用于人类长链非编码 RNA。该数据库存储了人类 17 000 多个长非编码 RNA 的信息。该数据库还提供了 lncRNA 的类型、染色体位置、生物功能描述和长非编码 RNA 的疾病注释等信息。此外，它还提供了有关蛋白质-lncRNA 相互作用和 lncRNA 基因中基因组变异的数据集。该数据库还为数据集提供了可浏览的界面。

3）LncRNAdb V2.0 数据库（http://www.lncrnadb.org/）

尽管真核基因组中存在长的非编码 RNA（lncRNA）基因，但只有一小部分基因检测了生物学功能。lncRNAdb 数据库[28]为用户提供了人工文献筛选的 287 种真核生物 lncRNA 的详细描述信息。该数据库不仅包括单个 lncRNA 功能信息描述、序列信息、数据表达和文献，而且还整合 Illumina Body Atlas 表达谱、核苷酸序列信息、BLAST 搜索工具，以及通过直接下载或 REST API 轻松导出内容。lncRNAdb 现在由 RNAcentral 认可，是符合国际核苷酸序列的数据库。

3. 生殖细胞内特异的非编码 RNA 数据资源

生殖细胞长非编码 RNA 数据库（GermlncRNA）[29]（http://germlncrna.cbiit.cuhk.edu.hk/）是第一个专门用于哺乳动物雄性生殖细胞发育的长非编码 RNA 数据库。该数据库为研究人员提供了一个可以搜索、可视化、下载和分析雄性生殖细胞发育关键阶段表达的注释或新型长非编码 RNA 平台。目前的 lncRNA 注释主要是从衍生自不同细胞类型的组织水平（如整个睾丸）的转录组数据预测而来。而该数据库中的生殖细胞特异的 lncRNA 是基于转录组数据通过预测算法得到的，故其结果的实验验证效率有待确认。

4. 环状 RNA 常用数据资源

环状 RNA 高度稳定并且具有特定的时空表达模式。CircBase 数据库[30]（http://circrna.org/）收录了真核细胞中已被证明的成千上万的环状 RNA（circRNA）。该数据库可以搜索公共 circRNA 数据集并下载自定义 python 脚本以挖掘自己的（ribominus）RNA-seq 数据中的 circRNA。该数据库中收录了人类、小鼠、线虫、黑腹果蝇、鱼类等物种的环状 RNA 信息。

5. 疾病相关非编码 RNA 数据库资源

1）HMDD（human microRNA and disease accociation，http://202.38.126.151/hmdd/tools/hmdd2.html）

该数据库搜集了实验证实的 miRNA 和疾病的相关关系对，同时该数据库的更新版整合了从遗传学方面、表观遗传学角度、环状 miRNA 和 miRNA-靶基因等方面建立的 miRNA-疾病的关系对。该数据库的所有关系对均可以下载，同时，用户也可以上传新的 miRNA 疾病信息到数据库[31]。

2）miR2Disease（http://www.miR2Disease.org）

该数据库人工筛选了不同疾病中异常表达的 miRNA 的关系信息。该数据库中包含了 349 个 miRNA、163 种疾病和 3273 条 miRNA-疾病关系记录。每条关系记录包括 miRNA ID、疾病名称、疾病-miRNA 关系的描述、miRNA 表达的检测方法、实验证实的 miRNA 靶基因信息和报道该关系对的相关文献信息[32]。

3）LncRNADisease V2.0（http://www.rnanut.net/lncrnadisease/）

LncRNADisease 2.0 [33]收录了手工文献检索的和其他资源整合的 lncRNA-疾病关系对，这些关系对中不仅有已经被实验证实的关系对，也有算法预测的关系对。LncRNADisease v2.0 包含如下信息：ncRNA-疾病关系对；整合实验证实的 circRNA-疾病关系对；提供 lncRNA、mRNA 和 miRNA 之间的调控关系；将关系对中的疾病名称映射到疾病本体论体系中（MeSH）；提供每个 LncRNA-疾病关系对添加的置信度得分。

4）Lnc2Cancer（http://www.bio-bigdata.net/lnc2cancer/）

Lnc2Cancer[34]是一个手动筛选且经实验证实的 lncRNA 和人类癌症之间关系的数据库。Lnc2Cancer 可以检索 6500 多篇已发表的论文，并且收录了 1614 个人类 lncRNA 和 165 种人类癌症亚型之间的 4989 个关系对。此外，Lnc2Cancer 还在癌症中提供了实验支持与循环相关的 lncRNA、耐药的 lncRNA 和预后的 lncRNA。

62.3 表观遗传常用软件

62.3.1 DNA 甲基化数据分析常用软件介绍

1. DNA 甲基化数据分析相关软件介绍

目前主要有两类用于比对 WBGS 测序 fastq 数据的方法。第一种是 three-letter 法（如 Bismark、BS-Seeker2）；另一种是 wild-card 法（BSMAP）。

1）BSMAP 算法策略

BSMAP 算法[35]以 SOAP 算法为基础。该算法是将参考基因组里所有的 C 转化成字符 Y，在比对时 Y 可以与 C 和 T 比对上。BSMAP 使用 seed 提高了比对速度，允许 C 和 T 的比对能提高比对效率，尤其是在一些 repeat 区域，但是可能导致高甲基化 read 的比对率高于低甲基化的 read（更多的 T），从而引入偏差；也有文献报道这种 bias 影响不大。

2）BisMark 算法策略

BisMark[36]以 bowtie 为基础。该算法先将所有参考基因组和 read 上的 C 变成 T（另一条链 G 变成 A），再来做比对，因为所有序列只剩下 3 个碱基，故名“three letter”。再将测序 reads 也进行同样的转换，然后利用 Bowtie、Bowtie2 为内核进行比对，最后根据比对的结果计算出每个胞嘧啶的甲基化水平。

3）BS-Seeker2 算法策略

BS-Seeker2 [37]也是一种将基因组转换成一个 3 字母表的策略，并使用 Bowtie2 比对重亚硫酸盐处理的片段到参考基因组上的方法。它使用序列标签来降低比对不确定性。比对的后处理去除非唯一的和低质量的比对。BS-Seeker 会给出更多信息用于下游分析。

可以看出 three-letter 法类似于比对基因组测序数据的方法，只是少了一种碱基，但这造成了序列特异性的降低，从而导致一部分 reads 无法比对到基因组上。而在 wild-card 法中，含有甲基化胞嘧啶的 reads 可以含有四种碱基，而含有非甲基化胞嘧啶的 reads 可能只含有三种碱基，从而导致序列特异性的降低，使含有非甲基化胞嘧啶的 reads 比对率降低，在计算甲基化水平时引入偏倚，造成甲基化水平的升高，但是其整体的比对率高于 three-letter 法。

2. 差异 DNA 甲基化区域（DMR）筛选相关软件介绍

1）methylKit 算法策略

在 methylKit 软件[38]包中，它的差异分析总是针对合并后的 DNA 甲基化谱，如果输入文件每一行是一个甲基化位点，那么差异分析的结果就是差异甲基化位点；如果输入文件的每一行是一个甲基化区域，那么差异分析的结果就是差异甲基化区域。但是在具体分析中遇到的问题就是甲基化区域如何界定，在 methylKit 中，按照滑动窗口的方式定义甲基化区域，默认窗口大小为 10 000bp，步长为 10 000bp，通过 tileMethylCounts 函数来实现。

2）eDMR 算法策略

与 methylKit 滑动窗口相比，eDMR 包[39]选取差异甲基化区域，该方法用“双峰正态模型”将邻近的一些 CpG 划分为一片甲基化区域。如果是多组样本做 overlap 取甲基化区域的交集，eDMR 分析结果不同组样本比较的时候，区域起始与结束位置并不一致，overlap 难以选取，methylKit 结果可以稍微容易一点选取 overlap。但是通常在进行实验的时候，实验人员更希望选出启动子区域差异甲基化区域，因此该算法多轮筛选出来的结果也不是很好。

62.3.2　组蛋白修饰相关的常用软件介绍

1. 组蛋白修饰 ChIP-seq 数据常用分析软件

MACS 软件分析策略：染色质免疫沉淀测序（ChIP-Seq）已经成为研究全基因组蛋白质-DNA 相互作用的流行策略。该策略在 Genome Analyzer（Illumina / Solexa）的短读取测序仪上提供基于模型的 ChIP-Seq（MACS）分析。MACS2[40]根据经验模拟测序 ChIP 片段的长度，该片段往往比超声处理或文库构建大小估计更短，并使用它来改善预测结合位点的空间分辨率。MACS2 还使用动态泊松分布来有效捕获基因组序列中的局部偏差，从而允许更灵敏和更强大的预测。MACS2 优于现有的 ChIP-Seq 峰值发现算法，该算法是公开可用的，并且可以用于具有或不具有对照样品的 ChIP-Seq 数据分析。

2. 组蛋白修饰数据间标准化软件

ChIPnorm 算法策略：ChIP-Seq 数据的产生使得组蛋白修饰研究成为可能，也使得我们可以识别相同生物的不同细胞类型表现出的差异组蛋白富集模式。因为 ChIP-Seq 数据中显著的噪声水平，这个问题是相当困难的。ChIPnorm 算法[41]是一个两阶段统计方法，以标准化 ChIP-Seq 数据，并找到给定不同细胞类型的两个组蛋白修饰库基因组中的差异区域。ChIPnorm 方法去除了数据中的大部分噪声和偏差。

62.3.3 非编码 RNA 相关的常用软件介绍

1. miRNA 靶基因预测常用分析算法

1）RNA-hybrid 算法策略

RNA-hybrid 算法[42]程序用于预测 miRNA 在 RNA 中的多个潜在结合位点。通常，该程序主要用来预测 miRNA 与 RNA 的能量最优杂交结合位点。该算法不允许分子内杂交，即靶向核苷酸之间或 miRNA 核苷酸之间的碱基配对。对于较大数据量的预测分析，算法的时间复杂度在目标长度上是线性的，算法允许在短时间内搜索较多的靶基因序列。该算法利用了长度归一化最小自由能的极值统计和多个结合位点的泊松分布。算法利用近似多种生物的比较研究中直系同源靶的有效数来评估预测目标的统计显著性。

2）TargetScan 算法策略

TargetScan 算法[43]利用不同的种子序列长度（6 碱基种子、7 碱基种子和 8 碱基种子），通过寻找在全基因组比对的 UTR 区域中保守的完美 Watson-Crick（W-C）种子匹配，可以预测 miRNA 靶标。该算法通过鉴定与 miRNA 的种子（核苷酸 2～7）具有保守互补性的 mRNA 来预测 miRNA 的调控靶标。位于 mRNA 中种子互补位点侧翼的保守腺苷的过量表达表明，种子序列决定簇可以补充碱基配对来预测指定 miRNA 靶标。在对 3′UTR 的基因组分析中，在假阳性预测的估计之上检测到大约 13 000 个调节关系，从而提示 miRNA 可能靶向人类基因组 30%的基因，即 5300 多个基因。

2. Long non-coding RNA 数据常用分析软件

LongTarget 算法策略：预测 lncRNA 的 DNA 结合基序和结合位点对于揭示正确和异常的基因组修饰是重要的。LongTarget 算法[44]探索了广泛的碱基配对规则（例如，多个 lncRNA 的显性规则集 R12 中的 CG-A 和 GC-C）而不是规范的规则，检查了所有的基础配对核苷酸而不是富集核苷酸决定了三联体中 RNA 密码最密集的 RNA 序列上的单个最佳 TFO，确定了基因组区域中三联体密集分布的最佳 TFO TTS，并评估三联体的稳定性。因为 lncRNA 和 DNA 序列之间的结合广泛发生，所以必须包括非规范碱基配对规则。如果这些规则不会产生显著的三联体，但在某些情况下很重要，那么在 LongTarget 中包含这些规则是无害的。因为在这些规则集上，配对的 lncRNA 区域中的核苷酸可以与靶向的 RNA 区域中的两个不同核苷酸结合；靶向的 RNA 在结构上比 lncRNA 更复杂多样。

3. CircRNA 数据常用分析软件（Acfs、PcircRNA 等）

Circtools 软件简介：环状 RNA（circRNA）起源于线性初级转录物的反向剪接事件，对外切核酸酶具有抗性，不是多腺苷酸化的，并且已显示对细胞类型和发育阶段具有高度特异性。Circtools[45]分析算法是一个基于 Python 的模块化框架，用于计算 circRNA 分析。该软件包括用于 circRNA 检测、内部序列重建、质量检查、统计检验、RNA 结合蛋白富集筛选、差异外显子 RNase R 抗性和 circRNA 特异性引物设计的模块。同时，Circtools 支持研究人员将可视化选项和数据导出为常用格式。

62.4　总结与展望

随着各种类型表观遗传学相关的新的实验技术和测序技术的出现，越来越多的数据类型也相应产生。同时，因为表观遗传事件在正常细胞或者组织的不同阶段、不同环境条件和不同的疾病发生阶段也存在高度的异质性，因此给 DNA 甲基化数据、组蛋白修饰数据、核小体开放程度数据、非编码 RNA 的预测数据和靶向位点预测数据的分析带来了巨大的挑战。我们在进行表观基因组学相关数据分析的时候，不仅要考虑对应数据的可能作用的生物学机制，而且应兼顾环境等伴随因素对于数据分析结果的影响。不过，随着我们研究的深入和技术的发展，从表观遗传学角度揭示正常的生理状态的变化和疾病发生的机制指日可待。

参 考 文 献

[1] Consortium, E.P. The Encode(ENCyclopedia of DNA elements)Project. *Science* 306(5696), 636-640(2004).

[2] Qu, H. & Fang, X. A brief review on the Human Encyclopedia of DNA Elements(ENCODE)project. *Genomics Proteomics Bioinformatics* 11(3), 135-141(2013).

[3] Elnitski, L.L. *et al.* The ENCODEdb portal: simplified access to ENCODE Consortium data. *Genome Res* 17(6), 954-959(2007).

[4] Genomes Project, C. *et al.* A global reference for human genetic variation. *Nature* 526(7571), 68-74(2015).

[5] Consortium, E.P. An integrated encyclopedia of DNA elements in the human genome. *Nature* 489(7414), 57-74(2012).

[6] Pennisi, E. The Biology of genomes. Disease risk links to gene regulation. *Science* 332(6033), 1031(2011).

[7] Davis, C.A. *et al.* The Encyclopedia of DNA elements(ENCODE): data portal update. *Nucleic Acids Res* 46(D1), D794-D801(2018).

[8] Birney, E. The making of ENCODE: Lessons for big-data projects. *Nature*, 489(7414), 49-51(2012).

[9] Fingerman, I.M. *et al.* NCBI Epigenomics: a new public resource for exploring epigenomic data sets. *Nucleic Acids Res* 39(Database issue), D908-912(2011).

[10] Bock, C. *et al.* Reference Maps of human ES and iPS cell variation enable high-throughput characterization of pluripotent cell lines. *Cell*, 144(3), 439-452(2011).

[11] Lee, D.H. *et al.* MIRA-SNuPE, a quantitative, multiplex method for measuring allele-specific DNA methylation. *Epigenetics* 6(2), 212-223(2011).

[12] Urich, M.A. *et al.* MethylC-seq library preparation for base-resolution whole-genome bisulfite sequencing. *Nat Protoc* 10(3), 475-483(2015).

[13] Raney, B.J. *et al.* Track data hubs enable visualization of user-defined genome-wide annotations on the UCSC Genome *Browser. Bioinformatics* 30(7), 1003-1005(2014).

[14] Xi, Y. *et al.* RRBSMAP: a fast, accurate and user-friendly alignment tool for reduced representation bisulfite sequencing. *Bioinformatics* 28(3), 430-432(2012).

[15] Ziller, M.J. *et al.* Charting a dynamic DNA methylation landscape of the human genome. *Nature* 500(7463), 477-481(2013).

[16] Zhou, X. *et al.* Epigenomic annotation of genetic variants using the Roadmap Epigenome Browser. *Nat Biotechnol* 33(4), 345-346(2015).

[17] Rivera, C.M. & B. Ren. Mapping human epigenomes. *Cell* 155(1), 39-55(2013).

[18] Martens, J.H. & Stunnenberg, H.G. BLUEPRINT: mapping human blood cell epigenomes. *Haematologica* 98(10), 1487-1489

(2013).

[19] Lowdon, R.F. *et al.* Regulatory network decoded from epigenomes of surface ectoderm-derived cell types. *Nat Commun* 5, 5442(2014).

[20] Roadmap Epigenomics, C. *et al.* Integrative analysis of 111 reference human epigenomes. *Nature* 518(7539), 317-330(2015).

[21] Nagpal, G. *et al.* PCMdb: pancreatic cancer methylation database. *Sci Rep* 4, 4197(2014).

[22] Huang, W.Y. *et al.* MethHC: a database of DNA methylation and gene expression in human cancer. *Nucleic Acids Res* 43(Database issue), D856-861(2015).

[23] Deng, G. *et al.* MethCNA: a database for integrating genomic and epigenomic data in human cancer. *BMC Genomics* 19(1), 138(2018).

[24] Kozomara, A. & Griffiths-Jones, S. miRBase: annotating high confidence microRNAs using deep sequencing data. *Nucleic Acids Res* 42(Database issue), D68-73(2014).

[25] Dweep, H. & Gretz, N. miRWalk2.0: a comprehensive atlas of microRNA-target interactions. *Nat Methods* 12(8), 697(2015).

[26] Xiyuan, L. *et al.* Using the NONCODE Database Resource. *Curr Protoc Bioinformatics* 58, 12.12.1-12.16.19(2017).

[27] Bhartiya, D. *et al.* lncRNome: a comprehensive knowledgebase of human long noncoding RNAs. Database(Oxford) 2013, bat034(2013).

[28] Quek, X.C. *et al.* lncRNAdb v2.0: expanding the reference database for functional long noncoding RNAs. *Nucleic Acids Res*43(Database issue), D168-173(2015).

[29] Luk, A.C. *et al.* GermlncRNA: a unique catalogue of long non-coding RNAs and associated regulations in male germ cell development. Database(Oxford) 2015, bav044(2015).

[30] Glazar, P. *et al.* circBase: a database for circular RNAs. *RNA* 20(11), 1666-1670(2014).

[31] Huang, Z. *et al.* HMDD v3.0: a database for experimentally supported human microRNA-disease associations. *Nucleic Acids Res*, 47(D1), D1013-1017(2018).

[32] Jiang, Q. *et al.* miR2Disease: a manually curated database for microRNA deregulation in human disease. *Nucleic Acids Res* 37(Database issue), D98-104(2009).

[33] Wang, J. *et al.* LncDisease: a sequence based bioinformatics tool for predicting lncRNA-disease associations. *Nucleic Acids Res* 44(9), e90(2016).

[34] Gao, Y. *et al.* Lnc2Cancer v2.0: updated database of experimentally supported long non-coding RNAs in human cancers. *Nucleic Acids Res*, 47(D1), D1028-1033(2018).

[35] Xi, Y. & Li, W. BSMAP: whole genome bisulfite sequence MAPping program. *BMC Bioinformatics* 10, 232(2009).

[36] Krueger, F. & Andrews, S.R. Bismark: a flexible aligner and methylation caller for Bisulfite-Seq applications. *Bioinformatics* 27(11), 1571-1572(2011).

[37] Guo, W. *et al.* BS-Seeker2: a versatile aligning pipeline for bisulfite sequencing data. *BMC Genomics* 14, 774(2013).

[38] Akalin, A., *et al.* methylKit: a comprehensive R package for the analysis of genome-wide DNA methylation profiles. *Genome Biol* 13(10), R87(2012).

[39] Fukuda, K & Asakawa, N. Development of multi-frequency ESR/EDMR system using a rectangular cavity equipped with waveguide window. R*ev Sci Instrum* 87(11), 113106(2016).

[40] Zhang, Y. *et al.* Model-based analysis of ChIP-Seq(MACS). *Genome Biol*, 9(9), R137(2008).

[41] Nair, N.U. *et al.* ChIPnorm: a statistical method for normalizing and identifying differential regions in histone modification ChIP-seq libraries. *PLoS One* 7(8), e39573(2012).

[42] Griffiths-Jones, S. *et al.* miRBase: microRNA sequences, targets and gene nomenclature. *Nucleic Acids Res* 34(Database issue), D140-144(2006).

[43] Lewis, B.P. *et al*. Conserved seed pairing, often flanked by adenosines, indicates that thousands of human genes are microRNA targets. *Cell*, 120(1), 15-20(2015).

[44] He, S. *et al*. LongTarget: a tool to predict lncRNA DNA-binding motifs and binding sites via Hoogsteen base-pairing analysis. *Bioinformatics* 31(2), 178-186(2015).

[45] Jakobi, T., A. *et al*. Circtools - a one-stop software solution for circular RNA research. *Bioinformatics* 35(13), 2326-2328(2018).

李伟　生物信息学博士，复旦大学生物医学研究院副研究员。发表文章 16 篇，总影响因子 158.97，其中 IF>10 且为第一作者、共同第一作者或通讯作者发表的文章有 6 篇。主持国家自然科学基金青年基金 1 项、博士后基金面上项目 1 项、中央高校自主创新项目 1 项。作为主要参与人参与国家重点研发计划项目 2 项、上海市科委重大基础项目 1 项、国家自然科学基金项目 3 项，申请专利 1 项。主要研究方向包括：①表观遗传算法的研发。开发单碱基精度全基因组 DNA 甲基化测序分析平台（WGPS 算法），绘制了第一张人类肝细胞全基因组 DNA 甲基化图谱，揭示肿瘤细胞中肿瘤抑癌基因沉默新机制。②基于多组学数据挖掘多癌种通用全癌标记物。基于多组学数据，特异性筛选出多种肿瘤标记物。③非编码 RNA 激活调控基因表达的机制研究。开发细胞核内 miRNA 激活调控分析平台；参与发现新冠病毒等 RNA 病毒存在与人体基因组共有的序列，即人也序列（human identical sequence，HIS），并研发对应的治疗药物羟甲香豆素。

第63章 人 也 序 列

于文强 杨 帅 陈 璐 童 莹
复旦大学

本章概要

病毒基因组编码的蛋白质通常被认为是病毒感染和致病的关键驱动因素，但越来越多证据表明病毒来源的非编码小 RNA 同样发挥重要作用。病毒领域存在一些特殊现象：①病毒感染致病具有物种特异性；②病毒感染组织细胞往往具有偏好性。然而，尚不清楚这些现象的具体原因。复旦大学于文强团队的研究工作发现，新冠病毒中存在与人基因组完全相同的核苷酸片段，其通过靶向人增强子激活基因促进新冠感染进程。除新冠病毒外，百余种致病性 RNA 病毒都存在与人完全相同的核苷酸片段，将它们命名为人也序列（human identical sequence，HIS）。人也序列的发现无疑将为致病性 RNA 病毒研究及临床诊疗提供新的策略和视角。

63.1 人也序列概述

关键概念

- 人也序列是一种源自病毒基因组的小分子单链 RNA，其长度大于 20 个核苷酸，与人基因组完全相同。
- 人也序列前体能形成 miRNA 前体样茎环结构，通过靶向增强子激活基因，促进病毒相关疾病进程。
- 人也序列具有普遍性，存在于新冠病毒、禽流感病毒和埃博拉病毒等超过 100 种致病性 RNA 病毒中。

63.1.1 人也序列的发现

病毒在感染宿主细胞过程中能产生与宿主细胞不同的小 RNA[1,2]，称为病毒源性小 RNA（virus-derived small RNA，vsRNA），可以影响病毒感染致病进程。例如，甲型流感病毒产生的 vsRNA 可以促进病毒 RNA 合成[3]。EB 病毒（Epstein-Barr virus，EBV）来源的 miR-BART22 通过抑制 *LMP2A* 表达促使感染细胞逃逸宿主免疫反应[4]。源自 SARS 冠状病毒（SARS-CoV）*N* 基因的 vsRNA-N 导致肺部炎症反应[5]。因此，vsRNA 对于病毒感染致病至关重要。

2019 年岁末，新冠病毒（SARS-CoV-2）感染引起的肺炎开始在全球大流行，严重威胁人们健康，破坏全球市场经济。基于十余年的 NamiRNA 研究以及对病毒致病进程的独特理解[6]，复旦大学于文强教授团队通过生信分析发现新冠病毒基因组中有 5 段与人基因组完全相同的核苷酸序列，长度在 24~27 个核苷酸，这些短核苷酸序列位于人的增强子上，同时它们所在病毒片段能够形成 miRNA 前体样茎环结构，提示它们可能通过靶向增强子发挥激活基因的功能。接着，该团队通过细胞实验和分子实验证实这些短核苷酸序列的确可以通过与增强子相互作用上调新冠病毒引发的相关基因表达，并与新冠感染患者临床指标相一致。进一步分析发现，除新冠病毒外，禽流感病毒和寨卡病毒等其他百余种人类致病性 RNA 病毒中同样存在与人完全相同的短核苷酸序列[7]。最终，他们将这些致病性 RNA 病毒中存在的与人基因组相同的短核苷酸序列称为人也序列（human identical sequence，HIS）。有趣的是，新冠病毒和其潜在宿主的基因组之间也发现了一些相同的序列，称为宿主相同序列（host identical sequence，HIS），但是在非新冠宿主鸡中并未发现相同的序列[7]，表明 RNA 病毒的 HIS 有助于追踪病毒的中间宿主，或是病毒感染物种特异性的关键。

63.1.2　人也序列的特征

与病毒来源的 miRNA 不同，人也序列具有与人完全相同的核苷酸序列，具体特征概括如下：

（1）长度大于 20 个核苷酸；

（2）与人基因组相似性是 100%；

（3）位于人基因组增强子上；

（4）序列本身的保守性很强；

（5）通过靶向增强子介导基因激活。

63.2　人也序列作用机制及应用

关键概念

- *病毒核酸致病假说：病毒与宿主基因组中完全相同的核苷酸片段 HIS 或是病毒感染人类或其他宿主并引起疾病的关键。*
- *人也序列通过靶向人基因组增强子激活疾病相关基因表达，包括邻近基因和远端基因，这依赖于其与 AGO2 形成的稳定复合体。*

63.2.1　病毒核酸致病假说的提出

病毒基因组编码的蛋白质通常被认为是病毒感染和致病的关键驱动因素。然而，越来越多的研究发现，多种病毒在感染期间都能产生 miRNA 样的非编码 RNA[8]，调控病毒的复制感染并对宿主细胞造成损伤。其中，新冠病毒也能产生与宿主细胞中的细胞代谢和生物合成有关的病毒 miRNA[9]。与这些 miRNA 不同，新冠病毒 HIS 是新冠病毒和人类基因组之间完全相同的序列[7]，能通过靶向增强子激活人类的基因表达，这与 COVID-19 患者的支气管肺泡灌洗液（BALF）中发现的异常表达基因有明显重叠[10]。其中，HIS-SARS2 在人胚肾细胞 HEK293T、人胚肺成纤维细胞 MRC5 和人脐静脉内皮细胞 HUVEC 中均能上调与炎症有关的基因表达水平，这与新冠感染通过刺激炎症反应导致肺、肾和肝等多个器官损伤的特点一致[11]。新冠病毒 HIS 通过增加 *CYB5A* 和 *TIMM21* 表达破坏线粒体的功能，这可能导致与新冠相关的线粒体功能障碍[12]。此外，新冠病毒 HIS 可以激活透明质酸合成酶 HAS2[7]，引起新冠感染重症患者的透明质酸积累，进一步引起患者肺部病变[13]。因此，新冠病毒 HIS 通过靶向增强子介导的基因激活在新冠病毒致病中起着关键作用。

基于 HIS 发现，复旦大学于文强团队原创性地提出了“病毒核酸致病假说”：病毒与宿主基因组中完全相同的核苷酸片段 HIS 或是病毒感染人类并导致疾病的关键因子。事实上，禽流感病毒和埃博拉病毒等百余种致病性 RNA 病毒中都存在 HIS[7]，这为该假说提供了额外的支持。目前，仍需进一步努力探究这些 HIS 在不同病毒性疾病中的作用和分子机制。

63.2.2 人也序列与增强子

病毒感染致病具有极强的组织细胞特异性。例如，艾滋病病毒 HIV 倾向于感染 T 细胞并引起 T 细胞耗竭[14]。类似地，黄热病毒具有嗜内脏性，定位于肝、肾、脾、心等组织器官，导致肝肾损伤等临床表现[15]。有趣的是，增强子作为经典的基因表达调控元件，可通过折叠与启动子形成环状结构促进基因表达[16]，同样具有很强的组织细胞特异性。例如，在小鼠中，敲除肢体相关增强子后，新生小鼠竟然没有四肢[17]。那么，增强子是否与病毒感染致病的组织细胞特异性有关呢？

人也序列是由病毒产生，与人基因组的增强子发生重叠[7]，可以通过与增强子的相互作用激活疾病相关基因表达。以新冠病毒为例，新冠病毒感染重症患者肺部表现出典型的磨玻璃病变和实变灶[18]，归因于肺部透明质酸的积累[19]，而根本原因则是新冠病毒 HIS 通过与增强子的相互作用激活透明质酸合成酶 HAS2 并导致透明质酸合成增加[7, 20]。因此，致病性 RNA 病毒 HIS 与宿主靶细胞增强子的相互作用可能是病毒感染致病组织细胞特异性的主要原因。

63.2.3 人也序列靶向增强子激活基因

基于 NamiRNA 和新冠病毒 HIS 相关研究[6, 7, 21]，致病性 RNA 病毒 HIS 激活基因表达的模式如图 61-1 所示：致病性 RNA 病毒感染宿主细胞后启动病毒复制进程，同时产生不同的 RNA 转录本，这些转录本能形成 HIS 的 miRNA 前体样发卡结构，在相关酶的作用下进一步产生 HIS，在 AGO2 的协助下，与增强子发生相互作用，诱导 H3K27ac 积累并活化增强子，在不同蛋白组成复合体作用下促进邻近基因和远端基因的转录。

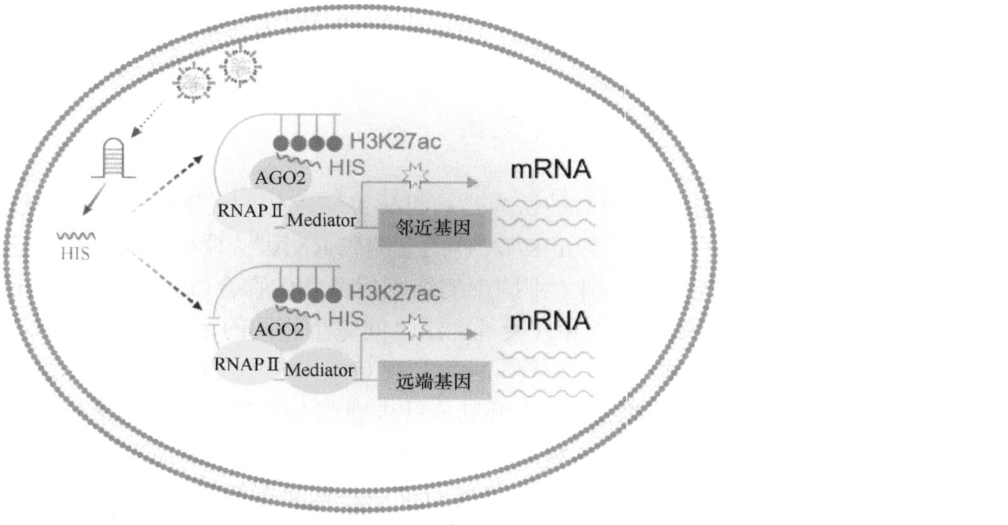

图 63-1 病毒 HIS 通过靶向增强子激活疾病相关基因（修改自文献[20]）

63.2.4　人也序列在新冠病毒研究中的具体应用

随着全球感染和死亡人数的增加，新冠病毒感染对市场经济和人类健康威胁严重。基于 HIS 研究，复旦大学于文强团队提出，核酸因子 HIS 是新冠病毒致病的关键因子[20]，其介导的透明质酸积累是新冠病毒感染引起肺炎发生发展的重要诱因，这一发现得到国际上近百篇文章的支持。那么，透明质酸与新冠病毒感染的具体关系是什么？新冠 HIS 研究可以为新冠病毒感染诊疗提供了哪些思路？

1. 透明质酸是新冠病毒感染临床症状的物质基础

新冠病毒感染有很多种临床症状，最常见的症状是发热、干咳和呼吸短促等[22]。其中，肺部磨玻璃病变和淋巴细胞减少是新冠病毒感染重症住院患者中最常见的两种异常指标[13]，但是其机制并不完全清楚。

磨玻璃病变是新冠病毒感染患者胸部 CT 的典型表现，可进一步发展为实变。新冠病毒感染患者的尸检报告发现，死亡患者的肺泡中充满了透明质酸[18]。同样，透明质酸在新冠病毒感染患者的呼吸道分泌物中也很丰富[19]，而透明质酸具有吸收大量水分子的能力[23]，提示新冠病毒感染重症患者肺部果冻状物质可能是透明质酸吸收水分子导致的。此外，气管内滴注透明质酸直接导致小鼠肺部出现新冠病毒感染患者肺部的磨玻璃病变或肺部实变表型[7]。因此，新冠 HIS 介导的透明质酸积累导致新冠病毒感染患者的肺部病变。

淋巴细胞减少症是一种外周血淋巴细胞丢失的综合征。透明质酸水平与新冠病毒感染患者淋巴细胞数目呈显著负相关[13]，透明质酸较高的新冠病毒感染患者的淋巴细胞减少更多[7, 13]。有趣的是，透明质酸与其配体 CD44 的相互作用会导致激活的 T 细胞死亡[24]。事实上，新冠病毒感染的确可以迅速激活 CD4 阳性 T 细胞[25]。因此，透明质酸介导的 T 细胞减少可能是新冠患者淋巴细胞减少的基础。

此外，透明质酸还可能导致新冠病毒感染患者的 ARDS、多器官损伤和凝血系统功能障碍[20]，同时是老人、孕妇等新冠病毒感染重症发展的高危因素。

2. 透明质酸对于新冠病毒感染患者的临床意义

在临床上，透明质酸通常是用于诊断肝硬化的非侵入性检查指标之一。鉴于透明质酸与新冠病毒感染临床症状及疾病进程的关系，透明质酸可能成为新冠病毒感染患者临床监测的重要指标[20]。首先，透明质酸可以作为新冠病毒感染治疗的关键靶点，通过降低透明质酸合成用于改善新冠病毒感染重症患者临床症状[13]。其次，透明质酸可以作为新冠病毒感染疾病进程的标志物，用于预测新冠病毒感染进展，帮助医生快速确定需要特别关注的患者。最后，透明质酸可以作为新冠病毒感染重症发展的风险因素，通过检测其水平对老人、孕妇等高危特殊人群给予重点关注。

3. 基于 HIS 研究的新冠病毒感染干预策略

反义寡核苷酸（antisense oligonucleotide，ASO）是长度为 12~30 个核苷酸的寡核苷酸，其设计为根据碱基配对规则与 RNA 结合[26]。迄今为止，FDA 已批准几种 ASO 药物用于治疗不同的疾病[27]。例如，30 个核苷酸的 ASO 药物 Eteplirsen 被 FDA 临时批准，用于治疗杜氏肌营养不良症[28]。最近，ASO 因其高度的靶点特异性及快速发展而被认为在新冠病毒感染治疗方面将发挥重要作用[29]，但如何确定新冠病毒 ASO 药物的潜在靶点至关重要。

新冠病毒 HIS 是新冠病毒致病的关键因子，能显著上调炎症相关的基因表达，而使用它们的抑制剂 Antagomirs 则阻断这些炎症基因的激活[7]，提示阻断新冠病毒 HIS 或有助于缓解新冠肺炎的炎症反应。因此，新冠病毒 HIS 是设计新冠 ASO 药物的候选靶点，在新冠病毒感染治疗方面拥有巨大潜力。

63.3 总结与展望

回顾人类与病毒的抗争史，人类经历了太多的疾病和死亡，付出了沉重的代价，包括肆虐全球的新冠病毒[30]。与 DNA 病毒不同，RNA 病毒在复制过程中由于错误修复相关酶活性较低更易发生变异[31]，导致疫苗及药物研发难度较大。目前，艾滋病病毒和埃博拉病毒等致病性 RNA 病毒感染引起的疾病仍没有办法彻底治愈，其根本原因可能在于致病机制尚不完全清楚。

在病毒研究中，科研工作者普遍认为蛋白因子是病毒最重要的致病物质，并据此设计靶向药物，但忽视了非编码区域在病毒致病中的作用。以新冠病毒为例，人也序列是新冠病毒致病的关键因子，其通过靶向增强子介导的透明质酸积累是新冠病毒感染临床症状的物质基础，通过阻断透明质酸合成可促进新冠病毒感染患者临床症状的改变。人也序列的发现和病毒核酸致病假说的提出，不仅为探究不同致病性 RNA 病毒的致病机制提供理论支撑，开辟了病毒与宿主相互作用研究的新思路，同时也为相关药物研发提供潜在靶点，或将开创 RNA 病毒及相关疾病的新领域，基于靶向病毒核酸的抗病毒药物研究必将成为未来病毒治疗的新方向，有助于推动人类与致病性 RNA 病毒斗争的最终胜利。

参 考 文 献

[1] Shapiro, J. S. Processing of virus-derived cytoplasmic primary-microRNAs. *Wiley Interdiscip Rev RNA* 4, 463-471(2013).

[2] Weng, K. F. *et al.* Mammalian RNA virus-derived small RNA: biogenesis and functional activity. *Microbes Infect* 17, 557-563(2015).

[3] Perez, J. T. *et al.* Influenza A virus-generated small RNAs regulate the switch from transcription to replication. *Proc Natl Acad Sci U S A* 107, 11525-11530(2010).

[4] Lung, R. W. *et al.* Emerging roles of small Epstein-Barr virus derived non-coding RNAs in epithelial malignancy. *Int J Mol Sci* 14, 17378-17409(2013).

[5] Morales, L. *et al.* SARS-CoV-encoded small RNAs contribute to infection-associated lung pathology. *Cell Host Microbe* 21, 344-355(2017).

[6] Xiao, M. *et al.* MicroRNAs activate gene transcription epigenetically as an enhancer trigger. *RNA Biol* 14, 1326-1334(2017).

[7] Li, W. *et al.* SARS-CoV-2 RNA elements share human sequence identity and upregulate hyaluronan via NamiRNA-enhancer network. *EBioMedicine* 76, 103861(2022).

[8] Mishra, R. *et al.* The interplay between viral-derived miRNAs and host immunity during infection. *Front Immunol* 10, 3079(2019).

[9] Meng, F. *et al.* Viral microRNAs encoded by nucleocapsid gene of SARS-CoV-2 are detected during infection, and aargeting metabolic pathways in host cells. *Cells* 10, 1762(2021).

[10] Xiong, Y. *et al.* Transcriptomic characteristics of bronchoalveolar lavage fluid and peripheral blood mononuclear cells in COVID-19 patients. *Emerg Microbes Infect* 9, 761-770(2020).

[11] Li, S. *et al.* Clinical characterization and possible pathological mechanism of acute myocardial injury in COVID-19. *Front Cardiovasc Med* 9, 862571(2022).

[12] Saleh, J. *et al.* Mitochondria and microbiota dysfunction in COVID-19 pathogenesis. *Mitochondrion* 54, 1-7(2020).

[13] Yang, S. *et al.* Hymecromone: a clinical prescription hyaluronan inhibitor for efficiently blocking COVID-19 progression. *Signal Transduct Target Ther* 7, 91(2022).

[14] Fromentin, R. *et al.* HIV persistence in subsets of CD4+ T cells: 50 shades of reservoirs. *Semin Immunol* 51, 101438(2021).

[15] Douam, F. *et al.* Yellow Fever Virus: Knowledge Gaps Impeding the Fight Against an Old Foe. *Trends Microbiol* 26, 913-928(2018).

[16] Catarino, R. R. *et al.* Assessing sufficiency and necessity of enhancer activities for gene expression and the mechanisms of transcription activation. *Genes Dev* 32, 202-223(2018).

[17] Kvon, E. Z. *et al.* Progressive Loss of Function in a Limb Enhancer during Snake Evolution. *Cell* 167, 633-642 e611(2016).

[18] Hellman, U. *et al.* Presence of hyaluronan in lung alveoli in severe Covid-19: an opening for new treatment options? *J Biol Chem* 295, 15418-15422(2020).

[19] Kaber, G. *et al.* Hyaluronan is abundant in COVID-19 respiratory secretions. *medRxiv*(2020).

[20] Yang, S. *et al.* Human Identical Sequences, hyaluronan, and hymecromone horizontal line the new mechanism and management of COVID-19. *Mol Biomed* 3, 15(2022).

[21] Liang, Y. *et al.* Steering Against Wind: A New Network of NamiRNAs and Enhancers. *Genomics Proteomics Bioinformatics* 15, 331-337(2017).

[22] Mao, R. *et al.* Manifestations and prognosis of gastrointestinal and liver involvement in patients with COVID-19: a systematic review and meta-analysis. *Lancet Gastroenterol Hepatol* 5, 667-678(2020).

[23] Laurent, T. C. *et al.* The structure and function of hyaluronan: an overview. *Immunol Cell Biol* 74, A1-7(1996).

[24] McKallip, R. J. *et al.* Role of CD44 in activation-induced cell death: CD44-deficient mice exhibit enhanced T cell response to conventional and superantigens. *Int Immunol* 14, 1015-1026(2002).

[25] Zhang, W. *et al.* The characteristics and predictive role of lymphocyte subsets in COVID-19 patients. *Int J Infect Dis* 99, 92-99(2020).

[26] Bennett, C. F. Therapeutic antisense oligonucleotides are coming of age. *Annu Rev Med* 70, 307-321(2019).

[27] Dhuri, K. *et al.* Antisense Oligonucleotides: an emerging area in drug discovery and development. *J Clin Med* 9, 2004(2020).

[28] Aartsma-Rus, A. *et al.* FDA approves eteplirsen for duchenne muscular dystrophy: the next chapter in the eteplirsen saga. *Nucleic Acid Ther* 27, 1-3(2017).

[29] Le, T. K. *et al.* Nucleic acid-based technologies targeting Coronaviruses. *Trends Biochem Sci* 46, 351-365(2021).

[30] Ingravallo, F. Death in the era of the COVID-19 pandemic. *Lancet Public Health* 5, e258(2020).

[31] Saxena, P. *et al.* Virus infection cycle events coupled to RNA replication. *Annu Rev Phytopathol* 52, 197-212(2014).

于文强 博士，复旦大学生物医学研究院高级项目负责人，复旦大学特聘研究员，教育部“长江学者”特聘教授，“973计划”首席科学家。2001年获第四军医大学博士学位，2001～2007年在瑞典乌普萨拉大学（Uppsala University）和美国约翰斯·霍普金斯大学（Johns Hopkins University）做博士后，2007年为美国哥伦比亚大学教员（faculty）和副研究员（associate research scientist）。在国外期间主要从事基因的表达调控和非编码RNA与DNA甲基化相互关系研究。回国后，专注于全基因组DNA甲基化检测在临床重要疾病发生中的作用以及核内miRNA激活功能研究。开发了具有独立知识产权高分辨率全基因组DNA甲基化检测方法GPS（guide positioning sequencing）和分析软件，已获国内和国际授权专利，GPS可实现甲基化精准检测和胞嘧啶高覆盖率（96%），解决了WGBS甲基化检测悬而未决的技术难题，提出了

DNA 甲基化调控基因表达新模式；发现肿瘤的共有标志物，命名为全癌标志物（universal cancer only marker，UCOM），在超过 25 种人体肿瘤中得到验证并应用于肿瘤的早期诊断和复发监测，为肿瘤共有机制的研究奠定了基础；发现 miRNA 在细胞核和胞浆中的作用机制截然不同，将这种细胞核内具有激活作用的 miRNA 命名为 NamiRNA（nuclear activating miRNA），并发现 NamiRNA 能够在局部和全基因组水平改变靶位点染色质状态，发挥其独特的转录激活作用，提出了 NamiRNA-增强子-基因激活全新机制；发现 RNA 病毒包括新冠病毒等存在与人体基因组共有的序列，命名为人也序列（human identical sequence，HIS），是病原微生物与宿主相互作用的重要元件，也是其致病的重要物质基础，为病毒性疾病的防治提供全新策略。已在 *Nature*、*Nature Genetics*、*JAMA* 等期刊发表学术论文 40 余篇，获得国内国际授权专利 7 项。

后　记

五年前，也就是 2017 年 5 月 14 日。复旦大学生物医学研究院执行院长徐国良院士、书记储以微教授、于文强教授、文波教授、蓝斐教授以及来自中国科学院、上海交通大学、上海科技大学、同济大学等各兄弟单位 30 余位教授在复旦大学治道楼和汉堂济济一堂，启动了中文专著《表观遗传学》的新书编撰工作。

在启动仪式上，于文强教授表示，表观遗传学领域发展迅猛，华人科学家在这一领域表现突出，因此出版一部由杰出华人科学家编写的表观遗传学中文专著，介绍表观遗传学领域基础知识、前沿进展，以及技术方法显得尤为重要。他还希望这本专著能实现“简单实用、权威可靠、锻造经典”。

不久后，这一浩大的工程正式开启，任务的艰巨性有些超乎我们之前的想象。仅编写大纲就有 4 万余字，专著共有 63 章，我们前后邀请了国内外表观遗传学领域的杰出华人科学家 60 余位学者参与撰写，施扬教授、任兵教授也在此行列之中。

由于专著涉及的细节很多，不同章节的内容敲定、往来沟通都是一个浩繁的工作，好在我们分头行动，逐一化解。针对专著中所有的图片，我们请了专业的绘图公司——曦谷睿成逐一绘制和校对，我们希望在准确表达科学含义的同时也不失美观和观赏性，有一段时间，我们与绘图师就图片的细节问题经常讨论至晚上 11 点多。

在于文强教授的带领下，我们还组织了一次集体统稿任务。2018 年 12 月 2 日，我们一行 10 余人从上海来到杭州的偏僻一隅，将收集的稿件逐一处理，为了更好地呈现内容，工作组从上海带来了投影仪，每天上午和晚上我们都在大厅开会讨论，决定每个章节的形式以及对不同的内容进行增减。我们在这里共同度过了一个礼拜，由于酒店附近荒凉无比，我们这一周没有挪出房门一步。如今，近六年的努力也终究成就了这部专著，使其从无到有，从一个一闪即逝的想法，化作一个行动的种子，然后再将其培育成幼苗，直至如今结成果实，它将是国内表观遗传领域一部重要的专著。我们希望更多的读者，不管是从事表观遗传领域研究的专业人士，还是想了解表观遗传奥秘的普通公众，都能享受到它的甘甜。

值得一提的是，从专著的内容大纲确定到专家们的陆续交稿，历经两年的时间，我们心存感激，因为各位专家都是从日常原本繁忙的科研工作中脱离出来，保质保量地完成一篇数万字的章节，不仅仅是时间精力的问题，还需要他们左右采获，收集大量的文献资料。没有这些专家的鼎力支持，我们不会在第一时间处理稿件，自然也不会有这部专著的诞生。

最后，感谢复旦大学生物医学研究院提供的资金支持，感谢院领导对这个项目的关注和关怀，同时也感谢科学出版社罗静编辑及其同事耐心的帮助和细致入微的校对工作。感谢专著主编于文强教授和徐国良院士，以及编委会其他成员的辛勤付出。

《表观遗传学》编委会